Lexikon der bedeutenden Naturwissenschaftler
1

Lexikon der bedeutenden Naturwissenschaftler

in drei Bänden

Herausgegeben von Dieter Hoffmann, Hubert Laitko
und Staffan Müller-Wille
unter Mitarbeit von Ilse Jahn

Erster Band
A bis E

Spektrum Akademischer Verlag   Heidelberg · Berlin

Zuschriften und Kritik an:
Elsevier GmbH, Spektrum Akademischer Verlag, Slevogtstr. 3-5, 69126 Heidelberg
Dieter Hoffmann, http://www.mpiwg-berlin.mpg.de/

Wichtiger Hinweis für den Benutzer
Der Verlag und der Autor haben alle Sorgfalt walten lassen, um vollständige und akkurate Informationen in diesem Buch zu publizieren. Der Verlag übernimmt weder Garantie noch die juristische Verantwortung oder irgendeine Haftung für die Nutzung dieser Informationen, für deren Wirtschaftlichkeit oder fehlerfreie Funktion für einen bestimmten Zweck. Der Verlag übernimmt keine Gewähr dafür, dass die beschriebenen Verfahren, Programme usw. frei von Schutzrechten Dritter sind.
Die Wiedergabe von Warenbezeichnungen, Handelsnamen, Gebrauchsnamen usw. in diesem Buch berechtigt auch ohne besondere Kennzeichnung nicht zu der Annahme, daß diese von jedermann frei benutzt werden dürfen.
Der Verlag hat sich bemüht, sämtliche Rechteinhaber von Abbildungen zu ermitteln. Sollte dem Verlag gegenüber dennoch der Nachweis der Rechtsinhaberschaft geführt werden, wird das branchenübliche Honorar gezahlt.

Bibliografische Information Der Deutschen Bibliothek
Die Deutsche Bibliothek verzeichnet diese Publikation in der Deutschen Nationalbibliografie; detaillierte bibliografische Daten sind im Internet über http://dnb.ddb.de abrufbar.

Alle Rechte vorbehalten
1. Auflage September 2003
© Elsevier GmbH, München
Spektrum Akademischer Verlag ist ein Imprint der Elsevier GmbH.

Für Copyright in Bezug auf das verwendete Bildmaterial siehe Abbildungsnachweis.

Das Werk einschließlich aller seiner Teile ist urheberrechtlich geschützt. Jede Verwertung außerhalb der engen Grenzen des Urheberrechtsgesetzes ist ohne Zustimmung des Verlages unzulässig und strafbar. Das gilt insbesondere für Vervielfältigungen, Übersetzungen, Mikroverfilmungen und die Einspeicherung und Verarbeitung in elektronischen Systemen.

Planung und Lektorat: Andreas Rüdinger / Stefanie Joh
Redaktion: Ulrich Kilian
Herstellung: Katrin Frohberg
Satz: Mitterweger & Partner Kommunikationsgesellschaft mbH, Plankstadt
Druck und Bindung: Ebner & Spiegel GmbH, Ulm
Umschlaggestaltung: WSP Design, Heidelberg
Gedruckt auf 130g/qm Arctic Volume, chlorfrei gebleicht

Printed in Germany
ISBN 3-8274-0316-2

Aktuelle Informationen finden Sie im Internet unter www.elsevier.com und www.spektrum-verlag.de

Vorwort

Das vorliegende Lexikon ist ein Übersichtswerk, das in drei Bänden insgesamt über 1400 Gelehrtenbiographien vorstellt. Im Mittelpunkt stehen die Naturwissenschaften, hinzu kommen die mathematischen und die Technikwissenschaften, weil zwischen diesen drei großen Gruppen von Disziplinen besonders enge Wechselbeziehungen bestehen. Ebenso wurden die naturwissenschaftlichen Forschungsleistungen berücksichtigt, die innerhalb des Komplexes der medizinischen Wissenschaften erbracht wurden. Weil die Naturwissenschaften zu jeder Zeit in die Gesamtkultur ihrer Epoche eingebettet waren und zu ihrer eigenen Entwicklung der Wechselwirkung mit dieser bedurften, wurden auch einige Persönlichkeiten aufgenommen – insbesondere Wissenschaftsphilosophen und -organisatoren –, deren geschichtliche Bedeutung vornehmlich auf solchen Vermittlungsleistungen beruht. Das Lexikon folgt dem Prinzip, ausschließlich abgeschlossene Lebensläufe zu behandeln; lebende Wissenschaftler blieben deshalb außer Betracht.

Anliegen des Werkes ist es, die gesamte Geschichte der Naturwissenschaften von den Anfängen bis in die jüngste Vergangenheit durch ein Netz von Biographien zu repräsentieren. Die Auswahl der Namen reicht von Naturphilosophen der griechischen Antike, die vor Beginn unserer Zeitrechnung gelebt haben, bis zu Gelehrten, deren Schaffensschwerpunkt in der zweiten Hälfte des zwanzigsten Jahrhunderts lag. Ferner soll Wissenschaft als ein internationales »Unternehmen« deutlich werden, das Beiträge aus verschiedenen Ländern, Regionen und Kulturen umfasst. Schließlich sollte auch eine gewisse Symmetrie zwischen den wichtigsten Fachgebieten gewahrt bleiben. Mit diesen Vorgaben waren und sind die über 1400 Namen, auf die der verfügbare Raum beschränkt ist, eine eher knappe Auswahl. Die Persönlichkeiten, von denen die Rede ist, haben eine wichtige Rolle in der Entwicklung der Wissenschaft gespielt. Die Herausgeber sind sich jedoch der Tatsache bewusst, dass es nicht wenige Wissenschaftler vergleichbaren Ranges gab, deren Aufnahme in die Liste der Biographien nicht minder legitim gewesen wäre. Die ausgewählten Personen repräsentieren im Allgemeinen exemplarisch bestimmte Entwicklungen in der Geschichte der Wissenschaft. Dabei wurde Wert darauf gelegt, auch den sehr unterschiedlichen Weisen gerecht zu werden, in denen Persönlichkeiten der Vergangenheit Bedeutung für die Entwicklung der Naturwissenschaft gewonnen haben. So findet man im vorliegenden Lexikon große Theoretiker wie Isaac Newton oder Charles Darwin, Wissenschaftsorganisatoren wie Joseph Banks und Peter Beuth, schulbildende Lehrer wie Hermann Boerhave, Gustav Magnus oder Johannes Müller, eher technisch veranlagte Wissenschaftler wie Rosalind Franklin oder Theodor Svedberg, die ihre Disziplin durch die Weiterentwicklung und Verfeinerung spezieller Methoden entscheidend voranbrachten, aber auch solche Persönlichkeiten, deren wissenschaftshistorische Bedeutung eher auf eine Verkettung von glücklichen Zufällen zurückgeht, wie im Falle von Christopher Columbus. Das im Titel auftauchende »bedeutend« ist somit in einer Vielfalt von Bedeutungen zu verstehen, und der Erschließung dieser Vielfalt galt das Hauptaugenmerk bei der Auswahl der aufzunehmenden Biographien. Der Titel des Lexikons sollte im Übrigen auch nicht zu der Meinung verleiten, es wären nur Männer ausgewählt worden und nur diese hätten die Wissenschaften voran gebracht; denn selbstverständlich haben auch eine ganze Reihe von Naturwissenschaftlerinnen Aufnahme gefunden – vielleicht noch zu wenige, doch macht dieser Umstand nur deutlich, wie schwer es für Frauen war und immer noch ist, sich in der Männerdomäne Wissenschaft durchzusetzen.

Auf dem internationalen Büchermarkt gibt es eine Reihe von biographischen Lexika zur Naturwissenschaft, darunter als oberste Messlatte das vielbändige *Dictionary of Scientific Biography*, das mit der Ausführlichkeit seiner Texte und des beigefügten wissenschaftlichen Apparates im Wesentlichen auf die Bedürfnisse forschender Wissenschaftshistoriker zugeschnitten ist. Am anderen Ende der Skala stehen einbändige Lexika, deren Einträge oft extrem komprimiert sind und mit vielen Abkürzungen arbeiten, um ein Maximum an Informationen auf engstem Raum unterbringen zu können. Das vorliegende Lexikon ist ausdrücklich in der Mitte zwischen diesen beiden Polen angesiedelt. Es bietet nicht die enzyklopädische Informationsfülle, deren der Forscher bedarf, doch es beschränkt sich auch nicht auf ein bloßes Komprimat von Daten und Fakten. Die hier präsentierten Biographien sollen nicht nur informativ, sondern angenehm zu lesen sein und dabei auch eine Spur von der inneren Dramatik des Wissenschaftlerlebens zeigen. Vielleicht wird, so die Hoffnung der Herausgeber, die Lektüre eines biographischen Artikels, der zielstrebig gesucht worden ist, zur Betrachtung weiterer anregen und damit die interpersonellen Netzwerke aufscheinen lassen, in denen sich das Schaffen der einzelnen Gelehrten historisch vollzog. Im Text der Biographien wird jeweils auf weitere Persönlichkeiten verwiesen, mit denen das Wirken der betreffenden Wissenschaftler verbunden war. Das Personenregister erleichtert es, die Vernetzungen zu verfolgen. Ein Sachregister verbindet schließlich die im Vordergrund stehende personelle Dimension mit anderen Aspekten der Wissenschaftsgeschichte.

Der Nutzerkreis, an den sich dieses Lexikon vorrangig wendet, sind nicht allein professionelle Wissenschaftshistoriker, sondern ebenfalls Leser, die aus den unterschiedlichsten Gründen am historischen Weg der Wissenschaft interessiert sind, ohne die Beschäftigung damit zu ihrem Beruf gemacht zu haben. Die Gesamtheit der in das Lexikon aufgenommenen Biographien ist nach dem Umfang der Einträge in fünf Kategorien gegliedert. Den ausführlicher gehaltenen Texten kommt neben der Darstellung von Leben und Werk der betreffenden Persönlichkeiten noch die Funktion der Vernetzung der einzelnen biographischen Mosaiksteine zu. Als Faustregel gilt, dass der Schaffenskontext in einer Biographie um so mehr Beachtung findet, je umfangreicher der Text ist. Vor allem die herausgehobene Textkategorie der biographischen Essays dient dieser Vernetzungsaufgabe. Zum Gegenstand von Essays wurden Persönlichkeiten gewählt, deren wissenschaftlicher und bisweilen auch gesellschaftlicher Einfluss weit über ihr engeres Fachgebiet hinausging und die in der Forschung richtungweisend, schulbildend oder sogar epochemachend wirksam waren.

Die Herausgeber sind zahlreichen Personen für ihre Vorschläge, ihren sachkundigen Rat und ihre tatkräftige Unterstützung zu Dank verpflichtet. Ohne deren engagierte Mitwirkung wäre das Lexikon in der vorliegenden Fassung nicht zustande gekommen. Vier von ihnen möchten wir namentlich hervorheben. Ilse Jahn, die verdienstvolle Nestorin der modernen Biologiegeschichtsschreibung in Deutschland, hat in der Anlaufphase als für den Komplex der Biowissenschaften verantwortliche Mitherausgeberin mit Umsicht ihre hohe Fachkompetenz eingesetzt, um dem Lexikon auf diesem Teilgebiet Profil zu geben, und bei ihrem aus Altersgründen erfolgten Ausscheiden ihrem Nachfolger Staffan Müller-Wille ein gut geordnetes Arbeitsfeld übergeben. Mohammed Abattouy von der Universität Fez (Marokko) übernahm dankenswerterweise die Koordination und Redaktion der Beiträge zu Wissenschaftlern des arabischen Kulturraums, eine Aufgabe, die in der notwendigen Gründlichkeit von keinem der drei Herausgeber hätte geleistet werden können. Marion Winkenbach und Andreas Rüdinger vom Spektrum Verlag gilt besonderer Dank für den großen persönlichen Einsatz, mit dem sie aus ihrer Idee für dieses Lexikon ein praktikables und verbindliches Verlagsvorhaben machte. Mit Geschick und Ausdauer hat sie viele im Vorfeld auftretenden Probleme gelöst und im Einvernehmen mit den Herausgebern eine rationelle Organisationsform gefunden. Ulrich Kilian bewältigte schließlich mit seinem Redaktionsbüro *science & more* die mit der Vorbereitung und Fertigstellung des Lexikons verbundene umfangreiche redaktionelle und organisatorische Arbeit mit großer Professionalität und ermöglichte damit den Herausgebern die Konzentration auf die wissenschaftlichen Leitlinien des Vorhabens. Das angenehme Klima kollegialer und sachorientierter Zusammenarbeit, für das wir den hier Genannten ebenso wie vielen ungenannten Kolleginnen und Kollegen verbunden sind, hat das Zustandekommen des Lexikons sehr gefördert.

Berlin, im August 2003

Dieter Hoffmann, Hubert Laitko, Staffan Müller-Wille

Hinweise für den Benutzer

Die Einträge im Lexikon sind streng alphabetisch geordnet; Umlaute (ä,ö,ü) und Akzente bzw. andere Sonderzeichen werden wie die Grundbuchstaben sortiert, ß wie ss.

Die Biographien haben in der Regel eine einheitliche Struktur: Den Angaben zu den Lebensdaten im Kopf des biographischen Eintrags folgt eine Kurzcharakteristik der Hauptleistung und der Bedeutung des Gelehrten. Es schließt sich ein Überblick zu den wichtigsten Lebensstationen an. Im Hauptteil erfolgt dann eine Beschreibung der wissenschaftlichen Leistung des Gelehrten und ihrer wissenschaftshistorischen Einordnung, ergänzt um weitere Angaben zur Persönlichkeit, die vor allem seine weltanschauliche und gesellschaftliche Position, außerwissenschaftliche Interessen, organisatorische oder andere Leistungen sowie wissenschaftliche Ehrungen betreffen. Jede Biographie schließt mit bibliographischen Hinweisen auf weiterführende Literatur ab, die in Primär- und Sekundärliteratur aufgeteilt sind. Findet man bei der Primärliteratur Werkausgaben oder Originalarbeiten vermerkt, so verweist die Sekundärliteratur in Auswahl auf weiterführende Literatur – Biographien, Monographien und Bibliographien. Dabei erfolgt kein Extraverweis auf biographische Standardwerke wie das *Dictionary of Scientific Biography*, den *Poggendorff* oder die einschlägigen national-biographischen Enzyklopädien wie z.B. die *Neue Deutsche Biographie* oder das britische *Oxford Dictionary of National Biography*. Diese sollte der interessierte Leser zunächst zu Rate ziehen, wenn er weitere biographische Informationen über einen Gelehrten sucht. Ein spezielles Hilfsmittel wird mit einer Literaturliste zur Verfügung gestellt, die die wichtigsten national-biographischen Enzyklopädien, aber auch biographische Handbücher, Biographiensammlungen u.ä.m. zusammenstellt.

Bei Personen, die in der Literatur unter mehreren Namen bekannt sind, finden sich die anderen Namensformen hinter dem Stichwort in Klammern vermerkt (z.B: Lord Kelvin /Thomson, Sir William); die Namensvariante erscheint auch an der entsprechenden Stelle im Alphabet mit einem Verweispfeil auf das Stichwort, unter dem die Biographie abgehandelt ist. Ebenfalls werden Pseudonyme in Klammern nach dem Stichwort angegeben.

Für die Daten gilt der Gregorianische Kalender.

Geographische Namen werden in der Regel in der zeitgenössischen, amtlichen Bezeichnung genannt – in Klammern findet man gegebenenfalls die heutigen Namen mit der zugehörigen staatlichen Zuordnung (z.B. Wroclaw/Polen für Breslau oder Kaliningrad/Russland für Königsberg).

Die wissenschaftliche Umschreibung fremder Namen ins Deutsche ist teils nicht einheitlich, teils nicht geläufig. Es wurde daher die in der Allgemeinliteratur heute überwiegend gebräuchliche Form gewählt. Bei C etwa vermisste Namen suche man deshalb bei K, Sch, Tsch oder Z (z.B. Čerenkov/Tscherenkow), bei V nicht geführte unter W, bei D fehlende unter T, und jeweils umgekehrt. Bei arabischen Namen wird eine transliterierte Form unter Beibehaltung der in der Wissenschaft gebräuchlichen Umschrift benutzt. Falls vorhanden, erfolgt bei den arabischen Gelehrten der Eintrag nach der latinisierten Form (z.B. Algorismus, Avempace).

Die im Lexikon verwendeten Abkürzungen und Sonderzeichen erklären sich weitgehend von selbst oder werden im jeweiligen Textzusammenhang erläutert.

Das Buch enthält im letzten Band ein Register aller in den Biographien genannten Personen, wobei diejenigen mit eigenem Beitrag drucktechnisch hervorgehoben sind.

Mitarbeiter des ersten Bandes

Herausgeber:
Prof. Dr. Dieter Hoffmann
Prof. Dr. Hubert Laitko
Dr. Staffan Müller-Wille

Redaktion:
Dr. Katja Bammel
Dr. Ulrich Kilian, science & more redaktionsbüro (Leitung)

Berater:
Konzeption und Beratung für den Bereich Wissenschaft im islamischen Kulturraum:
Prof. Dr. Mohammed Abattouy, Universität M. Ben Abdellah, Fez, Marokko

Autoren:
In eckigen Klammern steht das Autorenkürzel.

Prof. Dr. Mohammed Abattouy, Rabat [MA]
Prof. Dr. Helmuth Albrecht, Inst. für Wissenschafts- und Technikgeschichte, Bergakademie Freiberg [HA]
Dr. Thomas Bach, Jena [TB2]
PD Dr. Hans-Georg Bartel, Berlin [HGB]
Dr. Jutta Berger, Berlin [JB]
Dr. Peter Beurton, Max-Planck-Inst. für Wissenschaftsgeschichte, Berlin [PB]
Prof. Dr. Marcel Bickel, Medizinhistorisches Inst., Bern, Schweiz [MB]
Prof. Dr. Johanna Bleker, Institut für Geschichte der Medizin, Charité-Universitätsmedizin Berlin [JB2]
Dr. Cornelius Borck, Fakultät Medien, Bauhaus Univ. Weimar [CB2]
Prof. Dr. Hans-Joachim Braun, Univ. der Bundeswehr Hamburg [HJB]
Prof. Dr. Dr. Olaf Breidbach, Ernst-Haeckel-Haus, Friedrich-Schiller-Univ. Jena [OB]
Prof. Dr. Bernhard vom Brocke, Marburg/Lahn [BVB]
Dr. Ralf Bröer, Inst. für Geschichte der Medizin, Univ. Heidelberg [RB3]
Wilhelm Brüggenthies, Marl-Polsum [WB]
Dr. Beate Ceranski, Abteilung für Geschichte der Naturwissenschaften und Technik, Universität Stuttgart [BC]
Dr. François Charette, Dibner Institute for the History of Science and Technology, MIT, Cambridge, USA [FC]
PD Dr. Ute Deichmann, Inst. für Genetik, Univ. Köln [UD]
Dr. Wolfgang R. Dick, Potsdam [WRD]
Dr. Sven Dierig, Max-Planck-Inst. für Wissenschaftsgeschichte, Berlin [SD]
Prof. Dr. Günter Dörfel, Dresden [GD]
Dr. Ariane Dröscher, Bologna, Italien [AD]
Bennacer El Bouazzati, Rabat, Marokko [BEB]
Dr. Anne Eusterschulte, Berlin [AE]
Angela Fischel, Hermann von Helmholtz-Zentrum für Kulturtechnik, Humboldt-Univ. zu Berlin [AF]
Prof. Dr. Menso Folkerts, Inst. für Geschichte der Naturwissenschaften, Univ. München [MF]
Prof. Dr. Christoph Friedrich, Inst. für Geschichte der Pharmazie, Philipps-Univ. Marburg [CF]
PD Dr. Bernhard Fritscher, Münchner Zentrum für Wissenschafts- und Technikgeschichte, München [BF2]
Prof. Dr. Dr. Werner E. Gerabek, Inst. für Geschichte der Medizin, Univ. Würzburg [WEG]
Dr. Wolfgang Girnus, Berlin [WG2]
Dr. Wolfgang Göbel, Kreischa-Lungkwitz [WG]
Dr. Christiane Groeben, Stazione Zoologica A. Dohrn, Napoli, Italien [CG]
Prof. Dr. Martin Guntau, Rostock [MG]
Prof. Dimitri Gutas, Department of Near Eastern Languages and Civilizations, Yale University, New Haven, USA [DG]
Dr. Jürgen Haffer, Essen [JH2]
Ralf Hahn, Berlin [RH]

Dr. Jürgen Hamel, Archenhold-Sternwarte, Berlin [JH]
Dr. Peter Heering, Univ. Oldenburg [PH]
Jochen Hennig, Hermann von Helmholtz-Zentrum für Kulturtechnik, Humboldt-Univ. zu Berlin [JH3]
Dr. habil. Klaus Hentschel, Inst. für Philosophie, Lehrstuhl für Wissenschaftstheorie und -geschichte, Univ. Bern [KH]
Prof. Dr. Dieter B. Herrmann, Archenhold-Sternwarte, Berlin [DBH]
Dr. Arne Hessenbruch, Program in Science, Technology, and Society, MIT, Cambridge, USA [AH3]
Prof. Dr. Maarten J.F.M. Hoenen, Hoger Instituut voor Wijsbegeerte, Katholieke Universiteit Leuven, Belgien [MH4]
Prof. Dr. Dieter Hoffmann, Max-Planck-Inst. für Wissenschaftsgeschichte, Berlin [DH]
Prof. Dr. Brigitte Hoppe, Ludwig-Maximilians-Univ. München [BH2]
Dr. Uwe Hoßfeld, Jena [UH]
Prof. Dr. Ekkehard Höxtermann, Inst. für Biologie, Freie Univ. Berlin [EH]
Joachim Illgauds, Leipzig [JI]
Prof. Dr. Paul B. Israel, Edison-Papers, Rutgers University New Brunswick, USA [PI]
Doz. Dr. Ilse Jahn, Berlin [IJ]
Dr. Jan Janko, Prag, Tschech. Rep. [JJ]
PD Dr. Thomas Junker, Frankfurt am Main [TJ]
Prof. Dr. Fritz Jürß, Berlin [FJ]
Abdul Nasser Kaadan, Inst.e for the History of Arabic Science, Aleppo University, Syrien [ANK]
Dr. Michael Kaasch, Leopoldina, Halle [MK3]
Dr. Mustafa Kaçar, Department of Philosophy, Istanbul University, Türkei [MK4]
Prof. Dr. Andreas Kahlow, Fachbereich Bauingenieurwesen, FH Potsdam [AK]
Dr. Horst Kant, Max-Planck-Inst. für Wissenschaftsgeschichte, Berlin [HK]
Rita Kass, Berlin [RK2]
Prof. Dr. Ingrid Kästner, Karl-Sudhoff-Inst. für Geschichte der Medizin und der Naturwissenschaften, Leipzig [IK]
Prof. Dr. Dr. habil. Alfred Kirpal, Inst. für Medien- und Kommunikationswissenschaft, TU Ilmenau [AK2]
Dr. Christoph Kockerbeck, Frankfurt a.M. [CK]
Dr. Rolf Kohring, Inst. für Paläontologie, Berlin [RK]
Dr. Martina Kölbl-Ebert, Jura-Museum Eichstätt [MKE]
Dr. Hans-Günther Körber, Kleinmachnow [HGK]
Stefan Kratochwil, Jena [SK2]
Dr. habil. Viktor A. Kritzmann, Deutsches Museum München [VAK]
Prof. Dr. Wolfgang Krohn, Inst. für Wissenschafts- und Technikforschung, Univ. Bielefeld [WK3]
Prof.. Dr. Hans-Peter Kröner, Inst. für Ethik, Geschichte und Theorie der Medizin, Münster [HPK]
Dr. Peter Krüger, Berlin [PK]
Dr. Karl-Eugen Kurrer, Verlag Ernst & Sohn, Berlin [KEK]
Prof. Dr. Hubert Laitko, Berlin [HL]
Dr. Sebastian Lalla, Inst. für Philosophie, Berlin [SL]
Prof. Dr. Manfred Laubichler, Department of Biology, Arizona State University, USA [ML2]
Prof. Dr. Wolfgang Lefèvre, Max-Planck-Inst. für Wissenschaftsgeschichte, Berlin [WL]
Dr. Richard Lorch, Inst. für Geschichte der Naturwissenschaften, Univ. Muenchen [RL2]
Prof. Dr. Rolf Löther, Berlin [RL]
Angelika Lozar, Seminar für Mittellateinische Philologie, Berlin [AL2]
PD Dr. Cornelia Lüdecke, Schwerpunkt Geschichte der Naturwissenschaften, Mathematik und Technik, Universität Hamburg [CL]
Christoph Lüthy, Katholieke Universiteit Nijmegen, Niederlande [CL2]
Dr. Hermann Manitz, Herbarium Haussknecht, Inst. f. Spezielle Botanik, Jena [HM]
Dr. Peter McLaughlin, Max-Planck-Inst. für Wissenschaftsgeschichte, Berlin [PML]
Dr. Alexandre Métraux, Otto-Selz-Inst., Univ. Mannheim [AM2]
Prof. Dr. Karl von Meyenn, Neuburg [KVM]
Dr. Torsten Meyer, Lehrstuhl Technikgeschichte, Brandenburgische Technische Univ. Cottbus [TM]
Dr. Bernd Michael, Berlin [BM]
Joseph Puig Montada, Universidad Complutense, Departamento de Arabe, Facultad de Filologia, Madrid, Spanien [JPM]
Dr. Kurt Möser, Landesmuseum für Technik und Arbeit, Mannheim [KM3]

Dr. Staffan Müller-Wille, Max-Planck-Inst. für Wissenschaftsgeschichte, Berlin [SMW]
Prof. Dr. Dr. habil. Friedrich Naumann, Chemnitz [FN]
Dr. Alfred Neubauer, Berlin [AN]
Dr. Michael J. Neufeld, National Air and Space Museum, Smithsonian Inst.ion, Washington, DC, USA [MN]
Prof. Dr. Olaf Neumann, Mathematisches Inst., Friedrich-Schiller-Universität Jena [ON]
Dr. Hanns-Peter Neumann, Berlin [HPN]
Prof. Dr. Volker Peckhaus, Kulturwissenschaftliche Fakultät – Philosophie, Univ. Paderborn [VP]
Dr. habil. Gerd Pfrepper, Leipzig
Dr. Regine Pfrepper, Karl-Sudhoff-Inst. für Geschichte der Medizin und der Naturwissenschaften, Univ. Leipzig [RP]
Prof. Dr. Werner Plesse, Werder/Havel [WP]
Dr. Marcus Popplow, Lehrstuhl Technikgeschichte, Brandenburgische Technische Univ. Cottbus [MP]
Dr. Albert Présas y Puig, Universitat Pompeu Fabra, Barcelona [AP]
PD Dr. Dr. habil. Claus Priesner, Neue Deutsche Biographie, München [CP]
PD Dr. Cay-Rüdiger Prüll, Department of Philosophy, University of Durham, UK [CRP]
Roser Puig, Departamento de Filologia Semítica (Àrab), Universitat de Barcelona, Spanien [RP2]
Dr. Gerhard Rammer, Inst. für Wissenschaftsgeschichte, Georg-August-Univ. Göttingen [GR]
Prof. Dr. Manfred Rasch, Thyssen-Archiv Essen [MR]
Dr. Marc J. Ratcliff, Faculté des Sciences, Université de Geneve, Schweiz [MJR]
Dr. Ulf von Rauchhaupt, Frankfurter Allgemeine Zeitung, Frankfurt/M. [UVR]
Dr. Helmut Rechenberg, Max-Planck-Institut für Physik, München [HR]
Dr. Mike Reich, Geowissenschaftliches Zentrum, Abt. Geobiologie, Univ. Göttingen [MR3]
Prof. Dr. Jürgen Renn, Max-Planck-Inst. für Wissenschaftsgeschichte, Berlin [JR]
Prof. Dr. M. von Renteln, Math. Inst. I, Univ. Karlsruhe [MR2]
Prof. Dr. Hans-Jörg Rheinberger, Max-Planck-Inst. für Wissenschaftsgeschichte, Berlin [HJR]
Dr. Christa Riedl-Dorn, Naturhistorisches Museum Wien, Österreich [CRD]
Dr. Dieter Rux, Berlin [DR]
Julio Samso, Departmento de Arabe, Universadad de Barcelona, Spanien [JS5]
Prof. Dr. Klaus Sander, Inst. f. Biologie, Univ. Freiburg [KS]
Dr. Hans-Peter Sang, Puchheim [HPS]
Dr. Michael Schaaf, Finnentrop [MS3]
Dr. Jutta Schickore, Department for History and Philosophy of Science, University Cambridge, GB [JS4]
Dr. Arne Schirrmacher, Münchner Zentrum für Wissenschafts- und Technikgeschichte [AS2]
Dr. Karl-Heinz Schlote, Sächsische Akad. der Wiss., Leipzig [KHS]
Dipl.-Päd. Isolde Schmidt, Rostock [IS2]
Prof. Dr. Peter Schreiber, Inst. für Mathematik, Ernst-Moritz-Arndt-Univ. Greifswald [PS2]
Doz. Dr. habil. Wolfgang Schreier, Leipzig [WS2]
Reinald Schröder, Diepholz [RS]
Dr. Wilfried Schröder, Bremen [WS3]
Dr. Volkmar Schüller, Max-Planck-Inst. für Wissenschaftsgeschichte, Berlin [VS]
Dr. Astrid Schürmann, Inst. für Wissenschaftsgeschichte, TU Berlin [ASCH]
Prof. Dr. Hans-Peter Schütt, Inst. für Philosophie, TU Karlsruhe [HPS2]
Dr. Oliver Schwarz, Inst. für Physik, Univ. Koblenz-Landau [OS]
Dr. Karl-Heinz Schwarz, Berlin [KHS2]
Prof. Dr. Reinhard Siegmund-Schultze, Høgskolen i Agder, Kristiansand, Norwegen [RSS]
Dr. Rajinder Singh, Arbeitsgruppe Hochschuldidaktik und Geschichte der Physik, Inst. für Physik, Univ. Oldenburg [RS2]
Dr. Joachim R. Söder, Albertus-Magnus-Inst., Bonn [JRS]
Dr. Marianne Sommer, Pennsylvania State University, USA [MS5]
Dr. Frank Stahnisch, Inst. für Geschichte und Ethik der Medizin, Univ. Erlangen-Nürnberg [FS]
PD Dr. Friedrich Steinle, Max-Planck-Inst. für Wissenschaftsgeschichte, Berlin [FST]
Prof. Dr. Rüdiger Stolz, Jena [RS3]
Doz. Dr. Sonja Strbanova, Research Center for History of Sciences and Humanities of the Czech Academy of Sciences and the Charles University, Prag, Czech Republic [SS]
Dr. sc. Herbert Teichmann, Berlin [HT]
PD Dr. Renate Tobies, Fraunhofer-Inst. für Techno- und Wirtschaftsmathematik, Kaiserslautern [RT]
Dr.-Ing. Martin Trautz, Kelkheim [MT]

Prof. Dr. Peter Ullrich, Lehrstuhl für Didaktik der Mathematik, Univ. Augsburg [PU]
Dr. Andreas Verdun, Astronomisches Inst., Univ. Bern, Schweiz [AV]
Dr. Annette Vogt, Max-Planck-Inst. für Wissenschaftsgeschichte, Berlin [AV2]
Julia Voss, Berlin [JV]
Prof. Dr. Gerhard Wagenitz, A. v.Haller-Inst. der Univ., Univ. Göttingen [GW]
Prof. Dr. Guido Walz, Mannheim [GW4]
Dr. Klaus-Peter Wendlandt, Merseburg [KPW]
Dr. Dr. Petra Werner, Berlin [PW]
Dr. Gerhard Wiesenfeldt, Ernst-Haeckel-Haus, Friedrich-Schiller-Univ. Jena [GW2]
Dr. Stefan L. Wolff, Institut für Geschichte der Naturwissenschaften der Universität München [SW]
Prof. Dr. Gudrun Wolfschmidt, Univ. Hamburg [GW3]
Dr. Jörg Zaun, Berlin [JZ]
Dr. Regine Zott, Berlin [RZ]

Weiterführende Literaturhinweise

In der folgenden Bibliographie ist eine Auswahl von Werken aufgeführt, die dem Nutzer des Lexikons vertiefende Informationen bieten können. Die Bibliographie verweist in der Regel auf Standardwerke und gliedert sich in zwei große Gruppen. Die erste listet Übersichtsdarstellungen zur Wissenschaftsgeschichte auf, geordnet nach Fachgebieten. Viele dieser Übersichtsdarstellungen enthalten auch personenbezogene Darstellungen, vor allem können sie aber dazu dienen, thematischen Zusammenhängen in der Wissenschaftsgeschichte nachzugehen. Die zweite Gruppe verweist auf wichtige Nationalbiographien, biographische Lexika zur Naturwissenschaftsgeschichte sowie biographische Lexika einzelner Fachgebiete.

Die vorliegende Bibliographie erhebt in keiner Weise den Anspruch auf Vollständigkeit, und selbst bei den bibliographischen Angaben erfüllt sie nicht alle Standards wissenschaftlicher Zitierweise – so werden in der Regel heute übliche und leicht zugängliche Ausgaben zitiert, wobei z.B. auf die Angabe der Auflage und des Jahres der Erstausgabe verzichtet wird.

Allgemeine Wissenschaftsgeschichte:

Bernal, J.D.: Die Wissenschaft in der Geschichte. Berlin 1961.
Dannemann, F.: Die Naturwissenschaft in ihrer Entwicklung und in ihrem Zusammenhang. 4 Bde., Leipzig 1920/23.
Darmstädter, L.: Handbuch der Geschichte der Naturwissenschaften, Berlin 1908.
Hessenbruch, A. (Ed.): Reader's Guide to the History of Science. London, Chicago 2000.
Mason, S.F.: Geschichte der Naturwissenschaften in der Entwicklung ihrer Denkweisen. Stuttgart 1974.
Mayerhöfer, J.: Lexikon der Geschichte der Naturwissenschaften. Wien 1959ff.
McLellan, James E.; Dorn, Harold: Science and Technology in World History: An Introduction. Baltimore 1999.
Pickstone, J.V.: Ways of Knowing. A new History of Science, Technology and Medicine. Chicago 2000.
Pyenson, Lewis; Sheets-Pyenson, Susan: Servants of Nature: A History of Scientific Institutions, Enterprises, and Sensibilities. New York/London 1999.
Schlote, K.-H. (Hrg.): Chronologie der Naturwissenschaften : der Weg der Mathematik und der Naturwissenschaften von den Anfängen in das 21. Jahrhundert, Frankfurt a.M. 2002.
Störig, H.-J.: Kleine Weltgeschichte der Wissenschaft. Stuttgart 1954.
Taton, R.: A General History of Science. 4 Bde, London 1967.
Wussing, H. (Hrg.): Geschichte der Naturwissenschaften, Leipzig 1983.

Antike und Mittelalter:

Dijksterhuis, E. J.: Die Mechanisierung des Weltbilds. Berlin 1983.
Juskevic, A.P.: Geschichte der Mathematik im Mittelalter. Leipzig 1964.
Jürss, F: Geschichte des wissenschaftlichen Denkens im Altertum. Berlin 1982.
Krafft, Fritz: Geschichte der Naturwissenschaft. Band 1: Die Begründung einer Wissenschaft von der Natur durch die Griechen. Freiburg 1971.
Lindberg, D. C.: Die Anfänge des abendländischen Wissens. München 2000.

Astronomie:

Becker, F.: Geschichte der Astronomie. Mannheim 1968.
Bialas, V.: Vom Himmelsmythos zum Weltgesetz. Eine Kulturgeschichte der Astronomie. Wien 1998.
Hamel, J.: Geschichte der Astronomie. Stuttgart 2002.
Hamel, J: Astronomiegeschichte in Quellentexten : von Hesiod bis Hubble. Heidelberg 1996.
Herrmann, D.B.: Geschichte der Astronomie von Herschel bis Herzsprung. Berlin 1975.
Herrmann, D.B.: Geschichte der modernen Astronomie. Berlin 1984.
Leverington, D.: History of Astronomy from 1890 to the Present. London 1996.
North, J.: Viewegs Geschichte der Astronomie und Kosmologie, Braunschweig, Wiesbaden 1997.
Schorn, R. A.: Planetary Astronomy: From Ancient Times to the Third Millennium. College Station 1998.
Smith, S.W.: A History of Modern Astronomy. Cambridge 1982.
Taton, R. C. Wilson (Eds.). Planetary Astronomy from the Renaissance to the Rise of Astrophysics. 2 Bde, Cambridge 1989, 1995.
Wolf, R.: Geschichte der Astronomie, München 1877.
Zinner, F.: Die Geschichte der Sternenkunde. Berlin 1931.

Biowissenschaften:

Allen, G. E.: Life science in the twentieth century. New York 1975.
Ballauf, Th.: Die Wissenschaft vom Leben. Eine Geschichte der Biologie (Orbis academicus. Problemgeschichten der Wissenschaft in Dokumenten und Darstellungen), Freiburg, München 1954.
Carus, J. V.: Geschichte der Zoologie bis auf Joh. Müller und Charl. Darwin. München 1875.
Coleman, W.: Biology in the nineteenth century. Problems of form, function, and transformation. New York 1971.
Jahn, I. (Hrg.): Geschichte der Biologie. Theorien, Methoden, Institutionen, Kurzbiographien, 3. neubearbeitete und erweiterte Auflage, Jena 1998.
Jahn, I.: Grundzüge der Biologiegeschichte. Jena 1990.
Junker, Th., U. Hoßfeld: Die Entdeckung der Evolution : eine revolutionäre Theorie und ihre Geschichte. Darmstadt 2001.
Kay, L.: Das Buch des Lebens. Wer schrieb den genetischen Code?, München 2002.
Mayr, E.: Die Entwicklung der biologischen Gedankenwelt. Vielfalt, Evolution und Vererbung. Berlin 1984.
Rotschuh, K. E.: Physiologie. Der Wandel ihrer Konzepte, Probleme und Methoden vom 16. bis 19. Jahrhundert, (Orbis Academicus. Problemgeschichten der Wissenschaft in Dokumenten und Darstellungen). Freiburg, München 1968.
Sachs, J.: Geschichte der Botanik vom 16. Jahrhundert bis 1860. München 1875.
Stubbe, H.: Kurze Geschichte der Genetik bis zur Wiederentdeckung der Vererbungsregeln Gregor Mendels, (Genetik. Grundlagen, Ergebnisse und Probleme in Einzeldarstellungen, Beitrag 1). Jena 1965.

Chemie:

Brock, W. H.: The Fontana History of Chemistry. London 1992.
Fruton, J.: Proteins, Enzymes, Genes: The Interplay of Chemistry and Biology. New Haven, Conn./London 1999.
Ihde, A. J.: The Development of Modern Chemistry. New York/Evanston/London/Tokyo 1964.
Knight, D.: Ideas in Chemistry: A History of the Science. London 1992.
Levere, T. H.: Transforming Matter: A History of Chemistry from Alchemy to the Buckyball. Baltimore/London 2001.
Partington, J. R.: A History of Chemistry. 4 Bde. London 1961ff.
Schütt, H.-W.: Auf der Suche nach dem Stein der Weisen. Die Geschichte der Alchemie. München 2000.
Strube, I., R. Stolz, H. Remane: Geschichte der Chemie. Ein Überblick von den Anfängen bis zur Gegenwart. 2., ber. Aufl. Berlin 1988.
Strube, W.: Der historische Weg der Chemie. 2 Bde. Leipzig 1976.

Geowissenschaften:

Adams, F. D.: The birth and development of the geological sciences. New York 1990.
Fabian, E.: Die Entdeckung der Kristalle. Leipzig 1986.
Fischer, W.: Gesteins- und Lagerstättenbildung im Wandel der wissenschaftlichen Anschauung. Stuttgart 1961.
Geikie, A.: The founders of geology. New York 1962.
Greene, M. T.: Geology in the nineteenth century : changing views of a changing world. Ithaca 1982.
Guntau, M.: Die Genesis der Geologie als Wissenschaft. Studie zu den kognitiven Prozessen und gesellschaftlichen Bedingungen bei der Herausbildung der Geologie als naturwissenschaftliche Disziplin an der Wende vom 18. zum 19. Jahrhundert. Berlin 1984.
Hölder, H.: Geologie und Paläontologie : in Texten und ihrer Geschichte, (Orbis Academicus: Problemgeschichten der Wissenschaft in Dokumenten und Darstellungen). Freiburg 1960.
Kobell, F. v.: Geschichte der Mineralogie von 1650–1860. München 1864.
Körber, H.-G.: Vom Wetteraberglauben zur Wetterforschung. Leipzig 1987.
Laudan, R.: From mineralogy to geology : the foundations of a science, 1650-1830. Chicago, London 1987.
Oldroyd, D.: Sciences of the earth. Studies in the history of mineralogy and geology. Aldershot 1998.
Oreskes, N. (Ed.): Plate tectonics : an insider's history of the modern theory of the earth. Boulder 2002.
Porter, R.: The making of geology. Earth science in Britain 1660–1815. Ann Arbor 1977.
Torrens, H. S.: The practice of British geology : 1750 to 1850. Aldershot 2002.
Zittel, K. A. v.: Geschichte der Geologie und Paläontologie bis Ende des 19. Jahrhunderts. München, Leipzig 1899.

Mathematik:

Becker, O., J.E. Hofmann: Geschichte der Mathematik. Bonn 1951.
Bourbaki, N.: Elemente der Mathematikgeschichte. Göttingen 1971.
Boyer, C.B.: A History of Mathematics. New York 1961.
Dauben, J.W. (Ed.): The History of Mathematics from Antiquity to the Present. A selective annotated Bibliography. New York 2000.
Grattan-Guinness, I. (Ed.): Companion Encyclopedia of the History and Philosophy of the Mathematical Sciences. 2 Vols., London, New York 1994.
Ifrah, G.: The Universal History of Numbers: from Prehistory toi the Invention of the Computer. New York 2000.
Juskevic, A.P.: Geschichte der Mathematik (russisch), Moskau 1970–1972.
Struik, D.J.: Abriß der Geschichte der Mathematik. Berlin 1972.
Wussing, H.: Vorlesungen zur Geschichte der Mathematik. Berlin 1979.

Physik:

Brown, L. et all (Eds.): Twentieth Century Physics, 3 Bde. New York 1995.
Cropper, William H.: Great Physicists: The Life and Times of Leading Physicists from Galileo to Hawking. London 2001.
Dorfmann, J.G.: Weltgeschichte der Physik (russisch). 2 Bde, Moskau 1974/79.
Heilbron, J.: Electricity in the 17th and 18th Century. Berkeley, Los Angeles, London 1979.
Hermann, A. (Hrg.): Lexikon der Geschichte der Physik. Köln 1972.
Hoddeson, L., E. Braun, J. Teichmann, Sp. Weart: Out of the Crystal Maze. New York, Oxford 1992.
Holton, G., St. Brush: Physics, the Human Adventure: From Copernicus to Einstein and Beyond. New Brunswick, London 2001.
Hund, F.. Geschichte der Quantentheorie. Mannheim 1919.
Hund, F.: Geschichte physikalischer Begriffe. Mannheim 1972.
Jungnickel, Chr., Russel McCormmach: Intellectual Mastery of Nature, Vol. 1,2, Chicago, London 1986.
Kevles, D.: The Physicists. New York 1978.
Kragh, H.: Quantum Generations. A History of Physics in the Twentieth Century. Princeton 2000.
Mehra, J., H. Rechenberg: The Historical Development of Quantum Theory, Vol. 1–9, Berlin. Heidelberg, New York 1982ff.
Schreier, W. (Hrg.): Geschichte der Physik. Ein Abriß. Berlin 1988; 2002.
Schweber, S.: QED and the men who made it: Dyson, Feynman, Schwinger, Tomonaga. Princeton 1994.
Segre, E.: Die großen Physiker und ihre Entdeckungen. München 1982.
Simonyi, K.: Kulturgeschichte der Physik. Leipzig, Jena, Berlin 1990.
Treder, H.-J.: Große Physiker und ihre Probleme. Berlin 1983.

Technik:

Basall, G.: The Evolution of Technology, Cambridge 1988.
Brentjes, B., S. Richter, R. Sonnemann: Geschichte der Technik. Leipzig 1978.
Buchanan, R.A.: The Power of the Machine. London 1992.
Buchheim,G., R. Sonnemann: Geschichte der Technikwissenschaften, Leipzig 1990.
Cardwell, D.: The Fontana History of Technology. London 1994.
Derry, T.K., T.I. Williams. A Short History of Technology.. New York 1960.
Dettmering, W., A. Hermann: Technik und Kultur. 10 Bde. Düsseldorf 1990ff.
Hausen, K., R. Rürup (Hrg.): Moderne Technikgeschichte. Köln 1975.
Karmasch., K.: Geschichte der Technologie. München 1872.
Klemm, F.: Geschichte der Technik. Reinbek 1983.
Klinckowstroem, K.: Knaur's Geschichte der Technik. München 1959.
König, W. (Hrg.): Prophyläen Technikgeschichte. 5 Bde., Berlin 1991ff.
Kranzberg, M., C.W. Pursell (Eds.): Technology in Western Civilization. 2 Vols., New York 1967.
Schuchardin, S.W. et all: Allgemeine Geschichte der Technik. 2 Bde., Leipzig 1984.
Troitzsch, U., W. Weber: Die Technik. Braunschweig 1982.

Biographische Nachschlagewerke:

Allgemein:

A Dictionary of Scientists. Oxford, New York 1999.
Asimov, A.: Biographische Enzyklopädie der Naturwissenschaften und Technik, Freiburg 1973.
Brockhaus. Nobelpreise. Mannheim, Leipzig 2001.
Crowther, J.G.: Grosse Englische Forscher. Berlin 1948.
Daintith, J. et all (Eds.): Biographical Encyclopedia of Scientists, 2 Bde., Bristol, Philadelphia 1994.
Debus., A.G. (Hrg.): World Who's who in science, a biographical dictionary of notable scientists from antiquity to the present, Chicago 1968.
Falkenhagen, H.: Die Naturwissenschaft in Lebensbildern großer Forscher, Stuttgart 1948.
Gillispie, Ch. C. (Hrg.): Dictionary of scientific biography, New York: Scribner, 1981
Haines, C. M.C., Stevens, H. M.: International Women in Science: A Biographical Dictionary to 1950. Santa Barbara/Oxford 2001
Harenberg Lexikon der Nobelpreisträger. Dortmund 1998.
Hartkopf, W.: Die Berliner Akademie der Wissenschaften : ihre Mitglieder und Preisträger 1700–1990, Berlin 1992.
Jöcher, Chr. G.: Allgemeines Gelehrten-Lexikon, 15bde, Leipzig 1750 (Nachdruck Hildesheim 1981).
Krafft, F.: Große Naturwissenschaftler. Biographisches Lexikon mit einer Bibliographie zur Geschichte der Naturwissenschaften, Düsseldorf: VDI-Verlag, 1986 (erweiterte Neuauflage als: Vorstoß ins Unerkannte, Weinheim 1999).
Lepronce-Ringuet, L. (Hrg.): Die berühmten Erfinder, Physiker und Ingenieure, Köln o.J.
Lexikon der Naturwissenschaftler. Heidelberg, Berlin 1996.
Maurer, J.F. et al (Eds.): Concise Dictionary of Scientific Biography, New York 1981.
Millar, D. et al: The Cambridge Dictionary of Scientists. Cambridge 1996.
Nobel lectures, including presentation speeches and laureates, biographies. Amsterdam 1964ff
North, J. (Ed.): Mid-Nineteeth Centruy Scientists. Oxford 1969.
Ogilvie, M., J. Harvey: The Biographical Dictionary of Women in Science. Pioneering Lives from Antiquity to the Mid-Twentieth Century. 2 Vols, New York 2000.
Ostwald, W.: Grosse Männer. Leipzig 1927.
Poggendorff, J. Chr. (Hrg.): Biographisch-literarisches Handwörterbuch zur Geschichte der exacten Wissenschaften. Leipzig 1863ff.
Porter, R. (Hrg.): The biographical dictionary of scientists, New York 1994
Selin, H. (Hrg.): Encyclopedia of the history of science, technology and medicine in non-western cultures. Dordrecht 1997.
Strauss, H. A., Röder, W. (Hrg.): Biographisches Handbuch der deutschsprachigen Emigration nach 1933/ International biographical dictionary of central European emigrés 1933–1945. München 1980–1983, Bd. 2 : The arts, sciences, and literature (2 Bde.); Bd. 3 : Gesamtregister.

Astronomie:

Herrmann, D.B. (Hrg.): Biographien bedeutender Astronomen. Berlin 1991.
Kolchinski, I.G. et all: Astronomen (russ.), Kiew 1977.

Biowissenschaften:

Almquist, E.: Große Biologen, München 1931.
Dürfler, J.: Botaniker-Porträts, Wien 1906.
Eckart, W. U., Chr. Gradmann: Ärztelexikon : von der Antike bis zum 20. Jahrhundert, München 1995.
Fox, D. M.; M. Meldrum, I. Rezak (Hrg.): Nobel laureates in medicine or physiology : a biographical dictionary, New York: Garland Pub., 1990
Grinstein, L. S., C. A. Biermann: Women in the Biological Sciences. A Biobibliographic Sourcebook. Westport, London 1997.
Hirsch, A.: Biographisches Lexikon der hervorragenden Aerzte aller Zeiten und Völker. Wien, Leipzig, 1884–88.
Jahn, I., M. Schmitt: Darwin & Co. : eine Geschichte der Biologie in Portraits. 2 Bde, München 2001.
Plesse, W., D. Rux (Hrg.): Biographien bedeutender Biologen, Berlin 1986.

Weiterführende Literaturhinweise

Chemie:
Bugge, G (Hrg.): Das Buch der großen Chemiker. 2 Bde, Berlin 1929.
Fraber, E. (Hrg.): Great Chemists, New York 1961.
Greiner, A, Klare, H. (Hrg.): Chemiker über Chemiker: Wahlvorschläge zur Aufnahme von Chemikern in die Berliner Akademie 1822–1925 von Eilhard Mitscherlich bis Max Born, Berlin 1986.
Heinig, K. (Hrg.): Biographien bedeutender Chemiker, Berlin 1988.
Pötzsch, W.R. et.al (Hrg.): Lexikon bedeutender Chemiker. Leipzig 1988.
Volokov, W.A. u.a.: Chemiker (russisch), Kiew 1984.

Geowissenschaften:
Guntau, M: Biographien bedeutender Geowissenschaftler der Sowjetunion. Berlin 1979.
Prescher, H. (Hrg.): Leben und Wirken deutscher Geologen im 18. und 19. Jahrhundert. Leipzig 1985.

Mathematik:
Bogoljubov, A.N.: Mathematiker, Mechaniker (russisch). Kiew 1983.
Gottwald, S. et all (Hrg.): Lexikon bedeutender Mathematiker. Thun 1990
Meschkowski, H.: Mathematiker-Lexikon. Mannheim 1980.
Wussing, H., Arnold, K. (Hrg.): Biographien bedeutender Mathematiker. Berlin 1979.

Physiker:
Chramow: Physiker (russisch). Kiew 1983.
Herneck, F.: Bahnbrecher des Atomzeitalters, Berlin 1966.
Kirsten, Chr., H.-G. Körber: Physiker über Physiker: Wahlvorschläge (und Antrittsreden) zur Aufnahme von Physikern in die Berliner Akademie : 1870 bis 1929 ; von Hermann von Helmholtz bis Erwin Schrödinger, 2 Bde, Berlin 1975, 1979.
Meyenn, K.v.: Die großen Physiker, 2 Bde, München 1977.
Schreier, W. (Hrg.): Biographien bedeutender Physiker, Berlin 1984

Technik:
Banse, G., S. Wollgast (Hrg.): Biographien bedeutender Techniker, Ingenieure und Technikwissenschaftler. Berlin 1983.
Kauffeldt, A. (Hrg.): Deutsche Techniker aus sechs Jahrhunderten. Leipzig 1963.
Lee, A.A.: Biographical Dictionary of American Civil Engineers, New York 1972.
Matschoß, C.: Männer der Technik. Ein biographisches Handbuch. Berlin 1925 (Nachdruck Düsseldorf 1985).
Weiher, S.v.: Männer der Funktechnik. Berlin 1983.

National-Enzyklopädien (Auswahl):
Allgemeine Deutsche Biographie. 56 Bde, Leipzig 1875ff.
Neue Deutsche Biographie, Berlin 1953ff,
Deutsche Biographische Enzyklopädie, Herausgegeben von W. Killy, 12 Bde, München 1995ff.
Wer war Wer in der DDR. Ein biographisches Lexikon. Herausgegeben von H. Müller-Enbergs, J. Wielgohs, D. Hoffmann. Berlin 2001.
Bettelheim, A. (Hrg.): Biographisches Jahrbuch und deutscher Nekrolog, 18 Bde, Berlin 1897ff.
Kürschners Deutscher Gelehrten-Kalender, Berlin 1925ff.

Österreichisches Biographisches Lexikon, Graz 1957ff.
Neue Österreichische Biographie, Zürich 1923ff
Knoll, F.: Österreichische Naturforscher, Ärzte und Techniker, Wien 1957.

Concise Dictionary of American Biography, New York 1960.
Dictionary of American Biography, 20 Bde, New York 1928ff.

Dictionary of Canadian Biography, 11 nde, Toronto 1966ff.

Dictionary of National Biography, London 1882ff.
New Oxford Dictionary of National Biography, Oxford 2003ff

Dictionnaire de Biographie Francais, Paris 1923ff.

Kaufman, J.M. (Hrg.): Russkie biograficeskie i bibliograficeskie slovari, Moskau 1955.
Russkij biograficeskij slovar, 25Bde, Moskau 1896–1918.

Biographischer Index der Antike, bearb. von H. Schmuck, München 2001.
Afrikanischer Biographischer Index, bearb. von V.H. Mediavilla, München 199ff.
Amerikanischer Biographischer Index, bearb. Von L. Baillie, München 1998.
Australasiatischer Biographischer Index, bearb. Von V.H. Mediavilla, München 1996ff.
Baltischer Biographischer Index, bearb. von A. Frey, München 1999.
Biographischer Index der Benelux-Länder, bearb. Von B. Wispewey, München 2003ff.
Britischer Biographischer Index, bearb. von D. Bank & Th. McDonald, München 1998ff.
Chinesischer Biographischer Index, bearb. Von St. v. Minden, München 2000ff.
Deutscher Biographischer Index, München 1998ff.
Französischer Biographischer Index, bearb. Von T. Nappo, München 1998ff.
Griechischer Biographischer Index, bearb. Von H. Schmuck, München 2003ff.
Indischer Biographischer Index, bearb. Von L. Baillie, München 2001ff.
Italienischer Biographischer Index, bearb. Von T. Nappo, München 2002ff.
Polnischer Biographischer Index, bearb. von G. Baumgartner, München 1998ff.
Russischer Biographischer Index, bearb. von A. Frey, München 2002ff.
Scandinavian Biographical Index, bearb. von L. Baillie,. London, Melbourne, Munich 1994ff.
Spanischer, Portugiesischer und Iberoamerikanischer Biographischer Index, bearb. V. V.H. Mediavilla, München 2002ff.
Südostasiatischer Biographischer Index, bearb. Von B. Wispelwey. München 2002ff.
Jüdischer Biographischer Index, bearb. Von H. Schmuck, München 1998ff.

Abbe, Ernst,
deutscher Physiker,
* 23. 1. 1840 Eisenach,
† 14. 1. 1905 Jena.

Abbe schuf die physikalischen Grundlagen für den modernen Mikroskopbau und gemeinsam mit dem Glastechniker O. ↗ Schott die wissenschaftlichen Grundlagen der Herstellung optischer Gläser, wodurch er zum maßgeblichen Mitbegründer des wissenschaftlichen Gerätebaus wurde.

E. Abbe

Abbe entstammte einer Arbeiterfamilie und zeigte schon während seiner Schulzeit eine herausragende mathematische und naturwissenschaftliche Begabung. Mit 17 Jahren begann er an der Universität Jena, Physik zu studieren, und wechselte nach vier Semestern an die Universität Göttingen, wo er 1861 bei W. ↗ Weber und B. ↗ Riemann promovierte. Nach einer kurzen Dozententätigkeit am Physikalischen Verein in Frankfurt am Main kehrte Abbe 1863 an die Universität Jena zurück, wo er sich noch im gleichen Jahr für die Lehrgebiete Mathematik und Physik habilitierte. 1870 wurde er zum außerordentlichen Professor und 1878 zum ordentlichen Honorarprofessor berufen; zwischen 1877 und 1900 leitete er zudem die Jenaer Universitätssternwarte. Im Jahre 1871 heiratete Abbe Elise Snell, Tochter seines ehemaligen Lehrers Karl Snell. Aus dieser Ehe gingen zwei Töchter hervor.

Im Jahre 1866 war der Jenaer Optiker C. ↗ Zeiss an den jungen Privatdozenten mit der Bitte herangetreten, ihn bei der Entwicklung verbesserter Mikroskopobjektive zu unterstützen. In den folgenden Jahren schuf Abbe auf Grundlage der Wellenoptik (Beugungstheorie) eine neue Theorie der Bildentstehung im Mikroskop, die 1873 publiziert wurde.

In diesem Zusammenhang wurde auch die so genannte Sinusbedingung der Abbildung formuliert, die generell die Auflösungsgrenze eines Mikroskops bestimmt und nicht nur für die Lichtmikroskopie, sondern auch für das Elektronenmikroskop gilt.

Mit seiner Theorie berechnete Abbe für Zeiss zahlreiche neue Objektive für Mikroskope. Darüber hinaus konstruierte er auch eine Reihe neuer Messgeräte, die für eine rationelle Fertigung der Objektive, mit gleich bleibend hohem Qualitätsstandard, notwendig waren. Damit hatte Abbe die Produktion der Mikroskopobjektive auf eine wissenschaftliche Grundlage gestellt. Auf Abbe geht ebenfalls die Einführung der Dioptrienzahl zur Kennzeichnung der Augenfehler bzw. der mit ihnen korrespondierenden Brillengläser zurück.

Bereits während seiner frühen Arbeiten über Mikroskopobjektive gelangte Abbe zu der Erkenntnis, dass sie nur mithilfe neuer Glassorten zur vollen Leistungsfähigkeit gebracht werden können. Deshalb holte Abbe 1882 den jungen Glaschemiker Schott nach Jena und setzte sich für eine staatliche Förderung der Glasschmelzversuche von Schott ein. 1884 wurden Abbe und Zeiss Teilhaber des neu gegründeten Glastechnischen Laboratoriums Schott & Genossen. Mithilfe der neuen Gläser von Schott gelang Abbe 1886 die Konstruktion der Apochromaten, der leistungsfähigsten Mikroskopobjektive des 19. Jahrhunderts.

Nach diesem Durchbruch wandte sich Abbe verstärkt der Umsetzung seiner sozialpolitischen Vorstellungen zu. Seit 1876 war Abbe, der bis dahin einen Teil des Gewinns aus dem Mikroskopverkauf von Zeiss als Honorar erhalten hatte, stiller Teilhaber der Zeiss'schen Werkstatt, die bereits 250 Mitarbeiter beschäftigte. Als Zeiss im Jahre 1888 starb, suchte Abbe nach einer Möglichkeit, den Betrieb so abzusichern, dass seine weitere Entwicklung nicht durch eigennützige Interessen der zukünftigen Eigentümer gefährdet werden konnte. 1889 wurde die Carl-Zeiss-Stiftung gegründet, die 1891, nach

E. Abbe: Historische Werkstatt der Zeiss-Werke in Jena

Abfindung der Erben von Zeiss, alleinige Eigentümerin der Zeisswerke wurde. Ebenso übernahm die Stiftung die Hälfte der Anteile an den Glaswerken Schott & Genossen, die ebenfalls aus dem Besitz von Abbe und Zeiss stammten. Abbe wurde Bevollmächtigter der Stiftung und einer ihrer drei Geschäftsführer. Unter Abbes Leitung wurden für die Zeiss-Werke systematisch neue Geschäftsfelder erschlossen. Dies begann mit der Entwicklung von Fotoobjektiven und wissenschaftlichen Messgeräten, setzte sich mit der Konstruktion von Feldstechern und optischen Militärgeräten fort und führte Ende der 1890er-Jahre zum Bau astronomischer Instrumente.

Mit den Statuten der Carl-Zeiss-Stiftung hat Abbe eine für seine Zeit vorbildliche Regelung des Arbeitsrechts geschaffen – dies betraf die Kranken-, Pensions- und Hinterbliebenenversicherung für die Mitarbeiter, eine begrenzte Mitbestimmung durch einen Arbeiterausschuss, die Arbeitszeit-, Lohn- und Urlaubsregelungen und eine Abgangsentschädigung für entlassene Mitarbeiter. Die Gewinne der Stiftungsunternehmen sollten zur Förderung der allgemeinen Interessen der feinmechanischen und optischen Industrie, zur Förderung gemeinnütziger Einrichtungen der Stadt Jena und nicht zuletzt zur Förderung der naturwissenschaftlichen und mathematischen Forschung, insbesondere an der Universität Jena, verwendet werden.

Im Jahre 1903 zog sich Abbe wegen seines angegriffenen Gesundheitszustands aus der Geschäftsleitung der Zeiss-Stiftung zurück. Als Mitglied mehrerer wissenschaftlicher Akademien und Gesellschaften – darunter der Leopoldina in Halle und der Londoner Royal Microscopical Society – sowie als mehrfacher Ehrendoktor hochgeehrt, verstarb Abbe bereits drei Jahre später. [JZ]

Werk(e):
Gesammelte Abhandlungen von Ernst Abbe, 5 Bde. (1904–40); Der Briefwechsel zwischen Otto Schott und Ernst Abbe über das optische Glas 1879-1881, bearbeitet von H. Kühnert (1946); Ernst Abbe – Briefe an seine Jugend- und Studienfreunde Carl Martin und Harald Schütz 1858-1865, hrg. u. bearb. v. V. Wahl, J. Wittig u. Mitwirkung von B. Schweinitz u. A. Vogt (1986).

Sekundär-Literatur:
F. Auerbach: E. Abbe (1918); Rohr, M.v.: Ernst Abbe (1940); Wittig, J.: Ernst Abbe (1989); Czapski, S.: Die Theorie der optischen Instrumente nach Abbe (1893); Stolz, R., Wittig, J. (Hrg.): Carl Zeiss und Ernst Abbe: Leben, Wirken und Bedeutung, wissenschaftshistorische Abhandlungen (1993).

Abderhalden, Emil,
deutsch-schweizerischer Biochemiker und Physiologe,
* 9. 3. 1877 Oberuzwil (Kanton St. Gallen, Schweiz),
† 5. 8. 1950 Zürich.

Abderhaldens Arbeiten zur Proteinchemie, über Stoffwechsel und Hormone trugen zur Etablierung der Biochemie sowie der Ernährungswissenschaft bei. Als XX. Präsident stand er während der NS-Diktatur der Deutschen Akademie der Naturforscher Leopoldina vor.

E. Abderhalden

Abderhalden, Sohn des Lehrers Nikolaus Abderhalden, studierte von 1895 bis 1902 in Basel Medizin. Bereits während des Studiums wurde er durch den Professor für Physiologische Chemie Gustav von Bunge gefördert, der auch Vorbild für sein soziales Engagement und seinen Kampf gegen den Alkoholismus wurde. 1901 absolvierte er das Staatsexamen, 1902 wurde er promoviert. Danach ging er zur Weiterbildung zu dem Berliner Chemiker E. ↗ Fischer, dessen Privatassistent er wurde. 1904 habilitierte sich Abderhalden an der Medizinischen Fakultät der Berliner Universität. 1908 erhielt er den Professorentitel und wurde als Nachfolger von Hermann Munk Ordinarius für Physiologie an der Tierärztlichen Hochschule in Berlin. 1911 berief ihn die Universität in Halle (Saale) auf das Ordinariat für Physiologie in Nachfolge von Julius Bernstein. Bis 1945 vertrat er sowohl die Physiologie als auch die Physiologische Chemie. Abderhalden wurde 1912 Mitglied der Deutschen Akademie der Naturforscher Leopoldina. Von 1924 bis 1931 war er Sekretär der medizinischen Abteilung, Ende 1931 wurde er zum Präsidenten gewählt und trat im Januar 1932 sein Amt an (Wiederwahl 1941). Auf Befehl der amerikanischen Besatzungsmacht musste er im Juni 1945 Halle verlassen und kehrte nach einem kurzen Aufenthalt in der amerikanischen Besatzungszone in sein Heimatland Schweiz zurück. In Zürich wirkte er 1946–47 nochmals als Professor für Physiologische Chemie. Trotz sehr beschränkter Einflussmöglichkeiten auf die Leopoldina in Halle blieb er bis zu seinem Tode ihr Präsident. Abderhalden war seit 1909 mit Margarete Barth verheiratet und hatte fünf Kinder.

Seine Forschungen beschäftigten sich mit der Zusammensetzung, dem Auf- und Abbau von Proteinen sowie der biologischen Wertigkeit der Proteinbestandteile. Er ersetzte Nahrungseiweiß in der Verfütterung durch ein Gemisch der enthaltenen Aminosäuren und analysierte den Verdauungsprozess. Außerdem arbeitete er über Hormone und Vitamine. Er beschrieb eine Cystinspeicherkrankheit (Abderhalden-Fanconi-Syndrom) und bemühte sich mit seinen Forschungen um praktischen Nutzen für die medizinische Therapie. Er war ein begnadeter Hochschullehrer, Autor gefragter Lehrbücher und Herausgeber vielbändiger Methodenhandbücher. Mit seinem Konzept der Abwehrfermente (ursprünglich Schutzfermente) erlangte er kurzzeitigen wissenschaftlichen Ruhm. Für den Nachweis dieser vermeintlich hoch spezifischen Abwehrfermente gegen »fremdes« Protein entwickelte er ein diffiziles Verfahren, die so genannte Abderhaldensche Reaktion, die er ständig verbesserte. Er arbeitete eine Vielzahl von Anwendungsmöglichkeiten aus – vom Schwangerschaftsnachweis bis zur Tumordiagnose. Das Konzept hielt jedoch einer kritischen Überprüfung nicht stand. Die Kontroversen beschädigten Abderhaldens wissenschaftliches Renommee, dennoch beharrte er auf seinen falschen Vorstellungen. Dieser weitreichende Irrtum führte sogar zu Betrugsvorwürfen.

In Abderhaldens sozialem Einsatz spiegeln sich seine ethischen und eugenischen Vorstellungen wider. Während des Ersten Weltkriegs übernahm er die Leitung des Verwundetentransports in Halle und richtete mit Spenden Lazarettzüge ein. Er gründete 1915 einen »Bund zur Erhaltung und Mehrung der deutschen Volkskraft«, baute ein Säuglingsheim auf und sicherte mit Kleinackerland die Ernährung der halleschen Bevölkerung in Kriegszeiten. In der Nachkriegszeit war er kurzzeitig Mitglied der linksliberalen Deutschen Demokratischen Partei und deren Abgeordneter in der Verfassunggebenden Preußischen Landesversammlung. Abderhalden organisierte Erholungsaufenthalte für 100 000 unterernährte deutsche Kinder in der Schweiz, beteiligte sich an der Gründung eines »Gesinnungsbundes zur Hebung der sexuellen Sittlichkeit«, schuf einen »Ärzte- und Volksbund für Sexualethik« und gab eine *Ethik*-Zeitschrift heraus, die in den Zwanziger- und dreißiger Jahren streitbar zu drängenden Fragen der Medizinethik sowie ethischen Problemen in Wissenschaft, Pädagogik und Kunst Stellung bezog. Als Leopoldina-Präsident sorgte er für eine Modernisierung und Internationalisierung der Gelehrtengesellschaft. Während er nach 1933 einerseits mit seinem sozialen Engagement und seiner Vergangenheit als Demokrat in Konflikte mit NS-Kreisen geriet, war er andererseits zu Zugeständnissen bereit oder folgte selbst in einigen Fragen dem NS-Zeitgeist, u. a. unterstützte er die nationalsozialistische Sterilisationsgesetzgebung. Als Leopoldina-Präsident versuchte er zwar, Mitgliedschaften weiterhin nach Kriterien wissenschaftlicher Reputation zu vergeben, veranlasste jedoch in Anpassung und vorauseilendem Gehorsam auch die Streichung fast aller jüdischen Leopoldina-Mitglieder aus der Akademiematrikel.

Nach dem Zweiten Weltkrieg bemühte sich Abderhalden mit seinem Werk *Gedanken eines Biologen zur Schaffung einer Völkergemeinschaft und eines dauerhaften Friedens* (1947) um eine Bilanz seiner Zeit, ohne jedoch eigene Verstrickungen während der zurückliegenden Jahre einzugestehen.

[MK3]

Werk(e):
Lehrbuch der physiologischen Chemie (1906, 7. Aufl. 1940); Lehrbuch der Physiologie (4 Bde., 1925, 1926, 1927); Handbuch der biologischen Arbeitsmethoden (106 Bde. und Gesamtinhaltsübersicht, 1920–1939).

Sekundär-Literatur:
Gabathuler, J.: Emil Abderhalden, sein Leben und Werk (1991); Kaasch, M.: Sensation, Irrtum, Betrug? – Emil Abderhalden und die Geschichte der Abwehrfermente, Acta Historica Leopoldina 36 (2000) 145–210; Kaasch, M., Kaasch, J.: Emil Abderhalden: Ethik und Moral in Werk und Wirken eines Naturforschers, in: Frewer, A., Neumann, J. N. (Hrg.): Medizingeschichte und Medizinethik, Kontroversen und Begründungsansätze 1900–1950 (2001) 204–246.

E. Abderhalden und G. Embden 1929

> **Abegg, Richard,**
> deutscher Chemiker,
> * 9. 10. 1869 Danzig,
> † 3. 4. 1910 Kröslin.

Abegg arbeitete zur Elektrolyse und zur Elektroaffinität und stellte eine Valenzregel auf.

Nach Studium in Tübingen, Kiel und Berlin promovierte Abegg 1891 bei A. W. ↗ Hofmann, spezialisierte sich bei W. ↗ Ostwald zum Physikochemiker, arbeitete 1893 bei S. ↗ Arrhenius und bis 1899 bei W. ↗ Nernst. 1898 wurde er a.o. Professor, ab 1899 Abteilungsvorsteher an der Universität Breslau. Seit 1901 redigierte er die *Zeitschrift für Elektrochemie*.

Ein verdienstvoller Lehrer, betreute er auch die physikalisch-chemische Promotion von Clara Immerwahr, der späteren Frau von F. ↗ Haber. 1909 wurde er o. Professor und Direktor des physikalisch-chemischen Instituts der Universität Breslau, 1910 sollte er Ordinarius an der neuen TH Breslau werden. Abegg, zeitlebens sportlich aktiv – er trug viel zur Entwicklung des Ballonflugsports bei –, verunglückte jedoch tödlich bei einem Flugunfall, noch bevor er das neue Amt übernehmen konnte.

Abegg bestimmte die Gefrierpunkte konzentrierter und verdünnter Salzlösungen und Löslichkeitsprodukte sowie von Dielektrizitätskonstanten, untersuchte die Ionenbeweglichkeit in Lösungen sowie chemische Gleichgewichte. Er bearbeitete Probleme der Elektroaffinität sowie der Kombinationskapazität von Atomen, wonach sich bestimmte Elemente je nach der Anzahl der in den Elektronenschalen vorhandenen Elektronen mehr oder weniger leicht zu Molekülen zusammenfügen. Seine Valenzregel besagt, dass die Wertigkeit eines Elements variabel und die Summe der maximalen positiven und negativen Wertigkeiten eines Elementes 8 ist (Oktett-Theorie). [RZ]

Werk(e):
Die Theorie der elektrolytischen Dissociation, Ahren's Sammlung chemischer und chemisch-technischer Vorträge (1903); Anleitung zur Berechnung volumetrischer Analysen (1900); Handbuch der anorganischen Chemie (1905–1939).

> **Abel, John Jacob,**
> amerikanischer Pharmakologe,
> * 19. 5. 1857 Cleveland (Ohio, USA),
> † 26. 5. 1938 Baltimore (Maryland, USA).

Abel hat die in Deutschland entstandene experimentelle Pharmakologie in die Vereinigten Staaten verpflanzt, dort eine rege Forschungstätigkeit entfaltet und die erste Generation amerikanischer Pharmakologen ausgebildet.

Nach einer Tätigkeit als Lehrer in Indiana studierte Abel Medizin an den Universitäten von Michigan, Johns Hopkins (Baltimore), Leipzig und Strassburg (Dr. med. 1888), mit medizinischen Zusatzausbildungen in Wien, Bern und Leipzig. Zu den bedeutenden Lehrern Abels gehörten C. ↗ Ludwig, F. ↗ Hoppe-Seyler, Oswald Schmiedeberg und Marceli Nencki. 1891 wurde er auf den Lehrstuhl für Pharmakologie der Universität von Michigan berufen, 1893 auf denjenigen der Johns Hopkins University, den er bis 1932 innehatte.

Abels Forschungsarbeiten betrafen vor allem das Gebiet der Hormone (Schilddrüse, Hypophyse; Adrenalin, Insulin), ferner Histamin, Phthaleine, Tetanus-Toxin und andere Gifte. Auch wichtige Vorarbeiten zur künstlichen Niere stammen von ihm. Zur Institutionalisierung von Pharmakologie und Biochemie in den USA hat er neben seiner Lehrtätigkeit beigetragen durch die Gründung der entsprechenden Fachzeitschriften und Fachgesellschaften. [MB]

Sekundär-Literatur:
MacNider, W. D.: Biographical Memoir of John Jacob Abel, Biog. Mem. Natl. Acad. Sci. 24 (1947) 231–257 (mit Schriftenverzeichnis); Parascandola, J.: The Development of American Pharmacology. John J. Abel and the Shaping of a Discipline (1992).

> **Abel, Niels Henrik,**
> norwegischer Mathematiker,
> * 5. 8. 1802 Finnoy (bei Stavanger),
> † 6. 4. 1829 Froland (bei Arendal).

Abel war Mitbegründer der Theorie der elliptischen Funktionen und der Theorie der Integrale algebraischer Funktionen (Abelsche Integrale).

N.H. Abel

Abels Vater war Pastor; seine Mutter stammte aus einer wohlhabenden Kaufmanns- und Reederfamilie; jedoch geriet seine Familie bald in finanzielle Probleme, insbesondere nach dem Tod des Vaters (1820). Ab 1815 besuchte Abel die Kathedral-Schule in Christiania (heute: Oslo). Sein Lehrer Bernt Michael Holmboe entdeckte seine mathematische Begabung und machte ihn mit Fachliteratur bekannt.

Seit 1820 beschäftigte sich Abel mit der algebraischen Lösbarkeit der allgemeinen Gleichung 5. Grades und meinte zunächst, dafür eine Lösung gefunden zu haben. Unter Mitwirkung von Ferdinand Degen entdeckte er darin jedoch einen Fehler und gelangte 1823 zu der Einsicht und einem – nach damaligem Stand – exakten Beweis, dass diese Gleichung nicht mittels algebraischer Ausdrücke lösbar ist. (Von den entsprechenden, wenn auch unvollständigen, Überlegungen Paolo Ruffinis aus dem Jahre 1799 erfuhr Abel wohl erst 1826.) Degen riet auch, Abel solle sich den elliptischen Integralen zuwenden.

Während seines Studiums an der Universität in Christiania (1821–1825) wurde Abel insbesondere durch Christopher Hansteen unterstützt, in dessen Zeitschrift er die erste Lösung einer Integralgleichung veröffentlichte.

Mit einem Stipendium der norwegischen Regierung ging Abel 1825 nach Berlin. Dort publizierte er in August Leopold Crelles *Journal für die reine und angewandte Mathematik* zahlreiche Artikel, u. a. eine Darstellung über die Gleichung 5. Grades und Arbeiten zur exakten Begründung der Infinitesimalrechnung (Abelsches Lemma).

Mitte 1826 reiste Abel weiter nach Paris. Bei der dortigen Akademie reichte er am 30. 10. 1826 sein Hauptwerk ein, in dem er Integrale algebraischer Funktionen behandelte. Für diese stellte er das Abelsche Theorem auf: Jede Summe von Integralen der gleichen algebraischen Funktion ist die Summe einer festen Anzahl solcher Integrale. Bei A. ↗ Cauchy, einem der von der Akademie bestellten Gutachter, ging das Manuskript jedoch (zunächst) verloren und wurde erst 1841 publiziert.

Enttäuscht kehrte Abel zum Jahreswechsel 1826/27 nach Berlin zurück und begann dort die erste Veröffentlichung, in der konsequent die Umkehrfunktionen elliptischer Integrale, die elliptischen Funktionen, behandelt wurden. Im Mai 1827 fuhr er wieder nach Christiania. Dort verdiente er seinen Lebensunterhalt mit Nachhilfestunden, bis er 1828 die (befristete) Vertretung der Stelle von Hansteen antrat.

Mittlerweile hatte C. G. J. ↗ Jacobi ähnliche Resultate über elliptische Funktionen angekündigt, aber keine Beweise gegeben, während Abel Jacobis Resultate aus seinen herleiten konnte. Danach wurden die Leistungen und die prekäre Lage Abels zur Kenntnis genommen, und es gelang Crelle, ihm eine Professur in Berlin zu verschaffen. Die Nachricht sandte er am 8. 4. 1829 nach Froland, zwei Tage, nachdem Abel dort an Tuberkulose gestorben war. Im folgenden Jahr wurde Abel und Jacobi der große Preis der Pariser Akademie verliehen. [PU]

Werk(e):
Œuvres completes, Nouvelle Edition (1881).

Sekundär-Literatur:
Ore, O.: Niels Henrik Abel, mathematician extraordinary (1957, 1974); Stubhaug, A.: Ein aufleuchtender Blitz – N.H. Abel (2003).

Abel, Othenio Lothar Franz Anton Louis,
österreichischer Paläobiologe,
* 20. 6. 1875 Wien,
† 4. 7. 1946 Pichl (Mondsee, Österreich).

Abel gilt als Begründer der modernen Paläobiologie.

Abel, Sohn eines Gartenarchitekten, war schon als Kind von den Dinosaurierskeletten im Wiener Naturkundemuseum fasziniert und sammelte bereits als 16-Jähriger fleißig Fossilien. Aufgrund seiner wirbeltier-paläontologischen Studien (Zahnwale, Seekühe, Flugfische) wurde er nach der Promotion 1899 und der Habilitation 1901 (beides bei E. ↗ Suess) in Wien 1907 Professor für Paläontologie, später für Paläobiologie. Seine Arbeiten unter Einfluss und Leitung des Paläontologen Louis Dollo (1900 war Abel bei ihm in Brüssel) führten ihn zur Erkenntnis, künftige Aufgabe der Paläontologie müsse die biologische Betrachtung der Fossilien sein; damit begründete und popularisierte er die Paläobiologie. Als wesentliche Aufgabe sah Abel die Erforschung der Lebensweise der fossilen Tiere und bezog dies vor allem auf Bewegungsart, Nahrungsweise und Symbiosen. Schließlich fügte er

O.L.F.A.L. Abel

noch die Geschichte der Tierstämme und die geographische Verbreitung als lohnenswerte Aufgaben an. Zu seinen Förderern gehörte neben Dollo der amerikanische Paläontologe Henry Fairfield Osborn. Erfolgreiche Ausgrabungen in Pikermi (Griechenland) und der Mixnitzer Drachenhöhle (Österreich) fanden unter Abels Leitung statt.

1911 wurde Abel Träger der Bigsy Medal in London, 1920 wurde ihm in den USA die Daniel Giraud Elliot Medal verliehen. 1928 gründete Abel die Zeitschrift *Palaeobiologica*. Abel hinterließ über 250 Schriften, darunter wenigstens 14 umfangreiche Bücher. Zu seinen bedeutenden und wegweisenden Werken gehören *Paläobiologie der Wirbeltiere*, *Paläobiologie der Cephalopoden*, *Die Stämme der Wirbeltiere* und *Paläobiologie und Stammesgeschichte*. Mit seinen Arbeiten beeinflusste er die Wirbeltierpaläontologie des 20. Jahrhunderts. Bekannt waren seine Zeichenkünste, viele publizierte Rekonstruktionen ausgestorbener Wirbeltiere fertigte er selbst an oder wurden unter seiner Leitung erstellt.

Abels Herkunft aus dem Wien der Jahrhundertwende ließ jedoch eine tendenziell antisemitische Grundstimmung erkennen. Seine Wahl zum Universitätsrektor in Wien 1932 war von einem missglückten Attentat begleitet. Abels in einigen Reden erkennbar nationalsozialistisch beeinflusste Haltung führte schließlich 1934 zur Zwangspensionierung an der Wiener Universität. Im Dritten Reich fand er in Göttingen eine neue Heimat und wurde dort 1940 emeritiert. Nach dem so genannten Anschluss Österreichs an das Dritte Reich wurde er Ehrensenator der Universität Wien. [RK]

Werk(e):
Grundzüge der Paläobiologie der Wirbeltiere (1912); Paläobiologie der Cephalopoden aus der Gruppe der Dibranchiaten (1916); Die Stämme der Wirbeltiere (1919); Paläobiologie und Stammesgeschichte (1929).

Sekundär-Literatur:
Ehrenberg, K.: Othenio Abels Lebensweg. Unter Benützung autobiographischer Aufzeichnungen (1975).

Achard, François Charles
(eingedeutscht Franz Carl bzw. Franz Karl),
deutscher Chemiker und Physiker,
* 28. 4. 1753 Berlin,
† 20. 4. 1821 Cunern (heute Konary, Polen).

Die herausragende wissenschaftlich-technische Leistung Achards bestand in der Schaffung der landwirtschaftlichen und technologischen Voraussetzungen für die industrielle Gewinnung von Zucker aus Rüben.

Die Eltern Achards waren der aus Genf stammende und in Berlin als Pastor tätige Guillaume Achard und seine Frau Marguerite, geb. Rouppert,

F.C. Achard

aus Berlin. Die Vorfahren beider Eltern stammten aus Frankreich. Zweieinhalb Jahre nach der Geburt seines Sohnes starb der Vater. Über den Verlauf der schulischen Ausbildung Achards ist nichts bekannt. Nachweislich wurde er mit 21 Jahren (1774) in die Berlinische Gesellschaft Naturforschender Freunde als Ehrenmitglied aufgenommen und beteiligte sich mit Vorträgen aktiv am wissenschaftlichen Leben dieser Gesellschaft. Der in Preußen führende Chemiker A. S. ↗ Marggraf, Direktor der Physikalischen Klasse der Königlich Preußischen Akademie zu Berlin, machte Achard 1776 zu seinem Mitarbeiter. Im gleichen Jahr wurde er durch Friedrich II. zum Ordentlichen Mitglied der Akademie berufen. Nach dem Tod von Marggraf im Jahre 1782 wurde der 29-jährige Achard dessen Nachfolger.

Die Forschungsinteressen Achards lagen sowohl auf den Gebieten Chemie und Physik als auch auf den Gebieten Meteorologie und Landwirtschaft. Als Mitglied der Akademie hatte Achard nicht nur Grundlagenforschung zu betreiben, sondern auch unmittelbar an der Lösung sehr praxisbezogener wissenschaftlich-technischer Probleme mitzuwirken, die für den preußischen Staat von Bedeutung waren. So beschäftigte sich Achard u. a. mit der Einführung von Blitzableitern und der Verbesserung von Baumaterialien. Unter Friedrich II. waren die Verbesserung der Tabakkulturen in Preußen sowie die Tabakfermentierung wichtige Forschungsaufgaben für ihn.

In den 1780er-Jahren führte Achard Versuche zur Gewinnung und zur Anwendung von Farbstoffen aus einheimischen Pflanzen durch und gab seine Erkenntnisse in öffentlichen Vorlesungen vor allem an die Vertreter des Färbereigewerbes weiter. Diese speziellen Vorlesungen waren Teil seiner umfassenderen Vorlesungstätigkeit, die sich auf Chemie, Physik und Landwirtschaft bezog. Weitere von ihm bearbeitete wissenschaftlich-technische Aufgaben waren die Entwicklung eines Systems für optische Telegraphie, die Durchführung meteorologischer Messungen, chemische und physikalische Untersuchungen von Mineralien, Metallen und Metalllegierungen, Experimente mit galvanischer Elektrizität, Versuche zur Synthese von Edelsteinen und die Durchführung unbemannter Ballonaufstiege.

Anfang der 1780er-Jahre nahm Achard auch erste technologische Forschungen mit dem Ziel auf, das Luxus- und Importgut Zucker aus einheimischen Pflanzen herzustellen. Sein Lehrer Marggraf hatte schon 1747 in Laborversuchen gezeigt, dass es prinzipiell möglich ist, Zucker aus einheimischen Rübenpflanzen zu gewinnen, und dass dieser Rübenzucker mit dem aus Zuckerrohr gewonnenen Rohrzucker völlig identisch ist. Eine technische Realisierung hatte Marggraf jedoch nicht in Angriff genommen. Auf seinem 1782 in »Caulsdorff ohnweit Berlin« (heute Kaulsdorf, Ortsteil des Berliner Bezirks Marzahn-Hellersdorf) erworbenen Landgut begann Achard mit der Züchtung zuckerhaltiger Pflanzen, vor allem von Rübensorten, die er als mögliches Ausgangsmaterial für eine technische Gewinnung von Zucker prüfte. Nach einigen Rückschlägen und Unterbrechungen setzte er sich Ende der neunziger Jahre erneut mit der Zuckergewinnung aus Rüben auseinander. Für seine halbtechnischen Versuche nutzte er das chemische Labor der Akademie. So gelang es ihm beispielsweise Ende 1799, aus 15 Zentnern Rüben 57,5 Pfund Rohzucker zu gewinnen. Anfang des Jahres 1801 erwarb er im schlesischen Cunern ein landwirtschaftliches Gut und richtete es als Produktionsstätte für Zucker ein, die er 1802 in Betrieb nahm. Achard wurde zum Begründer der Rübenzuckerindustrie. Die von Napoleon I. im Jahre 1806 dekretierte Kontinentalsperre (Verbot des Imports von Zucker nach dem europäischen Kontinent über England, dessen Schiffe Rohrzucker z. B. aus Mittelamerika nach Europa brachten) führte vorübergehend dazu, dass die Produktion von Zucker aus Rüben auf der Basis der von Achard geschaffenen technischen Grundlagen eine große ökonomische Chance, vor allem in Frankreich, erhielt.

1807 vernichtete ein Brand die achardsche Produktionsstätte. Der Wiederaufbau führte zur Errichtung einer kleinen Lehranstalt für Zuckerfabrikation, die jedoch nur von 1812 bis 1815 existierte. Der Sturz Napoleons I. brachte auch die Aufhebung der Kontinentalsperre mit sich, und der Rübenzucker konnte sich gegenüber dem billigeren Rohrzucker vorerst nicht durchsetzen. Trotz dieses Rückschlags begann sich in den 1830er-Jahren die Rübenzuckerproduktion im kontinentalen Europa auf der Basis von Verfahrensverbesserungen, Züchtung von Rüben mit höherem Zuckergehalt und Schutzzollsystemen stark zu entwickeln. Wurden um das Jahr 1800 rund 250 000 Tonnen Zucker weltweit ausschließlich auf der Basis von Zuckerrohr erzeugt, so betrug die Weltproduktion an Zucker im Jahre 1900 ca. 11 Millionen Tonnen. Bei mehr als der Hälfte dieser Menge handelte es sich um Rübenzucker. [AN]

Werk(e):
Sammlung physikalischer und chymischer Abhandlungen (1784); Die europäische Zuckerfabrikation aus Runkelrüben, in Verbindung mit der Bereitung des Brandweins, des Rums, des Essigs und eines Coffee-Surrogats aus ihren Abfällen (1809).

Sekundär-Literatur:
Neubauer, A.: Das süße Salz (1997); Müller, H.H.: Franz Carl Achard (2002).

Acosta, José (Joseph) de,
spanischer Jesuit und Missionar, Geograph und Naturphilosoph,
* September/Oktober 1539 oder 1540 Medina del Campo (Valladolid),
† 15. 2. 1600 Salamanca.

Acosta galt als »Plinius der Neuen Welt«. A. v. ↗ Humboldt schätzte ihn als Ersten, der die Naturgeschichte und physische Geographie dieser Region wissenschaftlich methodisch zusammenfasste.

Nach dem Studium der Philosophie und Theologie (1559–1567) an der Universität Alcalá de Henares und der Priesterweihe (1566) wirkte Acosta als Lehrer am Jesuitenkolleg in Ocaña. 1571 ging er auf eigenen Wunsch als Missionar in die »Neue Welt«, wo er ab 1572 in Lima (Peru) als Lehrer am Jesuitenkolleg (1575 Rektor) und an der Universität San Marcos tätig war. 1576–1581 war er Haupt des Jesuitenordens (Provinzial) im Vizekönigtum Peru und bereiste mehrmals das Land. 1586/1587 kehrte Acosta über Mexiko nach Spanien zurück. Nach diplomatischer und Beratertätigkeit für die Gesellschaft Jesu in Rom und Madrid wurde er 1597 zum Rektor des Jesuitenkollegs in Salamanca ernannt.

Neben seinen zahlreichen religiösen Schriften, darunter auch eine in den Indianersprachen Quechua und Aymara, erlangte Acosta große Beachtung mit seiner *Historia natural y moral de las Indias* (1590), die schon kurz nach ihrem Erscheinen verschiedene Auflagen und Übersetzungen in mehrere europäische Sprachen erlebte. Als profunder Kenner von ↗ Aristoteles und ↗ Plinius beschrieb Acosta sorgfältig alle Phänomene der in der Antike unbekannten und unvorstellbaren neuen Welt, deren Luft, Erde, Gewässer, Klima, Minerale, Pflanzen, Tiere (Bücher I–IV) und Menschen mit ihren Bräuchen und Staatswesen (V–VII). Dabei widerlegte er falsche antike Theorien, z. B. zu Klima und Leben in der »heißen Zone«. Als einer der Ersten erklärte Acosta z. B. den Verlust eines Tages bei der Fahrt

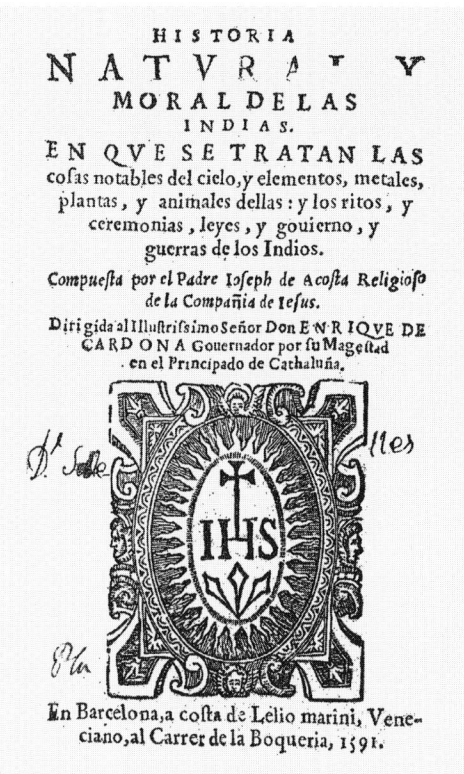

J.d. Acosta: *Historia natural y moral de las Indias...*; 1591 in Barcelona erschienener Nachdruck

von Osten nach Westen bzw. dessen Gewinn bei der Reise in umgekehrter Richtung. Die ersten Beschreibungen der peruanischen Quipu, der mexikanischen Schriftzeichen, des Kokaingebrauchs, der Verfahren der Quecksilber- und Silbergewinnung stammen ebenso von ihm wie die des Erregers der Kraut- und Braunfäule der Kartoffel, dessen vollständige Biologie erst durch A. de ↗ Bary aufgeklärt wurde. [IS2]

Werk(e):
Historia natural y moral de las Indias, en que se tratan las cosas notables del cielo y elementos, metales, plantas y animales dellas... (1590, italienische Übersetzung 1596, französische und niederländische 1598, deutsche 1600, englische 1604).

Sekundär-Literatur:
Burgaleta, C. M.: José de Acosta, S.J. (1540-1600). His life and thought (1999).

Adanson, Michel,
französischer Forschungsreisender und Botaniker,
* 7. 4. 1727 Aix-en-Provence,
† 3. 8. 1806 Paris.

Adanson ist für seine Forschungsreise in den Senegal und eine von ihm entwickelte Methode der botanischen Klassifikation bekannt.

Adansons Vater stammte aus der Auvergne (die schottische Abstammung ist eine Legende) und stand im Dienst des Erzbischofs von Aix-en-Provence, dem er 1730 nach Paris folgte. Finanziell unterstützt durch den Erzbischof, erhielt Adanson eine exzellente Ausbildung. Ursprünglich vorgesehen war eine kirchliche Laufbahn, aber schon früh begann Adanson naturwissenschaftliche Kurse am Collège de France und am Jardin du Roi zu belegen. Zu seinen Lehrern zählten R.-A. F. de ↗ Réaumur sowie Bernard und A. ↗ Jussieu. Auf Vermittlung seines Vaters und seiner Lehrer erhielt Adanson 1749 von der Compagnie des Indes den Auftrag zu einer Forschungsreise in den Senegal. Etwas mehr als vier Jahre verbrachte er dort mit kartographischen, naturgeschichtlichen, anthropologischen und linguistischen Untersuchungen und sandte umfangreiche Sammlungen und Aufzeichnungen sowie ein Memorandum zur ökonomischen Nutzung Senegals ohne Sklaverei nach Frankreich.

Nach seiner Rückkehr 1754 begann Adanson mit der Auswertung der mitgebrachten Materialien. Von einer auf acht Bände angelegten Naturgeschichte Senegals sollte allerdings nur der erste Band (1757) erscheinen, der eine kurze Beschreibung des Reiseverlaufs, eine Karte Senegals und eine Abhandlung über Schalentiere (erstmals klassifiziert nach anatomischen Merkmalen) enthielt. Adansons Interessen verlagerten sich mehr und mehr auf Fragen der Systematik im Allgemeinen. So zog er in seinen 1763 erschienenen *Familles des plantes* aus der Überlegung, dass jede menschliche Gesellschaft je nach den Erfahrungen, denen sie in ihrer jeweiligen Umwelt ausgesetzt ist, ihren besonderen Beitrag zum Wissen liefern kann, zwei Schlussfolgerungen: Zum einen seien bei der Klassifikation der Pflanzen nicht nur bestimmte, sondern alle Merkmale zu berücksichtigen. Zum anderen sei die Einführung neuer Pflanzennamen abzulehnen und stattdessen seien sämtliche bereits existierenden Pflanzennamen zu sammeln. Mit beiden Schlussfolgerungen geriet Adanson in Opposition zu C. v. ↗ Linné, so dass den *Familles des plantes* die erhoffte Rezeption versagt blieb, auch wenn das Konzept der »natürlichen Familie« fortleben sollte.

1775 schlug Adanson der Academie des sciences, deren Mitglied er seit 1759 war, die Ausdehnung seines klassifikatorischen Verfahrens auf alle Wissensgebiete vor. Aus diesem Projekt einer »universellen Enzyklopädie« wurde nie etwas. Dennoch blieb Adanson, wenn auch im Hintergrund, mit experimentellen Untersuchungen zur tierischen Elektrizität, Pflanzenphysiologie, und Landwirtschaft sowie zahllosen naturgeschichtlichen Einzelarbeiten einflussreich. So findet er sich häufig in G. ↗ Buffons *Histoire naturelle* zitiert, und seine ca. 400 Beiträge zu den Supplement-Bänden der *Encyclopédie* übten großen Einfluss auf J.-B. ↗ Lamarck aus. Von der französischen Revolution blieb er unbehelligt, auch wenn die Auflösung der Akademie 1793 für große finanzielle Probleme sorgte. 1795 wurde Adanson zum Mitglied des neugegründeten Institut de France gewählt, dem er bis an sein Lebensende 1806 angehörte. Aus einer 1770 geschlossenen, 1784 aber wieder geschiedenen Ehe gingen zwei Kinder hervor. [SMW]

Werk(e):
Histoire naturelle du Sénégal. Avec la relation abrégée d'un voyage fait en ce pay pendant les années 1749, 50, 51, 52, et 53 (1757); Familles des plantes (2 Bde., 1763).

Sekundär-Literatur:
Adanson. The Bicentennial of Michel Adanson's »Familles des plantes«, hrg. The Hunt Botanical Library (1963).

Adrian, Edgar Douglas,
First Baron Adrian of Cambridge,
englischer Neurophysiologe,
* 30. 11. 1889 London,
† 4. 8. 1977 Cambridge (England).

Adrian erhielt 1932 zusammen mit Ch. S. ↗ Sherrington den Nobelpreis für Physiologie für seine elektrophysiologischen Untersuchungen zur Übertragung von Nervenimpulsen.

E.D. Adrian

Schon während seines Studiums am Trinity College, Cambridge, hatte Adrian am dortigen Physiologischen Laboratorium unter Keith Lucas elektrophysiologische Experimente durchgeführt. Sie führten ihn 1912 zur Formulierung des »all-or-none«-Gesetzes, wonach Nervenzellen immer gleiche Impulse aussenden, sobald das Membranpotenzial der Zelle über einen gewissen Schwellenwert gehoben wird. Nachdem er im Ersten Weltkrieg zu Kriegstraumata und Nervenverletzungen gearbeitet hatte, setzte er ab 1919 die experimentellen Arbeiten von Lucas, der früh verstorben war, fort. Mithilfe verfeinerter Instrumente wie Kapillarelektrometern, Röhrenverstärkern und mechanischen Oszillographen sowie einem speziellen Versuchsaufbau, der es erlaubte, Signale an einzelnen Nerven zu entnehmen, konnte er 1925 seine früheren Ergebnisse bestätigen und darüber hinaus feststellen, dass die Intensität eines Reizes mit der Frequenz der Impulse (»Feuerrate«) in einer Nervenzelle weitergeleitet wird. Damit trug Adrian – u. a. in Zusammenarbeit mit Yngve Zotterman, Bryan und Rachel Matthews sowie Detlev W. Bronk – entscheidend zur Aufklärung des »neuralen Codes« bei. Anfang der 1930er-Jahre wandte er sich Untersuchungen der Hirnaktivität zu und entwickelte insbesondere die Elektroenzephalographie weiter, deren Grundlagen der deutsche Psychiater Hans Berger in den frühen zwanziger Jahren gelegt hatte. Den Rest seiner Forschungslaufbahn widmete er dem Geruchssinn, mit einer kurzen Unterbrechung während des Zweiten Weltkrieges, als er Forschungen zu Nervengasen durchführte.

Bereits 1923 wurde Adrian zum Fellow der Royal Society gewählt, von der er 1929 eine Forschungsprofessur erhielt und deren Präsident er 1950 bis 1955 war. 1937–1951 hatte er den Lehrstuhl für Physiologie in Cambridge inne, 1951–1965 leitete er das Trinity College, 1968–1975 war er Kanzler der Universität. Gesundheitspolitisch war Adrian in der Weltgesundheitsorganisation und, nach seiner Erhebung in den Adelsstand 1955, im Oberhaus des britischen Parlaments aktiv. 1923 heiratete er Hester Agnes Pinsent, die sich ebenfalls im Gesundheitswesen engagierte. [SMW]

Werk(e):
The basis of sensation (1928); The mechanism of nervous action (1932); The physical background of perception (1947).

Sekundär-Literatur:
Hodgkin, A.: Edgar Douglas Adrian, Baron Adrian of Cambridge, Biographical Memoirs of Fellows of the Royal Society 25 (1979).

Aepinus, Franz Ulrich Theodosius,
deutscher Physiker,
* 13. 12. 1724 Rostock,
† 10. 8. 1802 Dorpat (Tartu, Estland).

Aepinus gehört zu den Pionieren der Elektrizitätslehre und entdeckte die Pyroelektrizität.

Nach dem Studium in Rostock und Jena (1740/47) wirkte Aepinus zunächst an der Universität seiner Heimatstadt. 1755 ging er als Direktor der Sternwarte und Mitglied der Akademie nach Berlin und folgte 1757 auf Empfehlung seines Förderers L. ↗ Euler einem Ruf an die Petersburger Akademie; hier wirkte er bis zu seinem Tode und gelangte zu hohen Ehren.

Aepinus' Untersuchungen markieren eine wichtige Entwicklungsetappe in der Geschichte der Elektrizitätslehre, weil sie nicht nur Phänomene wie die Influenz oder die Pyroelektrizität erstmals umfassend wissenschaftlich beschrieben, sondern weil sie zudem erste Hinweise für den Zusammenhang von elektrischen und magnetischen Erscheinungen lieferten. Mit der Einführung des Begriffs des »elektrischen Wirkungskreises« gehört Aepinus ebenfalls zu den frühen Pionieren des Feldbegriffs; auch hat er in seinem Hauptwerk *Tentamen* versucht, durch eine mathematische Darstellung der elektrischen Phänomene die Elektrizitätslehre zu einer »Newtonschen Wissenschaft« zu machen.

Als Berater Katharina II. hatte Aepinus auch Einfluss auf die russische Politik und Gesellschaft genommen, u. a. als Erzieher des späteren Zaren Paul I. und ab 1770 als Protagonist einer Reform des russischen Schulwesens. [DH]

Werk(e):
Tentamen Theoriae Electricitatis et Magnetismis (1759, russische Übersetzung hrg. v. J. G. Dorfman 1951, engl. Übersetzung hrg. v. R. W. Home 1979).

Sekundär-Literatur:
Rostocker Wissenschaftshistorische Manuskripte, Heft 3 (1979).

Agassiz, Jean Louis Rodolphe,
schweizerisch-amerikanischer Paläontologe, Geologe und Zoologe,
* 18. 5. 1807 Motier-en-Vuly (Kanton Fribourg, Schweiz),
† 14. 12. 1873 Cambridge (Mass., USA).

Agassiz war Ichthyologe und Pionier der Eiszeittheorie.

Agassiz, eines von vier Kindern eines Pastors und einer Arzttochter, begann 1824 mit dem Medizinstudium in Zürich. 1826 wechselte er nach Heidel-

J.L.R. Agassiz

berg und 1827 nach München. Dort erhielt er die Gelegenheit, eine Sammlung brasilianischer Fische zu bearbeiten und 1829 zu publizieren. Im selben Jahr promovierte Agassiz in Erlangen und kurz darauf in München. Seinen Lebensunterhalt verdiente er zunächst als Arzt, plante jedoch bereits eine große Arbeit über fossile Fische. 1831 reiste er nach Paris, wo er G. ↗ Cuvier so sehr beeindruckte, dass dieser ihm seine Sammlung fossiler Fische zur Bearbeitung überließ. Agassiz, von seinem Zeichner Joseph Dinkel begleitet, bereiste weite Teile Europas, um in Museen und Privatsammlungen fossile Fische zu beschreiben und zeichnen zu lassen. Sein Epoche machendes Werk erschien von 1833 bis 1843 unter dem Titel *Recherches sur les poissons fossiles*. Darin beschrieb er mehr als 1 700 Arten.

Durch Protektion A. v. ↗ Humboldts erhielt Agassiz 1832 eine eigens für ihn eingerichtete Professur für Naturkunde in Neuchâtel, das bis 1846 preußisch war. 1833 heiratete er die Zeichnerin Cécile Braun; sie schuf zahlreiche Illustrationen zu seinen aufwändig bebilderten Werken, die er ab 1838 unter großen finanziellen Schwierigkeiten in einer eigenen Druckerei herausbrachte. Dem Paar wurden zwischen 1835 und 1841 drei Kinder geboren.

Die Sommerferien 1836 verbrachte die Familie bei ihrem Freund Jean de Charpentier. Dieser hatte sich mit Ignatz Venetz für eine früher wesentlich größere Ausdehnung der Alpengletscher ausgesprochen. Agassiz ließ sich nach sechsmonatigen Studien über Gletscher von der Idee einer Eiszeit überzeugen, in der nicht nur die Alpen, sondern auch Nordeuropa von einem Eispanzer bedeckt gewesen seien. Er vertrat diese Idee bald öffentlich und begann trotz anhaltender und teils heftiger Kritik, das Phänomen näher zu studieren. 1840 richtete Agassiz mit Freunden und Kollegen ein kleines Observatorium auf dem Aargletscher ein, mit dem sich die Fließbewegung des Eises demonstrieren ließ. Er untersuchte auch die Verteilung von Moränen und Findlingen im Alpenvorland sowie von Gletscherschliffen. 1840 veröffentlichte Agassiz sein vermutlich wichtigstes Werk *Études sur les glaciers*, welches der Eiszeittheorie eine weite Verbreitung ermöglichte. Weitere glaziologische Arbeiten folgten.

Finanzielle Engpässe führten dazu, dass Agassiz 1844 sowohl von seinem langjährigen Zeichner Dinkel als auch von seinem Assistenten verlassen wurde. Ein Jahr später musste er auch seine Druckerei schließen. Die ständigen, durch die teuren Buchprojekte hervorgerufenen Geldsorgen hatten auch seine Ehe zerrüttet, und Cécile zog sich mit den Kindern in ihr Elternhaus zurück, wo sie 1848 an Tuberkulose starb.

1846 unternahm Agassiz mit finanzieller Unterstützung Preußens eine Vortragsreise in die USA, wo er 1848 den Lehrstuhl für Naturkunde an der Lawrence Scientific School in Harvard erhielt. Durch die Gründung eines Museums für vergleichende Morphologie und durch seine innovativen Lehrmethoden gewann Agassiz großen Einfluss auf den Charakter der naturkundlichen Ausbildung in den USA. 1850 heiratete er Elizabeth Cabot Cary, die spätere erste Präsidentin des Radcliffe-College, und holte seine Kinder in die USA. [MKE]

Werk(e):
Recherches sur les poissons fossiles (1833–1843); Études sur les glaciers (1840).

Sekundär-Literatur:
Lurie, E: Louis Agassiz: A Life in Science (1960); Agassiz, E. C.: Louis Agassiz, His Life and Correspondence, 2 Bde. (1885); Marcou, J.: Life, Letters, and Works of Louis Agassiz, 2 Bde. (1896).

Agricola
Helmuth Albrecht

Agricola, Georgius (Georg Pawer),
deutscher Mediziner, Humanist und Naturforscher,
* 24. 3. 1494 Glauchau (Sachsen),
† 21. 11. 1555 Chemnitz.

Agricola war ein bedeutender Renaissance-Humanist aus Sachsen, der sich insbesondere um die Grundlegung der Bergbauwissenschaften verdient gemacht hat, aber auch als Mediziner und Pädagoge tätig war.

Ungewöhnliche Zeiten bringen mitunter ungewöhnliche Menschen hervor. Wohl selten traf dies mehr zu als im Falle Georgius Agricolas, jenes humanistischen Naturforschers und deutschen Renaissance-Gelehrten, der sich nicht nur als Arzt, Pharmazeut und Mineraloge, sondern auch als Pädagoge, Philologe, Theologe, Politiker und Historiker einen Namen machte, dessen 1556 posthum erschienenes Hauptwerk *De re metallica* ihn zum allseits anerkannten Begründer der Wissenschaft vom Bergbau und Hüttenwesen erhob und dessen frühe Überlegungen zum Verhältnis von Mensch, Technik und Umwelt ihn für viele zum ersten Ökologen überhaupt werden ließen.

So ungewöhnlich wie das Leben und Werk dieses Mannes waren auch die Zeiten, in denen er lebte und wirkte. Politische, wirtschaftliche und soziale Wandlungen großen Ausmaßes gingen in Deutschland und Europa zu Lebzeiten Agricolas einher mit tiefgreifenden Veränderungen im gesamten abendländischen Weltbild, an deren Ende die Geburt der modernen Naturwissenschaften stehen sollte.

Deutschland und Europa im Zeitalter Agricolas
Die Eroberung Konstantinopels (1453) durch die Türken hatte nicht nur zu einer lang anhaltenden politisch-militärischen Bedrohung des christlichen Europas geführt, sondern mit der Vertreibung der byzantinischen Gelehrten, die das wissenschaftliche und kulturelle Erbe der Antike bewahrten, auch zur Entstehung der geistig-kulturellen Bewegung des Renaissance-Humanismus beigetragen. Zur selben Zeit leitete die Entdeckung und Eroberung Amerikas nicht nur die koloniale Expansion Europas ein, sondern führte im Zuge der Entdeckungsfahrten zu völlig neuen Erkenntnissen über Grenzen und Aufbau der Welt. Schiffahrt und Handel profitierten davon ebenso wie die geographischen Kenntnisse, die Tier- und Pflanzenkunde bzw. die Naturforschung insgesamt, für deren allmählichen Wandel zur modernen Naturwissenschaft die Antikenrezeption des Humanismus und die Entdeckerfreude der Renaissance wesentliche Grundlagen schufen.

G. Agricola

Während sich ein Teil Europas der Neuen Welt zuwandte, suchten in Deutschland die Fürsten ihre Territorien gegen Kaiser und Kirche zu selbständigen Staaten auszubauen. In den aufstrebenden Städten des Reiches entwickelte sich zur gleichen Zeit eine vor allem durch den Fernhandel reich gewordene Kaufmanns- und Bürgerschicht, die ihre Gewinne in profitträchtige Unternehmungen wie den Bergbau oder das sich entwickelnde Manufaktur- und Verlagswesen investierte. Beide Entwicklungen verstärkten das Bedürfnis nach sachkundiger Verwaltung, nach Information und nach Bildung, die durch die zunehmende Verbreitung des Geldverkehrs, des Rechnungswesens und des Buchdruckes zusätzliche Impulse erfuhren.

Der Buchdruck begünstigte auch die Verbreitung der Thesen Martin Luthers (1517), die zur Reformation und damit letztlich zur religiösen Spaltung Deutschlands führten. Die sich zuspitzenden konfessionellen Gegensätze sowie die Auseinandersetzungen zwischen Kaiser und Territorialfürsten eskalierten schließlich im Schmalkaldischen Krieg und konnten auch durch den Augsburger Religionsfrieden (1555) nur vorübergehend überbrückt werden. In enger Verbindung mit Reformation und Territorialstaatsbildung erschütterten zusätzlich die sozialrevolutionären Ideen eines Thomas Müntzer, die Bauernkriege und wiederholte Pestepidemien zutiefst das gesamte Gefüge der Gesellschaft Deutschlands in dieser Zeit. Die erste Hälfte des 16. Jahrhunderts erwies sich damit als eine Zeit der Unruhe und Unsicherheit, aber auch des Aufbruchs und Neubeginns. Leben und Werk Agricolas wurden von diesen Ereignissen und Entwicklungen auf vielfache Art und Weise geprägt.

Kindheit und Ausbildung

Agricola wurde unter dem Namen Georg Pawer (Bauer) am 24. März 1494 als zweites von sieben Kindern in Glauchau unweit von Zwickau in Sachsen geboren. Über Agricolas Familie, Kindheit und Ausbildung ist nur wenig bekannt. Sein Vater, Gregor Pawer, war vermutlich als Handwerker im Tuchmacher- und Färbergewerbe tätig. Er gehörte noch zu jener Handvoll Glauchauer Bürger, die ihrem Grundherrn, dem Grafen von Schönburg, zum Frondienst verpflichtet waren. Das dadurch begründete besondere Verhältnis des Vaters zum Landesherrn sicherte Georg und seinen beiden Brüdern allerdings einen für Handwerkersöhne dieser Zeit ungewöhnlichen Ausbildungsweg. Sie besuchten sowohl die Lateinschule ihrer Heimatstadt als auch die Landesuniversität in Leipzig und kamen damit in den Genuss einer gelehrten Bildung, die sie auf eine gehobene berufliche Laufbahn im Verwaltungs-, Kirchen- oder Lehramt vorbereitete. Schon als junger Mann ließ Georg ein bemerkenswert sicheres Auftreten gegenüber Gelehrten und Adeligen erkennen, was vermutlich darauf zurückzuführen ist, dass seine Ausbildung und Erziehung im engen Kontakt mit den Kindern seines Landesherrn erfolgte.

Seine gute Ausbildung vor allem in den klassischen Sprachen Latein und Griechisch sowie sein gewandtes gesellschaftliches Auftreten vermittelten Georg während seines Studiums an der Artistenfakultät der Leipziger Universität bald enge Kontakte zu führenden Gelehrten wie Richard Crocus und Petrus Mosellanus, die ihn mit dem humanistischen Gedankengut des Erasmus von Rotterdam bekannt machten und damit seinen weiteren Lebensweg entscheidend beeinflussten. Eine besondere Wertschätzung der antiken Sprache, Literatur und Wissenschaft, die Abneigung gegen das erstarrte scholastische Erbe des traditionellen Bildungswesens, das Eintreten für eine diesseitsorientierte, der Menschenwürde und freien Persönlichkeitsentfaltung verpflichtete Gestaltung des Lebens und der Gesellschaft sowie die Aufgeschlossenheit gegenüber neuen wissenschaftlichen und technischen Erkenntnissen wurden so zur wesentlichen Grundlage des Lebens und der Arbeit von Georg Pawer.

Lehrer in Leipzig und Zwickau

Nach nur anderthalb Jahren beendete Georg Pawer sein Studium vorläufig mit dem Examen zum baccalaureus artium. Er änderte zugleich, einer Sitte seiner Zeit folgend, seinen Namen in die lateinische Version Georgius Agricola, unter der er bekannt werden sollte. Das Baccalaureus-Examen berechtigte ihn sowohl zur Aufnahme eines Fachstudiums an einer der drei höheren Fakultäten der Universität als auch zur Übernahme eines Lehrerpostens an einer der Lateinschulen des Landes. Vermutlich aus finanziellen Gründen entschied sich Agricola für Letzteres, da er schon bald als »Lehrer in der griechischen Literatur«, vermutlich zur Unterstützung der Vorlesungen von Crocus, an der Leipziger Universität in Erscheinung trat. Eine für seine Zeit typische Karriere als Schulmeister begann sich damit abzuzeichnen.

Zu Beginn des Jahres 1518 folgte Agricola einem Ruf als Supremus, d.h., als stellvertretender Schulmeister, an die Lateinschule in Zwickau, wo bereits sein Jugendfreund Stephan Roth als Schulmeister wirkte. Agricolas Unterricht war so erfolgreich, dass der Rat der Stadt ein Jahr später beschloss, eine eigene Griechisch-Schule zu eröffnen und Agricola zu deren Schulmeister zu berufen. Als Pädagoge in Zwickau gab sich Agricola in den von ihm erarbeiteten Lehr- und Stundenplänen durch die Einführung neuer Lehr- und Lernprinzipien erstmals deutlich als Humanist und Anhänger Erasmus von Rotterdams zu erkennen. In dem von ihm 1520 in lateinischer Sprache herausgegebenen Lehrbuch *Büchlein vom einfachen grammatischen Anfangsunterricht* sprach sich Agricola nicht nur gegen die damals übliche Prügelpädagogik aus, sondern ging mit anschaulichen Übungsbeispielen, der Hervorhebung besonders wichtiger Textstellen durch Fettdruck, ergänzenden Randbemerkungen für Schüler und Lehrer sowie Platz für Notizen der Schüler auch ganz neue didaktische Wege. Als im November 1520 in Zwickau die Latein- und die Griechischschule zusammengelegt wurden, erarbeitete Agricola den Lehrplan der neuen Schule. Den älteren Schülern sollten fortan in neuen »weltlichen« Lehrfächern auch Kenntnisse über Ackerbau, Handel, Rechnen, Bauwesen, Handwerk, Kriegsführung und Vermessungskunde vermittelt werden, die sie in ihrem späteren beruflichen Leben praktisch verwenden konnten.

Mit seiner Schulreform eilte Agricola seiner Zeit allerdings weit voraus und stieß in der Zwickauer Bürgerschaft nicht nur auf Gegenliebe. Im Frühjahr 1521 drohte die Schulfrage geradezu zum Zündstoff des Aufruhrs zu werden, zumal die Situation in der Stadt durch den Streit um die Reformation sowie die sozialrevolutionären Ideen Thomas Müntzers ohnehin zum Zerreißen gespannt war und sich wiederholt in gewaltsamen Ausschreitungen entlud. Erst die Vertreibung Müntzers und die Einführung der Reformation (1523) stellten die Ordnung wieder her. Agricola, der als überzeugter Katholik die Reformation persönlich zwar ablehnte, generell aber in Glaubensfragen einen Standpunkt der Toleranz vertrat, hatte zu diesem Zeitpunkt Zwickau allerdings schon verlassen.

Philologische und medizinische Fachstudien in Leipzig und Italien

Die Stadtväter von Zwickau hatten Agricola in Anerkennung seiner erfolgreichen Lehrtätigkeit bereits 1520 die Zinsen eines kirchlichen Lehens verliehen und diese Verleihung im August 1522 für drei weitere Jahre erneuert. Die Einnahmen aus dem Lehen ermöglichten es Agricola nun, dem unruhigen Zwickau den Rücken zu kehren, um sein 1517 unterbrochenes Studium wieder aufzunehmen.

Agricola wandte sich zunächst nach Leipzig, wo er offenbar erneut bei Mosellanus griechische und lateinische Klassiker studierte. In dieser Zeit wohnte er im Hause des bekannten Arztes Heinrich Stromer von Auerbach, wo er sich auch als Teilnehmer der dort regelmäßig abgehaltenen, berühmten religiösen Gesprächsrunden nachweisen lässt. Durch von Auerbach sowie durch den Kontakt zu dem Leipziger Medizinprofessor Ulrich Rülein von Calw, dem Autor des ersten deutschsprachigen montanwissenschaftlichen Lehrbuchs unter dem Titel *Ein nützlich Bergbüchlein* (1500), könnte Agricola auf den Gedanken gebracht worden sein, sein weiteres Studium der Medizin zu widmen. Die alten traditionellen Vorstellungen verhaftete Leipziger Universität bot dafür allerdings keine guten Voraussetzungen. Wer neben der damals im Medizinstudium üblichen philologischen Interpretation und Deutung der medizinischen Klassiker und »Autoritäten« wie ↗ Galen, ↗ Hippokrates und ↗ Avicenna auch etwas über praktische Heilkunst erfahren wollte, musste an die Universitäten in Frankreich und Italien gehen. Agricola entschied sich für Italien, wo er im Herbst 1522 in Bologna eintraf.

In Bologna absolvierte Agricola zunächst ein gründliches Studium der umfangreichen medizinischen Sekundärliteratur bei dem Anatomen Berengario da Carpi und vervollständigte seine Sprachkenntnisse in Latein, Griechisch und Hebräisch, wobei er sich wohl auch Grundkenntnisse in der arabischen Sprache aneignete. Im Frühjahr 1524 ging Agricola nach Venedig, um dort praktische Medizin zu lernen und im berühmten Verlagshaus Aldus Manutius an der Herausgabe der medizinischen Gesamtwerke des Galen und des Hippokrates mitzuwirken.

Agricola blieb bis 1526 in Italien und besuchte in dieser Zeit u. a. Neapel, wo er den Vesuv bestieg, sowie mindestens zweimal Rom. In Italien sammelte er eine Unmenge von Studienmaterial nicht nur zur Medizin, sondern auch zur Natur des Landes, über Handel, Maße und Gewichte, über historische Ereignisse, Baudenkmäler, die Herstellung von Farben und Glas, die Gehälter der Professoren sowie das gesamte kulturelle und künstlerische Leben des Landes. Dieses Material sollte später auf die eine oder andere Art und Weise in seine wissenschaftlichen Arbeiten Eingang finden. Nach Deutschland kehrte Agricola im Herbst 1526 als Doktor der Medizin zurück, ohne dass wir allerdings wissen, an welcher italienischen Universität er diesen Titel erwarb.

Schon bald nach seiner Rückkehr nach Zwickau heiratete Agricola in Chemnitz die Witwe Anna Meyner, die neben einem Haus auch einiges Vermögen mit in die Ehe einbrachte. Dergestalt von den dringendsten Existenzsorgen befreit, konnte Agricola daran gehen, sich einen geeigneten Ort für die Durchführung jener wissenschaftlichen Studien zu suchen, für die in Italien sein besonderes Interesse erwacht war: der Verbindung von Medizin und Mineralogie, die ihn schließlich zum Begründer der modernen Montanwissenschaften werden ließ.

Arzt, Apotheker und Bergbau-Sachverständiger in Joachimsthal

Von Chemnitz aus bemühte sich Agricola um eine Anstellung als Stadtarzt in Joachimsthal, dem zu dieser Zeit aufstrebenden Zentrum des Silberbergbaus im böhmischen Teil des Erzgebirges. Agricola faszinierte die Vielfalt der dort geförderten Minerale und Gesteine vor allem aus ärztlicher Sicht, da er sie zur Herstellung jener Medikamente zu verwenden gedachte, die er bei seinem Studium der antiken medizinischen Schriften in Italien wiederentdeckt hatte. Aus diesem Grunde wollte er sich näher mit dem Bergbau und Hüttenwesen sowie mit den unterschiedlichen Maßen und Gewichten beschäftigen, da deren Kenntnis für die Identifizierung der in den antiken Texten beschriebenen Mineralien sowie die genaue Zusammensetzung und Dosierung der Medikamente notwendig war. Als in Joachimsthal die Stadtarzt- und Apothekerstelle frei wurde, griff Agricola daher sofort zu und zog im Herbst 1527 in die etwa 14 000 Einwohner zählende Bergbaumetropole.

Neben seinen medizinischen Aufgaben fand Agricola in Joachimsthal ausreichend Zeit, sich grundlegende bergmännische und hüttentechnische Kenntnisse anzueignen. Wie schon in Italien beschränkte sich Agricola nicht nur auf die sorgfältige und umfassende Auswertung antiker Texte zum Bergbau, sondern sammelte alle ihm zugänglichen Informationen über dessen Praxis, über Minerale und Gesteine, ihre Vorkommen, ihre Lagerungsverhältnisse, ihren Abbau und ihre Verhüttung. Er fuhr selbst in die Schächte und Stollen ein, besuchte die Aufbereitungs- und Hüttenanlagen und sammelte eigene Beobachtungsdaten, die er in thematisch geordneten Manuskripten für eine spätere Veröffentlichung niederlegte.

In der ihm eigenen, offenen Art gewann Agricola schnell Freunde unter den Fachleuten vor Ort, so u. a. den Hüttenschreiber Lorenz Wermann, dem er in seiner ersten veröffentlichten Studie über den Bergbau, in dem 1530 in lateinischer Sprache in Basel erschienenen *Bermannus, oder über die Sache der Metalle*, ein literarisches Denkmal setzte. Der *Bermannus* fand nicht nur den Beifall Erasmus von Rotterdams und anderer Zeitgenossen, sondern besticht bis heute durch die in ihm gewählte Form des zugleich unterhaltsamen und lehrreichen, bisweilen auch ironisch-komischen Dialoges zwischen zwei Besuchern und einem Fachmann des Joachimsthaler Reviers. Neu waren am *Bermannus* allerdings nicht so sehr die Form des Dialoges und sein Gegenstand als vielmehr der sachkundig und zugleich verständlich dargelegte Inhalt sowie die vergleichend-kritische Einbeziehung der Auffassungen antiker wie zeitgenössischer Gelehrter zu den sozialen und wirtschaftlichen Implikationen des Themas. Durch die Wahl der lateinischen Sprache wandte der *Bermannus* sich zudem an die gebildeten Kreise des Adels, der Kirche, der Gelehrten, der Verwaltungs- und Bergbeamten, der Ärzte und Lehrer und verschaffte damit diesen Kreisen erstmals einen Zugang zu den wirtschaftlich wie technisch gleichermaßen bedeutsamen Problemen des Bergbaus. Der *Bermannus* wurde ein großer Erfolg, und Agricola galt von nun an nicht nur als versierter Arzt, sondern auch als ausgesprochener Bergbau-Sachverständiger.

In seiner Joachimsthaler Zeit beschäftigte Agricola sich jedoch nicht allein mit dem Bergbau und Hüttenwesen. Eingehend setzte er sich auch mit den Problemen von Maßen, Münzen und Gewichten auseinander, für deren Bestimmung und Umrechnung er sowohl aus pharmazeutisch-medizinischen Gründen wie auch aufgrund der allgemeinen Geld- und Münzprobleme seiner Zeit eine solide Basis zu legen suchte. Publiziert hat er die Ergebnisse dieser Arbeiten sowie seiner montanwissenschaftlichen Studien allerdings erst, nachdem er Joachimsthal bereits wieder verlassen hatte.

Stadtarzt, Gelehrter und Politiker in Chemnitz
Warum und wann genau Agricola Joachimsthal verließ, ist nicht bekannt. Seit dem Herbst 1531 wohnte er jedenfalls in Chemnitz und übte dort, wie schon in Joachimsthal, das Amt des Stadtarztes aus. Auf die Einkünfte als Arzt war Agricola freilich nicht angewiesen, da er noch in Joachimsthal Anteile (Kuxe) an Bergwerken erworben hatte, die ihn bald zu einem der reichsten Männer in Chemnitz machten. So fand er hier trotz seiner Verpflichtungen als Arzt und bald auch als Bürgermeister endlich die Zeit, sich um die Publikation seiner Forschungsergebnisse zu kümmern. 1533 erschien zunächst in lateinischer Sprache das bereits seit der Joachimsthaler Zeit in Vorbereitung befindliche Buch *Maße und Gewichte der Römer und Griechen*, mit dem Agricola seinen Ruf als Gelehrter begründete. Dreizehn Jahre später folgte 1546 als weiteres umfangreiches Werk ein wissenschaftlicher Sammelband, in dem Agricola in 21 Büchern geologisch-mineralogische Themen behandelte und u. a. eine Theorie der Entstehung der Erzgänge, eine Vulkan- und Erdbebentheorie sowie eine Theorie der Thermalwässer vorstellte. 1549 erschien Agricolas Werk *Über die Lebewesen unter Tage* und im Jahr darauf ein weiterer Sammelband zum Thema *Maße und Gewichte*. Zur selben Zeit vollendet Agricola den Textteil seines Hauptwerkes *Zwölf Bücher vom Berg- und Hüttenwesen*, das aufgrund der zahlreichen dafür vorgesehenen Abbildungen erst 1556, ein Jahr nach Agricolas Tod, in Basel unter dem lateinischen Titel *De re metallica libri XII* erscheinen konnte.

Agricolas Werk *De re metallica*, das 1557 auch in deutscher Sprache publiziert wurde, bildete die Summe seiner langjährigen Arbeiten und Erfahrungen auf dem Gebiet des Bergbaus und Hüttenwesens. Mit ihm schuf er für die folgenden zweihundert

Jahre die Grundlage der Bergbaukunde, wofür vor allem die Gesamtkonzeption dieses breit angelegten Werkes verantwortlich war. Die gesamte Gliederung von *De re metallica* orientierte sich am bergbaulichen und hüttentechnischen Produktionsprozess, den es in zwölf Abschnitten umfassend beschrieb: von den möglichen ökonomischen, technischen, sozialen und ökologischen Einwänden gegen den Bergbau über das Auffinden der Erzgänge, die Beschaffenheit der Gänge, Klüfte und Gesteinsschichten, die Beschreibung der Verfahren des Vermessens der Gänge sowie der bergmännischen Ämter, des Aufbaus der Gänge und der Markscheidekunst sowie der Werkzeuge und Maschinen im Bergbau bis hin zu den hüttentechnischen Prozessen des Probierens der Erze, ihrer Bearbeitung und Schmelze sowie den speziellen Verfahren zur Gewinnung von Silber, Gold, Salz, Soda, Alaun, Vitriol, Schwefel, Bitumen und Glas.

Agricola stellte den Bergbau in *De re metallica* erstmals als rational gegliederten Arbeitsprozess dar, in dem nicht Geheimniskrämerei, sondern der planende Mensch den Kern der Arbeitsorganisation bildete. Seine Darstellung besticht durch eine Verbindung von solidem überlieferten Wissen, realistischer Naturbeobachtung und einem sicheren Blick für die Bedeutung der technischen Geräte, Maschinen und Verfahren. Besonders eindrucksvoll fiel das sechste Buch mit seiner Beschreibung der zahlreichen Maschinen und Apparaturen des Bergbaus aus. Die in ihm wiedergegebenen aufwendigen Holzschnitte von Pferdegöpeln, Kranen, Pochwerken, Wasserrädern und anderen Bergwerksmaschinen sorgten für eine bis heute anhaltende besondere Faszination dieses großen Werkes. Wesentlich *De re metallica* ist es zu verdanken, dass wir in dem Arzt Georgius Agricola heute den Begründer der Montanwissenschaften sehen.

Dass Agricolas Interessen und Fähigkeiten jedoch weit über das Berg- und Hüttenwesen, die Mineralogie oder die Medizin hinausgingen, zeigen einige weitere von ihm erhaltene Schriften, wie z. B. der noch aus seiner Joachimsthaler Zeit stammende *Türkenbrief* (1531), in dem er die Fürsten Europas zur Einheit und zum gemeinsamen Kampf gegen die Türken aufforderte, oder auch seine beiden genealogischen Arbeiten zur Geschichte des sächsischen Herrscherhauses (1544/1555), die sein historisch-politisches Engagement bezeugen.

Letzteres wurde von Agricola im letzten Jahrzehnt seines Lebens in ganz besonderer Weise gefordert, als er auf Befehl seines Landesherrn insgesamt viermal das Bürgermeisteramt von Chemnitz übernehmen musste und dadurch in die großen politischen Ereignisse seiner Zeit verstrickt wurde. Agricola vertrat seine Heimatstadt mehrfach auf Landtagen und musste seinen Landesherrn auf den Feldzügen des Schmalkaldischen Krieges begleiten. Für das Herzogtum Sachsen und für die Stadt Chemnitz erwies er sich dabei als umsichtiger Diplomat und Politiker, der vor allem für einen vernünftigen Ausgleich der Interessen- und Glaubensgegensätze eintrat. Als überzeugter Katholik in einer protestantischen Umgebung hatte er es in einer Zeit sich zuspitzender konfessioneller Gegensätze mit dieser Einstellung allerdings nicht leicht. Dass Agricola, nachdem er am 21. November 1555 an einem »Wechselfieber« verstorben war, auf ausdrücklichen Befehl des neuen sächsischen Kurfürsten August nicht im evangelischen Chemnitz, sondern nur im katholischen Zeitz beigesetzt werden konnte, ließ für die Zukunft des kurz vor Agricolas Tod geschlossenen Augsburger Religionsfriedens wenig Gutes ahnen.

Mit dem Buch *De peste* (Über die Pest) aus dem Jahre 1554 ist uns nur eine einzige rein medizinische Schrift des Arztes Georgius Agricola erhalten geblieben. In ihr zeigt er sich in seinem Denken als ein Mensch zwischen zwei Epochen. »Einerseits ist er rückwärts gewandt in seiner unbestrittenen Anerkennung der Autorität der antiken Lehrer, andererseits ist er einer der ersten, der die neue Legitimation, die Berufung auf den eigenen Augenschein, ernst nimmt.« Diese Feststellung des Medizinhistorikers Rolf Winau im Hinblick auf den Arzt Agricola kann im übertragenen Sinne für das gesamte Leben und Werk Georg Pawers gelten. Fest auf dem Boden einer großen Tradition stehend, wurde der Humanist und Gelehrte Georgius Agricola durch seine weit über das überlieferte Wissen hinausgehende wissenschaftliche Arbeit zu einem der Wegbereiter der Aufklärung und der Neuzeit in Deutschland. Sein gesamtes Schaffen umfasste nicht weniger als acht Arbeitsgebiete von der Pädagogik und klassischen Philologie über den Arzt und Apotheker sowie den Theologen und Historiker bis hin zum Mineralogen sowie zum Berg- und Hüttenfachmann. Agricola erwies sich somit als ein typischer Universalgelehrter der Renaissance, dessen weitgefächerte Interessen ihn nicht daran hinderten, in vielen Bereichen Neuland zu beschreiten. Von der Nachwelt wurde er daher als »Vater der Mineralogie« (A. G. ↗ Werner, 1791), als »Pionier der Arbeitsmedizin« (Rolf Winau, 1994) und vor allem als »Begründer der Montanwissenschaften« (Wolfhard Weber, 1991) anerkannt. Sein Haupt- und Lebenswerk *De re metallica* erlebte von 1556 bis heute nachweisbar nicht weniger als 36 Ausgaben in Latein, Deutsch, Italienisch, Englisch, Tschechisch, Russisch, Japanisch, Spanisch, Ungarisch und Französisch. Selbst eine chinesische Ausgabe soll es bereits 1664 gegeben haben.

Werk(e):
Libellus de prima ac simplici institutione grammatica (Büchlein vom einfachen grammatischen Anfangsunterricht, 1520); Bermannus sive de re metallica Dialogus (Bermannus oder ein Gespräch über den Bergbau, 1530); Oratio de bello adversus Turcam suscipiendo (Rede von der Notwendigkeit des Krieges gegen die Türken, 1531); De mensuris et ponderibus Romanorum et Graecorum libri V (Über Maße und Gewichte, 1533); De natura fossilium libri X (Über die Minerale, 1546); De animatibus subterraneis (Über die Lebewesen unter Tage, 1549); De peste libri III (Über die Pest, 1554); De re metallica libri XII (12 Bücher über das Berg- und Hüttenwesen, 1556); Georgius Agricola – Ausgewählte Werke. Gedenkausgabe des Staatlichen Museums für Mineralogie und Geologie zu Dresden, Band 1–10 (1955–1992; eine ausführliche Agricola-Bibliographie der Jahre 1520 bis 1963 enthält Band 10 aus dem Jahre 1971).

Sekundär-Literatur:
Hartmann, H.: Georg Agricola. Begründer dreier Wissenschaften: Mineralogie – Geologie – Bergbaukunde (1953); Darmstaedter, E.: Georg Agricola (1953); Wilsdorf, H.: Georgius Agricola und seine Zeit (1956, Georgius Agricola, Ausgewählte Werke, Bd. 1); Engewald, G.-R.: Georgius Agricola (1994); Ernsting, B. (Hrg.): Georgius Agricola. Bergwelten 1494–1994 (1994); Prescher, H., Wagenbreth, O.: Georgius Agricola – seine Zeit und ihre Spuren (1994); Weber, W.: Georgius Agricola, Begründer der Montanwissenschaften, in: NTM, Neue Serie 1 (1994) 1–12; Georgius Agricola und seine Familie. Dokumente. Bearbeitet von G. Viertel, U. Bemmann, S. Pfalzer und U. Sacher (1994); Agricola Kompendium (1994).

Agrippa von Nettesheim, Heinrich Cornelius,
deutscher Arzt, Jurist, Humanist und Philosoph,
* 14. 9. 1486 Köln (Nettesheim),
† 18. 2. 1535 Grenoble.

Agrippa entwickelte ein System der Magie, in dem Alchemie, Medizin, Mathematik, Physik, Astrologie und sogar Theologie als Teildisziplinen der Magie philosophisch begründet und in ihrem praktischen Nutzen beschrieben werden.

Agrippa studierte 1499 bis 1502 die Artes liberales an der Universität Köln. Danach war er zeitweilig Sekretär Kaiser Maximilian I. 1515 erlangte er in Pavia die medizinische Doktorwürde. 1518 wurde er Syndikus der Freien Reichsstadt Metz. Dort übernahm er die Verteidigung einer der Hexerei angeklagten Frau gegen die Inquisition und erreichte den Freispruch der Angeklagten. 1522 war Agrippa als Stadtarzt in Genf tätig, 1523 als Stadtarzt in Freiburg (Schweiz), von 1524 bis 1528 schließlich als Arzt Louise von Savoyens in Lyon. 1528 arbeitete Agrippa als Arzt in Antwerpen, wo er sich im August 1529 bei Ausbruch der Pest als Seuchenarzt bewährte.

In Anlehnung an M. ↗ Ficinos und ↗ Pico della Mirandolas Konzept einer neuplatonisch inspirierten Naturmagie definierte Agrippa Magie als experimentelle Einsichtnahme in das dynamische Geflecht eines hierarchisch gefügten Kosmos. Magie als praktische Wissenschaft sollte den verborgenen Kräften der Dinge nachspüren und diese nutzbringend verwerten. Als Arzt setzte Agrippa die Ansprüche, die er an die naturmagische Wissenschaft stellte, praktisch um. In seinen Briefen aus der Zeit der Pestepidemie 1529 in Antwerpen gab er eine genaue Symptomatik der Pest. Unter einer Sammlung von Traktaten, die Agrippa 1529 in Antwerpen veröffentlichte, befand sich auch ein 1518

H.C. Agrippa von Nettesheim

verfasster Traktat *Regimen adversus pestilentiam*, in dem er neben der allgemeinen Behandlung der Seuche auch ein von ihm entwickeltes Medikament gegen die Pest beschrieb.

Agrippa stand mit den wichtigsten Humanisten seiner Zeit in Verbindung. Nach seinem Tod fand er positive Resonanz vor allem in der Bewegung des Paracelsismus. Als schon zu Lebzeiten legendäre Gestalt floss er in die Faust-Figur ein. [HPN]

Werk(e):
Opera Omnia (1530); De Occulta Philosophia libri tres (1533).

Sekundär-Literatur:
Prost, A.: Les sciences et les arts occultes au XVIe siècle. Corneille Agrippa – sa vie et ses oeuvres (1881–82); Nauert Jr., Ch.: Agrippa and the Crisis of Renaissance Thought (1965).

Aiken, Howard Hathaway,
amerikanischer Elektroingenieur und Computerkonstrukteur,
* 8. 3. 1900 Hoboken (New Jersey, USA),
† 14. 3. 1973 Fort Lauderdale (Florida, USA).

Aiken entwarf den ersten digital arbeitenden Relaiscomputer der USA, den Automatic Sequence Controlled Computer. Als Repräsentant der Pionierzeit der amerikanischen Computertechnik trug er entscheidend zur Herausbildung der Informatik bei.

H.H. Aiken

Aiken, aufgewachsen in Indianapolis (Indiana), besuchte zunächst die Arsenal Technical High School, bevor er 1919 an der University of Wisconsin ein Studium des Elektroingenieurwesens aufnahm, das er 1923 als Bachelor of Science abschloss. Danach war er als Ingenieur für Energieversorgung, u. a. bei der Madison Gas & Electric, Westingshouse, sowie als Konstrukteur von Elektromaschinen tätig. 1931 setzte er seine akademische Ausbildung an der University of Chicago in den Fächern Mathematik und Physik fort, wechselte aber 1933 zur Harvard's Graduate School of Arts and Sciences mit der Absicht, zum Thema *The Theory of Space Charge Conduction* die Promotion zum PhD auf dem Gebiet der Physik zu erlangen.

An der Harvard University übernahm er – schließlich als Assistant Professor für angewandte Mathematik – auch Aufgaben der Lehre. Das Interesse an Elektronik, Physik der Vakuumröhren sowie Schaltungstheorie wurde durch seinen ersten akademischen Lehrer, E. Leon Chaffee, geweckt. Darauf aufbauend, begann er 1935 mit Studien zur Entwicklung einer bevorzugt in wissenschaftlichen Anwendungen einsetzbaren, automatisch arbeitenden Rechenmaschine. Er analysierte dazu neben historischen Gegebenheiten vor allem die aktuellen Entwicklungen, zumal solche Firmen wie Monroe, Burroughs und Marchant als Produzenten elektromechanischer Tischrechenmaschinen internationale Spitzenklasse verkörperten. Allerdings folgte keine dieser Maschinen jenen theoretischen Ansätzen, wie sie bereits ein Jahrhundert vorher durch den englischen Gelehrten Ch. ↗ Babbage erarbeitet worden waren.

Aiken, der 1937 den Master of Science erworben hatte, zwei Jahre später zum PhD promoviert und 1940 schließlich an der Harvard University zum Professor berufen wurde, erarbeitete deshalb ein vollkommen neuartiges Konzept. Die Ergebnisse mündeten bereits 1937 in ein 46-seitiges Papier mit dem Titel *Proposed automatic calculating machine*. Bezeichnend ist, dass er hierin zunächst auf die umfangreiche Vorgeschichte – den Abakus und andere erste Rechenhilfen, die Napierschen Stäbchen, die Maschinen ↗ Pascals, Morelands, ↗ Leibniz', die Logarithmen und die darauf aufbauende Konstruktion des Rechenschiebers, Babbages Difference Engine und Analytical Engine sowie die durch Edvard Scheutz u. a. realisierten Nachbauten – eingeht und schließlich beklagt, dass solcherart Rechnen lediglich auf Fundamentaloperationen der Arithmetik beschränkt bleibt, Operationen algebraischen Charakters somit ausgeschlossen sind. Auch die bereits weit entwickelte Hollerithsche Lochkartentechnik scheidet – da für statistische Anwendungen entwickelt – aus. Verwertbar scheint ihm lediglich das Ideengut Babbages, insbesondere zur Daten- und Programmeingabe die bekannten Jacquardschen Lochkarten zu verwenden.

Seine »Calculating machinery as required in the sciences« orientierte sich deshalb folgerichtig an speziellen Erfordernissen der fortgeschrittenen mathematischen und physikalischen Wissenschaften und sollte sich demnach nicht nur auf arithmetische Fundamentaloperationen beschränken, sondern auch in der Lage sein, Operationen zu verknüpfen, den Ablauf einer vorgezeichneten Sequenz zu steuern, Zahlen (Konstanten sowie Zwischenresultate) zu speichern und die Ergebnisse in tabellarischer Form auszudrucken.

Für die Firma International Business Machines Corporation (IBM), die die Realisierung übernahm, war dieses Projekt eine immense Herausforderung. Sie stellte deshalb, von der erfolgreichen Bewältigung einer neuen Computertechnologie überzeugt, ihre erfahrensten Ingenieure zur Verfügung: James W. Bryce, Claire D. Lake, Francis E. Hamilton und Benjamin M. Durfee. Am 31. März 1939 wurde der entscheidende Vertrag zwischen IBM und der Harvard University unterzeichnet.

Die eigentlichen Arbeiten an der ursprünglich Calculating Plant genannten Maschine begannen am 12. Mai 1939 im North Street Laboratory der IBM in Endicott (N.Y.), wobei Aiken allein zwei Jahre Forschungsarbeit darauf verwandte, den theoretischen Entwurf zu spezifizieren. 1941 verließ er IBM und ging als freiwilliger Commander zur Navy, um an der Naval Mine Warfare School in Yorktown (Virginia) Marinetechniker auszubilden; allerdings stand er IBM für Konsultationen weiterhin zur Verfügung.

Anfang 1943 erfolgten die ersten Tests des Automatic Sequence Controlled Computer (ASCC), später Harvard Mark I genannt. Im Frühjahr 1944 wurde die Maschine endgültig komplettiert und in Betrieb genommen, wobei für die Bedienung ein 500-seitiges *Manual of Operation* zur Verfügung stand. Im Mai konnten erstmals Aufgaben für das Navy's Bureau of Ships realisiert werden.

Der IBM ASCC, bestehend aus 500 000 Einzelteilen, darunter 12 500 Relais, arbeitete äußerst zuverlässig und wurde durchgängig betrieben. Obwohl in seiner Bestimmung ein militärisches Projekt, stand er bis 1954 für Aufgaben in Lehre und Forschung gleichermaßen zur Verfügung. Aiken entwickelte auch das Folgemodell Mark II sowie die Röhrencomputer Mark III und Mark IV, verwirklichte allerdings in keiner seiner vier Entwicklungen die Idee des gespeicherten Programms. Man spricht deshalb noch heute von »Harvard architecture« bzw. »Aiken architecture«.

Angesichts dieses Meilensteins der Computergeschichte verkündete Leslie John Comrie, ein Zeitgenosse Aikens und Integrationsfigur der Britischen Computercommunity: »Babbage's Dream Comes True«; für die zeitgenössische Presse war der ASCC der »World's greatest mathematical calculator«. Für den IBM-Präsidenten und Förderer des Projekts, Thomas J. Watson, war er sogar »ein algebraisches Superghirn«.

Aikens Beitrag zur frühen Computertechnik beschränkt sich jedoch nicht nur auf die genannten Maschinen, sondern fand auch darin Ausdruck, dass er an der Harvard University einen zum Master's Degree bzw. zum Doktorat führenden Kurs zur Vermittlung der neuen Computerwissenschaft einrichtete – Grace Murray Hopper, berühmt als »dritter Programmierer des ersten Großrechners der Welt«, zählt zu den ersten Absolventen. Dieses Engagement ist insofern bemerkenswert, als es nicht unwesentlich die Geburt der Informatik als einer neuen technikwissenschaftlichen Disziplin förderte.

Aiken verließ erst 1961 die Harvard University; bis zu seinem Tode war er als Seniorprofessor an der Universität von Miami tätig und betrieb zudem noch eine Beratungsfirma. [FN]

Werk(e):
Proposed Automatic Calculating Machine (1937, previously unpublished memorandum), IEEE Spectrum (1964) 62–69; A Manual of Operation for the Automatic Sequence Controlled Calculator, in: Annals of the Computation Laboratory of Harvard Univ., Bd. 1 (1946); mit G. Hopper: The Automatic Sequence Controlled Calculator-I, Electrical Engineering 65 (1946) 384–391, 449–454, 522–528.

Sekundär-Literatur:
Howard Hathaway Aiken (Biographie), in: International Biographical Dictionary of Computer Pioneers., hrg. v. J. A. N. Lee (1995) 9–20.

Albatenius, eigentlich Muḥammad ibn ǧābir ibn Sinān al-Battānī, auch Albategnius,
islamischer Astronom,
* vor 858, vermutlich in Harran (Nordwestmesopotamien),
† 929.

Al-Battānī war einer der bedeutendsten islamischen Astronomen. Ihm gelang auf der Grundlage eigener Beobachtungen die sehr genaue Bestimmung einiger Daten der Bahnen der Planeten und der Sonne. Sein Werk beeinflusste die Astronomie bis ins 17. Jahrhundert hinein.

Al-Battānī ist harranisch-sabischer Abstammung, seine zeitweise vermutete Herkunft aus einem Herrschergeschlecht hat sich nicht bestätigt. Sein Vater war vermutlich ein Hersteller wissenschaftlicher Instrumente. Über sein Leben und seinen Werdegang ist nichts bekannt.

Al-Battānīs Hauptwerk zīǧ (astronomisches Tafel- und Lehrwerk) stellt eine Bearbeitung des Almagest des ↗ Ptolemäus dar, in der er jedoch seinem Lehrmeister nicht bedingungslos folgt, sondern dessen Darlegungen kritisch hinterfragt und vielfach zu eigenen, abweichenden, besseren Lösungen findet. Es ist in 57 Kapitel mit zahlreichen Tafeln geteilt und vor allem auf praktischen Bedürfnisse der Astronomie sowie der Astrologie ausgerichtet. Al-Battānī fußte auf eigenen Beobachtungen und kam teilweise zu erheblich genaueren Daten für die Bahnen der Planeten und der Sonne als beispielsweise Ptolemäus. Für die Schiefe der Ekliptik fand er sehr genau $23°35'$, für die Lage des Sonnenapogäums $82°17'$, was zwar um $1°34'$ zu niedrig angesetzt ist, doch erkannte er die Veränderlichkeit dieses Punktes, den Ptolemäus noch als fest angesehen hatte. Ebenfalls sehr exakt und erheblich besser als bei Ptolemäus ist seine Angabe der Exzentrizität der Sonne mit 0,0173. In den letzten Kapiteln seines Werkes behandelte er Herstellung und Funktion von Sonnenuhren und astronomischen Beobachtungsinstrumenten (Armillarsphäre, Quadrant, Dreistab).

Die theoretische Darstellung der Planetenbewegung ist recht kurz gefasst und übergeht Einzelheiten. Diese beherrschte al-Battānī jedoch, wie sich aus dem Tafelteil seines Werkes ergibt, in dem er die Elemente der Berechnung der Planetenörter einschließlich der Sonne und des Mondes gibt. In diesen Tafeln arbeitete al-Battānī mit dem Sinus, während Ptolemäus jeweils die Sehne heranzog.

Al-Battānī übte auf die Astronomie bis ins 17. Jahrhundert hinein einen großen Einfluss aus. Für G. ↗ Peurbach, J. ↗ Regiomontan, N. ↗ Copernicus, der von al-Battānī zahlreiche Daten der Planetenbewegung verwendete, T. ↗ Brahe, J. ↗ Kepler und Giovanni Riccioli war er einer der größten Autoritäten.

Das Werk des al-Battānī war den europäischen Astronomen seit der Mitte des 12. Jahrhunderts bekannt. Dessen Rezeption gründet auf der Übersetzung des Plato von Tivoli (um 1150), die lange in zahlreichen Handschriften kursierte. In dieser Übersetzung, mit Zusätzen von Regiomontan, wurde es erstmals 1537 gedruckt (ein weiterer Druck 1645 in Bologna). [JH]

Werk(e):
Al-Battani sive Albatenii opus astronomicum, 2 Bde., hrg. v. C. A. Nallino (1903–1907); Continentur in hoc libro. Rudimenta astronomica Alfragani. Item Albategnius astronomus pertissimus de motu stellarum (1537).

Sekundär-Literatur:
Swerdlow, N.: Al-Battani's determination of the solar distance, Centaurus 17 (1972).

Albertus Magnus
(Albert der Große, Albert von Lauingen),
deutscher Naturforscher, Philosoph und Theologe,
Bischof von Regensburg,
* vor 1200 Lauingen/Donau,
† 15. 11. 1280 Köln.

Albertus Magnus gehört aufgrund seiner umfassenden Kenntnisse des aristotelischen und jüdisch-arabischen Gedankenguts, aber auch auf Grund eigener Beobachtungen, zu den bedeutendsten Naturwissenschaftlern des 13. Jahrhunderts.

»Mein Lehrmeister, der Herr Albert, ehemals Bischof von Regensburg, war ein in jeglicher Wissenschaft geradezu göttlicher Mann, so sehr, dass er mit Recht als Staunen erregendes Wunder unserer Zeit bezeichnet werden kann.« In diesen Worten Ulrichs von Straßburg drückt sich die Bewunderung für einen Universalgelehrten aus, dem als einem der ganz wenigen Wissenschaftler schon bald nach seinem Tod der Beiname »der Große« zuteil

Albertus Magnus

wurde. Albertus Magnus war es vor allem, der durch konsequente Anwendung der aristotelischen Wissenschaftstheorie neben der Philosophie auch die Naturwissenschaften als in sich autonome Disziplinen aus dem Schatten einer theologisch dominierten Einheitswissenschaft emanzipierte und zugleich diese verschiedenen Wissensbereiche unter Wahrung ihrer Selbständigkeit in einer umgreifenden Synthese zusammenführte.

Geboren kurz vor 1200, entstammte Albert einer im Schwäbischen beheimateten ritterbürtigen Ministerialenfamilie, die ihn zu (offenbar weltlichen) Studien nach Oberitalien schickte. Dort lernte er die neuartige religiöse Armutsbewegung kennen und trat – wahrscheinlich Ostern 1223 – in Padua in den noch jungen Dominikanerorden ein. Über die sich anschließende theologische Ausbildung ist nichts Sicheres bekannt, doch in den 1230er-Jahren war Albert bereits als Studienleiter an verschiedenen deutschen Dominikanerklöstern (Hildesheim, Regensburg, Straßburg) tätig. Mit etwas über vierzig Jahren schickte der Orden den begabten Lehrer an die Universität Paris, die mit Abstand bedeutendste Wissenschaftsstätte der westlichen Welt. Albert sollte dort zum Doktor der Theologie promovieren und – als erster Deutscher – ab 1245 einen der dortigen Lehrstühle übernehmen. Es ist dies die Zeit, in der das Studium der naturwissenschaftlichen Werke des ↗ Aristoteles noch ausdrücklich und bei Strafe verboten war, denn nicht nur findet sich dort ein Naturverständnis, das in einzelnen Punkten der biblischen Auffassung der Welt als Schöpfung Gottes widerspricht, sondern Aristoteles erhebt den Anspruch, Gott, Welt und Natur zur Gänze mit der reinen Vernunft erklären zu können. Ein solcher Anspruch würde jegliche Offenbarung überflüssig machen und damit einen der Grundpfeiler der christlichen Religion bedrohen. In Paris verfasste Albert nicht nur eine stattliche Anzahl theologischer Werke (darunter Kommentare zu den Schriften des Pseudo-Dionysius Areopagita und des Petrus Lombardus); er setzte auch den Plan zu einem ehrgeizigen wissenschaftlichen Werk um, in dem sich bereits *in nuce* sein später in unzähligen weiteren Schriften entfaltetes Programm findet: In der zweiteiligen *Summe über die gesamte Schöpfungswirklichkeit* (Summa de creaturis) werden die Wissenschaftsbereiche und Geltungsansprüche von Theologie, Philosophie und Naturwissenschaften klar voneinander abgegrenzt; sie stehen jedoch trotz ihrer Selbständigkeit nicht beziehungslos nebeneinander, sondern entfalten als unterschiedliche Perspektiven die vielschichtige Wahrheit des in Rede stehenden Sachverhalts. Mit anderen Worten: Albert bestimmt das Verhältnis von Vernunft und Glauben dahingehend, dass es sich um zwei verschiedene, gleichermaßen legitime Zugänge zur Erschließung der Wirklichkeit handelt, die sich aber trotz ihrer Verschiedenheit in der einen Wahrheit begegnen. Bemerkenswert hieran ist nicht nur das Programm als solches, sondern auch die extensive Heranziehung der – noch verbotenen – aristotelischen Schriften sowie vieler Naturwissenschaftler und Philosophen des islamischen und jüdischen Kulturkreises (↗ Avicenna, al-Ghazzâli, ↗ Averroes, ↗ Qusta ibn Luqa, Isaak Israeli u. v. a.).

Unter Alberts Pariser Studenten befand sich auch ↗ Thomas von Aquin, der demselben Orden angehörte und seinem Lehrer als Assistent folgte, als dieser 1248 nach Köln geschickt wurde, um dort nach Pariser Vorbild ein Studienhaus der Dominikaner ins Leben zu rufen – es war die erste wissenschaftliche Hochschule auf deutschem Boden und eine Keimzelle der späteren Universität zu Köln. Neben den vielfältigen Aufgaben als Gründungsrektor und Professor begann Albert ein wissenschaftliches Langzeitprojekt: Er wollte sämtliche Schriften des Aristoteles der lateinisch-sprechenden Gelehrtenwelt durch minutiöse Kommentierung zugänglich machen; darüberhinaus beabsichtigte er, jene Schriften, die entweder verlorengegangen waren oder die Aristoteles vielleicht aus Zeitgründen nicht niedergeschrieben hatte, kurzerhand selbst zu verfassen. Hier drückt sich Alberts Wille zur systematischen Vollständigkeit allen Wissens aus; zwanzig Jahre arbeitete er unermüdlich an der Durchführung dieses Plans, auch wenn er zwischendurch das Amt des deutschen Ordensprovinzials bekleidete (1254-57), den Regensburger Bischofsstuhl innehatte (1260 bis zum freiwilligen Verzicht 1262), mehrfach in diplomatischer Mission am päpstlichen Hof weilte oder als Kreuzzugsprediger in Deutschland umherreiste (1263/64). Die weiten Reisen boten Albert immer wieder Gelegenheit, Naturphänomene mit eigenen Augen zu studieren, ja sogar wissenschaftliche Experimente anzustellen und die Ergebnisse in das naturwissenschaftliche Corpus zu integrieren. Knapp 40 zum Teil voluminöse Werke entstanden auf diese Weise, u. a. zur Physik, Kosmologie, Meteorologie, Mineralogie, Botanik, Zoologie oder Psychologie, die Alberts Ruhm als Philosoph und Naturwissenschaftler europaweit begründeten. Dabei beschränkten sich diese so genannten Aristoteles-Kommentare keineswegs auf bloße Textauslegung, sondern vielfach überprüfte, erläuterte oder kritisierte Albert die aristotelischen Lehren anhand eigener naturwissenschaftlicher Beobachtungen.

Die letzten Jahre seines Lebens verbrachte Albert wieder in Köln, wo er mit über 80 Jahren starb. Sein wissenschaftliches Œuvre hat einer neuen Sicht der Natur wesentlich zum Durchbruch verholfen: Natur als solche ist der Erforschung zugänglich und wert; die Naturwissenschaften bilden ein selbständiges System wissenschaftlicher Rationalität; Erfahrung und Experiment gewinnen allmählich einen eigenen Stellenwert. Erst auf der Grundlage dieser neuen Sichtweise konnten sich in der frühen Neuzeit trotz aller historischen Brüche und Verschiebungen die modernen Naturwissenschaften entwickeln und ihren Siegeszug antreten. [JRS]

Werk(e):
Alberti Magni Opera omnia, Hrg. A. Borgnet, 38 Bde. (1890–1899); Alberti Magni Opera omnia, hrg. v. Albertus-Magnus-Institut, bisher 24 Bde. (1951ff., kritische Gesamtausgabe).

Sekundär-Literatur:
Weisheipl, J. (Hrg.): Albertus Magnus and the Sciences. Commemorative Essays (1980); Senner, W. (Hrg.): Albertus Magnus. Zum Gedenken nach 800 Jahren: Neue Zugänge, Aspekte, Perspektiven (2001).

Alder, Kurt,
deutscher organischer Chemiker,
* 10. 7. 1902 Königshütte (heute Chorzów, Polen),
† 20. 6. 1958 Köln.

Bei der durch O. ↗ Diels und Alder gemeinsam 1927/28 entdeckten Diensynthese, die später als Diels-Alder-Reaktion bezeichnet wurde, handelt es sich um eine allgemeine Methode in der präparativen organischen Chemie zur Synthese von Ringsystemen.

Alder setzte sein 1922 in Berlin begonnenes Chemiestudium in Kiel fort und wurde dort unter seinem Lehrer Diels 1926 promoviert. 1930 erfolgte seine Berufung zum Dozenten, 1934 zum a.o. Professor an der Kieler Universität. Parallel zu seiner Dozententätigkeit war er in den Jahren 1937 als Abteilungsleiter im Werk Leverkusen der I. G. Farben tätig, wo er Forschungen zur Kautschuksynthese durchführte. 1940 wurde er sowohl zum ordentlichen Professor für Experimentalchemie und chemi-

K. Alder

sche Technologie als auch zum Direktor des chemischen Instituts der Universität Köln berufen.

Der Schwerpunkt der Alderschen Forschungsarbeiten blieb der Ausbau der Diels-Alder-Reaktion, bei der es sich um die Cycloaddition eines konjugierten Diens mit einem Dienophil handelt. Als Dienophile können vor allem Alkene und Alkine eingesetzt werden, weiterhin das als reaktive Zwischenstufe auftretende Dehydrobenzol oder Verbindungen mit Heteroelement-Mehrfachbindungen. Bei den Dienen kann es sich um offenkettige oder cyclische Diene oder auch um aromatische Verbindungen handeln. Für die einfache Herstellung von organisch-chemischen Ringsystemen hat die Diels-Alder-Reaktion überragende Bedeutung. Ein besonderes Verdienst von Alder besteht darin, diese Reaktion unter stereochemischen Gesichtspunkten erforscht und weiterentwickelt zu haben. Industrielle Anwendung fand die Reaktion bei der Herstellung von Fungiziden, Insektiziden, Riechstoffen, Arzneimitteln und Kunststoffen. Für das Auffinden und die umfangreiche Entwicklung der Diels-Alder-Reaktion wurden die beiden Forscher 1950 mit dem Nobelpreis für Chemie ausgezeichnet. [AN]

Sekundär-Literatur:
Walters, L.R.: Kurt Alder, in: James, L.K. (Hrg.): Nobel Laureates in Chemistry (1995).

Aldrovandi, Ulisse,
italienischer Naturforscher und Enzyklopädist,
* 11. 9. 1522 Bologna,
† 4. 3. 1605 Bologna.

Aldrovandi gehört zu den Begründern der beschreibenden Zoologie, der Embryologie und der systematischen Entomologie.

Aldrovandi verlor seinen Vater, einen adeligen Notar, bereits im Alter von 7 Jahren. Mit 12 begab er sich heimlich nach Rom, kehrte aber auf Bitte seiner Mutter nach Bologna zurück, um sich mit mathematischen Studien zu beschäftigen. Den Lebensunterhalt verdiente er als Schreiber bei Kaufleuten. Er wandte sich neuerlich nach Rom und legte mangels finanzieller Mittel den Weg nach Santiago de Compostela zu Fuß zurück. Wieder in Bologna, studierte er Literatur und Jurisprudenz, wurde Notar (1542) und Doktor der Rechte (1546). 1548/49 belegte er in Padua Philosophie, Mathematik und Medizin. Wegen des Verdachts der Häresie wurde er verhaftet und nach Rom gebracht. Hier lernte er den französischen Naturforscher G. ↗ Rondelet kennen. Durch ihn und den Italiener Paolo Giovio wurde er zur wissenschaftlichen Beschäftigung mit der Tierwelt, durch Lucca Ghini mit der Botanik angeregt. Aldrovandi erwarb das Doktorat der Philosophie 1552 und das der Medizin 1553 in seiner Heimatstadt, wo er als »numerario« ins Kollegium dieser Wissenschaften aufgenommen wurde. 1554/55 hatte er den Lehrstuhl für Logik inne, in den folgenden Jahren jenen für Philosophie, und 1556/57 erhielt er die »lectura de simplicibus« (den Lehrstuhl für Pharmakologie), die er bis 1571 mit Cesare Odoni teilte und dann bis 1600 allein innehatte. Er begründete und leitete den botanischen Garten in Bologna, legte Herbarien an und gründete das von Zeitgenossen als Weltwunder bezeichnete Naturalienkabinett »Museo Aldrovandi-

U. Aldrovandi

U. Aldrovandi: Titelblatt des *Insektenbuchs* von U. Aldrovandi (1602)

no«, das noch heute in Bologna zu sehen ist. Studienreisen führten ihn u. a. in verschiedene Teile Venetiens, nach Triest, auf die Insel Elba. Für die Botanik ist die Exkursion auf den Monte Baldo bei Verona von besonderer Bedeutung, über dessen einmalige Flora Aldrovandi erstmals berichtete. Erst nach seinem Übertritt in den Ruhestand (1600) war es ihm möglich, die ungeheure Menge an Notizen und Sammlungen, die er in all den Jahren zusammengetragen hatte, zu publizieren. Altersbeschwerden – er erblindete – zwangen ihn, seine Arbeiten einzuschränken. Er erwähnt seine zweite Frau Francisca Fontana als Helferin bei seiner Arbeit.

Aldrovandi plante die Publikation einer enzyklopädischen Beschreibung der gesamten damals bekannten Tierwelt, aber nur die Bände über Vögel und Insekten erschienen zu seinen Lebzeiten. Er wollte die ganze antike und zeitgenössische Literatur, die er durch eigene Beobachtungen überprüfte und ergänzte, einschließlich der darin enthaltenen unglaubhaften Tiere referieren und nahm darum viele Fabelwesen in vollem Wissen über ihre Natur auf. Der größte Teil seiner Notizen und Manuskripte wurde erst später von seinen Schülern unkritisch veröffentlicht. Für die Insekten entwickelte er ein dichotom gegliedertes und erstmals auch grafisch dargestelltes System. In seiner *Ornithologia* sind anatomische Darstellungen und embryologische Beobachtungen aufgrund eigener Untersuchungen wiedergegeben. Durch seine Forschungen zur Entwicklung des Hühnerembryos – er verfolgte systematisch die Stadien der Bebrütung und Entwicklung – zählt er neben Volcher Coiter und Hieronymus Fabricius ab Aquapendente zu den ersten Embryologen.

[CRD]

Werk(e):
De animalibus insectis libri septem cum singulorum iconibus ad vivuum expressis (1602); Ornithologiae hoc est de avibus historiae libri XII (3 Bde, 1599, 1600, 1603); Il viaggio di Monte Baldo della magnifica città di Verona (1566).

Sekundär-Literatur:
Olmi, G.: Ulisse Aldrovandi, Scienza e natura nel secondo Cinquecento (1976); Riedl-Dorn, Ch.: Wissenschaft und Fabelwesen, Ein kritischer Versuch über Conrad Gessner und Ulisse Aldrovandi (1989).

Jean le Rond d'Alembert
Hubert Laitko

Alembert, Jean le Rond d',
französischer Mathematiker, Physiker, Philosoph und Schriftsteller,
* 17. 11. 1717 Paris,
† 29. 10. 1783 Paris.

D'Alembert gehörte zu den herausragenden Persönlichkeiten der französischen Aufklärung im zweiten Drittel des 18. Jhs. Er leistete bedeutende Beiträge zur mathematischen Ausgestaltung der klassischen Mechanik und war neben Denis Diderot Mitschöpfer der großen *Encyclopédie*, des ehrgeizigsten Enzyklopädieunternehmens seiner Epoche.

J.l.R.d'Alembert

Ein Pariser Gelehrtenleben

D'Alemberts bürgerlicher Lebensweg begann auf den Stufen der Pariser Kirche Saint-Jean-le-Rond, der Taufkirche von Notre Dame, wo ihn seine Mutter Claudine-Alexandrine de Tencin, die in Paris einen literarischen Salon unterhielt, aussetzen ließ. Der Fundort gab dem Findelkind den Namen. Auch der Vater, Graf Destouches-Canon, hielt sich im Hintergrund, sorgte aber für den Unterhalt seines Sohnes, der unter bescheidenen Verhältnissen in der Familie eines Glasermeisters aufwuchs, und hinterließ ihm eine beträchtliche Summe. D'Alembert betrachtete die Frau des Glasers als seine Mutter und lebte bei ihr bis zu seinem siebenundvierzigsten Lebensjahr. Durch Vermittlung des Grafen wurde er in eine renommierte Schule aufgenommen, das von Kardinal Jules Mazarin gegründete Collège de Quatre-Nations, wo er neben der üblichen Unterweisung in den klassischen Fächern und in Rhetorik auch einen überdurchschnittlichen Mathematikunterricht genoss. Das Drängen seiner Lehrer, er möge ein Studium der Theologie aufnehmen, lehnte er ab; er empfand gegen dieses Gebiet eine lebenslange Abneigung, wenngleich er niemals offen gegen die Religion polemisierte. Ein zweijähriges Studium der Rechte brachte ihm 1738 den Titel eines Advokaten, doch er praktizierte nicht in diesem Beruf. Ein nachfolgendes einjähriges Medizinstudium hatte ebenso wenig berufliche Konsequenzen.

Fortan widmete er sich – im Wesentlichen als Autodidakt – der Mathematik und den mathematischen Naturwissenschaften. Sein ganzes Leben war auf das intellektuelle Milieu der französischen Hauptstadt eingestellt. Er reiste ungern und verließ Paris nur selten. In den 1740er-Jahren wuchs er in den Kreis der »philosophes« hinein, einer mit den Pariser Salons jener Zeit verbundenen Schicht großenteils junger Intellektueller unterschiedlichen Profils, die bei im Detail divergierenden Ansichten durch die gemeinsame Unzufriedenheit mit den Gesellschaftszuständen des spätfeudalen Frankreich und den enthusiastischen Glauben an die Souveränität der menschlichen Vernunft vereint waren. Die Bewegung der »philosophes« oder »société des gens des lettres«, die allen Ständen offen stehende Gemeinschaft der Gebildeten, war ein spezifisches Phänomen der französischen Aufklärung. Sie reichte nicht bis in das unmittelbare Vorfeld der französischen Revolution von 1789, doch sie bereitete den Boden, auf dem die zum Sturz der absolutistischen Herrschaft führende radikalere Gesellschaftskritik erwuchs. Im frühen 18. Jh. waren Charles Louis Montesquieu und François Marie Voltaire die beherrschenden Gestalten dieses Kreises, später traten G. ↗ Buffon, Étienne Bonnot de Condillac, Marie-Jean-Antoine de Condorcet, Diderot, Anne Robert Jacques Turgot und eben auch d'Alembert in den Mittelpunkt. Der junge d'Alembert glänzte in den Salons durch witzige und geistvolle Konversation und gehörte einige Zeit zu den prominenten Gestalten der Pariser Salonkultur.

Die Unterhaltungen über Philosophie, Politik und Religion, die in den Salons gepflegt wurden, waren für ihn jedoch nur die Außen- und Kehrseite eines ernsten Gelehrtenlebens, dessen institutionellen Stützpunkt die Académie des Sciences bildete. Im Sommer 1739 übermittelte er der Akademie die erste mathematische Mitteilung, der in den nächsten Jahren weitere folgten. A.-C. ↗ Clairaut, der vier Jahre älter war als d'Alembert und bereits der Akademie angehörte, war zunächst sein Vermittler und Respondent; in den folgenden Jahrzehnten gab es wiederholt Situationen angespannten Wettstreits zwischen d'Alembert und Clairaut um wissenschaftliche Prioritäten. 1741 gelang es d'Alembert, als Adjunkt (adjoint) für Astronomie in die Akademie aufgenommen zu werden. Zwei Jahre später erhielt er den Titel eines associé géomètre. 1754 wählte ihn auch die Académie Française zu ihrem Mitglied, und 1772 wurde er schließlich zu ihrem ständigen Sekretär (secrétaire perpétuel), von dem auch erwartet wurde, laufend die Nachrufe auf die verstorbenen Mitglieder zu verfassen und in öffentlichen Sitzungen vorzutragen. Zudem oblag es ihm, die *Histoire des membres de l'Académie* fortzuführen und dazu die Biographien aller zwischen 1700 und 1772 verstorbenen Mitglieder zu schreiben.

Nur in seltenen Fällen ließ er sich auf Schüler ein. Seine bekanntesten Schüler waren Charles Bossut, der ihm beim Redigieren der Beiträge zur *Encyclopédie* half, und Condorcet, der 1765 mit einem Essay über Integralrechnung seine Aufmerksamkeit gewann. Er förderte auch P. S. ↗ Laplace, der ihn mit einer Arbeit über die Prinzipien der Mechanik überzeugen konnte und dem er auf dieser Grundlage 1768 ein Lehramt an der Militärakademie verschaffte.

Ehrenvollen Rufen in das Ausland folgte er nicht. Insbesondere widerstand er den wiederholten Angeboten des preußischen Königs Friedrich II., der ihn für die Berliner Akademie der Wissenschaften und nach dem Tod von P. L. M. de ↗ Maupertuis (1759) auch als deren Präsidenten gewinnen wollte. Er beriet aber den König brieflich in Akademieangelegenheiten, nahm 1763 einen längeren Aufenthalt in Potsdam und galt als »heimlicher Präsident« der Berliner Akademie. Auch die 1762 von der russischen Zarin Katharina II. an ihn ergangene Einladung, als Prinzenerzieher nach Petersburg zu kommen, schlug er aus.

Eine schwere Erkrankung veranlasste ihn 1765, aus dem Haus seiner Stiefmutter in die großzügigeren Verhältnisse des Hauses von Julie de Lespinasse – der »Muse der *Encyclopédie*«, in deren Salon er verkehrte – überzusiedeln. Mme. Lespinasse sorgte dafür, dass ihm die nötige Pflege zuteil wurde, doch es scheint, dass sie seine tiefe persönliche Zuneigung nie erwidert hat. Nach seiner Genesung blieb er in ihrem Haus. Erst nach ihrem Tod im Jahre 1776 übersiedelte d'Alembert in eine kleine Wohnung in der Akademie, die ihm als Sekretär zustand und die er bis zu seinem Lebensende innehatte.

Seine erste Biographie erschien erst 1889, verfasst von Joseph Louis François Bertrand, dem Sekretär der Akademie. In der deutschen Nachkriegsliteratur wurde er noch einmal zum literarischen Helden; 1970 publizierte Helmut Heissenbüttel seinen Roman *D'Alemberts Ende*.

Naturerkenntnis in mathematischem Gewand

1687 hatte I. ↗ Newton mit seinem fundamentalen Werk *Philosophiae naturalis principia mathematica* das erste Beispiel einer mathematisch elaborierten naturwissenschaftlichen Theorie vorgelegt. Damit hatte er nicht nur ein Erkenntnissystem von bleibendem Wert geschaffen, sondern auch ein grandioses Forschungsprogramm für Physiker und Mathematiker, das mehr als ein Jahrhundert vorhielt. Das Theoriegebäude der klassischen Mechanik bot unbegrenzte Möglichkeiten für seinen mathematischen Feinausbau, der gerade in vollem Gange war, als d'Alembert in sein aktives Forscherleben eintrat. Diese historische Konstellation prägte die Eigenart seiner Erkenntnisleistungen, die der Mathematik wie der theoretischen Physik gleichermaßen angehörten. Die analytische Mechanik war kein Feld, das mit dem vorhandenen Repertoire der Mathematik einfach als eine angewandte Aufgabe hätte bearbeitet werden können. Vielmehr forderte es die Mathematik zur Weiterentwicklung ihrer eigenen Grundlagen heraus, insbesondere zum Ausbau und zur Fundierung der Differenzial- und Integralrechnung, die im Zentrum der Mathematik des 18. Jhs. stand. Für diese Art von Forschung war die akademische Organisationsform ideal geeignet. Ihre Brennpunkte lagen in den Akademien von Paris, Berlin und St. Petersburg, wobei insbesondere Paris – damals für einige Jahrzehnte das Weltzentrum des wissenschaftlichen Lebens – durch die Fülle der hier versammelten Talente herausragte.

Die Zeitgenossen begriffen früh, dass d'Alembert zu den Großen der mathematischen Physik zählte. Rückblickend schrieb 1842 der Physiker D. F. ↗ Arago, fünf Geometer hätten die Welt, deren Dasein durch Newton entschleiert worden war, unter sich aufgeteilt und nach allen Richtungen durchforscht – d'Alembert, Clairaut, Laplace, L. ↗ Euler und J. L. ↗ Lagrange. Die Periode exzeptioneller mathematisch-physikalischer Fruchtbarkeit in d'Alemberts Laufbahn dauerte etwa anderthalb Jahrzehnte, ab Mitte der 1750er-Jahre nahmen zunehmend andere Gegenstände seine Zeit in Anspruch, doch noch bis gegen 1780 verfasste er Abhandlungen zu mathematischen und physikalischen Themen.

Seine erste Monographie zu Fragen der mathematischen Physik, der 1743 erschienene *Traité de dynamique*, ist auch seine berühmteste geblieben. Er schrieb sie im Alter von 26 Jahren, getrieben von dem Motiv, seine Priorität gegenüber Clairaut zu sichern. Der *Traité* enthält ein System der klassischen Mechanik, das vom Newtonschen Aufbau abweicht und eine andere Auswahl von Grundgesetzen an die Spitze stellt: das Trägheitsgesetz, das Additionstheorem der Bewegungen und das Gleichgewichtsgesetz. Die Regel, die das Operieren mit diesen Grundgesetzen bestimmt, ist heute als d'Alembertsches Prinzip bekannt. Durch ihre Anwendung wird die Dynamik physikalischer Körper auf die Behandlung von Gleichgewichtsproblemen reduziert. Diese Verfahrensweise erleichtert die Lösung verschiedener mechanischer Aufgaben, insbesondere auch solcher aus der technischen Mechanik; das betrifft beispielsweise die Berechnung der Bewegung von Systemen gekoppelter Körper, die vorher als sehr schwierig galt. D'Alembert verfolgte mit seinem Ansatz eine weitreichende Absicht. Er wollte den Begriff der Kraft, der ihm unklar und verwirrend erschien, aus der Mechanik eliminieren, und bereitete damit den später von H. ↗ Hertz und E. ↗ Mach unternommenen Versuchen eines »kräftefreien« Aufbaus der Mechanik den Weg. Mit diesem Werk begründete d'Alembert den ihm eigenen Stil in der mathematischen Physik, dem er auch in seinen späteren Arbeiten folgte: Die Argumentation wurde so weit wie möglich rein geometrisch vorangetrieben, physikalische Gesichtspunkte wurden so spät wie möglich eingeführt.

Schon 1744 dehnte er mit seinem Werk *Traité de l'équilibre et du mouvement des fluides* den zunächst für starre Körper entwickelten Ansatz auf Flüssigkeiten aus. Darin wurden die aktuellen Probleme der Flüssigkeitsmechanik erörtert, an denen d'Alembert aus mehreren Gründen interessiert war. Um die Mitte des 18. Jhs. wurde das Problem der Erdgestalt lebhaft diskutiert, und d'Alemberts Konkurrent Clairaut modellierte zur mathematischen Behandlung dieses Problems die Erde als einen rotierenden flüssigen Körper. Andererseits wurden von den Physikern damals oft Flüssigkeiten (Fluida) postuliert, um Erscheinungen wie Elektrizität und Magnetismus zu deuten. D'Alembert behandelte die Flüssigkeitsbewegung auf eine andere Weise als Daniel Bernoulli, aber mit gleichen Ergebnissen.

Von der Bewegung der Flüssigkeiten ging d'Alembert schließlich zum dritten Aggregatzustand über. Die 1747 publizierte Arbeit *Réflexions sur la cause générale des vents* gewann einen Preis der Berliner Akademie der Wissenschaften. Er erklärte darin die Verteilung der Winde auf der Erde als Resultat von Gezeitenwirkungen auf die Atmosphäre. Die physikalischen Voraussetzungen dieser Untersuchung erwiesen sich später als unzulänglich, doch methodisch behielt die Arbeit ihre Bedeutung als erste allgemeine Anwendung partieller Differenzialgleichungen in der mathematischen Physik. Zusammen mit Bernoulli und Euler gilt d'Alembert als Begründer der Theorie der partiellen Differenzialgleichungen, und er führte als Verfahren ihrer Lösung die Separation der Variablen ein. Ebenfalls 1747 wies er nach, dass die Schwingung einer Saite durch ihre Anfangs- und Randbedingungen vollständig bestimmt ist, und verwendete zu ihrer Berechnung erstmalig eine Wellengleichung.

Der mit der Hydrodynamik verbundene Kreis mathematischer Probleme wurde von mehreren Gelehrten parallel bearbeitet, wobei Austausch und Konkurrenz zwischen ihnen so intensiv waren, dass es oft nicht möglich ist, eine bestimmte Idee genau einer Person zuzuschreiben. Vielfach verhielt es sich so, dass d'Alembert, J. ↗ Bernoulli oder Clairaut einen neuen Gedanken entwickelten und Euler ihn dann ausbaute und in klassischer Form vollendete. In seinem 1752 publizierten *Essai d'une nouvelle théorie de la résistance des fluides* ging d'Alembert nochmals auf hydrodynamische Probleme ein. Seine hier gegebene Formulierung der hydrodynamischen Gleichungen kann als Vorläufer der später nach A. ↗ Cauchy und B. ↗ Riemann benannten Differenzialgleichungen betrachtet werden.

Ein weiteres Forschungsgebiet, auf dem sich d'Alembert – ebenfalls in Konkurrenz mit anderen zeitgenössischen Mathematikern – intensiv engagierte, war die Himmelsmechanik, in der das berühmte Dreikörperproblem die zentrale Herausforderung darstellte. Als ein Meisterwerk gilt die 1749 publizierte Untersuchung *Recherches sur la précession des équinoxes et sur la nutation de la terre*. Darin konnte er eine genauere Erklärung für die Präzession der Äquinoktien angeben, als es Newton vermocht hatte. Seine mathematische Analyse der Nutation der Erdachse war so exakt, dass sie ein Jahrhundert lang nicht überboten werden konnte. Das dreibändige Werk *Recherches sur différents points importants du système du monde* (1754–1756) behandelte die Bewegung des Mondes und gab eine verbesserte Lösung des Problems der Störung der Planetenbahnen. Die Idee seines Freundes J. ↗ Lambert, den von ihm entdeckten Venusmond nach d'Alembert zu benennen und damit dessen himmelsmechanische Leistungen zu ehren, lehnte dieser jedoch diplomatisch ab.

In den folgenden Jahrzehnten schrieb d'Alembert noch zahlreiche Aufsätze zu Themen aus der Mathematik und der mathematischen Physik, die in den von 1761 bis 1780 fortlaufend publizierten acht Bänden seiner *Opuscules mathématiques* enthalten sind.

D'Alemberts Denkstil in der mathematischen Physik wurde von den Zeitgenossen unterschiedlich beurteilt. Einigen dachte er zu sehr mathematisch

J.I.R. d'Alembert auf einer französischen Briefmarke von 1959

und zu wenig physikalisch. Auf der anderen Seite war sein mathematisches Denken geometrisch geprägt; es fiel ihm schwer, sich vollkommen von der geometrischen Anschauung zu lösen und rein analytisch zu denken. Dies äußerte sich auch in seinem berühmten Enzyklopädieartikel über den Grenzwert, von dem ausgehend später Cauchy den Begriff der Ableitung einer Funktion einführte.

Die Enzyklopädie

Über die Grenzen der mathematischen Physik hinaus hat sich d'Alembert in Verbindung mit der *Encyclopédie* einen bleibenden Platz in der Weltgeschichte der Wissenschaft erworben. Sie war das grandiose Kollektivwerk der »philosophes«, in dem ihre Intentionen kompakte Gestalt annehmen und durch systematische Zusammenfassung des Wissens der Menschheit, von den besten Köpfen der Zeit auf den Punkt gebracht, die Welt verändern sollten. Das Bedürfnis, das verfügbare Wissen in Enzyklopädien zu versammeln, war eine natürliche Konsequenz der »neuen Wissenschaft« des 17. Jhs. und hatte verschiedene Editionsunternehmen enzyklopädischen Charakters ins Leben gerufen.

Der Verleger André Le Breton hatte zunächst nicht die Absicht, eine neue französische Enzyklopädie anzuregen. Vielmehr wollte er sich aus dem Weltfundus bedienen und eine Übersetzung der renommierten englischen *Cyclopedia* (1728) von Ephraim Chambers und eventuell des *Lexicon Technicum* von John Harris herausbringen. Nachdem ein erster Anlauf gescheitert war, gewann er für diese Aufgabe Diderot, der wiederum d'Alembert heranzog. Mit beiden wurde 1747 ein Vertrag abgeschlossen: Diderot übernahm die Gesamtverantwortung, d'Alembert fungierte als Herausgeber für die mathematischen und naturwissenschaftlichen Beiträge. Die Idee einer Übersetzung ließ man fallen; in kurzer Zeit warben die Herausgeber zahlreiche talentierte Mitarbeiter aus dem Kreis der »philosophes« und dessen Umfeld, von denen nicht wenige, anfangs noch unbekannte, sich erst durch ihre Beiträge zur *Encyclopédie* einen Namen machten.

Bereits 1751 erschien der erste Band der *Encyclopédie ou Dictionnaire raisonné des sciences, des arts et des métiers*, die sich das doppelte Ziel stellte, das Wissen der Menschheit zusammenzufassen und ein Instrument kritischen Vernunftgebrauchs zu liefern. Daher sollte der Zufall des Alphabets durch ein systematisches Vorgehen ergänzt werden. Die Aufgabe, den inneren Zusammenhang des Ganzen, seine »Philosophie« darzustellen, übernahm d'Alembert mit seinem im ersten Band gedruckten umfangreichen *Discours préliminaire*. Er vertrat darin die Einheit aller Erkenntnis unter ausdrücklicher Einbeziehung des praktischen Wissens und Könnens der Handwerker und Gewerbetreibenden, der »mechanischen Künste«, deren Darstellung viel Raum gegeben wurde. Der *Discours*, dessen philosophischer und literarischer Rang ein wesentliches Motiv für d'Alemberts Aufnahme in die Académie Française war, bestand aus zwei Teilen – der erste enthielt die erkenntnistheoretische Grundlegung, der zweite einen von Fortschrittsoptimismus durchdrungenen gerafften Überblick über die bisherige Geschichte von Philosophie und Wissenschaft.

Staat und Klerus verstanden, dass dieses Werk einen massiven Angriff auf das »ancien régime« bedeutete. Das Unternehmen lavierte zwischen Zensur und Verbot, konnte jedoch – vor allem dank dem außerordentlichen Geschick Diderots und auch durch die Unterstützung einflussreicher Persönlichkeiten am Hof wie Jeanne-Antoinette de Pompadour – erfolgreich vollendet werden und stellte insofern auch eine taktische Meisterleistung dar. Allerdings trug d'Alembert die editorische Gesamtverantwortung nicht bis zum Ende mit. Nach Erscheinen des siebenten Bandes gab er Anfang 1758 das Amt des Mitherausgebers auf. Der von ihm verfasste Artikel *Genève* hatte – aus nichtigen Gründen – eine Krise des Vorhabens ausgelöst. Sein Rückzug führte zu einer Trübung des Verhältnisses zwischen ihm und Diderot, jedoch nicht zum Bruch. Als Autor stand er der *Encyclopédie* nach wie vor zur Verfügung. Diderot entwickelte seine philosophischen Überlegungen auch weiter zu einem nicht geringen Teil im wirklichen oder fiktiven Dialog mit d'Alembert, so in *La rêve de d'Alembert* und in *L'entretien entre d'Alembert et Diderot* (beide 1769, veröffentlicht erst 1830). Bis 1772 erschienen unter Diderots Regie insgesamt 28 Bände der *Encyclopédie*. Fünf Ergänzungs- und zwei Indexbände, die die erste Ausgabe der *Encyclopédie* mit insgesamt 35 Foliobänden vollendeten, wurden 1776/77 unter anderer Leitung fertiggestellt.

Seit Mitte der 1750er-Jahre erweiterte sich das Spektrum der Themen, zu denen sich d'Alembert öffentlich äußerte. Viele seiner nicht-naturwissenschaftlichen Texte wurden in die *Mélanges de littérature, d'histoire et de philosophie* aufgenommen, die zwischen 1753 und 1767 in fünf Bänden erschienen. Sein 1752 veröffentlichtes Werk *Éléments de musique théorique et pratique suivant les principes de M. Rameau* trug dazu bei, das von Jean-Philippe Rameau entwickelte harmonische System in Europa zu verbreiten; d'Alembert sah die Bedeutung des Rameauschen Systems darin, dass damit die von Zahlenmystik und Theologie beherrschte mittelalterliche Auffassung der Musik überwunden und ein säkularisiertes Musikverständnis begründet wurde.

Sinnlichkeit, Vernunft, Fortschritt

Die Aufklärung als kulturelle Bewegung gesellschaftlicher Erneuerung war bei vielen ihrer Vertreter mit aktiven philosophischen Interessen verbunden. Die philosophische Position d'Alemberts gestaltete sich im Wechselspiel zwischen den Diskursen im Kreis der *philosophes*, in erster Linie mit dem befreundeten Diderot, und seiner Beschäftigung mit den Grundlagen der theoretischen Mechanik. Sie war nicht so einfach, dass man sie mit der Zuordnung zu einer der gängigen großen Richtungen erschöpfend kennzeichnen könnte. Gewiss orientierte er seine Erkenntnistheorie im Kontrast zu den Lehren des 17. Jhs. über »eingeborene Ideen« am Sensualismus John Lockes und dessen Interpretation durch Condillac, doch zugleich stand er unter dem Einfluss des Rationalismus von R. ↗ Descartes, indem er die Klarheit der Begriffe als Kriterium für die Wahrheit der Erkenntnis behandelte, und auch die methodologische Position F. ↗ Bacons und dessen Nützlichkeitsdenken flossen in seine Ansichten ein. Diese Legierung bestimmte nicht nur den persönlichen Standort d'Alemberts, sondern bildete auch das erkenntnistheoretische Fundament (oder zumindest einen großen Teil dessen), das dem Riesenunternehmen der *Encyclopédie* zugrunde lag.

Die beiden wichtigsten Darstellungen seiner philosophischen Haltung sind der *Discours préliminaire* und der 1759 veröffentlichte *Essai sur les éléments de philosophie, ou sur les principes des connaissances humaines*. Philosophische Äußerungen finden sich aber auch an anderen Stellen seines Werkes, etwa im Vorwort zum *Traité de dynamique*.

In d'Alemberts Auffassung der wissenschaftlichen Begriffe ist das Zusammenwirken sensualistischer, cartesischer und baconischer Elemente deutlich zu erkennen. Auf cartesische Art suchte er die physikalischen Begriffe zu analysieren, bis er auf Bestimmungen stieß, die nicht weiter zerlegt werden konnten und unmittelbar evident waren. Diese elementaren Begriffe waren Raum und Zeit, während Bewegung ein Kompositum aus beiden darstellte und deshalb durch diese definiert werden konnte.

Typisch sensualistisch war das Postulat, die naturwissenschaftlichen Begriffe auf die physische Wahrnehmung zu gründen, die moralischen Begriffe hingegen auf die Gefühle und Neigungen, die die Menschen in sich selbst wahrnehmen. Auf Bacon wiederum ging der Ansatz zurück, dass alles Wissen auf drei Funktionen des Geistes (Gedächtnis, Vernunft, Vorstellungskraft) beruhe und dass die Wissenschaften danach einzuteilen seien. Der Umstand, dass bei d'Alembert sensualistische und rationalistische Motive in ein Spannungsverhältnis traten, äußerte sich darin, dass der Kühnheit theoretischer Konstruktionen – in »metaphysischen« Theorien über die Welt ebenso wie in mathematischen Berechnungen – Skepsis gegenüber unbegrenztem Vertrauen in ihre Validität als Korrektiv an die Seite gestellt wurde. Diese Haltung war nicht positivistisch, doch sie bot nichtsdestoweniger für A. ↗ Comte einen Anknüpfungspunkt, auf den er sich beim Entwurf seiner positivistischen Philosophie berufen konnte; Wilhelm Dilthey nannte d'Alembert sogar den Vater des modernen Positivismus.

Die so verstandene Philosophie konzipierte d'Alembert als integrierende Instanz für die Vielfalt der Wissenschaften und Künste. Wie es im *Discours préliminaire* hieß, solle der Philosoph von einem überlegenen Standpunkt aus gleichzeitig die hauptsächlichen Wissenschaften und Künste erfassen. Philosophie und Wissenschaften waren für ihn Mittel zur Erosion überkommener Autoritäten und Werkzeuge des Fortschritts zu freieren und glücklicheren Gesellschaftszuständen durch zunehmenden Gebrauch der Vernunft. Dabei setzte er nicht auf den »aufgeklärten Herrscher«, sondern auf die Verbreitung aufklärerischen Gedankengutes im Volk, wobei er die Akademien im Gegensatz zu den in Traditionen erstarrten Universitäten zu Leitinstitutionen der Aufklärung berufen sah. Die Ansichten d'Alemberts gehörten zu den Quellen, aus denen sich die Fortschrittsideen des 19. Jhs. speisten, insbesondere jene, die wie die Sozialutopie von Claude Henri de Saint-Simon der Totalität der Wissenschaften einen hohen Rang in der angestrebten Gesellschaftsform einräumten.

Werk(e):
Opuscules mathématiques, 8 Bde. (1761–1780); Œuvres philosophiques, historiques et littéraires, 18 Bde. (1805); Œuvres, 5 Bde. (1821–1822); Œuvres et correspondances inédites (1852).

Sekundär-Literatur:
Bertrand, J.: D'Alembert (1889); Muller, M.: Essai sur la philosophie de Jean d'Alembert (1926); Briggs, J.M.: D'Alembert. Mechanics, matter, and morals (1962); Jarrett, H.: D'Alembert and the Encyclopédie (1962); Grimsley, R.Ä: Jean d'Alembert (1963); Emery, M. (Hrg.): Jean d'Alembert, savant et philosophe (1989); LeRu, V.: D'Alembert philosophe (1994); Steinhauser, A.: D'Alembert linguiste (1995).

> **Alexandrow** (Alexandroff, Aleksandrov),
> **Pawel Sergejewitsch,**
> russisch-sowjetischer Mathematiker,
> * 7. 5. 1896 Bogorodsk bei Moskau,
> † 16. 11. 1982 Moskau.

Alexandrow war einer der bedeutendsten Mathematiker im 20. Jahrhundert und gehört zu den Mitbegründern der Topologie als mathematischer Disziplin.

P.S. Alexandrow

Alexandrow wuchs in einer Arztfamilie auf, seine Mutter lehrte ihn und seine fünf Geschwister Französisch und Deutsch. Nachdem er das Gymnasium in Smolensk mit der Goldmedaille beendet hatte, studierte er 1913–1917 Mathematik und Physik an der Universität in Moskau, u. a. bei dem berühmten Funktionentheoretiker N. N. ↗ Lusin. Schon vor seiner Promotion lehrte er 1920–1921 an der Universität Smolensk und nach seiner Promotion ab 1921 an der Universität Moskau. Hier wurde er 1929 Professor und leitete den Lehrstuhl für Topologie bis zu seinem Tode. Seit 1929 war er Korrespondierendes und seit 1953 Ordentliches Mitglied der Akademie der Wissenschaften (AdW) der UdSSR, ab 1938 gehörte er auch dem Mathematik-Institut »V. A. Steklow« der AdW an. Zwischen 1923 und 1932 weilte er jährlich zu Studien- und Gastaufenthalten in Deutschland, insbesondere an der Universität Göttingen, 1924 und 1926 außerdem in Frankreich und in den Niederlanden.

Alexandrow arbeitete zunächst zur Mengenlehre und zur Theorie reeller Funktionen. In Zusammenarbeit mit Pawel S. Urysohn wandte er sich 1922 der Topologie zu und bewies mehrere wichtige Theoreme. In der 2. Hälfte der 1920er-Jahre beschäftigte er sich mit der algebraischen Topologie. Von 1927 bis 1928 weilte er mit H. ↗ Hopf an der Princeton University (USA). Beide wollten ein dreibändiges Grundlagenwerk zur Topologie verfassen, aber aus politischen Gründen kam nur *Topologie I* (1935 im Springer-Verlag erschienen) zustande. In den 1940er-Jahren arbeitete er zu topologischen Räumen, in den 1950er-Jahren zur Homologietheorie und später erneut zu Problemen der mengentheoretischen Topologie.

Alexandrow begründete die sowjetische topologische Schule und verfasste mehrere einflussreiche Lehrbücher sowie über 300 wissenschaftliche Artikel. Zu seinen Schülern gehörten u. a. Lew S. Pontrjagin und Andrej Tichonow. Er erhielt hohe Auszeichnungen und Ehrungen im In- und Ausland, war Mitglied mehrerer Akademien der Wissenschaften, darunter in Göttingen (1929–1933 und ab 1945) und den USA (1947), sowie Mitglied vieler Mathematischer Gesellschaften. Von 1932 bis 1964 war er Präsident der Moskauer Mathematischen Gesellschaft und ab 1964 ihr Ehrenpräsident. Er war Mitherausgeber der *Uspechi Matematicheskich Nauk*. [AV2]

Sekundär-Literatur:
Uspechi Matematicheskich Nauk (UMN) 21 (1966) 4, 4–7; UMN 31 (1976) 5, 3–15 (engl.: Russian Mathematical Surveys 31 (1976) 5, 1–13); UMN 41 (1986) 6, 187–208.

> **Alfarabius,** eigentlich **Abū-Naṣr Muḥammad ibn Muḥammad al-Fārābī,**
> Philosoph der islamischen Welt,
> * um 870 Fārāb (Kasachstan) oder Faryāb (Afghanistan),
> † 14. 12. 950/12. 1. 951 Damaskus.

Al-Fārābī war das berühmteste Mitglied der aristotelischen Schule Bagdads, die auf Alexander von Aphrodisias (2. Jahrhundert nach Christus) zurückgeht und ihre Blütezeit im 10. und 11. Jahrhundert erlebte. Er verschaffte als Erster der griechischen Philosophie internationale Geltung, indem er in einer anderen Sprache als dem Griechischen ein hoch komplexes philosophisches System schuf, das wiederum dadurch, dass Ibn Sīnā (↗ Avicenna) wichtige Aspekte seines Denkens in sein Werk übernahm, die nachfolgende Philosophie im arabisch sprechenden Osten und im lateinisch sprechenden Osten gleichermaßen beeinflussen sollte.

Über al-Fārābīs Leben gibt es sehr wenige verlässliche Berichte. Seine Wurzeln werden entweder in Farab in der Gegend des Syr Darya, einem der Zuflüsse des Aralsees, im heutigen Kasachstan vermutet, womit er aller Wahrscheinlichkeit nach türkischer Herkunft gewesen wäre, oder in der Region Faryab im heutigen Afghanistan; dann wäre er vermutlich persischer Abstammung gewesen. Es gibt nicht genügend Belege, um diese Frage zu entscheiden. Kein Zweifel besteht hingegen daran, dass er in Bagdad bei dem christlichen Gelehrten Yūḥannā ibn Ḥaylān, der zwischen 908 und 932 in dieser Stadt starb, Logik studiert hat. Bagdad bildete damals den Mittelpunkt eines griechisch-arabischen Übersetzerwesens, dem es zu danken ist, dass (zwischen etwa 770 und 1000 n. Chr.) nahezu das gesamte im 8. Jahrhundert im östlichen Mittelmeerraum erhaltene philosophische und wissenschaftliche Werk der Antike ins Arabische übersetzt wurde. Al-Fārābīs Werk legt Zeugnis ab von einer intimen Kenntnis dieses Fundus, ein Wissen, das man Ende des 9. Jahrhunderts ausschließlich in Bagdad hatte erwerben können.

Al-Fārābī lebte und arbeitete fast sein ganzes Leben lang in Bagdad als Verfasser philosophischer Schriften; einige seiner Werke hat er für bekannte Persönlichkeiten dieser Hauptstadt der Abbasiden-Dynastie geschrieben. Womit er seinen Lebensunterhalt verdient hat, weiß man nicht. Er verließ Bagdad im September 942, um nach Damaskus zu reisen. Einige Zeit verbrachte Fārābī im syrischen Aleppo am Hof des dortigen Hamdaniden-Herrschers Sayf al-Dawla, doch ist nicht überliefert, wie lange er dort wirkte und in welcher Funktion. Kurz vor seinem Tode unternahm er schließlich eine Reise nach Ägypten, von der er noch einmal nach Syrien zurückkehrte. Er starb in Damaskus.

Al-Fārābīs Philosophie knüpft unmittelbar an die griechische neuaristotelische Schule des im 2. Jahrhundert in Alexandria ansässigen Ammonius an und blieb in den christlichen Zentren des Nahen Ostens mehr oder weniger unverändert als philosophisches Lehrgebäude unter den syrisch sprechenden christlichen Klerikern und Gelehrten erhalten. Diese Schule war, was Grundrichtung, Struktur und Inhalte betraf, prinzipiell aristotelisch; hinsichtlich ihrer Metaphysik, und insbesondere in Bezug auf ihre Hinwendung zur plotinschen Emanationslehre, ist sie in mannigfaltiger Weise von neuplatonischen Strömungen beeinflusst worden. Nach al-Fārābīs eigener Einschätzung waren die nestorianischen Christen, darunter sein Lehrer Yūḥannā ibn Ḥaylān und sein Zeitgenosse und älterer Kollege Mattā ibn-Yūnus in Bagdad, direkte Erben dieser Tradition. Mattā ist offenbar das Verdienst zuzurechnen, dem Studium des aristotelischen Werks in Bagdad erneut zur Blüte verholfen und sowohl eine Auswahl an Lehrtexten zusammengestellt als auch eine Methode zu deren Studium entworfen zu haben. Dies erfolgte wohl in Reaktion auf den Eklektizismus al-Kindīs (↗ Alkindus), der im ersten Drittel des 9. Jahrhunderts die Philosophie in Bagdad wiederbelebt hatte.

Al-Fārābī versuchte, die Philosophie als kohärentes System darzustellen, den Neuaristotelismus als einzig gültige philosophische Lehrmeinung zu etablieren, dessen Praxis zu begründen und seine Gültigkeit für die zeitgenössische Gesellschaft zu beweisen. Mit diesem Anliegen lehrte er Philosophie und schrieb auf unterschiedlichstem Niveau darüber. Für ein offenbar breiteres Publikum bearbeitete er verschiedene griechische Texte und bereitete sie in verständlicher Weise auf. Desweiteren verfasste er gelehrte Kommentare zum Werk des ↗ Aristoteles sowie Paraphrasen und andere populäre Formen der Wiedergabe. Drittens und wichtiger als alles andere schuf er auf der Basis von Prinzipien und Denkansätzen, die er aus dem Neuaristotelismus übernommen hatte, ein eigenes philosophisches System, zu dem ihm das gesamte griechische philosophische Gedankengut, das zu jener Zeit in Übersetzungen vorlag, als Material diente. Ein Abriss dessen findet sich in seiner Abhandlung von den *Prinzipien der Meinungen der Bewohner der vollkommenen Stadt*, in der er das gesamte Universum als ein vernetztes Ganzes beschreibt, das aus einem Obersten Prinzip hervorgeht. Seine Bestandteile werden höchst detailliert in absteigender Folge behandelt: Das Eine, die ewige, aus einzelnen Sphären mit all ihren jeweiligen Seelen und Intelligenzen bestehende supralunare Welt, die Erde mit ihren Mineralien, Pflanzen, Tieren und Menschen, die geistige und physische Beschaffenheit des Menschen und die verschiedenen Staatsformen.

Al-Fārābīs Philosophieverständnis orientierte sich an der griechischen Hierarchie des Neuaristotelismus, wie sie die Schule des Ammonius lehrte. Die Logik galt als Erstes Instrument zum Studium der Philosophie, welche sich ihrerseits in theoretische und praktische Abteilungen unterscheidet. Zum theoretischen Bereich gehören Physik, Mathematik (nach dem *quadrivium*, d. h. einschließlich der Musiktheorie) und die Metaphysik, während der praktische Teil Ethik, Haushaltsführung und Politik umfasst. Al-Fārābīs Arbeiten zur Hierarchie der Wissenschaften, unter dem Titel *Aufzählung der Wissenschaften* zusammengefasst, wurde sowohl in der arabischen Version als auch in einer mittelalterlichen lateinischen Übersetzung große Verbreitung zuteil. Obwohl al-Fārābī Werke zu allen Bereichen der Philosophie und auch einige Schriften auf den Gebieten der Medizin und der Geologie verfasste, liegt sein Hauptbeitrag auf dem Gebiet der Logik, der Musik, Metaphysik und der Theorie der vollkommenen und unvollkommenen Staaten, die auf einer Analyse der intellektuellen Entwicklung und des metaphysischen Wissens des Herrschers beruhte. [DG]

Werk(e):
Al-Farabis philosophische Abhandlungen, hrg. F. Sezgin, übers. F. Dieterici (1892, repr. 1999); Grand traité de la musique, in La Musique arabe, 2 Bde., hrg. R. d'Erlanger (1930–1935); Al-Farabi on the Perfect State, übers., komm. R. Walzer (1985); Al-Farabi's Commentary and Short Treatise on Aristotle's De Interpretatione, übers., komm. F.W. Zimmermann (1981).

Sekundär-Literatur:
Walzer, R.: Greek into Arabic (1962); Abed, S.B.: Aristotelian Logic and the Arabic Language in Alfarabi (1991); Galston, M.: Politics and Excellence: The Political Philosophy of Alfarabi (1990); Lameer, J.: Al-Farabi and Aristotelian Syllogistics: Greek Theory and Islamic Practice (1994).

Alfraganus, eigentlich **Abū 'l-ʿAbbās Aḥmad al-Farghānī,**
muslimischer Astronom und Ingenieur,
* vermutlich in Farghāna (heute Fergāna, Uzbekistan),
† nach 861 Ägypten.

Al-Farghānī zählte zu der Gruppe bedeutender Astronomen, die in Bagdad am Hof des Kalifen al-Maʾmūn (reg. 813–833) tätig waren. Später übersiedelte er nach Kairo, wo er im letzten Drittel des 9. Jahrhunderts starb. Unter seine Gesamtleitung wurde im Jahr 861 die Konstruktion des »großen Nilometers« – ein Maßstab, mit dem der Pegel des Nils gemessen wurde – auf der Insel al-Rawda in Altkairo ausgeführt. Er leitete außerdem den Bau eines Kanals durch die neu erbaute, wenige Kilometer nördlich von Samarra gelegene Stadt al-Jaʿfariyya, die der Kalif al Mutawakkil ab 859 als administrative Hauptstadt vorgesehen hatte. Letzteres Projekt schlug fehl, und nur durch den Schutz des Sanad ibn ʿAlī, eines Kollegen aus Bagdad, konnte al-Farghānī der Wut des Kalifen – der kurze Zeit später ermordet wurde – entgehen.

Al-Farghānīs astronomisches Hauptwerk *Jawāmiʿ ʿilm al-nujūm* (»Elemente der Astronomie«), das er zwischen 833 und 856 verfasste, ist eine rein deskriptive Zusammenfassung der Grundzüge ptolemäischer Astronomie in 30 Kapiteln, die sich durch Klarheit und Leserfreundlichkeit auszeichnet. Sowohl im Islam als auch im Abendland genoss dieses Werk eine große Popularität und übte beträchtlichen Einfluss u. a. auf Regiomontan und Dante aus.

Im Jahr 856 verfasste al-Farghānī in Kairo ein wichtiges Werk über das Astrolab, das sowohl unter theoretischen (projektive Mathematik) als auch unter praktischen (Verwendung numerischer Tabellen) Gesichtspunkten von erheblichem Interesse war. Weitere, verloren gegangene Werke werden al-Farghānī zugeschrieben, vor allem seine Kritik an den astronomischen Tafeln von al-Khwārizmī sowie eine Schrift über die Herstellung von Sonnenuhren.[FC]

Sekundär-Literatur:
Carmody, F.: Alfragani Differentie in quibusdam collectis scientie astrorum (1943); Delambre, J. B. J.: Histoire de l'astronomie du moyen âge (1819) 63–73; Wiedemann, E.: Einleitungen zu arabischen astronomischen Werken, Weltall 29 (1919–20) 21–26, 131 134; Sezgin, F.: Geschichte des Arabischen Schrifttums, Bd. 5 (1976) 259–260 und Bd. 6 (1978) 149–151.

Alfvén, Hannes,
schwedischer Physiker,
* 30. 5. 1908 Norrköping,
† 2. 4. 1995 Djursholm/Stockholm.

Alfvén zählt zu den Pionieren der Plasmaphysik, dessen grundlegende Untersuchungen zum Verhalten von Plasmen unter dem Einfluss magnetischer Felder ihn zum Begründer der Magnetohydrodynamik machen.

H. Alfvén

Alfvéns Eltern waren Ärzte; er wuchs in seiner Geburtsstadt auf, wo er im Jahre 1926 das »Studentenexamen« ablegte. Anschließend studierte er an der Universität Uppsala Physik, wo M. ↗ Siegbahn sein Lehrer wurde. 26-jährig promovierte er in Uppsala mit einer experimentellen Arbeit über ultrakurze elektromagnetische Wellen. Danach wirkte er dort als Physikdozent, und zwischen 1937 und 1940 war er Mitarbeiter des Stockholmer Nobelinstituts für Physik. 1940 wurde er als Professor für Elektrodynamik und elektrisches Messwesen an die Königliche Technische Hochschule in Stockholm berufen, an der er bis zu seiner Emeritierung wirkte – seit 1945 jedoch als Professor für Elektronik, und 1963 wurde dort für ihn die erste schwedische Professur für Plasmaphysik eingerichtet. 1967 verließ er Schweden aus Protest gegen die schwedischen Pläne zum Bau von Kernkraftwerken und nahm einen Ruf der University of California in San Diego an. 1973 kehrte er in seine Heimat zurück und setze seine Lehr- und Forschungstätigkeit fort. 1970 wurde ihm für seine Arbeiten zur Magnetohydrodynamik der Nobelpreis für Physik verliehen. Seine späte Schaffensperiode war zudem von einem starken Engagement in gesellschaftlichen und politischen Fragen gekennzeichnet – so gehörte er zu den Pionieren der schwedischen Umweltbewegung, setzte sich für die Beendigung des atomaren Wettrüstens ein und war lange Jahre Präsident der Pugwash-Bewegung.

Alfvén wurde bereits in den späten 1930er-Jahren durch Untersuchungen über die Entstehungsmechanismen von magnetischen Stürmen und des Nordlichts auf das damals noch junge Gebiet der Plasmaphysik geführt. Ihm gelang es, die Bewegung geladener Teilchen im Erdmagnetfeld während des Auftretens solcher Erscheinungen mittels einer eleganten Näherungsmethode zu erklären und zu berechnen. Letztere wurde zudem die Grundlage seines Konzepts von Ringströmen in der Erdatmosphäre, die damals den gängigen Theorien widersprachen und so von der Fachwelt zunächst abgelehnt wurden, heute jedoch als zentrales strukturelles Merkmal der Erdmagnetosphäre allgemein anerkannt sind. Im Rahmen von Untersuchungen über Sonnenflecken gelang ihm zu Beginn der vierziger Jahre seine wohl wichtigste Entdeckung: die Theorie der magnetohydrodynamischen Kräfte, aus der sich die Existenz magnetohydrodynamischer Wellen ergibt. Diese, heute als Alfvén-Wellen allgemein bekannt, treten immer dann auf, wenn sich Plasmen in einem magnetischen Feld bewegen, und führen u. a. zu Mikropulsationen der Atmosphäre. Alfvéns Theorien gehören zu den Grundlagen der modernen Plasmaphysik und fanden vielfältige Anwendung bei der Erklärung astrophysikalischer Prozesse; mit den Forschungen zur kontrollierten Kernfusion rückten sie zudem ins Zentrum der experimentellen Hochtemperaturplasmaphysik, u. a. zur theoretischen Beschreibung von Plasmainstabilitäten. Alfvéns Ideen waren vielfach seiner Zeit weit voraus und vielen Zeitgenossen zu gewagt, so dass er um ihre Anerkennung häufig hart und lange kämpfen musste. Hierzu gehörte im Übrigen auch seine Hypothese von Strahlungsgürteln in der Magnetosphäre der Erde, die erst zwanzig Jahre später (1958) mittels des amerikanischen Satelliten Explorer III durch James van Allen nachgewiesen werden konnten. Alfvéns plasmaphysikalische Forschungen schlossen auch technische Forschungen nicht aus – so entwickelte er Anfang der 1950er-Jahre gemeinsam mit dem schwedischen Elektrounternehmen Ericsson eine neuartige Elektronenröhre, das Trochotron, die in der Telefon- und Computertechnik Anwendung finden sollte, jedoch durch die Entwicklung der Halbleiterbauelemente rasch überholt wurde. [DH]

Werk(e):
Cosmical Electrodynamics (1950); On the Evolution of the Solar System (mit G. Arrhenius, 1976).

Sekundär-Literatur:
Lindquist, Sv.: La lagom longue dureé: Todsanda och struktur i en studie kring Hannes Alfvén, in: E. Badou (Hrg.): Forskarbiografin (1998); Biographical Memoirs of Fellows of the Royal Society 44 (1998) 1–19.

Algorismus, eigentlich **al-Ḫwārizmī, Muḥammad ibn Mūsā,**
Mathematiker und Astronom,
1. Hälfte 9. Jh. n. Chr.

Al-Ḫwārizmī war einer der bedeutendsten frühen arabischen Naturwissenschaftler. Sein Ruhm gründet sich vor allem auf seine beiden Werke zur Arithmetik und Algebra. Weitere Schriften betrafen die Astronomie, Geographie und Kalenderrechnung.

Über Al-Ḫwārizmīs Leben ist sehr wenig bekannt. Sein Beiname deutet auf eine Herkunft aus der Region Choresmien südlich des Aral-Seeshin. Die Blütezeit seines Schaffens fällt in die Jahre um 830. Al-Ḫwārizmī stand im Mittelpunkt einer Gruppe von Mathematikern und Astronomen, die unter dem Kalifen al-Maʾmūn am »Haus der Weisheit« (Bait al-Ḥikma) in Bagdad gewirkt haben.

Al-Ḫwārizmī verfasste als einer der ersten arabischen Autoren eine Schrift über die Algebra. Ihr Titel *al-Kitāb al-muḥtaṣar fīḥisāb al-ǧabr wa-l-muqābala* bedeutet *Kurzes Buch über das Rechnen der Algebra und Almuqabala.* Dabei sind *al-ǧabr* und *al-muqābala* technische Fachausdrücke für algebraische Operationen: *al-ǧabr* bedeutet das »Rückversetzen« eines Gliedes an seinen rechten Platz, d. h., die Beseitigung einer abgezogenen Größe durch Addition auf beiden Seiten der Gleichung; *al-muqābala* bedeutet das »Bilanzieren«, d. h., die Tilgung gleicher Glieder auf beiden Seiten.

Vermutlich übernahm al-Ḫwārizmī für seine *Algebra* orientalisches Wissen, wobei offenbleibt, ob es sich dabei um mesopotamische oder indische Ursprünge oder um Mischformen gehandelt hat. Möglicherweise konnte er auch an eine mündlich überlieferte, subwissenschaftliche algebraische Tradition anknüpfen. Eine direkte Übernahme griechi-

Algorismus auf einer sowjetischen Briefmarke von 1983 anlässlich seines 1200. Geburtstages

schen Wissens ist nicht anzunehmen: Zwar benutzt al-Ḫwārizmī wie die Griechen geometrische Verfahren zur Konstruktion der Wurzeln einer quadratischen Gleichung, doch unterscheidet sich seine Behandlungsweise sehr wesentlich von der so genannten »geometrischen Algebra« der Griechen.

Die *Algebra* besteht aus drei Teilen. Im ersten Teil behandelt sie die Lehre vom Auflösen linearer und quadratischer Gleichungen mit Zahlenkoeffizienten. Dabei werden sechs Klassen von Gleichungen eingeführt, die alle denkbaren Typen umfassen (die Koeffizienten a, b, c sind dabei stets positive Zahlen): $ax^2 = bx$; $ax^2 = c$; $ax = c$; $ax^2 + bx = c$; $ax^2 + c = bx$; $bx + c = ax^2$. Al-Ḫwārizmī verwendete allerdings keine Symbole, seine Überlegungen blieben rein verbal. Am Schluss des Abschnitts über die sechs Normalformen der Gleichungen sagte al-Ḫwārizmī, jede andere Gleichung könne durch das Verfahren von *al-ğabr* und *al-muqābala* auf eine der sechs Normalformen gebracht werden. Er erklärte die Auflösung der Gleichungen und erläuterte dann an Beispielen die Grundregeln für das Operieren mit algebraischen Ausdrücken. Es folgte ein kurzes Kapitel über kaufmännische Berechnungen. Dort wird nach indischem Vorbild die einfache Dreisatzrechnung gelehrt, d. h., die Bestimmung einer Zahl x, die mit drei gegebenen Zahlen a, b und c die Proportion $a:b = c:x$ bildet.

Der zweite, geometrische, Abschnitt der *Algebra* enthält das älteste bekannte arabische Zeugnis für die Vermessungslehre (*misāḥa*) der Muslime. Er enthält Regeln zur Berechnung geometrischer Figuren und Anwendungen der Algebra auf die Geometrie. Der Inhalt stimmt teilweise mit ↗ Heron überein, aber die Lösungsmethoden sind verschieden: al-Ḫwārizmī geht algebraisch, Heron geometrisch vor. Wahrscheinlich geht dieser Teil ebenso wie ähnliche Schriften in hebräischer und lateinischer Sprache letztendlich auf Heron oder seine Schule zurück. Im dritten, sehr umfangreichen Teil der Schrift werden zum Teil komplizierte Erbteilungsaufgaben formuliert und gelöst. Probleme des Erbschaftsrechnens gehören zum festen Bestand der arabischen Mathematik und des islamischen Rechtswesens. Die ältesten Ansätze dazu (bei islamischen Rechtsgelehrten) gehen auf die Zeit vor der Bekanntschaft der Muslime mit der griechischen und indischen Mathematik zurück.

Von der *Algebra* existieren mehrere arabische Handschriften. Das Werk wurde (ohne die Einleitung und die geometrischen und erbrechtlichen Abschnitte) von Robert von Chester in Segovia (1145) und von Gerard von Cremona in Toledo (2. Hälfte 12. Jh.) ins Lateinische übersetzt. Durch die Übersetzungen ins Lateinische wurde der Ausdruck »Algebra« für das Verfahren, Gleichungen zu lösen, im Westen bekannt.

Al-Ḫwārizmīs zweites mathematisches Hauptwerk besteht in einer Abhandlung zur Arithmetik. Sie ist das älteste bekannte arabische Werk, in dem nach indischem Vorbild die Zahlendarstellung im dezimalen Stellenwertsystem und die Grundrechenarten mit ihnen erläutert werden. Behandelt werden: Ziffernformen und Schreibweise der Zahlen im dezimalen Stellenwertsystem; Rechnen mit ganzen Zahlen (Addition und Subtraktion, Halbierung und Verdopplung, Multiplikation, Neunerprobe, Division); Sexagesimalbrüche und gewöhnliche Brüche (Multiplikation, Division, Probe, Schreibweise, Addition, Subtraktion, Halbierung, Verdopplung); Bestimmen der Quadratwurzel (aus ganzen Zahlen und aus Brüchen).

Der arabische Originaltext des Werks ist verlorengegangen. Es wurde jedoch im 12. Jahrhundert ins Lateinische übersetzt. Von dieser Übersetzung sind zwei Handschriften (in New York und in Cambridge) erhalten. Auf der lateinischen Bearbeitung seiner *Arithmetik* beruhen mehrere, zum Teil erweiterte Bearbeitungen aus dem 12. Jahrhundert. Al-Ḫwārizmīs *Arithmetik* und diese Bearbeitungen wurden zum Vorbild für eine große Anzahl von Texten über das Rechnen mit den indisch-arabischen Ziffern, die im 12. bis 15. Jh. entstanden und schon damals als »Algorismus-Traktate« bezeichnet wurden. Das Wort »Algorismus« geht auf den Namen von al-Ḫwārizmī zurück, der im Mittelalter (in Unkenntnis der historischen Zusammenhänge) zur Bezeichnung der neuen Verfahren benutzt wurde. Die Algorismus-Schriften wurden zunächst in Latein verfasst und beschreiben die Darstellung natürlicher Zahlen mithilfe der indisch-arabischen Ziffern sowie das Rechnen mit ihnen (einschließlich der Sexagesimal- und gewöhnlichen Brüche). Die verbreitetsten Algorismus-Schriften, von Alexander de Villa Dei und von ↗ Johannes de Sacrobosco (beide 1. Hälfte 13. Jh.), wurden zu den Standardlehrbüchern der Arithmetik im Universitätsunterricht. Anhand dieser Schriften wurde dort und an den anderen Gelehrtenschulen das Rechnen mit den indisch-arabischen Ziffern erlernt, und auch die Schriften der Rechenmeister gehen letztlich auf sie zurück.

Al-Ḫwārizmī verfasste auch ein astronomisches Tafelwerk (*zīğ*), das auf indischen Quellen beruhte und von dem nur die lateinische Übersetzung einer Bearbeitung und lateinische und hebräische Übersetzungen eines Kommentars erhalten sind. Eine Textfassung wurde von Maslama al-Maǧrīṭī bearbeitet, wobei er die Tafeln teilweise auf den Meridian von Cordoba umstellte. Im frühen 12. Jh. wurde die Bearbeitung des Maslama von Adelard von Bath ins Lateinische übersetzt. Die verschiedenen erhaltenen Textfassungen des *zīğ* zeigen eine Mischung aus indischem und griechischem Material. Die meisten astronomischen Parameter lassen ihren indischen Ursprung erkennen, aber einige sind ptolemäisch. Von al-Ḫwārizmī stammt außerdem eine Abhandlung zur Geographie (*Kitāb ṣūrat al-arḍ*, Buch über die Form der Erde), das Listen der geographischen Koordinaten von Städten und Gegenden enthält, ein fragmentarischer Text über die Herstellung und den Gebrauch des Astrolabs, eine der ältesten arabischen Abhandlungen zu diesem Thema, sowie eine Abhandlung über den jüdischen Kalender (*Istiḫrāǧ ta'rīḫ al-yahūd*). Ähnliches Material findet man auch in Schriften von al-Bīrūnī (↗ Biruni) und ↗ Maimonides.

In einigen arabischen Handschriften gibt es weiteres Material, das sicher oder mit einiger Wahrscheinlichkeit von al-Ḫwārizmī stammt. Zu den Schriften, die ihm ausdrücklich zugeschrieben werden, gehört eine Abhandlung über Sonnenuhren. Andere, z. B. über die Bestimmung der Richtung von Mekka, betreffen die sphärische Astronomie. Besonderes Interesse verdienen auch zwei Texte über die Morgenweite und die Bestimmung des Azimuts aus der Höhe, weil in ihnen indische Formeln in geometrischem Gewand gegeben werden und es so aussieht, als ob sie mithilfe eines Sinusquadranten berechnet worden wären. Ähnliche, aber kompliziertere Verfahren begegnen uns später in Abhandlungen von ↗ Ḥabaš und von al-Māhānī. Diese Texte deuten darauf hin, dass schon in der frühen arabischen Astronomie graphische Methoden benutzt wurden. Weitere kürzere Texte, die möglicherweise von al-Ḫwārizmī stammen, behandeln die Sichtbarkeit des Neumondes, die Zeiten für die Gebete, Wasseruhren, einen speziellen Zirkel und ein Instrument zur Bestimmung von Mondfinsternissen. [MF]

Werk(e):
The Algebra of Mohammed ben Musa, übers., hrg. F. Rosen (1831); Robert of Chester's Latin translation of al-Khwārizmī's al-Jabr, hrg. B. B. Hughes (1989); Die älteste lateinische Schrift über das indische Rechnen nach al-Ḫwārizmī, hrg., übers., komm. M. Folkerts, in: Bayerische Akademie der Wissenschaften, Philosophisch-Historische Klasse, Abhandlungen, N. F. 113 (1997); The Astronomical Tables of al-Khwārizmī. Translation with Commentaries of the Latin Version edited by H. Suter supplemented by Corpus Christi College MS 283, übers., komm. O. Neugebauer (1962); Das Kitāb Ṣūrat al-Arḍ des Abū Ǧa'far Muḥammad ibn Mūsā al-Ḫwārizmī, übers. H. v. Mžik (1926).

Sekundär-Literatur:
Sezgin, F.: Geschichte des arabischen Schrifttums, Bd. 5 (Mathematik) (1974) 228–241; Juschkewitsch, A. P.: Geschichte der Mathematik im Mittelalter (1964), 187–194, 204–213, 217–220.

> **Alhazen,** eigentlich **Al-Ḥasan ibn al-Haytham,**
> islamischer Mathematiker und Astronom,
> * 965 Basra (Irak),
> † um 1040 Kairo.

Ibn al-Haytham leistete bedeutende Beiträge zur Optik und höchstwahrscheinlich auch zur Anwendung des Experiments auf die Naturwissenschaften. Seine *Optik* wurde ins Lateinische übersetzt und übte großen Einfluss im Westen aus.

Über al-Haythams Leben gibt es in bio-bibliographischen Darstellungen verschiedene Berichte. Vielleicht der zuverlässigste davon stammt von Ibn al-Qifṭī, der schreibt, dass al-Haytham zur Zeit des fatimidischen Kalifen Ibn al-Ḥakim (reg. 996–1021) vom Irak nach Ägypten übersiedelte. Sein Vorschlag, den Nil zu regulieren, der vom Kalifen unterstützt wurde, ließ sich nicht realisieren. Unter diesen Umständen hielt al-Haytham es für angebracht, sich für irrsinnig zu erklären; als der Kalif starb, bezeichnete er sich aber wieder als geistig gesund. Al-Haytham verdiente seinen Lebensunterhalt vor allem mit dem Kopieren von Handschriften.

Es gibt drei Listen seiner Schriften. Die erste davon befindet sich in seiner Autobiographie. Alle drei sind in der bio-bibliographischen Schrift des Ibn Abī Uṣaybi'a (13. Jh.) vorhanden. In neueren Arbeiten hat man gute Gründe dafür angeführt, dass es zwei Personen mit dem Namen Ibn al-Haytham gegeben hat: einerseits al-Ḥasan ibn al-Ḥasan, der die *Optik*, die *Zweifel über Ptolemäus* und die anderen mathematischen Werke, die im Folgenden genannt werden, geschrieben hat; andererseits Muḥammad ibn al-Ḥasan, den Astronomen und Philosophen, der die Autobiographie, die weniger mathematischen unter den astronomischen Schriften und die Werke verfasste, die in der ersten und zweiten Liste genannt sind.

In der *Optik* (in 7 Büchern), die offenbar von der *Optik* des Ptolemäus (2. Jh. n. Chr.) beeinflusst ist, wird das Experiment mit mathematischen Argu-

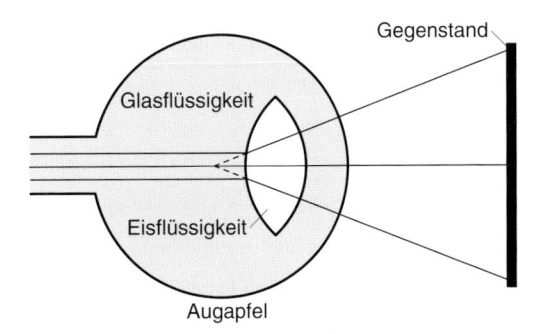

Ibn al-Haythams Theorie des Sehvorgangs

menten verbunden; allerdings wird das Experiment in den meisten Fällen nur als Bestätigung und nicht als Instrument für die Entdeckung benutzt. Eine der grundlegenden Ideen in der *Optik* ist Ibn al-Haythams Theorie, dass das Licht sich von einem beleuchteten Körper »in der Gestalt einer Kugel« ausbreitet – diese Vorstellung beeinflusste offenbar im lateinischen Mittelalter die Idee der »multiplicatio specierum« und im 17. Jahrhundert die Wellentheorie von Chr. ↗ Huygens. Bei der Theorie des Sehens benutzte Ibn al-Haytham die Vorstellung, dass die Strahlen vom Objekt ausgehen und in das Auge eindringen, und er zeigte, dass die Annahme überflüssig ist, die Strahlen gingen vom Auge aus. Er behandelte das Auge im Wesentlichen wie ↗ Galen und nahm an, dass die Oberfläche des »humor crystallinus« der Sitz der Empfindung ist und dass der Sehvorgang dadurch geschieht, dass die Strahlen, die vom Objekt ausgehen und senkrecht auf die Oberfläche des Glaskörpers auftreffen, ein (aufrecht stehendes) Bild erzeugen, das dem Objekt entspricht. In der *Optik* werden Reflexion und Refraktion ausführlich dargestellt; die Gesetze der Reflexion werden vollständig formuliert, und bei der Behandlung der Refraktion wird u. a. eine Reihe experimenteller Resultate für die Einfallswinkel und die Abweichung nach der Brechung gegeben. Die Refraktion wird dadurch erklärt, dass sich das Licht in einem dichteren Medium langsamer bewegt. In Buch V wird das berühmte »Alhazensche Problem« behandelt: den Reflexionspunkt auf einer ebenen oder gekrümmten Oberfläche zu finden, wenn der Mittelpunkt des Auges und der beobachtete Punkt bekannt sind. Dieses Problem löste Ibn al-Haytham mit Hilfe von Kegelschnitten.

In der Schrift *Über das Licht des Mondes* zeigte Ibn al-Haytham, dass der Mond nicht einfach eine Kugel ist, die das Sonnenlicht reflektiert, sondern dass er das Licht, das er erhalten hat, wie eine selbstleuchtende Quelle aussendet. Die Arbeiten *Der Halo und der Regenbogen* und *Die brennende Kugel* (über die Brechung von Parallelstrahlen durch eine Glaskugel) bildeten die Grundlage für Kamāl al-Dīn al-Fārisī. In der Schrift *Über paraboloidische Brennspiegel* bewies Ibn al-Haytham, dass parallele Strahlen von einer paraboloidischen Oberfläche in einem Punkt reflektiert werden. In *Die Gestalt der [Sonnen-]Finsternis* werden Bilder, die in der »camera obscura« entstehen, speziell Bilder der Sonnenfinsternis, behandelt.

Ibn al-Haytham beschäftigte sich in dem *Kommentar zu den Prämissen von Euklids Elementen* intensiv mit parallelen Geraden; anders als ↗ Euklid ging er nicht von Linien aus, die sich nicht treffen, sondern von äquidistanten Linien. Seine *Lösung der Schwierigkeiten in Euklids Elementen* und sein *Kommentar über die Prämissen* waren als vollständiger Kommentar zu den *Elementen* gedacht. In seiner *Lösung* untersuchte Ibn al-Haytham Sonderfälle von Lehrsätzen, er bot alternative Konstruktionen an und ersetzte Euklids indirekte Beweise durch direkte. In seiner *Vervollständigung der Kegelschnitte* versuchte er, das verlorene 8. Buch der *Kegelschnitte* von Apollonius zu ersetzen.

In den *Zweifeln über Ptolemäus* kritisierte Ibn al-Haytham viele der astronomischen Modelle in ↗ Ptolemäus' *Almagest* und auch seine Auslassung einiger Bewegungen in den *Hypothesen der Planeten*, die er im *Almagest* erwähnt hatte. Ibn al-Haytham kritisierte auch einige der von Ptolemäus angenommenen Bewegungen, weil sie physikalisch unmöglich seien. Einige seiner Argumente beeinflussten spätere Kritiker an Ptolemäus, unter anderem Naṣīr ad-Dīn aṭ-Ṭūsī in seiner *Tadhkira*.

Ein frühes astronomisches Werk (oder ein Werk, das dem Astronomen und Philosophen Ibn al-Haytham zuzuschreiben ist) hat den Titel *Über den Aufbau der Welt*. In ihm werden physikalische Modelle, die philosophisch akzeptabel waren, vorgestellt, um die mathematischen Modelle in Ptolemäus' *Almagest* zu erklären. In seinem *Kommentar zum Almagest* sollen Anfängern unklare Stellen erläutert werden.

Ibn al-Haytham schrieb zahlreiche kürzere Werke über verschiedene mathematische Teilgebiete. Zu

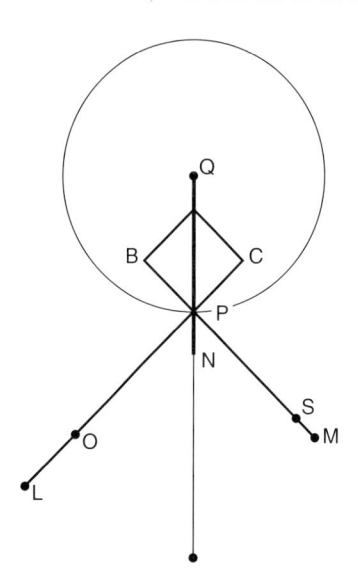

Mechanische Lösung des »Alhanzenschen Problems«, reduziert auf zwei Dimensionen: Über den den Lichtpunkt repräsentierenden Punkt S wird ein beweglicher Arm BM gelegt, der im Punkt P mit einem zweiten Arm CL gelenkig verbunden ist. Der Arm CL wird so lange verschoben, bis er den Punkt O (Mittelpunkt des Auges) überdeckt; dabei bewegt sich nicht nur CL, sondern auch QN, wobei Q fixiert ist. Die durch B, C, und P gebildete Raute wird bei einer Bewegung des Armes nach links breiter, ihre Spitze, die den Reflexionspunkt darstellt, verschiebt sich an den gesuchten Ort.

ihnen gehören Abhandlungen über die Isoperimetrie, die Möndchen- und Kreisquadratur, den Inhalt des Paraboloids, die Konstruktion des regelmäßigen Siebenecks und über Analysis und Synthesis.

Ibn al-Haythams *Optik* wurde offenbar im Osten kaum studiert, bis Kamāl ad-Dīn al-Fārisī seinen großen Kommentar dazu schrieb. Sie wurde aber von einer unbekannten Person ins Lateinische übersetzt, und zwar zum Teil wortgetreu, zum Teil mit zahlreichen Interpretationen. Diese lateinische Übersetzung wurde 1572 von Friedrich Risner unter dem Titel *Opticae thesaurus* veröffentlicht. Das Werk hatte starken Einfluss nicht nur auf die Gelehrten im 13. Jahrhundert, vor allem auf Roger Bacon, Witelo und John Peckham, sondern auch auf J. ↗ Kepler und seine Zeitgenossen. Ibn al-Haythams Schrift über Brennspiegel wurde von Gerhard von Cremona übersetzt. Von der Schrift *Über den Aufbau der Welt* gab es mindestens zwei lateinische Übersetzungen. Die Schrift über die Dämmerung (*De crepusculis*) wird heute nicht mehr Ibn al-Haytham zugeschrieben, sondern Ibn Muʿādh. [RL2]

Werk(e):
The Optics of Ibn al-Haytham, Bde. I–III, On Direct Vision (übersetzt v. A. I. Sabra, 1989); Opticae thesaurus (1572); Hogendijk, J. P.: Ibn al-Haytham's Completion of the Conics (1985); Langermann, Y. T.: Ibn al-Haytham's On the Configuration of the World (1990); Rashed, R.: Les mathématiques infinitésimales du IXe au XIe siècle, Bd. II (1993), III (2000) und V (2002).

Sekundär-Literatur:
Sabra, A. I.: One Ibn al-Haytham or Two? An Exercise in Reading the Bio-bibliographical Sources, Zeitschrift für Geschichte der Arabisch-Islamischen Wissenschaften 12 (1998) 1–50; Schramm, M.: Ibn al-Haytham's Weg zur Physik (1963).

Alkindus, eigentlich **Yaʿqūb b. Isḥāq al-Kindī,**
* 800 vermutlich in Kūfa,
† ca. 870 Bagdad.

Al-Kindī bearbeitete arabische Übersetzungen antiker Werke und trug wesentlich zur Ausformung der arabischen philosophischen Terminologie bei.

Über al-Kindīs Herkunft ist nichts Genaues überliefert; vermutlich entstammt er einer arabischen Familie, die zu einer jemenitischen Sippe aus Kinda gehörte. Er begann seine Ausbildung in Kūfa, setzte sie in Baṣra fort, um schließlich am intellektuellen Leben Bagdads, der damaligen »Haupstadt des Wissens«, teilzunehmen; allerdings weiß man nichts über seine Lehrer und die Disziplinen seiner Ausbildung. Er lebte am Hof des Kalifen al-Maʾmūn, in dessen »Haus der Weisheit« (Bayt al-Ḥikma) er mit Übersetzungen beschäftigt war.

Al-Kindī spielte eine bedeutende Rolle bei der Integration antiken Wissens in die arabische Sprache und islamische Kultur. Vermutlich war er der einzige berühmte Araber und Muslim mit guten Kenntnissen der »rationalen« Wissenschaften; fast alle sonstigen Übersetzer aus dem Griechischen und Syrischen ins Arabische waren weder Araber noch Muslime. Diese Tatsache beeinflusste die Qualität der zu al-Kindīs Zeit existierenden Übersetzungen, so dass er vor allem damit beschäftigt war, diese Übersetzungen zu verbessern und zu korrigieren. Selbst übersetzte er nicht; dazu waren seine Griechisch- und Syrisch-Kenntnisse zu rudimentär. Trotzdem trug er wesentlich zur Herausformung der arabischen philosophischen Terminologie bei.

Al-Kindī war an fast allen Wissensgebieten interessiert: an der Philosophie, den mathematischen Wissenschaften, der Optik, der Logik, der Politik, der Medizin usw. Er verfasste über 250 Werke, meist relativ kurze Bücher mit erkenntnistheoretischer und pädagogischer Intention, ohne aber einfache Imitationen zu sein. Er war offen gegenüber den Ideen ↗ Platons, ↗ Aristoteles' und Plotins und nutzte intensiv aristotelische Konzepte, ohne allerdings eine Doktrin daraus zu machen. Er war sich der Gefahr des philosophischen und religiösen Dogmatismus bewusst und verteidigte deshalb die Einzigartigkeit Gottes sowohl mit philosophischen Argumenten als auch religiösen Prinzipien. Philosophie hatte für al-Kindī das Ziel, den Menschen durch Rechtschaffenheit zu verbessern, wobei es keine Rolle spielt, welche philosophischen Quellen herangezogen werden; dabei wies er der Mathematik – neben Physik und Metaphysik (Theologie) eine der drei Zweige der Philosophie – besondere Bedeutung zu, sollte doch das Denken und Handeln des Menschen von Maß und Ordnung geleitet sein. Al-Kindī hatte zu seiner Zeit viele Gegner und wurde nur von philosophisch orientierten Intellektuellen verehrt, von konservativen Gelehrten hingegen mit einem Bann belegt. [BEB]

Werk(e):
Fī al-Ṣināʿa al-ʿUẓmā, hrg. v. ʿAzmī Ṭāha Syed Aḥmad (1987); Zakariyā Yūsuf, hrg. Muʾallafāt al-Kindī al-Mūsiqiyya (1962).

Sekundär-Literatur:
ʿAbd al-Hādī Abū Rīda: Rasāʾil al-Kindī al-Falsafiyya, 2 Bde. (1950, 1953); Rashed, R., Jolivet, J.: Oeuvres Philosophiques & Scientifiques d'al-Kindī, 2 Bde. (1997, 1998).

Alkmaion von Kroton,
frühgriechischer universeller Denker,
um 500 v. Chr.

Alkmaion war einer der frühgriechischen universellen Denker, der dem in Kroton dominierenden Bund der Pythagoreer nahestand.

Er teilte deren Auffassung, dass die Wirklichkeit wesentlich durch Gegensätze konstituiert ist, deren Gleichheit, Isonomie, Analogie, Symmetrie und Harmonie – zentrale Ideen des griechischen Strukturdenkens – den Bestand der Dinge garantieren. Ihr Wirken verursacht den kosmischen Charakter des Universums, die politische Stabilität im sozialen Bereich und die körperliche und psychische Gesundheit im einzelnen Menschen. Gerade die Übertragung eben dieser Theorie auf die Medizin war wohl eine seiner wichtigsten Leistungen. Hier ging es um die Isonomie, d. h. die »gute Mischung« (Eukrasie) der Grundqualitäten feucht/warm, kalt/trokken, aber auch bitter/süß etc. im menschlichen Körper. Bei fehlender Isonomie, also der »Monarchie« einer Potenz, entsteht eine Störung im inneren Milieu, die sich als Dyskrasie oder Krankheit manifestiert. Ebenso können Schäden in Klima und Umwelt für den Krankheitsprozess eine Rolle spielen.

Wohl im Ergebnis von Tiersektionen machte Alkmaion die bedeutsame Entdeckung, dass es gewisse Gänge (Poren) von den Sinnesorganen zum Gehirn gibt, dem er somit die Funktion des leitenden Seelenteils bzw. die höhere Nerventätigkeit des Verstandes zuschrieb, der die sinnlichen Eindrücke verarbeitet und bewusst macht. Er betonte daher, dass der Mensch sich vom Tier dadurch unterscheide, »dass er allein erkennt, die anderen Lebewesen aber nur wahrnehmen«. Damit hat er offensichtlich gemeint, dass die Sinne wahrnehmen, aber nicht wissen, was sie wahrnehmen.

Im Rahmen seiner umfassenden Sinnesphysiologie erklärt er das Sehen als einen »Widerschein« des Objektes in der Pupille, der ein Abbild produziert, das die Poren zum Gehirn transportieren.

Kein Zweifel, dass die Theorien des Alkmaion vielfach rein spekulativen Charakter haben; dennoch bedeuten sie offenbar einen erheblichen Schritt in Richtung einer mythenfreien, d. h. nicht mehr auf das Wirken übernatürlicher Kräfte gegründeten Medizin. [FJ]

Werk(e):
Diels, H., Kranz, W.: Die Fragmente der Vorsokratiker (1959).

Alpetragius, eigentlich **Nūr al-Dīn ibn Isḥāq al-Biṭrujī**,
andalusischer Kosmologe,
Ende des 12. Jahrhunderts.

Al-Biṭrūjī versuchte mit seiner Kosmologie, die Schwächen des geometrischen ptolemäischen Systems zu überwinden.

Über al-Biṭrūjī sind keine biographischen Daten bekannt. Seinen wissenschaftlichen Zenit erreichte er zum Ende des 12. Jahrhunderts. Es gilt als wahrscheinlich, dass er als Richter tätig war. Der Name al-Biṭrūjī geht möglicherweise auf Bitrawsh, ein Dorf in der Nähe von Cordova, zurück. Sein einziges, noch erhaltenes Werk, *Kitāb fī'l-hayʾa*, verfasste al-Biṭrūjī nach dem Tod seines Ziehvaters, ↗ Ibn Ṭufayl, und vor dem Jahre 1217 (dem Datum der lateinischen Übersetzung des Buches von Michael Scott in Toledo). Mosheh b. Tibbon übersetze das Werk im Jahre 1259 ins Hebräische. Diese Version wurde wiederum von Calo Calonymos rückübersetzt. Diese Übersetzungen haben maßgeblich zur europäischen Verbreitung des Werkes vom 13. bis zum 16. Jahrhundert beigetragen (die erste gedruckte Version dieses Werkes erschien 1531 in Venedig). Das Werk galt in gelehrten Kreisen als gültige Alternative zu ↗ Ptolemäus' *Algamest* – eine Tatsache, die der Geschichte der Astronomie zum Schaden gereichte.

Kitāb fī'l-hayʾa ist eine Abhandlung über die Kosmologie und Teil einer Reihe von Versuchen andalusischer aristotelischer Philosophen des 12. Jahrhunderts (Ibn Bāja, Ibn Ṭufayl, ↗ Averroes, ↗ Maimonides), die physikalischen Inkohärenzen der in Ptolemäus' *Algamest* enthaltenen geometrischen Modelle zu überwinden und den Kosmos im Einklang mit den physikalischen Gesetzen zu beschreiben. Das Werk al-Biṭrūjis scheint dabei das einzige zu sein, in dem Alternativen zu den ptolemäischen Modellen präsentiert werden. Allerdings wiesen die von al-Biṭrūji konzipierten Alternativmodelle zahlreiche Fehler auf. Seine Kenntnis der astronomischen Literatur war begrenzt: Ptolemäus, Theon von Alexandria und die Andalusier Ibn al-Zarqālluh (↗ Arzachel) und Jābir b. Aflaḥ (↗ Geber). Sowohl al-Biṭrūji als auch Jābir revidierten das Problem der Planetenfolge im Solarsystem, wobei al-Biṭrūjī die Folge Mond – Merkur – Sonne – Venus – Mars – Jupiter – Saturn vorschlug (Ptolemäus: Mond – Merkur – Venus – Sonne etc.; Jabir: Mond – Sonne – Merkur – Venus etc.).

Als Aristoteles-Anhänger waren seine Planetenmodelle tendenziell homozentrisch. Nichtsdestotrotz verwendete er in Anlehnung an Ideen, die auf Ibn al-Zarqālluhs Erschütterungsmodellen basieren, bei seinen Modellen auch Ekzentern und Epizyklen, die im Bereich des Pols auf die Oberfläche der entsprechenden Kugel platziert werden. Er versuchte, sowohl den Energietransfer von einem in der Neunten Sphäre platzierten »Ersten Beweger« hin zu den inneren Sphären zu erklären, als auch die Tatsache, dass die Bewegung, die von einem einzigen »Ersten Beweger« ausgeht, in jeder einzelnen inneren Sphäre zwei unterschiedliche Bewegungen in entgegengesetzte Richtungen auf verschiedenen Planeten auslösen kann. Als Beispiele für eine solche Bewegung können sowohl eine tägliche Rotation auf der Äquatorialebene von Ost nach West (vgl. Rotation der Erde) als auch die Längsbewegungen von Himmelskörpern auf der ekliptischen Ebene von West nach Ost gelten. al-Biṭrūjīs Erklärungen sind metaphorisch und basieren nicht auf der aristotelischen, sondern auf der neoplatonischen Dynamik. Sie sind insofern von Interesse, als dass sie dieselbe Form der Dynamik sowohl auf den sublunaren (irdischen) als auch auf den supralunaren (himmlischen) Bereich anwenden. [JS5]

Werk(e):
On the principles of heaven (1977).

Sekundär-Literatur:
Arl-Yonah, R.S.: Ptolemy vs Al-Bitruji: a study of scientific decision making in the Middle-Ages, Archives internationales d'histoire des sciences 35 (1985); Sabra, A.I.: The Andalusian Revolt against Ptolemaic Astronomy: Averroes and al-Bitruji, in: Transformation and tradition in the sciences, hrg. E. Mendelsohn (1984).

Alvarez, Luis Walter,
amerikanischer Physiker,
* 13. 6. 1911 San Francisco,
† 1. 9. 1988 Berkeley.

Alvarez gehörte zu den großen experimentellen Pionieren der Elementarteilchenphysik, die die Kenntnisse von den kleinsten Bausteinen der Materie entscheidend bereicherten. Für diese Leistungen erhielt er 1968 den Physiknobelpreis.

Der Enkel eines kubanischen Einwanderers und Sohn des bekannten Internisten Walter Alvarez (Mayo-Klinik in Rochester, Minnesota) studierte ab 1928 an der University of Chicago unter A. ↗ Compton und ging nach der Promotion 1936 zu E. ↗ Lawrence an das Radiation Laboratory in Berkeley; zugleich wurde er Associate Professor der dortigen Universität. Im Zweiten Weltkrieg nahm er am amerikanisch-britischen Radarentwicklungsprogramm (1940–43 im MIT) sowie am Manhattan-Projekt (1944–45 in Los Alamos) teil. Dann kehrte er als Professor an die Universität in Berkeley zur rein wissenschaftlichen Forschung zurück und half nun als Vizedirektor, das Lawrence Radiation Laboratory zu einem der Hauptzentren moderner Hochenergiephysik auszubauen.

Bereits als Student wies Alvarez 1933 in Mexico City mit einer selbst konstruierten Geiger-Müller-Zählerapparatur den Ost-West-Effekt der kosmischen Strahlung nach. In Berkeley begann er mit dem Entwurf des großen Magneten für ein neues Zyklotron. Dort lernte er auch R. ↗ Oppenheimer und seine begabten Theoriestudenten kennen und arbeitete selbst experimentell über kernphysikalische Fragen; z. B. entdeckte er den Elektronen-(K-)Einfang in Atomkernen und das Helium-3-Isotop. In Los Alamos schuf er vor allem Diagnoseverfahren für Kernexplosionen und testete sie selbst im Flugzeug beim ersten Atombombentest.

Nach dem Krieg konzentrierte er sich auf die Hochenergiephysik: Er konstruierte am Radiation Laboratory zunächst einen 32-MeV-Protonen-Linearbeschleuniger, der aber bald von E. ↗ McMillans 300-MeV-Synchrozyklotron (1950) und schließlich vom 6-GeV-Bevatron (1954) abgelöst wurde. Nach D. ↗ Glasers Erfindung der »Blasenkammer« zum optischen Nachweis von geladenen Teilchenspuren (1953) entwickelte Alvarez das Instrument umgehend zu *dem* Standardgerät für die Entdeckung weiterer Elementarteilchen und der Bestimmung ihrer Eigenschaften. Dabei verbesserte er schrittweise den Bau der Kammern und ihre Größe (1954: 1,5-Zoll-, 1959: 72-Zoll-Kammer) und die notwendigen halbautomatischen Auswertemethoden. Damit gelangen Alvarez und seinen Berkeleyer Mitarbeitern nicht nur große apparative und messtechnische Erfolge, sondern auch eine Reihe entscheidender Beiträge zur Elementarteilchenphysik, wie etwa die Entdeckung der stark zerfallenden seltsamen K*- und Y*-Teilchen (1960) sowie der Mesonenresonanzen (ab 1961). Mit Alvarez' Blasenkammern und ihren Auswertemethoden wurde in den sechziger Jahren die Zahl der bekannten Elementarteilchen auf mehrere Hundert gesteigert und ihre Ordnung im sog. Standardmodell vorbereitet.

In späteren Jahren trat Alvarez durch eine originelle Anwendung der Elementarteilchenphysik bei der Suche nach verborgenen Kammern in der Chefren-Pyramide und seine Theorie des Dinosauriersterbens zwischen Kreidezeit und Tertiär an die breitere Öffentlichkeit. Er diente mehreren US-Regierungen als Wissenschaftsberater und sprach sich u. a. gegen das SDI-Raketenabwehrsystem aus.

[HR]

Werk(e):
Adventures in Physics (1987, Selbstbiographie).

L.W. Alvarez

> **Ambarzumjan (Ambartsumian, Ambarcumjan), Viktor,**
> armenisch-sowjetischer Astronom,
> * 18. 9. 1908 Tiflis (Georgien),
> † 12. 8. 1996 Bjurakan (Armenien).

Ambarzumjan entdeckte die Sternassoziationen und war einer der bedeutendsten Astrophysiker des 20. Jahrhunderts.

V. Ambarzumjan

Ambarzumjan schrieb bereits als Schüler mit 11 Jahren erste Arbeiten zur Astronomie. Im Alter von 16 Jahren sandte ihn sein Vater nach Leningrad (heute wieder St. Petersburg), wo er Physik, Mathematik und Astronomie an der Universität studierte. Dort war sein prägender Lehrer Gawriil Adrianowitsch Tichow. Von 1928 bis 1932 war er am Observatorium Pulkowo tätig.

Seit 1931 lehrte Ambarzumjan an der Universität Leningrad, wo er 1934 den Professorentitel erhielt und die erste astrophysikalische Abteilung an einer Universität in der UdSSR gründete. 1943 ging er als Professor für Astrophysik an die Universität Jerewan, wo er sich an der Gründung der Armenischen Akademie der Wissenschaften beteiligte, sofort Vizepräsident und 1947 für 45 Jahre ihr Präsident wurde. 1946 gründete er das armenische Astrophysikalische Observatorium Bjurakan und blieb bis 1990 dessen Direktor.

Seit 1934 beschäftigte sich Ambarzumjan mit der statistischen Verteilung von Galaxien, ab 1941 auch mit Strahlungsausbreitung in interstellarer Materie. 1947 gelang ihm die Entdeckung der Sternassoziationen, die er später als kosmogonisch junge Gebilde mit relativ geringer Lebenserwartung bestimmte. Er wies nach, dass Prozesse der Sternentstehung ständig wirksam sind und Sterne in Gruppen entstehen. In weiteren Arbeiten befasste er sich mit der Physik der Sternatmosphären, dem inneren Aufbau der Sterne und der Dynamik der Sternsysteme. Ambarzumjan begründete auch die mathematische Theorie der Helligkeitsänderungen in der Milchstraße. Als einer der ersten erklärte er starke Quellen kosmischer Radiostrahlung als Aktivität von Galaxienkernen.

Ambarzumjan war seit 1940 Mitglied der Kommunistischen Partei und erreichte höhere Funktionen auch in der Politik, z. B. als Mitglied des Obersten Sowjets der UdSSR. Seine Arbeiten zu philosophischen Fragen der Naturwissenschaften waren teilweise orthodox-marxistisch ausgerichtet.

Durch seine Herausgabe des sowjetischen *Astronomischen Journals* und anderer Zeitschriften leistete Ambarzumjan auch einen bedeutenden organisatorischen Beitrag für die Astronomie in der UdSSR. Von 1948 bis 1955 war er Vizepräsident und von 1961 bis 1964 Präsident der Internationalen Astronomischen Union. [WRD, WB]

Werk(e):
Theoretische Astrophysik (Hrg., 1952, dt. 1957); Nautschnye trudy (Wissenschaftliche Werke, russ.), 2 Bde. (1960); Probleme der modernen Kosmogonie (Hrg., 1969, dt. 1976).

Sekundär-Literatur:
Viktor Amasaspowitsch Ambarzumjan (Biobibliographie, russ., 1975); Arzumanyan, A.: Envoy of the stars. Academician Victor Ambartsumyan (1987).

> **Ambrosius von Mailand,**
> Theologe, Kirchenlehrer und Kirchenpolitiker,
> * ca. 339 n. Chr. Trier,
> † 397 n. Chr. Mailand.

Aufgrund seiner dogmatisch grundlegenden theologischen Werke zählt Ambrosius zu den vier sog. Kirchenlehrern der abendländischen Kirche (Ambrosius, Hieronymus, ↗ Augustinus, ↗ Gregor von Nyssa).

Kirchenpolitisch bedeutsam ist Ambrosius deshalb, weil er sich für die Alleinberechtigung der Kirche gegenüber dem Heidentum und häretischen Strömungen, insbesondere dem Arianismus, einsetzte und es vermochte, staatliche Einmischung in kirchliche Angelegenheiten zu verhindern. Auf Ambrosius geht ferner die Einführung des Kirchengesangs in der westlichen Kirche zurück, er selbst gilt als Verfasser von mindestens 12 christlichen Hymnen. Als Naturwissenschaftler ist Ambrosius nicht hervorgetreten. Er nahm in seinen exegetischen Werken (z. B. Hexaemeron, Auslegung des Sechstagewerks) gegenüber naturphilosophischen Spekulationen u. a. über die Weltentstehung oder die Elemente (Vorsokratiker, ↗ Platon, ↗ Aristoteles) eine ablehnende Haltung ein; Naturphänomene (Tiere, Pflanzen etc.) deutete er ausschließlich im Sinne einer christlichen Allegorese.

Der in Trier geborene, dem stadtrömischen Adel (möglicher Weise bestand Verwandtschaft mit der altrömischen Gens Aurelia) entstammende Ambrosius erhielt zunächst in Trier, dann nach dem Tod des Vaters, des Prätorianerpräfekten Aurelius Ambrosius, in Rom eine gründliche Ausbildung in den Artes liberales, in der Rechtswissenschaft und in der griechischen Sprache, worauf zurückzuführen ist, dass er die Werke der griechischen Philosophie im Original lesen konnte. Seiner Herkunft entsprechend trat er zunächst eine politische Laufbahn an und war seit ca. 370 n. Chr. Consularis Liguriae et Aemiliae mit Amtssitz in Mailand. Seine überraschende Bischofswahl – Ambrosius war ungetauft – erfolgte 374 n. Chr., nachdem sich Ambrosius erfolgreich bemüht hatte, arianisch-katholische Streitigkeiten um die Nachfolge des Mailänder Bischofsamtes zu schlichten. Sein Amt versah Ambrosius mit großem Interesse für die Seelsorge und die Armenfürsorge, als Prediger errang er hohes Ansehen. Durch seine freundschaftliche Beziehung zu drei römischen Kaisern gelang es ihm, auf die römische Kirchenpolitik maßgeblichen Einfluss zu nehmen. Die endgültige Verdrängung des Arianismus aus Oberitalien und Illyrien ist ihm zu verdanken. Ambrosius hat ein umfangreiches Œuvre hinterlassen, zu dem exegetische, moralisch-asketische, dogmatische, katechetische Schriften sowie Reden, Predigten, Briefe und Hymnen gehören. Unter den exegetischen Schriften ist das Hexaemeron als literarisches Meisterwerk hervorzuheben, in dem sich eine Reihe hoch interessanter Naturschilderungen finden, die gleichwohl erkennen lassen, dass Ambrosius an der Natur nur insofern ein Interesse hatte, als er sie, im Unterschied zu heidnisch-antiken philosophischen Traditionen, nicht um ihrer selbst willen, sondern in ihrem Bezug auf den einen Schöpfergott wahrnahm und demgemäß für ihn im Vordergrund die symbolisch-allegorische Interpretation der Natur in Bezug auf das Schicksal des Menschen stand, nicht aber ihre physikalische Begründung. [AL2]

Werk(e):
Alle Werke in: Patrologia Latina 14–17, hrg. v. J.-P. Migne (1882ff.); weitere Ausgabe: Corpus Scriptorum Ecclesiasticorum Latinorum 32, 62, 64, 72 (1896ff).

Sekundär-Literatur:
Dassmann, E.: Ambrosius von Mailand, in: Theologische Realenzyklopädie 2 (1978) 362–386; Altaner, B., Stuiber, A.: Ambrosius von Mailand, in: Patrologie. Leben, Schriften und Lehre der Kirchenväter (⁸1978) 378–389.

Amici, Giovanni Battista,
italienischer Physiker und Naturforscher,
* 25. 3. 1786 Modena,
† 10. 4. 1863 Florenz.

Amici war einer der bedeutendsten Mikroskop- und Teleskopbauer seiner Zeit und Autor zahlreicher mikroskopischer Beschreibungen.

Amici wuchs in der Tradition der Präzisionsmechaniker und Instrumentenbauer Modenas auf und errichtete, von seinem Vater seit seiner Kindheit großzügig gefördert, mit 23 Jahren ein eigenes Laboratorium, in dem er Spiegel und kleine Linsen herstellte. Nach dem Architektur- und Ingenieurstudium in Bologna unterrichtete er Mathematik in Modena. 1831 wurde er von Großherzog Leopold II. als Direktor der Sternwarte an das Reale Museo di fisica e scienze naturali in Florenz berufen. 1859 ging er in den Ruhestand, blieb aber als Ehrenprofessor für mikroskopische Untersuchungen am Florentiner Museum tätig.

Im Bereich der Teleskopie verbesserte Amici die Refraktion, schliff zwei 28 cm und 24 cm große Linsen, die heute noch in Gebrauch sind, und entwickelte Sextanten und Mikrometer zur Verfeinerung astronomischer Messungen. 1818 baute er ein katadioptrisches Mikroskop, das Beobachtungen ohne chromatische Aberrationen zuließ und das er 1827 auf der Weltausstellung in Paris vorstellte. 1837 konstruierte er ein achromatisches Mikroskop mit einem Auflösungsvermögen von 0,001 mm. Außerdem entwickelte er u. a. die Öl-Immersions-Mikroskopie und das Amici-Prisma, verbesserte Spiegel und die camera lucida und stellte theoretische Überlegungen zur Optik an. Er trug so nicht unwesentlich zum Durchbruch der achromatischen Mikroskope und der wissenschaftlichen Mikroskopie Anfang des 19. Jahrhunderts bei. Sein Projekt, 1837 in Florenz ein Ausbildungs- und Produktionszentrum für die industrielle Herstellung optischer Geräte zu errichten, fand allerdings keine Unterstützung, was den Untergang der italienischen Mikroskopbautradition mit besiegelte. Daneben wurde Amici durch seine hervorragenden mikroskopischen Beobachtungen bekannt. Er beschrieb die Cytoplasmaströmung der Alge *Chara*, die Epidermis und das Palisaden-Parenchym der Blätter und die Z-Streifen der quergestreiften Muskelfaser. Seine Arbeiten zur Pollenschlauchbefruchtung der Phanerogamen setzten ihn einer langanhaltenden Polemik unter anderem mit M. ↗ Schleiden aus. [AD]

Werk(e):
Dei microscopi catadiottrici (1818); Osservazioni sulla circolazione del succhio nella Chara (1818); Sulla fecondazione delle piante (1842); Sulla fibra muscolare (1858).

Sekundär-Literatur:
Tarozzi, G. (Hrg.): La scienza degli strumenti: Giovanni Battista Amici, ottico, astronomo, e naturalista (1989).

Ampère, André-Marie,
französischer Mathematiker und Physiker,
* 20. 1. 1775 Lyon,
† 10. 6. 1836 Marseille.

Ampère wurde durch die von ihm »Elektrodynamik« benannte Theorie weit bekannt. Sie entwickelte sich zu einem der wichtigsten Zweige der modernen Physik, und die Bestimmung der Einheit der Stromstärke geht auf die von ihm entdeckte Kraftwirkung zwischen Strömen zurück. Weniger bekannt sind seine Arbeiten zur Mathematik, zur Chemie und zur Klassifikation der Wissenschaften.

A.-M. Ampère

Ampères Vater, Seidenhändler in Lyon, war stark an Wissenschaft und intellektuellem Leben interessiert. Die Familie – Ampère hatte zwei Schwestern – brachte viel Zeit auf ihrem Landsitz im nahe gelegenen Poleymieux zu. Angeregt durch Jean Jacques Rousseaus pädagogische Ideen, unterrichtete der Vater Ampère selbst, öffnete ihm die gut ausgestattete Hausbibliothek und ermunterte ihn zu eigenen Beobachtungen in der freien Natur. Neben G. ↗ Buffons *Naturgeschichte* und vielen Artikeln der *Encyclopédie* befasste sich Ampère mit Dramen der Antike. Wegen seiner frühen mathematischen Interessen – er reichte als 13-Jähriger eine Arbeit bei der Académie des Sciences in Lyon ein – behandelte er mit einem Privatlehrer die Arbeiten L. ↗ Eulers und der Brüder ↗ Bernoulli. Zu den aufklärerischen Ideen des Vaters bildete die gemüthaft-devotionale Religiosität der Mutter einen eigentümlichen Gegensatz; Ampère sah später die Erstkommunion als eines seiner prägendsten Erlebnisse an. Die unbeschwerte Jugend fand in der Revolutionszeit ein jähes Ende. Sein Vater, unter den Girondisten als Friedensrichter tätig, wurde nach der Einnahme Lyons durch die Jakobiner festgenommen und im November 1793 hingerichtet. Zutiefst verstört, zog sich Ampère über ein Jahr lang völlig von der Außenwelt zurück. In einem wenig später verfassten Drama *l'Americide* verherrlichte er das natürliche, von der Zivilisation nicht berührte Leben. Da die Revolutionäre den väterlichen Betrieb beschlagnahmt hatten, erteilte er ab 1797 Privatunterricht in Mathematik. 1799 heiratete er Julie Carron, 1800 wurde ihr Sohn Jean-Jacques geboren. 1802 trat Ampère eine Stellung als Lehrer für Physik und Chemie im 60 km entfernten Bourg-en-Bresse an. Julie, die seit der Geburt des Sohnes krank war, blieb mit dem Kind in Lyon. Als Ampère ein Jahr später nach Lyon versetzt wurde, hatte sich Julies Zustand verschlechtert, drei Monate später starb sie. Für Ampère gingen damit die vier glücklichsten Jahre seines Lebens zu Ende. Noch Jahre später notierte er in seinem Tagebuch Erinnerungen und Trauergedichte.

Seine zwischenzeitlich entstandenen mathematischen Arbeiten zur Spieltheorie und Variationsrechnung waren bis nach Paris gedrungen; so trat er 1804 eine Stellung als »repetiteur« an der École Polytechnique an und ließ den Sohn bei der Großmutter in Lyon. Seine zweite Ehe (1806, mit Jeanne Potot) verlief unglücklich und wurde bald wieder geschieden; die daraus hervorgegangene Tochter Albine blieb beim Vater. 1808 nahm er zusätzlich den Posten eines Inspektors der zentralen Schulverwaltung an, was neben einem Zusatzeinkommen jeden Sommer Dienstreisen durch ganz Frankreich mit sich brachte. Nun holte er Sohn, Mutter und Schwester nach Paris. 1814 wurde er in die Pariser Akademie gewählt, 1815 an der École Polytechnique zum Professor für Analysis und Mechanik befördert. Trotzdem blieb er in Paris ein Außenseiter. An den turbulenten politischen Ereignissen der Zeit nahm er keinen Anteil. Zu der trotz wachsender Kritik immer noch dominierenden Laplaceschen Schule hatte er ein distanziertes Verhältnis. Zunehmend wandte er sich wieder der Religion zu, befasste sich wie schon in Lyon mit Mystik und pflegte engen Kontakt zum philosophischen Kreis um den Marquis Maine de Biran, wo Fragen der Metaphysik, insbesondere der Kantschen Philosophie, diskutiert wurden. All das war für einen Pariser Naturwissenschaftler der Zeit eher ungewöhnlich.

In seinen mathematischen Arbeiten aus dieser Zeit ging es ihm um die Grundlagen der Infinitesimalrechnung und partiellen Differenzialgleichungen. In der Chemie versuchte er, das Gesetz der konstanten und multiplen Proportionen mit einer geometrisch gefassten Materietheorie zu erklären (1814) und eine »natürliche Klassifikation« der chemischen Elemente zu entwickeln (1816). In der Optik arbeitete er über den 1810 entdeckten Polarisationseffekt und unterstützte später den in seinem Hause eingemieteten A. J. ↗ Fresnel bei der Entwicklung der Wellentheorie. Seine Arbeiten waren stets theoretisch, oft mit dem Ziel einer Systematisierung und Klassifikation. Entscheidend wurde schließlich der von H.-Chr. ↗ Ørsted 1820 entdeckte Elektromagnetismus. In fieberhafter Arbeit stellte Ampère innerhalb weniger Monate neue Experimente vor und präsentierte eine Theorie, in der der Magnetismus auf die Wechselwirkung zwischen elektrischen Strömen reduziert werden sollte. Diesen Ansatz, der weit über das von J. B. ↗ Biot und F. ↗ Savart konkurrierend vorgestellte Gesetz hinausging, baute er in den folgenden Jahren aus und veröffentlichte 1826 eine zusammenfassende Darstellung. Im Gegensatz zu seinen vorigen Arbeiten stieß diese sofort auf Resonanz. 1824 wurde er als Professor für Experimentalphysik an das Collège de France berufen und konnte die aufreibende Lehrtätigkeit an der École Polytechnique aufgeben.

Die freie Wahl der Unterrichtsthemen am Collège nutzte er nicht nur, um in zahlreichen Vorlesungen die Elektrodynamik auszubauen und abzurunden, sondern auch, um das Thema seines Spätwerkes anzugehen: die Klassifikation der Wissenschaften. Wie einigen seiner Zeitgenossen (u. a. A. ↗ Comte und A.-P. de ↗ Candolle) ging es ihm darum, das ganze Feld menschlichen Wissens so zu ordnen, dass es die Struktur des Erkenntnisvermögens widerspiegelte. Seine Kenntnis der *Encyclopédie* und der Philosophie Kants waren hier gleichermaßen wichtig. Der erste Teil seines *Essai sur la philosophie des sciences* erschien 1834. Ampères Gesundheit hatte durch die vielfältige Beanspruchung gelitten, nicht zuletzt durch die immer noch fortgesetzten Dienstreisen. Auf einer solchen verstarb er 1836 in Marseille an einer Lungenentzündung. 1843 gab sein Sohn Jean-Jacques, selbst Professor für Literaturgeschichte in Paris, den zweiten Teil des Werkes auf Grund der Manuskripte heraus. In bezeichnendem Gegensatz zur Elektrodynamik wurde von dem Werk sehr rasch eine deutsche (Teil-) Übersetzung gedruckt.

Unter Ampères Arbeiten waren die zur Elektrodynamik am wichtigsten. Ausgelöst wurden sie durch Ørsteds Bericht über die Wirkung eines stromführenden Drahtes auf eine Magnetnadel (1820), einen Bericht, der in Paris zunächst auf Skepsis stieß: Nicht nur hatte Ørsted Jahre zuvor bei der Verteidigung J. W. ↗ Ritters eine blamable Bloßstellung erlebt, sondern es wurde vor allem eine Wechselwirkung zweier Naturkräfte behauptet, die selbst prominente Pariser Wissenschaftler nicht hatten finden können. In der mathematischen Theorie der Elektrizität, 1812 durch S. D. ↗ Poisson in laplacescher Manier ausgearbeitet, war für eine solche Wirkung kein Platz ersichtlich. Den Verdacht einer weiteren »reverie allemande« konnte allerdings D. F. ↗ Arago durch Vorführen des Effekts schnell ausräumen. Besonders verwirrend war der Umstand, dass sich die Auslenkung der Magnetnadel umkehrte, wenn der Draht unterhalb statt oberhalb platziert war – das widersetzte sich schon vom ersten Eindruck her einer Erfassung durch anziehende oder abstoßende Zentralkräfte. Für die Laplacesche Physik lag hier eine fundamentale Herausforderung. Ihr prominentester Vertreter Biot war allerdings auf Reisen; und als er sich nach seiner Rückkehr intensiv um eine Erklärung bemühte, hatte der Außenseiter Ampère schon viele Ergebnisse vor der Akademie präsentiert.

Ampères Engagement kam überraschend: Weder war er jemals mit Arbeiten zu Elektrizität oder Magnetismus hervorgetreten, noch hatte er experimentell gearbeitet. Seine Affinität zur Idee einer Verwandtschaft von Naturkräften – schon in Bourg hatte er über eine einheitliche Theorie von Elektrizität, Magnetismus und Licht spekuliert –, seine kritische Distanz zur laplaceschen Orthodoxie und sein Bestreben, zur Verbesserung seiner beruflichen Situation etwas Spektakuläres zu machen, waren hier gleichermaßen wichtig. Der Konkurrenz zu Biot wohl bewusst, unternahm Ampère – von Arago tatkräftig unterstützt – alles, um sich an die Spitze der Diskussion zu stellen. Da ihm kein Labor unterstand, musste er andere um Zugang zu Experimentiermöglichkeiten bitten; zugleich richtete er sich unter erheblichen Kosten ein eigenes Labor zu Hause ein. Die Beratung durch den Instrumentenbauer Nicolas-Constant Pixii spielte für seine Experimente eine wesentliche Rolle.

Zunächst ging es Ampère darum, durch breite Variation von experimentellen Parametern die Gesetze der elektromagnetischen Bewegungen zu formulieren, was angesichts der fehlenden räumlichen Begriffe sehr schwierig war. Seine zwei Gesetze (faits généraux) formulierte er denn auch in neuen Begriffen: »rechts« und »links« vom Strom (in der »Schwimmerregel«), vor allem aber mit dem Begriff eines einheitlichen, Batterie *und* Schließungsdraht umfassenden Stromkreises. Seine eher phänomenologische Arbeitsweise gab er nach wenigen Wochen zugunsten eines anderen Projektes auf: Er war auf die Idee gekommen, dass aller Magnetismus auf elektrischen Kreisströmen in den magnetischen Körpern beruhen könne. Mit großen Anstrengungen – auch finanziellen – versuchte er, diese Hypothese experimentell zu stützen. Bestätigt durch seinen gelungenen Nachweis der Anziehung von Kreisströmen, präsentierte er der Akademie ein umfassendes Theorieprogramm. Die Wechselwirkung zwi-

A. Ampères Geburtshaus in Poleymieux nahe Lyon

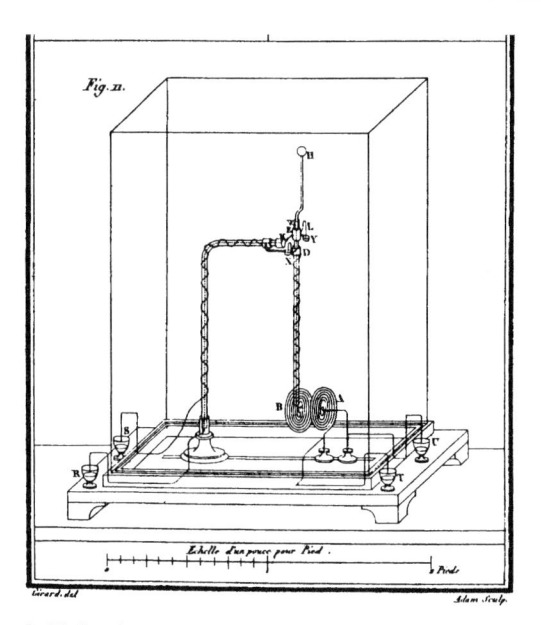

A.-M. Ampères Apparat zum Nachweis der Anziehung bzw. Abstoßung zweier stromdurchflossener Spulen

schen Stromelementen bildete den zentralen Effekt, die Suche nach einem entsprechenden Kraftgesetz die wichtigste Aufgabe. Schon im Dezember 1820, noch vor Biot, präsentierte er eine erste Formel $F = gh/r^2(\sin\alpha\sin\beta\cos\gamma + n/m\cos\alpha\cos\beta)$, die er später noch verfeinerte und modifizierte.

Für die Formel hatte Ampère, bemerkenswert genug, nicht eine einzige Messung unternommen; seine entsprechenden Bemühungen waren an instrumentellen Schwierigkeiten gescheitert. Dass ihm trotzdem eine Mathematisierung der Elektrodynamik gelang, hat – neben einem sehr starken Superpositionspostulat – mit seinem Verfahren der Gleichgewichtsexperimente zu tun: In seinen Apparaten waren verschiedene Wirkungen so arrangiert, dass sie sich, wenn die Annahmen stimmten, gerade gegenseitig aufheben sollten; umgekehrt schloss Ampère aus dem experimentellen Nulleffekt auf die Richtigkeit seiner speziellen Annahmen. In seinem Werk von 1826 ruhte die gesamte Argumentation auf vier (!) solchen Experimenten. Dieses eigenwillige Verständnis von Fundierung auf Erfahrung hatte seinen Hintergrund in den instrumentellen und begrifflichen Problemen elektrodynamischer Messungen – im eigentlichen Sinn wurden solche erst 20 Jahre später von W. ↗ Weber ausgeführt.

So erfolgreich Ampères frühe Festlegung auf ein spezifisches Theorieprogramm auch war, hatte sie doch ihren Preis. Er explorierte das experimentelle Feld nicht mehr in die Breite, sondern vertiefte es punktuell unter den von der Theorie vorgegebenen Gesichtspunkten, nötigenfalls auch unter Ausschluss problematischer Befunde. M. ↗ Faradays Entdeckung der elektromagnetischen Rotation (1821) machte für ihn eine massive Revision der Theorie erforderlich. 1822 ignorierte er ein Experiment, das ihm klarerweise einen Induktionseffekt zeigte, aber zu diesem Zeitpunkt nicht mehr in den theoretischen Rahmen passte.

Ampères Elektrodynamik, mit ihrer Verwendung einer (modifizierten) laplaceschen Begrifflichkeit,

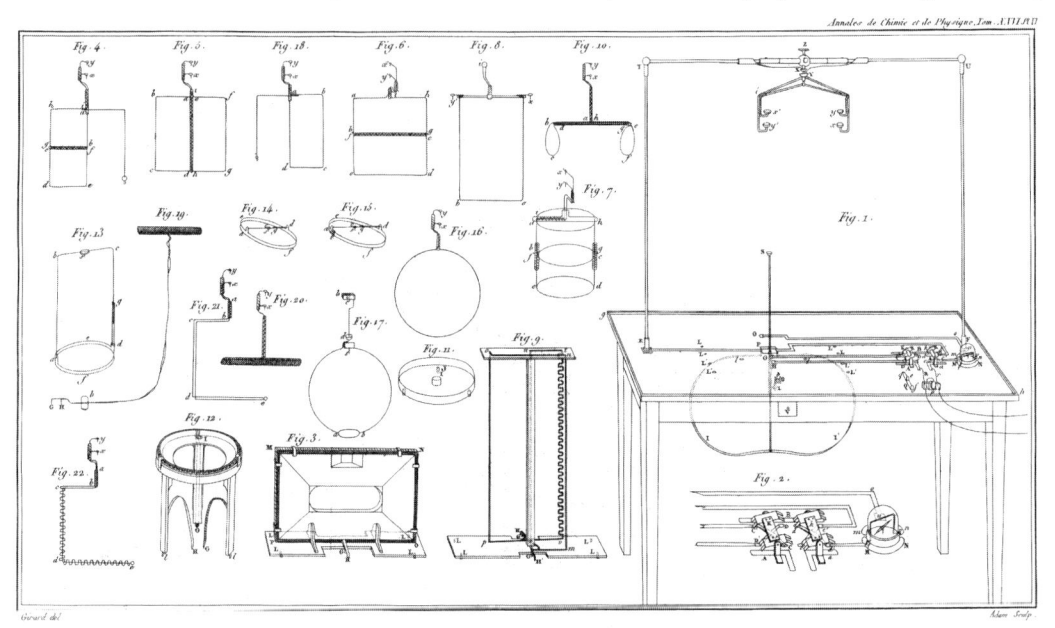

A.-M. Ampère: Experimentiertisch

stellte neben Faraday einen der beiden zentralen Ansatzpunkte für die weitere Entwicklung dar. Sie wurde in den 1840er-Jahren von Weber aufgegriffen, dem es um die bei Ampère nicht vorhandene Präzisionsmessung und die Einbeziehung von Induktionseffekten ging. Der Antagonismus zwischen der Ampère-Weberschen Fernwirkungstheorie und der Faraday-Maxwellschen Feldtheorie sollte eines der zentralen Themen der Physik der zweiten Jahrhunderthälfte werden. [FST]

Werk(e):
Mémoire sur la théorie mathématique des phénomènes électro-dynamiques, uniquement déduite de l'expérience, in: Mémoires de l'Académie Royale des Sciences tome VI, année 1823 (1827) 175–387, Nachdruck 1990; Essai sur la philosophie des sciences: première partie (1834), seconde partie (1843), deutsch: Natürliches System aller Naturwissenschaften: eine Begegnung deutscher und französischer Speculation (1844); Correspondance du Grand Ampère, hrg. v. L. de Launay, 3 Bde. (1936–43).

Sekundär-Literatur:
Hofmann, J. R.: André-Marie Ampère: Enlightenment and Electrodynamics (1995); Steinle, F.: »... et voilà une nouvelle théorie d'aimant«: Ampères Weg zur Elektrodynamik, Mathesis: Festschrift zum siebzigsten Geburtstag von M. Schramm (Hrg. R. Thiele, 2000) 250–281.

Ampferer, Otto,
österreichischer Geologe,
* 1. 12. 1875 Hoetting bei Innsbruck,
† 9. 7. 1947 Innsbruck.

Ampferer formulierte eine »Unterströmungstheorie« zur Erklärung der Gebirgsentstehung und gehört damit zu den Wegbereitern der Plattentektonik.

Aus einfachen Verhältnissen stammend, studierte Ampferer 1895–1899 Physik und Mathematik an der Universität Innsbruck und promovierte dort mit einer Arbeit zur Geologie des Karwendelgebietes. 1901 trat er in den Dienst der k. u. k. Geologischen Reichsanstalt. 1919 wurde er zum Chefgeologen dieser Anstalt befördert, 1925 zu ihrem Vizedirektor, und von 1935 bis 1937 übernahm er schließlich ihr Direktorat. In diesen Funktionen war Ampferer mit zahlreichen geologischen Gutachten betraut, insbesondere zur Bauberatung bei großen Wasserkraftprojekten.

Ausgangspunkt von Ampferers geologischen Arbeiten war die sorgfältige Kartierung großer Alpengebiete, so z. B. der westlichen Ostalpen in 12 Blättern im Maßstab von 1:75000, wobei ihm seine Begeisterung für das Bergsteigen zur physischen Bewältigung dieser Aufgaben verhalf. Auf der Grundlage der enstehenden Karten erarbeitete er synthetische Profildarstellungen wie den 1911 gemeinsam mit W. Hammer publizierten *Geologischen Querschnitt durch die Ostalpen vom Allgäu zum Gardasee*. In den Vordergrund rückte dabei eine Fragestellung, die Alpengeologen wie Marcel Bertrand, E. ⌐ Suess und Albert Heim bereits seit Ende des 19. Jahrhunderts beschäftigte: der Deckenbau der Alpen und seine Beziehung zur Gebirgsentstehung. 1906 formulierte Ampferer eine Theorie, wonach sich die alpinen Decken durch eine konvektive »Unterströmung« im Erdmantel gebildet hatten. Suess und Heim kritisierten diese Auffassung heftig, da sie, wie andere Geologen ihrer Zeit, von einem festen Zustand des Erdmantels ausgingen. Erst in den Zwanziger- und dreißiger Jahren wandte sich Ampferer dem Problem wieder zu und integrierte »Verschluckungszonen« und die Entstehung der Ozeane durch Aufstieg von Mantelmaterial an den mittelozeanischen Rücken in seine Theorie. Er stand damit sowohl im Gegensatz zur Kontraktionstheorie, die seiner Auffassung nach nicht die lokale Verbreitung von Gebirgen zu erklären im Stande war, als auch im Gegensatz zu A. ⌐ Wegeners Hypothese der Kontinentalverschiebung, nach der die mittelozeanischen Rücken ein Effekt, nicht die Ursache, des Auseinanderdriftens der Kontinente waren. [SMW]

Werk(e):
Über das Bewegungsbild von Faltengebirgen, in: Jahrbuch der Kaiserlich-Königlichen Geologischen Reichsanstalt 56 (1906); Über Kontinentalverschiebungen, Naturwissenschaften 13 (1925); Gedanken über das Bewegungsbild des atlantischen Raumes, Sitzungsberichte der Österreichischen Akademie der Wissenschaften, mathematisch-naturwissenschaftliche Klasse 150 (1941).

Sekundär-Literatur:
Flügel, H. W.: A. Wegener – O. Ampferer – R. Schwinner: The First Chapter of the »New Global Tectonic«, Earth Sciences History 3 (1984); Thenius, E.: Otto Ampferer, Begründer der Theorie der Ozeanbodenspreizung, Geowissenschaften 6 (1988); Leutner, M.: Wissenschaftstheoretische Fallstudien zur Entwicklung der erdwissenschaftlichen Forschung in Österreich. W. Haidinger – F. von Hauer – O. Ampferer (1999).

Anaxagoras von Klazomenai,
griechischer Naturphilosoph,
* ca. 500 v. Chr.,
† nach 430 v. Chr.

Anaxagoras bürgerte die ionische Aufklärung in Athen ein.

Anaxagoras war geprägt vom Geist der Aufklärung, wie er an der ionischen Westküste Kleinasiens (Milet) existierte. Als er damit gegen 460 v. Chr. nach Athen, dem politischen Zentrum Griechenlands, kam, wurde er von den demokratisch-liberalen Kreisen um Perikles willkommen geheißen, aber heftig attackiert von den religiösen Traditionalisten, die Athen als »frömmste Stadt Griechenlands« (Sophokles) erhalten wollten. Sie nahmen die aus der Analyse eines Meteoriten von Anaxagoras gefolgerte Theorie, Sonne und Sterne seien keine Götter, sondern durch den Ätherumschwung erglühte Felsmassen, zum Anlass für ein Gesetz, dass anzuklagen sei, wer »nicht ans Göttliche glaubt und Hypothesen über Himmelserscheinungen verbreitet« – was an den Fall des G. ↗ Galilei erinnert. Vor dem drohenden Asebieprozess scheint Anaxagoras mit Perikles' Hilfe nach Lampsakos emigriert zu sein.

Anaxagoras hat eine Schrift (Papyrusrolle) verfasst, deren Kopien in Athen käuflich waren und die so etwas wie den Beginn einer »Buchkultur« bildet. Für seine kosmologisch-physikalischen Erklärungen adaptierte er viele Thesen der älteren Naturphilosophie. Er meinte, dass durch den feurigen Ätherumschwung Gesteinsmassen sich von der Erde losgerissen hätten und zu Sternen erglüht seien; der Umschwung habe seine größte Geschwindigkeit in der Fixsternsphäre, wobei Sonne und Planeten wegen ihrer Masseträgheit mit wachsender Erdnähe zurückblieben – während nach religiöser Auffassung die göttlichen Planeten aktiv gegenläufig vorrücken. Dabei interpretierte er empirisch unzugängliche Daten in Analogie zum Erfahrungsbereich, denn »Erscheinung des Unsichtbaren ist das Sichtbare«; eine These, die zur antiken Forschungsmethode der »Rettung der Phänomene« von ↗ Eudoxos entwickelt wurde.

In Anlehnung an die Ontologie des Parmenides, wonach das Sein weder Entstehen noch Vergehen bzw. Veränderung zulässt, folgerte er, dass alle vorhandenen Qualitäten real seien; denn »wie könnte aus Nicht-Haar Haar entstehen und aus Nicht-Fleisch Fleisch?« Wenn wir also Brot essen und dieses im Körper zu Fleisch, Knochen, Haare etc. verwandelt wird, bedeutet das zum einen, dass alle diese unendlich vielen Stoffqualitäten bereits im Brot vorhanden sind, und zum anderen, dass Umwandlung nur Wechsel in der Dominanz der Qualitäten ist. Für die minimalen Teile der jeweiligen Stoffe hat wohl erst ↗ Aristoteles den nicht ganz eindeutigen Terminus »Homoiomerien« geprägt. Wenn Anaxagoras aber behauptet, dass in jedem minimalen Teil Teile von allem anderen seien und das Kleinste in seiner Mischung dem Ganzen gliche (Diels-Kranz 59 B 1;3;6), wie könnten dann z.B. im Knochen die Knochenteile dominieren?

Mit der kosmischen Urmischung begann die Schrift des Anaxagoras, der ein Bewegungsprinzip brauchte, das aus dem Chaos einen Kosmos machte. Die blinden Kräfte »Liebe und Streit« (↗ Empedokles) hielt er für ungeeignet, die so intelligente Himmelsmechanik und Organisiertheit der biologischen Organismen zu erklären, die wie objektiviertes Denken erscheinen. So erfand er den Geist (Nus), der erkennt, plant, handelt und das feinste und reinste aller Dinge bildet – gleichsam eine Projektion des menschlichen Intellekts ins Kosmische. Anaxagoras beschränkte seine Funktion aber auf Impuls und Programmierung der Weltentwicklung, die dann »automatisch« abläuft. Diese gar nicht religiös-teleologische Funktion des Nus hat Aristoteles streng getadelt, ebenso wie die aus der Einsicht in die Einheit von Denken und Handeln gewonnene These: »Weil der Mensch Hände hat, ist er das klügste Lebewesen.« [FJ]

Werk(e):
Diels, H., Kranz, W.: Die Fragmente der Vorsokratiker (1959).

Sekundär-Literatur:
Schofield, M.: An Essay on Anaxagoras (1980).

Anaximander von Milet,
griechischer Naturphilosoph,
erste Hälfte des 6. Jhs. v. Chr.

Anaximander begründete die Urstofftheorie (Arché) und übertrug den Ordnungsbegriff (Kosmos) auf das Weltall.

Anaximander, ein »Schüler« des ↗ Thales, gelangte auf der Basis eines unzureichenden, aus dem Orient stammenden Erfahrungsmaterials zu kühnen Spekulationen, die Welt und Weltgeschehen mit den Verstandesbegriffen (vor allem der Mathematik) mehr konstruieren als rekonstruieren, und markiert so den Beginn des für die Griechen typischen Modell- und Strukturdenkens. Schon mit dem Konzept des Urgrunds oder Prinzips aller Dinge, der Arché, verlässt er den phänomenalen Bereich. Es ist das Apeiron, das qualitativ Unbestimmte und quantitativ Unbegrenzte, durch dessen Bewegung sich – wie auch immer – die kosmischen Systeme mit ihren Gegebenheiten absondern. Das Universum des Anaximander ist offensichtlich von stofflicher und gesetzlicher Homogenität, im Unterschied zum mythischen oder aristotelischen Weltbild mit seinem supra- und sublunaren Bereich.

Im kosmogonischen Prozess entsteht die Erde, deren Ausdünstungen die obige Feuersphäre in eine Vielzahl von Schläuchen einschließt, aus deren Löchern die Sterne herausschauen. Dabei ist der Ring der Sonne, wohl in Anlehnung an iranische Lehren, am weitesten entfernt; es folgen in Richtung Erde Mond und Fixsterne, wobei die Abstände nach dem Verhältnis 9:18:27 geordnet sind. Hier wird wohl zuerst die Etagenwelt des Mythos mit Himmel, Erde, Unterwelt in einen Kugelkosmos umgedacht, in dessen Mitte die Erde schwebt, so dass die Gestirne nun um die Erde rotieren konnten. Die Erde in Form einer Säulentrommel braucht also keine Unterlage mehr wie noch bei Thales, sondern bewahrt ihre Stabilität »in der Mitte« durch die »Gleichheit« ihrer Distanz zu allen Punkten des kosmischen Kugelmantels, wodurch eine »Beherrschung« aus irgendeiner Richtung der Peripherie unmöglich ist. Aus diesem Weltmodell des Anaximander lässt sich wohl folgern, dass er zum einen trotz aller Phantastik den Begriff des Kosmos, der eigentlich jedes wohlgefügte, geordnete und damit schöne (Kosmetik) Ensemble von Elementen bedeutet – Kosmos heißt bei den Griechen ein funktionstüchtiges Bauwerk, ein Gedicht als sinnvolle Wortordnung, eine Verfassung als politische Ordnung etc. –, auf die Welt überträgt. Zum anderen scheint es, dass er zur Interpretation kosmologisch-physikalischer Erscheinungen gesellschaftliche Kategorien verwendet. Denn auch die politische »Gleichheit« der »von keiner Schicht beherrschten« Bürger verwirklicht sich »in der Mitte« der Agora einer Polis bei den Volksversammlungen und garantiert so die Stabilität der Demokratie.

Das gleiche soziomorphe Interpretationsmuster begegnet einem in dem ältesten erhaltenen Fragment des philosophischen Denkens der Griechen aus einer wie auch immer gearteten Schrift (Inschrift?) des Anaximander: »Woraus aber die seiende Dinge entstehen, dahinein vergehen sie auch wieder nach der Schuldigkeit; denn sie geben sich wechselseitig Gerechtigkeit (Dike) und Strafe für das Unrecht nach der Ordnung (Taxis) der Zeit.« Offenbar bilden auch die Erscheinungen der Natur für Anaximander eine Art Rechtsgemeinschaft, die dafür sorgt, dass die unrechtmäßige Entstehung des einen auf Kosten des anderen immer wieder gesühnt (ausgeglichen) wird im Rahmen einer als Zeitordnung verstandenen Naturgesetzmäßigkeit.

Es scheint, dass sich Anaximander auch politisch betätigt und die Gründung einer milesischen Kolonie organisiert hat. Die bei den – für nahezu alle frühgriechischen Denker bezeugten – zahlreichen Reisen gewonnenen geographischen Erfahrungen soll er zur Darstellung einer wohl weitgehend nach geometrisch-spekulativen Schemata konstruierten Erdkarte verwendet haben, die durch die Erfahrung späterer Autoren erheblich korrigiert werden musste. Auch ist überliefert, er habe eine wohl an babylonischen Vorlagen orientierte Sphäre (Himmelsglobus?) entworfen. [FJ]

Sekundär-Literatur:
Classen, C. J.: Anaximandros, RE, Suppl. 12 (1970) 30ff.; Vernant, J. P.: Structure géométrique et notions politiques dans la cosmologie d'Anaximandre, in: Mythe et pensée chez les Grecs (1985) 216ff.

Anaximenes von Milet,
griechischer Naturphilosoph,
um die Mitte des 6. Jh. v. Chr.

Anaximenes erklärte die Luft zur Arché.

Für das weitgehend aus der Begrifflichkeit des Verstandes (Logos) konstruierte Weltmodell des ↗Anaximander hatte sein Schüler Anaximenes, der seine Forschung stärker an der Empirie orientierte, offenbar wenig Verständnis. Das bei Anaximander höchst aporetische Hervorgehen der Dinge aus dem Urprinzip ist wohl Ausgangspunkt seiner Überlegungen. Mit seinem Lehrer stimmt er in der quantitativen Unbegrenztheit der Arché überein, definiert sie aber qualitativ als Luft, die in der Psyche (Hauch) der tierischen Organisationsformen ohnehin das Lebensprinzip darstellte. Die Seinsformen im Kosmos aber entstehen rein mechanisch durch Verdünnung und Verdichtung der Luft, stellen also deren Aggregatzustände dar, wobei die warmen Dinge mit dünnerer, die kälteren mit dichterer Luft zu tun haben. Die Ansicht, dass die Sonne sich nicht in einer Kreisbahn unter der Erde hindurchbewege und die Gestirne wie Nägel am eisartigen Himmelsgewölbe fixiert (Fixsterne) seien, nimmt freilich den von seinem Lehrer erzielten Fortschritt zurück. [FJ]

Sekundär-Literatur:
Wöhrle, G.: Anaximenes aus Milet, die Fragmente zu seiner Lehre (1993).

Anderson, Carl David,
amerikanischer Physiker,
* 3. 9. 1905 New York,
† 11. 1. 1991 San Marino (Kalifornien, USA).

Andersons Entdeckung des Positrons war der erste Nachweis von Antimaterie.

C.D. Anderson

Als Sohn schwedischer Emigranten wuchs Anderson in Los Angeles auf, wo er am California Institute of Technology studierte und fortan seine gesamte weitere Karriere verbrachte.

Nach seinem Studium wurde Anderson Assistent von R. A. ↗ Millikan, auf dessen Anregung hin er mit Hilfe einer Nebelkammer die Bahnspuren der von der kosmischen Höhenstrahlung erzeugten Elektronen untersuchte. Da sich die Nebelkammer in einem starken Magnetfeld befand, wurden alle einfallenden geladenen Teilchen ihrer Masse und Ladung entsprechend unterschiedlich abgelenkt. Bei der Auswertung von Fotos der Bahnspuren fiel Anderson im Jahre 1932 eine Spur auf, deren Krümmungsradius der eines Elektrons entsprach, jedoch mit entgegengesetzter Krümmungsrichtung. Anderson vermutete daher, dass es sich hierbei nur um ein Antiteilchen zum Elektron handeln konnte. Schon 1930 hatte der amerikanische Physiker J. R. ↗ Oppenheimer gezeigt, dass es sich bei dem von dem britischen Physiker P. A. M. ↗ Dirac aufgrund theoretischer Überlegungen Ende der 1920er-Jahre vorhergesagten Antiteilchen des Elektrons nicht um das Proton handeln kann, sondern dass Elektron und »Antielektron« die gleiche Masse haben müssen. Andersons Entdeckung des Positrons, die er unabhängig von Diracs und Oppenheimers Theorie machte, war der erste Nachweis von Antimaterie. Das Positron besitzt die gleiche Masse wie das Elektron, trägt aber im Gegensatz zu diesem eine positive Ladung. In Gegenwart von Materie reagieren Positronen sofort mit Elektronen und annihilieren (zerstrahlen) gewöhnlich in zwei Gammaquanten von 0,51 MeV. Diese Energie entspricht gemäß der Einsteinschen Masse-Energie-Äquivalenz genau der Elektronenmasse. Daher ist die Aussendung von Positronen, die auch als β^+-Strahlung bezeichnet wird, in der Regel immer von einer charakteristischen Gammastrahlung der Energie 0,51 MeV begleitet. I. ↗ Joliot-Curie und F. ↗ Joliot, die schon vor Anderson die Bahnspuren von Positronen auf ihren Aufnahmen gesehen, aber falsch interpretiert hatten, gelang schon kurze Zeit später mit der Entdeckung der so genannten Elektron-Positron-Paarbildung der Nachweis der Umkehrreaktion zur Annihilation. Hierbei handelt es sich um das gleichzeitige Entstehen von Positron und Elektron bei der Abbremsung hochenergetischer Gammastrahlung. Damit waren die letzten Zweifel an Andersons Entdeckung endgültig beseitigt.

Annihilation und Paarerzeugung gehören zu den fundamentalen Prozessen in der Physik der Elementarteilchen und waren die erste direkte Bestätigung der von A. ↗ Einstein postulierten Gleichwertigkeit von Masse und Energie. Andersons Nachweis der Antimaterie trug mit dazu bei, dass das Jahr 1932, in dem u. a. auch das Neutron entdeckt und das erste Zyklotron gebaut wurde, zu einem »Annus mirabilis« der Kernphysik wurde. Bei seinen weiteren Untersuchungen mit der Nebelkammer entdeckte Anderson 1936 ein Teilchen, dessen Bahnkrümmung zwischen der des Elektrons und der des Protons lag. Da die Bahnkrümmung ein Maß für die Masse eines Teilchens ist, bezeichnete er es als »Mesotron«. Er nahm zunächst an, dass es das vom japanischen Physiker H. ↗ Yukawa vorhergesagte Austauschteilchen für die zwischen den Nukleonen (Proton und Neutron) wirkenden Kernkraft (starke Wechselwirkung) sei. Es stellte sich jedoch später heraus, dass es sich bei Andersons Entdeckung um ein Teilchen handelte, das nicht der starken Wechselwirkung unterlag. Dieses so genannte Myon war das erste Elementarteilchen, das nicht wie Elektron, Proton und Neutron zu den direkten Grundbausteinen der Materie gehörte.

Für die Entdeckung des Positrons wurde ihm 1936 der Nobelpreis für Physik zuerkannt. [MS3]

Werk(e):
The Positive Electron, Physical Review 43 (1933) 491.

Ångström, Anders Jonas,
schwedischer Physiker und Astronom,
* 13. 8. 1814 Lögdö,
† 21. 6. 1874 Uppsala.

Durch seine spektroskopischen Arbeiten gehörte Ångström zu den Pionieren der Astrophysik.

Ångström begann 1833 sein Mathematik- und Physikstudium in Uppsala und wurde dort 1839 Privatdozent. Nach einjährigem Aufenthalt am astronomischen Observatorium in Stockholm kehrte er 1843 nach Uppsala zurück und wurde dort 1858 zum ordentlichen Professor ernannt. Er war Mitglied mehrerer Akademien und hatte administrative Aufgaben für die Stadt und die Universität Uppsala inne.

Ångströms Haupttätigkeitsgebiet war die Spektroskopie. Ab 1853 untersuchte er Gas- und Funkenspektren, bei denen er bestimmte Spektrallinien den verwendeten Gasen und Elektrodenmaterialien zuordnete. Er vermutete zudem, dass die beobachteten hellen Spektrallinien eine Umkehrung der dunklen Fraunhoferschen Linien im Sonnenspektrums seien, die beim Durchgang des Sonnenlichts durch die Erdatmosphäre entstehen würden. Ein Vergleich des Spektrums der Sonne mit dem von Luft führte jedoch nicht zu den von ihm erwarteten Übereinstimmungen, so dass Ångström seine Hypothese nicht weiter verfolgte. Nachdem G. ↗ Kirchhoff und R. ↗ Bunsen 1859 das Sonnenspektrum hatten erklären können, führte Ångström auf dieser Grundlage seine Arbeiten fort. In der Sonnenatmosphäre entdeckte er 1862 Wasserstoff und später weitere Elemente. 1867 untersuchte er als erster die Spektren von Polarlichtern. Zusammen mit seinem Assistenten Tobias Robert Thalén veröffentlichte er 1868 eine Karte des Sonnenspektrums mit 792 Fraunhoferschen Linien.

Dabei verwendete Ångström zur Erzeugung der Spektren optische Gitter anstelle der zuvor üblichen Prismen. So konnte er in seiner Abbildung des Spektrums eine lineare Wellenlängenskala verwenden. Er berechnete die Wellenlängen auf Basis einer Grundeinheit von 10^{-10} m, die später 1 Ångström (1 Å) genannt wurde. Durch eine Abweichung des von Ångström verwendeten Standardmeters enthielten die Angaben der Wellenlängen jedoch einen kleinen Fehler. Trotzdem bildeten die Spektralkarten etwa 20 Jahre lang das Standardwerk zum Sonnenspektrum. 1887 wurden sie von dem genaueren Spektrum von H. A. ↗ Rowland abgelöst, der über bessere Gitter verfügte.

Ångström beschäftigte sich vor allem zu Beginn seiner Karriere auch mit der Wärmelehre und der Vermessung des Erdmagnetfeldes. Diese nur in Schwedisch veröffentlichten Arbeiten wurden wenig bekannt. [JH3]

Werk(e):
Optische Untersuchungen, Annalen der Physik 94 (1855) 141–165; Recherches sur le spectre solaire et spectre normal du soleil (1868).

Sekundär-Literatur:
Beckmann, A.: Anders Jonas Ångström (1814–1874), in: S. Lindroth (Hrg.): Swedish Men of Science (1952) 193–203.

Anschütz, Richard Carl Johann Philipp,
deutscher Chemiker,
* 10. 3. 1852 Darmstadt,
† 8. 1. 1937 Darmstadt.

Als Schüler, Mitarbeiter und Nachfolger von A. ↗ Kekulé, einem Pionier der organischen Chemie, trug Anschütz mit breit angelegten Forschungen zur Erschließung dieses Gebietes bei.

Anschütz stammte aus einer Offiziersfamilie und war Schwiegersohn des bekannten Direktors der Bonner physiologischen Instituts, E. ↗ Pflüger. Sein Sohn Ludwig Anschütz wurde ebenfalls Chemiker und Direktor des organisch-chemischen Instituts der Deutschen Technischen Hochschule in Brünn (Tschechoslowakei).

Nach dem Abitur nahm Anschütz am Polytechnikum seiner Heimatstadt das Ingenieurstudium auf. Bereits im ersten Semester wechselte er zur Chemie, da eine Sehschwäche sein Zeichentalent stark beeinträchtigte. Nach vier Semestern ging er nach Heidelberg zu R. ↗ Bunsen und G. ↗ Kirchhoff. Nach der Promotion 1874 arbeitete er zwei Semester organisch-chemisch bei R. ↗ Fittig in Tübingen. Durch dessen Vermittlung kam er 1875 als Assistent zu Kekulé an das Universitätslaboratorium Bonn, das für ein halbes Jahrhundert seine Wirkungsstätte blieb. 1878 habilitierte er sich, und 1882 wurde er Unterrichtsassistent im organischen Praktikum. Unter Ernennung zum Extraordinarius übernahm er 1889 anstelle des nach Göttingen berufenen späteren Nobelpreisträgers O. ↗ Wallach die Gesamtleitung aller Praktika. Als Kekulé 1896 starb und sein Nachfolger Theodor Curtius schon ein Jahr später nach Heidelberg ging, wurde Anschütz 1898 Institutsdirektor. Er führte bauliche Erweiterungen und Umstrukturierungen durch, betreute über 100 Doktoranden und blieb hier bis zur Emeritierung 1922.

Seine ersten Untersuchungen betrafen gesättigte, ungesättigte und substituierte Dicarbonsäuren sowie ihre Derivate. Bei der Friedel-Crafts-Reaktion von Tetrabromethan mit Benzol fand er eine überraschende und für den Strukturbeweis bedeutsame Anthracen-Synthese. Mit Phosphorhalogeniden führte er zahlreiche Halogenierungsreaktionen unter Substitution aliphatischer OH-Gruppen durch. Die ungleich fester gebundenen phenolischen OH-Gruppen folgten nicht diesem Schema und lieferten Phosphorverbindungen, deren Natur z. T. erst mit modernen Methoden der magnetischen Kernresonanz ermittelt wurde.

Anschütz veröffentlichte über 200 Fachpublikationen. Nach dem Tode Victor v. Richters führte er den organischen Teil von dessen Lehrbuchwerk trotz wachsender Materialfülle über 6 Auflagen hinweg fort. Er schrieb eine umfassende Kekulé-Biographie, gab J. ↗ Loschmidts fast verschollene *Konstitutionsformeln der organischen Chemie* neu heraus und verfasste Nachrufe auf eine Reihe verstorbener Kollegen. [HT]

Werk(e):
Chemie der Kohlenstoffverbindungen (1894); August Kekulé (1929, 2 Bde.).

Sekundär-Literatur:
Meerwein, H.: Berichte der Deutschen Chemischen Gesellschaft 74 (1941) A 29–74.

Apian (Apianus), eigentlich Bienewitz oder Bennewitz, **Peter,**
deutscher Astronom und Geograph,
* 21. 4.(?) 1495 Leisnig (Sachsen),
† 1552 Ingolstadt (Bayern).

Apian verfasste mehrere Lehrbücher der Geographie und Kosmographie. Mit seinen deutschsprachigen Instrumentenbeschreibungen unterstützte er deren Anwendung bei nicht akademisch gebildeten Fachleuten. Apians Kometenbeobachtungen spielten in der Astronomiegeschichte eine große Rolle.

Apian entstammt einer Handwerkerfamilie in Leisnig und besuchte die Lateinschule in Rochlitz. 1516 begann er seine Studien in Leipzig, die er in Wien fortsetzte. 1526 erhielt er die Professur für Mathematik an der Bayerischen Landesuniversität Ingolstadt.

Die *Cosmographia* Apians erschien in mindestens 30 Auflagen mit 14 Übersetzungen und wurde in Deutschland das hauptsächliche Elementarlehrbuch der Geographie. Das Buch zeichnet sich durch eine didaktisch kluge Auswahl des Stoffes und eine elementare Darstellung aus. Apian behandelt die Kosmographie, d. h. die Beschreibung der Welt, ihrer Kreise (Äquator, Ekliptik, Wendekreise usw.), die vier Elemente, die Planeten und ihre Sphären sowie die auf die Anfertigung von Karten bezogene Geographie, für die wiederum die Astronomie hilft, genaue Ortsbestimmungen von Städten und Gebieten zu gewinnen. Bemerkenswert ist eine etwa 1 400 Orte umfassende Liste geographischer Orte.

Das *Instrument Buch* ist der Verwendung astronomischer Kenntnisse im zivilen und militärischen Ingenieurwesen verpflichtet. Apian beschreibt darin die Instrumente in deutscher Sprache, weil er erfahren habe, dass es auch unter den nicht akademisch gebildeten Fachleuten an Intelligenz nicht mangele, aber diese ihre intellektuellen Potenzen nicht entfalten könnten, da sie durch das Lateinische als Gelehrtensprache von jeder höheren Bildung ausgeschlossen wären. Das Buch lässt sich als Regelbuch bei der Feldarbeit eines Praktikers vorstellen. In der Anwendung geht es um Aufgaben wie die Messung der Höhe oder der Entfernung eines Turms in unbekanntem Gelände, der Breite eines Bauwerks, der Entfernung zwischen zwei Gebäuden, der Tiefe eines Brunnens sowie um astronomische Aufgaben; alles mit einfachen Instrumenten in didaktisch klarer Darstellung und unter Verwendung einfachster mathematischer Operationen demonstriert.

Apians *Astronomicum Caesareum* macht es möglich, die Örter der Planeten am Himmel sowie die der Sonne und des Mondes mittels eines Systems übereinanderliegender, drehbarer Rechenscheiben ohne mathematische Berechnungen zu bestimmen. Das Werk wurde sorgfältig gedruckt und aufwändig koloriert. Astronomisch bedeutsam ist Apians hier veröffentlichte Entdeckung, dass die Schweife der Kometen stets in die der Sonne abgewandte Richtung zeigen, was für die weitere Erforschung der Kometen von großer Bedeutung wurde.

Zu erwähnen ist auch Apians *Kauffmanß Rechnung*, ein elementares Rechenbuch in deutscher Sprache für den praktischen Gebrauch eines Rechenmeisters. [JH]

Werk(e):
Eyn Newe unnd wolgegründte... Kauffmanß Rechnung (1527); Astronomicum caesareum (1540); Cosmographicus liber (1529); Instrument Buch (1533).

Sekundär-Literatur:
Ortroy, F. v.: Bibliographie de l'œuvre de Pierre Apian (1902); Röttel, K. (Hrg.): Peter Apian. Astronomie, Kosmographie und Mathematik am Beginn der Neuzeit (1995).

Apollonios von Perge (Pamphylien),
griechischer Mathematiker,
zweite Hälfte des 3. Jhs. v. Chr.

Apollonius vollendete die antike Kegelschnittlehre und begründete die Epizykeltheorie zur Erklärung der Planetenbewegung.

Apollonios wurde am alexandrinischen Museion zu einem bedeutenden Mathematiker und Astronomen ausgebildet und wirkte später lange Zeit in Pergamon. Er hat die Theorie der Kegelschnitte auf der Basis geometrischer Voraussetzungen, die vor allem durch Menaichmos (um 350 v. Chr.) erarbeitet worden waren, in seinen *Konika* (Kegellehre, im engeren Sinne: Kegelschnittlehre) zu einer systematischen Perfektion gebracht. Die ersten vier in Griechisch erhaltenen Bücher betreffen die Erzeugung der Kurven durch die entsprechenden Schnitte eines Kegels und ihre Parameter. Die Fläche des Kegels selbst wird erzeugt, wenn »eine Gerade sich in einem ihrer Punkte so dreht, daß ihre Endpunkte nach beiden Seiten eine Kreisperipherie beschreiben.« Mit dem dadurch erzeugten Doppelkegel gewann er den für die Hyperbel wichtigen zweiten Ast, der bei seinen Vorgängern keine Rolle gespielt hatte. Die nur in Arabisch erhaltenen Bücher 5–7 behandeln die Theorie der Normalen und Subnormalen, die Evoluten und Krümmungsmittelpunkte sowie eine Reihe spezieller Konstruktionsprobleme von Kegelschnitten. Waren die Kurven vor Apollonios als »Schnitte eines rechtwinkligen, eines stumpfwinkligen und eines spitzwinkligen Kegels« bezeichnet worden, so bot er mit seiner neuen Sicht der Erzeugungsweise der Schnitte auch die noch heute gebräuchlichen Namen: die einfache Flächenanlegung als Parabel, die mit Überschuss als Hyperbel und die mit Manko als Ellipse. Erstaunlich bleibt, dass alle diese Leistungen mit rein geometrischen Methoden erreicht wurden, welche die Kurven als echte Schnitte einer Ebene mit einem Kegel ansehen, und nicht durch algebraische Funktionsgleichungen, wie sie später die analytische Geometrie entwickelte. Die zahlreichen anderen Schriften des Apollonios zu Fragen der höheren Geometrie sind bis auf eine verloren. Das ist bedauerlich inbesondere für das Werk *Die generelle Abhandlung*, in dem er die Grundlagen der Geometrie, Axiome und Definitionen, erörtert zu haben scheint.

Die Leistungen des Apollonios in der mathematischen Astronomie dürfen als wesentliche Voraussetzung für die Epizykeltheorie des ↗ Ptolemäus gelten. Sie gehören in die Geschichte der Versuche, »die Erscheinungen zu retten«, d. h. in der Astronomie, die als Schleifenbahnen erscheinenden Bewegungsanomalien der Planeten durch gleichförmige Kreisbewegungen zu erklären. Dafür war das homozentrische Modell des ↗ Eudoxos zu ungenau und zu kompliziert und der Heliozentrismus des ↗ Aristarch inakzeptabel. Apollonios hat die Beziehungen epizyklischer und exzentrischer Bewegungsformen untersucht. Dabei war er von einem großen Grundkreis, dem Trägerkreis oder Deferenten, ausgegangen, auf dessen Peripherie der Mittelpunkt eines kleinen Aufkreises, des Epizykels, entlangglitet; auf seiner Peripherie sitzt dann das Gestirn. Die Stillstände und Rückläufigkeiten der Planeten lassen sich nun leidlich erklären, wenn der Radiusvektor Epizykelmittelpunkt–Gestirn schneller umläuft als der Radiusvektor Deferentenmittelpunkt–Epizykelzentrum. Ein Exzenter dagegen entsteht, wenn beide Radiusvektoren gleichzeitig umlaufen, und erweist sich als Sonderfall epizyklischer Bewegung, der die ungleichförmige Sonnenbewegung und damit die unterschiedliche Länge der Jahreszeiten widerspiegelt. Von einem solchem Exzenter hat dann ↗ Hipparch für seine Beschreibung der Sonnenbahn Gebrauch gemacht. Die Epizykeltheorie kollidierte aber mit den Prinzipien aristotelischer Physik, wonach jede kreisförmige Bewegung im Kosmos notwendig nur das eine Zentrum der soliden Erde haben darf. [FJ]

Werk(e):
Conica 1–4 (hrg. v. J. L. Heiberg 1891 ff, ND 1974; Conics, Books V–VII, the Arabic translation... (hrg. v. mit Übersetzung und Kommentar von G. J. Toomer 1990); Die Kegelschnitte des Apollonios (übersetzt v. A. Czwalina 1926, ND 1067).

Sekundär-Literatur:
Waschkies, H.-J.: Apollonios von Perge, in: Überweg-Flashar, Die Philosophie der Antike 2,1 (1998).

Appleton, Sir Edward Victor,
britischer Physiker,
* 6. 9. 1892 Bradford,
† 21. 4. 1965 Edinburgh.

Appleton wies die Bedeutung der ionisierten Luftschichten für die Ausbreitung von Radiowellen nach. Seine Arbeiten waren für die Entwicklung der Radarortung maßgeblich.

E.V. Appleton

Appleton begann sein Studium an der Londoner Universität, um nach Erhalt eines Stipendiums an die Universität Cambridge zu wechseln, wo er bei J. J. ↗ Thomson und E. ↗ Rutherford studierte. Kurz nach Ausbruch des Ersten Weltkriegs wurde er Radiooffizier bei den Royal Engineers, wodurch sein Interesse an der Funktechnik geweckt wurde. 1915 heiratete er Jessie Longson, die ihm zwei Töchter gebar.

Nach dem Krieg ging er zunächst zurück nach Cambridge, wo er seine Forschungen über die Ausbreitung von Radiowellen begann. Nachdem G. ↗ Marconi im Jahre 1901 die erste transkontinentale Übertragung von Funksignalen gelungen war, versuchten der britisch-amerikanische Elektroingenieur Arthur Edwin Kennelly und der britische Physiker O. ↗ Heaviside dies unabhängig voneinander mit einer reflektierenden Schicht in der Atmosphäre zu erklären.

1924 wurde Appleton zum Wheatstone Professor am King's College der Universität von London ernannt. Bereits im ersten Jahr konnte er das Vorhandensein dieser Heaviside-Kennelly-Schicht in ca. 100 km Höhe nachweisen. Die Ursache war, dass durch energiereiche Sonnenstrahlen die Moleküle aufgespalten und damit ionisiert werden – weshalb diese Schicht Ionosphäre genannt wurde. Wenige Jahre später entdeckte er eine weitere reflektierende Schicht in 230 km Höhe, später Appleton-Schicht benannt. Appleton war hiermit der Erste, dem es gelungen war, Entfernungen mittels frequenzmodulierter Radiowellen zu messen, was für die Entwicklung der Radarortung im Zweiten Weltkrieg von entscheidender Bedeutung war.

Von 1936 bis 1939 lehrte Appleton Naturphilosophie in Cambridge, im Krieg war er Wissenschaftsorganisator und Berater der Regierung. In dieser Funktion wies er auf die Möglichkeit hin, eine Atombombe zu bauen, und koordinierte die Zusammenarbeit mit dem amerikanischen Atombombenprojekt. Ab 1949 lehrte er an der Universität Edinburgh.

Für seine wissenschaftlichen Leistungen erhielt Appleton zahlreiche Ehrungen, darunter den Nobelpreis des Jahres 1947. [RS]

Sekundär-Literatur:
Clark, R. W.: Sir Edward Appleton (1971); Ratcliffe, A.: Sir E. V. Appleton, Biogr. Mem. of Fellows of the Royal Society 12 (1966) 1–21.

Arago, Dominique Jean François,
französischer Physiker, Astronom und Politiker,
* 26. 2. 1786 Estagel,
† 2. 10. 1853 Paris.

Arago war sowohl in der Forschung als auch der Wissenschaftsorganisation eine Schlüsselfigur der Pariser Wissenschaft.

D.J.F. Arago

Nach seiner Schulzeit in Perpignan trat Arago 1803 in die École Polytechnique ein. 1805 wurde er Sekretär des Bureau des Longitudes. Bei einer Expedition nach Spanien zur Bestimmung der Meridianlänge (in Zusammenarbeit mit J. B. ↗ Biot) wurde er gefangen gesetzt und kam erst 1809 nach Paris zurück. Er schloss sich P.-S. ↗ Laplaces Société d'Arcueil an, wurde im selben Jahr als Astronom in die Pariser Akademie gewählt und zum Professor für Geometrie an der École Polytechnique ernannt. 1811 heiratete er und bezog mit seiner Familie – es sollten drei Söhne werden – eine Wohnung im Pariser Observatorium, wo er auch öffentliche Vorlesungen zur Astronomie hielt. 1816 übernahm er zusammen mit J. L. ↗ Gay-Lussac die Herausgeberschaft und unternehmerische Verantwortung für die einflussreichen *Annales de chimie et de physique*. 1830 wurde er als Nachfolger J. B. ↗ Fouriers ständiger Sekretär der Pariser Akademie.

Nach der Julirevolution 1830 war Arago Abgeordneter in der Nationalversammlung und zweimal Präsident des Pariser Stadtrates. Dabei setzte er sich für Ausbildungsreform, Pressefreiheit, Sozialreform und technischen Fortschritt ein. 1848, als Minister in der Übergangsregierung, war er für Flotte und Armee zuständig und setzte u. a. die Abschaffung der Sklaverei in den Kolonien durch; eine sozialistische Revolution allerdings lehnte er ab.

Aragos Forschungsarbeit war vornehmlich der Optik gewidmet. Als Mitglied der laplaceschen Schule untersuchte er zusammen mit Biot die atmosphärische Lichtbrechung und unterstützte E. L. ↗ Malus in seinen Arbeiten zur Polarisation. Nach 1810 wandte er sich allerdings von der Emissionstheorie ab und entwickelte zusammen mit A. J. ↗ Fresnel die Wellentheorie, für die er nicht nur zahlreiche Experimente, sondern auch das Publikationsorgan bereitstellte. 1838 schlug er ein Verfahren zur Messung der Lichtgeschwindigkeit in Medien vor, das, 1850 von J. B. ↗ Foucault ausgeführt, die Voraussagen der Wellentheorie bestätigte. Die Analyse der Unregelmäßigkeiten der Uranusbahn durch U. ↗ Leverrier, die zur Entdeckung des Neptun führte, ging auf Aragos Anregung zurück.

Arago interessierte sich für den von H.-Chr. ↗ Ørsted 1820 entdeckten Elektromagnetismus, der die Laplacesche Physik vor fundamentale Probleme stellte. Er entdeckte die Magnetisierung von Eisen durch elektrische Ströme und unterstützte A. M. ↗ Ampères in Konkurrenz zu Biot durchgeführte Arbeiten. Der von ihm 1823 bemerkte Effekt der Mitführung von Metallen durch Magnete verwies auf einen rätselhaften »Rotationsmagnetismus« und konnte erst 1831 durch M. ↗ Faraday als Induktionseffekt erklärt werden.

Arago, der eng mit A. v. ↗ Humboldt befreundet war, verfasste eine große Zahl biografischer Skizzen von Wissenschaftlern und zahlreiche Artikel für ein breiteres Publikum. Victor Hugo widmete seiner Begegnung mit Arago im Observatorium eine poetische Beschreibung. [FST]

Werk(e):
Oeuvres complètes de François Arago (17 Bde., hrg. v. J.-A. Barral, Vorwort v. A. v. Humboldt, 1854–1862, deutsche Übersetzung hrg. v. W. G. Hankel, 16 Bde., 1854–1860).

Sekundär-Literatur:
Daumas, M.: Arago 1786–1853: La jeunesse de la science (1943); Buchwald, J. Z.: The rise of the wave theory of light (1989).

> **Arbusow, Alexander Jermeningeldowitsch,**
> russisch-sowjetischer Chemiker,
> * 11. 9. 1877 Arbusow-Baran (Kasan),
> † 21. 1. 1968 Kasan.

Arbusow erlangte hohes internationales Ansehen als Pionier der Organophosphorchemie.

A.J. Arbusow

Arbusow wuchs als Sohn eines Kleinadeligen und Volksschullehrers in einem abgelegenen Dorf auf. Erste naturwissenschaftliche Anregungen empfing er achtjährig durch den Chemiker A. M. ↗ Butlerow, der als benachbarter Gutsbesitzer mit Arbusows Vater befreundet war. Nach Besuch einer Dorfschule bezog er ein Gymnasium in Kasan, nahm 1896 das Chemiestudium an der Universität Kasan auf und schloss es 1900 mit einem hervorragenden Diplom ab. Unter Alexander Michailowitsch Saitzew hatte er schon vom 3. Semester an eine Experimentalarbeit zur Synthese des Allylmethylphenylcarbinols ausgeführt.

Ende 1900 trat er in Nowo Alexandria, Gouvernement Lublin (heute Puławy, Polen), die Stelle des Labor- und Vorlesungsassistenten am Institut für Land- und Forstwirtschaft an. 1906 wurde er Adjunktprofessor. Nach Saitzews Tod folgte er 1911 einem Ruf zurück nach Kasan auf den Lehrstuhl für organische Chemie, habilitierte sich und wurde 1915 ordentlicher Professor. 1929–60 war er Direktor des auf seine Initiative gegründeten Butlerow-Instituts für chemische Wissenschaft und Forschung an der Universität Kasan, an der er zuvor schon als Dekan und Rektor amtierte. Zugleich hatte er 1930–63 den Lehrstuhl für organische Chemie am Kasaner chemisch-technologischen Institut inne. Nach Gründung der Kasaner Filiale der Akademie der Wissenschaften der UdSSR war er dort Direktor der Forschungsstätte, die als Institut für organische und physikalische Chemie seit 1947 seinen Namen trägt.

Schon in Nowo Alexandria begann er Arbeiten über Organophosphorverbindungen. Sie waren zugleich Gegenstand seiner von der russischen physikochemischen Gesellschaft preisgekrönten Magisterdissertation (1905). Er klärte Fragen der Struktur von Derivaten der phosphorigen Säure, fand die nach ihm benannte Reaktion zur Darstellung von Phosphonsäurediestern durch Einwirkung von Alkylhalogeniden auf Triester der phosphorigen Säure und postulierte dafür bereits Phosphoniumintermediate. In seiner Kasaner Habilitationsarbeit untersuchte er den katalytischen Charakter dieser und analoger Reaktionen.

Die Erschließung dieses Gebietes nahm einen beträchtlichen Teil seines Lebenswerkes ein. Ein weiteres Arbeitsfeld betrifft die Untersuchung von Koniferenharzen und daraus gewonnenen Terpenen. Ebenfalls der Erschließung heimischer Ressourcen dienten originelle chemisch-technische Arbeiten an landwirtschaftlichen Abprodukten, u. a. zur verbesserten Furfurolgewinnung. Während beider Weltkriege widmete er sich als Forscher und Organisator vorzugsweise industrieorientierten Arbeiten.

Arbusow begründete eine weitverzweigte Schule, die vielfältige Beiträge vor allem zu Grundlagen der Organophosphorchemie, aber auch zu deren Applikation in Pflanzenschutz und Medizin sowie der Kampfstoffchemie lieferte. Sein wissenschaftshistorisches Interesse schlug sich in Monographien und zahlreichen Zeitschriftenartikeln nieder.

Für seine Verdienste als Forscher, Lehrer, Industriechemiker und Organisator sowie für sein gesellschaftliches Engagement erhielt er hohe und höchste Auszeichnungen, darunter sechs mal den Lenin- und zwei mal den Staatspreis. [HT]

Werk(e):
Izbrannie Trudy (Ausgewählte Arbeiten), 1952.

Sekundär-Literatur:
Mokschin, S. I.: Dinastija Arbuzovich (Die Dynastie der Arbusows), 1969; Kamai, G.: Aleksandr Ermeningeldovič Arbuzov, in: Chemie und Anwendung phosphororganischer Verbindungen. Ergebnisse der 4. Konferenz (russisch, 1972) 5–13.

> **Archangelskij, Andrej Dmitriewitsch,**
> russisch-sowjetischer Geologe, Paläontologe und Lagerstättenkundler,
> * 8. 12. 1879 Rjasan,
> † 16. 6. 1940 Uskoe bei Moskau.

Archangelskij gehörte zu den führenden Geowissenschaftlern Russlands und der frühen Sowjetzeit. Seine hauptsächlichen Arbeitsgebiete waren regionale und theoretische Geologie und Lagerstättensuche.

Archangelskij studierte Naturwissenschaften an der Moskauer Universität von 1898 bis 1904 mit

A.D. Archangelskij

dem Schwerpunkt Geologie. Dazwischen war er von 1899 bis 1900 Hauslehrer in der Familie des Dichters Lew Tolstoi. Nach erfolgreichem Abschluss blieb er bis 1913 Assistent des Geologen Aleksej P. Pawlow am Geologischen Institut der Universität Moskau. Er führte umfangreiche Kartierungsarbeiten im südöstlichen Russland und in Mittelasien durch. 1913 wurde er als Hauptgeologe des Geologischen Komitees nach St. Petersburg berufen, wo er bis 1924 tätig war. 1917 promovierte er zum Doktor der Mineralogie/Geognosie. Ab 1918 lehrte er als Professor für Geologie an der Moskauer Universität, seit 1920 gleichzeitig an verschiedenen anderen Hochschulen. Neben regionalgeologischen Expeditionen leitete er seit 1919 die Erforschung der Kursker Magnetanomalie sowie von Phosphorit- und Bauxitlagerstätten.

1925 wurde Archangelskij zum korrespondierenden Mitglied, 1929 zum ordentlichen Mitglied der Akademie der Wissenschaften der UdSSR gewählt. Von 1934 bis 1939 war er Direktor des Geologischen Instituts der Akademie der Wissenschaften in Moskau. Für seine wissenschaftlichen und pädagogischen Leistungen wurde ihm 1928 der Leninpreis verliehen. [PK]

Werk(e):
Phosphorite. Grundrisse der Phosphorit-Lagerstätten Rußlands (1920, russ.); Einführung in das Studium der Geologie des Europäischen Rußlands, Teil I: Tektonik und Entwicklungsgeschichte der Russischen Plattform (1923, russ.); Geologischer Bau und geologische Geschichte der UdSSR (1932, russ.); Die Bildung der Bauxite und die Suche neuer Lagerstätten (1937, russ.).

Sekundär-Literatur:
Guntau, M. (Hrg.): Biographien bedeutender Geowissenschaftler der Sowjetunion. Schriftenreihe für Geologische Wissenschaften 14 (1979) 133–143.

Archimedes
Astrid Schürmann

Archimedes,
griechischer Mathematiker, Physiker und Ingenieur,
* 285 v. Chr. Syrakus,
† 212 v. Chr. Syrakus.

Archimedes, der heute als einer der größten Mathematiker der Antike gilt, verdankt seinen Ruhm hauptsächlich der Militärtechnik. Ohne seine Beteiligung an der Verteidigung seiner Heimatstadt Syrakus gegen die Römer wäre wahrscheinlich über ihn und sein Leben, ähnlich wie bei ↗ Euklid, ↗ Apollonios von Perge oder ↗ Heron, nur der blanke Name als Autor mathematischer Schriften bekannt. Eine für die antike Geschichte durchaus typische Situation, denn im Gegensatz zu Königen, Politikern und Feldherrn haben Wissenschaftler die antike öffentliche Meinung kaum geprägt. Archimedes war wahrscheinlich während seines Lebens nur seinen Mitbewohnern in Syrakus, seinen Briefpartnern in Alexandria und einigen anderen Gelehrten bekannt, die sich mit Mathematik, Physik und der angewandten Mathematik, der Mechanik, beschäftigten. Erst die Waffen und Verteidigungsmaschinen, mit denen Archimedes den langen Widerstand der Syrakusaner gegen die Römer ermöglichte, machten ihn berühmt und rückten ihn ins Licht der Öffentlichkeit. In der Endphase der militärischen Auseinandersetzungen zwischen Griechen und Römern wurde ein alter Mann zum Symbol für die Überlegenheit des griechischen Geistes und der griechischen Bildung über den römischen Pragmatismus.

Archimedes – ein Mann im Dunkeln oder eine kurze Lebensgeschichte

Aus Archimedes' eigenen Schriften wissen wir, dass er ein Sohn des Astronomen Phidias war und wohl den größten Teil seines Lebens während der Herrschaft des Tyrannen Hieron II. in Syrakus auf Sizilien gelebt hat, wo er auch seine mathematischen Schriften verfasste. Möglicherweise ist er für seine wissenschaftliche Ausbildung nach Alexandria gereist, wo sich mit dem Mouseion die damals berühmteste, einer Universität vergleichbare Lehr- und Forschungsstätte befand. Auch viele der Mathematiker und Philosophen, an die er seine Schriften zur Diskussion schickte, lebten dort. Wir kennen Konon, Dositheos, den Bibliothekar des Mouseions,

Archimedes: Kopf des Archimedes auf einer heute verlorenen sizilianischen Münze

↗ Eratosthenes, und einen gewissen Herakleides, der laut Eutokios eine Biographie über Archimedes geschrieben hat. So lässt sich ein wenig von der »scientific community« erahnen, der Archimedes sich verpflichtet fühlte. Seine kleine Schrift *Sandzahl* widmete er König Gelon, der seit 240 v. Chr. Mitregent zu seinem Vater Hieron II. in Syrakus war. Offenbar fühlte Archimedes sich vom Wohlwollen der Herrscher gefördert und ihnen zu Dank verpflichtet.

Weitgehend einig ist sich die antike Tradition auch darin, dass er das Ende der Belagerung nicht überlebte. Plutarch berichtet mehrere Versionen seines Todes. Während zwei davon den Mathematiker zeigen, der über geometrischen Figuren im Staub oder Sand grübelt und dabei erschlagen wird, erzählt die dritte Variante, er habe astronomische Instrumente zu Marcellus tragen wollen. Soldaten, die ihm begegneten, hätten geglaubt, er trage Gold in dem Kasten, und ihn aus Gier getötet. Marcellus sei tief traurig gewesen, habe seinen Tod bedauert und den Angehörigen ermöglicht, ein angemessenes Grabmal zu errichten. Dies hat Cicero vor den Toren der Stadt auf dem Wege nach Agrigent ca. 150 Jahre später wiederentdeckt, als er Quaestor in Sizilien war. Er identifizierte es anhand einer Stele, die von einem von einer Kugel umschriebenen Zylinder gekrönt wurde.

Archimedes – vom Ingenieur zum Mathematiker

Dass wir über Archimedes mehr zu wissen glauben, verdanken wir den Römern, die Syrakus 215 v. Chr. angegriffen haben, oder anders formuliert, der Tatsache, dass Archimedes auch Interesse an der Mechanik hatte und für seinen König ein exquisites Waffenarsenal entwarf.

Polybios aus Megalopolis, der das erste uns überlieferte Porträt des Archimedes verfasst hat, ist im Rahmen seiner Untersuchungen über den Zweiten Punischen Krieg besonders an dieser Belagerung interessiert. Statt wie erwartet die Stadt in kürzester Zeit zu besiegen, benötigten die Römer fast drei Jahre und konnten sie schließlich nur durch Verrat nehmen. Als Ursache dieser schmählichen Überraschung schildert Polybios in den *Historien* Archimedes als einen herausragenden Ingenieur, durch dessen Genie und Erfindungsgabe die Syrakusaner für alle Angriffsformen über entsprechende Waffen verfügten. Statt gegen ein normales, gut ausgerüstetes griechisches Heer kämpften die Römer bei Polybios gegen einen einzigen alten Mann, der über quasi übernatürliche Kräfte verfügte. Polybios' Interpretation gab den Römern die Möglichkeit, die Schmach zu überwinden, und begründete den Ruhm des außergewöhnlichen Ingenieurs Archimedes.

So ist es nicht verwunderlich, dass er bereits etwa 70 Jahre nach der Belagerung von Agatharchides von Knidos und von Poseidonios aus Rhodos auch als Erfinder von zivilen technischen Geräten wie der Wasserschraube benannt wurde.

Erst im ersten Jahrhundert, als das römische Reich der späten Republik schon weite Teile des Mittelmeergebietes umfasste und die kriegerischen Erfolge selbstverständlich geworden waren, begann man sich auf andere Arbeitsgebiete des Archimedes zu besinnen. So interessierte sich Cicero besonders für seine astronomischen Planetarien und kannte auch Archimedes' Ruf als Mathematiker, während Plinius der Ältere in seiner *Naturgeschichte* Archimedes auch mit der hydraulischen Wasserpumpe des alexandrinischen Ingenieurs Ktesibios in Verbindung bringt.

Die physikalischen Forschungen des Archimedes waren etwa seit der Zeit von Caesar und Augustus Gegenstand von mehr volkstümlichen Geschichten, in denen der Gelehrte bei der Arbeit beschrieben wurde. Sie sollten offenbar einen Eindruck von der Nützlichkeit seiner Forschungsergebnisse vermitteln, indem sie deren Bezug zur Alltagswelt betonten. So erzählt etwa Vitruv die bekannte Heureka-Geschichte, Moschion die seiner Beteiligung am Stapellauf des Riesenfrachtschiffes »Syrakosia« und Plutarch den Beweis für die Gültigkeit des Hebelgesetzes. Dabei spielt immer auch ein amüsantes Element eine Rolle, das den Wissenschaftler als einen Mann präsentiert, über den man schmunzeln oder lächeln kann: »Daher darf man wohl auch dem Glauben schenken, was über ihn erzählt wird, dass er im Banne einer ihm wesenseigenen, stets in ihm wirksamen Verzauberung sogar das Essen vergaß, jede Körperpflege unterließ, und wenn er mit Gewalt dazu gebracht wurde, sich zu salben und zu baden, geometrische Figuren auf die Kohlebecken malte, und wenn sein Körper gesalbt war, mit dem Finger Linien darauf zog, ganz erfüllt von dem reinen Entzücken und wahrhaft von seiner Muse besessen« (Plutarch).

Plutarch schließlich reinigte die Gestalt des Gelehrten fast vollständig von allen Bezügen zur Nützlichkeit und zur Anwendung seiner wissenschaftlichen Ergebnisse. Selbst als Platoniker in Athen ausgebildet, formte er das Archimedes-Bild des reinen Mathematikers, der ausschließlich für seine wissenschaftlichen Interessen lebt und sich deren nützlichen Aspekten allenfalls im direkten Auftrag seines Königs widmet. Über die große Autorität der *Parallel-Biographien*, die lange Zeit ein Vorbild für moralisches Schrifttum waren, wurde dieses Bild kanonisiert, immer wieder zitiert und zum Teil unkritisch übernommen. Von einem vor allem für seine technischen und organisatorischen Leistungen bei der Belagerung von Syrakus gefeierten Mann war Archimedes zu einem Mathematiker geworden, der nicht mehr mit den Niederungen der Mechanik in Verbindung gebracht werden wollte.

Das Archimedes-Bild prägte damit auch das Bild der von ihm ausgeübten Wissenschaft: Mathematik hatte nichts mit der Berechnung von Geschützen, Messinstrumenten und anderen Dingen zu tun, sondern war reine Kopfarbeit, die sich weit entfernt und abgeschieden von den Zeitgenossen vollzog. »Noli turbare circulos meos!« (Störe meine Kreise nicht!)

Archimedes der Mechaniker – die Belagerung von Syrakus

215 v. Chr. befanden sich die Römer im Zweiten Punischen Krieg, einer militärischen Auseinandersetzung mit dem von Hannibal geführten Karthago. Syrakus, eine der größten und wirtschaftlich mächtigsten Städte auf Sizilien, war über lange Jahre unter Hieron II. mit Rom verbündet gewesen, jedoch nach dessen Tod und innenpolitischen Auseinandersetzungen abgefallen, so dass der Senat sich genötigt sah, ein Heer unter dem Propraetor Appius Claudius und eine Flotte unter dem Konsulen Marcus Claudius Marcellus vor die Stadt zu schicken, um sie gefügig zu machen.

Die Römer erwarteten, die abtrünnige Stadt innerhalb kürzester Zeit eingenommen zu haben. »Aber sie hatten nicht mit Archimedes gerechnet und nicht vorausgesehen, dass in manchen Fällen das Genie eines einzelnen Mannes mehr erreichen kann als viele andere. Jetzt lernten sie die Wahrheit dieser Aussage durch Erfahrung« (Polybios). Denn lange vor der Belagerung hatte Archimedes im Auftrag seines Königs Hieron II. Geschütze unterschiedlicher Reichweiten, Schleudern für Steinkugeln und Bleigewichte und eine »eiserne Hand« entworfen und bauen lassen, mit der man den Bug eines vor der Kaimauer liegenden Schiffes umklammern und das Vorderteil in die Höhe ziehen konnte. Sie lagerten in den Befestigungsanlagen der Stadt, die Hieron auf den neuesten technischen Stand bringen ließ und die sich zwischen den natürlichen schützenden Höhen von Epipolai und Achradina um die Stadt zogen. Besonders gesichert war die Festung Euryalos, denn der König hatte den Römern nie ganz getraut.

Die von Polybios beschriebenen Waffen entsprechen zum großen Teil den damals in der hellenistischen Welt weit verbreiteten Waffentypen. Spätestens seit der Entwicklung der Bauformeln für Geschütze im 4. Jahrhundert v. Chr. konnte ein gut ausgebildeter griechischer Mechaniker für unterschiedliche Reichweiten und Geschossgewichte

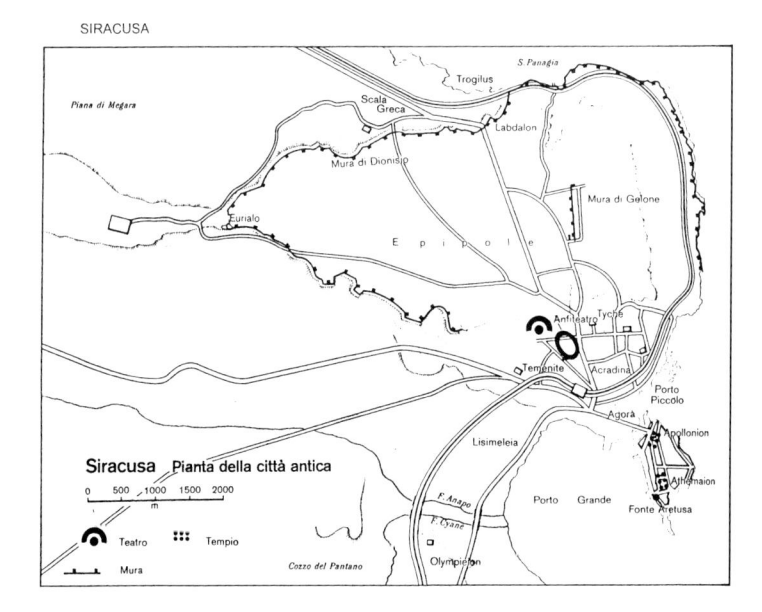

Archimedes: Karte des antiken Syrakus mit der eingezeichneten Festung Euryalos im Westen, den beiden Höfen und der vorgelagerten Insel Ortygia, auf der sich der Palast der Tyrannen befand

kostengünstige Katapulte anfertigen lassen. Euthytona, mit denen Pfeile verschossen wurden, und Palintona für Kugelgeschosse, die durch Sehnenfedern gespannt wurden (Torsionsgeschütze), sind in den Werken von ⊅ Philon und Heron detailliert beschrieben. Die Römer standen also einem gut ausgerüsteten griechischen Heer gegenüber in einer Stadt, die durch die Hügelzüge und den Hafen leicht zu verteidigen war. Die besonderen Qualitäten des Archimedes lagen daher wahrscheinlich nicht so sehr in neuen Waffenkonstruktionen als in einer äußert effizienten Organisation des Einsatzes der verfügbaren Mittel.

Archimedes als Erfinder der Wasserschraube

»Da das Nildelta von Flußanspülungen gebildet wird und gut bewässert ist, produziert es alle Arten von Gemüse in großer Menge; denn der Fluß bringt mit seinen Überschwemmungen jedes Jahr neue Erde, und die Einwohner bewässern die ganze Region auf einfache Weise durch ein Gerät, das Archimedes, der Mann aus Syrakus, erfunden hat und das nach seiner Form Schnecke (kochlias) genannt wird« (Agatharchides).

Diodor, ein Zeitgenosse von Julius Caesar, zitiert hier aus einem Werk des Agatharchides von Knidos, in dem er die besondere Fruchtbarkeit der Nilregion erklärt hatte. Charakteristisch ist, wie er kurz den Erfinder, den technischen Begriff und seine Ableitung aus der Form nennt. Das genannte Gerät ist heute als »Archimedische Schraube« bekannt.

Die Zuschreibung der Wasserschraube an Archimedes bekräftigt Diodor etwas später mit dem Hinweis auf Poseidonios von Rhodos, der bei seinen Reisen nach Spanien in den römischen Bergwerken auch die Wasserhaltung studiert hatte.

Trotz der eindeutigen Namensnennung darf die Zuschreibung an Archimedes bezweifelt werden, denn die Schraube ist optimal an die Bewässerung im Niltal angepasst. Auffällig ist, dass Vitruv in seiner detaillierten Darstellung der Konstruktion Archimedes nicht erwähnt. Ähnliches gilt für Strabo, der sich bestens in Ägypten auskannte. Da das Gerät in Griechenland unbekannt blieb und im römischen Bereich nur in den Bergwerken zum Einsatz kam, war es wahrscheinlich lange vor Archimedes in Ägypten entwickelt worden, und die nach Alexanders Eroberungen eingewanderte griechische Oberschicht hat es durch Archimedes' Namen der griechischen Kultur »einverleibt«.

Archimedes als an der Astronomie interessierter Instrumentenbauer

Etwa gleichzeitig mit Diodor präsentiert Cicero einen Archimedes, dessen technische Kompetenzen mit Erkenntnissen auf dem Gebiet der Astronomie gepaart sind, der griechischen Wissenschaft par excellence. Er beschreibt ausführlich zwei von ihm gebaute Planetarien, die Marcus Marcellus als Beutestücke mit nach Rom gebracht hatte. Das eine war eine solide Kugel, auf der die Positionen der Sterne plastisch aufgetragen waren (vielleicht ähnlich dem Atlas Farnese), während bei dem zweiten, einer *sphaera*, durch die Drehung eines einzigen Antriebs die Bewegungen der Sonne, des Mondes und der fünf Planeten in ihren unterschiedlichen Geschwindigkeiten gegeneinander abgebildet wurden. »Als [Gaius Sulpicius] Gallus die Kugel in Bewegung setzte, geschah es, dass der Mond der Sonne in ebenso vielen Umdrehungen in jenem Erz wie Tagen am Himmel selber nachrückte, wonach auf der Kugel eben dieselbe Verfinsterung der Sonne eintrat und der Mond zu dem Zeitpunkt in den Kegel, den der Schatten der Erde bildete, geriet, als die Sonne auf der Seite gegenüber stand« (Cicero). Laut Karpos hatte Archimedes ein Werk über die Herstellung von Planetarien verfasst, *Sphairopoiia* (Der Bau von Sphären), das jedoch verloren gegangen ist. Diese Instrumente waren in der Antike die von Archimedes am meisten bewunderten Leistungen. Für Cicero, der zeit seines Lebens griechische Bildungsinhalte ins Römische übersetzt hat, ist der Syrakusaner das Musterbeispiel eines Gelehrten, der Erfindungsgabe und Spürsinn als göttliche Gaben vermittelt bekommen hat und dem Schöpfergott Platons im *Timaios* ähnlich ist.

Das Interesse für Astronomie wird darüber hinaus in Archimedes' Schrift *Sandzahl* deutlich. Bei seinen Versuchen, den scheinbaren Sonnendurchmesser zu ermitteln, war der Syrakusaner zu der Erkenntnis gekommen, dass er mit den herkömmlichen Instrumenten keine ausreichende Präzision der Beobachtung erreichen konnte. »Es ist nun recht schwierig, diese Messung genau auszuführen, weil weder die Augen, noch die Hände, noch die Instrumente, deren man hierzu bedarf, die genügende Sicherheit für die Beobachtung gewährleisten.« Archimedes entwickelte aus dieser Notlage heraus ein neues Messinstrument mit einer Lochblende, die Dioptra. Sie bestand aus einem langen Visierlineal, auf dem ein kleiner Zylinder so verschoben werden konnte, dass sich der Winkel, unter dem der Sonnendurchmesser dem Betrachter erschien, ungefähr ermitteln ließ. Wichtiger als dieser Wert war Archimedes jedoch die Korrektur, mit der die Öffnung der Pupille im Auge des Messenden berücksichtigt wurde, denn sie ergab ein Fehlerintervall, in das er seinen Wert einbetten konnte. Das Instrument zeigt neben der Geschicklichkeit seines Erfinders auch, dass Archimedes mit optischen Erscheinungen wie der Brechung oder der durch sie möglichen scheinbaren Vergrößerung von Gegenständen vertraut war; ein Interesse, das wesentlich später in Byzanz zur Behauptung führte, Archimedes habe die Schiffe des Marcellus mit Brennspiegeln vernichtet.

Das neue Verfahren, Winkel direkt im Auge zu messen, wurde in der astronomischen Forschung schnell zur Standardmessmethode und die Dioptra im Laufe der Zeit mehrfach verfeinert, so von Hipparch und von Heron.

Archimedes als Physiker

Die physikalischen Interessen des Syrakusaners sind hauptsächlich in Form von Geschichten überliefert, die seine Forschungsergebnisse für ein breites Publikum verständlich zu machen versuchen, mit dem alltäglichen Leben verknüpfen wollen. So schildert Vitruv in seinem Werk *Decem libri de architectura* den Betrugsversuch eines Goldschmiedes, den Hieron mit Archimedes' Hilfe beweisen konnte. Die Idee zum Nachweis der Täuschung sei dem Syrakusaner gekommen, als er beim Einstieg in die Badewanne das überlaufende Wasser wahrnahm. Er habe begriffen, dass die Wasserverdrängung etwas mit dem spezifischen Gewicht des Körpers zu tun habe, sei herausgesprungen und habe, nackt durch die Stadt nach Hause laufend, »heureka, heureka« gerufen. Archimedes habe dann zeigen können, dass die dem König überreichte Krone wesentlich weniger Gold enthielt, als der Goldschmied behauptet hatte.

Archimedes' Nachdenken über die Wasserverdrängung und die Probleme schwimmender Körper ist nicht weiter verwunderlich, denn der Reichtum und der Ruhm der Stadt Syrakus gründeten hauptsächlich auf dem Schiffsverkehr und dem im Mittelmeer betriebenen Handel. Athenaios berichtet, dass Hieron ein Riesenschiff, die »Syrakosia«, bauen ließ, mit dem er die anderen hellenistischen Könige beeindrucken wollte. Das Wasserfahrzeug geriet jedoch so groß, dass am Ende nur Archimedes es mit einer genialen Vorrichtung zu Wasser lassen konnte.

Möglicherweise handelte es sich um einen Hebel oder eine einfache Maschine, denn Plutarch erzählt die berühmte Legende, Archimedes habe gegenüber seinem König behauptet, wenn er eine andere Erde zur Verfügung hätte, so würde er von ihr aus unsere Erde in Bewegung setzen; er könne also mit ganz kleinen Instrumenten große oder sehr große Lasten bewegen. Hieron habe ihm dies nicht geglaubt und einen Beweis gefordert, den Archimedes erbrachte, indem er ganz allein einen vollbesetzten königlichen Dreimaster nur mit einer Hand über einen Flaschenzug an sich heran auf den Strand gezogen habe. »Gebt mir einen festen Platz zu stehen, und ich werde die Erde bewegen.«

Seine Überlegungen zu den Gleichgewichtsbedingungen in Flüssigkeiten, aber auch an belasteten Stützen, die für die Architektur wichtig waren, sowie seine Untersuchungen zum Hebel und den Kraftbedingungen am Flaschenzug hat Archimedes später mathematisch formuliert und in seinen Schriften seinen Kollegen in Alexandria mitgeteilt.

Archimedes: Darstellung des Hebelgesetzes auf einer Briefmarke

Archimedes als Mathematiker

Und Archimedes als Mathematiker? Bis jetzt ist deutlich geworden, dass seine Schriften für die Tradierung seines Bildes in der Antike praktisch keine Rolle gespielt haben. Nur Personen, die sich ebenfalls mit mathematischen Fragen auseinandersetzten, haben sie gekannt und zitieren sie in ihren eigenen Arbeiten (so etwa Geminos, Pappos, Proclus, Ptolemaios oder Simplikios). Da sie nicht in einem Corpus zusammengefasst wurden, sind im Laufe der Zeit einige vollständig verloren gegangen, während andere offenbar häufiger bearbeitet und daher besser überliefert wurden.

In den heute noch vorhandenen Werken kann man seinen Entwicklungsgang als Mathematiker nachvollziehen. In der *Methodenlehre von den mechanischen Lehrsätzen* behauptet er, dass er seine ersten Erkenntnisse noch auf mechanischem Wege gefunden habe, »denn manches, was mir vorher durch die Mechanik klar geworden, wurde nachher bewiesen durch die Geometrie, weil die Behandlung durch jene Methode noch nicht durch Beweis begründet war«. Es geht darum, an einer gedachten Waage die zu betrachtenden geometrischen Figuren im Gleichgewicht so zu verteilen, dass das eine als Ganzes im Punkt X aufgehängt ist, während das Vergleichsstück in unendlich viele ebene Schnitte aufgeteilt über die Länge des anderen Wägearms gedacht wird. Archimedes hatte so vieles erkannt, was er erst später sauber mathematisch beweisen konnte. Sauber bedeutet, dass es im 3. Jh. v. Chr. in der mathematischen »community« bereits klare Spielregeln gab, welchen Kriterien ein anzuerkennendes Verfahren oder ein Beweis genügen musste. Dazu gehörte, dass mathematische Beweise keine mechanischen Elemente, etwa Schwerpunktsbetrachtungen, enthalten durften, weil Anleihen aus einer anderen Wissenschaft verboten waren. Außerdem war die Frage, ob es unteilbare Strecken gäbe und ob eine endliche aus ihnen bestehen könne, seit Aristoteles, der sie klar verneint hatte, so prekär, dass die Mathematiker sich angewöhnt hatten, auf solche Betrachtungen zu verzichten.

Archimedes hat offenbar, auch wegen seiner anderen Arbeiten für König Hieron II., einige Jahre gebraucht, um sich in diese Standardverfahren einzuarbeiten und sie sicher anzuwenden. Er wurde ein Meister in der seit Euklid geltenden Norm, kurze prägnante Sätze in konsequenter Abfolge zu formulieren, ohne ein einziges überflüssiges Wort. Dadurch enthält der Text aber auch keine Hinweise mehr auf den Anlass der Problemstellung, den Erkenntnisweg oder persönliche Umstände. Mathematische Schriften sind so exklusive Schriften für einen ganz kleinen Adressatenkreis.

In besonderer Meisterschaft zeigt sich dies in *Über Spiralen*. Die Schrift besteht aus 28 weitgehend aufeinander aufbauenden, fast ausschließlich indirekt bewiesenen Sätzen, die sich von Hilfssätzen ausgehend mit den Eigenschaften von Spiralen und Tangenten und mit Inhaltsbestimmungen beschäftigen. Dabei definiert Archimedes die Spirale »mechanisch«. »Wenn sich ein Halbstrahl in einer Ebene um seinen Endpunkt mit gleichförmiger Geschwindigkeit dreht, nach einer beliebigen Zahl von Drehungen wieder in die Anfangslage zurückkehrt und sich auf dem Halbstrahl ein Punkt mit gleichförmiger Geschwindigkeit, vom Endpunkt des Halbstrahls beginnend, bewegt, so beschreibt dieser Punkt eine Spirale.«

Mit der mechanischen Methode hat Archimedes wahrscheinlich viele der Erkenntnisse über Grundlagen der Mechanik erzielt, die er in seinen Werken mathematisch exakt bewiesen hat. Dazu gehören die Sätze über das Gleichgewicht ebener Flächen, das Hebelgesetz und die Sätze über die Lage des Schwerpunktes im Parallelogramm, im Dreieck oder Trapez. Sie befinden sich in der Sammlung *Elemente der Mechanik*, einer Reihe aufeinander aufbauender mechanischer Schriften wie *Über den Schwerpunkt*, *Über Stützen* und *Über Waagen* und in den beiden Bänden *Über das Gleichgewicht ebener Flächen* (dort die Ableitung des Hebelgesetzes).

Ein weiteres wichtiges Thema war, wie oben erwähnt, die Beschäftigung mit Problemen der Schifffahrt. Vielleicht war der Bau der »Syrakosia« für ihn der Anlass, systematisch darüber nachzudenken, warum Schiffe schwimmen können, und ihr Verhalten in seinen beiden Büchern *Über schwimmende Körper* wissenschaftlich zu untersuchen. Ausgehend von der Gleichgewichtsbedingung einer Flüssigkeit, dass »die Oberfläche jeder in Ruhe befindlichen Flüssigkeit … eine Kugelfläche [sei], deren Mittelpunkt der Mittelpunkt der Erde ist«, leitet er im ersten Buch die Gesetze für den Auftrieb des Körpers her, während er im zweiten die Bedingungen für ein stabiles, labiles und indifferentes Gleichgewicht bei Rotationsparaboloiden ausarbeitet. Später hat er diese Arbeiten über Rotationsparaboloide, -hyperboloide und -ellipsoide verallgemeinert und in der Schrift *Über Konoide und Sphäroide* systematisch dargestellt. Sein Ziel war offenbar die Volumenbestimmung von Körpern zweiter Ordnung.

Von all den auch später so bewunderten Erkenntnissen soll Archimedes selbst seine Bemühungen um das Kugelvolumen und die Kugeloberfläche am meisten geschätzt haben. Jedenfalls behauptet Plutarch, er habe seine Freunde und Verwandte gebeten, ihm auf sein Grab den die Kugel einschließenden Zylinder zu setzen und darauf die Formel über das Verhältnis des umschließenden zu dem umschlossenen Körper zu schreiben. Denn es ging in der griechischen Mathematik nicht wie heute um Formeln für den Kugelinhalt, sondern um einen Vergleich, das Verhältnis zu bereits bekannten Körpern wie Kegel oder Zylinder.

Die beiden Bücher *Über Kugel und Zylinder* gehören zu seinen umfangreichsten Schriften. In ihnen sind wichtige Postulate zugrundegelegt, etwa, dass die kürzeste Verbindung zweier Punkte die Gerade ist, oder dass von zwei sich doppelt schneidenden, gleichseitig geknickten oder gekrümmten Linien die innere die kürzere ist. Davon ausgehend untersucht Archimedes die Oberfläche eines Kegel- oder Zylindermantels, macht Volumenbestimmungen von in eine Kugel einbeschriebenen Kegeln und Kegelstümpfen und setzt das Kugelvolumen als das Vierfache des Kegelvolumens, dessen Radius und Höhe dem Radius der Kugel entsprechen. Das Kugelvolumen entspricht außerdem $2/3$ des umschriebenen Zylindervolumens. Seine Versuche, eine Kugel in bestimmten Verhältnissen ihrer Segmente zu schneiden, führen ihn auf Gleichungen dritten Grades.

In *Über Kugel und Zylinder* und in *Über Spiralen* arbeitet er mit einer später so genannten Exhaustions(Ausschöpfungs)methode, bei der der Flächen- und Volumeninhalt krummlinig begrenzter Figuren durch Folgen von umbeschriebenen und einbeschriebenen gradlinig begrenzten Figuren angenähert werden. In der *Kreismessung* zeigt er mit dieser Methode, dass Fläche und Umfang eines Kreises mit Hilfe von π darstellbar sind, wobei er mit einer 96-Eck-Einschachtelung beweisen kann, dass $3\ 10/71 < \pi < 3\ 10/70$, wenn man $265/153$ und $1351/780$ für $\sqrt{3}$ als Näherung betrachtet. Daraus kann man erkennen, dass Archimedes keine Schwierigkeiten mit Ungleichungen hatte und gute numerische Rechenfähigkeiten besaß. In der *Quadratur der Parabel* dagegen versucht er, eine Fläche dadurch zu bestimmen, dass er immer kleiner werdende einbeschriebene, gradlinige Flächen aufsummiert.

Es gibt noch eine Reihe von kleineren Schriften, die Archimedes zugeschrieben werden. *Das Stomachion* (Neck-Spiel) beschreibt ein Zusammensetzspiel, das aus Stücken besteht, die durch gradlinige Schnitte aus einem Rechteck entstanden sind. Die *Lemmata* sind eine uns nur in arabischer Fassung überlieferte Zusammenstellung planimetrischer Sätze, und im *Rinderproblem* (Problema bovinum) soll die Zahl der verschieden farbigen Stiere und Kühe des Sonnengottes aufgrund bestimmter Beziehungen zwischen ihnen ermittelt werden. Die Frage führt auf die Lösung eines homogenen Gleichungssystems aus 7 Gleichungen für 8 Unbekannte, wobei noch zusätzlich zwei zahlentheoretische Bedingungen die Lösungsmenge einschränken (erst 1880 wurde eine ernstzunehmende Lösung veröffentlicht).

In der *Sandzahl* (Arenarius) benötigt Archimedes für den Versuch, die Größe des gesamten Kosmos zu bestimmen, eine Angabe über den scheinbaren Sonnendurchmesser und entwirft dafür das oben beschriebene Messgerät, die Dioptra. Seine Untersuchungen zielen auf ein Zahlsystem zum Ausdruck von beliebig großen Zahlen. Die *Sandzahl* ist darüber hinaus kostbar als eines der wenigen antiken Zeugnisse, in denen die Auseinandersetzung mit dem heliozentrischen Weltbild des ↗ Aristarch belegt wird.

Nachwirkung

Bis in die Spätantike wurden die Schriften des Archimedes wahrscheinlich hauptsächlich von Mathematikern wie Heron, Pappos oder Theon gelesen, in deren Werken seine Aussagen und Beweise zitiert werden. In der ersten Hälfte des 6. Jahrhunderts verfasste Eutokios von Askalon Kommentare zu den wichtigsten Arbeiten *Über Kugel und Zylinder*, *Über das Gleichgewicht ebener Flächen* und zur

Archimedes: Marmorkopf

Kreismessung, die den Zugang für andere Gelehrte enorm erleichterten. In der zweiten Hälfte des 9. Jahrhunderts ließ der Byzantiner Universitätsrektor Leo alle noch vorhandenen archimedischen Schriften in einem Corpus edieren, das Wilhelm von Moerbeke als Grundlage für die Anfertigung seiner lateinischen Übersetzung benutzen konnte. Von da an waren die Texte einem wesentlich breiteren Leserkreis zugänglich.

Zwischen dem 13. und 16. Jahrhundert ist nur eine verhältnismäßig geringe Wirkung der nun zahlreicheren Übersetzungen nachweisbar, während im 16., aber noch deutlicher im 17. Jahrhundert eine regelrechte Archimedes-Renaissance einsetzte. Zu diesem Erfolg trugen sicher auch die Werkausgaben bei, die leicht verfügbar waren, etwa die in Basel 1544 gedruckte griechisch-lateinische Erstausgabe der Texte.

Ein zweiter bedeutender Teil der Archimedes-Überlieferung ist die arabische Tradition, die besonders zwischen dem 9. und dem 13. Jahrhundert hervorragende Übersetzungen und Bearbeitungen hervorbrachte und etwa seit dem 12. Jahrhundert auch im westlichen Europa beachtet wurde.

Archimedes wurde von den Gelehrten von G. ↗ Galilei bis I. ↗ Newton geschätzt als jemand, der eine Gegenposition zu vertreten schien gegen den Aristotelismus. Besonders die Entstehung der Infinitesimalrechnung war mit einer Archimedes-Verehrung verbunden, so bei Federigo Commandino, Simon Stevin, J. ↗ Kepler, J. ↗ Wallis und Chr. ↗ Huygens. G. W. F. ↗ Leibniz selbst verwies sogar auf Archimedes als den ersten Vertreter der »Arithmetica infinitorum«.

Es ist durchaus zu hoffen, dass durch die immer intensivere Erforschung der Texte gerade in den arabischen Bibliotheken und Archiven weitere, bisher nicht bekannte Werke des Archimedes aufgefunden werden können, etwa wie J. L. Heiberg 1906 in Konstantinopel als Palimpsest eine byzantinische Handschrift wiederentdeckt hat, die den größten Teil der bis dahin unbekannten *Methodenschrift* enthielt. Sie würden dem vielschichtigen Archimedes-Bild neue Züge hinzufügen, es verschieben und verändern. Gerade diese Vielschichtigkeit, die für antike Wissenschaftler so typisch war, eine selbstverständliche Kombination von Theorie und Praxis, von Mathematik und Handwerk, macht sicher einen Teil der Faszination des Archimedes aus.

Werk(e):
Archimedis Opera omnia cum commentariis Eutocii, hrg. v. J. L. Heiberg, 2. Aufl. in 3 Bdn. (1910–1915, als Nachdruck in 3. Aufl. 1972), dazu als Bd. 4: Archimedes, Über einander berührende Kreise, hrg. v. Y. Dold-Samplonius, H. Hermelink u. M. Schramm (1975); Czwalina, A.: Archimedes Werke. Im Anhang: Die Kreismessung. Des Archimedes Methodenlehre von den mechanischen Lehrsätzen (1983, 4. Aufl.).

Sekundär-Literatur:
Authier, M.: Archimedes: das Idealbild des Gelehrten, in: M. Serres (Hrg.): Elemente einer Geschichte der Wissenschaften (1998) 177–227; Dijksterhuis, E. J.: Archimedes (1938); Drachmann, A. G.: Archimedes and the Science of Physics, Centaurus 12 (1968) 1–11; Drachmann, A. G.: Fragments from Archimedes in Heron's Mechanics, Centaurus 8 (1963) 91–146; Folkerts, M.: Archimedes, in: Der Neue Pauly, hrg. v. H. Cancik und H. Schneider, Bd. 1 (1996) 997–1001; Gardies, J.-L.: L'organisation des mathématiques grecques de Thétète à Archimède (1997); Knorr, W. R.: Archimedes and the spirals. The heuristic background, Historia Mathematica 5 (1978) 43–75; Schneider, I.: Archimedes. Ingenieur, Naturwissenschaftler und Mathematiker (1979); Schürmann, A.: Archimedes: Bilder-Phasen von Polybios bis Plutarch, in: A. Schürmann, B. Weiss (Hrg.), ChemieKulturGeschichte. Festschrift anläßlich des 65. Geburtstages von Hans-Werner Schütt (2002) 353–364; Simms, D. L.: Archimedes the Engineer, History of Technology 17 (1995) 45–111; Simms, D. L.: Archimedes and the burning mirrors of Syracuse, Technology and Culture 18 (1977) 1–24.

Arco, Georg Wilhelm Alexander, Graf von,
deutscher Physiker und Hochfrequenztechniker,
* 30. 8. 1869 Groß-Gorschütz (Kreis Ratibor, Oberschlesien),
† 5. 8. 1940 Berlin.

Arco gehört zu den Pionieren der Funktechnik und erwarb sich große Verdienste bei der Einführung der drahtlosen Telegraphie.

Nach dem Studium der Mathematik der Physik, des Maschinenbaus und der Elektrotechnik an der TH Berlin-Charlottenburg arbeitete Arco für kurze Zeit als Assistent von Adolf Slaby, der sich mit Experimenten zur drahtlosen Telegraphie beschäftigte. 1897 führten Graf Arco und Slaby in Deutschland die ersten Funkversuche durch und überbrückten eine Entfernung von ca. 1 km. Graf Arcos weiterer beruflicher Weg führte ihn 1898 als Entwicklungsingenieur zur Allgemeinen Electricitäts-Gesellschaft (AEG). Das von ihm mit Slaby entwickelte »System Slaby-Arco für drahtlose Telegraphie« wurde von der AEG für die Funktelegraphie übernommen. 1903 wurde er technischer Direktor der durch Zusammenschluss der bisher konkurrierenden funktechnischen Arbeitsgruppen der AEG und Siemens gegründeten Gesellschaft für drahtlose Telegraphie mbH – Telefunken.

Bei seinen weiteren Forschungen befasste er sich vor allem mit dem Weitfunkverkehr. So wurde unter seiner Leitung 1906 mit der Errichtung der Großfunkstelle Nauen begonnen, von der 1913 die Eröffnung des Funkverkehrs nach den USA erfolgte. Große Verdienste erwarb er sich in den Folgejahren um die Entwicklung der Rundfunktechnik. Dazu gehört seine Zusammenarbeit mit H. ↗ Bredow mit den Versuchen zur musikalischen Rundfunkübertragung ebenso wie sein Wirken bei Telefunken. Weltbekannt wurde Telefunken durch die dort entwickelten Sende- und Empfangsanlagen sowie durch die zeitweilige Marktführerschaft bei der Herstellung von Elektronenröhren. Graf Arco war während seiner Tätigkeit bei Telefunken an über 400 Patentanmeldungen beteiligt. Dazu gehören solche bedeutsamen Entwicklungen wie der Überlagerungsempfänger, dessen Signalverarbeitungsprinzip zur Grundlage für Rundfunkgeräte mit hoher Trennschärfe und Verstärkung wurde. [AK2]

Werk(e):
Wege und Werden (1928).

Sekundär-Literatur:
Andrae, H.: Graf Arco – Pionier der Sendetechnik, VDI-Nachrichten 27. 8. 1969; Weiher, S. v.: Männer der Funktechnik (1983); Fuchs, M.: Georg von Arco. Ingenieur – Pazifist – Technischer Direktor von Telefunken (2003).

Ardenne, Baron Manfred von,
deutscher Physiker und Erfinder,
* 20. 1. 1907 Hamburg,
† 26. 5. 1997 Dresden.

Ardenne prägt mit seinen Erfindungen die Frühzeit der Rundfunk- und Fernsehtechnik; darüber hinaus gehört er zu den Pionieren der Elektronenmikroskopie.

Ardenne entstammte einer Offiziersfamilie und wuchs in Berlin auf. Weder das Gymnasium noch das begonnene Physikstudium schloss er mit einem regulären Examen ab. Vielmehr etablierte er sich schon früh als Erfinder, der sich 1928 den institutionellen Rahmen für seine Tätigkeit mit der Gründung eines eigenen und höchst erfolgreich arbeitenden Forschungslabors für Elektronenphysik in Berlin-Lichterfelde schuf. 1945 wurde Ardenne in

G.W.A. Arco

B.M. von Ardenne

die Sowjetunion verpflichtet und siedelte mit seinem Forschungsinstitut nach Sinop im Kaukasus über, wo er als Leiter eines Spezialinstituts Forschungen zum sowjetischen Atombombenprojekt auszuführen hatte. 1955 kehrte er nach Deutschland zurück und gründete in Dresden ein eigenes, privates Forschungsinstitut, das er bis 1990 leitete.

Ardennes Erfindung der Dreifach-Elektronenröhre (1926) revolutionierte die Rundfunktechnik, da sie die erste integrierte Schaltung war und die Herstellung leistungsfähiger Rundfunkgeräte erheblich verbilligte. Versuche mit Elektronenstrahlröhren führten an der Wende zu den 1930er-Jahren zur Entwicklung von Verfahren zur elektronischen Bildzerlegung und -zusammensetzung. So entwickelte er einen Leuchtfleckabtaster (1930) und die ersten elektronenoptischen Bildwandler, vor allem aber konnte er 1931 auf der Berliner Funkausstellung die erste elektronische Fernsehübertragung eines Films demonstrieren; fünf Jahre später war die Technik bereits so weit ausgereift, dass man in speziellen Fernsehstuben die olympischen Wettkämpfe in Berlin mitverfolgen konnte. Ebenfalls in diese Zeit fällt seine bedeutendste wissenschaftliche Leistung, seine Pionierarbeiten auf dem Gebiet der Elektronenmikroskopie, die in die Entwicklung des Rasterelektronenmikroskops (1937) mündeten. Daneben beschäftigten Ardenne und sein Forschungsinstitut in den Jahren des Dritten Reiches Fragen der Funkmess- und Radartechnik sowie kernphysikalische Forschungsprobleme – u. a. der Bau einer 1-MeV-Atomumwandlungsanlage und eines der wenigen deutschen Zyklotrone. Hieran anknüpfend befasste sich sein Forschungsinstitut im Rahmen des sowjetischen Atombombenprojekts vornehmlich mit Problemen der Isotopentrennung mittels Massenspektrographen und magnetischen Isotopentrennern, aber auch mit Sonderstrahltechniken zur Werkstoffbehandlung. Eines der wichtigsten Ergebnisse war die Erfindung der Duoplasmatron-Ionenquelle, die bis heute in der Beschleunigertechnik und der Ionenplantationstechnik, aber auch als Korrekturantrieb in der Weltraumtechnik weite Anwendungsmöglichkeiten findet. In der DDR profilierte sich Ardennes Institut zu einem der renommiertesten und effektivsten wissenschaftlich-technischen Entwicklungslaboratorien des Landes, dessen Schwerpunkt auf dem Gebiet der angewandten Elektronen- und Plasmaphysik lag. Mit dem Elektronenstrahl-Mehrkammerofen-Verfahren und dem Plasmafeinstrahlbrenner zum Schneiden von Metallen wurde auch hier wieder Pionierarbeit geleistet. Beeinflusst durch O. ↗ Warburg, beschäftigte sich Ardenne seit den 1960er-Jahren zunehmend mit Fragen der Medizin und speziell mit der Krebsforschung, wobei seine Krebs-Mehrschritt-Therapie allerdings umstritten blieb. [DH]

Werk(e):
Arbeiten zur Elektronik (Ostwalds Klassiker Bd. 264, 1984).

Sekundär-Literatur:
M.v.A.: Ein glückliches Leben für Technik und Forschung (1972, vgl. auch die revidierten Ausgaben dieser Autobiographie 1990, 1997); Herneck, F.: M.v.A. (1972); Ciesla, B., Hoffmann, D.: Wie die Physik auf den Weißen Hirsch kam, in: Hoffmann, D. (Hrg.): Physik im Nachkriegsdeutschland (2003) 99–110.

Arduino, Giovanni,
italienischer Bergwerksingenieur und Geologe,
* 16. 10. 1714 Caprino Veronese,
† 21. 3. 1795 Venedig.

Arduino schuf eine zeitliche Gliederung der Gesteinsschichten und gilt als einer der Begründer der modernen Geologie.

Nach einer privaten mathematischen Ausbildung in Verona, gefördert vom Marchese Andrea Carlotti, arbeitete der aus einfachen Verhältnissen stammende Arduino zunächst in den Bergwerken bei Klausen im oberen Etschtal. 1753 übernahm er die Stellung eines Bergwerksinspektors in der Toskana. 1769 wurde Arduino vom Senat in Venedig mit der Leitung der Entwicklung der Landwirtschaft und der Industrie in der Republik Venedig beauftragt. Zu den zahlreichen Problemen, die er – oft gestützt auf eigene Experimente – in Angriff nahm, gehörten die Nutzbarmachung von Sumpfgebieten, die Konstruktion landwirtschaftlicher Geräte für den Anbau von Getreide und Reis und die Verwendung von Aschen von Meerespflanzen zur Glasherstellung.

1758/1759 entwickelte Arduino eine zeitliche Gliederung der Gesteine. Mit Bezug auf die Gebirge um Padua, Vicenza und Verona – und ähnlich wie vor ihm L. ↗ Moro und etwa gleichzeitig J. G. ↗ Lehmann – teilte er die Gesteine nach ihren Lagerungsverhältnissen und ihrer Entstehung in »montes primarii« (kristalline Gesteine mit Erzen, ohne Versteinerungen), »montes secundarii« (Kalk- und tonhaltige Gesteine) und »montes tertiarii« (Gesteine mit Überresten von Pflanzen und Tieren) sowie vulkanische Bildungen und junge Anschwemmungen ein. Diese vier Schichtkomplexe bestanden jeweils aus mehreren, wiederum nach dem Material und der Bildungszeit unterschiedenen Schichten, wobei Arduino selbst nur die »montes primarii« weiter in die unten liegenden, metamorphen Gesteine und die darüber liegenden alten, feinkörnigen Sedimente unterteilte. Entsprechend ordnete Arduino die paläozoischen Formationen der Ötztaler Alpen der Primärperiode zu, der Sekundärperiode die mesozoischen Formationen zwischen der Lombardei und Venedig und dem Tertiär das Band voralpiner Hügel eben dieses Gebietes sowie die pliozänen Erhebungen der Toskana. Unter der Quartärperiode fasste er die alluvialen Ablagerungen der Ebenen, die sich am Fuße der Alpen erstrecken.

Arduino erkannte, dass sich die Schichten nach ihrem Fossilgehalt unterschieden. Und er beobachtete, dass die Fossilien in der zweiten Gesteinsklasse noch sehr »unvollkommen« seien, wohingegen sie in der Tertiärperiode viel vollkommener und den heutigen ganz ähnlich seien. Methodisch war Arduino eindeutig Aktualist: Die gegenwärtig wirkenden Kräfte und praktische Erfahrungen galten ihm als Richtschnur, nach der auf die Kräfte der erdgeschichtlichen Vergangenheit zu schließen war. So beschrieb Arduino 1769 die erloschenen Vulkane der Gegend von Verona und Vicenza und betonte, dass diese einst ebenso aktiv waren wie heute der Vesuv oder der Aetna. Arduinos Ideen fanden eine weite Verbreitung, insbesondere auch durch I. v. ↗ Borns Übersetzung einer Sammlung der Schriften Arduinos ins Deutsche. [BF2]

Werk(e):
Raccolta di memorie chimico-mineralogiche, metallurgiche ed orittografiche (1775); Osservazioni chimiche sopra alcuni fossili (1779).

Sekundär-Literatur:
Vaccari, E.: Giovanni Arduino (1714-1795). Il contributo di uno scienziato veneto al dibattito settecentesco sulle scienze della Terra, Biblioteca di Nuncius studei testi Bd. 8 (1993).

Argand, Émile,
Schweizer Geologe,
* 6. 1. 1879 Eaux-Vives (heute: Genf),
† 14. 9. 1940 Neuchâtel.

Argand war der bedeutendste Tektoniker des frühen 20. Jahrhunderts und erklärte die Entstehung der Alpen aus der Kontinentalverschiebung.

Nach ersten Studiensemestern an der Gewerbeschule in Genf war Argand zunächst Zeichner in einem Bauunternehmen. 1902–1905 studierte er in Paris und Lausanne Medizin. Dort lernte er Maurice Lugeon kennen, der die Existenz der helvetischen Deckenüberschiebungen nachgewiesen und als erster solche Strukturen über ein größeres Gebiet verfolgt hatte. Zusammen mit diesem entwarf Argand 1905 eine erste grundlegende Skizze der Struktur der Penninischen Alpen. 1908 folgte die klassische geologische Karte des Dent Blanche-Massivs; die 1909 erschienen Erläuterungen hierzu waren Argands Doktorarbeit. Argand entwickelte grundlegend neue geometrische Methoden der tektonischen Interpretation. 1911 veröffentlichte er vier Karten der Überschiebungsdecken der Penninischen Alpen und der Westalpen, in denen erstmals der tektonische Bau des gesamten Westalpenbogens beschrieben wurde. Im gleichen Jahr (1911) folgte er Hans Schardt als Professor für Geologie in Neuchâtel.

1922 entwarf Argand eine tektonische Karte von Eurasia, aus der 1924 sein Hauptwerk *La tectonique de l'Asie* entstand, eine Gesamtschau der tektonischen Entwicklung der Erde. Argand setzte der Annahme der Auffaltung der jungen Gebirge allein aus geosynklinalen Ablagerungen die Einbeziehung und Deformation alter kristalliner Plattformen entgegen. In A. ↗ Wegeners Theorie der Kontinentalverschiebung fand er einen Motor, mit dem er die großen tektonischen Bewegungen der Alpen erklären konnte. [BF2]

Werk(e):
Carte géologique du Massif de la Dent Blanche, 1:50 000, Beiträge zur geologischen Karte der Schweiz 52 (1908); La tectonique de l'Asie, in: Comptes rendus de la XIIIe Congrès international de géologie (1924).

Sekundär-Literatur:
Schaer, J.P.: Emile Argand 1879–1940. Life and portrait of an inspired geologist. Eclogae geologicae Helvetiae 84 (1991); Sengör, A.M. Celal: Timing of orogenic events: a persistent geological controversy, in: Controversies in modern geology: evolution of geological theories in sedimentology, earth history and tectonics, hrg. Müller, D. W., McKenzie, J. A., Weissert, H. (1991).

Argelander, Friedrich Wilhelm August,
deutscher Astronom,
* 22. 3. 1799 Memel (heute Klaipėda, Litauen),
† 17. 2. 1875 Bonn.

Argelander schuf das große Sternkarten- und Katalogwerk *Bonner Durchmusterung* und war einer der Pioniere der Beobachtung Veränderlicher Sterne.

Argelander kam als Sohn eines Reeders und Großkaufmanns zur Welt. 1807 logierten der preußische Kronprinz Friedrich Wilhelm und dessen Bruder Prinz Wilhelm im argelanderschen Wohnhaus, als

F.W.A. Argelander

die Königsfamilie vor Napoleons Truppen nach Memel flüchtete. Die Prinzen verbrachten mit Argelander viele Stunden und beobachteten auch gemeinsam den Kometen von 1807. Aus der einjährigen Kinderfreundschaft wuchsen lebenslange Kontakte, die für Argelanders beruflichen Werdegang förderlich waren.

Nach dem plötzlichen Tod des Vaters 1810 besuchte Argelander ab 1811 das Gymnasium in Elbing und anschließend das Kollegium Friedericianum in Königsberg. 1817 ließ er sich als Student der Cameralwissenschaften an der Universität Königsberg einschreiben. Nebenher hörte er auch Vorlesungen anderer Studienzweige. Von den Vorlesungen und der Persönlichkeit des Astronomen F. W. ⇱ Bessel besonders angezogen, wechselte er 1818 das Studienfach und studierte Mathematik und Astronomie. Seit April 1820 stand er am Fernrohr, im Oktober erhielt er die Stelle eines Gehilfen an der Sternwarte. Er nahm teil an der Vermessung der Koordinaten von fast 32 000 Sternen zwischen $-15°$ und $+45°$ Deklination, der sog. »Königsberger Zonen«. Diese Beobachtungen prägten sein späteres wissenschaftliches Werk.

Mit der Dissertation *De observationibus astronomicis a Flamsteedio institutis* promovierte Argelander 1822. Unmittelbar darauf folgten seine *Untersuchungen über die Bahn des großen Cometen vom Jahre 1811*, die zugleich als »venia docendi« dienten.

Nach dem Freitod von Henric Johan Walbeck in Åbo (finnisch Turku) berief man Argelander 1823 auf Empfehlung Bessels auf die Stelle des Direktors der dortigen Sternwarte. An seinem neuen Arbeitsort begann er mit der Vermessung von 560 Sternen, um die von W. ⇱ Herschel vermutete Bewegung der Sonne im Raum mit dem Apex im Sternbild Herkules zu bestätigen. Seit 1823 zeichnete Argelander fast 200 farbenprächtige Nordlichter und vollendete 1828/29 das von ihm übernommene Blatt der *Berliner Akademischen Sternkarten*.

Im September 1827 zerstörte eine Feuersbrunst die Stadt Åbo mit ihrer Universität. Die Sternwarte blieb zwar von den Flammen verschont, als Folge des Brandes verlagerte man jedoch die Universität nach Helsingfors (finn. Helsinki), wo auch ein neues Observatorium entstehen sollte. Seit 1828 zum a.o. Professor der neuen Universität ernannt, übersiedelte er 1832 nach Helsingfors und wohnte seit 1834 in der noch unfertigen Sternwarte.

Auf Betreiben seiner Mutter, die sich an den preußischen Kronprinzen gewandt hatte, erfolgte im August 1836 Argelanders Ruf an die Universität Bonn als o. Professor der Astronomie und Nachfolger des verstorbenen Karl Dietrich von Münchow. Obwohl in Bonn keine Sternwarte vorhanden war, folgte er dieser Berufung und reiste 1837 mit seiner inzwischen sechsköpfigen Familie nach Bonn. Mangels anderer Möglichkeiten diente zunächst der vorhandene Pavillon auf dem Alten Zoll, einer Rheinbastion, als Provisorium für seine Beobachtungen. Aufgrund der mangelhaften Ausstattung wandte er sich einem Forschungsgebiet zu, auf dem er einer der Pioniere werden sollte – die Helligkeitsänderungen einzelner Sterne quantitativ zu bestimmen. Seine dafür eingeführte Stufenschätzungsmethode findet bis heute Anwendung bei den Amateurastronomen. Außerdem widmete sich Argelander der Beobachtung von Kometen und Meteoren. In diese Zeit der Interimssternwarte fiel auch die Schaffung eines Atlasses und Katalogs aller in Europa mit bloßem Auge sichtbaren Sterne (*Uranometria Nova*). Dieses Werk mit 3 256 Sternen auf 16 Sternkarten enthält auch die Sternhelligkeiten.

Mit dem von H. ⇱ Ertel 1840 gelieferten Passageinstrument beobachtete Argelander die Sterne nördlich des von Bessel erfassten Himmelsgebietes zwischen $+45°$ und $+80°$ Deklination. Diese »Bonner Nördlichen Zonen« wurden 1844 abgeschlossen. Die »Südlichen Zonen« vermaß er zwischen 1849 und 1852.

Nach Abschluss der jahrelangen Grundstücksverhandlungen für die Sternwarte konnte 1839 endlich mit dem Neubau nach Plänen von Peter Joseph Leydel und Karl Friedrich Schinkel begonnen werden. Seit Mai 1844 wohnte Argelander mit seiner Familie in dem noch unfertigen Gebäude. Im Februar 1852 begann Argelander seine vollständige Ortsbestimmung der Sterne bis zur neunten Größe vom Nordpol bis zur Deklination $-2°$. Dafür benutzte er einen Kometensucher mit einer Brennweite von 65 cm und einem 7,7-cm-Objektiv, einem für jene Zeit bereits sehr kleinen Instrument. Dessen Genauigkeit war jedoch ausreichend, um Sternpositionen zu bestimmen, die zur Identifizierung dienen konnten. An der Arbeit beteiligt waren Johann Schmidt, Friedrich Thormann, Eduard Schönfeld, Adalbert Krüger und W. ⇱ Foerster. Die Beobachtungen für diese Bonner Durchmusterung wurden 1859 und die weitere Bearbeitung 1862 abgeschlossen. Das Gesamtwerk, bestehend aus 3 Katalogen mit 48 Karten sowie den Positionen und Helligkeiten von 324 198 Sternen, wurde schließlich 1863 veröffentlicht. Die spätere Ergänzung bis $-23°$ Deklination führte Argelanders Nachfolger Schönfeld aus. Erst 1932 erfolgte der Anschluss bis zum Südpol durch die Cordoba-Durchmusterung. Für mehr als 100 Jahre bildete die Bonner Durchmusterung die Arbeitsgrundlage der Astronomen und war deshalb an jeder Sternwarte vorhanden. Noch heute werden die Nummern aus dem Katalog zur Bezeichnung von Sternen verwendet.

Sein Leben lang blieb Argelander auch den Veränderlichen Sternen verbunden. 1868 schaffte er eines der ersten existierenden Photometer an, das jedoch aus technischen Gründen nicht zum Einsatz kommen konnte.

Argelander gehörte zu den Gründungsmitgliedern der Astronomischen Gesellschaft 1863 in Heidelberg. Nach dem Tod des ersten Vorsitzenden Julius Zech übernahm er den Vorsitz bis 1867. In den Jahren 1850 und 1864 wählte man ihn zum Rektor der Universität Bonn.

Argelanders Talent lag vor allem darin, die für seine bescheidene technische Ausstattung geeignetsten Beobachtungsprogramme zu wählen und mit Ausdauer durchzuführen. Sein Fleiß drückt sich auch in der Zahl seiner Publikationen aus; allein in den *Astronomischen Nachrichten* veröffentlichte er 607 Beiträge. Der astronomischen Theorie stand Argelander jedoch fern.

Im Herbst des Jahres 1874 befiel Argelander eine typhusähnliche Infektion, von der er sich nicht mehr erholen konnte und schließlich starb. Seine letzte Ruhe fand er auf dem Alten Friedhof in Bonn, das Grab ist erhalten. [WRD, WB]

Werk(e):
Uranometria Nova (1843); Bonner Sternverzeichnis (1859–1886); Atlas des nördlichen gestirnten Himmels (1863); Beobachtungen und Rechnungen über veränderliche Sterne (1868–1898).

Sekundär-Literatur:
Schmidt, H.: Astronomen der Rheinischen Friedrich-Wilhelms-Universität Bonn (1990); Klischies, M.: Argelander (1999).

Aristarch von Samos,
griech. Astronom, Mathematiker,
* ca. 310 v. Chr. Samos,
† 230 v. Chr.

Aristarch schuf als erster ein heliozentrisches Weltsystem und versuchte die relativen Entfernungen und Größen von Erde, Sonne und Mond abzuleiten.

Aristarchs Werke sind verschollen mit Ausnahme der Arbeit *Über die Größen und Entfernungen von Sonne und Mond*, in der er eine Methode der Bestimmung der relativen Entfernung zwischen Sonne, Erde und Mond sowie des Durchmessers der Sonne und der Erde darlegt. Sie beruht darauf, dass bei Halbmond Erde (E), Mond (M) und Sonne (S) ein rechtwinkliges Dreieck EMS mit dem rechten Winkel EMS am Mond bilden, während der Winkel MES zwischen Mond und Sonne von der Erde aus betrachtet 87° beträgt, woraus das Verhältnis der Winkelseiten zueinander berechenbar wird. Die Problematik dieser Vorgehensweise liegt darin, dass der Zeitpunkt des Halbmondes rein aus der Beobachtung nur ungenau bestimmbar ist und der Winkel MES schon bei einem kleinen Fehler zu großen Unterschieden in der Länge der Strecken MS und ES führt. Aristarchs Ergebnis, die Entfernung Sonne—Erde sei mehr als 18-mal und weniger als 20-mal so groß wie die zwischen Mond und Erde, ist infolgedessen recht fehlerhaft und müsste eigentlich 400-mal lauten, geschuldet dem Umstand, dass der Winkel MES zu klein befunden wurde, nämlich in Wirklichkeit 89° 50' beträgt.

Die zweite Aufgabe der Ableitung der relativen Durchmesser von Sonne, Mond und Erde beruht auf der Entfernungsbestimmung dieser Himmelskörper. Da Sonne und Mond fast unter demselben Winkel gesehen werden, ist ihre wahre Größe direkt von der jeweiligen Entfernung von der Erde abhängig. Weil zudem die Breite des Erdschattens in der Mondentfernung etwa zwei Monddurchmesser beträgt (aus Beobachtungen abgeleitet), sind die Durchmesserverhältnisse bestimmbar. Demnach ist die Sonne sechs- bis siebenmal größer als die Erde mit dem Verhältnis zwischen 19:3 und 43:6.

Wenn auch Aristarch zu keinem gültigen Resultat gelangte, ist sein Versuch, kosmische Dimensionen dem Forschen zugänglich zu machen, von grundsätzlicher Bedeutung. Zudem gelang es in der Antike nur teilweise, bessere Daten zu gewinnen.

Aristarchs Versuch, die Erscheinungen der Gestirnsbewegung durch ein heliozentrisches Weltsystem zu erklären, ist nur aus späterer Literatur bekannt. ↗ Archimedes schildert es in seiner *Sandzahl*, und mehr als drei Jahrhunderte später gibt Plutarch einige Ergänzungen und erwähnt, dass Aristarch wegen dieser Ansichten wegen »Religionsfrevel« angeklagt wurde (*De facies in orbe lunae* 6.922 F).

Demnach vertrat Aristarch folgende Thesen: 1. Die Sonne befindet sich unbeweglich im Mittelpunkt der Welt, 2. die Erde bewegt sich auf einer gegen den Himmelsäquator geneigten Kreisbahn um die Sonne (implizit alle Planeten), 3. die Erde vollführt im Verlauf eines Tages eine Drehung um die eigene Achse, 4. die Sphäre der Fixsterne ist unbeweglich, 5. die Größe der Erde verhält sich zur Entfernung der Fixsternsphäre wie ein Punkt.

Ohne Zweifel erkannten antike Denker, dass die heliozentrische Theorie einige Vorzüge für die Erklärung der Phänomene der Planetenbewegung (Schleifenbewegungen) vorweisen kann. Zudem wird für Aristarch die Überzeugung eine Rolle gespielt haben, es sei logischer, die große Sonne nehme das Weltzentrum ein und nicht die viel kleinere Erde. Zudem könnte von Bedeutung gewesen sein, dass nach pythagoreischer Lehre das Feuer ein würdigeres Element als die Erde ist und somit geeigneter wäre, von den Planetensphären umschlossen zu werden. Auf jeden Fall überschritt Aristarch die Grenzen bloßer Spekulation. Davon zeugt, dass er sich über die Konsequenz der Verschiebung der Fixsternörter durch die Jahresbewegung der Erde (die Parallaxe) völlig klar war und deren Fehlen, ähnlich wie später ↗ Copernicus, mit dem gewaltigen Abstand der Fixsternsphäre erklärt. [JH]

Sekundär-Literatur:
Heath, Thomas: Aristarchus of Samus (1913); Hamel, Jürgen: Nicolaus Copernicus, Leben, Werk und Wirkung (1994) 56–63; Herrmann, Dieter B.: Kosmische Weiten. Kurze Geschichte der Entfernungsmessung im Weltall (1989) 9–12.

Aristoteles
Fritz Jürß

Aristoteles,
griechischer Philosoph,
384 v.Chr. Stageira,
322 v.Chr. Chalkis (Euboia).

Aristoteles galt seit je als einer der ganz Großen in der Geschichte der Philosophie und Wissenschaft. Doch die historische Größe von Ereignissen und Personen konstituiert sich im »Lichte ihrer Bedeutsamkeit, die sie durch ihre Wirkungen gewonnen haben« (Droysen). Wie große Denker wirken, hängt also von ihrer jeweiligen Deutung ab, die immer auch ein Um- und Missverstehen einschließt. Ist unter diesem Vorzeichen die Größe des Aristoteles auch heute noch gut zu begründen? Hat er mit seiner Qualitätenphysik nicht der »richtigen« Quantitätenphysik des ↗ Demokrit und so dem wissenschaftlichen Fortschritt auf Jahrhunderte den Weg verbaut? Und haben nicht gerade die Erneuerer der Naturwissenschaften mit ↗ Galilei an der Spitze ihre Zeitgenossen, welche die Forschung als Interpretation der Bücher des Aristoteles betreiben, mit der Forderung schockiert, die Nase doch lieber ins »Buch der Natur« zu stecken, das in mathematischer Sprache geschrieben sei, die der Stagirite vernachlässigt hatte? Nun hatten auch diese Denker ein bestimmtes Interpretationskonstrukt von Aristoteles im Visier. Es war der zum »Aristotelismus« dogmatisierte Aristoteles des Mittelalters, aus dem der Aporetiker und Problemdenker (N. Hartmann) ganz herausgedeutet worden war. Tatsächlich bestimmt ein permanentes Problembewusstsein den Gang seines Denkens und damit den Stil seiner Schriften. Es ist gerade dieser Vorzug, den Schopenhauer als fehlende Systematik und planloses »Hin- und Herreden« tadelt. Der Universalismus des Aristoteles umfasst tatsächlich nicht die Totalität »der fertigen Erkenntnisse, sondern die Totalität der Probleme« (Jaeger).

Geboren wurde Aristoteles 384 v. Chr. in Stageira auf der Chalkidike. Sein Vater Nikomachos war Leibarzt am makedonischen Hof, und auch in der Familie der Mutter wurde die Medizin praktiziert, die als eine der ersten Disziplinen unter dem Einfluss der vorsokratischen Philosophie wissenschaftliches Profil gewann und den Arzt anwies, subtile Beobachtung und methodisches Denken zu vereinen. Dieses intellektuelle Milieu hat den jungen Aristoteles sicher beeinflusst. Mit 17 Jahren ging er, angelockt vom Ruhm der platonischen Akademie, nach Athen, der »Bildungsstätte ganz Griechenlands« (Thukydides). An der Akademie gewann er seine geistigen Konturen, hat dort 20 Jahre gelernt, gelehrt, geforscht und seine Werke verfasst. Dazu gehören die verschollenen, auch für den außerakademischen Bereich bestimmten Dialoge, weiter die zu Vorlesungen ausgearbeiteten Forschungsmaterialien, die eine große Bandbreite formaler Gestaltung aufweisen. Diese sog. Pragmatien sind laufend aktualisierte Problem-»Abhandlungen«, welche in ihrem »innerdialogischen« Stil die Bewegung des aristotelischen Denkens gut widerspiegeln. So heißt es am Ende der *Rhetorik* ausdrücklich: »Ich habe gesprochen, ihr habt es gehört und erfasst, nun urteilt.«

Aristoteles

Gehört freilich wurden damals nicht nur Vorlesungen, sondern auch Bücher; denn ein Buch, d. h. eine Papyrusrolle, wurde dadurch publiziert, dass es der Autor zu Gehör brachte. Aristoteles aber wurde in der Akademie als »Leser« verspottet. Das weist auf eine gewisse Wandlung der Kommunikationsform im 4. Jh. v. Chr. hin. Offenbar war die wachsende Masse des Wissens immer stärker auf Schriftlichkeit angewiesen, während umgekehrt auch die systematische Aufarbeitung des geistigen Erbes besser durch exzerpierende Lektüre der Originale gelang. Aristoteles hat als »Leser« jene immense Gelehrsamkeit erworben, wie sie sich in seinen Werken zeigt.

Zu den noch in der Akademie verfassten Werken gehören auch die ins *Organon* eingegangenen Überlegungen zur Logik, weiter die frühen Arbeiten zur Ontologie und Erkenntnistheorie, die vermutlich erst als *Metaphysik* bezeichnet wurden, nachdem sie in der Edition der Aristoteles-Werke durch Andronikos von Rhodos in der Mitte des 1. Jh. v. Chr. ihren Platz »Nach der Physik« erhalten hatten. Schließlich fallen in diese Zeit noch die Rohmanuskripte zur *Physik, Rhetorik, Ethik* und anderes. Und mit diesen durch Erkenntnisfortschritt und stilistische Verfeinerung ständig revidierten Pragmatien hat Aristoteles entscheidenden Anteil an der Schaffung einer wissenschaftlichen Prosa. In seiner Lexik, seiner Stillehre, trägt er kluge Gedanken zum Verhältnis von Sprachform und Bedeutung vor. Wie alle Dinge zu ihrer »Tugend«, ihrer Areté, gelangen, wenn sie die ihrer Zweckbestimmung gemäße Funktion ausüben, so auch die Lexis. Ihr Telos ist, den in Rede stehenden Sachverhalt deutlich zu machen: »Deutlichkeit ist die Tugend der Sprachform. Die Rede (Logos), die nichts offenbart, verfehlt ihre Aufgabe« (Rhetorik 1404b1ff.).

Da Aristoteles den Tatsachen der Wahrnehmungswelt stärker zugetan war, wird das Verhältnis zu seinem Lehrer ↗ Platon von Anfang an gespannt gewesen sein. Dieses fruchtbare Spannungsverhältnis ist ein wesentlicher Beweggrund seines Philosophierens, und tatsächlich ist Platon bei nahezu allen Überlegungen des Aristoteles zugegen. Hier zeigt sich die Kultur des akademischen Meinungsstreites von aktueller Vorbildhaftigkeit, die auch in der schroffen Ablehnung der anderen Ansicht die Achtung vor dem anderen bewahrt; denn den »Gegner« Platon »auch nur zu loben sei den Schlechten nicht erlaubt.«

Platon hatte als eigentliches Wesen aller irdischen Dinge außerirdische geistige Invarianten, die Ideen, konzipiert. Aristoteles hielt solche Trennung (Chorismos) von Wesen und Erscheinung für Unsinn, da sich Bewegung und Entwicklung der Dinge so nicht aus dem Wesen erklären ließen, und bezeichnet die Ideen als »Geschwätz«. Seinspriorität hat für ihn das Einzelwesen. So heißt es in den *Kategorien* (2a11ff.): »Wesen (bzw. Substanz) im eigentlichen und ersten Sinne...ist dieser individuelle Mensch oder dieses individuelle Pferd.« Die *Kategorien* gehören zu den logischen Schriften und bezeichnen Schemata, unter die sich alles, was man aussagen kann, subsumieren lässt. Er nimmt zehn solcher Praedikamente an: 1. Substanz, 2. Quantität, 3. Qualität, 4. Relation, 5. Ort, 6. Zeit, 7. Lage, 8. Haben, 9. Tun, 10. Leiden, von denen 2–9 von der Substanz (= Subjekt) ausgesagt werden können: Der kleine (2), stupsnasige (3) Sokrates (1), Xanthippes Mann (4), wurde gestern (6) auf der Agora (5) beim Diskutieren (7) verprügelt (10).

Diese Kategorien sind aber offenbar keine bloßen Sprachformen, die das Denken über die Welt präformieren (↗ Wittgenstein), oder reine Verstandesbegriffe (↗ Kant), sondern Zeichen für Denkformen, in denen sich die Seinsformen abbilden. Sie haben also einen sprachlichen, logischen und ontologischen Aspekt. Dafür spricht auch das semiotische Modell des Aristoteles: »Die Sprachformen sind nun doch Symbole der Denkformen und die Schriftformen solche der Sprachformen. Und wie die Buchstaben nicht dieselben sind für alle Menschen, so auch nicht die Wörter. Die Denkformen aber, für die die Wörter in erster Linie Zeichen (Semeia) sind, sind für alle dieselben. Und auch die Seinsformen (Pragmata), deren Abbildungen (Homoiomata) die Denkformen darstellen, sind für alle dieselben« (De interpr. 16a3ff.).

Als »Vater der Logik« führt Aristoteles das philosophisch-wissenschaftliche Denken zu einem ersten theoretisch-methodischen Selbstverständnis, wobei er die z. T. noch heute geläufige Terminologie schafft. Er fragt nach dem Unterschied wissenschaftlichen und unwissenschaftlichen Wissens und findet das Kriterium für ersteres im stringenten Beweisverfahren, der Ableitung des Einzelnen aus allgemeinen Sätzen (Apodeixis), wie sie paradigmatisch in der axiomatisch-deduktiven Struktur der Mathematik vorlag. Für solche Schlussverfahren entwickelt er die Syllogistik und damit die Prädikatenlogik: »Wenn alle Menschen sterblich sind und Sokrates ein Mensch ist, dann ist auch Sokrates sterblich«. Hier wird durch »Zusammenrechnung« (Syllogismos) der Wahrheit zweier Aussagen (Prämissen) allgemeiner bzw. partikulärer Art die Wahrheit einer dritten Aussage (Konklusion) gewonnen. Neben der Deduktion von Wissen aus ersten Beweisgründen analysiert Aristoteles in den *Analytiken* auch das epagogische Verfahren (Induktion), denn alle Erkenntnis beginnt mit der Wahrnehmung der Sache selbst, aus deren Gedächtnisbildern dann die Empeiria und schließlich die wissenschaftliche Aussage entsteht, deren Wahrheit in ihrer Übereinstimmung mit dem entsprechenden objektiven Sachverhalt liegt.

Im Jahre 347, wohl kurz nach Platons Tod, sah sich Aristoteles genötigt, Athen zu verlassen. Hier hatte sich durch die Eroberungspolitik Philipps II ein Hass auf Makedonien und alle Makedonenfreunde breitgemacht, zu denen auch Aristoteles zählte. Er ging ins Exil und folgte 343 dem Ruf Philipps, die Erziehung des künftigen Alexander des Großen zu übernehmen. Wenn Aristoteles dabei seinem Schüler wirklich empfohlen hat, »den Griechen Führer, den Barbaren aber Herrscher zu sein, und jene wie Freunde und Verwandte zu umsorgen, diese aber wie Tiere und Pflanzen zu pflegen«, dann zeigt Aristoteles hier ein bei ihm auch sonst handgreifliches, durch soziale Vorurteile verbautes Denken, das etwa Sophisten und Dichter wie Euripides schon überwunden hatten.

Makedoniens Machtpolitik hatte dann in Athen die Gegner zum Schweigen gebracht. Aristoteles kehrte 335 dorthin zurück, ging aber nicht wieder an die Akademie, sondern verlegte seine eigene Lehrtätigkeit in den Bezirk des Gymnasiums Lykeion. Als »Ausländer« konnte er kein Grundstück erwerben. Erst sein Freund ⊅ Theophrast hat dann durch seine Beziehung zum Herrscher »den Garten des Gymnasiums, den Peripatos (also jene in wohl allen Gymnasien vorhandene Wandelhalle, die der aristotelischen Schule später den Namen gab), und die Gebäude am Garten« (Testament Theophrasts) erhalten.

Im Lykeion (Lyzeum) hat Aristoteles die Wissenschaften ausgebaut und die großen Themen seiner Philosophie in jeweils anderen Zusammenhängen weitergedacht. Dabei ist er auch zu sich widersprechenden Lösungen gelangt. Seine Überlegungen kreisen immer wieder um den Begriff des Seins bzw. der Substanz und der Bewegung, die sich in der Entwicklung der Einzelwesen manifestiert. Gerade sie ließ sich weder durch das platonische Ideen-Konzept noch durch Demokrit erklären; denn aus dessen mechanischem Atomwirbel war doch die zielstrebige Entwicklung und Zweckmäßigkeit der biologischen Organismen ebensowenig abzuleiten wie die Tatsache, dass aus einer Eichel immer eine Eiche wird und ein Mensch immer einen Menschen zeugt. Hier schien ein immaterielles Form- bzw. Strukturwesen gefordert, das die Genese des Einzelwesens zielgerichtet steuert. Dafür war die platonische Idee zu gebrauchen, die Aristoteles nun den Dingen integriert und Eidos nennt und die unter diesem Aspekt im konkreten Einzelwesen dessen eigentliches Wesen ausmacht. Das Eidos existiert nur im Einzelwesen, ist aber das bei allen Individuen einer Art Identische und bewirkt dort, dass das Stoffwesen, die Materie, immer die der Spezies wesentlichen Merkmale entwickelt. Die stark am Biologischen orientierte Reflexion des Aristoteles macht diesen Prozess am Bilde künstlerischer Produktion deutlich. Wie der Bildhauer versucht, die in seinem Kopf vollendete Statueform (Eidos) im widerspenstigen Stoff des Marmors zu aktualisieren, wobei von eben dieser Form der Anstoß für sein Schaffen und für dessen Ziel (Telos) ausgeht, so geht auch bei den biologischen Organismen Anstoß und Zweck der individuellen Entwicklung von dem im Samen enthaltenen psychischen Eidos aus. Dieses ist bei den Pflanzen die vegetative Seele, bei den Tieren die animalische und beim Menschen die Denkseele. Das von Platon geerbte Merkmal der Invarianz der Formprinzipien führt natürlich im biologischen Bereich zur Überzeugung des Aristoteles von der Konstanz der Arten.

Auf diese Weise gewinnt Aristoteles seine, Sein und Werden erklärende 4-Ursachen- oder Prinzipienlehre: 1. Der passive, nur potentielles Sein besitzende Stoff (causa materialis), 2. das aktive, den Stoff zur Wirklichkeit (Energeia) entwickelnde Formwesen des Eidos (causa formalis), 3. die Antriebsursache (causa efficiens), 4. die auf die Gerichtetheit der Prozesse abzielende Zweckursache (causa finalis). Da die beiden letzten Ursachen der Formursache meist inhärent oder mit ihr identisch sind, bleiben Form und Stoff die entscheidenden Prinzipien.

Form als das Geformte, Bestimmte, Erkennbare und Materie als das Ungeformte, Unbestimmte, Unerkennbare sind aber wie ihre Äquivalente Aktualität und Potenzialität auch Relationsgrößen, mit denen er die Wirklichkeit auf den Begriff zu bringen sucht. Diese ist für Aristoteles eine Skala, in der die jeweils untere Schicht den Stoff und die jeweils höhere die Form bildet, und alles ist eingespannt zwischen der untersten Schicht einer bloß potentiellen »Ersten Materie« und der obersten reinen Form des göttlichen unbewegten Bewegers. So ist der Baum eine Form bestimmter Elemente, aber Holz-Stoff in Bezug auf die aus ihm hergestellte Form von Schiff, Möbel etc. Tatsächlich kennzeichnet Aristoteles mit Form und Stoff ein die ganze Wirklichkeit durchziehendes Subordinationsverhältnis, das sich in den Beziehungen Himmel-Erde, Substanz-Akzidenz, Akt-Potenz, Art-Gattung, Herr-Sklave, Mann-Frau, Seele-Körper etc. zeigt; dabei gilt das jeweils erste Prinzip als das aktive, herrschende, bessere.

Auch unter gnoseologischem Aspekt gewinnt das Formwesen oder Eidos ontologischen Primat vor den Einzelwesen. Denn alle Erkenntnis beginnt mit der Wahrnehmung des konkreten Einzelwesens, aber was dann an diesem eigentlich erkannt wird, ist nicht die dem unerkennbaren Stofflichen geschuldete Fülle seiner zufälligen und veränderlichen Qualitäten, sondern das im Begriff (Logos) fassbare unveränderliche Artwesen des Eidos. Dieses ist im Prinzip z. B. bei allen Menschen identisch, kann sich aber in der Überformung des Stoffes wie Blut, Fleisch etc. bei den Individuen ganz unterschiedlich verwirklichen. Das liegt an der Widerspenstigkeit des Materiellen im Einzelnen, so dass Aristoteles behaupten konnte, Sokrates unterscheide sich von einem Bösewicht durch seinen stofflichen Leib, nicht durch die eidetische Seele. So wird man vielleicht seine unstimmigen Äußerungen deuten müssen, will man nicht annehmen, dass er Blödsinn geredet hat. Ähnlich muss wohl auch seine Theorie der Genese von Frauen bzw. Sklaven erklärt werden, bei denen gleichfalls das Eidos in seiner Interaktion mit der Materie unterlegen ist. Denn setzt sich das im Samen des Mannes enthaltene Eidos durch, entsteht wieder ein Mann; wird seine Vollendung (Entelechie) verhindert, entwickelt sich ein weibliches Wesen. Tatsächlich bezeichnet er die Frau als »verstümmelten Mann«. Und auch die Sklaven, also die Nichtgriechen, sind aufgrund der bei ihnen vorhandenen defekten Verwirklichung des Eidos »Mensch« zur eigenen Entscheidung nicht fähig und also zum Gehorchen geboren.

Alle Wesen auf dieser Welt erreichen nun ihre optimale Daseinsweise, wenn sie gemäß der für ihre Spezies typischen Form, d. h. dem Eidos, leben und wirken, weil sie sich nur so selbst verwirklichen und werden, was sie ohnehin eigentlich sind. Welche Tätigkeit dem Menschen wesentlich zukommt, wird also auch durch sein Eidos bestimmt, das ihn aus der Gattung der Lebewesen »ausgrenzt« (= definiert). Es ist die Denkseele oder der Verstand. Also ist der Mensch wesentlich auf Denken und Erkennen hin angelegt und findet darin sein eigentliches Wohlsein, seine Eudämonie; denn diese ist "»Tätigkeit der Seele entsprechend ihrer Areté«" (Nikom. Ethik 1098a16), d. h., der ihr gemäßen Tauglichkeit (= Tugend). Anders als die stärker von äußeren Faktoren und also von Fremdbestimmung abhängige politische Tätigkeit, die vita activa, gewährt die theoretische Lebensform, die vita contemplativa, ein hohes Maß an Autarkie.

Die Möglichkeit, die »dianoetische« Tugend der kognitiven Tätigkeit zu praktizieren und damit die Eudämonie zu erreichen, setzt jedoch bestimmte soziale Bedingungen voraus. Dazu gehören mäßiger Besitz und vor allem die so wichtige Muße als Freiheit vom Zwang zur Selbsterarbeitung seines Lebensunterhaltes. Diese Bedingung bietet nur die auf Sklaverei beruhende »formvollendete« Gesellschaftsordnung des griechischen Stadtstaates, der Polis. Sie ist gleichsam das Endziel einer teleologischen Entwicklung der menschlichen Gemeinschaft, die vor Zeiten mit der elementaren Form der Ehe begann, über die Hausgemeinschaft und den dörflichen Verband lief und schließlich in der Polis ihren Abschluss fand. Dienten diese früheren Stufen der bloßen Befriedigung der materiellen Bedürfnisse, so ist der höhere Zweck der Polis das gute und glückliche Leben, die Eudämonie. Und der Mensch, den seine Sprachfähigkeit ohnehin auf ein soziales Leben verweist, ist im besonderen »ein für die Polis vorgeprägtes Lebewesen«, ein Zoon politikon. Dass Aristoteles dabei die Rolle der Polis als Norm und Muster verklärt, ist kaum zweifelhaft; war sie doch durch Integration in die Territorialstaaten der Alexandererben, wo der autonome Staatsbürger (citoyen) zum bevormundeten Privatbürger (bourgeois) degradiert war, politisch weitgehend entmachtet. Auch das Lykeion hatte als Stätte reinen Gelehrtenlebens offenbar keine lebendige Funktion mehr im Rahmen der Polis. Tatsächlich zeigt sich denn auch bei Aristoteles eine an den aktuellen Verhältnissen orientierte Neigung, die Gemeinschaft, auf die der Mensch als Zoon politikon verwiesen ist, gar nicht so sehr als staatliche Institution, sondern eher als Freundschaftsbündnis zu begreifen. Waren doch gerade die Glieder jenes auf die theoretische Lebensform eingeschworenen Kollektivs der »miteinander Philosophierenden« ohnehin gleichsam wie Fremde von der politischen Gesellschaft losgelöst (Politik 1324a16f.). Aristoteles, der ein Loblied auf Freundschaften und Freundschaftsverbände singt, die ihm für den Zusammenhalt der Polis und den Gewinn der Eudämonie nötig sind, war ohne Zweifel überzeugt, in der scientific community seines Peripatos jenes Optimum an Freundschaft verwirklicht zu haben.

Diese eben skizzierten Überlegungen finden sich in den ethischen und politischen Abhandlungen des Aristoteles, die zahlreiche idealtypische Visionen und an der historischen Realität orientierte Entwürfe enthalten, die sich bisweilen auch widersprechen. Bei der Konstituierung der praktischen Philosophie steht Aristoteles vor ähnlichen Aporien wie die Denker der Gegenwart. Das macht ihn heute zu einem hilfreichen Diskussionspartner bei den betreffenden Problemen. Er befürwortet weder eine theonome, also aus göttlichen Geboten abgeleitete, Begründung politischer und sittlicher Werte, noch kann er die von ihm abgelehnten platonischen Ideen als normative Instanzen gebrauchen. So muss er sich in der Ethik um neue regulative »Tauglichkeiten« bemühen. Zwar lassen sich die erwähnten dianoetischen oder intellektuellen Tugenden, die den Komplex von Erkenntnis, Weisheit etc. betreffen, aus dem Eidos der Denkseele ableiten; doch diese »reine Vernunft« trägt ihren Zweck in sich selbst. Anders hingegen die Phronesis, die »praktische Vernunft« oder Klugheit, die den Zweck hat, das Handeln der Menschen im sozialen Kontext zu regulieren. Sie weist den Weg zu den ethischen Tugenden wie Tapferkeit, Milde, Besonnenheit, die zugleich durch Erziehung und Tradition urväterlicher Vorbilder erreicht werden. Sie bilden in der Regel die goldene Mitte zwischen zwei Lastern, wie denn die Tapferkeit zwischen Feigheit und Tollkühnheit rangiert. Norm in allem ist, wer diese Klugheit besitzt, und Aristoteles sagt im Grunde genommen auch, dass das sittlich Verständige das ist, was der Verständige für verständig hält. Aber ist das nicht letztendlich doch ein Zirkel?

Nun betrifft die Ethik das »in unserer Macht Stehende«, also das unserer Entscheidungsfreiheit Verfügbare. Es geht damit um einen Bereich, der strenge Notwendigkeit ausschließt, weil sich in ihm die Dinge immer »auch anders verhalten können«. Diese Kontingenz menschlichen Verhaltens führt aber auch zu einer Kontingenz der ethischen Theorie, die so nicht Gegenstand exakter Wissenschaft sein kann.

Im politischen Bereich sind Freiheit, Gleichheit und Gerechtigkeit wichtige Regulative, die sich alle nicht gut miteinander vertragen. Das Gerechte erweist sich vor allem als gleiche Verteilung politischer, ökonomischer etc. Rechte (Isonomie). Das aber führt sogleich zur Ungerechtigkeit, weil die Menschen eben ungleich sind hinsichtlich Intelligenz, Tugend, Fleiß, Reichtum. Deshalb versucht Aristoteles, zwischen diesen Prinzipien zu vermitteln und eine Staatsform zu entwerfen, die von Maß, Mitte, Ausgleich und Mischung bestimmt ist. Monarchie und Aristokratie sind optimale Typen, sofern der »Eine« bzw. die »Besten« das Wohl der Gemeinschaft verfolgen. Doch die Praxis zeigt, dass die erste durch Machtmissbrauch leicht zur Tyrannis verkommt und die zweite zur Oligarchie. Auch die Demokratie erscheint ihm suspekt, weil die Masse der Mittellosen ihre egoistischen Ziele geltend mache. So bleibt deren positives Gegenstück, die sog. Politie, als bestmögliche Form einer auf Freiheit und Gleichheit gegründeten Bürgergemeinschaft. Sie ist von einer starken Schicht mittlerer Eigentümer beherrscht und deshalb gegen Umwälzungen weitgehend immun, die eher vom großen Reichtum ebenso wie von großer Armut ausgehen. Und die auf den allgemeinen Nutzen orientierte Politik der Politie sieht Aristoteles dadurch garantiert, dass sich die beim einzelnen Bürger nur mäßig ausgeprägte Intelligenz und Tugend bei den Entscheidungsfindungen auf den Volksversammlungen summiere. Warum sich da freilich nicht eher die Dummheit und Bosheit der Bürger summieren könnte, ist wohl nicht ganz erfindlich und zeugt vielleicht vom Optimismus des großen Denkers, dessen *Metaphysik* ja auch mit dem Satz beginnt: »Alle Menschen streben von Natur aus nach Wissen.«

Auch zu einer Wissenschaft von der Wirtschaft hat Aristoteles wertvolle Ansätze entwickelt, die jedoch ganz im Kontext seiner praktischen Philosophie dargeboten werden. Die Kunst der richtigen Organisation und Administration von Lebewesen und materiellen Gütern in einem Haushalt (Oikonomia) wird auf die Polis übertragen. Zur Erleichterung des Tauschhandels wurde das Geld erfunden, das dann in der unnatürlichen und unsittlichen Chrematistik, der Bereicherungskunst, ganz zum Selbstzweck des Erwerbs wird. Was Aristoteles billigt, ist also Ware-Geld-Ware, niemals aber Geld-Ware-Geld. Dabei erkennt er, dass Geld Maßstab des Güterwertes ist: »Das Genie des Aristoteles glänzt gerade darin, daß er im Wertausdruck der Waren ein Gleichheitsverhältnis entdeckt« (Marx).

In der Naturphilosophie des Aristoteles finden sich beachtliche Einsichten gepaart mit verwegenen Spekulationen. Sein gegen die Pythagoreer gerichteter Vorwurf, sie hätten ihre erklärenden Theorien nicht aus den Phänomenen gewonnen, sondern umgekehrt die Beobachtungstatsachen in das Prokrustesbett ihrer Theorien gezwungen, trifft auch auf ihn selbst zu. Bei der Beschreibung physikalischer Phänomene lässt Aristoteles die Mathematik unberücksichtigt; denn während Platon ihre idealen Gegenstände sehr geschätzt hatte, weil sie nicht von dieser Welt waren, meinte der »Realist« Aristoteles aus gleichem Grunde, mit ihnen bei der Naturerklärung wenig anfangen zu können. In der *Physikvorlesung* geht es vor allem um die Begriffe Bewegung, Zeit und Raum. Sie sind Relationsgrößen, denn Zeit ist das Vorher und Nachher der Bewegung, ist die »Zahl« der Bewegung; die aber setzt ein sich Bewegendes voraus, also den Körper, durch den dann wieder der Raum bzw. der Ort (Topos) definiert wird. Da Raum und Zeit also nicht ohne Körper sind, kann es, wo diese fehlen, auch sie nicht geben. Daher existiert auch außerhalb des Kosmos, der alle Dinge umschließt, weder Zeit noch der unendliche leere Raum; ja man könnte meinen, dass hier schon ein Gedanke angedacht wurde, der sich bei Theophrast findet: »Vielleicht ist der Raum (Topos) ja gar keine Wesenheit an sich, sondern erklärt sich aus der Ordnung und Lage der Dinge entsprechend ihren Strukturen und Eigenschaften.« Gegen das Unendliche überhaupt, das ja das Maß- und Formlose ist, empfindet Aristoteles eine Art Horror. So deklassiert er das für Zeit, Raum und Zahlenreihe denknotwendige Unendliche zu reiner Potenzialität: Größen sind nur der Möglichkeit nach unendlich summierbar oder teilbar, niemals wirklich. Und wie es den unendlichen Raum nicht wirklich gibt, so auch nicht den leeren Raum. Zu seiner Widerlegung bemüht er auch die Fallbewegung. Deren Geschwindigkeit v sei ja direkt proportional der Triebkraft (Schwere G) und indirekt der Dichte (D) des Mediums, also $v = G/D$. Da die Dichte im leeren Raum 0 ist, ergibt sich $v = G/0 = \infty$. Doch dass alle Körper im Leeren mit instantaner Geschwindigkeit fallen, hält Aristoteles für absurd.

Die aristotelische Weltordnung, d. h. der Kosmos, ist aus konzentrischen Sphären aufgebaut und in zwei Bereiche von stofflicher und gesetzmäßiger Verschiedenheit gegliedert. Im sublunaren Bereich befinden sich die Sphären der vier Elemente Erde, Wasser, Luft und Feuer. Sie sind als einfachste Formwesen Ergebnis der »Überformung« der potentiellen prima materia mit den vier Primärqualitäten trocken, kalt, feucht, warm. Aus der Beobachtung, dass Erdartiges nach unten fällt, Feuriges nach oben steigt, leitet Aristoteles die Strukturbegriffe der »natürlichen Bewegung« und des »natürlichen Ortes« ab. Sein Universum ist also nicht isotrop, sondern ausgezeichnet durch das Unten in der Kosmosmitte und das Oben an der Peripherie. Also ist auch der Geozentrismus des Aristoteles eine plausible Folgerung aus der Lehre vom natürlichen Ort. Neben dem Feuer aber, das oben seinen Ort hat, und der unteren Erde seien »zwei weitere Elemente notwendig, die sich sowohl unter etwas als auch über etwas befinden« (De caelo 312a28f.). Mit diesem leicht abenteuerlichen Räsonnement wird die Existenz der beiden mittleren Elemente Wasser und Luft »begründet«.

Da die gradlinige Bewegung den vier irdischen Elementen naturgemäß zukommt, muss es, so folgert Aristoteles, im supralunaren Bereich einen anderen Stoff geben, für den die dort vorhandenen kreisförmigen Bewegungen typisch sind. Dies ist der »unstoffliche Stoff« des Äthers, die quinta essentia, die gleichsam eine Brückenfunktion zwischen der Materialität der 4 Elemente und der Spiritualität des obersten unbewegten Bewegers einnimmt. Mit dieser Zwei-Welten-Theorie war freilich der schon angedachte Gedanke einer materiellen und gesetzmäßigen Einheit der Natur erst einmal auf Eis gelegt.

Über 12 Jahre hat Aristoteles im Kollektiv der Kollegen und Schüler geforscht und gelehrt und dabei viele Wissensbereiche als Wissenschaften begründet. Dann greift die Politik erneut in seine Biographie ein. Mit dem Tode Alexanders 323 erhält die antimakedonische Partei in Athen wieder Auftrieb, und Aristoteles sieht sich ein zweites Mal zur Emigration gezwungen. Diesmal geht er nach Chalkis auf Euböa, stirbt aber schon 322 mit 63 Jahren.

Die Nachwirkung des Aristoteles war gewaltig. So ist die abendländische, aber auch die arabische Geistesgeschichte in nicht geringem Maße Aufnahme und Adaption seines Denkens. Die dem Schulgründer folgenden Peripatetiker haben die Formierung der Fachwissenschaften und die wissenschaftsgeschichtliche Forschung weitergeführt. Die Philosophie des Aristoteles hingegen scheint zunächst für etwa 1 1/2 Jahrhunderte von geringerer Resonanz geblieben zu sein, wohl weil das damals stärkere Bedürfnis nach Lebenshilfeleistung von den Epikureern und Stoikern besser bedient wurde. Doch um die Mitte des 1. Jh. v. Chr. besorgte Andronikos von Rhodos die erste, freilich systematisierende Werkausgabe und leitete damit eine Aristoteles-Renaissance ein, die sich in jener umfangreichen Kommentarliteratur der Spätantike niederschlug. Beachtliches Ansehen gewann der Stagirite seit dem 9. Jh. in der Philosophie der Araber. Vor allem auch durch deren Vermittlung begann dann seit dem 12/13. Jh. in den Klosterschulen des lateinischen Westens die Aristoteles-Rezeption, die in der bei Albertus Magnus vorbereiteten Aristotelisierung der Theologie durch Thomas von Aquin gipfelte. Hier galt der zum »Scholastiker« beförderte Aristoteles als »Der Philosoph«, der im Neuthomismus bis heute weiterwirkt. Doch auch außerhalb der Theologie ist er kein »toter Hund« und kann sich in der gegenwärtigen philosophischen Forschung eben als fruchtbarer Diskussionspartner erweisen.

Werk(e):
Edition Bd. I–V (1831–1870), hrg. v. I. Bekker; Werke (1956ff), Übersetzung, hrg. v. E. Grumach u. H. Flashar.

Sekundär-Literatur:
Jaeger, W.: Aristoteles. Grundlegung einer Geschichte seiner Entwicklung (1923); Düring, I.: Aristoteles. Darstellung und Interpretation seines Denkens (1966); Flashar, H.: Aristoteles, in: Überwegs Grundriß, Die Philosophie der Antike 3 (1983) 175–457; Jürß, F., u. Ehlers, D.: Aristoteles (1989); Höffe, O.: Aristoteles (1996).

Armstrong, Henry Edward,
englischer Chemiker,
* 6. 5. 1848 Lewisham (im Südosten Londons),
† 13. 7. 1937 Lewisham.

Armstrong entwickelte 1887 eine zentrische Benzolformel und erbrachte in der organischen Synthesechemie wichtige Experimentalbeiträge.

Armstrong war der Sohn eines Londoner Importkaufmanns. Ab 1865 studierte er Chemie am Royal College of Chemistry in London und wurde bereits ein Jahr später Assistent. 1867 ging er zu weiterführenden Studien an die Universität Leipzig, wo er 1869 promovierte. Danach kehrte er nach London zurück und nahm an der Medical School des St. Bartholomew's Hospital eine Tätigkeit als Dozent auf. 1871 wurde Armstrong Professor für Chemie an der

H.E. Armstrong

London Institution. Ab 1879 führte er die chemische und physikalische Ausbildung am neu gegründeten Institut for the Advancement of Technical Education der City and Guilds of London durch. Als dieses sich zur Central Institution weiterentwickelte, übernahm Armstrong dort die Professur für Chemie. Mit dem Anschluss dieser Einrichtung an das Imperial College of Science and Technology im Jahre 1911 wurde das chemische Department geschlossen. Armstrong führte noch bis 1914 für die restlichen Studenten die chemische Ausbildung weiter und war danach als freiberuflicher Chemiker tätig. Zu seinen Hauptaufgaben gehörten fachliche Gutachten und eine weitverzweigte Beratertätigkeit, so z. B. 1915 für die indische Regierung beim Aufbau eines Institutes für Indigokulturen.

Armstrongs wichtigster Beitrag zum Ausbau der klassischen Strukturvorstellungen in der organischen Chemie war 1887 die von ihm entwickelte zentrische Benzolformel. Damit griff er in die jahrzehntelangen Diskussionen um den Aufbau aromatischer Verbindungen ein, die 1866 mit dem von A. ↗ Kekulé entwickelten ersten in sich geschlossenen Benzolmodell, der hexagonalen Benzolformel, einen vorläufigen Höhepunkt erreicht hatten. Aufgrund zahlreicher neuer experimenteller Befunde, insbesondere von Substitutionen am Benzolkern in 1,2- und 1,6-Stellung, musste Kekulé 1872 sein Modell durch die sog. Oszillationshypothese verfeinern. Allerdings vermochte auch dieses Modell den vielfältigen Reaktionsmöglichkeiten benzoider Verbindungen nicht völlig Rechnung zu tragen. Deshalb wurden immer wieder Versuche unternommen, durch neue Strukturvorschläge für das Benzol möglichst allen Teilaspekten gerecht zu werden. Zur Widerspiegelung der Reaktionsvielfalt wählte man u. a. Diagonalformeln (J. ↗ Dewar, Johannes Wislicenus 1867, Adolf Claus 1867, Wilhelm Koerner 1874), Projektions-, Prismen- und Rotationsformeln (A. ↗ Ladenburg 1869, 1872, 1874) sowie Zentralformeln (Claus 1867, J. L. ↗ Meyer 1872, Armstrong 1887). Armstrongs Zentralformel von 1887 trug insbesondere der von ihm umfassend untersuchten Chemie der Naphthalinverbindungen Rechnung. Armstrong hat bis etwa 1900 vor allem die Substitutionsreaktionen des aus zwei anellierten Benzolringen bestehenden Naphthalins erforscht und damit auch wichtige Voraussetzungen für die industrielle Herstellung synthetischer organischer Farbstoffe erbracht. Dabei entwickelte er mit der sog. Chinontheorie eine der ersten Farbstofftheorien, mit deren Hilfe es möglich wurde, die Farbigkeit chemischer Verbindungen aus ihrer Struktur zu erklären. Des Weiteren hat sich Armstrong mit der Chemie der Terpene und des Camphers sowie mit den Hydriden der Nichtmetalle beschäftigt. [RS3]

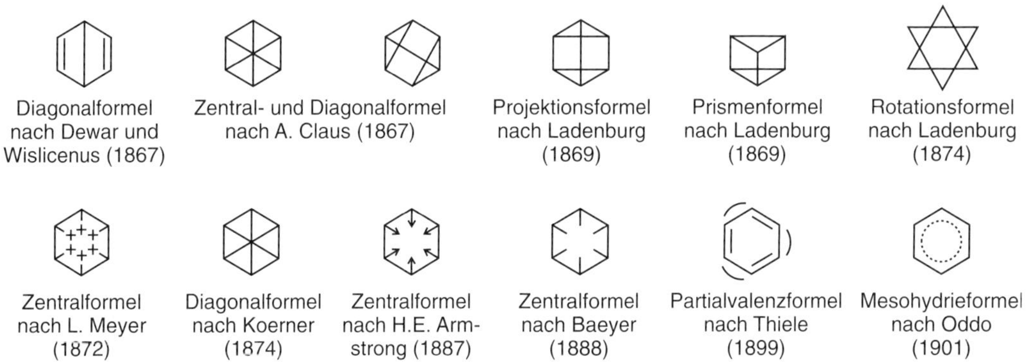

Diagonalformel nach Dewar und Wislicenus (1867)

Zentral- und Diagonalformel nach A. Claus (1867)

Projektionsformel nach Ladenburg (1869)

Prismenformel nach Ladenburg (1869)

Rotationsformel nach Ladenburg (1874)

Zentralformel nach L. Meyer (1872)

Diagonalformel nach Koerner (1874)

Zentralformel nach H.E. Armstrong (1887)

Zentralformel nach Baeyer (1888)

Partialvalenzformel nach Thiele (1899)

Mesohydrieformel nach Oddo (1901)

H.E. Armstrong: Benzolmodelle im 19. Jh. mit Armstrongs Zentralformel (1887)

Arnald von Villanova
(Arnaldus de Villanova, Arnaud de Villeneuve, Arnaldo de Villaneuva; auch Arnold Bachuone oder Barchinone für Barcelona),
katalanischer Arzt, Medizintheoretiker, Gelehrter und Diplomat,
* um 1235 Valencia,
† 6. 9. 1311 infolge eines Schiffbruchs auf der See nahe Genua (Italien).

Arnald von Villanova erlangte als Arzt, Medizintheoretiker, Gelehrter und Diplomat im 13. Jahrhundert großes Ansehen. In die Rezeption ist er weiterhin als Astrologe und Alchemist sowie als Verfasser eine Vielzahl alchemistischer Schriften eingegangen, deren Authentizität allerdings bis in die Gegenwart umstritten ist.

Der Katalane Arnald von Villanova stammte nach eigenem Bekunden aus einfachen Verhältnissen, wurde von Dominikanern erzogen und studierte um 1260 Philosophie und Medizin in Montpellier. Er setzte seine Studien in den frühen 1280er-Jahren in Barcelona fort, erlernte die arabische und lateinische Sprache (evtl. auch hebräisch), erwarb umfangreiche Kenntnisse der arabischen Medizin und publizierte lateinische Übersetzungen und Kommentare arabischer Schriften zur Medizin – u. a. von ↗ Galen (*De rigore*), ↗ Avicenna (*De viribus cordis*) und ↗ Alkindus (*De medicina*). Aufgrund seines Ansehens als Arzt wurde er von Peter III. zum königlichen Leibarzt berufen und trat nach dessen Tod als Arzt wie als politischer Berater und Gesandter in den Dienst der Könige Alfons III., Jacob II. und schließlich Friedrich III. von Sizilien. Astrologischer Prophezeiungen verdächtigt, wurden seine Lehrmeinungen von der spanischen Geistlichkeit verurteilt und 1287 mit dem bischöflichen Bannspruch belegt. Arnald verließ Spanien und kehrte nach Montpellier zurück, wo er von 1291 bis 1299 einen Lehrstuhl für Medizin innehatte. Um 1299 brachte Arnald, der in Montpellier u. a. unter dem Einfluss der Dominikaner, der spirituellen Franziskaner und des Joachimiten Petrus Johannis Olivi stand, eine Reihe theologisch-prophetischer Schriften zum Abschluss, darunter auch das Werk *De adventu antichristi*, in dem er das Weltende und das Erscheinen des Antichristen prognostizierte und daraus die Notwendigkeit einer Reform der Klerikerkirche folgerte. Arnald löste mit seinen philosophischen Lehren in der Folgezeit wiederholt heftige Auseinandersetzungen mit der Pariser Theologenfakultät aus und geriet in Konflikte mit den Inquisitionsbehörden. Im Jahre 1305 wurden seine Schriften von der Inquisition verboten und teilweise vernichtet. Er verließ Paris und ging als Leibarzt an den päpstlichen Hof zu Avignon, wo er enge Beziehungen zu Papst Bonifaz VII. wie zu dessen Nachfolger Klemens V. unterhielt, unter deren Schutz er seine medizinischen Forschungen nach der Verurteilung von 1305 fortführen konnte. Während man seine philosophischen Lehren und Reformforderungen mit großem Argwohn beobachtete, genoss er als Arzt und politischer Berater hohe Wertschätzung. 1311 starb er infolge eines Schiffsbruchs bei Genua.

Arnald von Villanova gilt vor allem als bedeutender Arzt, Medizintheoretiker und umfassend geschulter Wissenschaftler. In der theoretischen Grundlegung seiner diagnostischen wie therapeutischen Prinzipien stützte er sich auf die galenische Systematisierung der hippokratischen Lehren zur Medizin und führte diese theoretisch wie auf der Basis praktischer Experimente und Beobachtungen weiter, was seinen Niederschlag in einer Vielzahl medizinischer Kompendien und therapeutisch-praktischer Schriften gefunden hat, die in ganz Europa Verbreitung fanden. Im Zentrum dieser Lehren standen die traditionsreichen Ansätze der Humoralpathologie sowie der Temperamenten- und Komplexionslehre. Hierauf gründete sich die Diagnose des je individuell zu beurteilenden körperlichen Zustands eines Patienten (Eukrasie bzw. Dyskrasie) wie die Zusammensetzung von Medikamenten und das therapeutische Verfahren. Arnald verband Grundlagen scholastischer Medizintheorie mit systematischen Ansätzen griechischer Naturphilosophie, arabischen Lehren sowie medizinisch-praktischen Verfahrensweisen der Arzneimittelherstel-

Arnald von Villanova (Holzschnitt)

lung. Während Arnald das Verhalten natürlicher Phänomene durch rationale Gesetzmäßigkeiten und durch Quantifizierung, beispielsweise in der Pharmazie im Rückgriff auf die Lehren Alkindus' und Averroes', zu begründen suchte, ging er gleichzeitig von spirituellen Kräften aus (qualitates occultae), die er den physischen Wirkursachen zugrunde legte. Seine medizinischen Lehren entfalteten im 14. und 15. Jahrhundert große Wirkung. Im 16. Jahrhundert wurden seine Werke in verschiedenen Gesamtausgaben publiziert und beeinflussten die medizinische wie alchemische Literatur der Neuzeit maßgeblich. [AE]

Werk(e):
Opera Arnaldi de villa nuova... nuperrime recognita (1505); Arnaldi Villanovani philosophi et medici summi Opera omnia, cum Nicolai Tavrelli... in quosdam libros annotationibus (1585); Obres Catalanes (2 Bde., hrg. von M. Batllori u. J. Carreras i Artau 1947); Des Meisters Arnald von Villanova Parabeln der Heilkunst (aus dem Lateinischen übersetzt 1922).

Sekundär-Literatur:
Gerwing, M.: Vom Ende der Zeit. Der Traktat des Arnald von Villanova über die Ankunft des Antichrist in der akademischen Auseinandersetzung zu Beginn des 14. Jahrhunderts, Beiträge zur Geschichte der Philosophie und Theologie des Mittelalters NF 45 (1996); Paniagua, J. A.: La obra médica de Arnau de Vilanova, in: Archivo Iberoamericano de Historia de la Medicina y Antropologica Medica 11/4 (1959) 351–401.

Arrhenius, Svante,
schwedischer Physikochemiker,
* 19. 2. 1859 Vik/Mälarsee,
† 2. 10. 1927 Stockholm.

Arrhenius erhielt 1903 den Nobelpreis für Chemie für die Theorie der Dissoziation starker Elektrolyte. Diese baute darauf auf, dass die Moleküle einiger Substanzen in mehr oder weniger verdünnten Lösungen in elektropositive und negativ geladene Teilchen (Ionen) zerfallen, wodurch elektrische Leitfähigkeit bewirkt wird. Seine Arbeit löste weiterführende Untersuchungen zur Säure-Base-Theorie, grundlegende Arbeiten in der chemischen Kinetik (Arrhenius-Gleichung), generell über die Beziehungen physikalischer Parameter und chemischer Eigenschaften aus. J. H. ↗ van't Hoff, Arrhenius und W. ↗ Ostwald setzten die physikalische Chemie als eine neben Anorganik und Organik gleichberechtigte chemische Disziplin durch. Sie bildeten den Kerntrupp des »wilden Heeres der Ionier« zur energischen Durchsetzung der Dissoziationstheorie: Das neue Spezialgebiet hatte bislang relativ wenig Interessenten gefunden, auch wegen der für diese Forschungen nötigen mathematischen Kenntnisse, und die Theorie der elektrolytischen Dissoziation wurde ob ihrer theoretischen Kühnheit nicht ohne Weiteres aufgenommen. Arrhenius wandte physikalisch-chemi-

S. Arrhenius

sche Herangehensweisen später auch auf Kosmologie, Geophysik und Biochemie an.

Ab 1876 studierte Arrhenius Mathematik, Chemie und Physik in Uppsala und Stockholm. Seine 1884 in Uppsala eingereichte Dissertation behandelte das proportionale Verhältnis von elektrischer Leitfähigkeit, Temperatur und Konzentrationsgrad einer Lösung als Grenzwert für stark verdünnte Lösungen und ihren Dissoziationsgrad.

Die Physiker hielten sich jedoch nicht für zuständig, sie zu beurteilen, und die Chemiker bewerteten die Arbeit, die bereits den Entwurf der Dissoziationstheorie vorstellte, skeptisch (»non sine laude approbatur«). Sie erregte allerdings die Aufmerksamkeit Ostwalds in Riga, veranlasste dessen Besuch und gemeinsame Arbeit. Die Kontakte und die spätere Freundschaft mit dem bereits berühmten van't Hoff kamen ab 1885 zustande, als Arrhenius dessen 1884 publizierten *Études de dynamique chimique* referierte. 1886 bewirkte van't Hoffs Arbeit über das chemische Gleichgewicht für verdünnte, gasförmige oder gelöste Zustände bei Arrhenius die Erkenntnis, dass seine von ihm bislang so benannten »aktiven Teilchen« tatsächlich freie Ionen seien.

Ein Reisestipendium der Akademie der Wissenschaften zu Stockholm nutzte Arrhenius zu Arbeitsaufenthalten bei Ostwald in Riga und später in Leipzig, bei F. ↗ Kohlrausch in Würzburg, bei L. ↗ Boltzmann in Graz, wo er W. ↗ Nernst traf. 1887 schrieb er *Über die Dissoziation der in Wasser gelösten Stoffe*, worin er seine Theorie der elektrolytischen Dissoziation präzisieren und mathematisch klar darlegen konnte. 1888 verbrachte er einen Arbeitsaufenthalt bei van't Hoff in Amsterdam. Hier ging es darum, das Massenwirkungsgesetz auf die Dissoziation starker Elektrolyte anzuwenden, und in Zusammenhang mit seinen Arbeiten zur chemischen Kinetik entwickelte er die mathematische Formulierung des bereits von J. J. Hood und van't Hoff erkannten Verhältnisses von Aktivierungsenergie und der

Temperaturabhängigkeit der Geschwindigkeitskonstanten (Arrhenius-Gleichung). Bei E. Edlund in Stockholm beschäftigte sich Arrhenius erstmals auch mit astro- und geophysikalischen Problemen, mit Nordlicht, Kugelblitz, Vulkanen, Erdmagnetismus sowie dem Verhältnis von UV-Strahlen und der Ionisation der Erdatmosphäre; zu diesen Untersuchungen kehrte er in späteren Jahren wiederholt zurück.

Obwohl er in deutschen chemischen Fachkreisen inzwischen wohl bekannt war, fand Arrhenius in seiner Heimat lange keine feste Anstellung. Ostwald, bei dem er als Assistent hospitierte, bot ihm hingegen die Habilitation in Leipzig an, in Graz stellte man ihm eine Professur in Aussicht, und von Kohlrausch, Boltzmann, W. ↗ Hittorf und anderen gelangten günstige Beurteilungen an schwedische Kollegen; darüber hinaus erhielt Arrhenius dank Ostwalds und Nernsts Unterstützung 1891 einen Ruf nach Gießen. Dadurch wurde man in Schweden endlich auf den Landsmann aufmerksam; noch im gleichen Jahr erlangte Arrhenius eine Dozentur für Physik an der TH Stockholm. Allerdings ließ die Ernennung zum Ordinarius bis 1895 auf sich warten, verursacht durch die immer noch skeptische Einschätzung seiner physikalischen Qualifikation durch schwedische Kollegen, insbesondere Lord ↗ Kelvin, dessen abwertende Haltung gegenüber Arrhenius deren Beziehung viele Jahre belastete. Diese Phase in Arrhenius' Laufbahn verdeutlichte das Dilemma einer neuen Disziplin, deren Wissenschaftler sich in fachliche Überschneidungsbereiche und Neuland begeben und sich erst dort weiter spezialisieren. Doch auch in dieser Zeit trugen die deutschen und österreichischen Kollegen zu wachsender Reputation für Arrhenius bei: Nernst erreichte seine Wahl zum Ehrenmitglied der elektrochemischen Gesellschaft, Leipziger Studenten besuchten physikalisch-chemische Ferienkurse in Stockholm usw. 1895 wurde Arrhenius o.Professor, und 1896–1902 oblag ihm auch das Rektorat der Hochschule. 1894 heiratete er die Chemikerin Sophia Rudbeck (Sohn Olaf); die Ehe wurde jedoch 1896 geschieden. Neben der physikalisch-chemischen Forschung baute Arrhenius nunmehr die bereits genannten Arbeiten über kosmische Physik aus; außer Spezialbeiträgen publizierte er darüber auch populäre Schriften.

Einen dritten Schwerpunkt seiner Interessen bildeten biochemische Forschungen; dazu absolvierte er 1901 in Kopenhagen einen Arbeitsaufenthalt bei V. Madsen. Arrhenius untersuchte die Anwendungsmöglichkeiten der theoretischen und physikalischen Chemie sowie quantifizierender Methoden auf die Untersuchung physiologischer Prozesse, insbesondere für die Immunochemie. Seine Position zwischen P. ↗ Ehrlich und E. v. ↗ Behring brachte ihm um 1902/03 streitbare Debatten ein, in die auch Nernst verwickelt war.

Einige Jahre zuvor war Arrhenius, nunmehr unangefochten ein Wissenschaftler von internationalem Rang, in die Ausarbeitung der Statuten für die Nobelpreisstiftung einbezogen worden, eine komplizierte Aufgabe, für die es kaum Vorbilder gab. Diese Tätigkeit führte allerdings 1901 zum Zerwürfnis mit Nernst, der, abgesehen von fachlichen Differenzen, ihm vorwarf, unlauter auf ein eigenes Institut aus Mitteln der Nobelstiftung zu spekulieren (die Versöhnung erfolgte erst anlässlich der Nobelpreisverleihung an Nernst im Jahre 1920). Arrhenius wirkte später in der Kommission für die Vergabe der Physikpreise mit, konnte auch die Preisvorschläge für Chemie beeinflussen, somit ein Stück internationaler Wissenschaftspolitik mitprägen.

Seit 1901 hatte er bereits zahlreiche Ehrungen wie Mitgliedschaften in Akademien und Ehrendoktorate erfahren, 1902 zeichnete ihn die Royal Society in London mit der Davy-Medaille aus, und im Jahre 1903 erhielt er für seine Theorie der elektrolytischen Dissoziation als besonderen Beitrag zur Chemie als erster Schwede selbst den Nobelpreis.

1904 bot ihm F. Althoff in Berlin eine akademische Forschungsprofessur an, analog jener, die van't Hoff innehatte. Der Vorschlag konnte jedoch ad acta gelegt werden, da sich um diese Zeit die Aussicht stabilisierte, dass Arrhenius ab 1904 das Direktorat des tatsächlich geplanten künftigen Nobelinstituts zur Beurteilung nobelpreiswürdiger Leistungen der Physik und Chemie in Stockholm übernehmen würde (ab 1905/06, zunächst in Gestalt einer eigenen Abteilung).

1905 heiratete Arrhenius Maria Johansson in zweiter Ehe (Sohn Sven, Töchter Esther, Anna-Lisa). Zugunsten der Fortsetzung seiner physikochemischen Untersuchungen legte Arrhenius um 1906/07 sein Lehramt nieder. 1909 wurde die Einweihung des neuen Instituts und damit zugleich der 25. Jahrestag der Theorie der elektrolytischen Dissoziation gefeiert.

Zu Beginn des Ersten Weltkriegs versuchten viele deutsche Kollegen, insbesondere auch Ostwald, Deutschlands Rolle zu rechtfertigen. An brieflichen Reaktionen von Arrhenius ist wenig erhalten, daher ist kaum bekannt, wie er behutsam und bedrückt zumindest das kritische Hinterfragen anzuregen und Ostwalds Chauvinismus als allenfalls individuell wohlgemeint zu entschuldigen versuchte. Nach Kriegsende half er, Kontakte wiederherzustellen, die wissenschaftliche Isolierung Deutschlands zu überwinden, bot F. ↗ Haber Zuflucht an, solange jenem als Inaugurator des Gaskrieges noch die Verhaftung drohte, versuchte, gemeinsam mit E.↗ Fischer die Unterzeichner des »Aufrufs der 93« zu einem Widerruf zu bewegen, half vielen Kollegen.

Arrhenius' Hauptleistung bestand in der Erklärung der Dissoziation der Elektrolyte. Der Physikochemiker Arrhenius widersprach den damals geltenden Auffassungen von der prinzipiellen Unveränderlichkeit der Atome und deutete die Dissoziation als Aufspaltung der Moleküle in Ionen. Die Leistung von Arrhenius bestand zugleich darin, die bereits vorhandenen Forschungen über Affinität (C. L. ⁊ Berthollet), Reaktionsgeschwindigkeit (M. ⁊ Berthelot), Thermodynamik (R. ⁊ Clausius), das Massenwirkungsgesetz (C. M. ⁊ Guldberg/P.⁊ Waage), Leitfähigkeit der Elektrolytlösungen (Kohlrausch) und andere physikalisch-chemische Probleme sowie die Methoden von Messung und Bearbeitung im Rahmen der elektrolytischen Dissoziationstheorie zusammenzuführen. Die Theorie stand, wie erwähnt, im Kontrast zur bestehenden Ansicht, dass die Elektrolyte erst gespalten würden, wenn durch die Lösung elektrischer Strom geleitet werde. Seine Annahme war dagegen, dass sie als in der wässrigen Lösung bereits vorhandene freie Ionen überhaupt erst den Stromfluss ermöglichten, sowie, dass nur bestimmte Anteile der gelösten Elektrolyte, abhängig von der Molekularleitfähigkeit, für den Stromfluss aktiv wirksam seien. Der Grad der elektrischen Dissoziation bedinge die Stärke der Säuren und Basen.

Darüber hinaus bestand seine Leistung in dem produktiven Aufgreifen der stereochemischen Beiträge van't Hoffs sowie dessen osmotischer Lösungstheorie samt Einführung eines besonderen Koeffizienten, mit dem das Maß des Dissoziationsgrades geprägt werden konnte. Der Ausbau der osmotischen Lösungstheorie und die Präzisierung der Dissoziationstheorie waren Gegenstand der gemeinsamen Arbeit von van't Hoff und Arrhenius im Jahre 1888 in Amsterdam. Arrhenius führte den Begriff des Dissoziationsgrades ein und bestimmte die elektrische Leitfähigkeit von Säuren. 1889 stellte er die so bezeichnete Arrhenius-Gleichung auf, die eine Beziehung zwischen der Reaktionsgeschwindigkeitskonstanten und der Temperatur bei chemischen Reaktionen herstellt.

Arrhenius untersuchte die Zusammenhänge der für die Leitfähigkeit wirksamen Anteile der Elektrolyte und deren chemische Wirksamkeit, leistete einen grundlegenden Beitrag in der Reaktionskinetik, indem er den Begriff der Aktivierungsenergie einführte.

Gemeinsame Leistung, unverzichtbares Verdienst war nicht zuletzt das wissenschaftliche und publizistische Zusammenwirken von Arrhenius und van't Hoff mit Ostwald, der die Bedeutung des Verdünnungsgesetzes der Elektrolytlösungen nachwies und außerdem die Zeitschrift für physikalische Chemie und seine Leipziger Schule zum Zentrum der »Ionier« gestaltete. [RZ]

Werk(e):
Recherches sur la conductibilité galvanique des électrolytes, Svensk Kemisk Tidskrift (1903) 199, s. auch Bihang till k. Vetenskapsakademiens Handlingar (1884); Über die Dissoziation der in Wasser gelösten Stoffe, Z. phys. Chem. 1 (1887) 631–648; Lehrbuch der Elektrochemie (1900); Lehrbuch der kosmischen Physik, 2 Bde. (1903); Immunochemie: Anwendungen der physikalischen Chemie auf die Lehre von den physiologischen Antikörpern (1907); Die Vorstellung vom Weltgebäude im Wandel der Zeiten. Das Werden der Welten. Neue Folge (1908); Quantitative Laws in Biological Chemistry (1915).

Sekundär-Literatur:
Crawford, E.: Arrhenius. From Ionic Theory to the Greenhouse Effect (1996); Kernbauer, A.: Svante Arrhenius' Beziehungen zu österreichischen Gelehrten. Briefe aus Österreich an Svante Arrhenius (1988); Körber, H.-G.: Aus dem wissenschaftlichen Briefwechsel Wilhelm Ostwalds, 2 T. (1961/1969).

Artin, Emil,
Mathematiker,
* 3. 3. 1898 Wien,
† 20. 12. 1962 Hamburg.

Artin hat richtungweisende Impulse für Algebra und Zahlentheorie im 20. Jahrhundert gegeben.

Nach Studium in Wien und Leipzig promovierte Artin 1921 in Leipzig bei Gustav Herglotz und verbrachte dann ein Jahr in Göttingen, was ihn in Kontakt mit D. ⁊ Hilbert, F. ⁊ Klein, E. ⁊ Noether und W. ⁊ Pauli brachte. Danach wechselte er an die Universität in Hamburg, an der er 1923 Privatdozent, 1925 außerordentlicher und 1926 ordentlicher Professor wurde. Zum 31. Oktober 1937 wurde er als »jüdisch versippter« Beamter in den Ruhestand versetzt und emigrierte in die USA. Dort erhielt er sogleich eine Professur an der University of Notre Dame; 1938 wechselte er an die Indiana University in Bloomington und 1946 an die Princeton University. Im Jahre 1958 kehrte er an die Universität Hamburg zurück, wo er bis zu seinem Tod wirkte.

E. Artin

In seiner Dissertation behandelte Artin die Riemannsche Vermutung für Funktionenkörper vom Transzendenzgrad 1 über einem endlichen Grundkörper und bewies sie in Spezialfällen; dies regte unter anderem H. ↗ Hasse und A. ↗ Weil zu weiterführenden und grundlegenden Beiträgen an. Die Untersuchung der in seiner Habilitationsschrift eingeführten L-Reihen brachte Artin zum Allgemeinen Reziprozitätsgesetz der Zahlentheorie (in Weiterführung der klassischen Resultate von C. F. ↗ Gauß und F. ↗ Eisenstein). Gemeinsam mit Otto Schreier begründete Artin die Theorie der formal reellen Körper, die ihn 1927 zur Lösung eines der 1900 von Hilbert gestellten Probleme führte. Artin befasste sich auch intensiv mit Klassenkörpertheorie, über die er 1961 mit John T. Tate eine Monographie veröffentlichte.

Nach Artin werden heute Ringe benannt, in denen alle absteigenden Idealketten stationär werden (in Analogie zu den »Noetherschen« Ringen).

Besonderen Einfluss auf die Entwicklung der Mathematik hatte Artin durch seine Algebra-Vorlesungen, die, neben denen von Noether, die Grundlage von B. L. ↗ van der Waerdens Algebra-Lehrbuch bildeten.

Artin erhielt 1932 gemeinsam mit Emmy Noether den Alfred-Ackermann-Teubner-Gedächtnispreis für Mathematik. [PU]

Werk(e):
Collected papers (1965; Nachdruck 1982).

Sekundär-Literatur:
Schoeneberg, B.: Emil Artin zum Gedächtnis. Mathematisch-Physikalische Semesterberichte, Neue Folge 10 (1964) 1–10.

Arzachel, eigentlich **Abū Isḥāq ibn al-Zarqālluh,**
spanisch-arabischer Astronom,
* um 1030 Córdoba,
† 15. 10. 1100 Córdoba.

Al-Zarqālluh gehörte zu der Gruppe von Gelehrten, die im Toledo des 11. Jahrhunderts ein geistiges Zentrum bildeten. Er ist vor allem für seine astronomischen Bücher und die Konstruktion astronomischer Instrumente bekannt.

Nach Aussage von Ṣāʿid al-Andalusī gehörte al-Zarqālluh zu einer Gruppe junger Studenten aus Toledo, die sich für Philosophie interessierten. Zudem war er ein herausragender Astronom seiner Zeit und der Kopf von Ṣāʿids Gruppe. Ṣāʿid berichtete, dass al-Zarqālluh der beste Konstrukteur astronomischer Instrumente war. Eine anonyme ägyptische Quelle, *Kanz al-yawāqīt*, schreibt al-Zarqālluh für das Jahr 1048 die Konstruktion eines astronomischen Instruments, des so genannten al-zarqāla, für den toledischen Herrscher al-Maʾmūn zu, inklusive einer Bedienungsanleitung mit über hundert Kapiteln. Abū-l-Ḥasan ʿAlī al-Marrākushī hält in seiner *Djāmiʿ al-mabādīʾ wa-l-ghāyāt fī ʿilm al-mīqāt* fest, dass al-Zarqālluh 1061 astronomische Beobachtungen in Toledo machte. Ibn al-Hāʾim al-Ishbīlī hielt fest, dass al-Zarqālluh 25 Jahre lang die Sonne und 37 Jahre lang den Mond beobachtete. Al-Qifṭī berichtete, dass al-Zarqālluhs Beobachtungen von seinem Schüler Ibn al-Kammād al-Andalusī benutzt wurden. Zwischen 1081 und 1085 verließ al-Zarqālluh Toledo und siedelte sich in Córdoba an, unter dem Schutz von al-Muʿtamid, dem Herrscher von Sevilla.

Al-Zarqālluhs theoretische Arbeiten umfassen eine *Behandlung der Bewegung der Fixsterne* aus dem Jahre 1084, die nur in einer hebräischen Übersetzung erhalten ist, eine verschollene Arbeit *Über das Sonnenjahr*, geschrieben zwischen 1075 und 1080 und aus Sekundärquellen rekonstruiert, eine verschollene Publikation *Über die Unfähigkeit der ptolemäischen Methode, das Apogäum des Merkur zu erhalten*, die von Ibn Bājja (↗ Avempace) erwähnt wird, sowie ein verschollener Text, der eine Korrektur des ptolemäischen Mondmodells beschreibt und von Ibn al-Hāʾim in dessen *al-Zīj al-kāmil fī al-taʿālīm* aufgeführt wird; ferner ein Almanach, der in Lateinisch, Arabisch und einer kastilischen Übersetzung erhalten ist, und die *Toledischen Tafeln*, eine durch eine lateinische Übersetzung bekannte Adaption des besten verfügbaren astronomischen Materials für die Koordinaten von Toledo, das von einem Team um Ṣāʿid zusammengetragen wurde, dessen prominentes Mitglied al-Zarqālluh gewesen zu sein scheint. Er ist auch der Autor des astrologischen Werkes *Über die Bewegungen und Einflüsse der Planeten*. Auch über Instrumente veröffentlichte al-Zarqālluh eine Reihe von Werken: eine Abhandlung über die Konstruktion der Armillarsphäre, die nur in einer kastilischen Übersetzung erhalten ist; zwei Abhandlungen über Konstruktion (ca. 1080/81) und Gebrauch (ca. 1081/82) des sog. Equatoriums, al-Muʿtamid gewidmet; und zwei Veröffentlichungen über zwei Varianten des selben astronomischen Universalinstruments, des ṣafīḥa (Scheibe): eine mit über hundert Kapiteln mit dem Titel *al-ṣafīḥa al-mushtaraka li-jamīʿ al-ʿurūḍ* über die Benutzung der zarqāliyya genannten ṣafīḥa und eine weitere mit 60 Kapiteln über den Gebrauch der shakkāziyya-Variante. [RP2]

Werk(e):
Ibn al-Abbār. Al-Takmila li-kitāb al-ṣila, hrg. A. Bel, M. Ben Cheneb (1920); Ibn Qifṭī. Akhbār al-ʿulamāʾ bi-akhbār al-ḥukamāʾ; Isḥāq Israeli. Liber Jesod olam seu Fundamentum mundi, hrg. B. Goldberg, L. Rosenkranz, mit Komm. v. D. Cassel (1846-48); Ṣāʿid al-Andalusī. Ṭabaqāt al-umam, hrg. Ḥayāt Bū ʾAlwān (1985, franz. Übersetzung 1935).

Sekundär-Literatur:
Millás, J.M.: Estudios sobre Azarquiel (1943–50); Neuauflage mit aktualisierter Bibliographie in: Samsó, J.: Las ciencias de los antiguos en al-Andalus (1992).

Arzimowitsch, Lew Andrejewitsch,
russisch-sowjetischer Physiker,
* 25. 2. 1909 Moskau,
† 1. 3. 1973 Moskau.

Arzimowitsch gehört zu den Pionieren der technischen Kernfusion und leistete wichtige Beiträge zur Atom-, Kern- und Plasmaphysik sowie zur elektromagnetischen Isotopentrennung.

L.A. Arzimowitsch

Nach dem Studium von 1924 bis 1928 an der Universität Minsk, wo sein Vater Professor für Statistik war, und der Verteidigung seiner Diplomarbeit zur Theorie der Röntgenspektren (1929) begann Arzimowitsch im April 1930 seine berufliche Tätigkeit im Physikalisch-Technischen Institut (Ioffe-Institut) in Leningrad. Zunächst beschäftigte er sich mit der Optik von Röntgenstrahlen, wechselte aber 1933 in das Labor für Kernphysik von I. W. ↗ Kurtschatow, wo er die Eigenschaften langsamer Neutronen untersuchte. Sein Hauptarbeitsgebiet von 1935 bis 1940 war die Wechselwirkung von schnellen Elektronen mit Materie, wodurch er die Anwendbarkeit der relativistischen Quantenmechanik auf diesem Gebiet nachweisen wollte. 1936 konnte er mit Abram I. Alichanow und Artem I. Alichanjan die Gültigkeit des Gesetzes der Erhaltung von Energie und Impuls bei der Annihilation von Positronen nachweisen. 1937 verteidigte er seine Dissertation zum Thema Absorption von langsamen Neutronen und habilitierte sich 1939 mit einer Arbeit zur Bremsstrahlung schneller Elektronen, in der er die Übereinstimmung der experimentellen Daten für die Abhängigkeit der Intensität der Bremsstrahlung und des Energieverlustes der schnellen Elektronen mit quantenmechanischen Rechnungen zeigen konnte.

In den Kriegsjahren beschäftigte er sich zunächst mit elektronenoptischen Systemen, insbesondere mit deren Auflösung und Verstärkung. 1944 wechselte er zum Institut für Atomenergie (Kurtschatow-Institut) und war im Rahmen des sowjetischen Atombombenprogramms erneut auf kernphysikalischem Gebiet tätig. Nach Untersuchungen zur Bremsstrahlung im Betatron, gemeinsam mit Isaak J. Pomerantschuk, übernahm er in den ersten Nachkriegsjahren die Leitung der für die Kernenergetik wichtigen Arbeiten zur elektromagnetischen Isotopentrennung. Ende 1950 wurde ihm die Leitung des Projektes zur gesteuerten thermonuklearen Reaktion (Kernfusion) übertragen, in dessen Rahmen er mit grundlegenden Arbeiten zur Physik des Hochtemperaturplasmas und zu den Möglichkeiten des magnetischen Plasmaeinschlusses begann. Dies führte zur Entwicklung von Versuchsanlagen vom Tokamak-Typ.

1946 wurde er zum korrespondierenden und 1953 zum ordentlichen Mitglied der Akademie der Wissenschaften der UdSSR gewählt, seit 1957 war er ständiger Sekretär der Klasse für allgemeine Physik und Astronomie und Mitglied des Präsidiums. [GP]

Werk(e):
Gesteuerte thermonukleare Reaktionen (1965); Plasmaphysik für Physiker (1983, mit R. S. Sagdejew).

Sekundär-Literatur:
Wospominanija ob akademike L. A. Arzimowitsche (1988).

Asklepiades aus Bithynien,
griechischer Arzt,
um 100 v. Chr.

Asklepiades begründete die solidarpathologische Krankheitslehre.

Die Lebenszeit des griechischen Arztes, der von der Südküste des Marmarameeres stammt, lässt sich nur vage bestimmen. Im Rahmen der Rezeption griechischer Wissenschaft und Kunst durch die Römer kam auch Asklepiades in die Hauptstadt ihres Imperiums und gewann durch seine umfassende Bildung die Freundschaft bedeutender Römer. Seine Philosophie fußte auf dem mechanistischen Materialismus der Atomisten. Er leugnete die Existenz eines Zentralorgans des Denkens, dessen Tätigkeit aus dem Zusammenwirken der Sinne resultiere. Auf dieser theoretischen Basis hat Asklepiades seine Krankheitslehre konzipiert, die für die von seinem Schüler Themison begründete »methodische« Ärzteschule bestimmend wurde. Anstelle der Säftepathologie des ↗ Hippokrates nahm er Masseteilchen an (Solidarpathologie), die aber offenbar »zerbrechbar« waren. Sie fließen durch die leeren Zwischenräume (Poren) des Körpers. Eine normale oder gestörte Bewegung dieser Partikel in den Poren manifestiert sich dann in Gesundheit oder Krankheit, die Asklepiades vor allem wohl durch physikalisch-diätetische Therapien zu beheben suchte. Vermutlich hat er bei seinen Aussagen aber aporetische Zurückhaltung im Sinne der »Skepsis« ↗ Demokrits geübt. Darauf deutet die vom Skeptiker Sextus Empiricus betonte Affinität zu den Methodikern und die Äußerung des Asklepiades, dass der rasante Fluss aller Dinge keine zwei (identischen) Bestimmungen zulasse. Unter seinen zahlreichen verlorenen Schriften fand sich auch eine mit dem Titel *Über die dosierte Anwendung von Wein*. [FJ]

Sekundär-Literatur:
Vallance, I. T.: The Lost Theory of Asclepiades of Bithynia (1990); Erler, M., in: Überweg-Flashar, Die Philosophie der Antike 4 (1994) 276.

Astbury, William Thomas
englischer Biochemiker,
* 25. 2.1898 Longton (Stoke-on-Trent, Staffordshire),
† 4. 6. 1961 Leeds.

Astbury gehört zu den Mitbegründern der Molekularbiologie.

Als Sohn eines Töpfers besuchte Astbury die Longton High School und gewann 1916 ein Stipendium für ein Studium an der Universität in Cambridge. Dort studierte er von 1917 bis 1921 mit einer Unterbrechung wegen des Militärdienstes (1918–19) Chemie, Physik und Mathematik und beendete das Studium als Physiker. Anschließend ging er zu W. H. ↗ Bragg an das University College (1921–23) und an das Davy-Faraday-Laboratorium der Royal Institution (1923–28) nach London und war sieben Jahre Mitarbeiter in Braggs Forschungsteam für Molekularstruktur und Röntgenkristallographie. Auf Empfehlung von Bragg, der 1909–15 die Cavendish-Professur für Physik der Universität Leeds innehatte, ging er 1928 als Dozent für Textilphysik nach Leeds und wurde dort 1945 als Professor auf den ersten Lehrstuhl für »biomolekulare Struktur« in England berufen.

Astbury war der Erste, der Beugungsmuster von Röntgenstrahlen bei der Erforschung von Nucleinsäuren nutzte. Er hatte die Methode bei Bragg gelernt und bei der Untersuchung sowohl von gestreckten wie auch ungestreckten Wollfasern angewandt. Bragg hatte ihn 1926 gebeten, Röntgenfotos von Fasern für seine Vorlesungen anzufertigen. Astburys damit geweektes Interesse für biologische Makromoleküle bestimmte sein gesamtes wissenschaftliches Leben.

Ausgehend von unterschiedlichen Beugungsmustern begann er, die Methode auch auf Fasern mit sehr viel komplizierteren Proteinstrukturen anzuwenden, wie z. B. Haare, Horn, Sehnen, Seidenfibroin, Federn, Algenzellwände und Muskelmyosine. Dabei konnte er feststellen, dass die erhaltenen Beugungsmuster sich in eine begrenzte Zahl von Klassen einteilen ließen. Er bestimmte die zwei Hauptkategorien α- und β-Faserproteine, von denen wir heute wissen, dass sie die Hauptbausteine der komplizierten Proteinstrukturen kennzeichnen, und er konnte sogar zeigen, dass Übergänge zwischen ihnen durch mechanisches Ausdehnen und Entspannen verursacht werden konnten. 1931 entwickelte er erstmals Modelle für die Anordnung der Ketten in den von ihm untersuchten Substanzen, 1938 gelangen ihm die ersten Röntgenbeugungsaufnahmen der DNA, und er sagte in einem *Nature*-Artikel die Gesamtdimension sowie Einzelheiten der Struktur des Moleküls exakt voraus. Seine Bündel- und Zickzack-Modelle erwiesen sich später jedoch als falsch. Der Grundgedanke, dass Nebenvalenzen die Ketten in charakteristischen Strukturen halten, war jedoch außerordentlich anregend und führte letztlich zur 1951 von L. ↗ Pauling entwickelten α-Helix-Struktur und zum Doppel-Helix-Modell der DNA von James Watson und Francis Crick.

Astburys Hauptverdienst besteht in der Einführung der Röntgenstrukturanalyse als Untersuchungsmethode biologischer Makromoleküle. 1961 charakterisierte er die Molekularbiologie mit den Worten, sie sei »... nicht so sehr eine Technik als vielmehr eine Annäherung, eine Annäherung vom Standpunkt der so genannten Grundlagenwissenschaften mit der Leitidee des Suchens unter den weitläufigen Äußerungen der klassischen Biologie nach dem entsprechenden molekularen Plan. Sie beschäftigt sich besonders mit den Formen der biologischen Moleküle und ... ist überwiegend dreidimensional und strukturiert – was nicht bedeutet, dass sie bloß eine Verfeinerung der Morphologie ist – sie muss Genese und Funktion gleichzeitig erkunden.«

Seine Arbeiten leiteten die schrittweise Aufklärung der Molekülstruktur der größten vorstellbaren organischen Verbindungen ein und waren für Wissenschaft und Industrie gleichermaßen bedeutsam. Bei der Entwicklung von Synthesefasern sind Röntgenstrukturaufnahmen zum obligaten Bestandteil der Forschung geworden. [WG2]

Werk(e):
Fundamentals of Fibre Structure (1933); Textile Fibres under the X-Rays (1940); The Forms of Biological Molecules (1945).

Sekundär-Literatur:
Bernal, J. D.: W. Th. Astbury, Biogr. Mem. of Fellows of Fellows the Royal Soc. 9 (1963) 1–35.

Aston, Francis William,
englischer Chemiker und Physiker,
* 1. 9. 1877 Harborne bei Birmingham,
† 20. 11. 1945 Cambridge.

Astons Hauptleistungen, für die er 1922 mit dem Nobelpreis für Chemie ausgezeichnet wurde, sind die Entwicklung des Massenspektrographen, der damit erfolgte direkte Nachweis der Isotope und die Entdeckung einer großen Zahl von Isotopen der natürlichen Elemente.

F.W. Aston

Der Sohn eines Metallhändlers studierte 1893–1898 am Mason's College in Birmingham (1900 entstand daraus die Universität Birmingham) Chemie bei William A. Tilden und Percy F. Frankland und Physik bei J. H. ⇗ Poynting. Mittels eines Stipendiums konnte er anschließend bei Frankland über stereochemische Fragen komplexer organischer Verbindungen arbeiten. Von 1900 bis 1903 verdiente er seinen Lebensunterhalt als Brauereichemiker. 1903–1908 war er Forschungsstudent bei Poynting, machte 1908 eine Weltreise und wurde 1909 Assistent an der Universität Birmingham. Von 1910 bis 1919 war er Assistent von J. J. ⇗ Thomson am Cavendish-Laboratorium in Cambridge (während des Ersten Weltkriegs bei der Luftwaffe tätig), 1920 wurde er Fellow am Trinity College in Cambridge, an dem er bis zu seinem Lebensende wirkte. Er war unverheiratet.

Unter Poynting hatte Aston über Gasentladungen in Geißler-Röhren gearbeitet und insbesondere die Ausdehnung des Crookesschen (bzw. Hittorfschen) Dunkelraums untersucht. Dabei fand er 1908 den unmittelbar an der Kathode liegenden Astonschen Dunkelraum.

Mit Thomson arbeitete Aston über die Ablenkung von (positiven) Kanalstrahlen in elektrischen und magnetischen Feldern. Dabei fanden sie 1912, dass das Edelgas Neon offenbar aus zwei Isotopen bestand, woraus folgen würde, dass nicht nur radioaktive Elemente Isotope bilden (wie von F. ⇗ Soddy 1910 gefunden). 1919 gelang es Aston, Thomsons bisher benutzte Parabolapparatur so weiterzuentwickeln, dass der Strahl der geladenen Teilchen in Abhängigkeit von ihrer relative Masse (in Analogie zum optischen Spektrum) so fokussiert werden konnte, dass sich auf dem Auffangschirm (Fotoplatte) ein Spektrum der Massenverteilung abbilden ließ. Er benutzte nun gekreuzte elektrische und magnetische Felder, wobei durch geschickte Anordnung erreicht werden konnte, dass sich Ionen mit gleichem m/e-Verhältnis, aber unterschiedlicher kinetischer Energie in einem Punkt fokussieren ließen (sog. Geschwindigkeitsfokussierung). Damit konnte der Nachweis erbracht werden, dass zahlreiche natürliche Elemente in mehreren Isotopen vorliegen. Im Laufe der Jahre bestimmte Aston auf diesem Wege 212 Isotope (von insgesamt fast 300 natürlich vorkommenden). Dafür baute er immer leistungsstärkere Spektrographen mit steigendem Auflösungsvermögen. Dabei fand er auch das so genannte Gesetz der ganzen Zahlen für die Isotopenmassen sowie die Astonsche Regel über die Anzahl der zu geraden bzw. ungeraden Ordnungszahlen gehörenden stabilen Isotope.

Aston galt als geschickter Experimentator, aber schlechter Lehrer. 1921 wurde er Fellow der Royal Society, war u. a. Auswärtiges Mitglied der Sowjetischen Akademie der Wissenschaften und der Accademia dei Lincei sowie Ehrendoktor der Universitäten Birmingham und Dublin. Aston war sehr sportlich, liebte Tennis und Bergsteigen, war ein guter Fotograf und auch sehr musikalisch (er spielte Klavier, Geige und Cello), und er sammelte chinesisches Porzellan.   [HK]

Werk(e):
Isotope (1923, engl. Original 1922, überarbeitete Fassung als Mass-spectra and isotopes 1933); Mass-spectra and isotopes (Nobelvortrag 1922), in: Nobel Lectures Chemistry 1922–1941 (1963) 1–22; A New Mass-Spectrograph and the Whole Number Rule, Proceedings of the Royal Society of London A 115 (1927) 772, 487–514; The Story of Isotopes, Science N.S. 82 (1935) 2124, 235–240; Forty Years of Atomic Theory, in: Background to Modern Science (hrg. v. J. Needham u. W. Pagel, 1938) 91–114.

Sekundär-Literatur:
Hevesy, G. C. de: Francis William Aston, in: Obituary Notices of Fellows of the Royal Society London 5 (1945–1948) 635–651; Thomson, G. P.: Dr. Francis William Aston, Obituary, Nature 157 (1946) 3984, 290–292.

Auerbach, Charlotte,
britische Genetikerin deutsch-jüdischer Herkunft,
* 14. 5. 1899 Krefeld,
† 17. 3. 1994 Edinburgh (Schottland).

Auerbach wurde durch ihre herausragenden Arbeiten in der Mutationsforschung international bekannt. 1941 entdeckte sie zusammen mit J. M. Robson die mutagene Wirkung von Chemikalien.

Auerbach wurde als Kind deutscher Juden, deren Vorfahren seit Jahrhunderten in Deutschland lebten, in Krefeld geboren. Sie hatte keine Geschwister. Nach ihrem Studium der Zoologie und Botanik in Berlin, Würzburg und Freiburg wählte sie 1924 eine Ausbildung zur Gymnasiallehrerin; für eine jüdische Frau ohne private Mittel waren die Chancen für eine Laufbahn an einer deutschen Universität äußerst gering.

Eine 1928 begonnene Dissertation am Kaiser-Wilhelm-Institut für Biologie konnte aufgrund von Geldmangel nicht abgeschlossen werden, und so unterrichtete sie seit 1929 wieder an einem Mädchengymnasien in Berlin. Am 7. 4. 1933 wurde sie wie alle jüdischen Lehrer entlassen, wollte sich daraufhin zunächst für eine Stelle an einer jüdischen Schule bewerben, wurde aber von ihrer Mutter davon abgehalten. Später schrieb sie dazu: »Hätte ich dies getan, würde ich vermutlich jetzt nicht mehr leben.« Stattdessen emigrierte sie noch 1933 nach Schottland.

Mit Hilfe eines Forschungsstipendiums promovierte sie 1935 bei F. A. E. Crew, dem Leiter des Institute of Animal Genetics in Edinburgh; danach blieb sie an diesem Institut. Angeregt von H. J. ↗ Muller, einem der bedeutendsten Genetiker seiner Zeit, der 1927 die mutagene Wirkung von Röntgenstrahlen entdeckt hatte, betrieb sie seit 1938 Mutationsforschung, um Fragen der Genwirkung in der Entwicklung von *Drosophila* zu klären. Ein Jahr später begann sie zusammen mit dem Edinburgher Pharmakologen J. M. Robson im Auftrag des Kriegsministeriums mit Experimenten zur Untersuchung möglicher mutagener Wirkung des Kampfgases Senfgas. Auerbach wandte eine von Muller entwickelte quantitative Technik (ClB-Technik) an, die es ermöglichte, die Zahl der Mutationen in behandelten Fliegen (*Drosophila*) genau mit der in Kontrolltieren zu vergleichen. So gelang es Auerbach und Robson 1941, die mutagene Wirkung von Senfgas nachzuweisen. Aus Geheimhaltungsgründen durfte die erste Veröffentlichung erst 1946 erscheinen. Auf diesem neuen genetischen Forschungsgebiet, der chemischen Mutagenese, blieb Charlotte Auerbach zeit ihres Lebens eine Pionierin.

1947 erhielt sie in Edinburgh den Grad des D. Sc. und eine Stelle als »Lecturer«. Sie setzte Mutationsforschung mit anderen Chemikalien fort und untersuchte charakteristische Merkmale dieser Mutagenese an *Drosophila* und ab 1951 auch an Mikroorganismen wie Hefe und Neurospora. Sie verfasste sieben in mehrere Sprachen übersetzte allgemein verständliche Bücher über Fragen der Genetik. Von 1959 bis 1969 leitete sie die Abteilung für Mutationsforschung des Medizinischen Forschungsrates. 1969 erhielt sie den Professorentitel. Charlotte Auerbach wird als unkonventionelle und unabhängige, aber ausgeglichene Person beschrieben. Sie hatte viele Freunde. Auerbach starb 95-jährig in Edinburgh. [UD]

Werk(e):
Chemical production of mutations, Nature 154 (1946) 302; The production of mutations by chemical substances, Proc. R. Soc. Edinb. B 62 (1947) 271–283; Genetics in the Atomic Age (1956); Mutation Research: Problems, Results and Perspectives (1976).

Sekundär-Literatur:
Beale, G. H.: Charlotte Auerbach, in: Biographical Memoirs of Fellows of The Royal Society 41 (1995).

Augustinus, Aurelius (St. Augustinus),
lateinischer Kirchenvater und Philosoph,
* 13. 11. 354 Thagaste (heute Souk-Aras, Algerien),
† 28. 8. 430 Hippo Regius (heute Annaba, Algerien).

Augustinus legte Grundlagen einer philosophisch durchdachten christlichen Theologie und prägte das mittelalterliche Wissenschafts- und Geschichtsverständnis.

Augustinus wuchs in der römischen Provinz Numidia (heute Algerien) auf. Sein Vater war römischer Beamter, seine Mutter bekannte sich zum Christentum und übte großen Einfluss auf seine intellektuelle Entwicklung aus. Erzogen wurde Augustin zunächst an der Grammatiker-Schule von Madaura, bevor er 371 ein Rhetorikstudium in Karthago aufnahm und dort mit 21 Jahren auch Lehrer wurde. 383 siedelte er dann nach Italien über, um als Rhetorik-Lehrer in Mailand tätig zu sein. Unter Einfluss des dortigen Bischofs ↗ Ambrosius kehrte er sich vom Manichäismus ab und trat nach einem Konversionserlebnis zum Christentum über. Gemeinsam mit seiner Mutter zog er sich in eine klösterliche Gemeinschaft zurück, mit der er später nach Nordafrika zurückkehrte. Das Klosterleben musste er allerdings 396 aufgeben, als er Bischof von Hippo Regius wurde. Sein Tod im Jahre 430 fiel mit der Belagerung dieser Stadt durch die Vandalen zusammen.

Mit zahlreichen Büchern, Predigten und Briefen, deren Großteil sich mit häretischen Richtungen des Christentums auseinandersetzte, übte Augustin bis zum Wiederaufleben des Aristotelismus in den Schulen von Oxford und Paris im 13. Jahrhundert den größten Einfluss auf das Denken des europäischen Mittelalters aus. Er gab dem römischen Christentum eine rational argumentierende Theologie, die sich vor allem auf ⊅ Platons *Timaios* und die Schriften der Neoplatoniker Plotin und Porphyros stützte. Insbesondere waren zwei Gedanken Augustins wirkungsmächtig: sein Konzept der Schöpfung als nach Maß, Form und Zahl intelligibles Werk Gottes, das durch und durch gut ist, und in dem das Böse an sich wesenlos, ein bloßer Mangel ist; und sein Verständnis der Geschichte, wonach diese nicht zyklisch, sondern gerichtet, also mit Sinn, Anfang und Ende, verläuft. Ersterer Gedanke bereitete den Universalismus, Letzterer das Entwicklungsdenken vor, welche die europäische Wissenschaft ab der Neuzeit prägen sollten. Die Theologie blieb für Augustinus jedoch Göttin der Wissenschaften, und insbesondere Astrologie und magische Künste wurden von ihm als von Gott ablenkend kritisiert. Schwierigkeiten bereitete ihm außerdem die Genesis, da sie in wörtlicher Auslegung im Widerspruch zu neoplatonischen Gedankengut stand. Um beides in Einklang zu bringen, schuf er das Konzept einer ursprünglichen Erschaffung von Samenprinzipien (rationes seminales) und deren sukzessiver Entfaltung im Verlauf der Schöpfungsgeschichte. [SMW]

Werk(e):
Opera omnia, hrg. J. P. Migne (1841–1861); Über die Schöpfung, hrg. F. Wagner (1961).

Sekundär-Literatur:
Portalié, E.: A Guide to the Thought of St. Augustine (1960); Brown, P.: Augustine of Hippo (1967); Geerlings, W.: Augustinus - Leben und Werk. Eine bibliographische Einführung (2002).

Auwers, Georg Friedrich Julius Arthur von,
deutscher Astronom,
* 12. 9. 1838 Göttingen,
† 24. 1. 1915 Berlin.

Auwers' Verdienste liegen in der Positionsastronomie, wobei besonders sein Fundamentalkatalog die Basis für viele andere Arbeiten schuf.

Schon früh verwaist, besuchte Auwers die Gymnasien in Göttingen und Schulpforta. Sein Mathematiklehrer Andreas Jacobi weckte das Interesse an der Astronomie. Bei einem Ferienbesuch in Göttingen entdeckte Auwers einen Nebelfleck im Sternbild Drachen und beobachtete auch während seiner Studienzeit in Göttingen und Königsberg regelmäßig den Nachthimmel. 1862 promovierte er mit *Untersuchungen über veränderliche Eigenbewegungen* und gab ein Gesamtverzeichnis der von W. ⊅ Herschel entdeckten Nebel und Sternhaufen heraus.

Für fast vier Jahre ging er anschließend zu Peter Andreas Hansen nach Gotha. Er beteiligte sich 1863 an der Gründung der Astronomischen Gesellschaft und übernahm 1881 für acht Jahre den Vorsitz. 1865 begann er die Neubearbeitung von J. ⊅ Bradleys Beobachtungen an der Sternwarte Greenwich, die er 1869 zum Abschluss brachte. Aus diesen Arbeiten entstand sein Fundamentalkatalog mit Sternpositionen, der – mehrmals revidiert und erweitert – bis gegen Ende des 20. Jahrhunderts das räumliche Bezugssystem der Astronomie blieb.

Als man nach J. F. ⊅ Enckes Tod die Berliner Sternwarte von der Akademie abtrennte, erfolgte 1866 Auwers' Berufung zum Astronomen der Berliner Akademie der Wissenschaften. Gleichzeitig wurde er zum Professor ohne Vorlesungsverpflichtungen ernannt. Zwischen 1878 und 1912 war er auch ständiger Sekretar der Akademie.

Als Mitglied der Venuskommission war Auwers Initiator und Teilnehmer der deutschen Expeditionen zur Beobachtung der Venusdurchgänge 1874 in Juxor und 1882 in Puntas Arenas. Zugleich lag die Auswertung aller deutscher Expeditionen in seiner Hand. Nach F. W. ⊅ Argelanders Tod stand auch das Zonenunternehmen der Astronomischen Gesellschaft unter seiner Leitung.

Im Jahr 1900 bewilligte die Berliner Akademie der Wissenschaften auf Auwers' Antrag hin die Mittel für das Projekt »Geschichte des Fixsternhimmels« und bestellte Friedrich Wilhelm Ristenpart zum Leiter. Es sollten alle Messungen von Fixsternpositionen an Meridiankreisen seit 1750 berücksichtigt werden, wozu etwa 450 Kataloge zu bearbeiten waren. Als Ristenpart 1907 einer Berufung nach Chile folgte, übernahm Auwers die Betreuung dieses monumentalen Unternehmens, das ihn bis zu seinem Lebensende beschäftigte, aber erst 1966 zum Abschluss gebracht werden konnte. [WRD, WB]

Werk(e):
Fundamental-Catalog für die Zonen-Beobachtungen am nördlichen Himmel (1879); Die Venusdurchgänge 1874 und 1882, 6 Bde. (1887–1898).

Sekundär-Literatur:
Herrmann, D. B.: Arthur von Auwers und die »Geschichte des Fixsternhimmels«, in: Die Geschichte der Astronomie in Berlin (1998) 71–72; Wempe, J.: Arthur Auwers als Astronom der Berliner Akademie, in: Sternzeiten 2 (1977) 17–28.

> **Avempace,** eigentlich **Abū Bakr Muḥammad ibn Yaḥyā ibn al-Ṣā'igh,** auch bekannt als **Ibn Bājja,**
> arabischer Philosoph, Arzt und Musiker,
> * zw. 1085 und 1090 Saragossa,
> † 1139 Fez.

Ibn-Bājja war ein bedeutender Naturphilosoph des arabischen Mittelalters. Wie nach ihm G. ↗ Galilei, lehnte er die aristotelische Unterscheidung natürlicher und erzwungener Bewegungen ab.

Ibn Bājja wurde in Saragossa geboren und genoss dort die Gunst des Almoravischen Gouverneurs Ibn Tīfilwīt, dem er Lobgedichte widmete. Nachdem die Stadt 1118 in christliche Hände gefallen war, zog er weg, blieb aber sein ganzes Leben weiterhin im Almoravischen Dienst. Er starb in Fez, und es wird behauptet, dass er mit einer Aubergine vergiftet wurde.

Ibn Bājja beschäftigte sich mit den Werken ↗ Aristoteles' und kannte auch einige von dessen griechischen Kommentatoren. Von der aristotelischen Physik wich er in wichtigen Punkten ab. Seit Aristoteles sprach man von natürlichen und gewaltsamen Bewegungen. Natürliche Bewegungen seien jene der elementaren Körper in Richtung ihrer natürlichen Orte: die Erde liegt unten, über ihr liegt das Wasser, über diesem die Luft, und ganz oben liegt das Feuer. Wenn ein Stein fällt, geschieht das, weil er sich zurück an seinen natürlichen Ort bewegt. Die Geschwindigkeit, mit der er fällt, ist aber nicht die gleiche, wenn er die Luft oder das Wasser durchquert. Für Aristoteles was das Medium Bestandteil der Bewegung, und er lehnte eine Bewegung im Leeren ab, da sie im Augenblick stattfinden würde. Ibn Bājja hingegen sah das Medium nur als einen Widerstand an, der die Geschwindigkeit verlangsamt. In dieser Hinsicht kann er als ein Vorgänger Galileis angesehen werden. Die gewaltsamen Bewegungen – alle anderen – betrachtete Ibn Bājja als diejenigen Bewegungen, bei denen ein Beweger einen Beweglichen in Bewegung setzt. Das geschieht nur, wenn die bewegende Kraft im Beweger sich »im geeigneten Zustand« befindet und wenn ihr keine größere Kraft entgegengesetzt ist. Die Bewegung hört auf, wenn sie ihr Ziel erreicht hat oder wenn die Kraft des Bewegers ermüdet oder sogar verschwindet. Die Ermüdung oder Erschöpfung (kalāl) kommt aus der Tätigkeit selbst und vor allem dem Beweglichen hervor, der eine Art Widerstand leistet, so wie das Medium es bei den natürlichen Bewegungen tut. Außerdem muss der Beweger eine Mindestkraft besitzen, denn jedem Beweglichen ist eine Mindestkraft zugeordnet, um es überhaupt in Bewegung zu setzen. Mit den Begriffen Kraft – nicht als die aristotelische Möglichkeit, sondern als aktive physische Kraft –, Mindestkraft, Widerstand und Ermüdung bildete Ibn Bājja eine eigene Dynamiklehre, die leider skizzenhaft blieb.[JPM]

Werk(e):
Sharḥ as-samāʿ aṭ-ṭabīʿī li-Arisṭūtālīs, hrg. v. M. Fakhry (1973, nachgedruckt 1991).

Sekundär-Literatur:
Moody, E. A.: Galileo and Avempace. The Dynamics of the Leaning Tower Experiment, Journal of the History of Ideas 12 (1951) 163–93, 375–422; Pines, S.: La dynamique d'Ibn Bājja, in: Mélanges A. Koyré (1964); Lettinck, P.: Aristotle's Physics and its Reception in the Arabic World. Aristoteles Semitico-Latinus, Bd. 7 (1994); Puig Montada, J.: Avempace y los problemas de los libros VII y VII de la Física, La Ciudad de Dios 214 (2001) 163–188.

> **Avenzoar,** eigentlich **Abū Marwān abd ʾAl-Malik Ibn Zuhr,**
> spanisch-andalusischer Arzt,
> * 1091 Sevilla,
> † 1161 Sevilla.

Ibn Zuhr versuchte die Medizin naturphilosophisch zu untermauern. Seine Schriften beeinflussten die europäische Wissenschaft bis in das 18. Jahrhundert hinein.

Ibn Zuhr war das bekannteste Mitglied einer andalusischen Medizinerfamilie. Sein Vater Abul Alaa ermutigte ihn, ebenfalls Medizin zu studieren. Er schloss sein Studium an der Medizinischen Universität in Cordoba (arabisch Qurṭuba) ab. Nach kurzen Aufenthalten in Bagdad und Kairo kehrte er nach Spanien zurück und arbeitete zunächst als Arzt für al-Moravides, später als Arzt und Minister für Abd al Muʾmin, den ersten Almohaden-Herrscher.

Ibn Zuhr war ein guter Arzt und Poet, allerdings ohne philosophische Interessen wie viele seiner medizinischen Kollegen, die er dafür kritisierte. Er konzentrierte sich auf seine medizinische Arbeit, im Gegensatz zur üblichen Praxis muslimischer Wissenschaftler, die sich auf vielen Gebieten betätigten. Er schrieb zahlreiche medizinische Werke sowohl für Spezialisten als auch für Laien. Viele dieser Bücher wurden ins Lateinische und Hebräische übersetzt und wurden in Europa bis ins späte 18. Jahrhundert benutzt. Seine berühmtesten Werke waren das mehrfach übersetzte Buch *Kitāb al-Taysīr fīʾl-mudāwāt waʾl-ʾtadbīr* (Wegbereitung der Therapie und Diätetik), in dem detailliert Pathologie und Therapie behandelt werden, sowie *Kitāb-al-Iqtiṣād fī Iṣlāḥ al-anfus waʾl-ajsād* (Das Buch vom mittleren Weg bezüglich der Wiederherstellung von Körper und Seele), worin verschiedene Krankheiten, Therapien, Fragen der Hygiene sowie die Rolle der Psychologie bei der Behandlung diskutiert werden. Auch das Buch *Kitāb al-Aghdhiya* (Das Buch von den Nahrungsmitteln), das sich zahlreichen Arzneimitteln und der Bedeutung der Ernährung widmet, erfuhr eine weite Verbreitung.

Ibn Zuhr definierte Medizin im Unterschied zu Ibn Sīnā (↗ Avicenna) als »Gewerbe, das auf klaren Prinzipien basiert und den menschlichen Körper schützen sowie von Krankheiten befreien soll. Das Ziel besteht nicht aus Heilung um jeden Preis, sondern der Anwendung der notwendigen Schritte im rechten Maß und zur rechten Zeit, gefolgt von geduldigem Warten auf Ergebnisse, geradeso wie in Marine und Armee.« [ANK]

Werk(e):
Bibliographie der lateinischen Editionen in L. Choulant: Handbuch der Bücherkunde für die ältere Medizin (1841).

Sekundär-Literatur:
Colin, G.: Avenzoar, sa vie et ses œuvres (1911).

Averroes, eigentlich Abū ʾl-Walīd Muḥammad Ibn Rushd,
arabischer Philosoph und Arzt,
* 1126 Córdoba,
† 11. 12. 1198 Marrakesch.

Ibn Rushd war Philosoph, Arzt und Rechtsgelehrter im maurischen Spanien. Einen Großteil seines Lebens verbrachte er als Richter und Arzt in Marokko und dem damals unter arabischer Herrschaft stehenden Andalusien. Im Europa des Mittelalters und der Renaissance galt er überdies als gefeierter Kommentator des ↗ Aristoteles; sein Einfluss auf die europäische Philosophie des Mittelalters war beträchtlich.

Aus einer renommierten Juristenfamilie stammend, studierte Ibn Rushd religiöses Recht, Medizin, Mathematik und Philosophie. Im Jahre 1153 beteiligte er sich an astronomischen Beobachtungen in Marrakesch. Zehn Jahre später empfahl ihn der Philosoph ↗ Ibn Ṭufayl dem Almohadenherrscher Abū Yaʿqūb Yūsuf, der auf der Suche nach jemandem war, der ihm Kommentare zu den Schriften des Aristoteles schreiben würde. In den darauffolgenden Jahren hatte er das Amt des Richters von Sevilla, später von Cordoba inne. 1182 wurde er als Leibarzt an den almohadischen Hof in Marrakesch berufen. Er diente Abū Yaʿqūb bis zu dessen Tod im Jahre 1184 und danach dessen Sohn und Nachfolger Abū Yūsuf Yaʿqūb al-Manṣūr. Nach 1195 fiel er hauptsächlich auf Betreiben ihm feindlich gesonnener konservativer religiöser Gelehrter bei seinem Schutzherrn in Ungnade und wurde des Landes verwiesen. Bald darauf wurde er jedoch wieder rehabilitiert und behielt sein Amt bei Hofe bis zu seinem Tode.

Ein bedeutender Teil der Schriften Ibn Rushds besteht in seinen Kommentaren zu den Werken Aristoteles'. Einige seiner Schriften sind nur noch in lateinischen oder hebräischen Übersetzungen erhalten, das arabische Original ist verloren. Seine Kommentare lassen sich in drei Arten unterteilen: die kurze Paraphrase (*jāmiʿ*), die lediglich einen straffen Abriss des jeweiligen Themas vermittelt, der mittlere Kommentar (*talkhīṣ*), eine interpretierende Abhandlung, die über das Original oftmals beträchtlich hinausgeht, und schließlich die große Auslegung (*tafsīr*), in der der Urtext abschnittsweise zitiert und kommentiert wird. Sein monumentales Werk der philosophischen Auslegung erstreckt sich über das gesamte Werk des Aristoteles und befasst sich mit Logik und Naturphilosophie ebenso wie mit Metaphysik, Psychologie und anderen Schriften. Für manche Schriften verfasste Ibn Rushd alle drei Arten von Kommentaren, für andere nur eine oder zwei. Im Rahmen einer umfassenden Auslegung erschöpfend behandelt wurden nur die Werke *Zweite Analytiken*, *Physik*, *Vom Himmel*, *Über die Seele* und die *Metaphysik*.

Ibn Rushds wissenschaftliche Beiträge waren geprägt von seinen Arbeiten zur Medizin und Astronomie. Seine eigenen Ansichten zur Astronomie legte er in seinen Kommentaren zu Aristoteles' *Vom Himmel*, seiner Paraphrase zu ↗ Ptolemäus' *Almagest* (*Mukhtaṣar al-majisṭī*) und einer Abhandlung zur Kugelbewegung *Kitāb fī-ḥarakat al-falak* dar. Erstere wurde ins Lateinische übersetzt, die beiden Letzteren haben nur in hebräischer Übersetzung überdauert. Das *Mukhtashar* liefert eine frühe Version von Ibn Rushds Versuch einer radikalen Reform der ptolemäischen Astronomie. Doch bis eine neue Astronomie ausgearbeitet war, sah er sich gezwungen, der Theorie zu folgen, über die unter den »Experten der Kunst« keinerlei Dissens herrschte. Auf der Grundlage der Arbeiten seiner Vorgänger, insbesondere Ibn al-Haytham (↗ Alhazen) und Jābir ibn Aflaḥ (↗ Geber), kritisierte er das ptolemäische System als unwissenschaftlich im Sinne der aristotelischen Erkenntnistheorie und erhob Einwände gegen die Epizykel- und Exzentertheorie.

Seit Beginn des 12. Jahrhunderts hatten die Philosophen Ibn Bājja (↗ Avempace) und Ibn Ṭufayl die ptolemäischen Theorien angegriffen. Ibn Rushd nahm ihre Einwände auf und forderte eine neue Astronomie auf der Grundlage aristotelischer Prinzipien. Umgesetzt wurde seine Forderung von dem Astronomen al-Biṭrūjī (↗ Alpetragius), der den Himmel als homozentrische Struktur aus ineinander ruhenden Sphären und alle Bewegung als vollkommen gleichförmige Kreisbewegung um die Erde darstellte. Sein Modell war allerdings aus mathematischer Sicht wertlos und erwies sich weder als verifizierbar noch als geeignet zur Voraussage von Planetenständen.

Ibn Rushds medizinisches Werk umfasst u. a. Kommentare zu den Werken ↗ Galens und Ibn Sīnās (↗ Avicenna), eine Abhandlung *Über den Theriac* und ein medizinisches Hauptwerk: *Kitāb al-Kulliyyāt* (Das Buch der Versammlung), in seiner lateinischen Version als *Colliget* bekannt. Diese Abhandlung war als Enzyklopädie der Heilkunst angelegt, sie diente als breite Wissensbasis, von der aus sich weitere, detaillierte Untersuchungen unternehmen ließen, sowie als umfassendes Nachschlagewerk. Der Text entspringt der Vorstellung, dass die allgemeingültigen Wahrheiten auf dem Gebiet der Medizin jenseits derer liegen, die sich durch Beobachtung allein ergeben, nämlich in der Verknüpfung von Erscheinungen und Ursachen. Wie in Buch I ausgeführt, gründet sich die Medizin auf Erkenntnisse, die ihre Wurzeln in der Naturphilosophie haben; eine Medizin, die sich allein auf Ergebnisse konzentriert, wird als nicht ausreichend erachtet. Was aber die Behandlung angeht, so stützte der Autor seine Therapie auf einen induktiven Ansatz, auf die Beobachtung der Wirkung verschiedener Arzneien.

Das philosophische Werk Ibn Rushds besteht hauptsächlich in der Verteidigung der Philosophie gegen die harschen Angriffe des Theologen al-Ghazālī (Algazel). Hierzu gehören *Tahāfut al-Tāhafut* (Die Inkohärenz der Inkohärenz), eine systematische Erwiderung auf al-Ghazālī und drei eng hiermit verknüpfte Texte: *Faṣl al-maqāl* (Entscheidende Abhandlung) – eine Verteidigung der Philosophie im Hinblick auf die islamischen Rechtskategorien –, *al-Kashf ᶜan manāhij al-adilla* (Enthüllung der Beweisverfahren) – die ein theologisches System auf der Grundlage der Auslegung der biblischen Schriftsprache vorstellt – und *al-Ḍamīma* (Anhang), ein kurzes Traktat, das den Standpunkt verficht, dass die Philosophen Gott keineswegs das Wissen um die irdischen Details absprechen.

Ibn Rushd präsentierte seine Überlegungen nicht als geschlossenes philosophisches System. Seine philosophische Ausrichtung muss aus seinen zahlreichen Werken hergeleitet werden. Ein kurzer Überblick über zwei exemplarische Themen – seine Kausaltheorie und seine Thesen zur Beziehung zwischen Religion und Philosophie – können eine Vorstellung von der Umsetzung seines theoretischen Diskurses vermitteln.

Ibn Rushd entwickelte seine Kausaltheorie in Opposition zu al-Ghazālīs okkasionalistischer Doktrin, mit der Letzterer kausalen Verknüpfungen in der Natur die Notwendigkeit absprach. Al-Ghazālī stand auf dem Standpunkt, dass der Weltordnung keine zwingende Notwendigkeit innewohne und die Gleichförmigkeit der Natur einzig eine zufällige Eigenschaft sei (ᶜāda), willkürlich erlassen von Gott, der sie jederzeit nach Belieben ändern kann. Ibn Rushd hingegen stützt sich im Gegensatz dazu auf ein zentrales metaphysisches Argument, das in seiner Vorstellung vom wahren Wesen wurzelt, welches mit Kausalität aufs Engste verknüpft ist. Dinge, so seine Aussage, haben ein Wesen und Attribute, die das individuelle Wirken einer jeden Existenz bestimmen und anhand derer sich Wesen, Namen und Definitionen von Dingen unterscheiden lassen. Wäre dies nicht der Fall, würden alle Existenzen entweder zu einer einzigen werden oder ganz aufhören zu sein. Gäbe es nur eine Existenz, so erhebt sich die Frage, ob eine solche je eine ganz spezielle Wirkung haben könnte (wie beispielsweise Feuer die spezielle Wirkung hat, zu brennen). Lautet die Antwort hierauf aber »ja«, so bestätigt dies eben, dass eine bestimmte Wirkung von einem bestimmten Wesen, der Natur einer Sache, ausgeht. Lautet die Antwort dagegen »nein«, dann ist die eine Existenz nicht länger eine einzige. Wenn aber die Einheit nicht mehr gegeben ist, so ist auch die Existenz nicht mehr gegeben, und die notwendige Folge ist das Nichtsein. Für al-Ghazālī wäre es möglich, dass Feuer mit Baumwolle in Berührung kommt, ohne diese zu verbrennen. Ibn Rushd entgegnet hierauf, dass dies nur dann geschehen kann, wenn diesem irgendetwas entgegenwirkt.

Averroes: Das Kolophon einer Kopie von Averroes Kommentar des *Medizinischen Poems* von Ibn Sina

Das aber spricht dem Feuer nicht die Eigenschaft des Brennens ab, »solange ihm Name und Definition des Feuers eigen sind«. Damit Feuer Feuer sein kann, muss es die Fähigkeit haben, Dinge zu verbrennen. Eine Verneinung dieser Tatsache entspricht nicht nur einer Leugnung der objektiven Wahrheit, sondern bedeutet einen Verstoß gegen die Art und Weise, wie wir es gewohnt sind, Dinge zu benennen und zu beschreiben.

Ein weiteres wichtiges Anliegen Ibn Rushds bestand darin, die Vereinbarkeit von Religion und Philosophie nachzuweisen und somit eine ausdrückliche Verteidigung der Philosophie zu entwerfen. Al-Ghazālī war nicht nur bestrebt, die islamischen Philosophen logisch zu widerlegen, sondern verdammte sie darüber hinaus als Ungläubige, weil sie seiner Ansicht nach von der Unvergänglichkeit der Welt überzeugt seien und behaupteten, Gott sei mit den irdischen Dingen nicht vertraut; zudem verneinten sie die physische Auferstehung. Der Vorwurf der Ungläubigkeit wog schwer nach islamischem Recht. Auch bedeutete er eine Provokation für die tiefe religiöse Bindung des Ibn Rushd. In vielen seiner Schriften nimmt er die Philosophen gegen den Vorwurf der Ungläubigkeit in Schutz. Er beginnt dies in der Regel mit einer eher allgemeinen Frage, nämlich der, ob das islamische Religionsrecht das Studium der Philosophie zulässt oder verbietet. Gestützt auf einige Aussagen des Koran, vertritt er die Auffassung, dass das Studium der Philosophie erlaubt sei, weil die Philosophie die ehrfürchtige Beschäftigung mit der Natur bedeute, die letztlich im Beweis der Existenz Gottes gipfele.

In seiner *Entscheidenden Abhandlung* formulierte Ibn Rushd ein Philosophiekonzept, das mit der islamischen Lehre im Einklang stand. Demnach ist Philosophie ein rationaler Ansatz zum Verständnis der Schöpfung, der auch zum Wissen über ihren Schöpfer beiträgt. In dieser Formulierung wird Philosophie zu einem gültigen Weg zu der Wahrheit, welche auch aus den offenbarten Texten spricht. Da der einzelne Mensch über ein jeweils anderes Fassungsvermögen verfügt, führt Gott seinen Diskurs mit dem Menschen auf dreierlei Weise: dialektisch, rhetorisch und vermittels beweisender Schlussfolgerungen.

Die Unterteilung des Diskurses und seiner jeweiligen Zuhörerschaft in drei Ebenen erweist sich als ein wichtiges Instrument für Ibn Rushds Versuch, die Philosophie im islamischen Kontext zu etablieren. Die Philosophie kann allein von der beweisenden Klasse praktiziert werden, deren Angehörige bestimmte Fähigkeiten und Erziehungen mitbringen. Die beiden anderen Klassen sind nur imstande, auf dialektischer und rhetorischer Ebene zu argumentieren. Auch die Texte der Offenbarung zerfallen demnach in drei Klassen: solche, die wörtlich zu nehmen sind, weil sie über einen klaren, unzweideutigen Inhalt verfügen, solche, die nicht wortwörtlich zu nehmen sind und bei denen Fehler im metaphorischen Verständnis vorkommen können, und schließlich eine Klasse von Aussagen, die von jeder Klasse im Rahmen ihrer jeweiligen intellektuellen Fähigkeiten interpretiert werden müssen. Auch hier sind Fehler möglich. Es ist im Rahmen dieser Theorie der Interpretation, dass Ibn Rushd die islamischen Philosophen gegen den Vorwurf der Ungläubigkeit verteidigt. Ihre angefeindeten Aussagen entsprechen Schriftauslegungen, bei denen Fehler verzeihlich sind. Hinzu kommt, dass es in der Praxis die Gemeinschaft der Muslime ist, die sich darüber zu einigen hat, ob eine Handlung einen Verstoß bedeutet oder nicht. Auf der von ihm umrissenen Basis aber, so zeigt Ibn Rushd, ist es unmöglich, in Fragen theoretischer Überzeugungen zu einem Konsens zu kommen.

Trotz seiner philosophischen Leistungen hat die von Ibn Rushd praktizierte Version einer islamischen Philosophie nach seinem Tod keinen Bestand gehabt. Im Grunde hatte er keinen einzigen bedeutenden muslimischen Schüler. In der Welt des Islam wurden seine Bücher größtenteils ignoriert, etliche seiner Schriften gingen in ihrer arabischen Originalversion verloren. Glücklicherweise blieb in der christlich-jüdischen Welt das Interesse an seinem Denken lebendig, so dass seine Werke in deren Sprachen übertragen wurden. So wurden seine philosophischen Werke und seine Kommentare zu Aristoteles das ganze europäische Mittelalter und die Renaissance hindurch gelesen, und es entwickelte sich die philosophische Richtung des Averroismus. [MA]

Werk(e):
Harmonie der Religion und Philosophie, in: Philosophie und Theologie von Averroes, übers. v. M. Müller (1859, 1991); Die Epitome der Metaphysik des Averroes, übers. v. S. Van Den Bergh (1924, 1970); Endress, G.: Die arabischen Übersetzungen von Aristoteles' Schrift De caelo (1996); Colliget, libri VII (1562; repr. 1962).

Sekundär-Literatur:
Niewöhner, F., Sturlese, L. (Hrg.): Averroismus im Mittelalter und in der Renaissance (1994); Leaman, O.: Averroes and His Philosophy (1994); Badawī, A.: Averroès (1998); Urvoy, D.: Averroès. Les ambitions d'un intellectuel musulman (1998); Khoury, R. G. (Hrg.): Averroes oder der Triumph des Rationalismus (2002).

Avery, Oswald Theodore,
kanadischer Bakteriologe,
* 21. 10. 1877 Nova Scotia (Kanada),
† 2. 2. 1955 Nashville (Tennessee, USA).

Avery zählt zu den Mitbegründern der Molekulargenetik und Immunchemie. 1944 wies er gemeinsam mit Co-

O.T. Avery

lin McLeod und Maclyn McCarthy die Wirkung der Erbsubstanz DNA nach.

Nach dem Schulbesuch studierte Avery – sein Vater, ein baptistischer Geistlicher, war bereits 1887 mit der Familie nach New York umgezogen – zunächst an der Colgate University. Erst nach dem Abschluss zum Bachelor of Arts begann Avery, Medizin am College of Physicians and Surgeons der Columbia University zu studieren. 1904 promovierte er und arbeitete zunächst in der klinischen Praxis. 1907 erhielt er eine Anstellung am Hoagland Laboratory, dem ersten privaten Institut für Bakteriologie, und wechselte 1913 als Bakteriologe an das Rockefeller Institute Hospital, an dem er bis 1948 tätig war. Er bezog eine Wohnung direkt gegenüber dem Institut. Er lebte zurück gezogen, verreiste selten und war nicht verheiratet. Bereits 1913 begann Avery mit der Arbeit an Pneumokokken – die Pneumonie war damals eine der gefährlichsten Infektionskrankheiten. Er konnte den Beweis erbringen, dass die Polysaccharidkapsel der Bakterien wesentlich für ihre Virulenz ist. Im Rahmen seiner Arbeiten an Pneumokokken gelang es ihm 1944, gemeinsam mit Colin McLeod und Maclyn McCarthy die DNA als Erbsubstanz zu identifizieren.

Durch Untersuchungen von Th. ↗ Boveri (1903) waren die Chromosomen schon lange als Erbträger erkannt; ihre Zusammensetzung aus DNA und Proteinen war in den zwanziger Jahren ermittelt worden. Unbekannt war aber, welcher der beiden Anteile als eigentliche Erbsubstanz fungieren könnte. F. ↗ Griffith hatte jedoch 1928 entdeckt, dass sich kapsellose Pneumokokken durch abgetötete, kapseltragende Pneumokokken transformieren ließen, d. h., dass sich die kapselbildende Eigenschaft übertragen ließ. Avery nutzte diesen Prozess zu Beginn der vierziger Jahre zur Identifizierung der Erbsubstanz. Es gelang ihm, Polysaccharide, Lipide und Proteine kapseltragender Pneumokokken enzymatisch abzubauen, ohne dass ihre Transformationsfähigkeit dabei verloren ging. Auch der Abbau der RNA hatte keinen Einfluss auf die Transformationsfähigkeit. Das Filtrat enthielt jetzt nur noch die DNA, die hoch reaktiv war und sich durch Ethanol ausfällen ließ. Nach dem enzymatischen Abbau dieser DNA ging die Transformationsfähigkeit völlig verloren. Damit musste die DNA also die Erbsubstanz der Pneumokokken darstellen.

Die genetische Bedeutung der Ergebnisse, die Avery und seine Mitarbeiter in ihren Experimenten erzielt hatten, blieb zunächst unterschätzt. Zum einen vermied Avery selbst kühne genetische Hypothesen, zum anderen konnten sich führende Genetiker wie M. ↗ Delbrück und S. ↗ Luria noch nicht zu der Vorstellung durchringen, dass die Vielzahl der Merkmale durch die geringe Zahl von vier Basen der DNA codiert werden könne, so dass die Prokin-Theorie der Vererbung weiterhin favorisiert wurde. Außerdem waren Bakterien als genetische Objekte bisher nicht untersucht worden. Zur gleichen Zeit zeigten Delbrück und Luria jedoch, dass Bakteriophagen geeignete genetische Untersuchungsobjekte darstellten, und 1952 bestätigten Alfred D. Hershey und Martha Chase schließlich die Identität der Phagen-DNA und der Gene. Avery selbst zog sich nach seiner Emeritierung 1948 zur Familie seines Bruders in Nashville, Tennessee, zurück, wo er 1955 verstarb. [DR]

Werk(e):
mit MacLeod, C. M., McCarthy: Studies on the chemical nature of the substance inducing transformation of pneumococcal types, J. exp. Med. 79 (1944).

Sekundär-Literatur:
Amsterdamska, O.: From pneumonia to DNA. The research career of O. T. Avery, Historical Studies in the Physical and Biological Sciences 24 (1993); Dubos, R.J.: The Professor, the Institute, and DNA. Oswald T. Avery, his life and scientific achievements (1976).

Avicenna, eigentlich **Abū ͨAlī al-Ḥusayn ibn ͨAbdallāh Ibn Sīnā,**
islamischer Arzt und Philosoph des Mittelalters,
* vor 980 bei Buchara (Usbekistan),
† 1037 Hamadan (Persien).

Ibn Sīnā war der größte und einflussreichste Philosoph und Arzt der islamischen Welt. Durch die Übersetzung seiner Werke ins Lateinische übten diese auch auf die europäische Philosophie und Medizin von Mittelalter und Renaissance großen Einfluss aus.

Ibn Sīnā lebte während einer Epoche des Mittelalters, in der die Vorherrschaft der islamischen Zivilisation unangefochten war. Seine Muttersprache war aller Wahrscheinlichkeit nach Persisch, wenngleich er seine Schriften in erster Linie auf Arabisch

Avicenna

verfasste, der damaligen Wissenschaftssprache der islamischen Zivilisation. Er wuchs am Ende des 11. Jahrhunderts heran, einer Zeit, in der Philosophie und Wissenschaft von der frühen Abbasiden-Dynastie (750–1258), die zu jener Zeit das islamische Reich regierte, schon seit mehr als zwei Jahrhunderten intensiv gepflegt worden waren. Das Wirken der Wissenschaftler und Philosophen hatte im 762 gegründeten Bagdad ein florierendes griechisch-arabisches Übersetzungswesen entstehen lassen, dank dessen die überwiegende Mehrzahl der griechischen Wissenschafts- und Philosophieschriften auf Anforderung ins Arabische übersetzt wurden. Und auf allen geistigen Gebieten entwickelten arabische Schriften und Werke die Gedanken und Inhalte ihrer griechischen Vorlagen weiter.

Die Dezentralisierung der politischen Macht infolge einer allmählichen Erosion der Kalifen-Autorität um die Mitte des 10. Jahrhunderts ließ in dem riesigen islamischen Reich von der iberischen Halbinsel bis nach Zentralasien überall kleinere Dynastien entstehen, die die regionale Verwaltung übernahmen, aber den Kalifen in Bagdad als obersten Herren anerkannten. Auf die Dezentralisierung der Macht folgte die Dezentralisierung der Kultur und die verschiedenen Residenzstädte der lokalen Herrscherhäuser fingen an, dieselben Moden und Bräuche zu pflegen, wie sie in Bagdad herrschten, und mit der Abbasiden-Hauptstadt um die intellektuelle und kulturelle Vormachtstellung zu wetteifern.

Ibn Sīnā wuchs in Buchara in Zentralasien auf, der Residenz einer solchen muslimischen Dynastie, der persischen Samaniden (819–1005). Sein genaues Geburtsdatum ist nicht bekannt, allerdings kann es als sicher gelten, dass es etliche Jahre vor dem in vielen Quellen genannten Jahr 980 liegt. Sein Vater war Statthalter im nahegelegenen Kharmaythan, und der junge Ibn Sīnā wuchs in der Gesellschaft der Verwaltungselite der Samaniden heran. Seine schulische Erziehung begann, wie es damals üblich war, sehr früh und dauerte bis ins junge Erwachsenenalter. Er befasste sich mit den traditionellen Wissensgebieten – dem Qurʾān, arabischer Literatur und Arithmetik – und entwickelte einen besonderen Hang zu den Rechtswissenschaften (islamisches Kirchenrecht) und zur Medizin (nach Galen). In seiner berühmten Autobiographie berichtet er, dass er bereits mit sechzehn begann, Jura und Medizin zu praktizieren.

In besagter Autobiographie schreibt er auch, dass er zur selben Zeit immer wieder sämtliche Zweige der Philosophie auf immer höherem Niveau studiert habe. Der Verlauf dieser Studien, sein philosophischer Lehrplan also, orientierte sich an der aristotelischen Klassifizierung der philosophischen Disziplinen, wie sie im Alexandrien der ausklingenden Antike galt: An erster Stelle stand die Logik als Instrument (Organon – Werkzeug im wahrsten Sinne) zum Studium der Philosophie, darauf folgte die theoretische Philosophie; zu ihr gehörten die Physik (die physikalischen und zoologischen Abhandlungen des Aristoteles), die Mathematik (das Quadrivium) und die Metaphysik. Gekrönt wurden seine Studien durch umfassende Forschungen in der königlichen Bibliothek der Samaniden, von der er in seiner Autobiographie schreibt, sie hätte zum großen Teil aus Übersetzungen alter Schriften und Bücher bestanden, »deren Namen allein schon vielen Menschen unbekannt sind und die ich nie zuvor und auch danach niemals wieder gesehen habe«. Ibn Sīnās Beschreibung der Samaniden-Bibliothek und ihrer Schätze legt lebhaft Zeugnis ab von der Verbreitung und Vorherrschaft der griechischen Philosophie und Wissenschaftskultur in den ersten beiden Jahrhunderten seit der Gründung Bagdads.

Nach einer in Beschaulichkeit verbrachten Jugend sah sich Ibn Sīnā in Folge politischer Unruhen, die schließlich um die Wende zum zweiten Jahrtausend zum Sturz der Samaniden-Dynastie führten, gezwungen, sein Heimatland zu verlassen. Er zog in den Westen und verbrachte den Rest seines Lebens an den Höfen regionaler Herrscher der iranischen Welt, vor allem in Hamadan und Isfahan. Er leistete diesen Herrschern sowohl politische als auch medizinische Dienste und widmete den größten Teil seiner freien Zeit der Philosophie, verfasste seine Werke auf Bitten von Schülern und anderen Interessenten gleichermaßen, hielt philosophische Lehrveranstaltungen ab und unterhielt eine rege Korrespondenz mit anderen Gelehrten und ehemaligen Schülern, die ihm ihre philosophischen Fragen zusandten. Er starb 1037 in Hamadan und wurde dort beerdigt.

Das Werk, das er hinterlassen hat, ist riesig und bis heute nicht umfassend katalogisiert. Auf dem Gebiet der Philosophie verfasste er über hundert Schriften, deren Länge von kurzen Aufsätzen bis hin zu mehrbändigen *summae* variiert und in denen er sich einer großen Vielfalt an Stilformen bedient: Es gibt analytische Studien, Auslegungen, Kommentare, Auszüge, Allegorien, Erwiderungen, Lehrgedichte und Arbeiten von einer Form, die erst von ihm in die arabische philosophische Literatur eingeführt wurde, die Gattung der Hinweise und Erinnerungen (»pointers and reminders«), die er in dem vielschichtigen Werk *al-Ishārāt wa-t-tanbīhāt* bemüht. Sein Hauptwerk ist das *Buch der Genesung (der Seele)* (ash-Shifā'), das zum größten Teil als *Sufficientia* ins mittelalterliche Latein übersetzt wurde, sowie eine philosophische Enzyklopädie, die in zweiundzwanzig großen Bänden (Kairoer Ausgabe von 1952-83) alle Bereiche der Philosophie in derselben Hierarchie behandelt, wie sie die Alexandrinische Tradition der Spätantike lehrte. Das Werk gliederte sich in drei Teile: Logik, theoretische und praktische Philosophie. Die Logik umfasste eine Einleitung nach Porphyrios' *Isagoge*, Abschnitte zur Lehre von den Kategorien, dem Begriff, dem Schluss sowie dem Beweis nach dem *Organon* des ↗ Aristoteles, sowie Abschnitte zur Dialektik, Sophistik, Rhetorik und Poetik, ebenfalls nach den einschlägigen Büchern des Aristoteles. Die theoretische Philosophie gliederte sich in Naturphilosophie, Mathematik und Theologie (Metaphysik), ebenfalls eng angelehnt an die entsprechenden Bücher des Aristoteles, mit Ausnahme der Mathematik, für die ↗ Euklid (Geometrie), griechische und arabische Gelehrte wie Diophantos (Arithmetik) und al-Fārābī (↗ Alfarabius, Musik), sowie ↗ Ptolemäus (Astronomie) maßgeblich waren, und die Botanik, die Ibn Sīnā nach den Auszügen abhandelte, die Nikolaus von Damaskus aus ↗ Theophrastos' *De plantis* geliefert hatte. Die praktische Philosophie schließlich umfasste Ethik, Haushaltsführung und Politik. Sie behandelte Ibn Sīnā im *Buch der Genesung* nur sehr kurz als Anhang zum Abschnitt über die Metaphysik. Er hatte wenig Interesse an diesen Themen, und mit Ausnahme zweier kurzer Aufsätze zu Ethik und Politik, die noch vorhanden sind, hat er wohl nur in seiner Jugend eine größere Abhandlung über die Ethik verfasst, die aber offenbar nicht erhalten ist.

Das philosophische Werk Ibn Sīnās ist gekennzeichnet durch den Versuch, ein philosophisches System zu schaffen, das in einem schlüssigen Ganzen sämtliche oben genannten Bereiche der Philosophie auf der Grundlage der aristotelischen Logik einschließen würde. In der Praxis bedeutete dies, all die verschiedenen Traditionen aristotelischer Philosophie sowohl untereinander als auch mit den über Jahre hinweg angesammelten plotinischen, prokleischen und neuplatonischen Zusätzen in Einklang zu bringen, zu begründen und zu vervollständigen. Infolgedessen weisen diese Werke eine hoch systematische, zutiefst rationale Struktur auf und sind ungemein umfassend: Während griechisch und arabisch schreibende Philosophen seit Plotin den Kommentar als Ausdrucksform bevorzugten, entwickelte Ibn Sīnā die *summa philosophiae* als bevorzugte Gattung. Von diesem Standpunkt aus betrachtet kann man ihn ebenso als letzten Philosophen der Antike betrachten wie auch als ersten Scholastiker. Hinzu kommt, dass er bestrebt war, seine neue philosophische Synthese so zu formulieren, dass sie den philosophischen Bedürfnissen seiner Zeit und seinem gesellschaftlichen Umfeld gerecht wurde. Dies erklärt seine oben aufgelisteten Versuche mit den unterschiedlichsten Stilrichtungen. Er war bestrebt, Zuhörerschaften von unterschiedlichstem Hintergrund und Bildung zu erreichen, um den Inhalt seiner Philosophie so eindringlich wie möglich zu vermitteln.

Sein *Canon medicinae* tat für die Medizin, was das *Buch der Genesung* für die Philosophie getan hatte: Er systematisierte und ordnete die galenische Medizin unter Gesichtspunkten, die im großen und ganzen als aristotelisch gelten konnten, und aktualisierte dabei gleichzeitig das Werk Aristoteles', indem er das medizinische Wissen einbezog, das sich seit Aristoteles' Zeiten angesammelt hatte. Allein aufgrund der unerreichten Deutlichkeit seiner Darstellung und seiner methodischen Organisation ist dieses Werk in der arabischen Medizin unangefochten, auch wenn es frühere und nicht minder einflussreiche Werke gab wie die *summae* des al-Majūsī (Haly Abbas) und Rhazes. Der *Canon* gliedert sich in fünf Teile. Das erste Buch beginnt mit einer Diskussion der erkenntnistheoretischen Grundlagen der Medizin und kommt dann zu den allgemeinen Prinzipien, von der diese gelenkt wird; das zweite Buch enthält den ersten Teil einer Pharmakologie auf der Grundlage der *Materia Medica* des Dioskorides und führt um die 800 Einzelwirkstoffe auf; das dritte Buch handelt von der Pathologie der einzelnen Körperteile von Kopf bis Fuß; Buch 4 befasst sich mit der Pathologie von Erkrankungen, die wie Fieber und Vergiftungserscheinungen den ganzen Körper in Mitleidenschaft ziehen; in Buch 5 folgen der zweite Teil der Pharmakologie, die zusammengesetzten Arzneien sowie 650 Zubereitungsvorschriften. Das Buch endet mit einem Abschnitt über Körperhygiene und eine gesunde Lebensweise. Neben dem *Canon* verfasste Ibn Sīnā einen kurzen Aufsatz in persischer Sprache und ein arabisches Lehrgedicht über die Medizin im Allgemeinen. In verschiedenen Abhandlungen werden ihm zahllose andere medizinische Werke zugeschrieben, ihre Authentizität aber ist noch nachzuweisen.

Ibn Sīnās Einfluss war ungeheuer. Seine Philosophie hat nicht nur die Entwicklung der Philosophie im Islam geprägt, sondern die allen nachfolgenden Geisteslebens. Seine Logik, eine überarbeitete und erweiterte Form des aristotelischen *Organon*, avancierte zur einzig gültigen Methode wissenschaftlicher Forschung und durchdrang und beherrschte die Argumentation der islamischen Rechtsprechung und Theologie. Sie bildete die Grundlage, auf der sich deren zahllose Details weiter und weiter verfeinern ließen, und wurde in verschiedenen Handbüchern für den pädagogischen Gebrauch, von denen einige in traditionellen Schulen der islamischen Welt und insbesondere des Irans noch heute verwendet werden, immer wieder umgeformt. Seine – durch und durch aristotelische – Physik war die einzige physikalische Lehre, die ernsthaft an der Treue der Intellektuellen der islamischen Vormoderne zum Okkasionalismus der Ashʿarite-Theologen zu rütteln vermochte. Und seine Metaphysik ist eine systematische Neuformulierung des aristotelischen Werks gleichen Namens mit zahlreichen Weiterentwicklungen auf allen relevanten Gebieten – der Theorien von Sein, Kausalität, Substanz und Existenz. Sie wurde rasch zur metaphysischen Hauptdoktrin der islamischen Welt, durchdrang die islamische Theologie und wurde zur Grundlage aller weiteren Entwicklungen.

Im lateinisch sprechenden Westen war Ibn Sīnās Einfluss nicht minder tiefgreifend. Neben dem *Buch der Genesung* und dem gesamten *Canon* waren auch einige kleinere Schriften ins Lateinische übertragen worden, und seine Ideen prägten – oftmals anonym – bis weit in die Renaissance hinein einen großen Teil der Diskussionsinhalte und Begriffe in der scholastischen Philosophie und Theologie. Sein Einfluss auf die europäische Medizin war sogar noch nachhaltiger. Sein im 12. Jahrhundert erstmals übersetzter *Canon* blieb über lange Zeit hinweg das Standardlehrwerk europäischer Universitäten. Es stand im Mittelpunkt der Auseinandersetzungen in der Renaissance mit ihren neuen Ansätzen zur Medizin, und noch im 17. Jahrhundert wurden neue oder überarbeitete Übersetzungen angefertigt. [DG]

Werk(e):
Kitab al-Shifa', hrg. I. Madkour u. a. (1952–1983); Avicenna Latinus. Edition critique de la traduction latine médiévale, hrg. S. van Riet (1968ff.); al-Qanun fi l-tibb (1877; repr. 1993); The General Principles of Avicenna's Canon of Medicine, übers. M. A. Shah (1966).

Sekundär-Literatur:
Siraisi, N.G.: Avicenna in Renaissance Italy: the Canon and Medical Teaching in Italian Universities after 1500 (1987); Gutas, D.: Avicenna and the Aristotelian Tradition (1988); Goodman, L.E.: Avicenna (1994); Hasse, D.N.: Avicenna's De anima in the Latin West (2000); The Heritage of Avicenna, hrg. J. Janssens u. D. de Smet (2002); Wisnovsky, R.: Avicenna's Metaphysics in Context (2003).

Avogadro, Amadeo,
eigentlich Lorenzo Romano Amedeo Carlo Avogadro, Graf von Quaregna und Ceretto, italienischer Physiker und Naturforscher,
* 9. 8. 1776 Turin,
† 9. 7. 1856 Turin.

Avogadro führte 1811 den Begriff Molekül in die Diskussion über die Struktur der Materie ein und lieferte mit seiner Molekularhypothese, die später als Avogadrosches Gesetz bekannt wurde, einen entscheidenden Beitrag zur Entwicklung der Naturwissenschaften.

Avogadro besuchte als Sohn des Grafen Filippo Avogadro und seiner Frau Anna Maria Vercellone die Schule in Turin. Sein Vater war ein angesehener Rechtsanwalt und seit 1768 Senator von Piemont. 1777 wurde er zum Generalstaatsanwalt bestellt und unter der französischen Besatzung 1799 zum Senatspräsidenten ernannt.

Da Avogadros Familie mehrere kirchliche Anwälte stellte, sollte auch er eine juristische Laufbahn einschlagen. So wurde er 1792 – gerade 16-jährig – Bakkalaureus der Jurisprudenz. Vier Jahre später (1796) erwarb er den Doktorgrad in Kirchenrecht und begann als Anwalt zu praktizieren. 1801

A. Avogadro

wurde er zum Sekretär der Präfektur von Eridano ernannt. Avogadro heiratete Felicita Mazzé, und sie hatten sechs Kinder miteinander.

Neben seiner Anwaltstätigkeit begann Avogadro ab 1800 als Autodidakt mit systematischen physikalischen und mathematischen Studien und legte, angeregt durch die Entdeckungen A. ↗ Voltas, 1803 gemeinsam mit seinem Bruder Felice eine erste eigene Untersuchung über Erscheinungen der Elektrizität vor. 1806 wurde er Demonstrator (Assistent) am Collegio delle Provine in Turin und 1809 Professor für Naturphilosophie am College von Vercelli. 1820 wurde er auf den neu geschaffenen Lehrstuhl für mathematische Physik an der Universität Turin berufen. Aufgrund der politischen Veränderungen durch die Niederschlagung der bürgerlichen Revolution wurde seine Fakultät jedoch 1822 geschlossen und erst 1834 wiedereröffnet. Damit kehrte auch Avogadro wieder auf seinen Lehrstuhl zurück, den er nun bis zu seiner Emeritierung 1850 inne hatte.

Mit seinen Studien zur Elektrizität traf Avogadro ins Zentrum der naturwissenschaftlichen Diskussionen seiner Zeit. Die von H. ↗ Davy, Th. ↗ Grotthus, J. v. ↗ Ritter und Volta untersuchten elektrochemischen Erscheinungen eröffneten einen weiteren Zugang zur Erforschung der Struktur der Materie. J. ↗ Dalton hatte in der von ihm aufgestellten und in seinem Werk *A New System of Chemical Philosophy* (1808) dargestellten Atomtheorie aus dem von J. L. ↗ Gay-Lussac entdeckten Gesetz über die Volumenausdehnung von Gasen (1802) den Schluss gezogen, dass die Ganzzahligkeit der Volumenverhältnisse ein ebensolches Verhältnis der Anzahl der reagierenden Teilchen zueinander bedingt. Dabei setzte er allerdings Teilchen mit Atomen gleich und argumentierte gegen Gay-Lussacs Volumengesetz, weil er darin eine Gefährdung seiner Atomtheorie sah. Erst Avogadro unterschied 1811 zwischen Atomen und Molekülen und konnte Widersprüche zwischen Dalton und Gay-Lussac aufklären, indem er nachwies, dass Dalton Atome und Moleküle unzulässig verwechselt hatte. 1811 formulierte Avogadro eine kühne theoretische Deutung für Gay-Lussacs Volumengesetz: Gleiche Volumina aller Gase enthalten unter gleichen äußeren Bedingungen die gleiche Anzahl Moleküle. Mit Avogadros Hypothese konnten nun das Verhalten der Gase erklärt und Molekülmassen gasförmiger Verbindungen berechnet werden. Er selbst schlussfolgerte auf der Grundlage seiner analytischen Arbeiten 1814 die exakten Formeln für eine Reihe von Verbindungen wie Kohlendioxid und Schwefelwasserstoff. 1821 gab er unter anderem die exakten Formeln für Alkohol, Ether und Harnstoff an. Avogadros Hypothese war eine wesentliche Stütze für den Atomismus in der Naturwissenschaft.

Allerdings wurde Avogadros Arbeit kaum zur Kenntnis genommen und ihre Bedeutung zu seinen Lebzeiten nicht erkannt, obwohl A. ↗ Ampère sie bereits 1814 unterstützte. Möglicherweise hat er selbst dazu beigetragen, weil die von ihm verwendeten Begriffe »molécules intégrantes« für Moleküle aus Atomen verschiedener Elemente, »molécules constituantes« für Moleküle aus Atomen gleicher Elemente und »molécules élémentaires« für Atome gegenüber Daltons Atombegriff in der Verwendung zu Unsicherheiten führen konnten. Avogadro war auch nicht in der Lage, seine Hypothese mit nachvollziehbaren experimentellen Daten zu untermauern. Außerdem wurden seit der Veröffentlichung der ersten Atommassetabelle von J. J. ↗ Berzelius 1814 solche Tabellen der Autoritäten Berzelius und J.-B. ↗ Dumas nebeneinander mit den Äquivalentmassen von Ch. F. ↗ Gerhardt, A. ↗ Laurent und L. ↗ Gmelin angewandt. Und schließlich stand Berzelius' Theorie des elektrochemischen Dualismus, nach der die Bildung von Molekülen aus gleichartigen Atomen nicht möglich war, im Widerspruch zu Avogadros Hypothese. Erst S. ↗ Cannizzaro unterschied 1858 in seiner Arbeit *Sunto di un corso di Filosofica Chimica* ebenfalls exakt zwischen Molekülen und Atomen und brachte Klarheit in die Begriffe Atom, Atommasse, Molekül und Molekülmasse. Diese Arbeit trug er auf dem legendären Karlsruher Chemikerkongress im Jahre 1860 vor und verteidigte Avogadros Hypothese als wichtiges Naturgesetz. Er machte das Avogadrosche Gesetz zum Bezugspunkt seines Beitrages und führte aus: »Die in den verschiedenen Molekeln enthaltenen wechselnden Mengen eines und desselben Elementes sind sämtlich ganze Multipla einer gleichen Größe, welche, da sie immer ungeteilt in die Verbindung eintritt, mit Recht als Atom bezeichnet wird.« Daran anschließend zeigte er, dass mit Hilfe des Avogadroschen Gesetzes nicht nur molare Massen von Gasen und Dämpfen, sondern indirekt auch Atommassen bestimmt werden können. Auch Cannizzaros Beitrag fand erst nach dem Karlsruher Kongress allmählich Anerkennung, war aber letztlich entscheidend für die Durchsetzung der avogadroschen Molekulartheorie und ein Meilenstein der Entwicklung korpuskulartheoretischer Vorstellungen in der Chemie.

Avogadros Gesetz ist heute aus der kinetischen Gastheorie eines idealen Gases ableitbar und gilt als Näherungsgesetz bei niedrigen Drücken und hohen Temperaturen auch für reale Gase. Aus der Verallgemeinerung des für Gase gültigen Avogadroschen Gesetzes wurde der Molbegriff abgeleitet. Danach ist ein Mol die Stoffmenge, die ebenso viele Teilchen (Atome oder Moleküle) enthält wie 12 g Kohlenstoff ^{12}C. Die Anzahl der Atome in der Stoffmenge 1 mol wird heute Avogadrosche Zahl genannt, manchmal auch Loschmidtsche Zahl (nach L. ↗ Boltzmann), weil J. ↗ Loschmidt sie 1865 erstmals berechnet hat. Ihr experimenteller Wert ist $6{,}0221367(36) \cdot 10^{23}$ mol^{-1}.

Die bleibende Bedeutung der avogadroschen Leistung besteht darin, dass er mit seiner theoretisch-analytischen Arbeitsweise zu einem Wegbereiter der exakten Wissenschaften des 19. Jahrhunderts wurde und mit seiner Molekularhypothese einen Eckpfeiler des theoretischen Fundaments der klassischen Chemie schuf. [WG2]

Werk(e):
Versuch einer Methode, die Massen der Elementarmolekeln der Stoffe und die Verhältnisse, nach welchen sie in Verbindungen eintreten, zu bestimmen, Journal de Physique 73 (1811) 58–76 (franz., deutsch: Ostwalds Klassiker der exakten Wissenschaften, Nr. 8, 1921, Reprint 1983); Fisica de' corpi ponderabili ossia Trattato della constituzione generale de' corpi (4 Bde., 1837–1841).

Sekundär-Literatur:
Morselli, M.: Amedeo Avogadro, A Scientific Biography (1984).

Azara y Perera, Félix de,
spanischer Militär-Ingenieur, Geograph und Zoologe,
* 8. 5. 1742 Barbuñales (Huesca, Spanien),
† 20. 10. 1821 ebenda.

Azara y Perera gilt als erster Erforscher der Rio-de-la-Plata-Region (heute Argentinien/Uruguay) und erlangte große Bedeutung auf dem Gebiet der beschreibenden Zoologie. Azara war ein Gegner der Ansicht von der Konstanz der Arten und gehörte zu den ersten Vertretern der Idee ihrer Veränderlichkeit.

Nach einer humanistischen Ausbildung in Huesca (1757–61) wurde Azara, Sohn einer aragonischen Adelsfamilie, dessen Brüder hohe Stellungen in Kirche und Staat einnahmen, 1764 Kadett und schloss 1767 ein Studium der Mathematik und Ingenieurwissenschaften an der Militärakademie in Barcelona ab. Nach Ingenieurarbeiten in der Wasserwirtschaft und an Befestigungsanlagen in verschiedenen Gegenden Spaniens und der Teilnahme am Krieg gegen Algerien (1775), wo er schwer verwundet wurde, ging Azara 1781 nach Südamerika, wo er als Kartograph in einer spanisch-portugiesischen Kommission die Grenzen zwischen den kolonialisierten Territorien beider Länder festlegen sollte. Hier nutzte Azara die durch politische Differenzen für ihn entstehenden Wartezeiten, um in eigener Initiative Himmel und Gestirne zu beobachten. Auf zahlreichen Exkursionen in Regionen des heutigen Argentinien, Brasilien, Paraguay und Uruguay sammelte er trotz ungenügender Ausrüstung umfangreiche Informationen zu Flora, Fauna, den Bewohnern und deren Sitten. Ohne eine theoretische Ausbildung auf diesen Gebieten oder Kenntnis der Werke der großen europäischen Naturforscher ordnete und beschrieb er noch in Amerika seine Sammlungen nach einer eigenen Systematik. Erst gegen Ende seines Aufenthaltes erhielt er hier Werke von G. ↗ Buffon, dessen Taxonomien er 1796 kritisierte und korrigierte. Azara erarbeitete auch eine Karte von Paraguay und studierte dessen Geographie.

1801 kehrte Azara nach Spanien zurück, ging aber 1802 nach Paris, wo sein Bruder José Nicolás spanischer Botschafter war. Hier traf er auch bekannte französische Naturforscher jener Zeit, u. a. G. ↗ Cuvier und É. ↗ Geoffroy St. Hilaire, und arbeitete im Museum d'Histoire Naturelle. Nach dem Tod seines Bruders 1804 kehrte Azara nach Madrid zurück, wo er 1805 zum Mitglied der Junta de Fortificación de ambas Américas (Kommission für Befestigungsanlagen...) ernannt wurde. In dieser Eigenschaft malte ihn Goya 1805.

Wegen seiner liberalen Einstellung zog sich Azara während der Invasion der Truppen Napoleons 1808 nach Barbuñales zurück, wo er 1821, nachdem er noch das Bürgermeisteramt von Huesca angenommen hatte, an einer Lungenentzündung starb. Er wurde in der Kathedrale von Huesca beigesetzt.

Azaras Naturbeobachtungen beeinflussten ein halbes Jahrhundert später Ch. ↗ Darwin bei der Formulierung seiner Theorie von der Evolution der Arten. [IS2]

Werk(e):
Essais sur l'histoire naturelle de quadrupedes de la province du Paraguay..., traduit sur le manuscrit inédit... (1801, span. 1802); Apuntamientos para la historia de los páxaros de Paraguay y Río de la Plata (3 Bde., 1802–1805); Voyages dans l'Amérique Méridional... depuis 1781 jusqu'en 1801... (4 Bde., 1809, deutsch 1810, spanisch 1846); Descripción e historia del Paraguay y del Río de la Plata, ed. de Agustín de Azara, Madrid (1847, posthum).

F. de Azara y Perera

Sekundär-Literatur:
Mones, A., Klappenbach, M.A.: Un illustrado aragonès en el virreinato del Río de la Plata: Felix Azara (1997); Beddall, B. G.: The isolated Spanish genius – Myth or reality? Felix de Azara and the birds of Paraguay, Journal of the History of Biology 16 (1983).

Babbage, Charles,
englischer Mathematiker, Ökonom, Wissenschaftsorganisator und Computerpionier,
* 26. 12. 1791 Teignmouth (Grafschaft Devonshire),
† 18. 10. 1871 London.

Babbage erdachte das Konzept einer universellen Rechenmaschine und versuchte es in der Analytical Engine zu verwirklichen. Dies machte ihn zu einer Schlüsselfigur in der Geschichte der Informatik. Als ein »Operateur des Wissens« leistete er zudem Bedeutendes auf den Gebieten Mathematik, Ökonomie, Kristallographie und Kryptologie.

Geboren als Sohn eines Bankiers in Walworth bei London (Grafschaft Surrey), erhielt Babbage zunächst eine Privatausbildung, der ab 1810 ein Studium am Trinity College der Cambridge University folgte. Gemeinsam mit John F. W. Herschel, einem Sohn des nach England ausgewanderten deutschen Astronomen F. W. ↗ Herschel, und George Peacock gründete er eine Analytical Society. 1814 beendete er das Studium mit dem First Class Degree und ging nach London, um sich hier mathematischen und ökonomisch-philosophischen Fragen zuzuwenden. Bereits 1816 berief man ihn zum Mitglied der Londoner Royal Society, 1827–28 bekam er den Lucas-Lehrstuhl für Mathematik an der Universität Cambridge, zu dessen Inhabern auch I. ↗ Newton gehörte.

Der Kontakt mit dem französischen Mathematiker G.-Cl. ↗ Prony, von Napoleon beauftragt, neue logarithmische und trigonometrische Tabellenwerke zu erstellen, und die Tatsache, dass viele Tafelwerke fehlerhaft waren, inspirierten ihn, eine »dampfgetriebene Maschine« – er nannte sie Difference Engine – als mechanisches Pendant für die Struktur mathematischer Formeln zu ersinnen. Bereits 1822 konnte ein erstes Modell zur Berechnung der Quadratzahlen und einer Tabelle für die Werte der Funktion $y = x^2 + x + 41$ fertiggestellt werden. Bald folgte das Projekt einer größeren Maschine mit 20 Stellen für Differenzen bis zur 6. Ordnung. Eigens zur Ausfertigung der Konstruktionspläne und um den inneren Aufbau sowie alle internen Abläufe eindeutig darstellen zu können, entwickelte er eine spezielle kinematische Zeichensprache, die Mechanical Notation. Die britische Regierung unterstützte das Projekt mit 17 000 Pfund. Mit Joseph Clement und Joseph Whitworth – Vater des Gewindestandards – konnte Babbage zudem die hervorragendsten Maschinenbauer jener Zeit gewinnen, so dass sich die Werkstatt bald zum führenden Zentrum für Präzisionswerkzeugmaschinen in England entwickelte. Viele der in diesem Zeitraum gewonnenen Erfahrungen flossen in das Werk *On the Economy of Machinery and Manufactures* (1832) ein und wiesen Babbage zugleich als einen der führenden englischen Ökonomen aus.

Die Arbeiten blieben jedoch unter den Erwartungen, obwohl die Funktionstüchtigkeit durch verschiedene Nachbauten nachgewiesen werden konnte. Babbage brach das Projekt deshalb 1834 kurzerhand ab, ohne es allerdings endgültig aufzugeben.

Zwischenzeitlich entwarf er ein vollkommen neues Konzept, mit dem es auch möglich sein sollte, die Rechenergebnisse bei Beginn der folgenden Operation wieder in das Programm einzuspeisen. Bildhaft sprach er von einer »Maschine, die sich selbst in den Schwanz beißt« (Prinzip der bedingten Verzweigung), und er bestimmte auch bereits die Einsatzgebiete: Neuberechnung mathematischer und ozeanologischer Tabellen, Überarbeitung von Logarithmentafeln und astronomischen Daten, statistische Erhebungen u. a.

Das Konzept dieser Analytical Engine hatte folgende Struktur: Im Mittelpunkt steht eine zentrale

Ch. Babbage

Einheit, bestehend aus einer mill für die Ausführung aller Operationen, einem store, in dem alle Zahlen zu Beginn zwischengespeichert und nach Abschluss der Rechnung wieder abgelegt werden, und einer Steuereinheit. Die Eingabe von Variablen und Operanden wie auch von Programmen erfolgt mittels Lochkarten nach dem Vorbild der Jacquardschen Webstuhlsteuerung. Je nach gewünschtem Ziel kann der Speicher um verschiedene Teile erweitert werden: Ziffernachsen, Rechenvorrichtung, Zahlenkarten, Variablenkarten, Kartenlocher, Drucker, Kupferstechapparat und Kurvenzeichner. In der mill können folgende Operationen durchgeführt werden: Addition, Subtraktion, Multiplikation, Division, Wurzelziehen wie auch die Vorzeichenbehandlung.

Trotz mangelnder staatlicher Unterstützung begann Babbage mit Experimenten und Entwürfen, und nach zwei Jahren waren dreihundert technische Zeichnungen mit einer vollständigen Beschreibung der Maschine soweit fertig gestellt, dass die technische Realisierung folgen konnte. Allerdings erwies sich das Zusammenschalten aller mechanischen Komponenten als problematisch, da Babbage immer wieder Erweiterungen und Veränderungen zur Erhöhung der Leistungsfähigkeit vornahm. Von den über 30 entwickelten Varianten der Analytical Engine – ausgenommen zwei Akkumulatoren (Speichereinheiten) für 25 Dezimalen, eine Übertragungseinrichtung und ein Druckwerk – konnte deshalb keine vollendet werden, zumal die englische Regierung lediglich 1 500 bis 2 000 £ pro Jahr zur Verfügung stellte und unüberhörbar von »Verschwendung ungeheurer Summen« sprach. Mit dieser Haltung stand sie in krassem Widerspruch zur Scientific Community, die uneingeschränktes Lob zollte und Babbage den »Vater der Maschine der Maschinen« (A. v. ↗ Humboldt) nannte.

1840 reiste Babbage nach Turin, um an einem Treffen italienischer Naturforscher teilzunehmen und seine Analytical Engine vorzustellen. Der italienische Offizier Luigi Federico Menabrea notierte den Vortrag und veröffentlichte ihn 1842 in der Bibliothèque Universelle de Genève. Augusta Ada Byron, spätere Countess of Lovelace, übersetzte ihn schliesslich ins Englische. Ihr *Sketch of the Analytical Engine* stellt eine erheblich erweiterte Fassung dar und trug der damals knapp 30-Jährigen den Ruhm ein, die erste Programmiererin der Welt zu sein, denn er enthält die oft zitierte Bemerkung, »dass die Analytical Engine algebraische Muster webt, gerade so wie der Jacquard-Webstuhl Blätter und Blüten.«

Unzweifelhaft hat sich Babbage mit den theoretischen und praktischen Arbeiten zur Analytical Engine einen Ehrenplatz unter den Computerpionieren verschafft; denn die entworfene Architektur, quasi ein grundlegendes Paradigma der Informatik, entspricht in allen Komponenten – Prozessor, Arbeitsspeicher, Ein- und Ausgabeschnittstellen – dem Aufbau eines modernen Computers.

Charles Babbage hinterließ ein reiches Vermächtnis: einen Ur-Computer als Initiale der Gegenwart, eine Abhandlung zur Politischen Ökonomie, die erste Theorie des Lebensversicherungswesens, eine Fülle theoretischer Überlegungen zur Spieltheorie, zum Vulkanismus, zur Gletschertheorie, zur submarinen Navigation und zur Statistik. Seine Arbeiten zur Dechiffrierung von Geheimtexten, für die er erstmals einen – allerdings noch heute nicht restlos verstandenen – mathematischen Formalismus verwendete, machten ihn zu einem führenden Kryptologen seiner Zeit. Ein Leben lang kämpfte er auch gegen bildungspolitische Kurzsichtigkeit und den Niedergang der Wissenschaft, d. h., für die gesellschaftliche und ökonomische Fortentwicklung seines Vaterlandes. [FN]

Werk(e):
Reflections on the Decline of Science in England, and some of its Causes (1830); On the Economy of Machinery and Manufactures (1832); The Ninth Bridgewater Treatise: A Fragment (1837); Laws of Mechanical Notation (1851); The Collected Works of Charles Babbage, 11 Bde., hrg. v. M. Campbell-Kelly (1989); Passages from the Life of a Philosopher (1864).

Sekundär-Literatur:
Menabrea, L. F.: Notions sur la Machine Analytique de M. Charles Babbage (1842/43); Lovelace, A. A.: Sketch of the Analytical Engine (1843); Hyman, A.: Charles Babbage, Pioneer of the Computer (1982), deutsch: Charles Babbage, Philosoph, Mathematiker, Computerpionier (1987).

Bach, Aleksej Nikolajewitsch,

russisch-sowjetischer Biochemiker,
* 17. 3. 1857 Solotonoscha (Ukraine),
† 13. 5. 1946 Moskau.

Bach gehört zu den Begründern der naturwissenschaftlichen Biochemie.

Bach, Sohn eines Destillationstechnikers, begann 1875 das Chemiestudium an der Universität in Kiew. 1878 wurde er wegen revolutionärer Aktivitäten exmatrikuliert und verbannt. 1882 konnte er das Studium wieder aufnehmen. 1883 veröffentlichte er *Zar Hunger*. Diese Schrift (später unter der Bezeichnung *Grundzüge der Ökonomie* herausgegeben), die eine Übertragung der Grundlagen der marxistischen Ökonomie auf die Verhältnisse im zaristischen Russland darstellt, fand weite Verbreitung. Wegen revolutionärer politischer Aktivitäten musste er ab 1883 in den Untergrund gehen. 1885 emigrierte er nach Paris und arbeitete einige Jahre im Labor des französischen Biochemikers Paul Schützenberger, besonders über biochemische As-

A.N. Bach

similationsvorgänge. 1891 reiste er nach Chicago, um dort Fermentationsmethoden und Verfahren der technischen Branntweindestillation zu erlernen. 1894 zog er aus gesundheitlichen Gründen in die Schweiz. In der Nähe von Genf begründete er ein kleines leistungsfähiges Privatlaboratorium, in dem er (in einer Zeit, als die Hypothesen des »Vitalismus« durchaus noch nicht überwunden waren) grundlegende biochemische Arbeiten durchführte. Er untersuchte Probleme des Kreislaufes des Kohlenstoffs und des Stickstoffs in der Natur, der Nitratbindung in Pflanzen und der Fixierung des Stickstoffs aus der Atmosphäre durch Azobakterien. Intensive Untersuchungen der langsamen Oxidation (Autoxidation) und der Oxidationsvorgänge in biochemischen Systemen ließen ihn die grundlegende Bedeutung von Peroxiden bei diesen Vorgängen erkennen (1897). Da im gleichen Jahr auch Carl Engler unabhängig von Bach auf die Bedeutung von Peroxiden bei Autoxidationsvorgängen hingewiesen hatte, sind diese Ergebnisse als Bach-Engler-Peroxidtheorie bekannt geworden: 1. Der molekulare Sauerstoff wird zu $-O-O-$ aktiviert. 2. Der aktivierte Sauerstoff lagert sich an organische Verbindungen zum Peroxid RO_2 an (1936 durch Alfred Rieche modifiziert durch den Nachweis von Hydroperoxiden $R-O-O-H$ als Primärstufen der Autoxidation). 3. Das Peroxid oxidiert weitere Moleküle ($RO_2 + R \rightarrow 2\,RO$). 1902 gelang Bach der Nachweis von Peroxiden in der Zelle. Diese Arbeiten regten zur Untersuchung von Autoxidationsvorgängen in biochemischen Systemen und zum Studium der Rolle von freien Radikalen bei diesen Vorgängen an. Diese Arbeiten sind bis in die Gegenwart hinein von grundlegender Bedeutung. Für die Gesamtheit dieser Arbeiten verlieh die Universität von Lausanne an A. N. Bach ein Ehrendoktorat für Chemie.

1917, nach der Februarrevolution, kehrte Bach nach Moskau zurück. 1918 war er Mitbegründer eines physikalisch-chemischen Laboratoriums in Moskau zur wissenschaftlichen Unterstützung der chemischen Industrie. Dieses Laboratorium entwickelte sich später zu dem Physikalisch-chemischen Karpow-Institut, dessen ständiger Direktor Bach war. Aus dem Karpow-Institut gingen einige leistungsfähige Akademieinstitute hervor. 1921 begründete er bei dem Volkskommissariat für Gesundheitswesen ein biochemisches Institut, 1935 ein Institut für Biochemie der Akademie der Wissenschaften der UdSSR, das seit 1944 den Namen Bach trägt.

Bach wurden in der UdSSR wichtige Funktionen in Staat und Wissenschaft übertragen. Seit 1937 war er Abgeordneter des Obersten Sowjets der UdSSR, er war Präsident und Ehrenpräsident der chemischen Mendelejew-Gesellschaft. Er wurde mit zahlreichen hohen staatlichen Auszeichnungen geehrt. Seit 1929 war er Mitglied der Akademie der Wissenschaften der UdSSR, 1939 wurde er zum Sekretär der Klasse für Chemie dieser Akademie gewählt. Während des Zweiten Weltkrieges organisierte er die Forschungen in den von Moskau nach Frunse (Kirgisische SSR) evakuierten Akademieinstituten. Bach ist der Begründer einer großen Schule von Biochemikern und Physikochemikern in der UdSSR. [KHS2]

Werk(e):
Vestnik akademii nauk SSSR, 16, H. 5–6, 19–24 (1946); Uspechi chimii, 15, 267–268 (1946).

Bach, Carl Julius von,
deutscher Ingenieur,
* 8. 3. 1847 Stollberg (Sachsen),
† 10. 10. 1931 Stuttgart.

Bach prägte maßgeblich die Entwicklung der deutschen Technik. Bahnbrechend wirkte er auf den Gebieten des Maschinenbaus, der Metallkunde, des Beton- und Eisenbetonbaus und des Dampfkesselwesens. Durch ihn erreichte die Verwissenschaftlichung des deutschen Ingenieurwesens eine neue Stufe.

C.J. von Bach

Bach erlernte zunächst das Schlosserhandwerk. Stationen fachlicher Bildung waren vor allem die Chemnitzer Höhere Gewerb- bzw. Werkmeisterschule (1864–66) sowie die Polytechnische Schule in Dresden (1866–68), später dann das Polytechnikum in Stuttgart (Assistent für Konstruktionsübungen bei Wilhelm Kankelwitz) und die TH in Karlsruhe (1873 Diplomprüfung bei F. ↗ Grashof). Während eines siebenmonatigen Aufenthaltes in England arbeitete Bach in verschiedenen Maschinenbaubetrieben und besuchte Vorlesungen am King's College in London. In der Wiener Maschinenfabrik Knaust übernahm er 1874 eine Position als Oberingenieur; die Konstruktion einer mobilen Dampffeuerspritze erbrachte Bach eine Goldmedaille auf der internationalen Landwirtschaftsausstellung zu Küstrin. Ab 1876 stellte Bach als Direktor der Lausitzer Maschinenfabrik AG auch seine unternehmerischen Qualitäten unter Beweis.

1878 erfolgte die Berufung als Ordentlicher Professor des Maschineningenieurwesens nach Stuttgart mit dem Lehrauftrag für Dampfmaschinen, Dampfkessel, Elastizität und Maschinenteile. Wenig später verfasste er das Buch *Die Maschinen-Elemente. Ihre Berechnung und Konstruktion*, das bis 1921 in weiteren 12 Auflagen erschien und – zugleich in viele Sprachen übersetzt – zu einem Standardwerk des Maschinenbaus wurde. Dort diskutierte Bach nicht nur das technische Schaffen schlechthin, sondern auch »die Förderung der Industrie« und die »Milderung der Klassengegensätze«, und forderte eine technische Hochschulbildung, die »ganze Persönlichkeiten« erziehe. Ähnlich bedeutsam wurde das Buch *Elasticität und Festigkeit*, da die Berechnung von Maschinenteilen erstmals aufgrund des Wechsels der Spannungen durchgeführt werden konnte. Auf Initiative Bachs und um die weitestgehend empirische Vorgehensweise bei der Herstellung und Beurteilung von Werkstoffen und Konstruktionen auf eine wissenschaftliche Grundlage zu stellen, erfolgten 1884 die Gründung der Staatlichen Materialprüfungsanstalt Stuttgart (heute Materialprüfungsanstalt) und 1899 die Fertigstellung des Ingenieurlaboratoriums zur Untersuchung von Motoren, Dampfmaschinen, Dampfkesseln und Arbeitsmaschinen.

Von 1885 bis 1888 übernahm Bach das Direktorat des Stuttgarter Polytechnikums. Bach erhielt zahlreiche wissenschaftliche und gesellschaftliche Ehrungen – u. a. wurde er 1895 geadelt – und pflegte enge Beziehungen zu Wissenschaftlern und Unternehmern seiner Zeit sowie zu Vertretern der württembergischen Industrie. Auch nach seiner Emeritierung im Jahre 1922 bleibt Bach eine der Persönlichkeiten, die an maßgeblicher Stelle die Entwicklung der deutschen Technik mit erlebt und erstritten haben. [FN]

Werk(e):
Die Maschinen-Elemente. Ihre Berechnung und Konstruktion mit Rücksicht auf die neueren Versuche. (1880); Elasticität und Festigkeit. Die für die Technik wichtigsten Sätze und deren erfahrungsmäßige Grundlage (1889); Bemerkung zur wissenschaftlichen Ausbildung der Ingenieure und zur Frage des weiteren Ausbaues der Technischen Hochschulen (1912); Festigkeitseigenschaften und Gefügebilder der Konstruktionsmaterialien (1915); Mein Lebensweg und meine Tätigkeit. Eine Skizze (1926).

Sekundär-Literatur:
Naumann, F. (Hrg.): Carl Julius von Bach (1847–1931). Pionier - Gestalter - Forscher - Lehrer - Visionär (1998).

Bacon, Francis,
Baron Verulam, Viscount St. Albans,
englischer Naturphilosoph, Jurist und Staatsmann,
* 22. 1. 1561 London,
† 9. 4. 1626 bei London.

Bacon schuf eine Philosophie, in deren Mittelpunkt die Idee eines schrittweisen Erkenntnisfortschritts stand. Er forderte einen revolutionären Bruch mit allen Traditionen der Naturphilosophie und entwarf eine neue Methodologie des experimentellen Forschens.

Von Geburt an lebte Bacon im Zentrum der politischen Macht Englands. Sein Vater war Großsiegelbewahrer und sein Onkel Schatzkanzler. Schon als Kind hatte er privilegierten Zugang zu Königin Elisabeth I. Im Alter von 20 Jahren wurde er Mitglied des Parlaments, mit 21 als Anwalt zugelassen. Zuvor hatte er das Trinity College in Cambridge besucht und später am Gray's Inn in London Recht studiert. Von tiefem Einfluss auf Bacon war die Religiosität seiner sprachgewandten und gebildeten Mutter. Als Anhängerin der »Nonkonformisten« war sie Gegnerin der staatlichen Regulierung von Religion. Sie anerkannte allein Gewissensverantwortung und deren Äußerung nicht in Worten, sondern in Werken. Eine Verquickung von religiöser Dogmatik und wissenschaftlicher Theorie hielt Bacon zeitlebens für ein beiderseitiges Übel.

F. Bacon

Obwohl Protegé von Königin Elisabeth I., verlief Bacons Aufstieg in die höchsten Staatsämter schleppend. Erst nach der Krönung von James I. 1603 wurde er 1607 zweiter Kronanwalt, um dann über mehrere Stationen 1618 zum höchsten Staatsamt, dem Lordkanzler des Königreichs, aufzusteigen und zum Baron von Verulam, später zum Viscount St. Alban, ernannt zu werden. Verwikkelt in einen Bestechungsskandal, musste er 1621 demissionieren und verbrachte die letzten Lebensjahre über seinen Manuskripten. Sein Tod ist allegorisch in sein Lebenswerk eingeflochten. Bei einem »kleinen Experiment über die Konservierung... toter Körper« durch Kälte, so seine letzte schriftliche Äußerung, holte er sich eine Lungenentzündung.

Politik und Wissenschaft kreuzten sich in Bacons Leben immer dann, wenn sich ihm eine Gelegenheit bot, Unterstützung für seine Vorstellungen vom Aufbau umfangreicher Forschungslaboratorien und Dokumentationszentren zu finden. Seit 1592 stand für ihn nicht nur fest, dass die Naturphilosophie eine völlig neue Gestalt anzunehmen hätte, in der begriffliche und experimentelle Arbeit methodisch verknüpft wären, sondern auch, dass wegen der Breite und der Dauer der Aufgaben ein neuer institutioneller Rahmen der Forschungskooperation zu schaffen wäre. Da er dies als eine politische Aufgabe erachtete, versuchte er zunächst, nicht über philosophische Schriften, sondern über seinen Einfluss auf hohe Persönlichkeiten initiativ zu werden. Seine erste wissenschaftsphilosophische Veröffentlichung *The Proficience and Advancement of Learning* (1603) ist vor allem eine Enzyklopädie des Unerforschten, die mit offenen Worten den neuen König bewegen sollte, der Wissenschaftspolitik Priorität einzuräumen. Er konnte James so wenig wie seine Vorgängerin Elisabeth überzeugen. Er sollte es nicht mehr erleben, wie dann unter Cromwell und später unter Charles II. sein Zeugnis als Lordkanzler für die politische Unterstützung der neuen Wissenschaft immer bedeutender wurde.

Bacon ist berühmt als Stilist der kurzen Essays und geschliffenen Aphorismen. Er suchte nach dem klar umrissenen einzelnen Gedanken und der prägnanten Metapher, nicht nach der langwierigen Herleitung. »Solange die Erkenntnis in Aphorismen und Beobachtungen besteht, wächst sie.« Er wollte Mitstreiter für einen Neuanfang gewinnen, dessen Erfolg erst die Rechtfertigung für den Anfang liefern kann. Er wagte zu sagen, dass die Instauration der Experimentalwissenschaft zugleich ein gesamtgesellschaftliches Projekt von experimentellem Zuschnitt ist. Seine Philosophie ist daher konzipiert als ein systematisches Fragment oder fragmentarisches System: als der Entwurf einer umfassenden Erneuerung von Wissenschaft und Gesellschaft, der zwangsläufig dort abbricht, wo erst zukünftige Leistungen zu genauen Ergebnissen und umfassenden Erklärungen führen können. Seine Philosophie will eine Zielvorstellung auf den Weg bringen, die erst durch die Wegbahnung allmählich präzisiert und gerechtfertigt werden kann. Die Fahrt des menschlichen Geistes »ins offene Meer« der Zukunft ist Leitmetapher dieses systematischen Fragmentarismus. Viele Werke Bacons tragen das Merkmal des unabgeschlossenen Manuskripts. Mindestens in seinem Hauptwerk, der *Instauratio Magna*, liegt darin ein begründeter und stilistisch gewollter moderner Zug seiner Philosophie.

Im Zentrum dieser Philosophie steht der Schlüsselbegriff der Forschung (inquisitio, inquiry). In seinem *Neuen Organon* (1620), Teil 2 der *Instauratio Magna*, entwickelte Bacon eine Methode der Forschung, die die Beziehungen zwischen empirischer Untersuchung und begrifflich-theoretischer Konstruktion erstens als ein interaktives Wechselspiel und zweitens als einen iterativen Prozess aufbaut. Interaktiv ist diese Methode, weil sie im Gegensatz zum überkommenen Verständnis des alten *Organon* der aristotelischen Tradition kein bloßes Werkzeug des gedanklichen Operierens, sondern ein Werkzeug der Forschungspraxis sein sollte, in der das Experiment einerseits und die Suche nach gesetzmäßigen Zusammenhängen zwischen Effekten andererseits ineinander spielen. Iterativ ist die Methode, weil das Finden der Grundbegriffe und -gesetze der Natur und der Entwurf verfeinerter Experimente sich wechselseitig voran treiben. »Da ich ja den Geist nicht bloß in seiner eigenen Fähigkeit, sondern gerade in seiner Verknüpfung mit den Dingen berücksichtige, muss ich einräumen, dass die Kunst des Erfindens mit den Erfindungen erstarken kann«, schrieb er im *Neuen Organon*. Für den Begriff des Experiments hat Bacon als Erster die Differenz zur bloßen Beobachtung herausgearbeitet. Zwar war Naturbeobachtung im Sinne der geordneten Sammlung von Phänomenen für ihn ein wichtiger Ausgangspunkt, aber die eigentliche Forschungspraxis besteht darin, nach selbst gesetzten und möglichst frei variierten Bedingungen Experimente anzuordnen, durch die die Natur gezwungen wird, unbekannte Effekte und damit neue Erfindungen preiszugeben. In diesem Zusammenhang brach Bacon radikal mit den Traditionen von Antike, Mittelalter und Renaissance zur harmonischen Ordnung der Welt und ersetzte sie durch die Metapher des Labyrinths. »Der Bau des Weltalls aber erscheint seiner Struktur nach dem Menschengeist, der es betrachtet, wie ein Labyrinth, wo überall unsichere Wege, täuschende Ähnlichkeiten zwischen Dingen und Merkmalen, krumme und verwickelte Windungen und Verschlingungen der Eigenschaften sich zeigen« (aus der Vorrede der *Instauratio Magna*).

Sie zeigen sich um so mehr, je stärker die Natur durch Experimente in ihre Extreme getrieben wird. Seit der ökologischen Wende unseres Naturverständnisses im 20. Jh. ist Bacon der Vorwurf gemacht worden, eine Unterjochung der Natur für die technischen Ziele der Gesellschaft zu betreiben, in der das Verständnis für die Stellung des Menschen im Kosmos ersetzt wird durch die Macht über Ressourcen und Effekte. Tatsächlich anerkannte er keine ethischen oder religiösen Grenzen der Forschung, sondern nur Vorbehalte des Einsatzes neuer Technologien. Bei der berechtigten Kritik an der bei Bacon vorgezeichneten Ausnahmestellung des Menschen darf jedoch nicht vergessen werden, dass seine wichtigste Maxime zur Herrschaft über die Natur war, ihr zu »dienen« und sie zu »verstehen«.

Bacon war kein Experimentalist. Trotz der engen Beziehung zwischen Experiment und Technik ging es ihm um die Entschlüsselung der Gesetzesstruktur des Natur. Er rückte den Begriff des Naturgesetzes und die Vorstellung, dass die Naturwissenschaft einzelne Kausalgesetze und deren theoretischen Zusammenhang zu entschlüsseln habe, in den Mittelpunkt seiner Epistemologie. Sein Begriff des Naturgesetzes war noch angelehnt an den aristotelischen Formbegriff, diente aber zugleich dazu, ihn zu ersetzen. Obwohl an den konkreten Beispielen, die Bacon für die Methode vorgab, schon früh kritisiert wurde, dass sie die theoretische Fantasie zu sehr einschränkten, sind seine Reflexionen zum Zusammenhang von Forschungsprozess, Experiment und Naturgesetz nicht nur im englischen Empirismus von großem Einfluss gewesen. In seinen – von ihm selbst immer als hypothetisch ausgegebenen – ontologischen Auffassungen war Bacon stark beeinflusst von Philosophen der Renaissance und von der alchemistischen Forschung. Er war überzeugt, dass sich hinter der Welt der mechanischen Physik eine solche der sublimen spirituellen Materie auftun würde, in die einzudringen der wahren Machtentfaltung des Menschen dienen würde. Allerdings führte für ihn der Weg in diese sublimen Bereiche der Natur nicht über den Okkultismus, sondern über die Mechanik.

Diese im *Novum Organon* entfalteten Gedanken zur Logik der Forschung und zum Aufbau der Natur sind eingebettet in den umfangreichen fragmentarischen Entwurf der *Instauratio Magna*, an dessen Ende – von Bacon selbst erst nach mehreren Jahrhunderten der Forschung erwartet – »die zweite Philosophie oder tätige Wissenschaft (scientia activa)« stehen würde. Die Provokation seiner Philosophie liegt nicht so sehr in einer utilitaristischen Engführung der Wissenschaft als in der behaupteten inneren Beziehung von Macht und Wahrheit, von experimentell erzeugter Verfügung und reflexivem Verstehen. Die Rechtfertigung dieser Macht durch Wissen lag für Bacon in der religiös motivierten Orientierung der Wissenschaft an der Wohlfahrt der Menschen. Die in der Utopie *Neu-Atlantis* entworfene Vision reicht von der Befreiung aus materieller Not bis zur Skizzierung einer gesellschaftlichen Verfassung, in der die Förderung der Forschung höchste Priorität besitzt und im Gegenzug die Anwendung von Wissenschaft Wohlstand und Freiheit gewährleistet. Nicht zufällig endet diese Utopie auch als Fragment. Es ist Sache der Zukunft, sie zu Ende zu schreiben. Den Zusammenhang zwischen wissenschaftlich-technischem und gesellschaftlichem Fortschritt hat Bacon in einem Kontext beschrieben, in dem die Abhängigkeiten zwischen den Zielen der Erkenntnis, den Formen des Wissens, den Rollen der Gelehrten und der Ordnung der Gesellschaft analysiert wurden. In vielen seiner Schriften betonte Bacon, die alte Philosophie nicht deshalb ersetzen zu wollen, weil sie falsch sei, sondern deshalb, weil sie zur gegenwärtigen und zukünftigen Gesellschaft nicht länger passe. Für die Analyse der Beziehungen entwickelte er ein Modell von Indikatoren, die als Lehre von den »Idolen« auf die spätere Soziologie des Wissens von Einfluss gewesen ist.

Bacons umfassender Einfluss auf die Entstehung der neuzeitlichen Philosophie und Wissenschaft beruht auf einer Reihe von Aspekten. Er ist der erste Philosoph, der rückhaltlos den revolutionären Bruch mit allen Traditionen der Naturphilosophie forderte. Er konzipierte eine Philosophie, in deren Mittelpunkt die Idee des schrittweisen Erkenntnisfortschritts stand, und entwarf eine neue Methodologie der experimentellen Forschung. Er plädierte für ein wissenschaftspolitisches Engagement des Staates zur Gründung von Forschungsinstitutionen und beschrieb die engen Zusammenhänge zwischen Experimentalwissenschaft, technologischer Erfindung und gesellschaftlicher Modernisierung. In all diesen Aspekten ist trotz der Fortschrittsorientierung die tiefe Verwurzelung im Gedankengut der Renaissance nachweisbar. Obwohl Bacon keine Entdeckung oder theoretische Formulierung von Rang zuzuschreiben ist, wuchs seine Bedeutung als Philosoph einer »Instauratio magna«, einer umfassenden Erneuerung von Wissenschaft und Gesellschaft, beständig. Aufbau und Arbeitsweise der neuen wissenschaftlichen Akademien und Gesellschaften trugen seine Handschrift. Philosophen und Wissenschaftler verschiedenster Richtungen – unter ihnen Chr. ↗ Huygens, R. ↗ Hooke, G.W. ↗ Leibniz, Giambattista Vico, David Hume, I. ↗ Kant, J.-B. d'↗ Alembert und François Voltaire – formten das Bild Bacons als eines der Begründer der neuzeitlichen Wissenschaft. [WK3]

Werk(e):
The works of Francis Bacon, hrg. v. J. Spedding (1857–74), Faks.-Neudr. (1961–63), Bd. 1–14; Neues Organon, lateinisch-deutsch, hrg. v. W. Krohn (1990).

Sekundär-Literatur:
Gaukroger, S.: Francis Bacon and the Transformation of Early-modern Philosophy (2001); Krohn, W.: Francis Bacon (1987).

Bacon, Roger,
englischer Philosoph und Theologe,
* um 1214 bei Ilchester (Somerset),
† 1292 oder 1294 Oxford.

Bacon zählte durch seine konsequente Betonung der Experimentalwissenschaft zu den innovativsten Forschern seiner Zeit. Die Rezeption aristotelischer Schriften, die Fokussierung auf die menschliche Rationalität und die philologische Perspektive machten ihn zu einem ebenso visionären wie umstrittenen Denker. Eine Schulbildung setzte Bacon nicht durch.

Der englische Philosoph und Theologe studierte in Oxford und Paris. Zwischen 1237 und 1247 lehrte er an der Universität Paris und seit Beginn der 1260er-Jahre nach einer zehn- bis fünfzehnjährigen Studienphase am dortigen Franziskanerkonvent. Dem Franziskanerorden gehörte Bacon seit 1257 an, fand dort aber für seine Forschung wenig Zuspruch. Um 1278 wurden Bacons Schriften sogar verdammt, er selbst gefangen genommen und zehn Jahre inhaftiert.

Die wichtigsten Schriften – das sog. *Opus Majus* sowie das *Opus Minus* und das *Opus Tertium* als Ergänzungen – entstanden unter der kurzen Patronage des Papstes Clemens IV. in den Jahren 1267/8, allerdings konnte Bacon seine Vorstellungen nach dem Tode Clemens' nicht mehr durchsetzen. Eine Reihe bedeutender Kommentare zu aristotelischen Schriften sowie zu astronomischen und anderen naturwissenschaftlichen Fragestellungen gehören ebenso zum Werk Bacons wie grammatische Abhandlungen und Traktate zur Erneuerung der Lehre an den Universitäten.

Bacon war unter den Ersten, die nicht nur ↗ Aristoteles' Schriften, sondern auch die Werke arabischer Gelehrter in breiterem Maße rezipierten und vor allem für den Bereich der optischen Forschung (in der Bacon von ↗ Alhazen abhängig war) fruchtbar machten. Aufgrund der schwierigen Veröffentlichungssituation erschienen manche Texte unter der Angabe anderer Autorschaft, und pseudonyme Werke wurden Bacon nachträglich zugeschrieben, so dass die Authentizität des baconschen *Corpus* noch nicht endgültig geklärt ist.

Die Reformanliegen, denen Bacon sich verpflichtet sah, betrafen weniger die kirchliche Struktur (deren Erneuerung die franziskanische Richtung intendierte) als vielmehr den universitären Bereich als Voraussetzung theologischer Reflexion. Im umfangreichen Werk stehen daher drei zentrale Themen immer wieder im Vordergrund: erstens die Kritik an der Unzulänglichkeit des scholastischen Lehrbetriebes, zweitens der Versuch, die Mathematisierung der Wissenschaften in einem aristotelischen Paradigma von *scientia* durchzuführen, und drittens die widerspruchsfreie Kombination einer solchermaßen reformierten Wissenschaft mit der Theologie.

Hauptanliegen bei Bacons Kritik an den Universitäten war die Modifikation der Lehrpläne. An die Stelle einer stark an logischen Problemen ausgerichteten Kommentarliteratur sollte das Studium der alten Sprachen (also neben Latein vor allem Griechisch und Hebräisch) treten. Im dritten Teil des *Opus Majus* bestreitet Bacon die Möglichkeit, dass ohne die Kenntnis der klassischen Sprachen eine sichere Erkenntnis in den Wissenschaften, zumal in der Theologie, möglich sei. Da sich die Sprachen zudem nicht ohne Bedeutungsverschiebungen ineinander übersetzen lassen, bleiben nach Bacon auch viele Fachtermini in der Gefahr von Missdeu-

R. Bacon

tungen. Verbunden damit ist die Kritik an der Korruption des biblischen Textes, dessen philologische Integrität unabdingbare Voraussetzung für eine Interpretation gemäß dem mehrfachen Schriftsinn ist. Auch die wissenschaftlichen Texte der arabischen Philosophie bleiben ohne Kenntnis der Sprache für den lateinischen Westen unerschlossen und sind damit nach Bacon ebenso verborgen wie noch nicht übersetzte Texte des Aristoteles.

Unter den für Weisheit entscheidenden vier Wissenschaften nimmt die Mathematik bei Bacon eine Schlüsselstellung ein (*Opus Majus*, IV, S. 97). Epistemologisch relevant ist dabei die Behauptung, die Mathematik sei Voraussetzung jeder Wissenschaft und darin zugleich Vorbild des sicheren Wissens, weil *in ihr ohne Irrtum zur vollen Wahrheit* gelangt werden könne. Sie ist demnach früher als die anderen Wissenschaften und notwendig für deren Kenntnis. Neben zahlreichen Anwendungen mathematischer Grundsätze widmet sich das *Opus Majus* auch dem Verhältnis von Mathematik und Theologie. Bacon konzentriert sich hier auf die Verifikation biblischer Geographie durch Mathematik und auf die Theorien zur Berechnung des Osterfestes.

Zentralen Charakter bei allen Wissenschaften besitzt nach Bacon die Kategorie der Erfahrung, »ohne die nichts zureichend gewusst werden kann« (*Opus Majus*, VI, S. 167). Zwar kann Gewissheit auch argumentativ erreicht werden, doch allein die Experimentalwissenschaft leistet dem aristotelischen Wissenschaftsbegriff Genüge, bei einer Kenntnis der Gründe nicht ins Unendliche zurückfragen zu müssen. Dass Bacon zum Begriff der Erfahrung neben der »philosophischen« (durch die äußeren Sinne) auch die innere Erleuchtung etwa der Heiligen zählt, macht deutlich, dass die Notwendigkeit verifikativer Empirie bei Bacon vorweggedacht wurde, aber noch nicht gemäß dem neuzeitlichen Modell der Erfahrung. Beispielhaft ist hierfür auch die im zweiten Teil des *Opus Majus* vertretene Ansicht einer *philosophia*, die ihre Erfüllung in der Theologie findet. Die Moralphilosophie (pars VII) stellt dabei die Verbindung her, in der die Philosophie – und damit die Wissenschaft überhaupt – letztlich in der Theologie fundiert sind.

Bei aller Kritik scholastischer Philosophie – die mehr dem »wie« als dem »was« galt — blieb Bacon doch ein Verfechter rationaler Wissenschaftlichkeit; astrologische Überlegungen finden nur am Rande der weitaus umfassenderen astronomischen Studien Anklang (vor allem Bacons *Speculum astronomiae* war so inspirierend wie umstritten) und die Tendenzen zu magischen Praktiken lassen sich – bei aller Aufgeschlossenheit Bacons – nicht als programmatischer Punkt nachweisen. So ist Bacon in seiner Vielseitigkeit wissenschaftlichen Interesses in den Strukturen seiner Zeit ebenso wenig zur Entfaltung gekommen, wie die umfassende Einheitlichkeit seines Wissenschaftsbegriffes die Gelehrsamkeit des universitären Alltags überforderte. [SL]

Werk(e):
Opera hactenus inedita Baconis (16 Bde., hrg. v. R. Steele/ F. M. Delorme, 1905–1940); The »Opus Majus« of Roger Bacon (2 Bde., hrg. v. J. H. Bridges, 1964 [Zitate aus diesem Werk]).

Sekundär-Literatur:
Hackett, J. (Hrg.): Roger Bacon – an annotated bibliography (1995); Hackett, J. (Hrg.): Roger Bacon and the sciences (1997); Heck, E.: Roger Bacon (1957); Lindberg, D. C. (Hrg.): Roger Bacon and the origins of Perspectiva in the middle ages (1996); Uhl , F. (Hrg.): Roger Bacon in der Diskussion (2001).

Baekeland, Leo Hendrik,
belgisch-amerikanischer Chemiker,
* 14. 11. 1863 Gent (Belgien),
† 23. 2. 1944 Beacon (New York, USA).

Baekeland ist Erfinder der synthetischen Phenolharze, die unter dem Handelsnamen Bakelit als erster vollsynthetischer Kunststoff Weltruhm erlangten.

Baekeland studierte ab 1880 Chemie an der Universität Gent und promovierte dort 1884. 1886 wurde er Professor für Chemie und Physik an der Staatlichen Höheren Normal-Schule für Naturwissenschaften in Brügge, 1888 Professor an der Universität Gent. Auf einer Auslandsreise 1889 beschloss Baekeland, in den USA zu bleiben. Nachdem er dort zunächst als Angestellter einer Fotofirma arbeitete, begann er mit einer eigenen Firma die Produktion des von ihm entwickelten fotografischen

L.H. Baekeland und Charles L. Parsons

Papiers Velox – des ersten fotografischen Papiers, das bei künstlichem Licht entwickelt werden konnte. 1899 verkaufte Baekeland seine Rechte an Velox für 750 000 US-$ an George Eastman. Als Privatgelehrter auf der Suche nach einem Ersatz für Schellack (als Isolatormaterial bis dahin unersetzbar), arbeitete Baekeland seit 1905 an der Kondensation von Phenol und Formaldehyd. 1907 konnte er das entscheidende Patent, das »Druck- und Hitze-Patent« (AP 942 699), anmelden. Das grundlegend Neue an Baekelands Verfahren (A. v. ↗ Baeyer hatte Phenol-Formaldehyd-Kondensationsprodukte schon 1872 beschrieben) war, dass er das Harz im alkalischen Bereich kondensierte und die Aushärtung unter Druck und Hitze durchführte. In nachfolgenden Publikationen trug er wesentlich zur Aufklärung der Natur der Phenolplaste bei. Baekeland verteidigte in langwierigen Prozessen seine Patentrechte und gründete 1910 mit seinen ehemaligen Prozessgegnern die General Bakelite Co., die bis zu 200 000 t Bakelit pro Jahr produzierte und damit das bis dahin populäre Celluloid verdrängte. Seit 1917 wirkte Baekeland als Professor an der Columbia University. 1939 verkaufte Baekeland seine Firmenanteile und zog sich ins Privatleben zurück. [KPW]

Werk(e):
Some Aspects of Industrial Chemistry (1914).

Baer, Karl Ernst, Ritter von,
preußisch-russischer Entwicklungsbiologe und Anthropologe,
* 17. 2. 1792 Piep bei Jerwen (Estland),
† 8. 11. 1876 Dorpat (heute Tartu, Estland).

Von Baers Arbeiten begründeten die vergleichende Entwicklungsbiologie und Embryologie. Er ist zudem eine der zentralen Gestalten der naturwissenschaftlichen Anthropologie des 19. Jahrhunderts.

Geboren wurde von Baer auf dem Landgut Piep bei Jerwen im Estland. Er entstammte einer Familie, die in der Mitte des 17. Jahrhunderts im damals preußischen Estland heimisch wurde. Sein Vater, Magnus Johann von Baer, war Beamter. Baer war eines von 10 Kindern, weshalb er schon sehr früh zum Bruder seines Vaters Karl von Baer und dessen Gattin, der Baroness Ernestine von Canne, die kinderlos geblieben waren, gegeben wurde. Mit sieben kam er in sein Vaterhaus zurück und erhielt hier seine erste Ausbildung durch Hauslehrer. Ab 1807 besuchte er die Kathedralschule in Reval. Im August 1810 immatrikulierte sich von Baer an der Universität Dorpat als Student der Medizin. Der dortige Professor der Physiologie war K. F.

K.E. von Baer

↗ Burdach. Im September 1814 schloss von Baer seine medizinischen Studien in Dorpat ab. Unzufrieden mit seiner Ausbildung, vervollkommnete er diese zunächst in Berlin und Wien. 1815 ging er dann nach Würzburg, wo er 1815–1816 bei einem der großen Lehrer des frühen 19. Jahrhunderts, I. Döllinger, vergleichende Anatomie studierte. Döllingers Anregung, sich mit der Embryologie des Huhnes zu beschäftigen, griff von Baer zunächst nicht auf. Im Wintersemester 1816–1817 fand er sich dann wieder in Berlin ein. Im August 1817 wurde von Baer – auf Empfehlung Burdachs – als Prosector der Anatomie nach Königsberg berufen. 1819 wurde er dort zum Extraordinarius für Anatomie ernannt. Am 1. 1. 1820 heiratete er Auguste von Medem. Beide hatten fünf Söhne und eine Tochter. 1826 wurde von Baer zum ordentlichen Professor für Zoologie ernannt. Neben seiner Forschung und Lehre in den Bereichen Zoologie, Anatomie und Anthropologie verwandte von Baer in Königsberg viel Mühe auf den Aufbau eines zoologischen Museums, der aus dem Nichts erfolgen musste. Baers Arbeiten zur Embryologie entstanden ausschließlich in Königsberg. Danach kam es nicht mehr zu umfassenderen Arbeiten in diesem Bereich. Seine zwischen 1819 und 1834 entstandenen Arbeiten fundierten die moderne Entwicklungsbiologie der Tiere. Von Baer war einer der Ersten, der die frühen Prozesse der Neurogenese des Nervengewebes der Wirbeltiere beschrieb. Wichtige Beiträge erschienen von ihm zur Entwicklung der extraembryonalen Membranen. 1826 entdeckte von Baer dann das Säugerei im Ovar eines Hundes. Besondere Bedeutung gewannen in der Folge auch seine zunächst nur wenig rezipierten vergleichenden Darstellungen der gesamten Wirbeltierembryogenese. Baers erste Arbeiten zu diesem Themenkomplex erschienen als Beiträge in Band I und II in der von Burdach herausgegebenen Reihe *Die Physiologie als Erfahrungswissenschaft*. Verstimmungen zwischen Burdach und Baer führten dazu, dass von Baer seine weiteren versprochenen Abhandlungen unabhängig von Burdach in einer eigenen Publikation in den Bänden *Über Entwickelungsgeschichte der Thiere. Beobachtung und Reflexion* vorlegte.

1826 wählte die St. Petersburger Akademie der Wissenschaften von Baer zu ihrem korrespondierenden Mitglied. Ein Versuch, ihn 1829/1830 zur Übersiedlung nach St. Petersburg zu bewegen, scheiterte zunächst – nicht zuletzt wegen eines Vetos seiner Frau. 1834 siedelte Baer dann allerdings doch als Vollmitglied der Petersburger Akademie der Wissenschaften nach Petersburg über. Seine Tätigkeiten waren zunächst eher organisatorischer Art. Von 1846 bis 1852 diente er zudem auch als Professor für vergleichende Anatomie und Physiologie in der militärisch geführten Medizinisch-Chirurgischen Akademie in St. Petersburg. 1862 zog sich von Baer von der aktiven Tätigkeit in der Akademie der Wissenschaften zurück. 1867 übersiedelte er nach Dorpat, wo er auch starb.

Embryologisch hat von Baer in Petersburg nicht mehr gearbeitet. Wesentliche Zeit nahm hier vielmehr die Erkundung der nördlichen Faunenbereiche ein. Schon in Königsberg hatte von Baer eine Expedition nach Lappland und Novaya Zemlja zu organisieren versucht. 1837 konnte er schließlich – als Mitglied der St. Petersburger Akademie – eine solche Reise antreten. In den folgenden Jahren schlossen sich weitere Expeditionen nach Lappland, zum Nordkap, dem Kaspischen Meer, dem Kaukasus und nach Kazan an. Von 1839 an finden sich entsprechend Artikel in der von ihm mit herausgegebenen Zeitschrift *Beiträge zur Kenntniss des Russischen Reiches und der angrenzenden Länder Asiens*. Von Baer konnte – unterstützt von der Akademie der Wissenschaften – mehrere Reisen nach Europa, u. a. auch zu embryologischen Studien an das Mittelmeer, antreten. Publikationen sind hieraus nicht erwachsen. Insgesamt schichteten sich seine Interessen in Richtung ethnographisch- anthropologischer Fragestellungen um. 1861 lud er zusammen mit R. ↗ Wagner eine Gruppe führender Anthropologen nach Göttingen ein. Der dort unternommene Versuch einer Standardisierung der craniologischen Messmethode war zwar ohne direkten Erfolg, initiierte letztendlich aber die Gründung der Deutschen Anthropologischen Gesellschaft und des deutschen Archivs für Anthropologie. Parallel hierzu forcierte von Baer die Entwicklung der russischen Entomologie. 1860 wurde er zum ersten Präsidenten der von ihm mitetablierten Russischen Entomologischen Gesellschaft gewählt. Schon diese

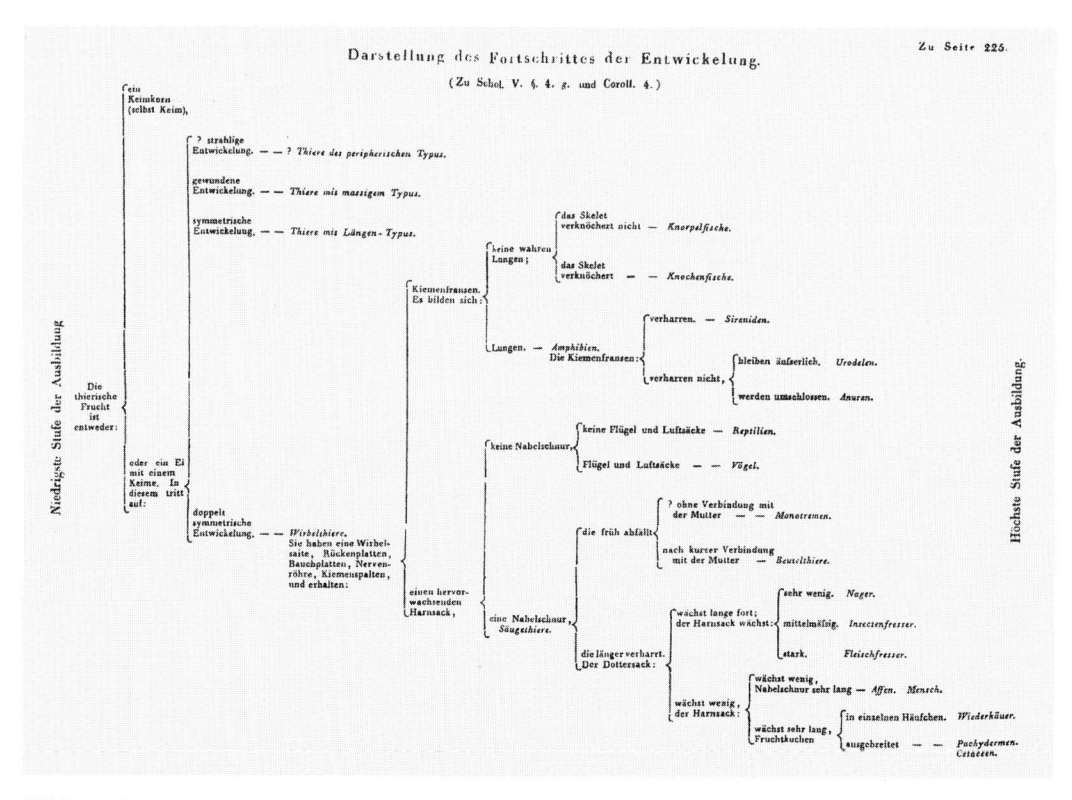

K.E.R. von Baer: Darstellung des Fortschrittes der Entwickelung der Tiere

summarische Skizze umreißt die Breite seines Wirkens insbesondere auch in seiner Position in der Petersburger Akademie der Wissenschaften. Seine Königsberger Arbeiten hat von Baer in Russland nur bedingt fortgeführt. Auch der erst 1888 erschienene dritte Teil seiner Entwicklungsgeschichte der Tiere fußte nicht auf in St. Petersburg erarbeiteten Befunden, sondern war eine späte Sammlung seiner noch in Königsberg abgeschlossenen Arbeiten.

Von Baer dachte als Typologe. Zielstellung seiner vergleichend angelegten Beiträge zur Entwicklungsgeschichte der Tiere war der Versuch zu beschreiben, »wie der Typus im Bau der Wirbelthiere sich allmählig im Embryo ausbildet«, wie es in der Einleitung zum ersten Band hieß. Hierbei ging von Baer davon aus, »daß der Typus der Wirbelthiere die ganze Entwickelungsgeschichte beherrscht«, d. h., dass einzelne Formen nur Variationen einer wirbeltierspezifischen Entwicklungsgeschichte darstellten. Daher stellte sich das Problem, welche Kriterien im Vergleich der verschiedenen Organismen anzulegen seien. Das grundsätzliche Problem für einen Typologen ist, zu definieren, was die ursprünglichen, den Typus konstituierenden Grundmomente sind. Hierbei ist nun nicht einfach die initiale Form der Embryogenese als Grundtyp anzunehmen, da solch eine Grundform noch nicht ausdifferenziert war, d.h. dass ihr die spezifischen Ausprägungen des adulten Typus fehlten. Entsprechend schwierig war es, nur auf Grund von morphologischen Kriterien zu unterscheiden, was ein Grundmerkmal und was noch undifferenzierter Gewebebereich des Embryos ist.

Von Baers Forschungsstrategie in seiner Analyse des Entwicklungsprozesses war es nun, einzelne Gewebeteile in ihrer Differenzierung zu verfolgen und sie so als Vorstadien der differenzierteren Organe des adulten Tieres zu charakterisieren. Entsprechend bezog er beim Vergleich der Embryonen verschiedener Arten auch nicht einfach Strukturen, sondern die Entwicklungsprozesse, in denen sich diese Strukturen bildeten, ein. Dabei bildete dann jeweils das ausdifferenzierte Organ des erwachsenen Tieres den Bezugspunkt, auf den hin die jeweilige Entwicklungsreihe zu eichen war. Die entsprechenden Entwicklungsreihen der verschiedenen Tiere, die zu den vergleichbaren Organen führen, ließen sich dann zuordnen. Damit konnte von Baer Spezifitäten und etwaige Gemeinsamkeiten der Entwicklungsprozesse zweier Arten erarbeiten. Umgekehrt konnte er über den Vergleich zweier einander zuordenbarer Entwicklungsprozesse die resultierenden Organe in Bezug zueinander setzen. Zwar könnten Umweltfaktoren das Entwicklungsgrundprogramm beeinflussen, es verstand sich aber für von Baer, »daß nicht die Materie, wie sie gerade angeordnet ist, sondern die Wesenheit (die Idee nach der neuen Schule) der zeugenden Thierform die Entwicklung der Frucht beherrscht«. Dabei entwickelte er die Vorstellung einer über die Zeugung vermittelten Weitergabe dieser Idee in der Abfolge der Generationen:»Zeugen«, so schrieb er »ist hier unmittelbare Verlängerung des Wachstums über die Grenze des Individuums hinaus und Fortpflanzung nichts als ein Fortwachsen über sich selbst«.

Nach von Baer differenziert sich aus einem – wie er es nannte – Homogenen das Heterogene und Spezielle. Charakteristischerweise sprach er hierbei von einer Metamorphose und knüpfte damit direkt an das Konzept J. W. v. ↗ Goethes an. Von Baer unterschied in der Entwicklung drei Hauptphasen der Differenzierung: 1) die Anlage von Keimblättern, mit der Grundbeziehungen im Anlagenplan eines sich entwickelnden Organismus geregelt werden; darauf folgt 2) eine Phase der histologischen Sonderung, in der sich innerhalb dieser Keimblätter Gewebetypen differenzieren; woran sich endlich 3) die Phase der Differenzierung der äußeren Gestalt, der morphologischen Sonderungen, anschließt. Dabei wird in diesen drei Prozessphasen nur das inhärente Programm des Keims entwickelt. Diese Entwicklung sollte einem Schema folgen, das innerhalb der jeweiligen systematisch fassbaren Einheiten abgewandelt, aber nie verlassen wurde und das sich durch eine vergleichende Analyse erschließen ließ. Von Baers Keimblattlehre und seine Vorstellungen zur Grundanlage des Nervensystems der Wirbeltiere skizzierten ein Grundmuster, das zwar sekundär variieren kann, über die in ihm zu fassenden relativen Lagebeziehungen der einzelnen Gewebeteile aber immer auf den durch die vergleichende Anatomie zu erschließenden Grundbauplan adulter Wirbeltiere bezogen ist. Dabei folgte für von Baer, »je weiter wir in der Entwicklungsgeschichte zurückgehen, um desto mehr fallen die Vorgänge zusammen«. Insoweit zeigen die Wirbeltiere grundsätzliche Gemeinsamkeiten in der Embryogenese, womit diese Gruppe für eine vergleichende Embryogenese als systematisch schlüssige Einheit charakterisiert wird. Innerhalb dieser Gruppe lassen sich dann wieder Teilgruppen mit gemeinsamen Ontogenesemustern charakterisieren. Spezifizierungen wie die Insertion der Extremitäten am Rumpfskelett sind aus dieser Sicht als Variationen eines Grundprogramms und die entsprechenden Baueigentümlichkeiten als Resultat einer spezifischen funktionellen Einbindung der entsprechenden Gewebeelemente zu deuten. Die Entwicklungsbiologie kann nach von Baer Organisationsteileinheiten auf Grund ihrer einheitlichen Entwicklung klarer voneinander abgrenzen und insoweit Organe nicht nur über eine funktionsanatomische Kennung einzelner Gewebeteilbereiche, sondern auch aufgrund ihrer jeweils spezifischen Entwicklungsgeschichte definieren. [OB]

Werk(e):
De ovi mammalium et hominis genesi epistolam (1827); Über Entwickelungsgeschichte der Thiere. Beobachtung und Reflexion (3 Bde., 1828–1888); Reden und kleinere Aufsätze (3 Bde., 1864–1876); Nachrichten über Leben und Schriften des Herrn Geheimrathes Dr. Karl Ernst von Baer. Mitgetheilt von ihm selbst, veröffentlicht bei Gelegenheit seines fünfzigjährigen Doctor-Jubiläums am 29. August 1864 von der Ritterschaft Ehstlands (1865).

Sekundär-Literatur:
Lenoir, T.: Kant, von Baer und das kausal-historische Denken in der Biologie. Berichte zur Wissenschaftsgeschichte 8 (1985) 99–114; Raikov, B. E.: Karl Ernst von Baer. Sein Leben und sein Werk (1968); Sutt, T. (Hrg.): Baer and Modern Biology. Folia Baeriana VI (1993).

Baeyer, Adolf Johann Friedrich Wilhelm,
Ritter von,
deutscher Chemiker,
* 31. 10. 1835 Berlin,
† 20. 8. 1917 Starnberg.

Baeyer war ein ausgezeichneter Experimentalchemiker, der sich insbesondere mit der Strukturermittlung und der Synthese des Indigos um die organische Chemie verdient machte.

A.J.F.W. Baeyer

Baeyers Vater Johann Jacob war Geodät und der Schöpfer der »Europäischen Gradmessung«, seit 1864 Präsident des »Zentralbüros der Europäischen Gradmessung« sowie Gründer und Leiter des Geodätischen Instituts in Preußen (1869). Seine Mutter Eugenie war Jüdin, trat aber zum evangelischen Glauben über. 1868 heiratete Baeyer Lida Bendemann; sie hatten drei Kinder.

Bei Baeyer zeigte sich schon in der Kindheit ein ausgeprägter Hang zur Naturbeobachtung und zum chemischen Experimentieren. Er besuchte das Berliner Friedrich-Wilhelms-Gymnasium und begann nach dem Abitur 1853 das Studium der Mathematik und Physik an der Berliner Universität, wo P. ↗ Dirichlet und G. ↗ Magnus zu seinen Lehrern zählten. Nach drei Semestern und dem Militärdienst als Einjährig-Freiwilliger wandte sich Baeyer der Chemie zu und ging nach Heidelberg zu R. ↗ Bunsen. Nach zwei Semestern trat er im Frühjahr 1857 in das kleine Privatlabor von A. ↗ Kekulé ein, da sein Interesse sich auf die organische Chemie konzentrierte, und folgte seinem Lehrer 1858 nach Gent. Im selben Jahr wurde Baeyer in Berlin mit einer Dissertation über Arsenmethylverbindungen (*De arsenici cum methylo conjunctionibus*), die noch von den Arbeiten Bunsens inspiriert war, promoviert. Anders als Kekulé, der mehr an einer theoretischen Konzeption der organischen Chemie interessiert war, wollte Baeyer sich mit der Strukturaufklärung und Synthese einzelner Stoffe befassen. Daher verließ er Gent 1860 wieder und habilitierte sich in Berlin mit einem Vortrag über die Harnsäure. Die folgenden 12 Jahre war Baeyer Lehrer für organische Chemie an der »Gewerbe-Academie« (aus der später die TH Berlin-Charlottenburg hervorging).

Baeyers Arbeiten in Berlin betrafen zunächst die Harnsäure und deren Derivate. 1863 erschien eine erste Abhandlung, ein Jahr später konnte Baeyer von der Darstellung der Barbitursäure berichten, die er korrekt als Malonylharnstoff (das Ureid der Malonsäure) bezeichnete, ohne allerdings deren heterozyklische Struktur erkannt zu haben. E. ↗ Fischer und Joseph v. Mering entwickelten daraus 1902–05 die diversen als Schlafmittel gebrauchten Barbiturate, u. a. Veronal (Diethylbarbitursäure). Baeyer bestimmte in späteren Untersuchungen auch die Struktur weiterer N- und O-heterozyklischer Verbindungen, wie des Pyrolls, des Furans, des Furfurals und des Chinolins. Bei den Untersuchungen der sehr unübersichtlichen Gruppe der Purinabkömmlinge wurde Baeyer auf die Ähnlichkeit des Alloxans mit dem Isatin aufmerksam und begann mit seinen Arbeiten zum Indigo, die sich von 1866 bis zum Jahr 1900 erstreckten. Baeyer hatte durch Oxidation von Indigo mit Salpetersäure Isatin (Diketodihydroindol) erhalten, das er in Oxindol und durch die von ihm bei dieser Gelegenheit 1866 entwickelte Methode der Zinkstaubdestillation in Indol überführen konnte. 1867 wurde in Berlin die Deutsche Chemische Gesellschaft ins Leben gerufen, und Baeyer eröffnete die konstituierende Versammlung mit einem Vortrag *Über die Reduction des Indigoblaus*. Als im folgenden Jahr die *Berichte* als Publikationsorgan der Gesellschaft herauskamen, erschien Baeyers Vortrag als erster Beitrag des ersten Bandes. 1870 gelang die Redaktion von Isatinchlorid zum Indigo, 1878 konnte Baeyer Phenylessigsäure in Isatin überführen, 1880 erfolgte die Totalsynthese des Indigos aus 2-Nitrozimtsäure. Baeyer entwickelte eine Reihe weiterer Indigosynthesen und konnte 1883 die exakte Struktur des Indigos bestimmen. Es sei »jetzt der Platz eines jeden Atoms im Molekül dieses Farbstoffs auf experimentellem Wege festgestellt«, konnte Baeyer zufrieden konstatieren.

Baeyers Mitarbeiter C. ↗ Liebermann und C. ↗ Graebe erforschten die Struktur und Synthese des Alizarins, das bis dahin aus der Krappwurzel gewonnen worden war, konnten es 1868 als 1,2-Dihydroxianthrachinon bestimmen und 1869 mit Hilfe der Zinkstaubreduktion aus Dibromanthrachinon erzeugen. Damit war die erste Synthese eines wichtigen Naturfarbstoffs geglückt, was von enormer Auswirkung auf die Entwicklung der chemischen Industrie und der Farbstoffgewinnung war. Heinrich Caro, der Leiter der Forschungsabteilung der BASF Ludwigshafen, war an der Übernahme des Patents von Graebe und Liebermann beteiligt und fand eine für die großtechnische Gewinnung geeignetere Synthese über die Anthrachinon-2-sulfonsäure. Zwischen Caro und Baeyer entwickelte sich eine jahrzehntelange enge Freundschaft.

Die Beschäftigung mit der Harnsäure, die ja ein Stoffwechselprodukt ist, lenkte Baeyers Aufmerksamkeit auch auf ein anderes physiologisches Problem, nämlich die Assimilation. Er fragte sich, wie die Zuckerbildung aus Wasser und Kohlendixid in den Pflanzen vor sich gehe, und vermutete, dass Kondensationsreaktionen dabei eine Rolle spielen könnten. Als Modellsubstanzen wählte er die Umsetzung von Aldehyden bzw. dem aldehydähnlich reagierenden Phthalsäureanhydrid mit Phenolen, die 1871 zur Entdeckung des Galleins führten, des ersten einer Reihe von Farbstoffen aus der Phthaleinreihe. Bei der Umsetzung von Resorcin anstelle von Pyrogallol mit Phthalsäureanhydrid erhielt Baeyer das Fluorescein, aus Phthalsäureanhydrid und Phenol schließlich bildete sich der Grundkörper der Phthaleinreihe, das Phenolphthalein, das ein Standardindikator für Säuren und Basen wurde.

1880 konnte Baeyer in einer umfangreichen Publikation *Über die Verbindungen der Phthalsäure mit den Phenolen* die Darstellung von 50 Derivaten dieser wichtigen Farbstoffgruppe beschreiben, die auch maßgeblich zur Entwicklung der technischen Farbstoffchemie beitrug.

1872 wurde Baeyer auf die Chemieprofessur der neuen »Reichsuniversität« in Straßburg berufen. Damit besserte sich Baeyers bis dahin eher kümmerliche finanzielle Situation erheblich. 1875 folgte er dem Ruf an die Universität München als Nachfolger des 1873 verstorbenen J. v. ↗ Liebig. Dieser hatte der Chemie in der Öffentlichkeit u. a. durch seine Vorträge, an denen auch Mitglieder des Königshauses teilzunehmen pflegten, zu Ansehen verholfen, und Baeyer konnte daher den Neubau eines großzügigen Laboratoriums nebst einer schon beinahe feudalen Dienstvilla durchsetzen. Das 1877 fertiggestellte Labor war nicht der Universität unterstellt, sondern gehörte als »Chemisches Laboratorium des Staates« zur Bayerischen Akademie der Wissenschaften. Baeyer blieb auf dem Münchner Lehrstuhl bis zu seiner Emeritierung 1915; sein Nachfolger wurde sein Doktorand und Privatassistent R. ↗ Willstätter.

Im Jahr 1865 präsentierte Kekulé vor der französischen Akademie der Wissenschaften seine berühmte cyclische Benzolformel, die für das Verständnis der Chemie der aromatischen Verbindungen unerlässlich war (eine ausführliche Publikation in *Liebigs Annalen der Chemie* erschien im folgenden Jahr). Am 17. Dezember 1867 informierte Baeyer in einem Brief seinen Freund Kekulé über das Resultat einer Untersuchung der Mellitsäure, deren Aluminiumsalz als sog. Honigstein (Mellit) in Braunkohlelagerstätten gefunden wird: »Mellitsäure ist $C_6(CO.HO)_6$, eine sechsbasische Säure. [...] Gibt mit Natriumamalgam $C_6H_6(COHO)_6$ 6-fach carboxyliertes Benzol oder 6-fach carboxyliertes C_6H_{12} [Cyclohexan], ist das nicht nett? Für Ihr Lehrbuch können Sie das verwenden, die Reihe der aromatischen Säuren ist jetzt vollendet.« Gemessen am Gesamtumfang der einschlägigen Publikationen war die Frage der Bindungsverhältnisse im Benzol das Thema, dem Baeyer die meiste Aufmerksamkeit schenkte. Bis 1896 dauerten seine diesbezüglichen Forschungen, die sich hauptsächlich mit der Anzahl von Isomeren beschäftigten, die bei verschiedenen Substitutionsreaktionen gefunden werden. Aufgrund der fehlenden cis-trans-Isomerie von 1,2-Disubstitutionsprodukten hielt Baeyer die von Kekulé vorgeschlagene Formel für unzureichend, ebenso wie die von A. ↗ Ladenburg 1867 entworfene Prismenformel. Anlässlich des von der Deutschen Chemischen Gesellschaft zu Ehren Kekulés 1890 veranstalteten »Benzolfests« stellte Baeyer die von ihm konzipierte zentrische Formel mit 6 nach innen gerichteten Einzelvalenzen vor. (Kekulé hatte schon 1872 die fehlenden Isomeren dadurch erklärt, dass die drei Doppelbindungen rasch oszillieren, und damit das spätere Mesomeriemodell bereits im Kern formuliert.) In engem Zusammenhang mit den Arbeiten zur Benzolkonstitution steht auch die Spannungstheorie Baeyers aus dem Jahr 1895, die die Stabilität von Ringverbindungen mit den Verzerrungen des im Methan gegebenen Tetraederwinkels in Beziehung setzt. Nur kurz hingewiesen sei noch auf Baeyers Forschungen zu den Terpenen, den Nitrosoverbindungen, den Peroxiden (Baeyer-Villiger-Reaktion) und den Oxonium- und Carboniumverbindungen, was zusammen mit den oben näher erläuterten Arbeiten die ungemeine Breite von Baeyers Arbeitsfeld nachdrücklich belegt.

Baeyer war nicht nur ein Forscher von außergewöhnlichem Rang, er war auch als Lehrer bedeutend. Mit der Gründung des Verbands deutscher Laboratoriumsvorstände 1897 und der damit verbundenen Einführung des sog. Verbandsexamens als Vorläufer der Diplomprüfung leistete Baeyer einen wichtigen Beitrag zur Verwissenschaftlichung des Chemiestudiums, da nun von jedem Studenten ein gewisses Kenntnisniveau gefordert wurde, ehe er seinen Beruf ausüben konnte. Von seinen zahlreichen Schülern erhielten vier den Nobelpreis für Chemie, nämlich Fischer (1902), E. ↗ Buchner (1907), Willstätter (1915) und H. ↗ Wieland (1927). Des weiteren sind noch zu nennen Viktor und Richard ↗ Meyer, Otto Fischer, Edmund ter Meer und C. ↗ Duisberg. 1905 wurde Baeyer der Nobelpreis zuerkannt »für die Verdienste, welche er sich um die Entwicklung der organischen Chemie und der deutschen Industrie durch seine Arbeiten betreffend die organischen Farbstoffe und hydroaromatischen Verbindungen erworben hat«. Weitere Ehrungen waren die Verleihung der Davy Medal der Royal Society (1881), die Erhebung in den erblichen Adelsstand (1885), der bayer. Maximiliansorden (1891) und der Orden Pour le mérite (1894). Die von Carl Duisberg gestiftete Adolf-Baeyer-Denkmünze wird seit 1910 von der Gesellschaft Deutscher Chemiker für besondere Verdienste auf dem Gebiet der organischen Chemie verliehen. [CP]

Werk(e):
Gesammelte Werke (1905).

Sekundär-Literatur:
Willstätter, R.: Erinnerungen an A. v. B., in: Aus meinem Leben (2. Aufl. 1973) 103–38; A. v. Baeyer zu seinem 80. Geburtstag, in: Die Naturwissenschaften 3 (1915), H. 44 (Sonderheft der Zeitschrift mit Beiträgen zu Baeyers Arbeiten von seinen Schülern); Henrich, F., in: Journal of Chemical Education 7 (1930) 1231–48; Rupe, H.: A. v. Baeyer als Lehrer u. Forscher (1932); Schmorl, K.: A. v. Baeyer (1952); Fahrmeier, A., in: Chemie f. Labor u. Betrieb 18 (1967) 306–11; Huisgen, R.: A. v. Baeyers Scientific Achievements, a Legacy, in: Angewandte Chemie, International Edition 25 (1986) 297–311.

Balmer, Johann Jakob,
Schweizer Lehrer,
* 1. 5. 1825 Lausen (Kanton Basel),
† 13. 3. 1898 Basel.

Balmer stellte 1885 empirisch die erste Serienformel für die Spektrallinien des Wasserstoffs auf, eine für die entstehende moderne Atomphysik wichtige Leistung.

Balmer, Sohn eines Richters, besuchte die höhere Schule in Basel, studierte Mathematik in Karlsruhe und Berlin und promovierte 1849 in Basel mit einer Arbeit über die Zykloiden. 1868 heiratete er Christine Pauline Rink. Das Paar hatte sechs Kinder. Ab 1859 bis zu seinem Tode unterrichtete er als Schreib- und Rechenlehrer an der Töchterschule in Basel. Daneben lehrte er von 1865 bis 1890 als Privatdozent Darstellende Geometrie an der Universität Basel. Seine besondere Neigung galt der Geometrie und der Architektur. Der zeichnerisch Hochbegabte entwarf nach historischen Quellen Tempel und publizierte eine Schrift mit verbesserten Grundrissen für Arbeiterwohnungen. Mit 59 Jahren entdeckte er die Formel für die Spektrallinien des Wasserstoffs, die auch auf seine Begabung für geometrische Ordnungen zurückgeht.

A. ↗ Ångström hatte 1866 insbesondere die Wellenlängen der ersten vier sichtbaren Wasserstofflinien genau vermessen. Versuche, Beziehungen zwischen diesen Linien auf harmonische bzw. akustische Verhältnisse zurückzuführen, schlugen fehl. Balmer entwickelte 1885 eine Formel mit einer Grundzahl, die mit gesetzmäßig wachsenden Zahlen multipliziert die Wellenlängen der bekannten Wasserstofflinien ergab. Beim Einsetzen der folgenden gesetzmäßigen Zahlen berechnete er und andere weitere Wasserstofflinien im ultravioletten Bereich, die dann auch beobachtet wurden. Nach Balmers Vorhersage wurden auch neue Wasserstofflinienserien gefunden (Lyman-, Paschen-, Bracket-, Pfund-Serie). 1897 publizierte Balmer eine zweite Arbeit über Spektren, in der er seine Betrachtungen auf andere Elemente ausdehnte. Balmers Ansatz diente als Vorbild für verallgemeinerte Serienformeln von J. ↗ Rydberg und H. ↗ Kayser sowie für das Kombinationsprinzip von W. ↗ Ritz.

Balmers Serienformel und die Rydberg-Konstante bildeten für N. ↗ Bohr wesentliche Anhaltspunkte bei der Aufstellung seines Atommodells. [WS2]

Werk(e):
Notiz über die Spektralinien des Wasserstoffs, Ann. der Physik 25 (1885) 80–87; Eine neue Formel für Spektralwellen, Ann. der Physik 60 (1897) 380–391.

Sekundär-Literatur:
Balmer, H.: Johann Jakob Balmer, Elemente der Mathematik 16 (1961) 49–60.

Banach, Stefan,
polnischer Mathematiker,
* 30. 3. 1892 Krakau (Krakow),
† 31. 8. 1945 Lwów (Ukraine).

Banach war einer der Begründer der Funktionalanalysis und ein führender Vertreter der polnischen Mathematikerschule.

Banach wurde als unehelicher Sohn eines Beamten geboren. Über seine Mutter ist nichts bekannt. In den ersten Wochen sorgte eine Bedienstete der Mutter oder eine Wäscherin für das Baby, und sie wurde auch bei der Taufe als Mutter des Kindes eingetragen. So erhielt das Kind den Familiennamen Banach. Banach wuchs zunächst bei seiner Großmutter väterlicherseits, dann bei einer Pflegemutter in einfachen Verhältnissen in Krakau auf. Bereits als Schüler zeigte er ein besonderes Interesse für Mathematik und Naturwissenschaften und fand auf dem Gymnasium in Witold Wilkosz einen Freund mit ähnlichen Interessen. Nachdem Banach 1910 das Gymnasium mit einem nur durchschnittlichen Examen beendet hatte, entschloss er sich zu einem Ingenieurstudium in Lemberg (Lwów), das er 1914 abschloss. Seinen Lebensunterhalt verdiente er sich in dieser Zeit durch Privatunterricht. Nach der Besetzung Lembergs durch russische Truppen ging Banach nach Krakau, arbeitete im Straßenbau, unterrichtete aber gleichzeitig an verschiedenen Schulen und besuchte Mathematikvorlesungen an der Krakauer Universität.

Die Bekanntschaft mit Hugo Dyonizy Steinhaus leitete im Frühjahr 1916 eine grundlegende Wende im Leben Banachs ein. Fortan konzentrierte er sich auf die Mathematik. Eine zusammen mit Steinhaus publizierte Arbeit eröffnete 1918 die Folge seiner wichtigen mathematischen Veröffentlichungen.

Auf Banachs und Steinhaus' Initiative geht auch 1919 die Gründung der Krakówer Mathematischen Gesellschaft zurück, aus der ein Jahr später die Polnische Mathematische Gesellschaft hervorging. In Lwów, wo er zuvor eine Assistentenstelle erhalten hatte, promovierte Banach 1920 bei Anton Marjan Lomnicki mit einer Arbeit, die ein wichtiger Baustein in der Entwicklung der Funktionalanalysis wurde. Da Banach kein Universitätsstudium absolviert hatte, war die Promotion nur auf Grund einer Ausnahmeregelung möglich. Im gleichen Jahr heiratete er Lucja Braus.

Zwei Jahre später habilitierte sich Banach mit einer Arbeit zur Maßtheorie; 1924 wurde er zum Professor an der Lwówer Universität ernannt. Mit Steinhaus, Kazimierz Kuratowski u. a. zusammenarbeitend, erzielte er in den folgenden Jahren grundlegende Resultate zur Theorie orthogonaler Reihen, zur Mengenlehre und zur Maß- und Integrationstheorie. Banachs unbestrittene Hauptleistung war aber der Aufbau einer Theorie linearer Operatoren in den nach ihm benannten vollständigen normierten Räumen. Hätten die zentralen Einzelresultate, wie der nach ihm benannte Fixpunktsatz, der Satz über die gleichmäßige Beschränktheit bestimmter Klassen von linearen, stetigen Operatoren, der Satz von der offenen Abbildung oder der Hahn-Banachsche Satz über die Fortsetzung linearer stetiger Funktionale, ausgereicht, um Banach einen Platz unter den bedeutenden Mathematikern des 20. Jahrhunderts zu sichern, so liegt sein besonderes Verdienst in der systematischen Verflechtung dieser Ergebnisse zu einer umfassenden Theorie, die zur Basis weiterer Entwicklungen wurde. Banach selbst gab eine Vielzahl von Anwendungen seiner Theorie in anderen Gebieten der Mathematik. 1932 fasste er viele Resultate in einer viel gelesenen Monographie zusammen.

Die Zeit der deutschen Besetzung überlebte Banach unter schwierigen Bedingungen. Er war kurzzeitig inhaftiert und arbeitete dann bis zur Befreiung im Juli 1944 in einem deutschen Institut für Infektionskrankheiten. Krank, aber voller Optimismus nahm er danach seine mathematischen Aktivitäten wieder auf. Die geplante Übernahme einer Professur in Kraków war ihm jedoch nicht mehr vergönnt, im August 1945 starb er an Lungenkrebs. [KHS]

Werk(e):
Sur les opérations dans les ensembles abstraits et leur application aux équations intégrales. (Thèse de doctorat) Fundamenta mathematica, 3(1922), S. 133–181; Théorie des opérations linéaires. Monografie Matematyczne 1, Warszawa 1932; Ouevres, Vol. 1: Travaux sur les fonctions réelles et sur les séries orthogonales, Warszawa 1967.

Sekundär-Literatur:
Colloquium mathematicum 1 (1947/48), H. 2, S. 65–102.

S. Banach

Banks, Sir Joseph,
britischer Naturforscher und Mäzen,
* 13. 2. 1743 London,
† 19. 6. 1820 Spring Grove London

Banks nahm an der ersten Weltumsegelung Cooks teil und trug maßgeblich zur Globalisierung der Botanik am Ende des 18. Jahrhunderts bei.

J. Banks

Nach seiner Schulzeit in Harrow und Eton studierte Banks 1760–63 am Christ Church College in Oxford Botanik. Mit seiner Volljährigkeit 1764 trat er das reiche Erbe seines drei Jahre zuvor verstorbenen Vaters an. 1766–67 reiste er mit John Phipps nach Neufundland und Labrador, um Pflanzen, Tiere und Gesteine zu sammeln. Während dieser Expedition wurde er zum Mitglied der Royal Society gewählt. Nach Rückkehr von einer Sammelreise nach Wales 1768 nahm er an der teilweise von ihm finanzierten ersten Weltumsegelung auf der »Endeavour« unter J. ↗ Cook teil. Begleitet wurde er vom Lieblingsschüler C. v. ↗ Linnés, dem Naturforscher Daniel Carl Solander, der später im Herbarium von Banks arbeitete. Nach der Ankunft in England 1771 erhielten beide die Würde eines »doctor of civil law« von der Universität in Oxford verliehen. Banks war inzwischen in den Royal Society Club gewählt worden. Gemeinsam mit Solander bereiste er 1772 Island. König Georg III. ernannte ihn 1773 zum wissenschaftlichen Leiter der königlichen Gärten in Kew. Banks förderte weltweit die Anlage von botanischen Gärten und Akklimatisationsgärten, um den Anbau von Nutzpflanzen zu globalisieren; vor allem sollten Nahrungsmittelpflanzen für einen Transfer nach Europa bzw. in die britischen Kolonien vorbereitet werden. Aus diesem Grund sandte er Botaniker in alle Welt, oft auch auf eigene Kosten. Bedeutende Botaniker, wie Robert Brown, betreuten als Aufseher die enormen Sammlungen und die Bibliothek von Banks.

Banks war Mitbegründer und Leiter der African Association zur Erschließung Afrikas, Förderer und Berater zahlreicher Reisen und langjähriger Präsident der Royal Society (1778–1820) in London. Auf ihn gingen die Pläne zurück, Strafgefangene nach Australien zu verschiffen. Er wurde sogar als »father of Australia« bezeichnet. Die Pflanzengattung *Banksia* (*Proteacee*) wurde ihm zu Ehren nach seinem Namen benannt. [CRD]

Werk(e):
mit D.C. Solander: Illustrations of the botany of Captain Cook's voyage round the world in HMS Endeavour in 1768–71 (3 Bde., 1900–05).

Sekundär-Literatur:
Maiden, J. H.: Sir Joseph Banks, the father of Australia (1909); Carter, H. B.: Sir Joseph Banks (1743–1820). A guide to biographical and bibliographical sources (1987); Lock, J. M. (Hrg.): Sir Joseph Banks: a global perspective (1994).

Banting, Sir Frederick Grant,
kanadischer Arzt und Physiologe,
* 14. 11. 1891 Alliston (Ontario, Kanada),
† 21. 2. 1941 Musgrave Harbour (Neufundland, Kanada).

Banting gelang die Isolierung des Insulins, für die er 1923 den Nobelpreis für Medizin erhielt.

Banting studierte an der Universität von Ontario, zunächst Theologie, später Medizin, und diente im Ersten Weltkrieg als Militärarzt. Nach dem Krieg ließ er sich kurzzeitig als praktischer Arzt in London, Ontario, nieder und übte Lehrtätigkeiten in Orthopädie und Pharmakologie an den Universitäten von West-Ontario und Toronto aus. An Letzterer promovierte er 1922 mit Auszeichnung. 1923 erhielt er dann eine Professur für medizinische

F.G. Banting

Grundlagenforschung an der Universität Toronto.

1920 wurde Banting durch einen Artikel von Moses Baron über Diabetes dazu angeregt, sich der Erforschung dieser Krankheit zu widmen. An der Universität von Toronto erhielt er von John Macleod einen Laborraum und einige Versuchshunde. Für die Analysen gewann er den Biochemiker Charles Best. Banting durchtrennte den Pankreasausführgang; der Drüsenanteil mit äußerer Sekretion sollte dadurch degenerieren. Ein Teil des Pankreas wurde exstirpiert, ein anderer Teil wurde unter Beibehaltung der Gefäße unter die Haut transplantiert, um für spätere Arbeiten leichter erreichbar zu sein. Sieben Wochen nach der Durchtrennung des Ausführganges war das Drüsengewebe weitgehend atrophiert. Aus dem verbliebenen, überwiegend endokrinen Gewebe stellten Banting und Best einen Alkoholauszug her, der zunächst den Namen *Isletin* erhielt (nach den Langerhansschen Inseln, engl. islets, des Pankreas, die das Hormon produzieren). Der gereinigte Extrakt wurde Hunden injiziert, bei denen nach einer Totalexstirpation des Pankreas Diabetes aufgetreten war. Im August 1921 zeigten sich erste Therapieerfolge. Das Hormon erhielt jetzt den Namen Insulin.

Im Dezember 1922 entschlossen sich Banting und Best, das Hormon aus Schlachttieren zu gewinnen. Die Ergebnisse blieben zunächst hinter den Erwartungen zurück, bis der Physiologe James Bertram Collip die Extraktion verbessern konnte: mit steigenden Alkoholkonzentrationen ließ sich das Hormon in größerer Reinheit gewinnen. Der Alkohol wurde durch Verdunstung (später durch Vakuumpumpen) entfernt und das Insulin in physiologischer Kochsalzlösung gelöst. Damit war die Massenproduktion von Insulin ermöglicht. Im April 1923 wurde Insulin erstmals erfolgreich am Menschen eingesetzt. Im gleichen Jahr erhielten Banting und Macleod den Nobelpreis für Medizin oder Physiologie. Macleod hatte zwar die Untersuchungen beaufsichtigt, war aber selbst nicht an den Versuchen beteiligt gewesen.

1930 wurde Banting Leiter des Banting & Best Department of Medical Research. Hier war sein Arbeitsgebiet die Krebsforschung. 1934 wurde Banting vom britischen König in den Adelsstand erhoben. Während des Zweiten Weltkriegs begann er sich für Gesundheitsprobleme bei Piloten zu interessieren. Selbst diente er als Verbindungsoffizier zwischen der kanadischen und der US-amerikanischen Militärärzteschaft. 1941 kam er bei einem Flugzeugabsturz über Neufundland ums Leben.

[DR]

Werk(e):
mit Best, C. H.: The internal secretion of the pancreas, in: J. Lab. Clin. Med. 7 (1922).

Sekundär-Literatur:
Bliss, M.: Banting. A Biography (1992, 2. Aufl.); Best, C. H.: Sir F. G. Banting. Obituary Notices of Fellows of the Royal Society 4 (1942/44) 21–26.

Banū Mūsā, Muḥammad, Aḥmad und al-Ḥasan, arabische Mathematiker, Astronomen und Mäzene, ca. 800–873.

Der Name »Banū Mūsā« heißt übersetzt »die Söhne des Mūsā« und bezieht sich auf die drei Brüder Muḥammad, Aḥmad und al-Ḥasan, die im 9. Jahrhundert in Bagdad lebten. Ursprünglich stammten sie aus Persien, dem Heimatland ihres Vaters Mūsā ibn Shākir, eines Astronomen und Astrologen. Die wissenschaftlichen Arbeiten der drei Brüder werden ihnen kollektiv zugeschrieben.

Gemeinsam koordinierten sie die Übersetzung griechischer Texte ins Arabische und waren wissenschaftlich in den Bereichen Mathematik, Mechanik and Astronomie tätig. Der älteste Bruder, Muḥammad, war ein begnadeter Mathematiker. Neben seinem wichtigen Beitrag zur gemeinsamen Geometrieabhandlung verfasste er eine Folge von Lemmata zu dem Werk *Konika* von Apollonios von Perge.

Aḥmad war in erster Linie Ingenieur und vermutlich auch Autor eines Buches über komplexe Instrumente mit dem Titel *Kitāb al-ḥiyal*. Das bevorzugte Arbeitsgebiet des jüngsten Bruders al-Ḥasan war die Geometrie; zu seinen wissenschaftlichen Errungenschaften zählt ein Text über die Konstruktion und Eigenschaften der Ellipse, der jedoch nicht mehr erhalten ist.

Die Banū Mūsā-Brüder nahmen auch an astronomischen Beobachtungen teil, die von Caliph al-Maʾmūn in Auftrag gegeben wurden, um den Grad des Meridians der Erde zu messen. Zu ihren wissenschaftlichen Bemühungen im Bereich der Astronomie zählen überdies Beobachtungen der Sonne und des Mondes mit dem Ziel, die Länge eines Jahres zu ermitteln. Der von den Banū Mūsā-Brüdern errechnete Wert betrug dabei 365 Tage und 6 Stunden.

Das von den Brüdern veröffentlichte *Book on the Measurement of Plane and Spherical Figures*, welches von Gerard von Cremona ins Lateinische übersetzt wurde (*Liber trium fratrum de geometria*), gilt im Bereich der Mathematik als ihre wichtigste Arbeit. Diese Abhandlung umfasst 18 Sätze, die sich unter anderem mit der Fläche eines Dreiecks, der Flächen- und Volumenbestimmung einer Sphäre, der Einteilung eines Winkels in drei gleiche Teile und zwei durchschnittlichen Proportionalen beschäftigen.

Banū Mūsās Buch über komplexe Geräte bzw. Instrumente ist Teil der bedeutenden griechisch-arabischen Tradition im Bereich der praktischen Mechanik. In diesem Werk werden 100 Geräte beschrieben, darunter sieben Brunnen, vier Lampen, ein automatisches Musikinstrument, eine Gasmaske und ein für Ausgrabungen geeigneter, mechanischer Greifer. Alle anderen im Buch beschriebenen Gegenstände sind fein ausgeklügelte Gefäße zum Ausschank von Flüssigkeiten, die den Gefäßen ↗ Herons und ↗ Philons in Bezug auf Design und Funktionsweise sehr ähneln. Vermutlich basieren viele von ihnen auch auf diesen Gefäßen, wobei jedoch in einigen Fällen verschiedene Effekte hinzugefügt und andere vollständig neu konzipiert wurden. Die Gegenstände bzw. Instrumente werden in dem Werk nur kurz beschrieben; in aller Regel fehlen sowohl die Dimensionen als auch Details zur Konstruktion. Die Erläuterungen beschränken sich weitgehend auf die Beschreibung von Design und Funktionsweise der fertigen Geräte. Die Zeichnungen bestehen aus einfachen Liniendiagrammen und zeigen die Gefäße inklusive ihres internen Aufbaus in aller Regel aus der Seitenansicht. Verglichen mit ähnlichen griechischen Abhandlungen zur Mechanik, ist dieses Werk deutlich weniger theoriegeleitet und überzeugt vor allem durch seinen überdurchschnittlichen Grad an Innovation. Entsprechend gilt diese Abhandlung auf der praxisbezogenen Ebene zweifelsohne als ein bedeutender Fortschritt im Bereich des Maschinenbaus. [MA]

Werk(e):
Livre pour connaître l'aire des figures planes et sphériques, in: R. Rashed (Hrg.): Les mathématiques infinitésimales (1996) 58–133; The Book of Ingenious Devices (1979, ins Englische übersetzt von D. Hill).

Sekundär-Literatur:
Suter, H.: Die Geometria der Söhne des Musa b. Shakir, Bibliotheca mathematica 3 (1902); Toomer, G. J.: Apollonius. Conics... The Arabic translation of the lost Greek original in the version of the Banū Mūsā (1990); Hill, D.: Islamic Science and Engineering (1993).

Bardeen, John,
amerikanischer Physiker,
* 23. 5. 1908 Madison (Wisconsin),
† 30. 1. 1991 Boston (Massachusetts).

Mit der Entdeckung des Transistoreffekts und der Erklärung der Supraleitung leistete Bardeen fundamentale Beiträge zur Festkörper- und Halbleiterphysik sowie zur modernen Elektronik.

Nach dem Studium der Elektrotechnik an der Universität von Wisconsin (1929) arbeitete Bardeen zunächst einige Jahre für die Erdölfirma Gulf an der Entwicklung von seismologischen und magnetischen Verfahren zur Prospektion, um danach 1936 an der Universität Princeton bei

J. Bardeen

E. ↗ Wigner in theoretischer Physik zu promovieren. Es folgten Anstellungen in Harvard, wo er u. a. mit J. ↗ van Vleck zusammenarbeitete, und an der Universität von Minnesota, wo er von 1938 bis 1941 Assistenzprofessor war. Während des Krieges arbeitete er im Marineforschungslabor in Washington DC und ging 1945 zu den Bell Telephone Laboratories in New Jersey. 1951 wurde er Professor für Physik und Elektrotechnik an der Universität von Illinois, wo er bis zu seinem Tod wirkte.

In Zusammenarbeit mit W. ↗ Brattain gelang Bardeen 1947 die Entdeckung des Transistoreffekts und die Entwicklung des ersten so genannten Spitzenkontakttransistors. Sie hatten Metallspitzen auf einen Germaniumkristall gesetzt, um dessen Oberflächeneigenschaften zu untersuchen. Dabei kommt es zur so genannten Minoritätsträgerinjektion, deren Bedeutung Bardeen als erster erkannte und verstand. Hierbei handelt es sich darum, dass Valenzbandlöcher der Oberflächenschicht eines n-Typ-Halbleiters, die sich in der Nähe eines Metallkontaktes befinden, bei einer angelegten Spannung in den Hauptteil des Materials injiziert werden. Dadurch lässt sich der Ladungsträgerstrom zwischen zwei aufgesetzten Metallelektroden beeinflussen und damit eine Steuerung des Stroms im Ausgangskreis durch den Eingangsstrom erzielen. Als zuverlässiger und effektiver erwies sich in dieser Hinsicht jedoch das auf W. ↗ Shockley zurückgehende Prinzip des Flächentransistors (1948). Der Transistor löste in der Folge die bisher üblichen trägen Elektronenröhren ab und zeichnete sich dadurch aus, dass er kleiner war, weniger Energie verbrauchte und einen höheren Wirkungsgrad hatte. Die Einführung des Transistors und besonders seine zunehmende Miniaturisierung markierte den Beginn der modernen Elektronik und bildete die Grundlage für die Entwicklung von integrierten Schaltkreisen und Computern.

In den 1950er-Jahren wandte sich Bardeen der bereits im Jahre 1911 vom niederländischen Physiker Heike ↗ Kamerlingh Onnes entdeckten Supraleitung zu. Hierbei handelt es sich um das völlige Verschwinden des elektrischen Widerstandes unterhalb einer bestimmten Sprungtemperatur. Nachdem man im Jahre 1950 entdeckt hatte, dass bei Isotopen des gleichen Metalls die Sprungtemperatur vom Atomgewicht abhängt (Isotopeneffekt), schloss Bardeen, dass Supraleitfähigkeit in Festkörpern durch die Wechselwirkung von Leitungselektronen und quantisierten Gitterschwingungen, so genannten Phononen, verursacht wird. In den folgenden Jahren entwickelte er zusammen mit seinen Mitarbeitern Leon Neil Cooper und John Robert Schrieffer eine quantenmechanische Erklärung der Supraleitung, die Bardeen-Cooper-Schrieffer(BCS)-Theorie, die erstmals im März 1957 auf einer Sitzung der American Physical Society vorgestellt wurde. Nach dieser Theorie verändert bei hinreichend tiefen Temperaturen die Bewegung eines Elektrons in einem Kristall die natürlichen Eigenschwingungen des Kristallgitters. Durch die Verformung kommt es, trotz gegenseitiger elektrischer Abstoßung, zur Anziehung eines zweiten Elektrons mit entgegengesetztem Spin. Beide Elektronen kondensieren zu einem so genannten Cooper-Paar. Die Cooper-Paare bilden ein System niedrigster Energie. Da der Spin dieser Elektronenpaare gleich Null ist, nimmt das Elektronengas Bosonencharakter an und verhält sich wie eine Supraflüssigkeit. Wegen ihrer langen de Broglie-Wellenlänge ist das Gitter des Festkörpers für die Elektronenwellen quasi durchsichtig und somit widerstandsfrei. Oberhalb der Sprungtemperatur bewirkt die thermische Bewegung der Elektronen und Atome im Festkörper ein Aufbrechen der Cooper-Paar-Bindung und damit ein Verschwinden der Supraleitung. Weiterentwicklungen und Anwendungen der BCS-Theorie führten u. a. zur Entwicklung von supraleitenden Hochleistungsmagneten und zur Entdeckung des Josephson-Effekts, bei dem Elektronen unter bestimmten Umständen sogar isolierende Grenzschichten widerstandslos durchtunneln können. Bardeen stand der Idee einer tunnelnden Supraleitung zunächst ablehnend gegenüber, musste jedoch nach deren experimentellem Nachweis im Jahre 1963 seinen Irrtum einsehen. Mit Hilfe des Josephson-Effekts lassen sich u. a. ultraschnelle supraleitende elektronische Schalter herstellen. Ob sich auch die 1986 entdeckte Hochtemperatursupraleitung mit der BCS-Theorie erklären lässt, ist noch strittig.

In seinen letzten Lebensjahren beschäftigte sich Bardeen mit den Eigenschaften von Ladungsdichtewellen in quasi-eindimensionalen Metallen und dem Quantenflüssigkeitsverhalten von ^{3}He-^{4}He-Mischlösungen.

Als langjähriger wissenschaftlicher Direktor der Firma Xerox und Berater von General Electric, Texas Instruments und Sony übte er großen Einfluss auf die industrietechnische Umsetzung seiner Forschungsarbeiten aus. Er war wissenschaftlicher Berater der Präsidenten Eisenhower und Kennedy und von 1968 bis 1969 Präsident der Amerikanischen Physikalischen Gesellschaft. Bardeen ist der einzige Wissenschaftler, der mit zwei Physiknobelpreisen ausgezeichnet wurde, 1956 für die Entdeckung des Transistoreffekts und 1972 für die Theorie der Supraleitung. [MS3]

Werk(e):
mit W. Brattain: The Transistor, a Semi-Conductor Triode, Physical Review 74 (1948) 230; mit L. Cooper, J. Schrieffer: Theory of Superconductivity, Physical Review 108 (1957) 1175.

Sekundär-Literatur:
Physics Today Special Issue: John Bardeen, April 1992; Hoddeson, L., Daitch, N.: True Genius: The Life and Science of John Bardeen, the Only Winner of Two Nobel Prizes in Physics (2002).

Barkhausen, Georg Heinrich,
deutscher Schwachstromtechniker,
* 2. 12. 1881 Bremen,
† 20. 2. 1956 Dresden.

Barkhausen war einer der Begründer der Schwachstromtechnik und grundlegend an der Ausarbeitung der Theorie der Elektronenröhren beteiligt.

Barkhausen wurde in Bremen als viertes von fünf Kindern eines Landgerichtsdirektors geboren. Er besuchte von 1888 bis 1901 in Bremen das Gymnasium und begann anschließend ein Studium der technischen Physik an der TH München. Er ging danach an die Universitäten Berlin und München und 1903 nach Göttingen, wo er 1906 bei Hermann Theodor Simon am neuen Institut für angewandte Elektrizität über *Das Problem der Schwingungser-*

G.H. Barkhausen

zeugung mit besonderer Berücksichtigung schneller elektrischer Schwingungen promovierte – eine Arbeit, die ihm breite Anerkennung einbrachte. 1907–1911 war er als wissenschaftlicher Beirat im Wernerwerk der Siemens & Halske AG tätig; 1910 habilitierte er sich an der TH Berlin in Charlottenburg für Theoretische Elektrotechnik. 1911 wurde er als ao. Professor an die TH Dresden berufen (seit 1918 o. Professor) und begann dort mit dem Aufbau des ersten Instituts für Schwachstromtechnik in Deutschland (im Zweiten Weltkrieg zerstört, danach wieder aufgebaut), dessen Direktor er bis zu seiner Emeritierung 1953 blieb.

Durch Barkhausens Lehr- und Forschungstätigkeit wurde die Schwachstromtechnik (heute zutreffender als Nachrichtentechnik bezeichnet) zu einem gleichberechtigten technikwissenschaftlichen Zweig neben der bereits etablierten Starkstromtechnik. Während des Ersten Weltkriegs im Marineforschungslabor in Kiel eingesetzt, befasste er sich im Rahmen von Arbeiten zur Unterwasser-Schallausbreitung u. a. mit den Eigenschaften und Einsatzmöglichkeiten der anfangs des 20. Jahrhunderts entwickelten Elektronenröhre. Zwischen 1917 und 1920 entwickelte er nun die Grundlagen der Theorie der Elektronenröhren und stellte dabei die nach ihm benannte Röhrenformel auf. Ein wesentlicher Verdienst dieser Arbeiten lag darin, die theoretischen Erkenntnisse über das Funktionieren der Röhre so aufzubereiten, dass sie für den Ingenieur handhabbar wurden. Sein *Lehrbuch der Elektronenröhren* wurde zu einem internationalen Standardwerk.

Die gemeinsam mit Karl Kurz 1917 entdeckten und untersuchten Laufzeitschwingungen in Elektronenröhren gingen als Barkhausen-Kurz-Schwingung in die Literatur ein. An der Entwicklung der Schaltungstechniken für kurze und ultrakurze Wellen hatte Barkhausen maßgeblichen Anteil. In den 1920er-Jahren wandte er sich auch wieder der Elektroakustik zu, schlug 1926 das Phon als Lautstärkemaß vor (später durch Dezibel abgelöst). Die Geräusche bei der Ummagnetisierung von Eisen (1917 entdeckt) sind als Barkhausen-Effekt bekannt.

In Dresden hatte Barkhausen eine zahlreiche Schülerschar versammelt, darunter zahlreiche Studenten aus Japan. Von den zahlreichen Ehrungen sind v. a. die Mitgliedschaft in der Deutschen Akademie der Wissenschaften zu Berlin (1949) und der Nationalpreis der DDR (1949) sowie die Heinrich-Hertz-Medaille (1928) und die japanische Ehrenmedaille Denki-Tusin-Gakkwai (1938) zu nennen. [HK]

Werk(e):
Die Probleme der Schwachstromtechnik, Dinglers Polytechnisches Journal 92 (1911) 33, 513–517, 34, 531–534; Lehrbuch der Elektronenröhren, 4 Bde. (1923, 1925, 1929, 1937, mehrere Auflagen bis in die 1960er-Jahre); Einführung in die Schwingungslehre (1932, ⁶1958).

Sekundär-Literatur:
Börner, H.: Heinrich Barkhausen, in: Biographien bedeutender Techniker, Ingenieure und Technikwissenschaftler (1987) 323–329; Buchheim, G., Sonnemann, R. (Hrg.): G. H. Barkhausen, Lehrer der wissenschaftlichen Nachrichtentechnik, in: Lebensbilder von Ingenieurwissenschaftlern (1989) 183–192.

Barkla, Charles Glover,
britischer Physiker,
* 27. 6. 1877 Widnes (Lancashire, England),
† 23. 10. 1944 Edinburgh (Schottland).

Barkla entdeckte die charakteristische Röntgenstrahlung der Elemente, wofür er 1918 den Physik-Nobelpreis für 1917 verliehen bekam. Er wurde zum Mitbegründer der Röntgenspektroskopie.

C.G. Barkla

Geboren in einer Methodistenfamilie als Sohn eines leitenden Mitarbeiters einer Chemiefabrik, besuchte Barkla ab 1895 das University College in Liverpool (sein Physiklehrer war O. Lodge). Mit einem Stipendium ging er 1899 an das Trinity College in Cambridge, wo er u. a. bei G. ↗ Stokes und J. J. ↗ Thomson studierte; 1904 promovierte er in Liverpool. 1909 wurde Barkla Physikprofessor am King's College in London und 1911 Professor für Naturphilosophie an der Universität von Edinburgh. Er war verheiratet und hatte vier Kinder.

Barklas erste Forschungen betrafen die Geschwindigkeit elektrischer Wellen entlang Drähten, doch standen in der Folgezeit die Röntgenstrahlen im Zentrum seines wissenschaftlichen Interesses. 1904 entdeckte er die teilweise Polarisation der primären und 1906 die vollständige Polarisation der gestreuten sekundären Röntgenstrahlen, was ein eindeutiger Hinweis auf den (bis dahin umstrittenen) Transversalwellencharakter dieser Strahlung war (eindeutig wurde der Wellencharakter der Röntgenstrahlen erst 1912 durch M. v. ↗ Laue et al. nachgewiesen).

George Sagnac hatte 1897 die sekundäre Röntgenstrahlung entdeckt. Barkla fand zwischen 1907 und 1909, dass diese aus zwei Komponenten besteht: zum einen eine reflektierte Primärstrahlung, zum anderen eine für die betreffende Substanz spezifische charakteristische Strahlung (die weicher als die Primärstrahlung ist und wiederum aus einer etwas härteren K- und einer etwas weicheren L-Serie besteht).

Etwas später zeigte sich, dass auch die primäre Röntgenstrahlung aus zwei Komponenten besteht, von denen die eine charakteristische Strahlung ist; die andere Komponente der Primärstrahlung nennt man Röntgenbremsstrahlung.

1911 konnte Barkla auf dieser Grundlage eine Tabelle mit 27 Elementen veröffentlichen, die entsprechend der Durchdringungskraft (Reichweite) der charakteristischen Röntgenstrahlen geordnet war. Barkla konnte seine Ergebnisse jedoch theoretisch nicht deuten, da der Atomaufbau noch unbekannt war. Seine Bezeichnung der Serien wurde später für die Nomenklatur der Elektronenschalen beibehalten. H. ↗ Moseley entwickelte 1911–1913 eine genaue Methode zur Bestimmung der Elemente aufgrund ihrer charakteristischen Röntgenstrahlung.

Da Barkla für die Entwicklung der Quantentheorie kein tieferes Verständnis aufbrachte, konnte er auch späteren Erklärungen für die Streuung der Röntgenstrahlen, wie sie beispielsweise aus dem Compton-Effekt resultieren, nicht mehr folgen. Statt dessen verrannte er sich in Pseudoerklärungen und suchte beispielsweise nach einer ominösen J-Komponente der charakteristischen Strahlung. Damit geriet er mit seinen Forschungen nach dem Ersten Weltkrieg ins Abseits. [HK]

Werk(e):
Secondary Röntgen Radiations, The Philosophical Magazine 6th ser. Vol. 11 (1906) 812–828; Der Stand der Forschung über die sekundäre Röntgenstrahlung, in: Jahrbuch der Radioaktivität und Elektronik 5 (1908) 3, 246–324.

Sekundär-Literatur:
Allen, H. S.: Charles Glover Barkla 1877–1944, in: Obituary Notices of Fellows of the Royal Society of London 5 (1947) 341–366; Stephenson, R. J.: The Scientific Career of Charles Glover Barkla, American Journal of Physics 35 (1967, Febr) 140–152.

Barrande, Joachim,
französischer Paläontologe und Geologe,
* 10. 8. 1799 bei Sangue (Haute Loire),
† 5. 10. 1883 Schloss Frohsdorf (bei Lanzenkirchen, Niederösterreich).

Barrande gilt als der Begründer der Geologie und Stratigraphie des böhmischen Paläozoikums. Er gehört zu den Pionieren der Erforschung paläozoischer Fossilien.

J. Barrande (1883/1884)

Nach der Ausbildung (1819–1824) zum Ingenieur an der École polytechnique in Paris arbeitete Barrande kurze Zeit in Bordeaux und Saumur beim Brücken- und Straßenbau. Auf Empfehlung seiner Lehrer wurde er vom Herzog von Angoulême zum Erzieher seines Neffen, des Herzogs Heinrich von Bordeaux, Grafen von Chambord, Enkel Charles X. von Frankreich, bestimmt. 1830 verließ er mit der vertriebenen Königsfamilie Frankreich und folgte derselben über England und Schottland nach Böhmen. In der Umgebung von Prag fand er bei Spaziergängen erstmals Fossilien – eine Leidenschaft, die ihn bis zu seinem Lebensende nicht mehr loslassen sollte. 1833 legte er sein Lehramt beim Grafen von Chambord nieder. Er beabsichtigte, sich wieder seinem eigentlichen Beruf zuzuwenden, jedoch ohne dass seine guten Beziehungen zur königlichen Familie abreißen sollten. 1834 projektierte er die Pferdeeisenbahn von Prag über Lana (Lány) nach Pilsen (Plzeň), wobei zahlreiche Fossilien zum Vorschein kamen. Angespornt durch vergleichbare Funde, die Sir Roderick Murchinson aus England und Schottland veröffentlicht hatte, wandte sich Barrande vollends seinen paläontologischen Studien zu. Insgesamt erschienen von Barrande 112 Arbeiten zur Geologie, Stratigraphie und Paläontologie des böhmischen Paläozoikums, darunter sein Hauptwerk *Systéme silurien du Centre de la Bohéme* mit 29 Einzelbänden (mehr als 16 000 Seiten und

1 700 Tafeln). In diesen beschrieb Barrande mehr als 5 000 z. T. neue fossile Arten, insbesondere von Trilobiten und Kopffüßern. Barrande blieb als ein Schüler G. ↗ Cuviers zeitlebens ein Gegner der Deszendenzlehre von Ch. ↗ Darwin. Seine umfangreichen Sammlungen vermachte er dem böhmischen Landesmuseum (heute tschechisches Nationalmuseum). [MR3]

Werk(e):
Notice préliminaire sur Systéme silurien et les Trilobites de Bohême (1846); Systéme silurien du Centre de la Bohême, Bd. I Trilobites, Bd. II Céphalopodes, Bd. III Ptéropodes, Bd. IV Gastéropodes, Bd. V Brachiopodes, Bd. VI Acéphalés, Bd. VII Échinodermes, Bd. VIII Bryozoaires, Hydrozoaires, Anthozoaires, Alcyonaires (1852–1881, posthum 1883–1902).

Sekundär-Literatur:
Colloque international sur Joachim Barrande à Prague et à Liblice le 17 à 20 mai 1969, Časopis pro mineralogii a geologii 15 (1970); Kříž, J.: Joachim Barrande (1999).

Barrow, Isaac,
englischer Mathematiker, Theologe und Philologe,
* Oktober 1630 London,
† 4. 5. 1677 London.

Barrow gehörte zu den bedeutendsten Vertretern der Infinitesimalmathematik vor G. W. ↗ Leibniz und I. ↗ Newton.

Barrow studierte 1645–48 Theologie, alte Sprachen und Mathematik in Cambridge und Oxford und wirkte anschließend als Lehrer an der Universität Cambridge. Studien zu den »griechischen« Mathematikern ↗ Euklid und ↗ Apollonios führten Barrow zur Untersuchung der Grundlagen der zeitgenössischen Mathematik vom antiken Standpunkt aus. Da er der Ketzerei verdächtigt wurde, erhielt er die angestrebte Professur für Griechisch nicht. 1655–59 war Barrow auf Reisen in Frankreich, Italien, Deutschland und im vorderen Orient. 1660 wurde er in Oxford Professor für Griechisch, später für Philosophie; 1662 für Geometrie in London und 1663 für Mathematik in Cambridge. 1668/69 hielt Barrow dort seine berühmten »Lectiones geometricae«, die auf rein geometrischer Basis eine Übersicht über die Infinitesimalrechnung seiner Zeit gaben. Barrow erläuterte u. a. das »charakteristische Dreieck« und zeigte den inversen Charakter von Tangenten- und Quadraturproblem. Die sehr schwierigen Überlegungen Barrows sind wohl damals nur von Newton verstanden worden. Leibniz bekam das barrowsche Werk erst nach der Abfassung eigener grundlegender Arbeiten zu Gesicht. J. ↗ Bernoulli behauptete 1691 fälschlicherweise einen starken Einfluss Barrows auf Leibniz und löste dadurch den jahrhundertelangen Prioritätenstreit um die Erfindung der Infinitesimalrechnung aus.

1669 verzichtete Barrow zugunsten seines Schülers Newton auf seine Professur und wurde Hofprediger des englischen Königs. Newton setzte Barrows schon begonnene optische Vorlesungen fort. Nach Antritt seines neuen Amtes veröffentlichte Barrow auf mathematischem Gebiet nur noch einige Bearbeitungen der Schriften antiker Gelehrter. Seine Predigten und theologischen Traktate, von denen auch einige ins Deutsche übersetzt wurden, wurden jedoch zu einem überaus erfolgreichen Instrument der protestantischen Kirche gegen den päpstlichen Alleinvertretungsanspruch in theologischen Fragen. Die theologischen Werke, deren »mathematischer Stil« sehr gerühmt wurde, verraten eine außerordentliche Kenntnis antiker und mittelalterlicher Schriftsteller. Barrow trat auch als Verfasser lateinischer poetischer Werke hervor, schrieb über »türkische« Geschichte und über die Physik des R. ↗ Descartes (1652). [JI]

Werk(e):
The Works of the Learned Isaac Barrow... (1678/79, hrg. v. J. Tillotson); Theological Works (1859, hrg. v. A. Napier); The Mathematical Works of Isaac Barrow D. D. (1860, hrg. v. W. Whewell).

Sekundär-Literatur:
Osmond, P. H.: Isaac Barrow: his life and times (1944).

Bartholomaeus Anglicus,
Franziskaner, mittelalterlicher Enzyklopädist,
* Ende 12. Jh.,
† nach 1250.

Bartholomaeus Anglicus ist der Autor eines umfangreichen, auf wirkliche Naturkenntnis zielenden enzyklopädischen Werkes, das im Spätmittelalter bis ins 17. Jahrhundert hinein weit verbreitet war.

Bartholomaeus stammt seinem Namen nach aus England; genaue Nachrichten sind nicht überliefert. Nach Hinweisen in seinem Werk könnte er in Oxford studiert haben. Um 1220 hat er sich vermutlich nach Paris begeben, wo er 1230 als Lehrer an der Pariser Franziskanerschule nachweisbar ist. Dort hielt er einen Bibelkurs ab, ging jedoch schon im folgenden Jahr als Lektor an die noch junge Ordensschule in Magdeburg. Über sein weiteres Leben liegen keine Informationen vor.

Bartholomaeus verfasste eine weit verbreitete enzyklopädische Schrift (*Über die Eigenschaften der Dinge*). Sie entstand während eines längeren Zeitraums und wurde möglicherweise schon in Oxford begonnen, wo Bartholomaeus eine so umfangreiche Büchersammlung vorfinden konnte, wie sie seinem Werk offenkundig zugrunde lag. Die Bücher 1 und 2 von *De proprietatibus rerum* behandeln Gott und die Hierarchie der Engel; die Bände 3–7 den Mikrokosmos, den Menschen, seine Seele, die Elemente, Körperteile, Lebensalter, Stände, Krankheiten; 8–9 die supralunare Welt, den Makrokosmos, die Himmelskörper und die Zeit mit Kalender; 10–19 die Elemente Feuer, Luft (mit Meteorologie und der Vogelwelt), Wasser (mit den Fischen) und Erde (mit Beschreibung von Ländern, Steinen, Metallen, Bodenschätzen, Pflanzen mit ihren Heilwirkungen, Landtieren u. a.). In seinen Darstellungen stützte sich Bartholomaeus zwar auf ältere Werke, wie Plinius' Naturgeschichte, Isidors *Etymologien* und die Schriften des Aristoteles, doch verarbeitete auch eigene Erfahrungen und Berichte von Reisenden, vor allem Missionaren, z. B. über England, Frankreich, die Niederlande und über das Baltikum. Sein Vorhaben bestand darin, Klerikern und gebildeten Laien eine Materialsammlung zu bieten, die das Studium der zahlreichen naturkundlichen Originalwerke ersetzen konnte, die ohnehin den meisten Interessenten nicht zugänglich waren. Dieses Wissen wurde als wichtig für ein besseres Verständnis der göttlichen Schöpfung in Allgemeinen und das Studium der Heiligen Schrift im Speziellen angesehen. Dem Werk war eine außerordentliche Wirkung beschieden. Vom lateinischen Original wurden zahlreiche Abschriften, teilweise als freie Bearbeitungen, und Übersetzungen in die italienische, französische, englische und spanische Sprache ausgeführt. Es wirkte u. a. auf die Werke von Dante und Shakespeare. Noch heute sind mehr als 100 Handschriften bekannt, seit 1470 erschien das Werk in zahlreichen Drucken. [JH]

Werk(e):
De genuinis rerum coelestium, terrestrium et inferarum proprietatibus (1601); Über die Eigenschaften der Dinge. Die Enzyklopädie des Bartholomaeus Anglicus in einer illuminierten französischen Handschrift der Universitätsbibliothek der Friedrich-Schiller-Universität Jena (1982).

Sekundär-Literatur:
Seymour, M.C., u.a.: Bartholomaeus Anglicus and his Encyclopedia; Meyer, H.: Bartolomaeus Anglicus »De proprietatibus rerum«: Selbstverständnis und Rezeption, Zeitschrift für Deutsches Altertum und Deutsche Literatur 99 (1988); Greetham, D.C.: The concept of nature in Bartholomaeus Anglicus, Journal of the History of Ideas 41 (1980).

Barton, Sir Derek Harold Richard,
englischer Chemiker,
* 8. 9. 1918 Gravesend (Kent),
† 16. 3. 1998 College Station (Texas, USA).

Barton erhielt 1969, zusammen mit O. ↗ Hassel, den Nobelpreis für Chemie für Forschungen zur Konformation von Cyclohexanderivaten und zur Anwendung der Elektronenbeugung zur Konformationsanalyse.

D.H.R. Barton

Barton studierte 1938–1942 Chemie am Imperial College der Universität London. Danach war er bis 1945 Forschungschemiker, erhielt 1945 einen Lehrauftrag am Imperial College, arbeitete 1946–1949 als Forschungsmitarbeiter der Imperial Chemical Industries (I.C.I.) und promovierte 1949 an der Universität London. Nach einer Lehrtätigkeit in den USA wurde Barton 1950 Dozent und 1953 Professor am Birkbeck College der Universität London. 1955 ging er an die Universität Glasgow und übernahm 1957 die Professur für Organische Chemie am Imperial College in London. 1978 wurde er Direktor am Institut für Chemie der Naturstoffe in Gif-sur-Yvette bei Paris. Barton war Mitglied zahlreicher wissenschaftlicher Akademien und Gesellschaften und wirkte in vielen Ländern als Gastprofessor.

Bartons Hauptarbeitsgebiet war die Untersuchung der physikalischen und chemischen Eigenschaften von Terpenen und Steroiden. Aufbauend auf Ergebnissen von Hassel, der um 1943 Elektronenbeugungsversuche an Cyclohexanderivaten durchgeführt hatte, gelangte Barton um 1950 zu grundlegend neuen Erkenntnissen über den Zusammenhang zwischen der Vielfalt der räumlichen Anordnungen (Konformationen) der Atome in den Molekülen und der Reaktivität der entsprechenden Verbindungen. Durch seine Arbeit von 1950 *The Conformation of the Steroid Nucleus* wurde die Konformationsproblematik zu einem Forschungsschwerpunkt, der mit Hilfe der Konformationsanalyse zur Ermittlung stabiler Konformationen, sterischer Hinderungen und von Konformationsgleichgewichten geführt hat. Barton hat die Konformationsanalyse zur Strukturaufklärung von Naturstoffen angewandt, insbesondere von Terpenen, Steroiden und Alkaloiden, und eine Methode zur Synthese des Hormons Aldosteron entwickelt. Weitere Untersuchungen Bartons beschäftigten sich mit der Biosynthese von Alkaloiden, mit Radikalreaktionen sowie mit photochemischen Problemen. [RS3]

Werk(e):
The Principles of Conformational Analysis (1954).

Bary, Heinrich Anton de,
deutscher Mykologe und Botaniker,
* 26. 1. 1831 Frankfurt a. M.,
† 19. 1. 1888 Straßburg.

De Bary war einer der bedeutendsten Mykologen des 19. Jahrhunderts, sein Lehrbuch war für lange Zeit ein Standardwerk.

De Barys Vater war Arzt, er stammte aus einer aus Belgien (Wallonien) eingewanderten Familie. De Bary studierte einige Semester Medizin in Heidelberg und Marburg, dann von 1850 bis zur Promotion 1853 in Berlin. Nach kurzer Tätigkeit als praktischer Arzt habilitierte er sich noch im selben Jahr für Botanik in Tübingen. 1855 wurde er Professor für Botanik in Freiburg i.Br., von 1867 bis 1872 in Halle und ab 1872 an der Universität Straßburg, deren erster Rektor er war.

Die Arbeiten de Barys über Pilze fielen in eine Zeit, in der deren Entwicklungsgang und ihre Fortpflanzung noch weitgehend im Dunkeln lagen; sogar eine Entstehung aus dem Saft kranker Pflanzen galt noch als denkbar.

Aufbauend auf Arbeiten von Louis René Tulasne hat de Bary die Entwicklung bei den falschen Mehltaupilzen (*Peronosporacece*) und den Getreiderosten (*Uredinales*) aufgeklärt. Diese Untersuchungen waren auch von erheblicher praktischer Bedeutung. Beim Getreiderost war seit langem bekannt, dass er durch das Vorkommen der Berberitze in der Nähe der Getreidefelder gefördert wird. Durch Übertragungen der verschiedenen Sporenformen konnte de Bary zeigen, dass es sich tatsächlich um einen wirtswechselnden Pilz handelt. Bei den Schlauchpilzen (*Ascomyceten*) wurde der Befruchtungsvorgang aufgeklärt, die Bezeichnung Ascogon für das Oogon dieser Pilze stammt von de Bary. De Bary hatte auch ein großes Interesse an den allgemein biologischen Fragen des Lebens der Pilze; die Bezeichnungen Saprophyten (für Pilze, die auf totem organischem Material leben) und Symbiose (für ein Zusammenleben zweier Organismen) stammen von ihm. Für einen Teil der Flechten hat er bereits vermutet, dass es sich um eine Symbiose von Pilzen mit Algen handelt, bewiesen wurde dies durch die Arbeiten von S. ↗ Schwendener. Auch den Algen hat De Bary mehrere Arbeiten gewidmet, besonders eine Monographie der Jochalgen (*Conjugatae*), in der er die Konjugation als Sexualakt bestätigte.

Für das von W. ↗ Hofmeister herausgegebene Handbuch der physiologischen Botanik verfasste De Bary eine *Vergleichende Anatomie der Vegetationsorgane der Phanerogamen und Farne* (1877). Es handelte sich um eine Zusammenfassung des bisherigen Wissens, die jedoch viele eigene Überprüfungen und Originalzeichnungen enthielt. Das Lehrbuch trat durch die Arbeiten von G. ↗ Haberlandt über die physiologische Pflanzenanatomie in den Hintergrund, ist aber noch heute ein wichtiges Quellenwerk. De Bary wurde von A. ↗ Braun in Berlin, der u. a. über die Entwicklung von Algen gearbeitet hat, und von H. v. ↗ Mohl in Tübingen beeinflusst. Obgleich er mit Braun befreundet war, lehnte er dessen zuweilen weitreichende Spekulationen über allgemeine Fragen ab und nahm sich die strikt empirische Arbeitsweise Mohls zum Vorbild. Mohl erkannte früh seine Leistungen und hat ihn nachdrücklich gefördert. De Bary war sehr kritisch gegen sich selbst, zuweilen auch gegen andere, deren Verdienste er aber immer anerkannte. Schon in Freiburg, aber vor allem in Straßburg, hatte er eine große, internationale Schar von Schülern. Zu ihnen gehören die Mykologen Michael Woronin, Oskar Brefeld und William Gilson Farlow, der Phykologe Friedrich Oltmanns, die Mikrobiologen Arthur Meyer und Alfred Koch, der Physiologe Ludwig Jost, der Morphologe Karl von Goebel sowie der Pflanzengeograph Andreas Franz Wilhelm Schimper. [GW]

Werk(e):
Vergleichende Morphologie und Biologie der Pilze, Mycetozoen und Bacterien, Leipzig (1884, engl. Übersetzung 1881).

Sekundär-Literatur:
Jost, L.: Zum hundertsten Geburtstag von A. de Bary, Zeitschrift für Botanik 24 (1930) 1–74; Sparrow, F.K.: A. de Bary, Mycologia 70 (1978) 222–252.

Baschin, Adolf Karl Otto,
deutscher Geograph,
* 7. 4. 1865 Berlin,
† 4. 9. 1933 Berlin.

Baschin wurde durch seine akribisch geführte geographische Bibliographie bekannt.

Ohne Abitur und nach Abbruch der Apothekerausbildung aus gesundheitlichen Gründen schrieb sich Baschin 1885 an der naturwissenschaftlichen Fakultät der Universität in Berlin ein. 1891 brach er seine Studien ab, um während der Vorexpedition der Gesellschaft für Erdkunde zu Berlin unter der Leitung E. v. ↗ Drygalskis an der grönländischen Westküste meteorologische Messungen durchzuführen. Im Winter 1891/92 beteiligte er sich an magnetischen Messungen und Polarlichtstudien in Bossekop (norwegisches Lappland). Dann trat Baschin in den Dienst des Preußischen Meteorologischen Instituts in Berlin, wo er an den wissenschaftlichen Ballonfahrten teilnahm. 1893 übertrug ihm sein ehemaliger Lehrer F. v. ↗ Richthofen die Organisation und die Herausgabe der *Bibliotheca geographica* der Gesellschaft für Erdkunde, die eine bibliographische Jahreszusammenstellung der Veröffentlichungen aus der allgemeinen und physikalischen Geographie aus aller Welt lieferte. Bis 1912 gab er insgesamt 17 Bände heraus, die für Meteorologen und Geographen das vollständigste Hilfsmittel der Zeit darstellten. Schließlich war er von 1900 bis 1930 Kustos und Professor am Geographischen Institut der Universität in Berlin. Neben seiner bibliographischen Tätigkeit blieb ihm kaum Zeit für eigene Forschungen, so dass er nur kleinere Referate über verschiedene Themen veröffentlichte. [CL]

Werk(e):
Bibliotheca geographica (1895–1912), Bd. I–XVII.

Basilius von Caesarea (Basileios, Basilios),
Beiname »der Große«,
griechischer Kirchenvater, Bruder des Gregor von Nyssa,
* um 329/330 Caesarea (Kayseri, Türkei),
† um 378/379.

Basilius gehörte zu den bedeutendsten Kirchenpolitikern und Theologen seiner Zeit. Seine Bedeutung für die Wissenschaftsgeschichte liegt u. a. in seiner Auslegung der biblischen Schöpfungsgeschichte.

Als Sohn wohlhabender christlicher Eltern besuchte Basilius die Schule in Caesarea und studierte in Konstantinopel und Athen, wo er eine umfassende Bildung erwarb. Nach kurzer Tätigkeit als Rhetoriklehrer in Caesarea (ca. 356) ließ er sich taufen und lebte als Mönch bei Annisi in Pontus. Dort reformierte er das Mönchsleben, indem er Klöster gründete und Mönchsregeln verfasste. Etwa 364 wurde er zum Priester geweiht, im Jahr 370 wurde er Bischof von Caesarea. Neben seinem kirchenpolitischen und theologischen Wirken war er sozial engagiert. Trotz hoher kirchlicher Ämter hielt er am asketischen Leben fest. Basilius, sein Bruder ↗ Gregor von Nyssa und der befreundete Gregor von Nazianz wurden die »drei großen Kappadokier« genannt.

In den *Neun Homilien zum Hexameron* legte Basilius Genesis 1, 1–25 unter Einbeziehung des naturphilosophischen Wissens seiner Zeit aus. Er entwarf eine Schöpfungstheologie mit absolutem Wahrheitsanspruch, der sämtliche Naturphilosophie unterzuordnen sei. Die biblische Schöpfungsgeschichte bildet so den maßgeblichen »naturwissenschaftlichen« Schlüsseltext. Entgegen der Annahme einer zufälligen Entstehung des Universums ist Gott dessen vernünftige Ursache. Im Sechstagewerk sieht Basilius die Darstellung der Urschöpfung, die Norm für die sichtbare Welt ist. Diese wird als Materie und Form in einem Augenblick aus dem Nichts erschaffen. Damit beginnt Zeitlichkeit, Werden und Vergehen. Der Kosmos, ein Gemisch aus den vier Elementen Feuer, Wasser, Luft und Erde, wird stufenweise in die endgültige Gestalt gebracht, daraus gehen Flora und Fauna in ihrer kompletten Artenvielfalt hervor. Der göttliche Schöpfungsbefehl initiiert nicht nur die Urschöpfung, sondern wird als andauernder Impuls für sämtliche Lebensprozesse zum Naturgesetz. Somit ist das göttliche Wirken in der Schöpfung immer präsent. Grundsätzlich ist die Schöpfung anthropozentrisch ausgerichtet, sie dient dem Menschen zur Erbauung, zum praktischen Nutzen und, durch die ihr innewohnende Symbolik, zur Belehrung im Sinne christlicher Ethik. Basilius' Text beeindruckt durch die Vielzahl der behandelten Wissensgebiete (z. B. Astronomie, Zoologie, Botanik, Medizin) und durch die detaillierten Beschreibungen der Naturphänomene. Die Wirkungsgeschichte seines Hexamerons ist immens und reicht bis in die Neuzeit. [RK2]

Werk(e):
Neun Homilien zum Hexaemeron (ca. 378; griechischer Text hrg. von E. A. de Mendieta und S. Y. Rudberg 1997; griechischer Text mit französischer Übersetzung hrg. von S. Giet, 1968; deutsche Übersetzung von A. Stegmann, 1925).

Sekundär-Literatur:
Rousseau, P.: Basil of Caesarea (1994).

Bassi Verati (auch Veratti),
Laura Maria Caterina,
italienische Physikerin,
* 29. 10. 1711 Bologna,
† 20. 2. 1778 Bologna.

Die Physikerin Laura Bassi forschte und lehrte als erste Professorin Europas in Bologna und wurde zum Vorbild zeitgenössischer und späterer Wissenschaftlerinnen.

Nach ihrer Ausbildung in der klassischen Gelehrsamkeit, die 1732 mit Doktortitel und Professur der Universität ihrer Heimatstadt gekrönt wurde, wandte Laura Bassi sich der Mathematik und der Physik zu. Ab 1745 war sie ein bezahltes Mitglied der Bologneser Akademie der Wissenschaften. Sie trug dort regelmäßig über ihre Forschungen vor und hielt ab 1749 in ihrem Haus eine Vorlesung in Experimentalphysik, die die wichtigste Ausbildungsmöglichkeit dieses Faches in Bologna darstellte. 1776 erhielt sie auch die Physikprofessur des dortigen Instituts für Wissenschaften.

Bassis wichtigste Förderer waren der an Wissenschaften sehr interessierte Papst Benedikt XIV. und ihr Ehemann, der Medizinprofessor Giuseppe Verati, mit dem sie seit 1737 verheiratet war und acht Kinder hatte.

Bassis wenige publizierte Aufsätze betreffen Hydrodynamik und Mechanik sowie den Gültigkeitsbereich des Boyle-Mariotte-Gesetzes. In Vorträgen beschäftigte sie sich u. a. auch mit aktuellen Fragen aus Optik und Elektrizitätslehre. Ihre Bedeutung erhielt sie als Lehrerin und öffentliche Vermittlerin der gerade zur Blüte kommenden Experimentalphysik sowie, heute mehr denn je, in ihrer Rolle als Pionierin weiblicher Wissenschaftspartizipation. [BC]

Werk(e):
De aeris compressione, De Bononiensi [...] Instituti atque Academiae Commentarii, Bd. II-1, 347–353; De problemate quodam hydrometrico, Commentarii Bd. IV (1757) 61–73.

Sekundär-Literatur:
Ceranski, B.: »Und sie fürchtet sich vor niemandem«. Die Physikerin Laura Bassi (1996).

Bassow (Basov), **Nikolaj Gennadijewitsch,**
russisch-sowjetischer Physiker,
* 14. 12. 1922 Usman (bei Woronesch),
† 1. 7. 2001 Moskau.

Bassow war einer der Begründer der Quantenelektronik und entwickelte gemeinsam mit A. M. ↗ Prochorow und unabhängig von Ch. ↗ Townes den Maser. 1964 erhielten diese drei Wissenschaftler dafür den Nobelpreis für Physik.

Bassow wuchs in Woronesch auf, wo der Vater Professor am Forstinstitut war. 1941 beendete er die Schule. Infolge des Zweiten Weltkriegs konnte Bassow zunächst nicht Physik studieren, sondern ging auf die Militärakademie, die er 1943 als Leutnant des Sanitätswesens abschloss; danach kämpfte er an der ukrainischen Front. Nach Kriegsende nahm Bassow 1946 ein Physikstudium am Moskauer Ingenieur-Physikalischen Institut auf, das er 1950 abschloss. Bereits als Student (ab 1948) arbeitete er im Moskauer Physikalischen Institut der Sowjetischen Akademie der Wissenschaften (Lebedew-Institut; FIAN) im Schwingungslaboratorium unter M. A. Leontowitsch. 1950 wurde er dort Assistent und schrieb 1953 unter Prochorow seine Kandidatendissertation, 1956 erwarb er den Doktor der Wissenschaften. 1958–1972 war er stellvertretender Direktor (seit 1962 Laborleiter), ab 1973 Direktor des Instituts. 1989 wurde er wieder Direktor der Abteilung Quantenradiophysik. Zugleich wirkte er seit 1963 als Professor für Festkörperphysik am Ingenieur-Physikalischen Institut. 1962 wurde er korrespondierendes und 1966 ordentliches Mitglied der Akademie der Wissenschaften der UdSSR, 1967 Präsidiumsmitglied. – Bassow war seit 1950 verheiratet und hatte zwei Söhne.

Im Schwingungslaboratorium arbeitete unter der Leitung von Prochorow Anfang der 1950er-Jahre eine Gruppe junger Physiker auf dem neuen Gebiet der Radiospektroskopie. Ein von der Technik inspiriertes Ziel war dabei die Entwicklung rauscharmer Verstärker. 1952–53 erarbeiteten Bassow und Prochorow theoretisch und experimentell die Grundlagen für die Erzeugung und Verstärkung elektromagnetischer Strahlung durch Nutzung angeregter Atome und Moleküle (Maserprinzip); das zugrundeliegende Prinzip der induzierten Emission geht auf A. ↗ Einstein zurück (1917). 1954 bauten sie ein entsprechendes Gerät mit Ammoniak als Arbeitsmittel (in der Sowjetunion Quanten- oder Molekulargenerator genannt). 1955 diskutierten sie die 3-Niveau-Methode zur Erzeugung angeregter Nichtgleichgewichtszustände, die besonders für den optischen Bereich interessant wurde. In den folgenden Jahren leisteten sie wesentliche theoretische Beiträge zur Übertragung das Maserprinzips auf optische Frequenzbereiche; 1958 schlug Bassow einen Halbleiterlaser vor und diskutierte verschiedene Anwendungsarten. 1961 wurden erste Vorstellungen zum Injektionslaser (1962 realisiert) und zum Hochleistungslaser (1963 realisiert) entwickelt. Zugleich entstanden grundlegende Arbeiten zu chemischen Lasern.

Ein wichtiges Anliegen Bassows war die technische Nutzbarmachung der Laserforschungen. Dafür förderte er u. a. die Gründung eines Konstruktionsbüros in Troitsk bei Moskau (1962) sowie die Bildung einer dementsprechend spezialisierten Abteilung des FIAN in Samara (1980). Seit Anfang der 1960er-Jahre befasste er sich (u.a. mit O. N. Krochin) mit der lasergesteuerten Kernfusion und entwickelte u. a. den Vorschlag eines Hybridreaktors.

N.G. Bassow

Bassow war Gründer und Chefredakteur der Zeitschrift *Kvantovaja Elektronika* (Quantum Electronics) sowie des *Soviet Journal of Laser Research*.

Er setzte sich engagiert für die Popularisierung der Wissenschaft ein und war seit 1978 Vorsitzender der sowj. Gesellschaft Znanie sowie Chefredakteur der populärwissenschaftlichen Zeitschrift *Priroda* (seit 1967). Auch im gesellschaftspolitischen Bereich war er tätig, so als Deputierter des Obersten Sowjets der UdSSR.

Unter den vielfachen Ehrungen Bassows sind noch zu erwähnen: Mitgliedschaft in der Akademie der Wissenschaften der DDR (1967), der Leopoldina Halle (1971), der Amerikanischen Optischen Gesellschaft (1972); Staatspreis (1959), Lenin-Orden (mehrfach), Volta-Medaille der Italienischen Physikalischen Gesellschaft (1977), Lomonossow-Medaille der sowjetischen Akademie der Wissenschaften (1990). [HK]

Werk(e):
Zahlreiche Zeitschriften- und Buchpublikationen, u. a.: Semiconductor lasers [Nobelvortrag 1964], in: Nobel Lectures Physics 1963–1970 (1972) 89–109; Kvantovaja elektronika v fizičeskom institute i. P. N.Lebedeva AN SSSR, UFN 148 (1986) 2, 315–324.

Sekundär-Literatur:
Prokhorov, A. M. et al: In Memory of Nikolai Gennadievich Basov, Quantum Electronics 31 (2001) 8, 751–752; Krokhin, O.: Obituary Nikolai Gennadievich Basov, Physics Today 55 (2002) 10, 68–70; Bertolotti, M.: Masers and Lasers. An Historical Approach (1983).

Bates, Henry Walter,
britischer Naturforscher,
* 8. 2. 1825 Leicester,
† 16. 2. 1892 London.

Bates war einer der ersten Erforscher des Tierlebens der Regenwälder Amazoniens. Seine Beobachtungen zur Mimikry bei Insekten und seine Ideen über ihre Entstehung durch natürliche Selektion bildeten in den 1860er-Jahren eine wichtige Stütze für die neue Theorie der Evolution von Charles Darwin, da sie auf Beobachtungen an frei lebenden Tieren gegründet waren.

Bates war der älteste von 4 Brüdern; sein Vater besaß eine Strumpfwirkerei, in die der Sohn nach seiner praktischen Lehre eintreten sollte. Als Jüngling begann er Käfer und Schmetterlinge zu sammeln und lernte 1844 A. R. ↗ Wallace kennen, der ähnliche Interessen hatte. Sie beschlossen, eine gemeinsame Expedition zum Amazonas zu unternehmen und die Kosten durch den Verkauf von gesammelten Insekten zu decken. Unter anderem wollten sie Daten über das Problem der Entstehung von Tierarten gewinnen, wozu sie die Lektüre des Buches von Robert Chambers über *Vestiges of the Natural History of Creation* (1844) angeregt hatte.

Im Mai 1848 erreichten sie den Amazonas und arbeiteten schon nach einigen Monaten in unterschiedlichen Gebieten, was für den Verkauf ihrer Sammlungen vorteilhafter war. Während Wallace 1852 nach England zurückkehrte, blieb Bates bis 1859 in Amazonien. Er beobachtete und sammelte an verschiedenen Orten entlang des Hauptstromes und mehrerer Nebenflüsse westwärts bis nach Sao Paulo de Olivenca (nahe der Grenze Kolumbiens). Geschwächt durch Malaria, musste er seinen Plan, den Fuß der Anden zu erreichen, aufgeben. Im Sommer 1859 kehrte er nach England zurück, wo er 1864 eine Stellung als Sekretär der Royal Geographical Society of London fand und bis zu seinem Tode die Zeitschriften der Gesellschaft herausgab. Bates war kein Berufswissenschaftler. Seine Veröffentlichungen entstanden in seiner Freizeit neben der beruflichen Tätigkeit bei der Geographischen Gesellschaft. Er heiratete 1863 und hatte zwei Töchter und drei Söhne.

Sein berühmter Reisebericht *The Naturalist on the River Amazons* (1863) und seine *Contributions to an Insect Fauna of the Amazon Valley* (1860–1866) begründeten seinen Ruf als Naturforscher, Systematiker und Evolutionsforscher. Seine Sammlungen umfassten ca. 7000 Arten von Insekten, wovon ca. 3000 für die Wissenschaft neu waren. Schon in Amazonien war ihm die erstaunliche Erscheinung aufgefallen, dass Schmetterlinge aus mehreren Familien den auffällig gefärbten Arten der für Insekten fressende Vögel ungenießbaren Heliconidae stark ähnelten. ↗ Darwin war enthusiastisch über seine Ideen zur Entstehung der Mimikry durch natürliche Selektion. Die Nachahmung von ungenießbaren Tierarten durch genießbare wird nach ihrem Entdecker Batessche Mimikry genannt. Er veröffentlichte viele Arbeiten über die Systematik und Zoogeographie von Schmetterlingen und Käfern

Amazoniens, der Anden, von Mittelamerika, Japan und Korea. Das Kriterium von Arten war für ihn gemeinsames (sympatrisches) Vorkommen der betreffenden Formen ohne Mischung. Er war ein früher Verfechter des biologischen Artkonzeptes und auch der Theorie geographischer (allopatrischer) Artbildung. Diese theoretischen Ansichten hat er in seinen entomologischen Monographien niedergelegt, aber leider nie gesondert veröffentlicht. [JH2]

Sekundär-Literatur:
O'Hara, J. E.: Henry Walter Bates – his life and contributions to biology, Archives of Natural History 22 (1995) 195–219; Woodcock, G.: Henry Walter Bates. Naturalist of the Amazons (1969).

Bateson, William,
englischer Evolutionsbiologe und Genetiker,
* 8. 8. 1861 Whitby,
† 8. 2. 1926 Merton.

Bateson trug Anfang des 20. Jahrhunderts maßgeblich zur Bildung der Disziplin Genetik bei. Unter anderem prägte er 1905 die Bezeichnung »genetics«.

Nach mäßig erfolgreicher Schullaufbahn begann Bateson 1879 sein Studium am St. John's College, Cambridge (UK), das sein Vater William Henry Bateson, Professor für klassische Sprachen, leitete. Unter Anleitung von Adam Sedgwick und Walter Weldon begann Bateson sich für Zoologie, Morphologie und Stammesgeschichte zu interessieren und erzielte seinen Studienabschluss 1883 mit ausgezeichneten Leistungen. Durch eine embryologische Studie zu *Balanoglossus* (Eichelwürmer) an der Johns Hopkins Universität (Baltimore, USA) unter William Keith Brooks brachte er 1884 die Kenntnis der Stammesgeschichte der Chordaten entscheidend voran. Dafür wurde er 1885 zum Mitglied seines Cambridger Colleges gewählt, eine Position, die er 25 Jahre lang beibehalten sollte. 1886 unternahm er eine Forschungsreise nach Zentralasien zur Untersuchung von Salzseefaunen, war von der wissenschaftlichen Ausbeute aber enttäuscht. Nach seiner Rückkehr 1887 begann sich Bateson, beeinflusst durch Brooks und Francis ↗ Galton, vom orthodoxen Darwinismus abzuwenden. Er gewann die Überzeugung, dass die Lösung des Artproblems nicht durch stammesgeschichtliche Untersuchungen zu erreichen sei, da diese Variation und Vererbung nicht als kausale Prozesse zum Untersuchungsproblem machten. Er begann eine umfangreiche Sammlung diesbezüglicher Tatsachen, die er 1894 unter dem Titel *Materials for the Study of Variation* publizierte. Darin vertrat er die Auffassung, dass Variation diskontinuierlich ist und dass ihre Ursachen weder in Umwelteinflüssen noch in Anpassungsvorgängen, sondern in der Natur der Organismen selbst zu suchen sind. Das Verhalten diskontinuierlicher Merkmale im Erbgang, wie es insbesondere bei Kreuzungen zu beobachten ist, begann für Bateson in den Mittelpunkt des Interesses zu rücken.

Damit war er für die Wiederentdeckung G. ↗ Mendels prädestiniert. In Vorbereitung auf eine Rede, die er am 8. Mai vor der Royal Horticultural Society halten sollte, las er H. de ↗ Vries' kürzlich erschienenen Aufsatz über das Segregationsgesetz. Er erkannte sofort, dass sich im Lichte dieses Gesetzes viele von ihm gesammelte Daten erklären ließen, und ging in der publizierten Fassung seiner Rede ausführlich auf die Arbeiten Mendels und seiner Wiederentdecker, de Vries, C. ↗ Correns und Erich Tschermak, ein. In den folgenden Jahren sollte er dann zentral für Durchsetzung und Stabilisierung der jungen Disziplin Genetik sein. Er veranlasste eine Übersetzung von Mendels Aufsatz ins Englische, die auch in sein Buch *Mendel's Principles of Heredity* von 1902 aufgenommen wurde, das erste Lehrbuch der Genetik, zugleich eine Verteidigung Mendels gegen Kritik von der biometrischen Schule, v. a. von Walter Weldon, seinem früherem Lehrer. In Cambridge zog Bateson eine Gruppe junger Forscher an, darunter E. R. ↗ Saunders und R. C. ↗ Punnett, die eine große Zahl von Experimenten durchführten. Dabei standen zwei Ziele im Vordergrund: zum einen, die Mendelschen Gesetze durch Experimente an verschiedenen Tier- und Pflanzenarten zu verallgemeinern; zum anderen, scheinbare Ausnahmen – intermediäre Erbgänge, Reversionen, Kopplungsphänomene – mit diesen Gesetzen in Einklang zu bringen, was Bateson unter dem Schlagwort »treasure your exceptions« regelrecht zum Forschungsprogramm machte. In seinen Veröffentlichungen prägte Bateson außerdem zahlreiche Fachausdrücke, so bereits 1901 die Ausdrücke »Allel-

W. Bateson (rechts) und sein Mitarbeiter Reginald Punnett 1907

omorphe« (später zu »Allel« verkürzt), »homozygot« sowie »heterozygot«. Aber auch organisatorisch wurde er aktiv: So nutzte er von 1902 bis 1909 die *Reports to the Evolution Committee of the Royal Society* als Publikationsorgan seiner Forschungsgruppe, bevor er 1910 das *Journal of Genetics* gründete. Wissenschaftliche Konferenzen wusste er geschickt für seine Ziele zu nutzen, etwa die Tagung der British Association for the Advancement of Science 1904, deren zoologischer Sektion er vorstand und auf der er abschließend mit den Biometrikern abrechnete. 1908 erhielt Bateson einen Lehrstuhl für Biologie an der Universität Cambridge, verließ diesen aber bereits 1910, um das Direktorat der neugegründeten John Innes Horticultural Institution anzutreten, das er bis zu seinem Tode innehatte.

Bateson besaß eine Vorliebe für Kontroversen, vielleicht ein Grund dafür, dass er ab 1912 ins Abseits genetischer Theoriebildung geriet. Vor allem die Drosophilagenetik um Th. H. ⌐ Morgan und ihre Chromosomentheorie der Vererbung lehnte er entschieden zugunsten eigener Vorstellungen ab, wonach genetische Merkmalsunterschiede auf die An- bzw. Abwesenheit eines physiologischen Faktors zurückzuführen seien (»presence-absence-theory«). Ein tieferer Grund für seine Haltung dürfte aber darin gelegen haben, dass Bateson Fragen der Genetik immer im Zusammenhang mit Fragen der Embryologie betrachtete, von denen die Morgan-Schule völlig absah. Erst 1921 gab er nach einem einwöchigen Besuch in Morgans Laboratorium an der Columbia University seinen Widerstand auf.

Bateson war ein ausgezeichneter Kenner klassischer Sprachen und sammelte Kunstwerke, insbesondere japanische Farbdrucke und William Blakes Gedichtillustrationen; ein Interesse, das ihm 1922 den Posten eines Kurators am British Museum einbrachte. Seine biologischen Anschauungen fanden auch in seinem politischen Denken Widerhall. Das Hauptproblem seiner Zeit sah er darin, eine von Natur aus differenzierte Gesellschaft in einem Zustand zu erhalten, in dem jeder mit seinem Schicksal zufrieden war. 1896 heiratete er Beatrice Durham, die starken Anteil an seiner Arbeit nahm und 1928 die posthume Herausgabe seiner Reden und Reisetagebücher übernahm. Sie hatten drei Söhne, einer von ihnen, Gregory Bateson, wurde später als Anthropologe bekannt. [SMW]

Werk(e):
Materials for the Study of Variation Treated with Especial Regard to Discontinuity in the Origin of Species (1894); Problems of Heredity as a Subject for Horticultural Investigation, Journal of the Royal Horticultural Society 25, 54–61; Mendel's Principles of Heredity. A Defence (1902); Problems of Genetics (1913).

Sekundär-Literatur:
Bateson, B.: Memoir. In William Bateson, F. R. S. Naturalist. His Essays and Adresses together with a short Account of His Life (1928); Cock, A. G.: William Bateson's Rejection and Eventual Acceptance of Chromosome Theory, Annals of Science 40: 19–59.

Bauhin, Caspar,
Schweizer Botaniker und Anatom,
* 17. 1. 1560 Basel,
† 5. 12. 1624 Basel.

Bauhin klassifizierte die Pflanzen erstmals konsequent nach Gattungen und Arten. Gleichzeitig reformierte er die botanische und anatomische Nomenklatur.

C. Bauhin

Caspar Bauhin wurde am 17. Januar 1560 als Sohn eines französischen Hugenottenflüchtlings in Basel geboren. Schon 12-jährig begann er sein Studium in Basel und setzte es in Padua, Bologna, Montpellier, Paris und Tübingen fort. In Paris entdeckte er 1579 nach eigenen Angaben die lange nach ihm benannte Klappe zwischen Dünn- und Dickdarm. Zurück in Basel, führte er 1581 eine 5-tägige öffentliche Leichensektion durch und wurde im Mai zum Doktor der Medizin promoviert. Er ließ sich als praktischer Arzt in Basel nieder und hielt private Vorlesungen zur Anatomie und Botanik. Im April 1582 wurde ihm die Professur für griechische Sprache übertragen. Daneben fand Bauhin noch Zeit für zahlreiche mehrtägige Leichensektionen, aus denen anatomische Kompendien hervorgingen. Sie gipfelten in dem großen Handbuch *Theatrum anatomicum* (1605), das Jahrzehnte lang den akademischen Unterricht beherrschte. Bauhin war kein kreativer Anatom, reformierte aber die anatomische Nomenklatur, indem er zahlreiche Muskeln erstmals nach Ursprung, Ansatz, Gestalt, Größe oder Lage bezeichnete.

Im Herbst 1589 erhielt Bauhin die neu geschaffene Professur für Anatomie und Botanik, die ihn zu jährlichen Sektionen und botanischen Exkursionen verpflichtete. Angeregt durch seinen fast zwanzig Jahre älteren Bruder Johan veröffentlichte er nun auch botanische Sammelwerke, zuletzt den monumentalen *Pinax Theatri botanici* (1623), in dem er 6 000 Pflanzen mit Gattungs- und Artnamen versah und sie in ihrer »natürlichen« Ordnung von den Gräsern bis hin zu den Bäumen beschrieb. Das Material zu diesem Werk, das noch heute in seinem 4000 Pflanzen umfassenden Herbarium in Basel erhalten ist, entstammte Bauhins eigener Sammeltätigkeit und seiner weitgestreckten Korrespondenz, u. a. mit Matthias l'Obel, Olaus Worm und Prosper Alpinus. Bauhins Pflanzennamen bestanden durchgängig aus einem Substantiv, das die Gattung (genus) bezeichnete, und einem oder mehreren Adjektiven für die Art (species). Damit führte er die botanische Nomenklatur einen großen Schritt in Richtung des von C. v. ↗ Linné eingeführten binären Systems. Bauhin rückte 1614 auf den Posten des Professors für praktische Medizin vor und wurde gleichzeitig Basler Stadtarzt. Am 5. Dezember 1624 starb er in seiner Heimatstadt. [RB3]

Werk(e):
Theatrum anatomicum (1605); Pinax Theatri botanici (1623).

Sekundär-Literatur:
Fuchs-Eckert, H. P.: Die Familie Bauhin in Basel, Bauhinia 6/1 (1977) 13–48, 6/3 (1979) 311–329, 7/2 (1982) 45–62.

Baumann, Eugen Albert Georg,
deutscher Apotheker und physiologischer Chemiker,
* 12. 12. 1846 Bad Cannstatt,
† 3. 11. 1896 Freiburg/Br.

Baumann war einer der ersten Professoren für physiologische Chemie und entdeckte eine iodhaltige Substanz in der Schilddrüse.

Baumann, Sohn eines Apothekers, begann 1864 nach der Maturitätsprüfung in Stuttgart bei seinem Vater in Cannstatt die pharmazeutische Ausbildung, während der er bereits bei Hermann von Fehling im Polytechnikum Stuttgart studierte. Anschließend wirkte er als Gehilfe in Lübeck und 1868 im schwedischen Göteborg. Zum Sommersemester 1870 immatrikulierte er sich an der Universität Tübingen, wo er noch im gleichen Jahr sein Apothekerexamen bestand und Assistent bei F. ↗ Hoppe-Seyler wurde. Nachdem er 1872 zum Dr. rer. nat. promoviert worden war, folgte er seinem Doktorvater noch im gleichen Jahr an die neu gegründete Reichsuniversität Straßburg. 1876 konnte er sich hier für Chemie habilitieren und erhielt ein Jahr später einen Ruf zum Professor und Vorsteher der chemischen Abteilung an dem von E. ↗ du Bois-Reymond erbauten physiologischen Institut in Berlin. In Straßburg war er zuvor noch zum Dr. med. h.c. promoviert worden. In Berlin las er medizinische Chemie für Mediziner, Pharmazeuten und Chemiker. 1882 wurde er hier zum Extraordinarius ernannt, ein Jahr später folgte er einem Ruf auf die ordentliche Professur für Chemie und als Leiter der medizinischen Abteilung an der Universität Freiburg/Breisgau. Noch im gleichen Jahr heiratete er Therese Kopp, Tochter des Heidelberger Chemikers H. ↗ Kopp. 1896 starb Baumann an einem Herzleiden.

In seinen wissenschaftlichen Untersuchungen beschäftigte sich Baumann mit der physiologischen Chemie von Benzolderivaten, mit der Fäulnis der Eiweißkörper, mit organischen Schwefelverbindungen und mit dem Iodgehalt der Schilddrüse. 1886 gelang ihm die Synthese von Diethylsulfondimethylmethan, das als Schlafmittel unter dem Namen Sulfonal® 1888 in den Arzneischatz eingeführt wurde. [CF]

Werk(e):
Über einige Vinylverbindungen, Diss. Universität Tübingen 1872.

Sekundär-Literatur:
Bäumer, B.: Von der physiologischen Chemie zur frühen biochemischen Arzneimittelforschung. Der Apotheker und Chemiker Eugen Baumann an der Universität Straßburg, Berlin, Freiburg und in der pharmazeutischen Industrie (1996); Wankmüller, A.: Baumann, Eugen, in: W.-H. Hein u. H.-D. Schwarz: Deutsche Apotheker-Biographie Bd. 1 (1975) 29f.

E.A.G. Baumann

Baumé, Antoine,
französischer Apotheker und Chemiker,
* 26. 2. 1728 Senlis,
† 15. 10. 1804 Paris.

Baumé entwickelte 1768 ein Aräometer zur Bestimmung der Dichte von Flüssigkeiten und erwarb sich besondere Verdienste um die chemische Technologie.

A. Baumé

Baumé, Sohn eines Gastwirts, begann um 1743 in Compiègne eine Apothekerlehre. 1745 trat er in Paris in die Apotheke von Claude Joseph Geoffroy ein. Hier erhielt er eine gediegene Ausbildung und arbeitete experimentell mit Geoffroy zusammen. 1752 legte Baumé die Prüfung als Apothekenmeister ab und betrieb danach in Paris eine eigene Apotheke. In dieser stellte er auch Chemikalien und Pharmazeutika für gewerbliche Zwecke her. Um 1760 gründete er in Paris, zusammen mit P. ↗ Macquer, eine chemisch-pharmazeutische Lehranstalt, in der er Vorlesungen über Chemie und Pharmazie hielt. 1787 wurde Baumé Mitarbeiter des Collége de Pharmacie.

Baumé hat zahlreiche Beiträge zur experimentellen Chemie sowie zur chemischen Technologie erbracht. Um 1757 stellte er Diethylether her, 1762 isolierte er das Alkaloid Narkotin und 1772 das Quecksilber(I)-chlorid (Kalomel). Weitere Arbeiten betrafen das Kaliumsulfat, die Kristallisation von Salzen, die Bildung und Wirkung von Kohlendioxyd und Wasserstoff sowie das Wasser. Baumé gehörte 1778 auch zu den Gründern der ersten Salmiakfabrik. In einer eigenen, von ihm zwischen 1770 und 1780 betriebenen chemischen Manufaktur führte er Untersuchungen über die Qualität von Ton, die Verbesserung des Porzellans oder später (1793) über das Bleichen von Rohseide durch. Besondere Verdienste erwarb sich Baumé um die Entwicklung von Mess- und Laborgeräten. Um 1768 erfand er zur Bestimmung der Dichte von Flüssigkeiten ein Aräometer mit der sog. Baumé-Skala, die in Baumé-Grade (°Bé) unterteilt war. Auf dieser entsprachen z. B. 0 °Bé einer Dichte von 1,00 g/cm^3 oder 10 °Bé einer Dichte von 1,074 g/cm^3. Des Weiteren hat Baumé neuartige Destillationsapparaturen konstruiert sowie zahlreiche Laborgeräte verbessert. [RS3]

Werk(e):
Élements de pharmacie théoretique et practique (1762); Manuel de chymie ou exposé des opérations de la chymie et de leurs produits (1763); Dictionnaire des arts et métiers (1766); Plan d'un cours de chymie expérimentale et raisonnée (1773); Handbuch der Scheidekunst… (1774); Erläuterte Experimentalchemie (1775).

Baur, Erwin,
deutscher Genetiker und Evolutionstheoretiker,
* 16. 4. 1875 Ichenheim,
† 2. 12. 1933 Berlin.

Baur war ein Pionier der Genetik, Mutationsforschung und modernen Evolutionstheorie.

Als Sohn eines Apothekers interessierte sich Baur schon früh für Botanik und Naturwissenschaften. Ab 1885 besuchte er die Gymnasien in Konstanz und Karlsruhe, wo er 1894 das Abitur machte. Auf Wunsch seines Vaters studierte er zunächst Medizin an den Universitäten Heidelberg, Freiburg, Straßburg und Kiel. Er folgte aber weiter seinen Interessen; in Freiburg beispielsweise besuchte er Vorlesungen bei Friedrich Oltmanns und A. ↗ Weismann. 1900 schloss Baur sein Medizinstudium an der Universität Kiel mit Staatsexamen und der Promotion zum Dr. med. ab. Es folgte eine Reihe kürzerer Engagements: Eine Reise als Schiffsarzt führte ihn nach Brasilien, bevor er eine Assistentenstelle an der meeresbakteriologischen Abteilung des Zoologischen Institutes in Kiel antrat. Im Winter 1901/02 leistete er seinen Militärdienst ab. Während der folgenden anderthalb Jahre als Assistenzarzt an einer psychiatrischen Klinik in Kiel und an der Landesirrenanstalt in Emmendingen (Baden) bearbeitete er zugleich bei Oltmanns eine botanische Dissertation über die Entwicklungsgeschichte der Flechten. Mit Abschluss der Arbeit wechselte er im Oktober 1903 als erster Assistent an das Botanische Institut der Universität Berlin zu dem bereits 74-jährigen S. ↗ Schwendener. Ende 1904 habili-

E. Baur

tierte er sich hier mit einer bakteriologischen Arbeit. 1905 heiratete Baur Elisabeth Venedey, mit der er einen Sohn und eine Tochter hatte.

1908 wurde auf Baurs Initiative hin die *Zeitschrift für induktive Abstammungs- und Vererbungslehre* als weltweit erste Zeitschrift für Genetik gegründet. Anfang 1911 wurde er zum Professor am Lehrstuhl für Botanik an der Landwirtschaftlichen Hochschule Berlin ernannt. Im selben Jahr erschien sein Lehrbuch *Einführung in die experimentelle Vererbungslehre*, das zum erfolgreichsten deutschsprachigen Lehrbuch der Genetik wurde und bis 1930 zahlreiche Auflagen erlebte. Die von ihm angestrebte Gründung eines eigenen Instituts für Vererbungsforschung an der Landwirtschaftlichen Hochschule in Berlin wurde im April 1914 verwirklicht. Es handelt sich dabei um das erste Zentrum für angewandte und experimentelle Genetik in Deutschland. Für das Wintersemester 1914/15 war Baur als Gastprofessor nach Madison, Wisconsin, eingeladen. Die Schiffspassage endete jedoch bereits in Port Said, wo er als feindlicher Ausländer inhaftiert wurde. Er konnte fliehen und nach Deutschland zurückkehren.

In den Jahren nach 1918 führte Baur einen erbitterten Kampf um den Institutsbau in Dahlem, der 1923 abgeschlossen wurde. Damit hatte er die institutionelle Basis, um die von ihm angestrebte Verbindung von Genetik und Landwirtschaft zu verwirklichen. Zu seinen Mitarbeitern zählten Hans Nachtsheim und P. ↗ Hertwig. Bereits 1921 hatte Baur zusammen mit C. ↗ Correns und R. ↗ Goldschmidt die Deutsche Gesellschaft für Vererbungswissenschaft gegründet, 1927 fungierte er als Präsident für den V. Internationalen Kongress für Vererbungswissenschaft in Berlin. In den folgenden Jahren unternahm er Forschungs- und Vortragsreisen nach Spanien, Südfrankreich, in die Sowjetunion und nach Südamerika. Ein wichtiger Erfolg war die Gründung des Kaiser-Wilhelm-Instituts für Züchtungsforschung in Müncheberg/Mark, das am 29. September 1929 eingeweiht wurde und in dem er die Verbindung von theoretischer, experimenteller und angewandter Genetik in größerem Maßstab weiter führen konnte. Baur starb überraschend am 2. Dezember 1933 in Berlin an einem Herzanfall.

Zu Beginn seiner wissenschaftlichen Laufbahn hatte sich Baur für die Entstehung unterschiedlicher Farben, Marmorierung und Scheckungen bei Pflanzen interessiert, die normalerweise rein grün sind. Bei der Untersuchung der »infektiösen Chlorose« an Malvaceen (1904–08) konnte er als Ursache eine Virusinfektion nachweisen. Dies macht ihn zu einem der Begründer der botanischen Virologie. Bei der Untersuchung von Färbungsabweichungen bei *Pelargonium zonale* konnte er 1909 durch die Kombination von anatomisch-histologischen und genetischen Untersuchungen das Phänomen der Chimärenbildung bei Pflanzen aufklären. In diesem Zusammenhang kam er zu der zukunftweisenden Schlussfolgerung, dass die Plastiden bei Pflanzen Träger von Erbanlagen sind.

Am bekanntesten wurde er aber durch genetische Analysen von *Antirrhinum* (Löwenmäulchen). Damit etablierte er Antirrhinum neben Drosophila als botanischen Modellorganismus, erstellte erste Genkarten bei Pflanzen und begann über die experimentelle Auslösung von Mutationen durch Chemikalien und Strahlen zu forschen. Diese Untersuchungen wurden von seinen Schülern Emmy Stein, E. ↗ Schiemann und H. ↗ Stubbe weitergeführt. Baur war immer auch an den praktischen Anwendungen seiner Ergebnisse interessiert. Dies führte ihn zur angewandten Züchtungsforschung in der Landwirtschaft, wo er ökonomisch wichtige Pflanzen untersuchte, ebenso wie zu eugenischen und sozialpolitischen Programmen.

Auf Grundlage der Kreuzungsversuche an *Antirrhinum* kam er auch zu einer Reihe von Ergebnissen, die für die Entstehung der modernen Evolutionstheorie von zentraler Bedeutung waren (1924). So konnte er nachweisen, dass Mutationen sehr viel häufiger auftreten, als in den ersten Jahren des Mendelismus angenommen, und dass Mutationen nicht notwendigerweise mit einer Verringerung der Vitalität einhergehen. Er erkannte früh die Bedeutung der sexuellen Fortpflanzung als Lieferant von Auslesematerial für die Selektion und war einer der Pioniere der ökologischen Populationsgenetik. Hier konnte er zeigen, dass zwischen natürlichen Populationen einer Art »mendelnde« Unterschiede bestehen, die sich auf die bekannten (Gen-)Mutationen zurückführen lassen. Diese empirischen Ergebnisse machten eine Überwindung der Differenzen zwischen Genetik, Systematik und Selektionstheorie möglich, die noch die ersten Jahrzehnte des 20. Jahrhunderts bestimmt hatten. [TJ]

Werk(e):
Das Wesen und die Erblichkeitsverhältnisse der »Varietates albomarginatae hort.« von Pelargonium zonale, Zeitschrift für induktive Abstammungs- und Vererbungslehre 1 (1908–09) 330–351; Einführung in die experimentelle Vererbungslehre (1911); mit E. Fischer u. F. Lenz: Grundriß der Menschlichen Erblichkeitslehre und Rassenhygiene (1921); Untersuchungen über das Wesen, die Entstehung und die Vererbung von Rassenunterschieden bei Antirrhinum majus, Bibliotheca Genetica 4 (1924) 1–170.

Sekundär-Literatur:
Schiemann, E.: Erwin Baur, Berichte der deutschen botanischen Gesellschaft 52 (1934) 51–114; Kröner, H.-P., Toellner, R., Weisemann, K.: Erwin Baur. Naturwissenschaft und Politik (1994); Hagemann, R.: Erwin Baur: Pionier der Genetik und Züchtungsforschung (2000).

> **Bavink, Bernhard,**
> deutscher Naturphilosoph und Physiker,
> * 30. 6. 1879 Leer (Ostfriesland)
> † 27. 6. 1947 Bielefeld.

Bavink versuchte als Vertreter des kritischen Realismus und ausgehend von eigenen physikalischen Untersuchungen die Ergebnisse der naturwissenschaftlichen Forschung in Beziehung und Vereinbarkeit mit theistisch-christlicher Weltanschauung zu bringen.

B. Bavink

Bavink studierte von 1897 bis 1898 (Bonn) und von 1898 bis 1902 (Göttingen) die Fächer Naturwissenschaften und Mathematik. Er legte 1902 das Staatsexamen ab, wurde 1905 bei W. ⤻ Voigt promoviert und trat anschließend in den höheren Schuldienst ein. Von 1912 an wirkte er als Oberlehrer in Gütersloh, dann als Studienrat (ab 1927 Oberstudienrat) bis zu seiner Pensionierung 1944 am Mädchengymnasium in Bielefeld. Wenige Wochen vor seinem Tod, Anfang 1947, wurde Bavink als Honorarprofessor für Naturphilosophie an die Universität Münster berufen. 1941 wählte ihn die Göttinger Akademie der Wissenschaften zum Mitglied.

Obwohl nie richtig in Universitätsdiensten stehend, galt der Gymnasiallehrer Bavink als brillanter Kenner der zeitgenössischen Naturwissenschaften, was die neun Auflagen seines Hauptwerkes *Ergebnisse und Probleme der Naturwissenschaften* (1913–1948) eindrucksvoll belegen. Als wissenschaftlicher Leiter des Keplerbundes – einer Gegenvereinigung zu E. ⤻ Haeckels 1907 gegründetem Monistenbund – ab 1920 sowie als Schriftleiter von *Unsere Welt* (bis 1939) suchte er nach einer Synthese und Versöhnung zwischen exakter Wissenschaft und (evangelischer) Religion. Nachdem er 1932 bei der Besetzung des Lehrstuhls für Naturphilosophie an der TH Darmstadt H. ⤻ Dingler unterlegen war, wuchs zunächst sein politisches Engagement (Eintritt in die NSDAP und den NSLB 1933). Zahlreiche Äußerungen zur Eugenik wie z. B. in der Schrift *Organische Staatsauffassung und Eugenik* sowie die teilweise Befürwortung der nationalsozialistischen Rassengesetzgebung belegen diesen Schritt. Später wurde er ein vehementer Kritiker des NS-Regimes, da seine wissenschaftspolitischen Empfehlungen innerhalb der NSDAP-Führung keine Berücksichtigung gefunden hatten.

[UH]

Werk(e):
Unsere Welt - (Illustrierte) Zeitschrift für Naturwissenschaft und Weltanschauung (1920–1939); Ergebnisse und Probleme der Naturwissenschaften (1913); Die heutigen Hauptfragen der Naturphilosophie (1928); Das Weltbild der heutigen Naturwissenschaften und seine Beziehungen zu Philosophie und Religion (1947).

Sekundär-Literatur:
Hentschel, K.: Bernhard Bavink (1879–1947): der Weg eines Naturphilosophen vom deutschnationalen Sympathisanten der NS-Bewegung bis zum unbequemen Non-Konformisten, Sudhoffs Archiv 77/1 (1993) 1–31.

> **Beadle, George Wells,**
> amerikanischer Genetiker,
> * 22. 10. 1903 Wahoo (Nebraska),
> † 9. 6. 1989 Pomona (Californien).

Die Experimente Beadles in den späten 1930er- und 1940er-Jahren führten zur Formulierung der »Ein-Gen-ein-Enzym-Hypothese«, die zu den Grundlagen der Molekularbiologie und Biotechnologie gehört. 1958 teilte sich Beadle dafür mit E. ⤻ Tatum und Joshua Lederberg den Nobelpreis.

Aus einer Farmerfamilie stammend – einer seiner Biographen nannte ihn »a product of rural America« – verfolgte Beadle sein Studium der Naturwissenschaften zunächst am College for Agriculture der University of Nebraska, wo er 1926 unter Franklin D. Keim, einem Spezialisten für Hybridweizen, mit dem Master of Science abschloss. Keim vermit-

G.W. Beadle

telte ihm eine Stellung als Tutor an der Cornell University, wo er Aufnahme in die Forschungsgruppe um Rollins A. Emerson fand, der zu dieser Zeit auch B. ↗ McClintock angehörte. Mit einer Arbeit zu genetisch modifiziertem Chromosomenverhalten bei *Zea mays* promovierte Beadle 1931. Ein Stipendium des National Research Council erlaubte ihm danach, an das Labor von Th. H. ↗ Morgan am California Institute for Technology, Pasadena, überzuwechseln, wo er seine Kreuzungsversuche mit Mais und Drosophila-Fliegen in Zusammenarbeit mit Th. ↗ Dobzhansky und A. H. ↗ Sturtevant bis 1936 fortsetzte.

Der weitere Verlauf der wissenschaftlichen Arbeiten Beadles zeichnete sich durch eine radikale Vereinfachung des verwendeten Experimentalsystems aus. Beadle begann sich für die biochemische Funktion der Gene zu interessieren. 1936 gab ihm ein sechsmonatiger Aufenthalt am Institut de Biologie physico-chemique in Paris die Gelegenheit, gemeinsam mit Boris Ephrussi Studien zur Entwicklung der Augenfarbe bei *Drosophila* durchzuführen. Die beiden Forscher transplantierten embryonale Augenanlagen, denen aufgrund eines Gendefekts ein bestimmtes Farbpigment fehlte, auf normale Embryonen und beobachteten, dass sich ein normal pigmentiertes Auge entwickelte, da das fehlende Pigment aus den umliegenden Körperregionen geliefert wurde. Dies legte nahe, dass einzelne Gene einzelne Schritte in der Sequenz einer biochemischen Reaktion kontrollieren, eine damals verbreitete Hypothese, deren konkreter Nachweis durch Identifizierung der beteiligten Substanzen und Selektion spezifischer Mutanten aber auch Beadle und Ephrussi noch nicht gelang. Für die Augenpigmente von *Drosophila* sollte dieser Nachweis erst 1951 durch A. ↗ Butenandt erbracht werden.

Kurz nach seiner Rückkehr aus Paris 1936 trat Beadle eine Assistenzprofessur für Genetik an der Harvard University an, ein Jahr später wechselte er auf den Lehrstuhl für Biologie an der Stanford University, den er die folgenden neun Jahre innehaben sollte. Die Fortsetzung der Forschungsarbeiten zur Augenfärbung bei *Drosophila* stieß auf große Schwierigkeiten, als Beadle im Wintersemester 1940–41 Vorlesungen des Biochemikers E. L. ↗ Tatum hörte. Er entschied sich, mit Tatum zusammenzuarbeiten, und zwar an einem neuen Versuchorganismus, dem Schimmelpilz *Neurospora crassa*. *Neurospora* zeichnete sich durch einen einfachen, haploiden Reproduktionszyklus und Besonderheiten bei der Meiose aus, die es erlaubten, die Sporen nach ihrer genetischen Konstitution mithilfe eines Mikromanipulators zu sortieren. Durch radioaktive Bestrahlung von *Neurospora*-Kulturen erzeugten Beadle und Tatum Mutationen, die dazu führten, dass die Fähigkeit zur Produktion lebenswichtiger Substanzen wie Vitamine verloren ging. Durch Zuführung dieser und chemisch ähnlicher Substanzen und durch Analyse der Substanzen, die sich im Nährmedium durch Ausbleiben eines bestimmten Reaktionsschritts ansammelten, gelang es, die einzelnen chemischen Reaktionsschritte zu identifizieren, über die der Organismus die Substanzen synthetisierte. Die gleichzeitig mithilfe von Kreuzungen durchgeführte genetische Analyse zeigte, dass die Mutanten sich nur in einem Gen von den Wildtypen unterschieden. »Mutanten durch die Ernährungsmühle jagen« nannte Beadle dieses Verfahren, dem bis September 1942 bereits 33 000 Kulturen von der Arbeitsgruppe unter Beadle unterzogen worden waren. Dementsprechend schnell lagen erste Ergebnisse vor: Noch 1941 publizierten Beadle und Tatum ihren ersten Aufsatz, in dem sie aus ihren Experimenten den Schluss zogen, dass ein Gen jeweils die Synthese eines bestimmten Enzyms reguliert, die »Ein-Gen-ein-Enzym-Hypothese«.

Auch wenn diese Hypothese von vielen Kollegen scharf kritisiert wurde, und auch wenn Beadle selbst vor ihrer vorschnellen Verallgemeinerung warnen sollte, war mit ihr doch eine der wichtigsten Grundlagen für Molekularbiologie und Biotechnologie gelegt. Tatsächlich betonten Beadle und Tatum von Anfang an das Anwendungspotenzial ihrer Forschung und hatten finanzielle Förderung vom Office of Scientific Research and Development, das während des Zweiten Weltkriegs die akademische, industrielle und militärische Forschung in den USA koordinierte, sowie von dem Pharmaunternehmen Merck and Company erhalten. Unter anderem hatten ihre Forschungsergebnisse unmittelbare Auswirkung auf die Produktion des kriegswichtigen Penizillins.

1946 kehrte Beadle an das California Institute of Technology als Leiter der Abteilung für Biologie zurück. Hier blieb er bis 1961, als er zum Kanzler der University of Chicago berufen wurde, ein Posten, den er bis 1968 beibehielt. Danach war er bis 1970 Direktor des American Medical Association's Institute for Biomedical Research. Anfang der sechziger Jahre war er außerdem Vorsitzender des Komitees zur genetischen Wirkung von Atomstrahlung der National Academy of Sciences. Mit eingängigen Lehrbüchern und einem populärwissenschaftlichen Buch zur Genetik, das er gemeinsam mit seiner zweiten Frau, der Schriftstellerin Muriel M. Barnett, schrieb und für das beide 1967 den Best Science Book for Youth Award erhielten, trug er wesentlich zur Popularisierung dieser Wissenschaft bei. [SMW]

Werk(e):
An Introduction to Genetics (1939); Genetic Control of Biochemical Reactions in Neurospora (1941); Biochemical genetics, Chemical Reviews 37 (1945) 15–96; The Language of Life (1966).

Sekundär-Literatur:
Beadle, G. W.: Recollections, Annual Review of Biochemistry 43 (1974) 1–13; Dronamraju, K. R.: Profiles in Genetics: George Wells Beadle and the Origins of the Gene-Enzyme Concept, Journal of Heredity 182 (1991) 443–446; Kohler, R. E.: Systems of production: Drosophila, Neurospora, and biochemical genetics, Historical Studies in the Physical and Biological Sciences 22 (1991) 87–130; Kay, L. E.: Selling Pure Science in Wartime: The Biochemical genetics of G. W. Beadle, Journal for the History of Biology 22 (1989) 101.

Becher, Johann Joachim,
deutscher Alchemist, Naturphilosoph und Ökonom,
* 6. 5. 1635 Speyer,
† Oktober 1682 London.

Becher, barocker Polyhistor und Projektemacher, arbeitete im Übergangsfeld von Alchemie und Chemie und plante als einer der Ersten, chemische bzw. alchemische Produktionsverfahren nach kapitalistischem Organisationsmuster zur Verbesserung des allgemeinen Wohlstands einzusetzen.

Johann Joachim Becher entstammte einer Pastorenfamilie. Nach dem frühen Tod des Vaters erlaubten ihm die wirtschaftlichen Verhältnisse jedoch nicht die Aufnahme eines Universitätsstudiums. Er erwarb sein Wissen autodidaktisch. Nach Wanderjahren, die ihn durch Schweden, Holland, Deutschland und Italien führten, verfasste er 1654 ein erstes Buch über die *Universal-Artzney* (1661 in lat. Übers. publiziert), ein klassisches Thema der Alchemie. Ab 1655 hielt er sich in Wien auf. Er nannte sich »kaiserlicher Mathematicus« Ferdinands III. und legte in dieser Funktion dem Kaiser u. a. Pläne zum Bau eines Unterseeboots und zur Produktion eines Universallösungsmittels vor. Nach Ferdinands Tod ging der mittlerweile zum Katholizismus konvertierte Becher nach Mainz, wo er 1660 als »Hofmedicus und -mathematicus« in die Dienste des Kurfürsten und Erzbischofs Johann Philipp von Schönborn trat. Er erwarb im darauf folgenden Jahr in öffentlicher Disputation den Titel eines Doktors der Medizin und heiratete 1662 Maria Veronika von Hörnigk, die Tochter seines Doktorvaters und Förderers Ludwig von Hörnigk. Nach dessen Rücktritt hatte er kurzfristig eine Professur für Medizin an der Universität Mainz inne.

Seit 1664 lebte Becher in München, wo er am Hof des bayerischen Kurfürsten Ferdinand Maria, wiederum als »Hofmedicus und -mathematicus«, tätig war. Seine Aufgabe bestand in der Entwicklung und Durchführung von Projekten, die das nach dem Dreißigjährigen Krieg verarmte und entvölkerte Land wieder auf die Beine bringen sollten. Den meisten seiner Vorhaben, z. B. dem Erwerb einer Kolonie in Übersee, war kein Erfolg beschieden, doch gelang ihm die Einrichtung eines Laboratoriums am kurfürstlichen Hof und die Begründung einer Seidenmanufaktur. In diesem Zeitraum stand Becher auf dem Höhepunkt seines intellektuellen Schaffens; es entstanden u. a. seine Hauptwerke, der *Politische Discurs* (1668) über Ökonomie und die chemiegeschichtlich bedeutende *Physica Subterranea* (1669).

Seit 1670 stand Becher in den ausschließlichen Diensten Kaiser Leopolds I., für den er bereits seit 1666 als Kommerzienrat Aufträge erfüllte. Neben dem Aufbau einer weiteren Seidenmanufaktur und eines Kunst- und Werkhauses, das verschiedene Modellmanufakturen, ein Kuriositätenkabinett und eine Bibliothek umfassen sollte, hatte er kurzzeitigen Erfolg mit der Gründung einer orientalischen Handelskompagnie. Das besondere Interesse Leopolds I. weckte er indes mit alchemischen Unternehmungen. Wie viele Adelshäuser förderten auch die Habsburger die Alchemie in der Hoffnung, damit eine Quelle zur Auffüllung der chronisch leeren Staatskassen zu erschließen. Die Materietheorien des 17. Jahrhunderts boten zudem keine rationalen Einwände gegen die Möglichkeit von Metallumwandlungen. 1675 vermeldete Becher eine angeblich erfolgreiche Transmutation von Blei in Silber. Mit Vorschlägen, ein Importverbot auf französische Waren zu verhängen, fiel er schließlich in Ungnade und musste Wien verlassen. Er versuchte sein Glück in Holland mit einem Verfahren zur Goldherstel-

J.J. Becher

lung aus Sand und schließlich in England, wo ein Versuch, mit der angeblichen Erfindung einer permanent laufenden Penduluhr Mitglied der Royal Society zu werden, scheiterte.

Als echter Polyhistor schrieb Becher über Politik, Moralphilosophie und Religion, didaktische Methoden und die Universalsprache. Seine wichtigsten Schriften verfasste er jedoch auf den Gebieten der Naturphilosophie, Chemie und Ökonomie.

Bechers Naturphilosophie war synkretistisch, indem sie Vorstellungen der traditionellen Alchemie, des Paracelsismus und der zeitgenössischen mechanischen Korpuskularphilosophie integrierte. Wissenschaftshistorisch bedeutend war sein Beitrag zur chemischen Elementenlehre. Im Rückgriff auf die anhand charakteristischer Qualitätskombinationen definierten Prinzipien des Paracelsus – Quecksilber, Schwefel und Salz – konzipierte er ein System dreier Erden, der terra vitrescibile (»glasigte Erde«), der terra fluida (»flüssige Erde«) und der terra pinguis (»fette Erde«), das später von G. E. ↗ Stahl aufgenommen und zur Phlogistontheorie weiterentwickelt wurde, die als erste allgemein anerkannte Theorie der Chemie gilt.

Becher setzte sich ferner mit dem Problem der chemischen Analyse auseinander. Er erkannte, dass Feuer nicht, wie vielfach angenommen, einen Stoff in seine Bestandteile zerlegt, sondern neue Verbindungen hervorbringt. Mit den Begriffen der »oberrandischen« und »mittelpunctischen Mischung« führte er eine theoretische Unterscheidung zwischen reversiblen und irreversiblen chemischen Prozessen ein. Erstere führte er korpuskularmechanisch auf die Bewegungen von Stoffpartikeln, z. B. Metallteilchen in Säure, zurück, Letztere erklärte er im Rahmen der traditionellen Qualitätenchemie, etwa aus einer »Begierde des Feuchten und Trockenen«.

Sowohl in der philosophischen Begründung seiner Materietheorie, die in enger Anlehnung an den biblischen Genesisbericht in Form einer Kosmogonie erfolgte, als auch im Festhalten am Hylozoismus blieb Becher Grundsätzen des Paracelsismus treu. Mit seinem Hauptwerk *Physica Subterranea* leistete er darüber hinaus einen wichtigen Beitrag zur frühneuzeitlichen Geologie. [JB]

Werk(e):
Naturkündigung der Metallen (1661); Oedipus Chymicus (1664); Physica Subterranea (1669, deutsch 1680); Politischer Discurs von den eigentlichen Ursachen, des Auf- und Abnehmens der Städt, Länder und Republicken (1668).

Sekundär-Literatur:
Hassinger, H.: Johann Joachim Becher. Ein Beitrag zur Geschichte des Merkantilismus (1951); Smith, P.: The Business of Alchemy. Science and Culture in the Holy Roman Empire (1994).

Becker, Richard Adolf,
deutscher Physiker,
* 3. 12. 1887 Hamburg,
† 16. 3. 1955 Göttingen.

Becker verfasste wichtige Arbeiten über Detonation und Magnetismus.

R.A. Becker

Becker wurde in Hamburg als Sohn von Agnes Becker, geb. Birck, und des Kaufmanns Conrad Becker geboren. Er studierte in Marburg und Freiburg Zoologie und promovierte 1910 mit einer Arbeit über Dipterenlarven. Der Physik widmete er sich anschließend in München und Göttingen, wo er 1911 das Staatsexamen für das höhere Lehramt absolvierte.

Nach kurzer Assistentenzeit unter anderem bei F. ↗ Haber im Kaiser-Wilhelm-Institut in Dahlem war er von 1913 bis 1926 in der Industrie beschäftigt, die ersten sechs Jahre in der Sprengstoffindustrie. Mit seiner Arbeit *Stosswelle und Detonation*, in der er eine theoretische Erklärung für die bis dahin unverstandene hohe Erwärmung in einer Explosion lieferte, habilitierte er sich 1923 an der Universität Berlin.

1926 wurde er an der TH Berlin ordentlicher Professor für theoretische Physik. Seine Forschungen konzentrierten sich auf (Ferro-)Magnetismus, Plastizität und Kondensation. Seine mit Werner Döring entwickelte Theorie zur Kinetik der Keimbildung war ein wichtiger Beitrag zur statistischen Mechanik.

1936 trat er in Göttingen die Nachfolge von M. ↗ Born an. Im Zweiten Weltkrieg zählte z. B. die Demagnetisierung von U-Booten zu seinen Aufgabenfeldern. Becker ist vor allem durch seine Lehrbücher bekannt, die die Ausbildung mehrerer Physikergenerationen prägten.

Becker bekleidete herausragende Positionen in akademischen Gesellschaften. Ab 1942 war er korrespondierendes Mitglied der Deutschen Akademie der Luftfahrtforschung. Er war Vorsitzender des Verbandes der Deutschen Physikalischen Gesellschaften in der BRD (1954) und der mathematisch-physikalischen Klasse der Göttinger Akademie der Wissenschaften, zu deren Präsident er 1955 gewählt wurde. [GR]

Werk(e):
Abraham, M.: Theorie der Elektrizität Bde. 1 und 2 (1930, 1933, vollst. neubearb. von R. Becker); Ferromagnetismus (1939); Theorie der Wärme (1955).

Sekundär-Literatur:
Schönhammer, K.: Richard Becker, in: K. Arndt, G. Gottschalk & R. Smend (Hrg.): Göttinger Gelehrte. Die Akademie der Wissenschaften zu Göttingen in Bildnissen und Würdigungen, 1751–2001, Zweiter Band (2001) 468f.

Beckmann, Johann,
deutscher Ökonom und Technologe,
* 4. 6. 1739 Hoya (Weser),
† 3. 2. 1811 Göttingen.

Beckmann gilt mit seinem vielseitigen Werk als Begründer unterschiedlichster Disziplinen, u. a. der wissenschaftlichen Landwirtschaftslehre und der Warenkunde. Seine wissenschaftshistorische Bedeutung resultiert aber vor allem daraus, dass er der »Vater« der Wissenschaft Technologie ist.

Beckmann stammte aus bürgerlichen, wenn auch wirtschaftlich problematischen Verhältnissen. Zwischen 1759 und 1763 studierte er in Göttingen, zunächst Theologie und später dann Natur- und Wirtschaftswissenschaften Auf Vermittlung seines Lehrers Anton Friedrich Büsching wurde er Lehrer in St. Petersburg. Von dort unternahm Beckmann 1765–66 seine sog. »Schwedische Reise«, auf der er das Vertrauen von C. v. ↗ Linné errang. Dessen botanisches Klassifikationssystem sollte nachhaltige Wirkung auf Beckmanns Denken ausüben. 1766 wurde er an die Universität Göttingen berufen – zunächst als außerordentlicher Professor für Weltweisheit (Philosophie), 1767 nahm er aber bereits Vorlesungen zur Ökonomie auf. 1770 ernannte man ihn zum Ordinarius für Ökonomie; im selben Jahr wurde er auch Mitglied der Göttinger Akademie.

Seinen nationalen wie internationalen Ruf mehrte vor allem aber seine 1777 zuerst veröffentlichte, bis 1806 in sechs vermehrten und verbesserten Auflagen vorliegende *Anleitung zur Technologie*. Dieses Werk setzte einen vorläufigen Endpunkt der wissenschaftlichen Reflexion Beckmanns, die über die Erfassung des Naturdargebotes (Naturgeschichte), dessen Kultivierung (Landwirtschaft) hin zu dessen technischer Umformung für menschliche Bedürfnisse (Technologie) reichte; später sollte konsequenterweise die Warenkunde (1793–1800) folgen. Beckmanns enzyklopädisch konzipierte *Anleitung zur Technologie* hatte nicht nur zur Folge, dass die Technologie rasch als neues universitäres Lehrfach in den Fächerkanon für angehende Staatswissenschaftler (Verwaltungsfachleute) aufgenommen wurde, vielmehr emanzipierte er die Technologie von den erstarkenden naturwissenschaftlichen Disziplinen. So galten ihm dann die Mathematik, Physik etc. nicht als zwangsnotwendige Grundlage der technologischen Reflexion, sondern sanken in den Stand von Hilfsdisziplinen ab. Angelehnt an die naturhistorische Systematik von Linné entwarf Beckmann in der *Anleitung* eine »natürliche Ordnung der Handwerke und Künste«, die auf den vier Faktoren Rohstoff, Hilfsstoff, Technik und Arbeitsorganisation beruhte. Die von ihm vorgeschlagene technologische Systematik sollte nicht nur eine rationale Durchdringung des gesamten Produktionsprozesses erlauben, vielmehr sollte dieser Erkenntnisakt auch den Staatswissenschaftler in die Lage versetzen, eigene Erfindungen zu machen. Bereits die *Anleitung* von 1777 ist eine »Erfindungstheorie«, deren Intention der 1806 veröffentlichte, skizzenhaft gebliebene *Entwurf der algemeinen Technologie* dezidiert fortschreibt. Spätere staatswissenschaftlich-technologische Abhandlungen knüpften an Beckmanns *Anleitung* an, auch sein Konzept des Technologieunterrichts, der Theorie und Praxis vermittels einer beachtlichen Modellsammlung und der Besichtigung von Gewerbebetrieben verband, strahlte deutschlandweit aus. Neben seinem wissenschaftlichen Tätigkeiten übernahm Beckmann auch kommunale Aufgaben; so gehörte er seit 1784 der Göttinger Polizei-Kommission an und wirkte in der Armen-Administration mit. Als Beckmann starb, hatte sich sein enzyklopädisch-beschreibendes Technologiekonzept überlebt; insbesondere für die Industrialisierung schien die

J. Beckmann

Technologie Beckmanns keine Impulse bereitzustellen. Die beiden Verfahrenswissenschaften der Mechanik und der Chemie traten an die Stelle der Beckmannschen Technologie. [TM]

Werk(e):
Grundsätze der teutschen Landwirthschaft (1769); Anleitung zur Technologie, oder zur Kenntniß der Handwerke, Fabriken und Manufacturen, vornehmlich derer die mit der Landwirtschaft, Polizey und Cameralwissenschaft in nächster Verbindung stehen. Nebst Beyträge zur Kunstgeschichte (1777–1809); Entwurf der algemeinen Technologie, in: Ders.: Vorrath kleiner Anmerkungen über mancherley gelehrte Gegenstände, 3. Stück (1806) 463–533; Vorbereitung zur Waarenkunde, oder zur Kenntniß der vornehmsten ausländischen Waaren, 2 Bde. (1793–1800).

Sekundär-Literatur:
Bayerl, G., Beckmann, J. (Hrg.): Johann Beckmann. Beiträge zu Leben, Werk und Wirkung des Begründers der Allgemeinen Technologie (1999); Beckert, M.: Johann Beckmann (1983); Kimoto, T.: Die Entwicklung der Technologie und ihre Stellung in der Wissenschaft während der gesellschaftlichen Umwälzung an der Wende vom 18. zum 19. Jahrhundert (1991).

Becquerel, Antoine Henri,
französischer Physiker,
* 15. 12. 1852 Paris,
† 25. 8. 1908 Le Croisic (Bretagne).

Becquerel entdeckte die Radioaktivität.

Becquerel entstammte einer angesehenen französischen Gelehrtenfamilie. Sein Großvater Antoine Cesar Becquerel und sein Vater Alexandre Edmond Becquerel hatten nacheinander den Lehrstuhl für Physik am Musée d'Histoire Naturelle in Paris inne und waren durch ihre Forschungen auf dem Gebiet der Elektrizität, der Lumineszenz anorganischer Festkörper sowie der Photochemie bekannt. Becquerel besuchte 1872–1874 die École Polytechnique und anschließend die École des Ponts et Chaussee, die er 1877 als Brückenbauingenieur abschloss. Ab 1878 hatte er eine Assistentenstelle am Musée d'Histoire Naturelle inne, zugleich übernahm er den Physiklehrstuhl seines Vaters am Conservatoire des Arts et Métiers. 1888 promovierte er an der Sorbonne mit einer Arbeit über die Absorptionsspektren von Kristallen. 1892 übernahm er die Physikprofessur seines Vaters am Museum und wurde 1895 zugleich Physikprofessor an der École Polytechnique. Seit 1889 war Becquerel Mitglied der Académie des Sciences in Paris (1908 wurde er kurz vor seinem Tode ihr Präsident); er war u. a. auch Korr. Mitglied der Berliner Akademie der Wissenschaften (1904) und Inhaber ihrer Helmholtz-Medaille (1906). Becquerel war zweimal verheiratet und hatte einen Sohn.

1878–80 gelang Becquerel der Nachweis der magnetischen Drehung der Polarisationsebene des Lichtes in Gasen. 1883 fand er die infraroten Banden im Sonnenspektrum, und seit 1883 befasste er sich auch, angeregt durch Arbeiten seines Vaters, mit der Untersuchung der Phosphoreszenz erhitzter Minerale.

Angeregt durch die Entdeckung der Röntgenstrahlen suchte Becquerel in den ersten Monaten des Jahres 1896 nach einem Zusammenhang zwischen Fluoreszenz und Röntgenstrahlung. Dabei standen lumineszierende Uransalze im Vordergrund, mit denen er von früheren Arbeiten vertraut war. Bald darauf berichtete Becquerel vor der Pariser Akademie von der Beobachtung, dass diese Salze Strahlung aussenden, die dickes schwarzes Papier durchdringen und darin eingewickelte Photoplatten »belichten«. Während des Jahres 1896 erforschte er diese Strahlen eingehender und fand schließlich, dass sie eine eigenständige physikalische Erscheinung darstellten, deren wichtigste Eigenschaften er beschrieb. Doch erst zwei Jahre später, als unabhängig voneinander Gerhard Schmidt in Berlin und M. ↗ Curie in Paris mit dem Thorium ein weiteres Element entdeckten, das diese Becquerel-Strahlung aussandte, begann eine breitere intensive Erforschung dieses Phänomens, das man nun Radioaktivität nannte. An dieser war Becquerel nur noch marginal beteiligt.

1903 wurde Becquerel gemeinsam mit P. und M. ↗ Curie für die Entdeckung der Radioaktivität mit dem Nobelpreis für Physik geehrt. [HK]

Werk(e):
On radioactivity, a new property of matter (Nobel Lecture 1903), in: Nobel Lectures Physics 1901–1921 (1967) 52–72.

Sekundär-Literatur:
Ranc, A.: Henri Becquerel et la découverte de la radioactivité (1946); Badash, L.: The Discovery of Radioactivity, Physics Today 49 (1996) 2, 21–26; Kant, H.: Betrachtungen zur Frühgeschichte der Kernphysik, Physikalische Blätter 52 (1996) 3, 233–236; De Andrade Martins, R.: Becquerel and the Choice of Uranium Compounds, Archive for the History of Exact Sciences 51 (1997) 67–81.

A.H. Becquerel

> **Beer, Wilhelm,**
> deutscher Astronom,
> * 9. 1. 1797 Berlin,
> † 27. 3. 1850 Berlin.

Beer ist als Amateur in die Annalen der Astronomiegeschichte eingegangen und erwarb sich besondere Verdienste durch die Errichtung einer Privatsternwarte, an der er gemeinsam mit dem Astronomen J. H. ↗ Mädler Beobachtungen des Mondes und der Planeten des Sonnensystems durchführte. Besonders die Mondbeobachtungen bestimmten den Standard der Mondkartographie in der ersten Hälfte des 19. Jahrhunderts.

Beer entstammte einer kunst- und wissenschaftsfreundlichen Familie jüdischer Herkunft. Einer der Brüder von Beer war der Komponist Giacomo Meyerbeer, ein anderer Bruder, Michael, hat sich einen Namen als Dichter erworben. Im Elternhaus Beers verkehrten bekannte Persönlichkeiten des geistigen Lebens von Berlin. Beers Vater, Begründer des Bankhauses »Jacob Herz Beer«, unterstützte mehrfach gemeinnützige Unternehmen wie das Königstädtische Theater und das Louisenstift für arme Knaben.

Im Jahre 1824 entschloss sich Wilhelm Beer, der damals bereits das von seinem Vater gegründete Bankhaus führte, Privatunterricht in Mathematik und Astronomie zu nehmen, und meldete sich bei dem um drei Jahre älteren Mädler, der als Lehrer in Berlin tätig war. Die Bekanntschaft zwischen Beer und Mädler führte bald zur Gründung einer von Beer finanzierten Privatsternwarte im Berliner Tiergarten, wo Beer astronomische Beobachtungen durchzuführen gedachte. In Zusammenarbeit mit Mädler und unter Beratung des Berliner Sternwartendirektors J. F. ↗ Encke wandten sich beide den großen Planeten, vor allem aber dem Mond zu. Aus gemeinsamen Marsbeobachtungen während der Oppositionen des Planeten in den Jahren 1828, 1832, 1835 und 1837 leitete Mädler eine Rotationsperiode des Planeten von 24 Stunden 37 Minuten 23,7 Sekunden ab – ein Wert, der von dem heute gültigen Resultat nur um rd. 1 Sekunde abweicht. Auch die Beobachtungen von Jupiter und Saturn zeigten bemerkenswerte Ergebnisse.

Die zweifellos bedeutendste Arbeit von Beer und Mädler war jedoch ein Werk zur Topographie des Erdmondes. In etwa 600 Nächten während der Jahre 1830 bis 1832 entstanden 104 Blätter des Formats 28 cm × 20,5 cm, woraus die beiden Beobachter eine Gesamtkarte des Mondes mit einem Durchmesser von 192 cm zusammenfügten. Das Werk erschien 1834–1836 unter dem Titel *Mappa selenographica* und gilt bis heute als ein Klassiker der Mondliteratur. Als Fortsetzung entstand schließlich noch das 1837 erschienene umfangreiche Werk *Der Mond nach seinen kosmischen und individuellen Verhältnissen oder allgemeine vergleichende Selenographie mit besonderer Berücksichtigung auf die von den Verfassern herausgegebene Mappa Selenographica*.

1840 endete die Zusammenarbeit zwischen Beer und Mädler, denn Letzterer folgte einem Ruf nach Dorpat (heute Tartu/Estland) als Direktor der Universitätssternwarte. Beer widmete sich kaum noch der Astronomie, sondern wandte sich der Politik zu. Nach seinem frühen Tod wurde auch die von ihm eingerichtete Privatsternwarte aufgegeben. [DBH]

Sekundär-Literatur:
Mädlow, E.: Die Privatsternwarte des Bankiers Wilhelm Beer zu Berlin, Die Sterne 72 (1996) 295ff.

> **Béguyer de Chancourtois, Alexandre-Émile,**
> französischer Chemiker und Geologe,
> * 20. 1. 1820 Paris,
> † 14. 11. 1886 Paris.

Béguyer de Chancourtois erkannte bereits 1862 die Periodizität der chemischen Elemente und entwickelte daraus ein eigenes Systematisierungsprinzip, die sog. tellurische Helix. Des Weiteren war er an der kartographischen Aufnahme Frankreichs beteiligt.

Béguyer de Chancourtois, Sohn eines Architekten, besuchte von 1838 bis 1840 in Paris die École Polytechnique sowie die École des Mines. Danach führte er in mehreren Ländern geologische Erkundungen durch. 1848 wurde er an der École des Mines Lehrer für geologische Topographie, 1852 Professeur adjoint (stellvertretender Professor) und 1875 ordentlicher Professor für Geologie. Im gleichen Jahr ernannte man ihn zum Generalaufseher über die Bergwerke, in denen er zahlreiche Maßnahmen zum Schutz vor Explosionen eingeführt hat. Darüber hinaus regte er die Einrichtung seismographischer Stationen an.

Béguyer de Chancourtois leistete einen frühen Beitrag zur Systematisierung der chemischen Elemente. Noch vor der Entdeckung des Periodensystems der Elemente durch J. L. ↗ Meyer und D. I. ↗ Mendelejew (1869) suchte er für die damals bekannten rund 60 Elemente nach einem inneren Ordnungsprinzip. Er fand dieses, wie schon zuvor J. W. ↗ Döbereiner, im Atomgewicht. Originell war jedoch Béguyer de Chancourtois' Idee, die Atomgewichte schraubenförmig auf dem Mantel eines Kreiszylinders anzuordnen. Dadurch wurde sichtbar, dass Elemente und Gruppen mit ähnlichen Eigenschaften senkrecht in Linien übereinander stehen. Auf diese Weise kam sowohl die Periodizität der Eigenschaften der Elemente als auch die Regel-

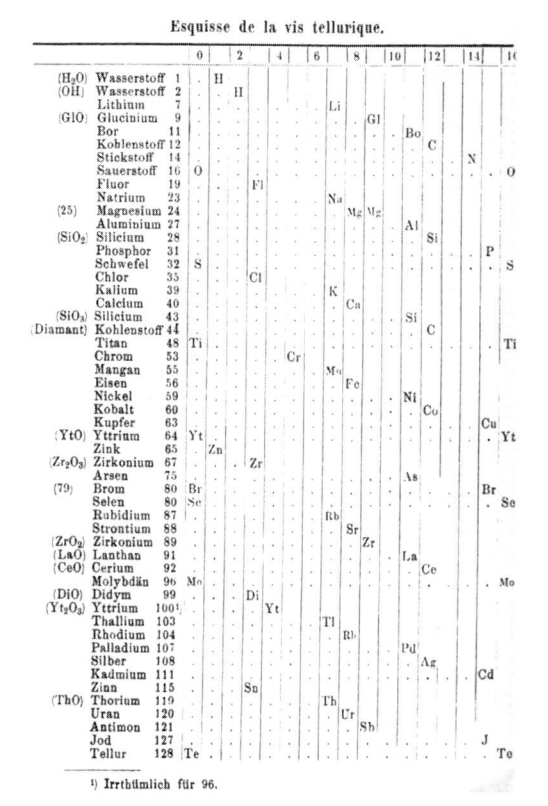

Esquisse de la vis tellurique.									
	0	2	4	6	8	10	12	14	16
(H₂O) Wasserstoff 1	.	H							
(OH) Wasserstoff 2		. H							
Lithium 7				. Li					
(GlO) Glucinium 9					. Gl				
Bor 11						. Bo			
Kohlenstoff 12						. C			
Stickstoff 14							. N		
Sauerstoff 16	O								. O
Fluor 19			. Fl						
Natrium 23				. Na					
(25) Magnesium 24					Mg Mg				
Aluminium 27						. Al			
(SiO₂) Silicium 28						. Si			
Phosphor 31								. P	
Schwefel 32	S								. S
Chlor 35			. Cl						
Kalium 39				. K					
Calcium 40				. Ca					
(SiO₃) Silicium 43						. Si			
(Diamant) Kohlenstoff 44						. C			
Titan 48	Ti								. Ti
Chrom 53			. Cr						
Mangan 55					Mn				
Eisen 56					. Fe				
Nickel 59						. Ni			
Kobalt 60						. Co			
Kupfer 63									. Cu
(YtO) Yttrium 64	Yt								. Yt
Zink 65		Zn							
(Zr₂O₃) Zirkonium 67		. Zr							
Arsen 75						. As			
(79) Brom 80	Br								. Br
Selen 80	Se								. Se
Rubidium 87				Rb					
Strontium 88				. Sr					
(ZrO₂) Zirkonium 89		. Zr							
(LaO) Lanthan 91						. La			
(CeO) Cerium 92						. Ce			
Molybdän 96	Mo								. Mo
(DiO) Didym 99		. Di							
(Yt₂O₃) Yttrium 100¹⁾			. Yt						
Thallium 103				Tl					
Rhodium 104				Rh					
Palladium 107						. Pd			
Silber 108								. Ag	
Kadmium 111									. Cd
Zinn 115			Sn						
(ThO) Thorium 119				Th					
Uran 120				Ur					
Antimon 121				. Sb					
Jod 127									. J
Tellur 128	Te								. Te

¹⁾ Irrthümlich für 96.

A. Béguyer de Chancourtois: Tabellarische Darstellung der tellurischen Helix von Béguyer de Chancourtois (1862)

mäßigkeit der Differenzen zwischen den Atomgewichten zum Ausdruck. Béguyer de Chancourtois hat seine Erkenntnisse 1862 und 1863 mehrfach vor der Pariser Akademie der Wissenschaften dargelegt, erzielte jedoch aufgrund seiner ungewöhnlichen Darstellungsform und als Geologe wenig Resonanz. Erst dreißig Jahre später fanden seine Erkenntnisse gebührende Beachtung und Würdigung. [RS3]

Sekundär-Literatur:
Seubert, K. (Hrg.): Das natürliche System der chemischen Elemente, in: Ostwalds Klassiker der exakten Wissenschaften, Bd. 68 (1895) 119.

Behring, Emil Adolf von (ab 1901),
deutscher Arzt und Serologe,
* 15. 3. 1854 Hansdorf (Westpreußen),
† 31. 3. 1917 Marburg.

Der »Retter der Kinder«, im Weltkrieg: »der Soldaten«, wurde am 18. Januar 1901, dem 200. Jahrestag der preußischen Monarchie, in den Adelsstand erhoben und erhielt am 10. Dezember »für seine Arbeit betreffend die Serumtherapie und besonders deren Anwendung gegen Diphtherie« den ersten Nobelpreis der Medizin.

Als fünftes von 13 Kindern und erster Sohn aus zweiter Ehe eines westpreußischen Dorfschullehrers geboren, studierte Behring nach dem Besuch des Gymnasiums in Hohenstein (Ostpreußen) 1874–78 Medizin an dem 1795 unter dem Namen Pepinière errichteten und später mit der Universität verbundenen Königlich Preußischen Medizinisch-Chirurgischen Friedrich-Wilhelms-Institut zu Berlin. Gegen eine auf das Doppelte der Studienzeit festgesetzte militärärztliche Dienstverpflichtung übernahm der Staat die Kosten des Studiums. An dieser preußischen Eliteschule mit ihrer eigentümlichen Mischung aus militärischer Zucht und Förderung wissenschaftlicher Talente hatten schon die Ärzte H. v. ↗ Helmholtz, R. ↗ Virchow, Ernst von Leyden, Georg Gaffky, Friedrich Löffler und zeitgleich mit Behring Martin Kirchner und Friedrich Wernicke ihre Ausbildung erhalten. Nach der Promotion 1878 und Approbation 1880 veranlaßte das Erlebnis einer schweren Diphtherieepidemie in Schlesien den Truppenarzt, sich mit der Bekämpfung von Infektionskrankheiten zu befassen. Die großen medizinischen Ereignisse, die diese Zeit als einen der Wendepunkte in der Geschichte der modernen Naturwissenschaften erfüllen, zogen auch ihn in ihren Bann. 1878 hatte der Chemiker L. ↗ Pasteur seine berühmte Arbeit über *Les Microbes* veröffentlicht. 1880 machte E. ↗ Metschnikow in Messina seine ersten Versuche zur Phagozytentheorie, 1882 entdeckte R. ↗ Koch den Tuberkelbazillus, 1884 dessen Mitarbeiter am Kaiserlichen Gesundheitsamt Löffler den Diphtheriebazillus und A. ↗ Nicolaier den Erreger des Wundstarrkrampfes, 1885 Koch den Erreger der Cholera. 1887 wurde Behring, nachdem er 1885 als Assistenzarzt I. Klasse des Westpreußischen Kürassier-Regiments Nr. 5 die Prüfung als Kreisphysikus bestanden und mehrere Arbeiten veröffentlicht hatte, unter Ernennung zum Stabsarzt des 2. Rheinischen Infanterie-Regi-

E.A. Behring

ments Nr. 28 zur wissenschaftlichen Fortbildung an das pharmakologische Institut der Universität Bonn kommandiert und dort von Carl Binz in die neue Forschungsrichtung der Bakteriologie eingeführt. Diese zielte darauf ab, die Infektionskrankheiten nach dem Vorbild Pasteurs mit chemischen Mitteln (Chemotherapie) zu bekämpfen.

Emile Roux und der Schweizer Tropenarzt Alexandre Yersin hatten 1888 am Institut Pasteur das Gift (Toxin) der Diphtheriebakterien herausgefiltert. Behrings Idee der passiven Immunisierung bestand darin, dieses Toxin mit einem in fremden Körpern in der Abwehr gegen diese gebildeten natürlichen Gegengift (Antitoxin) zu neutralisieren. Sie bildete den Ausgangspunkt der »ätiologischen oder Blutserumtherapie«, die die Erreger von Infektionskrankheiten mit vom Körper selbst im Rahmen der Abwehrreaktion produzierten Antitoxinen bekämpfen sollte. 1888 an die militärärztliche Bildungsanstalt in Berlin zurückgerufen und 1889 als Stabs- und Bataillonsarzt beim Infanterie-Regiment Graf Werder und Assistent Kochs an das hygienische Institut der Universität Berlin abkommandiert, erzielte Behring dort 1890 in Zusammenarbeit mit seinem Studienfreund Wernicke die ersten wirksamen Heilseren gegen Diphtherie und mit Sh. ↗ Kitasato gegen den Wundstarrkrampf. Nach der Übersiedlung 1891 an das von Friedrich Althoff für Koch in Anlehnung an die Charité neu errichtete Institut für Infektionskrankheiten gelangen 1893 die ersten erfolgreichen systematischen Versuche am Menschen, die durch die Mess-, Prüf-, Standardisierungs- und Anreicherungsverfahren von P. ↗ Ehrlich, des Behring in spannungsreicher Freundschaft verbundenen Kollegen an Kochs Institut, ermöglicht und seit 1896 unter Kontrolle des von Ehrlich geleiteten neuen Königlichen Instituts für Serumforschung und Serumprüfung in Steglitz (1899 als Königliches Institut für experimentelle Therapie nach Frankfurt a. M. verlegt) laufend verbessert wurden. Bis zum Abklingen der Seuche, Höhepunkt 1892, starben in Deutschland an Diphtherie jährlich mehr als 50 000 Kinder, d. h. jedes zweite Kind.

1893 wurde Behring auf Betreiben von Althoff Titularprofessor und am 15. 9. 1894 ohne Habilitation von diesem gegen die medizinische Fakultät in Halle als unbesoldeter ao. Prof. der Hygiene und Bakteriologie und Leiter des hygienischen Instituts durchgesetzt. Nachdem Behring mit der Drohung, den preußischen zugunsten des russischen Staatsdienstes zu quittieren, Althoff Ultimaten gestellt hatte, wurde er am 8. 4. 1895 in gleicher Eigenschaft der Marburger Fakultät nach deren dreimaliger Ablehnung aufgezwungen und am 23. 4. zum o. Prof. auf dem vakanten Lehrstuhl für Hygiene und am 9. 12. zum Geheimen Medizinalrat ernannt, unter Verabschiedung aus dem Militärdienst. Schon am 15. 1. 1895 war dem noch aktiven Stabsarzt im Rang eines Hauptmanns vom Präsidenten der französischen Republik das Offizierskreuz der Ehrenlegion – seine erste Ordensauszeichnung – verliehen worden. Als Direktor des Instituts für Hygiene, ab 1899 Institut für Hygiene und experimentelle Medizin, sowie 1898 als Gründer seines privaten Instituts für experimentelle Therapie (seit 1899 für Hygiene und experimentelle Therapie), lehrte der am 28. 8. 1903 mit dem höchsten preußischen Beamtentitel Wirklicher Geheimer Rat und dem Prädikat Exzellenz Ausgezeichnete in Marburg bis zur Emeritierung am 31. 5. 1916 Infektionskrankheiten, experimentelle Therapie und Geschichte der Medizin. Zur Lehrentlastung für das gesamte Gebiet der Hygiene ohne Infektionskrankheiten stellte ihm das Ministerium einen ao. Professor, die Stabsärzte Wernicke und Heinrich Bonhoff, ab 1904 Paul Römer zur Seite.

Forscher und Unternehmer in einer Person, nahm Behring die industrielle Herstellung seiner Sera selbst in die Hand. Die Hoechster Farbwerke ermöglichten ihm ab 1892, vermittelt durch Althoff, gegen das Recht des Alleinvertriebs zu staatlich festgesetzten Preisen die Errichtung privater Forschungsanlagen. Aus ihnen ging, nachdem bereits aus den Preisen der Académie de Médecine und der Académie des Sciences 25 000 Frs. (20 250 Mark oder 303 000 DM) in sie geflossen waren und Behring als ehrenamtlicher Stadtrat 1898–1917 und seit dem 16. 2. 1914 Ehrenbürger der Stadt Marburg durch Landerwerb für Forschungsstätten und Serumtiere zum größten Grundbesitzer in der Gemarkung Marburg geworden war, nach Ablauf der Verträge mit Hoechst unter Investition der 150 800 Schwedenkronen (1 Mio. Euro) des Nobelpreises und staatlicher Gelder am 7. 11. 1904 die »Behring-Werk oHG« hervor. Von Hoechst hatte Behring neben jährlich 20 000 Mark für die Kosten der Versuche 33 1/3 % des Reingewinns erhalten; das waren von 1898 bis 1903 nach einer Notiz Althoffs ca. 1 1/4 Mio. Mark oder 19 Mio. DM. In dem in Marburg wie zeitgleich mit Felix Klein in Göttingen geschlossenen »Bund von Wissenschaft und Kapitalismus unter der Ägide des Staatsbeamten« wurden für Deutschland neuartige Wege der Forschungsförderung beschritten, die 1911 in die Gründung der Kaiser-Wilhelm-Gesellschaft zur Förderung der Wissenschaften mündeten. Behrings Firmengründung geschah nicht zuletzt, um dieses erste im großindustriellen Maßstab hergestellte immunbiologische Präparat durch die von Althoff gewünschte Senkung des Preises auf die Hälfte für »die ärmeren Klassen« erschwinglich zu machen, nachdem sich Pläne einer staatlichen Serumfabrik wie eines staatlichen Zentralinstituts, für das er noch 1903 von Behring eine Denkschrift erbat, nicht hatten realisieren lassen. Verhandlungen mit dem einflussreichen nationalliberalen Landtagsabgeordneten und Schwiegersohn Friedrich Bayers, Althoffs Freund Henry Theodore Böttinger, und mit Carl ↗ Duisberg von den Farbenfabriken Bayer waren 1904 u. a. an Behrings Standortwünschen in Marburg gescheitert. Seit dem Ende der Verträge mit Hoechst 1914 trugen sie den Namen »Behringwerke GmbH Bremen und Marburg«, wurden 1920 in eine Aktiengesellschaft überführt und 1929 der I. G. Farbenindustrie AG angegliedert. Nach der Zerschlagung des Konzerns wegen seiner verbrecherischen Aktivitäten im Nationalsozialismus und Plänen der hessischen Regierung 1946 einer Umwandlung nach Muster der Carl Zeiss-Stiftung erfolgte 1952 die Neugründung als Tochtergesellschaft von Hoechst. Aus den Behringwerken AG, mit 3 100 Mitarbeitern das finanzstärkste Unternehmen Marburgs und Alleinherstellerin des Diphtherieserums in Deutschland, gingen in der zweiten Hälfter der 1990er-Jahre die Nachfolgefirmen Aventis Behring GmbH, Chiron Behring GmbH & Co., Dade Behring Marburg GmbH als Töchter weltweit operierender Unternehmen hervor.

Besessen von der Idee, nach dem gleichen Prinzip im Wettlauf mit Koch ein Heilserum gegen die Tuberkulose zu entwickeln, zerrütteten die nächtelange, der Serumreinigung, dem Ausbau der Schutzimpfungsmethode und der Milchhygiene gewidmete, jedoch gegenüber der Tuberkulose erfolglose Laborarbeit sowie Konflikte, Anfeindungen, Schroffheit im Umgang selbst mit Freunden seine Gesundheit und führten nach physischen und psychischen Zusammenbrüchen, Althoffs Verabschiedung und schweren Depressionen im November 1907 zu einem dreijährigen Aufenthalt in einem Münchener Sanatorium. Behring wurde niemals Mitglied der Berliner Akademie. Das von Althoff 1894–1904 für ihn in Verbindung mit einer Professur an der Berliner Universität geplante Institut für Serumtherapie und Infektionskrankheiten in Dahlem ließ sich nicht verwirklichen.

Eine neue Phase erstaunlicher Produktivität gipfelte 1913 in der Bekanntgabe des Impfstoffes T.-A. (Toxin-Antitoxin-Gemisch) für die vorbeugende aktive Schutzimpfung zur Verhütung der Diphtherie, die erste dauerhaft wirksame Schutzimpfung durch eine aktive Immunisierung. Sie wurde in großem Umfang zuerst in den USA durch- und 1937 in Deutschland generell eingeführt und war Wegbereiterin für die heute in der ganzen Welt gebräuchlichen Diphtherieschutzimpfungen. Den Siegeszug des Tetanus-Antitoxins in Form der prophylaktischen Injektion im Weltkrieg, für die Behring 1915 das Eiserne Kreuz erhielt, hat er noch erlebt. Zum 25jährigen Jubiläum der Entdeckung der Serumtherapie wurde 1915 eine Gedenkmünze mit seinem Bilde geprägt und auf Anordnung des Kultusministers seine 1902 geschaffene Marmorbüste von Ferdinand Hartzer im Universitätsinstitut für Hygiene und experimentelle Therapie aufgestellt. Vor dem Triumph der aktiven Immunisierung beendete eine Lungenentzündung das Wirken des mit Auszeichnungen überhäuften Ehren- und korrespondierenden Mitglieds von 35 wissenschaftlichen Gesellschaften und Akademien von St. Petersburg bis Mexiko. Er wurde in seinem zu Lebzeiten in der Nähe der Behringwerke errichteten Mausoleum beigesetzt.

Der Ehe des 42-jährigen umfassend gebildeten und philosophisch beschlagenen Forschers 1896 mit der 20-jährigen Else Spinola, Tochter des Verwaltungsdirektors der Charité und des Kochschen Instituts für Infektionskrankheiten, Werner Bernhard Spinola, und seiner Frau jüdischer Herkunft, Elise Charlotte Bendix, entsprossen sechs Söhne. Zu Paten wählte Behring Löffler, Wernicke, Althoff, W. C. ↗ Röntgen, Roux, Metschnikow, Ludolph Brauer und Kaiser Wilhelm II. Der zweite Sohn fiel 1918 im Weltkrieg. Nach anfänglichen Berufsverboten, dem Selbstmord eines Sohnes sowie der Emigration zweier weiterer Söhne, und nachdem man Behring wegen »Verunreinigung germanischen Bluts durch das Tierblut-Serum« verleumdet und die nationalsozialistische Hetzzeitung »Der Stürmer« geschrieben hatte, er habe sein eigenes Blut »versaut«, verfügte Hitler aufgrund einer Eingabe Else von Behrings am 11. 7. 1935 durch den Reichs- und preußischen Minister des Innern, »dass Ihren Kindern auf Grund ihrer nichtarischen Abstammung keinerlei Nachteile erwachsen sollen«. Den 50. Jahrestag der Originalpublikation der Entdeckung der Serumtherapie gestaltete der NS-Staat am 4. 12. 1940 zu einer spektakulären Feier (»Die Welt dankt Behring«, 1942) mit Gelehrten aus 23 Nationen, Führern der NSDAP, Rektoren deutscher Universitäten, einer wissenschaftlichen Tagung und einer Gedenkbriefmarke. Die 100. Wiederkehr der Geburtstage von Behring und Ehrlich beging die junge Bundesrepublik 1954 mit Feiern in Marburg, der Frankfurter Paulskirche, einer internationalen wissenschaftlichen Tagung in Hoechst und einer Briefmarke, die beide vereinte. Die 100. Wiederkehr der Verleihung des ersten Nobelpreises der Medizin oder Physiologie gab im Herbst 2001 Anlass zu Feiern in Frankfurt a. M., Marburg und Berlin und zwei Ausstellungen in Marburg. Aus ihnen soll zur Feier des 150. Geburtstages und des 100. Jahrestages der Gründung der Behringwerke im Jahre 2004 ein Behring-Museum hervorgehen. [BVB]

Werk(e):
Ueber das Zustandekommen der Diphtherieimmunität und der Tetanus-Immunität bei Thieren (mit S. Kitasato), Dt.

med. Wschr. (4. 12. 1890); Die Blutserumtherapie (1892); Die Geschichte der Diphtherie (1893); Einführung in die Lehre von der Bekämpfung der Infektionskrankheiten (1912); Ges. Abh. N.F. (1915).

Sekundär-Literatur:
Zeiß, H., Bieling, R.: Behring. Gestalt und Werk (1940); Bäumler, E.: Paul Ehrlich (1979); Eckart, W. U.: F. Althoff und die Medizin, in: Wissenschaftsgeschichte und Wissenschaftspolitik im Industriezeitalter. Das »System Althoff« in historischer Perspektive, hrg. v. B. vom Brocke (1991); Throm, C.: Das Diphtherieserum. Ein neues Therapieprinzip, seine Entwicklung und Markteinführung (1995).

Beijerinck, Martinus Willem,
niederländischer Biologe,
* 16. 3. 1851 Amsterdam,
† 1. 1. 1931 Gorssel.

Beijerinck entdeckte bei Vererbungsstudien schon vor 1900 Mendels Vererbungsregeln und entwickelte eine »Enzym-Theorie der Vererbung«.

M.W. Beijerinck

Beijerinck kam als jüngstes von vier Kindern von Derk Beijerinck und Jeannette Henriette van Slogteren (Tochter des Linguisten Johannes van Slogteren) zur Welt, studierte Chemie und Botanik an der Polytechnischen Schule Delft (1869–1872) und ab 1872 an der Universität Leiden. Er wirkte zunächst als Lehrer in Warfum und Utrecht (1873–1876) und an der Höheren Landbauschule in Wageningen (1876–1884), wo er Kreuzungsversuche mit Getreidearten durchführte. Ab 1885 arbeitete er an der Niederländischen Hefe- und Spiritusfabrik in Delft als Bakteriologe, wo er mit Leguminosen (Erbsen) experimentierte und ab 1888 die Funktion von deren »Wurzelknöllchen« aufklärte und daraus das Bakterium *Bacillus radicicola* isolierte. Beijerinck blieb unverheiratet und ohne Kinder.

In Hefekulturen beobachtete Beijerinck plötzliche Erbänderungen, die er »Variationen« nannte, H. de ↗Vries aber »Mutationen«, was sich schließlich durchsetzte. Nachdem er 1895 einen Ruf als Professor an die Polytechnische Schule in Delft erhalten hatte, nahm er seine Vererbungsstudien wieder auf, wobei er um 1895 G. ↗Mendels Arbeiten über Vererbungsregeln entdeckte und de Vries darauf aufmerksam machte, der 1900 zu den »Wiederentdeckern« Mendels gehören sollte. 1897 richtete Beijerinck ein mikrobiologisches Laboratorium an der Polytechnischen Schule ein. Dort führte er wichtige Untersuchungen zur Tabakmosaikkrankheit durch, deren verursachender Erreger, ein Virus, Mitte des 20. Jahrhunderts zu einem der wichtigsten Modellorganismen der Molekularbiologie wurde. In einer Rede über *De biologische wetenshap en de bacteriologie* (1895) sagte er vorausschauend, dass für die zentralen Probleme der Lebewesen, die Erblichkeit und die Veränderlichkeit, auf bakteriologischem Gebiet bessere Ergebnisse zu erhoffen seien als von höheren Organismen, denn der Bakteriologe müsse streng »physiologische Untersuchungsmethoden« anwenden, was letzlich zu einer »dynamischen Biologie« führe. Für das plötzliche Auftreten von Mutationen suchte er experimentell nach einer Erklärung für die physiologischen Vorgänge dieses Phänomens, was in *Mutation bei Mikroben* (1912) und einer umstrittenen *Enzym-Theorie der Erblichkeit* (1917) veröffentlicht wurde. Sie fand jedoch zu seiner Zeit keinen Eingang in die sich entwickelnde Genetik. [IJ]

M.W. Beijerinck in seinem Privatlabor

Werk(e):
Verzamelde Geschriften, hrg. von G. van Itersen, L. E. den Dooren de Jong und C. J. Kluyver, Bd. 1–5 (1921), Bd. 6 (1940).

Sekundär-Literatur:
Iterson jr., G. van, den Dooren de Jong, L. E., Kluyver, A.J.: Martinus Willem Beijerinck, his life and his work, T. I–III (1940), auch angebunden an »Verzamelde Geschriften« Bd. 6 (1940); Stomps, J. Th.: Fünfundzwanzig Jahre Mutationstheorie (1931); Stomps, J.Th.: On the Rediscovery of Mendel's Work by Hugo de Vries, J.Heredity 45 (1954) 293–294.

Beilstein, Friedrich Konrad,
russisch-deutscher Chemiker,
* 17. 2. 1838 St. Petersburg,
† 18. 10. 1906 St. Petersburg.

Beilstein ist der Begründer der bis heute wichtigsten Datenbank der organischen Chemie.

Beilstein wurde als Kind deutscher Eltern geboren. Sein Großvater war von Darmstadt nach St. Petersburg übersiedelt, und sein Vater war ein wohlhabender Schneidermeister und Kaufmann in St. Petersburg. Beilstein studierte ab 1853 in Heidelberg bei R. ↗ Bunsen, in München bei J. ↗ Liebig und in Göttingen bei F. ↗ Wöhler Chemie. In Heidelberg studierten zu dieser Zeit auch A. v. ↗ Baeyer, H. H. ↗ Landolt, Adolf Lieben, L. ↗ Meyer, Henry Roscoe und Jacob Volhard. A. ↗ Kekulé war dort 1856 Privatdozent geworden. In diesem Kreis entstanden Freundschaften, die ein Leben lang hielten. Der junge Kekulé verstand es, die Studierenden für die neuen Ideen der organischen Chemie zu begeistern. Im März 1857 ging Beilstein nach Göttingen und promovierte dort im Februar 1858 bei Wöhler. Anschließend absolvierte er einen Studienaufenthalt in Paris bei Charles Wurtz und dessen Assistenten Ch. ↗ Friedel an der École de médecine. Hier begann er, Verbindungen wie Ethylchlorid und Benzencarbonsäuren, die auf verschiedenen Wegen synthetisiert werden können, zu untersuchen und deren Identität festzustellen. 1859 wurde Beilstein Assistent von Carl Jacob Löwig in Breslau und 1860 Assistent von Wöhler, nach seiner Habilitation im November 1860 auch Privatdozent in Göttingen. In dieser Zeit entwickelte er enge freundschaftliche Beziehungen zu R. ↗ Fittig und Hans Hübner, die ebenfalls Assistenten bei Wöhler waren. Gemeinsam übernahmen sie 1865 die Herausgabe der von Kekulé begründeten *Zeitschrift für Chemie*. Beilstein gehörte der Redaktion bis zur Einstellung der Zeitschrift im Jahre 1871 an. Gerade erst 27-jährig, wurde er 1865 als Extraordinarius in Göttingen berufen. 1866 berief man ihn als Nachfolger von D. I. ↗ Mendelejew zum Professor für Chemie an das Technologische Institut seiner Heimatstadt St. Petersburg. Diesen Lehrstuhl hatte er bis 1896 inne. In seinen lebhaften und fesselnden Vorlesungen behandelte er wöchentlich drei Stunden anorganische und vier Stunden organische Chemie. Nach 25 Dienstjahren erhielt er nach russischem Hochschulrecht den Titel Professor emeritus, durfte aber weiterhin lehren. Nach seinem Rücktritt 1896 wurde er zum Ehrenmitglied des Technologischen Instituts gewählt. Neben seinen Verpflichtungen am Technologischen Institut hielt er auch Vorlesungen an der Militär-Ingenieur-Akademie und war chemischer Ratgeber bei der Handelsabteilung des Finanzministeriums.

Beilsteins Hauptarbeitsgebiet war die Chemie der aromatischen Verbindungen. In Göttingen untersuchte er mit seinen Schülern die Isomerieerscheinungen der Benzenderivate. Er gelangte dabei zu neuen Erkenntnissen über die Ursachen, Bedingungen und Mechanismen der Bildung isomerer Verbindungen, die Kekulé bei der Ausarbeitung seiner Benzentheorie unterstützten. In Petersburg setzte er diese Arbeiten bis in die 1870er-Jahre fort. Auf dem Gebiet der aliphatischen Verbindungen sind seine Synthesen von Propen und Penten aus Zinkethyl, für das er die Darstellung erheblich verbesserte, und Tetrachlorkohlenstoff bzw. Chloroform (1862) bemerkenswert. Nachdem 1877 die Akzise auf kaukasisches Erdöl aufgehoben worden war, entwickelte sich das Erdöl aus Baku zunehmend zur Konkurrenz des Öls aus Amerika. Allerdings hatte das Öl aus Baku eine wesentlich höhere Dichte, und man befürchtete in der Wirtschaft dadurch einen Qualitätsnachteil. Deshalb begann Beilstein 1878 das Erdöl aus Baku zu untersuchen, konnte dessen hohe Dichte auf den Gehalt an hydrierten Benzenderivaten (zyklischen Kohlenwasserstoffen) zurückführen, die daraus erwachsenden Qualitätsvorteile aufzeigen und so die Bedenken zerstreuen.

Bereits 1860 begann er mit der Sammlung von Angaben zu organischen Verbindungen, die zu-

F.K. Beilstein

nächst wahrscheinlich nur zum eigenen Gebrauch gedacht war. In Petersburg setzte er die Sammlung systematisch und kontinuierlich fort und fasste sie schließlich als Manuskript für sein zweibändiges *Handbuch der organischen Chemie* zusammen, das 1881–1883 erschien und in dem auf 2 200 Seiten 15 000 Kohlenstoffverbindungen beschrieben waren. 1885–1889 folgte eine dreibändige und 1892–1906 eine vierbändige Nachauflage. Ab 1895 bemühte sich Beilstein darum, die Fortführung des Handbuchs auch über seinen Tod hinaus zu sichern, und schloss dazu 1896 einen Vertrag mit der Deutschen Chemischen Gesellschaft. Dort übernahm Paul Jacobson die Leitung und Beilstein schrieb im Januar 1906 an ihn: »Mit Ungeduld sehe ich dem Erscheinen des Generalregisters entgegen. Erst wenn ich dessen Druck abgeschlossen erlebe, will ich aufatmen und sagen: nun ist alles fertig, nun kannst du gehen.« Und als er diese Schlusslieferung erhalten hatte, schrieb er am 7. Oktober 1906 an Jacobson: »Wenn irgendwo und irgend wann sich das Wort bewahrheitet: Finis coronat opus, so ist es diesmal ganz besonders überzeugend wahr.« Zehn Tage später starb er.

Beilstein erarbeitete ein System, mit dessen Hilfe es auch heute noch möglich ist, jeder beliebigen Kohlenstoffverbindung einen ganz bestimmten Platz zuzuweisen. Diese Stellen sind quer durch das gesamte Werk dieselben und ermöglichen es jedem Chemiker, Informationen zu einer bestimmten Verbindung direkt ohne Index aufzusuchen. Dieses System wurde die Basis der 4. Auflage und brauchte seitdem nicht geändert werden. Zur weiteren Herausgabe des *Beilstein* gründete die Max-Planck-Gesellschaft 1951 in Frankfurt am Main das Beilstein-Institut für die Literatur der Organischen Chemie als gemeinnützige Stiftung, das seit 1994 die Herausgabe übernommen hat. Seit 1988 ist der *Beilstein* auch online zugänglich, seit 1994 als CrossFire-Version. Letztere enthält heute die Strukturen und mehr als 350 physikalische und chemische Eigenschaften von über 7 Millionen organischen Verbindungen. Hinzu kommen 1 Million anorganische Verbindungen, die aus L. ↗ Gmelins *Handbuch der Anorganischen und Organometallischen Chemie* übernommen wurden. Der *Beilstein* ist noch heute das wichtigste Nachschlagewerk für organische Chemiker. [WG2]

Werk(e):
Untersuchungen über Isomerie in der Benzoereihe (mehrere Abhandlungen), Annalen der Chemie, 1864–1875; Über die Natur des kaukasischen Petroleums (mit A. Kurbatov), Berichte der Deutschen Chemischen Gesellschaft, 13 (1880) 1818.

Sekundär-Literatur:
Hjelt, E.: Friedrich Konrad Beilstein, Berichte der Deutschen Chemischen Gesellschaft, 40 (1907) 5043–5078.

Beketow (Beketov), **Nikolai Nikolajewitsch,**
russischer Chemiker,
* 13. 1. 1827 Dorf Alfer'evka (jetzt Novaja Beketovka im Gebiet Pensa),
† 13. 12. 1911 St. Petersburg.

Beketow gehört zu der Pionieren der Frühgeschichte der physikalischen Chemie, er erforschte das Affinitätskonzept und das Massenwirkungsgesetz in organischen Reaktionen und trug zur Begründung der Aluminothermie bei.

N.N. Beketow

Nach dem Studium in Kazan bei Nikolai Zinin, dem berühmten russischen Schüler J. ↗ Liebigs, arbeitete Beketow ab 1849 in Zinins Laboratorium an der Militärakademie für Medizin und Chirurgie in St. Petersburg. Von 1855 bis 1886 war er Professor der Chemie an der Universität Charkow. Ab 1886 arbeitete er als Mitglied der Kaiserlichen Akademie der Wissenschaften im St. Petersburger akademischen Laboratorium und unterrichtete gleichzeitig Chemie an der Höheren Schule für Frauenkurse in St. Petersburg.

Die Ergebnisse von Beketows Forschungen und seine Lehrtätigkeit förderten stark die Entstehung und Etablierung des damals neuen Zweiges der Chemie, der Physikalischen Chemie: Er organisierte 1864 (und leitete bis 1884) in Charkow die erste russische Ausbildungsabteilung, an der Vorlesungen über mehrere Gebiete der physikalischen Chemie gehalten und Laborarbeiten durchgeführt wurden. Beketow entwickelte das Affinitätskonzept für die Erforschung der reversiblen organischen Reaktionen, nachdem A. ↗ Butlerow dieses Konzept im Zusammenhang mit der Strukturtheorie der organischen Verbindungen in den 1860er-Jahren entworfen hatte. Beketows Forschungsergebnisse förderten auch die Aufstellung des Massenwirkungsgesetzes, die Chemie der Metalle und die Aluminothermie und trugen zur Verbesserung der Thermochemie bei. [VAK]

Werk(e):
Ausgewählte Werke über die physikalische Chemie (russ., 1955).

Sekundär-Literatur:
Turčenko, Y. I.: Nikolaj Nikolaevič Beketov (1954, mit Liste der Werke Beketows und Literatur über Beketow).

Bélidor, Bernard Forest de,
französischer Ingenieur,
* 1698 in Katalonien,
† 1761 Paris.

Bélidor verfasste die bedeutendsten und einflussreichsten Werke der wissenschaftlichen Mechanik seiner Zeit.

Als Bélidor geboren wurde, versah sein Vater, Jean-Baptiste Forest, ein französischer Dragoneroffizier, seinen Dienst in Spanien. Innerhalb von fünf Monaten nach seiner Geburt verstarben Vater und Mutter, Marie Hébert. Er wuchs bei der Familie der Witwe seines Patenonkels auf, eines Artillerieoffiziers namens de Fossiébourg. Zwei Jahre vor seinem Tod heiratete Bélidor eine Tochter oder Enkeltochter Fossiébourgs, wohl aus alter Verbundenheit der Familie gegenüber.

Seine Fähigkeiten in praktischer Mathematik verschafften ihm eine Stelle unter J. ↗ Cassini bei der Vermessung der Länge des Meridians zwischen Paris und dem Ärmelkanal. Hiermit sollte der Streit um die Form der Erde, der zwischen Anhängern von I. ↗ Newton und R. ↗ Descartes entbrannt war, entschieden werden. 1718 war die Vermessung abgeschlossen. Cassini glaubte, Descartes' Ansichten bestätigt zu haben, was sich später als Irrtum herausstellte.

Der Regent, der Herzog von Orléans, dem die Talente von Bélidor aufgefallen waren, hielt ihn davon ab, Priester zu werden, und verschaffte ihm stattdessen eine Anstellung als Professor für Mathematik an der Artillerieschule La Fère. Auf dieser renommierten Schule machte er sich in den 1720er- und 1730er-Jahren einen Namen als Verfasser von Lehrbüchern.

Nach einer Zeit im aktiven Dienst in Bayern, Italien und Belgien während des österreichischen Erbfolgekrieges ließ er sich in Paris nieder und wurde 1756 als freies Mitglied in die Akademie der Wissenschaften gewählt.

Bekannt wurde er durch den *Nouveau cours de mathématique*, ein Lehrbuch für Kadetten und Ingenieure. Ein zweites Buch, *Le bombardier françois*, wandte sich an die Praktiker. Es war für den Gebrauch in der Schlacht gedacht und enthielt u. a. Schießtabellen.

Nachruhm – auch über Frankreich hinaus – verschafften ihm jedoch zwei andere Werke, die auch

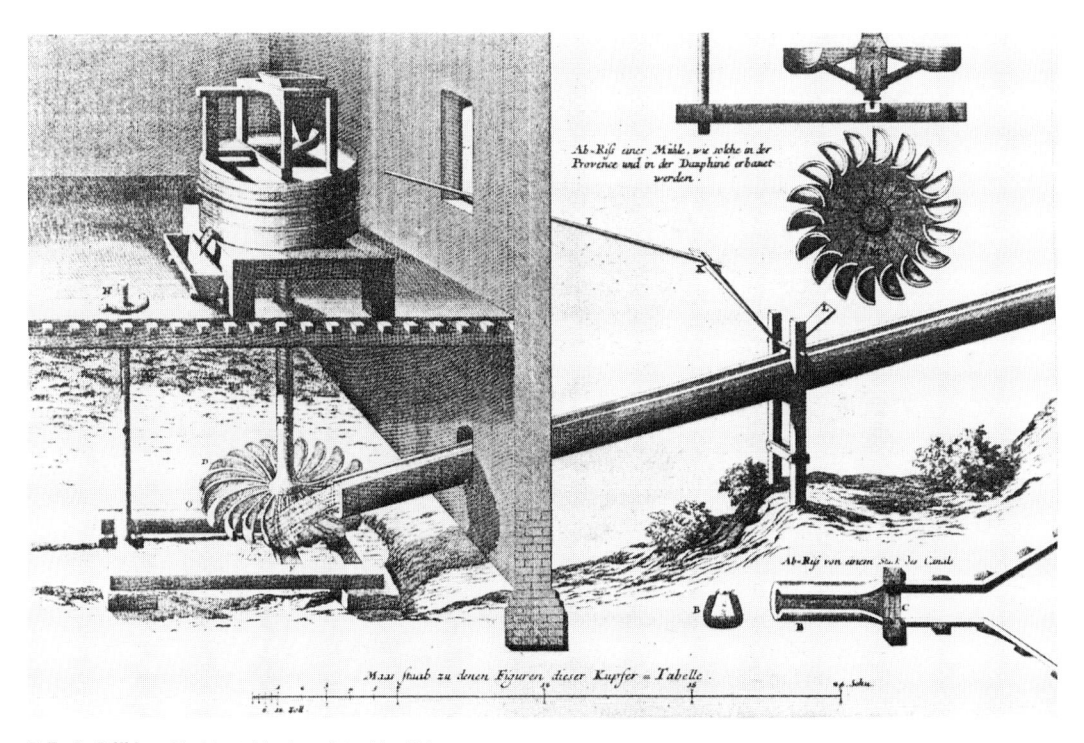

B.F. de Bélidor: Direktantrieb einer Getreidemühle

ins Deutsche übersetzt wurden: *Die Ingenieurwissenschaft...* (deutsch 1746) und *Architectura hydraulica...* (deutsch 1740–71). Diese machten ihn zum Mitbegründer der Ingenieurwissenschaften, die für ihn darin bestanden, die wissenschaftliche Methodik auf die praktischen Aufgaben von Ingenieuren anzuwenden. Seinen Lesern riet er, ihre Arbeiten auf wissenschaftliche Prinzipien zu gründen. Das erste Werk handelt vom Festungsbau, während das zweite zivile Konstruktionen erörterte. Die reich bebilderten Bände handeln von Schiffbau, von Kanälen sowie von Wasserversorgung und Springbrunnen. Der Autor beschreibt darin eine Art Wasserturbine, Wasserräder mit gekrümmten Schaufeln, Paternosterwerke und Stiellöffelbagger. Einleitend werden in beiden Büchern die zugrunde liegenden mathematischen Prinzipien auf elementarer Ebene erklärt, ohne dabei neue Erkenntnisse zu vermitteln.

Für den Praktiker erwiesen sich besonders die Zeichnungen und Diagramme von unschätzbarem Wert, konnten sie doch auf alle möglichen Probleme angewandt werden. Dies führte zu zahlreichen Neuauflagen – bis schließlich die Kupferplatten abgenutzt waren. Eine Neuausgabe wurde noch 1813 und 1819 von C. ↗ Navier besorgt.

Bélidors Schriften waren aber nicht nur für unzählige Praktiker von großem Nutzen, sie trugen auch zur Etablierung der wissenschaftlichen Mechanik bei. Die herausragende Bedeutung französischer Ingenieurwissenschaftler hierbei, wie L. ↗ Carnot, Ch. ↗ Coulomb, G. G. ↗ Coriolis, Navier und J. V. ↗ Poncelet, dürfte nicht zum geringsten Teil dem Studium der Werke von Bélidor geschuldet sein. [RS]

Werk(e):
Nouveau cours de mathématique à l'usage de l'artillerie et du génie (1725); La science des ingénieurs dans la conduite des travaux de fortification et d'architecture civile (1729); Le bombardier françois, ou nouvelle méthode de jetter les bombes avec précision (1731); Architecture hydraulique, ou l'art de conduire, d'élever et de ménager les eaux pour les différens besoins de la vie, 2 Bde. (1737–39).

Bell, Alexander Graham,
schottisch-amerikanischer Erfinder,
* 3. 3. 1847 Edinburgh,
† 2. 8. 1922 Baddeck (Neuschottland).

Bell konstruierte das erste technisch realisierbare und wirtschaftlich verwertbare Telefon.

Bell war zunächst bei seinem Vater und später selbständig als Sprachlehrer tätig. Nach Auswanderung der Familie nach Kanada und Amerika eröffnete er 1872 in Boston eine eigene Schule zur Aus-

A.G. Bell

bildung von Gehörlosen. 1873 erhielt er eine Professur für Stimmphysiologie an der Universität von Boston.

Beim Unterrichten von Gehörlosen kam ihm die Idee, den elektrischen Strom zur Schallübertragung zu verwenden. Gleichzeitig mit Elisha Gray baute er 1876 das erste technisch verwendbare Telefon. Vom Wirkprinzip her handelte es sich zunächst um ein elektromagnetisches System. Seinem Assistenten Thomas Watson gelang eine Verbesserung der Eigenschaften des Hörers und des Mikrofons durch die Nutzung eines Dauermagneten. Später wurde die Hautmembrane durch eine Metallmembrane ersetzt. Die noch vorhandene geringe Empfindlichkeit des Mikrofons konnte kurz darauf durch die Nutzung des von T. A. ↗ Edison erfundenen Kohlekörnermikrophons verbessert werden. In einem langen Patentstreit setzte er sich gegen den zeitgleichen Miterfinder Elisha Gray durch.

Bell dachte auch über andere Möglichkeiten der Schallwandlung nach. So schlug er vor, ein Lichttelefon durch die Anwendung einer Selenzelle zu bauen.

Bell erlangte durch sein Telefon Anerkennung und Wohlstand. Beides blieb dem deutschen Miterfinder des Telefons, Ph. ↗ Reis, versagt, weil seine Erfindung im Unterschied zu der von Bell kein Interesse bei potentiellen Anwendern fand, allerdings geht die Bezeichnung »Telefon« auf Reis zurück.

1877 gründete Bell die Bell Telephone Company. [AK2]

Sekundär-Literatur:
Parker, S.: Alexander Graham Bell and the Telephone (1994); Pollard, M.: Alexander Graham Bell: the story of the invention of the telephone and its effects on our lives (1991).

> **Belon, Pierre,**
> französischer Naturforscher, Arzt und Forschungsreisender,
> * 1517 Soultière (Sarthe, Frankreich),
> † April 1564 Paris.

Belon ist ein bedeutender Protagonist der Naturforschung des 16. Jahrhunderts. Er veröffentlichte viel beachtete Bücher über die Naturgeschichte der Vögel und der Fische, verfasste Reiseberichte und befasste sich mit der Kultivierung exotischer Pflanzen in Europa.

Belon war vor seinem Studium als Apothekergehilfe tätig und studierte ab 1535 mit Unterstützung der katholischen Kirche Medizin an der Universität Wittenberg. Ab 1542 arbeitete Belon in Paris im Dienst des Kardinal de Tournon. Im Auftrag des Kardinals unternahm er mehrere diplomatische Missionen und Forschungsreisen, die ihn unter anderem in die Schweiz, nach Italien, Griechenland, den vorderen Orient und Ägypten führten. Über diese Reisen hat Belon ausführliche Berichte veröffentlicht. Erst 1560 erhielt er von der medizinischen Fakultät der Universität in Paris einen Abschluss in Medizin. Für die Einrichtung zweier botanischer Gärten, in denen exotische Pflanzen kultiviert wurden, sprach ihm König Henry II. eine Pension zu. Im April 1564 wurde Pierre Belon bei religiösen Auseinandersetzungen im Bois de Boulogne bei Paris ermordet.

Belon wurde vor allem als Verfasser einer Naturgeschichte der Fische (1551) und einer Naturgeschichte der Vögel (1555) bekannt. Beide Werke waren für die Entwicklung der systematischen Naturkunde in der frühen Neuzeit prägend. Belons Arbeiten stehen hier gleichberechtigt neben den ähnlich ausgerichteten Forschungen von G. ↗ Rondelet, U. ↗ Aldrovandi und Ippolyto Salviani. In seiner Naturgeschichte der Fische widmete Belon der Untersuchung des Delphins zunächst besondere Aufmerksamkeit. Spätere Ausgaben des Buches zeigen ein gleichmäßigeres Interesse für alle Fischarten, die zudem in verbesserten bildlichen Darstellungen abgebildet wurden.

In seiner Naturgeschichte der Vögel führte Belon die Unterscheidung zwischen Feld-, Wasser- und Nachtvögeln ein. Hier veröffentlichte Belon auch eine vergleichende Darstellung von einem Vogel- und einem Menschenskelett, die als erstes Zeugnis der vergleichenden Anatomie gilt. Belon ging es in seinen Werken jedoch vor allem um die Sammlung und Systematisierung von Informationen zu den einzelnen Tierarten und um ihre sorgfältige bildliche Dokumentation. Seine Werke wurden von zeitgenössischen und späteren Autoren, etwa von Conrad Gessner, immer wieder zitiert. [AF]

Werk(e):
Histoire naturelle des estranges poissons marins etc. (1551); Les observations de plusieurs singularités et choses mémorables trouvées en Grèce, Asie, Judée, Egypte, Arabie et autres pays estanges (1553); L'histoire de la nature des oyseaux (1555); La nature et la diversité des poissons, avec leur description et naÿfs portraits (1555).

Sekundär-Literatur:
Delaunay, P.: L'aventureuse existence de Pierre Belon du Mans (1926).

> **Beneden, Edouard Joseph Louis Marie,**
> belgischer Zytologe,
> * 5.3.1846 Louvain (Belgien),
> † 28.4.1910 Liège (Belgien).

Beneden bewies 1887 die Konstanz der Chromosomenanzahl, die Halbierung dieser Anzahl bei der Reifeteilung (Meiose) und die Wiederherstellung der doppelten Anzahl bei der Befruchtung.

Wie schon sein Vater Pierre Joseph van Beneden, der Professor an der katholischen Universität in Louvain (Löwen) war, befasste sich Edouard van Beneden lebenslang mit der Embryologie, Zytologie und Stammesgeschichte der Tiere. Bereits 1868, mit 22 Jahren, reichte er bei der Belgischen Königlichen Akademie der Wissenschaften eine umfangreiche Arbeit *Über die Zusammensetzung und Bedeutung des Eis* ein. Ausgehend von Th. ↗ Schwanns Zelltheorie zeigte er in dieser Arbeit, dass das befruchtete Ei nichts anderes als eine Zelle, mit Kern und Protoplasma, ist. 1870 wurde er Lehrbeauftragter für Zoologie und Morphologie an der Universität von Liége und wurde 1874 eben dort zum ordentlichen Professor befördert. Eine Reise nach Brasilien (1872) und Aufenthalte in der meeresbiologischen Station, die sein Vater in Oostende eingerichtet hatte, erlaubten ihm embryologische und zytologische Studien an vielen verschiedenen Metazoenarten (Anneliden, Hydrarien, Cestoden, Nematoden, Tunicaten).

Auf dieser vergleichenden Grundlage lieferte er Ergebnisse, die sich vor allem durch ihre große Verallgemeinerungsfähigkeit auszeichneten. Große Bedeutung für die weitere Entwicklung der Biologie erlangten seine Studien zur Befruchtung und Entwicklung des Eis bei *Ascaris megalocephala* (Pferdespulwurm). Aus den Ergebnissen, die er 1887 gemeinsam mit dem wissenschaftlichen Fotografen Adolphe Neyt – etwa 1 200 Mikrofotografien waren nötig gewesen – veröffentlichte, zog er vor allem drei Schlussfolgerungen: dass die Chromosomen in allen Körperzellen von derselben, jeweils artspezifischen Anzahl sind; dass diese Anzahl bei der Bildung männlicher und weiblicher Keimzellen jeweils halbiert wird (Meiose, Reduktionsteilung); und dass erst in der befruchteten Eizelle die in den Körperzellen zu beobachtende Chromosomenanzahl wieder hergestellt wird. Dabei erkannten Beneden und Neyt auch die wichtige Rolle, die das Centromer bei diesen Prozessen spielt. Diese Erkenntnisse stellten wichtige Voraussetzungen für die Chromosomentheorie der Vererbung dar, die sich ab 1902 in der Biologie durchsetzen sollte. [SMW]

Werk(e):
De la distinction originelle du testicule et de l'ovaire. Caractère sexuel des deux feuillets primordiaux de l'embryon. Hermaphrodisme morphologique de toute individualité animale. Essai d'un théorie de la fécondation, Bulletin de l'Académie royale de Belgique. Classe des sciences. 2. series 37 (1874); Recherches sur la maturation de l'œuf, la fécondation et la division cellulaire (1883); Nouvelles recherches sur la fécondation et la division mitotique chez l'ascaride mégalocéphale. Communication préliminaire, in: Bulletin de l'Académie royale de Belgique. Classe des sciences. 3ème series 14 (1887).

Sekundär-Literatur:
Brachet, A.: Notice sur Edouard van Beneden, in: Annuaire de l'Académie royale de Belgique 89 (1923); Hamoir, G.: La découverte de la méiose et du centrosome par Édouard Van Beneden (1994).

Benedetti, Giovanni Battista,
italienischer Mathematiker und Physiker,
* 14. 8. 1530 Venedig,
† 20. 1. 1590 Turin.

Benedetti erkannte vor G. ↗ Galilei, dass die Geschwindigkeit eines im Vakuum fallenden Körpers unabhängig von seinem Gewicht ist.

Der vermögende Patrizier Benedetti verdankte seine breite Bildung auf den Gebieten Philosophie, Musik und Mathematik vor allem seinem Vater, der ein spanischer Arzt gewesen sein soll. Es ist zwar überliefert, dass Benedetti eine Tochter hatte, die 1554 geboren wurde und 1580 starb, aber von einer Ehe ist nichts bekannt, lediglich, dass er 1585 ein zweites Mal geheiratet haben soll. 1558 wurde er Hofmathematiker in Parma. 1567 holte ihn der Herzog von Savoyen nach Turin, wo er bis zu seinem Tode blieb.

1553 veröffentlichte Benedetti zum ersten Mal seine Überlegungen zum freien Fall. Darin kam er zu dem Schluss, dass die Fallgeschwindigkeit von Körpern aus demselben Material in einem bestimmten Medium unabhängig vom Gewicht ist. Wenig später veröffentlichte er das Buch *Demonstratio*, in dem er zeigte, dass seine Theorie den Ansichten von ↗ Aristoteles widersprach, was einige bestritten hatten. Aristoteles hatte die Meinung vertreten, dass die Fallgeschwindigkeit eines Körpers von seinem Gewicht abhängt.

In der zweiten Auflage dieses Buches hatte er auch bereits erkannt, dass der Luftwiderstand nicht mit dem Volumen eines Körpers, also dem Gewicht, sondern mit der Oberfläche wächst, so dass Körper aus demselben Material, aber mit unterschiedlichem Gewicht erst im Vakuum wirklich gleich schnell fallen.

In seinem Hauptwerk (*Diversarum speculationum*), dem bedeutendsten italienischen Beitrag zur Entwicklung des physikalischen Denkens vor Galilei, greift er neben zahlreichen anderen Fragen dies noch einmal auf und entwickelt auch bereits eine Vorform des berühmten Gedankenexperiments von Galilei: Wenn man zwei Körper gleichen Gewichts verbindet, müssen sie genauso schnell fallen wie ein einzelner Körper desselben Gewichts. Für Benedetti war aber intuitiv klar, dass die beiden verbundenen Körper nicht schneller fallen können als jeder für sich allein.

In Galileis Büchern und Briefen, wie auch in denen anderer Gelehrter, findet sich kein Hinweis auf die Gedankengänge Benedettis, so dass er wahrscheinlich keine Kenntnis davon hatte. [RS]

Werk(e):
Demonstratio proportionum motuum localium contra Aristotelem et omnes philosophes (1554); Diversarum speculationum mathematicarum, et physicarum (1585).

Sekundär-Literatur:
Bauer, G.: Giovanni Battista Benedetti, Vordenker und Wegbereiter der galileischen Physik (1991); Drake, S., Drabkin, I. E.: Mechanics in sixteenth-century Italy (1969).

Bergius, Friedrich Carl Rudolf,
deutscher Chemiker,
* 11. 10. 1884 Goldschmieden bei Breslau,
† 30. (oder 31.) 3. 1949 Buenos Aires.

Bergius gehört zu den Pionieren der Hochdruckchemie und ihrer technischen Nutzung und wurde durch die Erfindung der Kohleverflüssigung weltbekannt.

F.C.R. Bergius

Sein Vater Heinrich leitete in Goldschmieden bei Breslau eine chemische Fabrik, die Aluminium herstellte. Nach Hausunterricht und Realgymnasium studierte Bergius Chemie, zunächst in Breslau, dann in Leipzig, wo er 1907 mit der Arbeit *Über absolute Schwefelsäure als Lösungsmittel* promoviert wurde. Anschließend arbeitete er bei W. ↗ Nernst in Berlin und bei F. ↗ Haber in Karlsruhe, die sich damals beide mit der Herstellung von Ammoniak unter Druck beschäftigten.

Ende 1909 wechselte er zu M. ↗ Bodenstein nach Hannover, wo er hauptsächlich mit hochdrucktechnischen Arbeiten befasst war. Seine Habilitationsschrift verfasste er 1912 über *Die Anwendung hoher Drucke bei chemischen Vorgängen und eine Nachbildung des Entstehungsprozesses der Steinkohle*. Daneben unterhielt er ein Privatlabor, in dem er praktische Laboratoriumsmethoden für das Arbeiten mit Drücken bis zu 300 atm entwickelte. 1913 entdeckten Bergius und seine Mitarbeiter, dass man sowohl Schweröl als auch Kohle unter hohem Wasserstoffdruck verflüssigen kann. Im folgenden Jahr trat er mit seinen Mitarbeitern in den Dienst der chemischen Fabrik Th. Goldschmidt AG in Essen, die sich durch Aluminothermie und Weißblechentzinnung einen Namen gemacht hatte, und übernahm dort als Laboratoriumsvorstand die Leitung der Entwicklung. Eine erste technische Hydrieranlage wurde noch während des Krieges in Rheinau bei Mannheim errichtet.

Die Forschungen zur Überführung des Hydrierverfahrens in die industrielle Produktion kosteten bis Ende 1918 etwa 6,5 Mio. Mark. Dies überstieg die finanziellen Möglichkeiten des Unternehmens, weshalb die Erdöl- und Kohle-Verwertung AG, Berlin (Evag), in deren Vorstand Bergius wechselte, das Verfahren weiterentwickelte. 1925 übernahm die BASF die Evag und die Hydrierpatente und führte die Versuche fort. Sie errichtete schon 1927 das Hydrierwerk Leuna, das vor allem im »Dritten Reich« zum Inbegriff für Benzin aus Kohle wurde.

Nach 1927 wandte sich Bergius mit seinen Mitarbeitern der Gewinnung von Zucker aus Holz zu. Die Idee zu diesem Verfahren stammte von R. ↗ Willstätter und László Zechmeister. Dazu wurde die ehemalige Rheinauer Hydrieranlage für Großversuche umgebaut, produzierte aber während des »Dritten Reichs« und in den ersten Nachkriegsjahren nur wenige Tonnen Glykose, die in erster Linie für Fütterungszwecke (Schweinemast) bestimmt waren.

Bergius' Verhältnis zum »Dritten Reich« erscheint zwiespältig; zum einen begrüßte er die Autarkiepolitik, durch die sowohl für die Kohleverflüssigung als auch für die technische Weiterentwicklung der »Holzverzuckerung« Staatsgelder zur Verfügung gestellt wurden, andererseits engte ihn die nationale Ausrichtung der Politik in der Wissenschaft ein. In der Treibstoffpolitik des »Dritten Reichs« spielte er keine Rolle mehr. Nach dem Krieg ging er als Berater Peróns nach Argentinien.

Bergius erhielt zahlreiche Ehrungen, u. a. 1931 zusammen mit C. ↗ Bosch den Chemienobelpreis und 1936 die Ehrendoktorwürde der Universität Harvard (USA). [MR]

Werk(e):
Über absolute Schwefelsäure als Lösungsmittel, Diss. Leipzig (1907); Die Anwendung hoher Drucke bei chemischen Vorgängen und eine Nachbildung des Entstehungsprozesses der Steinkohle (1913); Die Herstellung von Zucker aus Holz und ähnlichen Naturstoffen, in: Le Blanc, M. (Hrg.): Ergebnisse der angewandten physikalischen Chemie Bd. 1 (1931) 1–37.

Sekundär-Literatur:
Schmidt-Pauli, E.v.: Friedrich Bergius (1943); Rasch, M.: Friedrich Bergius und die Kohleverflüssigung – Stationen einer Entwicklung (1985).

Bergman, Torbern Olof,
schwedischer Chemiker und Mineraloge,
* 20. 3. 1735 Katrineberg (Västergötland),
† 8. 7. 1784 Medevi (Östergötland).

Bergman zählt zu den Begründern der analytischen und mineralogischen Chemie und hat wichtige Beiträge zur Erklärung der chemischen Verwandtschaft (Affinität) der Stoffe erbracht.

Bergman war der Sohn eines schwedischen Steuereinnehmers. Nach dem Besuch des Gymnasiums nahm er 1752, auf Wunsch seiner Eltern, an der Universität Uppsala ein Studium der Theologie auf. Beeinflusst durch C. v. ↗ Linné, der zu dieser Zeit an der Universität Uppsala als ordentlicher Professor für theoretische Medizin und als Direktor des Botanischen Gartens wirkte, wandte sich Bergman nach kurzer Zeit dem Studium der Naturwissenschaften sowie der Mathematik zu. 1758 schloss er sein Studium mit der Promotion ab, habilitierte sich 1760 zum Privatdozenten für Physik und wurde 1761 zum Professor für Mathematik berufen. 1764 wählte man ihn in die Schwedische Akademie der Wissenschaften. 1767 übernahm Bergman die Professur für Chemie. In der Folgezeit sind die meisten seiner experimentellen und theoretischen Beiträge entstanden. Ab 1770 widmete sich Bergman bevorzugt der Förderung und Aufbereitung der Ergebnisse des Apothekers C. W. ↗ Scheele. Der Zusammenarbeit mit Bergman verdankte Scheele, dass er in den Abhandlungen der Schwedischen Akademie der Wissenschaften über seine Untersuchungen berichten konnte. Damit erlangten Scheeles bahnbrechende Arbeiten eine große Verbreitung und Aufmerksamkeit. Auf Anraten Bergmans hat Scheele auch seine Experimente mit Braunstein durchgeführt, die

T.O. Bergman

1774 in der Entdeckung des Chlors kulminierten. 1780 musste Bergman, hochgeachtet und wissenschaftlich anerkannt, aus gesundheitlichen Gründen seine akademische Tätigkeit beenden und starb vier Jahre später, im Alter von nur 49 Jahren.

Bergman gilt als der bedeutendste Analytiker des 18. Jahrhunderts. Er zählt zu den Mitbegründern der mineralogischen sowie der analytischen Chemie. Angeregt durch seinen Lehrer Linné vermochte er die Mineralien nach ihren chemischen Eigenschaften zu klassifizieren. Dazu bestimmte er die Zusammensetzung von Mineralien sowohl auf qualitativem wie auch auf quantitativem Wege. Bei der qualitativen Analyse bediente sich Bergman vorrangig des Lötrohrs, mit dessen Hilfe es ihm gelang, Metalle auf der Kohle in charakteristischer Weise auszuscheiden. Obwohl er Anhänger der Phlogistontheorie von G. E. ↗ Stahl war und damit Reduktions- bzw. Oxydationsvorgänge auf der Grundlage des hypothetischen Feuerstoffs Phlogiston interpretierte, erkannte er klar die doppelte Wirkung der Lötrohrflamme, die außen oxydiert und im inneren reduzierend wirkt. Letztendlich hat Bergman die Lötrohrtechnik als klassische analytische Methode in die Laborpraxis eingeführt. Zur quantitativen Analyse bevorzugte Bergman gravimetrische Methoden, wobei er das Gewicht der ausgefällten Niederschläge mit größter Genauigkeit bestimmte. Bergman nutzte bereits 1771 die Boraxperle zur Metallerkennung, wandte auch die Phosphorsalz- und Sodaperle an und entwickelte eine brauchbare Methode zur Trennung von Kobalt und Nickel. Darüber hinaus entdeckte er eine Reihe spezifischer Nachweisreaktionen, z. B. den Sulfatnachweis mit Bariumsalzen, den Nachweis von Kalk mittels Oxalsäure, von Chlorid mit Silbernitrat sowie von Kohlendioxyd mit Hilfe von Kalkwasser. Bergman gelang des Weiteren der Aufschluss von Silikaten mittels Pottasche sowie die Wasseranalyse durch fraktionierte Kristallisation bzw. durch Anwendung spezieller Nachweisreagenzien. Bergman unterschied zwischen anorganischen und organischen Verbindungen und experimentierte auf beiden Gebieten erfolgreich. So analysierte er 1773 als erster den Brechweinstein. 1774 untersuchte er die chemischen und physikalischen Eigenschaften der Kohlensäure, die er als »fixe Luft« bezeichnete, also als Bestandteil der Luft identifizierte, und die er aus Kalkspat und Schwefelsäure bzw. durch Gärung mit Hefe herstellte. 1775 entdeckte Bergman die Blausäure und das Nickelvitriol, 1776 stellte er Oxalsäure auf oxidativem Wege durch Umsetzung von Zucker mit Salpetersäure her und gelangte auch zur Cyanursäure. Darüber hinaus erkannte er die Pyroelektrizität am Turmalin.

Einen wichtigen theoretischen Beitrag leistete Bergman zur Erklärung der Ursachen für das Entstehen chemischer Verbindungen, wofür er den Begriff der chemischen Verwandtschaft (Affinität) prägte. Aus seinen experimentellen Ergebnissen zog er den Schluss, dass sich Stoffe nur dann und in verschiedener Stärke verbinden, wenn dies ihre Affinitäten begünstigt. Tritt also ein Körper zu einer Verbindung, zu dessen einem Teil er eine größere Verwandtschaft hat als zu einem anderen, so verdrängt er den Letzteren und auf diese Weise kommt es zu einer neuen Verbindung. Die Ursache dafür sah Bergman in der unterschiedlichen Anziehungskraft ihrer kleinsten Teilchen. Durch Bergmans Erkenntnisse und ihre korpuskulare Interpretation, die er 1775 in seiner Arbeit *Disquisitio de atractionibus electivis* zum Teil in tabellarischer Form zusammengestellt hat, wurde der Begriff der Affinität zum Allgemeingut der modernen Chemie. Er wurde im 19. Jahrhundert zum Ausgangspunkt für die physikalisch-chemische Interpretation der Verwandtschaftsverhältnisse chemischer Verbindungen unter energetischen Gesichtspunkten.

Neben diesen Untersuchungen hat Bergman auch botanische, zoologische und physikalische Forschungen durchgeführt. [RS3]

Werk(e):
Disquisitio de atractionibus electivis (1775); De analysi aquarum (1778); De tubo feruminatoria (1779); Opuscula physica et chemica (1779–1790); De praecipitatis metallicis (1780); Sciagraphia regni mineralis (1782).

Sekundär-Literatur:
Ferchl, F., Süssenguth, A.: Kurzgeschichte der Chemie (1936) 135; Fierz-David, H. E.: Die Entwicklungsgeschichte der Chemie (1945) 153.

Bergmann, Max,
Chemiker,
* 12. 2. 1886 Fürth,
† 7. 11. 1944 New York.

Bergmann war einer der profiliertesten Naturstoffchemiker seiner Zeit und wurde so einer der ersten Biochemiker; sein Hauptarbeitsgebiet war schließlich die Lederforschung, der er in Deutschland und den USA kräftige Impulse verlieh.

Bergmann, Sohn eines Großhandelskaufmanns, studierte 1904–11 Botanik und Chemie an der TH München und den Universitäten München und Berlin (ab 1907), wo er von Ignaz Bloch, einem Assistenten E. ↗ Fischers, betreut und 1911 promoviert wurde. Von 1911–1919 Fischers Privatassistent, wurde er nach der Habilitation und Ernennung zum Privatdozenten 1920 zum stellvertretenden Direktor und Vorstand der organisch-chemischen Abteilung des Kaiser-Wilhelm-Instituts für Faserstoffchemie (Direktor Reginald Oliver Herzog) in Berlin-Dahlem ernannt.

Fischer vertraute seiner »rechten Hand« seinen wissenschaftlichen Nachlass an, den Bergmann in den Jahren 1922–24 publiziert hat. In den Jahren 1913–19 war Bergmann an 20 Veröffentlichungen beteiligt, die Fischer noch publiziert hatte. Dabei war Bergmann neunmal Koautor.

1920/21 erschienen 19 Veröffentlichungen, die Bergmanns Namen als (Ko)autor tragen. Diese Arbeiten lagen fast ausschließlich auf dem Gebiet der Fette, Kohlenhydrate, Gerbstoffe (Depside) und Proteine. Nur 9 der insgesamt 39 Arbeiten bis zu diesem Zeitpunkt waren anderen Themen gewidmet.

M. Bergmann (um 1928)

M. Bergmann: Kaiser-Wilhelm-Institut für Lederforschung in Dresden 1928

Zum 1. 12. 1921 wurde Bergmann rückwirkend zum Direktor des eben gegründeten Kaiser-Wilhelm-Instituts für Lederforschung in Dresden sowie zum Honorarprofessor für Gerbereichemie an der Technischen Hochschule Dresden berufen. Das Gebäude wurde von der Stadt Dresden zur Verfügung gestellt und nach Bergmanns Plänen umgebaut.

Bergmann beteiligte sich intensiv am Streit um die Natur der »Makromoleküle«, die für den Lederforscher von großer Bedeutung war. Er bezog die Position der Kolloidchemiker, musste allerdings Anfang der 1930er-Jahre seine Fehlinterpretation eingestehen und die Auffassungen H. ↗ Staudingers übernehmen.

Während der 1920er-Jahre arbeitete Bergmanns Institut intensiv an der Erforschung des chemischen Aufbaus der tierischen Haut, wobei u. a. die Karbobenzoxy-Methode zur Herstellung von Peptiden definierter Aminosäuresequenz entwickelt und der Polypeptidabbau gefunden wurden. Die analytischen Ergebnisse des Letzteren führten zur Bergmannschen Regel von der periodischen Anordnung der Aminosäuren in Proteinen. Bergmann und L. Zervas wurden dafür 1924–33 18 Patente erteilt.

1931 ff. erschienen 5 Bände seines Handbuches der Gerbereichemie und Lederfabrikation.

Bergmann wurde schnell international bekannt: Vom 1. 1. 1927 bis zum 31. 12. 1931 war er Vorsitzender des Internationalen Vereins der Lederindustriechemiker und wurde in dieser Zeit Ehrenmitglied der American Leather Chemist Association und der International Society of Leather Trades Chemists sowie Mitglied der Leopoldina. Vortragseinladungen nach England und in die USA 1932/33 benutzte er zum Verbleib am Rockefeller Institute New York, da er als Jude in Deutschland um seine Sicherheit fürchten musste. Mehrere seiner Dresdner Mitarbeiter folgten ihm. Mit Schreiben vom 17. 3. 1934 bat er M. ↗ Planck um Verständnis, dass er nicht mehr nach Deutschland zurückkehren werde.

In den USA genoss er großes Ansehen, auch durch seine wissenschaftliche Unterstützung der Lederindustrie und wegen einer großen Anzahl publizierter wissenschaftlicher Arbeiten über Aminosäuren, Peptide, Proteine, Peptidasen und Proteinasen sowie ledertechnische Probleme.

Während des Zweiten Weltkrieges arbeitete Bergmann auch über Senfgase (potenzielle chemische Kampfstoffe). Die Ergebnisse wurden erst 1946 publiziert. [WG]

Werk(e):
(Hrg.): Gesammelte Abhandlungen des Kaiser-Wilhelm-Institutes für Lederforschung Dresden. Bd. 1–4 (1922–1932); (mit Grossmann, W.): Die Gerbung (1949).

Sekundär-Literatur:
Göbel, W.: Max Bergmann und das Kaiser-Wilhelm-Institut für Lederforschung Dresden, in: vom Brocke, B., Laitko, H.: Die Kaiser-Wilhelm-/Max-Planck-Gesellschaft und ihre Institute: Das Harnack-Prinzip (1996) 303–318.

Bergson, Henri Louis,
französischer Philosoph,
* 18. 10. 1859 Paris,
† 4. 1. 1941 Paris.

Bergson schuf vor dem Hintergrund der zeitgenössischen Biologie eine spiritualistische Philosophie der Evolution.

Nach dem Abschluss der École normale superieur arbeitete Bergson als Gymnasiallehrer. Von 1900 bis 1921 wirkte er als Professor am Collège de France. 1901 wurde er in die Académie des Sciences politiques et morales, 1914 in die Académie française aufgenommen. Im gleichen Jahr gelangte sein Hauptwerk *Evolution créatrice* (1907) auf den römisch-katholischen Index der verbotenen Bücher, da es der biblischen Schöpfungsgeschichte widersprach. 1927 erhielt er für dieses Werk den Literaturnobelpreis. Er gehört zu den wichtigsten Denkern des 20. Jahrhunderts.

Ausgehend von der Auseinandersetzung mit der positivistischen Evolutionsphilosophie H. ↗ Spencers erarbeitete er seine eigene Philosophie, in deren Zentrum die Evolution des Lebens, einschließlich Instinkt und Intellekt, steht. Sie schließt eine scharfsinnige Kritik am mechanistischen und teleologischen Denken ein. Im Kontrast zum Zeitbegriff der Physik fasste Bergson die Zeit als Dauer (durée) auf, die in ständigem Wandel, im ununterbrochenen Hervorbringen von unvorhersagbar Neuem besteht. Dieser schöpferische Weltprozess wird von einer Lebensschwungkraft (élan vital) geistigen Charakters in Gang gehalten. Nicht durch den rationalen Intellekt, nur durch die Intuition als eine Synthese von Instinkt und Intellekt könne das menschliche Erkennen zum Wesen der Wirklichkeit vordringen. Aufgrund seiner weltweiten Berühmtheit befand sich Bergson häufig im Blickfeld der Öffentlichkeit; 1922 wurde er Präsident der Völkerbundkommission für geistige Zusammenarbeit. [RL]

Werk(e):
Schöpferische Entwicklung (1912); Die seelische Energie (1928); Materie und Gedächtnis und andere Schriften (1964); Denken und schöpferisches Werden (1993).

Sekundär-Literatur:
Carr, C. W.: Henri Bergson. The Philosophy of Change (1912); Lutz, B. (Hrg.): Die großen Philosophen des 20. Jahrhunderts (1999).

Bering, Vitus Jonassen,
dänischer Entdecker,
* 1681 Horsens (Jütland),
† 19. 12. 1741 Insel Awatscha (heute Bering-Insel).

Bering entdeckte die nach ihm benannte Straße zwischen Asien und Amerika.

Bereits als Jugendlicher begab sich Bering – den Nachnamen hatte er von seiner Mutter übernommen, die nahe verwandt mit dem dänischen Schriftsteller und Historiker Vitus Peddersen Bering gewesen war – zur See und erreichte u. a. Ostasien und Nordamerika. 1703 lernte er in Amsterdam einen russischen Admiral kennen, der für Peter I. auf der Suche nach westeuropäischen Seeleuten war, die bereit waren, in russische Dienste zu treten. Nach über zwanzig Jahren Dienst in der russischen Kriegsmarine wurde Bering von Peter I. als Seekapitän bei der neugebildeten russischen Marine in Kronstadt angestellt und unternahm im Auftrag des russischen Zaren von 1725 bis 1728 eine Entdeckungsfahrt zur Bestimmung der Ostgrenze Sibiriens (Erste Kamtschatka-Expedition). Er durchfuhr die nach ihm benannte Bering-Straße und bewies, dass Asien nicht mit Amerika zusammenhängt; er entdeckte die St. Lorenz-Inseln und erreichte 1728 das Nordostkap Asiens. Von 1733 bis 1741 leitete er die Große Nordische Expedition (Zweite Kamtschatka-Expedition) zur Erforschung der Nordküste Asiens und der Natur und Geschichte Sibiriens und Kamtschatkas.

Gemeinsam mit dem Naturforscher G. W. ↗ Steller erforschte Bering die Nordwestküste Nordamerikas bis zum 69° nördlicher Breite und die Südküste Alaskas, die Insel Kodiak und die Aleuten.

Stürme und Krankheit verhinderten weitere Entdeckungen. Bering wurde mit seiner Mannschaft auf die Insel Awatscha (zu den Kommandeursinseln gehörend) verschlagen, wo er 1741 verstarb; die Insel wurde später nach ihm benannt. Sein Nachlass wurde 1928 in Irkutsk aufgefunden. Das nach ihm benannte Bering-Meer ist das nördliche Randmeer des Pazifischen Ozeans. [PK]

Werk(e):
Bering's voyages. Vol. 1: The log books and official reports of the first and second expeditions, hrg. F.A. Golder (1922).

Sekundär-Literatur:
Lauridsen, P.: Vitus Bering, the discoverer of Bering Strait (1889); Bering and Chirikov. The American Voyages and Their Impact, hrg. O.W. Frost (1992).

Berliner, Arnold,
deutscher Physiker,
* 26. 12. 1862 Gut Mittelneuland/Neiße,
† 22. 3. 1942 Berlin.

Berliner hat als Initiator und erster Herausgeber der Zeitschrift *Die Naturwissenschaften* der deutschen naturwissenschaftlichen Forschung ein auch international beachtetes Sprachrohr gegeben.

Berliner hatte in Breslau Physik studiert und bei Oskar Emil Meyer 1887 mit einer Arbeit über die Molekularrefraktion organischer Flüssigkeiten promoviert. Anschließend nahm er bei der AEG in Berlin eine Tätigkeit als Industriephysiker auf, später leitete er dort das Glühlampenwerk. Da ihn sein Wirken als Industriemanager nicht ausfüllte, begann er publizistisch tätig zu werden und verfasste u. a. ein Lehrbuch der Physik, das weite Verbreitung und bei Fachkollegen hohe Anerkennung erfuhr. Nach Auseinandersetzungen mit Emil Rathenau schied er 1912 aus der AEG aus. Dies gab ihm die Möglichkeit zur Entwicklung der Idee, ein deutsches Pendant zur englischen *Nature* zu schaffen. Seine publizistische Begabung sowie seine universale Bildung und kommunikative Fähigkeit machten ihn zum idealen Herausgeber der ab 1913 erscheinenden Zeitschrift *Die Naturwissenschaften*, die in den folgenden Jahrzehnten einen breiten Leserkreis über den aktuellen Stand der naturwissenschaftlichen Forschung informierte und zudem Mitteilungsorgan der ebenfalls in jenen Jahren gegründeten Kaiser-Wilhelm-Gesellschaft wurde. Neben dieser Herausgebertätigkeit war Berliner zudem als einflussreicher Fachberater des Springer-Verlags tätig, und zusammen mit Karl Scheel gab er 1924 das *Handwörterbuch der Physik* heraus. Die antisemitischen Rassengesetze des Dritten Reiches setzten all dem ein abruptes Ende. 1935 musste er die Herausgeberschaft der *Naturwissenschaften* niederlegen und fortan unter dem wachsenden Druck nationalsozialistischer Diskriminierungs- und Verfolgungsmaßnahmen leben. Alle Möglichkeiten zur Emigration hatte Berliner mit dem Hinweis auf sein Alter und die tiefe Verwurzelung in der deutschen Kultur ausgeschlagen – angesichts der bevorstehenden Deportation wählte er den Freitod. [DH]

Werk(e):
Lehrbuch der Physik in elementarer Darstellung (1903).

Sekundär-Literatur:
Laue, M. v.: Arnold Berliner, in: Ders.: Gesammelte Schriften und Vorträge Bd. 3 (1961) 198–199; Seemann, F. W.: Karl Scheel und Arnold Berliner, in: W. Treue, G. Hildebrandt (Hrg.): Berlinische Lebensbilder. Naturwissenschaftler (1987) 161–165.

Bernal, John Desmond,
englischer Physiker, Kristallograph, Wissenschaftshistoriker und Wissenschaftssoziologe,
* 10. 5. 1901 Brookwatson (bei Nenagh, Irland),
† 15. 9. 1971 London.

Bernal war ein führender Vertreter der Röntgenkristallstrukturanalyse, dessen Forschungsfeld von elementaren anorganischen Strukturen über verschiedene Gruppen organischer Verbindungen bis hin zu Nukleinsäuren und Proteinen reichte. Er gehörte zu den Pionieren der Molekularbiologie.

Bernal wuchs als ältester Sohn einer katholischen irischen Bauernfamilie in einem kultivierten, weltoffenen und freigeistigen Milieu auf. Sein Vater Samuel Bernal hatte vor dem Erwerb einer eigenen Farm in Brookwatson längere Zeit in Australien gelebt, seine Mutter Elizabeth (Bessy) Bernal geb. Miller war Amerikanerin, Tochter eines prebyterianischen Geistlichen, künstlerisch interessiert und sprachgewandt. Sie beherrschte das Französische und erzog John Desmond und seine Geschwister zweisprachig. Während seiner Schulzeit, die er zunächst in der Dorfschule, dann in einer katholischen Vorbereitungsschule für ein Jesuitenkolleg, kurzzeitig in diesem Kolleg selbst und schließlich

J.D. Bernal

in einer öffentlichen protestantischen Schule verbrachte, entwickelte sich bei ihm eine schwärmerische Begeisterung für die Naturwissenschaften, die innerhalb weniger Jahre seine anfängliche und bis zum Fanatismus überhöhte Hingabe an den katholischen Glauben verdrängte.

Von 1919 bis 1923 studierte Bernal an der Universität Cambridge, hauptsächlich Mathematik, Physik und Kristallographie. Er fiel durch die ungewöhnliche Vielseitigkeit seiner wissenschaftlichen Interessen, sein enormes Gedächtnis und seine reaktionsschnelle und präzise Argumentation auf; eine Kommilitonin fand für ihn den Spitznamen »Sage« (der Weise), der ihn lebenslang begleitete. Während der Studienzeit heiratete er seine Mitstudentin Eileen Sprague. Von seinen akademischen Lehrern übte der Mineraloge Arthur Hutchinson auf ihn den nachhaltigsten Einfluss aus. Er begeisterte ihn für die neue Forschungsrichtung der Röntgenstrahlkristallographie, die im Anschluss an die 1912 von M. v. ↗ Laue, W. ↗ Friedrich und Paul Knipping entdeckten Röntgenstrahlinterferenzen an Kristallen von W. H. ↗ Bragg und dessen Sohn W. L. ↗ Bragg entwickelt worden war. Auf der Grundlage von Bernals Dissertation *On the analytic theory of point group systems* empfahl Hutchinson ihn an W. H. Bragg, unter dessen Leitung er von 1923 bis 1927 an der Londoner Royal Institution tätig war. In die Studienzeit fiel auch Bernals politische und gesellschaftstheoretische Lebensentscheidung. Er orientierte sich am Marxismus, und um 1923 begannen er und seine Frau, sowohl in der Kommunistischen Partei Großbritanniens als auch in Organisationen der Labour-Partei politisch zu wirken.

Seine erste Forschungsaufgabe bei Bragg betraf die Kristallstruktur des Graphits, über die in der Fachliteratur differierende Vorstellungen verbreitet waren. Bernal löste das Problem und entwarf dafür ein Röntgenstrahl-Photogoniometer, das sich in der Forschungspraxis bewährte und von der Firma W. G. Pye & Co. in Cambridge serienmäßig hergestellt wurde. Während seiner Tätigkeit in Braggs Team entwickelte Bernal den für ihn charakteristischen methodisch und theoretisch orientierten Forschungsstil, der es ihm in den folgenden Jahrzehnten ermöglichte, seine Untersuchungsobjekte flexibel zu wechseln und sich neben- und miteinander mit den unterschiedlichsten Typen von Kristallstrukturen zu beschäftigen.

Seinen wissenschaftlichen Lehrjahren folgte, nun wieder in Cambridge, ein von hoher Produktivität gekennzeichnetes Jahrzehnt relativ ungestörter Forschung, innerhalb dessen Bernal ein international anerkanntes Netzwerk kristallstrukturanalytischer Arbeiten aufbaute, deren Objektbereich von Metallen und Legierungen bis zu Proteinen und anderen Gruppen komplizierter bioorganischer Verbindungen reichte. 1927 erhielt er eine Dozentur (lectureship) für strukturelle Kristallographie. Von Bernals geistvoller und dynamischer Persönlichkeit ging eine außerordentliche Faszination aus, die Charles Percy Snow dazu inspirierte, ihn zur Vorlage seines Romans *The Search* (1934) zu wählen, und die ihm einen Kreis hoch begabter Schüler und Mitarbeiter zuführte. Enge wissenschaftliche Kontakte und oft auch persönliche Freundschaften verbanden ihn mit bedeutenden Kristallographen und strukturanalytisch orientierten Chemikern und Physikern des In- und Auslandes wie W. Th. ↗ Astbury und L. ↗ Pauling. Intensiv gestaltete sich in Cambridge Bernals wissenschaftlicher Austausch mit Biochemikern und Biologen, vor allem mit J. ↗ Haldane, J. ↗ Needham, R. L. ↗ Synge und C. H. ↗ Waddington. Dieses intellektuelle Milieu lenkte seine Aufmerksamkeit auf die molekularen Grundlagen der Lebensprozesse und regte ihn zum evolutionistischen Denken an. Seine strukturanalytischen Forschungen ergänzte er durch Betrachtungen zur biochemischen Evolution; in erster Linie zum Problem der primären Entstehung des Lebens auf der Erde – einem Thema, das ihn in Beziehung zu dem sowjetischen Biochemiker A. I. ↗ Oparin brachte.

1937 wurde Bernal als Professor für Physik an das Londoner Birkbeck College berufen. Seine Hoffnung, das kleine Physikdepartment schrittweise zu einem strukturanalytischen Forschungsinstitut ausbauen zu können, wurde vom Ausbruch des Zweiten Weltkriegs durchkreuzt. Bernal übernahm militärische Aufgaben, zunächst auf dem Gebiet des Luftschutzes und der Abwehr von Luftangriffen in der Forschungs- und Experimentalabteilung des Ministeriums für Innere Sicherheit (Home Security), dann im Dienst der Streitkräfte als wissenschaftlicher Berater des Chefs der Combined Operations, Flottenadmiral Earl Mountbatten of Burma, der von Premierminister Winston Churchill mit den Vorbereitungen für die beabsichtigte Truppenlandung in der Normandie betraut worden war. Für seine Verdienste, insbesondere bei der Planung dieser präzedenzlosen Militäroperation, wurde er nach Kriegsende mit der Royal Medal der Royal Society, der er seit 1937 als Mitglied angehörte, und mit der Medal of Freedom with Palms of the United States geehrt.

Nach dem Krieg entwickelten sich am Birkbeck College allmählich separate Forschungsgruppen für strukturanalytische Arbeiten über Proteine und andere Biomoleküle, über Viren, über Zemente und Baumaterialien und über anorganische Oxide; ferner richtete Bernal eine Forschungsgruppe für Elektronenoptik und Röntgenstrahlröhren und ein Rechenlabor ein. Die Forschungen über die

Struktur des Wassers und den flüssigen Zustand der Materie behielt Bernal selbst in der Hand und leistete bis in die sechziger Jahre maßgebliche Beiträge zur Theorie der Flüssigkeiten. Mit der nach seinem Vorschlag erfolgten Teilung des Physikdepartments erhielt er 1963 den neu geschaffenen Lehrstuhl für Kristallographie – den ersten in Großbritannien – und hatte ihn während der letzten fünf Jahre seines Berufslebens inne.

Sein letztes Lebensjahrzehnt war von schwerem Siechtum überschattet. Einem ersten, zu einer linksseitigen Lähmung führenden Schlaganfall 1963 folgten weitere, durch die sich, von Erholungsphasen unterbrochen, sein Zustand immer weiter verschlechterte. Dennoch war er bis in die letzten Jahre bestrebt, am wissenschaftlichen Leben teilzunehmen. Seine letzten strukturanalytischen Originalarbeiten (mit Koautoren) erschienen 1969, zwei Jahre vor seinem Tod. 1968 trat er am Birkbeck College in den Ruhestand.

Über rund 35 Jahre leistete Bernal zahlreiche Beiträge zur röntgenographischen Aufklärung von Kristallstrukturen verschiedenster Typen. Mit seiner ausgeprägten Fähigkeit zur Systematisierung gelang es ihm, das umfangreiche, sich zu seinen Lebzeiten immer weiter auffächernde Feld umfassend im Blick zu behalten und an den verschiedensten Stellen weiterführende Probleme zu erkennen. Vielfach übergab er von ihm weitgehend durchdachte Problemstellungen an Schüler und Mitarbeiter zur Bearbeitung und schlug dabei häufig die Erwähnung als Koautor aus. Seine Abneigung, sich in ein einziges Thema zu vertiefen und es bis zur Klassizität der Lösung auszuarbeiten, macht verständlich, weshalb Bernal – sowohl Schüler als auch Lehrer von Nobelpreisträgern – selbst keinen Nobelpreis errang. Seine Schülerin Dorothy Crowfoot ⤻ (Hodgkin) wurde 1964 für die Strukturaufklärung biologisch wichtiger Substanzen (Cholesterin, Vitamin B12 u. a.) mit dem Nobelpreis geehrt, sein Schüler M. F. ⤻ Perutz erhielt den Nobelpreis 1962 für die Ermittlung der Struktur des Hämoglobins. Ebenfalls 1962 wurde Perutz' Mitarbeiter J. ⤻ Kendrew, den Bernal und Pauling für die Röntgenstrukturanalyse von Proteinen begeistert hatten, für die Erforschung der Myoglobinstruktur mit dem Preis ausgezeichnet. Auch zu dem 1962 nobelpreisgekrönten Doppelhelix-Modell der DNA von Francis Crick und James Watson haben Anregungen beigetragen, die auf Bernal zurückgehen.

Viel Aufmerksamkeit schenkte Bernal der Wissenschaftsorganisation in der Kristallographie. Bereits seine erste, 1928 im Auftrag Braggs zum Besuch kristallographischer Einrichtungen in Deutschland, der Schweiz und den Niederlanden unternommene dienstliche Auslandsreise (im Laufe seines Lebens besuchte er, in wissenschaftlicher oder politischer Mission, auf unzähligen Reisen nahezu alle Teile der Welt) veranlasste ihn zu umfangreichen Vorschlägen für die Verbesserung der Situation auf seinem Fachgebiet. Er war Mitbegründer der International Union of Crystallography, zu deren Präsidenten er 1963 gewählt wurde. In zahlreichen Aufsätzen unterbreitete er praktische Vorschläge zur Verbesserung des wissenschaftlichen Informationswesens. Auf seine Anregung ging die Gründung eines kristallographischen Datenzentrums in Cambridge zurück.

Seit den frühen zwanziger Jahren war Bernal an Problemen der gesellschaftlichen Stellung der Wissenschaft und deren Konsequenzen für die humanistische Verantwortung des Wissenschaftlers interessiert. In *The World, the Flesh and the Devil* (1929) zeichnete er ein visionäres Bild einer künftigen wissenschaftsbestimmten Gesellschaft. In den dreißiger Jahren wurde er zu einem der führenden Vertreter der Social Relations of Science Movement, die liberal, sozialdemokratisch und kommunistisch orientierte Wissenschaftler umfasste und für eine grundlegende Aufwertung der Wissenschaft in der britischen Gesellschaft eintrat. Sein aus diesem Engagement hervorgegangenes Buch *The Social Function of Science* (1939) gehörte zu den Pionierarbeiten der Wissenschaftssoziologie und wies darüber hinaus in Richtung auf eine komplexe, disziplinen übergreifende Wissenschaftsforschung (science of science), deren Idee Bernal programmatisch vertrat. Diese komplexe Sicht erweiterte er in seinem monumentalen Werk *Science in History* (1954) auf die geschichtliche Dimension der Wissenschaft. Tief beunruhigt von der Gefahr eines dritten Weltkrieges mit Massenvernichtungswaffen, widmete er seine letzten Lebensjahrzehnte zum großen Teil der internationalen Friedensbewegung. In *World Without War* (1958) skizzierte er die Möglichkeiten der modernen Wissenschaft zur Gewährleistung eines friedlichen Zusammenlebens aller Völker in sozialer Gerechtigkeit und wachsendem Wohlstand. Bernal beteiligte sich maßgeblich an der Gründung der World Federation of Scientific Workers (1946) und des World Peace Council (1949), dessen Präsidentschaft er 1958 nach dem Tod seines Freundes F. ⤻ Joliot-Curie übernahm. [HL]

Werk(e):
Science and industry in the nineteenth century (1953); The origin of life (1967); The extension of man – physics before 1900 (1973).

Sekundär-Literatur:
Hodgkin, D. M. C.: John Desmond Bernal, Biographical Memoirs of Fellows of the Royal Society 26 (1980) 17–84; Goldsmith, M.: SAGE. A Life of J. D. Bernal (1980); Steiner, H. (Hrg.): 1939 – J. D. Bernals »The Social Function of Science«— 1989 (1989); Swann, B., Aprahamian, F. (Hrg.): J. D. Bernal. A Life in Science and Politics (1999).

Bernard, Claude,
französischer Experimentalphysiologe,
* 12. 7. 1813 St.-Julien (Beaujolais),
† 10. 2. 1878 Paris.

Bernard zählt zu den bedeutendsten Experimentalphysiologen des 19. Jahrhunderts. Sein Werk reicht über die Grenzen der Physiologie hinaus bis in die Wissenschaftsphilosophie hinein. Stark beeinflusst von seinem Lehrer F. ↗ Magendie, ging er über dessen empiristischen Ansatz hinaus, indem er die vitalen Eigenschaften lebendiger Organismen betonte und sich gegen einen starken physikochemischen Reduktionismus aussprach. Die hierauf gründende Eigenständigkeit der Physiologie führte Bernard auf eine ausgefeilte methodologische Ebene zurück.

C. Bernard

Bernard stammt aus bescheidenen Verhältnissen: Er wurde als Sohn des Winzers Pierre François Bernard und dessen Frau Jeanne Saulnier in St.-Julien bei Villefranche geboren. Während seines gesamten Lebens fühlte er sich mit seinem Geburtsort verbunden und kehrte alljährlich zur Weinlese nach St.-Julien zurück. Neben seiner Begeisterung für die Naturbeobachtung wurden seine philosophischen Neigungen früh durch den Besuch der lokalen katholischen Schulen in Villefranche und Thoissey (Ain) geprägt.

Nach Beendigung seiner Schulbildung wurde Bernard zu einer Apothekerlehre ins benachbarte Millet in Vaise bei Lyon geschickt. Er begeisterte sich zu dieser Zeit vor allem für Theater und Literatur: Sein Heldendrama *Arthur de Bretagne* brachte ihm lokalen Erfolg, und er dachte daran, ein Literaturstudium in Paris zu beginnen. Dort 1834 angekommen, ließ Bernard diesen Plan auf Zureden des Literaturkritikers Saint-Marc Girardin fallen. Statt dessen absolvierte er das Baccalaureat und immatrikulierte sich an der École de Médecine.

1839 bestand er das Eingangsexamen für das Internat des Hôpitaux und nahm die Arbeit auf der Station Pierre Rayers an der Charité auf. Durch dessen Protektion gelangte er als Volontärassistent in das experimentalphysiologische Laboratorium Magendies. Nicht nur zu dieser Zeit hob Bernard Magendies Experimentalstil bewundernd, wenn auch kritisch hervor. Magendies unbeirrbarer Glaube an die Vivisektion als Erkenntnisinstrument sowie seine Skepsis gegenüber Lehrmeinungen, die nicht auf Krankenbeobachtungen und Tierexperimenten gründeten, hinterließen einen nachhaltigen Eindruck auf ihn.

Viele seiner Arbeiten stellten eine Fortsetzung aus Magendies Problemstellungen dar: Experimentalserien zu den unterschiedlichen Funktionen der Rückenmarksnerven (1846–49), zur Zirkulation des Hirnrückenmarkswassers (1850), zur Ernährungsphysiologie (1856) oder zur »tierischen Wärmeentstehung« (1876). Im Court du Commerce de Saint-André-des-Arts betätigte sich Bernard zusätzlich in einem winzigen Privatlabor. Die befreundeten Chemiker Jules Pelouze und Charles-Louis Barreswil unterstützten ihn dabei.

Mit seiner Arbeit *Über den Magensaft und dessen Rolle bei der Verdauung* wurde Bernard am 7. Dezember 1843 promoviert. Obwohl diese Dissertation auch praktisch-medizinische Aspekte hatte, wollte er nicht als Arzt tätig werden, sondern strebte eine wissenschaftliche Beschäftigung an. Bernard musste jedoch einen herben Rückschlag hinnehmen, als er 1844 versuchte, das Examen für eine Universitätsdozentur abzulegen, und durchfiel.

Dessen ungeachtet verließ er das magendiesche Labor, um mit Charles Lasègue einen Privatkurs in experimenteller Physiologie anzubieten. In dieser, auch finanziell kritischen Situation erwog er sogar, sich als Landarzt in seinem Heimatdorf niederzulassen. Pelouze riet ihm davon ab und schlug eine ökonomische Heirat mit Marie Françoise Martin, Tochter eines wohlhabenden Pariser Arztes, vor: Aus dieser 1845 geschlossenen Ehe gingen vier Kinder hervor, zwei Söhne, Louis-Henri und Claude-Henri, die beide in ihrer frühen Kindheit verstarben, sowie zwei Töchter, Jeanne-Henriette-Tony und Marie-Louise-Alphonsine. Unterstützt von der Mitgift seiner Frau, begann die fruchtbarste Arbeitsphase Bernards.

Seine ersten Publikationen über Anatomie und Physiologie der Chorda tympani (1843) sowie die nervale Kontrolle der Magensaftsekretion (1843–45) wurden 1845 mit dem Preis für experimentelle Physiologie der Académie des Sciences gewürdigt. 1848 wies er die Anwesenheit von Zucker im Blut hungernder Versuchstiere sowie dessen physiologische Präsenz in der Leber nach. Im Februar 1849 veröffentlichte Bernard einen bedeutenden Artikel über die Verdauungsfunktion des Pankreas und berichtete über die Folgen des so genannten »Zuckerstichs«: Er hatte bei einem Kaninchen Nervenkerne im Mesencephalon zerstört und dadurch einen künstlichen Blutzuckeranstieg hervorgerufen. 1852 wies Bernard den vasomotorischen Effekt peripherer Nerven nach, beschäftigte sich weiter mit der Curare-Wirkung auf das motorische Nervensystem und beschrieb – wie Johann Friedrich Horner – das »Halsgrenzstrang-Syndrom«.

Diese Forschungsperiode Bernards wurde von mannigfachen Positionen und Ehrungen begleitet: Im Dezember 1847 wurde er zu Magendies Stellvertreter am Collège de France ernannt. Noch im gleichen Jahr war mit der Société de Biologie die bedeutendste Reformgesellschaft neben der Französischen Wissenschaftsakademie gegründet und Bernard zu ihrem Vizepräsidenten gewählt worden. Im Folgejahr wurde er Ritter der Ehrenlegion, während man ihm noch einen Sitz in der Académie des Sciences verweigerte. Möglicherweise hierdurch motiviert, nahm Bernard eine naturwissenschaftliche Dissertation zur Glykogenese auf und wurde am 17. März 1853 mit seinen *Untersuchungen über eine neue Funktion der Leber* an der Sorbonne promoviert.

Seine wissenschaftlichen Leistungen wurden zunehmend im Ausland anerkannt, und die französische Regierung sah sich gefordert, ihm mit 40 Jahren eine Professur für allgemeine Physiologie an der Sorbonne einzurichten. Am 1. Mai 1854 hielt Bernard seine Antrittsvorlesung und wurde schließlich am 26. Juni zum Mitglied der Académie des Sciences gewählt. Nach Magendies Tod 1855 folgte er diesem auf den Lehrstuhl am Collège de France und wurde 1861 Mitglied der Académie de Médecine.

Bereits Ende der 1850er-Jahre hatte sich Bernard mit methodologischen Fragen der Experimentalphysiologie auseinandergesetzt und beabsichtigt, ein theoretisches Grundlagenwerk zu schreiben. Der passende Zeitpunkt schien 1862–63 gekommen, als er sich nach längerer Krankheit zur Rekonvaleszenz nach St.-Julien zurückzog. Die über die Physiologie hinaus bekannte *Einführung in das Studium der experimentellen Medizin* erschien jedoch erst 1865. War Magendies *Lehrbuch der Physiologie* von 1816/17 als »Manifest der experimentellen Physiologie« (C. Lichtenthaeler, 1952) gefeiert worden, so kann man in der *Einführung* Bernards das theoretische Hauptwerk der Physiologie des 19. Jahrhunderts erkennen. Ohne die Beiträge anderer Physiologen schmälern zu wollen, sind hier alle wichtigen Themen der theoretischen Physiologie diskutiert: der biologische Determinismus, die Debatte um Funktion versus Struktur, das vivisektorische Experiment, das Verhältnis von Physiologie und Pathologie sowie der Bezug zur praktischen Medizin.

Standen Bernards Arbeiten zu Beginn seiner Laufbahn noch in Auseinandersetzung zu anderen medizinischen Strömungen, hatte sich spätestens mit der *Einführung* das Blatt zugunsten des Experimentalphysiologen gewandelt. So konnte er den Führungsanspruch der Physiologie in absoluter

C. Bernard, umringt von seinen Mitarbeitern im Labor am Collège de France; Gemälde von Léon Lhermitte, ausgeführt 1889

Form artikulieren, als er das Krankenhaus als »die Vorhalle der wissenschaftlichen Medizin [bezeichnete],... ihr erstes Beobachtungsfeld, in das der Arzt eintreten [müsse], aber das Laboratorium... [als] das wahre Heiligtum der medizinischen Wissenschaft«.

Bernard nutzte die Bedeutungsmacht der experimentellen Physiologie auch politisch und fand 1866–69 im Erziehungsminister Victor Dupuy einen Förderer. In dessen Auftrag erstellte er 1866 auch einen *Bericht über den Fortschritt und die Entwicklung der allgemeinen Physiologie in Frankreich*, worin eine vergleichende Perspektive Bernards auf die Physiologie »auf der anderen Seite des Rheins« deutlich wird: So war die Physiologie in den deutschen Ländern in ihrer Institutionalisierung, ihrer Ausstattung und einem Heer von Wissenschaftlern auf dem Weg, die konzeptuelle Führungsrolle Europas zu übernehmen. Spätestens mit C. ↗ Ludwigs Leipziger Institut, das Bernard als »physiologisches Modellinstitut« bezeichnete, sah er 1868 die Zeit gekommen, mehr Mittel für seine Disziplin einzufordern. Dupuys Intervention bei Napoleon III. wurde von jenem aber mit bissigem Kommentar versehen: »Ihre Physiologie kostet mich so viel wie die Artillerie!«

Ein Zehntel der geforderten 400 000 Francs bekam Bernard dennoch zugesprochen, so dass er ein größeres Labor für allgemeine Physiologie am Muséum d'Histoire Naturelle gründen konnte. Gleichzeitig wurde sein Lehrstuhl dorthin verlegt. Erst im folgenden Jahr, 1869, nahm Bernard seine Vorlesungen am Collège de France wieder auf, welche nun einen systematischen Charakter annahmen, die Physiologie als Grundlagenwissenschaft der Medizin darstellten und nach Vereinheitlichung der Prozesse bei Pflanzen und Tieren suchten.

Auch in dieser Phase rissen die wissenschaftlichen Ehrungen nicht ab: Bernard wurde 1867 Kommandeur der Ehrenlegion und im gleichen Jahr Präsident der Société de Biologie. Am 6. Mai 1869 ernannte ihn Napoleon III. zum Senator des Empire, am 27. Mai wurde er Mitglied der Académie Française und noch im gleichen Jahr ihr Präsident. Auf dem Gipfel seines wissenschaftlichen Erfolges fand sich Bernard jedoch vom Deutsch-Französischen Krieg überrascht.

Auch wenn er den Einfall des preußischen Militärs beklagte, ließ er sich nicht von der revanchistischen Welle in Frankreich mitreißen. 1869 von seiner Ehefrau geschieden, ermunterte Bernard vielmehr seine Freundin Marie Raffalovich, deutsche Mediziner aufzusuchen und deren Werke für ihn zu übersetzen. Eine Freundschaft jenseits dieser platonischen Ebene ist jedoch nicht belegt. Bernard verstarb 1878 an einem Nierenversagen. Das Staatsbegräbnis des Studenten, dem seine Kommilitonen eine mittelmäßige Medizinkarriere vorausgesagt hatten, wurde zum größten Ereignis, das bis dahin einem französischen Wissenschaftler zuerkannt worden war. [FS]

Werk(e):
Du suc gastrique et de son rôle dans la nutrition (1843); Recherches sur une nouvelle fonction du foie considéré comme organe producteur de matière sucrée chez l'homme et les animaux (1853); Einführung in das Studium der experimentellen Medizin (französisch 1865; deutsche Übersetzung hrg. v. P. Szendrö 1961); Rapports sur les progrès et la marche de la physiologie générale en France (1867); Leçons sur les phénomènes de la vie communs aux animaux et aux végétaux (1878);

Sekundär-Literatur:
Coleman, W.: The Cognitive Basis of the Discipline, C.B. on Physiology, Isis 76 (1985) 49–70; Grmek, M. D.: Raisonnement expérimental et recherches toxicologiques chez Claude Bernard (1973); Lichtenthaeler, C.: Les dates de la Renaissance Médicale, Fin de la tradition hippocratique et galénique, Gesnerus 9 (1952) 8–30; Olmsted, J. M. D., Olmsted, E. H.: Claude Bernard and the experimental method in medicine (1952).

Bernoulli, Jakob,
Schweizer Mathematiker,
Bruder von Johann Bernoulli,
* 27.12.1654 Basel,
† 16.8.1705 Basel.

Bernoulli ist der Begründer der Wahrscheinlichkeitstheorie und der Variationsrechnung als mathematische Disziplinen.

Nach dem Studium der Theologie an der Universität Basel wandte Bernoulli sich immer mehr der Mathematik zu. Auf einer ausgedehnten Auslandsreise lernte er den berühmten Mathematiker Jan Hudde in Holland und die Physiker R. ↗ Boyle und R. ↗ Hooke in England kennen. Nach Basel zurückgekehrt, lehrte er ab 1683 Mechanik an der Universität.

J. Bernoulli

Privat unterwies er seinen um 12 Jahre jüngeren Bruder Johann. Eifrig studierten sie jede neue mathematische Schrift. Dabei stießen sie auf die später berühmt gewordene Arbeit *Nova Methodus pro Maximis et Minimis* ..., in welcher J. G. W. ↗ Leibniz seine Differenzialrechnung zum ersten Mal publizierte. Sie sahen den Erfolg der neuen leibnizschen Methoden, konnten aber die Grundlagen seiner Arbeit nicht verstehen. Als Jakob 1687 die Professur für Mathematik an der Universität Basel erhielt, wagte er es, Leibniz zu schreiben. Sein Brief wurde von Leibniz, der sich auf einer ausgedehnten Auslandsreise befand, erst drei Jahre später beantwortet. Zu diesem Zeitpunkt waren Jakob und sein Bruder Johann durch beharrliches Nachdenken selbst in den Kalkül eingedrungen. Die Brüder Bernoulli wurden in der Folgezeit die wichtigsten Verfechter der neuen Leibnizschen Infinitesimalmathematik, später entwickelten sie sich zu wissenschaftlichen Konkurrenten und gerieten darüber in Streit, den sie auch öffentlich austrugen. Jakob starb 1705. Sein Nachfolger auf dem mathematischen Lehrstuhl wurde sein Bruder Johann.

Bekannt wurde Jakob durch die Bernoullische Ungleichung. Diese besagt, dass für jede reelle Zahl h mit $(1+h) > 0$ und jede natürliche Zahl n die Ungleichung $(1+h)^n \geq 1 + nh$ gilt.

Ab 1690 veröffentlichte Jakob in den *Acta Eruditorum* eine Reihe wichtiger Arbeiten, die auf dem Leibnizschen Infinitesimalkalkül beruhen, so über die Isochrone (1690), die logarithmische Spirale und Loxodrome (1691), die Diacaustica (1693) und die Elastica (1695).

Am Schluss seiner Abhandlung von 1695 stellte er als Problem der Integration der Bernoullischen Differenzialgleichung $y' = p(x)y + q(x)y^n$, wobei $p(x)$ und $q(x)$ gegebene und $y = y(x)$ die gesuchte Funktion sind. 1696 gab er eine Lösung. Berühmter ist jedoch die Lösung seines Bruders Johann aus dem Jahre 1697, die man heute meist in einschlägigen Lehrbüchern findet.

Schon ab 1680 untersuchte Jakob wahrscheinlichkeitstheoretische Probleme und stützte sich dabei auf das Buch *De ratiociniis in ludo aleae* (1657) von C. ↗ Huygens über Glücksspiele. Bernoullis Untersuchungen erschienen posthum 1713 in seinem Buch *Ars conjectandi*, wo er systematisch die Wahrscheinlichkeitstheorie entwickelte, beginnend mit der Lehre von den Permutationen und Kombinationen (hier tauchen zum ersten Mal die Bernoullischen Zahlen auf) bis hin zum Bernoullischen Gesetz der großen Zahlen.

Ein weiteres wichtiges Arbeitsgebiet von Jakob Bernoulli war die Variationsrechnung. Im Juniheft 1696 der *Acta Eruditorum* stellte sein Bruder Johann die berühmte Aufgabe von der Brachystochrone, der Linie kürzester Fallzeit zwischen zwei Punkten. Im Maiheft 1697 stellten die Brüder ihre jeweilige Lösung vor. Während Johanns Lösung zwar geistreich, aber ganz der Einzelaufgabe angepasst war, gab Jakob ein allgemeines Verfahren, das auch bei ähnlichen Problemen zum Ziel führt. Er begründete damit ein neues mathematisches Gebiet, die Variationsrechnung. Mit seiner Lösung stellte Jakob ein weiteres Variationsproblem auf, das so genannte isoperimetrische Problem, worüber er 1701 seine berühmte Schrift publizierte. [MR2]

Werk(e):
Opera Omnia (2 Bde., 1744); Die Werke von Jakob Bernoulli (3 Bde., Basel 1969–89); Die Streitschriften von Jakob und Johann Bernoulli (Basel 1991).

Sekundär-Literatur:
Fleckenstein, J. O.: Johann und Jakob Bernoulli (1949).

Bernoulli, Johann,
Schweizer Mathematiker, Bruder von Jakob Bernoulli,
* 27. 7. 1669 Basel,
† 1. 1. 1748 Basel.

Bernoulli ist einer der Pioniere der Leibnizschen Infinitesimalrechnung.

Ab 1683 besuchte Bernoulli die Universität Basel, wurde 1685 Magister und begann Medizin zu studieren. Daneben trieb er eifrig Mathematik, in die er von seinem älteren Bruder Jakob eingeführt wurde. Von September 1691 bis November 1692 hielt er sich in Paris auf und lernte dort u. a. Pierre Varignon kennen. Einen der besten Mathematiker im damaligen Frankreich, den Marquis de l'Hospital, machte er mit neuen Infinitesimalmathematik vertraut. Auf diesem Unterricht basierend, publizierte de l'Hospital später das erste Lehrbuch der Differenzialrechnung (1696).

Im Jahre 1694 heiratete Johann die Basler Bürgertochter Dorothea Falkner. Ein Jahr später wurde

J. Bernoulli

er Mathematikprofessor an der Universität Groningen. Dort arbeitete er fast zehn Jahre, bis er im Jahre 1705 Nachfolger seines Bruders Jakob in Basel wurde. Hier wirkte er sehr erfolgreich bis zu seinem Tode 1748. Johann Bernoulli war Mitglied der führenden Wissenschaftsakademien seiner Zeit.

Bernoullis Hauptarbeitsgebiet war die Integrationstheorie gewöhnlicher Differenzialgleichungen. Er benutzte sie meist zur Lösung physikalischer Probleme. Sein erster großer Erfolg war die Lösung des von seinem Bruder gestellten Problems der Kettenlinie (1691). Ein weiteres berühmtes Problem, das der Brachystochrone, der Kurve kürzester Fallzeit, löste er in Analogie zu einem optischen Problem (1697).

In seiner Abhandlung *Modus generalis construendi omnes aequationes differentiales primi gradus* (1694) gab er eine wichtige Methode an, um Lösungskurven von Differenzialgleichungen der Form $y' = f(x,y)$ angenähert geometrisch zu konstruieren. Er demonstrierte dies am Beispiel der Differenzialgleichung $a^2 y' = x^2 + y^2$ (a ist eine Konstante), die er nicht explizit lösen konnte und die, wie 1841 J. ↗ Liouville zeigte, in der Tat nicht durch elementare Funktionen lösbar ist. Er bemerkte, dass die Kurven konstanter Steigung, der Isoklinen, konzentrische Kreise um den Nullpunkt sind und sich somit das Richtungsfeld dieser Differenzialgleichung in einfacher Weise ergibt, mit dessen Hilfe man die Lösungskurven konstruieren kann. [MR2]

Werk(e):
Opera Omnia (4 Bde., 1742).

Sekundär-Literatur:
Fleckenstein, J. O.: Johann und Jakob Bernoulli (1949).

Bertalanffy, Carl Ludwig von,
österreichischer Biologe,
* 19. 9. 1901 Atzgersdorf bei Wien,
† 12. 6. 1972 Buffalo (New York, USA).

Bertalanffy war einer der führenden Vertreter der Theoretischen Biologie und wurde nach dem Zweiten Weltkrieg zu einem der Mitbegründer der Allgemeinen Systemtheorie, die weitreichende Anwendungen in der Psychologie, Psychiatrie, Soziologie und Ökologie fand.

Bertalanffy entstammte einer traditionsreichen österreichisch-ungarischen Adelsfamilie. Sein Vater, der kaiserliche Rat Gustav von Bertalanffy, war Direktor der österreichischen Eisenbahn. Das Einzelkind Ludwig wurde von Privatlehrern unterrichtet und zeigte schon früh ein Interesse an klassischer Literatur und Philosophie sowie an der Biologie, in die ihn sein Nachbar, der am Wiener Vivarium tätige Biologe und Lamarckist Paul Kammerer, einführte. Nach der Matura studierte Bertalanffy zunächst Philosophie und Kunstgeschichte in Innsbruck, wechselte aber schon bald nach Wien, wo er sich vor allem der Philosophie zuwandte und bei Robert Reininger und M. ↗ Schlick studierte und bei Letzterem mit einer Arbeit über *Gustav Fechner und das Problem der Integration höherer Ordnung* 1926 promovierte. Trotz seiner Verbindung zu Schlick blieb er jedoch der Philosophie des Wiener Kreises gegenüber kritisch eingestellt. Für seine weitere wissenschaftliche Entwicklung war die Begegnung mit dem Entwicklungsbiologen P. ↗ Weiss, einem Schüler des Vivariumgründers Hans Przibram, von großer Bedeutung. Weiss, der in seiner Arbeit bereits systemtheoretische Konzepte entwickelte, regte Bertalanffy zu weiteren Studien in der Biologie an. Nach seiner Heirat 1925 mit Maria Bauer und der Geburt des Sohnes Felix 1926, eines späteren Histologen und zeitweiligen Mitarbeiters seines Vaters an dessen Krebsstudien, musste Bertalanffy seinen Lebensunterhalt als Wissenschafts- und Kulturpublizist verdienen, da die Familie in der Wirtschaftskrise ihr gesamtes Vermögen verloren hatte. Aus dieser Zeit stammen eine Vielzahl von Artikeln und Rezensionen zu einem weiten Spektrum an Themen, so auch seine Übersetzung von Texten des ↗ Nikolaus von Kues (1928).

Bertalanffys Beiträge zur Theoretischen Biologie begannen mit seiner Publikation der *Kritischen Theorie der Formbildung*, die 1927 als 27. Band in J. ↗ Schaxels *Abhandlungen zur Theoretischen Biologie* erschien. Diese Arbeit, die zum ersten Mal Bertalanffys Konzeption einer organismischen Biologie systematisch anhand des Entwicklungsproblems darstellte, machte ihn auch in J. H. Woodgers englischer Übersetzung einem weiten Kreis von Biologen bekannt.

Bertalanffy, der während des Dritten Reichs in Wien Professor der Theoretischen Biologie wurde, hatte anfangs große Schwierigkeiten, nach 1945 wieder eine gesicherte Position zu erlangen. Er wanderte 1949 nach Kanada aus, wo er 1950 als Forschungsdirektor an die medizinische Fakultät der Universität Ottawa berufen wurde. Diesem Ruf folgten noch eine Reihe von weiteren Positionen an verschiedenen amerikanischen und kanadischen Universitäten. Während Bertalanffys empirische Forschungen zur Onkologie und seine akademische Karriere zunehmend ins Abseits gerieten, wurden seine systemtheoretischen Arbeiten immer populärer. Die Allgemeine Systemtheorie (General Systems Theorie) fand Anhänger unter Psychologen, Soziologen, Kybernetikern, Wirtschaftswissenschaftlern etc. Bertalanffy starb 1972 an Herzversagen in Buffalo, New York, nachdem er dort 1969 zum Professor an der medizinischen und der philosophischen Fakultät ernannt worden war. [ML2]

Werk(e):
Kritische Theorie der Formbildung, Abhandlungen zur Theoretischen Biologie, Bd. 27 (1927); Theoretische Biologie, 1. Bd.: Allgemeine Theorie, Physikochemie, Aufbau und Entwicklung des Organismus (1932); Theoretische Biologie, 2. Bd.: Stoffwechsel, Wachstum (1942); General Systems Theory. Foundations, Development, Applications (1968).

Sekundär-Literatur:
Davidson, M.: Uncommon Sense: the life and thought of Ludwig von Bertalanffy, father of general systems theory (1983).

Berthelot, Pierre Eugène Marcelin,
französischer Chemiker und Politiker,
* 25. 10. 1827 Paris,
† 18. 3. 1907 Paris.

Berthelot steuerte bahnbrechende Erkenntnisse zur organischen Chemie bei und leistete mit seinen thermochemischen Untersuchungen Pionierarbeit für die entstehende physikalische Chemie.

Als Sohn eines Arztes besuchte Berthelot das Collège Henri IV und studierte anschließend zunächst Medizin. Angeregt durch die Vorlesungen von Théophile Jules Pelouze und J.-B. A. ↗ Dumas wechselte er zur Chemie und arbeitete 1850 im Privatlaboratorium von Pelouze. 1851 wurde er Assistent von Antoine Jérôme Balard am Collège de France. Pelouze und Dumas hatten Berthelots Interesse auf die entstehende organische Chemie gelenkt, und so untersuchte er bei Balard Synthesen organischer Verbindungen aus den Elementen. Am 24. Juni 1854 wurde er mit einer Arbeit *Über die Verbindungen des Glycerins mit Säuren und die Synthese der Grundlagen der tierischen Fette* promoviert. Nach weiteren Studien an der École Supérieure de Pharmacie in Paris bestand er am 29. November 1858 auch das Apothekerexamen. Im Jahr darauf wurde er zum Professor für organische Chemie an die École Supérieure de Pharmacie berufen und behielt dieses Amt bis 1876. Der Erfolg seines 1860 erschienenen zweibändigen Buches *Die organische Chemie auf der Grundlage der Synthese* und Vorlesungen darüber am Collège de France (1863–1864) begründeten seinen Ruf als exzellenter Synthesechemiker und führten im August 1865 zur Einrichtung eines Lehrstuhls der organischen Chemie für ihn am Collège de France. Diesen Lehrstuhl hatte er trotz weiterer Aufgaben und Ämter bis zu seinem Tode inne. Während der Belagerung von Paris durch deutsche Truppen (1870/71) war er Vorsitzender des wissenschaftlichen Komitees zur Verteidigung

P.E.M. Berthelot

von Paris und hatte die Munitionsherstellung zu überwachen. 1873 wählte ihn die Académie des Sciences zu ihrem Mitglied, seit 1889 war er ihr ständiger Sekretär. 1901 wurde er unter die »Vierzig Unsterblichen« der Académie Française aufgenommen.

Berthelot war ein leidenschaftlicher Republikaner und Freidenker. Er engagierte sich politisch und sozial für den Beitrag der Wissenschaft zur Verbesserung der Lebensverhältnisse in der Gesellschaft und bekämpfte den Einfluss der katholischen Kirche, insbesondere auf die Bildung. 1876 wurde Berthelot Generalinspektor des höheren Unterrichtswesens, 1881 Senator, 1886–1887 war er Minister für öffentlichen Unterricht und 1895–1896 Außenminister der französischen Republik, schied wegen Unstimmigkeiten in der Ägypten- und Sudan-Politik jedoch bereits nach fünf Monaten wieder aus dem Amt. Er gehört zu den Initiatoren der Haager Friedenskonferenz.

Berthelots wissenschaftliches Werk umfasst etwa 1600 Veröffentlichungen aus allen Bereichen der Chemie, einschließlich ihrer Geschichte. C. ↗ Graebe hat vier Schaffensperioden in Berthelots Leben unterschieden:

1. Die erste organische Periode von 1850 bis 1860, in der er Alkohole untersuchte und sich mit den Problemen der organischen Synthese zu be-

schäftigen begann. Er stellte Glycerolester niederer Carbonsäuren dar, 1854 gelang ihm die Fettsynthese, er klärte die Dreiwertigkeit des Glycerols endgültig auf und untersuchte die Esterbildung mehrwertiger Alkohole. Ebenfalls in dieser Zeit stellte er Ethylen aus Ethanol und Propylen aus Isopropanol dar, 1856 gelang ihm die Darstellung von Methan durch Überleiten von Schwefelkohlenstoff und Schwefelwasserstoff über glühendes Kupfer. 1858 schließlich synthetisierte er das Ethin, das 1836 bereits Edmund William Davy als brennbares Gas erhalten hatte, und nannte es Acetylen. In einer Kontroverse mit L. ↗ Pasteur führte Berthelot 1860 bei Zuckeruntersuchungen mit dem zellfreien Hefeextrakt die Inversion des Rohrzuckers aus, isolierte dabei das invertierende Enzym »Invertin« (Invertase) und prägte für Rohrzucker den Begriff Saccharose. Diese Periode endete mit der Veröffentlichung seines Buchs über die organische Synthese (s.o.), in dem er endgültig auch die Existenz einer »vis vitalis« mit den Worten bestritt: »La force vitale n'est point nécessaire pour former les substances organiques.«

2. Die zweite organische Periode von 1861 bis 1869 ist gekennzeichnet durch die Acetylensynthese im elektrischen Lichtbogen (1862), die Benzensynthese aus Ethin, die Styrolsynthese (1866) und die Erforschung der aromatischen Verbindungen im Steinkohlenteer. Für die Umwandlung des Styrols beim Erwärmen aus einer klaren Flüssigkeit in eine feste Masse prägte er den Begriff Polymerisation. In gemeinsamen Untersuchungen mit L. Péan de Saint Gilles über das Gleichgewicht bei der Esterbildung in homogenen Systemen schlug er 1862/63 eine erste Brücke zur physikalischen Chemie. C. M. ↗ Guldberg und P. ↗ Waage bezogen sich auf Berthelots Vorstellungen über chemische Gleichgewichte und Reaktionsmechanismen, als sie 1864 das Massenwirkungsgesetz aufstellten.

3. In der dritten Periode von 1869 bis 1885 entstanden seine bedeutsamen Beiträge zur Thermochemie. Das von ihm 1873 unabhängig von Hans Peter Jürgen Julius Thomsen postulierte »Principe du travail maximum« (Thomsen-Berthelot-Prinzip), nach dem jede chemische Änderung, die ohne Mitwirkung einer äußeren Energie verläuft, zur Bildung der Verbindung führen soll, die die meiste Wärme entwickelt, ließ den Schluss zu, dass lediglich exotherme Reaktionen freiwillig ablaufen, und erwies sich deshalb als falsch. Berthelot prägte die Begriffe endotherm und exotherm und erkannte als erster den Einfluss der Zeit auf den Reaktionsverlauf. 1879 konstruierte er eine kalorimetrische Bombe für die Bestimmung der Verbrennungswärmen organischer Stoffe mit Sauerstoff unter hohem Druck.

4. Die vierte Periode von 1885 bis 1907 ist von seinen Arbeiten zur physiologischen Chemie, zur Agrikulturchemie und zur Geschichte der Chemie gekennzeichnet. In dieser Periode führte er wichtige Untersuchungen über Gärung, Fermente, Vegetationsverlauf und Assimilation des Stickstoffs sowie über tierische Wärme durch. 1884 entdeckte er bei Freilandversuchen, dass atmosphärischer Stickstoff durch Mikroorganismen, eine benachbarte Vegetation sowie durch Tageslicht von der Erde in geringer, für die Verbesserung der Bodenfruchtbarkeit aber nicht unwesentlicher Menge aufgenommen wird. 1898 unternahm Berthelot als erster Versuche, in der Gasphase aus einfachen Alkoholen und Estern in Gegenwart von Stickstoff durch stille elektrische Entladungen größere stickstoffhaltige Moleküle zu erzeugen. An diese Versuche schloss 1913 Löb mit seinen Arbeiten über die Bildung von Glycin (die einfachste Aminosäure) an, und 1953 konnte Stanley Lloyd Miller erstmals experimentell beweisen, dass die Bildung organischer Verbindungen präbiologisch, d. h., ohne Mitwirkung von Lebewesen, in einer »Uratmosphäre« möglich ist. Damit wurde ein wichtiger Schritt zur Erklärung der biochemischen Evolution der Erdatmosphäre getan.

Seit Mitte der 1880er-Jahre widmete sich Berthelot zunehmend auch der Geschichte der Chemie, insbesondere der Alchemie des antiken Griechenlands bis zum Mittelalter. Er war ein ausgezeichneter Kenner der alten Sprachen und studierte die griechischen Papyri im Original. 1885 publizierte er eine dreibändige Sammlung unbekannter Manuskripte griechischer Alchemisten und 1906 eine bemerkenswerte Schrift über Archäologie und Wissenschaftsgeschichte. Als Frankreich 1889 die Jahrhundertfeier der Französischen Revolution vorbereitete, beteiligte sich Berthelot als gerade gewählter ständiger Sekretär der Akademie der Wissenschaften daran mit seinem Buch *La révolution chimique. Lavoisier* (erschienen 1890). [WG2]

Werk(e):
Chimie organique fondée sur la synthèse (2 Bde., 1860); Leçons sur les méthodes générales de synthèse en chimie organique (1864, deutsch: Die chemische Synthese, 1877); Essai de mécanique chimique fondée sur la thermochimie (2 Bde., 1879); Chimie végétale et agricole (4 Bde., 1899).

Sekundär-Literatur:
Graebe, C.: Marcelin Berthelot, Berichte der Deutschen Chemischen Gesellschaft 41 (1908) 4805–4872.

Berthollet, Claude Louis, Comte (seit 1804), französischer Arzt und Chemiker,
* 9. 12. 1748 Taillores bei Annecy,
† 6. 11. 1822 Arcueil bei Paris.

Berthollet entdeckte 1785 Chlor als Bleichmittel und gilt als Begründer der Bleichmittelindustrie. Er war 1787 maßgeblich an der Entwicklung einer neuen chemischen Nomenklatur beteiligt, führte um 1803 mit Ar-

C.L. Berthollet

beiten zur Affinität den Begriff der chemischen Masse ein und gehörte zu den Initiatoren der École Polytechnique.

Berthollet entstammte einer französischen Adelsfamilie. 1768 nahm er an der Universität Turin ein Studium der Medizin auf, das er 1770 erfolgreich abschloss. 1772 ging er nach Paris, wo er sich unter dem Einfluss von P. J. ↗ Macquer, der zu dieser Zeit als Professor für Chemie am Pariser Jardin du Roi wirkte, mit chemischen Untersuchungen beschäftigte. Ein Schüler des niederländischen Mediziners H. ↗ Boerhaave machte den Herzog von Orléans auf Berthollet aufmerksam. Dieser beschäftigte ihn als Leibarzt und ermöglichte ihm im Privatlabor des Palais Royal chemische Untersuchungen. Dabei lernte Berthollet auch den Chemiker A. L. de ↗ Lavoisier kennen, der durch die antiphlogistische Chemie sein theoretisches Wissen geprägt hat. 1778 wurde er mit einer Arbeit über die Eigenschaften der Weine promoviert. Im gleichen Jahr nahm er eine Tätigkeit als Mediziner an der Pariser Universität auf und führte weitere chemische Untersuchungen durch. Deren Ergebnisse fasste er in 17 Abhandlungen zusammen, die er bei der Académie française einreichte. 1780 nahm ihn die französische Akademie als Mitglied auf. Vier Jahre später (1784) trat Berthollet in den Staatsdienst. Er wurde Inspektor der staatlichen Färbereien und übernahm auch das Direktorat der staatlichen Gobelinmanufaktur in Paris. Zu diesem Zeitpunkt begann seine fruchtbarste wissenschaftliche Arbeitsphase. Darüber hinaus übernahm er nach der französischen Revolution von 1789, zusammen mit A. F. de ↗ Fourcroy, auch den Ausbau der Salpeter- und Stahlfabrikation. 1794 wurde Berthollet zum Professor an der École Normale in Paris berufen. Im gleichen Jahr beteiligte er sich in Paris an der Gründung der École Polytechnique, der Vorläuferin der Technischen Hochschulen in Europa, und übernahm dort Lehraufgaben. 1795 richtete er sich in Arcueil ein chemisches Laboratorium ein. Um diese Zeit hatte er sich bereits über sein Fachgebiet hinaus auch als Mitglied einer Kommission zur Reform des Geldsystems (1792) und als Mitglied des Wohlfahrtsausschusses (1793) einen Namen gemacht. Er durfte 1798 Napoleon auf seinem Feldzug nach Ägypten begleiten und beförderte die Gründung des Institute d'Égypte. Napoleon ernannte Berthollet 1804 zum Senator von Montpellier, zum Grafen und später auch zum Administrator der Münze sowie zum Offizier der Ehrenlegion. 1807 begründete Berthollet zusammen mit P. S. ↗ Laplace die Société d'Arcueil, eine wissenschaftliche Gesellschaft, deren Schriften er bis 1817 herausgab. Anerkannt und hochgeehrt verstarb er nach langer Krankheit im Alter von 74 Jahren.

Das chemische Werk von Berthollet ist überaus vielfältig. Neben wissenschaftlichen Fragen beschäftigte er sich auch mit praktischen Problemen der Chemie und gelangte dabei zu neuen Erkenntnissen über das Bleichen und Färben. So konnte er 1785 das zehn Jahre zuvor (1774) von C. W. ↗ Scheele entdeckte Chlor zum Bleichen nutzbar machen. In einer Fabrik in Javel bei Paris stellte er Chlor durch Oxidation von Chlorwasserstoff mit Braunstein her und gelangte durch Einleiten in eine Pottaschelösung zum Kaliumhypochlorit, dem sog. Eau de Javelle, mit dem er chemische Bleichen durchführte. Er löste damit das gebräuchliche Verfahren der Rasenbleiche mittels Sonnenlicht und Alkalien ab und begründete die erste chemische Bleicherei Europas. Des weiteren gelangte Berthollet zu einer ersten Farbstofftheorie, als er am Beispiel der Indigofärberei eine Verwandtschaft zwischen Faser und Farbstoff herstellte. Als einer der Ersten bekannte er sich bereits 1785 zu dem von Lavoisier entwickelten antiphlogistischen System der Chemie. Zusammen mit Lavoisier, Fourcroy und L. B. ↗ Guyton de Morveau erarbeitete er 1787 zur rationellen Bezeichnung chemischer Verbindungen eine entsprechende Nomenklatur (*Méthode de la Nomenclature chimique*) und wurde damit zum Mitbegründer der modernen chemischen Fachsprache. Der Verbreitung des neuen Systems diente auch die im gleichen Jahr von ihm mit herausgegebene Zeitschrift *Annales de chimie*, die zu den ältesten chemischen Fachzeitschriften zählt. Wegweisend waren auch Berthollets Untersuchungen über chemische Affinität und Massenwirkung. Sie kulminierten 1803 in dem zweibändigen Werk *Essai de statique chimique* (Über die chemische Statik), in dem er u. a. auch die chemische Masse einführte. Er wurde damit zu einem Vorbereiter des 1864 von C. M. ↗ Guldberg und P. ↗ Waage formulierten Massenwirkungsgesetzes. Weitere Arbeiten von Berthollet betrafen die Titrimetrie, woran noch heute die Bezeichnung

»Berthollimeter« für eine spezielle Bürette erinnert, die Chemie der nicht stöchiometrischen Verbindungen (»Berthollide«), Reaktionen mit Blausäure, Schwefelwasserstoff, Ammoniak, Knallsilber und Kaliumchlorat sowie Untersuchungen über Alaungewinnung, Zinnbeize und Eiweiße. [RS3]

Werk(e):
mit Lavoisier, A.-L., de Fourcroy, A. F.: Méthode de nomenclature chimique... (1787); Eléments de l'art de la teinture (1791); Description du blanchiment des toiles et des fils par l'acide muriatique oxigéne et des quelques autres proprietés de cette liqueur, relatives aux arts (1793); Essai de statique chimique (1803).

Sekundär-Literatur:
Bugge, G.: Das Buch der großen Chemiker (1929) 342ff; Müller, M.: Berthollets Leben nach der Beschreibung von Hugh Colquhoun (1828).

Jöns Jakob Berzelius
Claus Priesner

Berzelius, Jöns Jakob, Freiherr von,
schwedischer Chemiker,
* 20. 8. 1779 Väfversunda (Östergötland),
† 7. 8. 1848 Stockholm.

Berzelius wirkte schulbildend auf die Chemie der ersten Hälfte des 19. Jhs. im europäischen Maßstab und prägte wesentlich das Kommunikationssystem der Fachgemeinschaft.

Lebenslauf

Berzelius entstammt einer alten schwedischen Familie, die zahlreiche Geistliche hervorbrachte. »Berselius« war ursprünglich ein Hofname, der im 17. Jahrhundert zum Familiennamen wurde. Berzelius' Vater Samuel war Magister und »Supremus Collega Scholae« (Direktor) des Gymnasiums Linköping; er starb 1783. Seine Mutter Elisabeth Dorothea Sjösteen, die Tochter des Vize-Amtsrichters Jacob Sjösteen, heiratete 1785 Anders Ekmarck, den Pastor von Norköping, der selbst schon fünf Kinder hatte, mit denen Berzelius und seine Schwester aufwuchsen. Er wurde von Ekmarck und dem Privatlehrer Anders Haglund unterrichtet, »unter dessen dreijähriger [Ende 1790-1793] Leitung ich mir alle sogenannten Schulkenntnisse erwarb«, wie es in Berzelius' Autobiographie heißt. Es war aber nicht zuletzt sein Stiefvater Ekmarck, der in Berzelius das Interesse für und die Liebe zur Natur(wissenschaft) weckte. 1788 starb Berzelius' Mutter, und sein Stiefvater heiratete 1790 erneut. Berzelius und seine Schwester wurden nun im Hause ihres Onkels mütterlicherseits, Magnus Sjösteen, weiter erzogen, wo Berzelius ständig im Streit mit seinen Cousins lag. 1793 besuchte er das Gymnasium in Linköping, nahm aber in folgenden Jahr eine Stelle als Privatlehrer (»Informator«) an und begann mit dem Sammeln und Klassifizieren von Blumen und Insekten. Sein ursprüngliches Ziel, Geistlicher zu werden, gab er nun zugunsten der Medizin auf. Das 1796 begonnene Studium in Uppsala musste er aus finanziellen Gründen bald wieder abbrechen, um erneut als Privatlehrer zu arbeiten, konnte jedoch 1798 mit einem dreijährigen Stipendium weiterstudieren.

J.J. Berzelius

Seine chemischen Kenntnisse erwarb sich der angehende Mediziner weitgehend autodidaktisch. An der Universität lehrte der Nachfolger T. O. ↗ Bergmanns, Johann Afzelius, noch nach der Phlogistonlehre G. E. ↗ Stahls. Berzelius las dagegen Christoph Girtanners *Anfangsgründe der antiphlogistischen Chemie* (1792) und die schwedische Übersetzung von A. F. ↗ Fourcroys *Philosophie Chimique* (1795) und wurde so von Anfang an mit der neuen Chemie A. L. ↗ Lavoisiers vertraut. Er stellte in seiner Wohnung Sauerstoffgas dar und demonstrierte im Labor der Universität das Verbrennen von Eisendraht in diesem Gas. 1799 arbeitet er vorübergehend in einer Apotheke, wo er das Glasblasen erlernte. Durch seinen Onkel wurde er mit Sven Hedin bekannt gemacht, dem Chefarzt der Heilquelle von Medevi, der Berzelius 1800 als Assistenten anstellte. Im selben Jahr legte Berzelius eine Untersuchung zur Zusammensetzung des dortigen Mineralwassers vor (*Nova analysis aquarum Medeviensum*). Im Mai 1801 bestand er das medizinische Kandidatenexamen und im Dezember desselben Jahres das Licentiatenexamen.

Kurz nachdem er von der neu erfundenen Volta-Säule zur Erzeugung eines konstanten Gleichstroms gelesen hatte, baute er sich selbst eine Säule aus 60 Zink/Kupfer-Plattenpaaren und wurde 1802 mit einer Arbeit über die Wirkungen des galvanischen Stroms auf den menschlichen Körper (*De electricitatis galvanicae apparatu [...] in corpora organica effectu*) zum Doktor der Medizin promoviert. (Nach Berzelius' eigener Aussage wurde er »Johannis 1804 zum Doktor der Medizin promoviert«. Wie sich aus dem Textzusammenhang in Berzelius' Autobiographie ergibt, dürfte dies so zu verstehen sein, dass er die o. g. Dissertation von 14 Seiten Umfang am 1. Mai 1802 einreichte, das Rigorosum aber erst 1804 stattfand.) Ebenfalls 1802 veröffentlichte er eine größere Arbeit über den Galvanismus (*Afhandling om Galvanismen*), worin er einen Überblick über die bisherigen Erkenntnisse bezüglich der Wirkung des galvanischen Stroms auf Salze und Mineralien gab. Durch Hedins Vermittlung erhielt Berzelius nach seiner Promotion die Stelle eines unbezahlten Assistenten an der Stockholmer Medizinschule (sein Einkommen bestand nur in dem geringen Entgelt für seine Tätigkeit als Brunnenarzt). Er lebte nun einige Zeit im Haus seines Gönners Wilhelm Hising (später Baron v. Hisinger), eines wohlhabenden Minenbesitzers, der sich für Mineralogie interessierte und mit dem zusammen Berzelius wichtige elektrochemische Experimente durchführte. 1806 wurde Berzelius Dozent für Chemie an der Militärakademie Carlberg, seine ziemlich schlechte finanzielle Situation besserte sich aber erst 1807, als er eine Professur für Medizin und Pharmazie an der Medizinschule erhielt, bei der er als Assistent gearbeitet hatte und aus der 1810 das unabhängige Karolinska Institutet hervorging. Berzelius musste danach keine Vorlesungen in Medizin und Chirurgie mehr halten, las aber weiterhin über Chemie und Pharmazie.

1812 wurde Berzelius von C. L. ↗ Berthollet nach Paris eingeladen, konnte indes wegen des Kriegsausbruchs zwischen Schweden und Frankreich der Einladung nicht folgen und besuchte statt dessen H. ↗ Davy in England, mit dem er 1808–1813 korrespondierte. 1818 besuchte Berzelius dann auch Paris, wo er mit Berthollet, L. J. ↗ Gay-Lussac, Louis Jacques Thenard, Jean Antoine Claude Chaptal, Louis Nicolas Vauquelin, M. E. ↗ Chevreul und anderen zusammentraf und mit P. L. ↗ Dulong in Berthollets Labor die gravimetrische Bestimmung der Zusammensetzung des Wassers untersuchte. Schon 1807 hatte er H. C. ↗ Ørsted, den Entdecker des Elektromagnetismus, kennengelernt. Auf der Heimreise besuchte er Deutschland, wo er ebenfalls mit führenden Chemikern zusammentraf und nach dem Tod von M. H. ↗ Klaproth zu dessen Nachfolger an der Universität Berlin berufen werden sollte, was er jedoch ablehnte. Etliche später berühmte junge deutsche Chemiker, darunter E. ↗ Mitscherlich, Gustav und H. ↗ Rose, kamen zu ihm nach Stockholm, um sich vor allem analytisch ausbilden zu lassen. F. ↗ Wöhler blieb ein Jahr (1823/24) und baute dabei eine lebenslange Freundschaft mit Berzelius auf. Wöhler übersetzte viele von Berzelius' Werken ins Deutsche.

Seit 1808 war Berzelius ordentliches Mitglied der Schwedischen Akademie der Wissenschaften, 1818 wurde er zum beständigen Sekretär der Akademie gewählt, und sein Gehalt verdoppelte sich. Er verfügte nun über ein besser ausgestattetes Labor, konnte sich ganz seinen Forschungen widmen und stand in Briefwechsel mit Gelehrten in ganz Europa. Dank seiner herausragenden Arbeiten wurde Berzelius zu einem der einflussreichsten Chemiker seiner Zeit. Seine Methode, Studenten der Chemie im Laboratorium praktisch arbeiten zu lassen, wurde zum Vorbild nicht zuletzt des von J. v. ↗ Liebig in Gießen eingeführten Studienganges.

Berzelius litt lange Phasen seines Lebens an schlechter Gesundheit, u. a. periodisch auftretenden Kopfschmerzen, später an Gicht und anhaltenden Depressionen. 1835, im Alter von 56 Jahren, ehelichte er die 24-jährige Elisabeth Poppius, die Tochter eines alten Freundes. Anlässlich der Hochzeit wurde er in den Adelsstand erhoben. Die kinderlose Ehe erleichterte ihm die Jahre bis zu seinem Tod. Im Alter wurde Berzelius zunehmend unflexibel und beharrte auf früher einmal eingenommenen Standpunkten. Er konnte sich mit den neuen Entwicklungen vor allem in der organischen Chemie nicht anfreunden und wurde so zu einem zwar respektierten Patriarchen der Chemie, dessen Ansichten jedoch nicht mehr als zeitgemäß galten. Er war auswärtiges Mitglied der Royal Society und wurde 1822 zum Mitglied der französischen Akademie der Wissenschaften gewählt. Schon 1807 hatte er den von Napoleon I. gestifteten Volta-Preis des Institut de France erhalten (ein 1795 gegründeter Zusammenschluss von fünf französischen Akademien, u. a. der Akademie der Wissenschaften; besteht bis heute).

Die Laborpraxis

Es ist für die Beurteilung der Leistungen Berzelius' notwendig, sich zu vergegenwärtigen, unter welchen praktischen Bedingungen zu jener Zeit chemische Untersuchungen durchgeführt wurden. Wir verdanken Wöhler eine Beschreibung von Berzelius' Laboratorium, wie er es während seines Stockholm-Aufenthalts erlebte. Das Labor befand sich in der Wohnung Berzelius' und bestand aus zwei Räumen, ohne Öfen, Rauchfang, Wasser oder Gas. In einem Raum befanden sich zwei Holztische – an dem einen arbeitete Berzelius selbst, an dem anderen sein jeweiliger Schüler. An den Wänden standen einige Schränke mit etlichen Reagentien, doch die meisten Substanzen mussten erst hergestellt werden. In der Mitte des Zimmers war eine flache Wanne mit Quecksilber (zum Auffangen von Gasen) und ein Tischchen mit dem Lötrohr. Die Wasserversorgung erfolgte durch einen Steinguttopf mit einem Hahn und einem untergestellten Gefäß. Im zweiten Raum befanden sich die Waagen; weitere Instrumente, Ofen und Sandbad waren in der Küche zu finden, wo auch gekocht wurde. Nicht nur waren die Arbeitsbedingungen höchst primitiv, auch die Ausstattung mit Geräten war sehr mangelhaft. Berzelius erfand eine Reihe von einfachen Laborgegenständen, die heute nicht mehr mit seinem Namen in Verbindung gebracht werden, darunter tragbare Öfen, den Retortenstandring, Filterhalter, eine dreieckige Halterung für Schmelztiegel, eine gläserne Spirituslampe (eine Weiterentwicklung der von Aimé Argand 1784 erfundenen Öllampe), die graduierte Pipette, ein Reagenzglasgestell, eine Schraubklemme u. a. m. Neben solchen apparativen Neuerungen verbesserte Berzelius auch die Methoden der quantitativen und qualitativen Analyse und entwickelte ein Verfahren zum Aufschluss von Silikatmineralien mittels Fluorwasserstoffsäure. Besonders das Lötrohr wurde für ihn ein wichtiges Hilfsmittel bei qualitativen Analysen. Er fasste seine Erfahrungen und Verfahrensweisen damit in einem eigenen Buch *Von der Anwendung des Lötrohrs in der Chemie und Mineralogie* (1820, dt. 1821) zusammen.

Elemententdeckungen

Berzelius entdeckte drei chemische Elemente, nämlich das Cer, das Selen (1817) und das Thorium (1828), und isolierte drei weitere erstmals (von denen bereits Verbindungen bekannt waren), wenn auch in nicht ganz reiner Form. Zusammen mit Hising isolierte Berzelius 1803 erstmals das Element Cer aus dem sog. Schwerstein von Bastnäs in Schweden. Im gleichen Jahr und unabhängig von Berzelius fand auch Klaproth das neue Element, ebenfalls bei der Analyse des Schwersteins. 1816 kaufte Berzelius zusammen mit J. G. ↗ Gahn (seit 1784 Assessor am schwedischen Berg-Kollegium) und einem weiteren Partner eine Schwefelsäurefabrik in Gripsholm, die Pyrite aus Falun verarbeitete. Dabei fielen rötlich gefärbte Bleikammerschlämme an, aus denen Berzelius durch Lösen in Königswasser ein Oxid isolierte, das beim Verdampfen einen starken Geruch nach faulem Rettich und eine blaue Flammenfärbung erzeugte. Berzelius gab dem neuen Element den Namen Selen, nach dem griechischen Namen des Mondes, da es wie der Erdtrabant das Tellur in seinen Erzen begleitete. Schon 1817 hatte Berzelius geglaubt, ein neues Element Thorium gefunden zu haben, bei dem es sich aber in Wahrheit um Yttriumphosphat gehandelt hatte. 1828 erhielt er eine Erzprobe von der norwegischen Insel Lövön zugesandt, aus der er das neue Element nun tatsächlich isolieren konnte. Der Name verweist auf den altnordischen Gott Thor; das Mineral, bestehend aus Thoriumoxid und Siliziumoxid, nannte Berzelius Thorit. 1823 erhielt Berzelius durch Umsetzung von Siliziumfluorid mit Kalium unter Luftabschluss unreines amorphes Silizium, nachdem er schon 1810 beim Zusammenschmelzen von Quarzsand, Eisen und Kohle das erste Ferrosilizium dargestellt hatte. 1824 stellte er durch Reaktion von Zirkonfluorid mit Kalium das Zirkonium dar und auf demselben Weg 1825 Titan. Die Reindarstellung dieser Elemente gelang erst später. Berzelius' Schüler Johann August Arfwedsen entdeckte 1818 das Lithium und Nils Gabriel Sefström fand während eines kurzen Aufenthalts in Berzelius' Labor 1830 das Vanadium (eigentlich schon 1801 von Andrés Manuel del Río isoliert, dessen Entdeckung aber nicht anerkannt wurde, weil man glaubte, es handle sich dabei um unreines Chrom). Einer von Berzelius' besten Schülern, C. G. ↗ Mosander, seit 1836 als Nachfolger von Berzelius Professor für Chemie und Pharmazie am Karolinischen Institut in Stockholm, machte sich um die Erforschung der Seltenerdmetalle besonders verdient. Lanthan, Didymium, Erbium und Terbium wurden von ihm entdeckt.

Elementsymbole und Formeln

Der erste Schritt in Richtung auf eine konsistente chemische Theorie besteht in der Entwicklung einer gemeinsamen Sprech- und Schreibweise. Erste Ansätze dazu gehen auf P. J. ↗ Macquer und Torbern O. ↗ Bergman zurück, gegen Ende des 18. Jhs. folgten Guyton de Morveau und Lavoisier. Pierre August Adet und Jean Henri Hassenfratz schlugen 1787 ein System vor, das sich an das von Bergman entwickelte Schema anschloss und grafische Symbole für Elemente und Verbindungen aufwies, gleichzeitig aber auch versuchte, deren Zusammensetzung anzudeuten. J. ↗ Dalton unternahm einen recht ähnlichen Versuch, durch die Aneinanderfügung grafischer Elementsymbole zugleich Aussagen über die Zusammensetzung einer Verbindung zu machen. Er ging aber dabei über das zu seiner Zeit Mögliche weit hinaus, indem er beanspruchte, mit seinen Formeln auch die räumliche Struktur der Stoffe zu beschreiben. Seit 1813 entwickelte Berzelius, aufbauend auf der elektrochemischen Theorie (s. u.) und den bisherigen Bemühungen anderer, eine neue Schreibweise, mit der er die Grundlage für die bis heute benutzte Formel- und Gleichungskonvention schuf. Er ging dabei von den lateinischen Elementnamen aus und nahm den ersten bzw. die ersten beiden Buchstaben als Symbol des jeweiligen Elements. Bei allen Verbindungen stellte er den elektropositiven Molekülteil voran und verband ihn mit dem elektronegativen durch ein Pluszeichen (z. B. Cu + O). Berzelius ergänzte die so gebildeten Formeln durch die Zufügung von hoch gestellten Ziffern, um die quantitative Zusammensetzung einer Verbindung darzustellen (SO^3). Salze wurden so dargestellt, als bestünden sie aus einem Oxid und einem Säureanhydrid ($CuO + SO^3$). Diese Schreibweise wurde erst nach 1830 allgemein gebräuchlich, und auch Berzelius verwendete sie in seinem eigenen Lehrbuch (s. u.) erst in den fünf Bänden des organischen Teils. Liebig setzte 1834 an die Stelle der hoch gestellten tief gestellten Ziffern, wie sie bis heute üblich sind (in Frankreich wurden bis ins 20. Jh. hoch gestellte Ziffern benutzt). Berzelius versuchte, sein System zu vereinfachen, indem er Sauerstoffatome nur durch über die jeweiligen Elementsymbole gesetzte Punkte darstellte und die Ziffer 2 durch einen Querstrich anzeigte; H_2O wurde so zu Ḧ. Diese Formeln waren wenig übersichtlich, erforderten spezielle Drucktypen und waren daher nicht von Dauer.

Dualismus und Elektrochemische Theorie
1806 veröffentlichten Hising und Berzelius Versuchsergebnisse, wonach der galvanische Strom alle von ihnen untersuchten Salze zerlegt hatte. Sauerstoff, Säuren (Anionen) und oxidierte Körper sammelten sich am positiven Pol, während verbrennliche Körper (Wasserstoff, reduzierte Körper), Alkalien und Erdalkalien sich am negativen Pol abschieden. Ähnliche Versuche führten Davy 1806/07 zur Isolierung der Alkali- und Erdalkalimetalle. Berzelius entwickelte zusammen mit Magnus Martin Pontin 1808 die Quecksilberkathode, mit der er neben anderen Amalgamen auch Ammoniumamalgam darstellen konnte. Diese Experimente waren die Basis für Berzelius' Überzeugung, dass nicht nur alle Säuren, sondern auch alle Basen (und damit sämtliche Salze) Sauerstoff enthalten und zumindest die anorganischen Verbindungen aus zwei Komponenten mit entgegengesetzter elektrischer Ladung zusammengesetzt sind.

Berzelius untersuchte insgesamt an die 2 000 Verbindungen, um herauszufinden, ob diese in ihrer Zusammensetzung invariant blieben oder nicht. Er stieß dabei auch auf J. B. ↗ Richters schon 1791 veröffentlichtes »Neutralitätsgesetz« (heute als Gesetz der äquivalenten Proportionen bekannt). Ebenso hatte Louis Joseph Proust im Jahre 1797 sein Gesetz der konstanten Proportionen formuliert, worüber er mit Berthollet in eine heftige Kontroverse geriet. Berzelius' eigene, sehr sorgfältige Untersuchungen festigten seine Überzeugung, dass chemische Verbindungen nach festen und gleichbleibenden Proportionen gebildet werden und nicht nach wechselnden, wie von Berthollet behauptet.

Berzelius vermutete zunächst, dass auch Wasserstoff und Stickstoff Oxide einer unbekannten Basis seien, die er »Ammonium« nannte. Wasserstoff, Ammoniak, Stickstoff, Stickoxid, Salpetrige und Salpetersäure seien (in dieser Reihenfolge) unterschiedliche Oxide dieser Basis, wobei der Sauerstoffgehalt im Wasserstoff am geringsten, in der Salpetersäure am höchsten sein sollte. 1814 gab er diese Idee auf, was den Wasserstoff betraf, hielt aber bis 1818 daran fest, dass Stickstoff ein Oxid sei. Da nach seiner Meinung alle Salze Sauerstoff enthielten, konnten auch die Halogene keine Elemente sein, sondern Oxide einer unbekannten »Basis«. Erst nach 1820 gestand Berzelius widerstrebend auch den Halogenen Elementcharakter zu.

Berzelius' Analysen führten ihn quasi zwangsläufig auch zur Bestimmung von Atomgewichten, was durch die Auffindung des Gesetzes von Dulong und Petit (1819), wonach das Produkt aus spezifischer Wärme und Atomgewicht konstant ist, sowie durch die Entdeckung des Isomorphismus (Mitscherlich 1820) entscheidend vorangebracht wurde. 1814, 1818 und 1826 veröffentlichte er Atomgewichtstabellen. Jene von 1818 enthielt schon die Atomgewichte von 45 der 49 damals bekannten Elemente, 39 davon von ihm selbst bestimmt, 6 von seinen Schülern. Die von Berzelius ermittelten Atomgewichte stimmten meist schon recht genau mit den heutigen Werten überein.

Die zunehmende Absicherung der Gesetze der konstanten bzw. multiplen Proportionen war eine wichtige experimentelle Stütze für das atomistische System, aber von mindestens ebenso großer Wichtigkeit waren die gasvolumetrischen Untersuchungen Gay-Lussacs. Dalton (1801) und Gay-Lussac (1802) hatten erkannt, dass die Volumenänderung verschiedener Gasarten bei sich ändernder Temperatur, aber konstantem Druck gleich ist (Gay-Lussacsches Gesetz). 1805 entdeckten Gay-Lussac und A. v. ↗ Humboldt bei gemeinsamen Untersuchungen über eudiometrische Verfahren, dass Wasserstoff und Sauerstoff sehr genau im Volumenverhältnis 2:1 zu Wasser reagieren. Dieser beim Bildungsvorgang des Wassers gefundene Tatbestand regte Gay-Lussac zur Untersuchung weiterer Gasreaktionen an, und 1808 verkündete er als Resultat dieser Arbeiten die Erkenntnis, dass die Gase untereinander im Verhältnis einfacher ganzer Zahlen reagieren, wobei er vom Gasvolumen und nicht vom Gasgewicht ausging.

A. ↗ Avogadro ging 1811 in gleicher Weise an die theoretische Deutung der von Gay-Lussac gefundenen Regel für die Volumenverhältnisse bei Gasreaktionen heran und stellte eine Hypothese auf, die in unseren Ohren trivial klingt, aber von ganz enormer wirkungsgeschichtlicher Tragweite ist. In seinem *Versuch eines Verfahrens, die relativen Gewichte der Elementarmoleküle der Körper und die Verhältnisse zu bestimmen, nach welchen dieselben in Ver-*

bindungen eintreten stellte er fest, die Ergebnisse könnten am einfachsten verstanden werden, wenn man annehme, dass in gleichen Volumeneinheiten beliebiger Gase immer eine gleiche Anzahl von Elementarpartikeln enthalten sei (bei gleichem Druck und gleicher Temperatur). Diese Annahme ermöglichte die Ermittlung von relativen Atomgewichten aus den bei den diversen Gasreaktionen gefundenen Volumenverhältnissen. Avogadros Arbeit wurde so wenig zur Kenntnis genommen, dass A. ↗ Ampère 1814 eine gleichlautende These formulierte, ohne von Avogadros Ideen Kenntnis zu haben.

In das System von Berzelius passten die Befunde von Proust ebenso wie die von Richter und Gay-Lussac. Dalton hingegen lehnte die sich aus den Ergebnissen Gay-Lussacs ergebenden Folgerungen bzw. die Avogadrosche Hypothese vehement ab. Er führte als Grund die hypothetische Verbindung von einem Gasvolumen mit 1 000 N-Atomen und einem zweiten mit 1 000 O-Atomen an, die sich zu 1 000 Teilen NO verbinden. Eine Volumeneinheit kann dann nur noch 500 Teilchen enthalten – das war die Überlegung Daltons, die außer acht ließ, dass es zwei unterschiedliche Arten kleinster Teilchen gibt, nämlich Atome und Moleküle, bzw. dass gasförmige Elemente zweiatomige Gase bilden. (Die tatsächliche Bildungsgleichung lautet nicht, wie Dalton postulierte, $O + N \rightarrow NO$, sondern $O_2 + N_2 \rightarrow 2NO$.) Um 1810 schien es, als müsse man entweder die These aufgeben, dass Atome sich ungeteilt zu Verbindungen zusammenlagern, oder die Behauptung Avogadros und Ampères verwerfen, dass gleiche Volumina verschiedener Gase bei gleichen Bedingungen gleiche Teilchenzahlen enthalten – und damit auch die Experimente Gay-Lussacs und deren Möglichkeiten zur Atomgewichtsbestimmung. Berzelius hingegen erwog eine dritte Möglichkeit, nämlich die Beschränkung der Gültigkeit des Avogadroschen Satzes auf Elementgase. Zwischen Dalton und ihm entstand ein Briefwechsel, in dem er versuchte, Dalton von der Bedeutung der Ergebnisse Gay-Lussacs zu überzeugen, allerdings vergeblich.

Entsprechend seinen durch elektrolytische Experimente gebildeten Vorstellungen teilte Berzelius die Salze in einen positiven und einen negativen Teil auf und schrieb beide getrennt, etwa $CaO + SO^3$. Diese Schreibung wurde vielfach übernommen und lange beibehalten. Berzelius bemühte sich, die vielen Einzelfakten, die die Chemie zutage förderte, in ein System zu bringen, das nicht nur die Vielzahl von Verbindungen ordnete, sondern auch eine Erklärung dafür bot, weshalb sich Atome überhaupt zu Verbindungen zusammenlagern und weshalb sie das in der vorgefundenen Weise tun. Berzelius konnte für Letzteres keine Erklärung entwickeln, da das Konzept der Wertigkeit erst mit dem Periodensystem möglich wurde, aber er entwarf eine Theorie, die die Affinität erklärte, nämlich seine Lehre des elektrochemischen Dualismus. Diese beruhte auf der Annahme, dass sich anorganische Verbindungen aufgrund elektrostatischer Anziehung zusammenlagerten, jedes Molekül also einen elektropositiven und einen elektronegativen Teil aufweise. Er ordnete die Elemente nach ihrer Elektronegativität, mit dem Sauerstoff an einem, dem elektronegativen, und dem Kalium am anderen, dem elektropositiven, Ende. Wenn sich zwei Elemente verbinden, so Berzelius, gleiche sich deren entgegengesetzter polarer Charakter selten präzise aus – dies wäre nur der Fall, wenn die elektropositiven bzw. -negativen Charakteristika genau entgegengesetzte Werte hätten. Daher verbleibe meist eine elektrische »Restpolarität«. So existiere etwa im Kaliumoxid (das Berzelius als KO schrieb) eine gewisse positive Polarität und in der wasserfreien Schwefelsäure (die Berzelius als SO^3 schrieb) eine gewisse negative. Beide stellen Verbindungen der »ersten Ordnung« dar, bestehen also nur aus zwei Elementen. Kommen beide zusammen, bilden sie das immer noch schwach positiv polarisierte Kaliumsulfat ($KO + SO^3$; de facto wurden Kaliumhydroxid KOH und Schwefelsäure umgesetzt), eine Verbindung zweiter Ordnung. Aus diesem und dem noch leicht negativen Aluminiumsulfat entstehe Alaun (Kaliumaluminiumsulfat), eine Verbindung dritter Ordnung, an die sich zum völligen Ladungsausgleich noch (Kristall)wasser anlagern könne, womit die vierte Ordnung von Verbindungen erreicht war. Dieses Konzept erschien vielen Chemikern höchst plausibel und wurde von ihnen allgemein anerkannt, nicht jedoch von den Physikern. Berzelius hatte nämlich nicht beachtet, dass sich die Ladungen in jedem elektrisch neutralen Molekül exakt ausgleichen müssen – er hatte nicht zwischen Ladungsmenge und Ladungsstärke bzw. zwischen elektrischer Ladung und Polarisierung unterschieden.

Berzelius hegte eine gewisse Skepsis gegenüber der Atomtheorie Daltons. Dieser hatte den Atombegriff entscheidend verändert, indem er ihn an den des Elements koppelte, d. h., Dalton postulierte für jedes Element eine eigene Atomsorte. (Dieser Gedanke war für viele seiner Zeitgenossen schwer zu ertragen, die nicht einsehen wollten, dass Gott so viele verschiedene Materiesorten geschaffen haben könnte.) Nach Dalton sind Atome die kleinsten möglichen Eigenschaftsträger des Elementes, alle Atomsorten unterscheiden sich in der Größe. Berzelius schlug vor, die Atomhypothese durch die »Korpuskulartheorie« zu ersetzen, wohl auch, um die mit dem Atom verbundenen sprachlichen und begrifflichen Probleme zu umgehen. Nach Berzelius sind alle Atome kugelförmig und von gleicher Größe. Verbindungen sind Aneinanderlagerungen von Atomen, die selbst nicht mehr kugelig sein können.

Organische Chemie

Berzelius war immer auf der Suche nach einem Ordnungssystem, das die Vielfalt der chemischen Fakten in einem einheitlichen theoretisch-systematischen Rahmen zusammenfassen konnte. Aus diesem Grunde lehnte er alle Vorschläge ab, die zwar einzelne Experimentalbefunde besser erklären konnten, aber zu anderen Teilen des Gesamtgebäudes der Chemie im Widerspruch standen. Diese »strukturalistische« Sicht der Chemie, die niemand so konsequent verfolgte wie Berzelius, hatte zwar für sich, dass die damalige Unsicherheit und Verworrenheit, die die Vielzahl scheinbar unzusammenhängender Ergebnisse hervorrief, gemindert wurde, sie hatte aber auch nachteilige Folgen. Dies zeigte sich einmal in der schon erläuterten Position Berzelius', wonach Wasserstoff, Stickstoff und die Halogene keine Elemente, sondern Oxide unbekannter Elemente sein sollten, und sie hatte auch auf die Entwicklung der organischen Chemie einen zeitweise hemmenden Einfluss. Dieser wurde allerdings zunächst nicht spürbar, eher im Gegenteil.

Nach Berzelius' elektrochemisch-dualistischer Lehre sollten auch organische Verbindungen den Bildungsregeln der anorganischen Salze gemäß gebildet werden, also aus einem elektropositiven »Radikal« und einem elektronegativen (stets sauerstoffhaltigen) Teil bestehen. In seinem *Essai sur la théorie des proportions chimiques* von 1819 erklärte er hierzu: »Bei pflanzlichen Stoffen besteht das Radikal im allgemeinen aus Kohlenstoff und Wasserstoff, bei tierischen Substanzen aus Kohlenstoff, Wasserstoff und Stickstoff«. Damit war die Richtung vorgegeben, in die sich die organisch-chemische Forschung zu bewegen hatte, nämlich hin zur Auffindung von Indizien, die die postulierte Analogie anorganischer und organischer Körper untermauerten. Um ein Gesamtsystem der Chemie aufbauen zu können, wie Berzelius es anstrebte, war die Analogie dieser beiden Bereiche unabdingbar nötig. Bei der Untersuchung der Bildung von Diethylether aus Ethanol bei Anwesenheit von konzentrierter Schwefelsäure (diese Reaktion war für die Theoriebildung in der organischen Chemie von entscheidender Bedeutung) stießen Dumas und Pierre Boullay auf die Ethylester der Schwefelsäure. Sie interpretierten den Alkohol daraufhin 1827 als eine dem Ammoniumhydroxid analoge Verbindung eines Radikals C^2H^4 (in ihrer Schreibweise C^2H^2) mit Wasser: $C^2H^5OH = C^2H^4 + H^2O$. Der Diethylether wäre dann aus zwei solchen Radikalen und einem Molekül Wasser gebildet. (Die Verhältnisse werden hier vereinfacht wiedergegeben, die von Dumas und Boullay verwendeten Formeln weichen etwas ab und wurden auch verschiedentlich abgeändert.) Berzelius griff diesen Gedanken freudig auf und bezeichnete das Radikal als »Ätherin«. Robert Kane und Liebig modifizierten unabhängig voneinander die Theorie, indem sie 1832/33 ein mit unserer heutigen Ethylgruppe (C^2H^5) identisches Radikal »Äthyl« postulierten. Zu dieser Entwicklung hatte auch Berzelius in einem Brief an Liebig vom Jahr 1833 beigetragen. Die bahnbrechenden Arbeiten von Liebig und Wöhler über das Bittermandelöl, die gleichzeitig erfolgten, zeigten, dass auch hier ein in diversen Umsetzungen stets weiter bestehender Radikalrest existierte, den sie »Benzoyl« nannten. Gemeint war damit die auch heute noch so genannte Gruppe C_6H_5CO (bei Liebig und Wöhler $C^{14}H^{10}O^2$ bzw. C^7H^5O). Berzelius erkannte sogleich die Bedeutung dieser von ihm hoch gelobten Experimente für sein Strukturkonzept, wollte indes nicht akzeptieren, dass ein Radikal Sauerstoff enthalten könne, und schlug daher statt des Benzoylradikals das »Benzyl« vor, dem er die Formel $C^{14}H^{10}$ zuwies.

Die »Radikaltheorie« Liebigs und Wöhlers bzw. Berzelius' schien gut gesichert und bot ein Ordnungsmuster, nach dem sich organische Verbindungen analog den anorganischen Salzen bzw. Oxiden einteilen lassen konnten. Das ganze Konzept brach indes zusammen, als ein Schüler von Dumas, A. ↗ Laurent, 1835 seine Untersuchungen über die Substitution von Wasserstoff durch Chlor bei Kohlenwasserstoffen bekanntgab. Diese Reaktion hätte es nach der Theorie Berzelius' überhaupt nicht geben dürfen, da hierbei ein elektropositives Element durch ein elektronegatives ersetzt wurde. 1838 fand Dumas, dass sich Essigsäure leicht in Trichloressigsäure umwandeln ließ, und 1842 gelang seinem Schüler Louis Melsens die Rückreduktion zu Essigsäure. Damit war die Radikaltheorie am Ende und wurde durch die sog. Typentheorie ersetzt, die nicht mehr mit dem elektrochemischen Dualismus von Berzelius vereinbar war. Berzelius nahm diese neue Entwicklung nur sehr widerstrebend zur Kenntnis, war doch dadurch sein Konzept von einem einheitlichen System aller chemischen Verbindungsprinzipien gescheitert. Erst viel spätere Einsichten erlaubten es dann erneut, die anorganische wie die organische Chemie unter einem gemeinsamen theoretischen Dach zu vereinen.

Neben der Auseinandersetzung mit theoretisch-systematischen Fragen war Berzelius auch mit diversen organisch-chemischen Untersuchungen beschäftigt. 1811 hatten Gay-Lussac und Thenard das erste brauchbare Verfahren zur organischen Elementaranalyse (Verbrennung der Probensubstanz mit Kaliumchlorat) entwickelt. Berzelius veröffentlichte 1812 seine mit dieser Methode durchgeführten Analysen von Oxal-, Wein- und Zitronensäure. Zu Beginn des Jahres 1814 gab er die Ergebnisse seiner mit einer verbesserten Methode angestellten Analysen von 13 Verbindungen bekannt, die schon ziemlich genau mit den heute gültigen

Werten übereinstimmen. Die zu bestimmende Verbindung wurde mit einer Mischung aus Kaliumchlorat und Kochsalz (zur Milderung der Umsetzung) in eine Glasröhre gebracht, die mit Blech umwickelt war, und durch eine darunter befindliche Flamme schrittweise verbrannt. Das gebildete Wasser wurde direkt gewogen, das Kohlendioxid durch Absorption an Kaliumhydroxid bestimmt. Das Verfahren wurde 1830 von Liebig perfektioniert, genaue Bestimmungen waren jedoch schon mit der Methode Berzelius' möglich, wenn auch umständlicher zu erhalten. Berzelius analysierte neben den eben genannten Säuren auch Essig-, Bernstein- und Benzoesäure, Tannin, Rohrzucker, Milchzucker, Kartoffelstärke sowie menschliche Exkremente, Blut und andere Körperflüssigkeiten. Er entdeckte 1807 die Milchsäure im Muskel, die Scheele kurz zuvor in der Milch gefunden hatte, und isolierte 1835 die Brenztraubensäure (α-Ketopropionsäure, Propanonsäure, CH_3COCO_2H) durch trockene Destillation von Traubensäure. Berzelius studierte 1818 das 1817 von Pierre-Joseph Pelletier und Joseph-Bienaimé Caventou entdeckte Chlorophyll und isolierte 1837 das Carotinoid Xanthophyll in Blättern. Bei der Untersuchung von Ochsengalle fand er 1840 die Cholsäure. Er stellte auch erstmals reinen Harnstoff $(CO(NH_2)_2)$ aus dem Oxalat (1808) bzw. Nitrat (1833) des Harnstoffs her. Aus Milch gewann er reines Casein (1814) und aus Blut Fibrin (1813).

Neue Begriffe

Berzelius war auch in mehrfacher Weise sprachschöpferisch tätig und führte etliche bis heute gebrauchte Begriffe in die Chemie ein. 1830 führte er den Ausdruck Isomerie als Oberbegriff für zwei Arten von gleichartig zusammengesetzten Verbindungen ein: Metamere sind Verbindungen mit derselben Bruttoformel und gleichem Molekulargewicht, aber unterschiedlichen chemischen Eigenschaften, Polymere besitzen dieselbe Bruttoformel, aber unterschiedliches Molekulargewicht. Anhand seiner Untersuchungen zur Bildung von Ethylether aus Ethanol bei Anwesenheit von Schwefelsäure wurde Mitscherlich 1834 zu der Annahme geführt, eine bislang unbekannte »Kontaktkraft« sei für die Reaktion (bei der die Schwefelsäure anscheinend nicht direkt beteiligt war) verantwortlich. Berzelius prägte dafür 1835 den Begriff »Katalyse«. Auch der Begriff Protein wurde erstmals von Berzelius in einem Brief an den niederländischen Chemiker Gerardus Johannes Mulder vom 10. Juli 1838 gebraucht. Mulder verwendete ihn in seiner am 30. Juli 1838 veröffentlichten Arbeit *Sur la composition de quelques substances animales*. 1840 schließlich wählte Berzelius den Ausdruck »Allotropie«, um unterschiedliche Modifikationen eines Elements zu bezeichnen.

Berzelius' *Jahresberichte* und sein *Lehrbuch der Chemie*

Nachdem Berzelius zum Sekretär der Schwedischen Akademie der Wissenschaften ernannt worden war (1818), wollte er die Akademie in Jahresberichten über die Fortschritte in den Naturwissenschaften unterrichten und wertete zu diesem Zweck alle ihm wichtig erscheinenden Artikel in Fachzeitschriften aus. Er fasste die Ergebnisse zusammen und unterzog sie seiner Kritik. Damit schuf Berzelius das erste chemisch-physikalische Referateorgan der Wissenschaftsgeschichte. 1822 erschien der erste Band der *Årsberättelse om Framstegen i Physik och Kemi*; bis 1848 erschienen unter Berzelius' Redaktion insgesamt 27 Bände, die Berichte für 1848–50 redigierte Lars Svanberg. Eine deutsche Übersetzung erschien unter dem Titel *Jahres-Bericht über die Fortschritte der physischen Wissenschaften* ebenfalls seit 1822. Die drei ersten Bände wurden von Christian Gottlob Gmelin übersetzt, dann übernahm Wöhler diese Aufgabe bis Band 20, die letzten Bände (21–27, 1842–48) tragen nicht mehr seinen Namen als Übersetzer. Ferner gab es eine französische Teilübersetzung, die erst 1841 erschien. Die Jahresberichte entwickelten sich zu einem international ebenso geschätzten wie gefürchteten Organ, da Berzelius auch vor harscher Kritik nicht zurückschreckte. Die Idee eines solchen Jahresberichts unterstreicht erneut Berzelius' Bestreben, das Ganze der Chemie und der chemischen Physik zu überschauen und von dieser Warte aus eine Beurteilung neuer Experimentalbefunde oder neuer Theorien vorzunehmen. Berzelius selbst war kein eigentlicher Theoretiker, sondern ein Systematiker. Für ihn stand die experimentelle Überprüfbarkeit einer Theorie im Vordergrund, an die er möglichst voraussetzungslos heranging. Hatte sich ein Konzept als faktenkonform erwiesen, betrachtete Berzelius dieses in seiner Auswirkung auf das System der Chemie insgesamt und lehnte es ab, wenn es seiner Ansicht nach nicht mit dem chemischen Theorienkonzept insgesamt harmonierte.

Während seiner Zeit als Asistent an der Medizinschule fasste Berzelius den Plan, ein Lehrbuch der Chemie zu schreiben, an dem es in Schweden bis dahin mangelte. 1806 erschien sein Werk über die Tierchemie mit Analysen von Körpergewebe und -flüssigkeiten. 1808 erschien der 1. Band seines *Lärbok i kemien*, das zum maßgeblichen chemischen Standardwerk seiner Zeit werden sollte. Viele seiner wichtigen Forschungen führte Berzelius im Zusammenhang mit der Niederschrift seines Lehrbuchs aus. 1812 erschien der 2. Band seines Lehrbuches, der 3. Band dann 1818 (die Bände IV–VI unter dem Titel *Lärbok i Organiska Kemien*, 1827–30). Während der Arbeit veröffentlichte Berzelius seine Resultate in zahlreichen Aufsätzen in den *Afhand-*

lingar i fysik, einem 1806 von Hisinger gegründeten Journal, das Berzelius zeitweise herausgab und das bis 1818 in sechs Bänden erschien. Sein Lehrbuch erschien in zahlreichen Auflagen und Übersetzungen, von denen insbesondere die Übersetzung Wöhlers sehr dazu beitrug, seine Arbeiten und Vorstellungen international bekannt zu machen.

Werk(e):
Von Berzelius stammen etwa 200 Aufsätze und Buchpublikationen. Eine umfangreiche Bibliographie aller Schriften von Berzelius und eines großen Teils der Sekundärliteratur zu Berzelius wurde von A. Holmberg vorgelegt: Bibliografi över Berzelius, Uppsala/Stockholm, Bd. I 1933, Supplement 1 1936, Suppl. II 1953, Bd. II 1936, Suppl. 1953; die wichtigsten Werke werden auch von J. R. Partington in seinem sehr ausführlichen Beitrag zu Berzelius aufgeführt, s. A History of Chemistry, Bd. 4 (1964) 142–177. Von Berzelius liegt auch eine Autobiographie vor, die manche interessante Details zu seinem Leben enthält, auf die hier nicht eingegangen werden konnte, zu seinen Arbeiten und Publikationen aber keine genaueren Angaben macht: J. Berzelius: Selbstbiographische Aufzeichnungen, hrg. von H. G. Söderbaum nach der Übersetzung von Emilie Wöhler bearbeitet von Georg Kahlbaum (1903).

Sekundär-Literatur:
Söderbaum, H. G.: Berzelius, Werden und Wachsen 1779-1821 (1899); Prandtl, W.: Humphry Davy, Jöns Jakob Berzelius (1948); Partington, s.o.; Jorpes, J. E.: Jacob Berzelius, His Life and Work (1966); Hartley, H.: The Place of Jöns Jakob Berzelius in the History of Chemistry, in: ders., Studies in the History of Chemistry (1971) 134–52.

Friedrich Wilhelm Bessel
Jürgen Hamel

Bessel, Friedrich Wilhelm,
deutscher Astronom,
* 21. 6. 1784 Minden,
† 8. 4. 1846 in Königsberg (heute Kaliningrad, Russland).

Bessel gehört zu den bedeutendsten Astronomen der Geschichte. Er förderte durch seine Untersuchungen die Steigerung der Beobachtungsgenauigkeit astronomischer Beobachtungen, maß die erste Entfernung eines Fixsterns, bestimmte Größe und Abplattung der Erde, schuf neue Sternverzeichnisse und initiierte neue Sternkarten, entwickelte die erste physikalische Kometentheorie und begründete die »Astronomie des Unsichtbaren«.

Bessel wurde am 21. Juni 1784 in Minden geboren (so die Eintragung im Kirchenbuch, er selbst gab den 22. Juli an). Sein Vater, Beamter eines Justizkollegiums, vermochte seinen drei Söhnen und sechs Töchtern nur mit Schwierigkeiten eine solide Schulbildung zu gewähren. Unter seinen Altersgenossen tat sich der Gymnasiast nicht hervor. Bessel war zwar ein aufgeweckter Knabe, Anregungen des Schulunterrichts aufnehmend und darüber hinaus an allerlei Dingen interessiert, doch verließ er das Gymnasium mit 14 Jahren, weshalb an eine höhere Laufbahn nicht zu denken war. Er trat mit einem Siebenjahresvertrag als Kaufmannslehrling in ein angesehenes Bremer Handelshaus ein, sich in die Welt der Warenbewegung vertiefend. Sein Drang, zu wissen, was hinter den Dingen steckt, die er im Comptoirbuch zu verzeichnen hatte, führte ihn zur Warenkunde, ließ die Frage nach der Herkunft der Produkte entstehen. Damit trat die Seefahrt in Bessels Gesichtskreis, um zu diesen Ländern als Warenbegleiter zu gelangen, schienen ihm Kenntnisse der Geographie, der englischen Sprache, schließlich der Navigation nützlich. Also vertiefte er sich nacheinander in diese Dinge und war bald beim astronomischen Problem der geographischen Ortsbestimmung, dem eigenen Versuch der Herstellung eines Sextanten und der Beobachtung des Himmels mit einem kleinen Fernrohr sowie der mathematischen Berechnung astronomischer Ereignisse. Der Erfolg spornte ihn an, und damit war schrittweise der Übergang zur Astronomie vollzogen – alles in seiner karg bemessenen Freizeit, neben dem Dienst im Handelshaus, der täglich, außer sonntags, von 8 bis 20 Uhr ging.

Es war nicht angeborenes Genie, nicht Bevorzugung der Geburt, sondern die Freude am Wissen, die in dem jungen Lehrling die Kraft weckte, sich mit Konsequenz weiterzubilden und die Lücken seines Wissens zu schließen. Bald gelang es Bessel, über kleine Versuche hinauszugehen und zu wirkli-

F.W. Bessel nach einem Ölgemälde aus dem Jahre 1839

cher Wissenschaft zu kommen. Der Anlass ergab sich 1804, als Bessel aus eigenem Antrieb die schwierige Aufgabe übernahm, mit Hilfe neu aufgefundener Beobachtungen des Halleyschen Kometen in seiner Erscheinung von 1607 dessen Bahn zu berechnen. Dies gelang ihm so hervorragend, dass der Bremer Arzt und Astronom H. W. ↗ Olbers, dem Bessel seine Resultate mit Herzklopfen überreichte, begeistert war. Damit war Bessel für die Astronomie gewonnen, obwohl noch verschiedene Hürden zu überwinden waren, um ihn schließlich 1806 als Observator an die Sternwarte Johann Hieronymus Schroeters in Lilienthal bei Bremen zu bringen. Dort widmete er sich zunächst weiter der Kometenastronomie. Im Jahre 1810 wurde Bessel an die gerade reorganisierte Königsberger Universität berufen. Die Berufung war nicht problemlos, da Bessel keinen akademischen Grad besaß, ja nicht einmal die formale Hochschulreife hatte. Die Probleme wurden gelöst, nachdem ihm mit Hilfe von C. F. ↗ Gauß die Doktorwürde der Göttinger Universität zuerkannt wurde. Als Direktor der Königsberger Sternwarte und Professor der Astronomie wirkte Bessel bis zu seinem Tode im Jahre 1846.

Während die Königsberger Sternwarte noch im Bau war, widmete sich Bessel einer Aufgabe, die allein ihn in die Reihe der großen Astronomen geführt hätte: Bereits 1807 hatte er auf Anraten von Olbers begonnen, sich mit den Beobachtungen J. ↗ Bradleys zu befassen. Er erkannte deren herausragende Genauigkeit und leitete aus ihnen neue, stark verbesserte Werte für die Präzession (eine Verschiebung der Sternörter infolge der Drehung der Rotationsachse der Erde im Raum), Refraktion (Brechung des Sternenlichtes in der Erdatmosphäre), Nutation (kurzzeitige geringe Schwankungen der Erdrotationsachse) und Aberration ab. Diese fundamentalen astronomischen Konstanten, deren Beträge die am Fernrohr unmittelbar gewonnenen Sternpositionen verfälschen, waren damals nur unzureichend bekannt. Seine Ergebnisse fasste er in den 1818 erschienenen *Fundamenta Astronomiae* zusammen, den *Grundlagen der Astronomie* – ein Titel, der fast anmaßend klänge, wäre er nicht durch den Inhalt vollständig gerechtfertigt.

Die so gesteigerte Genauigkeit der Positionsbestimmung von Sternen ließ in der Folge Effekte zutage treten, die zuvor innerhalb der Fehlergrenzen der beobachteten Werte lagen. Als Bessel die Örter der hellen Sterne Sirius und Procyon (Sternbild Großer bzw. Kleiner Hund) bestimmte, fiel ihm auf, dass sich die Eigenbewegung dieser Sterne eigenartig veränderte. Nach verschiedenen Erklärungsversuchen kam Bessel zu dem Ergebnis, dass dieser Effekt auf eine unbekannte Masse zurückgeführt werden müsse. Nach seiner Ansicht sollten beide Sterne Doppelsterne bilden, deren jeweils eine Komponente unsichtbar sei. Da Bessel die Existenz von Riesen- und Zwergsternen noch unbekannt war, postulierte er das Vorhandensein nicht leuchtender Körper in der Fixsternwelt. Diese Annahme wurde in der Fachwelt heftig und kontrovers diskutiert. Bei dem Test eines großen Fernrohrobjektivs konnte jedoch 1862 der vorausgesagte Siriusbegleiter und weitere 24 Jahre später auch der des Procyon entdeckt werden. So wurde Bessel zum Begründer der »Astronomie des Unsichtbaren«.

Um 1700 hatte sich die heliozentrische Astronomie durchgesetzt. Doch fehlte immer noch der letzte, entscheidende Beweis für die Erdbewegung – die Parallaxe wollte sich nicht an einer Verschiebung der Gestirnsörter nachweisen lassen. Bessel erkannte die Ursache der Jahrhunderte langen Misserfolge bei der Parallaxenbestimmung. Sie lagen zum einen in der nicht ausreichenden Genauigkeit der Instrumente, zum anderen in der unglücklichen Wahl der Objekte. Denn die damals allgemein anerkannte Voraussetzung, dass hellere Sterne auch die nächstgelegenen seien, ist nicht zutreffend. Somit haben die helleren Sterne auch nicht unbedingt die größten Parallaxen und die Beobachtung dieser Sterne nicht zwangsläufig die beste Erfolgsaussicht. Ein neues Kriterium fand Bessel in den Eigenbewegungen der Sterne. Sterne mit großer Eigenbewegung müssen uns näher stehen als solche mit geringerer Eigenbewegung, gleich, welche Helligkeit sie auch haben. Die Auswahl naher Objekte war in Anbetracht der Kleinheit des zu erwartenden Winkels von grundsätzlicher Bedeutung.

Schon 1812 wurde Bessel auf den Stern 61 Cygni (Sternbild Schwan) aufmerksam, den er aus den Beobachtungen Bradleys als Stern mit der größten Eigenbewegung kannte. Er schloss, dass uns dieser Stern näher als die anderen sein müsse. In jedem Jahr verändert 61 Cygni seine Position um $5''$, was in 360 Jahren einen Vollmonddurchmesser ausmacht. Sehr bald nahm Bessel eigene Beobachtungen dieses Sterns zur Parallaxenfindung auf. Diese blieben jedoch ohne Erfolg – genauso wie die Beobachtungen am Cassiopeiae, der gleichfalls ein Stern mit großer Eigenbewegung ist. Dass Bessels Bemühungen zunächst scheiterten, kann aus heutiger Sicht kaum verwundern, da die Vermessung des Weltalls nicht nur von den Bemühungen der Astronomen abhängt. Neue, präzisere Instrumente waren notwendig, um die äußerst geringen Quantitäten der Parallaxen zu messen. Dies war schließlich mit einem Spitzenerzeugnis der Feinmechanik aus der Werkstatt J. v. ↗ Fraunhofers möglich, dem Heliometer. Das Heliometer ist ein spezielles Fernrohr zur genauen Distanzmessung am Himmel, das von Fraunhofer zur Vollkommenheit gebracht wurde. Das Fraunhofersche Heliometer traf 1829 in der Königsberger Sternwarte ein und fand Aufstellung in einem eigens dafür angebauten Turm. Der Objektivdurchmesser betrug 15,8 cm, die Brennweite 2,60 m, die Montierung war parallaktisch mit Uhrwerksantrieb. Die Besonderheit eines Heliometers besteht darin, dass das um die optische Achse drehbare Objektiv längs des Durchmessers in zwei Hälften geschnitten ist. Beide können entlang des Schnittes gegeneinander messbar verschoben werden. Jede Objektivhälfte erzeugt in der Brennebene ein Bild des Gegenstandes. Sind beide Hälften zu einem einheitlichen Objektiv vereint, erhält man von zwei benachbarten Sternen das gleiche Bild, wie in einem unzerschnittenen Objektiv (d. h., beide Bilder fallen zusammen). In der verschobenen Stellung entstehen zwei Bilder, deren Abstand der Verschiebung der Objektivhälften gemäß ist. Das Königsberger Heliometer gestattete noch die Messung von Abständen bis zu $1°52'$ (etwa 2 Vollmonddurchmesser), wesentlich mehr als mit einem Mikrometer. Die spezielle Einrichtung des Gerätes sowie die äußerst präzise Ausführung (die mit so profanen Aufgaben beginnt wie dem Schneiden eines hochpräzisen Schraubengewindes) erlaubt es, Winkel von $0''{,}05$ sicher festzustellen.

Die systematischen Beobachtungen des Sterns 61 Cygni begannen am 16. August 1837 und erstreckten sich bis zum 2. Oktober des Folgejahres. Der berühmt gewordene Stern bildet ein physisches Doppelsternpaar, d. h., beide Komponenten bewegen sich um einen gemeinsamen Mittelpunkt. Zur Feststellung der Parallaxe maß Bessel den Abstand des optischen Mittelpunktes zwischen den beiden Komponenten relativ zu zwei lichtschwachen Sternchen a und b in der Umgebung von 61 Cygni, von denen wegen ihrer Lichtschwäche angenommen werden konnte, dass sie zu weit entfernt stehen, um eine merkliche Parallaxe zu zeigen. Zur direkten Messung verschob Bessel jeweils eine der Objektivhälften so, dass einer der Vergleichssterne genau in der Mitte zwischen den Komponenten von 61 Cygni zu stehen kam. Vorausgesetzt, dass die Parallaxe messtechnisch zugänglich sei, musste sie sich in einer charakteristischen Schwankung der Abstände von 61 Cygni zu den Vergleichssternen äußern.

Um Instrumentenfehler auszuschließen, maß Bessel wechselnd durch Verschiebung beider Objektivhälften. Der Anschluss an Vergleichsstern a wurde 85-mal, der an b 98-mal durchgeführt. Jede dieser Messungen ist wiederum das Resultat von gewöhnlich 16 Bestimmungen, so dass den aus diesen Beobachtungen abgeleiteten Resultaten etwa 2 900 Messwerte zugrunde liegen. Nach einer ausführlichen Fehlerdiskussion veröffentlichte Bessel 1838 sein Ergebnis für die Parallaxe von 61 Cygni: $0''{,}3136$ (mit einem wahrscheinlichen Fehler von $0''{,}0202$). Diesem Parallaxenwert entspricht eine Entfernung von 10,28 Lichtjahren. Mit Unterstützung eines seiner Schüler führte er die Messungen bis zum März 1840 zum Ergebnis einer Entfernung von 9,25 Lichtjahren. Mit modernen Methoden wurde der heute gültige Wert von $0''{,}292$ gemessen, entsprechend einer Entfernung von rd. 11 Lichtjahren.

Nachdem sich fast 300 Jahre viele Astronomengenerationen um die Parallaxe bemüht hatten, fand sie Bessel im ersten Anlauf mit einer zunächst nur 14-monatigen Messreihe! Das ihm zur Verfügung stehende hervorragende Instrument ermöglichte es, Qualität über Quantität zu stellen, die äußerst hohe Messgenauigkeit ersetzte langjährige Beobachtungen; hinzu kommt die gewissenhafte Auswertung der Daten.

Nach den vielen Fehlschlägen kam nicht nur Bessel zum Erfolg. Zeitlich parallel und unabhängig voneinander gelang auch die Messung der Parallaxe zweier anderer Sterne: Im November 1835 hatte der Direktor der Sternwarte Dorpat (Tartu), F. G. W. ↗ Struve, eine Messreihe begonnen, um die Parallaxe von Wega, des hellsten Sterns am nördlichen Fixsternhimmel, festzustellen. Die bis August 1837 fortgesetzten Beobachtungen ergaben $0''{,}2613$, entsprechend 12,1 Lichtjahren. Im Unterschied zur Besselschen Bestimmung bei 61 Cygni, die später nur noch wenig korrigiert werden musste, war die Entfernung von Wega noch zu verbessern, denn von ihm trennen uns in Wirklichkeit 27 Licht-

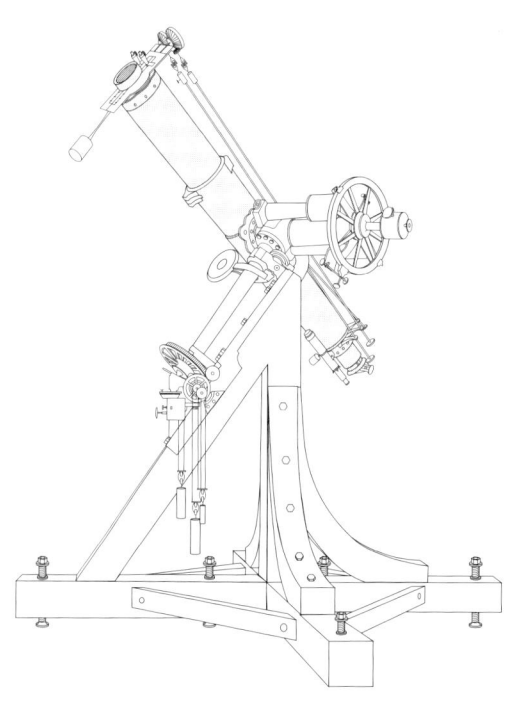

F.W. Bessel: Das Königsberger Heliometer aus der Werkstatt J. v. Fraunhofers

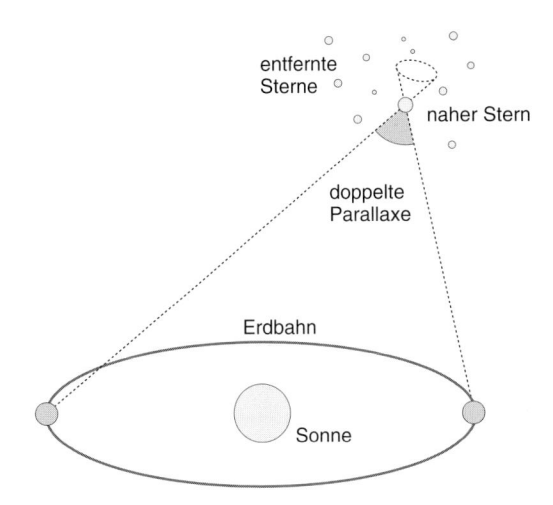

F.W. Bessel: Die Parallaxe ist der Winkel, unter dem der Radius der Erdbahn von einem bestimmten Stern aus erscheint, bzw. die doppelte Winkeldifferenz der Position eines Sterns von zwei entgegengesetzten Orten der Erde auf ihrer Jahresbahn gemessen

jahre. Als dritte Angabe einer Sternentfernung wurde 1839 der Parallaxenwert von α Centauri durch den schottischen Astronomen Th. ↗ Henderson publiziert. Henderson hatte diesen hellen Stern des Südhimmels am Kap der Guten Hoffnung beobachtet. Die Parallaxe ergab sich zu $0''{,}98$ (statt $0''{,}756$). Später erwies sich α Centauri als der zweite Nachbar der Sonne im Weltall mit einer Entfernung von 4,3 Lichtjahren.

Für die Frühgeschichte der Entfernungsmessung im Weltall ist bemerkenswert, dass sowohl Bessel als auch Struve ihre Untersuchungen mit Instrumenten Fraunhofers durchführten. Nach den drei Erstmessungen ging es auf diesem Gebiet nur langsam voran. Zehn Jahre nach Bessel waren Parallaxen von 11 Sternen bekannt, 1882 waren es 34, 1895 etwa 90 Objekte. Die Ursache für diese relativ langsame Entwicklung ist vor allem darin zu suchen, dass die beschriebene trigonometrische Methode nur bei relativ nahen Objekten durchführbar ist. Die Parallaxen weiter entfernter Sterne sinken rasch unter die Nachweisgrenze.

War die Suche nach der Parallaxe anfangs als empirischer Beweis für das copernicanische Weltsystem von Bedeutung, trat dieser Aspekt später in den Hintergrund. Die Begeisterung über den Erfolg war dennoch allgemein. Tatsächlich boten die Parallaxenmessungen erstmals Gelegenheit, über das Planetensystem hinaus die Dimensionen des Weltalls zu erforschen. Ein Anfang war gemacht, die Möglichkeit der Erforschung der Sternentfernungen war demonstriert. Dennoch dauerte es noch einmal 80 Jahre, bevor die Astronomen lernten, gestützt auf völlig neuartige Methoden der Ent-

fernungsbestimmung, die Struktur des Kosmos bis in Dimensionen zu erforschen, die den Raum unseres Milchstraßensystems überschreiten. Schließlich ist die Kenntnis der Entfernung eines Sterns unerläßliche Grundlage für eine physikalische Erforschung der Himmelskörper, wie dies seit den 60er-Jahren des 19. Jahrhunderts begonnen werden konnte.

Die Kenntnis der Sternörter blieb im 19. Jahrhundert eine bedeutende Aufgabenstellung. Im Jahre 1801 veröffentlichte J. E. ↗ Bode seine *Uranographia* mit einem Katalog der Positionen von 17 240 Sternen. Im Jahr zuvor hatte F. X. ↗ Zach den Vorschlag unterbreitet, eine umfassende Himmelsdurchmusterung auf kollektiver Basis zu unternehmen. Wenn es darauf zu ersten organisatorischen Schritten kam, standen der praktischen Durchführung zunächst unüberwindliche Hindernisse im Weg. K. L. Harding, Bessels Vorgänger als Observator an der schroeterschen Sternwarte und später Professor für Astronomie in Göttingen, begann wenig später mit den Beobachtungen für den *Atlas novus coelestis*, enthaltend Sterne bis zur 9. Größenklasse. Schon während der Ausarbeitung der Sternkarten erwies sich mehrfach ihr großer Nutzen im Zusammenhang mit der Entdeckung der ersten Planetoiden seit 1801. Die Schlussfolgerung aus diesen Entdeckungen, es müsse noch mehr Mitglieder unseres Planetensystems geben, fand immer größeren Widerhall. Doch über die Schwierigkeiten, unter dem Gewimmel der Sterne geringerer Größe einen Lichtpunkt aufzufinden, der sich durch seine Bewegung als Körper unseres Sonnensystems zu erkennen gibt, täuschte man sich nicht. Abhilfe konnte nur durch die genaue Kenntnis des Fixsternhimmels geschaffen werden, also durch Fixsternverzeichnisse und Karten.

Dieses Vorhaben nahm Bessel im Sommer 1821 in Angriff. Für die Deklinationszone $+15°$ bis $-15°$ begann er, alle Sterne bis etwa zur 9. Größenklasse herab mit einem Meridiankreis zu beobachten. Methodisch ging er so vor, dass er das streng in Nord-Süd-Richtung justierte Gerät auf eine bestimmte Deklination ausrichtete und alle Sterne, die wegen der scheinbaren täglichen Drehung des Fixsternhimmels um die Erde durch das Blickfeld zogen, registrierte. Unterstützung fand er durch seinen damaligen Gehilfen F. W. ↗ Argelander. Im Ergebnis dieser Durchmusterung wurden die Örter von etwa 32 000 Sternen bestimmt.

Aus seinen Zonenbeobachtungen verfertigte Bessel unter Hinzuziehung von Sternkatalogen aus Paris und Palermo für einen kleinen Himmelsausschnitt eine Sternkarte und sandte sie als Probeblatt an die Berliner Akademie der Wissenschaften. Bessel wollte damit ein umfassendes Projekt zur Herstellung von Sternkarten ins Leben rufen. Er hatte Erfolg. Die Akademie unterstützte den Plan sowie die von Bessel in einer Denkschrift dargelegten Arbeitsprinzipien und berief eine verantwortliche Kommission, der u. a. J. F. ↗ Encke und Bessel selbst angehörten. Im November 1825 erschien der Aufruf zur Teilnahme an der Bearbeitung der *Akademischen Sternkarten* zusammen mit Bessels Probekarte. »Dergleichen Karten werden also, ausserdem dass eine so genaue Kenntniss des Himmels ein eigenthümliches Interesse gewährt und viele astronomische Beobachtungen erleichtert, auch das wahre Mittel darbieten, die Kenntniss unseres Sonnensystems durch Entdeckung neuer Planeten zu erweitern; sie werden diese sogar sicher herbeiführen können, während ohne specielle Himmelskarten nur ein günstiger Zufall die Auffindung veranlassen kann.« (Bessel, F.W. 1875-76, Bd. 2, S. 275)

Weiterhin führt Bessel das Argument ins Feld, man verfüge mit Hilfe der Karten stets über genügende Vergleichssterne zur Ortsbestimmung von Kometen und sei in der Lage, Eigenbewegungen von Sternen festzustellen. Wegen des immensen Aufwands, den die Arbeiten an den Sternkarten erforderten, verzögerte sich die Fertigstellung wieder und wieder. Erst 1859 konnten sie komplett als *Akademische Sternkarten für den Gürtel des Himmels von 15° südlicher bis 15° nördlicher Abweichung nach Bessels Vorschlag, entworfen von verschiedenen Astronomen* erscheinen. Sie wurden ein internationales Unternehmen, an dem neben Astronomen aus Berlin, Leipzig, Göttingen und München auch Fachkollegen in Russland, Italien, Österreich, Ungarn und England beteiligt waren. Schon während der Ausarbeitung erwies sich spektakulär, wie berechtigt die Vermutung Bessels war, die Karten würden bei der Auffindung neuer Planeten eine große Hilfe sein, als 1846 ein gerade fertig gewordenes Blatt die rasche Entdeckung des Neptun ermöglichte. Bessel dehnte seine Zonenbeobachtungen dann bis zur Deklination von +45° auf 75 000 Sterne aus. Ihre Fortsetzung fanden die Besselschen Sternverzeichnisse in der *Bonner Durchmusterung* des Bessel-Schülers Argelander, der bei dieser gewaltigen Aufgabe seine bei Bessel erworbenen Fähigkeiten eindrucksvoll zeigen konnte.

Die großen Errungenschaften bei der Verbesserung der Beobachtungsgenauigkeit sowie der Untersuchung der astronomischen Instrumente auf systematische Fehler führten Bessel dazu, ein Programm der astronomischen Forschung abzuleiten: »Was die Astronomie leisten muss, ist zu allen Zeiten gleich klar gewesen: sie muss Vorschriften ertheilen, nach welchen die Bewegungen der Himmelskörper, so wie sie uns, von der Erde aus, erscheinen, berechnet werden können. Alles was man sonst noch von den Himmelskörpern erfahren kann, z. B. ihr Aussehen und die Beschaffenheit ihrer Oberflächen, ist zwar der Aufmerksamkeit nicht unwerth, allein das eigentlich astronomische Interesse berührt es nicht. Ob die Gebirge des Mondes so oder anders gestaltet sind, ist für den Astronomen nicht interessanter, als die Kenntnis der Gebirge der Erde für den Nicht-Astronom ist: ob Jupiter dunkle Streifen auf seiner Oberfläche zeigt oder gleichmässig erleuchtet erscheint, reizt eben so wenig die Wissbegierde des Astronomen, und selbst die vier Monde desselben interessieren ihn nur durch die Bewegungen, welche sie haben. – Die Bewegungen aller Himmelskörper so vollständig kennen zu lernen, dass für jede Zeit genügende Rechenschaft davon gegeben werden kann, dieses war und ist die Aufgabe, welche die Astronomie aufzulösen hat.« (Bessel, F.W. 1848, S. 5-6) Das Programm gründete vor allem auf den großen Erfolgen der Positionsbestimmung der Sterne und den ausgefeilten Methoden der Berechnung der Planetenbahnen, schloss jedoch die bald nach Bessels Tod mit Spektralanalyse und Photometrie begründete Astrophysik aus.

Den Kometen hatte sich Bessel schon sehr früh zugewandt. Die 1835 mit Spannung erwartete Wiederkehr des Halleyschen Kometen gab Gelegenheit, auf dieses Thema zurückzukommen. Erstmals fiel die Wiederkehr in die Zeit der Verfügbarkeit hochentwickelter astronomischer Präzisionsinstrumente und eines weltweit dichten Netzes von Sternwarten. Die Entdeckung gelang am 5. August 1835. Wegen der größtenteils weit südlich verlaufenden Bahn und wegen ungünstiger Witterung waren Bessels Beobachtungsbedingungen nicht gerade optimal. Während an manchen Observatorien noch im Mai 1836 sein Lauf verfolgt werden konnte, sah er den Kometen lediglich im August und Oktober des Entdeckungsjahres. Doch seine Beobachtungen reichten aus, um Material in die Hand zu bekommen, das insbesondere wichtige Schlussfolgerungen zur physikalischen Theorie der Kometen ermöglichte. Bessel verfolgte mit besonderer Aufmerksamkeit die verschiedenen Formen des Kometenschweifes. Zwar hatte sich schon I. ↗ Newton mit einer morphologischen Theorie der Kometenschweife befasst, doch darf man Olbers und vor allem Bessel als die eigentlichen Begründer einer physikalischen Kometentheorie bezeichnen. Frühere Beobachter beschränkten sich meistens auf die Beschreibung des Aussehens der Kometen, ohne sich über dessen Ursachen Gedanken zu machen.

Bessel nahm an, dass Kometen aus einer Ansammlung feinster Teilchen bestehen, denen nur eine geringe Wärmemenge fehlt, um sich verflüchtigen zu können. Unter dem Einfluss der Sonne treten zunächst Teilchen aus, deren Bewegungsrichtung entgegengesetzt zur Kometenbahn ist. Sehr bald, so vermutete Bessel, werden diese abgelenkt und in die Form des von der Sonne abgewendeten

Schweifes gedrängt. Nach Bessels Theorie ist die Schweifentstehung nicht allein aus der Gravitationskraft erklärbar (die ja in Richtung auf die Sonne wirkt), sondern erfordert die Annahme einer entgegengesetzt wirkenden »Polarkraft«, die er in Analogie zum Magnetismus und zur Elektrizität setzt. Die Abbeugung erfolgt durch das Eintreten der aus dem Kometenkopf abgelösten Teilchen in einen Raum, der mit der Sonne »feindlich polarisierter Materie« erfüllt ist, wodurch auch die Kometenpartikel eine solche Polarisierung erhalten. Diese Theorie war imstande, die wichtigsten Erscheinungen des Kometenschweifes zu erklären. Später wurde sie von F. ↗ Zöllner weiterentwickelt.

Die Grundzüge der Besselschen Kometentheorie haben sich in der Geschichte der Wissenschaften bewährt, Details wurden selbstverständlich korrigiert. Nach heutigen Vorstellungen besteht der Kopf des Kometen aus gefrorenen Gasen mit eingelagerten festen Staubpartikalen. Nähern sich die Kometen der Sonne, wird das Eis oberflächlich geschmolzen und verdampft im Vakuum des interplanetaren Raumes. Zusammen mit den Staubteilchen bildet das Gas einen mehr oder weniger gut ausgebildeten Schweif. Dessen Form entsteht unter dem Einfluss solarer Wellen- und Teilchenstrahlung. Die Wirkung der Repulsivkräfte, die sich Bessel als doppelt so stark wie die Gravitation dachte, wurde von ihm erheblich unterschätzt, denn im Mittel nehmen sie den 200-fachen Wert der auf die Schweifteilchen wirkenden solaren Gravitation an, im Extremfall sogar den 1000-fachen Wert.

Über mehrere Jahre hinweg, zwischen 1831 und 1838, beschäftigte sich Bessel in Verbindung mit dem Geodäten J. J. Baeyer mit der »Ostpreußischen Gradmessung«. Mit deren Hilfe konnte im Anschluss an die Landesvermessungen in Preußen, Frankreich, England, Österreich und Dänemark sowie Russland ein großer Teil Europas mit einem lückenlosen Netz von Dreiecksketten überzogen werden. Aus diesen Messungen sowie einigen anderen Triangulationsunternehmen bestimmte Bessel 1840 die Größe und Figur der Erde mit dem Äquatorradius zu 6377,4 km und die Erdabplattung zu 1/299 (heutige Werte etwa 6378 km bzw. etwa 1/298). In dieser Zeit wurde Bessel zudem damit beauftragt, das preußische Maßsystem neu zu ordnen, was neben vielfältigen Untersuchungen zur Herstellung eines neuen Urmaßstabes (Endflächenmaß des Fußmaßes) führte. Bessels Arbeiten erlangten 1839 gesetzliche Gültigkeit, bis sie 1868 mit dem Übergang zum Metermaß als gesetzlicher Maßeinheit im Norddeutschen Bund abgelöst wurden.

Bessel lebte in einer politisch sehr bewegten Zeit – er erlebte die Befreiungskriege gegen Napoleon, die revolutionären Ereignisse in Paris, die Anfänge der bürgerlichen Revolution in Deutschland. Im Jahre 1845 nahm er in einem Artikel in der *Königsberger Zeitung* unter dem Titel *Überbevölkerung* gegen die Bevölkerungstheorie von T. R. Malthus Stellung. Es gebe keine Überbevölkerung, die ständig durch Kriege, Hunger und Elend dezimiert werden müsse, sondern man kann nur von einer relativen Überbevölkerung sprechen, relativ zu den eingeschränkten ökonomischen Möglichkeiten der »Vermehrung der Arbeit« durch Ausweitung des Handels und des Handwerks sowie der Erhöhung der Erträge der Landwirtschaft. Bessel kommt zur Überzeugung, dass die Abhilfe vom Übel der Armut nur durch ökonomische Veränderungen zu schaffen ist und nicht durch Appelle an die Menschlichkeit der besitzenden Stände. Nach Bessels Meinung hat die Wissenschaft die humanistische Aufgabe, die Wohlfahrt der Bevölkerung, der Bauern, der Handwerker und anderer zu heben, um so allen Menschen ein würdiges Dasein zu ermöglichen. Durch die Wissenschaft sollen die Menschen zu vermehrter Produktion befähigt werden. Bessels Gedanken führten zur Idee einer populärwissenschaftlichen Zeitschrift, eines »Pfennigmagazins« zur Volksaufklärung, das die »Intelligenz« aller Gewerbe zu heben vermag.

Bessel war für die Entwicklung der Astronomie der 1. Hälfte des 19. Jahrhunderts von zentraler Bedeutung. W. ↗ Foerster, der weit über die Astronomie hinaus bedeutende Direktor der Berliner Sternwarte, bezeichnete ihn später als »die epochemachende Kraft, als den eigentlichen Begründer der hohen, strengen Messungskunst in fast allen Gebieten der Forschung und exakten Praxis und zugleich als produktiven Denker von höchster ordnender Klarheit auf dem Felde astronomischer Theorie bis hinein in die reine Mathematik« (Foerster, W. 1896, S. 214). Doch auch in seiner Persönlichkeit tritt uns Bessel als überaus warmherziger Mensch entgegen, familiär, vielseitig interessiert und tief gebildet, stets neidlos die Leistungen anderer anerkennend, stets um die Förderung junger Gelehrter bemüht und frei von jedem Standesdünkel.

Werk(e):
Fundamenta Astronomiae (1818); Populäre Vorlesungen über wissenschaftliche Gegenstände, hrg. H. C. Schumacher (1848); Briefwechsel zwischen W. Olbers und F. W. Bessel, hrg. A. Erman, 2 Bde. (1852); Abhandlungen, 3 Bde. (1875–1876); Recensionen, hrg. R. Engelmann (1878); Briefwechsel zwischen Gauss und Bessel (1880); Briefwechsel zwischen Alexander von Humboldt und Friedrich Wilhelm Bessel, hrg. H.-J. Felber (1994, Beiträge zur Alexander-von-Humboldt-Forschung, 10);

Sekundär-Literatur:
Hamel, J.: Friedrich Wilhelm Bessel (1984); Foerster, W.: Wissenschaftliche Erkenntnis und sittliche Freiheit (1896); Lawrynowicz, K.: Friedrich Wilhelm Bessel 1784–1846 (1995, Vita mathematica 9); Repsold, J. A.: Friedrich Wilhelm Bessel, Astronomische Nachrichten 210 (1919) 161–214.

Bessemer, Sir Henry,
englischer Ingenieur,
* 19. 1. 1813 Charlton (Hertfordshire),
† 15. 3. 1898 London.

Bessemer war ein vielseitiger Erfinder, der Verbesserungen u. a. für die Eisenbahn, den Schiffsbau, die Artillerie, die Glasindustrie, die Malerei und für die Stahlindustrie in über 100 Patenten niederlegte. Seine bedeutsamste Erfindung ist die »Bessemer Birne«, ein Konverter zur Umwandlung von Gusseisen in Stahl in einem Schnellverfahren. Dieser Konverter ermöglichte erstmals die Massenerzeugung von Flussstahl.

H. Bessemer

Bessemer sammelte in der Werkstatt seines Vaters, eines Ingenieurs und Schriftgießers, für seine spätere Erfindertätigkeit wichtige Erfahrungen und Eindrücke. So erlernte er hier nach der Schulausbildung u. a. den Umgang mit flüssigen Metallen. Schon frühzeitig trat er mit Erfindungen auf verschiedenen Gebieten hervor: Er entwickelte galvanische Überzüge für Medaillons und Legierungen für Stempel, verbesserte eine Schriftsetzmaschine und fand eine noch heute praktizierte Methode, um Bleistiftminen aus natürlichem Graphitstaub herzustellen. Als er 1840 für seine Schwester mit Goldtinte eine Kalligraphie anfertigte, war er über den ungewöhnlich hohen Preis des als Farbpigments in dieser Tinte eingesetzten Bronzepulvers überrascht. Das Bronzepulver stammte aus Deutschland, wo es in Handarbeit hergestellt wurde. Bessemer entwickelte ein wesentlich billigeres mechanisches Verfahren zur Herstellung von Bronzepulver mit Goldglanz und nahm unter strengster Geheimhaltung mit drei Brüdern seiner Frau in seinem Haus in St. Pancras (London) die Produktion mit einer neu entwickelten Maschine auf. Es gelang ihm, den Prozess über 35 Jahre geheim zu halten und eine marktbeherrschende Stellung zu behaupten.

Die mit dem Bronzepulver erzielten Einkünfte bildeten die materielle Grundlage für weitere Experimente. Er entwickelte eine hydraulische Maschine zur verbesserten Zuckergewinnung aus Rohrzucker und beschäftigte sich mit Geschossen für Kanonen. 1854 beschrieb er in einem Patent erstmals rotierende längliche Geschosse (bis dahin wurden Kugeln als Kanonengeschosse verwendet). Da das britische Kriegsministerium keinerlei Interesse zeigte, verkaufte er seine Idee an Napoleon III. Die damals gebräuchlichen Kanonenrohre hielten jedoch dem Druck der neuen Geschosse nicht stand, und Bessemer begann deshalb, nach einem verbesserten Material für die Kanonen zu suchen. Er fand ein solches Material in dem durch Entkohlung von flüssigem Roheisen durch Einblasen von Luft (Windfrischverfahren) erzeugten Flussstahl. Beim Einblasen der Luft wird der größte Teil des Kohlenstoffs zu gasförmigem Kohlenmonoxid verbrannt; die Verbrennungsprodukte weiterer Nebenbestandteile fallen als Oxidschlacke an. Die bei der Verbrennung freiwerdende Wärme verhindert ein Erstarren des flüssigen Eisens. Bessemer fand auch, dass beim Windfrischen gebildetes Eisenoxid, das den Stahl brüchig machen würde, durch Zusatz einer Eisen-Mangan-Legierung entfernt werden kann. (Die als Spiegeleisen oder Ferromangan bekannten Legierungen waren zu der Zeit gerade von Robert Forester Mushet entwickelt worden.) Das erste Patent für das später nach ihm benannte Verfahren zur Erzeugung von Flussstahl erhielt Bessemer 1855. 1856 entwickelte er den für dieses Verfahren geeigneten Konverter – ein um eine Mittelachse drehbares, mit einem Quarz-Ton-Material feuerfest ausgemauertes und mit einem Gebläse versehenes sechs Meter hohes birnenförmiges Gefäß, das als »Bessemer Birne« bekannt wurde. 1859 gründete Bessemer in Sheffield gemeinsam mit seinem Schwager die Stahlwerke Henry Bessemer and Company zur Stahlproduktion und zur Vergabe von Lizenzen. Zwischenzeitliche Geschäftsverluste konnten mehr als kompensiert werden, nachdem Bessemer erkannte, dass sein Verfahren ein siliziumreiches Roheisen als Ausgangsstoff erfordert, phosphorreiches Eisen mit diesem Verfahren jedoch nicht verarbeitet werden kann. Die Beteiligung an der Weltausstellung in London 1862 führte zu einem geschäftlichen Durchbruch für die Bessemer Stahlwerke.

Nachdem Bessemer sein Verfahren der Stahlerzeugung zum Erfolg geführt hatte, setzte er seine erfinderische Tätigkeit auf den verschiedensten Gebieten fort. Er konstruierte einen Sonnenofen, ein astronomisches Teleskop sowie Maschinen zum Schleifen von Diamanten, die dazu beitrugen, dieses Handwerk wieder in London zu etablieren. Ab 1869 betrieb Bessemer mit viel Energie die Entwicklung einer ruhigen, auch bei hohem Seegang nicht schlingernden Schiffskabine, da er auf seinen früheren Reisen nach Frankreich sehr unter der Seekrankheit gelitten hatte. Die von ihm gegründete Bessemer Saloon Ship Company ging jedoch rasch unter, nachdem das in Dienst gestellte und mit dem Prototyp einer solchen Kabine ausgerüstete Dampfschiff sich als manövrierunfähig erwies und auf seiner Jungfernfahrt 1875 bei ruhiger See den Pier in Calais demolierte (was nach Bessemers Beurteilung keinesfalls mit seiner – auch in diesem Fall erfolgreichen – Erfindung im Zusammenhang stand). Bessemer wurde 1871 Präsident des Iron and Steel Institute of Great Britain. Er wurde 1879 geadelt und wurde im gleichen Jahr Mitglied der Royal Society. 1880 wurde er zum Ehrenbürger Londons ernannt. Noch zu seinen Lebzeiten stiftete das Iron and Steel Institute eine goldene Bessemer Medaille, die jährlich für besondere Verdienste im Eisenhüttenwesen verliehen wird. [KPW]

Werk(e):
An Autobiography, von seinem Sohn, Henry Bessemer (1905), mit einem Schlusskapitel versehen.

Betti, Enrico,
italienischer Mathematiker und Physiker,
* 21. 10. 1823 Pistoia,
† 11. 8. 1892 Pisa.

Betti war ein bedeutender Vertreter der algebraischen Topologie.

Betti studierte Mathematik und Physik an der Universität Pisa. Im Jahr 1846 beendete er sein Studium und wurde Assistent an der Universität. Diese Tätigkeit gab er 1848 auf, um aktiv an den italienischen Freiheitskämpfen teilzunehmen, in deren Verlauf er an mehreren Schlachten beteiligt war.

1849 kehrte er in seine Heimatstadt Pistoia zurück und wurde Lehrer an einer Sekundarschule, 1854 wechselte er in gleicher Position nach Florenz. Drei Jahre später wurde er schließlich als Professor für höhere Algebra an die Universität Pisa berufen. Hier blieb er bis zu seinem Tode, zwischenzeitlich auch als Rektor, Parlamentsabgeordneter und Direktor einer höheren Schule tätig.

Bettis bedeutende Beiträge zur Mathematik sind vor allem in der Algebra und der Topologie zu finden. Mit fundamentalen Ergebnissen über die Auflösbarkeit algebraischer Gleichungen durch Radikale verhalf er der Galois-Theorie zur Anerkennung; insbesondere gelang es ihm, einige der von E. ↗ Galois nur angedeuteten Argumente und Konzepte erstmals lückenlos zu beweisen. Bekannt wurde Betti aber vor allem durch seine Untersuchungen zur Topologie. Sein Name ist heute insbesondere durch die nach ihm benannten Betti-Zahlen geläufig, eine Bezeichnungsweise, die vermutlich auf H. ↗ Poincaré zurückgeht. Die Betti-Zahl einer endlich erzeugten Abelschen Gruppe bezeichnet die Anzahl der Elemente unendlicher Ordnung in einer (und damit jeder) Basis dieser Gruppe.

Betti war mit zahlreichen bedeutenden Mathematikern seiner Zeit gut bekannt oder befreundet, u. a. mit B. ↗ Riemann, unter dessen Einfluss er sich um 1863 auch der theoretischen Physik zuwandte. Bereits 1858 hatte er gemeinsam mit Francesco Brioschi und Felice Casorati Göttingen, Berlin und Paris, die mathematischen Zentren im Europa seiner Zeit, bereist, wo er zahlreiche Anregungen für weitere Forschungen und Veröffentlichungen erhielt. Um 1860 erzielte er wichtige Resultate zu elliptischen Funktionen und deren Anwendungen.

Betti war nicht nur ein sehr produktiver Forscher, sondern auch ein sehr aktiver Wissenschaftspolitiker. Gemeinsam mit Brioschi und L. ↗ Cremona gilt er als Begründer der neuen italienischen Mathematikerschule. Außerdem war er ein ausgezeichneter Hochschullehrer; zu seinen Schülern zählen Luigi Bianchi, Ulisse Dini und V. ↗ Volterra. [GW4]

Werk(e):
Lehrbuch der Potenzialtheorie und ihrer Anwendung auf Elektrostatik und Magnetismus (1897).

Sekundär-Literatur:
Brioschi, F.: Enrico Betti, Annali di matematica pura e applicata 20 (1892) 256; Weil, A.: Riemann, Betti and the Birth of Topology, Archive for History of Exact Science 20 (1979) 91–96.

Beuth, Christian Peter Wilhelm Friedrich,
preußischer Gewerbe- und Industriereformer,
* 28. 12. 1781 Cleve,
† 27. 9. 1853 Berlin.

Beuth war einer der wichtigsten preußischen Sozialreformer des frühen 19. Jahrhunderts. Er gab der preußischen Gewerbe- und Industriepolitik modernisierende Impulse und schuf die Grundlagen des technischen Hochschulwesens in Preußen.

Geboren als Arztsohn, nahm Beuth 1798 an der Universität Halle das Studium der Rechts- und Staatswissenschaften auf. Hier wurde sein Denken von den wirtschaftsliberalen Schriften des englischen Nationalökonomen Adam Smith beeinflusst. Seit 1801 in preußischen Staatsdiensten stehend, knüpfte Beuth in den folgenden Jahren enge Kontakte zu Karl August Fürst von Hardenberg, dem führenden Kopf der preußischen Staatsreform. Nachdem Hardenberg 1810 zum preußischen Staatskanzler ernannt wurde, begann auch der Aufstieg Beuths in der preußischen Ministerialbürokratie. Während der Befreiungskriege wurde er in Lüttich mit den Errungenschaften der industriellen

Technik v. a. im Berg- und Hüttenwesen durch die englisch-belgischen Industriepioniere, die Brüder Cockerill, vertraut gemacht. Seit 1814 wurden auf Beuths Initiative unter der Leitung Cockerills Musterfabriken in Berlin, Cottbus, Grünberg und Guben gegründet. Nach mehreren hohen Positionen in der preußischen Verwaltung wurde Beuth 1819 zum Direktor der reorganisierten Technischen Deputation ernannt. Seine wichtigsten und prominentesten Mitarbeiter waren der Chemiker und Technologe Sigismund Friedrich Hermbstädt und der Architekt Karl Friedrich Schinkel. Vorrangiges Ziel der Deputation war die Stimulierung unternehmerischer Eigeninitiative. Als Instrumentarium diente Beuth zum einen die Förderung von technischen Bildungsreisen ins Ausland, zum anderen richtete die Deputation eine Bibliothek sowie eine Modell- und Maschinensammlung ein; seit 1822 wurde dann auch eine Produktensammlung unterhalten. Ergänzend zur Deputation initiierte Beuth 1821 die Gründung des «Vereins zur Beförderung des Gewerbefleißes in Preußen». Der Verein verband Fabrikanten und Gewerbetreibende sowie hohe Beamte; die seit 1822 erscheinenden *Verhandlungen des Vereins...* versorgten Kaufleute, Fabrikanten und Techniker mit wichtigen Anregungen. Diese beiden Institutionen flankierte die ebenfalls 1821 auf Beuths Initiative hin gegründete Technische Gewerbeschule; 1827 ging aus ihr das Gewerbe-Institut hervor. Beuths Einfluss auf die frühindustrielle Gewerbepolitik Preußens drückte sich auch darin aus, dass er 1831 die Leitung der 1799 gegründeten Königlichen Bauakademie übernahm, die er umgehend, seinem pädagogischen Konzept entsprechend, in Allgemeine Bauschule umbenannte.

Zeitlebens blieb Beuth einem eher schulähnlichen technischen Bildungskonzept verhaftet. Als er 1845 aus allen Ämter ausschied, war sein Einfluss auf die Gewerbeförderung bereits gesunken. Hochbetagt verstarb Beuth 1853 in Berlin. Zu diesem Zeitpunkt hatten sich seine Vorstellungen der Gewerbeförderung längst überholt. Beuth bleibt dennoch eine entscheidende, weichenstellende Persönlichkeit der preußischen Frühindustrialisierung.

[TM]

Sekundär-Literatur:
Treue, W.: Christian Peter Wilhelm Friedrich Beuth, in: W. Treue und K. Gründer (Hrg.): Wissenschaftspolitik in Berlin. Minister – Beamte – Ratgeber (1987) 119-134; Matschoß, C.: Preußens Gewerbeförderung und ihre großen Männer (1921).

Beyrich, Heinrich Ernst,
deutscher Geologe und Paläontologe,
* 31. 8. 1815 Berlin,
† 9. 7. 1896 Berlin.

Beyrich entwickelte sich vom kartierenden Geologen zum Organisator und wissenschaftlichen Direktor der Preußischen Geologischen Landesanstalt.

Beyrich studierte von 1831 bis 1835 in Berlin und Bonn Naturwissenschaften, speziell Geologie und Paläontologie. 1835/36 durchwanderte er Deutschland und Teile Frankreichs. 1837 promovierte er mit einer Arbeit über die Fossilien des rheinischen Übergangsgebirges. Von 1838 bis 1840 reiste er durch die Schweiz, Südfrankreich und Italien. Nach der Habilitation 1841 wurde er Privatdozent in Berlin und begann, Kartierungsarbeiten für die preußische geologische Landesaufnahme durchzuführen: 1842 in Schlesien, 1862 in der Provinz Sachsen. Er regte die Erarbeitung der Geologischen Karte Preußens im Maßstab 1 : 25 000 an. 1853 wurde Beyrich Mitglied der Akademie der Wissenschaften zu Berlin, 1856 a.o. Professor der Paläontologie an der Friedrich-Wilhelms-Universität Berlin und 1865 dort Ordinarius für Geologie. 1868 übernahm er die Leitung der geologischen Landesaufnahme Preußens. Bei der Errichtung der Königlichen Preußischen Geologischen Landesanstalt 1875 in Berlin wurde er zu ihrem Wissenschaftlichen Direktor ernannt; erster Direktor wurde Wilhelm Hauchecorne. Beyrich wurde zum neuen Typ eines Geowissenschaftlers: Organisator eines beamteten, wissenschaftlich und praktisch arbeitenden Spezialistenteams. Seine stratigraphischen Forschungsergebnisse konzentrierten sich auf Ammoniten der Trias, Crinoiden des Muschelkalkes und das norddeutsche Tertiär (er schuf die Benennung Oligocän).

1848 wurde auf Anregung Beyrichs die Deutsche Geologische Gesellschaft gegründet, deren langjähriger Präsident er war. Der Internationale Geologen-Kongress in Bologna 1881 beauftragte ihn mit der Leitung der Arbeiten zur geologischen Karte Europas im Maßstab 1 : 1,5 Millionen. Seine wissenschaftsorganisatorische Tätigkeit wurde beispielgebend für den Aufbau staatlicher geologischer Dienste in vielen Ländern.

[PK]

Werk(e):
Konchylien des norddeutschen Tertiärgebirges (1853-1857); Die Crinoiden des Muschelkalk (1857).

Sekundär-Literatur:
Carlé, W.E.H.: Werner – Beyrich – von Koenen – Stille: ein geistiger Stammbaum wegweisender Geologen (1988).

Bezold, Johannes Friedrich Wilhelm von,
deutscher Physiker und Meteorologe,
* 21. 6. 1837 München,
† 17. 2. 1907 Berlin.

Bezold vollbrachte bahnbrechende Leistungen bei der Organisation modernen meteorologischer Beobachtungssysteme.

Bezold studierte Physik an den Universitäten in München und in Göttingen und wurde hier mit einer Inauguraldissertation über die Theorie des Kondensators 1860 promoviert. Im Sommer 1861 habilitierte er sich als Privatdozent am physikalischen Institut der Universität München bei Philipp von Jolly mit einer Arbeit zur Potenzialfunktion in der Elektrizitätslehre. 1866 erhielt er eine außerordentliche Professur für Physik an der Universität und 1868 eine ordentliche Professur für Physik an der neu errichteten Technischen Hochschule in München. Bezold führte hier Versuche über die Elektrostatik und Studien zur physiologischen Optik durch. Meteorologisch arbeitete Bezold über die Dämmerungserscheinungen, wobei er den Begriff Purpurlicht einführte, sowie über das Auftreten und die Häufigkeit von Gewittern.

1878 wurde Bezold Direktor der Bayerischen Meteorologischen Zentralstation in München. Er reorganisierte das Beobachtungsnetz, verfasste eine Beobachterinstruktion für die meteorologischen Stationen in Bayern und gab von 1879 an ein meteorologisches Jahrbuch sowie ab 1881 einen täglichen Wetterbericht der Zentralstation heraus. 1885 wechselte er an das Preußische Meteorologische Institut, dessen Reorganisation ihm aufgetragen wurde, und erhielt den neu errichteten Lehrstuhl für Meteorologie an der Berliner Universität. Bezold verbesserte die instrumentelle Ausrüstung der meteorologischen Stationen, erweiterte das Messnetz um rund 2 000 Messstellen für Niederschlag und baute ein meteorologisches Observatorium in Potsdam auf. Ein wettertelegraphischer Dienst wurde jedoch nicht eingerichtet, so dass die wetterdienstlichen Aufgaben vom Preußischen Meteorologischen Institut fernblieben. 1890 waren die Reorganisation des Instituts und 1892 der Aufbau des meteorologisch-magnetischen Observatoriums abgeschlossen. An diesen Aufgaben waren u. a. G. ↗ Hellmann, Adolf Sprung, Richard Assmann und R. ↗ Süring maßgeblich beteiligt. In seiner Berliner Zeit arbeitete Bezold über die Thermodynamik der Atmosphäre, die er u. a. durch den Begriff der potentiellen Temperatur erweiterte. Außerdem veröffentlichte er Untersuchungen zur Theorie des Erdmagnetismus, u. a. mit dem Geomagnetiker A. ↗ Schmidt zusammen. [HGK]

Werk(e):
Das Königliche Preußische Meteorologische Institut mit dessen Observatorium bei Potsdam, in: Die Königlichen Observatorien für Astrophysik, Meteorologie und Geodäsie bei Potsdam. Aus amtlichen Anlaß hrsg. von den beteiligten Direktoren (1890); Gesammelte Abhandlungen aus den Gebieten der Meteorologie und des Erdmagnetismus (1906).

Sekundär-Literatur:
Hellmann, G.: Wilhelm von Bezold. Gedächtnisrede, Verhandlungen der Deutschen Physikalischen Gesellschaft (1907) 258–283 und Meteorologische Zeitschrift 24 (1907) 1–32 mit Bibliographie.

Bichat, François Marie Xavier,
französischer Pathologe, Anatom und Physiologe,
* 17. 11. 1771 Thoirette,
† 22. 7. 1802 Paris.

Bichat begründete auf der Grundlage systematischer Leichensektionen und Tierexperimente die moderne Gewebelehre (Histologie).

Ein Treppensturz im Hôtel-Dieu – einem 1772 nach der völligen Zerstörung durch einen Brand wieder aufgebauten Krankenhaus unweit der Kathedrale Notre-Dame zu Paris – wurde Bichat zum Verhängnis. Er hatte gerade mit Mathieu Buisson, seinem Cousin, die Beschreibung des *Ganglion cervicale superior*, also des oberen Halsganglions des Grenzstrangs, begonnen, als der erst dreißigjährige Arzt, Anatom und Physiologe am Abend des 8. Juli 1802 zu Fall kam. Zwei Wochen später starb er trotz intensiver Behandlung. Als Todesursache wird heute offiziell tuberkulöse Meningitis genannt, doch seine Freunde brachten das Ende des kurzen Gelehrtenlebens mit dem Treppensturz in Verbindung. So blieb die bereits begonnene und auf mehrere umfangreiche Teile angelegte *Anatomie descriptive* (beschreibende Anatomie) ein Fragment, das erst Bichats Mitarbeiter nach seinem Entwurf zum Abschluss bringen sollten.

F.M.X. Bichat

Bichat wurde in Thoirette im französischen Jura geboren. Sein Vater Jean-Baptiste praktizierte als Arzt in Poncin-en-Bugy; er hatte an der Universität Montpellier studiert und dort als einer der ersten Ärzte Frankreichs sowohl einen medizinischen wie auch einen chirurgischen Doktorhut erworben. Diese Doppelpromotion ist dem Umstand geschuldet, dass die Chirurgie im französischen Königreich einer grundlegenden Reform unterworfen worden war. Mit dieser Reform wurde die Professionalisierung der Chirurgie angestrebt, folglich auch der Ausschluss von Quacksalbern und Barbieren aus einem Tätigkeitsbereich betrieben, in dem mit Skalpellen, Nadeln und anderen gelegentlich lebensbedrohlichen Utensilien hantiert wurde. So fällt an der Familiengeschichte der Bichats auf, dass Xaviers Vater als akademisch zweifach promovierter Provinzdoktor praktizierte, während Xavier selbst, allerdings ohne Erlangung eines Doktorgrades, sich in Paris außer in praktischer Heilkunde und Chirurgie auch noch in der anatomischen und physiologischen Forschung betätigte.

Bichat besuchte zunächst das Collège in Nantua, danach das Séminaire Saint-Irénée in Lyon, wo er in Philosophie (Logik, Rhetorik, Mathematik, Naturgeschichte, Sprachen usw.) unterrichtet wurde. 1791 nahm ihn der Chirurg und Anatom Marc-Antoine Petit als Schüler auf. Drei Jahre später siedelte Bichat nach Paris über. Dort wurde seine Begabung von Pierre Joseph Desault erkannt: Der namhafte Arzt, der am Grand Hospice d'Humanité — so wurde das Hôtel-Dieu in der Revolutionszeit genannt – eine chirurgische Abteilung aufgebaut hatte, machte Bichat zu seinem Protégé und engsten Mitarbeiter. Nach dem Tod Desaults gab der inzwischen selbständig arbeitende Bichat die ihm von seinem Lehrmeister in die Feder diktierten Fallbeschreibungen heraus. Ihnen folgte 1798–99, wiederum unter der Herausgeberschaft des ehemaligen Schülers, die Ausgabe der chirurgischen Schriften Desaults.

Am 23. Juni 1796 gründete Bichat mit Jean Louis Marc Alibert, Guillaume Dupuytren und anderen die Société Médicale d'Émulation; zu ihren Mitgliedern zählten bald auch der zum Kreis der idéologues gehörende Pierre Jean Georges Cabanis und der für seine Geschicklichkeit berühmte Arzt Jean Nicolas Corvisart. Die Gründung dieser medizinischen Gesellschaft war Zeichen der ab 1770 einsetzenden Spezialisierung und Professionalisierung der Medizin. Gleichzeitig bot Bichat zur Beförderung medizinischer Expertise private anatomische Kurse an, die er an der Petite rue des Grès (heute: Rue Cujas) veranstaltete. Ab dem 27. September 1798 fanden diese Kurse in dem ebenso privat betriebenen »Laboratorium« an der Rue des Carmes statt. In dem Lehrangebot waren nunmehr auch die Physiologie und die praktische Chirurgie vertreten. In den *Recherches physiologiques sur la vie et la mort* von 1800 (einer inzwischen zu den Klassikern der wissenschaftlichen Literatur zählenden Schrift) führte Bichat seine Theorie des doppelten Lebens aus, wonach Leben einerseits auf der »organischen Sensibilität« (Irritabilität) und andererseits auf der »animalischen Sensibilität«, die ein zwischen den Körperteilen vermittelndes (Nerven-)System implizierte, beruht. Diese Theorie leitete sich teilweise aus Experimenten an lebenden Tieren ab, die Bichat im Verlauf der physiologischen Kurse durchgeführt hatte.

1799 gab Bichat die Chirurgie auf, um sich ausschließlich der Anatomie und Physiologie zu widmen. Die theoretischen Überlegungen und die Forschungsergebnisse aus der noch verbleibenden kurzen Lebenszeit füllen einige hundert Seiten. Außer den bereits erwähnten *Recherches* entstanden ein *Traktat von den Membranen*, eine allgemeine Anatomie und die ersten Teile der beschreibenden Anatomie. Im Mittelpunkt von Bichats Ansatz stand das lebende Gewebe, und dies in doppelter Hinsicht. In Anbetracht des physiologisch noch ungewissen, weil nicht einheitlich definierten Begriffs des Gewebes legte er einerseits die Aufgaben und Ziele seiner eigenen Gewebeforschung fest; dieser Zweig der biomedizinischen Forschung erhielt später den Namen Histologie. Im Hinblick auf die empirische Untermauerung seiner Aussagen über die Gewebe sezierte er einige Hundert menschliche Leichen, diagnostizierte Kranke und führte zahllose Tierexperimente durch. So erweist sich im Rückblick das lebende Gewebe in seiner ganzen Vielfalt als die elementare analytische Einheit der Physiologie Bichats. Damit ging, wie C. ↗ Bernard später festhielt, eine Dezentrierung des Lebens einher. Es war nicht mehr der Organismus, der in seiner Gesamtheit als lebendig angesehen wurde, und ebenso konnte ein erstes Bewegungs- und Lebensprinzip nicht mehr angenommen werden, durch das die Materie beseelt würde. Vielmehr knüpfte Bichat teils an die von A. v. ↗ Haller eingeführte Unterscheidung zwischen erregbaren und sensiblen Körperteilen, teils an die von Théophile de Bordeu vertretene Auffassung an, dass der Organismus aus autonom lebenden Organen zusammengesetzt sei. Der entscheidende Schritt bestand jedoch in der Systematisierung der Theorien des dezentrierten, mehrfachen Lebens durch strengen Rückbezug der physiologischen, anatomischen und pathologischen Beobachtungsergebnisse auf die Gewebe.

Bichat unterschied insgesamt einundzwanzig Gewebearten. Diese nahmen in seinem System genau den gleichen Ort ein wie die Elemente im neuen chemischen System A. L. ↗ Lavoisiers oder wie die Pflanzen- oder Tierspezies in den naturhistorischen

Taxonomien jener Zeit. Bestimmend für die Definition der Gewebeart waren zum einen die physikalisch-chemischen Eigenschaften, andererseits die Funktionen (beispielsweise die Leitfähigkeit des Nervengewebes). Unter dem Einfluss des sensualistischen Erkenntnistheoretikers Condillac vollzog Bichat sogar eine begriffliche Transformation der Gewebearten: Jede dieser Arten wurde als Element mit eigenem, unverwechselbaren Namen aufgefasst und mit anderen Arten gleichsam nach einer algebraischen Gleichung kombiniert. Fachhistorisch interessierte Physiologen des 19. Jahrhunderts haben also in Bichat nicht zu Unrecht einen der ersten Systematiker der modernen Histologie erblickt.

[AM2]

Werk(e):
Traité des membranes en général et de diverses membranes en particulier (1800); Recherches physiologiques sur la vie et la mort (1800); Anatomie générale, appliquée à la physiologie et à la médecine, 4 Bde. (1801); Anatomie descriptive, 5 Bde. (1801–1803).

Sekundär-Literatur:
Gentry, G.: Bichat, médecine du Grand hospice d'humanité (1943); Foucault, M.: Histoire de la folie (1972); Dobo, N., Role, A.: Bichat: la vie fulgurante d'un génie (1989); Huneman, P.: Bichat, la vie et la mort (1998).

Bieberbach, Ludwig Georg Elias Moses,
deutscher Mathematiker,
* 6. 12. 1886 Goddelau (Hessen),
† 1. 9. 1982 Oberaudorf (Oberbayern).

Bieberbach war einer der bedeutendsten Vertreter der geometrischen Funktionentheorie, aber auch der stärkste Befürworter der Nazi-Politik unter den Mathematikern.

Als Schüler des Göttinger Mathematikers F. ↗ Klein, bei dem er 1910 promovierte, lernte Bieberbach J. S. ↗ Fedorows und Arthur Schönflies' Arbeiten über den Nutzen des (algebraischen) Gruppenbegriffs in der Kristallographie kennen. Diese inspirierten ihn zu eigenen wichtigen Teilbeiträgen (1911/12) an der Schnittstelle von Algebra und Geometrie bei der Lösung des so genannten 18. Hilbertschen Problems von 1900. Bieberbach stellte 1916 eine weitreichende Vermutung über die Eigenschaften gewisser Funktionen (Abbildungen) auf, deren Bestätigung die Verwendbarkeit des »Abbildungssatzes« von B. ↗ Riemann aus dem Jahr 1851 entscheidend verbessern sollte. Dieser berühmte Satz hatte theoretisch die Reduzierbarkeit der Untersuchung komplizierter allgemeiner Bereiche der Ebene auf den viel einfacheren Kreis gesichert. Die »Bieberbachsche Vermutung« wurde zwei Jahre nach seinem Tod von Louis de Branges 1984 bestätigt.

L.G.E.M. Bieberbach

Über Zürich (1910), Königsberg (1911), Basel (1913) und Frankfurt am Main (1915) gelangte Bieberbach 1921 nach Berlin, wo er auch wissenschaftsorganisatorisch mit großer Energie tätig war. Bieberbachs plötzliches Bekenntnis zum Nationalsozialismus nach 1933 überraschte allgemein. In einer Rede von 1934 entwickelte Bieberbach seine unhaltbare psychologische Typentheorie mathematischen Schaffens, in der er »artfremde« (damit meinte er vor allem jüdische und französische) und »arteigene« (also deutsche) Typen und Stile unterschied. Diese unter dem Oberbegriff der so genannten »Deutschen Mathematik« zusammengefasste rassistische Pseudotheorie lieferte unmittelbar eine demagogische »Begründung« und Rechtfertigung der damals erfolgenden Massenvertreibungen von jüdischen Wissenschaftlern und Studenten. Anders als viele seiner Kollegen, die unter anderem gewisse Tendenzen zu übertriebener Abstraktheit der Mathematik um 1930 ebenfalls schmerzlich empfanden, strebte Bieberbach nach einer radikalen und »einfachen« Lösung seiner weltanschaulichen Probleme. Bieberbach fand mit seiner Theorie weder bei den Mathematikern noch bei den Nazi-Behörden viel Anklang; Letztere waren mit zunehmender Kriegsvorbereitung eher pragmatisch am Nutzen der Wissenschaft für das Regime interessiert. 1934 scheiterte Bieberbachs Versuch, das faschistische »Führerprinzip« in die Deutsche Mathematiker-Vereinigung einzuführen. In der Universität und der Berliner Akademie organisierte er aber die Vertreibung von Kollegen und ehemaligen Freunden wie Issai Schur, über den er 1938 schrieb: »Ich wundere mich, dass Juden noch den akademischen Kommissionen angehören.« Als langjähriger Dekan der Berliner Universität förderte Bieberbach aus politischen Gründen zweitrangige Mathematiker. 1936 bis 1942 gab Bieberbach eine mathematische Fachzeitschrift mit politischem Einschlag, die *Deutsche Mathematik*, heraus.

Bieberbach war wohl der einzige deutsche Mathematiker, der nach dem Zweiten Weltkrieg dauerhaft Lehrverbot erhielt. Er war aber weiterhin bis zu seinem Tod im hohen Alter von 95 Jahren in Westberlin und Westdeutschland mit Publikationen insbesondere von mathematischer Lehrbuchliteratur erfolgreich tätig. [RSS]

Werk(e):
Über die Bewegungsgruppen der Euklidischen Räume II, Mathematische Annalen 72 (1912) 400–412; Stilarten mathematischen Schaffens, Sitzungsberichte Preußische Akademie der Wissenschaften, phys.-math. Kl. 1934, 351–360.

Sekundär-Literatur:
Mehrtens, H.: Ludwig Bieberbach and »Deutsche Mathematik«, in: E. R. Phillips (Hrg.), Studies in the History of Mathematics (1987) 195–241; Pommerenke, Ch.: The Bieberbach Conjecture, The Mathematical Intelligencer 7 (1985) 2, 23–25, 32; Siegmund-Schultze, R.: Mathematische Berichterstattung in Hitlerdeutschland (1993).

Biermann, Ludwig Franz Benedikt,
deutscher Astrophysiker,
* 13. 3.1907 Hamm (Westfalen),
† 12. 1. 1986 München.

Biermann schloss als Erster auf die Existenz des Sonnenwindes, leistete wichtige Beiträge zur Sonnenphysik und war am Aufbau der physikalischen Max-Planck-Institute in München und Garching beteiligt.

Trotz früher mathematischer Neigungen wurde Biermann von seinem Vater, selbst Jurist, zu einer humanistischen Bildung bewogen. Nach dem Abitur schrieb er sich im Sommer 1925 an der Technischen Hochschule Hannover für Architektur ein, wechselte aber noch im selben Jahr an die Universität München, um dort Mathematik, Physik und Chemie zu hören. 1927–1929 studierte er in Freiburg bei Gustav Mie und ging dann an die Universität Göttingen. Dort kam er bei H. ↗ Kienle in Kontakt mit astrophysikalischen Fragen, vor allem mit dem damals aktuellen Problem des Sonnenaufbaus. Angeregt durch L. ↗ Prandtl und dessen Arbeiten über Konvektion setzte sich Biermann in seiner ersten wissenschaftlichen Veröffentlichung (1931) kritisch mit dem Sonnenmodell A. S. ↗ Eddingtons auseinander.

Nach der Promotion bei Kienle 1932 ging Biermann 1933–34 mit einem von M. ↗ Born vermittelten Stipendium nach Edinburgh zu Edmund T. Whittaker und Charles G. Darwin. Nach seiner Rückkehr wirkte er an der Universität Jena, wo er sich 1935 habilitierte. 1936 folgte er einem Angebot P. ↗ Guthnicks nach Babelsberg an die Sternwarte der Berliner Universität, an der er wenig später Privatdozent wurde. Biermanns Forschungsinteressen konzentrierten sich bis in die vierziger Jahre auf die Theorie der Sonne, wobei er oft mit dem Engländer Thomas G. Cowling zusammenarbeitete. Unter seinen Arbeiten dieser Zeit findet sich auch die heute gültige Erklärung der Sonnenflecken als Zonen, in denen lokale Magnetfelder an der Sonnenoberfläche den konvektiven Energietransport behindern. Daneben wandte er sich in Berlin der jungen Plasmaphysik zu, für die Cowling bereits wichtige Beiträge geleistet hatte. So schlug Biermann etwa vor, die Entstehung stellarer Magnetfelder durch die Rotation eines Plasmas zu erklären – ein Mechanismus, der nach dem Krieg als »Biermann battery« bekannt wurde.

Der Zweite Weltkrieg bedeutete auch für Biermann eine Zäsur. Er wurde seiner Kontakte nach England – insbesondere zu Cowling – beraubt und zu kriegsrelevanter Arbeit verpflichtet: Er musste die Erstellung von Tafeln für die astronomische Navigation von Flugzeugen und U-Booten leiten. 1942 heiratete er in Berlin Ilse Wandel. Aus der Ehe gingen drei Kinder hervor, darunter der Astrophysiker Peter L. Biermann.

Bei Kriegsende verschlug es Biermann zunächst wieder nach Göttingen, aber noch 1945 erhielt er eine Dozentur in Hamburg. 1947 folgte er dem Ruf W. ↗ Heisenbergs an dessen Max-Planck-Institut für Physik in Göttingen. Heisenbergs großes Interesse an kosmischer Strahlung hatte dort im Jahr zuvor zur Gründung einer Abteilung für Astrophysik geführt. Neben dieser sollte Biermann auch die Rechengruppe des Instituts leiten, für die er sich allerdings noch 1947 den Rechenmaschinenkon-

L.F.B. Biermann

strukteur Heinz Billing holte. Unter Biermann wurde die Astrophysikgruppe bald zu einer gleichberechtigten Abteilung des Göttinger Instituts, er selbst 1951 wissenschaftliches Mitglied der Max-Planck-Gesellschaft und 1955 Direktor eines eigenen Teilinstituts für Astrophysik. Als Heisenbergs Gesamtinstitut 1958 von Göttingen nach München-Freimann umzog, wurde es in Max-Planck-Institut für Physik und Astrophysik umbenannt.

Wissenschaftlich wandte sich Biermann nach dem Krieg vor allem der Plasmaphysik zu, allerdings nicht mehr nur im Hinblick auf das Sonneninnere. Bereits Ende der 1940er-Jahre hatte er begonnen, sich für Kometen zu interessieren. Das Zustandekommen der Plasmaschweife dieser Himmelskörper war rätselhaft, nachdem sich gezeigt hatte, dass die solare elektromagnetische Strahlung das Kometenplasma nicht in der beobachteten Weise beschleunigen konnte. Nun hatte der Göttinger Geophysiker Julius Bartels bereits 1932 aus wiederkehrenden Störungen des Erdmagnetfeldes auf Teilchenstrahlung aus aktiven Regionen auf der Sonnenoberfläche geschlossen. Dies motivierte Biermann 1951 dazu, die Plasmaschweife durch Einwirkung mit einem gleichmäßigen Strom geladener Teilchen solaren Ursprungs auf die Kometen zu erklären. Obwohl der Amerikaner Eugene N. Parker zeigen konnte, dass ein solcher »Sonnenwind« – wie er Biermanns hypothetischen Teilchenstrom nannte – aus der Theorie der Sonnenkorona folgte, blieb die Hypothese kontrovers, bis die Raumsonde Mariner-2 den Sonnenwind 1962 zweifelsfrei nachweisen konnte.

Kurz zuvor hatte Biermann einen eigenen Vorschlag gemacht, wie der Sonnenwind untersucht werden könne: Durch Verdampfung eines geeigneten, durch Sonnenlicht ionisierbaren Materials im interplanetaren Raum könne ein »künstlicher Komet« erzeugt und von der Erde aus beobachtet werden. Wie Biermann 1961 zeigte, sollten sich dafür vor allem Erdakalimetalle eignen. In Garching bei München begann eine neugegründete extraterrestrische Forschungsgruppe unter Biermanns Mitarbeiter Reimar Lüst mit entsprechenden Versuchen, bei denen sich schließlich Barium als das geeignetste Material erwies. Lüsts Bariumwolken leisteten in den folgenden Jahren wichtige Beiträge zur Erforschung des erdnahen Weltraums.

Biermann arbeitete nicht nur über astrophysikalische Plasmen. In den 1950er-Jahren, während Heisenberg den Aufbau einer zivilen Kernforschung in Westdeutschland betrieb, wurde an seinem Institut untersucht, inwieweit sich in einem magnetisch eingeschlossenen Plasma kontrollierte Kernfusionsreaktionen aufrecht erhalten lassen. Die theoretischen Überlegungen, die Biermann und sein Assistent Arnulf Schlüter dazu anstellten, reproduzierten viele Resultate amerikanischer Physiker, die zu der Zeit allerdings noch der Geheimhaltung unterlagen. Als die Max-Planck-Gesellschaft 1960 den Aufbau eines eigenen Instituts für Plasmaphysik (IPP) in Garching bei München begann, hatte Biermann daran maßgeblichen Anteil und gehörte bis 1965 der wissenschaftlichen Leitung des IPP an. In späteren Jahren, auch noch nach seiner Emeritierung im Jahr 1975, befasste sich Biermann vor allem mit der Frage nach der Herkunft der Kometen. [UVR]

Werk(e):
Der gegenwärtige Stand der Theorie konvektiver Sonnenmodelle, Mitteilungen der Astronomischen Gesellschaft 76 (1941) 194; Kometenschweife und solare Korpuskularstrahlung, Zeitschrift für Astrophysik 29 (1951) 274; Zur Untersuchung des interplanetaren Mediums mit Hilfe künstlich eingebrachter Ionenwolken, Zeitschrift für Astrophysik 53 (1961) 226 (zusammen mit Rh. Lüst, R. Lüst und H. U. Schmidt).

Sekundär-Literatur:
Hufbauer, K.: Exploring the Sun: Solar Science since Galileo (1991); Boenke, S.: Entstehung und Entwicklung des Max-Planck-Instituts für Plasmasphysik 1955–1971 (1991); Rauchhaupt, U. v.: To venture beyond the Atmosphere: The Foundation of the Max Planck Institute for Extraterrestrial Physics and the Roots of West German Space Research, Quest – The History of Spaceflight Quarterly 8:2 (2000) 32–44.

Biot, Jean-Baptiste,
französischer Physiker und Astronom,
* 21. 4. 1774 Paris,
† 3. 2. 1861 Paris.

Biot war einer der wichtigsten Vertreter des Programms einer mathematisierenden Physik.

Geprägt durch herausragendes mathematisches Talent, studierte und unterrichtete Biot an der 1794 gegründeten École Polytechnique. 1800 wurde er – für sein Alter ungewöhnlich – Professor für

J. Biot

mathematische Physik am Collège de France. Ganz im Pariser Stil der Zeit kamen weitere Posten hinzu: 1803 Vollmitglied der Pariser Akademie, 1806 Astronom am Bureau des Longitudes, 1808 Professor für Astronomie an der Pariser Universität. Damit wurde Biot eine der zentralen Figuren der französischen Wissenschaft.

Seine glänzende Karriere verdankte Biot nicht zuletzt dem Erfolg des Forschungsprogramms zur Mathematisierung der Physik. Er gehörte zu einer Forschergruppe, die P.-S. ↗ Laplace ab 1800 mit finanzieller Unterstützung Napoleons um sich scharte. Ihre Grundlage war die Präzisionsmessung und das mathematische Instrumentarium der Astronomie. Biot arbeitete zu Elektrizität, Galvanismus, Erdmagnetismus, Kristallographie, Elastizität, Wärme, Akustik, atmosphärischer Lichtbrechung und Polarisation. Spektakulär war seine zusammen mit D. F. ↗ Arago durchgeführte Bestimmung der Meridianlänge zur Festlegung des Meters. Nach H. C. ↗ Ørsteds Entdeckung des Elektromagnetismus (1820) führte Biot zusammen mit F. ↗ Savart Präzisionsmessungen durch, die zum Biot-Savart-Gesetz führten. Wie zuvor auf anderen Gebieten, machte er hoch präzise Aussagen über wenige experimentelle Konstellationen, unter Ausblendung der verwirrenden Vielfalt der Effekte. Als die laplacesche Orthodoxie durch J. B. ↗ Fouriers Wärmetheorie und A. J. ↗ Fresnels Wellentheorie ab 1811 unter Kritik geriet, unterlag Biot 1822 in der Wahl des Sekretärs der Akademie gegen Fourier.

Biot verfasste auch Arbeiten zur Wissenschaftsgeschichte, übersetzte mithilfe seiner Ehefrau deutschsprachige Texte und betrieb ägyptologische Studien. 1856 wurde er in die Académie Française gewählt. Nachhaltigen Einfluss übte er durch seine Lehrbücher aus. Durch G. T. ↗ Fechner ins Deutsche übersetzt, diente sein Physiklehrbuch als Wegbereiter der mathematischen Physik im deutschsprachigen Raum. [FST]

Werk(e):
Precis Élémentaire de Physique expérimentale (1817, deutsche Übersetzung v. G. T. Fechner 1824–25).

Sekundär-Literatur:
Picard, C. E.: La vie et l'oeuvre de Jean Baptiste Biot, in: Éloges et discours académiques (1931) 221–287.

Biringuccio, Vannoccio,
italienischer Techniker und Metallurge,
* Oktober 1480 Siena,
† 1537 Rom.

Biringuccios Schrift *Zehn Bücher von der Feuerwerkskunst* (*De la Pirotechnia Libri X*, 1540) macht diesen italienischen Renaissancegelehrten zum Mitbegründer der modernen Metallurgie und Montanwissenschaft.

V. Biringuccio

Über Biringuccios Herkunft und Ausbildung ist nur wenig überliefert. Der Vater von Biringuccio war wahrscheinlich Architekt und mit der Erhaltung des Stadtpalais in Siena betraut. Gefördert von Pandolfo Petrucci, dem »Signore« von Siena, konnte Biringuccio in jungen Jahren Bildungsreisen durch Italien unternehmen und gelangte schließlich 1507 nach Böhmen und Sachsen, wo er vor allem den Bergbau und das Handwerk studierte. Im gleichen Jahr lernte er in Mailand ↗ Leonardo da Vinci kennen, der sein Interesse an den Metallen teilte. 1512 betraute ihn seine Heimatstadt mit verschiedenen technischen Ämtern, darunter der Leitung des Zeughauses. Der Tod seines Förderers im Jahre 1512 führte zu politischen Schwierigkeiten, die Biringuccio 1515 veranlassten, Siena zu verlassen und verschiedene italienische Städte aufzusuchen, wobei er jede Gelegenheit nutzte, sich die Methoden des Kanonengießens und anderer »Künste« zu erschließen.

1523 kehrte er nach Siena zurück und erhielt die Genehmigung, auf dem gesamten Gebiet der Republik Salpeter herzustellen. Diese Zeit des Wohlstands fand 1526 ein Ende, als politische Unruhen ihn erneut dazu zwangen, die Stadt zu verlassen. Dieses zweite Exil nutze Biringuccio für eine erneute Deutschlandreise – unklar ist, ob er dabei G. ↗ Agricola kennen lernte. 1530 kehrte er wieder in seine Heimatstadt zurück. Immer noch politisch aktiv, bekleidete er den Rang eines Senators. 1535 wurde er zum Architekten für den Dombau ernannt. 1538 trat Biringuccio in den Dienst von Papst Paul III. in Rom, wo ihm die Gießereien und die Artillerie des Kirchenstaates unterstanden.

Biringuccios *De la Pirotechnia* ist der erste gedruckte Text, der sich mit allen Gesichtspunkten des Hüttenwesens beschäftigt. Was man zuvor über den Bergbau geschrieben hatte, besonders im Mittelalter, findet sich darin zusammengefasst und teilweise bedeutend erweitert. Wenn man vom *Bermannus* des Agricola absieht, gibt es keine Darstellung vom Anspruch und Ausmaß des Werks *De la Pirotechnia*. Die Schrift wurde postum um 1540 in Venedig veröffentlicht, und obwohl sie eigentlich für Adelige und deren Ingenieure bestimmt war, erfreute sie sich einer ungewöhnlich großen Verbreitung. Der ersten Ausgabe von 1540 folgten weitere in den Jahren 1550 und 1558; auch gibt es Übersetzungen ins Französische (1556, 1572, 1627) und wahrscheinlich auch ins Lateinische (1572, 1658).

Das Vorwort zum ersten Buch von *De la pirotechnia* stellt die Vorgehensweise dar, um Gesteinsvorkommen im Boden (besonders in den Bergen) festzustellen und Arbeiten zu ihrer Förderung und Verwertung in die Wege zu leiten. Die Art der Beschreibung zeugt von unmittelbar erworbenem Wissen; Biringuccio führte damit eine neue Herangehensweise ein.

Im ersten Buch werden die Erze Gold, Silber, Kupfer, Blei und Eisen beschrieben: wie man sie aufspürt und wie man sie gewinnt. Aufgrund seiner Erfahrung kritisiert Biringuccio die aristotelische und die alchimistische Vorstellung von den Bestandteilen der Metalle und zeigt sich als gründlicher Kenner chemischer Prozesse. Das zweite Buch behandelt Elemente wie Quecksilber, Schwefel, Antimon, Arsenerze und andere. Insofern waren diese beiden Bücher eine vollständige Darstellung der zeitgenössischen Gesteins- und Hüttenkunde.

Das dritte und das vierte Buch beschäftigen sich unter anderem mit der Gewinnung von Metallen aus Roherzen. Daneben werden verschiedene Geräte und ihr Gebrauch beschrieben. Besonders wird auf die Gewinnung von Edelmetallen wie Gold und Silber eingegangen, so dass man die Schrift als die erste umfassende der Hüttenkunde bezeichnen kann.

Das fünfte Buch behandelt Gold-, Silber, Kupfer-, Zinn- und andere Legierungen und ihren möglichen Gebrauch. In diesem Buch erweist sich Biringuccio als erfahrener Mann in der Praxis der Fertigkeit, Artilleriestücke, Glocken u. a. m. zu gießen. Der Kunst des Gießens ist auch das sechste Buch gewidmet. Dort wird von einem Artilleriegeschütz erzählt, das entscheidend dazu beitrug, die Macht der Medici wiederherzustellen. Das siebte Buch behandelt die Beschreibung und Vorbereitung der Schmelzöfen entsprechend den jeweiligen Erfordernissen. Das gleiche Thema behandelt auch das achte Buch, im Gegensatz zu den letzten zwei Büchern, dem neunten und zehnten, die von der Herstellung von Münzen, die Wiederverwendung des Ausschusses in der Goldschmiedekunst, der Fabrikation von Spiegeln, Ziegelsteinen und vor allem von der Herstellung von Schießpulver und Feuerwerkskörpern handeln. All diese Themen werden in *De Pirotechnia libri X* in großer Ausführlichkeit und mit vielen praktischen Details sowie weitgehend frei von spekulativen Theorien dargestellt. Damit ist das Werk eine Enzyklopädie der Hüttenkunde und ihr verwandter Themen – ein Dokument über den Stand der angewandten Naturwissenschaften und der Technik jener Zeit. [AP]

Werk(e):
De la pirotechnia libri X. a cura di Aldo Mieli, vol. I (deutsche Neuausgabe 1914); Pirotechnica, übers. u. hrg. v. O. Johannsen (1925).

Sekundär-Literatur:
Olschki, L.: Bildung und Wissenschaft im Zeitalter der Renaissance in Italien (1922) 269–279.

Birkhoff, George David,
amerikanischer Mathematiker,
* 21. 3. 1884 Overisel (Michigan),
† 12. 11. 1944 Cambridge (Massachusetts).

Birkhoff war der erste US-amerikanische Mathematiker von Weltruf und lieferte bedeutende Beiträge in Dynamik und Ergodentheorie.

Der Sohn eingewanderter holländischer Eltern wuchs in Chicago auf, wo er am Lewis College und der Universität bis 1903 Mathematik studierte. Nach zwei Jahren Aufenthalt an der Harvard University, wo er von Maxime Bôcher in Algebra und klassischer Analysis ausgebildet und stark beeinflusst wurde, promovierte Birkhoff bei Eliakim Hastings Moore 1907 in Chicago über Differenzialgleichungen. Nach Zwischenaufenthalten in Madison (1907) und Princeton (1909) wurde Birkhoff

G.D. Birkhoff

1911 nach Harvard berufen, wo er bis zu seinem Tode 1944 wirkte.

Obwohl Birkhoff einer der ersten bedeutenden amerikanischen Mathematiker war, die nicht in Europa studierten, war der Franzose H. ⊐ Poincaré sein eigentlicher Lehrer. Für dessen so genanntes »letztes geometrisches Theorem«, das eng mit dem eingeschränkten Drei-Körper-Problem der Himmelsmechanik zusammenhängt, fand Birkhoff 1913 einen international aufsehenerregenden Beweis. Seinem Spezialgebiet der topologischen Dynamik gehörte auch Birkhoffs Beweis des »Individuellen Ergodensatzes« (1931) an, der mit Mitteln des modernen Lebesgue-Integrals eine mathematische Begründung der Vertauschbarkeit von Zeit- und Scharenmittel für hinreichend gut mischende (ergodische) Strömungen (zum Beispiel in der Gasdynamik) liefert. Birkhoffs Resultat verwies in die Mathematik zurück: Der gleichzeitig bewiesene, etwas schwächere (im Sinne seiner logischen Reichweite) »statistische« Ergodensatz J. v. ⊐ Neumanns reichte für die Belange der Physik bereits aus.

Birkhoff war der einflussreichste US-amerikanische Mathematiker seiner Generation. Von der Rockefeller-Familie 1926 für ein Jahr nach Europa gesandt, war er wesentlich am Ausbau der europäisch-amerikanischen mathematischen Zusammenarbeit beteiligt. In ähnlichem Sinne wirkte er später in Richtung Südamerika. Nach 1933 war er skeptisch gegenüber der Einwanderung von europäischen Mathematikern, wobei anscheinend stark konservative patriotisch-amerikanische Gefühle sowie antisemitische Ressentiments mitgewirkt haben. Auf einer Jubiläumstagung der amerikanischen Mathematiker sagte Birkhoff 1938: »Auf diese Weise wird die verfügbare Zahl von Positionen für junge amerikanische Mathematiker sicherlich verringert mit der Aussicht, dass einige von ihnen zu puren »Wasserträgern« werden. Ich glaube, dass wir einen Sättigungspunkt erreicht haben, wo wir eine solche Gefahr definitiv vermeiden müssen.«

Birkhoff trat auch mit Publikationen über das Verhältnis von Mathematik und Kunst hervor. Wegen seiner mathematischen Vielseitigkeit hatte Birkhoff bedeutende Schüler wie Marston Morse, Marshall Harvey Stone und Hassler Whitney auf sehr unterschiedlichen Teilgebieten. Sein Sohn Garrett wurde in algebraischer Verbandstheorie und Strömungsmechanik international bekannt. [RSS]

Werk(e):
Proof of Poincaré's geometric theorem, Transactions American Mathematical Society 14 (1913) 14–22; Aesthetic Measure (1933); Fifty Years of American Mathematics, in: Archibald, R. C. (Hrg.): A Semicentennial History of the American Mathematical Society, Bd. 2 (1938) 270–315; Collected Mathematical Papers, 3 Bde. (1950).

Sekundär-Literatur:
Morse, M.: George David Birkhoff and His Mathematical Work, Bulletin American Mathematical Society 52 (1946) 357–391; Siegmund-Schultze, R.: Rockefeller and the Internationalization of Mathematics between the two World Wars (2001).

Al-Biruni

Mohammed Abattouy

Biruni, eigentlich **Abū al-Rayḥān Muḥammad ibn Aḥmad al-Bīrūnī,**
arabischer Gelehrter,
* 973 bei Kath (heute Biruni) in Khwārazm (heute Usbekistan),
† 1048 Ghazna (Afghanistan).

Al-Bīrūnī war einer der bedeutendsten muslimischen Wissenschaftler und Gelehrten.

Al-Bīrūnī verlebte die erste Hälfte des 11. Jahrhunderts im damals östlichsten Teil der islamischen Welt. Er war Zeitgenosse von Ibn Sīnā (⊐ Avicenna), ⊐ Manṣūr ibn ʿIrāq und Muḥammad Abū 'l-Wafā, mit denen er zusammenarbeitete und einen regen Gedankenaustausch pflegte. Al-Bīrūnīs Interessen waren weit gesteckt, er arbeitete auf nahezu allen damals bekannten Gebieten der Wissenschaft. Das Spektrum seiner wissenschaftlichen Leistungen umfasst Mathematik, Astronomie und Physik ebenso wie Botanik, Geographie, Geologie, Mineralogie, Geschichte und Pharmakologie. Auch auf dem Gebiet der Philosophie und der Geisteswissenschaften war er bewandert, innerhalb der Naturwissenschaften zogen ihn insbesondere diejenigen Fächer an, die sich der mathematischen Analyse erschlossen. Er sprach Arabisch, Persisch, Sanskrit und Griechisch, verfasste seine Schriften jedoch auf Arabisch, das er besonders liebte, obwohl es nicht seine Muttersprache war. Seine Arbeiten waren von beträchtlichem Einfluss auf zeitgenössische muslimische Wissenschaftler, doch wurde keine davon ins Lateinische übersetzt.

Al-Bīrūnī kam 973 in einer Vorstadt von Kath, der alten Hauptstadt von Khwārazm, heute Usbekistan, am Südufer des Aralsees als Sohn einer iranischen Familie zur Welt. Vage Hinweise in einigen Quellen deuten auf eine Verwandtschaft mit Manṣūr ibn ʿIrāq hin, einem Astronomen, Mathematiker und

Mitglied des Herrscherhauses von Khwārazm. Manṣūr soll dem jungen al-Bīrūnī als Lehrer zur Seite gestanden haben und hat ihn vermutlich auch am Hof eingeführt.

Einige Lebensdaten al-Bīrūnīs kennt man mit großer Sicherheit, weil sie mit astronomischen Ereignissen zusammenfielen, die er in seinem Werk beschrieben hat, so beispielsweise die von ihm in Kath beobachtete Mondfinsternis vom 24. Mai 997. Da dieses Ereignis auch in Baghdad zu beobachten war, hatte sich al-Bīrūnī mit Abū 'l-Wafā zusammengetan, der dort seine Aufzeichnungen machte. Der Vergleich ihrer beiden Protokolle ermöglichte es ihnen, den geographischen Längenunterschied zwischen ihren beiden Städten zu berechnen. Im Jahre 1000 widmete er Qābūs b. Wushmagīr, dem Herrscher des Ziyaridenstaates am Kaspischen Meer, sein erstes großes Werk *al-Āthār 'l-bāqiyya* (Chronologie antiker Völker).

Für einige Zeit kehrte al-Bīrūnī nach Khwārazm zurück. Mit Unterstützung des lokalen Herrschers baute er ein Instrument, mit dem sich die Meridiandurchgänge der Sonne beobachten ließen; vermutlich handelte es sich um einen großen Ring, der in der Ebene des Mittagskreises fixiert war. 1016–1017 verließ er die Region, offenbar als Gefangener des siegreichen Maḥmūd von Ghazna, der im heutigen Afghanistan seine Dynastie begründet hatte. Seine offizielle Stellung am ghasnaischen Hof scheint die eines Astrologen gewesen zu sein.

Al-Bīrūnī begleitete Maḥmūd in den Jahren 1017–1030 auf dessen Feldzügen nach Indien. Sein berühmtestes Buch *Taḥqīq mā li-'l-Hind* (Das Buch über Indien) war unmittelbares Ergebnis der Fülle von Notizen, die er bei seinem Aufenthalt dort angesammelt hatte. Die umfangreiche Abhandlung beschreibt Religion, Philosophie und Geographie Indiens, dessen soziale Gegebenheiten, die indischen Sprachen, das indische Zahlensystem und das dortige Wissen um Astronomie, Astrologie und den Kalender. Als Maḥmūd von Ghazna 1030 starb, folgte ihm sein ältester Sohn Masʿūd, dem al-Bīrūnī sein astronomisches Werk *al-Qānūn al-Masʿūdī* (Masʿūd Kanon) widmete. In den letzten Jahren seines Lebens führte al-Bīrūnī, inzwischen hochbetagt, seine wissenschaftlichen Forschungen buchstäblich bis zu seinem Tode weiter. Eines seiner letzten Werke war eine pharmakologische Enzyklopädie mit über tausend Einträgen.

Die Anzahl der Werke, die al-Bīrūnī hervorgebracht hat, ist beeindruckend. Sein Gesamtwerk beläuft sich auf 146 Titel von unterschiedlicher Länge und füllt etwa 13 000 Seiten. Seinem eigenen Werkkatalog zufolge, den er in den Jahren 1035–1036 aufgestellt hat, lassen sich seine Bücher in folgende Gruppen einteilen: 18 Werke zur Astronomie, 15 zu Längen- und Breitengraden verschiedener Städte, 8 aus dem Gebiet der Arithmetik, 11 befassen sich mit der Astrologie, 5 mit dem Bau von Instrumenten, 6 mit der Altertumsforschung, 5 mit Kometen, und 12 lassen sich lose der Mathematik und der Meteorologie zuordnen. Zur Kategorie der Lehrwerke (ʿaqāʾid) gehören 6 Abhandlungen sowie das 700 Seiten starke *Buch über Indien*. Al-Bīrūnī berichtet, dass ihm die Originale mehrerer Werke abhanden gekommen seien. Eines mit dem Titel *Warnung vor der Kunst der Täuschung* war ein Angriff auf die Astrologie. Zum Zeitpunkt der Katalogerstellung waren zehn Bücher in Vorbereitung, darunter auch das *Masʿūd Kanon*. Nach 1035 wurden weitere Texte veröffentlicht, darunter solche über die Beschaffenheit von Edelsteinen und zur Pharmakologie. Beinahe vier Fünftel dieser Arbeiten sind verschwunden. Von denen, die erhalten geblieben sind, ist etwa die Hälfte veröffentlicht, mehrere Texte wurden übersetzt und haben auch die Aufmerksamkeit moderner Gelehrter erregt.

Der Disziplinenkomplex aus Astronomie, Astrologie, Altertumsforschung und Mathematik war eine der Hauptdomänen von al-Bīrūnīs Forschung. Dabei folgte er der traditionellen Darstellung der kosmischen Ordnung für Sterne, Planeten und Elemente, wonach der Kosmos von kugelförmiger Gestalt ist, begrenzt von einem äußeren Himmel, der die Fixsterne trägt. Darunter folgen die Sphären von Saturn, Jupiter, Mars, Sonne, Venus, Merkur, Mond und zu guter Letzt das Reich der vier Elemente, deren Mittelpunkt die Erde bildet. Die Himmelssphären sollten aus Äther bestehen und die höhere Welt bilden, unterhalb des Mondes folgten die niederen Sphären. Obschon er mit der Hindu-Kosmologie vertraut war, hielt sich al-Bīrūnī doch eher an die von der Antike überlieferte abstrakte astronomische Tradition, deren Kern geometrische Harmonie und mathematischer Symbolismus bildeten. Zur Erklärung der Planetenbewegung berief er sich auf das ptolemaeische System der Epizykeln, das muslimische Astronomen erweitert und verfeinert hatten.

Al-Bīrūnī befasste sich überaus detailliert mit der Bewegung der Planeten und deren Unregelmäßigkeiten, beispielsweise der retrograden Bewegung. Auch beschreibt er ausführlich die Beschaffenheit der sublunaren Welt. Die runde Erde bildet das Zentrum der Mondsphäre, des innersten Teils der Welt. Erde und Wasser bilden einen Erdball, der ringsherum von Luft umgeben ist. Wo diese mit der Mondsphäre in Kontakt tritt, erhitzt sie sich infolge der Bewegung und der Reibung zwischen den beteiligten Komponenten. So entsteht das Feuer, das die Luft umgibt. Die zahlreichen Aktivitäten der vier Elemente dieser sublunaren Welt sind für die unterschiedlichen physikalischen Phänomene verantwortlich. Besonderes Interesse hegte al-Bīrūnī für die Veränderungen der Erdoberfläche, insbesonre für geologische Phänomene. Die Vorstellung von einer allmählichen geologischen Formung der Erde war unter muslimischen Wissenschaftlern weit verbreitet. In al-Bīrūnīs Abhandlungen finden wir zahlreiche moderne geologische Vorstellungen betreffs der Veränderung von Land und Meer, zur Sedimentation beispielsweise oder zur Auffaltung von Gebirgen. In seinen Untersuchungen zu den geologischen Veränderungen beschreibt er Ablagerungen, wie sie sich in der Schichtung von Gesteinen erhalten haben. Er schreibt: »Wir müssen uns mit den Zeugnissen der Vergangenheit in Felsen und Rudimenten befassen, und kommen zu dem Schluss, dass sich all diese Veränderungen über sehr lange Zeiträume und unter uns unbekannten Bedingungen von Kälte und Wärme ereignet haben: denn noch immer dauert es lange, bis Wasser und Wind ihr Werk vollbracht haben. Und solche Veränderungen haben sich seit eh und je zugetragen, wurden die Geschichte hindurch beobachtet und aufgezeichnet.«

Einige Beobachtungen al-Bīrūnīs sind in diesem Zusammenhang besonders eindrucksvoll. Im einen Falle geht es um seine Entdeckung von Fossilien, die er sehr richtig als Reste von Meerestieren identifizierte, die einst in ihrem Element an eben jener Stelle gelebt hatten, die nun zu Land geworden war. In seinem Werk *Taḥdīd* stellt er die These auf, dass das Industal sedimentären Ursprungs sei – ein urzeitliches Meer, das sich allmählich mit Schlemmstoffen angefüllt habe. Dasselbe nahm er für die arabische Wüste an, die, wenn man die Schichtung ihres Bodens und die Fossilien betrachtet, auf die man beim Brunnenbau stößt, einst ebenfalls ein Meer gewesen sein müsse, das allmählich zurückgegangen sei.

Überlegungen zur Geologie führen zwangsläufig zu Fragen nach der geographischen Unterteilung der Erde. Al-Bīrūnī schließt sich der im Altertum weit verbreiteten Auffassung an, der zufolge die Welt in sieben Klimazonen aufgeteilt ist. Dieses Modell unterteilt das bewohnbare Land parallel zum Äquator in Ostwestrichtung in sieben Streifen. Diese Unterteilung folgt dem Prinzip, dass die Tageslänge des längsten Sommertages entlang der Mittellinie benachbarter Streifen jeweils um eine halbe Stunde differiert. Die sieben Klimazonen entsprechen somit einer Projektion der sieben Himmelssphären auf die Erde. Sie versinnbildlichen das Untergeordnetsein der sublunaren Welt unter den Himmel und reflektieren die Tatsache, dass alle Dinge dort unten nach dem Bilde dessen erschaffen sind, was über ihnen existiert. Al-Bīrūnī illustriert diese Analogie sogar noch deutlicher, indem er die sieben Klimazonen statt als Streifen als sieben Kreise symbolisiert, so dass sie in Geometrie *und* Zahl den sieben Himmelssphären entsprechen. Im *Taḥdīd* findet sich eine zeichnerische Darstellung, die die Geographie der gesamten den Muslimen des Mittelalters bekannten Welt zu einem faßbaren Ganzen vereint.

Das *Masʿūd Kanon* ist das umfassendste der noch erhaltenen astronomischen Werke al-Bīrūnīs. Als ausführliches astronomisches Werk zu Mathematik und Geographie enthält es trigonometrische Methoden zur Bestimmung von Längen- und Breitengraden, Dreiteilung von Winkeln, Verdopplung von Würfeln und dergleichen Die Abhandlung erinnert an Ptolemäus' *Almagest*; sie listet in ähnlicher Weise die theoretischen und empirischen Grundlagen auf, aus denen sich Regeln und Tabellen herleiten. In diesem Zusammenhang stellt man übrigens fest, dass al-Bīrūnī seine eigenen Beobachtungen mit denen seiner Vorgänger kombiniert, um neue Parameter für Planetentabellen zu bestimmen. Hier wird auch zum ersten Mal neues theoretisches Terrain betreten, beispielsweise im Falle der Bewegung des Sonnenapogäums. Al-Bīrūnī folgerte in dieser Frage, dass im Widerspruch zur ptolemaeischen Hypothese diese Bewegung verschieden von der Erdpräzession ist.

Die Frage nach der Erdbewegung bildet ein wichtiges Thema des *Canon*. Ohne sich von dem im Mittelalter allgemein akzeptierten geozentrischen System zu distanzieren, war sich al-Bīrūnī der Tatsache bewusst, dass auch eine heliozentrische Hypothese existierte. Diese Hypothese wird von mehreren muslimischen Gelehrten erwähnt, aber bei al-Bīrūnī findet man die bedeutendste Stellungnahme dazu. In seinem *Buch über Indien* legt er dar, dass bereits im 6. Jahrhundert von dem Astronomen Aryabhāta eine Theorie zur Tagesbewegung der Erde aufgestellt worden sei, und er vermerkt gleichzeitig, dass diese These an den Grundfesten der Astronomie nicht rüttle. In seinem bis heute nicht veröffentlichten Werk *Die Kunst des Astrolabiums* beschrieb al-Bīrūnī ein von al-↗ Sigzī erfundenes Astrolabium: »Es gefiel mir sehr, denn er hat es auf der Grundlage einer unabhängigen Theorie entwickelt, die einige Leute vertreten und der zufolge die offenbare Allgegenwart von Bewegung der Erde zuzuschreiben ist und nicht dem Himmel. Ich bin ernsthaft der Ansicht, dass [eine solche Bewegung] schwierig nachzuweisen und zu analysieren ist und nicht diejenigen umtreiben sollte, die sich der Geometrie verschrieben haben, Ingenieure zum Beispiel oder Astronomen, denn es tangiert ihre Kunst in keiner Weise. Die Naturphilosophen (al-ṭabīʿiyyūn) sind diejenigen, denen die Analyse solcher Probleme und Lehrsätze obliegt«.

Al-Bīrūnī war demnach nicht bestrebt, die Erdbewegung zurückzuweisen; er stand jedoch auf dem Standpunkt, diese Frage sollte die Astronomen nicht beschäftigen, denn es handle sich um ein philosophisches Problem. Doch obwohl er ausdrücklich betont, dass es für die Astronomie unerheblich sei, ob nun ein heliozentrisches oder ein geozentrisches System vorliege, ist er von der Unmöglichkeit der Erdbewegung überzeugt: »Die Rotation der Erde verstößt in keiner Weise gegen die Werte der Astronomie, da alle Erscheinungen astronomischer Natur sowohl durch die eine wie durch die andere Theorie erklärt werden können. Es gibt jedoch andere Gründe, die sie unmöglich machen. Diese Frage ist höchst schwierig zu beantworten. Die renommiertesten modernen und historischen Astronomen haben sich mit der Frage einer sich bewegenden Erde befasst und versucht, dies zu widerlegen. Auch wir haben ein Buch zu dem Thema geschrieben mit dem Titel *Der Schlüssel zur Astronomie*, in dem wir glauben, über die Argumente unserer Vorgänger hinausgegangen zu sein, wenn schon nicht mit Worten, so doch allemal in der Sache.«

Al-Bīrūnīs Buch ist allem Anschein nach nicht erhalten, doch in seinem Werk *Qānūn* ist nachzulesen, dass er das heliozentrische System letztlich aus physikalischen Gründen ablehnte. Seine Berechnungen der notwendigen Rotationsgeschwindigkeit schienen ihm unsinnig und zu hoch, um sich mit irdischen Bedingungen vereinbaren zu lassen. Er machte sich Ptolemäus' Argumentation zueigen und erklärte, dass, wenn die Erde tatsächlich in West-Ost-Richtung um ihre Achse rotiere, ein Vogel oder ein Wurfgeschoss, die sich in derselben Richtung bewegen, unbeweglich erscheinen müssten, weil sie zur selben Zeit über ihre Eigengeschwindigkeit als auch über die Rotationsgeschwindigkeit der Erde verfügen, die weit höher sei. Der Wechsel vom geozentrischen zum heliozentrischen Modell setzte Veränderungen im physikalischen Denken voraus, die erst im Europa des 17. Jahrhunderts möglich werden sollten. Die Verlagerung von der Erde auf die Sonne im kopernikanischen System ergibt in der Tat nur dann einen Sinn, wenn dahinter eine Theorie der universalen Gravitation steht.

Zu den von al-Bīrūnī untersuchten Gesichtspunkten der terrestrischen Physik gehörten vor allem Hydrostatik und Mineralogie, neben einigen anderen kurzen, über sein Gesamtwerk verstreuten Diskussionen zum Thema Wärme, den Eigenschaften von Klang und Licht, Beschleunigung und Bewegung. So stellte er beispielsweise interessante Untersuchungen zur Lichtgeschwindigkeit an und kam zu dem Schluss, dass letztere im Vergleich zur Schallgeschwindigkeit ungeheuer sei. Seine *Abhandlung über die Volumenverhältnisse von Metallen und Edelsteinen* stellt eine der wichtigsten mittelalterlichen Schriften zur Frage des spezifischen Gewichtes dar. Ursprünglich verfasst, um Goldschmieden zu helfen, die Probleme zu umgehen, die sich bei der Bestimmung der für die Kopie eines bestimmten Gegenstands benötigten Metallmengen ergeben, befasst sich dieses Werk mit der Bestimmung des spezifischen Gewichts unter Zuhilfenahme von Wassermengen, die den Bezugsgewichten (Metallen, Edelsteinen und anderen Substanzen) äquivalent sind. Zur Messung von spezifischen Gewichten entwarf al-Bīrūnī ein konisches Gerät, mit dem er wiederholte Tests an verschiedenen Metallen durchführte, deren Ergebnisse er in ausgeklügelten Tabellen verglich. Die meisten seiner Messungen liegen hart an den heute gemessenen Werten.

Die in *al-Asʾila wa-'l-ajwiba* (Fragen und Antworten) versammelten Briefe al-Bīrūnīs an Ibn Sīnā (↗ Avicenna) beinhalten eine Reihe heftiger Einwände gegen die aristotelische Naturphilosophie. Initiiert wurde der Austausch offenbar von al-Bīrūnī, der Ibn Sīnā eine Reihe von Fragen zu einigen der aristotelischen Lehrsätze sandte. Ibn Sīnā formulierte Antworten, aber al-Bīrūnī war mit diesen offenbar nicht einverstanden und schickte eine Reihe weiterer Einwände zurück. Ibn Sīnā fühlte sich von dem rüden Ton seines Briefpartners vor den Kopf gestoßen und ließ die Sache auf sich beruhen. Die Fragen al-Bīrūnīs betrafen die Ausbreitung von Wärme, die Ausdehnung von Körpern, sowie die Reflexion und Brechung von Licht. Er wendet sich gegen die Vorstellung, dass himmlische Körper unabhängiger Natur seien, und behauptet, dass ihre Bewegung durchaus erzwungen sein könne. Darüber hinaus führt er aus, dass die Beobachtung zwar für Aristoteles' Forderung nach einer Kreisbahn der Himmelskörper sprechen mag, es aber keinerlei zwangsläufigen »natürlichen« Grund dafür gebe, dass diese nicht möglicherweise auch elliptisch verlaufen könne. Er geht sogar soweit zu behaupten, dass dies durchaus der Fall sein könne.

Al-Bīrūnīs Kritik richtete sich gegen die Vorstellung von einer ewiggleichen Welt, die er als abschreckend empfand und in scharfem Widerspruch zu einer islamischen Sicht der Welt sah. Auch glaubte er an die Möglichkeit vieler Welten und widersprach dem aristotelischen Argument, dass es keine andere Welt geben könne als die, die wir mit eigenen Augen sehen. Dies betraf die Frage nach Schwere und Leichtigkeit von Gegenständen und deren natürlicher Lage im Universum. Al-Bīrūnī stellte fest: »Da der Himmel sich nicht auf das Zentrum hin oder von diesem weg bewegt, hat Aristoteles Schwere und Leichtigkeit dem Himmel nicht zugestanden. Wir aber können uns in der Welt des Denkens und Möglichen vorstellen, dass die Himmelskörper in der Tat eine gewisse Schwere besitzen, die sie jedoch nicht notwendigerweise dazu veranlassen muss, sich zur Mitte hin zu bewegen, denn alle Teile des Himmels ähneln einander. Wenn man nun einmal angenommen hat, dass die Bestandteile des Himmels über Schwere verfügen, so könnte man sich vorstellen, dass immer dann, wenn ihre Natur sie gen Zentrum treibt, ihre gemeinsame Form sie daran hindert, diesem nachzugeben, so dass die Form sie in Relation zur Mitte unverändert hält. Es ist auch vorstellbar, dass die Himmelskörper über Leichtigkeit verfügen, diese sie jedoch nicht dazu veranlassen kann, sich von der Mitte weg zu bewegen, weil sich diese Bewegung nur dann vorstellen ließe, wenn die Teile des Himmels voneinander getrennt und auseinandergerissen werden und wenn außerhalb des Himmels ein Vakuum existiert, in dem die einzelnen Teile sich bewegen oder ruhend verharren können. Da aber ein Auseinanderdriften der Teile unmöglich und die Existenz eines Vakuums absurd ist, müssen die Himmelskörper als scharf umgrenztes loderndes Feuer an einem Ort verharren, von dem sie nicht entkommen können.«

Im Zusammenhang mit seiner Kritik am aristotelischen Schwerebegriff wendet al-Bīrūnī sich auch gegen die Vorstellung der Peripatetiker, dass alle Elemente einen natürlichen Ort haben. »Das Dasein jeden Elements an seinem natürlichen Ort ist nicht sicher, denn der natürliche Ort der Schwere, das heißt des Strebens zum Boden, wäre die Mitte, und der natürliche Ort der Leichtigkeit, des Strebens gen Himmel also, wäre die Peripherie. Die Mitte aber ist nichts außer einem Punkt, und kein Teil der Erde, wie klein wir ihn uns auch immer vorstellen mögen, passt in die Mitte... Was die Peripherie betrifft, so ist es auch in ihrem Falle unmöglich, dass sie einen Körper zu halten vermöchte, dass leichte Körper an ihr haften blieben, ist sie doch eine imaginäre Oberfläche. Außerdem wird Wasser, das wir frei und ungehindert fließen lassen, stets zur Mitte hin fließen. Die Forderung also, dass das natürliche Vorkommen von Wasser oberhalb der Erde zu sein habe, entbehrt demnach jeder Grundlage. Demnach gibt es für nichts und niemanden einen natürlichen Ort.«

Ein weiterer Punkt in der Debatte betraf die Kreisbahn der Himmelskörper. In seinen astronomischen Werken hatte al-Bīrūnī die Bewegung der Himmelskörper als zirkulär beschrieben. Dennoch kritisierte er diese vom Standpunkt der Logik aus: »Was die Frage betrifft, ob die Himmel keine andere als eine Kreisbahn beschreiben können, so wäre es möglich, dass die Himmel ihrer Natur und ihrem Wesen nach die Quelle aller geradlinigen Bewegung und durch Zufall und Krafteinwirkung auch der zirkulären Bewegung sind, wie man an den Sternen erkennen kann, die von Natur aus von Ost nach West und durch die Einwirkung von Kräften von West nach Ost wandern. Und wenn jemand behauptet, der Lauf der Sterne kenne keinerlei Zufallsbewegung, weil diese doch einzig die Kreisbahn beschreiben, zu der es keinerlei Gegenstück gibt, das uns in die Lage versetzte zu sagen, dass das eine von Natur aus, das andere hingegen gezwungenermaßen so gegeben ist, so antworten wir darauf, dass bei solcherlei widrigen Aussagen Irrtum und Verbergen deutlich zutage treten.«

Auch die These von der unendlichen Teilbarkeit von Körpern wies er zurück, obschon er sich der zahllosen Schwierigkeiten bewusst war, die dem damals diskutierten Atomismus und der ihm zugrundeliegenden Diskontinuität zwischen dem Endlichen und dem Unendlichen innewohnte. Er zeigte sogar eine Parallele auf zwischen der atomistischen Argumentation und dem Standpunkt der muslimischen Theologen (*mutakallimūn*), die von den Peripatetikern unter den Philosophen in diesem Punkt angegriffen wurden. Dieselbe kritische Haltung zeigte sich in der Frage, inwieweit bestimmten Gegenständen und Elementen Veränderung und Unbeständigkeit innewohnen, so dass jeder von diesen sich verändern und in das andere übergehen kann.

In der Frage des Vakuums appellierte al-Bīrūnī, obwohl er selbst nicht an dessen Existenz glaubte, an die Beobachtungsgabe seiner Leser: »Sollte von uns gezeigt werden, dass die Existenz eines Vakuums in und außerhalb unserer Welt unmöglich ist, warum zieht dann ein Glasgefäß, aus dem man die Luft entfernt hat, und das man umgekehrt ins Wasser hält, dieses hoch?« An anderer Stelle kommt er auf die seltsame Eigenschaft von Wasser zu sprechen, sein Volumen beim Übergang in den festen Zustand auszudehnen, und verweist auf den Konflikt dieser Tatsache mit der aristotelischen Physik: »Warum bleibt Eis an der Wasseroberfläche statt zu Boden zu sinken, wo es doch Erdanteile enthält und seiner Festigkeit und Kälte halber schwerer als Wasser sein sollte?«

Auf allen Gebieten, auf denen er seinen kritischen Geist entfaltete, erweist sich al-Bīrūnī als Meister der Beobachtung. Seine zahllosen Studien zur beschreibenden Geographie, seine Darstellungen von Flora, Fauna und Mineralien verschiedener Regionen sowie seine bemerkenswerte Abhandlung über das Industal zeigen ihn als überaus aufmerksamen Betrachter. In vielen Fällen bediente er sich des Experiments, um seine Ansichten zu verifizieren oder zu widerlegen. Zutiefst überzeugt vom wissenschaftlichen Wert von Zahlen und Quantifizierungen, führte er in vielen Fällen Messungen durch. Er schrieb in diesem Zusammenhang, das »Zählen ist dem Menschen angeboren. Das Maß eines Gegenstands offenbart sich durch dessen Vergleich mit einem anderen Gegenstand, der derselben Art zugehörig ist und aufgrund allgemeiner Übereinkunft als Einheit gelten kann. Auf diese Weise lässt sich der Unterschied zwischen dem Gegenstand und diesem Standard messen.«

Sowohl bei seinen Studien zur Astronomie als auch bei seinen Arbeiten auf den Gebieten Physik und Geographie wandte al-Bīrūnī Messungen an.

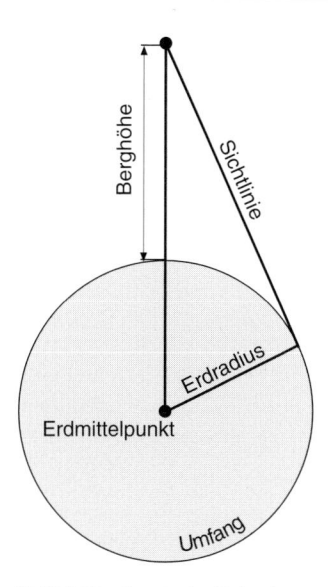

Al-Bīrūnī bestimmte den Erdumfang aus der Höhe eines Berges und dem Winkel zwischen dem Lot und der Sichtlinie zum Horizont

Insbesondere in der Geographie fand er neue Verwendungsformen für mathematische Verfahren und kann mit Fug und Recht als Begründer der Geodäsie gelten. In seiner Abhandlung über die Schatten beschrieb er eine geometrische Technik zur Größenbestimmung von Schatten, mit deren Hilfe sich die Entfernung zwischen zwei Orten und Berghöhen errechnen lässt. In seinem *Buch über das Astrolabium* gab er eine Methode zur Bestimmung des Erdumfangs an, den er in *Masʿūdī Canon* bereits erfolgreich errechnet hatte. Er hatte dafür einen Berg in Meeresnähe erklommen und beobachtete von dort den Sonnenuntergang und bestimmte den Winkel zwischen der Sichtlinie zum Horizont und der Waagerechten (die sog. Depression). Mithilfe dieses Winkels und der Höhe des Berges kam er durch eine einfache trigonmetrische Rechnung zu dem Schluss, der Erdumfang müsse etwa 40 000 Kilometer betragen (s. Abb.). Wäre unsere Erde eine vollkommene Kugel, käme dieser Wert modernen Messungen extrem nahe. Immerhin gehört er zu den genauesten geodätischen Messungen des Mittelalters.

Al-Bīrūnī ist als einer der größten Wissenschaftler des Islam bezeichnet worden. Sein kritischer Geist, seine Wahrheitsliebe und sein wissenschaftlicher Ansatz vereinten sich mit großer Toleranz und einem leidenschaftlichen Wissensdurst. Historiker sehen in ihm einmütig einen bemerkenswerten Mann, der seiner Zeit weit voraus war. In vielen Passagen seiner Schriften zeigt sich der Sarkasmus, mit dem er denen begegnete, die er für töricht hielt. Als er einmal einem Gelehrten ein Instrument erklärte, mit dem sich die Gebetszeit bestimmen ließ, und jener einwandte, dass auf dem Gerät doch die byzantinischen Monatsnamen eingraviert seien und dies einer Gefolgschaft der Ungläubigen nahekäme, rief al-Bīrūnī aus: »Die Byzantiner nehmen auch Nahrung zu sich! Also folgt ihnen auch darin nicht nach!« Seine Schriften zeigen ihn als einen Mann, der weniger ein großer Urheber neuer Theorien war als vielmehr ein sorgfältiger Beobachter, ein führender Verfechter der experimentellen Methode. Er war ein brillantes Sprachtalent, das imstande war, eine erstaunliche Zahl der damals vorhandenen Abhandlungen zu lesen, und sah die Entwicklung der Wissenschaft sehr klar als Teil eines historischen Prozesses, den er stets in einen angemessenen Kontext zu setzen suchte. [MA]

Werk(e):
The chronology of ancient nations, engl. Übers. v. C. E. Sachau (1879); Alberuni's India, hrg. v. C. E. Sachau (1887); Kitāb al-tafhīm. The book of instruction in the elements of the art of Astrology (1934); Kitāb al-Jamāhir fī maʿrifat al-jawāhir, hrg. v. F. Krenkow (1936); Al-Qānūn al-Masʿūdī (3 Bde., 1954–56); Kitāb taḥdīd nihāyat al-amākin, hrg. v. J. Ali (1967); The Exhaustive Treatise on Shadows, übers. u. komm. v. E. S. Kennedy (1976); Kitāb maqālid ʿilm al-hayʾa (1985); In den Gärten der Wissenschaft. Ausgewählte Texte, übers. u. erl. v. G. Strohmaier (1988); The book most comprehensive in knowledge on precious stones, engl. übers. v. H. M. Said (1989); Al-Asʾilah wa'l-ajwibah (Questions and answers, 1995).

Sekundär-Literatur:
Kennedy, E. S.: Studies in the Islamic Exact Sciences (1983); Saliba, G.: Al-Bīrūnī and the sciences of his time, in: M. Young et al. (Hrg.): Religion, Learning and Science in the 'Abbasid Period' (1991) 405–23; Nasr, S. H.: An Introduction to Islamic Cosmological Doctrines (1993).

Bjerknes, Vilhelm Friman Koren,
norwegischer Physiker und Meteorologe,
* 14. 3. 1862 Christiania (heute Oslo),
† 9. 4. 1951 Oslo.

Bjerknes entwickelte Zirkulationstheoreme und war Mitschöpfer der Polarfrontmeteorologie.

Nach dem Studium der Mathematik und Physik an der Universität Christiania 1880–1888, wo er auch engster Mitarbeiter seines Vaters, des Mathematikers und Hydrodynamikers Carl Anton Bjerknes war, ging Bjerknes nach Paris und hörte bei I. H. ↗ Poincaré Vorlesungen über Elektrodynamik. 1890/91 arbeitete er als Assistent von H. ↗ Hertz am Physikalischen Institut der Universität Bonn und hatte danach eine Assistentenstelle an der Universität in Christiania inne. Nach seiner Promotion 1892 wurde er Lektor und 1895 Professor für Mechanik und mathematische Physik an der Technischen Hochschule in Stockholm. Nach Gastvorlesungen in den USA (1905) erhielt er von 1906 bis 1941 ein jährliches Stipendium der Carnegie Institution in Washington DC. Dadurch war es ihm möglich, Assistenten für seine meteorologischen Arbeiten zu beschäftigen. 1907 wurde er Professor für Mechanik und mathematische Physik an der Universität in Christiania und 1912 Professor für Geophysik und Direktor des neu gegründeten geophysikalischen Instituts an der Universität Leipzig. 1917 erhielt er einen Ruf an die Universität in Bergen und baute hier das geophysikalische Institut zu einer Wetterdienstzentrale aus, in der die Polarfronttheorie oder Polarfrontmeteorologie entwickelt wurde. 1926 übernahm er die Professur für theoretische Physik an der Universität Oslo, die er bis zu seiner Emeritierung 1932 innehatte.

Ausgehend von den Forschungen seines Vaters konnte Bjerknes 1898–1902 die Wirbel- und Zirkulationssätze von H. v. ↗ Helmholtz und W. ↗ Thomson für die kinetische und dynamische Zirkulation in reibungslosen Flüssigkeiten erweitern und die Bildung und Vernichtung von Zirkulations- und Wirbelbewegungen auf die Atmosphäre und die Ozeane anwenden. Als zentrale Aufgabe der Meteorologie sah er 1904 die Verflechtung der beobachtenden Meteorologie und der Thermo- und Hydrodynamik mit dem Ziel an, die Wettervorhersage als mathematisches Problem aufzustellen und, wenn möglich, zu lösen. Bjerknes trat für die Rationalisierung der meteorologischen Einheiten speziell in der Aerologie ein. In seiner Leipziger Zeit ließ er dreidimensionale Analysen der atmosphärischen Zustände durchführen. In Bergen ergaben die Beobachtungen eines kleinen, aber dichten Messnetzes die genaueren Details der sich an Luftmassengrenzen abspielenden Prozesse. So konnten die Warmfront, die Kaltfront und die Okklusion bei Zyklonen erkannt werden.

Für die internationale meteorologische Zusammarbeit setzte sich Bjerknes besonders ein. [HGK]

Werk(e):
Das Problem der Wettervorhersage, betrachtet vom Standpunkt der Mechanik und Physik, Meteorologische Zeitschrift 21 (1904) 1–7; Dynamic meteorology and hydrology (1910/11, deutsch 1912/13); On the dynamics of circular vortex with applications to the atmosphere and atmospheric vortex and wave motions, Geofysiske Publikasioner II, No. 4 (1921) 88; Die Polarfronttheorie, Petermanns Geograph. Mittl. Ergänzungsheft Nr. 191 (1927) 53–60.

Sekundär-Literatur:
Sverdrup, H. U.: Vilhelm Bjerknes in Memoriam, Tellus 3 (1951) 217–221; Eliassen, A., Heiland, E. (Hrg.): Vilhelm Bjerknes, Geofysiske Publikasioner 24 (1962) 7–37; R.M. Friedman: Appropriating the weather: Vilhelm Bjerknes and the constructing of a modern meteorology (1989).

Bjerrum, Niels Janniksen,
dänischer Chemiker,
* 11. 3. 1879 Kopenhagen,
† 30. 9. 1958 Kopenhagen.

Bjerrum erbrachte wichtige Beiträge zur Theorie starker Elektrolyte und entwickelte 1931 mit dem Base-Antibase-System ein neuartiges Säure-Base-Konzept.

Bjerrum, Sohn eines Professors für Augenheilkunde, studierte Chemie an der Universität Kopenhagen. 1905 hielt er sich an der Universität Leipzig bei Robert Luther zu einem Studienaufenthalt auf, ging 1907 zu Alfred Werner an die Universität Zürich, erwarb 1908 bei Sophus Mads Jörgensen an der Universität Kopenhagen den Doktorgrad und vervollständigte seine Kenntnisse auf dem Gebiet der physikalischen Chemie ab 1910 an der Universität Paris bei J. ↗ Perrin sowie ab 1911 an der Universität Berlin bei W. ↗ Nernst. Von 1914 bis 1949 wirkte Bjerrum als Professor der Chemie an der Tierärztlichen und Landwirtschaftlichen Hochschule in Kopenhagen.

Bjerrum hat sich ab 1905 mit der Theorie der Elektrolyte beschäftigt. Diese Arbeiten mündeten 1909 in eine neue Form der Dissoziationstheorie für starke Elektrolyte ein. 1916 führte Bjerrum seine Untersuchungen auf diesem Gebiet weiter. Dabei gelang es ihm, mithilfe spezieller Koeffizienten den Verlauf der Dissoziation zu berechnen und damit das Verständnis für diese Phänomene unter quantitativen Gesichtspunkten zu fördern. In diesem Zusammenhang beschäftigte er sich auch mit Indikatoren, Pufferlösungen sowie mit der Messung der Wasserstoffionenkonzentration in Lösungen, mithin mit dem Problem der Säure-Base-Titration. 1914 publizierte Bjerrum mit seiner Arbeit *Die Theorie der alkalimetrischen und acidimetrischen Titrierungen* eine erste geschlossene Darstellung dieses Gebietes, wobei er zur näheren Charakterisierung der Indikatoren den sog. Indikatorexponenten einführte. Zwischenzeitlich, ab 1911, hatte sich Bjerrum auch mit thermochemischen und spektroskopischen Untersuchungsmethoden befasst und dabei, am Beispiel der Schwingungswärme von Kohlendioxyd, erstmals spektroskopische und thermische Daten in einen Zusammenhang gebracht. Dabei gelangte er auch zu quantitativen Aussagen über die Molekülgestalt. In den 1920er- und 1930er-Jahren wandte sich Bjerrum dann vorrangig der Untersuchung von Protolysegleichgewichten zu. Dabei entwickelte er mit dem Base-Antibase-System ein neuartiges Säure-Base-Konzept, bei dem der Begriff Säure den Protonendonatoren vorbehalten blieb, während die Lewis-Säuren als Antibasen aufzufassen waren:

Base + Antibase = Produkt
NH$_3$ + H$^+$ = NH$_4^+$
Cl$^-$ + AlCl$_3$ = [AlCl$_4$]$^-$
S^{2-} + SnS$_2$ = SnS$_3^{2-}$

Diese Begriffsbestimmung erwies sich als ausbaufähig. Sie ließ sich mit späteren Konzeptionen in Übereinstimmung bringen, so dass sich z. B. auch zahlreiche Reaktionen in Salzschmelzen als Oxidionenübertragungen (Oxidotropie) formulieren ließen. Dazu schuf der 1931 von Bjerrum geprägte Begriff der Antibase für O^{2-}-Akzeptorsäuren in Salzschmelzen die notwendige Voraussetzung. Bjerrum hat sich des Weiteren mit Problemen der chemischen Kinetik, mit kolloidchemischen Untersuchungen sowie mit der Anwendung der Quantentheorie in der Chemie beschäftigt. Aus seiner Feder stammen darüber hinaus auch zahlreiche chemiehistorische Beiträge. [RS3]

Werk(e):
Die Theorie der alkalimetrischen und acidimetrischen Titrierungen (1914); Selected Papers (1949); Structure and Properties of Ice (1951).

Black, Joseph,
schottischer Naturforscher und Mediziner,
* 6. 4. 1728 Chartrons bei Bordeaux,
† 6. 12. 1799 Edinburgh.

Blacks Bedeutung ergibt sich aus heutiger Sicht durch seine chemischen Untersuchungen sowie seinen Arbeiten zur Wärmelehre.

Joseph Black wurde als neuntes von 15 Kindern eines schottischen Weinhändlers geboren. Für seine schulische Ausbildung wurde er nach Belfast geschickt, anschließend begann er ein Medizinstudium in Glasgow, das er in Edinburgh fortsetzte und beendete. 1756 wurde Black als Lehrender für Chemie nach Glasgow berufen, ein Jahr später zum Professor für Medizin ernannt. Hier lernte er J. ↗ Watt kennen, der zu diesem Zeitpunkt als Instrumentenmacher tätig war. 1766 wurde Black auf den Lehrstuhl für Chemie in Edinburgh berufen. Dort hielt er in den folgenden dreißig Jahren seine Vorlesungen, die ihm zugleich auch zur Verbreitung der Ergebnisse seiner wissenschaftlichen Forschungen dienten.

Im Rahmen seiner 1754 publizierten Dissertation untersuchte Black »magnesia alba« (Magnesiumcarbonat) und konnte darlegen, dass diesem beim Erhitzen ein Gas (Kohlendioxid) entweicht. In weiteren Arbeiten konnte er zeigen, dass dieses Gas, das er als »fixed air« bezeichnete, aus einer Reihe von Substanzen freigesetzt, aber auch durch die dabei entstehenden Produkte wieder gebunden werden kann. Daneben demonstrierte er, dass »fixed air«

J. Black

auch bei der Atmung und der Verbrennung von Kohlenstoff entsteht. Zwei Aspekte dieser Arbeit waren retrospektiv für die weitere Entwicklung der Chemie bedeutsam. Zum einen steht die Arbeit am Anfang der »pneumatischen Chemie«, die in der Folgezeit insbesondere durch die Arbeiten von H. ↗ Cavendish, J. ↗ Priestley und A.-L. ↗ Lavoisier weiterentwickelt wurde und eine wesentliche Rolle bei der so genannten »chemischen Revolution« spielte. Zum anderen war Blacks Arbeit methodisch signifikant, da er durch Wägungen nachwies, dass das Gas aus dem Festkörper stammte; diese Vorgehensweise ist kennzeichnend für nachfolgende Arbeiten.

Zu Beginn der 1760er-Jahre verschob sich der Schwerpunkt von Blacks Arbeiten auf die Analyse von Wärmephänomenen. Einen zentralen Aspekt bildete dabei die Einführung des Konzepts der latenten Wärme, das er zur Beschreibung von Phasenübergängen und den dabei auftretenden Temperaturverläufen verwendete. Ausgangspunkt von Blacks Untersuchungen waren vermutlich Experimente seines Lehrers William Cullen zu Abkühlungseffekten beim Verdampfen von Ether. Black interpretierte diese Experimente dahingehend, dass bei Phasenübergängen Wärme gebunden bzw. frei wird, ohne dass sich die Temperatur ändert; hiermit war eine konzeptionelle Unterscheidung zwischen Temperatur und Wärme verbunden. Black führte Experimente durch, in denen er Wasser und Eis mischte und die resultierende Temperatur bestimmte. Daneben formulierte Black auch, dass unterschiedliche Substanzen für gleiche Temperaturänderungen unterschiedliche Wärmemengen aufnehmen bzw. abgeben.

Die Ergebnisse dieser Untersuchungen publizierte er aber nicht in schriftlicher Form, sondern verbreitete sie im Rahmen seiner Vorlesungen. Hiervon erschien 1770 ein Raubdruck, in dem seine Entdeckungen dargestellt wurden. Offiziell wurden diese Vorlesungen erst posthum (und nachträglich an die von Lavoisier eingeführte chemische Nomenklatur angepasst) durch John Robison herausgegeben; mit diesem und James Watt hatte Black lange Zeit in engem wissenschaftlichen Austausch gestanden. [PH]

Werk(e):
Experiments upon magnesia alba, quick-lime, and other alcaline substances (1777); Lectures on the Elements of Chemistry, 2 Bände (1803), hg. v. J. Robison; Partners in Science: Letters of James Watt and Joseph Black (1969), hg. v. E. Robinson, D. McKie.

Sekundär-Literatur:
Simpson, A.D.C. (Hrsg.): Joseph Black. A Commemorative Symposium (1982).

Blackett, Patrick Maynard Stuart,
englischer Physiker,
* 18. 11. 1897 London,
† 13. 7. 1974 London.

Die Hauptarbeitsgebiete Blacketts waren Kernphysik, Kosmische Strahlung und Erdmagnetismus. Außerdem wirkte er aktiv als politischer Berater.

Blackett war der Sohn eines Börsenmaklers. 1909–1914 besuchte er eine Marinekadettenschule und nahm am Ersten Weltkrieg als Fähnrich teil. Als er nach dem Kriege von der Marine zur weiteren Ausbildung nach Cambridge geschickt wurde, entschied er bald, dass sein weiteres Betätigungsfeld in der Wissenschaft liegen würde, verließ das Militär

P.M.S. Blackett

und begann 1919 am Cavendish-Laboratorium in Cambridge ein Physikstudium. Nach dem B.A. wurde er 1921 Forschungsstudent bei E. ↗ Rutherford, der seit zwei Jahren am Cavendish wirkte. 1919 war es Rutherford gelungen, Stickstoffkerne durch Beschuss mit α-Teilchen (Heliumkernen) in Sauerstoff umzuwandeln und damit die erste künstliche Kernumwandlung zu realisieren. Rutherford beauftragte den in instrumentellen Dingen geschickten Blackett, diesen Vorgang mit der von Ch. ↗ Wilson entwickelten Nebelkammer fotografisch zu dokumentieren. Dies gelang ihm 1924 – nach entsprechender Modifikation der Wilson-Kammer (u. a. für automatische Fotoaufnahmen). Insbesondere bestätigte er dabei das bisher nur als Hypothese formulierte Ergebnis, dass es sich bei diesem Vorgang nicht um eine Kernzertrümmerung handelte, sondern um den Aufbau des nächst höheren Atomkerns.

1924–25 verbrachte Blackett ein Jahr an der Universität Göttingen bei J. ↗ Franck, mit dem er über die Anregung von Wasserstoffspektren durch Elektronenstoß arbeitete. Nach seiner Rückkehr widmete sich Blackett intensiv der Verbesserung der Nebelkammer und der Auswerteverfahren. 1931 kam Guiseppe Occhialini aus Florenz an das Cavendish-Laboratorium, um Blacketts Methodik zu erlernen, und brachte zugleich seine Erfahrung mit Geiger-Zählern bei der Erforschung der kosmischen Strahlung mit. Die Kombination beider Methoden führte nun zu einer automatischen Nebelkammer, bei der das Ansprechen der Zählrohre den Kolbenmechanismus der Kammer und die fotografische Kamera auslöste, wodurch die Zahl der Aufnahmen auf die tatsächlich stattfindenden Ereignisse beschränkt bleiben konnte. Das vereinfachte nicht nur die Auswertung, sondern machte nun auch den effektiven Einsatz der Nebelkammer in der Höhenstrahlenforschung möglich. Blackett und Occhialini konnten damit 1933 u. a. nachweisen, dass Photonen hoher Energie bei der Wechselwirkung mit Materie so genannte Teilchenschauer auslösen können und dass darin Elektronen und Positronen (Letztere 1932 von C. D. ↗ Anderson gefunden) paarweise auftreten.

Obwohl ohne Ph.D., wurde Blackett 1933 zum Physikprofessor am Birkbeck College in London und 1937 als Nachfolger von W. L. ↗ Bragg auf den ehemaligen Lehrstuhl von Rutherford an der Universität Manchester berufen. Das Institut wurde nun zu einem Zentrum der Forschung über kosmische Strahlen; zugleich förderte Blackett die Astrophysik, indem er in Manchester einen Lehrstuhl für Radioastronomie initiierte und die Gründung des Instituts für Radioastronomie in Jodrell Bank unterstützte.

1933 war er Mitglied der Royal Society geworden. 1948 erhielt er den Physik-Nobelpreis für seine Weiterentwicklung der Wilson-Nebelkammer und für die damit erbrachten Entdeckungen auf dem Gebiet der Kernphysik und der Höhenstrahlung.

Blackett stand der Labour Party und der englischen Gewerkschaftsbewegung nahe, war durch die Fabian Society geprägt und für linke Ansichten bekannt. 1935–36 wurde er in die Arbeit eines von Henry Tizard geleiteten Komitees des britischen Luftfahrtministeriums einbezogen, das sich unter dem Eindruck der deutschen Aufrüstung mit der Modernisierung der Luftverteidigung befasste; u. a. wurde Blackett zum Promotor der Radarentwicklung. Differenzen mit Frederick A. Lindemann, Physikprofessor in Oxford und Wissenschaftsberater Winston Churchills, führten jedoch zu seinem Rücktritt. Im Zweiten Weltkrieg wurde Blackett erneut als wissenschaftlicher Berater der Luftwaffe aktiv (bezüglich der Bombardierung deutscher Städte gab es mit Lindemann abermals erheblichen Dissens), insbesondere bei der Entwicklung von Zielgeräten für Bombenflugzeuge, in der Radarforschung und bei der U-Boot-Abwehr. Außerdem war er während seiner Tätigkeit in den britischen Verteidigungsgremien an der Erarbeitung der Grundlagen der Operational Research (Operationsforschung) beteiligt.

Nach dem Kriege gehörte Blackett zu den Kritikern der amerikanischen Atombombenabwürfe über Hiroshima und Nagasaki und bezeichnete sie als ersten Akt des Kalten Krieges. Auch kritisierte er die atomare Nachkriegspolitik, womit seine Rolle als Ratgeber der britischen Regierung praktisch beendet war. Seit 1947 wirkte er jedoch als Berater von Indiens Ministerpräsident Jawaharlal Nehru. 1964 ernannte ihn die neue britische Labour-Regierung unter Harold Wilson erneut zum Berater, wobei er maßgeblich an der Strukturierung des neuen Ministry of Technology beteiligt war.

1953–1965 wirkte Blackett als Physikprofessor (Nachfolger von G. P. ↗ Thomson) am Londoner Imperial College. Er wandte sich nun der Erforschung des Erdmagnetismus zu und konnte mit seinen Mitarbeitern die These von der Kontinentaldrift wesentlich stützen. 1965–1970 war er Präsident der Royal Society.

Blackett war seit 1924 verheiratet und hatte zwei Kinder. Unter den zahlreichen Ehrungen seien noch erwähnt: 20 Ehrendoktorate und Royal- (1940) und Copley- (1956) Medaille der Royal Society; seit 1969 Baron Blackett of Chelsea.   [HK]

Werk(e):
The ejection of protons from nitrogen nuclei, photographed by the Wilson method, Proc. Roy. Soc. London A107 (1925) 349; Some Photographs of the Tracks of Penetrating Radiation, Proceedings of the Royal Society of London A 139 (1933) 839, 699–726 (mit G. P. S. Occhialini); New Evidence for the Positive Electron, Nature 131 (1933) 3309, 473; Untersuchungen mit der Nebelkammer (Nobelvortrag 1948), Physikalische Blätter 5 (1949) 10, 458–470; Militärische und politische Folgen der Atomenergie, Historisches Kabinett o.O., 1949.

Sekundär-Literatur:
Lovell, B.: Patrick Maynard Stuart Blackett, Baron Blackett, of Chelsea, in: Biographical Memoirs of Fellows of the Royal Society, London 21 (1975) 1–115; Brown, A.: Patrick Blackett – sailor, scientist, socialist, Physics World 11 (1998, April) 35–38; Nye, M. J.: A Physicist in the Corridors of Power: P.M.S.Blackett's Opposition to Atomic Weapons Following the War, Physics in Perspective 1 (1999) 2, 136–156.

Blau, Marietta,
österreichische Physikerin,
* 29. 4. 1894 Wien,
† 27. 1. 1970 Lainz.

Blau entwickelte wegweisende photographische Methoden zum Nachweis von Elementarteilchen.

Als Tochter eines jüdischen Juristen und Musikverlegers ergriff Blau die Möglichkeit, während des Ersten Weltkriegs in Wien Physik zu studieren und bei Franz Exner zu promovieren. Nach kurzen Anstellungen in Deutschland wurde sie ab 1923 »freie«, d. h. unbezahlte, wissenschaftliche Mitarbeiterin am Wiener Radiuminstitut von St. ↗ Meyer. Ihren Lebensunterhalt musste sie sich durch Nebentätigkeiten verdienen. 1925 gelang es ihr, die vergleichsweise schwachen Teilchenspuren, die Protonen in photographischen Emulsionen hinterlassen, eindeutig von denen der α-Teilchen zu unterscheiden, und sie wies in den folgenden Jahren Kernfragmente von mit α-Teilchen bestrahlten Silberatomen nach. Zwischen 1930 und 1937 entstanden unter ihrer Anleitung fünf Dissertationen von Wissenschaftlerinnen am Radiuminstitut, darunter auch eine von Herta Wambacher, ihrer späteren Mitarbeiterin und politischen Gegnerin (»Blau-Wambacher-Sterne« als charakteristische Bilder hochenergetischer Protonen). Karrierechancen, die sich nach Stipendienaufenthalten in Göttingen und an M. ↗ Curies Pariser Institut eröffneten, wurden durch die politischen Ereignisse von 1933 zunichte gemacht. Ihrem ab 1936 entwickelten Forschungsprogramm zum Nachweis neuer, schwerer Teilchen in der kosmischen Strahlung wurde 1938 nicht nur durch den »Anschluss« Österreichs an das nationalsozialistische Deutschland die Grundlage entzogen, bei ihrer Flucht nach Oslo wurden ihr auch gezielt Photographien und Aufzeichnungen abgenommen, deren Ergebnisse nun ehemalige Kollegen publizierten.

Ein Jahr später gelang es Blau, auf Empfehlung A. ↗ Einsteins Professorin in Mexico City zu werden, ohne aber ein funktionsfähiges experimentalphysikalisches Institut aufbauen zu können. 1944 übersiedelte sie in die USA und war u. a. an der Columbia University, dem Brookhaven National Laboratory und der University of Miami tätig. Ihr Wissen und ihre Methoden, die sie dahin mitbrachte, halfen etwa C. ↗ Powell, seine eigenen Nachweismethoden zu perfektionieren, mit denen er 1947 ein neues Elementarteilchen fand. An der Erforschung dieser Pionen beteiligte sich in den folgenden Jahren auch Blau.

Ihre Krankheit durch den Umgang mit Radioaktivität und mangelnde Rentenansprüche machten die »österreichische Madame Curie« 1960 zu einer späten Remigrantin, die ohne wirkliche Anerkennung ihrer Leistungen zurückgezogen in ihrer Heimat starb. [AS2]

Sekundär-Literatur:
Galison, P.: Marietta Blau: Between Nazis and Nuclei, Physics Today (1997); Rosner, R., Strohmeier, B. (Hrg.): Marietta Blau – Sterne der Zertrümmerung (2003).

Bloch, Felix,
schweizerisch-amerikanischer Physiker,
* 23. 10. 1905 Zürich,
† 10. 9. 1983 Zürich.

Bloch war mit seinen grundlegenden Arbeiten einer der Pioniere der Festkörperphysik. In den USA machte er eine der herausragenden Emigrantenkarrieren. Seine Untersuchungen zur magnetischen Kernspinresonanz wurden mit dem Nobelpreis ausgezeichnet.

Bloch begann 1924 an der Züricher ETH zunächst mit einem ingenieurwissenschaftlichen Studium, wechselte aber unter dem Eindruck von P. ↗ Debye nach einem Jahr an die Abteilung für Mathematik und Physik. Nach dem Diplom wurde er 1927 der erste Doktorand von W. ↗ Heisenberg in Leipzig. Die Dissertation von 1928 behandelte die Leitfähigkeit der Metalle unter Anwendung der neuen Quantentheorie. Die von ihm gefundenen Eigenfunktionen der Elektronen im periodischen Gitterpotenzial sollten grundlegend für die Theorie des Festkörpers werden und sind unter dem Begriff »Blochwellen« in die Literatur eingegangen. Nach einer Zeit als Assistent von W. ↗ Pauli in Zürich, wo er sich mit der Supraleitung beschäftigte, und einem Stipendium in Utrecht kehrte er 1930 nach Leipzig zurück. Dort habilitierte er sich 1932. Dazwischen hatte er 1931 auch bei N. ↗ Bohr in Kopenhagen gearbeitet. In dieser Periode der Wanderschaft waren wichtige Untersuchungen zur Theorie der Ferromagnetika sowie zur metallischen Leitfähigkeit entstanden. Angesichts der nationalsozialistischen Machtergreifung verzichtete er von sich aus auf eine Fortsetzung seiner Tätigkeit in Leipzig.

Stipendien der Rockefeller-Stiftung finanzierten seine nun folgenden Aufenthalte in Rom und Cambridge. Auf Empfehlung von Bohr ging er Anfang 1934 zunächst auf der Basis eines Zweijahresvertrages in die USA nach Stanford. Die Ablehnung eines Rufes an die Hebräische Universität in Jerusalem brachte ihm 1936 eine reguläre Professur. In Stanford war es die erste solche Stelle für theoretische Physik. Die Erfordernisse seines neuen Umfeldes ließen eine stärkere Verbindung von Theorie und Experiment entstehen, als sie damals in Europa noch üblich war. So führte Bloch selbst Untersuchungen mit einer Röntgenröhre durch, um Neutronen zu produzieren. Dabei entwickelte er eine Theorie der magnetischen Neutronenstreuung. In einer 1938 begonnenen Zusammenarbeit mit L. W. ↗ Alvarez aus Berkeley bestimmte er unter Benutzung des dortigen Zyklotrons das magnetische Moment des Neutrons. Im Jahr 1939 wurde Bloch amerikanischer Staatsbürger. Der von 1939 bis 1941 in Stanford durchgeführte Aufbau eines vornehmlich als Neutronenquelle gedachten Zyklotrons für magnetische Untersuchungen ging auf seine Initiative zurück. Für das Manhattanprojekt bestimmte er in Stanford das Energiespektrum der beim Kernspaltungsprozess freiwerdenden Neutronen. Nur wenige Monate arbeitete Bloch 1943 in Los Alamos am Implosionsproblem. Er schloss sich dann dem Radio Research Laboratory in Harvard an, wo man sich mit Abwehrmaßnahmen gegen die Ortung mittels Radar beschäftigte.

Am Ende des Krieges kehrte er nach Stanford zurück. Die Verbindung seiner Forschungen zum Ferromagnetismus und den magnetischen Momenten führte ihn zur nuklearen Induktion, einer Methode, die mit der Messung der Larmor-Frequenz eines äußeren magnetischen Wechselfeldes die Bestimmung von Kernmomenten in festen Körpern, Flüssigkeiten und Gasen ermöglichte. Das dann als NMR (Nuclear Magnetic Resonance) bezeichnete Verfahren erlangte später eine über den ursprünglichen Zweck weit hinausgehende Bedeutung für

F. Bloch

Bloch, Konrad Emil,
deutsch-amerikanischer Biochemiker,
* 21. 1. 1912 Neisse (heute Nysa, Polen),
† 15. 10. 2000 Burlington (Mass., USA).

1964 erhielt Bloch gemeinsam mit F. ↗ Lynen den Nobelpreis für Physiologie oder Medizin für seine Forschungen zum Cholesterin- und Fettstoffwechsel.

Bloch begann sein Chemiestudium 1930 an der Technischen Hochschule München und konzentrierte sich schon bald auf organische Chemie, deren Lehrstuhl H. ↗ Fischer innehatte. Außerdem hatte er Gelegenheit, Vorlesungen von A. ↗ Windaus und Heinrich ↗ Wieland zu hören. 1934 legte er die Prüfungen zum Diplomingenieur ab. Als Jude sah er sich jedoch noch in demselben Jahr gezwungen, Deutschland zu verlassen. Er fand eine Stelle am Schweizerischen Forschungsinstitut Davos, auf der er sich mit den Phosphorlipiden der Tuberkelbazillen befasste. 1936 gelang Bloch die ersehnte Immigration in die USA. Ein Stipendium, das er von der Wallerstein Foundation erhielt, erlaubte ihm, bereits nach zwei Jahren am Department for Biochemistry des College of Physicians and Surgeons (Columbia University) zu promovieren. Er fand Aufnahme in das Laboratorium unter Rudolf Schoenheimer, und seine weitere Forschung sollte nachhaltig durch das Interesse, das er dort an Problemen der Biosynthese gewann, und durch die dort angeeigneten Labortechniken beeinflusst werden. 1942 begann er in Zusammenarbeit mit David Rittenberg zur Synthese des Cholesterins zu arbeiten; ein Forschungsgebiet, das ihn noch 20 Jahre beschäftigen und ihm den Nobelpreis einbringen sollte.

1946 erhielt Bloch eine Assistenzprofessur für Biochemie an der University of Chicago, die ihm den Aufbau einer eigenen Forschungsgruppe erlaubte. Anhand von Neurospora-Kulturen, die aufgrund einer Mutation auf von außen zugeführtes Azetat angewiesen waren, und durch Markierung des zugeführten Azetats mit Radioisotopen gelang es ihm nachzuweisen, dass sämtliche Kohlenstoffatome des Cholesterins in mehr als dreißig Syntheseschritten aus Essigsäure hervorgehen. Gemeinsam mit Lynen trug er damit zum Verständnis des Zusammenhangs zwischen Cholesterinspiegel und Arteriosklerose bei. Die Forschung wurde u. a. von dem National Health Institute und dem Life Insurance Medical Fund finanziert. 1954 wurde er auf die Higgins-Professur für Biochemie an der Harvard University berufen und leitete 1968–1982 die dortige Abteilung für Chemie. Weitere Forschungsgebiete Blochs waren die Biosynthese von

F. Bloch legt am 10. Juni 1955 den Grundstein des CERN-Laborgeländes, beobachtet von M. Petitpierre, dem Präsidenten der Schweiz

Chemie, Biologie und Medizin. Gemeinsam mit Edward Purcell, der unabhängig von ihm an dieser Thematik arbeitete, erhielt Bloch 1952 dafür den Nobelpreis.

Von 1954 bis 1955 übte er die fast ausschließlich administrative Tätigkeit eines Generaldirektors des neugegründeten CERN in Genf aus.

In Stanford widmete er sich dann dem Bau eines großen Linearbeschleunigers. Seine Forschungen behandelten in dieser Zeit weiterhin die nukleare Induktion, wobei es ihm um mikroskopische Deutungen phänomenologischer Parameter ging. In den sechziger Jahren beschäftigte er sich mit Fragen der Supraleitung. So gelang ihm u. a. eine einfache Erklärung des Josephson-Effektes. Bis zu seinem Tod blieb er in der Physik aktiv. Die Ausarbeitung eines Lehrbuches über statistische Mechanik konnte er nicht mehr abschließen. [SW]

Werk(e):
Über die Quantenmechanik der Elektronen in Kristallgittern, Zeitschrift für Physik 52 (1928) 555–600; mit W. W. Hansen und M. Packard: Nuclear induction, Physical Review 69 (1946) 127, 70 (1946) 460–474; The Nuclear Induction Experiment, ebd., 474–485.

Sekundär-Literatur:
Chodorow, M., et al. (Hrg.): Felix Bloch and Twentieth-Century Physics (1980); Hofstadter, R.: Felix Bloch, Biographical Memoirs of the National Academy of Sciences 64 (1994) 34–71.

Proteinen und ungesättigten Fettsäuren sowie Fragen der biochemischen Evolution. [SMW]

Werk(e):
The utilization of acetic acid for the synthesis of fatty acids, Journal of Biological Chemistry 160 (1945) 417–24; Blondes in Venetian Paintings, the nine-banded armadillo, and other essays in biochemistry (1994).

Sekundär-Literatur:
Magner, L. N.: Konrad E. Bloch, in: Nobel laureates in medicine or physiology, hrg. D.M. Fox (1990) 51–56.

Bluhm, Agnes,
deutsche Vererbungsforscherin,
* 9. 1. 1860 Konstantinopel (heute Istanbul, Türkei),
† 9. 11. 1943 Sommerfeld (bei Berlin).

Bluhm gehörte als Ärztin zu den Pionierinnen des Frauenstudiums in Deutschland. Auf dem Gebiet der experimentellen Genetik führte sie in den 1920er-Jahren viel beachtete Züchtungsversuche zur induzierten Mutation beim Säugetier durch.

Nach Medizinstudium und Promotion in Zürich (1884–1890) ließ Bluhm sich zunächst als Ärztin in Berlin nieder. Ab 1901 gab sie ihre ärztliche Praxis auf, engagierte sich gesellschaftspolitisch in der Frauenbewegung sowie insbesondere in der 1905 von ihrem Studienfreund Alfred Ploetz gegründeten Gesellschaft für Rassenhygiene und bearbeitete sozialhygienische Fragen. Mit Arbeiten zur experimentellen Genetik begann sie erst 1919, unterstützt durch C. ↗ Correns, als wissenschaftlicher Gast am Kaiser-Wilhelm-Institut für Biologie in Berlin-Dahlem. Inzwischen persönlich mittellos, finanzierte sie ihre Forschungen durch Stipendien der Notgemeinschaft und Geldspenden der Familie Ploetz. Grundlage ihrer erbbiologischen Großversuche bildete eine seit 1919 von ihr herangezogene Inzuchtpopulation der weißen Maus, an der sie Fragen der Geschlechtsverschiebung, die Rolle von Vererbung und Ernährung für das Geburtsgewicht und die Induktion von Mutationen durch Gifte untersuchte. Die Ergebnisse eines Großversuches zur Alkoholwirkung an 35 000 Inzuchtmäusen, die von Bluhm, Correns u. a. als erste gelungene artifizielle Mutation beim Säugetier interpretiert und durch die Verleihung der Silbernen Leibniz-Medaille der Preußischen Akademie der Wissenschaften gewürdigt wurden, publizierte Bluhm 1930 zum 70. Geburtstag ihres Freundes und Sponsors Ploetz im *Archiv für Rassen- und Gesellschaftsbiologie*. Die meisten ihrer experimentellen Arbeiten sind in der *Zeitschrift für induktive Abstammungs- und Vererbungslehre* und im *Biologischen Zentralblatt* erschienen.

Die aus dem geistigen Milieu der gemeinsamen Studienzeit erwachsene weltanschauliche und persönliche Verbundenheit mit Alfred Ploetz ließ Bluhm zu einer überzeugten, wenn auch kritischen Protagonistin der rassenhygienischen Bewegung werden. So widersetzte sich Bluhm der von Ploetz und anderen vollzogenen Vermischung von Rassenhygiene und Rassenideologie ebenso wie der Aufgabe wissenschaftlicher Standards zur Durchsetzung politischer Ziele. Die Erbgesundheitsgesetzgebung der Nationalsozialisten begrüßte sie jedoch rückhaltlos. Diese Rolle hat die Würdigung ihres wissenschaftlichen Werkes nachhaltig überschattet.[JB2]

Werk(e):
Zum Problem »Alkohol und Nachkommenschaft«, Arch. f. Rassen- u. Gesellschaftsbiologie 24 (1930) 12–82.

Sekundär-Literatur:
Ludwig, S.: Agnes Bluhm (1862–1943) – Briefe an Alfred Ploetz (1860–1940) aus den Jahren 1901–1938, Diss. med. FU Berlin (1998, Publikation in Vorbereitung).

Blumenbach, Johann Friedrich,
deutscher vergleichender Anatom, Physiologe und Anthropologe,
* 11. 5. 1752 Gotha,
† 22. 1. 1840 Göttingen.

Als Begründer der empirischen Anthropologie zählt Blumenbach zu den bedeutendsten Naturforschern des ausgehenden 18. Jahrhunderts; mit seiner wissenschaftlichen Fundierung der Naturgeschichte und seiner Lehre vom Bildungstrieb beeinflusste er die Entwicklung der Biologie im 19. Jahrhundert.

Blumenbach entstammte einem gebildeten Elternhaus: Sein Vater Heinrich wirkte als Professor und Prorektor am Gymnasium Ernestinum in Gotha, seine Mutter Charlotte Eleonore Hedwig, geborene Buddeus, war die Tochter eines hohen Verwaltungsbeamten. Nach Abschluss des Gymnasiums immatrikulierte sich Blumenbach am 16. 10. 1769 in Jena für das Studium der Medizin. Hier studierte er u. a. bei dem Mediziner Ernst Gottfried

J.F. Blumenbach

Baldinger, aber auch bei dem Professor der Beredsamkeit Johann Ernst Immanuel Walch, der unter Heranziehung seiner naturhistorischen Sammlung (mit dem Schwerpunkt Mineralogie) naturgeschichtliche Vorlesungen abhielt. Nach drei Jahren folgte Blumenbach Baldinger nach Göttingen, wo er sich am 19. 10. 1772 immatrikulierte. Durch die naturgeschichtlichen Vorlesungen des Polyhistors Christian Wilhelm Büttner, der den Menschen als Gegenstand der Naturgeschichte betrachtete, wurde er zu seiner Dissertation *De generis humani varietate nativa* angeregt, die er am 18. 9. 1775 verteidigte (die Buchausgabe erschien 1776) und mit der er seinen wissenschaftlichen Ruhm begründete. Seit 1776 betreute er als a.o. Professor der Medizin auch das von der Universität Göttingen angekaufte Naturalien- und Münzkabinett Büttners. Große Bekanntheit erzielte seine anthropologisch-ethnologische Sammlung von Menschenschädeln. 1778 wurde er o. Professor für Medizin, es folgte 1784 die Mitgliedschaft in der Königlichen Societät der Wissenschaften in Göttingen, deren ständiger Sekretär er ab 1812 war. 1816 wurde Blumenbach innerhalb der medizinischen Fakultät zum »professor primarius« ernannt. Blumenbach hielt in seiner langen Lehrtätigkeit 118 Vorlesungen über Naturgeschichte und war Mitglied in 78 gelehrten Gesellschaften.

Mit seinen Schriften machte sich Blumenbach insbesondere um die empirische Anthropologie, die Naturgeschichte, die vergleichende Anatomie und Physiologie sowie die Theorie der Entwicklungserscheinungen verdient: Seine Dissertation begründete die moderne empirische Anthropologie; sein *Handbuch der Naturgeschichte* zog erstmals die Ergebnisse der vergleichenden Anatomie und Physiologie zur Klassifikation der Lebewesen heran; sein *Handbuch der vergleichenden Anatomie*, in dem er die Methode des Vergleichs einführte, war überhaupt das erste seiner Art; und mit seiner Lehre vom Bildungstrieb entschied er den Streit zwischen Präformation und Epigenese zugunsten Letzterer.

In seiner Dissertation *De generis humani varietate nativa* (1775/1776) betrachtete Blumenbach den Menschen als Gegenstand der Naturgeschichte, der zum einen strikt von den Tieren abgegrenzt und zum anderen als einheitliche Gattung definiert werden kann. Gestützt auf physiologische und vergleichend-anatomische Untersuchungen des gesamten menschlichen Körpers, unter besonderer Berücksichtigung von Schädelbildung, Hautfarbe und Haarform, benannte Blumenbach in der ersten Auflage der Schrift zunächst vier, ab der zweiten Auflage (1781) dann fünf Hauptvarietäten der Stammgattung Mensch, die er in der dritten Auflage (1795) als kaukasisch, mongolisch, äthiopisch, amerikanisch und malaiisch bezeichnete. Diese verschiedenen Varietäten waren seiner Meinung nach in Folge einer milieubedingten, also durch Klima, Ernährung und Sitten verursachten Degeneration der als ursprünglich betrachteten kaukasischen Varietät entstanden. Der Begriff »Race« tauchte erst 1798 in der Übersetzung von Johann Gottfried Gruber auf.

Den in der Dissertation entwickelten Ansatz legte Blumenbach auch seinem *Handbuch der Naturgeschichte* (1779/80) zugrunde, in dem er eine natürliche Einteilung der Säugetiere aufstellte, die nicht mehr nur wie bei C. von ↗ Linné einzelne Merkmale (z. B. die Zähne) berücksichtigte, sondern über eine Vielzahl äußerer Merkmale einen »Totalhabitus« bestimmte, der unabhängig von der Variation einzelner Merkmale die organische Einheit einer jeden Gattung festlegt. Die einzelnen Merkmale wie Schädelform, Kopfhaltung, Beckenform, Länge der Oberschenkelknochen usw. mögen im Einzelnen noch so sehr zwischen den Varietäten schwanken, der aufrechte Gang als »Totalhabitus« des Menschen bleibt immer erhalten.

Diese Methode des Vergleichens führte Blumenbach im *Handbuch der vergleichenden Anatomie* (1805) weiter aus und fasste so die Ergebnisse seiner über zwanzig Jahre hinweg gehaltenen Vorlesungen zur vergleichenden Anatomie zusammen. Die Funktionseinheit organischer Körper untersuchten die *Institutiones physiologicae* (1787). Der Lebensprozess vollzieht sich danach im Zusammenspiel von festen Teilen, flüssigen Teilen und Lebenskräften wie allgemeiner »Zusammenziehbarkeit« (contractilitas), Muskelkraft (irritabilitas), Empfindlichkeit (sensibilitas), besonderer Lebenskraft (vis propria) und Bildungstrieb (nisus formativus).

Den Begriff des Bildungstriebs hatte Blumenbach erstmals in der Schrift *Über den Bildungstrieb und das Zeugungsgeschäfte* (1781) in die Diskussion um die Erklärung der Zeugung eingebracht. Er definierte diesen als einheitlich bildende Kraft, die die Annahme, Erhaltung und Wiederherstellung einer bestimmten Gestalt reguliert. Die im Hinblick auf die Gattung immer gleiche Entwicklung des Individuums verstand er dabei nicht als »mechanisch« durch die Ausfaltung präformierter Keime, sondern als organisch durch den Bildungstrieb geregelt, weshalb I. ↗ Kant das System der Epigenese auch als System der generischen Präformation bezeichnete. [TB2]

Werk(e):
De generis humani varietate nativa (1775/1776); Handbuch der Naturgeschichte (1779/1780); Über den Bildungstrieb und das Zeugungsgeschäfte (1781); Institutiones physiologicae (1787); Decas collectionis suae craniorum diversarum gentium illustrata (1790); Beyträge zur Na-

turgeschichte. Erster Theil (1790); Handbuch der vergleichenden Anatomie (1805).

Sekundär-Literatur:
Dougherty, F. W. P.: Gesammelte Aufsätze zu Themen der klassischen Periode der Naturgeschichte (1996); ders.: Commercium epistolicum J. F. Blumenbachii. Aus einem Briefwechsel des klassischen Zeitalters der Naturgeschichte (1984); Fabbri Bertoletti, S.: Impulso, formazione e organismo. Per una storia del concetto di Bildungstrieb nella cultura tedesca (1990); McLaughlin, P.: Blumenbach und der Bildungstrieb. Zum Verhältnis von epigenetischer Embryologie und typologischem Artbegriff, Medizinhistorisches Journal 17 (1982) 357–372.

Bock, Hieronymus (latinisiert Tragus),
deutscher Botaniker, Arzt und Geistlicher,
* 1498 Heidelsheim (heute zu Bretten, Pfalz),
† 21. 2. 1554 Hornbach bei Zweibrücken.

Bock war einer der ersten einheimischen Botaniker, welche die Flora Südwestdeutschlands erforschten. Er veröffentlichte eines der ersten Kräuterbücher, das eigene botanische Beobachtungen enthielt.

Bock erhielt vermutlich an südwestdeutschen Stadt- und Hochschulen eine höhere und akademische Ausbildung; er war spätestens ab 1523 für ungefähr zehn Jahre als Lehrer und Verwalter des herzoglichen Gartens in Zweibrücken (Pfalz) tätig. Danach wurde er Kanonikus am St.-Fabian-Stift und nach dem Übertritt zum Luthertum 1533 protestantischer Pfarrer in Hornbach (Pfalz). Als man dort wieder zum Katholizismus zurückkehrte, wurde er 1550–1551 als Leibarzt des Grafen Philipp III. von Nassau-Saarbrücken am Hof in Saarbrücken aufgenommen. Seinen kurzen Lebensabend verbrachte er wieder in Hornbach.

Entsprechend der religiösen Reformation erstrebte Bock eine Erneuerung der Pflanzenkunde und der Phytotherapie. In gründlicher Kenntnis der Werke der Pflanzen- und Heilkunde der Antike und des Mittelalters begann er, die alten Autoritäten zu kritisieren, und forderte, aufgrund verbesserter Kenntnisse vor allem einheimische Pflanzen als Heilmittel anzuwenden. Darüber hinaus führten ihn seine ausgedehnten Feldforschungen, die bis in die Ardennen und ins Alpengebiet reichten (Bad Pfäfers, Kanton St. Gallen, Schweiz), zu neuen Erkenntnissen über morphologische Merkmale, gestaltliche Ähnlichkeiten, auf denen eine natürliche Klassifikation beruht, und die geographische Verbreitung der mitteleuropäischen Samenpflanzen (Spermatophyta). Sein in deutscher Sprache zwischen 1539 und 1630 in zwölf Ausgaben verbreitetes Kräuterbuch (ab 1546 mit naturnahen Pflanzendarstellungen von David Kandel, 1552 in einer lateinischen Übersetzung des Straßburger Arztes David Kyber und 1553 in einer verkleinerten Bilderausgabe erschienen) regte den aus Bergzabern (Pfalz) stammenden Jacob Theodor (genannt Tabernaemontanus) zur Weiterführung seiner Forschungen an und förderte die Botanik in Mitteleuropa nachhaltig. [BH2]

Werk(e):
New Kreütter Buch von vnderscheyde/würckung vnd namen der kreütter so in Teütschen landen wachsen. Auch der selbigen eygentlichem vnd wolgegründtem gebrauch in der Artznei/zu behalten vnd zu fürdern leibs gesundheyt fast nutz vnd tröstlichen/vorab gemeynem verstand. Wie das auß dreien Registern hienach verzeychnet ordenlich zu finden (1539, lat. Hieronymi Tragi De stirpium, quae in Germania nascuntur, libri tres, [...], 1552); Kreuterbuch (1577, verkleinerter Nachdruck 1964).

Sekundär-Literatur:
Hoppe, B.: Das Kräuterbuch des Hieronymus Bock, wissenschaftshistorische Untersuchung (1964); Mayerhofer, J.: Beiträge zur Lebensgeschichte des Hieronymus Bock, genannt Tragus, in: Historisches Jahrbuch 17 (1896) 765–799.

Bode, Johann Elert,
deutscher Astronom,
* 19. 1. 1747 Hamburg,
† 23. 11. 1826 Berlin.

Bode ist Mitbegründer und Herausgeber des Berliner *Astronomischen Jahrbuchs*, gab 1801 einen auf genauen Ortsbestimmungen beruhenden Himmelatlas heraus, führte die Abstandsregel der Planetenbahnen in die Fachliteratur ein, wirkte als Übersetzer wissenschaftlicher Werke und als Autor mehrfach aufgelegter populärer Bücher zur Astronomie.

Bode entstammte einer Kaufmannsfamilie und wurde früh mit der praktischen Mathematik vertraut. In Verbindung mit seinen astronomischen Interessen und pädagogischen Fähigkeiten entstand ein herausragendes Lebenswerk. Schon in Hamburg veröffentlichte er astronomische Arbeiten, teilweise auf eigenen Beobachtungen beruhend. Diese

J.E. Bode

schickte er an J. H. ↗ Lambert in Berlin, der sich zu dieser Zeit mit der Begründung eines astronomischen Jahrbuchs befasste. Er lud Bode zu sich ein und bezog ihn in die Arbeiten ein. Der erste Band des Berliner *Astronomischen Jahrbuchs* (BAJ) erschien 1774, von beiden gemeinsam herausgegeben. Seit 1777 gab Bode das Jahrbuch allein heraus; bis zu seinem Tod bearbeitete er 54 Jahrgänge, die er nach dem Rückzug der Akademie aus finanziellen Gründen auf eigene Kosten herausgab.

Das Jahrbuch gliederte sich in zwei Teile: 1. Tafeln zum Stand der Sonne, des Mondes und der Planeten (Ephemeriden) sowie Hilfstafeln, 2. der literarische Teil. In einer Zeit, in der keine astronomischen Zeitschriften erschienen, kam dem BAJ mit wissenschaftlichen Aufsätzen sowie kurzen astronomischen Notizen und Mitteilungen von Beobachtungen, die Bode aus aller Welt erhielt, eine herausragende Bedeutung zu. Nahezu alle bedeutenderen Astronomen dieser Zeit veröffentlichten im BAJ ihre Forschungen und Entdeckungen. Als 1821 mit den *Astronomischen Nachrichten* eine zuverlässig und kurzfristig erscheinende Zeitschrift entstand, wurde nach Bodes Tod durch J. F. ↗ Encke der literarische Teil eingestellt und dafür der Ephemeridenteil erheblich ausgedehnt.

1787 wurde Bode Direktor der Berliner Sternwarte. Er bemühte sich um eine Verbesserung der unzureichenden Baulichkeiten und um Modernisierung des Instrumentariums, konnte jedoch nur wenig erreichen. Diese Mängel führten Bode einerseits zur Herausgabe des BAJ, andererseits zu wissenschaftlich-schriftstellerischer Tätigkeit. Sein Buch *Anleitung zur Kenntnis des gestirnten Himmels* erschien seit 1768 über einen Zeitraum von fast 100 Jahren und wurde eines der erfolgreichsten populären Bücher zur Astronomie.

Für die Fachwissenschaft wurde der 1801 erschienene große, sehr genaue Himmelatlas *Uranographia* mit 17 240 Sternen sowie den von W. ↗ Herschel entdeckten Nebeln, Sternhaufen und Doppelsternen von großer Bedeutung.

Bode führte 1772 die von Johann Daniel Titius gefundene Regel der Abstände der Planetenbahnen (Titius-Bode-Reihe) in die astronomische Literatur ein und leitete aus dieser die wahrscheinliche Existenz von Planeten jenseits des Saturn ab. Der 1781 von W. Herschel gefundene Uranus erhielt auf Bodes Vorschlag seinen Namen. Er übersetzte das Buch über die Mehrheit der Welten von Bernard de Fontenelle, eines der bemerkenswertesten Werke der wissenschaftlichen Unterhaltungsliteratur, ins Deutsche. Als einer der wenigen Fachleute stand er den Arbeiten von I. ↗ Kant, Herschel und P. S. ↗ Laplace zur Entwicklung der Himmelskörper aufgeschlossen gegenüber. [JH]

Werk(e):
Deutliche Anleitung zur Kenntnis des gestirnten Himmels (1768); Dialogen über die Mehrheit der Welten (1780); Von dem neu entdeckten Planeten [Uranus] (1784); Uranographia sive astrorum descriptio (1801).

Sekundär-Literatur:
Lowe, M. S. (Hrg.): Bildnisse jetztlebender Berliner Gelehrter mit ihren Selbstbiographien. 1. Sammlung (1806); Herrmann, D. B., Hoffmann, K.-F. (Hrg.): Die Geschichte der Astronomie in Berlin (1998), S. 34–40.

Bodenstein, Max Ernst August,
deutscher Physiko-Chemiker,
* 15. 7. 1871 Magdeburg,
† 3. 9. 1942 Berlin.

Bodenstein zählt zu den Mitbegründern der chemischen Kinetik. Weiterhin sind ihm wesentliche Beiträge zur Photochemie zu verdanken.

M.E.A. Bodenstein

Bodenstein wurde als Sohn des Magdeburger Brauereibesitzers Franz Bodenstein geboren. Er studierte Chemie in Heidelberg (1889–1893) und promovierte dort 1893 bei V. ↗ Meyer über die Bildung des Iodwasserstoffs aus den Elementen Iod und Wasserstoff – eine chemische Reaktion, die heute Bodensteins Namen trägt. Während dieser Zeit hatte er sich in einem Semester bei C. R. ↗ Fresenius in Wiesbaden mit der analytischen Chemie vertraut gemacht. Seine Kenntnisse erweiterte er durch organisch-chemische Arbeiten bei C. ↗ Liebermann in (Berlin-)Charlottenburg und physikalisch-chemische Studien bei W. ↗ Nernst in Göttingen. Ab 1895 arbeitete er wieder an der Universität in Heidelberg, wo er sich 1899 habilitierte. Nach erneuter Habilitation im Folgejahr in Leipzig war er im dortigen Universitätslaboratorium von W. ↗ Ostwald als Privatdozent tätig. Im Jahre 1906 wurde er als Nachfolger von Hans Jahn Extraordinarius und Abteilungsvorsteher am Berliner Physikalisch-Chemischen Institut unter Nernst. 1908 erfolgte Bodensteins Ruf zum Ordinarius und Direktor des Elektrochemischen Instituts der Technischen Hochschule Hannover. Als Nachfolger Nernsts kehrte er 1923 an die Berliner Universität auf den Lehrstuhl für Physikalische Chemie zurück. Unfreiwillig wurde er 1936 emeritiert, wurde aber bei Kriegsbeginn 1939 erneut zur Entlastung seines Nachfolgers Paul Günther eingesetzt.

Bodensteins Forschungen zur chemischen Kinetik gingen von damals modernen Ergebnissen der Physik aus, von denen in erster Linie die kinetische Theorie der Gase und die Quantentheorie zu nennen sind. Seine ersten diesbezüglichen Arbeiten waren vorrangig der Bildung und dem Zerfall von Wasserstoffverbindungen gewidmet. Zu ihnen gehören beispielsweise der Iod- (HI), Schwefel- (H_2S) und Selenwasserstoff (H_2Se) sowie die Knallgasreaktion. In der Leipziger Zeit begann seine Beschäftigung mit katalysierten Reaktionen, die er in Hannover fortsetzte. In diesem Zusammenhang konnte er bei der katalytischen Bildung von Schwefeltrioxid (SO_3, Kontaktverfahren der Schwefelsäureproduktion) zeigen, dass die Diffusion der Ausgangsstoffe an den Kontakt den geschwindigkeitsbestimmenden Schritt darstellt. Weiterhin wurden unter anderem die katalysierten Reaktionen der Antimonwasserstoffzersetzung und des Knallgases an Platin untersucht.

In der ersten Berliner Zeit wurden diese Untersuchungen vertieft und durch solche zur Bildung von Bromwasserstoff (HBr) und der Dissoziation von Phosgen ($COCl_2$) ergänzt. Arbeiten allgemeineren Charakters bezogen sich auf die heterogene Katalyse, den Zusammenhang von Reaktionsgeschwindigkeit und freier Energie sowie die Reaktionsgeschwindigkeit in strömenden Gasen.

In Hannover beschäftigten sich die Forschungen neben der katalytischen SO_3-Bildung mit dem Zerfall und der Bildung von Stickoxiden, der Photochemie des Chlorknallgases und der Dissoziation von Ioddampf. Hier wurde von Bodenstein das Konzept der (chemischen) Kettenreaktionen entwickelt, das die Bruttoformel einer chemischen Reaktion als das Ergebnis von aufeinanderfolgenden oder verzweigten Elementarschritten beschreibt. Bodensteins außerordentliches experimentelles Können und seine großen mathematischen Fertigkeiten ermöglichten ihm, das mit dieser Einsicht verbundene Problem zu bewältigen. In theoretischer Hinsicht gelang es mit diesen Forschungen, die Diskrepanz zwischen dem von A. ↗ Einstein 1912 aufgestellten photochemischen Äquivalenzgesetz, nach welchem ein Elementarakt genau ein Photon zu seiner Auslösung benötigt, und den experimentell ermittelten Quantenausbeuten zu beseitigen.

Die Arbeiten der zweiten Berliner Zeit von 1923 bis 1936 waren der Photochemie des Brom- und Chlorwasserstoffs sowie des Phosgens, der Oxidation von Acetaldehyd und Stickoxiden, der katalytischen Verbrennung von Ammoniak, dem Einfluss von geringen Wassermengen auf den Reaktionsverlauf, der hüttenmännischen Gewinnung von Zink, der katalytischen Hydrierung und anderem gewidmet. Zu erwähnen sind auch seine Untersuchungen zu den chemischen Grundlagen der Fotografie.

Bodensteins Forschungen haben die chemische Kinetik, insbesondere die der katalysierten und photochemischen Gasreaktionen, wesentlich bereichert bzw. begründet. Das betrifft neben den gewonnenen Erkenntnissen auch die methodisch-experimentellen Innovationen. So gelang es ihm beispielsweise, in ausgedehnten Temperaturintervallen die Geschwindigkeit bimolekularer Reaktionen mit höchster Genauigkeit zu bestimmen. Neben dem schon erwähnten Konzept der Kettenreaktionen (1913) ist von den weiteren theoretischen Leistungen das nach Bodenstein benannte Prinzip des quasistationären Zustandes (1927) zu nennen.

Weiterhin sind von den Leistungen Bodensteins seine Molmassebestimmungen dissoziierter Stoffe, seine Mitarbeit in der deutschen Atomgewichtskommission und seine Tätigkeit als Herausgeber der *Zeitschrift für physikalische Chemie* zu erwähnen.

Als akademischer Lehrer konnte Bodenstein einen großen Schülerkreis zu namhaften Naturforschern und Technikern heranbilden. Leider hat er seine Fähigkeiten und Kenntnisse in keinem Lehrbuch überliefert. [HGB]

Werk(e):
Grundlagen der chemischen Kinetik, Zeitschrift für Elektrochemie 31 (1925) 343; 50 Jahre chemische Kinetik, Zeitschrift für Elektrochemie 47 (1941) 667; Hundert Jahre Photochemie des Chlorknallgases, Berichte der Deutschen Chemischen Gesellschaft 75 A (1942) 119; Die Entstehung des latenten Bildes und die Entwicklung desselben in der Photochemie, Abhandlungen der Preußischen Akademie der Wissenschaften, Mathematisch-naturwissenschaftliche Klasse 1941, Nr. 19 (1942).

Sekundär-Literatur:
Schumacher, H. J.: Max Bodenstein und die Chemische Kinetik, Zeitschrift für Elektrochemie 47, Nr. 7 (1941) 469–475 (mit Bibliographie); Günther, P.: Max Bodenstein, Zeitschrift für Elektrochemie 48, Nr. 11 (1942) 585–587; Cremer, Erika: Max Bodenstein 1871–1942, Chemische Berichte 100, Nr. 2 (1967) XCV–CXXVI (mit Bibliographie); Szabó, Z. G.: Max Bodenstein und die weitere Entwicklung der Kettentheorie, Naturwissenschaftliche Rundschau 22, Heft 2 (1969) 69–72.

Boerhaave, Herman,
niederländischer Mediziner und Chemiker,
* 31. 12. 1668 Voorhout bei Leiden,
† 23. 9. 1738 Leiden.

Boerhaave war einer der führenden Mediziner des frühen 18. Jahrhunderts und leistete zudem mit seiner Theorie des Feuers und seiner experimentellen Methodologie wichtige Beiträge zur Chemie. Gleichzeitig gehört er zu den bedeutendsten Vertretern des niederländischen Newtonianismus.

H. Boerhaave

Boerhaave entstammte einem holländischen Theologengeschlecht. Dementsprechend immatrikulierte er sich 1684 an der Universität Leiden für Philosophie und Theologie, besuchte dort aber vor allem Veranstaltungen der Philosophen Burchard de Volder und Wolferd Senguerd, die sich vorwiegend mit Mathematik, experimenteller Naturlehre und einer kritischen Sicht auf cartesianische Metaphysik beschäftigten. 1690 promovierte er unter Leitung Senguerds mit einer Dissertation *De distinctione de mentis a corpore*, in der er die cartesische Trennung von Körper und Geist prinzipiell akzeptiert, die Beweisführung R. ↗ Descartes' jedoch ablehnt, zum Doktor der Philosophie. Anschließend wandte er sich der Medizin zu und promovierte 1693 an der Universität Harderwijk zum Doktor der Medizin, um sich in Leiden als Arzt und freier Lektor für Mathematik niederzulassen. 1701 ernannten die Kuratoren der Universität Boerhaave offiziell zum Lektor für Medizin. In dieser Zeit entwickelte er sein iatromechanisches Verständnis der Medizin, nach dem die Heilkunst gänzlich durch mechanistische Prinzipien begründet werden müsse, die durch praktische Erfahrung zu ergänzen seien.

Aufgrund eines Versprechens der Universitätskuratoren, ihm die nächste vakante medizinische Professur zu geben, wurde Boerhaave 1709 zum Professor für Botanik ernannt, obwohl er mit dieser Wissenschaft bislang keinerlei Berührung gehabt hatte. In seinem neuen Amt bemühte er sich vor allem um den Botanischen Garten der Universität, den er erheblich erweiterte und neu katalogisierte. Er verzichtete aber darauf, mit dieser Katalogisierung auch die Entwicklung einer eigenständigen botanischen Klassifikation zu verbinden.

1714 wurde er zusätzlich zum Professor für klinische Medizin ernannt, 1718 erhielt er außerdem noch den Lehrstuhl für Chemie. Seine Aktivitäten bezogen sich hier zunächst auf eine Neustrukturierung der Universitätslehre für Medizin. In seinen Lehrveranstaltungen nahmen praktische Bestandteile einen zentralen Raum ein, vor allem der Unterricht am Krankenbett wurde von ihm ins Zentrum des Medizinstudiums gerückt. Seine Methoden trugen ihm einen europaweiten Ruf, eine Vielzahl von Studenten und nicht zuletzt ein erhebliches Vermögen durch Vorlesungsgelder ein. Seine Schüler verbreiteten seine Ideen weiter, so dass die medizinischen Fakultäten in Göttingen, Wien und Edinburgh ihre Ausbildung ganz nach Boerhaaves Lehrplan ausrichteten; A. v. ↗ Haller, der seine Methoden in Göttingen einführte und neben C. v. ↗ Linné und Gerard van Swieten sein bedeutendster Schüler war, nannte ihn »den Lehrer des gesamten Europa«.

Mit seiner Neukonzeption der Lehre ging eine Beschäftigung mit den Grundlagen und den Aufgaben der verschiedenen Wissenschaften einher, die für die Medizin Bedeutung hätten, wie er sich auch um die Systematisierung der verschiedenen medizinischen Fächer selbst verdient machte. In diesem Zusammenhang sprach er sich in seiner Rede *De comparando certo in physicis* (Über das Erlangen von Sicherheit in der Naturphilosophie) 1715 erstmals explizit für die newtonsche Naturwissenschaft aus, nach der mechanistische Prinzipien und experimentelle Erfahrung in Einklang mit der christlichen Religion die Grundlage aller Kenntnis von der Natur und somit auch der Medizin als solcher bilden müssten. Als Beispiel für eine derartige Verbindung von Naturwissen, Philosophie und Religion gab er 1737 eine niederländische Ausgabe von ↗ Swammerdams *Biblia naturae* heraus.

Dagegen dürften chemische Prinzipien nicht ohne weiteres auf die Medizin übertragen werden. Die Aufgabe der Chemie liege eher in der methodologischen Schulung, wie man richtig experimentiere. Die Chemie sei »die Kunst, die uns lehrt, sichere physikalische Verrichtungen auszuführen, durch die Körper für die Sinne wahrnehmbar sind oder erkennbar gemacht werden«. Dementsprechend waren seine chemischen Arbeiten durch das Streben nach möglichst exaktem, quantitativ abgesichertem Experimentieren geprägt, wobei er hinsichtlich der Verwendung von Instrumenten eng mit dem Instrumentenbauer D. G. ↗ Fahrenheit zusammenarbeitete. In konzeptioneller Hinsicht erhalten Boerhaaves chemische Arbeiten vor allem durch seine Interpretation des »Elements des reinen Feuers« Bedeutung. Feuer ist für Boerhaave eine materielle, aktive, Substanz die aus kleinen kugelförmigen Teilchen bestehe, möglicherweise unwägbar und durch ihre Bewegung verantwortlich für die Vermittlung von Kräften und für die Aufrechterhaltung von Bewegung in der Welt sei. Mit dieser Konzeption stellt sein Begriff des Feuers eine frühe Form der für die Naturforschung des 18. Jahrhunderts wichtigen Vorstellung imponderabler Fluida dar.

Nach einigen Krankheiten legte er schließlich 1729 seine Lehrämter für Chemie und Botanik nieder, behielt aber bis zu seinem Tode das für klinische Medizin. Er war unter anderem Mitglied der Royal Society of London (1730) und der Pariser Académie Royale des Sciences (korrespondierend 1715, auswärtiges Mitglied 1728). Verschiedene Versuche, ihn als Leibarzt für europäische Königshäuser zu gewinnen, scheiterten an seiner Vorliebe für seine Leidener Heimat. [GW2]

Werk(e):
Institutiones medicae (1708); Elementa chemie (1732); Boerhaave's Correspondence, hrg. v. G.A. Lindeboom, 3 Bde. (1962–79); Boerhaave's Orations, übers, eing. u. komm. v. E. Kegel-Brinkgreve u. A.M. Luyendijk-Elshout (1983).

Sekundär-Literatur:
Lindeboom, G.A.: Herman Boerhaave: The Man and His Work (1968); Knoeff, R.: Herman Boerhaave: Calvinist Chemist and Physician (2002).

Boethius, Anicius Manlius Severinus,
römischer Philosoph, Mathematiker und Musiktheoretiker,
* um 480 Rom (?),
† 524/525 nahe Pavia.

Boethius war ein wichtiger Vermittler antiker Bildung an das lateinische Mittelalter, vor allem auf den Gebieten der Logik, der Arithmetik und der Musiktheorie.

Boethius war Sohn eines römischen Aristokraten, der vermutlich im Jahr 487 das Amt des Konsuls innehatte. Nach dem frühen Tod seines Vaters fand Boethius in dem Senator Quintus Aurelius Memmius Symmachus einen einflussreichen Förderer, dessen Tochter er später heiraten sollte. Für angebliche Studienaufenthalte in Athen und Alexandria gibt es keine stichhaltigen Belege, aber sicher ist, dass Boethius eine gute Schulbildung erhielt. 522 berief der Ostgotenkönig Theoderich der Große Boethius zum *magister officiorum*, einer Art Ministeramt, und ließ sich von ihm auch in wissenschaftlichen Fragen beraten. Boethius blieb den Ideen des römischen Reiches und der römischen Freiheit jedoch treu, und als er sich in einer Auseinandersetzung zwischen Theoderichs Hof in Ravenna und dem römischen Senat auf die Seite des Letzteren schlug, ließ Theoderich ihn inhaftieren und hinrichten.

Als wohlhabender Aristrokat war Boethius nicht auf die Bildung einer eigenen Schule angewiesen. Sein Leistung bestand vielmehr in der enzyklopädischen Zusammenfassung antiker Bildung, wobei ihm seine weit reichenden Beziehungen eine Fülle römischer und griechischer Quellen erschlossen. Er plante eine Zusammenfassung der Lehrsätze der griechischen Philosophie, wobei die Lehren ↗ Platons und ↗ Aristoteles' in Übereinstimmung gebracht werden sollten. Überliefert sind Schriften zur Logik (insbesondere übersetzte und kommentierte er Porphyrios' Einführung in die logischen Bücher von Aristoteles), die sich u. a. auf Bücher stützten, die Boethius aus der Athener Schule des Neoplatonisten Proclus erhalten haben dürfte, sowie Schriften zur Arithmetik und Musiktheorie. Boethius popularisierte die antike Einteilung der Wissenschaften, die mit ihrer Übernahme durch die karolingischen Reformen des 8. Jahrhunderts das mittelalterliche Schulwesen bestimmen sollte. So wurde die Mathematik nach dem so genannten *quadrivium* in Geometrie, Arithmetik, Musik und Astronomie, die vier *artes liberales*, eingeteilt. Theologischen Inhalts sind Schriften zur Trinitätslehre und die Schrift *Trost der Philosophie*, die Boethius in seiner Haft verfasste. [SMW]

Werk(e):
Manlii Severini Boetii opera omnia, hrg. J.-P. Migne (1847); Einteilung der mathematischen Wissenschaften, lat.-dtsch., in: Geschichte der Musiktheorie, hrg. F. Zaminer, Bd. 3 (1990); Trost der Philosophie, lat.-dtsch. (1997).

Sekundär-Literatur:
Boethius. His Life Tought and Influence, hrg. M. Gibson (1981); Illmer, D.: Die Zahlenlehre des Boethius.

Bogoljubow, Nikolaj Nikolajewitsch,
russisch-sowjetischer Mathematiker und Physiker,
* 21. 8. 1909 Nischni Nowgorod,
† 13. 2. 1992 Moskau.

Bogoljubow leistete fundamentale Beiträge zur Mathematik und theoretischen Physik.

Infolge Revolution und Bürgerkrieg erwarb der Sohn eines Theologieprofessors erste mathematische Kenntnisse vorwiegend im Selbststudium, nahm aber bereits als 13-Jähriger in Kiew an Seminaren von Nikolai Mitrofanowitsch Krylow im Insti-

N.N. Bogoljubow

tut für mathematische Physik der Ukrainischen Akademie teil. Krylow wurde sein akademischer Lehrer, der ihn von 1925 bis 1929 als Aspirant betreute und auf die mathematische Physik lenkte. Erste Publikationen zur nichtlinearen Mechanik und technisch orientierte Arbeiten zur Schwingungstheorie machten ihn bekannt und förderten seine steile Karriere. Er erhielt 1930 einen Preis der Akademie in Bologna, wurde 1936 nach Paris und Brüssel eingeladen und im gleichen Jahr Professor der Universität Kiew. Nach 1944 wandte er sich der statistischen Physik zu. 1948 ging er als Leiter der Abteilung Theoretische Physik im Steklow-Institut für Mathematik der Akademie der Wissenschaften der UdSSR nach Moskau. 1953 wurde er Professor für theoretische Physik der Universität Moskau. Zwischen 1950 und 1953 arbeitete er zusammen mit I. J. ↗ Tamm und A. D. ↗ Sacharow an der Entwicklung einer Wasserstoffbombe im Geheimkomplex Arsamas 16. Im Jahre 1953 wurde er Mitglied der sowjetischen Akademie, deren Präsidium er von 1963 bis 1988 angehörte. Daneben war er 1956–1965 Direktor des Laboratoriums für theoretische Physik des Vereinigten Institutes für Kernforschung (VIK) Dubna, 1965–1989 Direktor des VIK.

Bogoljubow leistete grundlegende Beiträge zu Näherungsverfahren der mathematischen Analysis, zur mathematischen Physik, zu asymptotischen Methoden der nichtlinearen Mechanik, zur Theorie dynamischer Systeme, zur statistischen Physik und Quantenfeldtheorie sowie zu den Theorien der Suprafluidität (1947) und Supraleitfähigkeit (1958), die auch in der Kernphysik (Kernmodell) von Bedeutung sind.

Er war vielfacher Ehrendoktor, Mitglied zahlreicher Wissenschaftsakademien und erhielt bedeutende Auszeichnungen, u. a. die Helmholtz-Medaille der Berliner Akademie (1969), die Max-Planck-Medaille der Deutschen Physikalischen Gesellschaft (1973), die Franklin-Medaille (1974), die Lomonossow-Medaille der sowjetischen Akademie (1984) und die Dirac-Medaille des Internationalen Zentrums in Triest (1992). [GP]

Werk(e):
Asymptotische Methoden in der Theorie der nichtlinearen Schwingungen (1965); Quantenfelder (1984).

Sekundär-Literatur:
N. N. Bogoljubow – Matematik, mechanik, fisik (1994).

Niels Bohr
Klaus Hentschel

Bohr, Niels,
dänischer Physiker,
* 7. 10. 1885 Kopenhagen,
† 18. 11. 1962 Kopenhagen.

Bohr war so etwas wie der Sokrates der Physik des 20. Jahrhunderts. Obgleich er vor allem durch sein Atommodell von 1913, sein Komplementaritätsprinzip von 1927 und sein Modell der Kernspaltung von 1939 bekannt wurde, war das hervorstechendste Merkmal seiner Art, Physik zu treiben, sein beständiges Weiter- und Hinterfragen, das ihn in wissenschaftlichen ebenso wie in politischen Belangen tiefer schauen ließ als die meisten seiner Zeitgenossen. Die 1927 einsetzende und bis 1949 mehrfach wieder aufflammende Debatte zwischen Bohr und A. ↗ Einstein gehört zu den Höhepunkten der modernen Physik und Naturphilosophie. Nicht weniger intensive Diskussionen über die Grundlagen der Quantenmechanik hatte Bohr aber auch mit W. ↗ Heisenberg, W. ↗ Pauli und einer großen Zahl weiterer Physiker, die gegen Ende ihrer Ausbildung nach Kopenhagen zu dem – schon zu Lebzeiten – legendären Niels Bohr pilgerten, um dort den letzten Schliff zu erhalten und in der gemeinsamen Arbeit an den noch offenen Problemen der Quantentheorie und -mechanik deren ganze Tiefe auszuloten.

Familienhintergrund

Bohr entstammte einer angesehenen Patrizierfamilie Dänemarks. Seine Mutter, Ellen Bohr, geb. Adler, war die Tochter eines jüdischen Bankiers und sein Vater Christian Bohr Professor der Physiologie an der Universität Kopenhagen, seit 1888 auch Mitglied der Königlich-Dänischen Akademie der Wissenschaften. Wegen der vielseitigen Interessen seines Vaters, der sich um die Anwendung chemischer und physikalischer Methoden in der experimentellen Physiologie verdient machte, verkehrten im Hause Bohrs viele der Kollegen aus anderen Fächern wie z. B. der Physiker Christian Christiansen, der Philologe Vilhelm Thomsen, die Anatomen Johan Henrik Chievitz und Carl Lange sowie der Philosoph Harald Høffding. Die Debatten dieses Diskussionskreises über Themen wie Willensfreiheit, das Geheimnis des Lebens, aktuelle Probleme der Naturwissenschaft, aber auch über klassische Literaten wie Goethe, Shakespeare und Dickens, gehörten somit zu den prägenden Kindheitseindrücken Bohrs. Zu dem spezifisch dänischen Kontext, in dem Bohrs Denken immer auch gesehen werden muss, gehört neben Høffding und Søren Kierkegaard als den herausragenden Philosophen auch der Schriftsteller und Philosoph Poul Martin Møller, dessen Büchlein über die *Abenteuer eines dänischen Studenten* (verfasst 1824) Bohr zeitlebens ganz besonders geschätzt hat. Neben vielfältigen geistigen Anregungen vermittelte Christian Bohr seinen Söhnen übrigens auch das Interesse am Fußballsport, den er durch die Gründung des akademischen Fußballklubs erst in Dänemark bekannt gemacht hatte. Sowohl Niels als auch sein Bruder Harald wurden ausgezeichnete Fußballspieler; Harald – später ein berühmter Mathematiker – nahm sogar an den Weltmeisterschaften des Jahres 1908 teil und wurde nach Erlangung der Silbermedaille durch die dänische Mannschaft von seinen Landsleuten gefeiert.

Studium und erste wissenschaftliche Arbeiten
1903 begann Bohr sein Studium an der Universität von Kopenhagen. Obwohl er im Hauptfach Physik studierte, musste er damals noch das so genannte »Philosophikum« absolvieren, das in einjährigem Besuch der Vorlesungen von Høffding bestand und mit einer mündlichen Prüfung endete. Bohr nahm die Sache ernst, ja er entdeckte sogar einen ziemlich groben Fehler in dem Logik-Lehrbuch Høffdings, den dieser in den späteren Auflagen berichtigte. Unter Bohr-Exegeten ist umstritten, wie groß der Einfluss Høffdings auf Bohr im einzelnen gewesen ist: Während Jan Faye der Meinung ist, dass viele der späteren Auffassungen Bohrs, wie z. B. die Betonung der Bedeutung von Analogieschlüssen, bereits bei Høffding angelegt sind, widerspricht ihm sein dänischer Landsmann David Favrholdt, der Bohrs Denken ganz an Problemen der Physik festmachen möchte. Wenn Letzterer sicher auch Recht hat mit seiner These, dass Bohr ein originärer Denker war, der sich beim Auftauchen irgendwelcher Probleme nicht in die Literatur dazu vertiefte, sondern lieber selbst darüber nachdachte, so schöpfte er dabei eben doch aus dem Fundus derjenigen Heuristiken, mit denen er in seiner Jugend

N. Bohr

und wissenschaftlichen Ausbildung bekannt geworden war. Dazu gehörte z. B. das häufige Benutzen von Analogien sowie das Klären eines Problems durch den Nachweis einander entgegengesetzter, einander ausschließender Tendenzen, wie man dies ideengeschichtlich von Høffding bis zum Ying-Yang der Chinesen zurückverfolgen kann.

Auch nach Abschluss dieser Einführung in die Philosophie wollte Bohr weiterhin über den Tellerrand seines eigenen Studienfaches hinausschauen, und so schloss er sich einem Diskussionszirkel an, der unter dem Namen »Ekliptika« eine Gruppe von zwölf vielseitig interessierten Studenten zusammenführte, die sich ab 1905 regelmäßig zu Diskussionsabenden trafen. Den ersten wissenschaftlichen Erfolg errang Bohr 1907 noch während seines Studiums mit einer experimentellen Arbeit zur Bestimmung der Oberflächenspannung des Wassers, die er als Beitrag für eine Preisaufgabe der Akademie der Wissenschaften eingereicht hatte und die mit der Goldmedaille prämiert wurde. Bohrs Beitrag zeichnete sich durch besondere Gründlichkeit der Messung an dem Strahl einer Flüssigkeit aus, der über Stunden konstant gehalten werden musste. Nachdem er in seiner Magisterarbeit 1909 von seinem Physikprofessor Christiansen bereits an das Thema Elektronentheorie herangeführt worden war, die kurz zuvor der Niederländer H. A. ↗ Lorentz insbesondere für Metalle ausgearbeitet hatte, ging Bohr in seiner Doktorarbeit den im Zuge dieser Arbeit ermittelten Schwierigkeiten der Lorentzschen Theorie insbesondere bei der Deutung der magnetischen Eigenschaften der Metalle weiter nach. Nach Beendigung seines Studiums war es nur konsequent, dass Bohr sich nach Erhalt eines Stipendiums der Kopenhagener Carlsberg-Stiftung für einen Auslandsaufenthalt am Cavendish Laboratory in Cambridge entschied.

Doch seine Hoffnung, von dem Entdecker der Elektronen Anregungen für die eigene Arbeit zu empfangen, erfüllte sich nicht: J. J. ⁊ Thomson war überlastet mit anderen Arbeiten und vielleicht sogar etwas verärgert über den jungen Dänen, der ihn in schlechtem Englisch gleich bei ihrem ersten Treffen auf einen Fehler in seinem Atommodell hatte aufmerksam machen wollen. Jedenfalls wanderte die Dissertation Bohrs immer weiter an das untere Ende der Stapel unerledigter Papiere, die Thomson auf seinem Schreibtisch türmte. Bohr war bereits völlig entmutigt, als er bei einem der feierlichen Abendessen in einem der Cambridger Colleges E. ⁊ Rutherford traf, der für seine Deutung der Radioaktivität 1908 den Nobelpreis für Chemie bekommen hatte, in Manchester Physik lehrte und viel aufgeschlossener war als Thomson. Im Januar 1912 bat Bohr Rutherford um einen Arbeitsplatz in Manchester, und im März konnte er anfangen, sich mit den Streuexperimenten vertraut zu machen, die der gebürtige Neuseeländer Rutherford dort zusammen mit dem Deutschen H. ⁊ Geiger und Ernest Marsden ausführte. Angesichts der interessanten Resultate, die in Manchester durch Streuexperimente mit positiv geladenen Heliumkernen (so genannten α-Teilchen) gewonnen wurden, kam Bohr dann 1912 eine »kleine Idee«.

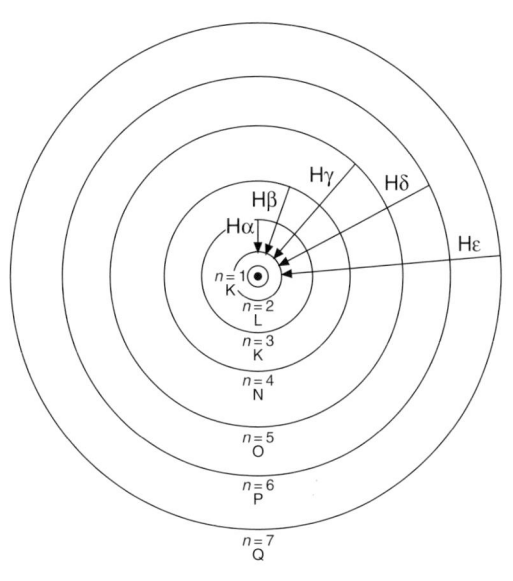

N. Bohr: Bohrsches Atommodell; die Elektronen bewegen sich auf diskreten Bahnen und können Energie nur abgeben, wenn sie auf eine andere Bahn springen.

Das Atommodell von 1913

Daraus, dass die Mehrzahl der α-Teilchen einfach durch dünne Materieplättchen hindurchflog, einige wenige jedoch sehr starke Ablenkung bis über 90° hinaus erfuhren, hatte Rutherford selbst bereits 1911 die Vermutung abgeleitet, dass das Atom im Wesentlichen aus leerem Raum bestand. Rutherford vermutete im Zentrum eine auf einen kleinen Raumbereich konzentrierte positive Ladung, um die herum die negativen Ladungen in Form von Elektronen angeordnet sind. Bohr ergänzte dieses Kernmodell um Hypothesen zum Verhalten der negativ geladenen Elektronen, in die klassische Analogien zur Kepler-Bewegung der Planeten um die Sonne ebenso eingingen wie dezidiert nicht-klassische Forderungen (z. B. M. ⁊ Plancks Quantisierungsbedingungen für die Energie der Elektronenbahnen). In seinen berühmten drei Arbeiten zur Konstitution von Atomen und Molekülen aus dem Jahr 1913 forderte Bohr u. a., dass die Energie von den umlaufenden Elektronen nicht kontinuierlich abgegeben wird, sondern nur in Energiepaketen während des Sprungs von einer Bahn in eine andere. Die während dieses Übergangs emittierte Strahlung sollte der von Einstein 1905 aufgestellten Forderung genügen, dass deren Energie E und Frequenz ν vermöge $E = h \cdot \nu$ verknüpft sind, wobei h das durch Planck 1900 eingeführte Wirkungsquantum ist. Die stationären Zustände des Atoms, d. h., die zulässigen Bahnen der Elektronen um den positiven Atomkern, werden durch die Bedingung beschrieben, dass die durch einen Übergang freiwerdende Energie ein ganzzahliges Vielfaches der Umlaufsfrequenz multipliziert mit $h/2\pi$ ist. Für kreisförmige Umlaufbahnen ist diese Bedingung gleichbedeutend mit der Forderung der Quantisierung des Drehimpulses des Elektrons.

Das Erstaunliche war, dass mit diesen Postulaten eine ganze Reihe von zum Teil bereits sehr lange bekannten Beobachtungen ohne weitere Zusatzannahmen erklärt werden konnten: Rutherfords Beobachtungen zur α-Teilchen-Streuung ebenso wie die bis dato völlig unverstandenen Regelmäßigkeiten in den Abständen markanter Spektrallinien des Wasserstoffs, die von J. ⁊ Balmer und J. ⁊ Rydberg Ende des 19. Jahrhunderts auf phänomenologischem Wege ermittelt worden waren. Zusätzlich konnte Bohr die Existenz weiterer Spektralserien des Wasserstoffs voraussagen, die dann 1914 von Th. ⁊ Lyman im Ultravioletten und in den 20er-Jahren von Brackett und Pfund im fernen Infrarot aufgefunden wurden. Als Bohr dann noch prognostizierte, dass die von E. Ch. ⁊ Pickering und Alfred Fowler aufgefundenen Spektralserien, die bislang dem Wasserstoff zugeordnet worden waren, eigentlich von ionisiertem Helium herrührten, und dies von E. J. Evans in Gasentladungsexperimenten bestätigt wurde, war das Eis gebrochen, und Bohrs Atommodell entwickelte sich zum Standardmodell der Atomphysik dieser Zeit.

In den Folgejahren erweiterten Bohr selbst, aber auch A. ⁊ Sommerfeld und seine Schüler in München den Anwendungsbereich der Theorie durch eine Verallgemeinerung auf elliptische Bahnen und Einführung zweier neuer Quantenzahlen, von denen eine die Exzentrizität der Ellipse und die andere die Neigung der Bahnebene relativ zu äußeren elektromagnetischen Feldern beschrieb. Nun ließ sich auch der normale Zeeman- und der lineare Starkeffekt, d. h., die Aufspaltung von Spektrallinien unter dem Einfluss magnetischer und elektrischer Felder, gut erfassen. Sommerfeld erklärte sogar die Feinstruktur der Spektrallinien mit dem relativistischen Massenzuwachs derjenigen Elektronen, die auf stark exzentrischen Bahnen besonders nahe an den Kern heranrücken und daher eine besonders große Geschwindigkeit bekommen. Beobachtungen von F. ↗ Paschen in Tübingen passten vorzüglich zu dieser Bohr-Sommerfeld-Theorie. Das Periodensystem der Elemente fand endlich eine natürliche Deutung durch Bohrs Vorstellung von dem sukzessiven Aufbauen der Elektronenschalen um den Atomkern.

Die großen Erfolge des Bohrschen Atommodells wurden Ende 1922 mit der Verleihung des Nobelpreises für Physik an ihn gewürdigt. Doch zeigten sich gerade zu Beginn der zwanziger Jahre auch die ersten Risse in dem von ihm mit aufgebauten Gedankengebäude. Zunächst verkomplizierte sich das ursprünglich so einfache Bohrsche Atommodell zusehends, weil in dem Wunsch nach immer weitergehender Anwendung (z. B. auf den anomalen Zeeman-Effekt) von Sommerfeld und seinen ehrgeizigen Schülern immer mehr Zusatzannahmen in die Theorie eingeführt wurden. Der junge Heisenberg erweiterte beispielsweise die Quantisierungsbedingungen von ganz- auf halbzahlige Quantenzahlen, sein Freund und ehemaliger Kommilitone Pauli hingegen postulierte einen »mechanisch unbeschreibbaren Zwang« zur Erklärung der Dublettstruktur der Alkalispektren, und allerhand »Zahlenmystik« wurde betrieben, um den »Zeemansalat mit Quantensauce« (wie einige Physiker dies damals selbstironisch nannten) theoretisch in den Griff zu bekommen. Zusammen mit seinem Assistenten H. A. ↗ Kramers und John C. Slater ging Bohr 1924 zeitweise sogar soweit, das Prinzip der Energieerhaltung für den quantenmechanischen Einzelprozess aufzugeben und nur als im statistischen Mittel erfüllt anzusehen, aber auch mit diesem verzweifelten Kunstgriff ließ sich die Theorie der Strahlung nicht widerspruchsfrei entwickeln. Die tieferen Gründe für das Scheitern der Bohr-Sommerfeld-Theorie liegen einerseits sicherlich in der noch immer halbherzigen Kombination inkompatibler alter und neuer Ideen, andererseits fehlte Anfang der zwanziger Jahre das Konzept des Elektronenspins als eines inneren rotationsähnlichen Freiheitsgrades des Elektrons. Als der Spin Ende 1925 durch zwei Schüler von P. ↗ Ehrenfest, G. ↗ Uhlenbeck und S. ↗ Goudsmit, in Leiden postuliert worden war, hatte bereits die Entwicklung der neuen Quantenmechanik begonnen, die alle diese Gesetzmäßigkeiten der alten Quantentheorie ebenso wie viele neue Anwendungen aus einem Guss zu erklären vermochte.

Die Kopenhagener Deutung der Quantenmechanik
Mit der Etablierung der so genannten Quantenmechanik im Jahr 1925 verschwand auch die Bohrsche Modellvorstellung diskreter Elektronenbahnen; Heisenbergs Matrixmechanik ordnete den verschiedenen Übergängen der Elektronen zwischen stabilen Zuständen nur noch Übergangswahrscheinlichkeiten zu, und in E. ↗ Schrödingers Wellenmechanik wurden sie zu Wellenpaketen umgedeutet, für die nur noch Aufenthaltswahrscheinlichkeiten angegeben werden konnten. Laut Heisenbergs Unschärferelation, die nach intensiven Diskussionen mit Bohr im März 1927 formuliert wurde, bestand sogar ein quantitativer Zusammenhang zwischen der Genauigkeit Δr, mit der man den Ort r eines Teilchens angeben konnte, und der Genauigkeit Δp, mit der sein Impuls spezifizierbar war: $\Delta r \cdot \Delta p \geq h/2\pi$, d. h., je schärfer die Messung von p, desto ungenauer diejenige von r und umgekehrt.

Bohr sah im Welle-Teilchen-Dualismus ein noch tiefer liegendes Problem: Obgleich sich beide Auffassungen der Natur – als Welle oder als Teilchen – in den Beschreibungsformen der Natur offenbar wechselseitig ausschlossen, wurden sie doch beide für eine vollständige Beschreibung atomarer Prozesse benötigt. Sie waren somit komplementär in dem Sinn, dass sie nicht zugleich angewendet werden konnten, aber doch erst zusammen ein vollständiges Bild der Realität gaben. Bohrs Komplementaritätsprinzip und Heisenbergs Unschärferelation bildeten den Kern dessen, was bald die »Kopenhagener Interpretation der Quantenmechanik« genannt wurde. Bohr zufolge gab es im Bereich der Mikrophysik keine Zustände »an und für sich«, sondern

N. Bohr: Die Carlsberg-Villa, die Bohr 1932 als herausragendster Persönlichkeit des geistigen Lebens Dänemarks auf Lebensdauer zum Wohnen überlassen wurde.

der physikalische Zustand eines Systems wurde erst durch eine Messung an ihm »präpariert«, wobei die Wahl einer jeweiligen Messgröße jeweils bestimmte andere Messgrößen ausschloss. Den komplementären Eigenschaften der Objekte entsprechen somit auch einander ausschließende Typen von Experimenten. Während in der klassischen Physik ein Beobachter jeden Satz von ihn interessierenden Messgrößen im Prinzip gleichzeitig mit unbeschränkter Genauigkeit bestimmen kann und dabei nur durch die jeweilige Auflösungsgenauigkeit seiner Instrumente beschränkt ist, kommt es in der Quantenmechanik somit zu einem völlig neuen dynamischen Subjekt-Objekt-Verhältnis, bei dem die Eigenschaften der Objekte nicht »an sich« bereits feststehen, sondern erst durch die Messung des beobachtenden Subjekts festgeschrieben werden, vorher hingegen nur probabilistisch spezifizierbar sind.

Der Bohr-Einstein-Dialog

Das Aufgeben grundlegender Prinzipien der klassischen Mechanik wie insbesondere der Beobachter-Unabhängigkeit der Realität und des Kausalitätsprinzips zwang bald auch Kritiker auf den Plan, die sich damit nicht abfinden wollten. Der prominenteste und zugleich auch scharfsinnigste von diesen war Einstein, der schon während der fünften Solvay-Konferenz in Brüssel im Jahr 1927 mehrfach Anläufe unternahm, Bohrs Interpretation durch sinnreiche Gedankenexperimente zu unterminieren, die die Kopenhagener Interpretation ad absurdum führen sollten. Eine zweite Hochphase erlebte dieser Bohr-Einstein-Dialog im Jahr 1935, als Einstein in Zusammenarbeit mit Boris Podolski und Nathan Rosen das berühmt gewordene EPR-Paradoxon vorlegte. Dessen Kernidee bestand darin, dass man an zwei miteinander durch einen Zerfalls- oder Emissionsprozess gekoppelten Systemen zueinander komplementäre Größen A und B dadurch gleichzeitig messen könnte, dass man an einem der beiden Teilsysteme die Größe A_1 misst, am anderen beliebig weit entfernten Teilsystem hingegen die Größe B_2. Allein aufgrund von Erhaltungssätzen kann man aus diesen Teilinformationen dann aber auch die nicht direkt gemessenen Größen A_2 und B_1 berechnen und hat dann die laut Heisenberg und Bohr eigentlich grundsätzlich nicht verfügbare vollständige Information über beide Teilsysteme. Die weitere Diskussion dazu, die sich über mehrere Jahrzehnte hin fortsetzte, zeigte, dass diejenigen Theorien, die unter Wahrung klassischer Vorstellungen zum Messprozess die Existenz irgendwelcher verborgener Parameter annahmen, die das mikrophysikalische Geschehen steuern, im allgemeinen zu anderen Voraussagen kommen als die Quantenmechanik, die den Ausgang der Messungen nur probabilistisch beschrieb. Insofern war diese Frage im Prinzip experimentell entscheidbar. Aber erst in den 1970er- und 80er-Jahren konnten durch Messungen des Spins von Photonenpaaren sowie an Elektron-Positron-Paaren die ersten empirischen Umsetzungen dieses EPR-Gedankenexperiments realisiert werden, die die Quantenmechanik Bohrs und Heisenbergs glänzend bestätigten und zugleich alle konkreten Alternativen in Form von Theorien verborgener Parameter widerlegten.

Gesprächskultur und Gruppendynamik um Bohr

Alle, die jemals das Privileg hatten, mit Bohr näher zusammen gekommen zu sein, waren fasziniert von der Intensität und Ausdauer, mit der Bohr ein ins Auge gefasstes Problem im Dialog von allen Seiten beleuchtete, um ihm immer neue Aspekte abzugewinnen. Anekdoten dazu finden sich zuhauf in der umfangreichen Erinnerungsliteratur der Physiker der Generation nach Bohr. Herausgegriffen sei nur die Beschreibung der Verwunderung Bohrs darüber, wieso man mit einem schmutzigen Geschirrhandtuch und schmutzigem Wasser dennoch Geschirr säubern könne, oder sein Erstaunen darüber, dass in Westernfilmen immer der von Revolverhelden angegriffene Sheriff zuerst zieht. Letztere Beobachtung wurde in Kopenhagen von G. ↗ Gamow und Bohr im Duell mit Spielzeugpistolen zuerst »verifiziert« (Bohr zog tatsächlich schneller) und dann mit einer Theorie untermauert, der zufolge dies daran lag, dass der Antiheld denken musste, d. h. den Entschluss fassen musste, jetzt den Revolver zu ziehen, während der Held nur zu reagieren brauchte, ohne erst »denken« zu müssen. Das Denken hemmt in gewisser Weise also das Handeln – man erkennt einen Abglanz des Komplementaritätsprinzips und zugleich eines der Motive in Møllers *Abenteuern eines dänischen Studenten*.

Diese Geschichte zeigt beispielhaft, wie Bohr auch aus Alltagserlebnissen Paradoxa oder Merkwürdigkeiten heraushörte, die er dann mit Einsich-

N. Bohr (3. v. l.) mit L.A. Arzimowitsch, I.E. Tamm und A.P. Alexandroff

ten aus der modernen Physik in Verbindung zu bringen versuchte. Sein Denken war in letzter Instanz kein analytisches, sondern ein analogisches. Deshalb liegen seine größten Leistungen in der Physik denn auch nicht zufällig in der Herstellung von Verbindungen zwischen verschiedenen Theorien oder in der analogischen Übertragung von Einsichten aus einem Bereich auf ganz andere. Bohrs Korrespondenzprinzip z. B. verbindet die Quantentheorie mit der klassischen Physik; auch in seiner quantenmechanischen Theorie der Messung geht er zurück auf die klassischen Größen, in denen die Ergebnisse dieser Messung letztlich registriert werden müssen, und mit seinem Komplementaritätsprinzip öffnet er den Weg für eine Erweiterung der Ausschließungsrelationen zwischen konjugierten Variablen in der Physik auf andere, zueinander komplementäre Qualitäten in ganz anderen Wirklichkeitsschichten. Dass er viele dieser Einsichten nur in zum Teil äußerst dunklen Andeutungen vermitteln konnte, störte seine Anhänger nicht, für die er vielleicht deswegen erst recht zum Guru der neuen Physik wurde. Späteren Kritikern Bohrs (etwa der Physikhistorikerin Mara Beller) erschien dies wie »Heldenverehrung«.

Bohr als Wissenschaftsorganisator und die Atombombe
Seit 1916 war Bohr Professor für theoretische Physik an der Universität Kopenhagen, die ihm nach Ende des Ersten Weltkriegs ein eigenes Institut bereitstellte, das 1921 eröffnet wurde. In den 1920er- und 30er-Jahren galt Niels Bohr als der »Direktor der Atomtheorie«, und sein Kopenhagener Institut war sicherlich das international führende Institut für theoretische Physik, das Besucher aus aller Welt anzog. Zwischen 1916 und 1961 verbrachten insgesamt 444 Besucher aus 35 Staaten mindestens einmonatige Forschungsaufenthalte in Kopenhagen; zu Bohrs Lebzeiten wurden aus Kopenhagen etwa 1200 Forschungsaufsätze in wissenschaftlichen Zeitschriften eingereicht (über 200 davon von Bohr selbst). Die »Machtergreifung« der Nationalsozialisten im Jahr 1933 führte Bohr zunächst einen Strom von Emigranten zu, denen das Weiterarbeiten in Deutschland durch die antisemitische Gesetzgebung unmöglich gemacht wurde. In Kooperation mit anderen engagierten Personen und den sich rasch formierenden Hilfsorganisationen bemühte sich Bohr auch außerhalb Dänemarks um die Vermittlung der vielen zum großen Teil hochqualifizierten Emigranten.

1937 entwickelte er zusammen mit Fritz Kalckar das Compound-Modell des Atomkerns, und 1939 weitete er dieses (zusammen mit John Archibald Wheeler) auf die Deutung der eben erst entdeckten Kernspaltung aus, die von Bohr in Analogie zu dem Zerfallen eines Flüssigkeitstropfen gesehen wurde, der durch einen Aufprall eines noch kleineren Teilchens (z. B. eines Neutrons) in übergroße Schwingungen gerät und schließlich in zwei Teile zerplatzt. Im April 1940 schließlich markierte die Besetzung Dänemarks durch deutsche Truppen einen weiteren Schritt der Expansionspolitik des Dritten Reiches. Obwohl er durch seine teilweise jüdische Abstammung selbst bedroht war, entschloss sich Bohr, solange wie möglich in Kopenhagen zu bleiben. Im Oktober 1941 fand hier das vielfach geschilderte Gespräch zwischen Heisenberg und Bohr statt, das Heisenberg später als vergeblichen Versuch charakterisierte, Bohr klarzumachen, dass sich alle Physiker gegen den Bau der Atombombe erklären sollten. Die unlängst freigegebenen späteren Aufzeichnungen Bohrs sowie die Berichte anderer Physiker, die später Bohr nach diesem Gespräch fragten, legen eher einen ganz anderen Verlauf nahe (siehe die am Ende aufgeführten weiterführenden Hinweise, auch zu dem auf dieser Begegnung basierenden Theaterstück von Michael Frayn). Fest steht jedenfalls, dass sich Heisenberg und Bohr aufgrund der angespannten Lage, vielleicht auch aufgrund des Umstandes, dass Heisenberg mit dem Abhören des Gespräches durch die Gestapo rechnen musste und deshalb nur in Andeutungen sprechen konnte, gründlich missverstanden. Bohr bekam den für ihn schockierenden Eindruck, dass die Deutschen tatsächlich an einer Atombombe arbeiteten und diese für technisch möglich hielten. Diese Information gab er umgehend an die Alliierten weiter, die nun umso fieberhafter ihre eigenen Anstrengungen zum Bau solch einer Bombe vorantrieben.

Noch 1943 lehnte Bohr eine durch den britischen Geheimdienst in Form eines mikroverfilmten Briefes in einem Schlüssel versteckte Einladung seines englischen Kollegen J. ↗ Chadwick ab, an alliierten Kriegsforschungen mitzuwirken. Doch im September 1943 erfuhr er von dänischen Widerstandsgruppen, mit denen er in engem Kontakt stand, von seiner bevorstehenden Verhaftung, der er sich durch die Flucht nach Schweden, dann mit einer Spezial-Militärmaschine nach London und schließlich weiter in die USA, entzog. Der erneuten Anfrage, am Los-Alamos-Projekt als wissenschaftlicher Berater mitzuwirken, entzog er sich diesmal nicht mehr, aber für die technische Entwicklung der amerikanischen Atombombe spielte er nur eine untergeordnete Rolle. Es ging ihm schon damals mehr um die weltpolitischen Konsequenzen der Entwicklung solch einer Massenvernichtungswaffe. Um diese klarzustellen, erreichte er es schließlich sogar, am 16. Mai ein Gespräch mit Winston Churchill und am 26. Aug. 1944 eine Unterredung mit Franklin Delano Roosevelt führen zu dürfen. Allerdings scheiterte der sonst so erfolgreiche Dialogpartner in beiden Fällen an der Ungeduld und dem Misstrauen seiner Gesprächspartner, die ihn eher als Sicherheitsrisiko denn als ernsthaften Gesprächspartner begriffen. Auch nach dem Abwurf zweier Atombomben auf Japan im August 1945 und dem Ende des Zweiten Weltkriegs setzte sich Bohr weiter für seine Vorstellung von einer freien Welt und einem idealen Staat ein, so z. B. im September 1945 in einer Petition an den Präsidenten des amerikanischen Office of Scientific Research and Development, Vannevar Bush, zur internationalen Kontrolle der Herstellung und Verwendung von waffenfähigem Kern-Material, 1948 in einer Initiative zur »openness of information«, die er dem US-amerikanischen Staatssekretär George Marshall vortrug, und im Juni 1950 sowie im November 1956 in offenen Briefen an die Vereinten Nationen.

Es liegt eine große Tragik darin, dass dem in der Physik so erfolgreichen Niels Bohr in der Sphäre der Politik nur Misserfolge beschieden waren, aber die harten Fronten des zweiten Weltkriegs, des sich anschließenden kalten Ost-West-Konfliktes und des Koreakrieges waren mit den idealen Welten, die der Humanist Bohr einforderte, schlechterdings unvereinbar.

Werk(e):
Colleeted Works, hrg. v. L. Rosenfeld u.a.; Abhandlungen über Atombau aus den Jahren 1913–1916 (1921); Atomphysik und menschliche Erkenntnis (1958).

Sekundär-Literatur:
Heilbron, J., Kuhn, T. S.: The genesis of the Bohr atom, Historical Studies in the Physical Sciences 1 (1969) 211–290; French, A. P., Kennedy, P. J.: Niels Bohr: A Centenary Volume (1985); Meyer-Abich, K.M.: Korrespondenz, Individualität und Komplementarität (1965); Röseberg, U.: Niels Bohr (1985); Pais, A.: Niels Bohr's Times in Physics, Philosophy, and Policy (1991); Faye, J.: Niels Bohr: His Heritage and Legacy (1991); Favrholdt, D.: Niels Bohr's philosophical background (1992); Aaserud, F.: Redirecting Science (1990); Folse, H. J.: The Philosophy of Niels Bohr – The Framework of Complementarity (1985); Beller, M.: Quantum Dialogue: The Making of a Revolution (1999); Jammer, M.: The Conceptual Development of Quantum Mechanics (1966); Wheeler, J. A., Zurek, W.H.: Quantum Theory and Measurement (1983); zur Begegnung Bohrs mit Heisenberg im September 1941 siehe auch die Sammlung von Originaldokumenten, Transkriptionen und wiss. historischen Kommentaren unter www.nbi.dk/NBA/papers/docs/cover.html und M. Frayn: Kopenhagen. Stück in zwei Akten, deutsch v. I. Greiffenhagen und B. v. Leoprechting, mit einem Nachwort des Autors und einem Anhang mit zwölf wissenschaftshistorischen Lesarten zu »Kopenhagen« (2001).

Boisbaudran, Paul Émile Lecoq de,
französischer Chemiker,
* 18. 4. 1838 Cognac,
† 28. 5. 1912 Paris.

Boisbaudran entdeckte auf spektralanalytischem Wege das Element Gallium (1875) und isolierte die Oxide der Elemente Samarium (1879) und Dysprosium (1886).

Boisbaudran war der Sohn eines Weinhändlers und Cognacproduzenten und erhielt eine gute private Schulbildung. Seine fachlichen Kenntnisse erwarb er autodidaktisch auf der Grundlage des Lehrangebots der École Polytechnique. Er experimentierte zunächst im Laboratorium des väterlichen Unternehmens, bevor er sich ein Privatlaboratorium einrichtete, in dem er eigenständige Untersuchungen durchführte. Er unternahm zahlreiche Geschäftsreisen in Frankreich sowie in andere Länder, die er stets mit seinem wissenschaftlichen Anliegen verband. Für die Anerkennung seines chemischen Wirkens spricht auch, dass er im Laboratorium des angesehenen Chemieprofessors Charles Adolphe Wurtz an der Pariser Sorbonne arbeiten durfte, wo ein Teil seiner Ergebnisse entstanden ist.

Das Hauptarbeitsfeld von Boisbaudran war die Spektralanalyse, die 1859 von R. ↗ Bunsen und G. ↗ Kirchhoff entdeckt worden war. Danach kam jedem chemischen Element, das durch Erhitzen zur Lichtemission gebracht werden konnte, ein eigenes charakteristisches Linienmuster zu, anhand dessen es identifiziert werden konnte. Boisbaudran hat nahezu 15 Jahre in Spektren von Mineralien nach unbekannten Spektrallinien gesucht. 1875 fand er in einer aus den Pyrenäen stammenden Zinkblende zwei neue Linien, die offenbar zu einem neuen Element gehörten. Dieses bezeichnete er nach seinem Heimatland Frankreich als Gallium. Das neue Element erwies sich als identisch mit dem von D. I. ↗ Mendelejew vorhergesagten Eka-Aluminium, so dass Boisbaudrans Entdeckung zugleich die Richtigkeit des Periodensystems der Elemente von 1869 bestätigte. Boisbaudran hat in der Folgezeit aus etwa 4 000 kg galliumhaltiger Zinkblende 75 g Gallium isoliert, um eine umfassende Untersuchung des neuen Metalls zu ermöglichen. Darüberhinaus gelangen ihm bei den Metallen der sog. Seltenen Erden zwei weitere Entdeckungen. So fand er 1879 im Didymoxid das Samariumoxid (Sm_2O_3) und 1886 isolierte er aus Holmiumoxid das Dysprosiumoxid (Dy_2O_3). [RS3]

Werk(e):
Spectres lumineux (1874); Analyse spectrale appliquée aux recherches de chimie minérale (1874).

> **Bolívar y Urrutia, Ignacio,**
> spanischer Zoologe, bes. Entomologe, Vater des Entomologen Cándido Bolívar Pieltain,
> * 9. 11. 1850 Madrid,
> † 19. 11. 1944 Ciudad de México (Mexiko).

Die Arbeit Bolívars und seiner Schüler erneuerte die biologische Forschung in Spanien und führte die Genetik von G. ↗ Mendel und Th. H. ↗ Morgan ein.

I. Bolívar y Urrutia

Nach einem Studium der Rechts- sowie Naturwissenschaften und einer anschließenden Assistententätigkeit am Museo de Ciencias Naturales in Madrid wurde Bolívar 1877 zum ordentlichen Professor für Entomologie an die Universität Madrid berufen. Er widmete sich besonders den *Orthoptera* und *Hemipteroidea* und baute die entomologischen Sammlungen des Museums und der Universität auf. Bolívars erste bedeutende Publikation war die Übersicht der Orthopteren der iberischen Halbinsel (1876). 1901–1936 leitete er das Museo de Ciencias Naturales in Madrid. Im spanischen Bürgerkrieg emigrierte Bolívar mit seiner Familie nach Mexiko, wo er starb. Sein Sohn Cándido setzte dort seine Arbeit fort.

Bolívars Wirken war auch auf die Institutionalisierung der biologischen Forschung in Spanien gerichtet. So gehörte er nicht nur zu den Initiatoren der meeresbiologischen Station in Santander (Cantabria, 1886/1887), sondern regte als Direktor des Madrider Naturkundemuseums 1932 auch die Gründung einer solchen Station in Marín (Galicia) an, die in den drei Jahren ihrer Existenz eine rege wissenschaftliche Arbeit entfaltete. Als Mitglied und Präsident des Consejo Nacional de Instrucción Pública hatte Bolívar entscheidenden Einfluss auf die Universitätsreformen (1901). Aus Bolívars wissenschaftlicher Schule, die auch die Darwinsche Theorie verbreitete, gingen bekannte Naturwissenschaftler hervor wie die Genetiker J. F. ↗ Nonídez und Antonio Zulueta oder der Meeresbiologe Antonio Vila Nadal.

Noch als Student gehörte Ignacio Bolívar 1871 zu den Gründungsmitgliedern der Real Sociedad Española de Historia Natural und war 1920 deren Ehrenpräsident. 1898 wurde er in die spanische Akademie der Wissenschaften aufgenommen. In der Emigration erhielt er 1940 die Ehrendoktorwürde der Universität von Mexiko-Stadt (UNAM). [IS2]

Werk(e):
Sinopsis de los ortópteros de España y Portugal (1876); Estudios entomológicos (1912–1918); Bibliographie in: A. Palau Dulcet, Manual del librero hispano-americano Bd. II, 319.

Sekundär-Literatur:
Alvarado, R.: Ignacio Bolívar y Urrutia, in: Asclepio 41 (1989); Arends, T.: Bolívar y los científicos, in: Quipo 4 (1987).

> **Boltwood, Bertram Borden,**
> amerikanischer Radiochemiker,
> * 27. 7.1870 Amherst (Massachusetts),
> † 14./15. 8. 1927 (Selbstmord) Hancock Point (Maine).

Auf Boltwood gehen die radioaktiven Zerfallsreihen zurück; er war ein Pionier der geologischen Altersbestimmung mittels radioaktiver Methoden und galt zu seiner Zeit als der führende Radioaktivitätsforscher in den USA.

Der Sohn eines Richters studierte 1889–1892 Chemie an der Yale Sheffield Scientific School in New Haven (Connecticut) und 1892–1894 an der Universität München (bei Gerhard Krüss). Er wurde 1894 Laborassistent für analytische Chemie an der Yale Universität, studierte 1896 ein Semester an der Universität Leipzig und promovierte 1897 in Yale (bei Horace L. Wells). In den folgenden Jahren wirkte er als Lehrer für analytische Chemie und als Berater für chemische Fragen in New Haven. 1909–10 war Boltwood für ein Jahr bei E. ↗ Rutherford in Manchester. 1906–1910 wirkte er als Professor für Physik, 1918–1918 als Professor für Radiochemie und 1918–1927 als Professor für Chemie an der Yale-Universität. Boltwood war sehr geschickt in der Weiterentwicklung von Laborapparaturen für die Forschung wie für Lehrzwecke und leitete in Yale den Aufbau eines neuen Physik- und eines Chemie-Laboratoriums.

Boltwood blieb unverheiratet; er war u. a. Mitglied der National Academy of Sciences der USA.

1904 begann Boltwood Forschungen auf dem Gebiet der Radioaktivität. Kurz zuvor hatten Rutherford und F. ↗ Soddy gezeigt, dass radioaktive Elemente in andere Elemente zerfallen. Boltwood konnte nun beim Zerfall von Uran in Radium zeigen, dass diese Zerfallsprozesse über Zwischenprodukte nach einem bestimmten Schema ablaufen. Als eines dieser Zwischenprodukte fand er 1907 das neue Element Ionium (das Soddy 1919 als ein Isotop des Thoriums identifizierte).

Boltwood fand um 1905, dass das in normalen Mineralen gefundene Blei das inaktive Endprodukt der Zerfallskette von Uran sein müsse, und leitete daraus eine Methode ab, aus dem Blei- und Urangehalt eines Minerals sein Alter zu bestimmen. [HK]

Werk(e):
On the Ultimate Disintegration Products of the Radio-active Elements, The American Journal of Science, 4th Series, 20 (1905) 118, 253–267; 23 (1907) 184, 77–88; Mitteilung über ein neues radioaktives Element, Physikalische Zeitschrift 8 (1907) 24, 884–886; Badash, L. (Hrg.): Rutherford and Boltwood – Letters on Radioactivity (1969).

Sekundär-Literatur:
Kovarik, A. F.: B. B. Boltwood, Biographical Memoirs of the National Academy of Sciences 14 (1930) 69–96; Badash, L.: Radioactivity in America: Growth and decay of a science (1979).

Boltzmann, Ludwig Eduard,
österreichischer Physiker,
* 20. 2. 1844 Wien,
† 5. 9. 1906 Duino (Italien).

Boltzmann führte die Gesetze der Statistik und der Wahrscheinlichkeit in die Physik ein und wurde damit zum Wegbereiter des Übergangs von der klassischen Physik zur modernen Atom- und Quantentheorie. Seine statistische Mechanik ermöglichte es, erstmals Eigenschaften der Materie aus Grundannahmen über die Atome abzuleiten.

Als erster Sohn eines österreichischen Finanzbeamten wuchs Ludwig Boltzmann in Linz auf, wo engagierte Lehrer sein Interesse für die Naturwissenschaften und Naturphilosophie weckten. Nach Tod des Vaters und Übersiedlung der Familie nach Wien nahm Boltzmann dort das Studium der Mathematik und Physik auf, bei dem ihn seine aus einer wohlhabenden Kaufmannsfamilie stammende Mutter unterstützte. J. ↗ Stefan und J. ↗ Loschmidt wurden am physikalischen Institut Boltzmanns einflussreichste Lehrer. Stefan, der über kinetische Gastheorie arbeitete und wichtige experimentelle Arbeiten zu Gasen und über Strahlung verfasste, machte Boltzmann mit der damals noch wenig verbreiteten Maxwellschen Elektrodynamik vertraut. Der von Stefan experimentell gefundene Zusammenhang von Temperatur und der Strahlung schwarzer Körper wurde später von Boltzmann erklärt und ist als Stefan-Boltzmann-Gesetz in die physikalischen Lehrbücher eingegangen. Loschmidt hingegen war ein früher Vertreter der vielfach noch kritisierten atomistischen Betrachtungsweise, die er in seinen damaligen ersten verlässlichen Abschätzungen zur Größe der Moleküle etwa in der Luft vertrat.

Nach der Promotion 1866 wurde Boltzmann zwei Jahre später Privatdozent und ein weiteres Jahr später, mit erst 25 Jahren, bereits ordentlicher Professor für mathematische Physik an der Universität Graz. Um eine gewisse Isolierung des österreichischen Forschungsbetriebs zu überwinden, versuchte Boltzmann, durch Forschungsreisen Anschluss an die physikalische Diskussion der großen deutschen Physiker seiner Zeit zu finden, und arbeitete sogar einige Monate lang in H. ↗ Helmholtz' Berliner physikalischem Institut. Dort zeigte er sich auch als geschickter Experimentator, der theoretische Folgerungen der Maxwellschen Elektrodynamik, wie etwa die zur Lichtbrechung, experimentell bestätigte.

1873 wurde Boltzmann für drei Jahre Ordinarius für Mathematik in Wien, ohne aber seine experimentellen und theoretischen Forschungen in der Physik ruhen zu lassen. Das Jahr 1876 markierte eine doppelte Etablierung in Boltzmanns Leben: die Heirat mit Henriette von Aigentler, die als erste Frau in Graz überhaupt Mathematik und Physik studiert hatte, und den Beginn einer 14-jährigen Periode als Direktor des Grazer physikalischen Instituts, das er zwar nicht zu einem europäischen Zentrum der Physik ausbauen konnte, wohin er aber mit S. ↗ Arrhenius oder W. ↗ Nernst Schüler anzog, die später mit dem Nobelpreis ausgezeichnet werden sollten.

In dieser Zeit gelangte Boltzmann zu den beiden vielleicht wichtigsten physikalischen Erkenntnissen seiner Karriere, zum »*H*-Theorem« und zu der Einsicht in den logarithmischen Zusammenhang zwischen Wahrscheinlichkeit und Entropie, dem Maß für die Ordnung eines thermodynamischen Systems.

L.E. Boltzmann

L.E. Boltzmann: Das Foto von 1887 zeigt Mitarbeiter des Instituts für Theoretische Physik der Universität Graz; stehend, von links: Nernst, Streintz, Arrhenius, Hiecke; sitzend, von links: Aulinger, Ettingshausen, Boltzmann, Klemencic, Hausmanninger (Foto: Physikalisch-historische Sammlung am Institut für Experimentalphysik sowie Universitätsarchiv der Karl-Franzens-Universität Graz)

Der Weg zur Aufstellung des Theorems begann damit, dass Boltzmann ↗ Maxwells Betrachtungen zur Häufigkeitsverteilung der Geschwindigkeiten der Moleküle eines Gases verallgemeinerte. Er behandelte nicht nur die Situation in einem Gleichgewichtszustand, sondern auch allgemeinere Nichtgleichgewichtszustände, bei denen Transportprozesse von Molekülen oder Energie stattfinden. Die mechanische Zurückführung auf reversible Stöße erlaubte bei geeigneten Annahmen und statistischer Behandlung irreversible, d. h. unumkehrbare, makroskopische Effekte zu berechnen: Aus der sog. Boltzmannschen Transportgleichung ließen sich etwa Diffusions-, Viskositäts- und Wärmeleitungskoeffizienten von Gasen berechnen. Im Verlauf dieser Überlegungen war es auch Boltzmann, der als erster Begriffe der phänomenologischen Thermodynamik mechanisch deutete: So definiert die mittlere kinetische Energie der Gasmoleküle die Temperatur eines Gases. Die Boltzmann-Gleichung erlaubte ihm nun, für eine Funktion, die später H genannt wurde, zu zeigen, dass sie für Nichtgleichgewichtszustände mit der Zeit abnimmt und so die Annäherung an den Gleichgewichtszustand charakterisiert. Die theoretische Ableitung, die auf einigen noch für lange Zeit nicht ganz unumstrittenen Annahmen beruhte, wurde als Boltzmannsches H-Theorem bekannt.

Die zweite bahnbrechende Erkenntnis leitete Boltzmann bereits 1877 her, als er einen grundlegenden Zusammenhang zwischen den mikroskopischen Zuständen eines Systems und seinen phänomenologischen makroskopischen Eigenschaften formulierte, indem er die Entropie (S) mit dem Logarithmus der Anzahl der mikroskopischen Konfigurationsmöglichkeiten für einen bestimmten Zustand (W) verknüpfte: $S = k \log W$. Die Konstante k wurde bald Boltzmann-Konstante genannt, und die Formel sollte später sein Grab zieren.

1890 wurde Boltzmann zunächst zum Nachfolger des Berliner Physikers G. ↗ Kirchhoff ernannt. Aber er trat die Stelle nie an, sondern ging im gleichen Jahr noch an die Universität München. Dort konnte er sich ganz der theoretischen Physik widmen, und hier entstanden seine berühmten Vorlesungsbände über Mechanik und kinetische Gastheorie.

Unsicherheiten über seine spätere Pension ließen Boltzmann den nach eigenen Aussagen glücklichsten Anschnitt seiner Karriere abbrechen und 1894 als Nachfolger Stefans nach Wien zurückkehren. Mangelnde gesellschaftliche Einbindung ließ ihn schließlich im Jahr 1900 nach Leipzig gehen, aber auch diesen Schritt revidierte er nach zwei Jahren wieder und kehrte auf seine noch nicht wieder besetzte Wiener Professur zurück. Aus dieser Zeit datiert auch Boltzmanns verstärktes Interesse an Naturphilosophie, u. a. in Auseinandersetzung mit zwei Kollegen: In Leipzig war ihm W. ↗ Ostwald privat zwar freundschaftlich verbunden, wissenschaftlich aber war dieser in seiner Ablehnung der Atome ebenso scharfer Kritiker Boltzmanns, wie es E. ↗ Mach in Wien war. Dessen naturphilosophische Vorlesungen sollte Boltzmann, nachdem dieser emeritiert worden war, noch zusätzlich übernehmen. Wissenschaftliche Kritik, aber auch Anfeindungen gegenüber dem H-Theorem und der statistischen Mechanik, die Auseinandersetzungen über die Atomistik und nicht zuletzt der häufige anstrengende Wechsel und die übermäßige Lehrtätigkeit hatten Boltzmann, der durchaus für sein streitbares Auftreten bekannt war, gesundheitlich und psychisch angegriffen.

Der so genannte »Wiederkehreinwand«, der auf ein Theorem H. ↗ Poincarés von 1890 zurückgeht und später insbesondere von E. ↗ Zermelo angeführt wurde, drückt den scheinbaren Widerspruch von atomistischer Reversibilität und der Aussage des zweiten Hauptsatzes der Thermodynamik aus, derzufolge Vorgänge nur unumkehrbar in eine Richtung ablaufen. Zermelo argumentierte, dass man aus dem empirisch so gut bestätigten zweiten Hauptsatz nur folgern könne, dass ein mechanisches Modell, wie es die kinetische Gastheorie annimmt und das Boltzmanns Überlegungen zugrunde lag, keine geeignete Beschreibung der Natur sei. Ebenso wie den älteren »Umkehreinwand«, den Boltzmanns eigener Lehrer Loschmidt bereits früh geäußert hatte, konnte Boltzmann zwar auch den »Wiederkehreinwand« entkräften, indem er die Wahrscheinlichkeit für Ausgangsbedingungen von Systemen untersuchte: Vereinfacht gesagt, sind die Zustände in der Nähe des thermodynamischen Gleichgewichts wesentlich häufiger als die angenommenen Nichtgleichgewichtszustände und damit Prozesse in Richtung Gleichgewicht sehr viel wahrscheinlicher als solche, die davon wegführen. Dies ist gerade Boltzmanns statistische Deutung des zweiten Hauptsatzes der Thermodynamik. Aber weiterhin wurden Boltzmanns Ergebnisse von vielen seiner Zeitgenossen nicht akzeptiert. Zermelos Einwand sollte erst 1911 von Tatjana und P. ↗ Ehrenfest mathematisch streng widerlegt werden, und bestimmte Voraussetzungen wie die Ergodenhypothese sollten noch für Jahrzehnte Probleme für eine strenge mathematische und physikalische Diskussion geben, die aber die Richtigkeit und Bedeutung seiner Ergebnisse nur untermauerten.

Boltzmanns Erkenntnistheorie, die er als Reaktion auf das ablehnende wissenschaftliche Umfeld entwickelte, kritisierte die um die Jahrhundertwende weit verbreitete phänomenologische Physik, die atomistische Erklärungen ausschloss. Er wollte aber nicht »Bilder« oder von der konkreten Realität unabhängige Erklärungsmodelle verwenden, wie dies H. ↗ Hertz auf der einen Seite und Kirchhoff und Mach auf der anderen forderten, sondern Theorien konstruieren, die die Mikrowelt realistisch beschreiben. Dieses Programm eines hypothetischen Realismus mündete schließlich in eine evolutionistische Auffassung der Erkenntnis, bei der auch die Denkgesetze selbst Produkte einer Entwicklung sind und sich an der Realität bewähren müssen.

Nach einer Amerikareise im Jahr 1904, über die er als *Reise eines deutschen Professors ins Eldorado* humorvoll berichtete, verschlechterte sich Boltzmanns Gesundheitszustand dramatisch, und vor allem die Unfähigkeit, die gesteckten Ziele zu verwirklichen, führte zu Depressionen, denen Boltzmann anscheinend nur noch durch Freitod entkommen zu können glaubte.

Den großen Erfolg, den seinen Ideen schließlich haben sollten, erlebte Boltzmann tragischerweise deshalb nicht mehr. M. ↗ Planck griff zwar bereits im Jahre 1900 die Boltzmannsche Einführung von diskreten Energieportionen und seine statistischen Methoden auf, um seine Strahlungsformel und die Quantenhypothese abzuleiten, aber auch er blieb gegenüber der Atomistik noch kritisch. Erst nach Boltzmanns Tod sollte er ihr Verfechter werden, der schließlich auch Machs Widerstand brach. A. ↗ Einstein erklärte 1905 die Brownsche Molekularbewegung und ermöglichte so, die von Boltzmann postulierten Schwankungserscheinungen zu erforschen. Boltzmanns Kampf für die Verwendung von Wahrscheinlichkeitstheorie und Statistik in der Physik wurde rückblickend zu einem wichtigen Meilenstein für die Quantenmechanik in den 1920er-Jahren, die gerade auf diesen Konzepten aufbauen

musste, um die wirkliche Mechanik der Atome zu erschließen. [AS2]

Werk(e):
Wissenschaftliche Abhandlungen (3 Bde., 1909); Populäre Schriften (1905).

Sekundär-Literatur:
Flamm, D.: Ludwig Boltzmann, in: K. v. Meyenn (Hrg.): Die großen Physiker Bd. 2 (1997) 51–65; Stiller, W.: Ludwig Boltzmann. Altmeister der klassischen Physik, Wegbereiter der Quantenphysik und Evolutionstheorie (1989); Cercignani, C.: Ludwig Boltzmann. The Man Who Trusted Atoms (1998).

Bolyai, Janos (Johann) von,
ungarischer Mathematiker,
* 15. 12. 1802 Koloszvar (Klausenburg, jetzt Cluj, Rumänien),
† 27. 1. 1860 Marosvásárhely (jetzt Tirgu-Mures, Rumänien).

Bolyai erkannte als einer der ersten Mathematiker die Unbeweisbarkeit des Parallelenaxioms und entwickelte auf dieser Grundlage erste Ansätze für eine nicht euklidische Geometrie.

Janos Bolyais Vater Farkas hatte sich während seines Studiums in Göttingen mit dem zwei Jahre jüngeren C. F. ↗ Gauss befreundet und hielt später einen Briefkontakt mit diesem aufrecht. Johann erhielt seine erste Erziehung durch den Vater und zeigte schon früh eine ungewöhnliche Begabung für Mathematik, aber auch für Musik. Von 1815 bis 1818 besuchte er die evangelisch-reformierte Schule in Marosvásárhely, an der sein Vater Mathematik, Physik und Chemie unterrichtete. Eine danach vom Vater an Gauss gerichtete Anfrage, den Sohn in Göttingen Mathematik studieren und (wegen seiner Jugend) im Haushalt von Gauss wohnen zu lassen, blieb leider unbeantwortet. Daher ließ er den Sohn von 1818 bis 1823 an der Militäringenieur-Akademie in Wien ausbilden. Schon während dieser Studienzeit beschäftigte sich Bolyai trotz der eindringlichen Warnungen seines Vaters mit dem euklidischen Parallelenproblem. Es besteht darin, das 5. Postulat aus den Elementen ↗ Euklids zu beweisen bzw. durch eine »einfachere«, unmittelbar akzeptable Annahme zu ersetzen, und hatte schon seit der Antike, vor allem aber seit dem 17. Jahrhundert, viele Mathematiker beschäftigt. Im Laufe seiner Überlegungen kam Bolyai 1823 zu dem Schluss, dass die Verneinung dieses Postulates zu einer neuen, der Anschauung widersprechenden, aber in sich logischen ebenen Geometrie führt, die überdies von einem Parameter abhängt und für einen gegen Null gehenden Wert dieses Parameters schließlich als Grenzfall die euklidische Geometrie ergibt. In dieser nicht euklidischen Geometrie gibt es zu jeder

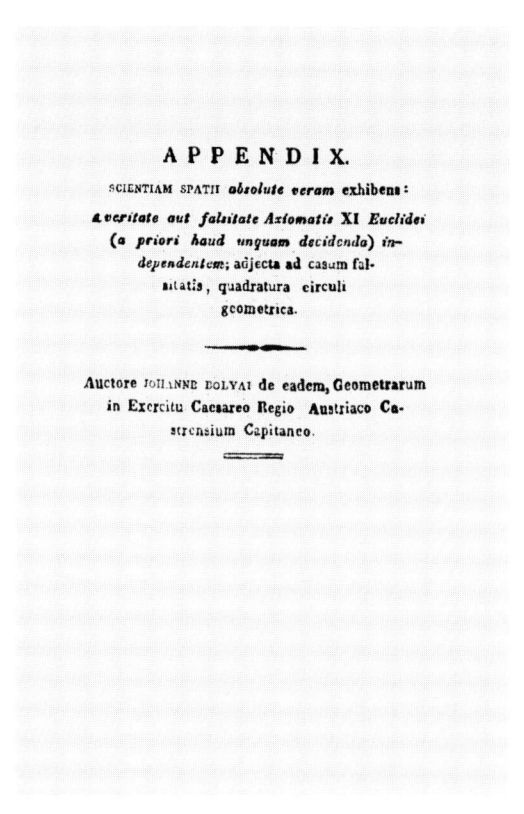

J. von Bolyai: Appendix der *Geometrischen Untersuchungen*

Geraden g und jedem nicht auf dieser Geraden liegenden Punkt P unendlich viele Parallelen (nicht schneidende Geraden) zu g durch P. Die Winkelsumme jedes Dreiecks ist kleiner als $180°$, und ihre Differenz zu $180°$ (der »Defekt« des Dreiecks) ist ein Maß für den Flächeninhalt des Dreiecks.

Inzwischen hatte Bolyai seinen Offiziersdienst in der österreichisch-ungarischen Armee angetreten, der ihn nach Zwischenstationen in Temesvár (1823–26) und Arad (1826–30) nach Lemberg (heute Lwow) führte. 1825 übergab er seinem Vater, der sich in seiner Jugend gemeinsam mit Gauss ebenfalls für das Parallelenproblem interessiert hatte, ein Manuskript, das dieser 1831 zur Begutachtung an Gauss sandte. Erst auf einen zweiten Brief 1832 antwortete Gauss in einer für beide Bolyais enttäuschenden Weise: Er bewunderte zwar das Genie des jungen Bolyai, schrieb aber, er habe selbst die gleiche Theorie schon seit Jahren gefunden und sei froh, dass Johann ihm die Mühe des Aufschreibens abgenommen habe, halte aber die wissenschaftliche Öffentlichkeit nicht für reif genug, diese Gedanken aufzunehmen, und werde daher zu seinen Lebzeiten nicht dafür Stellung nehmen. Bolyais Abhandlung erschien 1832 in lateinischer Sprache als Anhang (»Appendix«) zu einem zweibändigen Mathematiklehrbuch *Tentamen* seines Vaters. Sie trug den Untertitel: *Enthüllend die absolut wahre Wissenschaft über den Raum, die vom 11. Axiom Euklids, dessen Wahrheit a priori nie entschieden werden kann, unabhängig ist, und im Fall von dessen Falschheit die Quadratur des Kreises* (mit Zirkel und Lineal). Etwa gleichzeitig und unabhängig davon war auch der Russe N. I. ↗ Lobatschewski, Mathematikprofessor an der Universität Kasan, zu der Überzeugung von der Unbeweisbarkeit des Parallelenpostulates gekommen. Bolyai unterschied sich von ihm durch die deutlichere Erkenntnis, dass die nicht euklidische Geometrie von dem oben genannten Parameter abhängt und sich daher bei genügender Kleinheit dieses Parameters (modern: der »negativen Krümmung« des Raumes entsprechend) lokal beliebig wenig von der euklidischen Geometrie unterscheidet, so dass die Euklidizität des (nach damaligem Stand der Physik) wirklichen Raumes durch lokale Messungen (etwa der Winkelsumme in grossen Dreiecken) zwar eventuell experimentell widerlegt, aber grundsätzlich nicht bewiesen werden kann. (Es könnte ja sein, dass der tatsächlich vorhandene Defekt von für die Messung zugänglichen Dreiecken unterhalb der Messgenauigkeit liegt.)

Die Leistungen Bolyais und Lobatschewskis sollten sich auf lange Sicht für die Entwicklung der Mathematik als grundlegend erweisen, da sie u. a. den Übergang von der Auffassung der Mathematik als einer »Quasi-Naturwissenschaft« zur modernen abstrakt-strukturtheoretischen Betrachtungsweise einleiteten, aber auch den Blick für die Fülle möglicher Raumformen öffneten und damit der Kosmologie den Boden bereiteten. Anerkennung erfuhren sie jedoch erst, als nach dem Tod von Gauss dessen Position in dieser Frage durch seinen ersten Biografen und die Veröffentlichung seines Briefwechsels bekannt wurde. Zu einer wirklichen und widerspruchsfreien mathematischen Theorie wurde die nicht euklidische Geometrie erst durch die Modelle von F. ↗ Klein (1871) und H. ↗ Poincaré (1882), die beide globale Modelle sind und außerdem auch für den dreidimensionalen Fall gelten. (Noch Bolyai hatte an der Möglichkeit einer dreidimensionalen nichteuklidischen Geometrie gezweifelt.)

Der psychisch labile Bolyai, der während seines Armeedienstes durch zahlreiche Duelle und andere Affären aufgefallen war, wandte sich nach der enttäuschenden Reaktion von Gauss zunächst von der Mathematik ab und verfiel gesundheitlich. Nach seiner frühzeitigen Pensionierung 1833 zog er sich auf ein kleines, von der Mutter geerbtes Gut zurück, wo er zusammen mit Rosalie von Orbán lebte, die ihm drei Kinder gebar. 1837 beteiligte er sich an einem Preisausschreiben der Jablonowskischen Gesellschaft zu Leipzig über die exakte Begründung der komplexen Zahlen, erhielt jedoch trotz richtiger Lösung den Preis nicht, da seine Arbeit einer kurz zuvor von dem angesehenen Mathematiker W. R. ↗ Hamilton publizierten, ihm allerdings unbekannten Arbeit zu ähnlich war. Nach diesem zweiten Misserfolg beschäftigte er sich zwar noch mit mathematischen Problemen, wandte sich jedoch mehr und mehr der religiös-philosophischen »Allheilslehre« zu. Bolyai starb einsam und in völliger Vergessenheit. [PS2]

Werk(e):
mit W. Bolyai: Geometrische Untersuchungen, hrg. v. P. Stäckel, 2 Bde (1913). Ein Faksimile-Abdruck des Appendix auch in C. E. Sjöstedt: Le axiome de paralleles de Euclides a Hilbert (Originalarbeiten mit Übersetzung in Interlingua, 1968).

Sekundär-Literatur:
Engel, F., Stäckel, P.: Die Theorie der Parallellinien von Euklid bis auf Gauss (1895); Schmidt, F., Stäckel, P. (Hrsg.): Briefwechsel zwischen C. F. Gauss und W. Bolyai (1899); Reichardt, H.: Gauss und die Anfänge der nichteuklidischen Geometrie (mit Originalarbeiten von J. Bolyai, N. I. Lobatschewski und F. Klein, Teubner-Archiv zur Math. Bd. 4, 1985).

Bolzano, Bernard,
böhmischer Theologe, Mathematiker, Logiker und Wissenschaftstheoretiker,
* 7. 10. 1781 Prag,
† 18. 12. 1848 Prag.

Als Mathematiker ist Bolzano vor allem durch seine Arbeiten zur Begründung der Analysis im Rahmen einer Arithmetisierung der Mathematik bekannt geworden, die ihn viele Ergebnisse von K. ↗ Weierstraß vorwegnehmen ließen.

Von 1791 bis 1796 besuchte Bolzano das Gymnasium der Piaristen in Prag, danach studierte er Philosophie, Mathematik und Physik, von 1800 an auch Theologie an der Karls-Universität Prag. Bolzano schloss sein Studium 1805 mit Promotion und Priesterweihe ab und wurde unmittelbar danach auf einen neu eingerichteten Lehrstuhl für Religionslehre der Prager Universität berufen. Er stand der »böhmischen Aufklärung« nahe, die ein vernunftorientiertes Verhältnis zum Katholizismus anstrebte und soziale Reformen forderte. Dies führte im Zuge der Restauration 1819 zu seiner Amtsenthebung. Bolzano widmete sich daraufhin ganz seiner schriftstellerischen und wissenschaftlichen Tätigkeit.

In der Schrift *Rein analytischer Beweis des Lehrsatzes, daß zwischen zwey Werthen, die ein entgegengesetztes Resultat gewähren, wenigstens eine reelle Wurzel der Gleichung liege* (1817) legte er die Grundlagen für die Theorie der reellen Zahlen. Er definierte u. a. den Begriff der stetigen Funktion und gelangte zum Zwischenwertsatz für stetige Funktionen. Er bewies auch den so genannten Satz von Bolzano-Weierstraß, wonach jede begrenzte unendliche Punktmenge einen Häufungspunkt hat, in der Version des Satzes von der oberen Grenze. In seiner *Functionenlehre* (ca. 1834, Erstausgabe hrg. v. K. Rychlík 1930) konstruierte er erstmals eine stetige, aber nirgends differenzierbare Funktion (»Bolzano-Funktion«).

In den ebenfalls posthum herausgegebenen *Paradoxien des Unendlichen* (entstanden 1847/48, veröffentlicht 1851) entwickelte Bolzano eine Theorie des Unendlichen, indem er Zahlbegriff und Unendlichkeitsbegriff auf den allgemeineren abstrakten Mengenbegriff zurückführte. Er nahm so wesentliche Begriffsbildungen der Cantorschen Mengenlehre vorweg.

Mit der *Wissenschaftslehre* (1837) legte Bolzano ein umfassendes Kompendium der Logik und Wissenschaftstheorie vor. Grundlage ist eine ontologische Theorie logischer Gegenstände, deren zentraler Bestandteil eine Lehre von den objektiv bestehenden Satzinhalten ist, die Bolzano »Sätze an sich« nannte und die er als Folge von »Vorstellungen an sich« auffasste. Bolzano führte im Rahmen seiner Untersuchungen u. a. den modernen Folgerungsbegriff ein, präzisierte den Ableitungsbegriff und den Begriff der Allgemeingültigkeit. Mit diesem Ansatz setzte sich Bolzano in einen scharfen Gegensatz zur Erkenntnistheorie I. ↗ Kants und der sich daran anschließenden Schulen.

Die philosophische Auseinandersetzung mit der bolzanoschen *Wissenschaftslehre* begann erst in den 80er-Jahren des 19. Jahrhunderts unter den Schülern Franz Brentanos. Hier sind insbesondere die Arbeiten Benno Kerrys zu nennen. Edmund Husserl stellte seine antipsychologistischen *Logischen Untersuchungen* (Bd. 1, 1900) in die Tradition der Bolzanoschen Wissenschaftslehre. [VP]

B. Bolzano: Ölgemälde von Áron Pulzer (1839)

Werk(e):
Gesamtausgabe (1969 ff.); Wissenschaftslehre (1837); Paradoxien des Unendlichen (1851).

Sekundär-Literatur:
Winter, E.: Bernard Bolzano. Ein Lebensbild (1969).

Bonhoeffer, Karl Friedrich,
deutscher Physikochemiker,
* 13. 1. 1899 Breslau,
† 15. 5. 1957 Göttingen.

Bekannt wurde Bonhoeffer schon in jungen Jahren durch die Entdeckung des Ortho- und Para-Wasserstoffs.

K.F. Bonhoeffer

Bonhoeffer war das älteste von 8 Kindern des Neurologen Karl Bonhoeffer. Seine beiden Brüder Dietrich und Klaus wurden als Widerstandskämpfer bei Kriegsende umgebracht, ebenso wie die Schwäger Hans von Dohnanyi und Rüdiger Schleicher. Ein weiterer Schwager war der Nobelpreisträger M. ↗ Delbrück.
Bonhoeffer studierte ab 1918 in Tübingen und Berlin, wo er 1922 bei dem zwei Jahre zuvor mit dem Nobelpreis gewürdigten W. ↗ Nernst promoviert wurde. 1923–30 war er Assistent bei F. ↗ Haber am Kaiser-Wilhelm-Institut für Physikalische und Elektrochemie in Berlin-Dahlem. Nach der Habilitation 1927 wurde er Extraordinarius an der Universität Berlin, 1930 ordentlicher Professor in Frankfurt/Main und 1934 in Leipzig, hier zugleich Direktor des ostwaldschen Physikalisch-Chemischen Instituts als Nachfolger von M. ↗ Le Blanc. 1947 ging er nach Berlin als Direktor des Physikalisch-Chemischen Instituts der Universität und, bis 1949, als Sekretar der mathematisch-naturwissenschaftlichen Klasse der Deutschen Akademie der Wissenschaften. Gleichzeitig war er ab 1948 Direktor des Kaiser-Wilhelm-Instituts für Physikalische Chemie in Berlin-Dahlem; bei Eröffnung des gleichnamigen Max-Planck-Instituts in Göttingen 1949 wechselte er als Direktor dorthin.
Anfangs widmete sich Bonhoeffer der Aufklärung fotochemischer Prozesse. Mit Haber wies er OH-Radikale in Flammen nach. 1925 fand er zusammen mit dem ebenfalls bei Haber als Assistent tätigen P. ↗ Harteck, dass molekularer Wasserstoff aufgrund des parallelen oder antiparallelen Kernspins der beiden im Molekül verbundenen Atome als Gemisch zweier Formen vorliegt, dem Ortho- und dem Para-Wasserstoff; in der Folge konnte Letzterer durch Adsorption bei tiefen Temperaturen rein gewonnen werden. In der Leipziger Zeit bearbeitete er eine Vielfalt von Problemen wie Elektrodenprozesse, Gasdiffusion, Lichtabsorption, Explosionsvorgänge oder die Verfolgung chemischer und biochemischer Reaktionen durch Isotopenmarkierung mit Deuterium.
Die Electrochemical Society verlieh Bonhoeffer posthum die Palladium-Plakette. [HT]

Werk(e):
Grundlagen der Photochemie (mit P. Harteck, 1933); Physikalisch-chemische Modelle von Lebensvorgängen (1948).

Sekundär-Literatur:
Messow, U., und Krause, K.: Physikalische Chemie in Leipzig (1998) 105–111.

Bonnet, Charles,
Schweizer Naturforscher und Philosoph,
* 13. 3. 1720 Genf,
† 20. 5. 1793 Genf.

Bonnet ist für seine naturphilosophischen Spekulationen zur Stufenleiter der Natur und Präformation bekannt und beschrieb erstmals die ungeschlechtliche Fortpflanzung (Parthenogenese) der Blattläuse.

Als einziger Sohn aus einer adeligen Familie wurde Bonnet zunächst von einem Hauslehrer unterrichtet, bis er 1735 mit dem Studium klassischer

C. Bonnet

Sprachen an der kalvinistischen »Akademie« zu Genf begann. Angeregt durch das *Spectacle de la Nature* des Abbé N.-A. Pluche (1732) – einer enzyklopädischen Verherrlichung des Werks Gottes, die auf dem Gedanken einer Stufenleiter aller Wesen aufbaute – begann Bonnet sich für Philosophie und Naturwissenschaften zu interessieren. 1738 trat er mit R.-A. F. de ↗ Réaumur von der Académie des Sciences (Paris) in Briefkontakt, kurz nachdem dieser seine *Histoire des insectes* vorgelegt hatte. Réaumur machte ihn auf das Problem der Fortpflanzung der Blattläuse aufmerksam, das Bonnet auch gleich experimentell anging und dabei insbesondere für eine verbesserte Isolation der Untersuchungsobjekte sorgte. So konnte er 1740 die Parthenogenese (Jungfernzeugung) einer Generation von Blattläusen beobachten. Diese Entdeckung wurde von Réaumur vor der Akademie verlesen und Bonnet zu deren korrespondierendem Mitglied gewählt. Die Untersuchungen zur Reproduktion der Blattläuse setzte Bonnet fort, wobei er bis zu neun Generationen beobachtete. Die erzielten Ergebnisse fasste er 1745 in seinem *Traité de insectologie* zusammen. Trotz dieser intensiven Beschäftigung mit den Naturwissenschaften schloss Bonnet sein Studium mit einem juristischen Examen ab.

Ab 1744 erkrankte Bonnet an einem Augenleiden, das er zu häufigem Mikroskopieren zuschrieb. Halb erblindet wandte er sich anderen Forschungsgebieten zu, zunächst der pflanzlichen Physiologie, in den 1750er-Jahren der Psychologie und schließlich in den 1760er-Jahren der Naturphilosophie. Seine Psychologie baute auf der qualitativen Korrespondenz von Eindrücken und Wahrnehmungen auf. Bekannter ist sein naturphilosophisches Werk geworden, das er in zwei Publikationen aus den Jahren 1762 (*Considérations sur les corps organisés*) und 1764 (*Contemplation de la nature*) vorlegte, wobei ihm sein Sekretär durch Vorlesen und Schreibarbeiten zur Seite stand. In diesen Werken vertrat Bonnet die Position, dass Lebewesen in ihren Keimen vollständig präformiert sind, d. h. in allen ihren Teilen, inklusive der Keime ihrer späteren Nachkommen, vorliegen (Einschachtelungshypothese). Außerdem wandte sich Bonnet mit dem Gedanken einer kontinuierlichen Stufenleiter der Natur gegen die Systematik der Arten und Gattungen C. v. ↗ Linnés. Diese spekulativen Entwürfe haben seit jeher Biologiehistoriker gefesselt, mit dem Resultat, dass Bonnets große Bedeutung für die Verbreitung der experimentellen Methode in den Lebenswissenschaften verdunkelt wurde. Sein Buch *Contemplation de la nature* stellte die erste große Synthese der Lebenswissenschaften dar und setzte methodische Maßstäbe für die Untersuchung von Erscheinungen wie Regeneration und Zellteilung.

1756 heiratete Bonnet Jeanne-Marie de la Rive, Tochter einer wohlhabenden Adelsfamilie. Die Ehe blieb jedoch kinderlos. Bonnet war eine der zentralen Figuren der Aufklärung und korrespondierte mit den führenden Naturwissenschaftlern seiner Zeit, neben Réaumur vor allem mit A. v. ↗ Haller, A. ↗ Trembley, M. ↗ Adanson und L. ↗ Spallanzani. Sein Briefwechsel umfasst 6 000 erhalten gebliebene Briefe und 400 Korrespondenten, von denen viele von Bonnet in ihrem Interesse an den Naturwissenschaften aktiv unterstützt wurden. Politisch war Bonnet eher konservativ eingestellt und widersetzte sich den vielen Versuchen, seine Heimatrepublik Genf zu demokratisieren. [MJR]

Werk(e):
Traité de insectologie (1745, dtsch. 1773); Considérations sur les corps organisés (1762); Contemplation de la nature (1764); Oeuvre d'Histoire Naturelle et de Philosophie, 18 Bde. (1779–1783).

Sekundär-Literatur:
Anderson, L.: Charles Bonnet and the Order of the Known (1982); Charles Bonnet: savant et philosophe (1720–1793), hrg. M. Buscaglia u. a. (1993).

Bonnevie, Kristine Elisabeth Heuch,
norwegische Zoologin und Genetikerin, Frauenrechtlerin und Politikerin,
* 8. 10. 1872 Trondheim,
† 30. 8. 1948 Oslo.

Bonnevie war eine bedeutende Genetikerin und gehörte aufgrund ihrer herausragenden wissenschaftlichen Positionen zur Avantgarde ihrer Generation.

Bonnevie wuchs in einer angesehenen norwegischen Familie mit acht Geschwistern auf. Ihr Vater war zeitweilig Kabinettsminister in Christiana (Oslo). Sie erhielt eine ausgezeichnete Schulbildung, um anschließend an der Osloer Universität Medizin zu studieren. Schnell wechselte sie jedoch zur Zoologie und wurde Schülerin von Johan Hjort. Sie studierte 1898–99 in Zürich bei Arnold Lang, 1900–01 in Würzburg bei Th. ↗ Boveri und 1906–07 in New York bei E. B. ↗ Wilson an der Columbia University. 1906 wurde sie an der Universität Oslo promoviert, hatte aber schon seit 1900 ihre erste Stelle als Kuratorin am Zoologischen Museum inne. Sie wurde am 24. 3. 1911 erstes weibliches Akademiemitglied, 1912 erster weiblicher Professor in Norwegen. Von 1916 bis zu ihrer Emeritierung leitete sie als Direktorin das Institut für Genetik (für Vererbungsforschung nannte sie es 1928), und von 1919 bis 1937 war sie Ordinaria für Zoologie an der Universität.

Ihre wissenschaftlichen Arbeiten begann Bonnevie mit Untersuchungen der Exponate einer Ozeanexpedition. Von 1900 bis etwa 1914 arbeitete sie zu Zellteilungen und Chromosomen, ab 1912 beschäftigte sie sich zunehmend mit Genetik, einschließlich Humangenetik. Ihre Arbeiten zur Kapillarstruktur der Haut und den Fingerabdrücken wurden weltbekannt. Auch nach ihrer Emeritierung 1937 setzte sie ihre genetischen Forschungen fort und blieb bis kurz vor ihrem Tod aktiv.

Bonnevie war eine beliebte und engagierte Dozentin, die sich auch der Verbesserung der Studienbedingungen annahm. U. a. förderte sie die Einrichtung von Studentinnenwohnheimen. Von 1908 bis 1919 war sie Mitglied des Stadtrats von Oslo, von 1916 bis 1918 Abgeordnete des norwegischen Parlaments, und von 1920 bis 1924 vertrat sie ihr Land bei mehreren Gremien im Völkerbund in Genf.

[AV2]

Werk(e):
Selbstschilderung, in: Führende Frauen Europas Bd. 1, hrg. E. Kern (1928) 187–198; Studies on papillary patterns of human fingers, Journal of Genetics 15 (1924) 1–111; Genetisch-entwicklungsphysiologische Grundlagen (mit N. W. Timoféeff-Ressovsky), in: Handbuch der Erbbiologie des Menschen Bd. 1 (1940) 31–72.

Sekundär-Literatur:
Füyn, B.: Eulogy (Nachruf), Meeting of Norwegian Academy of Science, 30. 9. 1949.

Bonpland (eigentlich Goujaud), **Aimé Jacques Alexandre,**
französischer Naturforscher und Botaniker,
* 29. 8. 1773 La Rochelle,
† 11. 5. 1858 Santa Ana (Corrientes, Argentinien).

Bonpland bereiste gemeinsam mit A. v. ↗ Humboldt Südamerika 1799–1804. Er war vor allem für die Bearbeitung der botanischen Ergebnisse verantwortlich.

Bonpland studierte mit großem Erfolg Medizin in Paris. Das Pseudonym geht auf seinen Vater zurück, der sich für Botanik begeisterte (bon plant). Nach dem Studium erhielt er eine Stellung als Chirurg bei der Kriegsmarine, behielt sein im Jardin du Roi von Paris geweektes Interesse an exotischen Pflanzen jedoch bei. In Paris lernte Bonpland 1798 Humboldt kennen, beide planten eine gemeinsame Forschungsreise. Zwar gelang es ihnen nicht, sich der Expedition Napoleons nach Ägypten anzuschließen, aber 1799 ergab sich die Gelegenheit zu einer Forschungsreise nach Südamerika auf Einladung der spanischen Regierung.

Während der Reise auf dem amerikanischen Kontinent widmete sich Bonpland vor allem dem Sammeln und Beschreiben der Pflanzen. Nach der Rückkehr arbeitete er mit Humboldt an der Publikation der Ergebnisse. 1808 wurde Bonpland Botaniker der Kaiserin Joséphine, 1809 Vorsteher ihrer Gärten in Malmaison und Navarre bis zu ihrem Tod 1814. Nach dem Sturz Napoleons 1816 siedelte er nach Argentinien über. In Buenos Aires wurde er 1817 zum Professor für Naturgeschichte, 1821 auch für Medizin ernannt. Im Dezember 1821 ließ ihn der Diktator Francia während einer Forschungsreise in Paraguay gefangennehmen, erst 1831 kam er wieder frei; Humboldt hatte sich sehr für ihn eingesetzt. Danach ließ sich Bonpland in San Borja (Brasilien) nieder und lebte zuletzt in Santa Ana (Argentinien). [HM]

Werk(e):
Descriptio des plantes rares cultivées à Malmaison et à Navarre (1813); Voyage aux régions équinoctiales du Nouveau Continent, fait en 1799–1804, partie 6, Botanique (1808).

Sekundär-Literatur:
Bouvier, R., u. Maynial, E.: Der Botaniker von Malmaison (1948); Mossard, N.: Aimé Bonpland: médicin, naturaliste, explorateur en Amérique du Sud (2001).

Bontsch-Brujewitsch, Michael Alexandrowitsch,
russisch-sowjetischer Funktechniker,
* 10. 2. 1888 Orjol,
† 7. 3. 1940 Leningrad.

Bontsch Brujewitsch hat sich um die Entwicklung der Funktechnik in Russland und in der späteren Sowjetunion sehr verdient gemacht.

Als Sohn eines Gutsbesitzers trat Bontsch-Brujewitsch 1906 in die Militärschule in Petersburg ein, um sich zum Fernmeldeoffizier ausbilden zulassen. Dort widmete er sich unter der Anleitung seines Lehrers W. K. Lebedinski der Erforschung der Hertzschen Wellen. Mit dem Ausbruch des Ersten Weltkriegs wurde der junge Leutnant und Absolvent der Elektrotechnischen Offiziersschule in Petersburg an einer Funkempfangsstation eingesetzt.

M.A. Bontsch-Brujewitsch

Hierbei erwarb er sich umfangreiche praktische Kenntnisse der entstehenden Funktechnik. Trotz mangelnder technischer Voraussetzungen gelang es ihm, 1915 mithilfe des Direktors des Petersburger Glühlampenwerkes die ersten Elektronenröhren in Russland herzustellen. In den nächsten Jahren beschäftigte er sich mit der Erforschung der Eigenschaften der Elektronenröhren. Nahezu gleichzeitig mit H. ↗Barkhausen wurde von ihm ihre grundlegende Theorie erarbeitet. Die 1920er-Jahre sind durch weitere Arbeiten zur Technologie und durch die Entwicklung verschiedener Röhrentypen gekennzeichnet. So baute er wassergekühlte Senderöhren mit einer Leistung von 25 kW und setzte sie in Parallelschaltung in Großsendern ein.

1928 wurde er wissenschaftlicher Leiter des zentralen Rundfunklaboratoriums in Leningrad und arbeitete gezielt an der Nutzung immer kürzerer Wellen bis in den UKW-Bereich. Er vertrat die Auffassung, dass in der Zukunft diese elektromagnetischen Wellen für die Übertragung im Nahbereich eingesetzt werden könnten. Es folgten weitere Führungstätigkeiten in verschiedenen Forschungsinstituten. 1931 wurde er zum korrespondierenden Mitglied der Akademie der Wissenschaften der Sowjetunion gewählt. Bekannt wurde er auch als ausgezeichneter Hochschullehrer der Elektrotechnik und Hochfrequenztechnik. 1932 übernahm er den Lehrstuhl für Theoretische Funktechnik am Leningrader Elektrotechnischen Institut. [AK2]

Sekundär-Literatur:
Iwanow, A. B.: Sowjetskije Inscheneri (1985) 94–133.

Boole, George,
englischer Mathematiker und Logiker,
* 2. 11. 1815 Lincoln,
† 8. 12. 1864 Ballintemple, Irland.

Boole gehört zu den Begründern der mathematischen Logik.

Boole, Sohn eines angesehenen Schuhmachers und Mechanikers in Lincoln, besuchte die Elementary School und kurzzeitig auch eine Handelsschule. Seine Interessen für alte Sprachen und auch seine früh erwachte Neigung zur Mathematik musste er durch Selbststudium befriedigen. Im Alter von 16 Jahren übernahm er eine Hilfslehrerstelle für alte Sprachen und Mathematik, um schließlich 1834 in Lincoln eine eigene Schule zu gründen.

Seine ersten mathematischen Arbeiten veröffentlichte Boole in dem 1839 gegründeten *Cambridge Mathematical Journal*, mit dessen Herausgeber Duncan F. Gregory ihn eine enge Freundschaft verband. Für seine Arbeit *On a General Method in Analysis* von 1844 erhielt er die Royal Medal der mathematischen Abteilung der Londoner Royal Society. Obwohl Boole keinen akademischen Abschluss hatte, übernahm er 1849 die Gründungsprofessur für Mathematik am neugegründeten Queens College in Cork, Irland. Boole erhielt die Ehrendoktorwürden des Trinity College Dublin 1851 und der Oxford University 1859. 1857 wurde er zum Fellow der Royal Society gewählt.

Seinen Ruf als Mathematiker begründete Boole vor allem durch seine Arbeiten zur Differenzial- und Integralrechnung, in denen er durch Gregory angeregt die Methoden des Operationenkalküls der symbolischen Algebra auf die Analysis anwendete. Der Operationenkalkül wird als die Wissenschaft von der Kombination von Operationen verstanden, wobei die Art dieser Operationen ohne Betracht bleibt und lediglich die Kombinationsgesetze untersucht werden, denen diese Operationen unterliegen. Andere mathematische Arbeiten Booles betrafen die Wahrscheinlichkeitstheorie, auf die er seine Logik anwendete.

Die Bedeutung seiner logischen Arbeiten, die ihn zum Begründer der Algebra der Logik und zum Namensgeber für die (von William Stanley Jevons geschaffene) Boolesche Algebra machten, wurde erst nach seinem Tod erkannt. In *The Mathematical Analysis of Logic* (1847) übertrug Boole die Gesetze der symbolischen Algebra auf die Logik, insbesondere auf mentale Auswahlakte aus einem »universe of discourse«, die auf die Bildung von Klassen führen. Die Logik sollte damit zu einem Kalkül werden, der die Lösung logischer Probleme durch Rechnung erlaubt. Er formulierte das »Index Law« $x^n = x$, das besagt, dass die wiederholte Ausführung derselben Auswahl am Ergebnis der Auswahl nichts ändert. Boole schwächte das Indexgesetz in seinem zweiten Buch zur Logik *An Investigation of the Laws of Thought* (1854) zum »Law of Duality« (»Boole's Law«) $xx = x$ mit $x(1 - x) = 0$ ab. In diesem Buch setzte Boole bei sprachlichen Operationen als Instrument des Denkens an, nicht mehr bei den mentalen Operationen selbst. Er verwendete die exklusive Form der logischen Addition (logisches Oder, Disjunktion), wonach $a + b$ bedeutet »a oder b, aber nicht beide«. Jevons und Ernst Schröder konnten zeigen, dass die inklusive Interpretation »a oder b oder beide« den Vorteil hat, dass im Kalkül logische Addition und Multiplikation (logisches Und, Konjunktion) dual zueinander sind.

Boole plante noch ein drittes Buch zur Philosophie der Logik, von dem aber nur Nachlassstücke veröffentlicht werden konnten. [VP]

Werk(e):
On a General Method of Analysis. Philosophical Transactions of the Royal Society 134 (1844) 225–282; The Mathematical Analysis of Logic (1847); An Investigation of the Laws of Thought (1854).

Sekundär-Literatur:
MacHale, D.: George Boole (1985).

Borel, Émile,
französischer Mathematiker,
* 7. 1. 1871 Saint-Affrique (Südfrankreich),
† 3. 2. 1956 Paris.

Borel war der Schöpfer der ersten effektiven Maßtheorie von Punktmengen, Mitbegründer der modernen Theorie der Funktionen reeller Variabler und durch Einführung des Begriffs des strategischen Spiels ein Pionier der Spieltheorie.

Borel, Sohn eines Dorfpfarrers, wurde 1889 an der Pariser École Normale Supérieure angenommen. Nach einer Zwischenstation als Lektor in Lille (1893) promovierte Borel 1894 in Paris und wurde 1897 Sekretär der französischen Mathematischen Gesellschaft SMF, deren Präsident er 1905 wurde.

Seine Ehefrau Marguerite (seit 1901) war die Tochter des Mathematikers Paul Appell und wurde unter dem Namen Camille Marbo als Romanschriftstellerin bekannt. Nach einem Einsatz im Ersten Weltkrieg, unter anderem im Forschungsbeirat des Kriegsministeriums, war Borel nach dem Krieg lange linksbürgerliches (»radikalsozialistisches«) Mitglied des Abgeordnetenhauses und 1925 sogar für kurze Zeit Marineminister. Seit 1920 Professor für Wahrscheinlichkeitsrechnung an der Sorbonne, seit 1921 Mitglied der französischen Wissenschaftsakademie, gründete Borel 1926–1928 mit Mitteln der amerikanischen Rockefeller-Familie das Institut Henri Poincaré in Paris. Unter Borel entwickelte sich dieses zu einem Zentrum der modernen, international orientierten theoretischen Wahrscheinlichkeitsrechnung. 1941 wurde Borel von den deutschen Okkupanten für einige Monate interniert. Seine Gesundheit litt darunter, und er musste danach von seinen Leitungspositionen zurücktreten.

Borels Dissertation von 1894 war der klassischen Theorie komplexer Funktionen gewidmet. Mithilfe eines auf der Cantorschen Mengenlehre aufbauenden Maßbegriffs, insbesondere eines so genannten Überdeckungssatzes, gelang Borel die Messung gewisser Ausnahmemengen (Singularitäten), wodurch die Möglichkeit abschätzbar wurde, den Definitionsbereich der Funktionen zu erweitern. Mit diesem in einem einflussreichen Buch von 1898 ausgeweiteten Ansatz wurde Borel gemeinsam mit H. ↗ Lebesgue und René Baire Begründer der modernen reellen Funktionentheorie. Borels Maßbegriff war eine Grundlage für die Axiomatisierung der Wahrscheinlichkeitsrechnung durch A. ↗ Kolmogorow (1933). Borel selbst bereicherte diese Theorie unter anderem durch eine Verschärfung des Satzes von J. ↗ Bernoulli zum »starken Gesetz der großen Zahlen« (1909), das vertiefte Aussagen über den Zusammenhang von relativer Häufigkeit des Auftretens und Wahrscheinlichkeit eines Ereignisses ermöglicht. [RSS]

Werk(e):
Leçons sur la théorie des fonctions (1898); Éléments de la théorie des probabilités (1909).

Sekundär-Literatur:
Collingwood, E. F.: Émile Borel, Journal London Mathematical Society 34 (1959) 488–512; Siegmund-Schultze, R.: Rockefeller and the Internationalization of Mathematics between the two World Wars (2001).

Borelli, Giovanni Alfonso,
italienischer Mathematiker, Astronom und Iatromechaniker,
* 28. 1. 1608 Neapel,
† 31. 12. 1679 Rom.

Borelli war einer der bedeutendsten Vertreter der mechanizistischen Naturlehre des 17. Jahrhunderts.

Seit seiner Kindheit war Borellis Leben von politischen und philosophischen Auseinandersetzun-

É. Borel

gen gekennzeichnet. Sein Vater wurde 1614 verhaftet und nach Rom exiliert. Hier kam der junge Borelli in Kontakt mit dem Anti-Aristoteliker Tommaso Campanella und dem Kreis der Galilei-Schüler um Benedetto Castelli. Um 1637 erhielt er einen Lehrstuhl für Mathematik an der Accademia della Fucina in Messina. Hier verhalf er der Iatromechanik zur Anerkennung, einer medizinischen Schule, die den menschlichen Körper als hydraulische Maschine betrachtete. 1656 wurde er nach Pisa berufen. Er gab der Accademia del Cimento eine experimentelle Ausrichtung und sammelte Gelehrte wie N. ↗ Stensen, Lorenzo Bellini und M. ↗ Malpighi um sich. 1667 kehrte er nach Messina zurück, wurde in die Revolution gegen die bourbonischen Herrscher verwickelt und floh an den Hof der schwedischen Königin Christina in Rom. Verarmt zog er sich in seinen letzten Lebensjahren in die Casa di San Pantaleo zurück und starb zwei Jahre später an Lungenentzündung.

I. von Born

Borellis bedingungsloser Einsatz für die experimentell-mathematische Methode beeinflusste viele seiner Zeitgenossen. Er machte sich einen Namen als Übersetzer antiker Werke aus dem Arabischen. Seine eigenen Arbeiten zur Himmelsmechanik, in denen er unter anderem als Erster erkannte, dass Kometen Parabeln beschreiben, wurden allerdings kurze Zeit später von I. ↗ Newtons Werken in den Schatten gestellt. Sein Hauptwerk *De motu animalium* erschien 1680/81 posthum. Diese mathematisch-geometrische Analyse tierischer Motorik wird heute als erster Versuch gewertet, die galileische Methode und die mechanizistische Philosophie R. ↗ Descartes' konkret auf die Physiologie anzuwenden. [AD]

Werk(e):
Delle cagioni delle febbri maligne di Sicilia (1649); Euclides restitutus (1658); Elementi Apollonii Pergaei, et Archimedes opera (1679); De motu animalium pars prima (1680); Pars altera (1681, englische Übersetzung 1989; deutsche Übersetzung, hrg. von M. Mengeringhausen, 1927).

Sekundär-Literatur:
Baldini, U.: Animal motion before Borelli, 1600–1680 (1997).

Born, Igna[t]z von,
Mineraloge, Montanist, Geologe,
* 26. 12. 1742 Karlsburg oder Kapnik (Cavnik),
† 24. 7. 1791 Wien.

Born entwickelte ein verbessertes Amalgamierungsverfahren zur Gewinnung von Edelmetallen.

Born wurde bereits als 8-jähriger Knabe Vollwaise. In Anschluss an seine Ausbildung in Hermannstadt und am Wiener Jesuitengymnasium wollte er dem Jesuitenorden beitreten und unterzog sich der Examination, verließ aber bereits 16 Monate später das Noviziat. Nach dem Studium der Rechte an der Prager Universität und größeren Reisen durch Europa wandte er sich den Naturwissenschaften zu, besonders jenen Bereichen, die mit Montanistik zu tun haben, wie Mineralogie, Geologie, Physik und Chemie. Seine Studien beendete er 1767 an der Bergakademie in Schemnitz (Banská Stiavnica, Slowakei), wo er zwei Jahre später zum Bergrat ernannt wurde. Nach einem schweren Bergwerksunfall (1770) litt er bis zu seinem Lebensende an den gesundheitlichen Folgen. 1776 wurde er von Maria Theresia nach Wien berufen, um das k.u.k. Naturaliencabinet zu betreuen.

1779 erfolgte seine Ernennung zum Hofrat in der Kammer für das Berg- und Münzwesen. Als solcher entwickelte er ein verbessertes Amalgamierungsverfahren zur Gewinnung von Silber und Gold, lieferte Arbeiten zur Salzgewinnung, Bergbaukunde und allgemeinen Erdwissenschaft. Vor allem war Born bedeutend als Förderer der Wissenschaft und Herausgeber wissenschaftlicher Werke. Als Meister vom Stuhl (ab 1782) der Freimaurerloge »Zur wahren Eintracht« machte er diese zu einem geistigen Mittelpunkt des damaligen Wien. Er ließ Arbeiten von Freimaurern aus allen Bereichen der Naturwissenschaft in dem von ihm redigierten *Physikalischen Arbeiten der Einträchtigen Freunde in Wien* veröffentlichen. Die Loge besaß ein eigenes Museum mit einer Naturaliensammlung. Bis zur Auflösung der Loge 1785 wurden hier regelmäßig Vorträge abgehalten. Bereits 1770 hatte er in Prag die »Privatgesellschaft der Wissenschaften«, eine Art privater Akademie, gegründet, deren Abhandlungen er herausgab.

In Anerkennung seiner Leistungen benannte der Geologe und Mineraloge Wilhelm v. Haidinger ihm zu Ehren einen Buntkupferkies Bornit. [CRD]

Werk(e):
Lithophylacium Bornianum seu Index fossilium (1772–75); Index rerum naturalium Musei Caesarei Vindobonensis. Testacea (1778); Über das Anquicken der gold- und silberhältigen Erze, Rohsteine, Schwarzkupfer und Hüttenspeise (1786).

Sekundär-Literatur:
Reinalter, H. (Hrg.): Die Aufklärung in Österreich. Ignaz von Born und seine Zeit (1991); Riedl-Dorn, Ch.: Ignaz von Born (1742–1791) – ein siebenbürgischer Naturforscher, Stapfia 45 (1996) 345–355.

Born, Max, deutsch-britischer Physiker,
* 11. 12. 1882 Breslau,
† 5. 1. 1970 Göttingen.

Born ist einer der Väter der Quantenmechanik. Er erhielt 1954 den Nobelpreis für seine statistische Deutung dieser Theorie. Er begründete zwei Schulen der theoretischen Physik, 1921 in Göttingen und 1936 als Emigrant in Edinburgh.

M. Born

Aus einer kultivierten jüdischen Familie von Ärzten und wohlhabenden Kaufleuten stammend, wollte Born zunächst Ingenieur werden. Nicht nur das mangelnde Sozialprestige, das eine solche Wahl in den Breslauer wissenschaftlich-künstlerischen Salons bedeutet hätte, zu denen Born Zutritt hatte, sondern auch die unterschiedlichen Qualitäten der Lehrveranstaltungen in Breslau ließen Born nach einer anfänglichen Begeisterung für Astronomie vorwiegend Mathematik studieren. Je ein Semester verbrachte er auch an den Universitäten in Heidelberg und Zürich. 1904 ging er insbesondere auf Anraten seines Freundes Otto Toeplitz nach Göttingen und kam als Privatassistent sogleich in engeren Kontakt mit dem Mathematiker D. ↗ Hilbert, dessen Vorstellungen über die mathematische Behandlung der Naturwissenschaften und dessen Arbeitsstil ihn wesentlich prägten. Hilbert entwickelte viele seiner Ideen in Vorlesungen, und Borns Aufgabe war es, Mitschriften anzufertigen, die er später mit Hilbert korrigieren und überarbeiten würde, bevor sie allen Studenten zugänglich gemacht wurden. Die Forschung an rein mathematischen Problemen reizte Born aber nicht, und er wurde schließlich 1906 mit einem von F. ↗ Klein vorgeschlagenen Thema über Elastizität bei C. ↗ Runge als angewandter Mathematiker promoviert.

Sein weiterer Ausbildungsweg führte ihn zunächst nach Cambridge, wo er sich von der Experimentierkunst J. J. ↗ Thomsons faszinieren ließ, um sich dann in Breslau bei O. ↗ Lummer und E. ↗ Pringsheim selbst der experimentellen Physik zuzuwenden. Von Lummer wurde er jedoch wegen mangelnder Experimentiererfahrung nicht als Physiker anerkannt, und so nahm er schließlich die Einladung H. ↗ Minkowskis an, erneut nach Göttingen zu kommen, um mit ihm über die Relativitätstheorie zu arbeiten. Nach dessen überraschendem Tod Anfang 1909 bot ihm der Göttinger Physiker W. ↗ Voigt an, sich bei ihm mit einer Arbeit zur Starrheit in der Relativitätstheorie für Physik zu habilitieren.

In den Jahren vor dem Ersten Weltkrieg wurde Born mit einer Reihe weiterer junger Mathematiker und Physiker wie R. ↗ Courant, H. ↗ Weyl oder A. ↗ Landé Teil einer insbesondere von Hilbert instrumentierten Neuausrichtung der Göttinger Physik, die zuerst insbesondere die Strahlungs- und Quantentheorie in den Mittelpunkt des Interesses rückte, um sich später die Erklärung der Struktur der Materie aus den Eigenschaften der Atome zur Aufgabe zu machen. Mit Th. v. ↗ Kármán etwa entwickelte Born eine Quantentheorie der spezifischen Wärme von Körpern bei niedrigen Temperaturen, ein Problem, das innerhalb der klassischen Physik nicht zu lösen gewesen war. Im Gegensatz zu P. ↗ Debye, der zur gleichen Zeit daran arbeitete, basierte Born und Kármáns Theorie explizit auf der Berechnung der Atomschwingungen in einem Kristallgitter. Entgegen der von Voigt bis dahin in Göttingen vertretenen phänomenologischen Methode, die auf konkrete Verwendung atomarer Vorstellungen verzichtete, entwickelte Born seine *Dynamik der Kristallgitter* (1915) auf atomistischer Grundlage. Er interessierte sich auch dafür, chemische Vorgänge molekularphysikalisch zu erklären. Die thermochemische Anwendung seiner Gittertheorie führte schließlich zum Born-Haber-Kreisprozess, der grundlegende Größen der anorganischen Chemie miteinander in Beziehung setzt (Bestimmung von Elektronenaffinitäten.)

1914 wurde Born auf Vorschlag von M. ↗ Planck nach Berlin berufen. Aus dieser Zeit datiert auch der Beginn der lebenslangen Freundschaft mit A. ↗ Einstein. Während dieser aber unbeschadet vom Krieg seine Relativitätstheorie weiterentwickeln konnte, musste Born seinen Militärdienst ableisten, bei dem er an der Entwicklung von Schallmessverfahren zur Geschützortung zusammen mit Rudolf Ladenburg und Landé arbeitete. Mit Letzterem gelang es ihm, neben seinem Dienst noch physikalische Forschung zu betreiben: Aus Bohrschen Atommodellen versuchten sie Kristalle zu konstruieren und ihre Eigenschaften zu berechnen. Dies führte aber zu falschen mechanischen Eigenschaften und somit zu der frühen Einsicht, dass nur dreidimensional ausgedehnte Modelle vom Atom Aussicht auf Erfolg hatten. Ab 1919 entwickelte er daher ein Programm, wie man eine »neue Atommechanik« finden könne. Zu dieser Zeit übernahm er im Tausch mit M. v. ↗ Laue eine Professur in Frankfurt, wo er mit O. ↗ Stern, W. ↗ Gerlach und weiteren Mitarbeitern experimentelle Arbeiten u. a. zur frühen Festkörperphysik mit Röntgenstrahlen durchführte. Aber auch die Vorarbeiten zum Stern-Gerlach-Versuch fallen in diese Zeit, in der Born sein Institut zum Teil durch öffentliche Vorträge über die Relativitätstheorie und Spenden finanzierte, die er in Wirtschaft und Finanzwelt sammelte.

Mit seiner Berufung nach Göttingen im Jahre 1921, bei der er zugleich eine Stelle für seinen Freund J. ↗ Franck erwirken konnte, verwirklichte Born nun sein Programm einer »neuen Atommechanik« mit den hier versammelten jungen Physikern wie W. ↗ Pauli, W. ↗ Heisenberg oder P. ↗ Jordan. Unter Borns Leitung wurde Göttingen so neben Kopenhagen und München ein Weltzentrum der modernen Physik. Es war das Versagen der alten Quantentheorie, selbst einfache Atomsysteme zu beschreiben, das Born Anfang 1925 die Forderung formulieren ließ, »dass die wahren Naturgesetze nur solche Größen enthalten, die beobachtet und bestimmt werden können.« Heisenberg, den Born ein Jahr zuvor habilitiert hatte, gelang es, wenige Monate später in Anwendung dieses Gedankens den entscheidenden Schritt im Programm zur neuen Atommechanik zu tun, durch den Born die berühmte Matrizengleichung $pq - qp = h/2\pi i$ aufstellten konnte. Aus ihr folgte, dass sich Ort und Geschwindigkeit eines atomaren Teilchens nicht zugleich beliebig genau bestimmen lassen und dass von einer exakt bestimmbaren Bahn eines Teilchens nicht mehr gesprochen werden konnte. Mit Heisenberg und Jordan wurde die Matrizenmechanik in der *Drei-Männer-Arbeit* 1926 begründet. Die neue Theorie lockte viele junge Physiker an, um bei Born zu studieren, und so wurden u. a. R. ↗ Oppenheimer, W. ↗ Fock, V. ↗ Weisskopf, E. ↗ Wigner, Edward Teller Borns Schüler. Dessen eigene Beiträge zur sich nun stürmisch entwickelnden Theorie richteten sich zuerst auf Streuprozesse: Seine statistische Deutung der Quantenmechanik von 1926, die die Grundlage der Kopenhagener Interpretation legte, wurden aber erst 28 Jahre später mit dem Nobelpreis gewürdigt. Daneben forschte er über quantenmechanische Molekültheorie, chemische Bindung und Festkörpertheorie. Auch entstanden einflussreiche Lehrbücher wie *Optik* und *Atomic Physics*, die in Deutschland allerdings kein Publikum mehr finden sollten, sondern in den angelsächsischen Ländern Standardwerke der Physikerausbildung wurden.

1933 musste Born emigrieren und sich zunächst als »lecturer« in Cambridge und im indischen Bangalore durchschlagen, um ab 1936 als Professor in Edinburgh noch einmal von vorn zu beginnen und sich einen Schüler- und Mitarbeiterkreis aufzubauen. Hier entwickelte er mit L. ↗ Infeld eine nichtlineare Elektrodynamik, deren Vereinigung mit der Quantenmechanik aber letztendlich scheiterte, und er versuchte, die Quantenmechanik durch neue Prinzipien (Reziprozität, Anwendung auf Felder) zu erweitern. Ein erneuter theoretischer Durchbruch wie 1925 ergab sich daraus aber nicht. Einflussreich wurden die Forschungen seiner Edinburgher Schule, die sogar längere Zeit bestand als die Göttinger, aber in einer modernen Festkörperphysik auf quantentheoretischer Grundlage und in einer entsprechenden kinetischen Theorie der Flüssigkeiten. Borns Arbeiten der britischen Zeit sind in Deutschland weit weniger beachtet worden als einige durch sie angeregte Theorien etwa von Heisenberg (nichtlineare Feldtheorie, Supraleitung). Anders als die meisten seiner Kollegen und Schüler hat sich Born an der Erforschung oder Nutzbarmachung der Kernphysik nicht beteiligt.

Der Versuch, zugleich Lehrer, Forscher, Manager und Generalist zu sein und sich auch mit den philosophischen Probleme und ethischen Konsequenzen der moderne Physik zu befassen, hat ihn gesundheitlich häufig überfordert und seelisch gelegentlich bedrückt. So glaubte er, dass er in seiner Lehrtätigkeit zu wenig das Bewusstsein der Verantwortung des Naturwissenschaftlers gefördert hätte und sich deshalb viele seiner Schüler zur Mitarbeit an der Atombombe bereitgefunden hätten.

Born, dem nach dem Zweiten Weltkrieg nicht ernsthaft eine Rückkehr in seine alte Stellung angeboten wurde, entschloss sich erst 1954 nach seiner Emeritierung und vor allem aufgrund unzureichender Pensionsansprüche als britischer Staatsbürger nach Deutschland zurückzukehren. Einstein, mit dem ihn eine lange Freundschaft und eine lange Kontroverse über die Deutung der Quantentheorie verband, ersparte ihm nicht den Vorwurf, er sei in das »Land der Massenmörder unserer Stammesgenossen« zurückgekehrt. Dies mag Born mit dazu bewogen haben, sein nun auch durch den Nobelpreis gestärktes Gewicht in Deutschland auch politisch und in zahllosen Vorträgen für die soziale Verantwortung der Wissenschaftler einzusetzen. Als Mitinitiator der *Göttinger Erklärung* trat er gegen die atomare Bewaffnung der Bundesrepublik auf und wurde zum unermüdlichen Warner vor einem Rüstungswettlauf.

In Max Born haben sich mehrere verzahnte Entwicklungsprozesse der Physik und der Gesellschaft gebündelt, wie wohl in kaum einer anderen Person: die Eröffnung von Chancen jüdischer Intellektueller in der Wissenschaft, das Hereintragen der abstrakten Mathematik in die Physik, die Veränderung des Forschungsstils (teamwork), die Internationalisierung der Forschung und das Bewusstwerden und Wahrnehmen gesellschaftlicher Verantwortung des Wissenschaftlers. [AS2]

Werk(e):
Ausgewählte Abhandlungen (2 Bde., 1963); Mein Leben. Die Erinnerungen des Nobelpreisträgers (1975); Albert Einstein – Hedwig und Max Born: Briefwechsel 1916–1955 (1969); Physik und Politik (1960).

Sekundär-Literatur:
Lemmerich, J. (Hrg.): Der Luxus des Gewissens: Max Born, James Franck, Physiker in ihrer Zeit (1982); Kemmer, N., Schlapp, R.: Max Born, in: Biogr. Memoirs of Fellows of the Royal Society 17 (1971) 17–52.

Borodin, Alexander Porfirjewitsch,
russischer Chemiker, Mediziner und Komponist,
* 12. 11. 1833 St. Petersburg,
† 27. 2. 1887 St. Petersburg.

Borodin erforschte organische Reaktionen und Verbindungen und entwickelte die häufig angewandte analytische Labormethode der Harnstoffbestimmung in der Medizin.

Borodin gehörte zur russischen Schule der organischen Chemie des Liebig-Schülers Nikolai Zinin. Nach dem Chemiestudium bei Nikolai Zinin, damals Professor für die Chemie an der Militärakademie für Medizin und Chirurgie in St. Petersburg, wurde Borodin zum Dr. med. für die Untersuchung der chemischen und toxikologischen Eigenschaften der Phosphor- und Arsensäuren promoviert (1858). Von 1862 an arbeitete Borodin in dieser Akademie (ab 1864 als Professor), 1874 wurde er als Nachfolger von Zinin Direktor des chemischen Laboratoriums der Akademie, 1864 bis 1887 war er zugleich Professor an einer Schule zur medizinischen Ausbildung von Frauen.

Folgende Resultate von Borodins Forschungen haben eine große Bedeutung für die organische Chemie bis heute: 1. die Schaffung einer Synthese der fluororganischen Verbindungen (1861) und die Herstellung der ersten fluororganischen Verbindung, Fluorbenzen (1862); 2. die Synthese der Fettsäurebromide bei der Einwirkung des Broms auf Silbersalze der Carbonsäuren (1861–1869), der Abbau von Carbonsäuren zu Halogenkohlenwasserstoffen (Borodinsche Silbersalzdecarboxylierung, Hunsdiecker-Borodin-Reaktion); 3. die Untersuchung der Polymerisation und Polykondensation der Aldehyde (1863–1874) sowie die Entdeckung der Aldoladdition (Aldolisation, 1872).

Borodin wurde vor allem als Komponist bekannt; von ihm stammen die erste russische heroische Oper »Fürst Igor« sowie Symphonien und Romanzen. [VAK]

Werk(e):
Über die Einwirkung des Natriums auf Valeraldehyd, Bulletin de l'Académie impériale des sciences de St. Petersbourg, phys.-math. Classe, 7 (1869) 463–474; Über einen neuen Abkömmling des Valeraldehyds, Ber. Dtsch. Chem. Gesellschaft 6 (1873) 982–985.

Sekundär-Literatur:
Figurovskii, N. A., u. Solov'ev, Y. I.: Aleksandr Porfir'evich Borodin. A Chemist's Biography (1988).

Bosch, Carl,
deutscher Chemiker,
* 27. 8. 1874 Köln,
† 26. 4. 1940 Heidelberg.

Bosch gelang die Übertragung der von F. ↗ Haber im Labormaßstab gefundenen Ammoniaksynthese in den großtechnischen Maßstab; er wurde dadurch zu einem Pionier der industriellen Hochdruckchemie.

Nach dem 1893 abgelegten Abitur absolvierte Bosch, Sohn eines Großhändlers für Gas- und Wasserinstallationstechnik, zunächst ein Praxisjahr in der schlesischen Hüttenindustrie, bevor er an der TH Charlottenburg das Studium der Hüttenkunde und des Maschinenwesens aufnahm. 1896 wechselte er an die Universität Leipzig, wo er Chemie studierte und 1898 bei Johannes Wislicenus promovierte. 1899 trat er in die Badische Anilin- und Sodafabrik (BASF) ein. 1916 wurde er Mitglied, 1919 Vorsitzender des Vorstands der BASF. 1925 wurde er Vorstandsvorsitzender der nach der Vereinigung

C. Bosch

der großen deutschen Chemiefirmen entstandenen I.G. Farbenindustrie AG, 1935 Vorsitzender ihres Aufsichtsrats.

Nach relativ kurzer Tätigkeit im Hauptlabor und in der Phthalsäureabteilung der BASF fand Bosch schon 1902 zu dem Forschungsthema, das seinen weiteren Lebensweg bestimmen sollte: die Bindung des Luftstickstoffs. W. ↗ Ostwald hatte der BASF ein Verfahren angeboten, das von Bosch überprüft werden sollte. Schon nach kurzer Zeit konnte er die experimentellen Fehler nachweisen, die eine relativ hohe Ausbeute vorgegaukelt hatten. Anders verhielt es sich mit dem Verfahren, das Haber zwischen 1907 und 1909 in Karlsruhe entwickelt hatte. Dieses lieferte im Labormaßstab vielversprechende Ausbeuten von Ammoniak, das durch direkte Umsetzung von Stickstoff mit Wasserstoff entstanden war. Allerdings erforderte dieses Verfahren neben einer hohen Reaktionstemperatur auch die Anwendung von hohem Druck. Katalysatoren konnten helfen, mit niedrigerer Temperatur und niedrigerem Druck auszukommen. Die Suche nach einem geeigneten Katalysator wurde A. ↗ Mittasch übertragen, der mit seinen Mitarbeitern nach annähernd 20 000 Versuchen eine vergleichsweise simple Eisenverbindung als günstig fand (Haber hatte noch das seltene und teure Osmium verwendet). Hohe Drücke hatten bisher bei großtechnischen Synthesen keine Rolle gespielt, stellten aber ein großes Problem dar, weil trotz Einsatz von Katalysatoren ein Druck von etwa 200 bar bei einer Reaktionstemperatur von 500 bis 600 Grad Celsius erforderlich war. Unter diesen extremen Bedingungen platzten die aus speziellen Stahlsorten hergestellten Reaktionsgefäße meist schon nach wenigen Tagen. Genaue Untersuchungen zeigten, dass der Wasserstoff dem Stahl unter diesen Bedingungen den für die Festigkeit wichtigen Kohlenstoff entzog. Seine Ausbildung im Hütten- und Maschinenwesen kam Bosch bei der Lösung dieses Problems zugute: Die Reaktionsgefäße erhielten eine Auskleidung aus Weicheisen, das kohlenstoffarm war und vom Wasserstoff nicht angegriffen wurde, die äußere Hülle aus druckbeständigem Edelstahl erhielt kleine Bohrungen (so genannte Bosch-Löcher), durch die der hindurchdiffundierende Wasserstoff entweichen konnte. 1913 ging in Oppau bei Ludwigshafen die erste Fabrik in Betrieb, die Ammoniak nach dem Haber-Bosch-Verfahren herstellte, wenige Jahre später in Leuna bei Merseburg eine zweite, noch größere. Noch heute wird künstliches Ammoniak fast ausschließlich nach diesem Verfahren produziert.

Nach dem Ersten Weltkrieg war Bosch vorwiegend im Management tätig und förderte vor allem die technische Methanolsynthese und die Kohlehydrierung. 1931 wurde ihm zusammen mit F. ↗ Bergius der Nobelpreis für Chemie verliehen, 1937 wurde er als Nachfolger von M. ↗ Planck Präsident der Kaiser-Wilhelm-Gesellschaft. [RH]

Werk(e):
Über die Entwicklung der chemischen Hochdrucktechnik bei dem Aufbau der neuen Ammoniakindustrie. Nobelvortrag (1933).

Sekundär-Literatur:
Holdermann, K.: Im Banne der Chemie. Carl Bosch (1953).

Boscovich, Ruggiero Giuseppe (Roger Joseph), eigentlich Rudjer Josip Bošković, serbisch-italienischer Mathematiker und Physiker, * 18. 5. 1711 Ragusa (heute Dubrovnik, Kroatien), † 3. 2. 1787 Mailand.

Boscovich schuf eine folgenreiche dynamische Version der Atomistik und trug maßgeblich zur Durchsetzung und Verbreitung der Newtonschen Physik bei.

Boscovichs Vater war Serbe, seine Mutter Italienerin. Nach seiner Ausbildung am Jesuitenkolleg in Ragusa trat er 1725 in Rom in den Jesuitenorden ein, wo er am Collegium Romanum seine Ausbildung fortsetzte. Noch vor Beendigung seiner theologischen Ausbildung wurde er dort 1740 Professor für Mathematik und lehrte bis 1764. Er war einer der ersten Physiker, die I. ↗ Newtons Gravitationsgesetz akzeptierten. Seit 1735 legte er Newtons *Principia* und *Opticks* seinem Unterricht zugrunde, was sehr zur Verbreitung und Durchsetzung der Newtonschen Physik beitrug. Er verfasste eine kaum zu übersehende Anzahl wichtiger Beiträge zur Geometrie, Mechanik, Astronomie, Optik und Geodäsie. Am wirkungsvollsten war seine Atomtheorie (zuerst veröffentlicht in *De lege viribus in natura existentium*, 1755), gemäß der die Materie aus Atomen aufgebaut sei, mit Trägheit ausgestatteten punktförmigen Kraftzentren, die sich nach einem einheitlichen Kraftgesetz beeinflussten. Dieses Gesetz besagt, dass sich die Atome bei großen Abständen mit einer Kraft umgekehrt proportional zum Quadrat ihres Abstandes anziehen, bei kleinen Abständen aber eine abstoßende Kraft hinzutritt, deren Gesetz noch erst entdeckt werden müsste. Klar sei aber, dass die endgültige Kraft zwischen den Atomen eine unendlich große abstoßende Kraft sein müsse, sobald der Abstand zwischen ihnen unendlich klein werde, weil nicht zwei Atome gleichzeitig am selben Ort sein könnten. In seiner Theorie ist jede Wechselwirkung zwischen zwei Körpern eine Fernwirkung, eine Berührung im eigentlichen Sinne des Wortes zwischen zwei Körpern ist seiner Meinung nach unmöglich, da sich zwei Körper nur so weit nähern können, wie es die Abstoßung zwischen den Atomen der verschiedenen Körper erlaubt. Mit seiner Atomtheorie konnte er viele mechanische und optische Eigenschaften der Materie erklären. In seinem wichtigsten Buch *Philosophiae naturalis theoria redacta ad unicam legem virium in natura existentium* (1758) gab er einen systematischen Abriss der Newtonschen Physik unter Verwendung seines eigenen einheitlichen Kraftgesetzes. Er schuf ein sehr elegantes geometrisches Verfahren, um aus drei beobachteten Planeten- bzw. Kometenpositionen deren Bahnkurve zu bestimmen, sowie ein Verfahren zur Bestimmung des Äquators eines rotierenden Planeten aus drei Beobachtungspunkten seiner Oberfläche.

Dank seines literarischen und poetischen Talents ist er ein wichtiger neulateinischer Autor, dessen glänzender Stil gepriesen wird. An Boseovichs Lehrgedicht *De solis et lunae defectibus* (1760) rühmte man besonders sein ungewöhnliches Talent, Dinge aus den strengen Wissenschaften poetisch darzustellen.

Als die Kuppel der Peterskirche einzustürzen drohte, wurde die Reparatur nach seinen Plänen vorgenommen. Im Auftrage des Papstes vermaß er 1750-53 im Vatikan einen Grad des Meridians und war auch entscheidend an der Trockenlegung der Pontinischen Sümpfe beteiligt. Nach Auseinandersetzungen mit anderen jesuitischen Philosophen, die seine Naturphilosophie ablehnten, ging er 1759 nach Paris und wurde dort Mitglied der Akademie und 1760 nach London, wo er B. ↗ Franklin traf und 1761 Mitglied der Royal Society wurde, die auf sein Anraten hin eine Expedition organisierte, um 1761 den Durchgang der Venus in Kalifornien zu beobachten.

Boscovich reiste durch Flandern, Holland, Deutschland, Türkei, Polen; sehr berühmt geworden sind seine Beschreibungen der Reisen durch Bulgarien und Moldavien. Nachdem er 1763 nach Rom zurückgekehrt war, wurde er 1764 Professor für Mathematik an der Universität in Pavia, wo er sich vor allem mit Optik und der Herstellung achromatischer Fernrohre beschäftigte. 1764 gründete er das jesuitische Observatorium in Brera (Mailand). Nach der Auflösung des Jesuitenordens 1773 wurde er nach Paris berufen, erhielt vom König ein hohes Jahresgehalt und den Titel eines Direktors der Optik bei der Marine. Wegen der Anfeindungen von ↗ d'Alembert, der ein erbitterter Feind der Jesuiten gewesen sein soll, und anderer französischer Gelehrter legte er sein Amt nieder und ging 1783 nach Bassano, um die Ausgabe seiner Werke vorzubereiteten und im Auftrage des Kaisers einen Meridiangrad in der Lombardei auszumessen. Später zog er sich nach Mailand zurück, wo er großes Ansehen genoss, schwer erkrankte, zeitweilig in Wahnsinn verfiel und starb. [VS]

Bose, Satyendra Nath,
indischer Physiker,
* um den 1. 1. 1894 Kalkutta,
† 4. 2. 1974 Kolkata.

Bose ist Mitschöpfer der Bose-Einstein-Statistik.

S.N. Bose

Bose wurde als Sohn von Surendranath Bose und Amodini Raichaudhuri geboren. 1915 schloss er sein Mathematikstudium ab. Die Stationen seines akademischen Wirkens waren das University College of Science in Kalkutta (1917–1920), die Universitäten Dhaka (1921–1944) und Kalkutta (1945–1956) sowie die Visva-Bharati-Universität (1956–1958).

Bose übersetzte gemeinsam mit M. ↗ Saha Publikationen zur Allgemeinen Relativitätstheorie ins Englische. 1924 leitete er das Plancksche Strahlungsgesetz ausschließlich mit Hilfe der Statistik ab. Bose wollte seinen Artikel in der *Zeitschrift für Physik* veröffentlichen und schickte deshalb sein Manuskript an A. ↗ Einstein. Einstein erkannte die Bedeutung der Arbeit sofort, und wenig später gelang ihm die Anwendung von Boses Theorie auf materielle Teilchen. Das Verfahren wurde später als Bose-Einstein-Statistik bekannt. Die Bose-Einstein-Verteilung beschreibt das statistische Verhalten von Teilchen mit ganzzahligem Spin (Bosonen). Bei tiefen Temperaturen verhalten sich Bosonen völlig anders als Fermionen (Teilchen mit halbzahligem Spin), da sie sich in unbegrenzter Zahl im gleichen Energiezustand aufhalten können (Bose-Einstein-Kondensation). Es sollte aber noch 70 Jahre dauern, bis die Bose-Einstein-Kondensation im Jahre 1995 von Eric A. Cornell, Carl E. Wieman und W. Ketterle experimentell nachgewiesen werden konnte.

Im Jahre 1920 besuchte Bose Deutschland und Frankreich, wo er mit den führenden zeitgenössischen Physikern bekannt wurde. Während seines Aufenthaltes in Paris lernte Bose die experimentelle Technik der Anwendung von Röntgenstrahlen auf Kristalle kennen, ein Verfahren, das er später an der Universität Dhaka etablierte.

Seine theoretischen Arbeiten zwischen 1936 und 1941 behandelten Fragen der mathematischen Statistik, die mathematischen Eigenschaften der Lorentz-Gruppe und die Integralgleichung für das Wasserstoffatom. Zwischen 1953 und 1955 veröffentlichte er fünf kurze Publikationen auf dem Gebiet der allgemeinen Feldtheorie.

In der indischen »scientific community« war Bose eine bekannte Persönlichkeit und nahm wichtige Positionen in verschiedenen Instituten und Organisationen ein. Bose war mehrfacher Ehrendoktor verschiedener Universitäten. Relativ spät wurde er 1958 zum Mitglied der Royal Society gewählt; im folgenden Jahr ernannte ihn der indische Staat zum »National Professor«. [RS2]

Werk(e):
Collected Scientific Papers (1994).

Sekundär-Literatur:
Majumdar, C. K. u. a. (Hrg): S. N. Bose – The Man and His Work, Part II: Life, Lectures and Addresses, Miscellaneous Pieces (1994).

Bothe, Walther,
deutscher Physiker,
* 8. 1. 1891 Oranienburg,
† 8. 2. 1957 Heidelberg.

Bothe zählt zu den herausragenden Pionieren der Atom- und Kernphysik. Seine experimentellen Untersuchungen zum Compton-Effekt, zur Höhenstrahlung und zur Kernanregung sowie die gemeinsam mit H. ↗ Geiger entwickelte Koinzidenzmethode zählen zu den Marksteinen ihrer Entwicklung.

Bothe wurde in Oranienburg bei Berlin geboren, wo die Familie ein kleines Uhrmachergeschäft betrieb. Von seinem Vater zu exaktem Arbeiten angehalten und mit einer großen Neugier für technische Apparate »ausgestattet«, ließ sich der junge Bothe nach dem erfolgreichen Abschluss der Oberrealschule im Herbst 1908 an der Berliner Universität für die Fächer Physik, Mathematik und Chemie immatrikulieren. Obwohl schon damals mehr der experimentellen Forschung zugetan, promovierte er im Frühjahr 1914 bei M. ↗ Planck mit einer Arbeit zur theoretischen Optik. Seine anschließende Tätigkeit an der Berliner Physikalisch-Technischen Reichsanstalt (PTR) wurde schon bald durch den Kriegsausbruch unterbrochen. Bereits 1915 geriet er in russische Kriegsgefangenschaft, aus der er erst 1920 entlassen wurde. An die Reichsanstalt zurück-

W. Bothe

gekehrt, hatte er als Mitarbeiter der obersten metrologischen Behörde Deutschlands u. a. radioaktive Präparate zu prüfen und Radiumnormallösungen herzustellen. Darüber hinaus beschäftigte man sich im Laboratorium für Radioaktivität, das von Geiger bis 1925 und danach von Bothe geleitet wurde, mit kernphysikalischer Grundlagenforschung – so mit der Streuung von β-Strahlen beim Materiedurchgang, der Natur der kosmischen Höhenstrahlung oder der Verbesserung der Nachweismethoden für radioaktive Strahlung bzw. Teilchen. 1930 erhielt Bothe einen Ruf an die Universität Gießen und 1932 wurde er Nachfolger von Ph. ↗ Lenard in Heidelberg. Nach Konflikten mit der Universität und dem Wissenschaftsministerium legte er im Herbst 1933 seine Universitätsämter nieder und wurde 1934 auf Initiative Plancks zum Direktor des Instituts für Physik am KWI für medizinische Forschung in Heidelberg berufen. Diese Funktion bekleidete er bis zu seinem Tode, obwohl er nach dem Zweiten Weltkrieg auch wieder in seine universitären Ämter zurückkehren konnte und maßgeblich zum Wiederaufbau des Lehr- und Forschungsbetriebs an der Heidelberger Universität beigetragen hat. Die Nachkriegsjahre wurden überhaupt für Bothe eine Zeit vielfältiger Ehrungen – so wählte man ihn 1952 in den Orden Pour le Mérite, 1953 erhielt er die Max-Planck-Medaille der Deutschen Physikalischen Gesellschaft und 1954 auch den Nobelpreis für Physik.

Anknüpfend an Forschungen zum β-Zerfall, die bereits Geiger und J. ↗ Chadwick vor dem Ersten Weltkrieg an der PTR betrieben hatten, beschäftigte sich Bothe in den frühen 1920er-Jahren mit der Streuung von β-Strahlung beim Materiedurchgang. Sein Artikel über die Grundlagen der Streuprozesse im *Handbuch der Physik* (1926) fasste diese Forschungen zusammen und gehört noch heute zu den Klassikern des Gebiets.

Mit der Entdeckung des Compton-Effektes (1923) eröffnete sich für Bothe ein Forschungsfeld,

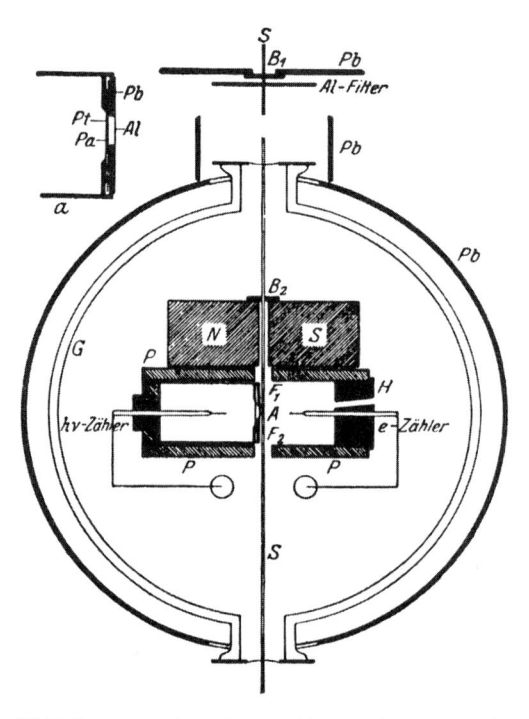

W. Bothe: Prinzipskizze der Koinzidenzanordnung von Bothe und Geiger zum Nachweis der Gleichzeitigkeit von gestreutem Elektron und Proton beim Compton-Effekt (1928)

das ihm die erste internationale Anerkennung bringen sollte. Der Compton-Effekt war eine wichtige experimentelle Stütze der Einsteinschen Lichtquantenhypothese, doch wollten sich die Anhänger der Wellentheorie des Lichts nicht kampflos geschlagen geben. N. ↗ Bohr, H. A. ↗ Kramers und John Slater entwickelten deshalb 1924 eine Theorie zur Rettung der Wellenvorstellung. Kernpunkt ihrer Theorie war, dass die Zahl der Rückstoßelektronen und der gestreuten Quanten nur im Mittel übereinstimmen und damit auch der Energie- und Impulssatz bei der Streuung nur statistisch, nicht aber für den atomaren Einzelprozess gelten sollte. Damit war nicht nur bezüglich der Lichttheorie, sondern für die Naturgesetzlichkeit generell ein zentraler Punkt berührt, so dass ein heftiger Streit um die Theorie entbrannte. In diesen griffen Bothe und sein Mentor Geiger ein, indem sie mithilfe der gerade von ihnen entwickelten Koinzidenzmethode nachwiesen, dass das gestreute Photon und das gestreute Elektron mit einer hohen Genauigkeit (10^{-4} s) gleichzeitig auftreten und damit die Erhaltungssätze strenge Gültigkeit besitzen. Bei der Koinzidenzmethode sind zwei Nachweisgeräte (Spitzenzähler, Geigerzählrohr, Nebelkammer o. ä.) so zusammengeschaltet, dass nur dann ein Impuls ausgelöst wird, wenn beide Zähler gleichzeitig getroffen werden, d. h., wenn Koinzidenzen auftreten.

Die Koinzidenzmethode – vom Nobelpreiskomitee bei seiner Preisbegründung besonders herausgestellt – entwickelte sich in der Folgezeit zu einer der wichtigsten kernphysikalischen Untersuchungsmethoden. Bothe selbst – zusammen mit seinem Mitarbeiter Werner Kohlhörster – konnte mit ihr 1929 die korpuskulare Natur der kosmischen Höhenstrahlung nachweisen. Ein anderer wichtiger Bereich ihres Einsatzes betraf das Studium von Kernreaktionen. Bei der Kernreaktion zwischen Bor und Alphateilchen beobachtete Bothe zwei diskrete Protonengruppen mit unterschiedlicher Reichweite und Energie. Diese deutete Bothe so, dass auch der Atomkern – analog zu den Energieniveaus der Atomhülle – verschiedene Anregungsstufen besitzt und die Aussendung elektromagnetischer Strahlung, in diesem Fall von Gammastrahlen, auf den Übergang in einen energetisch niedrigen Zustand hinweist. 1930 konnte Bothe zusammen mit seinem Schüler Herbert Becker auch tatsächlich eine isotrope Gammastrahlung im gesuchten Energiebereich nachweisen, womit ihnen die Entdeckung der Kernanregung geglückt war. Bei weiterführenden Experimenten machte Bothe zudem die überraschende Beobachtung, dass beim Beschuss von Beryllium eine besonders harte Gammastrahlung auftrat. Alle Erklärungsversuche dieser »Botheschen Strahlung« scheiterten, bis Chadwick 1932 den Vorgang damit erklärte, dass zusammen mit der Gammastrahlung noch ein neues Teilchen, das bereits 1920 postulierte Neutron, ausgesandt wird. Der später kolportierte Vorwurf, Bothe hätte diese Neutronenstrahlung übersehen, ist falsch, da die Bothesche Messanordnung nicht in der Lage war, das Neutron »zu sehen«, sondern lediglich auf den Nachweis der Gammastrahlung ausgelegt war. Auf jeden Fall haben aber die Botheschen Experimente der Entdeckung des Neutrons den Weg geebnet.

Bothe gebührt auch das Verdienst, mit seinen umfangreichen Untersuchungen von Kernumwandlungsprozessen und der Aufnahme der ersten Kernspektren leichter Atome zu den Pionieren der Kernspektroskopie zu gehören. Darüber hinaus hat sich Bothe insbesondere in seiner Heidelberger Zeit durch den Bau kernphysikalischer Großgeräte – u. a. eines leistungsfähigen Van-de-Graaff-Generators – grundsätzlich neue kernphysikalische Experimentierbereiche erschlossen und damit als einer der ersten Physiker in Deutschland den Übergang von der »little science« zur »big science« vollzogen. Herausragendstes Dokument seiner diesbezüglichen Bemühungen war die Planung und der Bau des ersten deutschen Zyklotrons, das allerdings erst 1943 in Betrieb ging. Dieses wurde damals aber nicht nur für die physikalische Grundlagenforschung, sondern ebenso für die Arbeiten des deutschen »Uranvereins« gebraucht, an denen sich Bothe u. a. mit umfangreichen Messungen zur Bestimmung der Kernkonstanten, der Energie von Spaltneutronen und anderer Spaltbruchstücke sowie mit Untersuchungen zu den Eigenschaften der Moderatorsubstanzen Beryllium und Graphit beteiligte. [DH]

Werk(e):
Über das Wesen des Compton-Effektes (mit H. Geiger), Z. f. Physik 32 (1925) 639–663; Künstliche Erzeugung von Kern-γ-Strahlen (mit H. Becker), Z. f. Physik 66 (1930) 289–306; Das Werkzeug des Physikers (1944).

Sekundär-Literatur:
Fleischmann, R.: Walther Bothe, in: Berlinische Lebensbilder, Bd. 1: Naturwissenschaftler (1987, hrg. v. W. Treue und G. Hildebrandt) 359–368; Hoffmann, D.: Ein Physiker per se, Wissenschaft u. Fortschritt 41 (1991) 162–165.

Böttger, Johann Friedrich,
deutscher Apotheker, Chemiker und Experimentator,
* 4. 2. 1682 Schleiz (Thüringen),
† 13. 3. 1719 Dresden.

Böttger gilt als Schlüsselfigur in der europäischen Nacherfindung des Porzellans.

Aufgewachsen in einer Familie münz- und ingenieurtechnischer Experten, absolvierte Johann Friedrich Böttger zunächst eine Apothekerlehre in Berlin. In dieser Zeit widmete er sich intensiv alchemistischen Experimenten; Zeugen bestätigten die gelungene Umwandlung niederer Metalle in Gold. Die Kunde von diesen Erfolgen weckte das Interesse sowohl des preußischen Königs als auch des Kurfürsten von Sachsen und Königs von Polen, August des Starken. Von Letzterem seit 1701 in Dresden unter Arrest gehalten, standen Böttger Rohstoffe, Gerätschaften sowie Berg- und Hüttenleute als fachkundige Gehilfen zur Verfügung. Böttgers vornehmliche Aufgabe blieb die Herstellung von Silber und Gold, sie sollte 1713 ein weiteres Mal vor Zeugen scheinbar erfolgreich durchgeführt werden. Durch den Kontakt mit dem Freiberger Bergrat Gottfried Pabst von Ohain sowie später dem auch an Techniken der Glas- und Keramikherstellung interessierten Mathematiker, Physiker und Philosophen E. W. v. ↗ Tschirnhaus kamen Böttgers experimentelle Fähigkeiten zunehmend vor dem Hintergrund metallurgischen, hüttenkundlichen, pharmazeutischen und chemischen Fachwissens zum Einsatz. Angeregt durch Tschirnhaus, der seit langem nach einem Verfahren für die Herstellung des bis dato aus China importierten weißen Porzellans suchte, gelang zunächst die Fertigung von rotem Porzellan. 1708 glückte mit der Verwendung von Kaolin als feuerfestem Bestandteil und Alabaster, Kalkspat bzw. Quarz als Flussmittel die Nacherfindung auch des weißen Porzellans. Nach jahrelanger obrigkeitlicher Förderung und einer systematischen Erfassung und Bearbeitung von Rohstoffen stand nun das neue Produkt zur gewerblichen Nutzung bereit. Bereits 1710 wurde auf Böttgers Vorschlag in Meißen eine Porzellanmanufaktur eingerichtet. Mit ihrer Administration betraut, perfektionierte Böttger Techniken zur Veredelung der erzeugten Keramiken, suchte aber auch andere Gewerbe in technologischen Fragen zu fördern. 1714 in Freiheit entlassen, starb er wenige Jahre später an schleichenden Vergiftungen, die durch das langjährige Experimentieren mit Stoffen wie Quecksilber und Arsen verursacht worden waren. [MP]

Sekundär-Literatur:
Sonnemann, R., Wächtler, E. (Hrg.): Johann Friedrich Böttger. Die Erfindung des europäischen Porzellans (1982).

Boussingault, Jean Baptiste,
französischer Chemiker,
* 2. 2. 1802 Paris,
† 11. 5. 1887 Paris.

Boussingault gilt als Mitbegründer der Agrikulturchemie und hat wichtige Beiträge über den pflanzlichen Stickstoffwechsel sowie über Nährstoffe erbracht.

Boussingault, Sohn eines Kaufmanns, besuchte die Bergwerksschule von Saint Étienne, um Ingenieur zu werden. Danach trat er in eine Bergbaugesellschaft ein, führte in Kolumbien geologische und meteorologische Untersuchungen durch und war dort kurze Zeit auch als Professor an der Bergwerksschule in Bogota sowie als Bergwerkssachverständiger tätig. 1832 kehrte er nach Frankreich zurück, wandte sich der Agrikulturchemie zu und wurde

J.B. Boussingault

Professor für Chemie an der Universität Lyon. Daneben richtete er im Elsass ein Laboratorium für agrochemische Untersuchungen ein. 1845 wurde er Professor für Agrikultur an der Pariser Universität und lehrte zugleich analytische Chemie am Conservatoire des Arts et Métiers in Paris.

Etwa zeitgleich mit J. ↗ Liebig in Deutschland hat sich Boussingault mit Untersuchungen über die Lebensbedingungen der Pflanzen befasst. Dabei ging es ihm vorrangig um die Herkunft des Stickstoffs in Verbindungen des Pflanzen-, aber auch des Tierreichs. Boussingault kam zu dem Schluss, dass z. B. Hülsenfrüchte ihren Stickstoff aus der Luft beziehen und für ihr Wachstum Nitrate als Nährsalz benötigen. Im Unterschied dazu können Tiere keinen atmosphärischen Stickstoff verwerten und nehmen diesen ausschließlich über die Nahrung auf. Er veränderte deren Zusammensetzung und stellte den Anteil der Nährstoffe für die Gewichtszunahme fest. Boussingault hat auch auf die Bedeutung von Phosphaten als Düngemittel hingewiesen, äußerte die Vermutung, dass Jodverbindungen für die Heilung des Kropfes verantwortlich sind, untersuchte die Stickstoffausscheidung über die Blätter und analysierte die Inhaltsstoffe von Kaffee und Schokolade. Daneben arbeitete er über Platin-, Silizium-, Aluminium- und Eisenverbindungen und entwickelte 1851 eine Methode zur Sauerstoffbestimmung mittels Bariumoxid. Ihm zu Ehren wurde eine Kletterpflanze Südamerikas als *Boussingaultia basselloides* benannt. [RS3]

Werk(e):
Recherches chimiques sur la végétation (1839–1841); Economie rurale ... (1843–1844); Agronomie, chimie agricole et physiologie (8 Bde., 1860–1891); Mémoires de J. B. Boussingault (5 Bde., 1892–1903).

Boveri, Theodor,
deutscher Zoologe und Zytologe,
* 12. 10.1862 Bamberg,
† 15. 10. 1915 Würzburg.

Boveris mikroskopische Zellstudien und die Entdeckung der Chromosomenkonstanz begründeten die Zytogenetik und schufen die Grundlage für die Tumorgenetik.

Der Vater Johann Eugen Theodor war Mediziner, übte die ärztliche Praxis aber nur zeitweilig aus. Die Mutter Antonie, geb. Elssner, war die wohlhabende Tochter eines Rechtsanwaltes und hatte vier Söhne. Boveri war das zweite Kind und besuchte nach der Bamberger Volks- und Lateinschule ab 1875 das Realgymnasium in Nürnberg. Ab 1881 studierte er an der philosophischen Fakultät der Universität München, ab 1882 am Anatomischen Institut bei Carl von Kupffer, wo er Assistent wurde und seine Dissertation über das Nervensystem von Fischen, Amphibien und höheren Wirbeltieren anfertigte. Damit wurde er 1885 zum Dr. phil. promoviert und erhielt von der philosophischen Fakultät das fünfjährige Lamont-Stipendium. So konnte er die Assistentenstelle aufgeben und ab 1885 bei R. ↗ Hertwig arbeiten. Von ihm angeregt, begann Boveri mit entwicklungsgeschichtlichen Studien, untersuchte an Eiern des leicht beschaffbaren Pferdespulwurmes *Ascaris* die Befruchtung und Teilung der Eizellen und habilitierte sich schon 1887 mit diesen Ergebnissen für Zoologie. Die mikroskopischen Zellforschungen setzte er ab 1888 an der Zoologischen Station Neapel an Seeigeleiern fort, wobei er neue Entdeckungen über die Centrosomen und Chromosomen bei der Zellteilung machte. Nach Beendigung des Stipendiums wurde Boveri 1891 Assistent bei Hertwig, erhielt 1893 einen Ruf als Ordinarius für Zoologie an der Universität Würzburg und wirkte dort über 20 Jahre lang erfolgreich. 1897 heiratete er die amerikanische Zoologin Marcella O'Grady, Schülerin von E. B. ↗ Wilson. Ihnen wurde 1900 die Tochter Margret geboren, die später als Journalistin bekannt wurde. Boveris Zellenstudien begründeten seinen wissenschaftlichen Ruf, so dass er 1912 zum Direktor des Kaiser-Wilhelm-Institutes für Biologie in Berlin vorgeschlagen wurde. Er trug maßgeblich zur Konzeption dieses neuartigen außeruniversitären Institutes bei, indem er die Abteilungsleiter für vier neue Forschungszweige vorschlug, lehnte selbst aber 1913 aus gesundheitlichen Gründen das Direktorat ab, das dann E. ↗ Correns übernahm. Boveri, seit 1891 häufig krank, starb zwei Jahre später nach einer Gallenoperation. Seine Schüler Fritz Baltzer, H. ↗ Spemann, Leopold von Ubisch u. a. ehrten ihn literarisch.

In seinen Veröffentlichungen lassen sich drei unterschiedliche Themenkreise erkennen: 1) Vergleichend-anatomische, mikroskopisch-histologische Untersuchungen an Wirbeltieren (1885), die unter anderem beim »Lanzettfischchen« (*Branchiostoma*) zur Entdeckung der Niere (1890) und Nierenkanälchen (1892) führten. 2) Morphologisch-taxonomische Studien über Seerosen (1890), wobei er eine neue Gattung beschrieb (1893). 3) Die Mehrzahl der Arbeiten war den mikroskopischen Zellstudien an Ascaris- und Seeigeleiern gewidmet. An ihnen wurden die neuen Erkenntnisse über die Chromosomen als Träger der Erbsubstanz gewonnen. Sie resultierten aus der Frage, wie die elterlichen Merkmale auf die Nachkommen übertragen werden.

Zwar war der Kausalzusammenhang zwischen Befruchtung und Beginn der Zellteilungen seit 1875 bekannt. Verbesserungen der Fixier-und Färbetechnik ermöglichten W. ↗ Flemming 1882 die Entdekkung der Kernstrukturen und ihrer Längsspaltung bei der Zellteilung und E. van ↗ Beneden 1883 die Erkenntnis ihrer Funktion beim Teilungsprozess sowie 1887 der Zahlengleichheit weiblicher und männlicher »Chromosomen« (von Wilhelm Waldeyer 1888 benannt). Aber ihre Rolle bei der weiteren Ausbildung des Embryos war noch ungeklärt.

Es war Boveris Verdienst, 1888 nachzuweisen, dass die Chromosomen konstant im Zellkern vorhanden und quasi »selbständige Individuen« sind. Diese Theorie der Chromosomenindividualität war für die Vererbungsforschung wichtig. Ab 1899 bewies er bei experimentellen Studien an Seeigeleiern, dass im weiblichen wie auch im männlichen Zellkern die Erbsubstanz vorliegt, und 1902 stellte er mit »Dispermieversuchen« (Befruchtung eines Eies mit zwei Spermien) fest, dass jedes Chromosom spezifische Erbanlagen trägt. Dadurch konnten die um 1900 wiederentdeckten Mendel-Gesetze auch zytologisch erklärt werden, denn es war nun wahrscheinlich, »dass die in den Versuchen Mendels verfolgten Merkmale wirklich an bestimmte Chromosomen gebunden sind«. Damit begründete Boveri die Chromosomentheorie der Vererbung und die Zytogenetik als neue Forschungsrichtung.

Darüber hinaus erkannte er bereits ab 1902 die durch die doppelte Befruchtung entstandenen abnormen Chromosomen und folgerte, dass diese die Ursache für Krebszellen sein könnten (1914). Mit seiner Hypothese über »Urzellen« von Tumoren kam Boveri der erst ab 1970 erkannten Realität sehr nahe, so dass seine Beobachtungen von aktuellem Interesse sind. [IJ]

Werk(e):
Zellenstudien I–VI, in: Jena. Zschr. Naturw. 1887, 1888, 1890, 1900, 1905, 1907; Ergebnisse über die Konstitution der chromatischen Substanz des Zellkerns (1904); Zur Frage der Entstehung maligner Tumoren (1914).

Sekundär-Literatur:
Baltzer, F.: Theodor Boveri (1962, Große Naturforscher Bd. 25, mit Werkverzeichnis); Boveri, M.: Verzweigungen, postum hrg. v. U. Johnson (1977); Georgiadou, V.: Theodor Boveri und sein Beitrag zur Chromosomenforschung (1985); Sucker, U.: Das Kaiser-Wilhelm-Institut für Biologie (2002); Wunderlich, V.: Chromosomes and Cancer: Theodor Boveri's Predictions 100 Years Later, J. Mol. Med. (2002).

D. Bovet

Nach dem Studium der Biologie und Physiologie an der Universität Genf (Dr. phil. 1929) war Bovet bis 1947 als Pharmakologe am Institut Pasteur in Paris tätig, dann bis 1964 als Leiter der Abteilung für Therapeutische Chemie am Istituto Superiore di Sanità in Rom. Anschliessend übernahm er bis 1971 die Professur für Pharmakologie an der Universität Sassari (Italien). Von 1969 bis 1975 war er Direktor des Laboratoriums für Psychobiologie und Psychopharmakologie des Consiglio Nazionale delle Ricerche in Rom und von 1971 bis 1982 Professor für Psychobiologie an der Universität Rom.

Bovet entdeckte bzw. entwickelte die Antihistaminica, die Curare-ähnlichen Muskelrelaxantien und die Sulfonamide. Er führte neue Methoden der pharmakologischen Forschung ein und untersuchte die Beziehungen zwischen chemischer Struktur und pharmakologischer Wirkung. [MB]

Werk(e):
Structure chimique et activité pharmacodynamique des médicaments du système nerveux végétatif (1948); Curare and Curare-like Agents (1959); Une chimie qui guérit. Histoire de la découverte des sulfamides (1988).

Sekundär-Literatur:
Bickel, M. H.: Daniel Bovet, in: D. M. Fox u. a. (Hrg.): Nobel Laureates in Medicine or Physiology (1990).

Bovet, Daniel,
schweizerisch-italienischer Pharmakologe,
* 23. 3. 1907 Neuchâtel,
† 8. 4. 1992 Rom.

Bovet gehört zu den bedeutendsten Forschern auf dem Gebiet der modernen Pharmakologie und wurde für seine bahnbrechenden Arbeiten 1957 mit dem Nobelpreis ausgezeichnet.

Robert Boyle
Hubert Laitko

Boyle, Robert,
englisch-irischer Naturforscher, Physiker, Chemiker, Natur- und Moralphilosoph und Schriftsteller,
* 25. 1. 1627 Schloss Lismore (Irland),
† 30. 12. 1691 London.

Boyle war eine der führenden Gestalten der »wissenschaftlichen Revolution« des 17. Jhs. Er gehörte zu den Begründern der experimentellen Methode als des methodologischen Fundaments der modernen Naturwissenschaft und entwickelte sie in einer Richtung, die den Weg zu einer wissenschaftlichen Chemie eröffnete.

Lange war das Bild Boyles von Wertungen bestimmt, die auf die Grabrede von Bischof Gilbert Burnet bei der Beisetzung am 7. 1. 1692 in St. Martin's in the Fields, die von Thomas Birch 1744 besorgte erste Werkausgabe und die Traditionsbedürfnisse der Chemiker des 19. und frühen 20. Jhs. zurückgehen. Erst nach dem Zweiten Weltkrieg fand Boyle die verstärkte Aufmerksamkeit der Historiker. In den 1980er- und 1990er-Jahren kam es im Zusammenhang mit seinem 300. Todestag vor allem in England zu einem großen Aufschwung der Boyle-Forschung. Der schriftliche Nachlass (*Boyle Papers*) wurde erstmals katalogisiert und als Mikrofilm veröffentlicht, und erstklassige historisch-kritische Werk- und Korrespondenzausgaben sind erschienen.

R. Boyle

Lebensstationen

Boyles Lebenszeit war eine Periode politischer und militärischer Erschütterungen in England, gekennzeichnet vom Ende des Absolutismus, zeitweiliger Parlamentsherrschaft, Aufständen und Bürgerkriegen und Restauration des Königtums als konstitutioneller Monarchie, die den Rahmen für den Aufschwung des Industriekapitalismus und der industriellen Revolution im 18. Jh. bot. Wesentliche Züge seines Verhaltens waren auf die Unsicherheiten des Übergangs eingestellt: seine Neigung zum Lavieren, zum Ausgleich der Gegensätze, zum Ausweichen vor Parteinahme. Sein positives Programm war die Entwicklung der neuen Wissenschaft und eine mit dieser verbundene und von christlichen Idealen getragene Gesellschaftsreform, und unter den jeweils bestehenden politischen Verhältnissen suchte er, ohne sich gegen sie zu stellen, die in ihnen liegenden Möglichkeiten für die Realisierung dieses Programms zu nutzen.

Boyle wurde als jüngster Sohn von Richard Boyle, First Earl of Cork, und seiner zweiten Frau Katherine geb. Fenton in einer Familie von vierzehn Kindern geboren. Der Vater spielte als Besitzer ausgedehnter Ländereien in den Grafschaften Cork, Waterford und Tipperary eine wesentliche Rolle in der englischen Irland-Kolonisation. Von 1635 bis 1639 erhielt Boyle eine Schulausbildung in Eton, danach begab er sich zusammen mit seinem älteren Bruder Francis unter Leitung ihres Tutors Isaac Marcombes zu einem mehrjährigen Bildungsaufenthalt nach Genf und von dort zu ausgedehnten Reisen nach Frankreich und Italien. Nach dem Tod des Vaters kehrte er 1644 nach England zurück, zunächst zu seiner Schwester Katherine, Lady Ranelagh, nach London und dann nach dem ihm durch Erbschaft zugefallenen Gut Stalbridge. Bis Mitte der 1650er-Jahre lebte er teils in Stalbridge, teils in London – er fand Kontakt zu wissenschaftlichen Zirkeln, insbesondere zum Kreis um Samuel Hartlib, wurde auch selbst zum Mittelpunkt eines solchen Kreises (»invisible college«) und beschäftigte sich mit chemischen Experimenten. Beide Kreise gehören in das Vorfeld der Royal Society.

Das galt auch für den Oxford Experimental Philosophy Club, dem er sich mit seiner Übersiedelung an die Universität Oxford 1656 anschloss und in dessen Mittelpunkt zunächst John Wilkins, später

Boyle selbst stand. Er war einer der zwölf Wissenschaftler, die Ende 1660 die auf die experimentelle Naturwissenschaft orientierte Royal Society aus der Taufe hoben. Bis zum Lebensende war er eines ihrer bedeutendsten Mitglieder, nichtsdestoweniger schlug er seine 1680 erfolgte Wahl zu ihrem Präsidenten aus.

1668 verließ er Oxford und nahm im Londoner Haus seiner Schwester Wohnung. Obwohl ihm seine schwache Gesundheit stets zu schaffen machte, entwickelte er umfangreiche Aktivitäten auf den verschiedensten Gebieten – als Naturforscher und Experimentator, als wissenschaftlicher Organisator und Korrespondent, als philosophischer und theologischer Schriftsteller. Seine Vermögenslage erlaubte ihm, als »gentleman naturalist« zu leben, ohne auf laufende Einnahmen bedacht sein zu müssen. Seine literarische Produktion war immens und ist schwierig zu überblicken; er schrieb über 40 Bücher, zwischen 1659 und 1700 erschienen mehr als 80 Ausgaben seiner Schriften in Englisch und mehr als 100 in Latein, hinzu kamen Übersetzungen in die Sprachen des Kontinents. Viele seiner Schriften – wie *The excellency of theology* (1674), *Some considerations about the reconcileableness of reason and religion* (1675) oder *A discourse of things above reason* (1681) – tragen religiösen oder theologischen Charakter. Die Verbreitung des christlichen Glaubens war ihm stets ein besonderes Anliegen. Er engagierte sich für die Missionsarbeit und hinterließ eine beträchtliche Summe für die Einrichtung der »Boyle Lectures« zur Bekämpfung des Atheismus.

Neue Wissenschaft oder experimentelle Philosophie

Boyle war einer der Hauptakteure des großen, über mehrere Gelehrtengenerationen erstreckten epistemischen Wandels, der dem Aufkommen der neuzeitlichen Naturwissenschaft zugrunde lag. Die zukunftsweisende Erkenntniseinstellung, die sich im 17. Jh. Bahn brach, wurde »neue Wissenschaft«, »neue Philosophie« oder auch »experimentelle Philosophie« genannt. In ihrem Zentrum stand nicht die bloße Aufwertung der Naturbeobachtung gegenüber der in Textexegesen eingeschlossenen scholastischen Spekulation; schon im Mittelalter und erst recht in der beginnenden Neuzeit hatte neben der spekulativen Deduktion auch empirisches (oder besser: empiristisches) Probieren, insbesondere in Gestalt der Alchemie, eine große Rolle gespielt. Vielmehr ging es jetzt darum, das Probieren theoriegeleitet zu betreiben, es damit zum Experimentieren zu entwickeln und umgekehrt die theoretischen Behauptungen der Kontrolle einer systematischen Empirie zu unterwerfen.

Für die theoretische Instruktion des Experimentierens stand zunächst kein anderes Gedankenmaterial zur Verfügung als jenes, das die Geistesgeschichte bereithielt. Boyle wurde gerade deshalb zum Wegbereiter einer wissenschaftlichen Chemie, weil er auf Traditionen spekulativer Korpuskularlehren zurückgreifen und diese so modifizieren konnte, dass sie sich möglichst gut an die chemische Erfahrung seiner Zeit anpassten. Die neue experimentelle Methode wuchs aus den überkommenen argumentativen und empirischen Praktiken heraus, indem beide zunehmend präziser miteinander gekoppelt wurden und in ein dynamisches Verhältnis gegenseitiger Kontrolle traten.

Der Ausgangspunkt, von dem aus sich Boyle zu einem wissenschaftlichen Erneuerer profilierte, ähnelte dem anderer Pioniere der »neuen Wissenschaft«: ein bis zur offenen Distanzierung getriebenes Unbehagen an der aristotelischen Tradition. Damit war weniger der originale ↗ Aristoteles gemeint als vielmehr der scholastische Aristotelismus, die überkommene Manier, Empirie auf jene Oberfläche zu beschränken, die die Natur zur passiven Betrachtung darbot, und die mühelose Zuflucht zur Pseudoerklärung des Wahrgenommenen durch willkürlich postulierte verborgene (»okkulte«) Qualitäten der Dinge. Die Begegnung mit dem Werk G. ↗ Galileis dürfte den Übergang Boyles von der Kritik am Aristotelismus zu einem eigenen positiven Programm der Erfahrungs- und Experimentalwissenschaft wesentlich geprägt haben. Er sah die Bestimmung des Fallgesetzes durch Galilei als eine schlagende Demonstration dafür, dass sich selbst die plausibelsten Deduktionen des Verstandes der Korrektur durch die Erfahrung beugen müssen und dass das kontrollierte Experiment der beste Weg ist, um Annahmen über die Natur zu prüfen und gegebenenfalls zu korrigieren. Ihm imponierte auch, dass Galilei – anders als die Denker der Scholastik – gar nicht versucht hatte, ein umfassendes philosophisches System aufzustellen, sondern seine Aufmerksamkeit ganz auf die genaue Untersuchung eines speziellen Erfahrungsbereiches mechanischer Phänomene konzentrierte. Auch Boyle selbst war kein Systembildner.

Hingegen wollte Boyle das berühmte Diktum Galileis, das Buch der Natur sei in der Sprache der Mathematik geschrieben, nicht als allgemeingültig akzeptieren. Die Mathematik sei zwar nützlich, um Regelmäßigkeiten im Verhalten der Körper zu beschreiben, aber sie sage uns nichts über die Gründe, warum sich die Körper so verhalten, wie sie es tun. In der Tat waren die chemischen Vorgänge, die den Hauptgegenstand der naturwissenschaftlichen Aktivitäten Boyles bildeten, zu jener Zeit einer mathematischen Behandlung noch ganz unzugänglich. Da die klassische Mechanik als eine in mathematischer Sprache ausgedrückte Theorie die erste dauerhafte Frucht der »neuen Wissenschaft« war, ist der paradigmatische Wandel des 17. Jhs. oft auf die Genese der mathematischen (»exakten«) Naturwissenschaft verkürzt worden. Am Wirken Boyles wird deutlich, dass dieser Wandel viel weiter reichte. Die veränderte Erkenntniseinstellung, mit der er die Chemie vom Niveau empiristischer Praktiken auf das Niveau der »Naturphilosophie« zu heben suchte, schlug sich erst wesentlich später, im 18. und 19. Jh., in gehaltvollen fachwissenschaftlichen Theorien nieder.

In der Generation vor Boyle waren zwei große Programme der neuen Wissenschaft formuliert worden – das baconische und das cartesische –, beide alternativ zum Aristotelismus, aber auch zueinander. Boyle griff auf beide zurück, jedoch nicht gleichgewichtig, und er machte sich keines von ihnen ganz zu eigen. Grundlegend war für ihn das von F. ↗ Bacon verkündete Anliegen, nicht Spekulationen über universale Ursachen in der Natur in den Vordergrund zu stellen, sondern vielmehr zunächst auf methodisch regulierte Weise eine Fülle von Angaben über natürliche Phänomene zu sammeln und erst auf dieser Grundlage weitergehende Schlüsse zu ziehen. Dabei verfeinerte er nicht nur das Regelwerk empirischer Erfahrungssuche beträchtlich, sondern akzentuierte auch viel stärker als Bacon den Theorieeinsatz beim Entwurf von Experimenten und bei der Deutung ihrer Ergebnisse. Von R. ↗ Descartes übernahm er die Anregung, die beobachteten Vorgänge aus der unbeobachtbaren geometrischen Mikrostruktur der Stoffe zu erklären, doch er verwarf den dominant deduktiven Stil des Wissensaufbaus und schloss sich auch dem cartesischen Konzept der Materie als unendlich teilbares Kontinuum nicht an.

Boyles Position in der »experimentellen Philosophie« wird mitunter als eklektisch bezeichnet. Jedes System erschien ihm gegenüber der überragenden Komplexität der Wirklichkeit immer nur begrenzt leistungsfähig und der Ergänzung durch andere Vorgehensweisen bedürftig. Ähnlich wie andere Gelehrte der frühen Neuzeit legte er großen Wert darauf, die Praktiken der Handwerker und Händler zu studieren, und suchte auf den verschiedensten Wegen unerwartete Tatsachen kennen zu lernen. Viel Mühe verwendete er für die genaue Erörterung der experimentellen Prozeduren und die Diskussion aller möglichen Fehlerquellen. Misslungene Experimente hielt er für besonders lehrreich und legte das Experimentieren als einen dynamischen Lernprozess an. Zahlreiche Hinweise dazu finden sich in den Arbeiten *The unsuccessfulness of experiments* und *Of unsucceeding experiments*, die in seinem Buch *Certain physiological essays* (1661) enthalten sind. Wegen der unvermeidlichen Einseitigkeit eines bestimmten Experiments und der Fehlbarkeit seiner einmaligen Ausführung votierte er dafür, erstens Experimente mit systematischer Variation von Bedingungen und Operationsweise in Gruppen (»in consort«) anzustellen und zweitens theoretische Ansprüche nur dann für begründet zu erklären, wenn ein Zusammenfallen (»concurrence«) mehrerer unabhängiger experimenteller Instanzen dafür spricht. Insofern war er skeptischer als Bacon, der den induktiven Schluss als Weg zu sicherem Wissen angesehen hatte, und legte mehr Wert auf den hypothetischen Charakter des Erkennens.

Eine korpuskulare Welt

Was geschieht mit den Stoffen, wenn sich ihre wahrnehmbaren Qualitäten ändern? Auf diese alte Naturforscherfrage gab Boyle eine korpuskulartheoretische Antwort, die zwar noch nicht ausreichte, um darauf eine chemische Theorie zu gründen, aber einen Interpretations- und Ordnungsrahmen bot, der den Chemikern lange genügte, bis im frühen 19. Jh. die Zeit für eine moderne chemische Atomistik reif war.

Die Aufnahme korpuskulartheoretischen Gedankenguts durch Boyle stand im Zeichen der zeittypischen Distanzierung von der aristotelischen Tradition. Die konsequenteste Korpuskularlehre der Geistesgeschichte, die von ↗ Demokrit herrührende Atomistik (Annahme unteilbarer, unveränderlicher, qualitativ identischer und nur nach Größe und Gestalt unterschiedener Atome, die sich im leeren Raum bewegen, als Elementarbausteine der Materie), war im Mittelalter diskreditiert, zumal sie mit Atheismus in Zusammenhang gebracht wurde. Es dominierte der Aristotelismus mit der Annahme unbegrenzter Teilbarkeit der Materie und kontinuierlicher Raumerfüllung (Unmöglichkeit von Leere – »horror vacui«); die qualitative Spezifik der Stoffe wurde mit der Behauptung erklärt, dass jedem Stoff besondere »minima naturalia« als Träger seiner spezifischen Qualität zugrunde lägen.

Mit dem Aufkommen der frühneuzeitlichen Naturwissenschaft rief das Bedürfnis nach Anpassung an die experimentelle Erfahrung Modifikationen der tradierten Denkschemata hervor, die zu einer Annäherung der Gegensätze führten. Die »minima naturalia« wurden zunehmend korpuskular interpretiert, als wirkliche Teilchen und nicht nur als abstrakte Träger von Eigenschaften (»Prinzipien«). Umgekehrt erfuhr die antike Atomistik eine Renaissance, insbesondere durch P. ↗ Gassendi in Frankreich, der es als angesehener Kleriker vermochte, die atomistische Grundstruktur der Welt als Ausdruck des göttlichen Willens darzustellen. Die Gedanken Gassendis gelangten insbesondere über das Werk *Physiologia Epicuro-Gassendo-Charltoniana* von Walter Charleton nach England und beeinflussten auch Boyle.

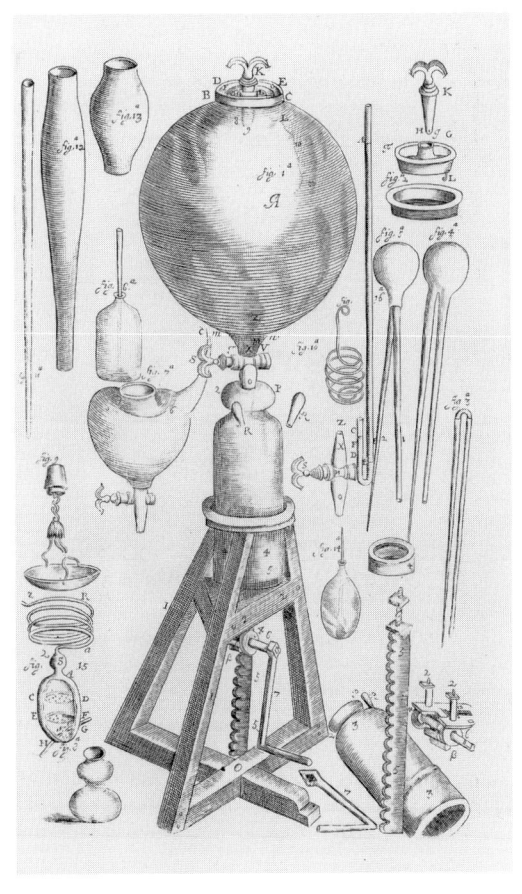

R. Boyle: Luftpumpe von 1660 (Foto: Deutsches Museum München)

Die wissenschaftliche Beschäftigung mit Pumpen führte zum Studium der physikalischen Eigenschaften der atmosphärischen Luft und schien eine Möglichkeit zu bieten, den alten Streit zwischen Atomistik und Aristotelismus um die Existenz eines Vakuums experimentell zu entscheiden. Nachdem Galilei 1638 erklärt hatte, dass ein Vakuum existieren könne, wies sein Nachfolger E. ↗ Torricelli die Existenz des Luftdruckes nach und beschrieb 1644 das erste Barometer, während O. v. ↗ Guericke in Magdeburg 1645 mit seinen Versuchen zur Herstellung eines Vakuums begann, die zur Erfindung der Luftpumpe führten. Boyle, der von Guerickes Erfindung erfahren hatte, ließ von seinem Assistenten R. ↗ Hooke eine verbesserte Pumpe bauen und stellte mit dieser zahlreiche Experimente über die Elastizität der Luft an, deren wichtigstes Resultat 1662 die Entdeckung des (für ideale Gase geltenden) Gesetzes von der Konstanz des Produktes aus Druck und Volumen war. Der französische Physiker E. ↗ Mariotte veröffentlichte 1676 unabhängig von Boyle das gleiche Gesetz und gab dabei die Konstanz der Temperatur als Gültigkeitsbedingung an. Dank der Bezeichnung »Boyle-Mariottesches Gesetz« ist der Name Boyles auch heute noch allgemein bekannt.

Boyle extrahierte aus der naturphilosophischen Diskussion seiner Zeit experimentell bearbeitbare Fragestellungen, wich aber den »metaphysischen« Fragen nach der endlichen oder unendlichen Teilbarkeit der Materie und der Existenz eines Vakuums aus. Die experimentell nachgewiesenen Phänomene der Elastizität und Kompressibilität der Luft sprachen jedenfalls für einen korpuskularen Aufbau der Materie, wie diese Korpuskeln auch immer beschaffen sein mochten. Für die Deutung der chemischen Tatsachen, bei der qualitative Unterschiede und qualitative Wandlungen wesentlich wurden, waren die Anforderungen an eine korpuskulartheoretische Grundlegung jedoch subtiler als für die Erklärung des Luftdrucks. Zu jener Zeit konnte ihnen nur ein Kompromiss zwischen den Prinzipien der antiken Atomistik und denen des Aristotelismus genügen. In dieser Richtung hatte vor Boyle schon Daniel Sennert gearbeitet, der aus der scholastisch-aristotelischen Tradition kam und deren Terminologie nutzte, zugleich aber atomistisches Gedankengut assimilierte: Seine minima naturalia waren als Teilchen gedacht, die bei ihrer chemischen Vereinigung zu einem neuen Stoff in diesem unverändert fortbestehen, zugleich aber zu Teilchen höherer Ordnung zusammentreten. Hier deutete sich vage die für die chemische Begriffswelt wesentliche Unterscheidung von Korpuskeln verschiedener Stufen an, die im 19. Jh. mit der Differenzierung von Atomen und Molekülen ihre rationale Gestalt fand.

Boyle sah seine Aufgabe nun darin, die für die Chemie essenzielle Beachtung der qualitativen Mannigfaltigkeit von Stoffen mit der einheitlichen mechanischen Welterklärung, die das dominante Paradigma der »experimentellen Philosophie« bildete, in Übereinstimmung zu bringen. Diese Aufgabe löste er, indem er unterhalb der Ebene jener Korpuskeln, die qualitativ unterschiedliche chemische Individuen darstellen, noch eine Ebene einer qualitätslosen allgemeinen Materie (»primary matter«) dachte, deren kleinste unveränderliche Teilchen miteinander rein mechanisch zu »primären Konkretionen« verkettet sein sollten. Hier ist sichtbar, wie Boyle Momente aus den verschiedenen Materietheorien seiner Zeit zweckmäßig montierte. Die Bezeichnung »Atom« mied er.

Die chemischen Stoffumwandlungen erfolgen nach Ansicht Boyles durch Aggregierung oder Trennung der beteiligten primären Konkretionen. Diese treten nicht beliebig zusammen, sondern in bestimmten Texturen, die sich auf der nächsthöheren Ebene des Stoffaufbaus wiederum zu Strukturen verknüpfen können. Es wäre sicher überzeichnet, wollte man Boyles Korpuskularlehre eine naturwissenschaftliche Theorie nennen, eher handelte es sich um Prolegomena für physikalische und chemische Theorien. Damit wurde die qualitative Gestuftheit des Materieaufbaus denkmöglich, und die chemische Begriffsbildung wurde vom »metaphysischen« Problem der unbegrenzten Teilbarkeit der stofflichen Materie abgekoppelt. Die primären Konkretionen bildeten die Grenze, bis zu der das Seziermesser der chemischen Analyse reichte; eine weitergehende Teilung erschien nicht ausgeschlossen, lag aber nicht mehr in der Reichweite der Methoden, die dem Chemiker zu Gebote standen. Damit war die Chemie auch ohne eine mathematische Ausformung ihrer Sprache (oder noch vor dieser) auf das Niveau der »neuen Wissenschaft« gehoben.

Der skeptische Chemiker
Unter der umfangreichen Buchproduktion Boyles gab es nur einen Titel, dem eine lange Nachwirkung beschieden war: *The sceptical chymist* – ein Werk, das im nachhinein Generationen von Chemikern zur Geburtsurkunde der wissenschaftlichen Chemie stilisierten. Wahrscheinlich lag schon um 1654 eine frühe Version vor, die Boyle unter den Mitgliedern des Hartlib-Kreises zirkulieren ließ. In seiner Oxforder Zeit wurde der Text weiter ausgeformt; 1661 erschien die erste Ausgabe. Die Neuausgabe 1679/80 gab den ursprünglichen Text unverändert wieder, ergänzte ihn aber durch einen umfangreichen Anhang (*The producibleness of chemical principles*). Die Skepsis, die im Titel angemahnt wurde, bedeutete eine bewusste Distanzierung von der bisherigen Art, Chemie zu treiben und gesellschaftlich zu bewerten. Die Argumente, die für eine Zurückführung der stofflichen Vielfalt auf die vier aristotelischen Elemente (Feuer, Wasser, Erde, Luft) bzw. auf die drei paracelsischen oder spagyrischen Prinzipien (Mercurius, Sulphur, Sal) sprachen und von denen man sich bis dahin nahezu unhinterfragt leiten ließ, wurden im Dialog gewogen und zu leicht befunden. Mit der Wahl der Dialogform stellte sich Boyle bewusst in die intellektuelle Tradition des Humanismus. Die Figuren, die den Dialog führten, gehörten der gehobenen Schicht der »learned gentlemen« an. Mit dieser Technik der Präsentation unterstrich Boyle den neuen Anspruch der Chemie auf soziale und kulturelle Respektabilität.

Die Botschaft des Buches war die Distanzierung von der Manier, die Chemie als eine »unphilosophische« (d. h. atheoretische) bloße Probierkunst zu praktizieren. Die Skepsis des »philosophischen« Chemikers sollte sich vor allem gegen die traditionellen Vorstellungen von Existenz und Anzahl der Elemente richten. Als unmittelbares Ziel der Chemie stellte Boyle die Aufgabe heraus, die Stoffe unter dem leitenden Gesichtspunkt zu untersuchen, welche von ihnen Elemente und welche Verbindungen sind. Als einziges Kriterium der Elementarität galt ihm die chemische Einfachheit – die Unmöglichkeit, einen Stoff mit chemischen Verfahren weiter zu zerlegen. In diesem Zusammenhang prägte Boyle auch den Terminus »analytische Chemie«. Er sah keinen Grund, die Anzahl der Elemente auf drei oder vier zu beschränken; sie könnte auch bedeutend größer sein.

Boyles Skepsis erstreckte sich auch auf Versuche, die Elemente positiv zu bestimmen: Es sei immer möglich, dass die aktuelle Nichtzerlegbarkeit eines gegebenen Stoffes nur der Schwäche der vorhandenen Methoden geschuldet ist, während bessere Methoden künftig seine Zusammengesetztheit erweisen könnten. Deshalb legte er sich nicht darauf fest, bestimmte Stoffe verbindlich als Elemente zu bezeichnen. Die Überlegungen Boyles wurden 1675 von N. ↗ Lemery in seinem sehr erfolgreichen und immer wieder aufgelegten *Cours de Chimie* dargestellt und beeinflussten so die Entwicklung der Chemie in Frankreich während des 18. Jhs.

Die Verlagerung der Aufmerksamkeit auf die experimentellen Prozeduren führte dazu, dass die chemischen Reaktionen einer genaueren Betrachtung unterzogen wurden. Dabei bildeten die Oxidations- bzw. Reduktionsvorgänge das zentrale und für die weitere Entwicklung der Chemie entscheidende Objekt. Zur Zeit Boyles begegnete die Oxidation den Chemikern in zwei verschiedenen Gestalten, die anscheinend nichts miteinander zu tun hatten: der unauffälligen »Verkalkung« der Metalle und der auffälligen Verbrennung von Substanzen mit offener Flamme. Die Einsicht in die wesentliche Identität dieser beiden sinnlich so verschiedenen Vorgänge war der Engpass, den die Chemie für ihren Fortschritt zu einer wohlfundierten Wissenschaft überwinden musste; es war die Leistung der Phlogistontheorie, diese Einsicht (wenn auch noch falsch begründet) ausgesprochen zu haben.

Schlüssel dazu war das Studium der Rolle der Luft bei chemischen Reaktionen. Seit Guericke gehörte es zum Programm der Vakuum- und Luftdruckexperimente, das Erlöschen von Kerzen oder das Verenden von Tieren in evakuierten Räumen zu beobachten. So verfuhren auch Boyle und Hooke. Sie zogen aus ihren Resultaten den Schluss, dass die Luft für Verbrennung und Atmung eine entscheidende Rolle spielt. Dass sie dabei als chemisch wirkender Reaktionspartner auftreten sollte, erschien indes undenkbar. Da die große Elastizität der Luft für die Korpuskularlehre nur mit der angenommenen Spiralform ihrer Teilchen erklärbar war, ließ sich ihre »Fixierung« in relativ kleinen Volumina eines Metallkalkes nicht vorstellen. Daher folgerte Boyle, die Luft könne nur auf instrumentelle Art mitwirken – etwa durch Abtransport entweichender Stoffteilchen, Unterhaltung der Flamme usw. Verwirrung löste auch der Befund aus, dass für die Verbrennung bzw. Atmung stets nur etwa ein Fünftel eines gegebenen Luftvolumens notwendig war. Obwohl Boyle zwischen 1660 und 1674 immer wieder zu dieser Problematik experimentierte, gelangte er nicht zu einer zufriedenstellenden Lösung.

Nach 1670 wandte er sich verstärkt dem Problem der Gewichtszunahme von Metallen bei ihrer Verkalkung zu und verkalkte im Feuer alle erreichbaren Metalle. Dabei wog er zwar jeweils das unverkalkte Metall und den daraus entstandenen Kalk, aber offenbar nicht das gesamte geschlossene Reaktionssystem vor und nach der Verkalkung. So gelangte er zu der Ansicht, dass während der Reaktion leichte, aber ponderable Feuerteilchen von außen durch die Gefäßwände eindringen, sich an das Metall anlagern und so die beobachtete Gewichtszunahme hervorrufen, während die Flamme nur die Aufgabe hat, die Textur des Gefäßmaterials für die Feuerteilchen zu öffnen. Mit diesem Gedanken wurde die Einsicht in die Rolle der Luft als chemischer Reaktionspartner für längere Zeit blockiert.

Der Versuch, den Boyle als entscheidenden Beleg für seine Ansicht von der Anlagerung ponderabler Feuerpartikel als Ursache für die Gewichtszunahme bei der Metallverkalkung betrachtet hatte, wurde hundert Jahre später in Paris mit aller Sorgfalt von A. L. ↗ Lavoisier wiederholt. Wieder wurde eine abgewogene Menge Zinn in einer verschlossenen Retorte verkalkt. Lavoisier wog die zugeschmolzene Retorte vor und nach der Reaktion und stellte völlige Gewichtsgleichheit fest; damit war ausgeschlossen, dass ein von außen hinzugekommener ponderabler Faktor die Gewichtszunahme verursacht haben konnte. Die Widerlegung Boyles in dieser Frage öffnete den Weg zur Oxidationstheorie.

Philosopher's Stone & Christian Virtuoso

Nur eine sehr selektive Lesart der Schriften Boyles konnte zu dem Eindruck gelangen, Boyle sei als ein Pionier der experimentellen Methode zugleich ein Kämpfer gegen die Alchemie gewesen. Während des letzten Jahrzehnts wurde der Nachweis geführt, dass sein gesamtes Opus – einmal mehr, einmal weniger intensiv – von verborgenen alchemischen Botschaften durchdrungen ist. Die Alchemie war nicht eine separate Nische im Kosmos seiner Betätigungen, sondern eine Unterströmung in seinem Werk, die unterhalb der Ebene der jedem Gebildeten zugänglichen Bedeutungen verlief und nur von Initiierten erfasst werden konnte. Analysen haben zehn verschiedene Codes nachgewiesen, mit denen Boyle seine alchemischen Mitteilungen verschlüsselte.

Dennoch liefen seine Bemühungen de facto auf eine Zurückdrängung der Domäne der Alchemie zugunsten der »experimentellen Philosophie« mit ihren um Eindeutigkeit bemühten Ausdrucksweisen und ihrer obligatorischen Offenlegung aller Argumente hinaus. Wo immer die Letztere effektiv war, da sollten die Mittel der Alchemie ausgeschlossen bleiben, damit diese – die den wahren Adepten außerordentliche Macht über Natur und Mitmenschen verleihen sollten – nicht in die Hände Unberufener gerieten. Aber Boyle war davon überzeugt, dass es auch Bereiche der Natur gibt, die der gewöhnlichen experimentellen Methode versperrt bleiben und für die alchemische Prozeduren herangezogen werden müssen. Die Naturerfahrung bildete für Boyle ein großes Kontinuum, das von den Methoden der neuen Wissenschaft bis zu den geheimsten Prozeduren der Alchemie reicht.

Es ist seit langem bekannt, dass Boyle die Transmutation der Metalle – und damit das Goldmachen – für möglich hielt und sich auch praktisch darum bemühte. Eine solche Transmutation war mit seiner Korpuskularphilosophie vereinbar: Wenn allen Stoffen eine qualitätslose Primärmaterie zugrunde lag, dann konnte auch alles aus allem werden. Neben einer solchen mechanischen Transmutation glaubte er jedoch – wie aus seinem unveröffentlichten *Dialogue on the transmutation of metals* hervorgeht – auch an eine spezifisch alchemische Umwandlung, die durch »Projektion« eines winzigen Quantums vom Stein der Weisen (»Philosopher's Stone«) in einen Tiegel mit geschmolzenem Blei oder erhitztem Quecksilber in kürzester Frist pures Gold entstehen lässt. Intensiv bemühte er sich, selbst den Stein zu bereiten und in den Besitz des dazu erforderlichen Geheimwissens zu gelangen. Er war überzeugt, dass es dazu nicht nur der Beherrschung praktischer Operationen, sondern auch unmittelbaren göttlichen Beistandes bedurfte.

Bei den alchemischen Prozeduren waren nach seiner Ansicht neben den menschlichen Adepten auch die von der Bibel bezeugten rationalen Geister am Werk. Deshalb erschien ihm die Alchemie als ein bevorzugtes Bindeglied zwischen den beiden großen Zielen seines Lebens: der Erkenntnis der Natur und der Verteidigung und Verbreitung des christlichen Glaubens. Die Naturerkenntnis galt ihm als ein Weg, Gott näher zu kommen. Boyle war besorgt, dass das mechanische Weltbild von der Religion wegführen könnte, wenn darin die Aktivität Gottes lediglich für den Schöpfungsakt erforderlich war, danach aber die Welt kraft der Verkettung mechanischer Ursachen und Wirkungen allein aus sich selbst bestehen würde. Deshalb sollte die Alchemie als eine Domäne von Vorgängen, in denen die Stoffe nicht nur aufgrund ihrer materiellen Natur, sondern dank direkten oder indirekten göttlichen Zutuns wirken, die Naturforscher von der Unhaltbarkeit des Atheismus überzeugen. Boyles Kritik galt dem gedankenlosen Praktizismus in der Chemie, nicht der Alchemie, die er ebenso wie die »experimentelle Philosophie« im Gegensatz zu jenem Praktizismus sah.

In Boyles Todesjahr 1691 erschien sein letztes Buch *The christian virtuoso*, in dem er sein Credo noch einmal zusammenfasste. Die experimentelle Erfahrung offenbare dem guten Christen Gottes Dasein und sein Wohlwollen für den Menschen. Die Sache des Glaubens aber gewinne durch das Tun der »virtuosi«, der christlichen Naturforscher.

Werk(e):
The Works of the Honourable Robert Boyle, 6 Bde. mit einer neuen Einleitung von P. Alexander (1999, Reprint der Edition 1744 von Th. Birch); The works of Robert Boyle, hrg. M. Hunter u. E.B. Davis, 14 Bde. (1999–2000); The correspondence of Robert Boyle, hrg. M. Hunter, A. Clericuzio und L.M. Principe, 6 Bde. (2001).

Sekundär-Literatur:
More, L.T.: The life and works of the Honourable Robert Boyle (1944); Boas, M.: Robert Boyle and 17th century chemistry (1958); Fulton, J.F.: A bibliography of the Honourable Robert Boyle, 2. Aufl. (1961); Pighetti, C.: Boyle: la vita, il pensiero, le opere (1978); Shapin, S., Schaffer, S.: Leviathan and the air-pump: Hobbes, Boyle and the experimental life (1985); Hunter, M. (Hrg.): Robert Boyle reconsidered (1994); Sargent, R.-M.: The diffident naturalist: Robert Boyle and the philosophy of experiment (1995).

Bradley, James,
englischer Astronom,
* März 1693 Sherbourne (Gloucestershire),
† 13. 7. 1762 Chalford (Gloucestershire).

Bradley entdeckte die stellare Aberration und schuf mit seinen sehr genauen Beobachtungen die Voraussetzung für eine deutliche Steigerung der Genauigkeit astronomischer Beobachtungen.

Bradley besuchte die örtliche Grammar School und das Balliol College in Oxford. Er war zunächst für eine kirchliche Laufbahn bestimmt, doch nach seiner Bekanntschaft mit E. ↗ Halley begann er sich mit großem Eifer in die Astronomie einzuarbeiten und stellte bald in ersten Arbeiten seine Fähigkeiten auf diesem Gebiet unter Beweis. 1718 wurde er Mitglied der Royal Society, drei Jahre später Savillian-Professor für Astronomie und nach Halleys Tod 1742 Direktor der Sternwarte Greenwich.

Durch verschiedene Verbesserungen an astronomischen Beobachtungsinstrumenten sowie sein großes praktisches Geschick gelang es Bradley, die Genauigkeit astronomischer Beobachtungen erheblich zu steigern. Er zeigte Effekte auf, die zuvor innerhalb der Fehlergrenzen der Beobachtungsresultate verborgen blieben. So entdeckte Bradley als »Nebenprodukt« bei der Suche nach der Parallaxe der Fixsterne die Aberration. Bereits vor Bradley bemühten sich verschiedene Beobachter um die Messung der Parallaxe des Sterns γ Draconis (Sternbild Drachen). Bradley gelang es tatsächlich, eine periodische Verschiebung des Ortes dieses Sterns aufzufinden. Allerdings verlief diese Verschiebung anders, als es bei der Parallaxe zu erwarten war. Nach weiteren Studien war es Bradley klar, dass er etwas anderes gefunden hatte: die Aberration, eine Folge der Bewegung der Erde um die Sonne. Infolge der zwar großen, aber doch nicht unendlichen Ausbreitungsgeschwindigkeit des Lichtes benötigt der von einem Stern kommende Lichtstrahl eine sehr kurze, aber doch nachweisbare Zeit zum Überwinden des Abstandes zwischen Fernrohrobjektiv und Okular. Während das Licht also in das Objektiv eintritt, bewegt sich das Okular sowohl wegen der Drehung der Erde um ihre eigene Achse als auch wegen ihrer Bewegung um die Sonne ein Stückchen weiter. Da das Licht aus diesem Grund schräg in das Fernrohr einfällt, erscheint der Gestirnsort ein wenig verschoben, maximal um $20''{,}47$.

Die Bedeutung dieser Entdeckung liegt darin, dass damit erstmalig ein direkter Beweis für die Bewegung der Erde um die Sonne erbracht worden war.

Es war Bradley nicht gelungen, das gesamte von ihm angehäufte umfangreiche Beobachtungsmaterial zu bearbeiten. Doch schon seinen Zeitgenossen war bewusst, welche Bedeutung darin lag. Erst 1798 wurden die Beobachtungstagebücher Bradleys veröffentlicht, und neben anderen begann F. W. ↗ Bessel, sich mit den in Greenwich vorwiegend an einem Mauerquadranten (Radius 245 cm) ausgeführten Beobachtungen zu beschäftigen. Er erkannte, dass deren Genauigkeit noch über das erwartete Maß weit hinausging und es möglich sei, daraus weitgehende Schlussfolgerungen zu ziehen. Bessel

J. Bradley

leitete aus Bradleys Beobachtungen 1750–1762 einen außerordentlich genauen Katalog von 3 300 Sternen ab sowie neue, verbesserte Tafeln der Refraktion, Präzession, Nutation und Aberration. Aus Bradleys Beobachtungen konnten tatsächlich neue Fundamente der Astronomie abgeleitete werden (so auch der Titel des Werkes, *Fundamenta astronomiae*, 1818), die eine wesentliche Grundlage für den Aufschwung der Astronomie in der ersten Hälfte des 19. Jahrhunderts darstellten. [JH]

Sekundär-Literatur:
Greenwich Observatory: The Royal Observatory at Greenwich and Herstmonceux 1675–1975, Bd. 1: Origins and early History (1675–1835, hrg. v. E. G. Forbes; Bd. 2: The Buildings and Instruments (hrg. v. D. Howse, 1975).

Bragg, William Henry,
britischer Physiker, Vater von William Lawrence Bragg,
* 2. 7. 1862 Westward, Cumberland, England,
† 10. 3. 1942, London.

Bragg erfand das Röntgenspektrometer und schuf gemeinsam mit seinem Sohn, W. L. ↗ Bragg, die Grundlagen für die Röntgenspektroskopie und die Röntgenstrukturanalyse von Festkörpern.

Bragg wuchs nach dem frühen Tod der Mutter bei seinem Onkel, einem Apotheker, auf. Zwischen 1875 und 1880 besuchte er das King's William College auf der Insel Man und anschließend das Trinity College in Cambridge, wo er Mathematik studierte und 1884 das Studium als »third wrangler« abschloss. Mit der Unterstützung von J. J. ↗ Thomson wurde er schon 1886 – gerade 24-jährig – zum Professor für Mathematik und Physik an die australische Universität Adelaide berufen. Da die Universität von ihren Professoren keine spezifischen Forschungsleistungen erwartete, konnte sich Bragg ganz seinen Lehraufgaben widmen und zudem die Freizügigkeiten des australischen Landlebens ge-

W.H. Bragg mit Sohn W.L. Bragg (links)

nießen; Letzteres gefiel ihm sehr, gestattete es doch sehr viel lässigere Umgangsformen als im Victorianischen England. Im Jahre 1909 kehrte er nach England zurück und wurde Physikprofessor in Leeds; ab 1915 lehrte und forschte er am University College in London, und 1923 wurde er zum Direktor der Royal Institution berufen. Bereits 1907 wählte ihn die Royal Society zu ihrem Mitglied, deren Präsident er von 1935 bis 1940 war; 1920 war er geadelt worden. 1889 heiratete Bragg Gwendoline Todd, Tochter eines leitenden Postbeamten von South Australia, mit der er zwei Söhne und eine Tochter hatte.

Das Jahr 1903 und die Verleihung der Physiknobelpreise an H. ↗ Becquerel und das Ehepaar ↗ Curie für ihre Forschungen zur Radioaktivität wurden zum Wendepunkt im wissenschaftlichen Leben Braggs. Er widmete sich ebenfalls der Erforschung dieser spektakulären neuen Strahlung und konnte schon bald für seine Forschungen internationale Anerkennung erringen. Eine seiner wichtigsten Leistungen war, dass Bragg durch geistreiche Versuche die Ionisierungswirkung der radioaktiven Strahlung und ihrer einzelnen Bestandteile (α-, β-, γ-Strahlen) zu entwirren und relativ genau zu bestimmen vermochte. Damit trug er maßgeblich zur Durchsetzung der von Rutherford entwickelten Ionisationskammer als anerkanntes Messinstrument der Radioaktivität bei und half, die Rutherfordsche Theorie des radioaktiven Zerfalls besser und glaubwürdiger empirisch zu begründen.

Mit seiner Übersiedlung nach England rückte die Erforschung der Röntgenstrahlen zunehmend in das Zentrum seines wissenschaftlichen Interesses. Damals wurden sie noch nicht als elektromagnetische Wellen angesehen, da die meisten optischen Effekte, wie Beugung und Brechung, nicht nachgewiesen waren. Thomson und auch G. ↗ Stokes hatten bereits unmittelbar nach Entdeckung der Röntgenstrahlen (1896) eine Theorie vorgeschlagen, nach der die neuen Strahlen aus geballten Impulsen bestehen sollten. Bragg entwickelte eine ähnliche Auffassung: Nach ihm waren die Strahlen korpuskular und bestanden aus neutralen Dubletts – Elektronen, die von positiver Ladung umhüllt waren und sich so weder von einem elektrischen noch von einem magnetischen Feld ablenken ließen. Hierzu entwickelte sich ein Kontroverse mit C. G. ↗ Barkla, der die Dublett-Theorie konsequent ablehnte. Auch wenn Bragg am liebsten Streit zu vermeiden suchte, wurde er durch Barkla veranlasst, in *Nature* dazu eine längere Debatte zu führen.

Mit der Entdeckung der Röntgenstrahlinterferenzen im Jahre 1912 durch M. v. ↗ Laue, W. ↗ Friedrich und P. Knipping und der Formulierung des Braggschen Gesetzes durch seinen Sohn, revidierte der ältere Bragg seine Dublett-Theorie und konzentrierte sich nun in teilweise enger Zusammenarbeit mit seinem Sohn darauf, zu erforschen, welche Kristallstrukturen welche Interferenzmuster hervorbringen. Für diese Untersuchungen erfand er das Röntgenspektrometer, das einen bedeutenden (praktischen) Fortschritt gegenüber der Laueschen Methode brachte und das die Intensitäten nicht mittels einer fotografischen Platte, sondern durch den Ionisierungseffekt bestimmte. Ein entscheidender Vorzug dieser Methode liegt darin, dass sich der Effekt viel besser quantifizieren lässt. Durch die Messung von Interferenzintensitäten und Streuwinkeln konnten auch noch andere Informationen über die Atome ermittelt werden. So entdeckte Bragg, dass das kontinuierliche Röntgenspektrum von diskreten Spektrallinien überlagert wird, die für die Atome der Anode der Röntgenröhre charakteristisch sind und damit Aussagen über deren Zusammensetzung gestatten. Die Analyse dieser Atomspektren wurde sofort von vielen Wissenschaftlern aufgegriffen – so wies H. ↗ Moseley damit auf Lücken im Periodensystem der Elemente hin, und für M. ↗ Siegbahn eröffnete sie den Weg zur Entwicklung der Röntgenspektralanalyse.

Bragg selbst, der zusammen mit seinem Sohn William Lawrence den Nobelpreis für Physik des Jahres 1915 erhalten hatte, dehnte seine Forschungen nach dem Ersten Weltkrieg, in dem er sich vornehmlich mit Forschungen zur akustischen U-Boot-Ortung beschäftigt hatte, auf die Entschlüsselung des molekularen Aufbaus von Festkörpern generell aus. Dabei wurden auch Flüssigkeiten sowie organische Verbindungen und Eiweißmoleküle in die Untersuchungen einbezogen. Neben seiner wissenschaftlichen Forschung hatte er in dieser Zeit aber auch zunehmend Repräsentationsverpflichtungen zu erfüllen, war er doch inzwischen zu einem Repräsentanten des wissenschaftlichen England aufgestiegen. Als solcher wirkte er in zahlreichen wissenschaftsleitenden und -beratenden Gremien des Königsreichs, aber auch als Popularisator naturwissenschaftlicher Erkenntnisse. Seine in der Tradition M. ↗ Faradays stehenden alljährlichen Weihnachtsvorlesungen an der Royal Institution waren gesellschaftliche Ereignisse, wie auch seine populärwissenschaftlichen Bücher eine ungewöhnlich breite Verbreitung erfuhren. [AH3]

Werk(e):
Studies in radioactivity (1912); An introduction to crystal analysis (1915); The universe of light (1933).

Sekundär-Literatur:
Caroe, G. M.: William Henry Bragg. 1862–1942. Man and scientist (1978); Andrade, E. N. da C.: William Henry Bragg 1862–1942, in: Obituary Notices of the Fellows of the Royal Society, 4 (1943), 277–300.

Bragg, William Lawrence,
britischer Physiker, Sohn von William Henry Bragg,
* 31. 3. 1890 Adelaide (Australien),
† 1. 7. 1971 Waldringfield (England).

Bragg entdeckte das nach ihm benannte Gesetz, wonach Röntgenstrahlen von den Netzebenen eines Kristalls reflektiert werden, wenn die Bedingung $2d\sin\theta = \lambda$ erfüllt ist (d: Abstand der Netzebenen, λ: Wellenlänge der einfallenden Röntgenstrahlen, θ: Winkel zwischen Einfallsrichtung und Netzebene). Er trug maßgeblich zur Entwicklung der Röntgenstrukturanalyse und der frühen Molekularbiologie bei.

W.L. Bragg

Braggs Vater, W. H. ↗ Bragg, war Professor der Physik und seine Mutter Tochter des Post- und Telegraphendirektors der australischen Provinz South Australia. Bragg wurde in seiner Persönlichkeit und Ausbildung nachhaltig durch seinen Vater geprägt, der ihm beispielsweise Gutenachtgeschichten über die Eigenschaften des Atoms erzählte; auch wurde er wegen seiner ausgeprägten mathematischen und naturwissenschaftlichen Fähigkeiten mit älteren Kindern unterrichtet. Bereits mit 15 Jahren begann er an der Universität von Adelaide zu studieren. Seine lebenslange große Schüchternheit erklärte er mit der vor allem mit älteren und reiferen Kindern verbrachten Kindheit, in der er bestenfalls als »amüsantes Monstrum« behandelt wurde. Im Januar 1909 siedelte die Familie nach England über, wo sein Vater einen Ruf an die Universität Leeds erhalten hatte. Bragg setzte sein Studium an der Universität Cambridge fort. Nach dem Grundstudium konzentrierte er sich auf Anregung des Vaters ausschließlich auf das Studium der Physik. Ch. ↗ Wilson, der das Praktikum leitete und Vorlesungen über Optik hielt, machte auf Bragg den größten Eindruck. Auch nach dem Abschluss des Studiums im Jahre 1911 blieb Bragg in Cambridge, wo er unter J. J. ↗ Thomson am Cavendish Laboratory mit eigenen Forschungen begann. Diese erhielten im folgenden Jahr durch die Entdeckung der Röntgenstrahlinterferenzen durch M. v. ↗ Laue, W. ↗ Friedrich und Paul Knipping eine entscheidende Wende. Laue hatte mit seiner Theorie nur Teile des Streumusters erklären können. Bragg verbesserte Laues Deutung des Beugungsbilds der Röntgenstrahlen am Zinksulfidkristall dadurch, dass er annahm, dass das verwendete Zinksulfidkristall kubisch flächenzentriert (Laue hatte lediglich ein einfach kubisches Kristallgitter angenommen) und die Röntgenstrahlung »weiss« sei, d. h., ein kontinuierliches Spektrum aufwiese; vor allem jedoch deutete er die Beugung am Kristallgitter als eine Reflexion an den so genannten Netzebenen des Kristalls, was ihm die Ableitung der berühmten Braggschen Gleichung ermöglichte.

Im Jahre 1913 publizierte Bragg eine detaillierte Analyse von Kochsalz und ähnlichen Kristallen, die später als Durchbruch sowohl für die Ermittlung der Kristallstruktur als auch für die Messung der Wellenlänge der Röntgenstrahlung angesehen wurde. Die Theorie des jungen Bragg wurde durch die Entwicklung des Röntgenspektrometers seines Vaters ergänzt und markiert den Beginn der Röntgenstrukturanalyse. Um entsprechende Kristallanalysen ausführen zu können, war es nötig, die Methode mit Hilfe der Absolutbestimmung eines Gitterabstandes zu »eichen«. Die Braggs führten dies für das Steinsalzkristall (NaCl) aus, wobei sie nachwiesen, dass jeweils ein Chlorion von acht Natriumionen umgeben ist. Dies stieß zunächst bei den Chemikern auf Widerspruch, da damit der Molekülbegriff in Frage gestellt schien. Ungeteilte Zustimmung erhielt jedoch sofort die ebenfalls mit der neuen Methode gewonnene Erkenntnis, dass das Kohlenstoffatom im Diamanten vierwertig ist. Bald konnte man auch zeigen, wie aus Streuwinkeln und -intensitäten Auskunft über die Struktur zu bekommen war. Die große Bedeutung dieser Arbeiten führte zur Verleihung des Nobelpreises für Physik des Jahres 1915 an die beiden Braggs, wobei William Lawrence mit seinen erst 25 Jahren der bisher jüngste Preisträger ist. Obwohl Bragg senior stets auf die Priorität seines Sohnes bei diesen Forschungen hingewiesen hat, wurde in der Öffentlichkeit häufig angenommen, dass solche Erklärungen dem väterlichen Edelmut geschuldet waren, wodurch zwischen Vater und Sohn Spannungen entstanden.

Nachdem Bragg noch vor Ausbruch des Ersten Weltkriegs eine Forschungs- und Lehrstelle am Trinity College übernommen hatte, wurde seine wissenschaftliche Forschungstätigkeit während des Krieges ganz wesentlich dadurch eingeschränkt, dass er für die britische Armee vor allem Methoden zur Schallortung von Geschützen entwickeln musste. Im Jahr 1919 übernahm er dann E. ↗ Rutherfords Physikprofessur an der Universität Manchester. Dort experimentierte er u. a. mit Glühkathodenröntgenröhren, wobei er die Idee verfolgte, den interatomaren Abstand in Ionen zur Bestimmung des Atomradius zu nutzen. In diesem Zusammenhang führte er in den frühen 1920er-Jahren mit seinen Kollegen Reginald William James und Claude H. Bosanquet ein Programm durch, mittels der Röntgenstrukturanalyse Präzisionsmessungen der gestreuten Röntgenintensitäten in absoluten Einheiten durchzuführen, um so nach einer Theorie von Charles Galton Darwin Aufschluss über die Elektronenverteilung im Atom zu bekommen. Im Laufe der zwanziger Jahre bildete sich auch eine Arbeitsteilung zwischen Vater und Sohn heraus: Untersuchte Ersterer vornehmlich organische Strukturen, so widmete sich Bragg junior insbesondere der Analyse anorganischer Stoffe. So wandte er die Raumgruppentheorie und Fourier-Transformationen bei der Analyse von Silikaten an – Untersuchungen, die für die kristallographische Forschung der Zwischenkriegszeit wegweisend waren.

Im Jahr 1930 hatte er einen Zusammenbruch, der wohl aus Überarbeitung, Karriereängsten und einem gespannten Verhältnis zu den Eltern herrührte. Er verbrachte ein Forschungssemester bei A. ↗ Sommerfeld in München und wandte sich verstärkt allgemeineren physikalischen Methoden der Strukturanalyse zu. Auch begannen verstärkt repräsentative Verpflichtungen seine Forschungstätigkeit einzuschränken. So gehörte er seit 1921 der Royal Society an und rückte dort schon bald in den Rat der Gesellschaft auf; auch hielt er wiederholt die Weihnachtsvorlesung der Royal Institution und Rundfunkvorlesungen in der BBC. 1941 wurde er geadelt. 1921 hatte er Alice Hopkinson geheiratet, die ihren überaus schüchternen Mann »gesellschaftsfähig« machte und ihm auch sonst in allen gesellschaftlichen Fragen eine wichtige Stütze war. Aus der Ehe sind vier Kinder hervorgegangen.

Im Jahre 1937 übernahm Bragg das Präsidentenamt des National Physical Laboratory, um schon im folgenden Jahr die Nachfolge des überraschend verstorbenen Rutherford am Cavendish-Laboratorium der Universität Cambridge anzutreten. Dort beschäftigte er sich u. a. gemeinsam mit M. ↗ Perutz mit der Strukturanalyse großer organischer Moleküle wie Proteine und Hämoglobin. Ebenfalls wurden Metalle erforscht – insbesondere Ordnung-Unordnungs-Phänomene – und eine »Blasentheorie« der Metallstruktur aufgestellt, die später zur Akzeptanz der Dislokationstheorie beitrug. Nach dem Zweiten Weltkrieg, in dem er vornehmlich Sonarforschungen betrieben hatte, reorganisierte er das Cavendish-Laboratorium und trug maßgeblich zur Etablierung molekularbiologischer Forschungen bei.

Gemeinsam mit Perutz beschäftigte er sich mit der Strukturbestimmung von Proteinen und anderen biologischen Molekülen, wobei allerdings die Entdeckung der DNS-Struktur im Jahre 1953 das Verdienst seiner Cambridger Kollegen Francis Crick und James Watson wurde. 1954 wurde Bragg Direktor der Royal Institution – ein Amt, das auch sein Vater bekleidet hatte. 1966 wurde Bragg pensioniert und zog sich auf seinen Landsitz Waldringfield in Suffolk zurück. [AH3]

Werk(e):
X-rays and crystal structure (1915); Electricity (1936); The development of x-ray analysis (Hrg. v. D. C. Phillips u. H. Lipson, 1975).

Sekundär-Literatur:
Phillips, D.: William Lawrence Bragg, Biographical Memoirs of the Fellows of the Royal Society 25 (1979) 75–143; Perutz, M. F.: How Lawrence Bragg invented x-ray analysis, Proceedings of the Royal Institution of Great Britain 62 (1990) 183–198.

Brahe, Tycho,
dänischer Astronom,
* 14. 12. 1546 Knudstrup (heute Schweden),
† 14. 10. 1601 Prag.

Brahe war am Vorabend der Fernrohrerfindung einer der Begründer der modernen astronomischen Beobachtungskunst. Die von ihm geschaffenen Sternwarten stellten Frühformen von Großforschungseinrichtungen dar. Seine genauen Planetenbeobachtungen gaben Kepler das Material, die Gesetze der Planetenbewegung aufzufinden. Brahe erkannte die kosmische Natur der Kometen und Novae und stellte ein geistesgeschichtlich zwischen C. ↗ Ptolemäus und N. ↗ Copernicus stehendes geo-heliozentrisches Planetensystem auf.

Brahe stammte aus einer wohlhabenden, adligen Familie und nahm einen seinem Stand entsprechenden Bildungsweg. Privatlehrer bereiteten ihn auf die Universitätsstudien vor, die er 1559 in Kopenhagen begann. Dort widmete er sich vor allem der Rhetorik und der Philosophie und durchlief in zwei Jahren die Artistenfakultät, an deren Ende die Astronomie stand.

Zunächst war jedoch die Astronomie eine Nebenbeschäftigung. Seine Familie fand die Himmelskunde nicht standesgemäß und drängte auf den Erwerb einer angemessenen Ausbildung. Dennoch gelang es Brahe, sich bald in Leipzig der Astronomie zuzuwenden, wo er in die praktische Himmelsbeobachtung eingeführt wurde. Daneben spielten auch Alchemie und Medizin eine Rolle in Brahes Studien, die beide nach damaligen Vorstellungen von der Astronomie (und der Astrologie) nicht weit entfernt standen.

Im Anschluss an einen kurzen Aufenthalt in der Heimat setzte Brahe seine Ausbildung zunächst in Wittenberg, dann 1566 in Rostock fort, wo er bis Anfang 1568 blieb, bis er auf eine Reise über Wittenberg nach Basel ging und für etwa ein Jahr in Augsburg weilte.

Nach dem Tod des Vaters 1571 lebte Brahe auf dem Gut der Familie und richtete sich bald ein (al)chemisches Laboratorium ein. Am Abend des 11. 11. 1572 erblickte er in der Cassiopeia einen Stern, den er dort nie zuvor gesehen hatte. Mit einem selbstgebauten Quadranten maß er dessen Abstand zu benachbarten Sternen, um seine Bewegung zu verfolgen – zu Brahes Überraschung zeigte das Gestirn seit Beginn der Sichtbarkeit keinerlei Ortsveränderung. Es war kein Komet, kein Objekt der Erdatmosphäre; doch was sonst? Nach alter, bewährter Lehre des ↗ Aristoteles konnte es in den Gestirnssphären keine Veränderungen geben; doch wenn das Gestirn keine Parallaxe aufweist, musste es der Sphäre der Sterne zugehören. Noch vorsichtig zog Brahe einen weitreichenden Schluss: Es könnte sein, dass sich im Reich der Sterne doch Veränderungen vollziehen und Aristoteles unrecht hat. Künftige Beobachtungen müssten das Rätsel lösen. Nur wenigen Gelehrten gelangen ähnliche Beobachtungen, unter ihnen ↗ Wilhelm IV. in Kassel und Michael Mästlin, dem Lehrer J. ↗ Keplers.

Schon hier erwies sich Brahe als junger Gelehrter von unabhängigem Geist, der die Dinge aus eigener Anschauung erfahren will. Die Schrift zur Supernova in der Cassiopeia sowie andere kleine Schriften verschafften Brahe einige Bekanntschaft, so dass man ihn 1574 bat, an der Kopenhagener Universität Vorlesungen zu halten, die er mit einer Betrachtung zur Geschichte der Astronomie begann: ein Loblied auf die Himmelskunde, ihre Beziehungen zur Geometrie und Algebra, ihren Nutzen für den Kalender und die Erkenntnis des Einflusses der Gestirne auf irdisches Leben, die Astrologie, sowie eine lobreiche Betrachtung zu Copernicus, den »zweiten Ptolemäus«.

In dieser Zeit war Brahe eine Bindung mit einer »unfreien« Frau eingegangen, mit der er nicht »stan-

T. Brahe

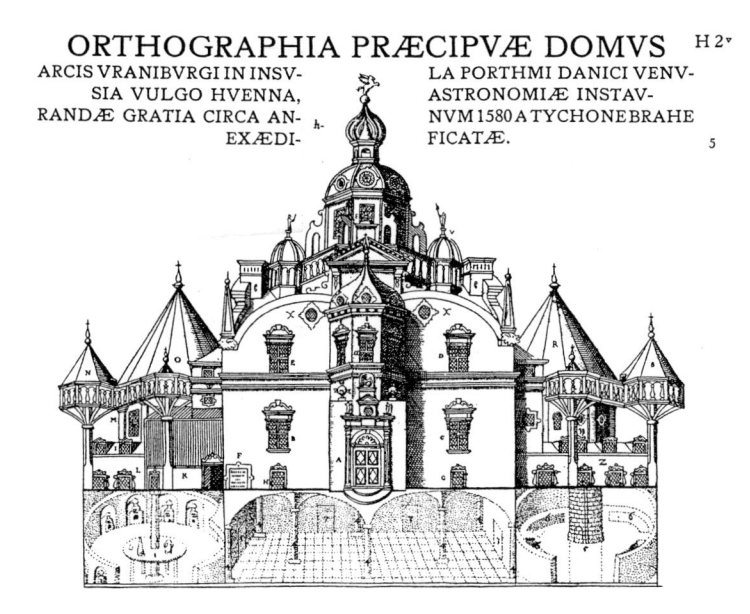

ORTHOGRAPHIA PRÆCIPVÆ DOMVS ARCIS VRANIBVRGI IN INSVLA PORTHMI DANICI VENVSIA VULGO HVENNA, ASTRONOMIÆ INSTAVRANDÆ GRATIA CIRCA ANNVM 1580 A TYCHONE BRAHE EXÆDIFICATÆ.

T. Brahe: Darstellung von Brahes Sternwarte Uranienburg um 1580 (nach Brahe, T. 1598)

desgemäß« 26 Jahre zusammenlebte und nach altem dänischen Gewohnheitsrecht, ohne kirchlichen Akt, als mit ihr verheiratet galt. Wir erfahren wenig von ihr, wissen hingegen von der Schwester Sophie, dass sie als 17-jähriges Mädchen, gebildet und begabt, ihrem Bruder bei dessen wissenschaftlichen Arbeiten assistierte.

Von großer Bedeutung auf einer zweiten Bildungsreise wurde Tychos Aufenthalt in Kassel an der Sternwarte des Landgrafen Wilhelm IV. im April 1575. Bei Diskussionen dürften beide Gelehrte rasch übereinstimmende Vorstellungen festgestellt habe. Wilhelm verwandte sich über eine diplomatische Mission dafür, dem jungen dänischen Edelmann in seiner Heimat die wissenschaftliche Forschung zu ermöglichen. Und so geschah es: Brahe kehrte nach Dänemark zurück. Er hatte viel gelernt, gesehen, gearbeitet und strebte nach selbstständiger Forschung. König Frederik II. belehnte ihn im Mai 1576 mit der unweit nördlich von Kopenhagen gelegenen Sundinsel Hveen und Brahe legte den Grundstein für seine großartige Sternwarte, die »Uraniborg«. Es war kein reiner Zweckbau, sondern eine Prachtanlage, ein symbolisches Monument wissenschaftlicher Forschung mit allem Schmuck, allem Prunk eines Schlosses, einer »Himmelsburg«.

Neben dem Kasseler Observatorium entwickelte sich Hveen zu einem der beiden Ausgangspunkte der Begründung der modernen astronomischen Beobachtungskunst. Die beträchtlichen finanziellen Mittel aus seinem Lehen und die Unterstützung des dänischen Königs setzten Brahe in den Stand, ein erstes »Großforschungszentrum« zu betreiben, mit zahlreichen Assistenten, einer eigenen Papiermühle, Druckerei und einem chemischen Laboratorium; alles ergänzt nach 1584 durch die Errichtung der zweiten Sternwarte, der »Stjerneborg«

Die Instrumente wurden nach seinen eigenen Angaben gefertigt: Globen, Armillarsphären, Quadranten, Sextanten und andere. Der Mauerquadrant wies einen Radius von 2,6 m auf, eine Armillarsphäre sogar von 3 m. Er hoffte, an den großen Skalen eine genauere Ablesung von Bruchteilen von Bogenminuten zu erreichen, mit Recht, doch führen andererseits große Instrumente auch rasch zu Problemen bei ihrer Herstellung und sicheren Justierung. Deshalb blieb man beispielsweise in Kassel bei kleineren Instrumenten und setzte lieber auf höchste Präzision der Skalen, Visiereinrichtungen und Beobachtungsuhren – ganz im Sinne der modernen Entwicklung astronomischer Präzisionsinstrumente. An beiden Orten ging man daran, die mit den Instrumenten unmittelbar gemessenen Gestirnsörter mit einer Refraktionskorrektur zu versehen. Hier wurde wohl erstmals die Notwendigkeit erkannt, systematische Fehler bei den Beobachtungen zu berücksichtigen.

Brahe ordnete die ganze Insel, sein Lehen, dem Zweck der Himmelskunde unter. Dabei scheint er vielfach, seinem Stande gemäß, als feudaler Herr mit Härte regiert zu haben. Die großen Bauten brachten viel Arbeit mit sich und Tychos aufbrausendes Wesen führte zu vielen Klagen der Inselbewohner vor dem königlichen Hof. Solange sein königlicher Wohltäter die Regentschaft innehatte, ging alles gut. Doch Frederik II. starb im September 1588, und der neue König, Christian IV., hatte nicht das astronomische Interesse seines Vaters und nahm nach und nach alte Privilegien zurück. Es

T. Brahe: Brahes Azimutalquadrant mit Visur von der Peripherie (nach Brahe, T. 1598)

kam zu Spannungen und 1597 zu Brahes voreiligem Verlassen der Insel.

Von Kopenhagen ging Brahe bald nach Rostock, dann nach Wandsbeek bei Hamburg zu Heinrich Rantzau, dem gebildeten, astronomisch und astrologisch interessierten dänischen Statthalter für Holstein. Hier vollendete er 1598 das schon auf Hveen begonnene Prachtwerk der Beschreibung seiner Sternwarten und Instrumente, *Astronomiae instauratae mechanica* (1598), mit zahlreichen handkolorierten Abbildungen. Er schickte es an mehrere deutsche Fürsten, versehen mit Briefen, in denen er um Unterstützung bittet. Gewidmet war es Kaiser Rudolph II. Dieser, ein Förderer der Wissenschaften und Künste, lud Brahe nach Prag ein und wies ihm das unweit Prag gelegene Schloß Benatek (Benátky) als Wohnsitz an, wo Brahe, seit 1599 in der Stellung des kaiserlichen Astronomen, begann, sich wissenschaftlich einzurichten. Zum Beobachten kam er nur wenig, doch mehrere Assistenten setzten die umfangreiche Bearbeitung der Beobachtungen fort. Zu diesen gesellte sich Kepler, dem es nach jahrelangen Forschungen (und jahrelangem Kampf mit Brahes Erben um die Nutzungsrechte am Beobachtungsmaterial) gelang, aus den Braheschen Marsbeobachtungen das Rätsel der Planetenbewegung zu lösen.

Brahe sind die genauesten Beobachtungen zu verdanken, die ohne das Fernrohr je gemacht wurden, doch er hatte in dieser Beziehung einen Mitstreiter in Christoph Rothmann an der Kasseler Sternwarte. Der dort bearbeitete Sternkatalog für 1589 weist als umfangreiches Datenmassiv eine größere Genauigkeit auf als der etwa gleichzeitige Katalog von Brahe. Gelang es Rothmann, die Standardabweichung in Rektaszension auf ±1,2' und in Deklination auf ±1,5' herunterzudrücken, betragen Brahes Abweichungen ±2,3' bzw. ±2,4'! Doch bei einzelnen Beobachtungen, besonders der Planeten, gelang Brahe eine wesentlich höhere Genauigkeit. Nur in Kassel und auf der Insel Hveen war man zu jener Zeit in der Lage, bei der Ortsbestimmung von Himmelskörpern über Bruchteile von Bogenminuten zu entscheiden – in einer Zeit, in der die systematische Himmelsbeobachtung noch in den Anfängen steckte.

Von besonderer Bedeutung wurden die Beobachtungen der Supernova 1572 und deren antiaristotelische Setzung in die Gestirnssphären. Was damals angesichts der Tragweite dieser Gedanken noch zögerlich blieb, führte Brahe beim Erscheinen des Kometen von 1577 sowie dann besonders 1585 fort. Die Kometen schieden als Objekte der Erdatmosphäre aus und wurden in die Sphären der Planeten oder gar der Sterne gesetzt. Wieder hatte Brahe einige Mitstreiter, unter ihnen Wilhelm IV. und Rothmann. Im Zusammenhang mit den Kometenforschungen, aber überhaupt aus dem sich immer mehr ansammelnden Material, das die aristotelische Physik infrage stellte, eliminierte Brahe die festen Planetensphären aus seinem Weltbild. Die Planeten sollten sich einfach in dem die Welt erfüllenden Äther bewegen. Gleichzeitig verbannte Rothmann auch den Äther sowie die separate Sphäre des himmlischen Feuers aus der Welt, indem er diese als von nichts anderem als von Luft erfüllt ansah.

Offenbar war Tycho sehr früh mit dem Copernicanischen Weltsystem bekannt geworden. Er teilte die Kritik an Ptolemäus und wusste um die mangelnde Genauigkeit der Alphonsinischen Tafeln. Aber wenn Brahe auch die grundsätzlichen Mängel der Ptolemaeischen Astronomie sah, konnte er sich doch andererseits nicht dazu durchringen, das heliozentrische anzunehmen. Zwar fand er darin nichts, was gegen mathematische Prinzipien verstoße, doch die theologischen Einwände waren ihm ebenso wichtig wie die auf Aristoteles beruhenden physikalischen. Tiefes Unbehagen bereitete Brahe die aus dem Copernicanischen System folgende riesige Entfernung der Fixsterne und die notwendige Konsequenz der Annahme eines unermesslichen leeren Raumes zwischen Saturn und den Fixsternen.

In Tychos geo-heliozentrischem System bewegen sich zunächst alle Planeten, ausgenommen die Erde, um die Sonne, während sich dieses ganze Ge-

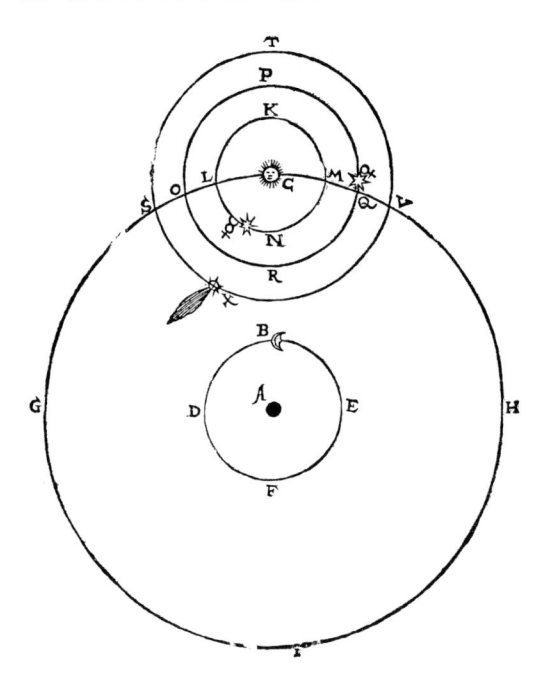

T. Brahe: Das tychonische Weltsystem mit der Darstellung eines Kometen in den Planetensphären (Brahe, T. 1648)

bilde um die in der Weltmitte ruhende Erde bewegt. Die Fixsternsphäre dreht sich in täglichem Umschwung um die Erde, während die Bahn der Sonne sich mit der Marsbahn schneidet. Letzteres ist möglich, weil die Planetenkreise nur geometrische Konstruktionen zur Berechnung der Himmelsbewegung sind und keine reale Existenz besitzen.

Das tychonische Weltsystem zeigt, welche Schwierigkeit es den Gelehrten bereitete, sich des copernicanischen Systems anzunehmen – des wahren, wie wir heute wissen, was damals aber erst herauszufinden war. Das geo-heliozentrische Weltsystem wurde als wirkliche Alternative gesehen und von mehreren anderen Gelehrten unabhängig von Brahe entwickelt. Es galt in der ersten Hälfte des 17. Jahrhunderts bei den Jesuitenastronomen als das aussichtsreichste Modell der Planetenbewegung. Seine Anerkennung erreichte ein solches Maß, dass es bald nach 1600, als immer deutlicher wurde, dass sich die Aristotelische Physik in ihrer Gesamtheit nicht halten ließ, neben dem Copernicanischen System eines der beiden hauptsächlichen Weltsysteme wurde, während vom alten geozentrischen nur noch wenig die Rede war.

Völlig zurecht gilt Tycho Brahe als einer der bedeutendsten Astronomen in der Geschichte der Astronomie, als Höhepunkt und Abschluss der vorteleskopischen Astronomie. Niemand vor ihm und lange nicht danach häufte ein solch gewaltiges Beobachtungsmaterial an wie er, zudem insgesamt von einer solchen Genauigkeit der Beobachtung – und dann im Werk Keplers mit solchen Konsequenzen. [JH]

Werk(e):
Astronomiae instauratae mechanica (1598); De mundi aetherei... pars secunda (1648); Tychonis Brahe opera omnia, (hrg. v. I. L. E. Dreyer u. E. Nyström, 15 Bände); Über die mathematischen Wissenschaften. Eine Rede Tycho Brahes (de disciplinis mathematicis), Die Sterne 11, 98–123;

Sekundär-Literatur:
Thoren, V. E.: The Lord of Uraniborg (1990).

Brander, Georg Friedrich,
deutscher Mechaniker und Instrumentenbauer,
* 28. 11. 1713 Regensburg,
† 1. 4. 1783 Augsburg

Brander gehört zu den bedeutendsten Herstellern wissenschaftlicher Instrumente im 18. Jahrhundert.

Brander entstammte einer angesehenen Regensburger Kaufmannsfamilie. Ab 1731 besuchte er für drei Jahre die Universität Nürnberg-Altdorf, wo ihn insbesondere der Astronom und Mathematiker Johann Gabriel Doppelmayr wesentlich beeinflusste. 1734 siedelte er nach Augsburg über und eröffnete dort eine eigene Werkstatt. Wie fast alle Mechaniker seiner Zeit stellte Brander ein breites Spektrum chirurgischer, optischer und mathematischer Instrumente her. 1737 baute er das erste in Deutschland angefertigte Spiegelteleskop. Die herausragende Qualität der Instrumente verschafften Branders Werkstatt bald internationales Ansehen, und so zählten zahlreiche Akademien, Universitäten, Fürsten- und Königshöfe aus dem In- und Ausland zu ihren Kunden. Brander entwickelte verschiedene Verbesserungen an wissenschaftlichen Instrumenten, die er häufig, und dies ist ungewöhnlich für einen Mechanicus seiner Zeit, auch publizierte. Wegweisend wurde seine Erfindung der Glasmikrometer. Diese feinen, in Glas geritzten Maßstabskalen verändern sich nur wenig bei Temperaturschwankungen und können, da durchsichtig, direkt in den Strahlengang eines Mikroskops, Teleskops oder anderen optischen Instruments eingebaut werden. Brander gelang es erstmals mit einer selbst entworfenen Teilmaschine, Maßskalen von bis dahin unbekannter Präzision mit einem Diamant in Glas zu ritzen. 1754 heiratete Brander die Pfarrerstochter Sabine Barbara Thenn. 1759 gehörte Brander zum Kreis der Gründungsmitglieder der Kurfürstlich Bayerischen Akademie in München, für deren physikalisches und mathematisches Cabinet er im Laufe der Zeit an die 150 Instrumente fertigte. Enge Kontakte hatte Brander auch mit dem Begründer der Photometrie, J. H. ↗ Lambert, der für einige Jahre in Augsburg lebte und in dieser Zeit auch in Branders Werkstatt gearbeitet haben soll. Die Königliche Akademie in Kopenhagen ehrte 1779 Branders herausragende Leistung als Instrumentenbauer durch Verleihung einer Goldmedaille im Wert von 100 Talern. 1775 nahm Brander seinen Schwiegersohn Chr. Caspar Höschel als Teilhaber in die Werkstatt, der sie nach Branders Tod weiter betrieb. [JZ]

Sekundär-Literatur:
Brachner, A. (Hrg.): G. F. Brander, 1713–1783, wissenschaftliche Instrumente aus seiner Werkstatt (1983, darin vollständiges Werkverzeichnis von Brander).

Brattain, Walter Houser,
amerikanischer Physiker und Halbleitertechniker,
* 10. 2. 1902 Amoy (China),
† 13. 10. 1987 Seattle.

Brattain gehört zu den Pionieren der Halbleitertechnik. Gemeinsam mit J. ↗ Bardeen und W. B. ↗ Shockley erfand er 1948 den Transistor.

Nach dem Studium der Physik am Whitman College in Walla Walla/Washington und der University of Oregon promovierte er 1929 an der University of Minnesota. Anschließend wirkte er als Forschungsmitarbeiter in den Bell Telephone Laboratories in Murray Hill/New Jersey. Diese damals wohl größte Forschungseinrichtung war 1925 durch AT & T und Western Electric gegründet worden. Sie war auf Grundlagenforschung und die Entwicklung von Geräten der Nachrichtentechnik ausgerichtet.

Bardeens erste Arbeiten befassten sich mit Problemen der Oberflächenphysik und der thermischen Emission in Halbleitern. Während des Zweiten Weltkriegs arbeitete er an einem Militärforschungsprojekt, das sich mit der Entwicklung von Detektoren zur Radarortung von Unterseebooten beschäftigte.

W.H. Brattain

Nach dem Kriegsende wurde er in die bei den Bell Laboratories gebildete Halbleiterforschungsgruppe berufen, die Forschungen für einen Halbleiterverstärker wieder aufnahm. Bei Experimenten zur Untersuchung von Oberflächeneffekten an Halbleitern bemerkten Bardeen und Brattain Ende 1947, dass der durch eine Metallspitze in den Halbleiterkristall fließende Strom durch die anliegende Spannung gesteuert werden konnte. Damit hatten sie das Wirkprinzip des Punktkontakttransistors gefunden. Am 26. 2. 1948 meldeten Bardeen und Brattain das Prinzip des Punktkontakttransistors zum Patent an. Im Juni 1948 erschien in der Zeitschrift *Physical Review* die erste wissenschaftliche Veröffentlichung zum Transistor.

In den Folgejahren beschäftigte sich Brattain weiter mit Oberflächeneffekten an Halbleitern. 1967 schied er bei den Bell Laboratories aus und übernahm eine Professur am Whitman College. 1956 wurde er gemeinsam mit Bardeen und Shockley für die Erfindung des Transistors mit dem Nobelpreis für Physik ausgezeichnet. [AK2]

Werk(e):
The transistor, a semiconductor triode. Physical review 74 (1948) 231–232; Physical principles involved in transistor action. Physical Review 75(1949) 1208–1225.

Sekundär-Literatur:
Bardeen, J.: Walter H. Brattain. Physics today 41 (1988) 116–120.

Braun, Alexander Carl Heinrich,
deutscher Botaniker,
* 10. 5. 1805 Regensburg,
† 29. 3. 1877 Berlin.

Braun war Mitbegründer des natürlichen Pflanzensystems; systematische und entwicklungsgeschichtliche Studien an Algen ließen ihn den Zellbegriff und die Bedeutung des Cytoplasmas für die lebende Zelle deutlicher als um 1850 üblich erkennen. Zusammen mit Karl Friedrich Schimper begründete er die Blattstellungstheorie.

Brauns Vater, der ebenfalls Alexander hieß, war Inspektor bei der Reichspostdirektion; seine Mutter Henriette war die Tochter eines Mathematikprofessors und früheren Priesters aus Berlin. Braun wuchs in Karlsruhe auf, dessen landschaftliche Umgebung und großherzogliches Naturalienkabinett ihn früh zu naturhistorischen Studien anregte, die sich schon beim Schüler Braun in beschreibend-systematischen Artikeln niederschlugen. Nach privater Erziehung trat er 1816 in die Höhere Schule in Karlsruhe ein. Im Oktober 1824 nahm er das Studium der Medizin an der Universität Heidelberg auf, wobei er neben medizinischen Fächern weiter-

A.C.H. Braun

hin naturkundliche und mehr und mehr selbständig pflanzensystematische und morphologische Studien betrieb. Im Frühjahr 1826 begann seine lebenslange Freundschaft mit L. ↗ Agassiz, dem späteren Zoologen und Paläontologen, der ebenfalls in Heidelberg Medizin studierte und Brauns Schwester Silly heiraten sollte. Als weiterer leidenschaftlicher Naturforscher und Botaniker vervollständigte Karl Friedrich Schimper seit dem Herbst 1826 den Freundeskreis, der Brauns Studienzeit und beginnende Forscherlaufbahn prägte. Bereits in Heidelberg durch den naturphilosophisch ausgerichteten Franz Joseph Schelver beeindruckt, wechselte Braun zusammen mit Agassiz 1827 an die Universität München über, wohin ihnen Schimper 1828 folgte. Hier wurden sie durch die Vorlesungen L. ↗ Okens und vor allem F. W. J. ↗ Schellings nachhaltig beeinflusst und bildeten sich breit in allen naturwissenschaftlichen Fächern aus. Anleitung durch und Gedankenaustausch mit dem damals führenden vergleichenden Anatomen und Embryologen Ignaz Döllinger, in dessen Haus sich die »Kleine Akademie« der jungen Naturforscher versammelte, und dem Forschungsreisenden und Botaniker Carl P. Martius wurden wegweisend für ihre Lebensarbeit. Mit einer Arbeit zur Morphologie und Systematik von Farnpflanzen wurde Braun 1829 an der Universität Tübingen in Medizin promoviert. Ein Studienaufenthalt von Februar bis September 1832 zusammen mit Agassiz in Paris, wo sie noch Lehrvorträge des Zoologen und Paläontologen G. ↗ Cuvier am Muséum d'Histoire Naturelle hören konnten, und naturhistorische Reisen beschlossen die ausgedehnten Studien.

Nach Karlsruhe zurückgekehrt, führte Braun seine botanischen Forschungen privat am Naturalienkabinett weiter, bis er 1833 an der neu gegründeten Polytechnischen Schule einen Lehrauftrag für Botanik und Zoologie erhielt. 1846 wurde er auf den Lehrstuhl für Botanik an der Universität Freiburg i. Br. berufen, wo er während der Revolutionszeit 1848 und 1849 als Prorektor mit diplomatischem Geschick dazu beitrug, seine Hochschule vor starken Beeinträchtigungen zu bewahren. Nachdem Braun 1850 die Professur für Botanik an der Universität Gießen für ein knappes Jahr innegehabt hatte, nahm er 1851 den Ruf an die Universität Berlin an, wo er bis zu seinem Tod als ordentlicher Professor für Botanik und als Direktor des Botanischen Gartens in Berlin-Schöneberg wirkte. Dort zählten zu seinen Schülern E. ↗ Haeckel und die Botaniker Paul Friedrich August Ascherson, A. de ↗ Bary und sein Nachfolger August Wilhelm Eichler.

Schon während der Studienzeit in München erarbeitete Braun zusammen mit Schimper die Blattstellungstheorie der Samenpflanzen (*Spermatophyta*), womit sie in Weiterführung der Pflanzenmorphologie J. W. v. ↗ Goethes die idealistische Morphologie begründeten, der Braun zeitlebens anhing. Schimper hatte auf der Naturforscherversammlung in Stuttgart 1834 die Grundzüge der Theorie vorgetragen, sie aber nicht vollständig zur Publikation ausgearbeitet. Dies übernahm 1835 Braun in Form eines Protokolls. Schimper fühlte seine Arbeit darin nicht ausreichend gewürdigt, so dass es trotz der Versöhnungsversuche Brauns zum Bruch zwischen den beiden kam. Braun stellte außerdem eine entsprechende Deutung der morphologischen Struktur der Zapfen der Nacktsamer (*Gymnospermae*) und verschiedener Blütenstände auf. Aufgrund von Untersuchungen über die feineren Strukturen und die Entwicklungsgeschichte von Süßwasseralgen konnte Braun durch Betonung der physiologischen Bedeutung des Cytoplasmas die damalige Zellenlehre vertiefen. Seine Einzelbeobachtungen versuchte er in eine idealistisch überhöhte Gesamtdeutung der Erscheinungen als Ausdruck einer fortwährenden »Verjüngung in der Natur« einzufügen. Zur Anordnung der Pflanzen im Botanischen Garten in Berlin entwarf Braun ein natürliches Pflanzensystem, das sein Mitarbeiter Ascherson 1864 publizierte. Besonders hinsichtlich der Blütenmorphologie und durch Berücksichtigung von höheren systematischen Einheiten, die hauptsächlich durch Forschungen außerhalb Europas entdeckt worden waren, erweiterte Eichler das System Brauns. Da auch A. ↗ Engler und R. ↗ Wettstein darauf aufbauten, führte es zu den bis heute verwendeten Grundzügen der Systematik der Samenpflanzen (Spermatophyta). Nachdem Braun aufgrund seiner taxonomisch-systematischen und phytopaläontologischen Studien schon vor 1859 eine Transmutation und Stammesgeschichte der Arten angenommen hatte, pflichtete er Ch. ↗ Darwin darin bei, dass die »Fortpflanzung […] auch als Mittel zur Umgestaltung und Neubildung« der Arten zu betrachten sei. Seine Anerkennung einer realhistorischen Evolution der Organismen bekräftigte er 1872; dagegen hielt Braun an einer teleologischen Auffassung des gesamten Entwicklungsprozesses fest, wobei er zugleich Darwins Prinzip der natürlichen Selektion gelten ließ. [BH2]

Werk(e):
Vergleichende Untersuchung über die Ordnung der Schuppen an den Tannenzapfen, als Einleitung zur Untersuchung der Blattstellung überhaupt [1830], in: Nova Acta Physico-Medica Academiae Caesareae Leopoldino-Carolinae 15 (1831) 195–402; Betrachtungen über die Erscheinung der Verjüngung in der Natur, insbesondere in der Lebens- und Bildungsgeschichte der Pflanze (1851); Das Individuum der Pflanze in seinem Verhältniss zur Species. Generationsfolge, Generationswechsel und Generationstheilung der Pflanze, in: Abhandlungen der Königlichen Akademie der Wissenschaften Berlin, physikalische Klasse (1852/1853) 19–122; Ueber die Bedeutung der Morphologie, Rede gehalten am 2. August 1862; Ascherson, P. F. A.: Flora der Provinz Brandenburg [...] (nebst einer Übersicht des natürlichen Pflanzensystems nach A. Braun, 1864); Ueber die Bedeutung der Entwickelung in der Naturgeschichte (1872).

Sekundär-Literatur:
Mettenius, C.: Alexander Braun's Leben nach seinem handschriftlichen Nachlass dargestellt (1882); Hoppe, B.: Deutscher Idealismus und Naturforschung, Werdegang und Werk von Alexander Braun, in: Technikgeschichte 36 (1969) 111–132; Hoppe, B.: Die Geschichtlichkeit der Natur und des Menschen – Die Entwicklungstheorie Alexander Brauns, in: Medizingeschichte in unserer Zeit (hrg. von H.-H. Eulner u. a., 1971) 393–421; Jahn, I., Landsberg, H.: Alexander Brauns Vorlesung über »Generationswechsel« – Lehrtafeln und Handzeichnungen über »Zoophyten« im MfN Berlin, in: Pratum Floridum (hrg. von M. Folkerts u. a., 2002, Algorismus Heft 38) 173–189.

Braun, Karl Ferdinand,
deutscher Physiker,
* 6. 6. 1850 Fulda,
† 20. 4. 1918 New York.

Braun entdeckte den Gleichrichtereffekt an Halbleitern, erfand die Kathodenstrahloszillographenröhre und zählt zu den Pionieren der Hochfrequenzphysik und Funktechnik.

Braun, sechstes von sieben Kindern eines Justizaktuars, absolvierte das Gymnasium und studierte in Marburg und Berlin Naturwissenschaften. Durch seinen Lehrer Georg Hermann Quincke erhielt er 1870 eine Assistentenstelle an der Berliner Gewerbeakademie und führte 1872 seine Promotion über Saitenschwingungen bei H. ↗ Helmholtz zu Ende. Er folgte Quincke 1872 als Assistent an die Universität Würzburg und legte daneben 1873 in Marburg das Staatsexamen als Gymnasiallehrer ab.

Da sich zunächst keine Möglichkeit für eine Hochschullehrerlaufbahn bot, nahm er 1874 eine Stelle als Gymnasiallehrer an der Leipziger Thomasschule an. Hier setzte er seine in Würzburg begonnenen Experimente an Halbleitern fort. Er ent-

K.F. Braun

deckte 1874, dass zwischen einem Halbleiter (Schwefelmetall) und einer Metallspitze die Stromstärke von der Stromrichtung abhängig ist (Gleichrichtereffekt). Obwohl die theoretische Erklärung mithilfe der Quantentheorie und die allgemeine praktische Verwendung des Effekts erst über 50 Jahre später möglich wurde, nutzte Braun ihn um 1900 zur Konstruktion des Kristalldetektors, des ersten Hochfrequenzgleichrichters auf Halbleiterbasis. In Leipzig verfasste Braun aber auch ein überaus anregendes populärwissenschaftliches Kinderbuch.

1877 wurde Braun Professor in Marburg (1877–1880). Die weiteren Stationen seiner akademischen Laufbahn waren Straßburg (1880–1883), Karlsruhe (1883–1885) und schließlich Tübingen (1885–1895), wo er die Planung und den Bau eines neuen Physikalischen Instituts leitete. Hier heiratete Braun Amélie Bühler. Dem Paar wurde vier Kinder geboren.

In diesen Jahren untersuchte er die Thermodynamik galvanischer Elemente und forschte über die Abhängigkeit der Löslichkeit von Salzen in Flüssigkeiten vom Druck (Le Chatelier-Braun-Prinzip).

Schon vor seiner Berufung als ordentlicher Professor an die Universität Straßburg (1895) begann seine erfolgreichste Forschungsperiode. Insbesondere durch Konstruktionen elektrophysikalischer Geräte trug er zum technischen Fortschritt bei: Er baute 1884 ein erstes brauchbares elektrisches Widerstandsfernthermometer, schuf 1891 das Braunsche Elektrometer mit Aluminiumblättchen, das wegen seiner genauen Eichbarkeit und leichten Handhabung weite Verbreitung fand. Der Höhepunkt war 1897 die Konstruktion der Kathodenstrahlröhre (Braunsche Röhre) mit einem Glimmerschirm im Röhrenboden, einer Lochblende und einem magnetischen Ablenksystem zur Aufzeichnung elektrischer Schwingungen. Damit schuf er die Urform der Oszillographen- und Fernsehröhren.

Ab 1898 führte er die von A. ↗ Popow und G. ↗ Marconi inaugurierte Funktechnik aus dem Stadium des Probierens heraus und begründete damit die Hochfrequenztechnik. Er führte den geschlossenen Schwingkreis mit angekoppeltem Antennenkreis ein, verminderte so die Dämpfung des Senders, schuf mit seinen Assistenten funktechnische Messgeräte (Frequenzmesser), verbesserte die Spulenkerne und erfand die Rahmenantenne für die Richtfunktechnik. Für seinen herausragenden Beitrag zur Entwicklung der Funktechnik wurde Braun 1909 gemeinsam mit Marconi mit dem Nobelpreis für Physik ausgezeichnet.

Braun war 1915 im Auftrag der Firma Telefunken in die USA entsandt worden, um die kriegsbedingte Schließung der deutschen Sendestation zu verhindern. Nach dem Kriegseintritt der USA konnte er nicht mehr nach Deutschland zurückkehren.[WS2]

Werk(e):
Ueber die Stromleitung durch Schwefelmetalle, Pogg. Ann. 153 (1874) 556–562; Ueber ein Verfahren zur Demonstration und zum Studium des zeitlichen Verlaufs variabler Ströme, Wied. Ann. 60 (1897) 552–559.

Sekundär-Literatur:
Hars, F.: Ferdinand Braun. Ein wilhelminischer Physiker (1999, mit einer vollständigen Bibliographie von Brauns Veröffentlichungen); Kurylo, F., Susskind, Ch.: Ferdinand Braun – A Life of the Nobel Prizewinner and Inventor of the Cathode-Ray Oscilloscope (1981).

Wernher von Braun
Michael Neufeld

Braun, Wernher Magnus Maximilian Freiherr von,
deutsch-amerikanischer Raketentechniker,
* 23. 3. 1912 Wirsitz (heute Wyrzysk, Polen),
† 16. 6. 1977 Alexandria (Virginia, USA).

Braun gehört zu den bedeutendsten Raketenpionieren und Raumfahrtspezialisten des 20. Jahrhunderts. Vier Leistungen sind besonders hervorzuheben: 1.) Die Entwicklung der ersten ballistischen Waffe A4 (V2), der ersten Großrakete der Welt, im nationalsozialistischen Deutschland; 2.) die von ihm maßgeblich initiierte Raumfahrtkampagne in den USA, die seit den frühen 1950er-Jahren wichtige Veränderungen in der öffentlichen Meinung der USA und Westeuropa zugunsten der Raumfahrt bewirkte; 3.) der Start des ersten amerikanischen Satelliten Explorer I als Reaktion auf die Starts der sowjetischen Sputniks; 4.) die Entwicklung der Trägerrakete Saturn V, mit der die erste bemannte Mondlandung erfolgreich durchgeführt werden konnte. Getrübt werden diese technischen Spitzenleistungen durch Brauns Rolle im Dritten Reich.

Wernher von Braun entstammte einer angesehenen deutschen Beamtenfamilie – sein Vater Magnus war zunächst Landrat in Posen und bekleidete später hohe Regierungspositionen in Preußen und dem Deutschen Reich; u. a. war er Reichsernährungsminister in den Regierungen von Papen und Schleicher. Braun wuchs zunächst in Berlin auf, doch wegen mangelhafter schulischer Leistungen besuchte er ab 1925 zwei Internatsschulen. An der Hermann-Lietz-Schule auf der Nordseeinsel Spiekeroog legte er Ostern 1930 sein Abitur ab und begann anschließend an der TH Berlin-Charlottenburg ein Maschinenbaustudium.

Bereits als Gymnasiast hatte sich Braun für die Schriften des Raumfahrtpioniers H. ↗ Oberth begeistert und nach der Gründung des Vereins für Raumschifffahrt im Jahre 1927 wurde er dessen Mitglied. Nach seinem Abitur beteiligte er sich an den Raketenexperimenten auf dem vom Verein gegründeten Raketenflugplatz Berlin-Reinickendorf. Hier kam er in Kontakt mit dem späteren General der Artillerie Karl Becker, Leiter der Ballistischen und Munitionsabteilung des Heereswaffenamtes, der Brauns Wechsel an das II. Physikalische Institut der Berliner Universität arrangierte. Dort führte er unter der Leitung von Erich Schumann geheime Flüssigkeitsraketenexperimente auf dem Versuchsgelände des Heereswaffenamtes in Kummersdorf bei Berlin durch, die die Grundlage seiner Promotion im Juli 1934 bildeten.

Nach dem erfolgreichen Start von zwei Raketen A2 (Aggregat 2) mit Flüssigkeitstreibstoffen im Dezember 1934 beschleunigte das Heereswaffenamt Brauns Projekt zur Entwicklung von raketengetrie-

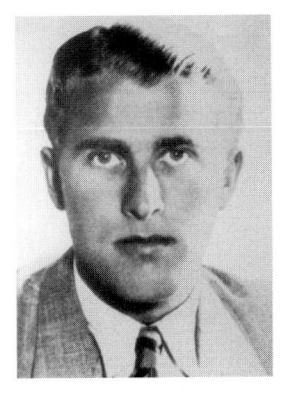

W. v. Braun (1938)

benen Fernwaffen. Dies führte 1936–37 zum Bau eines geheimen Raketenentwicklungszentrums in Peenemünde, auf der nordwestlichen Spitze der Ostseeinsel Usedom. Braun wurde technischer Direktor dieser so genannten Heeresversuchsstelle; sein Vorgesetzer und zugleich väterlicher Freund war der spätere Generalmajor Walter Dornberger. Ebenfalls 1937 trat Braun der NSDAP bei, und 1940 trug ihm auch die SS die Mitgliedschaft an, die er schließlich akzeptierte, um Schwierigkeiten für die eigene Person und das Raketenprogramm aus dem Weg zu gehen. Obwohl er es bis zum SS-Sturmbannführer brachte, hat sich Braun nicht als Naziideologe und Aktivist des NS-Systems profiliert. Seine Aktivitäten im nationalsozialistischen Deutschland waren fast ausschließlich an technokratischen Zielen orientiert.

Trotz technischer Rückschläge gelang es unter der charismatischen Leitung Brauns, die ballistische Rakete A4 zu entwickeln. Erstmals am 3. Oktober 1942 erfolgreich getestet, markiert sie mit einer Reichweite von 270 km eine Revolution in der Raketenentwicklung. Nachdem Hitler zuvor gegenüber den Raketenplänen eine ambivalente Haltung eingenommen hatte, entschied er November 1942, die Raketenwaffe in die Produktion zu überführen, was den Druck auf Peenemünde nachhaltig erhöhte. Sowohl das Speersche Rüstungsministerium wie auch die SS begannen sich nun verstärkt dafür zu interessieren. Im Frühjahr 1943 wurden erstmals KZ-Häftlinge dem Raketenprogramm zugeteilt, um den Mangel deutscher Arbeiter auszugleichen. Nach einem alliierten Luftangriff auf Peenemünde beschloss man im August 1943 die Verlagerung der gesamten A4-Produktion in ein unterirdisches Werk in der Nähe von Nordhausen in Thüringen. Häftlinge des Konzentrationslagers Dora mussten dort unter unmenschlichen Bedingungen arbeiten.

Nach einer Intrige Himmlers, der seinen Vertrauten Hans Kammler zur leitenden Figur des A4-Programms zu machen versuchte, wurde Braun im Frühjahr 1944 wegen »defätistischer Äußerungen« von der Gestapo verhaftet. Nach Interventionen von Dornberger und Speer beim Oberkommando der Wehrmacht und bei Hitler, die auf Brauns unersetzbare Rolle für das Programm hinwiesen, kam Braun nach zweiwöchiger Haft wieder frei und konnte seine Tätigkeit in Peenemünde fortsetzen. Am 8. September 1944 wurden die ersten A4-Raketen auf Paris und London abgeschossen. Vom Propagandaministerium erhielt die Rakete den Namen Vergeltungswaffe 2 (V2) – im Unterschied zur V1 der Luftwaffe, dem unbemannten und ferngesteuerten Flugkörper Fieseler 103 (Fi 103).

Davon überzeugt, dass der Krieg für Deutschland verloren war, begann Braun im Winter 1944/45 Vorbereitungen zu treffen, seine Raketengruppe den Amerikanern anzudienen. Obwohl dieses Vorhaben schließlich gelang, war dieser Erfolg weniger zwangsläufig als vielmehr glücklichen Umständen zu verdanken. Auf Befehl der SS wurde der Standort Peenemünde im Februar/März 1945 im Wesentlichen aufgelöst und in die Nähe von Nordhausen verlagert. Von dort zogen sich Braun und seine Gruppe, etwa 500 Topingenieure und Techniker, wenig später in die bayerischen Alpen zurück, wo Braun und Dornberger sich am 2. Mai in amerikanische Kriegsgefangenschaft begaben. Im Folgenden gelang es beiden, militärische und wissenschaftliche Stellen der USA vom Wert ihrer Forschungen zu überzeugen und diese zu veranlassen, dass der Kern der Gruppe nach Amerika gebracht wurde. Dieses Unternehmen wurde zum Kernstück der Operation Overcast, später in Aktion Paperclip umbenannt. Dadurch kamen einige hundert hoch qualifizierte deutsche Wissenschaftler und Techniker in die USA. Etwa 120 Raketentechniker mit Braun an der Spitze wurden auf dem Stützpunkt Fort Bliss (Texas) interniert, der sich nur unweit des amerikanischen Raketentestgebiets White Sands in New Mexico befand.

Braun selbst kehrte 1947 für kurze Zeit nach Deutschland zurück, um seine Cousine Maria von Quistorp zu heiraten. Aus der Ehe sind drei Kinder hervorgegangen: Iris Careen (1948), Margrit Cecile (1952) und Peter Constantine (1960).

In den vierziger Jahren arbeiteten Braun und seine Gruppe in Fort Bliss für das amerikanische Heer, wobei man sich ausschließlich mit experimentellen Tests beschäftigte. Für die amerikanischen Militärs gab es damals noch keinerlei Prioritäten für die Entwicklung ballistischer Waffen. Mit der Verschärfung des Kalten Kriegs wurde dem Heer 1950 ermöglicht, in Huntsville (Alabama) ein neues

W. v. Braun auf dem Raketenflugplatz in Berlin-Reinickendorf

Raketenzentrum einzurichten. Der Kern des neuen Zentrums bildete Brauns Gruppe. Als dessen technischer Direktor, aber auch hier einem militärischen Verantwortlichen untergeordnet, leitete Braun die Entwicklung der Redstone-Rakete. Diese amerikanische Version der V2 besaß eine Reichweite von 320 km und war im Vergleich zum deutschen Ausgangsmodell bedeutend verbessert und zudem nuklear bestückt. Mit der weiteren Verschärfung des Wettrüstens zwischen den USA und der UdSSR erhielt die Gruppe in Huntsville 1955 den Auftrag, eine Nuklearwaffe von 2 500 km Reichweite zu entwickeln – die Jupiter-Rakete. Brauns Gruppe erhielt damit eine sehr viel höhere Priorität. Allerdings hatte man zuvor den Kampf um den Auftrag zum Bau des ersten amerikanischen Satelliten an die Marine verloren. Nachdem jedoch der Start des sowjetischen Sputnik I einen politischen Feuersturm in den USA ausgelöst hatte, wurde diese Entscheidung bereits 1957 revidiert. Dies führte zum erfolgreichen Start von Explorer I am 31. Januar 1958.

In der Folgezeit orientierte sich Brauns Gruppe zunehmend auf die Entwicklung leistungsfähiger Trägerraketen, namentlich der Saturn-Rakete. Im Herbst 1959 billigte Präsident Eisenhower die Überführung der Gruppe zur im Jahr zuvor gegründeten zivilen National Aeronautics and Space Administration (NASA), und Braun wurde im folgenden Jahr zum Direktor des George C. Marshall Raumfahrzentrums ernannt, dessen Standort weiterhin Huntsville blieb. Zu dieser Entscheidung hat sicherlich beigetragen, dass sich Braun seit den frühen fünfziger Jahren neben seinen militärischen Entwicklungsarbeiten auch zunehmend mit Zeitschriftenartikeln, Büchern und Fernsehauftritten zu einem bekannten Propagandisten der zivilen Weltraumfahrt profiliert hatte.

In den sechziger Jahren waren Brauns Aktivitäten auf die Realisierung des Saturn-Programms konzentriert. Insbesondere ging es um die Saturn-V-Rakete, die größte Trägerrakete dieses Programms. Ebenfalls spielte Braun in den sechziger Jahren eine zentrale Rolle in der NASA, speziell bei Entscheidungen zum Apollo-Programm. In den späten sechziger Jahren setzte er sich für eine größere Vielfalt in den technischen Projekten des Marshall Raumfahrtzentrums ein, da Entwicklungsarbeiten zur Saturn V bereits 1966 ihren Höhepunkt überschritten hatten. So sicherte er dem Zentrum ein Projekt zur Entwicklung des Prototyps einer Raumstation, des späteren Skylab (1973–74). 1970 übernahm Braun in Washington die Position eines NASA-Vizedirektors für Planung, eine Funktion, die nach der Euphorie der Mondlandung eingerichtet wurde. Gravierende Budgetkürzungen schränkten jedoch Brauns Möglichkeiten zunehmend ein, so dass er sich bereits 1972 von dieser Position zurückzog und Vizepräsident des Unternehmens Fairfield Industries in Germantown (Maryland) wurde. Dort war Braun für technische Planung und Raumprojekte verantwortlich. Die letzten Lebensjahre Brauns waren durch Verlust an Macht und Einfluss sowie von einer fortschreitenden Krebserkrankung gezeichnet, die ihn Ende 1976 in den Ruhestand zwangen. Am 16. Juni 1977 starb Braun in einem Krankenhaus seines Wohnsitzes Alexandria bei Washington.

Die Entwicklung des A4/V2

Obwohl Brauns zentrale Rolle bei der ersten Mondlandung meist als seine bedeutendste Leistung angesehen wird, waren es doch seinen Arbeiten in Deutschland, die die größte weltgeschichtliche Bedeutung besaßen. Mit dem Nachweis, dass weitreichende Waffen wie die A4/V2 technisch realisierbar waren, wurde nicht nur die Entwicklung der Raketentechnik entscheidend beschleunigt, sondern wurden zugleich die groß angelegten Programme zur Entwicklung ballistischer Waffen in den USA und der Sowjetunion initiiert. Damit haben Brauns frühe Forschungen sowohl das nukleare Wettrüsten als auch die Weltraumforschung auf entscheidende Weise beeinflusst.

Brauns Arbeiten im Rahmen des Heereswaffenamtes waren zunächst nur eine Erweiterung der Amateurentwicklungen des Raketenflugplatzes. Den Empfehlungen Hermann Oberths folgend, aber auch Ideen der beiden anderen frühen Raketenpioniere, K. ↗ Ziolkowski und R. H. Goddard, aufnehmend, vertrat Braun die Überzeugung, dass allein in der Flüssigkeitsrakete die Zukunft der Raketentechnik liegt. Seine Dissertation *Konstruktive, theoretische und experimentelle Beiträge zu dem Problem der Flüssigkeitsrakete* war nur in Teilen eine Abhandlung über die Theorie der Verbrennung in einem Flüssigkeitstriebwerk sowie zur Ballistik einer Rakete; vor allem war sie eine experimentelle Ingenieurarbeit, die für Brauns erste Rakete, die A1 mit 300 kg Schubleistung (später zur A2 weiterentwickelt), grundlegend wurde. Bis 1936/37 gelangen seiner Kummersdorfer Gruppe zahlreiche Erfolge in der Entwicklung von leistungsstarken Triebwerken auf der Grundlage von Alkohol und flüssigem Sauerstoff als Treibstoffen. Allerdings liegt in der Entwicklung solcher Triebwerke nicht die eigentliche Bedeutung Brauns, denn der von ihm verfolgte Weg führte bereits Mitte der dreißiger Jahre in eine technologische Sackgasse. Vielmehr markieren die Arbeiten von Walter Thiel, der in dieser Zeit die Führungsrolle des Gebiets übernahm, die Revolution in der Triebwerkstechnik. Brauns eigentliche Bedeutung muss man deshalb in der Etablierung eines erfolgreichen ingenieurtechnischen Managements für große und komplexe Raketen- und Lenkwaffenprojekte sehen.

Die gemeinsame Entscheidung von Heer und Luftwaffe zu Beginn des Jahres 1936, das Raketenforschungszentrum Peenemünde zu gründen, war maßgeblich für die Raketenentwicklung im Dritten Reich. Braun konnte seine militärischen Förderer, Becker und Dornberger, davon überzeugen, dass zu einem solchen Zentrum auch ein modernes Überschall-Forschungsinstitut gehören müsse, und er verpflichtete Rudolph Hermann von der TH Aachen, es aufzubauen; später (1937), nach dem Versagen der Leitsysteme bei der A3, war es wiederum Braun, der eine Erweiterung der entsprechenden Entwicklungsarbeiten und schließlich die Gründung eines eigenständigen Steuerungs- und Kontrolllabors in Peenemünde durchsetzte. Während des Zweiten Weltkriegs, im Rahmen des A4-Projekts und in gewisser Hinsicht auch für das 1942 initiierte Wasserfall-Flakraketen-Projekt, bestand Brauns zentrale Rolle vor allem darin, der omnipotente technische Leiter und Systemintegrator gewesen zu sein. Die organisatorischen Hilfsmittel für ein effektives System- und Projektmanagement gab es damals noch nicht. Sie wurden erst in den 1950er-Jahren in den USA als Reaktion auf die Herausforderungen der sehr viel größeren Raketen- und Waffenprojekte des Kalten Krieges entwickelt. Für das Peenemünder A4-Projekt gab es noch keinen Projektmanager, so dass die Gesamtentwicklung buchstäblich von Brauns persönlichen Führungsqualitäten und seiner detaillierten Kenntnis aller Subsysteme und Strukturen abhing; natürlich auch von seiner Fähigkeit, eine große Gruppe von Ingenieuren, Wissenschaftlern und Facharbeitern für das gemeinsame Ziel zu begeistern. Dornberger hatte deshalb durchaus Recht, wenn er im Jahre 1944 gegenüber der Gestapo auf die unverzichtbare Rolle Brauns im A4-Projekt hinwies. Obwohl sich das A4/V2-Projekt letztlich als ein militärischer Fehlschlag erwies, das bedeutende Ressourcen für eine uneffektive Waffe verschlungen hatte, war es dennoch eine bemerkenswerte und zukunftsträchtige technologische Leistung.

Anwalt der Raumfahrt in den 50er-Jahren

Obwohl man gewöhnlich Brauns Bemühungen um die Popularisierung der Raumfahrt in den USA nicht in einem Atemzug mit seinen technischen Leistungen nennt, ist beides als eine Einheit zu sehen. Seine Publikationen, Reden und Fernsehauftritte wurden ein wichtiger Teil jener Grundlagen, die zur späteren Raumfahrteuphorie führten und die Agenda für Amerikas künftige Weltraumpläne bildeten. Nach der Ankunft der Peenemünder Gruppe in Fort Bliss, der Überwindung vielfältiger Übergangsschwierigkeiten, die vom Nachholen der Familienangehörigen bis zur Anpassung an die Projekte der US Army reichten, gewann Braun seinen alten Raumfahrtoptimismus wieder zurück. In seiner spärlich bemessenen Freizeit begann er, einen Science-Fiction-Roman zu schreiben. Sein Thema: ein Flug zum Mars. In einem technischen Anhang wurden zudem wissenschaftlich die Möglichkeiten einer Marsexpedition auf der Grundlagen der damaligen Flüssigkeitsraketentechnologie erörtert. Allerdings war Brauns schriftstellerisches Talent beschränkt, so dass sein Romanversuch keinen Verleger fand, doch wurde der mathematische Anhang 1952 separat auf Deutsch und im folgenden Jahr auch auf Amerikanisch publiziert. Dennoch bedeutete dies noch nicht den Durchbruch für seine Bemühungen. Ende 1951 traf er den *Colliers Magazine*-Redakteur Cornelius Ryan, den er für seine Raumfahrtpläne begeistern und davon überzeugen konnte, eine Ausgabe der Zeitschrift exklusiv der Raumfahrt zu widmen. Das Heft vom 22. 3. 1952 enthielt, neben eindrucksvollen Illustrationen und Bildern, Artikel von Raumfahrtprotagonisten; am spektakulärsten war jedoch Brauns Beitrag selbst, der die Idee einer Raumstation und einer Marsrakete ausführte. Brauns Raumstation hatte militärischen Charakter und sollte nicht zuletzt die Sowjetunion in Schach halten – bevor diese den Westen durch eigene Überlegenheit im All dominieren würde. Die Station sollte aber auch ein Schritt zum Mond und Mars sein, und Brauns hypothetische Expeditionen zu diesen Planeten wurden im Laufe des Jahres 1954 in den Ausgaben des Magazins vorgestellt. Zu Brauns wichtigstem Mitarbeiter avancierte dabei Willy Ley, ein Wissenschaftsjournalist und ehemaliger Sekretär des Berliner Vereins für Raumschiffahrt, der 1935 aus Nazi-Deutschland emigriert war. Die Colliers-Aufsätze wurden im übrigen später in einer erweiterten Fassung als Buchserie publiziert und bildeten die Grundlage für eine

W. von Braun mit R. Seamans und US-Präsident J.F. Kennedy in Cape Canaveral 1963 (Foto: NASA)

Fernsehserie Walt Disneys, die Brauns Ruhm und Einfluss in den USA weiter vergrößerte.

Mit diesen Aktivitäten beeinflusste Braun die öffentliche Meinung in den USA hinsichtlich der Raumfahrt nachhaltig. Da die Colliers-Bücher sehr bald auch ins Deutsche und in viele andere Weltsprachen übersetzt wurden, erfuhr die Braun-Leysche Raumfahrtpropaganda sehr schnell weite Verbreitung in der gesamten westlichen Welt. Durch die Popularisierung eines bestimmten »logischen Wegs« für die Erkundung des Alls, deren Elemente wiederverwendungsfähige Raketen, Raumstationen, Mond- und Marsexpeditionen waren, definierte Braun praktisch die Agenda der künftigen bemannten Raumflüge der NASA. Diese Fixierung auf ein groß angelegtes bemanntes Raumfahrtprogramm und den »logischen Weg« seiner Realisierung stellte nicht unbedingt die sinnvollste Verwendung von amerikanischen Steuergeldern dar, doch zeigt es den enormen und langanhaltenden Einfluss der Braunschen Ideen aus den fünfziger Jahren.

Vom Orbiter zum Explorer

Während Braun durch seine Ideen für eine bemannte Raumfahrt in den fünfziger Jahren zunehmende Berühmtheit erlangte, bestand sein eigentliche Tätigkeit darin, die Forschungs- und Entwicklungsarbeiten von kernwaffentragenden Raketen für die US Army zu leiten, d. h., die Redstone- und Jupiter-Raketen zu entwickeln. Allerdings besaß die Army für diese Entwicklung nicht die besten Voraussetzungen und stand mit der Air Force in Konkurrenz, die die Entwicklung von Interkontinentalraketen betrieb (ICBM-Programm). Seit 1956 hatte auch die Navy ihr eigenes Raketenprogramm, das auf die Entwicklung von U-Boot-gestützten Raketen (Polaris) ausgerichtet war. In diesem politischen Minenfeld konkurrierender (militärischer) Interessen bestand durchaus die Gefahr, dass die Jupiter-Rakete auf der Strecke bleiben würde, zumal die Mittel für weitere Raumfahrtaktivitäten damals denkbar knapp bemessen waren. Das einzige offizielle Raumfahrtprojekt war ein Forschungssatellit für das Internationale Geophysikalische Jahr 1957/58, das Präsident Eisenhower 1955 angekündigt hatte – nicht zuletzt, weil man darin einen Präzedenzfall für künftige Überflüge der Sowjetunion durch Aufklärungssatelliten sah. Einer der größten Rückschläge der Braunschen Raketenpläne lag im Scheitern seiner Idee eines Orbitersatelliten, der von einer vierstufigen Redstone-Rakete in eine innere Erdumlaufbahn gebracht werden sollte. Statt der Braunschen Pläne förderte das amerikanische Verteidigungsministerium die Arbeiten der Navy, doch geriet deren ambitioniertes Vanguard-Projekt sehr schnell gegenüber den ursprünglichen Plänen in Rückstand.

In den Jahren 1955–57 war man in Brauns Gruppe sehr darauf bedacht, die technischen Möglichkeiten für den Abschuss von Satelliten voranzubringen. So fand eine Weiterentwicklung der Orbiterrakete zur Jupiter-C-Rakete statt. Weiterhin gewann die Entwicklung hoch effektiver Hitzeschilder aus Glasfiberverbindungen für die Konstruktion militärischer Raketen große Bedeutung. Braun selbst war an diesen Entwicklungsarbeiten beteiligt, doch wie in Peenemünde lag seine eigentliche Bedeutung in seinem charismatischen Führungsstil und einem virtuosen ingenieurtechnischen Management des hochkomplexen Entwicklungsprogramms. Das so genannte »Arsenalsystem« der US-Army hatte viel mit der im Heereswaffenamt der Wehrmacht geübten Praxis gemein, was die Tätigkeit von Braun und seiner Gruppe in den USA sicherlich erleichtert hat. Der Start von Sputnik I im Oktober 1957 führte dann jedoch zu grundlegenden Veränderungen. Der öffentliche Aufschrei in Amerika über den Erfolg der Sowjets wischte alle Hindernisse weg, die einem Parallelprogramm zum Vanguard-Projekt bisher entgegengestanden hatten. Die Tatsache, dass Brauns Gruppe 1955 nicht zum Zuge gekommen war, obwohl sie über erstklassige Kompetenzen verfügte, verstärkte den Ruhm Brauns. Man gab Braun grünes Licht, wobei der spektakuläre Fehlstart des ersten Vanguard-Satelliten am 6. Dezember 1957 dabei nur das »i-Tüpfelchen« war. Bereits am 31. Januar 1958 gelang es Brauns Gruppe, mit Explorer I den ersten amerikanischen Satelliten auf eine Erdumlaufbahn zu bringen. Zwar misslang der Start von Explorer II, doch im März 1958 gelang Explorer III und dem mit ihm bestückten Nachweisgerät für kosmische Strahlung die fundamentale Entdeckung, dass die Erde von zwei Strahlungsgürteln umgeben ist. Neben diesen wissenschaftlichen Erfolgen hatte die Explorer-Mission auch politische Konsequenzen: Die Air Force hatte nun keinerlei Chancen mehr, das Jupiter-Programm zu sabotieren.

Saturn und Apollo

Der Sputnik-Schock garantierte nicht nur die Zukunft von Brauns Gruppe, sondern er verschärfte auch die Debatten über die künftige Raketen- und Raumfahrtpolitik der USA. Es brauchte jedoch zwei Jahre, bis die Eisenhower-Administration und der amerikanische Kongress ein abgestimmtes Raumfahrtprogramm inaugurieren konnten. In diesem fiel der neu gegründeten NASA die führende Rolle für die zivile Raumfahrt zu, wogegen die Air Force die entsprechenden Entwicklungsarbeiten im militärischen Bereich koordinieren und zudem zusammen mit der CIA die geheimen Aufklärungssatellitenprogramme leiten sollte. Damit gab es für Brauns Gruppe in Huntsville keine Möglichkeiten, sich nach dem Jupiter-Programm an der Entwicklung weitreichender Raketen zu beteiligen. Die Zukunft der Gruppe war so gänzlich auf die Saturn konzentriert – eine Superrakete, deren erste Stufe eine Mischung von konstruktiven Elementen der Redstone- und der Jupiter-Rakete darstellte. Der erste Versuch der NASA zur Übernahme von Brauns Gruppe und des Saturn-Programms scheiterte im Herbst 1958 zunächst am Einspruch der Army; Braun hat aus Loyalität gegenüber der Army diesen Einspruch unterstützt. Ein Jahr später war jedoch klar, dass die Großraketenentwicklung innerhalb der Army definitiv beendet sein würde, so dass die NASA für Braun eine akzeptable Alternative zur Air Force wurde.

Nachdem Brauns Gruppe Mitte 1960 als Marshall Space Flight Center (MSFC) in die NASA integriert worden war, wurde die Saturn die Rakete für das Apollo-Mondprogramm. Die Entscheidung von Präsident J. F. Kennedy vom Mai 1961, innerhalb eines Jahrzehnts die Landung eines Menschen auf dem Mond und seine Rückkehr zur Erde möglich zu machen, wurde zum bestimmenden Impuls für das zivile amerikanische Raumfahrtprogramm und gab dem MSFC ein fest umrissenes Ziel: die Entwicklung einer gigantischen, 110 m hohen Saturn-V-Rakete sowie der ursprünglichen, jetzt als Saturn I bezeichneten Rakete und ihrer Weiterentwicklung, der Saturn IB, die für das bemannte Apollo-Raumschiff gebraucht wurden, um es in die Erdumlaufbahn zu bringen.

Brauns Management- und Führungsqualitäten waren für das Apollo-Programm von grundsätzlicher Bedeutung. Dabei sind drei Dinge besonders herauszustellen:

1) 1961/62 waren die Führung und die einzelnen Forschungszentren der NASA noch geteilter Meinung, wie eine Mondlandung durchgeführt werden sollte. Im MSFC vertrat man fast einhellig das Konzept eines Earth-Orbit-Rendezvous (EOR). Dieses ging davon aus, dass die eigentliche Mondrakete in der Erdumlaufbahn montiert bzw. betankt werden sollte. Im Juni 1962 überraschte Braun seine Mitarbeiter mit einer totalen Revision des Konzepts. Statt des EOR, das die Starts von zwei Saturn V nötig gemacht hätte, sprach er sich nun für ein Lunar-Orbit-Rendezvous (LOR) aus, d. h., ein Rendezvous in der Mondumlaufbahn. Dafür war nur der Start einer einzigen Saturn-V-Rakete mit einer separaten Landekapsel nötig. Dieses Konzept kam nicht aus dem MSFC, sondern von anderen NASA-Forschungszentren, und Brauns Revision sicherte die endgültige Entscheidung zu seinem Gunsten. Ohne LOR hätte man niemals Kennedys Zielvorgabe für das Apollo-Programm, die Landung auf dem Mond innerhalb eines Jahrzehnts zu erreichen, realisieren können.

2) Im November 1963 brachte Braun den von seinen deutschen Kollegen dominierten Führungsstab des MSFC dazu, das »all-up testing« der Saturn-Raketen zu akzeptieren. Nach den Planungen des MSFC sollte eigentlich nur die erste Antriebsstufe einer Rakete mehrmals getestet werden, anschließend die erste und zweite Stufe zusammen, und schließlich, im Fall der Saturn V, alle drei Stufen gleichzeitig, was eine Verschiebung der Mondlandung auf das Jahr 1969 oder später bedeutet hätte. Stattdessen sollten nun alle Stufen vom ersten Start an gleichzeitig getestet werden, ein Verfahren, das von George Mueller, dem Leiter des bemannten Raumfahrtprogramms der NASA-Führung, favorisiert wurde. Muellers Idee wurde von Brauns Mitarbeitern infrage gestellt, und nur Brauns Überzeugungskraft und Charisma konnten sie von der Notwendigkeit dieser risikoreicheren Methode überzeugen.

3) Braun wurde zur entscheidenden Kraft bei der Reorganisation der Managementstrukturen des MFSC, die für die Meisterung der Herausforderungen des Apollo-Saturn-Programms nötig waren. Das Arsenalsystem mit seiner überwiegenden »in-house«-Entwicklung hätte ein so komplexes und großes Projekt nicht bewältigen können. Für Letzteres war sowohl die Zusammenarbeit mit erfahrenen Firmen der Luftfahrttechnik als auch die Übernahme der Methoden des von Air Force und Navy entwickelten Systemmanagements absolut notwendig. Die notwendige Reorganisation des MSFC fand Mitte 1963 statt, und für dessen Erfolg wurde Brauns Einsatz von zentraler Bedeutung. Obwohl am Erfolg der Apollo-11-Mission im Juli 1969 viele Forschungszentren der NASA beteiligt waren, gibt es kaum einen Zweifel, dass die Exzellenz von Brauns ingenieurtechnischem Management am MSFC zu den zentralen Grundlagen des Programms gehörte. Die Tatsache, dass im Gegensatz zu den Raketenprogrammen der 1950er-Jahre keine der Saturn I, Saturn IB oder Saturn-V-Raketen bei ihren Starts in den Jahren zwischen 1961 und 1975 versagte, spricht für eine solche Bewertung.

Braun und das Dritte Reich

Nachdem Braun in den USA eine Berühmtheit geworden war, musste er in einigen Aufsätzen und zahlreichen Interviews Stellung zu seinem Verhalten im Dritten Reich nehmen. Dabei folgte er weitgehend seinen Darstellungen aus den Jahren nach 1945 gegenüber der US Army. Danach war er kein Nazi gewesen, sondern ein Wissenschaftler, der spät und widerstrebend der NSDAP beigetreten war, um seine berufliche Karriere nicht zu gefährden. Die Berichte der Gestapo über seine Verhaftung zeigten überdies, dass er sich mehr für die Raumfahrt als für Militärtechnik interessiert hatte; zuweilen stilisierten einige seiner Verteidiger sogar die Gestapo-Haft zum Zeichen seiner prinzipiellen NS-Gegnerschaft hoch. Lange Zeit gab es von Braun keine Aussagen zu seiner SS-Mitgliedschaft, und auch zum KZ Mittelbau-Dora in Nordhausen sagte Braun wenig oder gar nichts. Es bestand bei der Army – und später bei der NASA – kein Interesse, den Ruf eines ihrer wichtigsten Ingenieure und Manager ins Zwielicht geraten zu lassen.

1963 publizierte der DDR-Journalist Julius Mader das Buch *Geheimnis von Huntsville*, das einen gezielten politischen Angriff auf Braun darstellte. Obwohl Mader nur wenig beweiskräftiges Belastungsmaterial aufbieten konnte und sich das Buch teilweise wie plumpe kommunistische Propaganda liest, dokumentierte es Brauns SS-Mitgliedschaft sowie seine Kenntnis über die brutale und menschenunwürdige Ausbeutung der KZ-Häftlinge beim Bau der V2-Raketen im unterirdischen Mittelwerk, dessen Zwangsarbeiter aus dem KZ Mittelbau-Dora kamen. Das Buch fand im damaligen Ostblock weite Verbreitung; im Westen wurde es dagegen weitgehend ignoriert. Allein ehemalige Häftlinge aus Frankreich und Belgien nahmen Maders Buch zum Anlass, in öffentlichen Stellungnahmen auch in ihren Ländern auf Brauns zwiespältige Rolle aufmerksam zu machen. 1967–70 machte zudem ein Prozess in Essen gegen drei ehemalige SS-Männer des KZ Mittelbau-Dora weitere Details von Brauns Verhalten publik.

Erst in seinen letzten Lebensjahren war Braun einer wachsenden Kritik seitens der Medien und jüdischer Organisationen ausgesetzt, doch blieb er im Wesentlichen bei seiner früheren Darstellung, dass er keine andere Wahl hatte, als mit einem teuflischen politischen System zu kooperieren, sich jedoch an keinen kriminellen Handlungen beteiligt hatte. Seine SS-Mitgliedschaft fand in der westlichen Welt damals kaum Beachtung. Erst sieben Jahre nach seinem frühen Tod setzte ein Wandel ein. Im Jahre 1984 entzog das US-Justizministerium Arthur Rudolph, Manager des Saturn-V-Projekts in Huntsville und seit 1934 enger Mitarbeiter Brauns, die US-Staatsbürgerschaft und verwies ihn des Landes, nachdem Belastungsmaterial über seine Rolle als Produktionsleiter des Mittelwerks bekannt geworden war. Journalisten fanden sehr schnell weitere Dokumente, die neben Rudolph auch Braun belasteten.

Im Ergebnis dieser Veröffentlichungen und den in den 1990er-Jahren folgenden Publikationen der Fachhistoriker hat sich das Bild Brauns grundsätzlich gewandelt, kann man seine herausragende Rolle in der Raketen- und Raumfahrtgeschichte nicht mehr ohne Erwähnung seiner Verstrickungen in die Verbrechen des Nazi-Regimes diskutieren. Was sein generelles Verhalten im Dritten Reich angeht, so war Braun kein Anhänger der NS-Ideologie, doch wie viele andere konservative Nationalisten sympathisierte er mit Teilen des NS-Programms. In die SS war er zwar nur widerstrebend eingetreten, da er sich Vorteile für das Raketenprogramm und seine Karriere versprach, doch durch seine führende Rolle im deutschen Raketenprojekt hatte er Kenntnis von der Sklavenarbeit in den KZ-Produktionsstätten der V2 – u. a. bezeugt durch seine Besuche im Mittelwerk. Ebenfalls dokumentiert ist seine Anfrage an den Kommandanten des KZ Buchenwald aus dem Jahre 1944 nach technisch qualifizierten Häftlingen für ein besonderes Prüflabor im Mittelwerk. Auch wenn Raketenenthusiasten diese Aspekte im Leben von Braun nach wie vor zu leugnen oder herunterzuspielen suchen, ist Brauns Leben und Wirken nicht nur ein Symbol für die beeindruckenden wissenschaftlich-technischen Entwicklungen des 20. Jahrhunderts, sondern auch für jene fragwürdigen moralischen und politischen Kompromisse, die Wissenschaft und Technik bei der Verfolgung ihrer Ziele eingegangen sind.

Werk(e):
Das Marsprojekt (1952); Across the Space Frontier (mit J. Kaplan u. a., 1952); Conquest of the Moon (mit F. L. Whipple u. W. Ley, 1953); The Exploration of Mars (mit W. Ley, 1956); M. v. Braun: Weg durch vier Zeitepochen (1965).

Sekundär-Literatur:
Dornberger, W.: V-2. (1952, 1989); Eisfeld, R.: Mondsüchtig (1996). Hölsken, H. D.: Die V-Waffen (1984); McCurdy, H. E.: Space and the American Imagination (1997); Neufeld, M. J.: Die Rakete und das Reich (1997); Stuhlinger, E., Ordway, F. I.: Wernher von Braun (1992); Weyer, J.: Wernher von Braun (1999).

Brauner, Bohuslav,
tschechischer anorganischer Chemiker,
* 8. 5. 1855 Prag,
† 15. 2. 1935 Prag.

Brauners Forschungsarbeit konzentrierte sich auf die Vervollkommnung des periodischen Systems der Elemente von D. ↗ Mendelejew. Er wies nach, dass die Metalle der Seltenen Erden eine besondere Gruppe von verwandten Elementen bilden, die im Periodensystem einen gemeinsamen Platz einnehmen.

Sein Vater, František Brauner, war Advokat und ein bekannter tschechischer Politiker. Seine Mutter Augusta, geborene Neumann, stammte aus einer Familie bedeutender Chemiker: Brauners Großonkel C. ↗ Neumann, Professor an der Berliner Univer-

B. Brauner

sität und Hofapotheker Friedrichs des Großen von Preußen, war einer der Begründer der pharmazeutischen Chemie, Großvater Karl August Neumann war Professor für Chemie am Prager Polytechnikum und an der Prager Universität. Zum Familienkreis gehörten Wissenschaftler, Künstler und Politiker. Unter seinen drei Geschwistern tat sich seine Schwester Zdenka hervor, eine der bekanntesten tschechischen Malerinnen.

Das Gymnasium besuchte Brauner in Prag. Seit 1873 studierte er Chemie parallel an der Tschechischen Technischen Hochschule und an der Prager Universität. An der Universität waren seine Lehrer die Chemiker Adolf Lieben und Eduard Linnemann sowie der Physiker E. ↗ Mach, unter dessen Betreuung Brauner 1877 seine Arbeit über Fluoreszenz veröffentlichte. Noch vor dem Studienabschluss arbeitete er 1878–79 im Labor bei R. W. ↗ Bunsen an der Universität Heidelberg. Nachdem er 1880 an der Prager Universität promoviert worden war, begab er sich an das Owens College nach Manchester, um sich dort unter Leitung von Henry Roscoe in anorganischer Chemie zu vervollkommnen. Nach der Rückkehr nach Prag 1882 erhielt Brauner die Stelle eines Adjunkten an der Tschechischen Universität; 1885 habilitierte er sich, zum Dozenten wurde er jedoch erst 1890 ernannt, zum Professor dann 1897. Gemeinsam mit anderen tschechischen Chemikern engagierte er sich für den Aufbau eines modern ausgestatteten chemischen Instituts der Tschechischen Universität in Prag, das 1904 eröffnet wurde. In diesem Institut leitete er bis zu seiner Pensionierung 1925 die Abteilung für allgemeine, anorganische und analytische Chemie.

1876, noch als Student, erfuhr Brauner aus der Presse, dass der französische Chemiker Lecoq de ↗ Boisbaudran ein Jahr zuvor das von Mendelejew vorhergesagte Element Gallium entdeckt hatte. Er wurde zu einem begeisterten Anhänger des Mendelejewschen periodischen Systems der chemischen Elemente, und im Gegensatz zu seinen Zeitgenossen war er von Anfang an von dessen Bedeutung für die weitere Entwicklung der Chemie überzeugt und konzentrierte seine Forschungstätigkeit überwiegend auf damit zusammenhängende Probleme. Seit 1881 gab es eine rege Korrespondenz zwischen Brauner und Mendelejew, persönliche Begegnungen erfolgten in Sankt Petersburg 1883, dann im Jahr 1900 in Prag und zuletzt 1902 wieder in Sankt Petersburg. Die Freundschaft und Zusammenarbeit beider Chemiker währte bis zu Mendelejews Tod.

1881 präzisierte Brauner gemeinsam mit J. I. Watts die Atommasse von Beryllium auf den Wert 9 und bestätigte damit die Stelle dieses Elements im Periodensystem. Aufgrund der chemischen Reaktionen von Beryllium erkannte er, dass dieses Element zwei- und nicht dreiwertig ist, wie angenommen worden war. In den folgenden Jahren bestimmte er die Atommassen und Reaktionen von rund 25 weiteren Elementen, vor allem aus der Gruppe der Seltenen Erden, z. B. Cerium, Lanthan, Praseodym, Neodym, Samarium u. a. Mit dem Problem ihrer Einordnung in das Periodensystem befasste er sich sein ganzes Leben lang. Aufgrund seiner experimentellen Ergebnisse veröffentlichte er 1902 seine Schlussfolgerung, dass die Metalle der Seltenen Erden eine Gruppe von verwandten Elementen darstellen, die einen gemeinsamen Platz innerhalb des Systems zwischen den Nummern 57 (Lanthan) und 72 (Hafnium) beanspruchen. Er sagte auch die Existenz eines unbekannten Elements zwischen Neodym und Samarium voraus, das erst 1945 durch eine Kernreaktion entdeckt und als Promethium bezeichnet wurde.

Schon während seines Aufenthaltes in Manchester zerlegte Brauner das vermeintliche Element Di (»Didym«) in drei Fraktionen, und in seiner Habilitationsarbeit 1883 unterschied er die beiden Grundbestandteile Diα und Diβ, für die er unterschiedliche Atommassen bestimmte. Sein zögerndes Vorgehen führte jedoch dazu, dass die Entdeckung der zwei neuen Elemente Praseodym (entspricht Diβ) und Neodym (entspricht Diα) 1885 C. A. v. ↗ Welsbach zugeschrieben wurde.

Brauner war auch in den Streit über die Stellung von Tellur im Periodensystem involviert. Mendelejew hatte zwar 1869 die Elemente nach zunehmender Atommasse angeordnet, dem Tellur wegen dessen Eigenschaften aber den Platz vor dem leichteren Jod zugewiesen. Um diese Abweichung zu korrigieren, entschied sich Brauner für eine Revision der Telluratommasse; nach vielen Versuchen gelangte er 1895 zur Zahl 127,61, die zwar fast genau dem heutigen Wert gleicht, doch nicht zu einer Korrektur der atypischen Stellung dieses Elements führte. Irrtümlich behauptete dann Brauner, Tellur sei kein reines Element, sondern eine Mischung unbekannter Elemente. Das scheinbare Missverhältnis wurde viel später durch die Existenz der Tellurisotope erklärt.

Diese und weitere Arbeiten machten Brauner zur Autorität auf dem Gebiet der Elemente und deren Anordnung im periodischen System. Er war Autor des Kapitels die über Elemente der Seltenen Erden in der 7. und 8. russischen Auflage (1902 und 1906) von Mendelejews *Prinzipien der Chemie*. Für R. ↗ Abeggs *Handbuch der anorganischen Chemie* schrieb er in den Jahren 1904–1913 kritische Abhandlungen über die Atommassen von 60 Elementen. Bereits seit dem Jahr 1888 bemühte er sich darum, dass der Sauerstoff mit der Atommasse 16 anstelle des bis dahin für diesen Zweck verwendeten Wasserstoffs (Atommasse 1) als Berechnungsstandard für die relativen Atommassen der Elemente angenommen wird. Die Durchsetzung dieser Reform gelang ihm gemeinsam mit dem amerikanischen Chemiker F. P. Venable auf dem 4. Internationalen Chemischen Kongress in Paris im Jahr 1900. 1922–30 war Brauner Mitglied des Internationalen Komitees für chemische Elemente und Präsident seiner Unterkommission für Atomgewichte.

In Anerkennung seines Werkes wurde Brauner zum Mitglied der Tschechischen Akademie der Wissenschaften und Künste, der Königlichen Böhmischen Gesellschaft der Wissenschaften und einer Reihe weiterer Wissenschaftsakademien in Europa und Übersee gewählt. Er war Ehrenmitglied weltbedeutender chemischer Gesellschaften, und Russland, Österreich, Jugoslawien und Frankreich verliehen ihm Staatsauszeichnungen. [SS]

Werk(e):
Die Basis der Atomgewichte I, Chem. News (1888); II, Ber. (1889); III-IV, Zschr. anorg. Chemie (1897, 1901); Ueber die Stellung der Elemente der seltenen Erden im periodischen System von Mendelejeff, Zschr. anorg. Chemie 32 (1902) 1–30.

Sekundär-Literatur:
Štěrba-Böhm, J.S.: Bohuslav Brauner (1935, mit Werkverzeichnis); Druce, G.: Two Czech Chemists (1944).

Brdička, Rudolf,
tschechischer physikalischer Chemiker,
* 25. 2. 1906 Prag,
† 25. 6. 1970 Mariánské Lázně.

Brdička war ein Vorkämpfer der Polarographie.

Nach dem Chemiestudium an der Karls-Universität in Prag (1924–1928) wurde Brdička Assistent am Institut für physikalische Chemie der naturwissenschaftlichen Fakultät, dessen Direktor J. ↗ Heyrovský war. Brdička habilitierte sich 1934; nach der Schließung der tschechischen Hochschulen während des Zweiten Weltkriegs arbeitete er im Radiologischen Heilinstitut des Bulovka-Krankenhauses.

1945 übernahm Brdička den Lehrstuhl für physikalische Chemie von Heyrovský, 1948 wurde er zum Professor und Lehrstuhlinhaber für Chemie an der Naturwissenschaftlichen Fakultät ernannt. Ab 1952, als Brdička zum Mitglied der Tschechoslowakischen Akademie der Wissenschaften ernannt wurde, errichtete er an der Akademie ein Labor für physikalische Chemie, aus dem 1954 ein selbständiges Institut für physikalische Chemie hervorging. Dieses Institut führte Brdička bis zu seinem Lebensende.

Als Schüler und Nachfolger von Heyrovský befasste sich Brdička hauptsächlich mit der theoretischen und praktischen Erweiterung der polarographischen Methode. In den 1930er-Jahren stellte er beim Studium der polarographischen und spektralen Eigenschaften der Wasserlösungen von Kobaltchlorid fest, dass bei Anwesenheit von Eiweißstoffen die polarographische Kurve eine auffällige Welle aufweist. Diese Entdeckung führte zur Ausarbeitung einer krebsdiagnostischen Methode (sog. Brdička-Reaktion), die die Unterschiede zwischen den polarographischen Kurven der Blutseren von kranken und gesunden Personen ausnutzt. Später zeigte sich zwar, dass diese Reaktion nicht spezifisch ist; da sie aber eine nützliche diagnostische Auskunft bot, wurde sie weiter in der Medizin und auch für das Studium der Eiweißstoffe genutzt. Schon während des Krieges befasste sich Brdička mit Adsorptionsvorgängen an Tropfelektroden. Diese Forschungen präzisierte er später gemeinsam mit seinen Mitarbeitern. Mit dieser Methode konnten die Geschwindigkeitskonstanten einiger schneller, in Lösungen ablaufender Reaktionen bestimmt werden. Vor allem diese Arbeiten begründeten den Ruhm von Brdička.

Brdičkas Lehrbuch der physikalischen Chemie, das er auf Tschechisch 1952 herausgegeben hatte und das in mehreren Übersetzungen erschien, wurde in Europa zum Standardlehrbuch seiner Art. [SS]

Werk(e):
Grundlagen der physikalischen Chemie (1952).

Sekundär-Literatur:
Dvořák, J.-H. V.: Život a dílo akademika Rudolfa Brdičky [Leben und Werk von Rudolf Brdička], Chemické listy 64 (1970) 1081–1089 [mit Werkverzeichnis].

Bredig, Georg,
deutscher Physikochemiker,
* 1. 10. 1868 Glogau (Głogów, Polen),
† 24. 4. 1944 New York.

Bredig beschäftigte sich auf dem Gebiet der physikalischen Chemie und Elektrochemie insbesondere mit Katalyse und deren Zusammenhang mit Fermentwirkungen; er führte den Begriff der anorganischen Fermente

G. Bredig

ein, fand Metallkolloide, untersuchte reaktionskinetische Prozesse und entwickelte neue Methoden der Katalyseforschung.

Bredigs Studien ab 1886 in Freiburg/Br. und Berlin galten der Chemie, Physik, später auch der Biologie, in Leipzig vor allem der physikalischen Chemie. 1894 promovierte er bei W. ↗ Ostwald. Weiterführende Studien absolvierte er in Amsterdam bei J. H. ↗ van't Hoff, in Paris bei P. M. ↗ Berthelot sowie in Stockholm bei S. ↗ Arrhenius. Ab 1895 wirkte er als Assistent bei Ostwald in Leipzig, aktiv in Forschung und Lehre sowie für die *Zeitschrift für physikalische Chemie*. 1901 habilitierte er sich mit einer Arbeit über anorganische Fermente. Im gleichen Jahr trat er eine a.o. Professur in Heidelberg an, hier als erster Lehrer der physikalischen Chemie. Seit etwa 1901 oblag ihm die Herausgabe des 14-bändigen *Handbuchs für angewandte physikalische Chemie*. Im Jahr 1910 wechselte er als o. Professor an das physikochemische Laboratorium der ETH in Zürich, bereits 1911 jedoch auf den wohl ausgestatteten Lehrstuhl seines Freundes F. ↗ Haber für physikalische Chemie und Elektrochemie an der TH Karlsruhe, als jener das Kaiser-Wilhelm-Institut für physikalische und Elektrochemie in Berlin übernahm. 1922/23 fungierte er als Rektor der TH. Auszeichnungen stellten drei Akademiemitgliedschaften und zwei Ehrendoktorate dar.

Seine Emeritierung im Jahre 1933 deutete auch auf politische Hintergründe hin und veranlasste den Juden Bredig, seine Emigration vorzubereiten: Nach zweijährigem Aufenthalt 1939–1940 in den Niederlanden ging er mit seiner Familie in die USA. Einem Ruf an die Universität von Princeton (New Jersey) konnte er jedoch aus Krankheitsgründen nicht mehr Folge leisten, er starb 1944 im Exil.

Wegen seiner sprichwörtlichen Bescheidenheit, freundlichen Hilfsbereitschaft und fachlichen Kompetenz war Bredig angesehen, beliebt als Doktorvater sowie Betreuer wissenschaftlicher Arbeiten. Mit vielen Fach- und Zeitgenossen verband ihn über die kollegiale Beziehung hinaus eine herzliche Freundschaft. Ostwald schätzte ihn wissenschaftlich sowie als vorzüglichen Lehrer sehr hoch, hob dessen Verständnis für technische Fragen hervor und rühmte die Untersuchungen zur heterogenen Katalyse. Bredigs wissenschaftliche Laufbahn begann in Ostwalds Laboratorium mit der Anwendung des Massenwirkungsgesetzes auf die elektrolytische Dissoziation schwacher Säuren und Basen. 1899 gelang der Nachweis der Existenz von Zwitterionen, 1898 stellte er mittels Lichtbogen erstmals Metallkolloide her und entwickelte katalytisch wirksames Platin. Während seiner Heidelberger Zeit entdeckte er bei Untersuchungen der Zersetzung des Wasserstoffperoxids das Phänomen der pulsierenden Katalyse und 1906 ein explosives Quecksilberperoxid. Eine reaktionskinetische Untersuchung des Diazoessigesters zeigte 1905, dass die Stickstoffabspaltung bei dessen Zersetzung eine Reaktion erster Ordnung unter katalytischer Wirkung von Wasserstoffionen ist. Bredig prüfte die Wirkung optisch aktiver Alkaloide als Katalysatoren; in Zusammenarbeit mit K. ↗ Fajans gelang 1908 eine anteilige Racemspaltung optisch inaktiver Gemische, und nach 1911 untersuchte er, nunmehr bereits in Karlsruhe wirkend, auch die asymmetrische Synthese optisch aktiver organischer Substanzen. Gemeinsam mit Mitarbeitern entwickelte er 1932 einen stark asymmetrisch wirkenden Katalysator, den er in den folgenden Jahren vor allem auf organischen Fasern untersuchte. [RZ]

Werk(e):
Zahlreiche Arbeiten in der Zeitschrift für Physikalische Chemie, in der Zeitschrift für anorganische und allgemeine Chemie sowie in der Biochemischen Zeitschrift; eine geplante Monografie über Katalyse kam nicht zustande.

Bredow, Hans Karl August,
deutscher Rundfunkorganisator,
* 26. 11. 1879 Schlawe (Pommern),
† 8. 1. 1959 Wiesbaden.

Bredow war ein bedeutender Wegbereiter des Rundfunks in Deutschland.

H.K.A. Bredow

Nach dem Studium am Friedrich–Polytechnikum in Köthen (Anhalt), das er aus finanziellen Gründen nicht mit dem angestrebten Ingenieurabschluss beenden konnte, begann Bredow 1903 seine Tätigkeit als Projektingenieur bei einer Tochterfirma der AEG in Riga (Lettland). Ab 1904 wurde er für die 1903 gegründete Gesellschaft für drahtlose Telegraphie (Telefunken) in Berlin tätig, in der er 1908 die kaufmännische Leitung übernahm. Gemeinsam mit G. Graf ↗ Arco richtete er sein Streben vor allem darauf, sich dem von Großbritannien (durch Nutzung der Marconi-Patente) angestrebten Weltfunkmonopol zu widersetzen und ein eigenes weltweites Funknetz, das für das kaiserliche Deutschland von großer strategischer Bedeutung war, aufzubauen. Schwierige, aber erfolgreiche Patentverhandlungen mit der Marconi-Betriebsgesellschaft schufen für Telefunken und andere deutsche Firmen hierfür den technischen Spielraum.

Mit Interesse verfolgte und unterstützte Bredow schon vor dem Ersten Weltkrieg und in dessen Verlauf die modernen funktechnischen Entwicklungen. Er erkannte in der Entwicklung der Röhrentechnik, des Hochfrequenzverstärkers und der Schwingungserzeugung durch Rückkopplung entscheidende Voraussetzungen für eine moderne Funksende- und Empfangstechnik. So wurden für die deutschen Soldaten an der Front bereits ab 1917 regelmäßige Rundfunksendungen mit Röhrensendern ausgestrahlt. Nach dem Ende des Krieges widmete er sich dem Aufbau des zivilen Funkbetriebs und des Rundfunks in Deutschland. Als Staatssekretär für das Fernmeldewesen im Reichspostministerium richtete er 1922 den Wirtschaftsrundfunk und 1923 den öffentlichen Unterhaltungsrundfunk ein. Sein Ziel als Reichsrundfunkkommissar von 1926 bis 1932 bestand in der Schaffung eines unpolitischen Rundfunks, der einen hohen Unterhaltungs- und Bildungswert haben sollte. Seiner demokratischen Gesinnung treu bleibend, trat er 1933 mit der Machtübernahme der Nationalsozialisten von seinem Amt als Rundfunkkommissar zurück. Wegen des Eintretens für der »Korruption« beschuldigte Rundfunkkollegen wurde er selbst verhaftet und im so genannten »Rundfunkprozess« angeklagt. Nach Jahren der inneren Emigration versuchte er Einfluss auf den Aufbau des öffentlich-rechtlichen Rundfunks im Nachkriegsdeutschland zu nehmen. Enttäuscht vom neuen Rundfunksystem (z. B. Staatsferne, bewusste Politisierung) trat er 1951 von seinen Ämtern zurück und widmete sich nur noch der Rundfunkpublizistik. [AK2]

Werk(e):
Mein Weg zum Rundfunk – ein Lebensrückblick (1949); Rückblick auf 30 Jahre deutscher Rundfunk, Telefunken-Zeitung. Jg. 26 (Mai 1953).

Sekundär-Literatur:
Halefeld, H.: Hans Bredow, in: Berlinische Lebensbilder 6 (1990) 341–356.

Brehm, Alfred Edmund,
deutscher Naturforscher, Sohn von Christian Ludwig Brehm,
* 2. 2. 1829 Renthendorf (Thüringen),
† 11. 11. 1884 Renthendorf.

Brehm trat v. a. als Reiseschriftsteller sowie als Pionier und Popularisierer der Verhaltensforschung hervor.

Bereits Brehms Vater, Christian Ludwig Brehm, zählte zu den bedeutendsten Ornithologen Deutschlands. Alfred Brehm begann 1846 allerdings zunächst ein Architekturstudium in Dresden, das er im Jahr darauf abbrach, um die Nordafrikaexpedition (1847–52) des Barons von Müller zu be-

A.E. Brehm

gleiten. Nach der Rückkehr studierte er u. a. bei Oscar Schmidt Naturwissenschaften in Jena (1853–1855) und schloss mit der Promotion ab, wobei einige Kapitel seines dreibändigen Reiseberichts *Reiseskizzen aus Nordafrika* als Dissertationsarbeit anerkannt wurden. Anschließend zog er nach Leipzig, wo er kurzzeitig als Lehrer tätig war und als freier Autor zahlreiche wissenschaftliche und populäre Zeitschriftenartikel verfasste. 1863 wurde Brehm zum Direktor des Zoologischen Gartens in Hamburg berufen, und kurz darauf erschien der erste Band von *Das Illustrirte Thierleben* (1864–1869). Nach Streitigkeiten verließ Brehm Hamburg und gründete das Berliner Aquarium, dem er als Direktor von 1869 bis 1874 vorstand. In zweiter Auflage erschien das nun mit seinem Namen betitelte Werk *Brehms Thierleben* (1876–1879), das auf zehn Bände erweitert worden war. Daneben unternahm Brehm ausgedehnte Reisen, z. B. im Auftrag der Zeitschrift *Die Gartenlaube* nach Norwegen (1860), mit dem Ornithologen Otto Finsch und Graf von Waldburg-Zeil-Trauchburg nach Westsibirien (1876), mit dem österreichischen Kronprinz Rudolf entlang der Donau (1878) und Spanien (1879) und zuletzt als Vortragsreisender durch Nordamerika (1883–84).

Berühmt wurde Brehm durch *Das Illustrirte Thierleben*, das in Text und Bild neue Maßstäbe in der Zoologie setzte. Mit Sachkenntnis und schriftstellerischem Talent schilderte er dort das gesamte Tierreich, wobei sein Verdienst darin bestand, ausführlich die Verhaltensweisen und Lebensformen der Tiere zu beschreiben. In ebenso lebendiger Darstellung zeigten die Illustrationen von Robert Kretschmer und später Gustav Mützel die Tierwelt, so dass die ansprechende Form das Werk bald zu einem Volkslesebuch machte. Darüber hinaus war *Das Illustrirte Thierleben* nicht nur ein Publikumserfolg, sondern stieß ebenso bei Wissenschaftlern auf großes Interesse, beispielsweise bei Ch. ↗ Darwin, der 1871 in *Die Abstammung des Menschen* wiederholt Beobachtungen über Tierverhalten anführte, die er dem Brehmschen Werk entnommen hatte. In Berufung auf die evolutionäre Ähnlichkeit zwischen Mensch und Tier schilderte Brehm selbst die Tierwelt in Hinsicht auf menschliche Eigenschaften wie Mut, Treue oder Familiensinn. Für die Anthropomorphisierung der Tiere wurde Brehm später stark kritisiert. Ab der vierten, 1912 begonnenen Auflage von *Brehms Thierleben* wurden aus diesem Grund viele seiner Texte vollständig ersetzt, die Illustrationen wichen größtenteils fotografischen Abbildungen.

Maßgeblich für das Ideal der naturwissenschaftlichen Volksbildung, in dem Brehm wirkte, war sein Zusammentreffen mit dem Naturkundler und Popularisierer Emil Adolf Roßmäßler sowie dem Herausgeber der *Gartenlaube*, Ernst Keil in Leipzig. Die antiklerikale Einstellung und sein Bekenntnis zur Evolutionstheorie verursachten auch Anfeindungen, namentlich in Österreich, wo die Freundschaft des Kronprinzen Rudolf mit dem deutschen Naturforscher 1879 die so genannte »Brehm-Krise« hervorrief. Wegen seiner zahlreichen Veröffentlichungen für Tierfreunde und Vogelliebhaber erhielt er den Beinamen »Tiervater Brehm«. [JV]

Werk(e):
Reiseskizzen aus Nordostafrika (1854–55); Illustrirtes Thierleben (1864–1869); Brehms Thierleben, 2. erw. Aufl. (1876–1879); Gefangene Vögel (1872–1876).

Sekundär-Literatur:
Genschorek, W.: Fremde Länder – Wilde Tiere. Das Leben des »Tiervaters« Brehm (1984); Haemmerlein, H.-D.: Der Sohn des Vogelpastors. Szenen, Bilder, Dokumente aus dem Leben von Alfred Edmund Brehm, 2. Aufl. (1987).

Brehm, Christian Ludwig,
deutscher Landpfarrer und Ornithologe, Vater von Alfred Edmund Brehm,
* 24. 1. 1787 Schönau vor dem Walde bei Gotha,
† 23. 6. 1864 Renthendorf (Thüringen).

Brehm gehört zu den Begründern der mitteleuropäischen Ornithologie.

Als Sohn eines Landpfarrers besuchte Brehm das Gymnasium in Gotha und studierte Theologie in Jena bis 1810. Nach einer kurzen Tätigkeit als Hauslehrer erhielt er 1812 eine Pfarrstelle in Drakendorf bei Jena und wechselte 1813 nach Renthendorf, wo er er bis zu seinem Tode blieb. Seine erste Frau starb 1826; aus seiner zweiten Ehe gingen sechs Kinder hervor.

Brehms naturwissenschaftliches Interesse galt der Vogelwelt in der Umgebung seiner Wohnorte. Durch genaue Beobachtungen entdeckte er mehrere sehr ähnlich gefärbte Zwillingsarten bei Baum-

C.L. Brehm

läufern, Goldhähnchen, Meisen und Haubenlerchen. Schon 1820–1822 veröffentlichte er seine *Beiträge zur Vögelkunde* in 3 Bänden, welche die Entwicklung der Ornithologie nachhaltig beeinflusst haben. Als Teleologe untersuchte er die Beziehungen zwischen der Ausbildung und der Funktion des Gefieders, dem Bau und der Funktion des Fußes bei Klettervögeln und wurde zum Wegbereiter der funktionellen Anatomie. Schon 1824 gab er eine ornithologische Fachzeitschrift (*Ornis*) heraus, die Erste der Welt, die allerdings 1827 ihr Erscheinen wieder einstellte. Brehms Anliegen war es, die Kenntnis jeder einzelnen Vogelart durch das genaue Studium ihrer Jugend- und Alterskleider, des Gefiederwechsels, der Variation der Gefiederfärbung sowie der Schnabel- und Schädelgestalt und durch Beobachtungen ihrer Lebensweise, Nahrung, Fortpflanzung und jahreszeitlichen Wanderungen zu vertiefen. Deshalb vergrößerte er durch Jagd und Tausch über Jahrzehnte hinweg seine Vogelsammlung, von der heute noch über 7 000 Exemplare im American Museum of Natural History (New York) und im Museum A. Koenig (Bonn) erhalten sind.

Das Studium seiner Sammlung führte Brehm dazu, mehr zu unterscheiden als nur die Arten der Vögel. Bei vielen von diesen benannte er morphologisch unterschiedliche Formen (Subspezies), die vielfach verschiedene geographische oder ökologische Gebiete besetzen. Die fortlaufende Numerierung dieser Subspezies für jede Art lässt in seinem *Handbuch* (1831) trotz deren binominaler Bezeichnung den Umfang jeder polytypischen Vogelart erkennen. Viele dieser Formen waren jedoch auf individuelle Abweichungen gegründet und werden heute nicht mehr anerkannt. Es sind aber immerhin 60 gültige Arten und geographische Subspezies der paläarktischen Vögel, die Brehm als erster beschrieben hat. In den 1850er-Jahren hat er die hierarchische Stellung von Arten und Subspezies klarer als früher gekennzeichnet und auch die ternäre Nomenklatur angewandt. [JH2]

Werk(e):
Lehrbuch der Naturgeschichte aller europäischen Vögel (1823–24); Handbuch der Naturgeschichte aller Vögel Deutschlands (1831).

Sekundär-Literatur:
Haffer, J.: Vogelarten im Werk von Christian Ludwig Brehm (1787–1864), Anz. Ver. Thüring. Ornithol. 3 (1996) 1–31.

Breithaupt, Johann Friedrich August,
deutscher Mineraloge,
* 18. 5. 1791 Probstzella (Thüringen),
† 22. 9. 1873 Freiberg (Sachsen).

Breithaupt war ein herausragender Mineraloge im 19. Jahrhundert, der die Theorie der Paragenesis der Minerale entwickelte.

J.F.A. Breithaupt

Nach dem Studium der Kameralwissenschaften 1809–11 an der Universität Jena und einer weiteren Ausbildung bei A. G. ↗ Werner 1811–13 an der Bergakademie Freiberg wurde Breithaupt 1813 sächsischer Edelsteininspektor, Administrator der bergakademischen Mineralien-Niederlage und Lehrer für Mineralogie an der Haupt-Bergschule Freiberg. Daneben war er an der geologischen Landesuntersuchung in Sachsen beteiligt. 1826 erhielt er die Berufung zum Professor für Mineralogie an der Bergakademie Freiberg, von der er 1866 den Abschied nahm. Breithaupt war auch Unternehmer und gründete 1840 mit Karl Amandus Kühn zusammen den Erzgebirgischen Steinkohlen-Aktienverein in Zwickau, den er in seinen letzten Lebensjahren als Direktor leitete.

Während in der ersten Hälfte des 19. Jahrhunderts die Mineralogie durch die quantitative chemische Mineralanalyse mit den Arbeiten von Louis Nicolas Vauquelin, M. H. ↗ Klaproth und J. J. ↗ Berzelius starke Impulse erhielt und R. J. ↗ Hauy und Chr. S. ↗ Weiss in diesem Rahmen die Kristallographie entwickelten, verfolgte Breithaupt die von seinem Lehrer Werner praktizierte und immer noch erfolgreiche naturhistorische Methodik bei der Beschreibung der Minerale. Er stützte sich auf chemische Untersuchungen und führte selbst physikalische Messungen an Mineralen durch. Von Breithaupt wurden mehr als 50 neue Mineralarten entdeckt. Mehr als 400 wissenschaftliche Arbeiten sind von ihm erschienen, in denen er Eigenschaften und Vorkommen von Mineralen beschreibt, ihre Systematik darstellt sowie über Verwachsungen (Epitaxie), Zwillingsbildungen und Pseudomorphosen bei Mineralen berichtet.

Auf dem Hintergrund seiner großen Detailkenntnis über die Minerale entdeckte er das immer wieder gemeinsame Auftreten bestimmter Mineralvergesellschaftungen in der Natur und einer Abfolge ihrer Bildung, die Breithaupt Paragenesis nannte. Diese Paragenesenlehre hatte große Bedeutung für die Entwicklung der Lagerstättenlehre, der Geochemie und der Suche und Erkundung von Lagerstätten. [MG]

Werk(e):
Vollständiges Handbuch der Mineralogie (3 Bde., 1836–47); Die Paragenesis der Minerale. Mineralogisch, geognostisch und chemisch beleuchtet mit besonderer Rücksicht auf den Bergbau (1849).

Sekundär-Literatur:
Guntau, M.: Friedrich August Breithaupt. Eine Bibliographie seiner Veröffentlichungen v. S. Hach, in: Veröff. d. Wiss. Info-Zentrum d. Bergakademie Freiberg Nr. 37 (1974) 6–12; Engewald, G.-R.: Friedrich August Breithaupt, in: Leben und Wirken Deutscher Geologen im 18. und 19. Jahrhundert (1985, hrg. H. Prescher).

Bridgman, Percy Williams,
amerikanischer Physiker und Wissenschaftsphilosoph,
* 21. 4. 1882 Cambridge (Massachusetts),
† 20. 8. 1961 Randolph (New Hampshire).

Bridgmans Pionierarbeiten zum Verhalten von Flüssigkeiten und Festkörpern unter extrem hohen Drucken machen ihn zum Begründer der modernen Hochdruckphysik.

Bridgman war der Sohn eines bekannten Journalisten und erhielt seine Ausbildung an der Harvard-Universität. 1908 promovierte er dort, und auch seine weitere Karriere blieb bis zu seiner Emeritierung (1957) mit dieser amerikanischen Elitehochschule verbunden; zuletzt wirkte er dort als Physikprofessor am Jefferson-Laboratorium. Nachdem er von seiner unheilbaren Krebserkrankung erfahren hatte, wählte er den Freitod.

Wie seine wissenschaftliche Karriere ist auch sein wissenschaftliches Werk von hoher Kontinuität gekennzeichnet und war fast ausschließlich der Hochdruckphysik gewidmet. Bereits als Doktorand hatte Bridgman optische Erscheinungen bei hohen Drukken untersucht. Arbeitete er zunächst im Druckbereich von 10^8 Pascal, so konnte er in den folgenden Jahrzehnten Drucke von über $4 \cdot 10^{10}$ Pascal erzeugen. Für die Erzielung solch hoher Drucke mussten

P.W. Bridgman

durch Bridgman neuartige Apparaturen und Dichtungsverfahren entwickelt werden; auch waren neue Verfahren notwendig, um den Druck in diesen bislang unerforschten Bereichen exakt messen zu können. Bridgman experimentierte mit doppelwandigen Druckkammern, in denen zwei sich aufeinanderzu bewegende Stempel den Druck auf die Probe erzeugten. Probleme bereitete nicht nur die Ermittlung der optimalen Geometrie seiner Druckkammern, sondern auch die Verbesserung ihrer Materialeigenschaften durch die Verwendung neuartiger Stähle und Legierungen.

Für Bridgman war die Erzeugung extrem hoher Drucke kein Selbstzweck, sondern er nutzte seine Druckapparaturen vielmehr zur systematischen Untersuchung der physikalischen Eigenschaften unter diesen Extrembedingungen. Die dabei gewonnenen Erkenntnisse waren für die Formierung der wissenschaftlichen Grundlagen der Festkörperphysik von zentraler Bedeutung. So studierte er die Kompressibilität von Flüssigkeiten und Festkörpern und untersuchte die Phasenübergänge von Festkörpern, wobei zahlreiche neue Modifikationen von Stoffen wie Phosphor, Wasser oder Eisen entdeckt wurden. Auch konnte Bridgman nachweisen, dass bestimmte kristalline Stoffe ab einem charakteristischen Druck amorphe Strukturen ausbilden. Weiterhin zeigten Untersuchungen der elektrischen Leitfähigkeit, dass sich diese in der Regel mit steigendem Druck erhöht, da durch die Zerstörung der äußeren Elektronenschalen zusätzliche freie Elektronen freigesetzt werden. Im Rahmen dieser Untersuchungen gelang ihm auch die Entdeckung der Thermoelektrizität bei kristallinen Metallen (innerer Peltier- bzw. Bridgman-Effekt); ebenfalls entwickelte er ein Zonenschmelzverfahren zur Kristallzüchtung. Ein Erfolg blieb Bridgman trotz intensiver Bemühungen indes versagt – es gelang ihm nicht, Diamanten künstlich herzustellen. Dennoch waren Bridgmans Forschungen wegweisend – sowohl für die erste erfolgreiche Diamantsynthese durch eine Forschergruppe von General Electric im Jahre 1955 als auch für viele andere Gebiete der Materialwissenschaften und der Physik. Selbst für die Geologie hatten sie nachhaltige Konsequenzen, da man sich dort der Forschungsergebnisse und -methoden Bridgmans für die Entwicklung bzw. Prüfung geologischer Modelle bediente. Für seine fundamentalen Beiträge zur Entwicklung der Hochdruckphysik erhielt Bridgman im Jahre 1946 den Nobelpreis für Physik.

Bridgmans wissenschaftlicher Rang beschränkt sich aber nicht auf die Physik allein. Sein philosophisches Interesse für wissenschaftliche Grundlagenfragen des Faches sowie die logische Struktur der Wissenschaften schlechthin machte ihn zum Begründer des Operationalismus. [DH]

Werk(e):
The Physics of High Pressure (1931); Collected Experimental Papers, 7 Bde. (1964); The Logic of Modern Physics (1927); Physikalische Forschung und soziale Verantwortung (1954).

Sekundär-Literatur:
Walter, M.: Science and Cultural Crisis (1990).

Brillouin, Léon Nicolas,
französisch-amerikanischer Physiker,
* 7. 8. 1889 Sevres (Paris),
† 20. 10. 1979 New York.

Brillouin gehört zu den Pionieren der Übertragung elektromagnetischer Wellen und ist Mitbegründer der quantenmechanischen Festkörpertheorie. Seine Anwendung der statistischen Mechanik auf Informationssysteme und Computerprobleme war ebenfalls wegweisend.

Der Sohn des französischen Physikers Louis Marcel Brillouin stammte auch mütterlicherseits aus einer bedeutenden Gelehrtenfamilie, zu der der Physiker Eleuthère Mascart als Großvater und der Mechanikprofessor Charles Briot als Urgroßvater gehörten. Er studierte Physik an der École Normale Supérieure in Paris (1908–1912) unter der Anleitung von J. ↗ Perrin, an der Universität München bei A. ↗ Sommerfeld (1912–1913) und an der Universität Paris (1913–1920), unterbrochen durch den Militärdienst als Radioingenieur im Ersten Weltkrieg. Nach dem Doktorat unter P. ↗ Langevin arbeitete er als Dozent an der École Supérieure d'Electricité in Paris (1920–1931) und als Herausgeber des erneuerten *Journal de Physique et le Radium*, ab 1923 auch als Leiter der wissenschaftlichen Laboratorien des Collège de France. 1928 wurde er zum Professor am neu gegründeten Institut Henri Poincaré der Pariser Universität berufen, 1932 wechselte er an das Collège de France (bis 1948). Von Mitte 1939 bis Anfang 1941 war er Generaldirektor der Radio Diffusion Française; nach der deutschen Besetzung emigrierte er in die USA und bekam dort Professuren an der University of Michigan in Madison (1941–1942) und der Brown University in Providence, Rhode Island (1942–1943); schließlich wirkte er 1943–1945 beim National Defense Committee an der Columbia University in New York bei speziellen Projekten als theoretischer Experte mit. 1947 wurde er zum Professor für angewandte Mathematik an die Harvard University berufen, schloss sich aber zwei Jahre später als Director for Electronics Education der Firma IBM an. Von 1954 bis zum Tode war er Adjunct-Professor an der Columbia University in New York City.

Seit seinem Aufenthalt bei Sommerfeld interessierte sich Brillouin für die Fortpflanzung elektromagnetischer Wellen, über die er im Ersten Weltkrieg weiter forschte, dazu eigene Patente entwickelte und zusammen mit dem Physiker Maurice de Broglie 1915 den ersten funktionierenden Radioempfänger für untergetauchte Unterseeboote baute. Seine Promotion war der Quantentheorie des idealen Festkörpers gewidmet und knüpfte an die Arbeiten von P. ↗ Debye und M. ↗ Born an. Zusammen mit den Brüdern Maurice und L. de ↗ Broglie gehörte er zu den französischen Pionieren der Quantentheorie. Insbesondere trägt ein wichtiges Näherungsverfahren in der Wellenmechanik (die Wentzel-Kramers-Brillouin-Methode, 1926) ebenso seinen Namen wie die Streuung von Photonen an Phononen im Festkörper (Brillouin-Streuung, 1931). Weitere Untersuchungen und ein Buch über die Quantenstatistik (1927–1929) brachten ihn zur Elektronentheorie der Metalle. Er knüpfte dabei an die Pionierarbeiten seines Lehrers Sommerfeld an und entwickelte – zum Teil in streitbarer Konkurrenz mit jüngeren Physikern wie F. ↗ Bloch und R. ↗ Peierls – seine Vorstellung von der Braggschen Streuung der Elektronen im Kristallgitter, die zur Bestimmung von charakteristischen »Brillouin-Zonen« führte: Das sind symmetrische Polyeder im reziproken Gitter der Kristalle (d. h. dem Impulsgitter), mit deren Hilfe man Stoß- und Streuprobleme sowie die Energiezustände in Festkörpern nahezu anschaulich behandeln kann. Die Brillouin-Methode spielte fortan ein wichtige Rolle in der Festkörpertheorie, vor allem bei der Behandlung komplizierter Kristalle und Halbleiter.

Die späteren, amerikanischen, Arbeiten Brillouins zur Informationstheorie, die auf einer sachkundigen Anwendung statistischer Methoden beruhen, haben, wie seine frühen zur Antennentheorie, großes Interesse seitens der Industrie gefunden.

[HR]

Werk(e):
A Review of Scientific Career (Skript 1962); Quantenstatistik (1931); Science and Information Theory (1956);

Sekundär-Literatur:
Mehra, J., und Rechenberg, H.: The Historical Development of Quantum Theory, Bde. 1 und 6 (1982, 2000).

Broglie, Louis Victor Pierre Raymond de,
7. Herzog von Broglie,
französischer Physiker,
* 15. 8. 1892 Dieppe,
† 19. 3. 1987 Paris.

Broglie begründete die Theorie der Materiewellen und leistete Beiträge zur Quantentheorie.

L.V.P.R. de Broglie

Louis und sein Bruder Maurice de Broglie wandten sich beide entgegen der Familientradition, die für Angehörige des französischen Adels Karrieren in Militär oder Politik nahelegte, der Physik zu. Maurice studierte die Eigenschaften der Atomkerne im eigenen Labor des Herrenhauses der Familie, während Louis von Anfang an von der theoretischen Physik und ihren philosophischen Implikationen angezogen war. Nach einem anfänglichen Physikstudium an der Sorbonne machte Broglie aber einen Abschluss als Historiker und plante, in den diplomatischen Dienst zu gehen. Doch bald wandte er sich wieder der Physik zu. Auch der Erste Weltkrieg, in dem Broglie als Funker in einer Station auf dem Eiffelturm eingesetzt war, verstärkte sein Interesse an der Naturwissenschaft. Vor allem aber faszinierte ihn, wie er sich später erinnerte, das »Mysterium«, das die Materie und die Strahlung nach den jüngsten Ergebnissen der Physik immer weiter verhüllte, und er begann nach Ende des Krieges eine Doktorarbeit in mathematischer Physik.

Es waren die Ergebnisse dieser Promotion, die er im Jahre 1924 abschloss, die als Broglies größte Leistung gelten und für die er fünf Jahre später mit dem Nobelpreis ausgezeichnet wurde. Ausgehend von M. ↗ Plancks Quantentheorie, die die Emission von Strahlung in bestimmten Portionen annahm, und A. ↗ Einsteins Vorstellung von Lichtquanten, mit denen sich etwa der Photoeffekt erklären ließ, wurde für Broglie der Dualismus von Wellen- und Teilcheneigenschaften des Lichtes zum zentralen Ausgangspunkt seiner Forschungen. Zum revolutionären Schluss, dass nicht nur Lichtwellen Teilcheneigenschaften haben, sondern auch materiellen Teilchen wie dem Elektron Welleneigenschaften zugesprochen werden müssen, gelangte Broglie durch die Analyse der Probleme der zeitgenössischen Atomtheorie: Die Elektronen im Atom sollten danach nur bestimmte Bahnen oder Energiezustände einnehmen dürfen, ohne dass man dafür eine Erklärung hatte. Solche Phänomene waren aber für stehenden Wellen wohlbekannt. Sein Postulat, dass demnach Elektronen unter geeigneten Bedingungen sich wie Wellen verhalten würden und damit die Energien im Atom beschreiben könnten, war aus rein theoretischen Erwägungen aufgestellt worden; die zweifelsfreie experimentelle Bestätigung vier Jahre später durch C. ↗ Davisson und Lester Germer war ein überwältigender Erfolg, der Broglie bekannt machte. Zuvor war bereits E. ↗ Schrödinger von Broglies hypothetischen Materiewellen angeregt worden, seine Wellenmechanik zu entwickeln.

Broglie wurde 1928 Professor am Institut Henri Poincaré und unterrichtete von 1932 bis 1962 an der Sorbonne. Er beschäftigte sich nun mit Erweiterungen der Quantenmechanik wie P. ↗ Diracs Theorie der Elektronen oder der Kernphysik.

Der Versuch, das Institut Poincaré vor der deutschen Besatzung in Sicherheit zu bringen, gelang nicht, und Broglie verbrachte den Krieg unter deutscher Besatzung in Paris. Die Tatsache, dass er keinen aktiven Widerstand geleistet hat, sondern auf alle Aufforderungen zur Mitarbeit im Besatzerregime mit Schweigen reagierte, wurde gelegentlich als Kollaboration mit dem Vichy-Regime ausgelegt, insbesondere da dessen Führer, Henri Pétain, ihn für ein Amt in seinem Nationalrat nominiert hatte. Broglie vermied aber die Teilnahme an politisch instrumentalisierten Veranstaltungen und akzeptierte 1942 lediglich die Wahl zum Sekretär der Abteilung für mathematische Wissenschaften der Pariser Akademie. Nach dem Zweiten Weltkrieg wurde er Berater des französischen Atomenergiekommissariats.

Bis an sein Lebensende beschäftigte sich Broglie mit der Deutung der Quantentheorie, die er entgegen der gängigen Kopenhagener Interpretation als eine vollständig deterministische und realistische Theorie beschreiben wollte. Seine Deutung publizierte er in zahlreichen Schriften. Damit wurde er zum Verfechter eines Minderheitenstandpunktes, ähnlich wie ihn Einstein und später noch stärker David Bohm vertraten, der um die Frage kreiste, ob der statistische Charakter der Physik des Atoms wirklich der Natur entspringt oder ob er lediglich einer Unkenntnis der wahren Gesetzmäßigkeiten entspricht.

Auch engagierte sich Broglie für die Vermittlung von Naturwissenschaften an ein breiteres Publikum, wofür ihn die UNESCO 1952 auszeichnete; weiterhin verfasste eine Reihe populärer Bücher über die moderne Physik. [AS2]

Werk(e):
Untersuchungen zur Quantentheorie (1927); Einführung in die Wellenmechanik (1929); Licht und Materie: Ergebnisse der neuen Physik (1939); L'avenir de la science (1941); Louis de Broglie und die Physiker (1955).

Sekundär-Literatur:
Druon, M. (Hrg.): Louis de Broglie. Sa conception du monde physique (1973); Lochak, G.: Louis de Broglie. Un prince de la science (1992); Abragam, A.: L. de Broglie, in: Biogr. Memoirs Fellow Royal Soc. 34 (1988) 23–41.

Brongniart, Alexandre,
französischer Mineraloge und Geologe,
* 5. 2. 1770 Paris,
† 5. 7. 1847 Paris.

Brongniart gehört zu den führenden europäischen Geowissenschaftlern der ersten Hälfte des 19. Jahrhunderts.

Seine Ausbildung erhielt Brongniart an der École des Mines; er war Schüler Louis Jean Marie Daubentons am Jardin du Roy. Ab 1794 als Ingenieur im französischen Bergwesen tätig, wurde Brongniart 1797 zum Professor für Naturgeschichte an der École centrale de quatre nations in Paris ernannt und 1818 zum Chefingenieur der französischen Bergwerke berufen. Seit 1820 war er Direktor der Porzellanfabrik zu Sèvres, die er durch technologische Neuerungen und neues und geschmackvolles Design förderte. 1827 gründete er hier ein Keramikmuseum und im gleichen Jahr ein Institut für Glasmalerei. 1822 trat Brongniart die Nachfolge R.-J. ↗ Haüys als Professor der Mineralogie am Naturhistorischen Museum zu Paris an. Er verfasste bedeutende Arbeiten zur mineralogischen und geologischen Systematik und erkannte unabhängig von W. ↗ Smith die Möglichkeit, gesetzmäßige Abfolgen geologischer Schichten anhand von Leitfossilien zu bestimmen. In verschiedenen Teilen Frankreichs führte er paläontologische Untersuchungen durch. Mit G. ↗ Cuvier erarbeitete er 1811 die Gliederung des Tertiär des Pariser Beckens. Er führte 1821 den Begriff Paläontologie und 1829 die Bezeichnung Jura ein. Weitere Arbeitsgebiete waren der geologische Bau der Alpen und der Apenninen sowie die Verbreitung und Entstehung der Diluvialgeschiebe in Norddeutschland.

Brongniart wurde vielfach geehrt, er war Mitglied der Akademie der Wissenschaften zu Paris. [PK]

Werk(e):
Essai d'une classification minéralogique des roches mélangées (1813); Classification et caractères minéralogiques des roches homogènes et hétérogènes (1827); Tableau des terraines qui composent l'écorce du globe (1829, dtsch. 1830).

Sekundär-Literatur:
Rudwick, M.J.S.: Cuvier and Brongniart and the reconstruction of geohistory, in: Earth Sciences History 15 (1996); The Sevres Porcelain Manufactory 1800–1847. Alexandre Brongniart and the Triumph of Art and Industry, hrg. D.E. Ostergaard (1997).

Bronn, Heinrich Georg,
deutscher Zoologe und Paläontologe,
* 3. 3. 1800 Ziegelhausen bei Heidelberg,
† 5. 7. 1862 Heidelberg.

Bronn war einer der wichtigsten Zoologen und Paläontologen am Übergang von der Naturgeschichte zur modernen Biologie. Durch seine Übersetzung von Darwins *Origin of Species* förderte und prägte er die Rezeption der Evolutionstheorie in Deutschland.

Bronn wurde als fünftes von sieben Kindern des höheren Forstbeamten Georg Ernst Bronn und seiner Frau Elisabeth Margarethe Herzberger geboren. Nach dem Besuch der Volksschule in Ziegelhausen und des Gymnasiums in Heidelberg begann er 1817 an der Universität Heidelberg Kameralia und Naturgeschichte zu studieren. 1821 habilitierte er sich dort für angewandte Naturgeschichte und Enzyklopädie der Staatswissenschaften, 1828 wurde er zum

H.G. Bronn

außerordentlichen Professor für staatswissenschaftliche und naturgeschichtliche Fächer ernannt. 1830 wurde Bronn neben Karl Caesar von Leonhard Herausgeber des führenden *Jahrbuchs für Mineralogie, Geognosie, Geologie und Petrefaktenkunde*.

1833 konnte er, nach der Berufung des Zoologen und Anatomen Friedrich Sigismund Leuckart nach Freiburg, auch den Lehrauftrag für allgemeine Naturgeschichte, insbesondere Zoologie, übernehmen. Damit verbunden war die Direktion des zoologischen Kabinetts, dessen Sammlung er mit großem Engagement erweiterte. Aus seiner Ehe mit Luise Penzel gingen vier Söhne und eine Tochter hervor. 1837 wurde mit Bronns Berufung zum ordentlichen Professor das erste Ordinariat für Zoologie an der Universität Heidelberg eingerichtet. 1845 wurde ihm der Titel Hofrat verliehen, im Wintersemester 1859/60 war er Prorektor (d. h., der amtierende Rektor im heutigen Sinne) der Universität Heidelberg. Am 5. Juli 1862 starb Bronn nach zunehmender Taubheit und Kränklichkeit am »Schlagfluß«.

Bronns wissenschaftliche Laufbahn lässt sich in drei Phasen unterteilen. Bis 1830 konzipierte er seine wissenschaftlichen Pläne und grenzte seine Interessengebiete ab. In den beiden Jahrzehnten nach 1830 widmete er sich vor allem der Sammlung und Ordnung von Fossilien sowie der Veröffentlichung von systematisch beschreibenden Arbeiten, die z. T. bis heute grundlegende Werke geblieben sind. Von 1850 an begann er dann seine Ergebnisse auf allgemeine Gesetzmäßigkeiten und Prinzipien der paläontologischen bzw. morphologischen Entwicklung hin zu analysieren. Bereits 1841 hatte er die Natur in seinem *Handbuch einer Geschichte der Natur* (1841–49) als Ergebnis einer historischen Entwicklung aufgefasst; die klassische Naturgeschichte unterteilte er in die »Physiologie der Natur«, die gegenwärtige Wechselwirkungen untersucht, und in die »Geschichte der Natur«, die eine »wissenschaftlich und chronologisch zugleich geordnete Zusammenstellung unserer Kenntnisse von früheren und späteren allgemeinen Veränderungen in dem großen Natur-Organismus« geben soll. In den folgenden Jahren veröffentlichte er mehrere Werke, in denen er die morphologischen und paläontologischen Grundlagen der Zoologie darstellte und auf allgemeine Prinzipien zurückführte. In den *Morphologischen Studien über die Gestaltungs-Gesetze der Naturkörper* (1858) suchte er in der Tradition der idealistischen Morphologie nach idealen mathematischen Grundformen für die einzelnen Naturreiche. Seine »Gesetze progressiver Entwicklung« (Differenzierung, Reduktion, Konzentration, Zentralisierung, Internierung und Größenzunahme) prägten noch die Morphologie des 20. Jahrhunderts. In den 1858 erschienenen *Untersuchungen über die Entwickelungs-Gesetze der organischen Welt während der Bildungs-Zeit unserer Erd-Oberfläche* identifizierte er zwei Grundgesetze in der historischen Aufeinanderfolge der Organismen, eine »extensiv wie intensiv fortwährend sich steigernde selbstständige Produktions-Kraft« und »die Natur und die Veränderungen der äusseren Existenz-Bedingungen, unter welchen die zu produzirenden Organismen leben sollten«.

In seinen letzten Lebensjahren prägte Bronn die frühe Rezeption von Ch. ↗ Darwins *Origin of Species* (1859) in Deutschland entscheidend mit. Er beschleunigte die Aufnahme der Darwinschen Evolutionstheorie, indem er eine schnelle und kompetente Übersetzung vorlegte, zugleich beeinflusste er sie, indem er Darwins Theorien vor dem Hintergrund seines Naturverständnisses übertrug und im Schlusswort zur deutschen Übersetzung von *Origin of Species* kommentierte. In Bronns Argumenten fokussierten sich die Widersprüche, die beim Aufeinandertreffen der älteren noch idealistisch geprägten Naturgeschichte mit der modernen Biologie entstanden.

Bronns wissenschaftliche Laufbahn spiegelte die neue Professionalität der universitären Forschung und Ausbildung der nachnapoleonischen Zeit wider. Seine umfassende Erfahrung und die Fähigkeit, sein Wissen auch zu einer Synthese zusammenzufassen, machten ihn zu einem der wichtigsten Zoologen und Paläontologen seiner Zeit. Als Herausgeber des *Neuen Jahrbuches für Mineralogie, Geognosie, Geologie und Petrefaktenkunde* stand er im Zentrum des Aufschwungs, den diese Fachgebiete in der ersten Hälfte des 19. Jahrhunderts erlebten. Von Bronns Charakter und Persönlichkeit ist wenig überliefert; seinen Schriften und Briefen nach zu urteilen, war er einer jener rastlosen Wissenschaftler, die sich die Erforschung des Unbekannten, die Annäherung an die Wahrheit zur höchsten moralischen Pflicht gemacht hatten. [TJ]

Werk(e):
Handbuch einer Geschichte der Natur (3 Bde., 1841–49); Allgemeine Zoologie (1850); Morphologische Studien über die Gestaltungs-Gesetze der Naturkörper überhaupt und der organischen insbesondere (1858); Untersuchungen über die Entwicklungs-Gesetze der organischen Welt während der Bildungs-Zeit unserer Erd-Oberfläche (1858).

Sekundär-Literatur:
Gümbel, C. W. v.: Bronn, Heinrich Georg, in: Allgemeine Deutsche Biographie 3 (1876) 355–360; Junker, T.: Heinrich Georg Bronn und die Entstehung der Arten, in: Sudhoffs Archiv 75 (1991) 180–208; Schumacher, I.: Die Entwicklungstheorie des Heidelberger Paläontologen und Zoologen Heinrich Georg Bronn (Nat.wiss. Diss. Universität Heidelberg 1975).

Brønsted, Johann Nicolaus,
dänischer Physikochemiker,
* 22. 2. 1879 Varde (Jütland),
† 17. 12. 1947 Kopenhagen.

Brønsted entwickelte 1923 eine neue Theorie der Säuren und Basen, die zu den theoretischen Grundlage der Chemie gehört.

J.N. Brønsted

Als Sohn eines Ingenieurs für Landeskultivierung nahm Brønsted 1897 am Polytechnischen Institut in Kopenhagen ein Ingenieurstudium auf. Bereits zwei Jahre später (1899) legte er das Examen für Fabrikingenieure ab. Im gleichen Jahr wechselte er an die Universität Kopenhagen, um Chemie zu studieren. 1902 bestand er das Magisterexamen und arbeitete zunächst in einem elektrotechnischen Unternehmen. 1905 wurde Brønsted Assistent am chemischen Laboratorium der Universität Kopenhagen und drei Jahre später (1908) erfolgte die Promotion. Im gleichen Jahr berief man ihn auf den gerade eingerichteten 3. Lehrstuhl für Chemie, der die physikalische Chemie zu vertreten hatte. Des Weiteren hielt er die Vorlesungen für anorganische Chemie am Polytechnischen Institut. In den folgenden Jahren entfaltete Brønsted auf der Grundlage umfangreicher Experimentaluntersuchungen eine vielseitige Forschungstätigkeit, die 1923 in seiner Theorie der Säuren und Basen kulminierte. 1926 ging Brønsted für mehrere Jahre als Gastprofessor in die USA, wo er u. a. an der Yale-Universität in New Haven (Connecticut), an der Columbia-Universität in New York sowie an anderen amerikanischen Hochschulen lehrte. 1929 wurde er zum Mitglied der American Academy of Arts und Sciences gewählt. 1930 erhielt Brønsted in Kopenhagen ein eigenes Physikalisch-Chemisches Institut, in dem er seine Forschungsarbeiten weiterführte. Brønsted ist, anerkannt und hochgeehrt, im 68. Lebensjahr verstorben.

Die Hauptleistung Brønsteds ist die 1923 entwickelte Theorie der Säuren und Basen. Deren Gültigkeit beschränkte sich nicht nur, wie bei der 1884 von S. ↗ Arrhenius ausgearbeiteten ersten Säure-Base-Theorie, auf wässrige Systeme, sondern war für beliebige Lösungsmittelsysteme gültig. Nach Brønsted waren Säuren Protonen abspaltende Verbindungen, d. h. Protonendonatoren (Brønsted-Säuren), Basen hingegen Protonen aufnehmende Verbindungen, d. h. Protonenakzeptoren (Brønsted-Basen). Säure und Base bilden nach Brønsted ein protolytisches System, wobei die Säure durch Protonenabgabe in die entsprechende korrespondierende Base bzw. die Base durch Protonenaufnahme in die entsprechende korrespondierende Säure übergeht. Brønsted hat diese in sich geschlossene und die gesamte Chemie beeinflussende Theorie 1923 in seiner Arbeit *Einige Bemerkungen über den Begriff der Säuren und Basen* zusammengefasst. Sie ist als »Theorie der Säure-Base-Funktion« bekannt geworden. Um die gleiche Zeit hat unabhängig von Brønsted auch Thomas M. Lowry ein ähnliches Säure-Base-Konzept entwickelt. Brønsted erforschte ab 1927 unter reaktionskinetischen Aspekten die katalytische Wirkung der Säuren und Basen und dehnte seine Studien 1938 auch auf hochmolekulare Verbindungen aus. Weitere Arbeiten Brønsteds sind die zusammen mit G. de ↗ Hevesy durchgeführten Isotopentrennungen, die Atommassebestimmung von Quecksilber und Chlor sowie die Ermittlung von osmotischen und Aktivitätskoeffizienten, spezifischen Wärmekapazitäten und von elektromotorischen Kräften. [RS3]

Werk(e):
Lehrbuch der Physikalischen Chemie (1912); Grundriss der Anorganischen Chemie (1916); Säure-Basen-Katalyse (1926).

Sekundär-Literatur:
Brønsted, J. N., in Recl. Trav. Chim. Pay-Bas 42 (1923) 718.

Brouwer, Luitzen Egbertus Jan,
niederländischer Mathematiker,
* 27. 2. 1881 Overschie (heute ein Vorort von Rotterdam),
† 2. 12. 1966 Blaricum.

Brouwer war der Erste, der die mathematische Teildisziplin der Topologie auf exakt bewiesene Grundlagen stellte. Bedeutender und bekannter sind aber seine Beiträge zu den Grundlagen der Mathematik, wo er den Standpunkt des »Intuitionismus« einnahm, der die unumschränkte Verwendung des Satzes vom ausgeschlossenen Dritten in Beweisen ausschließt.

L.E. Brouwer

Brouwer zeigte seine ungewöhnlichen intellektuellen Fähigkeiten schon in seiner Schulzeit in Hoorn und Haarlem. Bereits 1897, also mit sechzehn Jahren, nahm er sein Mathematikstudium an der Universität Amsterdam auf, das er 1904 abschloss. Zu diesem Zeitpunkt hatte er bereits mehrere Arbeiten über stetige Bewegungen im vierdimensionalen Raum veröffentlicht. Außerdem war in dieser Zeit sein Interesse für die Topologie geweckt worden. Aufgrund seiner philosophischen Interessen wählte er aber für seine Dissertation das Thema *Über die Grundlagen der Mathematik*. Es ging dabei um den Status der Objekte des mathematischen Denkens: D. ↗ Hilbert hatte seinen als »Formalismus« gekennzeichneten Standpunkt exemplarisch in seinen *Grundlagen der Geometrie* dargelegt. Für ihn waren die Objekte der Mathematik inhaltslose Symbole, mit denen nach rein formalen Regeln umgegangen wird. Der von Brouwer vertretene »Intuitionismus« hingegen betont, dass die Objekte der Mathematik von den Mathematikern in ihrer Vorstellung (= Intuition) konstruiert werden und dass mit ihnen auch in der Vorstellung umgegangen wird. Brouwer brachte dies Jahre später folgendermaßen auf den Punkt: »Man kann die Grundlagen und die Natur der Mathematik nicht untersuchen, ohne sich mit der Frage nach den Operationen zu beschäftigen, vermittels derer die mathematische Tätigkeit des Geistes ausgeübt wird. Würde man dies nicht in Betracht ziehen, so würde man nur die Sprache studieren, in der Mathematik dargestellt wird, und nicht das Eigentliche der Mathematik.«

Schon in seiner 1907 abgeschlossenen Dissertation nahm Brouwer sowohl gegen den Hilbertschen Formalismus als auch gegen den Logizismus B. ↗ Russells Stellung ein. Er hielt sich dagegen eher an die Vorstellungen H. ↗ Poincarés, wenn er auch zur Überprüfung der mathematischen Existenz nicht dessen Kriterium der Widerspruchsfreiheit akzeptierte, sondern auf einer in der Vorstellung möglichen Konstruierbarkeit bestand. (In diesem Zusammenhang wird auch der Begriff des »Konstruktivismus« verwendet.)

In den darauffolgenden Jahren (bis circa 1913) arbeitete Brouwer dann hauptsächlich auf dem Gebiet der Topologie. Ausgehend vom fünften der Hilbertschen Probleme beschäftigte er sich mit stetigen Abbildungen, die ein stetiges Inverses besitzen. Er zeigte in mehreren Arbeiten, dass jede solche Abbildung von einer Sphäre in sich selbst einen Fixpunkt besitzt (Brouwerscher Fixpunktsatz) und, im Jahre 1910, dass solch eine Abbildung nur zwischen Zahlenräumen von gleicher Dimension existieren kann. Weiterhin gab er einen Beweis des Jordanschen Kurvensatzes in Zahlenräumen.

Nachdem Brouwer sich 1909 an der Universität Amsterdam habilitiert hatte, wurde er im Jahre 1912 dort zum außerordentlichen Professor ernannt, nicht zuletzt aufgrund eines Empfehlungsschreibens von Hilbert. Bereits im nächsten Jahr erhielt er an der gleichen Institution eine ordentliche Professur, und zwar für Mengenlehre, Funktionentheorie und Axiomatik. Ein 1919 an ihn ergangenes Angebot, Nachfolger von Erich Hecke in Göttingen zu werden, lehnte er ab, und blieb bis zu seiner Emeritierung im Jahre 1951 an der Universität Amsterdam.

Ohne die Arbeit in der Topologie vollständig aufzugeben, wandte sich Brouwer in den Jahren nach 1913 in Lehre und Forschung immer stärker dem Intuitionismus zu: Dieser schloss die Gewährleistung der Existenz der Objekte des mathematischen Denkens durch axiomatische Setzungen aus. Wenn es aber für die Existenz eines mathematischen Objekts notwendig ist, es in der Vorstellung (»intuitiv«) zu konstruieren, dann muss dies in einer wohlbestimmten endlichen Prozedur möglich sein. Um etwa festzustellen, auf wie viele Elemente einer vorgegebenen endlichen Menge eine bestimmte Eigenschaft zutrifft, kann man die Elemente einzeln untersuchen, notfalls in der Vorstellung, wenn die Anzahl der Elemente zu groß wird. Bei unendlichen Mengen ist diese Prozedur aber nicht einmal mehr in der Vorstellung durchführbar. Damit, so argumentierte Brouwer, ist es auch nicht mehr zulässig, Eigenschaften wie den Satz vom ausgeschlossenen Dritten – der in der endlichen Situation wohlbegründet ist – auf die unendliche Situation zu übertragen. Es lassen sich zum Beispiel Zahlen konstruieren, deren Definition man nicht entnehmen kann, ob diese positiv sind oder nicht.

Brouwer untersuchte, welche Aussagen der »klassischen« Mathematik auch unter der intuitionistischen Prämisse der Vermeidung des »Tertium non datur« noch haltbar sind. So veröffentlichte er 1918 eine intuitionistische Mengenlehre, 1919 eine intuitionistische Maßtheorie und 1923 eine intuitionistische Funktionenlehre. Auch in seinen

Vorlesungen unterzog er »klassisch« bewiesene Sätze, einschließlich seiner eigenen Resultate im Bereich der Topologie, einer grundlagenkritischen Revision.

Man kann spekulieren, ob der Intuitionismus zu jener Zeit auf dem Weg war, eine »normale« Teildisziplin der Mathematik zu werden, in der die Stärke des Satzes vom ausgeschlossenen Dritten in noch weiteren Gebieten untersucht würde. Jedoch verlief die Entwicklung anders, da es Ende der 1920er-Jahre zum »Intuitionismusstreit« (auch »Grundlagenstreit«) kam. In diesem wurden Hilbert und einige seiner Schüler gegen Brouwer aktiv und drängten ihn aus dem Herausgebergremium der *Mathematischen Annalen* heraus, was Brouwer nicht widerstandslos mit sich geschehen ließ. (Einen nicht zu vernachlässigenden Anteil seiner Prominenz bezieht der Intuitionismusstreit auch aus dieser nichtmathematischen Komponente.)

Dabei war das Verhältnis zwischen Hilbert und – dem 19 Jahre jüngeren – Brouwer lange Zeit recht positiv gewesen: Trotz der Kritik an Hilberts Formalismus in seiner Dissertation von 1907 äußerte sich Brouwer 1909 über Hilbert als den »erste[n] Mathematiker der Welt«, zu dem er »als junger Apostel zu einem Propheten gesprochen« habe. Brouwer hielt sich zudem häufiger in Göttingen auf und wurde umgekehrt auch von Hilbert geschätzt, wie dessen Empfehlungsschreiben von 1912 und das Angebot der Hecke-Nachfolge im Jahre 1919 belegen.

Der Umschwung in den Beziehungen trat möglicherweise ein, als Brouwer, ungefähr ab 1923, begann, Werbung für den Intuitionismus zu betreiben, und damit auch nicht erfolglos blieb. So hielt er über dieses Thema Vorträge in Berlin (1927) und Wien (1928). Selbst Hilberts designierter »Kronprinz« H. ↗ Weyl zeigte sich dem Intuitionismus gegenüber nicht abgeneigt.

Hilbert hingegen vertrat dem Satz vom ausgeschlossenen Dritten gegenüber den Standpunkt, prinzipiell könne alles bewiesen oder widerlegt werden (»Es gibt kein Ignorabimus!«), und sah durch Brouwers Aktivitäten sein Lebenswerk bedroht. Verschärft wurde der Streit noch durch eine politische Komponente: Deutschland war von den ersten Internationalen Mathematiker-Kongressen nach dem Ersten Weltkrieg als eine der Verlierermächte ausgeschlossen worden, und zahlreiche deutsche Mathematiker befürchteten, auch auf dem 1928 in Bologna stattfindenden Kongress wohl wieder Teilnehmer, aber nur minderen Rechts zu sein, so dass sie dafür votierten, den Kongress zu boykottieren. (Der Niederländer) Brouwer unterstützte diese Haltung, während (der Deutsche) Hilbert die Mathematiker als eine internationale Gemeinschaft ansah und dank seiner Autorität für eine akzeptable Beteiligung am Kongress sorgte.

Die Auseinandersetzung kulminierte in einem Streit um die Besetzung des Herausgebergremiums der *Mathematischen Annalen*: Hilbert verlangte, Brouwer daraus zu entfernen, da er nicht mehr imstande sei, mit diesem zusammenzuarbeiten. Ohne dass Hilbert selbst noch allzu aktiv werden musste, wurde seinem Wunsch im Rahmen einer Gesamtumgestaltung des Gremiums Genüge getan. Im Rahmen dieser Vorgänge verließ auch A. ↗ Einstein die Redaktion der *Mathematischen Annalen*, der im Intuitionismusstreit strikt neutral geblieben war und dazu anmerkte, das Ganze wäre ein »Krieg der Frösche und Mäuse«.

Brouwer war Ehrendoktor zahlreicher Universitäten, etwa von Oslo und Cambridge, und Mitglied der Akademien der Wissenschaften zu Göttingen und zu Berlin, der American Philosophical Society und der Royal Society zu London. [PU]

Werk(e):
Collected Works, hrg. A. Heyting (1975–1976).

Sekundär-Literatur:
van Dalen, D: Mystic, geometer, and intuitionist. The life of L. E. J. Brouwer, Vol. 1: The dawning revolution (1999); van Dalen, D.: The war of the frogs and the mice, or the crisis of the Mathematische Annalen, The Mathematical Intelligencer 12/4 (1990) 17–31.

Brown, Alexander Crum,
britischer Chemiker und Arzt,
* 26. 3. 1838 Edinburgh,
† 28. 10. 1922 Edinburgh.

Brown entwickelte 1861 Formeln zur grafischen Darstellung von Struktur- und Bindungsverhältnissen, welche die Grundlage für die heutige Strukturschreibweise darstellen.

Brown, Sohn eines Geistlichen, studierte ab 1854 an der Universität Edinburgh geisteswissenschaftliche Fächer, wandte sich dann aber der Medizin und den Naturwissenschaften zu. 1858 wurde er Magister, promovierte 1861 zum Dr. med. und habilitierte sich 1862 an der Universität London zum Privatdozenten. Danach erweiterte er an den Universitäten Heidelberg und Marburg seine Kenntnisse. Nach seiner Rückkehr nach Edinburgh wurde er 1863 Dozent und 1869 Professor für Chemie. Diesen Lehrstuhl hatte er bis zu seiner Emeritierung 1908 inne.

Die Arbeiten Browns fielen in die Zeit der Entwicklung der Theorie der Kohlenstoffverbindungen durch A. ↗ Couper und A. ↗ Kekulé, wobei die Entdeckung der Vierwertigkeit des Kohlenstoffatoms zum Leitprinzip für das Aufstellen von chemischen Formeln wurde. Durch diese sollte die Verknüpfung der Elemente widergespiegelt und grafisch verdeut-

A.C. Brown

licht werden. Dazu hatten um 1858 Kekulé und Couper Kettenmodelle entwickelt, die sich jedoch aufgrund ihrer umständlichen Schreib- und Druckweise nicht durchzusetzen vermochten. Brown beschäftigte sich bereits 1861 in seiner Dissertationsschrift *Theorie der chemischen Verbindungen* mit strukturtheoretischen Untersuchungen. Er schlug zur Widerspiegelung der Wertigkeiten der Elemente sowie der Bindungsverhältnisse Strichsymbole vor, die das Kettenmodell von Kekulé erheblich vereinfachten. Da E. ↗ Frankland in seinen Vorlesungen an der Royal Institution in London Browns Strichformeln anwandte, wurden diese populär. Um die gleiche Zeit konnte auch Couper ähnliche Strichformeln entwickeln, so dass diese häufig als Couper-Brown'sche Strukturformeln bezeichnet werden. Brown hat des Weiteren das Phänomen der Isomerie untersucht (1864), vertrat 1867 den Gedanken der Mathematisierung der Chemie, synthetisierte 1873 zahlreiche organische Schwefelverbindungen, führte 1883 Untersuchungen über die Struktur von Kristallen durch, deckte den Zusammenhang zwischen optischer Aktivität und Konstitution auf und beschäftigte sich ab 1896 mit den Theorien des osmotischen Drucks sowie der elektrolytischen Dissoziation. [RS3]

Sekundär-Literatur:
J. W.: Proceedings of the Royal Society A, 105 (1924) 1–5.

Bruch, Walter,
deutscher Ingenieur,
* 2. 3. 1908 Neustadt a. d. Weinstraße,
† 5. 5. 1990 Hannover.

Bruch hat das PAL-Farbfernsehsystem, das in vielen Ländern der Welt benutzt wird, entwickelt.

Bruch, ein Kaufmannssohn aus der Pfalz, ging in München zur Schule, wo er häufig das Deutsche Museum besuchte und dort seine »Grundausbildung« erhielt. In Berlin studierte er Elektrotechnik. Schon als Student wurde er von den ersten Fernsehgeräten auf der Berliner Funkausstellung 1929 fasziniert. Wenig später wurde er Mitarbeiter von M. v. ↗ Ardenne und im Berliner Büro des ungarischen Fernsehpioniers Dénes von Mihaly.

Bereits bei der Premiere des deutschen Fernsehens am 22. März 1935 war er dabei und trat noch im selben Jahr in die Telefunken-Gesellschaft ein. Während der Olympischen Spiele stand er als Mitkonstrukteur und Operateur hinter der Kamera. 1938 war er an der Einrichtung des ersten vollelektronischen Fernsehstudios der Welt in Berlin beteiligt. Während des Krieges entwickelte Bruch eine Kabelfernsehanlage in Peenemünde für die Starts der V1- und V2-Raketen.

Nach dem Krieg arbeitete er zunächst in Ostberlin, um 1950 zu Telefunken zurückzukehren. Unter seiner Verantwortung entstanden im Labor in Hannover die ersten Nachkriegsfernsehgeräte. In den 50er-Jahren begann Bruch sich dem Problem des Farbfernsehens zu widmen, wofür er Ende der 50er-Jahre ganz freigestellt wurde.

Das Problem bei der Einführung des Farbfernsehens bestand darin, wie mit den Schwarz-Weiß-Geräten Farbfilme und wie die Schwarz-Weiß-Filme von Farbfernsehern empfangen werden könnten – die Systeme mussten vollständig kompatibel sein.

W. Bruch

Die geniale Lösung, die Anfang der 50er-Jahre in den USA mit dem NTSC-System gefunden wurde, sah vor, ein Helligkeitssignal als Summe der Rot-, Grün- und Blausignale zu senden, gleichzeitig das Schwarz-Weiß-Signal. Um die drei Farbsignale aufbauen zu können, wurden zwei weitere Farbdifferenzsignale versandt. Bei diesem Verfahren führten allerdings kleine Fehler bei der Übertragung zu starken Farbverfälschungen, die ständig korrigiert werden mussten.

Aufbauend auf dem amerikanischen Patent von Bernard Loughlin wollte Bruch dies verbessern, was ihm durch eine automatische Fehlerkorrektur gelang, die die nötige Farbtreue bieten konnte – das PAL-System war geboren. Es wurde am 3. Januar 1963 in Hannover zum ersten Mal vorgeführt.

Die Franzosen hatten mit SECAM ein ähnliches System entwickelt, das sich jedoch stärker vom amerikanischen System unterschied. Nun begann der Kampf um Europa. Das amerikanische System selbst schied schnell aus. Den Franzosen gelang es, die Sowjetunion und damit z.B. auch die damalige DDR für SECAM zu gewinnen. Da es nicht zuletzt wegen des Kalten Kriegs keine Einigung gab, existierten in Deutschland und Europa zwei unterschiedliche Systeme, wobei nach Meinung der meisten Fachleute das PAL-System technisch am ausgereiftesten war. [RS]

Werk(e):
Die Fernseh-Story (1969).

Sekundär-Literatur:
Bruch, W., Riedel, H.: PAL. Das Farbfernsehen (1987); Kaiser, W.: Die PAL-SECAM-Farbfernseh-Kontroverse, in: Albrecht, H. (Hrg.): Naturwissenschaft und Technik in der Geschichte (1993) 143–160.

Brücke, Ernst Wilhelm von,
deutscher Physiologe,
* 6. 6. 1819 Berlin,
† 7. 1. 1892 Wien.

Brücke war einer der prominentesten Vertreter der experimentellen Physiologie in der zweiten Hälfte des 19. Jahrhunderts. Er war einer der Begründer der modernen Phonetik und Vertreter einer naturwissenschaftlich fundierten Theorie der bildenden Kunst.

Nach dem Studium der Medizin und Promotion zum Dr. med. an der Universität Berlin (1842) arbeitete Brücke als Assistent am Berliner Anatomisch-Zootomischen Museum bei J. ↗ Müller, wo er sich mit dem Bau und der Funktion des Sehapparates bei Menschen und Tieren befasste. Seine 1847 veröffentlichte anatomisch-histologische Studie zur Anatomie des Auges wurde zu einem Standardwerk für Augenärzte. Brückes Arbeiten über den Sehvor-

E.W. von Brücke

gang legten die Grundlage zur Konstruktion des Augenspiegels durch H. ↗ Helmholtz (1851). Im Jahre 1847 wurde Brücke Professor für Physiologie an der Universität Königsberg, 1849 wechselte er an die Universität Wien. In Wien blieb Brücke bis an sein Lebensende. Brückes bekanntester Schüler ist Sigmund Freud, der zwischen 1876 und 1882 an Brückes Institut unter anderem Untersuchungen zur Anatomie des Nervensystems von Krebsen anstellte.

Brückes Interesse an Fragestellungen aus dem Bereich der Stoffwechselphysiologie führten ihn zur Beschreibung biochemischer Prozesse bei der Verdauung von Fetten, Kohlenhydraten und Proteinen. Die in diesem Zusammenhang entstandenen Untersuchungen erbrachten neue Einsichten in die enzymatische Wirkung des Pepsins und dessen Rolle bei Verdauungsvorgängen im Magen des Menschen und von Tieren. Brücke war Experimentator und Mikroskopiker. Sein Anliegen war es, beide Vorgehensweisen miteinander zu verbinden. Berühmt geworden sind seine mikroskopischen Studien über den Farbwechsel in den Hautzellen des Chamäleons. Für die Zusammensetzung von Farben interessierte sich Brücke auch im Zusammenhang mit der Herstellung von Kunstwerken und der Analyse ihrer Wirkungen auf den Betrachter. Mit seinen Studien zur Bildung von Sprechlauten wurde Brücke zu einem Begründer der modernen Stimmphysiologie. [SD]

Werk(e):
Grundzüge der Physiologie und Systematik der Sprachlaute für Linguisten und Taubstummenlehrer (1856); Die Physiologie der Farben für die Zwecke der Kunstgeschichte (1866); Vorlesungen über Physiologie (2 Bde., 1873–1874).

Sekundär-Literatur:
Brücke, E. T. v.: Ernst Brücke (1928).

Bruggencate, Paul ten,
holländischer Astronom,
* 24.2.1901 Arosa (Schweiz),
† 14.9.1961 Göttingen.

Bruggencate lieferte wichtige Beiträge zur Sonnenphysik sowie zu Sternhaufen und Veränderlichen Sternen.

Bruggencate studierte Astronomie an den Universitäten in Göttingen und München und promovierte 1924 bei H. v. ↗Seeliger über Aufbau und Kosmogonie der Kugelsternhaufen. Anschließend war er Assistent in Göttingen, 1926–29 an der Bosscha Sternwarte in Lembang (Java), auf Mt. Wilson und am Harvard College Observatory in Cambridge (Mass.) beschäftigt. 1929 habilitierte er sich in Greifswald und wirkte als Privatdozent; 1935 wurde er Hauptobservator am Potsdamer Astrophysikalischen Observatorium und 1939 Professor in Berlin, 1941 dann Direktor der Universitätssternwarte Göttingen.

In den 1920er-Jahren beschäftigte sich Bruggencate mit der Bestimmung der allgemeinen Absorption des Lichts im Weltraum – was von Bedeutung ist für die aus den Helligkeiten abgeleiteten Entfernungen ist. Aufgrund seiner spektralphotometrischen Arbeiten konnte er die Klassifikation der Veränderlichen Sterne verfeinern und die kurzperiodischen Cepheiden in zwei Gruppen einteilen: die RR Lyrae-Sterne mit Perioden unter einem Tag und Spektren von B bis F und die »klassischen Cepheiden«, die δ Cephei-Sterne, mit Perioden zwischen einem Tag und 40 Tagen und Spektren von F bis K. Zur verbesserten Messung der Sternhelligkeiten interessierte sich Bruggencate auch für astronomische Photometrie, besonders für Photomultiplier.

Ab 1935 – in seiner Potsdamer Zeit am Einstein-Turm und dann in Göttingen – begann er sich mit der Theorie der Sternatmosphären und der Sonnenphysik auseinanderzusetzen. Er machte Untersuchungen zur photosphärischen Granulation. Eine schöne Bestätigung der H⁻-Theorie des kontinuierlichen Absorptionskoeffizienten brachten die Präzisionsmessungen von Bruggencate und J. Houtgast über die Änderungen, welche die Fraunhofer-Linien zeigen, wenn man vom Spektrum der Mitte der Sonnenscheibe zu dem des Sonnenrandes übergeht. In der Zeit Bruggencates in Göttingen wurden ab 1941 die Pläne K.-O. ↗Kiepenheuers und O. ↗Heckmanns verwirklicht durch den Bau eines Sonnenobservatoriums auf dem Hainberg. Bruggencate stand in engem Kontakt mit den anderen Zentren der Sonnenphysik in Deutschland, dem Einsteinturm in Potsdam mit dem Abteilungsleiter Harald von Klüber und dem Direktor H. ↗Kienle, sowie ab 1942 mit Kiepenheuer in Freiburg.

Im Dritten Reich wurde Bruggencate aus opportunistischen Gründen Mitglied verschiedener nationalsozialistischer Organisationen (SA 1933, NSDAP 1937) und avancierte zu einem der führenden Repräsentanten der Sonnenphysik in Deutschland. Als solcher hat er dann nach dem Krieg – zusammen mit Kiepenheuer und Klüber – den so genannten FIAT-Bericht zur Sonnenphysik verfasst. Ende der 50er-Jahre gründete Bruggencate, der während des Zweiten Weltkrieges wegen seiner Schweizer Staatsbürgerschaft enge Kontakte zur Schweiz durch Reisen aufrechterhalten konnte, in Locarno eine Außenstation für Sonnenforschung. [GW3]

Werk(e):
Sternhaufen. Ihr Bau, ihre Stellung zum Sternsystem und ihre Bedeutung für die Kosmogonie. Naturwissenschaftliche Monographien und Lehrbücher, 7. Band (1927); Die veränderlichen Sterne, in: Ergebnisse der exakten Naturwissenschaften, Bd. 10 (1931); Das astronomische Weltbild der Gegenwart (1934); mit H. von Klüber: Physik der Sonne, in: Bruggencate, P. (Hrg.): Naturforschung und Medizin in Deutschland 1939–1946. FIAT Review of German Science. Band 20 Astronomie, Astrophysik und Kosmogonie (1948).

Sekundär-Literatur:
Jäger, F.W.: Paul ten Bruggencate, Mitteilungen der Astronomischen Gesellschaft 15 (1962) 21–23.

Bruno, Giordano,
italienischer Philosoph,
* Januar/Februar 1548 San Giovanni del Cesco (bei Nola, Italien),
† 17. 2. 1600 Rom.

Bruno wird zu den italienischen Naturphilosophen gezählt und gilt als einer der Wegbereiter der modernen Naturwissenschaften.

Bruno, dessen Vater Soldat war, begann 1562 in Neapel zu studieren und trat drei Jahre später den Dominikanern bei, wobei er den Ordensnamen Giordano annahm. Seine Bekanntschaft mit der an-

G. Bruno

tiken Naturphilosophie und den Schriften von Ramón Lull über die Gedächtniskunst gehen auf diese Jugendjahre zurück. Auch seine Kenntnis von Nikolaus von Kues' Metaphysik des Zusammenfallens der Gegensätze, von G. d. ↗ Portas Magie und von N. ↗ Copernicus' heliozentrischem Modell wird auf seine Zeit im Kloster San Domenico Maggiore in Neapel zu datieren sein. 1575 wurde Bruno zum »Lektor« befördert.

Die anhaltenden Spannungen mit dem Prior des Klosters eskalierten jedoch 1576. Fluchtartig verließ Bruno seinen Orden und 1578 auch seine italienische Heimat. Diese Flucht, die fünfzehn Jahre dauern sollte, führte ihn durch verschiedene Länder und Gebiete. Im kalvinistischen Genf (1579), im orthodox-katholischen Toulouse (bis 1581), im gallikanischen Paris (bis 1583), im anglikanischen London (bis 1585), in den lutherischen Universitätsstädten Wittenberg und Helmstedt (1586 bis 1590) und im zwinglianischen Zürich (1591) konnte Bruno die verschiedenen konfessionellen Standpunkte kennenlernen. Seine eigenen theologischen und philosophischen Ansichten ließen sich aber mit keinem derselben in Übereinstimmung bringen und führten jeweils zu Streitigkeiten und zu einer Fortsetzung der Wanderung. 1591 nahm Bruno die Einladung eines venezianischen Adligen an und kehrte nach Italien zurück, möglicherweise in der Hoffnung, den Lehrstuhl für Mathematik in Padua zu erhalten, der dann jedoch G. ↗ Galilei zugesprochen wurde. In Venedig wurde er im Mai 1592 von der Inquisition verhaftet und im darauffolgenden Jahr an das zentrale Inquisitionsgericht in Rom überstellt. Der Prozess, der sieben Jahre dauerte, endete 1600 mit Brunos Verbrennung. Vor allem seit der Mitte des neunzehnten Jahrhunderts ist Bruno zum Märtyrer der Wissenschaft stilisiert worden, doch spielten in seinem Prozess seine kosmologischen Lehren im Vergleich zu seinen theologischen Ansichten eine sehr untergeordnete Rolle.

Bruno hat in seinen zahlreichen Schriften ein neues Weltbild aufzubauen versucht. Manche seiner religiösen, magischen und erkenntnistheoretischen Überzeugungen sind schwer zu entschlüsseln, weil sie in einer symbolgeladenen Sprache und in Emblemen zum Ausdruck gebracht werden. Selbst Kosmologie, Materielehre und Mathematik sind für Bruno nicht losgelöste naturwissenschaftliche Einzeldisziplinen, sondern hängen direkt von seinem magisch-religiösen Weltbild ab. Wie aus der so genannten *Frankfurter Trilogie* von 1591 deutlich wird, sind sowohl sein physikalischer Atomismus wie auch seine pythagoräische Mathematik, die auf kugelartigen Einheiten aufbaut, und sein auf einen unendlichen Kosmos erweiterter Weltraum mit seinen zahllosen copernicanischen Sonnensystemen von der gleichen Überzeugung getragen: Alles in der Welt besteht für Bruno aus beseelten Einheiten (»Monaden«), die durch die verschiedenen Größenordnungen hindurch – vom Atom und der mathematischen Einheit über den Stern bis zum All – sowohl die göttliche Einheit als auch das numerisch zählende menschliche Denken widerspiegeln. Bruno ist es zwar nicht gelungen, eine Denkschule zu gründen, und sein mathematischer Realismus ist folgenlos geblieben. Sein Atomismus, seine Kosmologie und seine Monadenphilosophie haben jedoch im Denken des siebzehnten Jahrhunderts deutliche Spuren hinterlassen. [CL2]

Werk(e):
Œuvres complètes de Giordano Bruno (hrg. v. Y. Hersant, 1993-).

Sekundär-Literatur:
Ricci, S.: Giordano Bruno nell'Europa del Cinquecento (2000).

G. Bruno: Die erste Abbildung einer Atomstruktur (aus *De triplici minimo et mensura*)

Bubnoff, Serge Nikolajewitsch von,
deutsch-russischer Geologe,
* 15. 7. 1888 St. Petersburg,
† 16. 11. 1957 Berlin.

Bubnoff leistete in der ersten Hälfte des 20. Jahrhunderts herausragende Beiträge zur regionalen Geologie Europas, zur historischen Geologie und zu theoretischen Problemen der Geowissenschaften.

Als Sohn eines russischen Mediziners und einer deutschen Mutter besuchte Bubnoff in St. Peters-

S.N. von Bubnoff

burg das Gymnasium und schloss es 1906 mit der Goldenen Medaille ab. Nach dem frühen Tod des Vaters übersiedelte die Familie nach Deutschland. An der Universität Freiburg i. Br. studierte Bubnoff 1906–10 Geologie und Paläontologie, arbeitete dort 1910–11 als Assistent und 1911–13 im Badischen Geologischen Dienst. Nach längeren geologischen Studienreisen durch Russland und Italien war er 1914–20 Assistent am Geologischen Institut der Universität Heidelberg bei W. ↗ Salomon-Calvi. Bereits 1912 promovierte er mit einer Arbeit über *Die Tektonik der Dinkelberge bei Basel* und habilitierte sich 1921 mit einer Studie zu den hercynischen Brüchen im Schwarzwald. 1921 folgte er seinem Studienfreund H. ↗ Cloos an die Universität Breslau, wo er zunächst als Privatdozent und ab 1925 als Professor für Geologie und Paläontologie Vorlesungen hielt. 1929 wurde er an die Universität Greifswald berufen und arbeitete dort über 20 Jahre als Hochschullehrer und Institutsdirektor. 1950 übernahm Bubnoff in Berlin die Leitung des Geologischen Instituts der Humboldt-Universität und als Nachfolger von H. ↗ Stille auch des Geotektonischen Instituts der Deutschen Akademie der Wissenschaften.

In den ersten Jahren seiner geologischen Arbeit studierte Bubnoff die Tektonik des Tafeljura in Süddeutschland, die Granite im Schwarzwald und in Thüringen sowie die Geologie und Tektonik der Kohlelagerstätten in Niederschlesien. Es folgten Arbeiten zur Geologie Südschwedens und Osteuropas. Auf der Grundlage solcher Detailstudien strebte er zur Erkenntnis größerer räumlicher und zeitlicher Zusammenhänge in seiner mehrbändigen *Geologie von Europa* (1926–36) und in seinem Werk *Fennosarmatia* (1952) zur Geologie von Mittel- und Osteuropa.

Bereits 1923 erschien Bubnoffs Arbeit über *Die Gliederung der Erdrinde*, in der er seine Vorstellungen über ihre geotektonischen Hauptelemente vorstellte: Die »permanenten Kontinentalblöcke« (1), die »schwach mobilen Schelfe« (2), die »stark mobilen Geosynklinalen« (3) und die »permanenten Ozeane« (4). Wichtige Kriterien für die Charakterisierung der Elemente der Erdrinde waren die Beweglichkeit der Strukturzonen, die Schwankungsamplituden ihrer Oberfläche, die Tendenzen ihrer Vertikalbewegungen, der Charakter der tektonischen Deformation oder auch ihre Dicke. Auf dieser Grundlage analysierte Bubnoff die Mechanismen der Gebirgsbildung, wobei er 1949 die verschiedenen Aspekte sowohl fixistischer als auch mobilistischer Theorien prüfte. In einem gewissen Umfang neigte er zu Ideen des Mobilismus, hielt aber die Vorstellungen einer »Abdrift Amerikas von der Alten Welt« in der ursprünglichen Auffassung von A. ↗ Wegener für »schwer aufrecht zu halten«. Bei der Erklärung der Mechanismen der Gebirgsbildung stützte er sich auf magmatische Strömungshypothesen, die in den Vorstellungen von O. ↗ Ampferer (1906) wurzelten.

Bubnoff bemühte sich auch um eine Systematisierung globaler Prozesse in der exogenen Dynamik an der Erdoberfläche. Vom Kambrium bis zur Gegenwart unterschied er eine Reihe von großen Zyklen, die jeweils durch spezifische fazielle und räumliche Merkmale charakterisiert waren und jeweils durch eine Phase der Gebirgsbildung abgeschlossen wurden. Im Verlauf der Erdgeschichte ergab sich nach Berechnungen von Bubnoff eine Beschleunigung der zyklischen Abläufe. Auf diesem Hintergrund von Analysen endogener und exogener Prozesse im geologischen Geschehen interpretierte Bubnoff 1948 die Erdgeschichte als einen evolutiven Vorgang. Der anorganische erdgeschichtliche Prozess hat seiner Meinung nach eine Vergenz, eine gerichtete lineare Komponente, welche sich in einer Differentiation und Komplikation des Krustenbaus auswirkt und die Geschichte der Erde zu einem unwiederholbaren und damit geschichtlichen Vorgang macht. [MG]

Werk(e):
Geologie von Europa (2 Bde. 1926–36); Grundprobleme der Geologie (1931); Einführung in die Erdgeschichte (1941); Fennosarmatia (1952).

Sekundär-Literatur:
Milanowskij, E. E., Möbus, G.: Serge N. von Bubnoff und seine Bedeutung für die Entwicklung der deutsch-sowjetischen Beziehungen auf dem Gebiet der geologischen Wissenschaften, Z. geol. Wiss. 4 (1976) 457–467.

Buch, Freiherr Christian Leopold von,
deutscher Geologe, Paläontologe und Forschungsreisender,
* 25/26. 4. 1774 Schloss Stolpe bei Angermünde (Brandenburg),
† 4. 3. 1853 Berlin.

Buch lieferte in der ersten Hälfte des 19. Jahrhunderts bedeutende Beiträge zum Vulkanismus und zur Gebirgsbildung und Geotektonik sowie Stratigraphie und Paläontologie. Er prägte damit maßgeblich die Entwicklung der damals jungen geologischen Wissenschaften.

C.L. von Buch

Buch wurde als sechster Sohn von Adolph Friedrich von Buch und der Tochter des Majoratsherren Georg von Arnim auf Sucow, deren Familie auch Achim und Bettina von Arnim angehörten, auf Schloss Stolpe bei Angermünde in der Uckermark geboren. Sein Vater war Geheimer Legationsrat sowie bevollmächtigter Minister beim König August III. von Polen am kursächsischen Hof gewesen, hatte sich aber 1766 ganz auf seine Güter zurückgezogen. 1789 ging Buch nach Berlin, um mineralogische, chemische und physikalische Vorlesungen zu hören. Von 1790 bis 1793 studierte er an der Bergakademie in Freiberg bei A. G. ↗ Werner, wo er auch größtenteils in dessen Haus lebte. Zu seinen damaligen Kommilitonen gehörten u. a. Thomas Weaver, Johann Carl Freiesleben, A. v. ↗ Humboldt, E. F. von ↗ Schlotheim, Jens Esmark und Gotthelf Friedrich Fischer von Waldheim, wobei ihn nur mit Humboldt und Freiesleben eine innige lebenslange Freundschaft verband. Nach weiteren Aufenthalten an den Universitäten Halle (1793–1795), wo er Naturgeschichte und Petrographie studierte, sowie Göttingen (1795–1796; Physik und Chemie) beendete er sein Studium. Schon während dieser Zeit machte von Buch ausgedehnte Studienreisen durch das Erzgebirge, Fichtelgebirge, Böhmen, Thüringen und den Harz.

Von 1796–1797 arbeitete er als Referendar am schlesischen Oberbergamt, verließ dann aber den preußischen Staatsdienst, um sich, wie auch sein Freund Humboldt, vollends unabhängig den Wissenschaften widmen zu können. Er reiste 1797 gemeinsam mit Humboldt durch die Österreichischen Alpen; im Frühjahr 1798 begann er seine Reise durch Italien und besuchte u. a. Venedig, Rom und Neapel. Allein in Neapel verbrachte er 5 Monate und bestieg mehrmals den Vesuv. Nach einem Besuch in Paris (1799), wo er mit R.-J. ↗ Haüy und Jean Claude de la Métherie zusammentraf, kehrte er nach Berlin zurück, wo er den Auftrag bekam, den damals noch unter preußischer Regierung stehenden Kanton Neuchâtel (Schweiz) in Bezug auf seine Rohstoffe hin zu untersuchen. Von Buch verbrachte fast drei Jahre in Neuchâtel, das ihm als Ausgangspunkt für zahlreiche Exkursionen in die Alpen und den Jura diente. 1802 reiste er in die Vulkangebiete der Auvergne (Südfrankreich), wo ihm immer mehr Zweifel an der Richtigkeit der neptunistischen Anschauungen Werners kamen. Bei seinem zweiten Aufenthalt in Neapel konnte er zusammen mit Humboldt und J.-L. ↗ Gay-Lussac am 12. 8. 1805 eine kleinere Eruption des Vesuvs vor Ort erleben. Zwischenzeitlich überwachte er 1804 im Auftrag der preußischen Regierung die Anfertigung geologischer Spezialkarten von Schlesien.

Buch war einer der Hauptvertreter der Vorstellung revolutionärer Erdumwälzungen (»Katastrophentheorie«, »Kataklysmentheorie«); sie wurde von vielen französischen Geologen wie J.-B.-A.-L.-L. Elie de ↗ Beaumont, G. ↗ Cuvier, A. ↗ Brongniart, L. ↗ Agassiz und Acide Charles Victor d'Orbigny vertreten, aber auch deutschen Gelehrten wie J. F. ↗ Blumenbach, Christoph Gottfried Andreas Giebel und H. G. ↗ Bronn, und galt in etwas modifizierter Form bis um 1860. Gegner waren hier die Vertreter des so genannten »Aktualismus«, welche große Wirkungen durch allmähliche Veränderungen in langen Zeiträumen annahmen. Zu ihnen gehörten Carl Ernst Adolf von Hoff, C. ↗ Lyell, J. B. de ↗ Lamarck und F. A. ↗ Quenstedt.

Seine Erinnerungen und das Material einer zweijährigen Reise (1806–1808) nach Schweden, Norwegen und Lappland sowie ein längerer Aufenthalt in Christiania (Oslo) im Jahre 1808 verarbeitete Buch in seiner *Reise nach Norwegen und Lappland* (1810). Anhand der Untersuchung von alten Strandlinien erkannte er richtig, dass nicht der Meeresspiegel sinkt, sondern sich das Land in Skandinavien hebt (so genannte Epirogenese). Zur Herkunft der in Norddeutschland sehr häufigen Findlinge und Geschiebe veröffentlichte er 1815 seine Theorie von der Rollstein-Flut (»Schlammflut-Theorie«), die er auf eigene Beobachtungen aus der Schweiz stützte. Durch die scheinbar aktualistisch gut fundierte Drifttheorie, die 1834 von Lyell präsentiert wurde, verlor Buchs Theorie jedoch rasch an Bedeutung. Dennoch waren beide Theorien für die damalige Zeit wichtige Eckpfeiler auf dem Weg zur heutigen Inlandeis-Theorie – und damit zur Quartärgeologie.

In den folgenden Jahre beschäftigte sich Buch hauptsächlich mit dem Bau und der Entstehung der Alpen, gebirgsbildenden Prozessen sowie petrographischen Studien. Angeregt durch die Ergebnisse, die Humboldt auf seiner Mittel- und Südamerika-Expedition 1799–1804 gewonnen hatte, zog es ihn nun wieder verstärkt zur Vulkanologie. Nach einem Aufenthalt in London (1814) besuchte er 1815 gemeinsam mit dem norwegischen Botaniker Christian Smith die Kanarischen Inseln – seine diesbezüglichen Ergebnisse erschienen zehn Jahre später (1825) unter dem Titel *Physicalische Beschreibung der canarischen Inseln*. 1817 besuchte er die schottischen Hebriden, Irland und wiederum die Alpen.

Am bekanntesten ist Buchs Stellung im Streit zwischen den »Neptunisten« und den »Plutonisten« oder »Vulkanisten« geworden. Nach der Vorstellung der Neptunisten, die auf Werner zurückging, haben sich sämtliche Gesteine der Erdrinde aus dem Wasser abgesetzt, während es sich beim Vulkanismus um eine rein örtliche auf die heutige Zeit beschränkte Erscheinung handelt. Die Plutonisten, deren Lehre auf J. ⊅ Hutton zurückging und zur Zeit Buchs vor allem von John Playfair und James Hall vertreten wurde, waren dagegen der Ansicht, dass die wesentlichen Gestaltungskräfte aus dem Erdinneren kämen, d. h. die Härtung und Verfestigung der Gesteine, Bildung von Gebirgen und Kontinenten, aber auch das Aufdringen von irdischen Schmelzflüssen in Vulkanen. Als Schüler Werners war Buch zu Beginn seiner wissenschaftlichen Arbeiten noch rein »neptunistisch« geprägt – seine Ansichten wandelten sich aber im Verlauf seiner Reisen durch verschiedene Vulkangebiete (Italien, Frankreich, Kanaren) zum »Plutonismus«, so dass die nächsten weiter reichenden Erkenntnisse zum Phänomen Vulkanismus nicht von den Gegnern Werners gemacht wurden, sondern von seinen Schülern Buch und Humboldt. 1821 veröffentlichte Buch seine Vulkantheorie der »Erhebungskrater«, der sich u. a. auch Hermann Wilhelm Abich und J.-B.-A.-L.-L. ⊅ Elie de Beaumont anschließen sollten. Die daran anknüpfende Debatte entschied sich jedoch später zugunsten der Vulkantheorie der »Aufschüttungskegel«, die von George Poulett-Scrope, Lyell und L. C. Prévost vorgebracht worden war.

1826 erschien Buchs viel beachtete farbige geologische Karte von West- und Mitteleuropa (*Geognostische Karte von Deutschland und den umliegenden Staaten in 42 Blättern*) im Maßstab 1:1 100 000, die bis 1843 fünf Auflagen erfuhr. Auch im höheren Alter machte Buch alljährlich Reisen, vorzugsweise in die Alpen. 1834 bestieg er während einer Italienreise gemeinsam mit J.-B.-A.-L.-L. ⊅ Elie de Beaumont, Heinrich Friedrich Link und Pierre Armand Dufrénoy sogar noch den Aetna. Seit ca. 1828 widmete er sich jedoch verstärkt der Stratigraphie des Mesozoikums sowie der Paläontologie mehrerer Invertebratengruppen (Cephalopoden, v. a. Ammoniten, Brachiopoden, Echinodermen). Auf der Versammlung deutscher Naturforscher und Ärzte 1839 in Freiburg/Br. verkündete er die Gliederung der Jura-Epoche in Schwarzen, Braunen und Weißen Jura. Auch der Begriff des Leitfossils ist auf Buch (»Leitmuschel« 1837, 1839; ab 1849 »Leitform«) zurückzuführen.

Knapp 200 wissenschaftliche Arbeiten zu geologischen, mineralogischen und paläontologischen Fragestellungen, aber auch zur Physik, Meteorologie, physischen Geographie und Botanik hat Buch hinterlassen. Auch in wissenschaftlichen Vereinigungen und Akademien war er besonders aktiv. Seit 1800 war er auf Vorschlag von Dietrich Ludwig Gustav Karsten außerordentliches Mitglied der Gesellschaft Naturforschender Freunde in Berlin. 1848 gehörte er zu den Gründungsmitgliedern der Deutschen Geologischen Gesellschaft und wurde (fast) selbstverständlich ihr Erster Vorsitzender, mit Rudolf von Carnall und Hermann Karsten als Stellvertretern. Desweiteren wurde er 1805 zum korrespondierenden Mitglied (1808 Vollmitglied) der Berliner Akademie der Wissenschaften und 1809 der Bayerischen Akademie der Wissenschaften gewählt. Buch war außerdem Mitglied (Associé étranger) der Académie des Sciences de Paris (1840) sowie Ehrenmitglied (1848) der Kaiserlichen Akademie der Wissenschaften in Wien und der Royal Geographical Society of London. Die Geological Society of London verlieh ihm ihre höchste Auszeichnung – die Wollaston Palladium Medal. Am 4. März 1852 starb er unverheiratet mit 77 Jahren in Berlin. Seine sterblichen Überreste wurden in der Familiengruft in Stolpe/Uckermark beigesetzt. [MR3]

Werk(e):
Reise durch Norwegen und Lappland, 2 Teile (1810); Geognostische Karte von Deutschland und den umliegenden Staaten in 42 Blättern (1826); Gesammelte Schriften, 4 Bde. (1867–1885).

Sekundär-Literatur:
Wagenbreth, O.: Leopold von Buch und die Entwicklung der Geologie im 19. Jahrhundert, in: Geologen der Goethezeit, hrg. v. H. Prescher (1981); Mathé, G.: Leopold von Buch und seine Bedeutung für die Entwicklung der Geologie, Zeitschrift für geologische Wissenschaften 2 (1974).

Buchner, Eduard,
deutscher Chemiker,
* 20. 5. 1860 München,
† 13. 8. 1917 Foscani (Rumänien).

Die Entdeckung der zellfreien Gärung durch Buchner führte zum Sturz der vitalistischen Gärungstheorie Pasteurs und brachte den Sieg der Enzymtheorie der Gärung.

E. Buchner

Buchners Vater, Ernst Buchner, war Professor für gerichtliche Medizin und Geburtshilfe in München und in dritter Ehe mit Friederike Martin, der Mutter Eduards, verheiratet. Der ältere Bruder Eduards war der spätere Immunologe und Hygieniker Hans Buchner.

Nach Abitur und einjährigem Militärdienst nahm Buchner 1878 ein Chemiestudium bei E. ↗ Erlenmeyer sen. an der TH München auf, das er jedoch aus finanziellen Gründen schon nach einem Jahr abbrechen musste. Erst 1884 konnte er sein Chemiestudium bei A. v. ↗ Baeyer an der Universität München fortsetzen und wurde 1888 promoviert (Titel der Dissertation: *Eine neue Synthese von Derivaten des Trimethylens*). 1891 habilitierte er sich mit einer Arbeit über *Synthesen von Pyrazol, Pyrazolin- und Trimethylenderivaten mittels Diazoessigester*. Zusätzlich zu seiner Tätigkeit als organischer Synthesechemiker hielt er in München Vorlesungen über Gärungschemie und führte entsprechende Praktika durch. Auch nach seinem Weggang von München im Jahre 1893 blieb er im Rahmen seiner nun folgenden Lehr- und Forschungstätigkeit als a.o. Professor auf dem Gebiet der analytischen Chemie und der organischen Synthesechemie an den Universitäten Kiel und Tübingen der Gärungschemie verbunden.

Im Herbst 1896 – während der Hochschulferien – gelang Buchner mit der Entdeckung der zellfreien Gärung eine herausragende biochemische Leistung. Bei Versuchen mit seinem Bruder Hans am pflanzenphysiologischen Institut in München, die auf die Gewinnung zellfreier Hefepresssäfte für pharmakologische Zwecke gerichtet waren, beobachtete Buchner, dass solche zellfreien Presssäfte bei Zuckerlösungen alkoholische Gärung bewirkten. Diese Entdeckung widerlegte die herrschende Auffassung L. ↗ Pasteurs, dass alkoholische Gärung nur in Gegenwart lebender Hefezellen möglich sei. Mit Buchners Entdeckung setzte sich die Enzymtheorie der Gärung durch, deren Grundthese es war, dass Gärungsprozesse durch bestimmte Eiweißverbindungen, Enzyme, verursacht werden und dass eine besondere Lebenskraft dazu nicht erforderlich sei. Buchner nahm anfangs an, dass die alkoholische Gärung nur durch ein einziges Enzym bewirkt würde, das er Zymase nannte. Wie weitere Forschungen im 20. Jahrhundert zeigten, sind insgesamt 13 Enzyme an der Umwandlung von Zucker (Saccharose) in Kohlendioxid und Alkohol (Ethanol) beteiligt. Die Bestätigung der Enzymtheorie der Gärung beschleunigte die Entwicklung der Enzymologie und der Biochemie insgesamt.

1898 wurde Buchner als ordentlicher Professor für allgemeine Chemie an die Landwirtschaftliche Hochschule zu Berlin berufen. Im Jahre 1907 erhielt er den Nobelpreis für Chemie. Sein weiterer Berufsweg führte ihn 1909 als Professor für Chemie an die Universität Breslau und 1911 an die Universität Würzburg. Zu Beginn des Ersten Weltkrieges meldete er sich freiwillig zum Kriegsdienst. Im Jahre 1917 wurde er an der rumänischen Front verwundet und starb kurz danach. [AN]

Werk(e):
Die Zymasegärung (1903).

Sekundär-Literatur:
Harries, C.: Nachruf auf Eduard Buchner, in: Ber. Dtsch. Chem. Ges 50 (1917) 1843–1876; Neubauer, A.: Die Entdeckung der zellfreien Gärung, in: Chemie in unserer Zeit 2 (2000) 126–133.

Büchner, Ludwig (Louis) Friedrich Karl Christian,
Arzt und Philosoph,
* 29. 3. 1824 Darmstadt,
† 1. 5. 1899 Darmstadt.

Büchner, der Bruder des Dramatikers Georg Büchner und der Frauenrechtlerin Luise Büchner, gehört zu den Pionieren der medizinisch-naturwissenschaftlichen Volksbildung. Neben C. ↗ Vogt und Jacob Moleschott ist er ein Hauptvertreter des naturwissenschaftlichen Materialismus des 19. Jahrhunderts.

Nach dem Studium der Medizin in Gießen und Straßburg wurde Büchner 1848 mit einer Arbeit über das Nervensystem promoviert. Als überzeugter Republikaner unterstützte er die Wahl Vogts in das Frankfurter Vorparlament und die Nationalversammlung. Er war Mitglied der Burschenschaft Alemania und der Giessener Bürgerwehr. 1849–52 wirkte Büchner in der väterlichen Arztpraxis in Darmstadt. Nach seiner Tätigkeit als Assistenzarzt 1852–54 in Tübingen war er 1854–55 Privatdozent der inneren und gerichtlichen Medizin. Wegen der obrigkeitsfeindlichen »freien Richtung« seines empirisch-naturphilosophischen Hauptwerkes *Kraft und Stoff* wurde Büchner 1856 auf Betreiben des Universitätssenats die Lehrerlaubnis entzogen.

L.F.K.C. Büchner

Nach dem Ende seiner akademischen Laufbahn kehrte Büchner nach Darmstadt zurück und wirkte seitdem als Arzt und populärwissenschaftlicher Schriftsteller. Er war Mitgründer des »Freien Deutschen Hochstifts« in Frankfurt am Main und Vorsitzender der Darmstädter Turnergemeinde. 1863 gründete er den Darmstädter Arbeiterbildungsverein. 1872–73 führte ihn eine Vortragsreise durch die USA. Mit dem Publizisten Karl August Specht gründete er 1881 in Frankfurt am Main den »Deutschen Freidenkerbund«. 1884–90 war Büchner Abgeordneter der als »Freisinnige« firmierenden Linksdemokraten im Darmstädter Landtag.

Büchner wirkte vornehmlich in vielen allgemein verständlichen Veröffentlichungen als Berichterstatter über naturwissenschaftliche Entwicklungen und deren weltanschauliche Konsequenzen (z. B. *Aus Natur und Wissenschaft*). Als Freidenker analysierte er den Gottesbegriff (1874), den er in Übereinstimmung mit Ludwig Feuerbach als Anthropomorphismus wertete. Büchner betrachtete seinen philosophischen Standpunkt als Realismus (1868) und suchte die Wirklichkeit anhand naturwissenschaftlicher Tatsachen »mechanisch« zu deuten. Er war ein überzeugter Anhänger der Darwinschen Theorie und trat ab 1867 auch für deren Haeckelsche Version ein. 1869 reklamierte er den Prioritätsanspruch auf die Theorie, dass »Die thierische Abstammung des Menschen ... eine nothwendige Consequenz der Darwin'schen, sowie jeder Abstammungs-Theorie« sei (1869:XIV). 1871 besuchte Büchner Ch. ↗ Darwin in Down. In der Schrift *Die Abstammung des Menschen* (1872) zählt Darwin Büchner neben J.-B. ↗ Lamarck, A. R. ↗ Wallace, Ch. ↗ Lyell, Th. H. ↗ Huxley, Vogt, John Lubbock, Friedrich Rolle und E. ↗ Haeckel zu den »hervorragenden Naturforschern und Philosophen«, die bereits vor ihm »die Folgerung« gezogen haben, »dass der Mensch ebenso wie andere Arten von einer alten, tiefstehenden ausgestorbenen Form abstamme ...« Büchners vielseitiges Wirken fußt auf der Überzeugung, dass die Naturwissenschaften für einen human geleiteten sozialen und politischen Fortschritt unverzichtbar seien. Wie Vogt und Moleschott trug Büchner nach 1848 zur Akzeptanz der Naturwissenschaften in der deutschen Öffentlichkeit bei. [CK]

Werk(e):
Kraft und Stoff (1855, in 15 Sprachen übers.); Die Stellung des Menschen in der Natur in Vergangenheit, Gegenwart und Zukunft. Oder: Woher kommen wir? Wer sind wir? Wohin gehen wir? (1869); Vogt, C., Moleschott, J., Büchner, L., und Haeckel, E.: Briefwechsel (1999, hrg. v. C. Kockerbeek).

Sekundär-Literatur:
Büchner, A.: Die Familie Büchner. Georg Büchners Vorfahren, Eltern und Geschwister, Hess. Beiträge zur deutschen Literatur 17 (1963); Gregory, F.: Scientific Materialism in Nineteenth Century Germany (1977).

Buckland, William,
englischer Geologe,
* 12. 3. 1784 Axminster (Devonshire),
† 14. 8. 1856 London.

Es ist in erster Linie Bucklands Pionierarbeit in Speläologie, Taphonomie und Paläoökologie, gekennzeichnet durch visionäre Analogien und kreative Experimente, deren Bedeutung bis in die heutige Zeit hineinreicht. Obwohl in Bucklands Schaffen die Praxis im Vordergrund stand, war seine Sintfluttheorie, die den zunehmenden Widerspruch der jungen Geologie zum Wort Gottes zu entschärfen verstand, von hohem Einfluss. Bucklands Bedeutung liegt des Weiteren in der frühen Saurierforschung, insbesondere seiner Beschreibung des *Megalosaurus*, sowie der Wegbereitung hin zur Eiszeittheorie.

Buckland wurde als Sohn des Pfarrers Charles Buckland und der Gutsbesitzertochter Elizabeth Oke in Axminster geboren, in einer Gegend also, in welcher große Lias-Steinbrüche zahlreiche Fossilien zu Tage brachten. Mit vierzehn wurde er durch die Unterstützung seines Onkels John Buckland und dessen einflussreichen Beziehungen ins St. Mary's College, Winchester, aufgenommen. 1801 kandidierte er erfolgreich für einen freien Studienplatz im Corpus Christi College. Hier kam Buckland über William Broderip vom Oriel College, später während fünf Jahren Präsident der Geologischen Gesellschaft, in den Genuss einer Einführung in Conchologie und Geologie, die Broderip seinerseits von Joseph Townsend, einem Freund von W. ↗ Smith, erhalten hatte. 1804 machte Buckland den Hochschulabschluss in Geisteswissenschaften. Vier Jahre danach folgten der Magister Artium und der Eintritt in den Orden sowie schließlich die Wahl zum Mitglied. Durch John Kidds Vorlesungen in Mineralogie, der, inspiriert durch die junge Geological Society, auch Geologie lehrte, entstand ein Interessiertenkreis aus John and William Conybeare, Charles Daubeny sowie John and Philip Duncan.

Zwischen 1809 und 1820 unternahm Buckland geologische Touren durch England, Schottland, Irland und Wales. Daraus resultierten u. a. seine erste Veröffentlichung über die Küste Nordirlands mit William Conybeare und George Bellas Greenoughs stratigraphische Karte Englands. Außerdem besuchte er Deutschland, Polen, Österreich, Italien und Frankreich. Während dieser Reisen machte sich Buckland mit solch kontinentalen Größen der Geologie wie G. ↗ Cuvier, A. v. ↗ Humboldt und A. ↗ Werner bekannt, dessen Schule an der Bergakademie in Freiberg ein stratigraphisches Universalsystem aufgrund mineralogischer Kriterien errichtet hatte und im Gegensatz zur Huttonschen Lehre von einer nicht-zyklischen Erdgeschichte ausging.

1813 folgte Buckland Kidd auf den Lehrstuhl für Mineralogie und wurde Mitglied der Geological Society in London, die er 1824–25 und 1840–41 präsidierte. 1818 wurde er auch zum Mitglied der Royal Society gewählt, in deren Rat er viele Jahre (1827-1849) saß. Buckland, der für die Anerkennung seiner Wissenschaft kämpfte und dessen beliebte Vorlesungen durch seinen Humor und seine anschauliche Erklärweise mit Hilfe von Karten, Fossilien und Exkursionen gekennzeichnet waren, erreichte die Einrichtung eines Lehrstuhls für Geologie durch den Prinzregenten, auf welchen er 1818 selbst berufen wurde.

In seiner Antrittsvorlesung, später unter dem Titel *Vindiciae Geologicae; or, the Connexion of Geo-*

W. Buckland: Buckland-Vorlesung im Ashmolean Museum am 15. 2. 1823 (Lithographie von Nathaniel Whittock)

logy with Religion (1820) veröffentlicht, vertrat Buckland die damals vorherrschende Theorie des Diluvianismus. In Anlehnung an den französischen vergleichenden Anatomen und Paläontologen Cuvier postulierte Buckland mehrere die Erdoberfläche gestaltende Katastrophen, die die geologischen Epochen mit ihrer spezifischen Fossilienwelt von einander trennten. Abweichend von Cuvier setzte Buckland jedoch die letzte Katastrophe mit der biblischen Sintflut gleich und glaubte sie von universalem Charakter. Eine Reihe geologischer Phänomene wie etwa Talbildung, Findlinge, Schlamm- und Geröllablagerungen sowie die darin enthaltenen organischen Überreste wurden dieser Wasserkatastrophe zugerechnet. Um die geologischen Zeitdimensionen mit der Heiligen Schrift zu versöhnen, deutete Buckland das Wort »Anfang« im ersten Vers der Genesis als für eine unvorstellbar lange Zeit stehend vor der letzten großen Veränderung der Erdoberfläche, der Schöpfung und der Sintflut.

Bereits vor seinem Amtsantritt untersuchte Buckland Teile eines Unterkiefers und Zähne eines Tieres aus dem Stonesfield Jura (Oxfordshire), das er als gigantisches Reptil erkannte. Erst 1824 aber, angeregt durch weitere Funde, stellte er den von James Parkinson benannten *Megalosaurus* der Geologischen Gesellschaft vor. Buckland beschäftigte sich des Weiteren als einer der Ersten mit *Iguanodon*- und *Cetiosaurus*-Funden, deren Beschreibung er jedoch anderen überließ. Ebenfalls in den 1820er-Jahren erforschte er zahlreiche Höhlen in Großbritannien und Kontinentaleuropa. Die wohl bedeutendste war Kirkdale Cave in Yorkshire, über welche er, vier Jahre nach seinem Beitritt zur Royal Society, eine Arbeit verfasste, die ihm die höchste Auszeichnung dieser Institution, die Copley Medal, einbrachte. Aufgrund seiner detaillierten Ausgrabungen und Experimente rekonstruierte Buckland die vorsintflutliche Welt in Yorkshire als von heute ausgestorbenen Arten von Elefanten, Nashörnern, Flusspferden und Hyänen bewohnt. Entgegen der geläufigen Meinung waren deren Kadaver nicht von der Sintflut in die Höhle geschwemmt worden, sondern hatten dort gelebt, vor den kühleren Temperaturen durch ein Haarkleid geschützt. Nach Bucklands ökologischer Rekonstruktion waren die Tierleichen von den Hyänen in die Höhle gezerrt worden, wo diese nicht nur das Fleisch verschlangen, sondern auch die Knochen zerbrachen, um ans Mark zu gelangen. Überall hatten diese vorgeschichtlichen Jäger ihre Spuren hinterlassen. Die fossilen Knochen waren auf typische Weise zersplittert, die Wände poliert, der Boden voller versteinertem Kot. Buckland hatte gar das Verhalten lebender Hyänen studiert und den versteinerten Kot chemisch analysieren lassen. Dennoch erntete er nicht nur Bewunderung, sondern zog auch den Zorn religiöser Fundamentalisten auf sich.

Ein weiterer spektakulärer Höhlenfund war die Entdeckung einer Begräbnisstätte in der Höhle von Paviland 1823. Buckland deutete das prähistorische Skelett als nachsintflutlich. Er hielt bis zu seiner Krankheit und seinem Tode an der Meinung fest, die auch Cuviers war, dass keine echt fossilen menschlichen Überreste gefunden worden seien. Tatsächlich waren Höhlenfunde oft schwer zu deuten, weil Höhlenböden von Menschen oder Wasser durcheinander gebracht sein konnten. Bei menschlichen Funden kam der Kult des Begrabens in tieferen Schichten erschwerend hinzu. Die manchmal übermäßig anmutende Skepsis scheint damit dennoch nicht ausreichend erklärt und das für England typische Spannungsfeld zwischen Wissenschaft und Religion dürfte seinen Teil dazu beigetragen haben.

Diese und andere speläologische Studien integrierte Buckland in sein epochales Werk *Reliquiae Diluvianae; or, Observations on the Organic Remains Contained in Caves, Fissures, and Diluvial Gravel, and on Other Geological Phenomena, Attesting the Action of an Universal Deluge* von 1823, das Geologen und Paläontologen weltweit inspirierte und speziell den Höhlenkult anheizte. Hier belegte Buckland seine in der *Vindiciae* dargelegte Theorie mit zahlreichen Feldstudien in Höhlen, Rissen und offenen Geröllablagerungen sowie der Analyse deren fossilen Gehalts. Das Buch brachte ihm großes Ansehen. Er wurde Präsident der Geological Society 1824–25 sowie Doktor der Theologie der Universität Oxford, und das College schenkte ihm die Pfründe Stoke Charity (nahe Whitchurch, Hants, Hampshire). Im selben Jahr ernannte ihn Lord Liverpool, durch die Vermittlung von William Grenville, Rektor der Universität ab 1809, zu einem Domherrn der Kathedrale von Christ Church, Oxford. 1825 heiratete Buckland Mary Morland, die nicht nur die fünf gemeinsamen Kinder aufzog und unterrichtete sowie den Haushalt führte, sondern Buckland auch in seiner wissenschaftlichen Arbeit zur Seite stand und auf seinen Reisen begleitete.

1832 wurde Buckland die Ehre zuteil, Präsident und Gastgeber des Treffens der Britischen Gesellschaft für den Fortschritt der Wissenschaften (BAAS) zu sein, zu deren Gründern er zwei Jahre zuvor gehört hatte. Im Jahre der Gründung war Buckland mit dem Verfassen eines der Bridgewater Treatises beauftragt worden, der den Titel *Geology and Mineralogy, Considered With Special Reference to Natural Theology* (1836) trug und den Menschen Gottes Handeln verständlich machen sollte. In diesem Kompendium des Wissens in Geologie und Paläontologie redigierte Buckland seinen Katastrophismus dahingehend, dass er die letzte geologische Katastrophe von der Sintflut trennte. Ausschlaggebend dafür mag der Umschwung in der Mehrzahl der Mitglieder der Geological Society gewesen sein, die sich in den 1830er-Jahren größtenteils vom Diluvianismus distanzierten – allen voran Ch. ↗ Lyell, R. I. ↗ Murchison und Gideon Mantell, die einen Aktualismus vertraten, der die geologischen Kräfte der Gegenwart in Art und Intensität als die Einzigen der Vergangenheit akzeptierte. Buckland begründete seinen theoretischen Wandel jedoch mit der Tatsache, dass die ausgestorbenen Arten im Diluvium in der Überzahl waren, während keine echten menschlichen Fossilien gefunden wurden. Dies ließ sich nicht mit der Bibel in Einklang bringen. Außerdem stellte sich das von der letzten Katastrophe gebildete Sediment als weniger universal als angenommen heraus.

Kernpunkt des Werkes war der zunehmende Grad an Komplexität in den fossilen Organismen von älteren zu jüngeren Gesteinsschichten, ein Progressivismus, der mit dem in England zu jener Zeit vorherrschenden utilitaristischen Fortschrittsglauben vermählt war. Das Gesicht der Erde wurde durch wiederkehrende Katastrophen verändert, bis es schließlich die heutige Gestalt annahm. Buckland zeigte aufgrund einer elaborierten funktionellen Morphologie, wie mit jeder dieser Epochen eine Fauna und Flora einherging, die perfekt an ihre Umwelt angepasst war. Die weise Voraussicht, Güte und Macht des Schöpfers zeigten sich also in diesen makellosen Gebilden sowie in der graduellen Vorbereitung der Erde auf das Erscheinen des Menschen. Die Sintflut jedoch hatte keine sichtbaren Spuren hinterlassen.

Dieser nicht diluviane Katastrophismus bereitete Buckland auf die Gletschertheorie vor, die der Schweizer Naturalist L. ↗ Agassiz Ende der 1830er-Jahre vertrat. Bucklands Reise in die Schweiz, wo er mit Agassiz die alpinen Gebirge studierte, ließ ihn erkennen, dass große Eismassen die Ursache all jener Phänomene waren, die er einer Wasserkatastrophe zugeschrieben hatte. Buckland und Agassiz fanden weitere Indizien in Schottland, Nordengland und Teilen Irlands für das Reiben großer Eismassen an den Gesteinen sowie die Verschleppung von Gesteinsbrocken und die Bildung von Moränen. Mit der für Buckland typischen Energie überzeugte er seinen ehemaligen Schüler und nachmaligen Opponenten Lyell. Es würde jedoch noch mehrere Jahre brauchen, bis sich die Theorie in der Geological Society durchsetzte.

1845 wurde Buckland durch den Premierminister Robert Peel zum Dekan von Westminster ernannt. Er erhielt die dazugehörige Pfründe von Islip nahe Oxford. Buckland widmete sich nun vermehrt der praktischen Anwendung geologischen, chemischen und medizinischen Wissens, so z. B. in der Kohlegewinnung, der Landwirtschaft, im Haus- und Straßenbau, in Hygiene, Kanalisation, Trinkwassergewinnung, Gasbeleuchtung usw. 1848, bei einem seiner letzten Auftritte in der Öffentlichkeit, wurde Buckland die höchste Ehrung der Geologie, die Wollaston Medal der Geological Society, von Henry de la Beche, Begründer und erster Direktor der Geologischen Landvermessung, überreicht. Bereits im folgenden Jahr machte sich der mentale Zerfall Bucklands bemerkbar, der ihn ein Jahr später zum Rückzug nach Islip zwang und in Unzurechnungsfähigkeit und der Einlieferung in eine Anstalt im Londoner Stadtteil Clapham Common mündete, wo er 1856 starb. [MS5]

Werk(e):
Vindiciae Geologicae; or, the Connexion of Geology with Religion (1820); Reliquiae Diluvianae; or, Observations on the Organic Remains Contained in Caves, Fissures, and Diluvial Gravel (1823); Notice on the Megalosaurus, or Great Fossil Lizard of Stonesfield, in: Transactions of the Geological Society of London 1 (1824); The Bridgewater Treatises: On the Power, Wisdom, and Goodness of God, as Manifested in the Creation, Treatise VI: Geology and Mineralogy Considered with Reference to Natural Theology (1836); On the Evidences of Glaciers in Scotland and the North of England, in: Proceedings of the Geological Society of London 3 (1842).

Sekundär-Literatur:
Buckland, F: Memoir of the Very Rev. William Buckland, D.D., F.R.S., Dean of Westminster, in: The Bridgewater Treatises: On the Power, Wisdom, and Goodness of God, as Manifested in the Creation, Treatise VI: Geology and Mineralogy Considered with Reference to Natural Theology, 3. Ausg., hrg. F. Buckland (1858); Edmonds, J. M.: Patronage and Privilege in Education: A Devon Boy Goes to School, 1798, in: Report and Transactions of the Devonshire Association for the Advancement of Science 111 (1978); Gordon, E. O.: The Life and Correspondence of William Buckland, D.D., F.R.S., Sometime Dean of Westminster, Twice President of the Geological Society, and First President of the British Association (1894); Rupke, N. A.: The Great Chain of History. William Buckland and the English School of Geology 1814–1849 (1983).

Buffon, Georges Louis Leclerc Comte de,
französischer Naturhistoriker,
* 7. 9. 1707 Montbard bei Dijon,
† 16. 4. 1788 Paris.

Mit seiner *Histoire naturelle*, die in fünfzehn Bänden zwischen 1749 bis 1767 erschien, übte Buffon großen Einfluss auf die Lebens- und Erdwissenschaften seiner Zeit aus. Von besonderer Bedeutung waren seine Überlegungen zum Begriff der naturhistorischen Art, zur Erdgeschichte und zur Fortpflanzung der Lebewesen.

Georges Louis Leclerc, der spätere Comte de Buffon, wurde in Montbard in Burgund als erster Sohn von Benjamin François Leclerc, dem Salzsteuerverwalter von Montbard, und Anne-Christine Marlin,

G.L.L. de Buffon

auch aus einer Beamtenfamilie, geboren. Anne-Christines Onkel, Georges Blaisot, Steuerpächter des Herzogs von Savoyen für Sizilien, war kinderlos und wurde Pate von Georges. 1717 erbte sie sein beträchtliches Vermögen. Vater Leclerc kaufte den bisherigen Familiensitz in Montbard, das in der Nähe liegende Dorf Buffon sowie ein Amt und ein Haus in Dijon, wohin sie zogen. Georges besuchte bis 1723 das Jesuitenkolleg und soll eine Neigung zur Mathematik entwickelt haben. Von 1723 bis 1726, die Familientradition weiterführend, studierte er bis zur licence Rechtswissenschaften an der neuen Fakultät in Dijon.

Es gibt wenig zuverlässige Informationen über die nächsten 6 Jahre, in denen der junge Leclerc von einem unschlüssigen Provinzbourgeois zum entschlossenen Weltmann Buffon in Paris wurde. Es fehlt nicht an Gerüchten über Duelle, Brautentführungen, Englandaufenthalte, aber historische Belege sind selten. Vermutlich führte ihn die Bekanntschaft mit dem Genfer Mathematiker Gabriel Cramer an die Mathematik und die Naturwissenschaften heran; 1728 zog Georges nach Angers, wo er Mathematik, Medizin und Botanik studierte. Entweder 1729 in Angers oder 1730 in Dijon lernte er den vier Jahre jüngeren englischen Herzog von Kingston kennen und zog 1730 bis Anfang 1732 mit ihm und seinem Hauslehrer Nathaniel Hickman, einem Mitglied der Royal Society, durch Südfrankreich und Italien. Aus einigen überlieferten Briefen weiß man, dass Kingston einen ziemlich aufwändigen Lebensstil pflegte und dass Georges relativ genau die Wettspielgewohnheiten der französischen Provinz erkundete. Nach dem Tod seiner Mutter und vor der Wiederverheiratung seines Vaters kehrte er 1732 nach Dijon zurück und sicherte sich die Erbschaft seines Patenonkels und den alten Familiensitz in Montbard. Er kaufte auch das inzwischen von seinem Vater veräußerte Dorf Buffon zurück – unterwegs bei Kingston hatte er sich den Zusatz »de Buffon« zugelegt – und richtete sich im Juli 1732 in Paris ein.

In Paris knüpfte Buffon sehr schnell wichtige politische Beziehungen. Wissenschaftlich beschäftigte er sich mit Mathematik und Mechanik, insbesondere mit Wahrscheinlichkeitsrechnung. Als Besitzer von Wäldern in Burgund beteiligte er sich außerdem mit Duhamel du Monceau an einem Projekt zur Verbesserung der Holzproduktion für die französische Kriegsmarine. Schon 1733 erschienen seine ersten *Mémoirs* in den Verhandlungen der Académie des Sciences, in die er 1734 als »adjoint-méchanicien« aufgenommen wurde. In den nächsten Jahren führte er verschiedenen Forschungen auf dem Gebiet der Botanik und der Forstwissenschaft durch und setzte seine mathematische Arbeit fort. 1735 übersetzte er S. ↗ Hales' *Vegetable Staticks* (1735) und 1740 I. ↗ Newtons *Method of Fluxions*. 1739 wurde er zum »académicien-associé« befördert und wechselte von der Abteilung Mechanik zur Botanik.

Nach dem unerwarteten Tod des Intendanten des Jardin du Roi, C. F. ↗ Dufay, wurde Buffon 1739 aufgrund seiner politischen Beziehungen – erleichtert durch den Auslandsaufenthalt seines Hauptkonkurrenten Duhamel – zum Nachfolger gewählt. Buffon begann mit der Ordnung und Beschreibung des königlichen Naturalienkabinetts und entwickelte den Plan, ein großes naturhistorisches Werk zu produzieren. Er arbeitete zuerst über die Geschichte der Erde, dann über die Zeugung und das Wachstum der Tiere. Sein wichtigster Mitarbeiter, der Mediziner Louis-Jean-Marie Daubenton, aus einer alt eingesessenen Ärztefamilie von Montbard, führte die anatomischen Untersuchungen durch. Die ersten drei Bände dieser *Histoire naturelle, générale et particulière* erschienen zusammen 1749.

1752 heiratete Buffon die zwanzigjährige Marie-Françoise de Saint-Belin-Malain, eine Schülerin an der von seiner Schwester geleiteten Klosterschule, die aus einer alten und verarmten Burgunder Adelsfamilie stammte. Ihr zweites Kind, ein 1764 geborener Sohn, überlebte die Kindheit. Madame Buffon starb fünf Jahre nach seiner Geburt. 1772 erkrankte Buffon ernsthaft, und die ihm in Aussicht gestellte Bestimmung seines Sohnes zum künftigen Nachfolger am Jardin du Roi wurde durch die Notwendigkeit, einen provisorischen Stellvertreter zu bestellen, zunichte gemacht. Nachdem er sich von der Krankheit erholt hatte, wurden allerdings seine burgundischen Ländereien vom König zur Grafschaft erhoben und damit Buffon und seine Erben zu Grafen.

Schon in seiner programmatischen Vorrede im ersten Band über die Methode der Naturgeschichte griff Buffon C. v. ↗ Linnés künstliches System der Klassifikation der Organismen an. Er ließ nur die Art als Realgattung gelten, da sie durch Zeugung konstituiert wird, und erklärte Familien, Ordnungen, Klassen zu bloßen Nominalgattungen, da sie keine Abstammungslinien darstellten. Er selbst stellte keine Klassifikation auf, sondern ordnete die Tiere nach ihrer Bekanntheit und Nützlichkeit. Buffons Artbegriff prägte die nachfolgende Naturgeschichte. Nach seiner Vorstellung gehören zwei Organismen zu derselben Art unabhängig von Aussehen und Verhalten, wenn sie miteinander fruchtbare Nachkommen zeugen können. Die Sterilität des Maultieres beweist, dass Pferd und Esel unterschiedliche Arten bilden. Die Fruchtbarkeit der Paarung zeigt, dass alle Menschen zu einer Art gehören.

Die Erdgeschichte, die Buffon im ersten Band (1749) vorstellte, argumentierte völlig säkular und nahm weder Bezug noch Rücksicht auf biblische Darstellungen. Die Entstehung der Planeten führte er auf den Zusammenstoß eines Kometen mit der Sonne zurück; das Alter der Erde schätzte er auf 40 000 Jahre; das Leben entstand nach Buffons Lehre, sobald die Erde so weit abgekühlt war, dass bestimmte wasserhaltige Moleküle geformt werden konnten. Nach einer Anfrage der theologischen Fakultät der Sorbonne nahm Buffon alles in seiner Erdgeschichte, was mit der Offenbarung unvereinbar war, ausdrücklich zurück – ohne allerdings anzugeben, welche Ansichten gemeint waren, und ohne irgendwelche Änderungen in neuen Auflagen vorzunehmen. In den noch radikaleren *Epoches de la Nature* (1777) teilte er die Erdgeschichte sogar in sieben »Epochen« von jeweils mehreren Tausend Jahren auf. In seiner Anthropologie bestimmte Buffon (wie Linné auch) den Menschen als »Mängelwesen« und unterschied vier klimatisch bedingte Varietäten von Menschen, die er »Rassen«

G.L.L. de Buffon: Darstellung und Kurzbiografie aus *Les illustres français, ou Tableaux historiques des grands hommes de la France, pris dans tous les genres de célébrités* (1816)

nannte, die aber alle zur selben Art gehören sollten.

Buffons Organismustheorie war in einem materialistischen Weltsystem eingebettet: Aus der Bewegung und Kombination der Atome entstehen unter bestimmten physikalischen Bedingungen (insbesondere mäßigen Temperaturen) verschiedenartige organische Moleküle, die sich wiederum miteinander kombinieren. Manche Kombinationen sind stabil und dauerhaft; manche sind darüberhinaus lebensfähig, und von diesen sind manche sogar reproduktionsfähig. Buffon führte in Analogie zur Newtonschen Schwerkraft eine neue Grundeigenschaft der Materie ein: die »moule intérieure« oder »innere Gussform«. Zu jeder Art gehört eine solche innere Form, welche Zeugung, Wachstum und Regeneration – die drei Formen der »Reproduktion« – regelt. Eine biologische Art begreift Buffon als einen Stamm von Organismen, der sich in der Zeit fortpflanzt und eine der kombinatorischen Möglichkeiten der Moleküle unter den konkreten historischen Gegebenheiten darstellt. Im Prinzip werden alle realmöglichen Formen realisiert: Alles, was sein kann, ist. In der Zeugungslehre vertritt Buffon eine Pangenesistheorie: wenn der Körper eines Lebewesens sein volles Wachstum erreicht, werden die assimilierten organischen Moleküle nicht mehr für das Wachstum gebraucht und werden zu den Geschlechtsorganen geschickt, wo sie die Teile repräsentieren, für die sie bestimmt waren. So entsteht aus organischen Molekülen eine Art Abbild des ganzen Körpers. Nach einer solchen Theorie gibt es keinen prinzipiellen Unterschied zwischen normaler geschlechtlicher Zeugung und spontaner Generation. Sollten dieselben Moleküle außerhalb der Gebärmutter zusammentreffen, so könnten sie den Keim eines Organismus bilden. Den ersten Ursprung des Lebens auf der Erde und auch auf anderen Himmelskörpern führt Buffon auf eine solche Urzeugung zurück, die im Prinzip jederzeit wieder eintreten könnte, sollten die entsprechenden Moleküle frei werden. Buffons moule intérieur, die zunächst als eine fast vitalistische Kraft erschien, wurde im Laufe der Zeit mechanistisch festgelegt als das gesetzmäßige Ergebnis der Ausdehnungs- und Anziehungskräfte der Materie und der Kombinatorik der Moleküle – so etwas wie ein Periodensystem der Lebewesen. Mit zunehmenden Entdeckungen neuer Tiere und erfolgreichen Kreuzungsexperimenten musste Buffon doch Gattungen in seiner Naturgeschichte zulassen, die sich in Arten aufteilten. Aber die vorgenommenen Änderungen sind im Grunde nur terminologisch: Solche neuen »Gattungen« waren nur umbenannte Arten, die durch Fruchtbarkeit, gemeinsame Abstammung und Besitz einer inneren Form definiert wurden.

Buffon lehnte jede teleologische Vorstellung in der Biologie ab und verwarf alle Erklärungen organischer Merkmale durch ihre Nützlichkeit für den Organismus. Seine Position illustriert in besonderem Maße die Erklärungsschwierigkeiten des vordarwinschen Naturalismus bezüglich des Phänomens der Anpassung. Im Streitgespräch hielt er dem großen Physiologen und Physico-Theologen A. v. ↗ Haller entgegen, das Auge sei so wenig zum Sehen gemacht, wie die Steine zum Fenstereinwerfen.

Schon in den 1730er-Jahren entwickelte Buffon eine Lebensweise, die zwischen dem Großgrundbesitzer und dem Akademiker vermittelte und die nächsten fünfzig Jahre seines Lebens prägen sollte. Im Winter wohnte und arbeitete er in Paris und im Sommer auf dem Lande, in Montbarde; er kombinierte systematisch seine Forschungen und akademischen Tätigkeiten in Paris mit seinen Geschäften in der Provinz. Er unterstützte mit seinem Privatvermögen seine Forschung und seine wissenschaftlichen Kontakte und nützte seine wissenschaftlichen Ergebnisse und Beziehungen für seine Geschäfte. Gewöhnlich bezahlte Buffon selbst die Gehälter seiner Mitarbeiter in Paris und wurde später (manchmal viel später) vom Fiskus entschädigt; oft kaufte er selber schnell und unbürokratisch Land, Exponate, Einrichtungen, um sie dann später an den Fiskus mit Gewinn weiterzuverkaufen.

Im Dorf Buffon gründete er ein Eisenhüttenwerk, wo er Kanonen für die Kriegsmarine (Duhamel war inzwischen Generalinspektor) und neue Zäune für den ausgedehnten Jardin du Roi herstellte; hier führte er auch zahlreiche Experimente über die Abkühlungsraten verschiedener erhitzter Substanzen durch, um empirische Werte für seine Erdgeschichte zu erhalten. Aufgrund dieser Experimente errechnete er auch die Abkühlungsraten anderer Himmelskörper, um so bestimmen zu können, wann das Leben auf verschiedenen Planeten möglich wurde und wann es hat aussterben müssen. Nach Abschluss der Geschichte der vierfüßigen Tiere widmete sich Buffon der Geschichte der Mineralien und der Vögel.

Bis zu Buffons Tode 1788 erschienen 36 Bänden der *Histoire naturelle*, des verbreitetsten und wohl einflussreichsten wissenschaftlichen Werks des 18. Jahrhunderts. Mehr als 10 Auflagen erschienen zu Buffons Lebenszeit; das Werk wurde sehr bald ins Deutsche, Englische, Italienische, Spanische und Niederländische übersetzt. Buffons *Histoire naturelle* prägte das Gesicht der Biologie der zweiten Hälfte des 18. Jahrhunderts und stellte den Rahmen für die Zoologie des frühen 19. Jahrhunderts.

[PML]

Werk(e):
mit L.-J.-M. Daubenton: Histoire naturelle, générale et particulière, avec la description du Cabinet du Roi, 15 Bde. (1749–1767); mit Ph. Guéneau de Montbeillard und dem Abbé Bexon: Histoire naturelle des oiseaux, 9 Bde. (1770–1783); Histoire naturelle, générale et particulière servant de suite à la théorie de la terre & d'introduction à l'histoire des minéraux, 7 Bde. (1774–1789); Histoire naturelle des minéraux, 5 Bde. (1783–1788); Correspondance inédite de Buffon. A laquelle ont été réunies les lettres publiées jusqu'a ce jour, hrg. H. Nadault de Buffon (1860); Oeuvres philosophiques de Buffon, hrg. von J. Piveteau (1954).

Sekundär-Literatur:
Fellows, O. E., Milliken, S. F.: Buffon (1972); Roger, J.: Buffon. Un philosophe au jardin du roi (1989); Buffon 88. Actes du Colloque international pour le bicentenaire de la mort de Buffon, hrg. J. Gayon (1992); Spary, E. C.: Utopia's Garden: French Natural History from Old Regime to Revolution (2000).

Bülow, Kurd Edgar Bodo von,
deutscher Geologe und Selenologe,
* 20. 7. 1899 Allenstein (Olsztyn, Polen),
† 30. 5. 1971 Rostock.

Bülow war einer der erfolgreichsten Geologen in Norddeutschland und geschätzter Mondforscher in den Jahren der beginnenden Raumfahrt.

Nach dem Studium der Geologie in Berlin und Greifswald (1919–21) war Bülow Mitarbeiter der Preußischen Geologischen Landesanstalt in Berlin. 1935 wurde er zum Professor für Geologie und Paläontologie an der Universität Rostock und zum Leiter des Geologischen Landesamtes Mecklenburg berufen. 1946–47 war er Mitarbeiter der Moorverwertung Rostock GmbH und 1947–52 wiederum Leiter des Geologischen Landesamtes Mecklenburg. 1952 erfolgte seine erneute Berufung zum Professor für Geologie und Institutsdirektor an der Universität Rostock bis zu seiner Emeritierung 1964.

K.E.B. von Bülow

Neben geologischen Kartierungsarbeiten vor allem im norddeutschen Raum leistete Bülow grundlegende Beiträge zur Moorkunde (mikropaläontologische Analysen von pflanzlichen Kleinresten), Bodenkunde und Küstengeologie. Er veröffentlichte Arbeiten zur Wehrgeologie und war während des Zweiten Weltkriegs auf diesem Gebiet eingesetzt. Mit seinem Buch *Geologie für Jedermann*, das in vielen Auflagen in mehreren Ländern erschien, hat er geologische Erkenntnisse vielen Interessenten an der Natur der Erde erfolgreich vermittelt. Aufgeschlossen gegenüber der Hypothese von A. ↗ Wegener über die Verschiebung der Kontinente in der Erdgeschichte, beschäftigte er sich mit den Positionen von O. ↗ Ampferer über die Fließbewegungen des Magmas im Erdmantel, den von Andries Vening Meinesz entdeckten Schwereanomalien in Tiefseegräben und an Kontinentalrändern sowie den von H. ↗ Cloos erkannten erdumspannenden Lineamenten.

Bülows Beiträge zur Mondforschung konzentrierten sich auf die Analyse der Geologie und Morphologie der Mondoberfläche und dabei insbesondere auf die Ringstrukturen endogener Entstehung. Er war einer der Begründer der Selenogeologie, die sich auf der Grundlage von geologischen Erkenntnissen mit der Bildung, Struktur und den Formen der Mondoberfläche beschäftigt. [MG]

Werk(e):
Allgemeine Moorgeologie (1929); Geologie für Jedermann (1941); Abriß der Geologie von Mecklenburg (1952); Die Entstehung der Kontinente und Meere (1969); Die Mondlandschaften (1969).

Werk(e):
Bülow, W. v.: Kurd von Bülow als Landesgeologe und Hochschullehrer, Geohistor. Blätter 3 (2000) 1, 1–9; Guntau, M.: Der Geologe Kurd von Bülow und seine wissenschaftlichen Arbeiten, Ebenda 11–19.

Bünning, Erwin,
deutscher Botaniker und Pflanzenphysiologe,
* 23. 1. 1906 Hamburg,
† 4. 10. 1990 Tübingen.

Bünning wurde mit der Entdeckung physiologischer Ursachen, Abläufe und Bedeutungen biologischer Rhythmen zum Pionier der Chronobiologie. Bünnings zweite herausragende Leistung bestand in der Aufklärung von Grundlagen morphogenetischer Differenzierung. Auf naturphilosophischem Gebiet trug er Wesentliches zur Kritik vitalistischer, holistischer und teleologischer Erklärungen biologischer Vorgänge bei.

Bünning wuchs als zweites von drei Kindern des Volksschullehrers Hinrich Bünning und seiner Frau Hermine in Hamburg auf. Er besuchte nach der Volks-und Realschule ab 1922 die Albrecht-Tha-

E. Bünning

er-Oberrealschule, in der ein solider naturwissenschaftlicher Unterricht die von seinem sachkundigen Vater eingeleitete biologische Orientierung förderte.

Mit einem Stipendium der Studienstiftung des Deutschen Volkes ausgestattet, studierte Bünning 1925–27 in Berlin Biologie (u. a bei M. ↗ Hartmann, O. ↗ Meyerhof, O. H. ↗ Warburg) und 1927/28 in Göttingen als Ergänzung zwei Semester Physik, Chemie und Mathematik (u. a. bei W. ↗ Heisenberg, D. ↗ Hilbert, A. ↗ Windaus). Besonders richtungsweisenden Einfluss hatte in Berlin Hans Kniep (Direktor des pflanzenphysiologischen Instituts), der ihm mit dem Rat, Reizvorgänge an Staubgefäßen von *Sparmannia africana* zu untersuchen, an die Reizphysiologie und an Arbeiten W. ↗ Pfeffers heranführte. Mit *Untersuchungen über Seismoreaktionen von Staubgefäßen und Narben* wurde Bünning 1929 in Berlin zum Dr. phil. promoviert. 1930 wechselte er nach Jena zu O. ↗ Renner (1930 Assistent, 1931 PD) und habilitierte bei ihm 1931 mit der Arbeit *Untersuchungen über autonome tagesperiodische Bewegungen der Primärblätter von Phaseolus multiflorus*. Hiermit begann für Bünning eine fünfjährige, an Ch. ↗ Darwin und vor allem an Pfeffer kritisch anknüpfende experimentelle und theoretische Forschungsarbeit über biologische Rhythmen. In der Publikation *Die endonome Tagesrhythmik als Grundlage der photoperiodischen Reaktion* (1936) fixierte Bünning die wesentlichen Erkenntnisse dieser ersten Periode seiner Rhythmikforschung (endogene Ursache, circadiane Dauer, physiologische Funktion der Rhythmik).

Wegen antifaschistischer Positionen und der Verteidigung jüdischer Kollegen gegen Aktionen faschistischer Studenten war Bünning aus Sicherheitsgründen genötigt, Jena Ende 1935 zusammen mit seiner kurz zuvor geheirateten Frau Eleonore geb. Walther zu verlassen. Mit Unterstützung Renners ging er zu K. ↗ Mothes an das Botanische Institut der Universität Königsberg (ab 1938 apl. Prof.). Außer neuen wissenschaftlichen Aufgaben brachte der Wechsel auch für das Privatleben günstigere Umstände. Bünning und seine ihm lebenslang zur Seite stehende Frau konnten hier hier den Grundstein für Hausstand und Familie legen. Alle Kinder bis auf Tochter Ingrid (* 1945) wurden in Königsberg geboren: Klaus 1936, Ilse 1938, Otto 1939. Klaus, der dem Vater mit seinen naturwissenschaftlichen Interessen und Fähigkeiten am nächsten stand (Physikstudium ab 1955), verunglückte 1957 in den Dolomiten tödlich. Die übrigen Kinder schlugen keine akademische Laufbahn ein.

Die in Königsberg anders gerichteten wissenschaftlichen Verpflichtungen (Forschung über Morphogenese, Lehrbuch über Entwicklungsphysiologie, Schriften zu philosophischen Problemen der Biologie, einjährige Forschungsreise Sumatra) sowie kriegsbedingte Erschwernisse wissenschaftlicher Arbeit (Militärdienst, kein internationaler Wissenschaftskontakt) ließen keinen Raum für eine intensive Fortsetzung der Rhythmusforschung. Erst mit der Berufung zum o. Professor für Botanik und zum Direktor des Botanischen Instituts und Gartens der Universität Tübingen konnte sich Bünning ihr ab 1946 wieder zuwenden. Unter Einbeziehung seiner Doktoranden konnte er die Rhythmusforschung weit über die botanische und circadiane Thematik hinausführen. In *Die physiologische Uhr* (1958) gab Bünning eine geschlossene Darstellung seiner Theorie, die nach kontroversen Diskussionen von der Fachwelt anerkannt wurde. Demnach beruhen tagesperiodische Rhythmen auf autonomer physiologischer Oszillation. An den Oszillator (»Uhrwerk«) sind periphere Vorgänge (»Uhrzeiger«) gekoppelt, die innere Zustandsänderungen anzeigen. Außenfaktoren wie Licht oder Tag-Nacht-Wechsel sind nicht, wie lange Zeit angenommen wurde, die Ursache der biologischen Rhythmik, sondern wirken nur als Induktoren oder Regulatoren. Die Periodenlänge der Schwingungen beträgt bei konstanten Bedingungen nur ungefähr 24 Stunden, ist also circadian und stimmt nicht völlig mit der geophysikalischen Außenrhythmik überein. Die Biorhythmik erweist sich zudem als ein frühzeitiges Produkt der Evolution und ist erblich. Der positive Selektionswert circadianer Rhythmik besteht für den Organismus im Vermögen, einen endogenen Vorgang physiologischer Selbststeuerung zur Zeitmessung zu nutzen und damit eine zeitliche Differenzierung der verschiedenartigen Leistungen zu ermöglichen, statt sich mit deren gleichzeitiger Erfüllung zu erschöpfen.

Bünning erhielt zahlreiche Ehrungen, u. a. den Ehrendoktor an den Universitäten Glasgow, Freiburg, Erlangen, Göttingen, und war Mitglied von Leopoldina, Heidelberger Akademie, National Academy of Sciences USA, American Botanical Society, American Society of Plant Physiologists, Deutsche, Japanische, Genfer Botanische Gesellschaft. [WP]

Werk(e):
Die physiologische Uhr (1958, 1963, 1977, englisch 1964, 1967, 1973, japanisch 1977); Die endogene Tagesrhythmik als Grundlage der photoperiodischen Reaktion, Ber. Dt. Bot. Ges. 54 (1936); Polarität und inäquale Teilung des pflanzlichen Protoplasten, Protoplasmatologia, Bd. VIII/9a (1958); Morphogenesis in Plants, Surv. Biol. Progr. 2 (1952); Mechanismus, Vitalismus und Teleologie (1932); Gesetz und Freiheit in der Physiologie, Biologia generalis Bd. 18, 1 (1944) 47–64; Theoretische Grundfragen der Physiologie (1945, 1949); Wilhelm Pfeffer (1945).

Sekundär-Literatur:
Bünning, E.: Fifty Years of Research in the Wake of Wilhelm Pfeffer, Ann. Rev.Plant. Phys. 28 (1977); Chandrashekaran, M. K.: Erwin Bünning – An Appreciation, Current Science 54/24 (1985); Plesse,W.: Erwin Bünning, Pflanzenphysiologe, Chronobiologe und Vater der Physiologischen Uhr (1996).

Bunsen, Robert Wilhelm,
deutscher Chemiker,
* 31. 3. 1811 Göttingen,
† 16. 8. 1899 Heidelberg.

Bunsens wissenschaftliches Lebenswerk umfasst alle Gebiete der Chemie; in der organischen, anorganischen, analytischen und technischen Chemie trat er mit herausragenden Arbeiten in Erscheinung, das Gebiet der physikalischen Chemie wurde durch ihn maßgeblich mitbegründet.

Bunsens Eltern waren Christian Bunsen, Professor für neuere Sprachen und Kustos der Universitätsbibliothek in Göttingen, sowie Auguste Friederike Quensel. Er selbst blieb ledig und kinderlos.

Bunsen besuchte bis 1828 Schulen in Göttingen und Holzminden und studierte anschließend in Göttingen Chemie, Physik, Mineralogie und Mathematik. 1831 wurde er mit einer Beschreibung diverser Hygrometer promoviert. 1832/33 unternahm er eine Studienreise nach Berlin, Paris und Wien, machte sich mit den Fortschritten der Chemie, Geologie und Mineralogie vertraut und sammelte chemisch-technologische Kenntnisse. Im Wintersemester 1833/34 begann Bunsen in Göttingen als Privatdozent zu lesen, vertrat 1835/36 seinen inzwischen verstorbenen Lehrer Friedrich Stromeyer und wurde im Januar 1836 Dozent an der Polytechnischen Schule in Kassel. Sein Vorgänger dort war F. ↗ Wöhler, der wiederum die Nachfolge Stromeyers in Göttingen antrat. 1839 übernahm Bunsen als Extraordinarius die Leitung des Chemischen Instituts der Universität Marburg; die Ernennung zum o. Professor erfolgte 1841. 1851 folgte Bunsen einem Ruf nach Breslau, das er aber bereits im folgenden Jahr wieder verließ, um in Heidelberg die Nachfolge L. ↗ Gmelins anzutreten. In Breslau hatte er sich mit G. ↗ Kirchhoff angefreundet, der 1854 ebenfalls nach Heidelberg berufen wurde. Bunsen blieb bis zu seinem Tod in Heidelberg; 1889 wurde er emeritiert.

1837 begann Bunsen seine Untersuchungen über organische Arsenderivate. Seine von J. J. ↗ Berzelius als »höchst wichtig« bezeichneten Resultate markieren nicht nur die Isolierung und Analyse der ersten arsenorganischen Verbindungen, sie waren auch eine bedeutende Stütze für die von Berzelius, J. v. ↗ Liebig und Wöhler entwickelte »Radikaltheorie«, wonach bestimmte organische Gruppen diverse Reaktionen unverändert durchlaufen und somit analog den anorganischen Elementen reagieren.

Vermutlich 1839 ereignete sich bei der Darstellung des Kakodyleyanids eine Explosion, wobei die Sehkraft von Bunsens rechtem Auge dauerhaft geschädigt wurde, was ihn nicht hinderte, seine Untersuchungen weiterzuführen; vorübergehende Vergiftungen nahm er als unvermeidlich hin. Nach Abschluss seiner Arbeiten zu den Arsenorganika wandte sich Bunsen – theoretischen Spekulationen stets abgeneigt – anderen Themen zu und überließ einigen seiner Schüler die weitere Aufklärung und Debatte: H. ↗ Kolbe und E. ↗ Frankland konnten 1853 zeigen, dass in den Kakodylverbindungen jeweils zwei Methylgruppen an ein Arsenatom gebunden sind. Im selben Jahr bestimmten Auguste Cahours und Jean Riche das Kakodyl als Bis-Dimethylarsin. 1858 schließlich klärte A. v. ↗ Baeyer die strukturellen Beziehungen zwischen den einzelnen Kakodylderivaten.

1845 studierte Bunsen mit Lyon Playfair auf Veranlassung der British Association for the Advancement of Science den in England üblichen Hochofenprozess zur Roheisengewinnung. Die beiden konnten zeigen, dass dabei bis zu 80% des Brennwertes der eingesetzten Holz- bzw. Steinkohle verlorengingen, und machten Vorschläge, die zu wesentlichen technischen Verbesserungen führten, indem nun

R.W. Bunsen

die Gichtgase zur Wärmeerzeugung benutzt und außerdem Wege zur Gewinnung von Ammoniumsalzen und Cyaniden aus den Rauchgasen gewiesen wurden. Die weitere Verbesserung der Gasanalysen führte zu Bunsens umfangreicher Buchpublikation *Gasometrische Methoden* (Braunschweig 1857), worin die Gasanalyse auf ein den titrimetrischen und gravimetrischen Verfahren vergleichbares Genauigkeitsniveau gehoben wurde.

Mit seiner Erfindung der sog. Retortenkohle 1841/42 als Ersatz für Platinelektroden in galvanischen Batterien betrat Bunsen das Feld der Elektrochemie. Sein auf der Basis einer 1839 von William Robert Grove vorgeschlagenen Batterie entwickeltes »Bunsen-Element« erzeugt konstant einen sehr starken Strom, und Bunsen nutzte dieses Element seit 1852 zur elektrolytischen Erzeugung von reinen Metallen, u. a. Chrom und Magnesium. Das in Drahtform gebrachte Magnesium verwendete Bunsen als helle Lichtquelle, die künftig als Blitzlicht breite Anwendung finden sollte. 1870 entwickelte Bunsen sein »Eiskalorimeter« zur Messung der spezifischen Wärme diverser Metalle, durch die auf das Atomgewicht der Metalle geschlossen werden konnte (Regel von Dulong und Petit, 1819).

1852 untersuchte er den äußerst explosiven Iodstickstoff (Iodazid, NI_3) und entwickelte 1854 die Iodometrie, die nach wie vor zur titrimetrischen Bestimmung von Oxidationsmitteln benutzt wird. Auch die zusammen mit Henry Enfield Roscoe in den Jahren 1855–62 durchgeführten Arbeiten über das Chlorknallgas erforderten große Umsicht. Sie konnten zeigen, dass bei der lichtinduzierten Umsetzung von Chlor mit Wasserstoff neben der Lichtstärke auch die Wellenlänge des Lichtes eine Rolle spielt und die Reaktionsgeschwindigkeit umgekehrt zum Quadrat der Wellenlänge zunimmt, während geringe Temperaturänderungen keinen Einfluss haben. Das »Bunsen-Roscoesche Gesetz« (1862) besagt, dass die photochemische Wirksamkeit dem Produkt aus Lichtintensität und Bestrahlungsdauer (der Lichtmenge) proportional ist. Die Lichtstärke wurde mit dem von Bunsen schon 1844 erfundenen »Fettfleckphotometer« bestimmt.

1855 erfand Bunsen den Bunsenbrenner, der bis heute (in weiter verbesserter Form) weltweit in Laboratorien verwendet wird. Der Bunsenbrenner bot das passende Arbeitsgerät zur Untersuchung von durch ionisierte Salze bewirkten Flammenfärbungen, die 1859 zur Entwicklung der Spektralanalyse führten. Diese beruht auf der Tatsache, dass jedes Element im gasförmig-ionisierten Zustand ein charakteristisches Linienspektrum emittiert. Die Spektralanalyse war das Ergebnis kongenialen Zusammenwirkens des theoretisch orientierten Physikers Kirchhoff und des experimentell ausgerichteten Physikochemikers Bunsen. 1860/61 erschienen

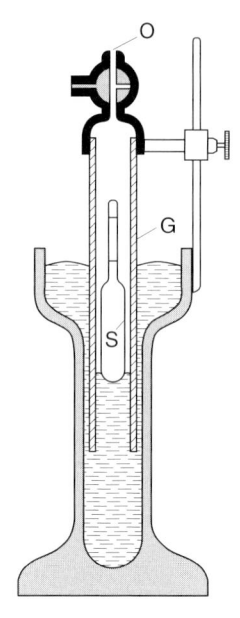

R.W. Bunsen: Bunsen-Effusiometer, ein Gerät zur Bestimmung der Dichte von Gasen und Flüssigkeiten; G: unten offenes Glasrohr, S: Schwimmer, O: Öffnung

zwei gemeinsame Publikationen mit dem Titel *Chemische Analyse durch Spektralbeobachtungen*. Damit war es erstmals möglich, ein Element nicht mehr durch eine chemische Reaktion, sondern aufgrund einer physikalischen Messung nachzuweisen, und es ließ sich zeigen, dass die Sterne aus derselben Art von Materie bestehen wie die Erde. 1860 gaben Bunsen und Kirchhoff die Entdeckung eines neuen Alkalimetalls bekannt, das sie wegen seiner leuchtend blauen Spektrallinien Caesium nannten (von lat. caesius, himmelblau); 1861 folgte die Auffindung des Rubidiums, das Bunsen 1863 in Reinform isolierte. Eine Reihe weiterer Elemente wurde von anderen Forschern mittels der Spektralanalyse gefunden.

Neben seinen außerordentlichen Leistungen in der Forschung war Bunsen auch ein großartiger und beliebter Lehrer. Zu seinen Schülern zählten neben den schon weiter oben genannten u. a. Hans Bunte, F. K. ↗ Beilstein, E. ↗ Erlenmeyer, C. ↗ Graebe, H. ↗ Landolt, Adolf Lieben, Georg Quincke und Jacob Volhard. An einer finanziellen Auswertung seiner Erfindungen bzw. seiner Forschungsresultate lag Bunsen nichts. Es entsprach nicht seinem Bild eines Wissenschaftlers, aus Erkenntnissen privaten Nutzen zu ziehen. Neben vielen anderen Auszeichnungen, Orden und Mitgliedschaften in gelehrten Gesellschaften und Akademien war Bunsen Mitglied der Londoner Chemical Society (1842), korr. (1853) und auswärtiges (1882) Mitglied der Académie des Sciences und wurde 1853 in die Royal Society aufgenommen, deren Copley Medal ihm 1860 verliehen wurde. Gemeinsam mit Kirchhoff erhielt Bunsen 1877 die erste Davy Medal, die English Society of Arts zeichnete ihn 1898 mit der Albert Medal aus. [CP]

Werk(e):
Gesammelte Abhandlungen, hg. v. W. Ostwald und M. Bodenstein, 3 Bde. (1904).

Sekundär-Literatur:
Roscoe, Henry, in: Ostwald, W., Bodenstein, M. (Hrg.): Gesammelte Abhandlungen von Robert Bunsen, Bd. 1 (1904) XV–LIX; Rathke, R., ebd., LX–C; Ostwald, W. ebd., CI–CXVII; ders., in: Männer der Wissenschaft H. 2 (1905); Schimank, H., Physikalische Blätter 5 (1949) 489–93; Freudenberg, K., in: Zs. f. Elektrochemie 64 (1960) 777–784; Scheibe, G.: Die Abhandlung v. Kirchhoff u. Bunsen »Chemische Analyse durch Spektralbeobachtungen« und ihre Auswirkung in 100 Jahren, ebd., 784–792; Krätz, O. P.: Hermann Kolbe und Robert Wilhelm Bunsen. Eudiometrische Analysen von Grubengas, Chemie 3 (1977) 31–36.

Burdach, Karl Friedrich,
deutscher Anatom und Physiologe,
* 12. 6. 1776 Leipzig,
† 16. 7. 1847 Königsberg.

Burdach war ein bedeutender Mediziner der romantischen Epoche und machte insbesondere auf dem Gebiet der Neuroanatomie bedeutende Entdeckungen.

Burdach studierte ab 1793 in seiner Heimatstadt Leipzig Medizin, wurde dort auch promoviert, 1798 habilitiert und zum Privatdozenten ernannt. Nach einem Studienaufenthalt in Wien bei Johann Peter Frank ließ er sich im Juni 1799 in Leipzig als mittelloser Arzt und Dozent nieder. Burdach, der damals auch als Armenarzt arbeitete, wurde 1807 zum ao. Professor der Universität Leipzig ernannt. Zu Beginn seiner Publikationstätigkeit in Leipzig widmete er sich medizinhistorischen Fragen und betrachtete die Heilkunde aus dem spekulativ-naturphilosophischen Blickwinkel schellingscher Provenienz. Nachdem er 1811 nach einigen fehlgeschlagenen Bewerbungen den Lehrstuhl für Anatomie, Physiologie und Gerichtliche Medizin zu Dorpat übernommen hatte und zum Kaiserlich Russischen Hofrat ernannt worden war, arbeitete er – nun allen finanziellen Sorgen enthoben – insbesondere über Entwicklungsgeschichte, Physiologie und vergleichende Anatomie des Gehirns und des Rückenmarks. 1814 wurde er auf die Königsberger Lehrkanzel für Anatomie und Physiologie berufen. Dort gründete der nun auch zum Königlich Preußischen Hofrat Ernannte 1817 das Anatomische Institut neu. Als Prosektor konnte er K. E. von ↗ Baer, einen seiner ehemaligen Dorpater Studenten, gewinnen. Die erste ausführliche Abhandlung des Themas erschien als erster Band der Schrift *Vom Baue und Leben des Gehirns* (1819). Burdach war der Ansicht, die Struktur der Natur basiere auf einer allumfassenden Einheit, die sämtliche Phänomene umfasse, auch diejenigen des geistigen Lebens und des Verstandes. Daher zielte er in seiner Schrift *Vom Baue und Leben des Gehirns* darauf ab, das Nervensystem nicht als bloßes Konglomerat anatomischer Strukturen, sondern als eigenständige Einheit zu betrachten, die auf etwas Höheres, Geistiges, auf eine »Idee« verweist. Um dieses Ziel zu erreichen, untersuchte er die verschiedenen Teile des Gehirns und des Rückenmarks mit der Absicht, eine bestimmte Systematik in der Struktur dieser Organe zu erkennen. Burdachs besonderes Interesse galt dabei den aus Nervenfasern bestehenden Leitungsbahnen des zentralen Nervensystems, von denen er zahlreiche exakt beschrieb und deren gegenseitige Beeinflussung er erforschte. Zu den bedeutendsten Werken aus seiner Königsberger Zeit zählt ferner seine 6-bändige *Physiologie als Erfahrungswissenschaft* (1826–1840), für die so berühmte Gelehrte wie Baer, Rathke und J. ↗ Müller Beiträge verfassten und die insbesondere einen starken Einfluss auf die moderne Embryologie ausübten. Weitere Forschungsschwerpunkte Burdachs waren die Pathologie, Heilmittellehre, Diätetik sowie die Allgemeinmedizin. Daneben beschäftigte er sich mit der Impotenz des Mannes, arbeitete über den Schlaganfall, gab ein *Neues Recepttaschenbuch für angehende Aerzte* (1807) heraus, verfasste eine Schrift über die Cholera, trug über die Physiologie des Herzens vor, prägte 1800 den Begriff »Morphologie«, widmete sich anthropologischen und gerichtsmedizinischen Themen, berichtete über die »Waisenpflege« in Königsberg und interessierte sich für »Kleinkinderschulen«. Burdach war also sehr vielseitig, weit über die Grenzen Deutschlands hinaus bekannt und erhielt angesehene nationale und internationale Auszeichnungen. Von 1827 bis zu seinem Tod schränkte er dann seine vielfältigen

K.F. Burdach

Arbeiten immer mehr ein, gab als 51-Jähriger die Leitung des Anatomischen Instituts ab und widmete sich nur noch seiner Vorlesungs- und Veröffentlichungstätigkeit. [WEG]

Werk(e):
Blicke ins Leben (1842–1848).

Sekundär-Literatur:
Feremutsch, K.: Organ der Seele. Beitrag zur Geschichte der romantischen Medizin nach den Werken Karl Friedrich Burdachs, Mschr. Psych. Neurol. 125 (1953) 371–385; Gerabek, W. E.: Karl Friedrich Burdach. Anatom und Physiologe, in: Die Albertus-Universität zu Königsberg und ihre Professoren, hrg. v. D. Rauschning und D. von Nerée (1995) 407–416.

Bürgi, Jost (Jobst), latinisiert Justus Byrgius, Schweizer Mathematiker, Uhrmacher, Instrumentenbauer und Astronom,
* 28. 2. 1552 Lichtensteig (Schweiz),
† 31. 1. 1632 Kassel.

Bürgi ist einer der Erfinder der Logarithmen, stellte sehr genau gehende Uhren und uhrwerksgetriebene Präzisionsgloben her, führte konstruktive Verbesserungen an astronomischen Instrumenten aus und war als astronomischer Beobachter tätig.

Über Bürgis frühe Lebensumstände ist kaum etwas bekannt. In seiner Heimat erhielt er nur eine rudimentäre Schulbildung, des Lateinischen war er nach eigenen Zeugnissen nicht mächtig.
Am 25. 7. 1579 trat Bürgi als Uhrmacher in den Dienst des Landgrafen Wilhelm IV. von Hessen-Kassel, der auf seinem Schloss eine Sternwarte eingerichtet hatte. Ab 1582 konstruierte er Himmelsgloben mit Uhrwerksautomatik, die Meisterwerke der Uhrmacherkunst darstellen, zugleich Kunstwerke von Weltgeltung. Bürgis Bemühungen um die Verbesserung der Zeitmessung führten zur Konstruktion der genauesten Uhren des 16. Jahrhunderts mit filigraner Gestaltung, Langzeitlaufwerk mit Zwischenaufzug bei gleichbleibender Kraftübertragung sowie z. T. mit der von ihm erfundenen Kreuzschlaghemmung.
Seit Ende 1584 arbeitete Bürgi auf der Kasseler Sternwarte zusammen mit Christoph Rothmann. Er verbesserte mehrfach die Visiereinrichtungen der Beobachtungsinstrumente sowie die Anbringung des Lotfadens und führte an ihnen transversale Teilungen aus. Bürgis Uhren trugen der Zeitmessung bei Himmelsbeobachtungen eine zuvor nicht gekannte Bedeutung ein.
Ab 1590 entfaltete Bürgi in Kassel eine eigene, rege Beobachtungstätigkeit, die sich vor allem auf Planetenörter relativ zu Sternen bezog, gemessen mit einem Sextanten; die Beobachtungen wurden 1618 von W. ↗ Snellius herausgegeben. Gegen Ende der 1690er-Jahre wirkte Bürgi zunehmend am Prager Kaiserhof, an den er schließlich ganz übersiedelte und wo er u. a. mit J. ↗ Kepler zusammenarbeitete.
Bürgi erfand spätestens bis 1605, unabhängig von J. ↗ Napier, ein Logarithmensystem, das er jedoch erst in den *Progress Tabulen* 1620 veröffentlichte. Sein Manuskript zur Algebra, über die *Coss*, wurde erst 1973 publiziert. [JH]

Werk(e):
Die Coss von Jost Bürgi in der Redaktion von Johannes Kepler. Ein Beitrag zur frühen Algebra (1973, bearb. v. M. List u. V. Bialas), Bayer. Akademie der Wissenschaften, Math.-naturwiss. Kl. / Abhandl. N.F.; 154/Nova Kepleriana N.F.; 5)

Sekundär-Literatur:
Hamel, J.: Die astronomischen Forschungen in Kassel unter Wilhelm IV. Mit einer Teiledition der deutschen Übersetzung des Hauptwerkes von Copernicus um 1565 (2002); Leopold, J. H.: Astronomen, Sterne, Geräte. Landgraf Wilhelm IV. und seine sich selbst bewegenden Globen (1986); Snellius, W.: Coeli & siderum in eo errantium observationes Hassiacae, illustrißimi principis Wilhelmi Hassiae Lantgravii auspiciis quondam institutae (1618).

Buridanus (eigtl. Buridan), **Johannes,**
französischer Philosoph,
* spätestens 1304/1305 in der Pikardie (Diözese Arras, Frankreich),
† 11. 10. 1358, 1359 oder 1360 vermutlich Paris.

Buridanus gehört zu den wirkungsmächtigsten Philosophen des Spätmittelalters, dessen historische Bedeutung erst die Forschung der letzten Jahrzehnte deutlicher erkannt hat.

Die Eckdaten seines Lebens sind wie die vieler anderer mittelalterlicher Autoren nur ungenau bestimmbar. Sein äußerlich bruchloses Leben hat den Rahmen der Pariser Universität, deren Rektor er für die übliche Dauer von drei Monaten in den Jahren 1328 und 1340 war und an deren Artistenfakultät er wohl seit 1325 zeitlebens lehrte, den seiner Heimat, des Artois, wo sich überwiegend seine Pfründen befanden, sowie den der Kurie in Avignon, an die er zweimal reiste (vor 1334 und 1345), nicht überschritten. Mit Ausnahme seines logischen Hauptwerks, der *Summa logicae*, und einiger aus den Disputationsveranstaltungen der Pariser Universität hervorgegangenen kleineren polemischen Schriften besteht Buridans gesamtes Oeuvre aus Kommentaren zum *Corpus Aristotelicum* (Logik, Naturphilosophie, Metaphysik, Moralphilosophie). Seine gewaltiges, auch reich überliefertes Werk (knapp 300 erhaltene Handschriften) ist teilweise in mehreren verschiedenen Redaktionen erhalten. In der älteren Forschung stand vor allem die Naturphilosophie Buridans im Vordergrund, die in ihrer Kritik an der aristotelischen Theorie der Wurfbewegung und ihrer Befürwortung der Impetustheorie oft als Antizipation von G. ↗ Galileis Fallgesetz verstanden wurde. Auch die erste klare Formulierung des Prinzips der Induktion findet sich bei ihm.

In den letzten Jahrzehnten haben daneben seine logischen und moralphilosophischen Werke und die ihnen zugrunde liegenden ontologischen Entscheidungen verstärkt Aufmerksamkeit hervorgerufen, so dass Buridans »Nominalismus« in seiner Differenz zu dem Ockhams immer deutlicher wird.

Das Werk Buridans und das seiner Pariser »Schüler« (N. ↗ Oresme, Albert von Sachsen, Marsilius von Inghen), also der sog. »Buridanismus«, war für die seit 1349 entstehenden mitteleuropäischen Universitäten in Böhmen, Deutschland und Polen von entscheidender Bedeutung für die Lehrausrichtung und die Lehrinhalte. Das mit Buridans Namen von einer Nachwelt, die sein Werk längst vergessen hatte, verbundene Problem von «Buridans Esel«, also das ethische Grundproblem der Wahl zwischen zwei identischen Alternativen, zieht sich erst seit B. de ↗ Spinoza und G. ↗ Leibniz durch die philosophische Literatur. Es ist in seiner motivischen Formulierung nicht authentisch: Buridan sowie seine Schüler exemplifizieren das Problem nicht an einem Esel, sondern an einem Hund. [BM]

Werk(e):
Questiones super octo physicorum libros (1509, Repr. 1964); In metaphysicen Arist. Quaestiones (1518, Repr. 1964); Quaestiones super Libris quattuor de caelo et mundo, hrg. E.A. Moody (1942).

Sekundär-Literatur:
Krieger, G.: Der Begriff der praktischen Vernunft nach Johannes Buridan, Beiträge z. Geschichte d. Philosophie u. Theologie d. Mittelalters, NF. 28 (1986); Michael, B.: Johannes Buridan. Studien zu seinem Leben, seinen Werken und zur Rezeption seiner Theorien im Europa des späten Mittelalters (1985); Thijssen, J. M. M. H., u. Zupko, J. (Hrg.): The Metaphysics and Natural Philosophy of John Buridan, Medieval and Early Modern Science 2 (2001).

J. Buridanus: Titelseite des *Questiones super octo physicorum libros*

> **Butenandt, Adolf Friedrich Johann,**
> deutscher Biochemiker,
> * 24. 3. 1903 Lehe (heute zu Bremerhaven),
> † 18. 1. 1995 München.

Mit seinen wissenschaftlichen Leistungen auf dem Gebiet der Sexualhormone, der Insektenhormone und der Pheromone sowie der Erforschung von Zusammenhängen zwischen Genen und Enzymen hat Butenandt grundlegende Beiträge zur Entwicklung der Biochemie erbracht.

Die Eltern Butenandts waren der Kaufmann Otto Butenandt und dessen Ehefrau Wilhelmine, geb. Thomforde. Eine erste naturwissenschaftliche Bildung erhielt er durch die Oberrealschule in Lehe. 1921 begann er ein Chemiestudium in Marburg, das er zusätzlich mit biologischen Studien verband. Ab 1924 setzte er sein Chemiestudium in Göttingen fort und wurde 1927 unter A. ↗ Windaus promoviert. Nach seiner Habilitation im Jahre 1931 übernahm er die Leitung der organischen und biochemischen Abteilung des Allgemeinen Chemischen Universitätslaboratoriums in Göttingen. Im gleichen Jahr heiratete er die medizinisch-technische Assistentin Erika von Ziegner. Aus der Ehe gingen sieben Kinder hervor.

Im Jahre 1927 ergab sich für ihn eine bedeutsame Kooperation mit der Schering-Kahlbaum AG in Berlin. Es ging um die Isolierung des Follikelhormons, des weiblichen Sexualhormons, das später den Namen Oestron erhielt und heute den Namen Estron hat. Ausgangsmaterial für die Isolierung dieses Hormons waren die von der Schering-Kahlbaum AG zur Verfügung gestellten Rohöle, die aus Placenta bzw. Schwangerenharn gewonnen wurden. Nach 100 000-facher Anreicherung gelang Butenandt und Erika von Ziegner im Herbst 1929 die Reindarstellung dieses Hormons in kristalliner Form. Unabhängig von Butenandt hatte Edward A. Doisy wenige Wochen zuvor ebenfalls die Isolierung dieses Hormons erreicht. Zur Aufklärung der Struktur dieser chemischen Verbindung leistete jedoch Butenandt die entscheidenden Beiträge. Ein weiterer Erfolg auf dem Gebiet der Sexualhormone gelang ihm 1931 mit der Isolierung von Androsteron, einem Derivat des männlichen Sexualhormons Testosteron. Schon 1932 konnte er die richtige Strukturformel dieser Verbindung präsentieren. Es folgten weitere erfolgreiche Arbeiten zum Schwangerschaftshormon Progesteron. All diese herausragenden Leistungen auf dem Gebiet der Steroidhormone führten 1933 zur Berufung des erst dreißigjährigen Butenandt als ordentlicher Professor für Organische Chemie an die Technische Hochschule in Danzig. 1936 wurde er zum Direktor des Kaiser-Wilhelm-Instituts für Biochemie in Berlin-Dahlem berufen und trat damit die Nachfolge des 1934 entlassenen jüdischen Wissenschaftlers C.↗ Neuberg an. Die großen Leistungen Butenandts auf dem Gebiet der Sexualhormone wurden 1939 mit dem Nobelpreis für Chemie gewürdigt, den er gemeinsam mit dem Schweizer Chemiker Leopold Ružička erhielt. Butenandt wurde aber auf der Basis eines Führererlasses aus dem Jahre 1937, der Deutschen generell die Annahme von Nobelpreisen verbot, zur Ablehnung dieses Preises gezwungen. Die Insignien des Nobelpreises, Diplom und Medaille, erhielt er erst nach dem Krieg, nicht aber das Preisgeld. Die Statuten der Nobelstiftung verlangen, das Preisgeld innerhalb eines Jahres nach der Vergabe des Preises abzuholen.

In der zweiten Hälfte der 1930er-Jahre begann er grundlegende Untersuchungen über Duftstoffe, die von Insekten in geringsten Mengen als Sexuallockstoffe abgegeben werden. Als Versuchstier wählte er einen Schmetterling, den Seidenspinner. 500 000 Duftdrüsen von Seidenspinnerweibchen wurden aufgearbeitet, um letztlich einige wenige Milligramm des Sexuallockstoffs zu erhalten, die für die Strukturaufklärung genutzt werden konnten. Über zwei Jahrzehnte dauerten die Arbeiten zur Isolierung, Strukturaufklärung und Synthese dieses Sexuallockstoffes, der den Namen Bombykol erhielt. Generell werden diese Sexuallockstoffe heute als Pheromone bezeichnet.

Ende der 1930er-Jahre begann Butenandt auch Untersuchungen zur Bildung der Augenfarbstoffe von Insekten, der Ommochromone. Die damit verbundenen Studien zum Tryptophanstoffwechsel führten zu wesentlichen Erkenntnissen über das Zusammenwirken von Genen und Enzymen.

Zu einem weiteren Forschungsschwerpunkt des Butenandtschen Arbeitskreises wurden die Untersuchungen zum Metamorphose- oder Verpuppungshormon von Insekten, die ebenfalls am Seidenspinner durchgeführt wurden. Die Isolierung (Butenandt und Peter Karlson) gelang 1954, die Strukturaufklärung (Karlson et al.) wurde 1965 erreicht. Ein anderes Forschungsgebiet, das Butenandt schon während des Zweiten Weltkriegs stark zu fördern begann, war die Virusforschung.

Gegen Ende des Zweiten Weltkrieges wurde das Kaiser-Wilhelm-Institut für Biochemie von Berlin-Dahlem weitestgehend nach Tübingen verlagert, wo es von 1949 bis 1956 als Max-Planck-Institut für Biochemie existierte. 1945 wurde er als Ordinarius für Physiologische Chemie an die Universität Tübingen berufen. Die Funktion des Direktors der Max-Planck-Instituts für Biochemie, das 1956 seinen Sitz nach München verlagerte, übte er bis 1972 aus. 1956 bis 1971 war er auch Ordinarius für Physiologische Chemie an der dortigen Universität, 1960 trat er die Nachfolge O. ↗ Hahns als Präsident der Max-Planck-Gesellschaft an, eine wissenschaftspolitische Funktion, die er bis 1972 ausübte. In seiner Amtszeit erfuhr die Max-Planck-Gesellschaft eine starke personelle und materielle Erweiterung.

Butenandt war einer der herausragenden Biochemiker des 20. Jahrhunderts, dessen Leistungen vielfach durch Ehrendoktorate, Mitgliedschaften in Akademien und mit Orden und Medaillen gewürdigt wurden. [AN]

Werk(e):
Werk eines Lebens/Adolf Butenandt, hrg. von der Max-Planck-Gesellschaft, Bd.1: Wissenschaftliche Arbeiten, Bd.2: Wissenschaftspolitische Aufsätze, Ansprachen und Reden (1981).

Sekundär-Literatur:
Karlson, P.: Adolf Butenandt – Biochemiker, Hormonforscher, Wissenschaftspolitiker (1990); Proctor, R.: Adolf Butenandt. Ein erster Blick in den Nachlass (2001).

Butlerow (Butlerov), Alexander Michajlowitsch,
russischer Chemiker,
* 25. 8. (6. 9.) 1828, Čistopol' (Kazan),
† 17. 8. 1886 Landgut Butlerowka (Kazan).

Butlerow gehört zu den bedeutendsten russischen Chemikern: Er war Autor der Theorie der chemischen Struktur organischer Verbindungen, begründete die Chemie der metallorganischen Verbindungen empirisch und theoretisch und entdeckte viele organische Substanzen und ihre Synthesen.

A.M. Butlerow

Der Vater Butlerows, Michail Wasilewitsch, nahm am Krieg gegen Napoleon 1812 teil und war zur Zeit der Geburt seines Sohnes Alexander Oberstleutnant a. D. Die Mutter Sofia Michajlowna (geb. Strelkowa) starb unmittelbar nach Alexanders Geburt. Zuerst besuchte Butlerow eine Kazaner Privatschule, von 1842 bis 1844 das Erste Kazaner Gymnasium. 1844 bis 1849 studierte er an der Kazaner Universität bei den Chemieprofessoren Carl Claus und Nikolaj N. Zinin. Ab 1849 hielt Butlerow chemische Vorlesungen an dieser Universität, von 1851 an war er Assistent des Chemieprofessors, später (1857–1868) Ordinarius für Chemie (habilitiert 1854) und Rektor der Kazaner Universität (1860–1863). Butlerows wissenschaftliche Leistungen in Kazan waren Folgende: Theorie der chemischen Struktur, *Lehrbuch der organischen Chemie* (russisch 1864–1866, deutsche Übersetzung 1868), Begründung der Chemie der metallorganischen Verbindungen als eines Hauptteils der modernen organischen Chemie (1866). 1868 erhielt Butlerow einen Ruf als Ordinarius für Chemie an die Universität St. Petersburg, wo er von 1869 bis zu seiner Emeritierung 1885 arbeitete. 1852 heiratete er Naděžda Michajlowna Glumilina, die Nichte des Schriftstellers S. T. Aksakow.

Butlerow war Begründer einer der größten russischen Schulen der organischen Chemie. Fast alle seinerzeit berühmten russischen Chemiker studierten und arbeiteten in Butlerows Laboratorium : Wladimir W. ↗ Markownikow, Alexander M. Zaitzew, A. E. ↗ Faworskij, Egor E. Wagner, Iwan L. Kondakow u. a. Sie ehrten Butlerow in ihren Erinnerungen. Er war nicht nur in Russland anerkannt (Mitglied der St. Petersburger Akademie der Wissenschaften, Ehrenmitglied vieler Hochschulen und wissenschaftlicher Gesellschaften), sondern auch im Ausland (Ehrenmitglied der chemischen Gesellschaft in London ab 1876; Mitglied der American Chemical Society ab 1880, der Deutschen Chemischen Gesellschaft ab 1882). Butlerow interessierte sich nicht nur für chemische Probleme: Er war auch Entomologe (Schmetterlinge), Bienenzüchter und Landwirt. Er leistete aktive gesellschaftliche Arbeit (demokratische Frauenbildung).

In seinen chemischen Veröffentlichungen lassen sich folgende Hauptrichtungen erkennen:

1. Untersuchungen über den chemischen Bau und die Reaktionsfähigkeiten der organischen Verbindungen bis zur Schaffung seiner Theorie der chemischen Struktur aufgrund neuer Methoden der Synthese von Methyleniodid und seinen Derivaten (ab 1858); er fand die richtige Strukturformel von Glycerin (1859), erklärte die Umsetzung von Paraformaldehyd (mit Ammoniak) zu Hexamethylentetramin (1859–1860, später wurde dieses Produkt »Urotropin« genannt); erste Synthese eines zuckerähnlichen Stoffes, eines Gemisches von Kohlenhydraten, welches Butlerow »Metylenitan« nannte. Nachdem er diesen Stoff bei der Reaktion des Formaldehyds mit einer Calciumhydroxidlösung (Butlerowsche Zuckersynthese 1861) gewonnen hatte, isolierte E. ↗ Fischer 1890 das Kohlenhydrat Akrose aus diesem Gemisch.

2. Schaffung der Theorie der chemischen Struktur von organischen Verbindungen (Vortrag in Speyer bei der Versammlung deutscher Naturforscher und Ärzte, 1861), die er als »Art und Weise der gegenseitigen Bindung der Atome in einem Molekül« interpretierte. Butlerow meinte, dass für eine organische Verbindung nur eine Formel möglich sei. Seine Theorie berücksichtigte auch den Einfluss dieser Struktur auf die Reaktionsfähigkeit der Moleküle. Butlerow erklärte außerdem die gegenseitigen Enflüsse zwischen den Atomen in einem Molekül; er schuf die Lehre von der Tautomerie (ab 1862) und Isomerie der Verbindungen (1864). Seine Theorie stützte er auf die Synthese neuer Verbindungen: tertiärer Butylalkohol (1864), Isobutan (1866), Isobutylen (1867), Auffindung und Erklärung der Hydratation der Ethylenderivate (1873). Butlerows Theorie förderte maßgeblich die Entwicklung der modernen organischen Chemie seit dem Ende des 19. Jahrhunderts. Die Resultate seiner Forschungen über Polymerisationsreaktionen der Ethylenderivate (Formaldehyd, Isobutylen) in den 1870er-Jahren wurden für die Industrie der Polymere im 20. Jahrhundert wichtig.

3. Schaffung von Grundlagen der Chemie der metallorganischen Verbindungen als ein Hauptgebiet der modernen organischen Chemie: Von 1861 an benutzte er systematisch metallorganische Reaktionen für die Synthese neuer Verbindungen. Gleichzeitig untersuchte er die chemische Struktur metallorganischer Moleküle. In seinem *Lehrbuch der Organischen Chemie* wurden diese Grundlagen 1866 veröffentlicht. Der moderne Name dieser un-

gewöhnlichen Stoffe, metallorganische Verbindungen, wurde dort erstmals vorgeschlagen. [VAK]

Werk(e):
Werke, Bd. 1–3 (russ., 1953–1958).

Sekundär-Literatur:
Dawydoff, W. N.: Über die Entstehung der chemischen Strukturlehre unter besonderer Berücksichtigung der Arbeiten von A. M. Butlerow (1959); Bykov, G. V.: A. M. Butlerow – Skizze des Lebens und der Tätigkeiten (russ., 1961); Kritzmann, V. A.: Die Frühgeschichte der metallorganischen Chemie – Die Rolle ihrer Leistungen bei der Schaffung der modernen organischen Chemie, Pratum floridum, Festschrift für Prof. Dr. Brigitte Hoppe zum 65. Geburtstag, Algorismus, Heft 38 (2002) 249–270.

Bütschli, Johann Adam Otto,
deutscher Zoologe und Chemiker,
* 3. 5. 1848 Frankfurt a. M.,
† 3. 2. 1920 Heidelberg.

Durch Bütschlis Untersuchungen an Bakterien, Protozoen und Eizellen höherer Tiere wurden wichtige Grundlagen für die Zytologie gelegt.

Otto Bütschli war der Sohn eines aus der Schweiz eingebürgerten Konditors. Er brachte eine bewegte akademische Karriere hinter sich: 1864 bis 1866 studierte er Mineralogie und Chemie am Karlsruher Polytechnikum, die beiden letzten Jahre als Assistent von K. A. ↗ Zittel. 1867 wechselte er an die Universität Heidelberg und erwarb dort den Doktorgrad im Hauptfach Mineralogie. Sein Interesse an Zoologie führte ihn 1869 für ein Semester nach Leipzig an das Laboratorium von R. ↗ Leuckart. Nach seiner Teilnahme am deutsch-französischen Krieg 1870–71 wurde er Assistent des Zoologen K. A. ↗ Moebius an der Universität Kiel. Unzufrieden mit der Arbeitssituation, kehrte er nach Frankfurt zurück, um seine Beobachtungen zur Teilung, Befruchtung und Konjugation der Ciliaten privat fortzusetzen. 1876 habilitierte er sich in Karlsruhe, um dann 1878 eine ordentliche Professur für Zoologie und Paläontologie an der Universität Heidelberg anzutreten. Hier blieb er bis zu seiner Emeritierung 1918.

Der Breite seiner Fachinteressen entsprach ein Interesse an den allgemeinen Bedingungen der Lebenserscheinungen. Nach ersten Arbeiten über die Entwicklungsgeschichte wirbelloser Tiere, insbesondere freilebenden Nematoden, die sich besonders gut für Untersuchungen an lebenden Zellen eigneten, wandte sich Bütschli vor allem den Protozoen und Bakterien (Infusorien im damaligen Sprachgebrauch) zu. Eine breite Grundlage schaffte er sich durch die Bearbeitung der Protozoa für H. G. ↗ Bronns Klassen und Ordnungen des Tierreichs (1880–1889). Dabei gelangte er, neben taxonomischen Einsichten, zu wichtigen Erkenntnissen über die Bildung der Polkörper, die Kernteilung und die Konjugation, die ihn heute neben E. van ↗ Beneden, O. ↗ Hertwig und E. ↗ Strasburger als Pionier der Zytologie erscheinen lassen.

Bütschli ging es vor allem um grundlegende Strukturen, die lebender und nicht lebender Materie gemeinsam sind. Dies und der Umstand, dass ihm geeignete Färbetechniken noch nicht zur Verfügung standen, mag der Grund dafür gewesen sein, dass er die Bedeutung der Chromosomen übersah. Für ihn war die Zelle ein physikalisch-chemisches System; ihre Strukturen sollten daher Übereinstimmungen mit anorganischen Strukturen aufweisen, etwa den Schaum- und Wabenstrukturen, wie sie in Zwei-Phasen-Emulsionen entstehen. Hierzu stellte er 1890 bis 1908 zahlreiche kristallographische und kolloidchemische Untersuchungen an Öl- und Seifenemulsionen, Kieselgelen sowie organischen Kalk- und Kieselbildungen und zahlreichen anderen Stoffen an. Seine Zeitgenossen überzeugten diese Arbeiten nicht. Das letzte Jahrzehnt seiner Tätigkeit nahm die Herausgabe seiner Vorlesungen über vergleichende Anatomie in Anspruch, deren vollständiges Erscheinen er aber nicht mehr erlebte. 1920 fiel er der Grippeepidemie zum Opfer. [SMW]

Werk(e):
Studien über die ersten Entwicklungsvorgänge der Eizelle, die Zelltheilung und Conjugation der Infusorien (1876); Untersuchungen über mikroskopische Schäume und das Protoplasma (1892); Untersuchungen über Strukturen, insbesondere über Strukturen nichtzelliger Erzeugnisse des Organismus und über ihre Beziehungen zu Strukturen, welche außerhalb des Organismus entstehen (1898); Mechanismus und Vitalismus (1901).

Sekundär-Literatur:
Goldschmidt, R. B.: Otto Bütschli, Pioneer of Cytology (1848–1920), in: Science, Medicine and History (1953), hrg. von E. Ashwort Underwood) 223–232; Kossel, A. (Hrg.): Das Lebenswerk Otto Buetschlis. Eigene Aufzeichnungen des Verstorbenen (1920).

Buys-Ballot, Christoph Hendrik Diederik,
niederländischer Physiker und Meteorologe,
* 10. 10. 1817 Klöttingen (Provinz Zeeland),
† 3. 2. 1890 Utrecht.

Buys-Ballot schuf das nach ihm benannte Gesetz der Winde und war Mitbegründer der Internationalen Meteorologischen Organisation.

Nach dem Studium der Literatur- und Naturwissenschaften an der Universität in Utrecht wurde Buys-Ballot 1844 Lektor für Mineralogie und Geologie und 1845 für physikalische Chemie. 1847 trat er an derselben Universität die Professur für Mathematik und 1870 für Experimentalphysik an. Im Anschluss an die erste internationale Konferenz über maritime Meteorologie 1853 in Brüssel, an deren Organisation Buys-Ballot maßgeblich beteiligt war, gründete er 1854 mit anderen das Königlich Niederländische Meteorologische Institut, das er bis zu seiner Emeritierung 1877 als Hauptdirektor leitete. Wie schon vor ihm Heinrich Wilhelm Brandes und H. W. ↗ Dove, untersuchte Buys-Ballot den Zusammenhang zwischen Luftdruck und Wind. 1856 fasste er dies in einem Gesetz zusammen, das in einfacher Form lautet: Dreht der Beobachter auf der Nordhalbkugel dem Wind den Rücken zu, so liegt der tiefe Luftdruck vorne links und der hohe Luftdruck hinten rechts (auf der Südhalbkugel der Erde ist es umgekehrt).

1860 führte Buys-Ballot ein Sturmwarnsystem ein und entwarf ein einfaches System von Wetterkarten, das nach der damaligen Mittelwertmeteorologie auf der Darstellung von Abweichungen der meteorologischen Daten von den mittleren meteorologischen Werten beruhte. Beim Aufbau der Internationalen Meteorologischen Organisation war Buys-Ballot maßgebend beteiligt, indem er u. a. Vorschläge zur Vereinheitlichung der meteorologischen Beobachtungen (1872/73) einbrachte. [HGK]

Werk(e):
Erläuterung einer graphischen Methode zur gleichzeitigen Darstellung der Witterungserscheinung an vielen Orten..., An. Physik und Chemie, hrg. von J. C. Poggendorff, Erg. Bd. IV (1854) 559–576; Suggestions on a uniform system of meteorological observations (1872/73).

Sekundär-Literatur:
Everdingen, E. v.: C. H. D. Buys Ballot 1817–1890 (1953).

Calvin, Melvin,
amerikanischer Biochemiker,
* 8. 4. 1911 St. Paul (Minnesota),
† 8. 1. 1997 Berkeley (Californien).

Calvin erkannte den Weg des Kohlenstoffs in der Photosynthese grüner Pflanzen.

Nach dem Chemiestudium am Michigan College of Mining and Technology in Houghton (Bachelor 1931) arbeitete Calvin bei Samuel C. Lind an der University of Minnesota in Minneapolis (PhD 1935) und 1936–37 mit einem Rockefeller-Stipendium bei Michael Polanyi in Manchester (England). 1937 kam er an die University of California in Berkeley, der er zeitlebens, zunächst als Instructor, dann als Assistant Professor (1941), Associate Professor (1945) und Professor (1947) für Bioorganische Chemie und schließlich als Professor für Molekularbiologie (1963–80), verbunden blieb. Calvin begründete 1946 die Bioorganische Abteilung des Lawrence Radiation Laboratory und 1960 das Labor für chemische Biodynamik.

M. Calvin

Calvin kam von der Komplex- bzw. Koordinationschemie zur biologischen Chemie. Bei dem Physikochemiker Polanyi hatte er sich komplexen, synthetischen Ringverbindungen zugewandt, die Eigenschaften biologisch wichtiger Farbstoffe wie des Blutrots und des Blattgrüns besaßen. In Berkeley untersuchte er Wasserstoff aktivierende und Sauerstoff übertragende Modellsysteme. Die Arbeiten mit biokatalytisch wirksamen Metallkomplexen führten schließlich auch zum Chlorophyll und damit zur Photosynthese.

1946 eröffneten sich neue Perspektiven, nachdem das Manhattan-Projekt zum Bau der Atombombe, an dem auch Calvin mitgewirkt hatte, radioaktive Isotope in größeren Mengen kommerziell verfügbar gemacht hatte. Die Entdeckung neuer Isotope im Labor des Kernphysikers E. ↗ Lawrence hatte in Berkeley bereits in den 1930er-Jahren erste Stoffwechseluntersuchungen mit radiomarkierten Substanzen ermöglicht. Calvin kombinierte diese Tracertechnik mit Radiokohlenstoff, den Sam Ruben und Mitarbeiter 1939–41 auch schon in Photosynthesestudien eingesetzt hatten, und der Papierchromatographie, die Archer J. P. Martin und Mitarbeiter 1944 für die Trennung von Aminosäuren entwickelt hatten, um in Grünalgen den Verbleib des Radiokohlenstoffs von CO_2 in der Dunkelreaktion der Photosynthese zu klären. Bis 1956 entschlüsselte die Calvin-Gruppe mit Andrew Benson und James Bassham den Hauptweg der photosynthetischen Kohlenstoffreduktion in Pflanzen (Calvin-Zyklus), wofür Calvin 1961 den Chemie-Nobelpreis erhielt.

Die biochemischen Arbeiten Calvins behandelten im Weiteren auch Fragen zur Entstehung des Lebens, zur Differenzierung tierischer Zellen und zur Tumorbildung. [EH]

Werk(e):
The path of carbon in photosynthesis (mit J. A. Bassham, 1957); Chemical evolution (1969).

Sekundär-Literatur:
Calvin, M.: Forty years of photosynthesis and related activities, Photosynthesis Research 21 (1989) 3–16; Schnarrenberger, C., Martin, W.: The Calvin cycle – a historical perspective, Photosynthetica 33 (1997) 331–345.

Camerarius (Camerer), **Rudolph Jakob,**
deutscher Mediziner und Botaniker,
* 12. 2. 1665 Tübingen,
† 11. 9. 1721 Tübingen.

Camerarius ist vor allem für die Experimente bekannt, mit denen er 1694 die Sexualität der Pflanzen zu beweisen suchte.

Rudolph Jakob Camerarius entstammte einer Familie von Juristen und Medizinern, die in das frühe 16. Jahrhundert zurückreicht. Schon sein Großvater Johan Rudolph und sein Vater Elias Rudolph waren Medizinprofessoren in Tübingen gewesen. Seine Ausbildung folgte dem üblichen Muster mit einem ersten Abschluss 1682, einer Auslandsreise durch Holland, England, Frankreich und Italien 1685 bis 1687 und anschließender Promotion an der Heimatuniversität. 1688 wurde er zum außerordentlichen Professor in Medizin und Direktor des botanischen Gartens berufen, und 1695 folgte er seinem verstorbenen Vater – in damals nicht unüblicher Erbfolge – auf dem Lehrstuhl für Medizin.

Bekanntheit über die engen Grenzen seiner Universität hinaus verschaffte sich Camerarius durch einen 1694 publizierten Brief an den Naturforscher und Arzt Michael Bernhard Valentini, den er in Holland kennen gelernt hatte. Dieser Brief berichtete über Experimente, zu denen sich Camerarius 1691 durch die Beobachtung eines Maulbeerbaumes anregen ließ, der zwar Früchte trug, dessen Samen aber hohl und unfruchtbar waren. Schon Nehemiah Grew hatte in seiner *Anatomy of plants* (1682) die Vermutung ausgesprochen, dass der Pollenstaub für die Entwicklung von Samen notwendig sei, und Camerarius nahm sich vor, dies experimentell zu prüfen. Indem er weibliche Individuen des zweihäusigen Bingelkrauts (*Mercurialis annua*) isolierte, bzw. an Individuen einhäusiger Pflanzen wie Mais (*Zhea mays*) und Hanf (*Cannabis sativa*) die Staubbeutel vollständig entfernte, erzeugte er Früchte, die keine oder nur unvollständig entwickelte Samen enthielten (mit einigen wenigen Ausnahmen, die er wohl bemerkte). Daraus zog er den Schluss, dass es sich bei Griffel und Staubblättern um die weiblichen bzw. männlichen Fortpflanzungsorgane handelt, und verglich einhäusige Pflanzen mit Hermaphroditen, so wie dies zuvor J. ↗ Swammerdam bei Schnecken getan hatte.

Camerarius' Experimente bildeten die Grundlage für C. v. ↗ Linnés Überzeugung von der Sexualität der Pflanzen und für die Hybridisierungsexperimente J. G. ↗ Kölreuters und Karl Friedrich Gärtners. Er veröffentlichte etwa 30 weitere Arbeiten botanischen und medizinischen Inhalts, die meist aus den Dissertationen hervorgegangen waren, denen er präsidiert hatte. 1721 starb er an Tuberkulose.
[SMW]

Werk(e):
Epistola ad Mich. Bern. Valentini de sexu plantarum (1694); Über das Geschlecht der Pflanzen (1899, hrg. v. M. Möbius); De convenientia plantarum in fructificatione et viribus (1690).

Sekundär-Literatur:
Prévost, A.-M.: Rudolph Jacob Camerarius ou la prise de position d'un savant au confluent de deux mondes au XVIIe siècle, in: Acta conventus 3e Congrès international d'etudes néo-latines (1980, hrg. v. J.-C. Margolin); Schmitz, R., und Graepel, P. H.: Zur Geschichte der Sexualtheorie der höheren Gewächse, in: Sudhoffs Archiv 64 (1980).

Candolle, Alphonse-Louis-Pierre-Pyramus de,
Schweizer Botaniker, Sohn von Augustin-Pyramus de Candolle,
* 17. 10. 1806 Paris,
† 4. 4. 1893 Genf.

Candolle war ein bedeutender Botaniker (Systematiker, Pflanzengeograph und Erforscher der Geschichte der Kulturpflanzen), außerdem einer der ersten Wissenschaftssoziologen.

Als Sohn des berühmten Botanikers Augustin-Pyramus de ↗ Candolle kam Alphonse de Candolle früh mit der Botanik in Kontakt, genoss jedoch eine gründliche klassische Ausbildung und studierte Jura in Genf bis zur Promotion. In Botanik durch seinen Vater fortgebildet, wurde er 1831 Honorarprofessor an der Universität Genf und assistierte seinem Vater, dessen Lehrstuhl er (soweit es die Botanik betraf) 1835 übernahm. 1850 zog er sich von diesem Amt zurück und lebte als Privatgelehrter.

Ein Teil der Arbeiten Candolles ist eine direkte Fortführung oder Ausarbeitung von Werken seines Vaters. Er führte dessen *Prodromus systematis naturalis regni vegetabilis* als Herausgeber der Bände 8 bis 17 (1844–73) fort. Viele Familien bearbeitete er selbst, aber er bewährte sich auch als Wissenschaftsorganisator, der viele Botaniker zur Mitarbeit heranzog. Wie sein Vater verfasste er unabhängig davon mehrere Monographien von Pflanzenfamilien. Seine großen Erfahrungen auf diesem Gebiet machte er auch für andere nutzbar in seinem Werk *La phytographie* von 1880. Durch seine juristische Ausbildung war er dazu prädestiniert, für die Namensgebung (Nomenklatur) der Pflanzen Regeln aufzustellen. Auf der Grundlage seines Entwurfs wurden sie vom Internationalen Botaniker-Kongress in Paris 1867 angenommen, und viele Grundsätze findet man noch in der neuesten Ausgabe des Codes der botanischen Nomenklatur wieder.

Auch in der Pflanzengeographie konnte er auf Arbeiten seines Vaters aufbauen, seine Darstellung war aber eine ganz selbständige Leistung und hatte großen Einfluss auf die Entwicklung des Gebietes. Stark beeinflusst von A. v. ↗ Humboldt, ging Candolle den Gesetzmäßigkeiten nach, die die Verteilung der Arten auf der Erde bestimmen. Er berücksichtigte dabei neben den heutigen klimatischen und edaphischen Bedingungen auch schon die Veränderungen des Klimas in vergangenen Zeiten. Wenige Jahre nach dem Erscheinen von Candolles *Géographie botanique raisonée* brachte Ch. ↗ Darwin seinen *Origin of Species* heraus und sandte ihn an Candolle. Die Grundgedanken dieses Werkes hat Candolle sofort akzeptiert, gegenüber der alleinigen Wirkung der natürlichen Auslese für die Fortentwicklung hatte er jedoch – wie viele Zeitgenossen – seine Zweifel.

An die Pflanzengeographie schloss sich sein Werk über den Ursprung der Kulturpflanzen an. Hier konnte Candolle seine umfassende Kenntnis nicht nur der Botanik, sondern auch der klassischen Literatur und vieler Sprachen nutzen. Wie hoch dies Werk bis ins 20. Jahrhundert geschätzt wurde, zeigt die Tatsache, dass der russischen Genetiker und Kulturpflanzenforscher N. I. ↗ Wawilow sein Hauptwerk über die *Ursprungszentren der Kulturpflanzen* dem Andenken an Candolle widmete.

Ungewöhnlich für einen Botaniker war seine Beschäftigung mit einem Gebiet, das man heute Wissenschaftssoziologie nennen würde. In seinem Buch *Histoire des sciences et des savants* analysierte Candolle die Bedingungen, die dazu führen, dass sich herausragende Wissenschaftler entwickeln können. Er untersuchte u. a. den Einfluss der Vererbung, der sozialen Stellung, des politischen Umfeldes und der Religion. Das Werk hat offenbar nicht die Aufnahme gefunden, die es verdiente. [GW]

Werk(e):
Géographie botanique raisonné (2 Bde., 1856); Histoire des sciences et des savants depuis deux siècles (1873, deutsche Übersetzung 1911); La phytographien ou l'art de décrire les végétaux (1880); Origine des plantes cultivées (1882, deutsche, englische und italienische Übersetzungen).

Sekundär-Literatur:
Mikulinskij, S. R., Markova, L. A., Starostin, B. A.: Alphonse de Candolle (1980, Biographien bedeutender Biologen 3).

Candolle, Augustin-Pyramus de,
Schweizer Botaniker, Vater von Alphonse de Candolle,
* 4. 2. 1778 Genf,
† 9. 9. 1841 Genf.

Candolle war ein bedeutender Schweizer Pflanzenmorphologe und Systematiker, nach Martius »der Linné unserer Tage«.

A. de Candolle

Candolle stammte aus einer im 16. Jahrhundert aus der Provence nach Genf geflüchteten vornehmen Familie. Er machte schon als Junge botanische Studien. Nach einem Medizinstudium in Genf und Paris wandte er sich dort endgültig der Botanik zu. Er hatte in Paris Kontakt zu vielen bedeutenden Naturforschern der Zeit, z. B. A. ↗ Brongniart, G. de ↗ Cuvier, Benjamin Delessert, René L. Desfontaines und J.-B. de ↗ Lamarck. 1808–16 war er Professor in Montpellier, 1816–1835 Professor für Naturgeschichte in Genf.

Candolle hat auf fast allen Gebieten der Botanik gewirkt, aber die Morphologie und Systematik der Blütenpflanzen war sein eigentliches Arbeitsfeld. In seiner Pariser Zeit lieferte er die Texte zu zwei großartigen Werken, die vor allem durch die Illustrationen von Pierre J. Redouté berühmt sind, eines über die sukkulenten Pflanzen (*Plantarum historia succulentarum*) und eines über die Liliengewächse und verwandte Familien (*Les Liliacées*, Bde. 1–4). Außerdem verfasste er eine Neuauflage der Flora von Frankreich von Lamarck. Während der Zeit in Montpellier erschien sein grundlegendes Werk zur Theorie der (systematischen) Botanik (*Théorie élémentaire de la botanique*), auf das u. a. der Begriff Taxonomie zurückgeht. Zahlreiche monographische Arbeiten über verschiedene Pflanzenfamilien waren Grundsteine für sein »magnum opus«, den *Prodromus systematis naturalis regni vegetabilis*, eine Übersicht aller bisher bekannten Arten von Blütenpflanzen. Sieben Bände erschienen zu seinen Lebzeiten, zum größten Teil von ihm selbst verfasst; sein Sohn vollendete die Herausgabe des Werkes für die zweikeimblättrigen (dikotylen) Pflanzen. Das dazugehörige *Prodromus-Herbar* mit den Typen der zahlreichen neu beschriebenen Arten gehört zu den besonderen Schätzen des von ihm gegründeten »Conservatoire botanique«. Der *Prodromus* verhalf den Grundzügen des Natürlichen Systems von A.-L. de ↗ Jussieu zum Durchbruch, ohne sich im Einzelnen an dieses zu halten. Ein großangelegtes Lehrbuch der Botanik umfasste eine Organographie (Morphologie) und eine Physiologie. Im Rahmen eines ausführlichen Wörterbuchartikels gab er eine Einführung in die Pflanzengeographie (1820).

Candolle stand im Mittelpunkt des wissenschaftlichen Lebens seiner Vaterstadt, als Rektor der Akademie (1831–31) und als inspirierender Präsident oder Teilnehmer verschiedener Gesellschaften, wobei ihm der Ackerbau besonders am Herzen lag. Er nahm aber auch aktiven Anteil am politischen Leben in Genf. [GW]

Werk(e):
Théorie élémentaire de la botanique (1813); Prodromus systematis naturalis regni vegetabilis (7 Bde. 1824–1839, fortgesetzt von seinem Sohn A. de Candolle); Mémoires et souvenirs de Augustin-Pyramus de Candolle (1862).

Sekundär-Literatur:
Briquet, in: Berichte der Schweizerischen Botanischen Gesellschaft 50a (1940) 114–130; Miéges, J.: Augustin-Pyramus de Candolle. Sa vie, son oeuvre, son action à trevers la société de physique et d'histoire naturelle de Genève (1979); Drouin, J.-M.: Principles and uses of taxonomy in the works of Augustin-Pyramus de Candolle, in: Studies in the history and philosophy of biological and biomedical sciences 32C (2001).

Canestrini, Giovanni,
italienischer Zoologe und Anthropologe,
* 26. 12. 1836 Revò (Südtirol),
† 14. 2. 1900 Padua.

Canestrini war einer der Erneuerer der italienischen Zoologie nach der Einheit Italiens und Verfechter des Darwinismus.

Canestrini studierte Naturwissenschaften unter anderem bei E. W. v. ↗ Brücke in Wien. Nach kurzem Aufenthalt am Naturkundemuseum in Genua wurde er 1862 Professor für Naturgeschichte in Modena und 1869 für Zoologie und Vergleichende Anatomie und Physiologie in Padua, wo er bis zu seinem Tode blieb. Institutionell liegt die Bedeutung Canestrinis in der Gründung wissenschaftlicher Gesellschaften und Fachzeitschriften. Auf ihn geht auch die Einrichtung des ersten Anthropologie-Lehrstuhls zurück. Daneben war er seit 1882 mehrfach politisch als Gemeinderat aktiv.

Canestrinis erste Studien galten der Ichthyologie. Über die Systematik gelangte er zur Evolutionstheorie, war 1864 der erste italienische Übersetzer von Ch. ↗ Darwins *Origin of species* und später Mitherausgeber weiterer darwinistischer Werke, die er auch durch populäre Veröffentlichungen einem breitem Publikum zugänglich zu machen suchte. Die Frage nach dem Ursprung des Menschen führte ihn zur Craniologie und zur Paläoethnologie. Nach 1867 beschäftigte er sich außerdem mit Arachnologie und Bakteriologie.

In seiner politischen Aktivität trat Canestrini vor allem für liberale und laizistische Ideale ein. Sein Einsatz für die italienischstämmigen Südtiroler Studenten brachte ihn in unüberbrückbaren Kontrast mit der Habsburger Monarchie. [AD]

Werk(e):
Carlo Darwin. Sull'origine delle specie (1864); L'origine dell'uomo (1866); Prospetto dell'acarofauna italiana (1885–1899); Per l'evoluzione (1894).

Sekundär-Literatur:
Minelli, A., u. Casellato, S. (Hrg.): Giovanni Canestrini, zoologist and darwinist (2001).

Cannizzaro, Stanislao,
italienischer Chemiker,
* 13. 7. 1826 Palermo,
† 10. 5. 1910 Rom.

Stanislao Cannizzaro hat wesentlich zur Klärung des Atom- und Molekülbegriffs beigetragen. Er entdeckte 1851 das Cyanamid sowie 1853 die Disproportionierung der Aldehyde.

Cannizzaro war das jüngste von 10 Kindern eines höheren Polizeibeamten. Er studierte ab 1841 Medizin an der Universität Palermo, wo er sich beson-

S. Cannizzaro

ders für physiologisch-chemische Probleme interessierte. Auf diesem Gebiet entstand auch Cannizzaros erste wissenschaftliche Abhandlung, die er 1845 auf einem Kongress vortrug. Dabei lernte er den Physiker Macedonio Melloni kennen, der ihn zu sich nach Neapel nahm. Melloni erkannte die besondere Befähigung Cannizzaros auf chemischem Gebiet und ermöglichte ihm Ende 1845 den Wechsel an die Universität Pisa. Als sich Cannizzaro in den Sommerferien 1847 in seiner Heimatstadt Palermo aufhielt, geriet er in den Volksaufstand gegen die Bourbonen. Cannizzaro schloss sich spontan den Aufständischen an, wurde 1848 in Messina Artillerieoffizier sowie als Abgeordneter von Francavilla Sekretär der »Camera die Comuni«. Nach der Niederschlagung der sizilianischen Revolution flüchtete Cannizzaro per Schiff nach Marseille und wurde 1849 in Sizilien in Abwesenheit zum Tode verurteilt.

Im Exil nahm Cannizzaro seine wissenschaftliche Tätigkeit wieder auf. Er arbeitete zunächst in Lyon, bevor er an das Naturhistorische Museum Paris wechselte. 1851 kehrte Cannizzaro nach Italien zurück, wo er anfangs in Alessandria (Piemont) als Professor für Chemie, Physik und Mechanik tätig war. 1855 wurde er Professor für Chemie an der Universität Genua. 1860 kehrte Cannizzaro nach Palermo zurück und übernahm 1861 die Professur für anorganische und organische Chemie. Zehn Jahre später (1871) wurde er Professor für Chemie an der Universität Rom. Hoch geehrt und anerkannt ist Cannizzaro im 84. Lebensjahr verstorben.

Cannizzaro hat bereits früh mit herausragenden Experimentalarbeiten auf sich aufmerksam gemacht. 1851 gelang ihm die Synthese von Cyanamid aus Chlorcyan und Ammoniak und 1853 die Disproportionierung von Aldehyden zu Alkohol und Carbonsäure, die als »Cannizzaro-Reaktion« in die Chemie eingegangen ist. Nach 1855 beschäftigte er sich vor allem mit offenen theoretischen Fragen, insbesondere mit der Klärung des damals umstrittenen Atom- und Molekülbegriffs. Cannizzaro legte seine Vorstellungen am 2. März 1858 brieflich an einen Kollegen nieder. Cannizzaro unterschied in diesem Brief eindeutig zwischen den damals unklaren Begrifflichkeiten Atom, Molekül und Äquivalent. Zwei Monate später, im Mai 1858, erfolgte im *Abriss eines Lehrganges der theoretischen Chemie* die Veröffentlichung dieser Erkenntnisse. Diese Schrift spielte zwei Jahre später auf dem ersten internationalen Chemikerkongress in Karlsruhe (3. bis 5. 9. 1860) eine entscheidende Rolle. Sie trug in grundlegender Weise zur Anerkennung und Verbreitung der Atom- und Molekularlehre sowie zur Einführung einheitlicher Atomgewichte auf der Basis der Molekulartheorie von A. ↗ Avogadro bei.

[RS3]

Werk(e):
Über den der Benzoesäure entsprechenden Alkohol, in: Liebigs Annalen der Chemie (1853, 1854); Sunto di un corso di filosofia chimica fatto nella reale Università di Genova, Nuova Cimento 1858.

Sekundär-Literatur:
Bugge, G.: Das Buch der großen Chemiker (1929), S. 173; Speter, M.: Biographische Einleitung zu Cannizzaros »Historische Notizen…«, in: Sammlung chem. und techn. Vortr. 20 (1913).

Cannon, Annie Jump,
amerikanische Astronomin,
* 11.12.1863 Dover (Delaware),
† 13.4.1941 Cambridge (Massachusetts).

Cannon entwarf die heute noch gültige Spektralklassifikation der Sterne.

Annie Cannon, Tochter eines Schiffbauingenieurs, studierte bis 1884 in Wellesley. 1896 wurde sie Assistentin am Harvard College Observatory in Cambridge (Mass.), 1901 Konservatorin der Photoplattensammlung des Harvard College Observatory; 1938 erhielt sie den Professorentitel.

Die zur Zeit Cannons üblichen Klassifikationen beruhten im Wesentlichen auf visuellen Spektren. Die neue Technik der Photographie versprach verfeinerte Ergebnisse. So begann 1885 in Harvard ein Großunternehmen: die Photographie von Sternspektren in Arequipa (Peru) mit einem Objektivprisma von 20 cm Öffnung. E. Ch. ↗ Pickering, Direktor des Harvard-Observatoriums von 1877 bis 1919, stellte als Erster Frauen als Mitarbeiterinnen ein. Cannon untersuchte im Rahmen dieses Projekts seit 1896 mehr als 1 100 Südhimmelsterne und erstellte damit den 3. Harvard-Katalog. Sie klassifizierte von 1911 bis 1915 5 000 Sterne pro Monat. Entscheidend für die Arbeit waren einerseits Cannons visuelles Gedächtnis, andererseits ihre Geduld und Disziplin, um diese Linienmuster jeweils in die richtige Kategorie einzuordnen. Dabei entwickelte sie eine dritte Harvard-Klassifikation, indem sie die frühere Klassifikation von Williamina Paton Fleming änderte, kürzte und die alphabetische Reihenfolge umstellte. Cannon publizierte ihre Klassifikation der Sternspektren im Jahr 1901, wobei sie die Spektraltypen mit O, B, A, F, G, K und M bezeichnete; 1908/22 ergänzte sie noch die Nebenserien R, N und S. Dafür gibt es einen berühmten Merksatz: »Oh be a fine girl, kiss me right now sweetheart.« Die Ergebnisse basierten auf 225 300 Sternspektren. Danach stellte sie den umfangreichen 9-bändigen »Henry Draper«-Spektral-Katalog von 1918 bis 1924 zusammen (Sterne bis zur 8. Größe).

Ihre Spektralklassifikation war eine großartige Leistung; 1922 wurde sie von der IAU als internationaler Standard übernommen. Hauptgrund für die Durchsetzung war, dass die Spektraltypen – nach der Sternatmosphärentheorie des indischen Astrophysikers M. ↗ Saha – auch als Folge abnehmender Temperaturen gedeutet werden konnten. Saha hatte 1920 die Abhängigkeit der Linienstärken in den Spektren von der Temperatur aufgezeigt.

Als Anerkennung ihrer Arbeit erhielt Cannon zahlreiche Ehrendoktortitel und Medaillen, u. a. den Draper Award der National Academy of Sciences; 1923 wurde sie als eine der zwölf bedeutendsten lebenden Frauen Amerikas ausgezeichnet. [GW3]

Werk(e):
mit Pickering, E.C.: The Henry Draper Catalogue (3. Harvard Catalogue), Annals of the Astronomical Observatory of Harvard College Bd. 91–99 (1918–1924); mit Pickering, E.C.: A new catalogue of variable stars, in: Annals of the Astronomical Observatory of Harvard College (1911).

Sekundär-Literatur:
Mack, P.E.: Strategies and Compromises: Women in Astronomy at Harvard College Observatory, 1870–1920, Journal for the History of Astronomy 21 (1990) 65–75 Rossiter, M.: »Women's Work« in Science, 1880–1910, Isis 71 (1980), 381–398; DeVorkin, D.H.: Community and Spectral Classification in Astrophysics: The Acceptance of E.C. Pickering's System in 1910, Isis 72 (1981) 29–49.

Cantor, Georg Ferdinand Ludwig Philipp,
deutscher Mathematiker,
* 3. 3. 1845 St. Petersburg,
† 6. 1. 1918 Halle a.d. Saale.

Cantor ist der Begründer der Mengenlehre, die nicht nur ein Teilgebiet der Mathematik ist, sondern auch die Terminologie liefert, in der heutzutage mathematische Forschungsergebnisse formuliert werden. Cantor war außerdem der Gründer und erste Vorsitzende der Deutschen Mathematiker-Vereinigung.

Cantors Vater stammte aus Dänemark, lebte zur Zeit von Georgs Geburt aber als erfolgreicher Kaufmann und Börsenmakler in St. Petersburg. Georgs Mutter war eine Tochter des damaligen Kapellmeisters an der Kaiserlichen Oper in St. Petersburg. Cantor besuchte die Elementarschule in St. Petersburg. Im Jahre 1856 übersiedelte die Familie jedoch nach Deutschland, zunächst nach Wiesbaden, dann nach Frankfurt am Main. Cantor setzte seine Schulausbildung an diesen Orten fort. Sein Interesse galt schon zu jener Zeit der Mathematik, aber sein Vater hielt eine »praktischere« Ausbildung für wirtschaftlich sicherer. Daher besuchte Cantor ab 1859 die an die Höhere Gewerbeschule des Großherzogtums Hessen angegliederte Realschule in Darmstadt und nach deren Abschluss im September 1860

G.F.L.P. Cantor

auch die Gewerbeschule selbst. Unter anderem aufgrund seiner hervorragenden Leistungen in Mathematik und den Naturwissenschaften gelang es Cantor, die Zustimmung seines Vaters dafür zu erhalten, nach dem Abschluss der allgemeinen Klassen der Gewerbeschule im Herbst 1862 ein Studium der Mathematik in Zürich aufzunehmen, wo er sowohl Veranstaltungen an der Universität als auch an der Eidgenössischen Polytechnischen Schule (der heutigen Eidgenössischen Technischen Hochschule) besuchte.

Nach dem Tod seines Vaters im nächsten Jahr wechselte Cantor nach Berlin, wohin auch seine Mutter übergesiedelt war. An der dortigen Universität hörte er Vorlesungen bei L. ↗ Kronecker, E. ↗ Kummer und insbesondere K. ↗ Weierstraß. Außerdem freundete er sich mit seinem Kommilitonen Hermann Amandus Schwarz an. Auch wurde bereits sein Interesse an der Zusammenarbeit unter Mathematikern offenbar: Er war im dortigen Mathematischen Verein aktiv und 1864–1865 dessen Vorsitzender.

Das Sommersemester 1866 verbrachte Cantor an der Universität Göttingen, kehrte jedoch wieder nach Berlin zurück, wo er am 14. 12. 1867 promovierte mit einer Arbeit über diophantische Gleichungen, also aus dem Bereich der Zahlentheorie. Erstgutachter der Arbeit war Kummer, Zweitgutachter Weierstraß. Ende des Jahres 1868 legte Cantor auch die Staatsprüfung für das höhere Lehramt ab und wurde in das Seminar von Schellbach aufgenommen, um sein Probejahr (Referendariat) abzuleisten. Bereits Anfang 1869 wechselte er jedoch nach Halle, da sich ihm an der dortigen Universität die Möglichkeit zur Habilitation bot. In Halle wurde Cantor 1869 Privatdozent, 1872 außerordentlicher und 1879 ordentlicher Professor. Er blieb an dieser Universität bis zu seiner Emeritierung im Jahre 1913, wobei ihm die Berufung an eine prestigereichere Universität lange Jahre unter anderem durch den Einfluss von Kronecker versperrt war.

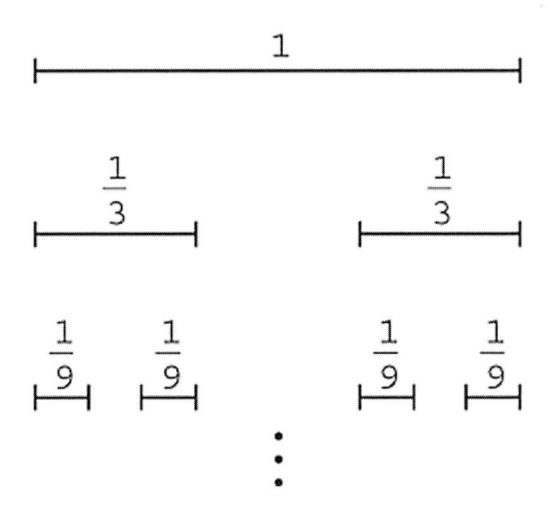

G.F.L.P. Cantor: Das wiederholte Entfernen des mittleren Drittels des Einheitsintervalls und der jeweils verbleibenden Teilintervalle ergibt die klassische triadische Cantor-Menge

Während Cantor in Halle zunächst weitere Arbeiten zur Zahlentheorie verfasste, wandte er sich bald der Analysis zu, wozu ihn der dortige Ordinarius Eduard Heine veranlasste. Das Problem, mit dem sich zunächst Heine und dann Cantor beschäftigten, war die Eindeutigkeit der Fourier-Entwicklung, d. h. die Frage, ob eine trigonometrische Reihe, die nur den Wert Null liefert, schon die Null-Reihe sein muss, also alle ihre Koeffizienten gleich Null sind. Die Fourier-Reihen sind nach J. ↗ Fourier benannt, der sie 1822 bei der Lösung von Randwertaufgaben für die stationäre Wärmeleitungsgleichung verwendete. Sie tauchten aber auch schon in Arbeiten von L. ↗ Euler und Daniel Bernoulli auf; auch G. P. L. ↗ Dirichlet und B. ↗ Riemann hatten Bedeutendes zu ihrer Theorie beigetragen.

Cantor gelang es in einem 1870 erschienenen Artikel zu zeigen, dass in der Tat eine Reihe schon die Null-Reihe ist, wenn sie an allen Stellen den Wert Null liefert. In darauffolgenden Arbeiten schwächte Cantor diese Bedingung ab. Zunächst ließ er endliche Ausnahmemengen zu, in denen die Fourier-Reihe a priori nicht zu konvergieren braucht oder in deren Punkten nichts über ihr Werteverhalten bekannt ist. Entscheidend war jedoch sein Übergang zu unendlichen Ausnahmemengen, den er in einem 1872 in den *Mathematischen Annalen* erschienenen Aufsatz *Über die Ausdehnung eines Satzes aus der Theorie der trigonometrischen Reihen* vollzog: Jeder Menge reeller Zahlen wird als deren »Ableitung« die Menge aller ihrer Häufungspunkte zugeordnet. (Die Verwendung des Begriffes »Menge« ist allerdings insoweit ein Anachronismus, als dieser Terminus in der heutigen Bedeutung auf eine spätere Publikation Cantors zurückgeht; er selbst spricht in seinen hier besprochenen Arbeiten noch vom »Inbegriff« oder einer »Mannigfaltigkeit«.)

Dieser Vorgang lässt sich iterieren; man bildet also die Ableitung der Ableitung einer Menge, d. h., die Menge der Häufungspunkte der Häufungspunkte der Ausgangsmenge, die dann die Ableitung zweiter Ordnung dieser Menge ist. Als Beitrag zur Theorie der trigonometrischen Funktionen gelang es Cantor in seiner Arbeit zu zeigen, dass das Eindeutigkeitsresultat bereits gilt, wenn eine Ableitung der Ausnahmemenge von endlicher Ordnung keine Punkte mehr enthält, wenn die Menge also so gestaltet ist, dass nach endlich vielen Schritten die gebildete Ableitung leer ist. (Bei endlichen Mengen ist dies schon nach einem Schritt der Fall.)

Für die Begründung der Mengenlehre entscheidend ist jedoch, dass Cantor die Bildung der Ableitung einer Menge über das Endliche hinaustrieb: Bildet man den Durchschnitt aller Ableitungen endlicher Ordnung einer gegebenen Menge, so kann man dies als Ableitung der Ordnung »Unendlich« auffassen. Da dies aber wieder eine Menge ist, kann man deren Ableitung bilden, die dann im Bezug auf die Ausgangsmenge deren Ableitung von der Ordnung »Unendlich plus 1« ist. Dieser Prozess lässt sich immer weiter fortsetzen und liefert so als Ur-Beispiel die Folge der transfiniten Ordinalzahlen.

Darüber hinaus war die Cantorsche Arbeit von 1872 auch fundamental für die Infinitesimalrechnung. Er gab hier mittels Fundamentalfolgen eine der ersten exakten Definitionen der reellen Zahlen. Andere wurden von Cantors akademischem Lehrer Weierstraß und von R. ↗ Dedekind gegeben; auch mit dem Letzteren stand er übrigens in Kontakt, sogar recht engem.

Die in der Arbeit über Fourier-Reihen angelegte Strukturierung des »Unendlichen« in Schichten »verschieden hoher Unendlichkeit« legte die Frage nahe zu untersuchen, welchen Grad von Unendlichkeit die in der Mathematik häufig vorkommenden Mengen haben. Mittels eines heute nach ihm benannten Diagonalverfahrens konnte Cantor zeigen, dass die Menge aller Brüche abzählbar ist, d. h. dass man alle Brüche mit Hilfe der natürlichen Zahlen 1, 2, 3, ... durchnummerieren kann. Eine Modifikation des Diagonalverfahrens ergab, dass auch die Menge aller (reellen) »algebraischen« Zahlen noch abzählbar ist, d. h. die Menge aller reellen Zahlen, die Nullstellen eines von Null verschiedenen Polynoms mit Brüchen als Koeffizienten sind. Die Menge aller reellen Zahlen erwies sich jedoch als nicht in diesem Sinne abzählbar, wie Cantor in der 1874 im *Journal für die reine und angewandte Mathematik* erschienenen Arbeit *Über eine Eigenschaft des Inbegriffs aller reellen algebraischen Zahlen* mittels eines anderen Diagonalschlusses nachwies.

G.F.L.P. Cantor: Eine von vier Seiten des »Wissenschaftler-Würfels« in Halle-Neustadt ist Cantor gewidmet; Bildhauer F. Geyer wählte als wesentliches Motiv die grafische Darstellung des so genannten ersten Cantorschen Diagonalverfahrens

Um die Stellung dieses Resultates zu ermessen, sei darauf hingewiesen, dass erst im Jahre 1851 J. ↗ Liouville bewiesen hatte, dass es überhaupt reelle Zahlen gibt, die nicht algebraisch sind. Cantors Resultat hingegen zeigte, dass – in gewissem Sinne – »die meisten« der reellen Zahlen nicht algebraisch sind, allerdings ohne dass er mittels seiner Methoden eine einzige solche Zahl wirklich angeben konnte.

Cantor untersuchte in den Jahren danach weitere Mengen darauf hin, »wie viele Elemente« sie im Vergleich zu andern haben, wofür er in einer 1878 veröffentlichten Arbeit das heute »Gleichmächtigkeit« (bei ihm noch »Äquivalenz«) genannte Konzept einführte, dass zwei Mengen »gleich viele« Elemente haben, wenn es zwischen ihren Elementen eine Zuordnung gibt, die jedes Element der einen mit einem und nur einem der anderen verknüpft und umgekehrt. (Die Menge der natürlichen Zahlen, die der Brüche und die der algebraischen Zahlen sind demnach gleichmächtig; die der reellen Zahlen ist zu keiner dieser Mengen gleichmächtig.)

Zu seiner eigenen Überraschung (»Ich sehe es, aber ich glaube es nicht!«) stellte Cantor fest, dass in dem eben definierten Sinne das Einheitsintervall und das Einheitsquadrat (und der Einheitswürfel...) »gleich viele« Elemente haben. Der Begriff der Gleichmächtigkeit sprengte also die anschaulich naheliegende Barriere der Dimension. Ein derartiges Resultat widersprach derart der Anschauung, dass sich nach dessen Publikation im Jahre 1878 Gegenreaktionen von Teilen der mathematischen Öffentlichkeit zeigten. Insbesondere Kronecker, der davon überzeugt war, dass sich alles mathematische Wissen auf Beziehungen zwischen natürlichen Zahlen zurückführen lässt, nahm scharf gegen Cantors Theorie Stellung, insbesondere, da diese in großen Teilen auf nichtkonstruktiven Existenzbeweisen beruhte.

Trotz solcher Anfeindungen, die ihm auch persönlich zusetzten, setzte Cantor seine Forschungen fort. So entdeckte er das heute nach ihm benannte Diskontinuum, eine Menge, die zwar gleich der Menge ihrer Häufungspunkte ist, aber nicht mit der seit dem Mittelalter entwickelten Vorstellung eines Kontinuums übereinstimmt. Von besonderer Bedeutung für die Mengenlehre war aber eine Reihe von sechs Artikeln *Über unendliche lineare Punktmannichfaltigkeiten*, die er in den Jahren 1878 bis 1884 in den *Mathematischen Annalen* publizierte, wofür sich F. ↗ Klein eingesetzt hatte. (Das von Kronecker maßgeblich herausgegebene *Journal für die reine und angewandte Mathematik* mied Cantor wohlweislich.) In diesen Arbeiten legte Cantor die Grundlage für die allgemeine Mengenlehre: Neben den grundlegenden Konzepten wie Durchschnitt und Vereinigung entwickelte er sowohl die Grundlagen der Theorie der Ordinal- als auch die der Kardinalzahlen und bewies fundamentale Sätze der mengentheoretischen Topologie.

Auch wenn Cantor in den folgenden Jahren weiterhin zur Mengenlehre, unter anderem zur transfiniten Arithmetik, publizierte und sich auch mit den philosophischen Implikationen seiner Theorie beschäftigte, zeigte sich ab 1884 doch eine Krise in seinem Schaffen. Die Gründe für die tiefen Depressionen, die ihn heimsuchten, sind unter anderem in den Anfeindungen zu sehen, denen er aufgrund seiner Theorie von einigen Kollegen ausgesetzt war. Auch hatte er sich in das Problem der »Kontinuumshypothese« verbissen, das er nicht lösen konnte. Es ging dabei um die Frage, ob das Kontinuum, etwa das Einheitsintervall, die zweitkleinste unendliche Mächtigkeit besitzt; dass diese auf jeden Fall größer ist als die kleinste unendliche Mächtigkeit, die der natürlichen Zahlen, hatte Cantor ja bereits 1874 gezeigt. Erst 1963 konnte dieses Problem von Paul Cohen geklärt werden, wenn auch in dem Sinne, dass diese Frage nicht innerhalb der üblichen Mengenlehre entscheidbar ist.

In anderer Beziehung zeigten sich jedoch Erfolge für Cantor: Zu einem großen Teil seinem Bestreben war es zu verdanken, dass 1890 in Bremen die Deutsche Mathematiker-Vereinigung gegründet wurde, deren erster Vorsitzender er bis zum Jahre 1893 war. Und auf dem ersten Internationalen Mathematiker-Kongress, der 1897 in Zürich stattfand und an dessen Zustandekommen er auch beteiligt war, konnte Cantor erleben, wie Adolf Hurwitz die Bedeutung der Mengenlehre für die mathematische Forschung (in seinem Fall die Funktionentheorie) hervorhob.

Zu jener Zeit wurden jedoch auch die ersten Paradoxien im Sinne von Widersprüchlichkeiten offenbar, zu denen die naive Mengenlehre im Sinne Cantors führt. Cantor bemühte sich zwar, diese auszuräumen, aber eine weitere Verschlechterung seines Gesundheitszustandes brachte es mit sich, dass er in den letzten Jahren seines Lebens häufiger Sanatorien aufsuchen musste.

Cantor war Ehrenmitglied der London Mathematical Society und Ehrendoktor der Universitäten zu Christiania (Oslo) und St. Andrews. [PU]

Werk(e):
Gesammelte Abhandlungen mathematischen und philosophischen Inhalts (1932, Reprint 1965).

Sekundär-Literatur:
Dauben, J.W.: Georg Cantor, His mathematics and philosophy of the infinite (1979, 1990); Fraenkel, A.: Georg Cantor, Jahresbericht der Deutschen Mathematiker-Vereinigung 39 (1930) 189–266; Meschkowski, H.: Georg Cantor: Leben, Werk und Wirkung (1983); Purkert, W., Ilgauds, H.J.: Georg Cantor: 1845–1918 (1987).

Carathéodory, Constantin,
deutsch-griechischer Mathematiker,
* 13. 9. 1873 Berlin,
† 2. 2. 1950 München

Carathéodory war einer der führenden Funktionentheoretiker des 20. Jahrhunderts.

Nach einem Studium der Ingenieurwissenschaften in Brüssel und praktischen Arbeiten als Ingenieur im Straßen- und Staudammbau entschloss sich Carathéodory relativ spät, seiner Neigung zu folgen, und begann 1900 ein Mathematikstudium an der Universität Berlin, wo Hermann Amandus Schwarz einen großen Einfluss auf ihn ausübte. Im Jahre 1902 wechselte er an die Universität Göttingen, wurde dort insbesondere durch F. ↗ Klein, D. ↗ Hilbert und H. ↗ Minkowski stark beeinflusst und promovierte bei Letzterem 1904 mit einer Aufsehen erregenden Arbeit über die Variationsrechnung. Nun begann ein kometenhafter Aufstieg. Von 1905 bis 1913 bekleidete er Dozenturen bzw. Professuren an verschiedenen deutschen Hochschulen. 1913 wurde er Nachfolger von Klein in Göttingen und 1918 von Georg Frobenius an der Berliner Universität. Nach einem Zwischenspiel als Professor an griechischen Universitäten wirkte er von 1924 bis 1938 an der Universität München (Nachfolge von Ferdinand Lindemann). Seine Hauptleistungen auf funktionentheoretischem Gebiet liegen in der Theorie der konformen Abbildung, für die er im Jahre 1913 eine großartige Erweiterung des Riemannschen Abbildungssatzes (1851) gab und seine Theorie der Primenden begründete. Für die Gesamtentwicklung der Mathematik im 20. Jahrhundert wohl noch wichtiger war aber sein 1918 erschienenes Buch *Vorlesungen über reelle Funktionen*. Hier schuf er, ausgehend von der Cantorschen Mengenlehre, eine neue Maß- und Integrationstheorie, die Vorbild für die ganze spätere Entwicklung wurde. Sein drittes bedeutendes Forschungsgebiet war die Variationsrechnung. Hier gelang ihm mit seiner Feldtheorie ein wichtiges Ergebnis, welches sein Schüler Hermann Boerner später als den »Königsweg in der Variationsrechnung« bezeichnete. [MR2]

Werk(e):
Gesammelte mathematische Schriften (1954–57).

Sekundär-Literatur:
Behnke, H.: Constantin Carathéodory 1873–1950, Jahresber. dt. Math. Vereig. 75 (1974) 151–165.

Cardano, Girolamo,
italienischer Arzt, Naturphilosoph, Mathematiker und Techniker,
* 24. 9. 1501 Pavia,
† 21. 9. 1576 Rom.

Cardano genoss als Arzt bei seinen Zeitgenossen internationales Ansehen; als Mathematiker ist sein Rang unbestritten, die »Cardanosche Formel« ist in die Geschichte eingegangen; in seinem umfangreichen Werk strömen die Ideen der Zeit zusammen; es vermittelt ein Bild des Denkens der Hochrenaissance und enthält Ansätze zu fast allen wissenschaftlichen und philosophischen Systemen, die im 17. Jahrhundert zur Reife gelangten.

Als unehelicher Sohn des Advokaten Fazio Cardano und der viel jüngeren Witwe Ciara Micheri geboren, wurde Girolamo Cardano zunächst auf dem Lande erzogen und gelangte erst später in den gemeinsamen Haushalt der Eltern. Er studierte ab 1520 an der Universität Pavia und erwarb 1526 den Doktor der Medizin in Padua. Sechs Jahre prak-

C. Carathéodory

G. Cardano

tizierte er in Saccolongo und heiratete 1531 Lucia Bandareni; aus der Ehe gingen zwei Söhne und eine Tochter hervor. In bescheidenen Verhältnissen lebend, frönte Cardano der Spielleidenschaft und gewann Einsichten in die mathematische Wahrscheinlichkeit (publiziert in *Liber de ludo aleae* 1663). Durch einflussreiche Freunde erhielt er 1534 einen Lehrauftrag für Mathematik und eine Stelle als Arzt in Mailand. Seine theoretischen medizinischen Schriften sind Kommentare zu den Klassikern Hippokrates, Galen und Avicenna; daneben schrieb er Anleitungen zur praktischen Arzneikunde. Sein Ruhm beruhte auf seinen Erfolgen als praktischer Arzt; insbesondere behandelte er erfolgreich chronische Leiden mit diätetischen und psychologischen Mitteln, heilte u. a. (1552) den schottischen Erzbischof John Hamilton von schweren Asthmaanfällen; sein Gutachten über die Natur der Krankheit und seine ärztlichen Anweisungen hinterließ er schriftlich in seinen *Consilia Medica*. Sein erstes Werk *De malo recentiorum medicorum usu libellus* (1536) war gegen seine neidischen Ärztekollegen gerichtet, die bis 1539 die Aufnahme in die Ärztekammer verhindert hatten – begründet mit seiner illegitimen Geburt. Cardano schrieb mehr als 200 Werke über Medizin, Mathematik, Physik, Philosophie, Religion, Musik u. a. Im ersten mathematischen Buch *Practica arithmetice et mensurandi singularis* (1539) löste er schon spezielle Gleichungen höheren Grades, indem er sie auf quadratische zurückführte. Eine algebraische Symbolik benutzte er noch nicht. Im mathematischen Hauptwerk *Artis magnae, sive de regulis algebraicis liber unus* (1545) erschien erstmals eine algorithmische Auflösung der kubischen Gleichung im Druck (sog. Cardanosche Formel), die zuvor schon Scipione del Ferro (um 1508) und N. ↗ Tartaglia (1535) bekannt gewesen war. Darin ist auch das Zurückführen der Auflösung einer Gleichung vierten Grades auf eine dritten Grades beschrieben (nach den Ergebnissen seines Schülers Ludovico Ferrari).

1543 übernahm Cardano eine Medizinprofessur in Pavia, ging 1551 wegen Kriegsgefahr nach Mailand, reiste 1552 nach Schottland, über Frankreich, England, die Niederlande, Deutschland und die Schweiz, wo er zahlreiche Gelehrte besuchte, als Arzt praktizierte und sich auch mit dem Stellen von Horoskopen (u. a. für den jungen englischen König Eduard VI.) befasste. Cardano publizierte zwei umfangreiche enzyklopädische Werke: *De subtilitate libri XXI* (1550) und *De rerum varietate libri XVII* (1557). Beide Werke erlebten bereits zu seinen Lebzeiten zahlreiche Auflagen und Nachdrucke und wurden auch im 17. Jahrhundert noch viel gelesen. Die Themenbreite umspannte »alles Wissen«, so z. B. Kosmologie, die Konstruktion von Maschinen, der Nutzen der Naturwissenschaften, Gesetze der Mechanik, Kryptologie, Alchemie – wobei er deutliche Zweifel an der von den Alchemisten behaupteten Transmutation der Metalle ausdrückte –, Mathematik, Astronomie, Astrologie, okkulte Wissenschaften. Hier ist auch die seinen Namen tragende freibewegliche »Cardanische Aufhängung« erklärt, eine technische Erfindung, die z. B. bei Schiffskompassen und dem Foucaultschen Pendel verwendet wird. Cardano leistete wichtige Beiträge zur Hydrodynamik und wies u. a. ↗ Aristoteles' Ablehnung der Existenz eines Vakuums zurück. Sein Konzept der Bewegung als eine Kraft und sein Versuch, das Verhältnis der Dichte von Luft und Wasser experimentell zu bestimmen, sind bemerkenswert. Auch die Geologie verdankt Cardano verschiedene Theorien: dass die Formation von Gebirge auf die Erosion von fließendem Wasser zurückzuführen ist, dass das Emporkommen des Meeresbodens

G. Cardano: Profil, erstmals abgedruckt auf dem Titelblatt seines Werkes *De subtilitate liber XXI* (Baseler Ausgabe 1553)

durch Meeresfossilien an Land erkennbar ist u. a. m. Insgesamt enthält das Werk viele neue Gedanken und inspirierte weitere Forschungen. Einige Ansichten Cardanos stimmen mit später bekannt gewordenen Ideen ↗ Leonardo da Vincis – eines Freundes seines Vaters – überein. An ein breiteres Publikum gerichtet, vermitteln die enzyklopädischen Werke nicht in jeder Hinsicht ein hinreichendes Bild seines Denkens; u. a. hielt sich Cardano hier enger an das Gedankengut des Aristoteles als in seinen eigentlichen philosophischen Schriften *De Uno* und *De Natura* (um 1560). Sein Denken war von der alten Dialektik des »Einen und Vielen« geprägt. Durch das Hervorheben der Erfahrung nahm er auch Ansätze von G. ↗ Galileis naturwissenschaftlicher Grundauffassung vorweg.

1562 folgte Cardano einem Ruf als Medizinprofessor nach Bologna. 1570 wurde er gefangen gesetzt und von der Inquisition der Häresie angeklagt. Die exakten Anklagegründe sind nicht bekannt, aber seine Publikationen enthalten verschiedene der Ketzerei verdächtige Ansichten, so setzte er die christliche, jüdische und mohammedanische Religion nebeneinander und verglich sie objektiv; auch stellte er Jesu ein Horoskop und publizierte es in seinem Ptolemäus-Kommentar (1554). Durch Eingriff befreundeter Kardinäle wurde Cardano aus dem Gefängnis entlassen und lebte ab 6. Oktober 1571 in Rom, wo er Publikationsverbot erhielt. Der Papst gewährte ihm eine Pension und veranlasste, dass er in das Kollegium der römischen Ärzte aufgenommen wurde. In seinen letzten Lebensjahren praktizierte er als Arzt und schrieb seine Autobiografie. [RT]

Werk(e):
Opera Omnia Hieronymi Cardani, Mediolanensis (10 zweispaltig gedruckte Foliobände, 1663, hrg. v. K. Spon); Metoposcopia 800 faciei humanae iconibus complexa (1658); De propria vita liber, Autobiografie hrg. von G. Naudé (1643, deutsche Übersetzung von H. Hefele 1914, italienisch 1821, englisch 1930, französisch 1936).

Sekundär-Literatur:
Morley, H.: The Life of Girolamo Cardano of Milan, Physician, 2 Bde. (1854); Fierz, M.: Girolamo Cardano, Arzt, Naturphilosoph, Mathematiker, Astronom und Traumdeuter (1977).

Carnap, Rudolf,
deutsch-amerikanischer Logiker und Wissenschaftstheoretiker,
* 18. 5. 1891 Ronsdorf bei Barmen,
† 14. 9. 1970 Los Angeles (Kalifornien).

Carnap war führendes Mitglied des Wiener Kreises, damit einer der Hauptvertreter des Logischen Empirismus und der Analytischen Philosophie.

R. Carnap

Carnap studierte Philosophie, Mathematik und Physik in Jena (u. a. bei Gottlob Frege) und Freiburg i. Br. (1910–1914). Nach dem Kriegsdienst promovierte er 1921 in Jena bei dem Neukantianer Bruno Bauch mit der Dissertation *Der Raum*. Er habilitierte sich 1926 an der Universität Wien mit der neukantianisch inspirierten Schrift *Der logische Aufbau der Welt* (veröffentlicht 1928). 1926–1931 wirkte er als Privatdozent für Theoretische Philosophie am Philosophischen Institut der Universität Wien, seit 1930/31 als a.o. Professor. 1931 wechselte er an die Deutsche Universität in Prag, wo er bis 1934 als a.o. Professor für Naturphilosophie tätig war. 1936 emigrierte er aus politischen Gründen in die USA, deren Staatsbürgerschaft er 1940 erhielt. Er wurde Professor für Philosophie an der Universität Chicago (1936–1952) und schließlich als Nachfolger von Hans Reichenbach an die University of California in Los Angeles berufen (1954–1961). Gastprofessuren führten ihn an die Harvard University (1940–1941) und das Institute for Advanced Study in Princeton (1952–1954).

Durch den Aufbau einer formalsprachlichen Darstellung des Satzbestandes der empirischen Wissenschaften strebte Carnap eine idealsprachlich orientierte wissenschaftliche Universalsprache an. In *Der logische Aufbau der Welt* (1928) wählte er dafür einen gestaltpsychologisch-phänomenalistischen Zugang, der auf einer einzigen Grundrelation, der Ähnlichkeitserinnerung zwischen Elementarerlebnissen, aufbaute. Dem dort entwickelten Konstitutionssystem sollte eine zentrale Rolle bei der Entwicklung der wissenschaftlichen Weltauffassung zukommen, wie sie im von Carnap mitverfassten Manifest des Wiener Kreises (1929) angestrebt wurde. Später präferierte Carnap einen physikalistischen Ansatz. Er untersuchte zudem formale Sprachen in syntaktischer und semantischer Hinsicht. Seine Beiträge zur Wahrscheinlichkeitstheorie und zu ihren methodischen Grundlagen in der induktiven Logik sind bis heute maßgeblich. [VP]

Werk(e):
Der logische Aufbau der Welt (1928); Logische Syntax der Sprache (1934); Meaning and Necessity (1947, dt. 1972); Studies in Inductive Logic and Probability (1971).

Sekundär-Literatur:
Krauth, L.: Die Philosophie Carnaps (1970). Schilpp, P. A. (Hrg.): The Philosophy of Rudolf Carnap (1963);

Carnot, Sadi,
französischer Ingenieur,
* 1. 6. 1796 Paris,
† 24. 8. 1832 Paris.

Carnot hat mit seiner einzigen Publikation die Entwicklung der Wärmetheorie ganz maßgeblich beeinflusst. Die Frage nach der Effektivität der Arbeitserzeugung durch Wärme führte ihn zu der Idee einer abstrakten, von allen technischen Details befreiten Wärmekraftmaschine, die einen umkehrbaren Kreisprozess durchläuft. Mit diesem Ansatz gelangte er zu einer fundamentalen Aussage über den Wirkungsgrad solcher Prozesse.

Carnot wurde am 1. Juni 1796 als Sohn des Mathematikers, Direktoriumsmitglieds und späteren republikanischen Ministers Lazare Carnot in Paris geboren. Im Alter von 16 Jahren trat er 1812 in die dortige École Polytechnique ein, von der er 1814 zu einer militärischen Ausbildung an die École du Genie in Metz überwechselte. Carnot begann 1816 seine Laufbahn als Unterleutnant in einem Ingenieurbataillon. Anlässlich einer Versetzung zum Generalstab nach Paris ließ er sich 1819 beurlauben, um wissenschaftlichen Studien nachzugehen.

In einem 21-seitigen unveröffentlichten Manuskript von 1823 stellte Carnot eine Formel für die von Wasserdampf verrichtete Arbeit auf. Damit behandelte er bereits einen speziellen Aspekt der Frage, inwieweit Wärme zur Erzeugung von »bewegender Kraft«, also mechanischer Arbeit, genutzt werden kann. Dieses allgemeinen Themas nahm er sich schließlich in seiner Publikation vom 12. Juni 1824 an, die unter dem Titel *Réflexions sur la Puissance Motrice du Feu et sur les Machines Propres à développer cette Puissance* erschien. Carnot verzichtete darin auf jede mathematische Analyse. Er behandelte das Problem in einer Weise, bei der die Konstitution der dazu eingesetzten Maschinen keine Rolle mehr spielte. Mit einer derartigen Abstraktion gelangte er von einer zunächst technischen zu einer grundlegenden physikalischen Fragestellung.

Zwar äußerte Carnot seine Zweifel an der stofflichen Vorstellung von der Wärme durchaus explizit, verwendete diese Anschauung aber dennoch in allen seinen Überlegungen. In einer solchen Sichtweise erschienen Temperaturdifferenzen als Verletzungen des Gleichgewichtszustandes jenes unwägbaren, unzerstörbaren Wärmestoffs, der deshalb das Bestreben zeigt, von Körpern höherer zu denen mit tieferer Temperatur überzugehen. Carnot erkannte, dass dieser Vorgang gerade dann zur Erzeugung von Bewegung dient, wenn er mit einer Volumenänderung gegen einen äußeren Widerstand verbunden ist. In dem konkreten Fall der Dampfmaschine transportiert der sich ausdehnende und Arbeit verrichtende Dampf den Wärmestoff von der Feuerung zum Kühlwasser. Es war noch ungeklärt, ob für diese Nutzung der Wärme eine prinzipielle Grenze existierte und ob der Einsatz der Alternativen zum Wasserdampf, wie etwa Luft oder Alkohol, die Effektivität steigern könnte.

Zur Beantwortung dieser Fragen entwarf Carnot ein allgemeines Schema für solche Prozesse: Unter Aufnahme von Wärmestoff aus einem Reservoir expandiert die Arbeitssubstanz zunächst isotherm, dann adiabatisch, bis ihre Temperatur auf die eines zweiten Reservoirs sinkt. An jenes gibt sie den Wärmestoff während einer isothermen Kompression wieder ab und kehrt durch eine adiabatische Kompression schließlich in den Ausgangszustand zurück. Da die Ausdehnung bei höherer Temperatur erfolgt als die Zusammenziehung, wird insgesamt Arbeit gewonnen. Der später nach Carnot benannte Kreisprozess erlaubt es, den nach einer Periode unverändert gebliebenen Ausgangs- bzw. Endzustand keiner weiteren Betrachtung unterziehen zu müssen.

Der beschriebene Kreisprozess soll auch umkehrbar sein. Dazu wird der Wärmestoff unter einem Arbeitsaufwand, der dem vorigen Gewinn entspricht, von dem Reservoir mit tieferer auf jenes mit höherer Temperatur gebracht. Carnot konnte nun zeigen, dass die Erzeugung von Arbeit durch die Übertragung des Wärmestoffs nicht effektiver geschehen kann als in einem solchen Kreisprozess. Dazu führte er einen Widerspruchsbeweis durch. Wäre es näm-

S. Carnot

lich möglich, mehr Arbeit hervorzubringen, würde diese für eine Rückführung des Wärmestoffs nicht völlig aufgebraucht werden. Im Ganzen hätte man, ohne irgendeine Kompensation, Arbeit erschaffen und bei der beliebigen Wiederholbarkeit ein Perpetuum mobile konstruiert. Das aber stünde, konstatierte Carnot, »in völligem Gegensatze zu den gegenwärtig angenommenen Ideen, zu den Gesetzen der Mechanik und einer gesunden Physik«.

Auch wenn eine derartige Aussage für die Bereiche außerhalb der Mechanik, wie die Wärme oder die Elektrizität, nicht bewiesen worden war, glaubte Carnot an Bewegungen als letzte Ursache aller Erscheinungen, und die wiederum unterlagen den Gesetzen der Mechanik. Die Unmöglichkeit eines Perpetuum mobile führte gemäß den obigen Überlegungen zu dem Ergebnis, dass der Kreisprozess von Carnot eine optimale Nutzung der Wärme erlaubt und daher auch gar nicht von der Arbeitssubstanz, sondern nur von den Temperaturen der beiden Reservoire abhängt. Die genaue Funktion konnte Carnot nicht angeben. Ein anschauliches Analogon zu dem Wärmestoff, der beim Übergang auf ein niedrigeres Temperaturniveau Arbeit erzeugt, sah Carnot in der Wassermenge, die in einem Gefälle Bewegungsenergie gewinnt.

Aus den erst 1878 veröffentlichten Notizen aus dem Nachlass von Carnots geht hervor, dass er sich später doch noch von den Vorstellungen des Wärmestoffs löste und zu einer kinetischen Auffassung der Wärme gelangte. Dabei sah er in der Wärme eine der ineinander umwandelbaren Formen der »bewegenden Kraft«. Die Aufzeichnungen enthalten sogar einen Wert für das mechanische Wärmeäquivalent, ohne allerdings Aufschluss über die Art der Berechnung zu geben.

Aufgrund einer Reorganisation des Generalstabs trat Carnot 1827 nochmals in den aktiven Dienst ein, aus dem er sich 1828 schließlich endgültig verabschiedete, um wieder nach Paris zurückzukehren. Im Juli 1832 erkrankte er an Scharlach und erlag wenige Wochen später einer Cholerainfektion.

Seine Wirkung blieb zu Lebzeiten sehr gering. Später war es dann auch nicht seine kaum mehr erhältliche eigene Publikation, sondern fast ausschließlich die von B. P. É. ↗ Clapeyron 1834 vorgenommene Bearbeitung, die zur Verbreitung seiner Gedanken führte. [SW]

Werk(e):
Réflexions sur la Puissance Motrice du Feu et sur les Machines Propres à développer cette Puissance (1824, deutsch 1892; Ostwalds Klassiker Bd. 37).

Sekundär-Literatur:
Wilson, S.S.: Sadi Carnot, Scientific American (1981) 102–114.

Carothers, Wallace Hume,
amerikanischer Chemiker,
* 27. 4. 1896 Burlington (Iowa),
† 29. 4. 1937 Philadelphia (Pennsylvania).

Mit der Schaffung der wissenschaftlichen Grundlagen für die Synthese des Kautschuks Polychloropren (Neoprene) und des Polyamid 66 (Nylon 66) gelangen Carothers und Mitarbeitern überragende Leistungen zur Herstellung volkswirtschaftlich überaus bedeutsamer Chemieprodukte.

1915 nahm Carothers das Studium der Naturwissenschaften, insbesondere der Chemie, am College in Tarkio (Missouri) auf. 1924 promovierte er an der Universität von Illinois. Schon 1926 wurde er als Dozent für Organische Chemie an die Harvard-Universität berufen. Zwei Jahre später übernahm er bei der US-amerikanischen Chemiefirma DuPont in Wilmington (Delaware) die Leitung der Grundlagenforschung auf den Gebieten organische Synthese und Polymerisation. Forschungsschwerpunkte seiner Arbeitsgruppe wurden die Darstellung von Polyestern, von synthetischem Kautschuk und von Polyamiden. Schon 1930 wurde in Carothers' Arbeitsgruppe durch Arnold Collins das Polychloropren entdeckt, das ab 1931 bei DuPont technisch als synthetischer Kautschuk hergestellt und anfangs als Duprene, später als Neoprene gehandelt wurde. Dieser Kautschuk hat im Vergleich zu Naturkautschuk eine höhere Beständigkeit gegen Wärme, Licht und Öl. Neoprene fand und findet vielseitige Verwendung, z. B. für die Herstellung von Kabelmänteln, Dichtungen, Schuhsohlen und Schläuchen.

Um 1935 gelang es Carothers, Polyamide zu synthetisieren, die sich als Ausgangsmaterial für Textilfasern eigneten. DuPont konzentrierte sich bei der weiteren Entwicklung auf das Polyamid 66, das sich aus Hexamethylendiamin und Adipinsäure durch Polykondensation gewinnen ließ. Es erhielt den Namen Nylon 66. Die daraus hergestellte Chemiefaser (Carothers' Seide) hat gegenüber Naturfasern eine höhere Reiß- und Abriebfestigkeit. Die großtechnische Produktion von Nylon 66 nahm DuPont 1939 auf. Im Mai 1940 gab es erstmals Nylonstrümpfe zu kaufen. Nylon 66 findet in nahezu allen Teilbereichen der Textilindustrie Anwendung. Darüber hinaus wird es häufig als Werkstoff eingesetzt. Den Siegeszug des Nylons erlebte Carothers nicht mehr. Der stark depressive Forscher nahm sich 1937 das Leben. [AN]

Werk(e):
Collected Papers of Wallace Hume Carothers on high polymeric substances (1940/1946).

Sekundär-Literatur:
Hermes, M. E.: Enough for one lifetime: Wallace Carothers, Inventor of Nylon (1996).

> **Cartan, Élie Joseph,**
> französischer Mathematiker,
> * 9. 4. 1869 Dolomieu (Département Isère),
> † 6. 5. 1951 Paris.

Cartan lieferte grundlegende Beiträge zur Theorie der Lie-Gruppen, der Differenzialgleichungssysteme und zur Differenzialgeometrie und trug so wesentlich zur Entwicklung der Analysis auf Mannigfaltigkeiten bei, die unter anderem in der modernen Physik Verwendung findet, speziell in der Quantentheorie.

Cartan stammte aus einer Bauernfamilie; sein Vater war Schmied. Aufgrund einer Förderung durch Antonin Dubost konnte Cartan höhere Schulen besuchen und an der École Normale Supérieure in Paris studieren (1888–1891), wo er sich der Mathematik zuwandte. Dort traf er Arthur Tresse, der sich für die Theorie der Transformationsgruppen von S. ↗ Lie interessierte und bei diesem in Leipzig studiert hatte. Tresse regte Cartan an, sich mit den Arbeiten von Wilhelm Killing zu beschäftigen, in denen »einfache« Lie-Gruppen klassifiziert wurden; diese sind etwa für die Lösbarkeit von Differenzialgleichungen von Bedeutung. In seiner Dissertation (1894) behob Cartan einige Ungenauigkeiten der Arbeiten Killings und gab eine vollständige Klassifikation der einfachen komplexen Lie-Algebren an.

Nach seiner Promotion wirkte Cartan an Universitäten in Montpellier (1894–1896), Lyon (1896–1903), Nancy (1903–1909) und Paris. Hier war er Professor an der École de Physique et de Chimie industrielles (1910–1941) und an der Sorbonne (1912–1940).

Cartan blieb Zeit seines Lebens einer der profiliertesten Forscher auf dem Gebiet der Lie-Theorie: Er klassifizierte alle einfachen reellen Lie-Algebren und studierte die Darstellung der halbeinfachen Lie-Gruppen; hierbei stieß er 1913 auf die Spinoren, deren Bedeutung für die Quantenmechanik allerdings erst später entdeckt wurde. Weiterhin untersuchte er – als Verallgemeinerungen der Lie-Algebren – assoziative Algebren und trug zu deren Klassifikation bei. Seit 1925 beschäftigte er sich auch mit der globalen Struktur von Lie-Gruppen.

Daneben arbeitete Cartan auch auf benachbarten Gebieten: Etwa seit 1904 schuf er eine allgemeine Theorie der Differenzialgleichungssysteme, wobei er unter anderem Ideen von Lie verallgemeinerte und den Kalkül der äußeren Differenzialformen entwickelte und erfolgreich einsetzte. Ebenso trug er wesentlich zur Fortentwicklung, um nicht zu sagen: Wiederbelebung, der Differenzialgeometrie im Anschluss an B. ↗ Riemann und Gaston Darboux bei mit seiner Methode der sich bewegenden Referenzsysteme, die er zum Beispiel bei Räumen einsetzte, auf denen Lie-Gruppen operieren. Cartan entwickelte dabei im Wesentlichen die Idee des Faserbündels.

In den Jahren 1926 bis 1932 untersuchte Cartan »symmetrische Räume«, in denen es zu jedem Punkt eine längentreue, zu sich selbst inverse Transformation gibt, die den Punkt fest lässt, und konnte diese mit Hilfe der Lie-Theorie klassifizieren.

Erst ab 1930 wurde Cartans Bedeutung für die Mathematik adäquat gewürdigt, und man erkannte den bahnbrechenden Charakter seiner Arbeiten. Cartan war mehrfacher Ehrendoktor ausländischer Universitäten und Mitglied zahlreicher Akademien. [PU]

Werk(e):
Œuvres complètes (1952–1955).

Sekundär-Literatur:
Élie Cartan, 1869–1951: Hommage de l'Académie de la République Socialiste de Roumanie à l'occasion du centenaire de sa naissance (1975); Akivis, M. A., Rosenfeld, B. A.: Élie Cartan (1993).

> **Carus, Carl Gustav,**
> deutscher naturphilosophischer Arzt, Naturforscher und Maler,
> * 3. 1. 1789, Leipzig
> † 28. 7. 1869 Dresden.

Carus war ein bedeutender Vertreter der romantischen Medizin.

Geboren als Sohn eines märkischen Schönfärbers und einer thüringischen Färbermeistertochter, verbrachte Carus seine Kindheit in Mühlhausen (Thüringen) und Leipzig. Bereits als 15-Jähriger, nach dem Besuch der Leipziger Thomasschule, im-

C.G. Carus

matrikulierte sich Carus 1804 an der Leipziger Universität für die Fächer Botanik, Chemie und Physik. Einer seiner damaligen Lehrer war der Arzt und Psychologe Ernst Platner, dessen Zusammenschau von psychologisch-medizinischen Erkenntnissen und Ästhetik ihn prägte. Schon während seiner Studienzeit legte Carus Herbarien an und vertiefte sich in die Schriften von J. F. ↗ Blumenbach, dem Begründer der modernen Anthropologie, Zoologie und vergleichenden Anatomie. 1806 nahm Carus das Studium der Medizin auf, dessen klinischen Teil er am Leipziger St. Jakobspital absolvierte. Daneben bildete er sich auf dem Gebiet der Frauenheilkunde weiter. 1811 wurde Carus zum Dr. der Philosophie promoviert; ebenfalls 1811 erfolgten seine Habilitation sowie seine medizinische Promotion. 1812 bot er an der Leipziger Universität anatomische Vorlesungen an. 1813 wurde er zum Leiter des französischen Militärspitals in Pfaffendorf bei Leipzig ernannt.

1814 folgte Carus als Professor für Geburtshilfe einem Ruf nach Dresden, wo er an der Chirurgisch-Medizinischen Akademie lehrte und als Direktor der Entbindungsanstalt wirkte. 1820 erschien in Leipzig sein 2-bändiges *Lehrbuch der Gynäkologie*, in dem er eine ganzheitliche Betrachtung der Patientin und die Rücksichtnahme auf die Psyche der Frau vertrat. Durch seine Publikationen nahm der Bekanntheitsgrad Carus' im In- und Ausland rasch zu. Zwischen 1818 und 1821 knüpfte er wichtige Kontakte zu Persönlichkeiten des deutschen Geisteslebens (Ludwig Tieck, Caspar David Friedrich, A. v. ↗ Humboldt, J. W. ↗ Goethe). Aufgrund der Einladung L. ↗ Okens nahm Carus am 18. 9. 1822 in Leipzig an der Gründungsversammlung der Gesellschaft Deutscher Naturforscher und Ärzte teil. 1827 wurde er zum Leibarzt des sächsischen Königs und Mitglied des Kollegiums der sächsischen Landesregierung ernannt. In dieser Funktion hatte er großen Einfluss auf das Medizinalwesen des Landes. Seine wissenschaftliche Schaffenskraft war trotz der neuen Verpflichtungen ungebrochen. 1838–1840 kam das wichtige Werk *System der Physiologie* heraus, das Gedankengut der Medizin der Romantik mit der Absage an eine rein spekulative Methodik verband. Da zu dieser Zeit die romantische Medizin längst obsolet geworden war, stieß die Schrift auf heftige Ablehnung. Carus versagte jedoch weiterhin der ab etwa 1830 tonangebenden naturwissenschaftlichen Medizin die Gefolgschaft, da diese die seelische Dimension des Patienten zu wenig berücksichtige. Vor allem in seinen 1829 und 1830 gehaltenen *Vorlesungen über Psychologie* und in der Schrift *Psyche. Zur Entwicklungsgeschichte der Seele* (1846) erschloss Carus der Psychologie die Welt des Unbewussten, eine wissenschaftliche Leistung, die eine breite Wirkung entfalten sollte. Daneben befasste er sich – ganz im Sinne der romantischen Anthropologie – auch mit der Physiognomik (*Symbolik der menschlichen Gestalt. Ein Handbuch zur Menschenkenntniß*, 1853). Carus war bestrebt, Wissenschaft und Kunst, Empirie und naturphilosophische Spekulation zu verbinden und den von Goethe vertretenen Entwicklungsgedanken für die Psychologie und die vergleichende Anatomie fruchtbar zu machen. [WEG]

Werk(e):
Versuch einer Darstellung des Nervensystems und insbesondere des Gehirns nach ihrer Bedeutung, Entwicklung und Vollendung im thierischen Organismus (1814); System der Physiologie (1838–1840); Psyche. Zur Entwicklungsgeschichte der Seele (1846); Lebenserinnerungen und Denkwürdigkeiten, hrg. v. R. Zaunick (1931).

Sekundär-Literatur:
Genschorek, W.: Carl Gustav Carus. Arzt, Künstler, Naturforscher (1978); Gerabek, W. E.: Carl Gustav Carus und die Heilkunde, Würzb. med.-hist. Mitt. 7 (1989) 237–258; Grosche, S.: Lebenskunst und Heilkunde bei C. G. Carus. Anthropologische Medizin in Goethescher Weltanschauung (1993);

Casares Gil, Antonio,
spanischer Botaniker, Sohn von Antonio Casares Rodríguez, Bruder von José Casares Gil,
* 29. 5. 1871 Santiago de Compostela,
† 10. 4. 1929 A Coruña,
↗ **Casares Gil, José.**

A. Casares Gil

> **Casares Gil, José** (Xosé),
> spanischer Chemiker und Pharmazeut, Sohn von Antonio Casares Rodríguez, Bruder von Antonio Casares Gil,
> * 10. 3. 1866 Santiago de Compostela,
> † 21. 3. 1961 Santiago de Compostela.

José Casares Gil stammt aus einer galicischen Familie von Universitätsgelehrten, die über die Grenzen Spaniens hinaus bekannt wurden.

Sein Vater, der Chemiker und Pharmazeut Antonio Casares Rodríguez, ließ sich nach einem Studium der Pharmazie und Naturwissenschaften in Madrid (Promotion 1832 in Pharmazie, 1841 in Chemie und 1872 – mit 60 Jahren! – in Medizin) 1843 als Apotheker in Santiago de Compostela nieder, wo er an der Universität 1845 zum Professor für Chemie und 1859 für Anorganische Chemie in der Pharmazeutischen Fakultät berufen sowie 1872 zum Rektor gewählt wurde. Casares Rodríguez interessierte vor allem die Anwendung der Chemie in Industrie und Landwirtschaft (*Tratado de química general* 1848, erw. 1857). Er nutzte z. B. die Spektroskopie für Wasseranalysen (*Tratado práctico de análisis químico de las aguas minerales y potables* 1866) und befasste sich 1847 als einer der Ersten in Spanien mit der Gewinnung von Chloroform, nachdem James Young Simpson dessen Gebrauch in die Anästhesie eingeführt hatte. Casares Rodríguez hatte viele Auslandskontakte und zahlreiche Schüler, zu denen auch seine Söhne José Antonio sowie López Seoane zählten.

Josés jüngerer Bruder Antonio Casares Gil studierte Medizin in seiner Vaterstadt und war nach dem Staatsexamen ab 1894 im Sanitätsdienst in Barcelona tätig, von wo aus er zahlreiche botanische und zoologische Exkursionen in verschiedene Gegenden, u. a. nach Cuba, unternahm. Zu botanischen Studien bereiste er auch verschiedene europäische Laboratorien, besuchte J. ↗ Sachs (Würzburg) und arbeitete bei Karl von Goebel in München. Danach wertete er seine Forschungen in Madrid mit Unterstützung von I. ↗ Bolívar und Antonio García Varela aus. Die Real Sociedad Española de Historia Natural wählte ihn 1924 zu ihrem Präsidenten. 1928 wurde er Direktor des Militärhospitals in A Coruña (La Coruña, Galicien), erkrankte aber und starb. Antonio Casares Gil war der erste Bryologe der iberischen Halbinsel. Mit seiner 1919 veröffentlichten Arbeit über die iberischen Lebermoose, die noch heute als Standardwerk gilt (*Flora ibérica, Briófitas, 1. Hepática*, 1919, *2. Musgos*, 1932), begründete er die moderne iberische Kryptogamenkunde.

José Casares Gil begann sein Studium an der heimischen Universität (1884 Staatsexamen in Pharmazie), setzte es in Salamanca fort (Staatsexamen in Chemie) und schloss 1887 mit der Promotion an der Universität in Madrid ab. Mit 22 Jahren wurde José Casares Gil Professor für Technische Physik und Chemische Analyse an der Pharmazeutischen Fakultät in Barcelona. 1905 erhielt er die gleiche Professur an der Universität Madrid, wo er bis zu seiner Pensionierung 1936 wirkte. Auf Studienreisen nach Deutschland (1896, 1898, 1920) – u. a. zu A. v. ↗ Baeyer, Johannes Thiele (München) und R. ↗ Willstätter – und Amerika (1902, 1924, USA, Südamerika, Kanada) machte sich José Casares Gil mit internationalen Forschungsergebnissen und -methoden vertraut. Wie sein Vater beschäftigte er sich mit Wasseranalysen und führte analytische Untersuchungen z. B. zum Fluor durch. Seine bedeutendsten Werke (*Tratado de técnica física* 1908, und der zweibändige *Tratado de análisis químico* 1911, 1912) erlebten mehrere Auflagen und Erweiterungen. Seine Bemühungen waren immer auch auf die Modernisierung der Lehre und Praxis seines Faches in Spanien gerichtet. José Casares Gil war Präsident der spanischen Akademien der Wissenschaften (Mitglied seit 1911) und der Pharmazie, der Real Sociedad Española de Historia Natural (1907) und Mitbegründer der spanischen Gesellschaft für Physik und Chemie sowie Ehrendoktor mehrerer ausländischer Universitäten. [IS2]

Werk(e):
Tratado de técnica física (1908); Tratado de análisis químico, 2 Bde. (1911, 1912); Bibliographie in: R. Roldán Guerrero: Diccionario biográfico y bibliográfico de autores farmacéuticos españoles, Bd. 1 (1958) 591–604.

Sekundär-Literatur:
Fraga Vázquez, X. A., Bermelo Patiño, M., in: Diccionario histórico das ciencias e das técnicas de Galicia, Autores, 1868–1936 (1993) 65–71; Portela Marco, E., in: Diccionario Histórico de la Ciencia Moderna en España (1983).

> **Casares Rodríguez, Antonio,**
> spanischer Chemiker und Pharmazeut, Vater von Antonio und José Casares Gil,
> * 28. 4. 1812 Monforte, Lugo,
> † 12. 4. 1888 Santiago de Compostela,
> ↗ **Casares Gil, José.**

> **Cassegrain,**
> französischer Optiker und Physiker,
> lebte um 1672, vermutlich in Chartres.

Cassegrain wurde bekannt als Konstrukteur eines häufig gebauten Typs von Spiegelteleskopen.

Von Cassegrains Lebensumständen ist nichts bekannt. Möglicherweise war er Professor am Collège de Chartres oder ein Künstler und Erfinder am Hofe Ludwig XIV. Im Jahre 1672 sandte Cassegrain an die Pariser Akademie eine Abhandlung über das Megaphon. Im Begleitschreiben eines ebenfalls nicht weiter bekannten Henri de Bercé aus Chartres heißt es, Cassegrain habe ein Spiegelteleskop erfunden, von anderer Bauart als das von I. ↗ Newton in den Londoner Philosophical Transactions vorgestellte und von wesentlich besserer Qualität und einfacherer Handhabung als dieses.

Das Spiegelteleskop von Cassegrain weist einen konvexen Sekundärspiegel auf, der vor dem Brennpunkt des Hauptspiegels platziert ist und den Lichtstrahl durch eine Bohrung in diesem Spiegel in das Okular lenkt. Die Form des Sekundärspiegels bewirkt eine Verlängerung der Gesamtbrennweite des Systems, die über der des Hauptspiegels liegt, wodurch man eine vergleichsweise kurze Baulänge des Teleskops erreicht. Das Cassegrain-Spiegelteleskop erwies sich, wie Newton feststellte, als eine Modifikation des Teleskoptyps von James Gregory, der im 18. Jahrhundert in England weit verbreitet war. Newton stand diesem Typ sehr skeptisch gegenüber, vor allem was die konvexe Oberfläche des Sekundärspiegels betrifft. Nach seiner Meinung sei hier ein um 45° geneigter Planspiegel geeigneter, weil dieser im Gegensatz zum Konvexspiegel mit hoher Qualität herstellbar ist.

Die Vorteile der Cassegrain-Spiegelteleskope erwiesen sich (mit hyperbolisch-konvexem Sekundärspiegel) erst etwa 200 Jahre später in der Praxis. Sie haben vor allem hinsichtlich der Größe des Bildfeldes sowie der geringen Abbildungsfehler (sphärische Aberration) gute optische Eigenschaften, weshalb sie bis heute, auch angesichts ihrer geringeren Baulänge für mittelgroße Spiegelteleskope, viel verwendet werden. [JH]

Sekundär-Literatur:
Newton, I.: Some consideration upon part of a letter of M. de Bercé, Philosophical Transactions 7 (1672) 4056–4059.
Riekher, R.: Fernrohre und ihre Meister (1990) 91–94.

Cassini, Giovanni Domenico, genannt Cassini I, Oberhaupt der Astronomenfamilie Cassini, Vater von Jacques Cassini,
* 8. 6. 1625 Perinaldo (Italien),
† 14. 9. 1712 Paris.

Aus der Gelehrtenfamilie Cassini gingen in vier Generationen bedeutende Astronomen hervor, deren Verdienste besonders auf den Gebieten der Planetenbeobachtung und der Geodäsie liegen.

G.D. Cassini

Giovanni Domenico Cassini studierte in Vallebone und besuchte das Jesuitenkolleg in Genua. Neben Dichtkunst, Mathematik und Astronomie interessierte er sich besonders für Astrologie, die er jedoch bald verwarf. Dennoch verdankte er diesem Interesse die Möglichkeit, auf dem Observatorium des astrologisch tätigen Cornelio Malvasia in der Nähe von Bologna zu arbeiten. Hier konnte er die Gestirne mit guten Instrumenten beobachten und vervollkommnete unter der Anleitung der Jesuitenastronomen Giovanni Battista Riccioli und Francesco Maria Grimaldi seine Kenntnisse der Astronomie. Beide verfochten nicht das heliozentrische Weltsystem von N. ↗ Copernicus, sondern das geo-heliozentrische T. ↗ Brahes, dem sich auch Cassini zunächst anschloss. Im Jahre 1650 erhielt er den Lehrstuhl für Astronomie an der Universität Bologna.

Daneben hatte er sich sowohl mit Fragen der Flußregulierung des Po als auch mit städtischen Befestigungsanlangen zu befassen. Dennoch blieb sein Hauptinteresse bei der Astronomie. Durch die Bekanntschaft mit den herausragenden Optikern und Instrumentenbauern G. Giuseppe Campani und Eustachio Divini gelangte Cassini in den Besitz leistungsstarker Fernrohre, die ihn zu viel beachteten Entdeckungen bei der physischen Beschreibung der Planeten führten. Die auf eigenen Beobachtungen beruhenden genauen Tafeln der Jupitermonde (1666) setzten später O. ↗ Römer in die Lage, die Lichtgeschwindigkeit zu bestimmen.

Im Jahre 1669 folgte Cassini einem Ruf nach Paris, wo er zum Mitglied der Akademie und Direktor der neuerrichteten Sternwarte berufen worden war. Hier setzte er seine Forschungen vor allem mit langbrennweitigen Fernrohren (bis 136 Fuß) fort. Er bestimmte sehr genau die Rotationsdauer von Jupiter und Mars, entdeckte 1671, 1672 und 1684 vier Monde des Saturn (Japetus, Rhea, Thetys, Dione), beschrieb die Oberfläche des Saturn und entdeckte 1675 eine Lücke in dessen Ring, die noch heute die

Bezeichnung Cassini-Teilung trägt. Die Natur des Rings sah er als Erster ganz zutreffend als eine Ansammlung kleiner Partikel, die den Planeten wie eine große Zahl vom Monden umkreisen. Seine weiteren Forschungen betrafen die Kometen, die scheinbare Sonnenbewegung, deren Durchmesser und die atmosphärische Refraktion, das Zodiakallicht, das er richtigerweise als kosmisches, nicht meteorologisches Phänomen ansah u. v. a.

Cassinis Tafeln der Jupitermonde dienten der Bestimmung der geographischen Länge durch verschiedene Expeditionen, so durch Jean Richer in Cayenne (1672–1673), der in Verbindung mit korrespondierenden Beobachtungen von Cassini und J. Picard in Paris neue, genauere Werte für die Parallaxe des Mars und für die Sonne ableiten konnte, was für die Bestimmung der Dimensionen des Planetensystems von Bedeutung wurde. Seit 1683 arbeitete Cassini in Verbindung mit weiteren Pariser Gelehrten an einer Gradmessung, die neben der Schaffung sicherer Grundlagen der Topographie einen Beitrag zur Frage der Erdgestalt liefern sollte. Die Ergebnisse der Messung des Gradbogens zwischen Paris und Perpignan schienen die Vorstellungen von einer an den Polen langgezogenen und am Äquator verjüngten sphärischen Gestalt, entsprechend der Theorie von R. ↗ Descartes, zu bestätigen. Cassini war ein überzeugter Anhänger von Descartes und lehnte die Newtonsche Gravitationstheorie mit ihren als mystisch empfundenen Fernwirkungskräften ebenso ab wie die Keplerschen Gesetze der Planetenbewegung. Die Bahnen der Planeten sah er von ovaler Gestalt. Um 1700 nahm die wissenschaftliche Tätigkeit Cassinis stark ab und ging in die Hände seines Sohnes Jacques über. [JH]

Werk(e):
Die wissenschaftlichen Arbeiten der Cassinis finden sich vorrangig in den Veröffentlichungen der Pariser Akademie.

Sekundär-Literatur:
Riekher, R.: Fernrohre und ihre Meister (1990²).

Cassini, Jacques, genannt Cassini II,
Sohn von Giovanni Domenico Cassini,
Vater von César-François Cassini de Thury,
* 18. 2. 1677 Paris,
† 15. 4. 1756 Thury bei Clermont.

Jacques Cassini begann seine Studien unter Anleitung des Vaters, besuchte dann das Collège Mazarin in Paris. Er entdeckte sehr früh sein Interesse an der Astronomie, assistierte seinem Vater und führte 1695 auf einer Reise nach Italien, durch die Niederlande und England astronomische und geodätische Beobachtungen durch. In England wurde er mit I. ↗ Newton, E. ↗ Halley und J. ↗ Flamsteed bekannt, durch deren Fürsprache er zum Mitglied der Royal Society gewählt wurde. Zur weiteren Untersuchung der Frage der Erdgestalt arbeitete er an der schon von seinem Vater begonnenen Gradmessung in Frankreich weiter, die nach seinen Berechnungen eine Abplattung zu den Polen hin bewies, wie sie aus der Newtonschen Physik folgte. Dieses Ergebnis revidierte Cassini später jedoch, so dass die Kontroversen an der Pariser Akademie (deren Mitglied er seit 1694 war) anhielten. Zur Klärung der Frage wurden Gradmessungen in Peru und Lappland ausgeführten (1735–1744), die letztendlich die Newtonsche Theorie bestätigten. [JH]

Cassini, Jean-Dominique, genannt Cassini IV,
Sohn von César-François Cassini de Thury,
* 30. 6. 1748 Paris,
† 18. 10. 1845 Thury bei Clermont.

Jean-Dominique Cassini besuchte das Pariser Collège du Plessis sowie das Oratorianerkolleg in Juilly und studierte im Anschluss Astronomie. Bereits 1768 führte er eine wissenschaftliche Seereise durch, um die Zuverlässigkeit eines Marinechronometers zu testen. Im Jahre 1770 wurde er in die Pariser Akademie aufgenommen und folgte bald seinem Vater im Direktorat der Sternwarte. Zwar versuchte er anfangs, sich mit den Kräften der französischen Revolution zu arrangieren, doch verweigerte er ihnen bald die Unterstützung, musste die Sternwarte verlassen, wurde kurzzeitig inhaftiert und zog sich dann nach Thury zurück, wo er noch lange Zeit verschiedene Ämter bekleidete. Unter Napoleon und Louis XVIII. wurde er politisch rehabilitiert und übernahm wieder einige wissenschaftliche Berufungen.

Cassini beendete die von seinem Vater begonnene, 180 Blatt umfassende Karte Frankreichs, die sich als von großer Genauigkeit erwies.

Mit Jean-Dominique Cassini starb das Astronomengeschlecht der Cassinis aus. Sein Sohn Alexandre Henri Gabriel (1781–1832), Jurist und Botaniker, starb kinderlos. [JH]

Cassini de Thury, César-François,
genannt Cassini III,
Sohn von Jacques Cassini,
Vater von Jean-Dominique Cassini,
* 17. 6. 1714 Thury bei Clermont,
† 4. 9. 1784 Paris.

César-François Cassini de Thury war Astronom und Geodät und trat 1735 in die Pariser Akademie ein. Er nahm durch erneute Untersuchungen an den Diskussionen um die Erdgestalt teil. Zwar vertrat er zunächst ebenfalls die Descartes'sche Theorie, korrigierte sich jedoch unter dem Eindruck der Resultate der Expeditionen nach Peru und Lappland zugunsten I. ↗ Newtons.

Cassini der Thury entfaltete auf der Pariser Sternwarte eine rege Beobachtungstätigkeit, die sich im Rahmen von Standardprogrammen hielt. Von Bedeutung ist die von ihm begonnene, jedoch erst 1793 von seinem Sohn Jean-Dominique beendete Karte von Frankreich. [JH]

Cassirer, Ernst Alfred,
deutscher Philosoph,
* 28. 7. 1874 Breslau,
† 13. 4. 1945 New York.

Der Kulturphilosoph Cassirer hat wichtige Erkenntnisse zur Geschichte und Philosophie der Naturwissenschaften geliefert.

Cassirer wuchs als Sohn von Eduard und Jenny Cassirer in einer vermögenden jüdischen Kaufmannsfamilie in Breslau mit zahlreichen Geschwistern auf. 1902 heiratete er seine 10 Jahre jüngere Cousine Tony Bondy, mit der er zwei Söhne und eine Tochter hatte. Cassirer studierte anfangs Jura in Berlin, doch wandte er sich bald der Philosophie und Literatur zu und wechselte auch mehrmals den Studienort. Zurück in Berlin, wurde er durch Georg Simmel auf den Neukantianer Hermann Cohen aufmerksam, der in Marburg lehrte. Dort setzte Cassirer sein Studium fort, woraus eine lebenslange Freundschaft mit Cohen entstand. Er promovierte 1899 mit einer Arbeit über R. ↗ Descartes. Hieran schloss sich eine intensive Beschäftigung mit G. W. ↗ Leibniz und I. ↗ Kant, deren philosophische Schriften er herausgab.

Den Neukantianern ging es darum, die Möglichkeiten und Bedingungen von Erkenntnis zu ergründen, indem sie Kants Methode auf die modernen Naturwissenschaften anwandten. So begann Cassirer, die Entwicklung derselben in seinem vierbändigen enzyklopädischen Werk *Das Erkenntnisproblem* zu beleuchten. Die Anfänge der neuzeitlichen Wissenschaften lagen für ihn bei den Denkern der Renaissance, die er als gesamteuropäische Bewegung deutete, die der Aufklärung Bahn brach. Der vierte Band, der den Zeitraum von Hegel bis zur Gegenwart umfasste, wurde erst im schwedischen Exil geschrieben und posthum veröffentlicht. Nach der Habilitation wurde Cassirer 1906 Privatdozent in Berlin. Ab 1919 lehrte er an der Universität Hamburg, wo ihn die Aby-Warburg-Bibliothek zu seinen kulturphilosophischen Arbeiten inspirierte und er von 1929 bis 1930 Rektor war. In seinem wohl berühmtesten Buch *Die Philosophie der symbolischen Formen* beschäftigte er sich mit den weniger von der Vernunft bestimmten Mitteln des Weltverständnisses: Religion, Kunst, Sprache und Mystik, die nach Cassirers Meinung spezifische Versuche der Objektivierung der Welt darstellten und ihre eigenen Berechtigungen und Erkenntnismöglichkeiten besäßen. Die meisten seiner Bücher erschienen im Verlag seines Vetters, Bruno Cassirer.

Da es Cassirer darum ging, die »historische Relativität und Bedingtheit« aller Begriffe und Systeme zu zeigen, kam es ihm natürlich nicht unpassend, dass die sicher geglaubten Fundamente der Physik von dieser selbst unterminiert wurden. So schrieb er in den 1920er-Jahren über die Relativitätstheorie und zeigte, dass A. ↗ Einsteins Raum- und Zeitkonzept durchaus nicht im Widerspruch zu Kant stehe. Was Raum und Zeit wahrhaftig seien, könne aber erst erfasst werden, wenn alle künstlerischen, historischen usw. Aspekte in einem einheitlichen Ganzen überblickt werden könnten. Für die Anregungen, die Einstein bezüglich der physikalischen Deutung dieser Begriffe gegeben habe, müsse die Erkenntnistheorie aber dankbar sein, auch wenn sie keinerlei Entscheidung über ihre Richtigkeit fällen könne; das sei allein der Physik vorbehalten.

1933 emigrierte Cassirer aus einem Deutschland, das nicht mehr das seine war. Bis 1935 lehrte er in Oxford, 1935 erhielt er eine Professur in Göteborg. Hier verfasste er seine Arbeit über die Quantenphysik, in der er aufzeigte, dass der Indeterminismus keinen Verzicht auf Kausalität bedeutete, sondern im Gegenteil eine noch viel strengere, wenn auch statistische Kausalität zur Folge habe. Da sich Cassirer nach Ausbruch des Krieges selbst im neutralen Schweden nicht sicher fühlte, nahm er 1941 eine Stelle in Yale in den USA an, ein Jahr vor seinem Tod wechselte er an die Columbia-Universität in New York, auf deren Gelände er einem Herzschlag erlag. [RS]

Werk(e):
Das Erkenntnisproblem in der Philosophie und Wissenschaft der neueren Zeit (3 Bde. 1906–1920, 4. Bd. 1950); Die Philosophie der symbolischen Formen (3 Bde. 1923–31); Zur modernen Physik (1980, enthält die beiden Abhandlungen: Zur Einsteinschen Relativitätstheorie (1921) und Determinismus und Indeterminismus in der modernen Physik (1937)).

Sekundär-Literatur:
Graeser, A.: Ernst Cassirer (1994); Paetzold, H.: Ernst Cassirer – von Marburg nach New York. Eine philosophische Biographie (1995). Rudolph, E., Stamtescu, I. O. (Hrg.): Von der Philosophie zur Wissenschaft: Cassirers Dialog mit der Naturwissenschaft (1997).

Cauchy, Augustin-Louis,
französischer Mathematiker,
* 21. 8. 1789 Paris,
† 23. 5. 1857 Sceaux bei Paris.

Cauchys Einfluss auf die Entwicklung der Mathematik liegt in seinen Arbeiten zur Analysis und zur mathematischen Physik begründet. Dabei sind nicht nur seine Ergebnisse über Differenzialgleichungen, reelle und komplexe Funktionen an sich von Bedeutung – er ist neben B. ↗ Riemann und K. ↗ Weierstraß einer der Begründer der Theorie der Funktionen von komplexen Veränderlichen –, Cauchy legte auch den Grundstein für eine exakte Begründung der Infinitesimalrechnung (»Epsilon-Delta-Kalkül«).

Cauchys Vater war ein Jurist, der schon vor der Französischen Revolution hohe Staatsämter innehatte. Die Zeit des jacobinischen Terrors verbrachte die Familie in ihrem Landhaus in Arcueil, wo die Kinder vom Vater unterrichtet wurden. Dies setzte sich auch nach der Rückkehr nach Paris fort, so dass Augustin-Louis erst 1802 auf eine öffentliche Schule, die École Centrale du Panthéon, kam. Zu jenem Zeitpunkt hatte er schon P. S. ↗ Laplace und J.-L. ↗ Lagrange persönlich kennengelernt. Nach seinem Schulabschluss studierte Cauchy zunächst 1805–1807 an der École Polytechnique und dann an der École des Ponts et Chaussées, einer Hochschule für Ingenieurwesen, wo er 1809 seine Abschlussprüfung ablegte. Danach arbeitete er in verschiedenen Teilen Frankreichs als Ingenieur, unter anderem ab 1810 im Hafen von Cherbourg. Neben seiner täglichen Arbeit studierte er dabei noch Werke von Laplace und Lagrange und publizierte seine ersten mathematischen Arbeiten, über Polyeder und über Polygonalzahlen.

Im Jahre 1812 kehrte er nach Paris zurück, wo er sich um verschiedene akademische Positionen, etwa am Bureau des Longitudes und an der École Polytechnique, bewarb. Dass diese Bewerbungen erfolglos blieben, mag an seinem jugendlichen Alter gelegen haben, aber auch an der Tatsache, dass er Mitglied der Congrégation war, einer politisch aktiven katholischen Bewegung.

Erst nach der Restauration durch die Bourbonen im Jahre 1815 gelangte Cauchy zu Amt und Würden, etwa zu einer ordentlichen Professur an der École Polytechnique. Er zögerte auch nicht, den Platz in der Académie des Sciences zu übernehmen, der durch den Ausschluss des Republikaners und Bonapartisten G. ↗ Monge frei geworden war.

Die nächsten Jahre in Paris zählten zu den mathematisch produktivsten Cauchys: Im Jahre 1814 reichte er bei der französischen Akademie eine Abhandlung über Integrale ein, aus der sich später seine Theorie der Funktionen einer komplexen Veränderlichen entwickeln sollte. Zwei Jahre später gewann er den Wettbewerb der Akademie mit einer Arbeit über die Fortpflanzung von Wellen an Flüssigkeitsoberflächen, die heute zu den klassischen Arbeiten in der Hydrodynamik zählt.

Aus seinen Vorlesungen an der École Polytechnique und am Collége de France entstanden Ausarbeitungen, insbesondere der 1821 erschienene *Cours d'Analyse*, in denen Cauchy als einer der Ersten eine formalisierte Definition der Grundbegriffe der Analysis, insbesondere der Konvergenz, gab. Dabei sind seine Formulierungen allerdings teilweise recht komplex oder sogar unscharf, so dass in seinen Texten Behauptungen stehen, die man nach dem heutigen Verständnis als falsch zu bezeichnen hat.

Daneben entwickelte Cauchy die Integrationstheorie im Komplexen weiter, gab 1825 eine Definition eines komplexen Wegintegrals und begründete im folgenden Jahr seinen Residuenkalkül; die Cauchysche Integralformel findet sich in einer 1831 erschienenen Arbeit.

Aufgrund seiner rigiden Ansichten als Katholik und Royalist, aber auch durch sein überhebliche Züge tragendes Benehmen wiesen die Beziehungen Cauchys zu seinen Kollegen häufig unerfreuliche Züge auf. Allerdings gingen die Misserfolge, die N. H. ↗ Abel und E. ↗ Galois im Paris der späten 1820er-Jahre erlitten, nicht ausschließlich auf das Verhalten Cauchys zurück. Was die persönliche Seite betrifft, so nahm er den karitativen Auftrag seines Glaubens sein Leben lang ernst.

Die Julirevolution von 1830 mit dem Sturz des Bourbonenkönigs Charles X. veranlasste Cauchy, Frankreich – und seine Familie – zu verlassen und zunächst Zuflucht in Fribourg in der Schweiz zu suchen. Auch nach der Installation des »Bürgerkönigs« Louis Philippe war er nicht bereit zurückzukehren, vermutlich, weil er sich nicht imstande sah, einen Treueid auf die neue Regierung abzulegen. Im nächsten Jahr ging er nach Turin, wo er bald

A. Cauchy

einen Lehrstuhl für theoretische Physik erhielt. Schon 1833 folgte er aber Charles X. in das Exil nach Prag, um dessen Enkel, den Kronprinzen, zu unterrichten, wohin ihm dann auch seine Familie nachfolgte.

Im Jahr 1834 kam es dort zu einem Treffen mit B. ↗ Bolzano, das dieser angeregt hatte. Da sich beide Mathematiker zu jener Zeit um die Grundlagen der Analysis bemühten, ist dabei eine gegenseitige Beeinflussung nicht auszuschließen. Der Cauchysche Stetigkeitsbegriff scheint jedoch nicht auf dieses Treffen zurückzugehen. Im Jahre 1838 kehrte Cauchy nach Frankreich zurück, wo er zwar wieder Mitglied der Akademie wurde, aber keine Position an einer Universität erhielt aufgrund seiner Weigerung, den Treueeid zu leisten. Versuche, ihm in dieser Hinsicht »goldene Brücken zu bauen«, scheiterten an seiner starren Haltung.

Trotz dieser ungesicherten Position hielt Cauchy auch zu dieser Zeit seine Forschungstätigkeit aufrecht und publizierte, insbesondere in den *Comptes rendus* der Akademie, Arbeiten über Differenzialgleichungen, mathematische Physik (etwa Elastizitätslehre) und mathematische Astronomie. Insgesamt veröffentlichte er 789 Schriften.

Die Februarrevolution von 1848 brachte nicht nur den Sturz von Louis Philippe, sondern auch die Abschaffung des Treueeides. Cauchy konnte somit wieder seinen alten Lehrstuhl einnehmen. Diesen durfte er auch nach der Wiedereinführung des Treueeides im Jahre 1852 behalten, da Napoleon III. einzelnen Personen den Eid erließ, neben dem Royalisten Cauchy auch dem Republikaner D. F. ↗ Arago.

Neben zahlreichen akademischen Ehrungen, etwa dem Orden Pour le Mérite für Wissenschaft und Künste, erhielt Cauchy auch die Ernennung zum Baron durch (den bereits exilierten) Charles X. [PU]

Werk(e):
Œuvres complètes (1882–1970).

Sekundär-Literatur:
Belhoste, B.: Augustin-Louis Cauchy, A Biography (1991); Smithies, F.: Cauchy and the creation of complex function theory (1997).

Cavalieri, Francesco Bonaventura,
italienischer Mathematiker,
* um 1598 Mailand,
† 30. 11. 1647 Bologna.

Cavalieri, der sich selbst als Schüler G. ↗ Galileis betrachtete, ist vor allem durch seine mathematischen Leistungen – Cavalierisches Prinzip – bekannt geworden, obgleich er auch zu anderen Gebieten beitrug und mehr als elf Werke verfasste.

Durch den Beitritt zum Jesuiten-Orden in Pisa traf er Benedetto Castelli, der in Pisa Mathematik lehrte und zuvor in Padua mit Galilei studiert hatte. Castelli beeinflusste Cavalieris Hinwendung zur Geometrie, der durch das Studium der antiken Autoren ↗ Euklid, ↗ Archimedes, ↗ Apollonios und Pappos bald zu eigenen Ergebnissen gelangte. Im Auftrage des Ordens lehrte Cavalieri Theologie in Mailand (1620–23), war Prior in Lodi (ab 1623) und Parma (ab 1626) und erhielt – unterstützt durch Galilei – ab 1629 die erstrebte Mathematik-Professur an der Universität Bologna, die er bis zu seinem Tode inne hatte.

Bereits Ende 1627 teilte Cavalieri Galilei mit, dass er sein Werk, das ihn berühmt machen sollte, fertig gestellt habe; es erschien dann erst 1635. Das Werk besteht aus sieben Büchern und behandelt vor allem die Bestimmung von Flächen- und Volumeninhalten mit seiner Indivisibelnmethode. Die »Indivisibeln« sind bei ihm ein anderer Ausdruck für »alle Linien« bzw. »alle Ebenen« einer ebenen Figur bzw. eines Körpers, die zueinander parallel verlaufend in einer Figur bzw. einem Körper gedacht werden können. Trotz der schwierigen Lesbarkeit, der unterschiedlichen Interpretation und der Kritik durch Zeitgenossen übte es einen nachhaltigen Einfluss auf die weitere Entwicklung der Infinitesimalmathematik aus. Cavalieris Idee der »fließenden Größen« findet man bei I. ↗ Newton wieder, die Idee der »Gesamtheit« bei G. ↗ Leibniz. In seinem Todesjahr 1647 veröffentlichte Cavalieri ein zweites Werk über Indivisibeln, sich insbesondere mit einer Kritik Paul Guldins auseinandersetzend und zwei Indivisibelnmethoden unterscheidend, wobei ihm sein sog. Cavalierisches Prinzip zum wichtigsten Hilfsmittel wurde.

Cavalieri war der Erste, der Logarithmentafeln in Italien publizierte – nachdem das Werk von J. ↗ Napier vorlag –, und in Trigonometrie und Astronomie genutzt hat. Er wandte die Theorie der Kegelschnitte auf optische und akustische Probleme an und hatte als Erster die Idee des Spiegelteleskops. [RT]

Werk(e):
Directorium generale uranometricum (1632); Geometria indivisibilis continuorum nova quadam ratione promota (1635, 1653); Exercitationes geometriae sex (1647).

Sekundär-Literatur:
Andersen, K.: Cavalieri's method of indivisibles. Archive for History of Exact Sciences 31 (1985) 291–367.

> **Cavanilles, Antonio José (Joseph),**
> spanischer Botaniker,
> * 16. 1. 1745 Valencia,
> † 10. 5. 1804 Madrid.

Cavanilles Werk gehört zu den bedeutendsten der beschreibenden Botanik seiner Epoche. Zur Wissenschaftlergruppe um A. v. ↗ Humboldt in Madrid gehörend, sorgte er für erste Veröffentlichungen über dessen Amerikareise.

Nach einem Studium der Philosophie, Mathematik, Physik und Theologie in den Jesuitenkollegs von Valencia und Gandía war Cavanilles zunächst Erzieher des Sohnes des Infanten (T. Caro de Briones) in Oviedo, wo er 1772 die Priesterweihe erhielt, und ging mit diesem 1774 nach Madrid. 1776 erhielt er den Lehrstuhl für Philosophie am Jesuitenkolleg von Murcia. Als Erzieher der Kinder des Infanten begleitete Cavanilles diesen ein Jahr später nach Paris. Hier widmete er seine freie Zeit dem Studium der Naturwissenschaften, hörte u. a. Vorlesungen in Naturgeschichte bei Jean Darcet, in Physik bei Mathurin Brisson, arbeitete zusammen mit Viera y Clavijo bei dem Chemiker Balthazar-Georges Sage und bei Jaques Valmont de Bomare. Besonders beeinflussten Cavanilles die Botaniker A.-L. de ↗ Jussieu und J.-B. ↗ Lamarck. Noch in Paris begann er mit der Veröffentlichung seiner Studien über die Malvengewächse, die ihn als Botaniker etablierten.

Nach seiner Rückkehr nach Spanien (1789) studierte Cavanilles ab 1791 die Flora Spaniens und sammelte umfangreiches Material, das er zusammen mit Pflanzen aus amerikanischen Expeditionssammlungen in seinem Hauptwerk (*Icones...*) beschrieb und detailliert zeichnete. Er brachte auch als Erster eine aus Mexiko stammende Pflanze auf europäischem Boden im Botanischen Garten von Madrid zum Erblühen und nannte sie 1791 »Dahlia« zu Ehren des schwedischen Botanikers Andreas Dahl.

Die Kaiserliche Akademie der Wissenschaften zu St. Petersburg ernannte Cavanilles 1792 zu ihrem auswärtigen Mitglied.

Gemeinsam mit dem Mineralogen Christian Herrgen sowie den Chemikern Louis Proust und Domingo García Fernández gab Cavanilles ab 1799 bis 1804 die Zeitschrift *Anales de historia natural* (dann *... de ciencias naturales*) heraus, in der Berichte Humboldts aus Amerika erschienen.

1801 wurde Cavanilles als Nachfolger von Casimiro Gómez Ortega ordentlicher Professor für Botanik und Direktor des Botanischen Gartens in Madrid. Als Anhänger von C. v. ↗ Linnés »Systema naturae« vereinfachte er dessen Klassifikation in seiner Lehre. Zu den zahlreichen Schülern gehörten Mariano LaGasca und Simón de Rojas Clemente.[IS2]

Werk(e):
Monadelphiae classis dissertationes decem (1785-1787); Icones et descriptiones plantarum quae aut sponte in Hispaniae crescunt, aut in hortis hospitantur (6 Bde., 1791–1801); Observaciones sobre la Historia Natural, Geografía, Agricultura, población y frutos del Reyno de Valencia (2 Bde., 1795–1797).

Sekundär-Literatur:
Antonio José Cavanilles (1745-1804), in: Asclepio 47 (1995); Pelayo, F.: Spanish Botany during the Age of Enlightenment: A.J. Cavanilles, in: Huntia 9 (1993).

> **Cavendish, Henri,**
> englischer Naturforscher,
> * 10. 10. 1731 Nizza,
> † 4. 2. 1810 London.

Cavendish spielte eine wesentliche Rolle für die Etablierung der pneumatischen Chemie und verfasste wichtige Arbeiten auf verschiedenen Gebiet der heutigen Physik.

Henry Cavendish wurde als ältester Sohn von Lord Charles Cavendish und Lady Anne Gray, der Tochter des Duke of Kent, geboren. Seine Mutter starb bereits zwei Jahre nach seiner Geburt, sein Vater war ein wohlhabender englischer Politiker, der sich zunehmend der Naturwissenschaft widmete. 1749–1753 studierte Cavendish in Cambridge, kehrte aber ohne einen formalen Abschluss nach London zurück. Durch seinen Vater lernte er dort eine Reihe bedeutender Wissenschaftler kennen und wurde 1760 Mitglied der Royal Society. Im gleichen Jahr wurde er auch Mitglied im Royal Society Club, in dem er auch seine wesentlichen sozialen Kontakte hatte. Diese waren allerdings insgesamt eher beschränkt, so wird vielfach darauf verwiesen, dass Cavendish sehr zurückgezogen lebte und insbesondere Kontakte zu Frauen vermied. Er lebte gemeinsam mit seinem Vater bis zu dessen Tod 1783, anschließend als Privatgelehrter weiterhin zurückgezogen

H. Cavendish

in London. Durch seine Herkunft war er sehr wohlhabend, nach dem Urteil des französischen Physikers J. B. ↗ Biot war er der »Reichste unter den Gebildeten und der Gebildetste unter den Reichen«. Bereits zu Lebzeiten war Cavendish einer der angesehensten Wissenschaftler, so wurde er u. a. 1803 zu einem der ausländischen Ehrenmitglieder des Pariser Instituts der Wissenschaften ernannt.

In seinen ersten wissenschaftlichen Publikationen, die wie alle anderen in den *Philosophical Transactions* erschienen, stellte er seine Untersuchungen von Gasen dar. Diese schlossen sich nicht nur methodisch an die Untersuchungen J. ↗ Blacks an. In seiner ersten Arbeit, die durch die Royal Society mit der Copley Medal ausgezeichnet wurde, beschrieb er die Darstellung und Eigenschaften des Gases, das bei der Reaktion von Säuren mit Metallen freigesetzt wurde und heute als Wasserstoff bezeichnet wird. Cavendishs chemische Untersuchungen basierten auf der von G. E. ↗ Stahl eingeführten Phlogistontheorie, so dass er das von ihm dargestellte Gas vermutlich als reines Phlogiston ansah. In weiteren Untersuchungen konnte er noch andere Gase darstellen, darunter Stickstoff und Sauerstoff. Daneben analysierte er die atmosphärische Luft und fand neben den Bestandteilen Sauerstoff, Stickstoff und Kohlendioxid auch einen kleinen Teil, der sich reaktionsträge verhielt und später durch William Ramsay als Argon identifiziert wurde. Außerdem gehörte Cavendish – neben J. ↗ Priestley und A.-L. ↗ Lavoisier – zu den Wissenschaftlern, die Wasser synthetisierten und somit nachwiesen, dass es sich dabei nicht um ein chemisches Element handelt.

1771 publizierte er seine erste Abhandlungen zur Elektrostatik, in der er die von ihm entwickelte mathematische Theorie der Elektrizität darstellte. Diese Theorie, die von seinen englischen Zeitgenossen praktisch vollständig ignoriert wurde, ähnelt der kurz zuvor von F. Th. ↗ Aepinus veröffentlichten. In einer zweiten Abhandlung, die 1776 erschien, beschrieb er seine Untersuchungen an einem künstlichen elektrischen Torpedofisch. Erst lange nach Cavendishs Tod wurde deutlich, dass ein wesentlicher Teil seiner elektrischen Untersuchungen unpubliziert geblieben war; diese Arbeiten wurden schließlich durch J. C. ↗ Maxwell herausgegeben. Unter anderem beschrieb Cavendish Experimente, mit denen er das elektrostatische Kraft-Abstands-Gesetz bestimmt hatte. Hierfür verwendete er eine Metallkugel, die er auflud und mit zwei metallischen Halbkugeln umschloss. Nach einem kurzen elektrischen Verbinden trennte er die Kugeln wieder und zeigte, dass keine Ladung auf der inneren Kugel nachweisbar ist. Hieraus resultierte, dass die elektrostatische Abstoßung umgekehrt proportional zum Quadrat des Abstands ist, die Genauigkeit der Bestimmung hängt dabei nur von der Empfindlichkeit des verwendeten Galvanometers ab. Dieses Experiment wurde von ihm vermutlich durchgeführt, bevor Ch. ↗ Coulomb seine elektrische Torsionswaage beschrieb.

Eine Torsionswaage verwendete Cavendish am Ende des 18. Jahrhunderts, allerdings gab er an, er habe dieses Gerät bereits einige Jahre vor Coulombs entsprechender Publikation von John Mitchell erhalten. Bei dieser Waage waren kleine Bleikugeln am Waagebalken befestigt, außerhalb der Waage befanden sich zwei große Bleikugeln. Mit dieser Ausführung der Drehwaage gelang es Cavendish, die Dichte der Erde erstmals experimentell zu bestimmen; diese Arbeit erschien 1798 in den *Philosophical Transactions*. Gleichzeitig sind dies die er-

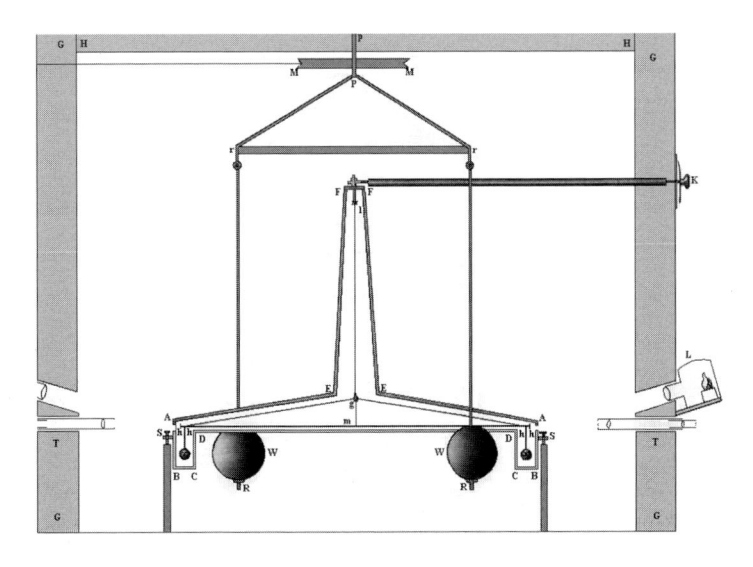

H. Cavendish: Skizze seines Torsionswaagen-Experiments aus dem Jahre 1798 (Phil. Trans. Roy. Soc. London, Vol. 88)

sten Experimente, aus denen sich die Gravitationskonstante berechnen ließ; dies geschah allerdings nicht durch Cavendish.

Dieses Experiment wurde – ebenso wie die von ihm entwickelte Methode zur Bestimmung des elektrostatischen Kraft-Abstand-Gesetzes – in modifizierter Form bis weit in das 20. Jahrhundert für entsprechende Messungen verwendet. [PH]

Werk(e):
The electrical Researches of the honourable Henry Cavendish, F.R.S. written between 1771 and 1781, hrg. v. J. C. Maxwell (1879); The Scientific Papers 2: Chemical and dynamical, hg. v. Edward Thorpe (1921).

Sekundär-Literatur:
Jungnickel, C., McCormmach, R.: Cavendish: The experimental Life (1999, 2. Aufl.).

Cayley, Arthur,
englischer Mathematiker und Jurist,
* 16. 8. 1821 Richmond (Surrey, England),
† 26. 1. 1895 Cambridge.

Cayley gab grundlegende Beiträge zur abstrakten Strukturtheorie der Algebra und war der Begründer der Matrizenrechnung. Seine mathematischen Interessen waren außerordentlich weit gefächert.

Als Sohn eines Kaufmanns, dessen geschäftliche Interessen vorwiegend in Russland lagen, lebte Cayley bis 1828 hauptsächlich in St. Petersburg. Nach der Rückkehr nach England wurde er an einer Londoner Privatschule unterrichtet. Er studierte Mathematik in Cambridge und wurde schon während dieser Zeit wegen glänzender mathematischer Leistungen gefeiert. 1842 wurde er Mitglied des Trinity Colleges in Cambridge, bekam aber keine akademische Perspektive eröffnet. Nach einer Reise 1843/44 nach Mittel- und Südeuropa entschloss sich Cayley, ein Jurastudium in Cambridge aufzunehmen.

Nach Abschluss dieser Studien 1849 war er bis 1863 als Rechtsanwalt in London tätig. In seinen Mußestunden beschäftigte er sich mit mathematischen Problemen und veröffentlichte etwa 300 Arbeiten. Unter dem Einfluss der Untersuchungen von G. ↗ Boole, Gotthold Eisenstein und Ludwig O. Hesse beschäftigte sich Cayley mit Determinanten und ihrer Anwendung auf die Geometrie des Raumes sowie mit symbolischen Rechenoperationen und invarianten Funktionen. Diese Interessengebiete haben sein mathematisches Lebenswerk geprägt. 1845 fand Cayley die Oktonionen (Oktaven oder Cayley-Zahlen) und gab geometrische Anwendungen von W. R. ↗ Hamiltons Quaternionen. In gleichen Jahr formulierte er die Grundaufgabe der Invariantentheorie der Formen (»Quantics«) und führte 1846 den Begriff »Kovarianz« ein. In den zehn *Memoirs of Quantics* (1854–78) bildete er diese Theorie aus. Sie wurde für Jahrzehnte zu einem beherrschenden Forschungsgebiet der Mathematik. Im Jahre 1854 gab Cayley eine klare Definition des Begriffs Gruppe und erkannte, dass eine Gruppe verschiedene Ausgestaltungen haben kann. Er führte die Gruppentafel ein. Cayley publizierte 1858 die Theorie der Matrizen und studierte ausgiebig die Eigenschaften spezieller Matrizen. Den Begriff Matrix hatte schon 1850 Cayleys Freund James J. Sylvester geprägt, der wie er Mathematiker und Jurist war. Die Matrizentheorie hat in der theoretischen Physik und in der Wirtschaftsmathematik große Bedeutung erlangt.

Außerordentlich vielfältig waren Cayleys geometrische Untersuchungen. Er übertrug 1858/59 sinnvoll die Grundbegriffe der euklidischen Geometrie auf die projektive Geometrie (Lösung des Ponceletschen Problems), ordnete die metrische Geometrie der projektiven unter, führte Pseudoabstände und Pseudowinkel ein und gewann so ein Modell der nichteuklidischen Geometrie nach N. ↗ Lobatschewski. Damit gab er entscheidende Anregungen für F. ↗ Kleins »Erlanger Programm« (1872).

1863 bekam Cayley die neu geschaffene Professur für reine Mathematik in Cambridge. Er las an der Universität jährlich nur über ein Thema. Seine gesamte Vorlesungstätigkeit umfasste jedoch Algebra, Analysis, Geometrie, Zahlentheorie, Dynamik und Mechanik. Er dehnte in seiner neuen Stellung seine mathematischen Aktivitäten noch auf Probleme der theoretischen Astronomie (Störungstheorie, Mondbewegung) und der Anwendung graphischer Methoden in der Astronomie aus. Insgesamt umfasst sein Schaffen etwa 900 Aufsätze, Abhandlungen und Notizen, doch nur ein Buch. [JI]

Werk(e):
The Collected Mathematical Papers (14 Bde., 1889–1898).

Sekundär-Literatur:
Forsyth, A. R.: Arthur Cayley, Proceedings of the Royal Society of London 58 (1895) I–XLIII (auch abgedruckt in: The Collected Mathematical Papers of Arthur Cayley VIII (1895) IX–XLV); Noether, M.: Arthur Cayley, Mathematische Annalen 46 (1895) 462–480.

Čebyšev ↗ **Tschebyschow.**

Celsius, Anders,
schwedischer Astronom und Physiker,
* 27. 11. 1701 Uppsala,
† 25. 4. 1744 Uppsala.

Celsius ist vor allem bekannt für seine Einführung der 100-gradigen Thermometerskala.

A. Celsius

Celsius wurde in einer Astronomenfamilie in Uppsala geboren. Zwar begann er 1717 in Uppsala ein Jurastudium, doch wandte er sich bald den Naturwissenschaften zu. Nebenher führte er für den Universitätsastronomen meteorologische Beobachtungen durch. 1727 gab er ein Lehrbuch der *Arithmetik und Rechenkunst* heraus, verteidigte seine Promotionsschrift *Über die Drehbewegung des Mondes* und legte 1728 sein Abschlussexamen in Mathematik und Naturwissenschaften ab. 1729 wurde er Sekretär der Wissenschaftlichen Gesellschaft Uppsala und 1730 Professor für Astronomie an der Universität Uppsala. Die Berufung erfolgte mit der Maßgabe, auf einer längeren Auslandsreise sein Wissen zu vertiefen und Studien für den Bau einer Sternwarte zu betreiben.

Celsius trat diese Reise 1732 an. Nach längeren Aufenthalten in Berlin, Nürnberg, Bologna und Rom traf er im Herbst 1734 in Paris ein, wo er sich an der gerade im Gange befindlichen Diskussion zwischen Newtonianern und Cartesianern um die Abplattung der Erde beteiligte. Um diesen Streit zu entscheiden, beschloss die Pariser Akademie der Wissenschaften eine erneute Vermessung eines Meridianbogenstückes zum einen in Äquator-, zum anderen in Polnähe. Celsius hatte für die polnahe Vergleichsmessung das nördliche Schweden vorgeschlagen und wurde daraufhin eingeladen, an der Expedition, die unter der Leitung von P.-L. M. de ↗ Maupertuis stand, teilzunehmen. Diese Lapplandexpedition fand von Mai 1736 bis Juni 1737 statt und bestätigte die aus der Newtonschen Theorie folgende Polabflachung.

Anschließend kehrte Celsius auf sein Lehramt in Uppsala zurück. Die folgenden Jahre waren nun vor allem mit dem Aufbau der Sternwarte ausgefüllt. Von astronomischen Arbeiten jener Zeit sind u. a. hervorzuheben: Kometenbeobachtungen, Verbesserung der Sonnentafeln, photometrische Bestimmung der Strahlungsintensität von Sternen, Untersuchungen über den Zusammenhang zwischen Nordlicht und Stand der Magnetnadel, Vorbereitung der Einführung des Gregorianischen Kalenders in Schweden (erfolgte erst 1753).

Seine meteorologischen Beobachtungen konfrontierten Celsius mit dem Thermometerproblem. Er kannte die verschiedenen damals gebräuchlichen Thermometertypen und deren Unzulänglichkeiten und benutzte u. a. seit 1737 Thermometer des in Petersburg tätigen französischen Astronomen und Thermometerkonstrukteurs Joseph-Nicolas Delisle. 1742 veröffentlichte Celsius eine Thermometerabhandlung, in der er dem Quecksilberthermometer den Vorzug gab und zur Eichung zwei Fixpunkte empfahl: Gefrierpunkt und Siedepunkt des Wassers auf Meeresspiegelhöhe (d. h., bei konstantem Luftdruck); dazu wählte er die 100-teilge Skala und legte den Nullpunkt der Skala auf den oberen Fixpunkt (Siedepunkt). Dieses »Schwedische Thermometer« (erst um 1800 beginnt sich die Bezeichnung »Celsius-Thermometer« durchzusetzen) fand weite Verbreitung, wobei alsbald nach seinem Tode die Skala aus Zweckmäßigkeitsgründen »umgedreht« und der untere Fixpunkt als Nullpunkt bestimmt wurde (wahrscheinlich auf Initiative des Celsius-Freundes C. v. ↗ Linné).

Celsius war Mitglied der Schwedischen Akademie zu Stockholm (deren Mitbegründer er 1739 war), der Berliner Akademie der Wissenschaften (1734) und der Royal Society in London (1735). Er blieb unverheiratet. [HK]

Werk(e):
Beobachtungen von zween beständigen Graden auf einem Thermometer (1742), in: Abhandlungen über Thermometrie von Fahrenheit, Réaumur, Celsius (= Ostwald's Klassiker der exakten Wissenschaften Nr. 57), hrg. v. A. J. von Oettingen (1894) 117–124.

Sekundär-Literatur:
Nordenmark, N. V. E.: Anders Celsius (1936); Middleton, W. E. K.: A History of the Thermometer and Its Use in Meteorology (1966); Kant, H.: G. D. Fahrenheit, R.-A. F. de Réaumur, A. Celsius (1984).

Centnerszwer, Mieczysław,
polnischer Physikochemiker,
* 22. 7. 1874 Warschau,
† 27. 3. 1944 Warschau.

Centnerszwer gehört zu den Pionieren der physikalischen Chemie und hat in Lettland und Polen maßgeblich zu ihrer Etablierung als Wissenschaftsdisziplin beigetragen.

Als Sohn eines Buchhändlers studierte Centnerszwer ab 1891 an der Universität Leipzig Chemie. Er wandte sich der physikalischen Chemie zu und promovierte 1898 als Schüler W. ↗ Ostwalds.

Anschließend ging er als Assistent von P. ↗ Walden an das Polytechnikum Riga. Walden lenkte sein Interesse auf die Eigenschaften von flüssigem Schwefeldioxid als Lösungsmittel. Sie begannen gemeinsame Untersuchungen der Leitfähigkeit dieser nicht wässrigen Lösungen und betraten damit wissenschaftliches Neuland. Centnerszwer beobachtete, dass flüssige Blausäure eine höhere Dissoziationsfähigkeit besitzt als Wasser, und er entwickelte eine neue Methode zur Bestimmung des kritischen Volumens, des kritischen Drucks und der kritischen Temperatur.

1900 absolvierte Centnerszwer einen Studienaufenthalt bei J. ↗ van't Hoff in Berlin. 1904 erwarb er den Grad eines Magisters der Universität St. Petersburg, der es ihm erlaubte, ab 1905 als Dozent für anorganische Chemie am Polytechnikum Riga zu wirken. 1914 wandte er sich der Untersuchung der Lösungskinetik von Metallen in Säuren – einschließlich der Korrosionserscheinungen – zu. Dabei konnte er den erheblichen Einfluss von Metallzusätzen auf die Lösungsgeschwindigkeit nachweisen.

1917 wurde Centnerszwer zum Professor am Polytechnikum Riga berufen und wirkte auch nach dessen Umwandlung 1919 in die Lettische Universität bis 1929 dort als Professor für anorganische und physikalische Chemie. Ab 1929 hatte er den Lehrstuhl für physikalische Chemie an der Universität Warschau inne. Hier begann er auch, die Schmelzflusselektrolyse zu Natrium und Calcium zu untersuchen. Seine Beiträge zur chemischen Kinetik, zur Erforschung der Korrosionserscheinungen und zur Elektrolyse waren für die physikalische Chemie von grundlegender Bedeutung.

Nach der Besetzung Polens durch Hitler-Deutschland ging Centnerszwer in den Untergrund. Am 27. März 1944 wurde er von Deutschen ermordet. [WG2]

Werk(e):
Theorie der Ionen (1902); Skizzen aus der Chemiehistorie (1912); Das Radium und die Radioaktivität (1913).

Čerenkov ↗ **Tscherenkow.**

Cesalpino (Caesalpinus), **Andrea** (Andreas),
italienischer Naturphilosoph und Mediziner,
* 6.6. 1525 bei Arrezzo,
† 23. 2. 1603 Rom.

Cesalpino machte die aristotelische Philosophie für die »nuova szientia« der Renaissance fruchtbar. Insbesondere für die weitere Entwicklung der Physiologie und Botanik legte er damit wichtige Grundlagen.

Cesalpino, Sohn eines wohlhabenden Handwerkers aus Arezzo, studierte Philosophie und Medizin in Pisa. Zu seinen Lehrern gehörten Realdo Colombo in der Anatomie und Luca Ghini in der Botanik. Letzterem wird die Erfindung des Herbariums zugeschrieben. 1551 promovierte Cesalpino und folgte Ghini fünf Jahre später auf den Lehrstuhl für Botanik. Mit diesem Lehrstuhl verbunden war das Direktorat über den botanischen Garten von Pisa (gegr. 1545). Neben seiner Lehrtätigkeit begab sich Cesalpino auf botanische Exkursionen in Italien. Sein Herbarium gehört zu den ältesten, die erhalten geblieben sind.

Philosophisch schloss Cesalpino an die naturalistischen Tendenzen bei ↗ Aristoteles an, die er mit großer Originalität in seiner ersten Veröffentlichung, den *Quaestiones peripateticarum libri V* von 1571, auslegte. Dies brachte ihm 1589 den Vorwurf der Häresie ein, zu einer offiziellen Verfolgung kam es jedoch nie. Auch von protestantischer Seite wurde das Buch scharf angegriffen. Die *Quaestiones...* bildeten den philosophischen Rahmen für sein gesamtes wissenschaftliches Werk, das medizinisch-anatomische, pharmakologische, botanische und mineralogische Lehrschriften umfasste.

Den nachhaltigsten Einfluss übte Cesalpinos *De plantis libri XVI* (1583) aus, schon weil es überhaupt als das erste, auf einheitlicher theoretischer Basis gegründete Lehrbuch der Botanik gelten kann. Ausgehend von der aristotelischen Seelenlehre diskutiert Cesalpino die Organsysteme als »Werkzeuge« der pflanzlichen »Seele«, die die beiden Vermögen Wachstum und Fortpflanzung besitzt. Den Sitz der Seele sah er im »Herzen« der Pflanze, das er in den Übergang von Wurzel zu Spross verlegte. Die Seelenlehre bildete auch den Ausgangspunkt für seine Einteilung der Pflanzen: Die Pflanzen seien zunächst nach Merkmalen derjenigen Organe zu unterteilen, die den Seelenvermögen in erster Linie dienen. Da die resultierende Einteilung allerdings nicht weit reicht, seien zur weiteren Einteilung empirische Merkmale heranzuziehen. J. ↗ Jungius, J. P. de ↗ Tournefort und C. v. ↗ Linné sollten im 17. und 18. Jahrhundert auf diese Überlegungen zurückgreifen. Wissenschaftshistorische Bedeutung haben darüber hinaus Cesalpinos Erörterungen über die Bewegung des Blutes erlangt, da sie in mancher Hinsicht die Entdeckung des Blutkreislaufes durch W. ↗ Harvey vorbereiteten.

Cesalpino praktizierte als Arzt, u. a. war er Leibarzt des Großfürsten Cosimo I. de Medici. Daneben korrespondierte er mit den führenden Naturforschern seiner Zeit, darunter U. ↗ Aldrovandi und P. ↗ Belon, und suchte aktiv Unterstützung durch politisch einflussreiche Persönlichkeiten. Dies brachte ihm 1592 eine Stellung als Arzt von Papst Clemens VIII. und eine Professur an der Sapienza, der Universität Roms, die er bis 1603 innehatte. Dieser Karriereverlauf macht das Spannungsverhältnis deutlich, das das Werk Cesalpinos – in dem aus heutiger Sicht auch einiges kurios erscheint, bspw. ein Buch über Dämonen – beherrschte und sich aus dem Versuch ergab, katholischen Glauben und neuzeitliche, beobachtende Wissenschaft im Rückgriff auf antike Naturphilosophie zu vereinbaren. [SMW]

Werk(e):
Quaestionum peripateticarum libri V (1571); Daemonum investigatio peripatetica, in qua explicatur locus Hippocratis si quid divinum in morbis habetur (1580); De plantis libri XVI (1583); Quaestionum medicorum libri II (1593; 2. Aufl. 1604); De metallicis libri III (1596).

Sekundär-Literatur:
Viviani, U.: Vita ed opere di Andrea Cesalpino (1922); Clark, M.E., Nimis, S.A., Rochefort, G.R.: Andreas Cesalpino, Quaestionum peripateticarum, libri v, liber v, quaestio iv, with translation. In Journal of the History of Medicine and Allied Sciences 33 (1978); Clark, M.E., Summers, K.M.: Hippocratic Medicine and Aristotelian Science in the Daemonum investigatio peripatetica of Andrea Caesalpino, Bulletin for the History of Medicine 69 (1995).

Četverikov ↗ Tschetwerikow.

Chadwick, Sir James,
englischer Physiker,
* 20. 10. 1891 Bollington,
† 24. 7. 1974 Cambridge.

Chadwick gilt als der Entdecker des Neutrons.

Chadwick war das älteste von vier Kindern eines Wäschereibetreibers. 1908 begann er sein Studium an der Universität Manchester und wurde dort 1911 Schüler von E. ↗ Rutherford. 1913 erwarb er seinen Master und konnte im gleichen Jahr mit einem Stipendium sein Studium bei dem Rutherford-Schüler H. ↗ Geiger an der Physikalisch-Technischen Reichsanstalt in Berlin fortsetzen. Mit Beginn des Ersten Weltkriegs wurde Chadwick 1914 als »feindlicher Ausländer« in Berlin interniert und musste die Kriegszeit in einem Lager in Berlin-Ruhleben verbringen; trotz dieser widrigen Umstände konnte er dort einige Forschungsarbeiten durchführen. Zum Kriegsende nach England zurückgekehrt, trat er wieder in Rutherfords Labor ein und folgte ihm, als dieser 1919 zum Direktor des Cavendish-Laboratoriums in Cambridge berufen wurde. 1921 erwarb Chadwick seinen Ph.D. und wurde 1924 stellvertretender Direktor des Cavendish-Laboratoriums. 1935–1948 wirkte er als Professor für Physik an der Universität Liverpool, ab 1943 zugleich als Leiter der britischen Forschergruppe im amerikanischen Manhattan-Projekt; 1948–1959 war er Professor an der Cambridge University. Chadwick war verheiratet (1925) und hatte zwei Töchter.

Bei Geiger war Chadwick 1914 der Nachweis des kontinuierlichen β-Spektrums gelungen. Mit Rutherford und anderen arbeitete Chadwick in den zwanziger Jahren über die Struktur des Atomkerns, insbesondere über Kernumwandlungen leichter Elemente durch Beschuss mit α-Teilchen (Helium-Kernen). Dabei konnte er u. a. zeigen, dass die Ordnungszahl eines Elementes der Anzahl der positiven Elementarteilchen im Atomkern entspricht. Dabei suchte er – zunächst erfolglos – nach Möglichkeiten, das von Rutherford 1920 vermutete Neutron (neutrales Teilchen von der Masse des Protons) im Atomkern nachzuweisen.

W. ↗ Bothe und Herbert Becker entdeckten 1930, dass beim Beschuss leichter Atomkerne mit α-Teilchen in einigen Fällen auch γ-Strahlung entsteht. F. und I. ↗ Joliot-Curie fanden Ende 1931 in Paris, dass beim Beschuss des leichten Elements Beryllium mit α-Teilchen eine erstaunlich harte γ-Strahlung entstünde. Chadwick erfuhr Mitte Januar 1932 davon, wobei ihn einige Unklarheiten bei der angebotenen Deutung dieses Prozesses zu der Erkenntnis führten, dass es sich nicht um γ-Strahlung, sondern um das gesuchte Neutron handeln müsse. Kurz darauf konnte er dies auch experimentell belegen. Mitte Februar 1932 schickte er eine entsprechende Mitteilung an die Zeitschrift *Nature*. Bereits 1935 erhielt Chadwick für diese Entdeckung den Physik-Nobelpreis.

Damit war gezeigt, dass der Atomkern mindestens aus zwei Arten von Elementarteilchen bestehen müsse – den bereits bekannten Protonen und den Neutronen (während die negativen Elektronen die so genannte Atomhülle bilden). Noch im gleichen Jahr 1932 führte dies zu einer neuen Vorstellung von der Struktur des Atomkerns, die sich in der Folge als sehr leistungsfähig erwies

J. Chadwick

(Kernmodelle von W. ↗ Heisenberg und Dmitrij Iwanenko).

Chadwick war stets an der Weiterentwicklung der radioaktiven Geräte- und Messtechnik interessiert und unterstützte u. a. die Entwicklung von Teilchenbeschleunigern (unter seiner Leitung wurde in Liverpool das erste britische Zyklotron gebaut). Zugleich widmete er sich mehr und mehr wissenschaftsorganisatorischen und -politischen Fragen. Nach Beginn des Zweiten Weltkriegs wurde Chadwick Gründungsmitglied des britischen Maud-Komitees und koordinierte den experimentellen Teil des britischen Atombombenprogramms; ab 1943 leitete er das britische Team im amerikanischen Manhattan-Projekt. Nach dem Kriege zog er sich mehr und mehr aus der aktiven Forschung zurück, blieb jedoch in wissenschaftsleitenden Funktionen.

Chadwick war seit 1927 Mitglied der Royal Society und bekam deren Hughes-Medaille (1932) und Copley-Medaille (1950) verliehen. Unter zahlreichen weiteren Ehrungen sind 9 Ehrendoktorwürden zu nennen sowie Mitgliedschaften in der Pontificia Academia Scientiarum (1936), der Sächsischen Akademie der Wissenschaften zu Leipzig (1932) und im Orden Pour le Mérite (1966). [HK]

Werk(e):
Radioactivity and Radioactive Substances (1921, 4. Aufl. 1953); The existence of a Neutron, Proceedings of the Royal Society of London A 136 (1932) 692–708; The Neutron, Bakerian Lecture May 25, 1933, Proceedings of The Royal Society A 142 (1933) 1–25.

Sekundär-Literatur:
Massey, H., Feather, N.: James Chadwick, in: Biographical Memoirs of the Fellows of the Royal Society London 22 (1976) 11–70; Brown, A. P.: The Neutron and the Bomb, A Biography of Sir James Chadwick (1997).

Chain, Ernst Boris,
britischer Biochemiker deutsch-jüdischer Herkunft,
* 19. 6. 1906 Berlin,
† 12. 8. 1979 Castlebar (Irland).

Chain ist Mitbegründer der chemischen und medizinischen Forschung an Antibiotika, insbesondere Penicillin. Er wurde dafür zusammen mit Florey und Fleming 1945 mit dem Nobelpreis ausgezeichnet.

Chain, Sohn eines aus Russland nach Deutschland eingewanderten jüdischen Chemiefabrikanten und einer Berliner Jüdin, studierte Chemie und Medizin in Berlin und promovierte 1930 bei dem Organiker Wilhelm Schlenk. Er war seit seinem Studium daran interessiert, biologische Phänomene mit Hilfe der Wirkung klar definierter chemischer Substanzen zu erklären. Unterstützt von einem Stipendium, begann er mit biochemischen Untersuchungen an Enzymen am Institut für Pathologie der Berliner

E.B. Chain

Universität unter Peter Rona. Chain, der zeitweilig eine Karriere als Pianist in Erwägung gezogen hatte, trat neben seiner Arbeit in öffentlichen Konzerten in Berlin auf.

Nach Hitlers Machtergreifung emigrierte Chain im April 1933 nach England, wo er, unterstützt von der Society for the Protection of Science and Learning, seine Forschungen im Institute for Biochemistry in Cambridge unter F. ↗ Hopkins fortsetzen konnte. Seit 1935 arbeitete Chain als Chemiker am Sir William Dunn Institute in Oxford in der Abteilung des Pathologen H. W. ↗ Florey. 1936 wurde er dort Demonstrator und Lecturer für chemische Pathologie.

1948 heiratete Chain Anne Beloff; sie hatten drei Kinder. 1948 nahm er einen Ruf als wissenschaftlicher Direktor des International Research Centre for Chemical Microbiology am Istituto Superiore de Sanità in Rom an. 1961 kehrte er als Professor für Biochemie am Imperial College der University of London nach England zurück, seit 1973 war er Professor emeritus und Senior Research Fellow. 1969 wurde Chain in den Adelsstand erhoben.

1939 begannen Chain und Florey mit einem systematischen Literaturstudium über antibakterielle Substanzen aus Mikroorganismen. Dies führte zu einer Wiederaufnahme der Penicillinforschung: Der Bakteriologe A. ↗ Fleming hatte 1928 nach einer Kontamination seines Labors durch den Pilz *Penicillium* Penicillin gefunden. Er verwendete es zur Behandlung von Wunden, erkannte aber die Bedeutung seiner Entdeckung nicht; weder er noch andere Bakteriologen machten den Versuch, bakteriell infizierte Mäuse durch Injektion mit Penicillin zu heilen. Chain und Florey gelang es dagegen in kurzer Zeit, das instabile Penicillin stabil zu erhalten und seine therapeutische Wirksamkeit gegen bestimmte bakterielle Infektionen an Mäusen zu demonstrieren. Klinische Tests folgten. Die ersten Ergebnisse über Penicillin als chemotherapeutisches Mittel wurden bereits 1940 in *Lancet* publiziert.

Chain arbeitete auch an der Isolierung und Aufklärung der chemischen Struktur des Penicillins und anderer Antibiotika. Für die Entdeckung und Isolierung des Penicillins sowie den Nachweis seiner chemotherapeutischen antibakteriellen Verwendungsmöglichkeit erhielten Chain, Fleming und Florey 1945 den Nobelpreis für Medizin oder Physiologie.

Zu Chains späteren Forschungsthemen gehörten die Wechselwirkung von Kohlenhydraten und Aminosäuren in Nervengewebe, die Wirkungsweise von Insulin, die Erzeugung von penicillinase-resistentem Penicillin und die Isolierung weiterer Metabolite aus Pilzen.

Zu den zahlreichen wissenschaftlichen Auszeichnungen, die Chain nach dem Nobelpreis erhielt, gehörten im Jahre 1946 die Silver Berzelius-Medaille der schwedischen medizinischen Gesellschaft und die Pasteur-Medaille des Institut Pasteur und der Societé de Chimie Biologique, 1954 der Paul-Ehrlich-Preis, 1962 die Marotta-Medaille der Società Chimica Italiana. 1949 wurde er zum Fellow der Royal Society in London ernannt. Darüber hinaus erhielt er Ehrendoktorate zahlreicher Universitäten vieler Länder. Er war Kommandeur der Ehrenlegion und Träger des Großen Verdienstordens der Republik Italien. [UD]

Werk(e):
Penicillin as a Chemotherapeutic Agent, Lancet II (1940) 226–228; Further Observations on Penicillin, Lancet (1941) 177–188.

Sekundär-Literatur:
Clark, R. W.: The Life of Ernst Chain. Penicillin and Beyond (1985).

Chamisso, Adelbert von, eigentlich Louis Charles Adélaide de Chamisso,
Schriftsteller und Naturforscher,
* 30. 1. 1781 Schloss Boncourt bei Sainte-Menehould/Champagne,
† 21. 8. 1838 Berlin.

Chamisso – heute hauptsächlich aufgrund seines literarischen Werkes bekannt – entdeckte gemeinsam mit Johann Friedrich Eschscholtz den Generationswechsel (Metagenese) an Hand der Salpen (Manteltiere).

Seine Kindheit verbrachte Chamisso auf dem väterlichen Schloss in der Ostchampagne. Durch die französische Revolution 1790 vertrieben, siedelte sich seine Familie in Deutschland an. 1796 gelangte sie nach Berlin, wo Chamisso nach kurzer Beschäftigung als Maler in der königlichen Porzellanmanufaktur Page der Königin Luise, Gemahlin von König Friedrich Wilhelm II., wurde. Zwei Jahre später schlug er die militärische Laufbahn ein, die er nach seiner Teilnahme an der Besetzung von Ha-

A. von Chamisso

meln 1806 beendete. Neben seinem Heeresdienst widmete er sich dem Studium der Philosophie und der deutschen Literatur. 1804 gründete er gemeinsam mit Varnhagen von Ense einen Museumsalmanach, auch an der Gründung des literarischen »Nordsternbundes« war er beteiligt. Auf der Suche nach einer Anstellung reiste er einige Male nach Frankreich. 1811 übersiedelte er gemeinsam mit Mme de Stael in das Gebiet des Genfer Sees. Hier begann er sich für Botanik zu interessieren. August, der älteste Sohn von Mme de Stael, war sein erster Botaniklehrer. An der Berliner Universität wechselte er 1812 zum Studium der Medizin und 1814 der Naturwissenschaften, besonders der Botanik, über. Im selben Jahr verfasste er seine berühmteste Dichtung *Peter Schlemihl*.

Über Vermittlung von Julius E. Hitzig und auf Empfehlung von Hinrich M. Lichtenstein nahm er als Naturforscher an der von Graf Romanzoff ausgerüsteten Weltumsegelung an Bord der »Rurik« unter Kapitän Otto v. Kotzebue 1815–1818 teil. Während der Expedition entdeckte er gemeinsam mit Eschscholtz die »abwechselnden Generationen« (den Generationswechsel) bei Salpen. Die Veröffentlichung dieses Phänomens 1819 unter *De Salpa* hatte zur Folge, dass Chamisso ohne irgendein Examen von der Universität Berlin den Doktortitel verliehen bekam und als Kustos am Herbarium und Botanischen Garten in Berlin angestellt wurde. Erst 1842 verhalf Johannes Steenstrup den Beobachtungen von Chamisso zu allgemeiner Anerkennung.

Chamissos wissenschaftliche Publikationen sind weit umfangreicher als sein dichterisches Werk. Er verfasste 68 Schriften zur Botanik, zum Teil gemeinsam mit anderen Spezialisten; sechs Schriften zur Zoologie, meist gemeinsam mit Johann Friedrich von Eschscholtz; vier Schriften zur Geologie und physikalischen Geographie; drei Schriften zur Moorkunde als Grundlage für die praktische Nutzung von Mooren und zwei Arbeiten zur Ethnologie. Eine andere erwähnenswerte Leistung sind seine Beobachtungen über die Entstehung von Luftspiegelungen und das Nordlicht. Er legte 30 Schulherbarien an und schrieb ein botanisches Lehrbuch.

Chamisso wurde 1835 als Mitglied in die Berliner Akademie der Wissenschaften aufgenommen, wo er seine Arbeiten über die hawaiischen Sprachen präsentierte. Zu Ehren von Chamisso wurden 5 Pflanzengattungen, darunter *Chamissoa* und *Chamissonia*, sowie 28 Pflanzen- und 11 Tierarten benannt. Die Chamisso-Insel im Kotzebue-Sund an der Beringstraße erinnert bis heute an seine Teilnahme an der russischen Entdeckungsexpedition. [CRD]

Werk(e):
De Salpa – de animalibus quibusdam e classe vermium Linnaeana... (1819); Reise um die Welt ... (1836; 2001).

Sekundär-Literatur:
Schmid, G.: Chamisso als Naturforscher (1942); Schneebeli-Graf, R. (Hrg.): Adelbert von Chamisso... und lassen gelten, was ich beobachtet habe. Naturwissenschaftliche Schriften mit Zeichnungen des Autors (1983).

Chandler, Seth Carlo,
amerikanischer Astronom,
* 16. 9. 1846 Boston,
† 31. 12. 1913 Wellesley Hills (Massachusetts).

Chandler entdeckte unabhängig von Friedrich Küstner die Polhöhenschwankung der Erde und ermittelte ihre Periodendauer.

Nach dem Schulabschluss in Boston (1861) wurde Chandler Assistent von Benjamin A. Gould, dem damals wohl bekanntesten amerikanischen Astronomen. Im Jahre 1864 begann Chandler eine Tätigkeit als Gehilfe bei der U.S. Coast Survey und nahm an verschiedenen Längengradbestimmungen teil. Nach seiner Heirat (1870) arbeitete Chandler als Versicherungsmathematiker, erst 1881 konnte er mit dem Eintritt in das Harvard College Observatory seine astronomischen Untersuchungen wieder aufnehmen. Verdienste erwarb sich Chandler als Mitherausgeber, von 1896 bis 1909 als Herausgeber des angesehenen *Astronomical Journal*.

Wie man seit Chandlers Arbeiten weiß, ändert sich die Lage der Durchstoßpunkte der Erdpole durch die Erdoberfläche mit einer Periode von ungefähr 427 Tagen. Die maximale Amplitude dieser Bewegung beträgt 0,35″. Dieser als Polhöhenschwankung bezeichnete Effekt äußert sich unter anderem in einer zyklischen Änderung astronomisch bestimmter Längengrade auf der Erde. Er wurde zuerst im Jahre 1765 von L. ↗ Euler vorhergesagt, allerdings noch mit einer nur 305-tägigen Periodendauer, da Euler seine Berechnungen für einen völlig

S.C. Chandler

starren Erdkörper durchgeführt hatte. Chandler bemerkte anhand eigener Messungen aus den Jahren 1884–85 eine Drift in den Längenbestimmungen. Nachdem der deutsche Astronom Küstner den gleichen Effekt registriert hatte, reduzierte Chandler seine und verschiedene andere – auch historische – Beobachtungen erneut und entdeckte dabei außer der Polhöhenschwankung auch deren heute als Chandlersche Periode bekannte Schwingungsdauer von 14 Monaten. Durch umfangreiche Auswertungen verschiedener Beobachtungsreihen erkannte Chandler die außerordentliche Komplexität der Polhöhenschwankung.

Ein anderes zentrales Forschungsgebiet Chandlers waren die veränderlichen Sterne. [OS]

Werk(e):
On the variation of latitude, I, II, III, IV, Astronomical Journal 11 (1891) 248–251; On the variation of latitude, V, VI, VII, Astronomical Journal 12 (1892) 167, 272, 273, 277; On the variation of latitude, VIII, Astronomical Journal 13 (1893) 307.

Sekundär-Literatur:
Carter, W. E., Carter, M. S.: Seth Carlo Chandler, JR., Biographical Memoirs, The National Academy of Sciences 66 (1995).

Chandrasekhar, Subrahmanyan,
indisch-amerikanischer Astrophysiker, Neffe von Chandrasekhara Venkata Raman,
* 19. 10. 1910 Lahore,
† 21. 8. 1995 Chicago.

Chandrasekhar gilt als einer der bedeutendsten Astrophysiker des 20. Jahrhunderts. Er leistete Pionierarbeiten auf den Gebieten der Sternentwicklung und des Sternaufbaus und schuf mit der Anwendung von Quantenmechanik und Relativitätstheorie auf die Astronomie die Voraussetzungen für die moderne Astrophysik. Die nach ihm benannte Grenzmasse stellt eine fundamentale Größe in der Sternentwicklung dar. Sie entscheidet, ob

S. Chandrasekhar (Foto: Chicago University Press)

ein Stern als so genannter Weißer Zwerg, als superkompakter Neutronenstern oder gar als Schwarzes Loch endet. Chandrasekhar leistete Beiträge zur Theorie der Galaxien, der Schwarzen Löcher, der interstellaren Gaswolken und des Strahlungstransports in Sternen.

Chandrasekhar stammt aus einer wohlhabenden Familie des südindischen Bildungsbürgertums. Die ersten naturwissenschaftlichen Anregungen erhielt er von seinem Onkel, dem Physiker Ch. ↗ Raman. Schon als junger Student am Presidency College in Madras fiel Chandrasekhar durch hervorragende Leistungen auf. Er gewann wissenschaftliche Wettbewerbe und schloss sein Studium als bester seines Jahrgangs ab. 1930 wechselte er mit Hilfe eines Regierungsstipendiums an das Trinity College in Cambridge, wo er eng mit A. ↗ Eddington zusammenarbeitete und 1933–37 Fellow war. 1936 ging er in die USA und wurde zunächst wissenschaftlicher Assistent in der Abteilung für Astronomie am Yerkes Observatory der Universität von Chicago, ab 1952 Professor für Astrophysik. 1953 erhielt er die amerikanische Staatsangehörigkeit und arbeitete bis zu seinem Tod am Enrico-Fermi-Institut für Kernforschung der Universität von Chicago.

Chandrasekhars erste wissenschaftliche Arbeiten gehen auf Anregungen des deutschen Physikers A. ↗ Sommerfeld zurück. Während einer Indienreise im Jahre 1928 besuchte Sommerfeld auch die südindische Metropole, wo ihn der erst 17-jährige Chandrasekhar um ein Gespräch ersuchte. Chandrasekhar hatte Sommerfelds *Atombau und Spektrallinien* gelesen und erhoffte sich vom deutschen Geheimrat Anregungen für seine Forschungen. Sommerfeld machte ihn erstmals auf die noch junge Quantenmechanik aufmerksam und weckte sein Interesse mit dem Preprint eines Artikels, in dem Sommerfeld die quantenmechanischen Gesetze auf Elektronen angewandt hatte, die auf kleinstem Raum zusammengedrängt waren, wie z. B. in Metallen. In der Folge begann sich Chandrasekhar mit der Theorie solcher quantenmechanischen Zustände zu beschäftigen, die man beispielsweise auch im hoch verdichteten Sterninneren findet. In seinem 1926 erschienenen Buch über den inneren Aufbau der Sterne hatte Eddington erstmals so genannte Weiße Zwerge näher beschrieben. Hierbei handelt es sich um eine Klasse von Sternen am Ende ihrer Entwicklung, die sich durch geringe Helligkeit, aber hohe Oberflächentemperaturen auszeichnen. Sie sind nur etwa erdgroß, besitzen aber enorme Dichten von einigen Tonnen pro Kubikzentimeter. Zwar hatte man schon mehrere Weiße Zwerge beobachten können, doch war zunächst unklar, wie solche Zwergsterne trotz abnehmender Temperatur und damit offenbar zunehmender Kompression stabil sein konnten. Eine Antwort schien in der Entartung der Elektronen der Sternmaterie zu liegen. Die Materie Weißer Zwerge ist ein Gas, das aus einzelnen Elektronen und entblößten Atomrümpfen besteht. Ein solches entartetes Elektronengas zeichnet sich dadurch aus, dass alle unteren Energiezustände besetzt sind und eine Energieabgabe durch Übergänge in tiefere Zustände daher das Pauli-Prinzip verletzen würde. Der britische Physiker R. ↗ Fowler hatte gefunden, dass der Entartungsdruck der Elektronen den Gasdruck der Atomrümpfe bei weitem übertraf und groß genug war, die nach innen gerichteten Gravitationskräfte zu kompensieren. Fowlers Modell erlaubte einem Stern beliebiger Masse, als Weißer Zwerg zu enden.

Auf der über zweiwöchigen Schiffsreise nach England im Jahre 1930 beschäftigte sich Chandrasekhar mit der Frage, was passierte, wenn man einen Weißen Zwerg – etwa durch das Zuführen weiterer Materie – weiter komprimieren würde. Seine Berechnungen zeigten, dass die zunehmende Dichte den Elektronenbahnen immer weniger Platz lässt, so dass sie höherenergetische Zustände besetzen müssen. Ihre Geschwindigkeiten nähern sich schließlich immer mehr der Lichtgeschwindigkeit, woraus Chandrasekhar folgerte, dass man die Relativitätstheorie nicht vernachlässigen durfte. Ein solches Gas nannte er ein entartetes relativistisches Elektronengas. Durch kombinierte Anwendung von spezieller Relativitätstheorie und Quantenstatistik auf Eddingtons Standardmodell für Sterne fand Chandrasekhar, dass bei Annäherung der Masse eines Weißen Zwerges an eine Grenze von 1,4 Sonnenmassen der Entartungsdruck des Elektronengases nicht mehr ausreicht, um die zunehmende Gravitationskraft auszugleichen, und der Stern instabil wird. Mit dem Nachweis der Existenz einer durch fundamentale atomare Konstanten bestimmten kritischen Grenzmasse hatte er gezeigt, dass Weiße Zwerge nicht aus beliebig viel Materie zusammengesetzt sein können und dass sie nicht, wie Fowler und Eddington behaupteten, das Endstadium für alle Sterne sein konnten. Vorerst basierten Chandrasekhars Analysen zwar noch auf Näherungsmodellen, doch konnte er 1933 auch mit Hilfe umfangreicher numerischer Analysen zeigen, dass seine Schlußfolgerungen stimmten.

Als Chandrasekhar seine Ergebnisse auf einer Tagung der Royal Astronomical Society im Januar 1935 vorstellte, kam es zum Eklat. Eddington bezeichnete die Ergebnisse seines indischen Mitarbeiters als »absurd« und war nicht bereit, die Existenz einer relativistischen Entartung zu akzeptieren. Der Widerstand und die Autorität Eddingtons verhinderten in der Folge bis weit in die 1950er-Jahre hinein eine adäquate Würdigung der Arbeiten Chandrasekhars zur Sternentwicklung und führten dazu, dass er sich anderen Forschungsthemen, wie etwa der Transporttheorie und der Hydrodynamik, zuwandte. Obwohl Fachgrößen wie N. ↗ Bohr und W. ↗ Pauli im Privaten Chandrasekhars Analysen stützten, waren sie nicht gewillt, öffentlich in den Disput zwischen Chandrasekhar und Eddington einzugreifen. Tatsächlich zeigten die meisten Atomphysiker in den 1930er-Jahren nur geringes Interesse an der Astrophysik. Heute steht die Chandrasekhar-Grenzmasse für eine der herausragenden Entdeckungen der Astrophysik, und unzählige astronomische Beobachtungen haben bestätigt, dass es keine Weißen Zwerge oberhalb dieser Grenze gibt. Einzig die Größe der Endmasse eines Sterns oder eines Sternenrests wie zum Beispiel einer Nova oder Supernova bestimmt, ob er als Weißer Zwerg, als Neutronenstern oder als Schwarzes Loch endet. Die Massengrenze von 1,4 Sonnenmassen bezieht sich dabei auf die Mehrheit der Sterne, die aus Wasserstoff, Helium, Kohlenstoff, Stickstoff und Sauerstoff aufgebaut sind. Für Sterne aus »kalter toter Materie« (meist Eisen) beträgt die Massengrenze wegen der Neutronisierung der Materie nur 1,2 Sonnenmassen, da ihr relativer Elektronenanteil geringer ist.

Auch auf dem Gebiet der Sternatmosphären gelangen Chandrasekhar, der von seinen Kollegen und Studenten meist nur »Chandra« genannt wurde, wichtige Entdeckungen. So hatte er z. B. schon 1946 vorausgesagt, dass sich nahe den Rändern junger Sterne eine radiale Polarisation feststellen ließe, während das von der restlichen Sternscheibe abgestrahlte Licht unpolarisiert erscheint. Dies konnte wenige Jahre später durch Beobachtungen bestätigt werden. Ihm zu Ehren wird die mittlere Opazität einer grauen Atmosphäre, d. h. der durchschnittliche Grad der Undurchsichtigkeit der Sternmaterie für eine Eichatmosphäre, auch als Chandrasekhar-Mittel bezeichnet.

Viele Arbeiten Chandrasekhars in den 1940er- und 1950er-Jahren beschäftigten sich mit der Theorie der Galaxien. So stellte er zusammen mit E. ↗ Fermi Berechnungen zur Stärke galaktischer Magnetfelder an. Mit der Existenz solcher Magnetfelder ließ sich die Polarisation des Sternenlichts ebenso erklären wie gewisse Eigenschaften der kosmischen Strahlung oder auch die Stabilität der galaktischen Spiralarme. Er fand auch heraus, dass Sternkollisionen viel zu selten vorkommen, als dass sie für das Erreichen des Gleichgewichtszustandes nach der Galaxienentstehung (die so genannte Relaxationszeit) verantwortlich sein konnten.

Nach weiteren Arbeiten, etwa zur stellaren Dynamik und zur Theorie der Planetenatmosphären, begann Chandrasekhar sich wieder mit Sternentwicklung zu beschäftigen. Fast 40 Jahre nach seiner Auseinandersetzung mit Eddington wandte er sich damit wieder jenem Forschungsfeld zu, dem von Anfang an sein besonderes Interesse gegolten hatte: der Evolution massereicher Sterne. Sein Ziel war eine umfassende mathematische Beschreibung Schwarzer Löcher. Noch bis Mitte der 1960er-Jahre hatten diese exotischen Endprodukte der Sternentwicklung als statische Objekte gegolten. Dann fand man, dass sie dynamische Körper waren, die rotieren, pulsieren und sogar Gravitationswellen erzeugen konnten. Mitte der 1970er-Jahre war man erstmals in der Lage, aus der Kenntnis der Masse, Rotationsdauer und elektrischen Ladung eines Schwarzen Lochs Eigenschaften wie etwa seinen Ereignishorizont, die Stärke seines Gravitationsfeldes oder Eigenheiten seines Rotationswirbels zu bestimmen. Allerdings waren diese Rechnungen wegen der begrenzten Rechnerleistungen sehr aufwendig. Der inzwischen 65-jährige Chandrasekhar machte es sich nun zur Aufgabe, sämtliche Eigenschaften Schwarzer Löcher herauszufinden und zu berechnen. Hierzu benutzte er die so genannten Teukolsky-Gleichungen. Dabei handelt es sich um ein Verfahren, mit dem sich jegliche Art von Störungen in Schwarzen Löchern berechnen ließ. Im Jahre 1983 brachte Chandrasekhar seine umfangreichen analytischen und numerischen Berechnungen zur Theorie Schwarzer Löcher mit der Herausgabe des Buches *Mathematical Theory of Black Holes* zu einem Abschluss. Dem mathematischen Handbuch lassen sich Methoden zur Lösung beliebiger Störungsprobleme von Schwarzen Löchern entnehmen, seien es Pulsationen, Rotationen oder die Emission von Gravitationswellen.

Chandrasekhar war 1952–1971 Herausgeber des *Astrophysical Journal*, das sich unter seiner Leitung zur führenden astronomischen Fachzeitschrift entwickelte. Die meisten seiner Bücher sind in vielen Auflagen erschienen und bis heute vielfach Standardwerke geblieben – insbesondere sein 1961 erschienenes Buch über Hydrodynamik. Chandrasekhar war Mitglied vieler wissenschaftlicher Vereinigungen und Akademien und Träger zahlreicher Preise. So wurde er etwa 1953 mit der Goldmedaille der Royal Astronomical Society und 1957 mit der Rumford-Medaille ausgezeichnet. Nachdem das Nobelkomitee ausgangs der 1960er-Jahre begonnen hatte, auch astronomische und astrophysikalische Arbeiten zu würdigen, wurde Chandrasekhar schließlich im Jahre 1983 für seine Arbeiten zum Sternaufbau und zur Sternentwicklung mit dem Physiknobelpreis ausgezeichnet. Seinen Namen tragen sowohl das höchst gelegene Observatorium der Erde, das 2-Meter-Teleskop auf dem 4517 Meter hohen Mount Saraswati im indischen Kaschmir, als auch ein 1999 von der NASA in die Erdumlaufbahn gebrachtes Röntgenteleskop. [MS3]

E. Chargaff ca. 1930

Werk(e):
An Introduction to the Study of Stellar Structure (1939); Principles of Stellar Dynamics (1942); Radiative Transfer (1950); Hydrodynamics and Hydromagnetic Stability (1961); Mathematical Theory of Black Holes (1983); Truth and Beauty: Aesthetics and Motivation in Science (1987); Selected Papers 1989–1996 (hrg. v. University of Chicago); A Quest for Perspectives: Selected Works of S. Chandrasekhar (2001, hrg. v. K. Wali).

Sekundär-Literatur:
Wali, K.: Chandra. A Biography of S. Chandrasekhar (1991).

Chargaff, Erwin,
österreichisch-amerikanischer Biochemiker,
* 11. 8. 1905 Czernowitz (Österreich-Ungarn, heute Cernovic, Ukraine),
† 20. 6. 2002 New York.

Mit der Entdeckung der Basenkomplementarität der Nukleinsäure schuf Chargaff eine der Voraussetzungen für die Aufdeckung der DNA-Struktur durch James Watson und Francis Crick. Später wurde er zu einem der schärfsten innerwissenschaftlichen Kritiker der Biotechnologie.

Seine frühe Kindheit verbrachte Chargaff in Czernowitz, Hauptstadt der damals österreich-ungarischen Provinz Bukowina. Sein Vater besaß eine kleine Privatbank, musste diese allerdings 1910 aufgeben und eine Anstellung suchen. 1914, als die russische Armee Czernowitz besetzte, zog die Familie nach Wien, wo Chargaff das Maximiliansgymnasium besuchte. In seiner Autobiografie berichtet Chargaff, wie ihn das kulturelle Leben Wiens, insbesondere die Lesungen von Karl Kraus, nachhaltig geprägt haben. Neben einem Studium der Literaturwissenschaften an der Universität Wien begann er 1923, Chemie an der Technischen Hochschule Wien zu belegen. Nach eigener Aussage war dafür die Hoffnung auf Übernahme der Spirituosenfabrik eines Onkels in Polen ausschlaggebend gewesen.

1924 belegte er beide Studiengänge an der Universität Wien und schloss sein Chemiestudium 1928 mit einer Dissertation über organische Silberkomplexverbindungen bei Fritz Feigl ab. Sein Interesse für Sprachen und Literatur sollte er jedoch sein Leben lang beibehalten.

Im Juli 1928 reiste Chargaff das erste Mal nach Amerika, um als Milton-Cambell-Forschungsstipendiat für organische Chemie an der Yale-Universität zu studieren, wo es ihm gelang, einige der ungewöhnlichen Lipide von Tuberkulosebazillen zu isolieren. Dort heiratete er auch seine Frau Vera, geb. Broido, die ihn nach einem kurzen Aufenthalt in Wien im Sommer 1929 nach Amerika begleitet hatte. Unzufrieden mit den amerikanischen Verhältnissen, kehrte Chargaff schon im September 1930 wieder nach Europa zurück. Ein Stipendium der Deutschen Forschungsgemeinschaft verschaffte ihm eine Stellung als Assistent für Chemie am Institut für Hygiene der Friedrich-Wilhelms-Universität in Berlin, wo er seine in Yale begonnenen Untersuchungen fortsetzte und die Kolloquien F. ↗ Habers und O. ↗ Warburgs besuchte. Aufgrund der Machtergreifung durch die Nationalsozialisten verließ er Berlin jedoch 1933 wieder. Eine Einladung an die Tuberkuloseabteilung des Institut Pasteur und ein Rockefeller-Stipendium erlaubten es ihm, seine Forschungen zunächst für zwei Jahre in Paris fortzusetzen, bevor er Ende 1934 endgültig Europa den Rücken kehrte, um 1935 eine Stellung als Research Associate am Department for Chemistry der Columbia-Universität, New York, anzutreten. An dieser Universität sollte er bis zu seiner Emeritierung 1974 bleiben, ab 1938 als Assistant Professor, ab 1952 als Professor und von 1970 bis 1974 als Leiter des Department of Biochemistry. Seine wissenschaftliche Arbeit konnte er auch nach seinem (nicht ganz freiwilligem) Auszug aus der Universität an einem New Yorker Krankenhaus fortsetzen.

Chargaffs Forschungsinteressen waren breit gestreut. Neben Arbeiten zur Biochemie pathogener

Bakterien, zu Pflanzenchromatinen, zur Blutgerinnung und zum Phosphorstoffwechsel sind es vor allem seine Untersuchungen zur chemischen Zusammensetzung der Nukleinsäuren gewesen, die Chargaff bekannt gemacht haben. Schon um 1930 hatte der US-amerikanische Biochemiker Phoebus A. Levene gezeigt, dass es sich bei Nukleinsäuren um Kettenmoleküle handelt, deren Glieder durch Zuckerphosphate gebildet werden, in die die vier an ihrem Aufbau beteiligten Basen eingebaut sind. Er glaubte allerdings noch, dass die Basen in regelmäßiger Folge angeordnet wären (Tetranukleotidhypothese). Angeregt durch die Entdeckung von O. T. ↗ Avery, Colin M. MacLeod und Maclyn McCarty, wonach Nukleinsäure in der Lage ist, Bakterientypen zu transformieren, begann Chargaff, gefördert durch das Office of Scientific Research and Development, dem United States Public Health Service und der American Cancer Society, sein Labor auf Experimente umzustellen, mit denen sich der relative Gehalt der Basen in Nukleinsäuren bestimmen ließ. Dazu nutzte er vor allem das von John Martin und R. ↗ Synge verfeinerte Chromatographieverfahren. Um den Nachweis zu erbringen, dass die Nukleinsäuren, anders als von der Tetranukleotidhypothese behauptet, von jeweils artspezifischer Basenzusammensetzung sind, ließ Chargaff 1949 Nukleinsäuren untersuchen, die er aus Bakterien sowie verschiedenen Organen (Thymus, Leber, Milz) von verschiedenartigen Organismen (Rind, Mensch) gewonnen hatte. Tatsächlich zeigte sich, dass die Zusammensetzung in verschiedenen Organen ein und derselben Art dieselbe, in verschiedenen Arten aber jeweils unterschiedlich war. Die Tetranukleotidhypothese war damit widerlegt und der Nachweis erbracht, dass die Zusammensetzung der Nukleinsäure zu den »Merkmalen der Art« gehörte. Gleichzeitig drängte sich dem Experimentator aber eine Regelmäßigkeit auf, die ihm zunächst unverständlich blieb. In den Experimenten erwies sich, dass das Verhältnis von Adenin zu Thymin und von Cytosin zu Guanin immer 1:1 war. Dieser Umstand wurde erst mit dem Doppelhelixmodell der DNA verständlich, das Watson und Crick 1953 aufstellten, nachdem ihnen Chargaff kurz zuvor bei einer persönlichen Begegnung in Cambridge (England) über seine Beobachtung berichtet hatte.

Ob aus Enttäuschung darüber, diesen Schritt nicht selbst vollzogen zu haben – in seiner Autobiographie erinnert sich Chargaff, wie ihn die »fast komplette Ahnungslosigkeit« seiner jungen Cambridger Kollegen überrascht hatte –, oder aus echter innerer Überzeugung, die viel mit seiner tiefen Verwurzelung im Bildungsbürgertum Europas zu tun haben könnte: Chargaff begann sich ab den sechziger Jahren mehr und mehr von der Molekularbiologie zu distanzieren und wurde schließlich zu einem ihrer schärfsten Kritiker. Dabei beunruhigten ihn sowohl die Entwicklungen in der Wissenschaft selbst, in denen er eine Verflachung zugunsten rascher Ergebnisse am Werk sah (das Doppelhelixmodell war für ihn ein Beispiel für »pop biochemistry«, und Molekularbiologen praktizierten in seinen Augen »biochemistry without a license«), als auch die Gefahren für die Gesellschaft, die seiner Meinung nach von molekularbiologischen Laboren ausgingen. Obwohl er sich auf diese Weise weitgehend isolierte, blieb er ein nachgefragter Redner und Gastwissenschaftler, was zu zahlreichen Reisen nach Europa, Asien und Südamerika führte. Chargaff erhielt zahlreiche Ehrungen, darunter auch Preise für literarische Kritik, aber nie den Nobelpreis. [SMW]

Werk(e):
Chemical Specificity of Nucleic Acids and Mechanism of Their Enzymatic Degradation, Experientia 6 (1950); Essays on Nucleic Acids (1963); Heraclitian Fire. Sketches of a Life Before Nature (Autobiogr. 1978, dtsch. 1984).

Sekundär-Literatur:
Abir-Am, P.: From biochemistry to molecular biology: DNA and the acculturated journey of the critic of science Erwin Chargaff, in: History and Philosophy of the Life Sciences 2 (1986); Ohly, K.-P: Unwillkommene Regelmäßigkeiten – zu Chargaffs Entdeckung der Basenpaarung, in: Jahrbuch für Geschichte und Theorie der Biologie 6 (1999).

Chariton, Julij Borisowitsch,
russisch-sowjetischer Physiker,
* 27. 2. 1904 St. Petersburg,
† 19. 12. 1996 Sarov.

Chariton war einer der »Väter« der sowjetischen Atombombe.

Nach dem Studium am Polytechnischen Institut St. Petersburg und der Promotion bei E. ↗ Rutherford und J. ↗ Chadwick in Cambridge (1928) übernahm Chariton die Leitung eines neu geschaffenen Laboratoriums zum Studium von Explosivstoffen in Leningrad. Im Mai 1945 war er Mitglied einer sowjetischen Sondermission, die in Deutschland nach Uran und Geheimunterlagen zum deutschen Kernforschungsprojekt suchte. Von 1946 bis 1992 war er wissenschaftlicher Direktor des geheimen Kernforschungszentrums Arsamas-16 in der Nähe von Nischni-Nowgorod. Er war Mitglied der sowjetischen Akademie der Wissenschaften (seit 1953) und dreimaliger »Held der sozialistischen Arbeit« (1949, 1951, 1954).

In einer seiner ersten Arbeiten legte Chariton 1926 die Grundlage für die später von N. ↗ Semjonow formulierte Theorie der chemischen Kettenreaktion und entwickelte sich in der Folge zu einem Fachmann für Explosionsreaktionen. 1939–41 veröffentlichte er (zusammen mit J. ↗ Zeldowitsch) einige wichtige Arbeiten über die Bedingungen, unter denen eine nukleare Kettenreaktion im Uran stattfinden kann. Sie untersuchten das Problem der Stabilität eines Kernreaktors und berechneten die für eine Atombombe benötigte kritische Masse von Uran-235.

Chariton half mit beim Aufbau des Kernforschungszentrums, in dem zahlreiche hochkarätige Wissenschaftler (unter anderem Zeldowitsch und A. ↗ Sacharow) unter seiner Leitung arbeiteten. Als langjähriger Direktor und führender Waffendesigner des »sowjetischen Los Alamos« trug er die wissenschaftliche Verantwortung für die Entwicklung eines ganzen Arsenals von verschiedenen Atom- bzw. Wasserstoffbomben. Für die sowjetische Führung war er so wertvoll, dass man ihm, aus Angst vor Flugzeugabstürzen, nur das Reisen in einem eigens für ihn umgebauten Eisenbahnwaggon erlaubte. [MS3]

Werk(e):
K voprosu o tsepnom raspade osnovnogo izotopa urana, Zhurnal eksperimental'noi i teoreticheskoi fiziki (ZhETF) 12 (1939) 1425–1427; O tsepnom raspade urana pod deistviem medlennykh neitronov, ZhETF 1 (1940) 29–36; Fission and chain decay of uranium, Physics-Uspekhi 4 (1993) 311–325.

Sekundär-Literatur:
Yulii Borisovich Khariton (on his 90th birthday), Physics-Uspekhi 3 (1994) 317–319; Holloway, D.: Stalin and the Bomb (1994).

Châtelet, Gabrielle Émilie du, geborene Le Tonnelier de Breteuil, Marquise du Châtelet-Laumont,
französische Philosophin, Mathematikerin und Naturwissenschaftlerin,
* 17. 12. 1706 Touraine,
† 10. 9. 1749 Cirey.

Du Châtelet zählt zu den berühmtesten französischen Wissenschaftlerinnen. Weit über die enge Fachwelt hinaus wurde sie als Übersetzerin von I. ↗ Newtons *Principia Mathematica* bekannt. Sie gehörte mit Francois-Marie Voltaire zu den Encyclopädisten, den großen französischen Aufklärern im 18. Jahrhundert.

Du Châtelet, spätere Marquise, wurde in einer reichen Aristokratenfamilie geboren, so dass ihr auch als Tochter eine private Ausbildung zuteil wurde. Früh lernte sie verschiedene Sprachen: Latein, Englisch, Griechisch und Italienisch. Eine Universitätsausbildung war ihr indes, wie allen Frauen im 18. Jahrhundert, verwehrt. 1725, mit 19 Jahren, wurde sie standesgemäß mit dem Aristokraten und Militär Marquis Florent Claude du Chastellet (Voltaire änderte es später zu Châtelet), Graf de Richelieu, verheiratet; sie bekamen drei Kinder.

Du Châtelet führte in Paris das Leben einer Aristokratin, hatte Affären, besuchte Oper und Theater, aber sie beschäftigte sich außerdem mit den Wissenschaften. Durch Graf de Richelieu wurde sie mit P. L. M. de ↗ Maupertuis bekannt, und kein Geringerer als er, Mitglied der französischen Akademie der Wissenschaften, wurde ihr Lehrer in Mathematik und Physik; durch ihn lernte sie die Werke Newtons erstmals kennen. Im berühmten Kaffeehaus von Gradot – Frauen war der Zutritt verboten – nahm sie in Männerkleidung an den wissenschaftlichen Debatten teil. Bei Richelieu begegnete sie 1733 auch dessen Freund Voltaire, der auf sie den größten Einfluss ausüben sollte. Von 1734 an bis zu ihrem frühem Tod lebten Marquise du Châtelet und Voltaire auf Schloss Cirey. Sie lebten offen als Liebes- *und* als Gelehrtenpaar, das zusammen arbeitete, diskutierte, schrieb und einander korrigierte.

Du Châtelet war sowohl Naturwissenschaftlerin als auch Philosophin und eignete sich autodidaktisch das Wissen an, das ihr Akademie und Universität als Frau verwehrten. In Cirey verfasste sie eine Reihe eigener Werke, darunter 1737 die bei der Académie des Sciences als Preisschrift eingereichte *Dissertation sur la nature et la propagation du feu*, 1739 die *Institutions de Physique*, die in 20 Kapiteln den neuesten Wissensstand zu Physik und Metaphysik referierten, den *Discours sur le Bonheur*, der von Voltaire postum veröffentlicht wurden, und 1749 ihr wichtigstes Werk, die Übersetzung der *Principia Mathematica* von Newton ins Französische.

Mit dieser Übersetzung, die bis heute die Einzige ins Französische ist, und ihren Kommentaren, die du Châtelet mit dem Mathematiker Alexis-Claude Clairaut besprach, leistete sie Einzigartiges zur Verbreitung der Newtonschen Physik und Mechanik und beeinflusste wesentlich die französische Aufklärung. Voltaire rühmte wiederholt ihre Intelligenz, ihre Auffassungsgabe und ihren Einfluss auf sein Denken und Arbeiten. [AV2]

Werk(e):
Dissertation sur la nature et la propagation du feu (1744); Institutions de Physique (1740); Newton, I.: Principia, übers. u. komm. du Châtelet (1759).

Sekundär-Literatur:
Hamel, F.: An eighteenth century Marquise: A study of Emilie du Châtelet and her times (1910); Iltis, C.: Madame du Châtelet's metaphysics and mechanics, in: Studies in Hist. and Philos. Sci. 8 (1) (1977) 29–48; Terrall, M.: Emilie du Châtelet and the gendering of science, in: History of Science 33 (1995) 283–310.

> **Chevreul, Michel Eugéne,**
> französischer Chemiker,
> * 31. 8. 1786 Angers,
> † 9. 4. 1889 Paris.

Chevreul erschloss die Chemie der tierischen Fette.

Chevreul, Sohn des Direktors der medizinischen Schule in Angers, erhielt zunächst Privatunterricht. Ab 1799 besuchte er die per Dekret des Nationalkonvents geschaffene örtliche École centrale. 1803 ging er zum Studium nach Paris zu Louis Vauquelin, dem er bei dessen Berufung auf den Lehrstuhl für angewandte Chemie 1804 an das Muséum National d'Histoire Naturelle folgte. 1810 wurde er dessen Assistent, 1830 sein Nachfolger und 1864–79 Direktor des Museums. Zugleich hatte er 1813–28 die Professur für Physik am Lycée Charlemagne inne und ab 1820 die Stelle eines Examinators an der École Polytechnique. Weiterhin war er seit 1824 Direktor des Färbereidepartements der wieder eröffneten königlichen Gobelinmanufakturen.

In ausführlichen Untersuchungen tierischer Fette ab 1811 erkannte er deren chemische Natur als esterartige Verbindungen aus Fettsäuren und dem schon 1783 von C. ⊅ Scheele beschriebenen »Ölsüß«, dem er den Namen Glycerin gab. Den Prozess ihrer Verseifung klärte er auf, entdeckte dabei 7 Fettsäuren und führte für sie Bezeichnungen wie Öl-, Margarin-, Stearin-, Caprin- und Capronsäure ein. Die Verschiedenheit von Fetten unterschiedlicher Provenienz erklärte er richtig mit ihrem unterschiedlichem Gehalt an chemisch verschiedenen Glycerinestern solcher Fettsäuren. Bei der Verseifung des Walrats erhielt er anstelle von Glycerin den Hexadecylalkohol. In Gallensteinen fand er eine unverseifbare Substanz, die er Cholesterin nannte. Mit J. L. ⊅ Gay-Lussac nahm er 1825 die Kerzenfabrikation aus Stearinsäure auf, die aber erst später Bedeutung erlangte.

Ein zweites großes Arbeitsgebiet Chevreuls war die Chemie des Färbens und der (seinerzeit ausschließlich verfügbaren) Naturfarbstoffe. Ab 1826 führte er darüber Kurse durch, an denen neben Chemikern (u. a. August Cahours, S. ⊅ Cannizzaro, Ch. F. ⊅ Gerhardt) auch Maler wie Paul Signac und Georges Seurat teilnahmen. Er entwickelte Farbkreisel, schnitt physiologische Probleme an und schrieb eine zweibändige Monographie.

Seine vielseitigen Aktivitäten umfassen auch chemiehistorische Arbeiten, kritische Untersuchungen über Wünschelruten und »magische Pendel« sowie Reflexionen über das menschliche Altern.

Chevreul erlebte als Kind die Revolutionsguillotine, durchstand in der 3. Republik anstrengende Feiern zum 100. Geburtstag und las 1888 seine letzte wissenschaftliche Mitteilung in einer Académie-Sitzung. Er galt als Nestor der französischen Chemie, genoss aber auch hohe Anerkennung durch die Sorgfalt seiner Untersuchungen. So waren seine Elementaranalysen von ungewöhnlicher Präzision; als Reinheitskriterium für eine Substanz führte er die Schmelzpunktkonstanz nach wiederholtem Umkristallisieren ein.   [HT]

Werk(e):
Recherches chimiques sur les corps gras d'origine animale (1824); Leçons de chimie appliquée à la teinture (1829–31).

Sekundär-Literatur:
Gottmann, C.: Chemie in unserer Zeit 13 (1979) 176–183; Lamay, P., u. R. E. Oesper: J. Chem. Education 25 (1968) 62–70.

> **Chladni** (Chladny, Chladenius), **Ernst Florens Friedrich,**
> deutscher Physiker,
> * 30. 11. 1756 Wittenberg,
> † 3. 4. 1827 Breslau.

Chladni, der »damals tüchtigste Vertreter experimenteller Physik in deutschen Landen« (Hans Schimank), hat sich grundlegende Verdienste bei der Neubegründung der Akustik und Instrumentenkunde sowie der wissenschaftlichen Fundierung der Lehre von den Meteoren erworben.

Chladni hatte auf Verlangen seines Vaters von 1776 bis 1782 in Wittenberg und Leipzig Jura studiert, aber auch 1781 eine naturwissenschaftliche Promotion abgelegt. Als Privatgelehrter wandte er sich dann, angeregt von den Arbeiten L. ⊅ Eulers, D. ⊅ Bernoullis und G. ⊅ Lichtenbergs, der Akustik zu, u. a. den bisher nicht bearbeiteten Schwingungen von Flächen. Er entdeckte die nach ihm benannten Klangfiguren und die Longitudinalschwingungen (*Entdeckungen über die Theorie des Klanges*, 1787) und konstruierte ein auf Stabschwingungen beruhendes Musikinstrument, das Euphon (1790), mit dessen Vorführung er seinen Lebensunterhalt verdienen wollte. Seine Erkenntnisse über Schwingungen wandte er zur Bestimmung der Schallgeschwindigkeit in Festkörpern und Gasen an. 1800 verfertigte er ein zweites Musikinstrument, den Clavicylinder. Von Bedeutung ist seine Erkenntnis, dass die Akustik auf periodische Schwingungen in elastischen Medien zu begründen sei.

Durch die persönliche Bekanntschaft mit Lichtenberg angeregt, wandte sich Chladni dem Nachweis des kosmischen Ursprungs der Meteore zu, dessen Richtigkeit er, durch Sammlung und Auswertung von Materialproben unterstützt, publizistisch vertrat.

Chladni hat weitreichende Vortrags- und Vorführungsreisen unternommen, die ihn durch ganz Europa führten und den Kontakt zu Persönlichkeiten wie J. W. v. ↗ Goethe, H. ↗ Olbers, A. M. ↗ Ampère, P. S. ↗ Laplace und Napoleon I. herstellten. [HGB]

Werk(e):
Die Akustik (1802, 1803, franz. 1809, 1812); Über Feuer-Meteore und über mit denselben herabfallende Massen (1819).

Sekundär-Literatur:
Melde, F.: Chladni's Leben und Wirken nebst einem chronologischen Verzeichnis seiner literärischen Arbeiten (1888); Ullmann, D.: Ernst Florens Friedrich Chladni (1983).

Christoffel, Elwin Bruno,
deutscher Mathematiker,
* 10. 11. 1829 Monschau bei Aachen,
† 15. 3. 1900 Straßburg.

Christoffel trug zu zahlreichen Gebieten der Analysis und der mathematischen Physik Grundlegendes bei.

Christoffels Eltern stammten aus Familien von Tuchhändlern. Nach dem Besuch der Elementarschule in Monschau erhielt er bis 1844 zu Hause Privatunterricht. Danach besuchte er Gymnasien in Köln, wo er 1849 auch die Reifeprüfung ablegte. Von 1850 bis 1854 studierte er in Berlin Mathematik, insbesondere bei G. P. L. ↗ Dirichlet. Aber er hörte auch Vorlesungen bei dem Physiker H. ↗ Dove und dem Chemiker Franz Leopold Sonnenschein. Nach seinem Militärdienst promovierte er am 12. 3. 1856 in Berlin mit einer Arbeit über den Stromfluss in homogenen Körpern; Gutachter waren die Mathematiker Martin Ohm und E. ↗ Kummer sowie der Physiker G. ↗ Magnus.

E.B. Christoffel

Die nächsten drei Jahre verbrachte Christoffel in Montjoie, vermutlich aus familiären Gründen. Dort studierte er Arbeiten von Dirichlet, B. ↗ Riemann und A. ↗ Cauchy und publizierte die heute nach ihm und C. F. ↗ Gauß benannte Formel zur approximativen Berechnung von Integralen.

Im Jahre 1859 kehrte er nach Berlin zurück und wirkte dort als Privatdozent. 1862 folgte er einem Ruf als Nachfolger von R. ↗ Dedekind an das Eidgenössische Polytechnikum in Zürich. Sechs Jahre später erhielt Christoffel zwei Angebote, zum einen auf eine Professur an der Gewerbeakademie in Berlin, zum anderen auf die Position des Gründungsdirektors des Polytechnikums in Aachen. Christoffel entschied sich für die Stelle in Berlin, blieb dort aber nur drei Jahre.

In dieser Zeit publizierte Christoffel über das Problem, ein polygonal begrenztes Gebiet winkel- und orientierungstreu auf eine Kreisscheibe abzubilden. Dabei gab er eine explizite Formel für die Abbildungsfunktion an, die heute seinen Namen und den von Hermann Amandus Schwarz trägt. Außerdem begann er seine Arbeiten zur Differenzialgeometrie, die besonders weit reichende Folgen hatten: Der von ihm definierte Riemann-Christoffelsche Krümmungstensor und die von ihm eingeführten Christoffel-Symbole sind grundlegend für die Tensoranalysis. Die Methode, die er hierbei verwendete, wurde als kovariante Differenziation von Gregorio Ricci-Curbastro und T. ↗ Levi-Civita zu einem koordinatenfreien Differenzialkalkül weiterentwickelt. Diesen verwendete A. ↗ Einstein zur mathematischen Begründung der Allgemeinen Relativitätstheorie.

Im Jahre 1872 folgte Christoffel einem Ruf auf einen Lehrstuhl an der Universität in Straßburg, die nach der Annektion Elsass-Lothringens durch das Deutsche Reich reorganisiert wurde. Diesen Prozess führte Christoffel für den Bereich der Mathematik mit seinem Kollegen Theodor Reye erfolgreich durch bis zu seiner gesundheitsbedingten Entpflichtung im Jahre 1892. In diese Zeit fallen u. a. Publikationen über Abelsche Funktionen und über die Ausbreitung von Wellen, die zu den ersten Arbeiten über Schockwellen zählen. [PU]

Werk(e):
Gesammelte mathematische Abhandlungen (1910).

Sekundär-Literatur:
E.B. Christoffel, The influence of his work on mathematics and the physical sciences (1981).

Cicibabin ↗ **Tschitschibabin.**

Ciolkovskij ↗ **Ziolkowski.**

> **Claisen, Ludwig Rainer,**
> deutscher Chemiker,
> * 14. 1. 1851 Köln,
> † 5. 1. 1930 Bad Godesberg.

Claisen hat grundlegende Beiträge auf dem Gebiet organischer Kondensationsreaktionen erbracht und 1887 eine neue Methode der Esterkondensation entdeckt.

Claisen, Sohn eines Juristen, studierte ab 1869 Chemie bei A. ↗ Kekulé in Bonn. Nach Kriegsdienst als Krankenpfleger (1870–71) setzte er das Studium bei Bernhard Christian Gottfried Tollens an der Universität Göttingen fort und kehrte 1872 nach Bonn zurück, wo er 1874 mit der Untersuchung *Beiträge zur Kenntnis des Mesityloxids und Phorons* promovierte und sich 1878 zum Privatdozenten habilitierte. Von 1882 bis 1885 war Claisen bei Henry Roscoe und Carl Ludwig Schorlemmer am Owens College in Manchester tätig. 1886 ging er zu A. v. ↗ Baeyer nach München, wo er sich 1887 zum Privatdozenten habilitierte. 1890 wurde Claisen Professor für Chemie an der TH Aachen, übernahm 1897 das chemische Ordinariat in Kiel und wechselte 1904 als ordentlicher Honorarprofessor in das von E. ↗ Fischer geleitete Chemische Institut der Universität Berlin. Nach der Emeritierung (1907) zog sich Claisen als Privatgelehrter nach Bad Godesberg zurück, wo er in seinem Privatlaboratorium die Forschungen fortsetzte.

Claisens Hauptforschungsgebiet waren organische Kondensationsreaktionen. Bereits in Bonn hatte er 1881 durch Umsetzung von aromatischen Aldehyden bzw. Ketonen zu ungesättigten Aldehyden bzw. Ketonen eine neue Synthesemethode entdeckt, die sog. Claisen-Kondensation. Weitere Untersuchungen führten ihn 1887 zur Claisenschen Esterkondensation, die von Wjatscheslaw Tischtschenko 1906 modifiziert worden ist und die Darstellung von β-Ketocarbonsäureestern ermöglichte. Weitere Untersuchungen Claisens betrafen die Tautomerie des Acetessigesters, die Synthese verschiedener Heterocyclen wie Isatin (1879), Pyrazol (1897) und Isoxazol (1909), die Claisen-Reaktion zu Derivaten des Zimtsäureesters (1890) sowie die Claisen-Umlagerung von Phenylallylethern. Die von ihm entwickelten Laborgeräte wie der Claisen-Kolben oder der Claisen-Aufsatz haben sich bis heute bei der Vakuumdestillation bewährt. [RS3]

Werk(e):
125 Originalarbeiten und 13 Patente, zusammengestellt von R. Anschütz, in: Ber. Dtsch. Chem. Ges. 69 (1936) 165A–170A.

Sekundär-Literatur:
Anschütz, R.: Ludwig Claisen, in: Ber. Dtsch. Chem. Ges. 69 (1936) 97A–170A.

> **Clapeyron, Benoit Paul Émile,**
> französischer Ingenieur,
> * 21. 2. 1799 Paris,
> † 28. 1. 1864 Paris.

Clapeyron ist als Ingenieur hauptsächlich im Straßen- und Brückenbau sowie bei der Konstruktion von Eisenbahnen tätig gewesen. Darüber hinaus machte ihn aber vor allem seine Bearbeitung von S. ↗ Carnots allgemeiner Untersuchung der Wärmekraftmaschinen bekannt. Dessen Ideen wurden durch Clapeyrons analytische und geometrische Darstellungsweise überhaupt erst rezipiert.

Clapeyron begann 1816 sein Studium an der École Polytechnique, das er 1818 an der École des Mines fortsetzte. Gemeinsam mit Gabriel Lamé ging er 1820 für zehn Jahre nach Russland. In St. Petersburg unterrichtete er an der »Schule für öffentliche Arbeiten« reine und angewandte Mathematik. Außerdem arbeitete er als leitender Ingenieur im Rahmen eines von Alexander I. schon 1809 initiierten Programms, das im wesentlichen die Straßen und Brücken verbessern sollte. Daneben publizierte Clapeyron eine Reihe technisch-theoretischer Abhandlungen. Die Zeit seiner Rückkehr nach Frankreich im Jahr 1830 fiel mit der Anfangsphase der Dampfeisenbahn zusammen. Auf diesem Gebiet sollte künftig der Schwerpunkt seiner Tätigkeit liegen. Seit 1835 leitete er gemeinsam mit Lamé die Arbeiten zum Bau der ersten Eisenbahnstrecke in Frankreich, die von Paris nach St. Germain führte. Clapeyron beschäftigte sich dann vornehmlich mit den Entwürfen und der Konstruktion von Dampflokomotiven. Für die praktische Umsetzung seiner Pläne reiste er 1836 selbst nach England. Außerdem wurden auch Eisenbahnbrücken nach Clapeyrons Entwürfen gebaut. Dazu entwickelte er eine einfache Berechnungsmethode für kontinuierliche Träger. Während seiner ganzen Laufbahn interessierte er sich für den Aufbau und die Theorie der Dampfmaschine. In einer seiner wichtigsten Abhandlungen untersuchte er in diesem Zusammenhang die Regulierung der Ventile. Im Jahr 1844 wurde er Professor an der École des Ponts et des Chaussées, wo die Dampfmaschine Gegenstand seines Unterrichts war. Wegen seiner bedeutenden Leistungen auf dem Gebiet der Ingenieurmechanik wählte ihn die Pariser Akademie zu ihrem Mitglied. Er gehörte hier verschiedenen Komitees an. Dabei beteiligte er sich an der Verleihung von Preisen auf dem Gebiet der Mechanik, an Überlegungen zum Bau des Suezkanals oder an den Diskussionen, inwieweit der Dampf für die Schifffahrt eingesetzt werden konnte.

Clapeyron erkannte die Bedeutung der Untersuchung von S. ↗ Carnot, der sich mit der allgemeinen Frage nach einer effektiven Umsetzung von Wärme in mechanische Arbeit auseinandergesetzt hatte. Zwei Jahre nach dem Tod von Carnot griff er dessen bis dahin kaum beachtete Publikation nicht nur auf, sondern bearbeitete den von Formeln freigehaltenen Text. Mit der graphischen und analytischen Darstellung machte er sie dem wissenschaftlichen Diskurs überhaupt erst zugänglich. So veranschaulichte er die Kreisprozesse in p-V-Diagrammen und setzte Carnots Sprache in mathematische Beziehungen um. Dabei fand er eine Gleichung, die eine Aussage über den Differenzialquotienten des Dampfdrucks nach der Temperatur macht und seinen Namen trägt. In konzeptioneller Hinsicht ging er jedoch nicht über Carnot hinaus, da er sich ebenfalls noch der Wärmestofftheorie bediente, also nicht die Umwandlung, sondern die Erhaltung der Wärmemenge annahm, die Arbeit verrichtet. Erst das Verständnis der Energieerhaltung und der Umwandelbarkeit der Wärme in der Mitte des 19. Jahrhunderts brachte eine wesentliche Modifikation, die R. ↗ Clausius und W. Thomson (↗ Kelvin) zum zweiten Hauptsatz der Thermodynamik führten. Insoweit hatten die relativ spät erfolgten Übersetzungen von Clapeyrons Arbeit von 1834 ins Englische (1837) und ins Deutsche (1843) zu ihrer Zeit noch ihre volle Berechtigung. [SW]

Werk(e):
Mémoire sur la puissance motrice de la chaleur, Journal de l'École polytechnique 14 (1834) 153–190; Abhandlung über die bewegende Kraft der Wärme, Annalen der Physik und Chemie 59 (1843) 446–451 (Ostwald's Klassiker Nr. 216, 1926).

Clarke, Frank Wigglesworth,
amerikanischer Mineraloge und Geochemiker,
* 19. 3. 1847 Boston (Massachusetts),
† 23. 5. 1931 Chevy Chase (Maryland).

Clarke war einer der Begründer der modernen Geochemie.

Nach dem Studium der Chemie an der Lawrence Scientific School in Harvard war Clarke zunächst Assistent an der Cornell University. Er unterrichtete Chemie am Boston Dental College und arbeitete als Wissenschaftsjournalist für verschiedene Zeitschriften. 1873 übernahm er eine Professur für Chemie und Physik an der Howard University in Washington, D.C., ein Jahr später wechselte er an die Universität von Cincinnati.

Clarke untersuchte zunächst die »Naturkonstanten«, d. h., das spezifische Gewicht, den Siedepunkt und den Schmelzpunkt von festen Körpern und Flüssigkeiten sowie die Atomgewichte. Seine Resultate wurden als Standardwerte angenommen. 1883 übernahm Clarke dann die Position des Chefchemikers des United States Geological Survey in Washington, die er bis 1924 innehatte. Dort begann er – unterstützt unter anderem von Carl Barus, William F. Hillebrand und H. S. ↗ Washington – mit umfangreichen Mineral- und Gesteinsanalysen, die er 1908 in seinem Hauptwerk *The Data of Geochemistry* zusammenfasste. Das Werk erlebte mehrere Auflagen und ist bis heute ein Standardwerk der Geochemie. 1889 versuchte Clarke erstmals, die mittlere chemische Zusammensetzung der Erdkruste bzw. die relative Häufigkeit der chemischen Elemente in dieser zu bestimmen, womit er das konstitutive Forschungsfeld einer neuen Wissenschaft, der Geochemie, schuf. Unter seinen mineralogischen Untersuchungen ragen die über die Glimmergruppe heraus. 1889 gehörte Clarke außerdem zu den Mitbegründern der American Chemical Society; er machte sich insbesondere um die Ausbildung der Chemiker und Physiker in den Vereinigten Staaten verdient. [BF2]

Werk(e):
The relative abundance of the chemical elements, in: Bulletin of the U. S. Geological Survey 78 (1891); The data of geochemistry (1908); A recalculation of the atomic weights (Constants of nature, pt. 5), Smithsonian miscellaneous publication no. 441 (1882).

Sekundär-Literatur:
Gorman, M.: F.W. Clarke and 19th-century undergraduate research at the university of Cincinnati, in: Journal of Chemical Education 62 (1985).

Clausius, Rudolph Julius Emanuel,
deutscher Physiker,
* 2. 1. 1822 Cöslin (Pommern),
† 24. 8. 1888 Bonn.

Clausius hat vor allem wichtige Beiträge zur Wärmelehre geliefert. Im phänomenologischen, also makroskopischen Bereich gelangte er parallel mit W. Thomson (↗ Kelvin) zum zweiten Hauptsatz als einem neuen grundlegenden Prinzip. Seine Formulierung einer kinetischen Gastheorie eröffnete unabhängig davon einen mikroskopischen, d. h. atomistischen Zugang zum Verständnis der bis in die Mitte des 19. Jahrhunderts noch als Stoff aufgefassten Wärme.

Rudolph Clausius war eines von 18 Kindern eines Schulrats, der sich im pommerschen Ückermünde als Pfarrer niederließ. Clausius besuchte nach dessen Privatschule das Gymnasium in Stettin. Das Studium führte ihn 1840 an die Berliner Universität. Dort widmete er sich neben der Physik noch besonders der Mathematik. Im Rahmen des Kolloquiums bei G. ↗ Magnus hielt er u. a. einmal ein Referat über eine Abhandlung B. P. É. ↗ Clapeyrons, die von der Umsetzung der Wärme in mechanische Ar-

R.J.E. Clausius

beit handelte. Nach bestandenem Lehrerexamen im Jahr 1844 unterrichtete Clausius während der folgenden sechs Jahre einige Wochenstunden am Friedrich-Werder-Gymnasium. Seine Forschungsinteressen konzentrierten sich vorerst auf Themen aus der meteorologischen Optik, ein Gebiet, das die verschiedenen Lichterscheinungen der Atmosphäre, wie die Morgen- und Abendröte, den Regenbogen oder das Nordlicht umfasste. Clausius beschäftigte sich insbesondere mit der Reflexion des Sonnenlichts, was auch Gegenstand seiner Dissertation war. Um sich die in Berlin vorgeschriebene Abgabe einer Version in lateinischer Sprache zu ersparen, ließ er sich damit am 15. Juli 1848 von der philosophischen Fakultät der Universität Halle promovieren.

In der meteorologischen Optik fand Clausius ein bislang wenig bearbeitetes Betätigungsfeld für seine mathematisch-theoretischen Neigungen. Er griff eine Ansicht von I. ↗ Newton und F. W. ↗ Herschel auf, wonach nicht die Luft selbst, sondern in ihr schwebende Dunstbläschen das Sonnenlicht reflektieren. Damit erklärte er die blaue Himmelsfarbe sowie die Morgen- und Abendröte. Von Bedeutung sind die hier eingehenden Wahrscheinlichkeitsbetrachtungen, die Clausius eine Rechtfertigung dafür lieferten, die Reflexionen einer großen Zahl beliebig geformter Massen auf ebenso viele Kugeln zurückzuführen.

In einer mehr als 50 Seiten langen Publikation des Jahres 1850 behandelte Clausius die Umsetzung von Wärme in mechanische Arbeit. Dabei ging er zwar vom Konzept von S. ↗ Carnot bzw. Clapeyron aus, eliminierte aber den darin vorkommenden unzerstörbaren, unwägbaren Wärmestoff und setzte an dessen Stelle die Idee, wonach verbrauchte (bzw. erzeugte) Wärme und dafür erzeugte (bzw. verrichtete) Arbeit proportional zueinander sind. In moderner Terminologie handelt es sich um den ersten Hauptsatz der Thermodynamik, einen Spezialfall des Prinzips von der Erhaltung der Energie. Clausius gehörte zu den wenigen, die in diesem Kontext damals J. R. ↗ Mayer zitierten. Unter der Wärme stellte sich Clausius zwar eine Bewegung vor, spezifizierte ihre Art vorerst jedoch nicht. Es genügte ihm, ihre kinetische Energie als quantitatives Maß anzusehen.

Die aufgenommene Wärme zerlegte Clausius in die Änderung der inneren Arbeit, eine von ihm neu eingeführte Zustandsfunktion, und die verrichtete äußere Arbeit. Er erkannte, dass der von Carnot erdachte Kreisprozess auch mit der neuen Anschauung von der Wärme die effektivste Möglichkeit zu ihrer Umwandlung in mechanische Arbeit darstellte. Clausius führte dazu einen Widerspruchsbeweis, der ihn von der gegenteiligen Annahme ausgehen ließ und in dem Resultat mündete, man könne beliebig viel Wärme ohne Arbeitsaufwand von einem kalten zu einem warmen Körper transportieren. Diese Aussage widerspricht aber der Erfahrung, weshalb Clausius ihre Negation in den Rang eines zweiten fundamentalen Prinzips der gesamten Wärmelehre erhob. Das erste war für ihn die Äquivalenz von Arbeit und Wärme.

Die erwähnten Veröffentlichungen bildeten neben einer Arbeit zur Elastizitätstheorie im wesentlichen die Grundlage für das kumulative Habilitationsverfahren von Clausius in Berlin im Herbst 1850. Nach der Probevorlesung und dem anschließenden Kolloquium wurde Clausius am 12. 12. 1850 Privatdozent für das Fach Physik an der Friedrich-Wilhelms-Universität.

Seit 1850 unterrichtete Clausius außerdem an der »Vereinigten Artillerie- und Ingenieurschule«. Die Tätigkeit am Gymnasium konnte er nun aufgeben. In seiner Forschung griff er während der folgenden Jahre nochmals Themen aus der meteorologischen Optik auf, beschäftigte sich aber weitaus intensiver mit der Thermodynamik. Er präzisierte u. a. den zweiten Hauptsatz und behandelte mit der Dampfmaschine eine technische Anwendung. Dazu kam die Elektrizitätslehre als neues Gebiet.

Im Jahr 1855 erhielt Clausius den Ruf an die neugegründete Eidgenössische Polytechnische Schule in Zürich. Als Reaktion auf einen 1856 erschienenen Artikel von August Krönig, der die Gasgesetze mit einem einfachen Modell zu erklären wusste, entwickelte Clausius eine erweiterte Form einer kinetische Gastheorie, in der die Moleküle nicht nur strukturlose Massen sind, sondern innere Freiheitsgrade besitzen, deren Anregung zu der Wärme beiträgt. Die verschiedenen Aggregatzustände interpretierte er als Folge unterschiedlicher Molekülbeweglichkeiten.

Die aus den Formeln dieser Gastheorie folgenden Molekülgeschwindigkeiten erschienen zunächst viel zu groß, um die relativ langen Diffusionszeiten der Gase zu erklären. Clausius beseitigte dieses

Problem 1858 durch das Konzept der mittleren freien Weglänge. Demnach werden die Abschnitte der geradlinigen Molekülbewegungen in relativ kurzen, unregelmäßigen Intervallen durch den Einfluss der Molekularkräfte unterbrochen. Auf dieser Grundlage haben andere wie J. C. ↗ Maxwell und L. ↗ Boltzmann die Theorie dann weiterentwickelt.

Clausius brachte ab 1854 den zweiten Hauptsatz in mehreren Publikationen in eine mathematische Form, wobei er nun auch irreversible Prozesse einbezog. Für die hierbei neu eingeführte, zunächst als Verwandelbarkeit bezeichnete, physikalische Größe benützte Clausius 1865 den vom griechischen Wort für Umkehr abgeleiteten Ausdruck Entropie, die in einem Kreisprozess nicht abnehmen kann. Auf diese Weise wusste er die beiden Hauptsätze prägnant in Worte zu setzen: »1) Die Energie der Welt ist constant. 2) Die Entropie der Welt strebt einem Maximum zu.«

Angebote vom Polytechnikum in Karlsruhe 1858, vom Collegium Carolinum in Braunschweig 1862 sowie vom Polytechnikum in Wien im Jahr 1866 lehnte er ab, ehe ihn der 1867 ergangene Ruf an die Universität Würzburg dazu veranlasste, die Schweiz nach dreizehn Jahren zu verlassen. 1869 fand er schließlich an der Universität Bonn eine neue Wirkungsstätte. Der Schwerpunkt seiner Forschungen verlagerte sich dort auf Probleme der Elektrodynamik. Im Jahr 1888 starb er in Bonn an den Folgen einer perniziösen Anämie. [SW]

Werk(e):
Abhandlungen über die Mechanische Wärmetheorie, 2 Bde. (1864–1867); Die mechanische Wärmetheorie, Band 1: Entwicklung der Theorie, soweit sie sich aus den beiden Hauptsätzen ableiten läßt (1876), Band 2: Die mechanische Behandlung der Elektrizität (1879), Band 3: Entwicklung der besonderen Vorstellungen von der Natur der Wärme als einer Art der Bewegung, hrg. v. M. Planck u. C. Pulfrich (1889–1891).

Sekundär-Literatur:
Wolff, S. L.: Clausius' Weg zur kinetischen Gastheorie, Sudhoffs Archiv 79.1 (1995) 54–72.

Clavius, Christoph,
deutscher Astronom und Mathematiker,
* 1537 Bamberg,
† 6. 2. 1612 Rom.

Clavius verfasste mehrere wichtige mathematische Arbeiten, darunter eine kommentierte Euklid-Ausgabe, untersuchte Einwendungen gegen das heliozentrische Weltsystem und war maßgeblich an der Einführung der gregorianischen Kalenderreform beteiligt.

Clavius stammte aus Bamberg oder aus der dazugehörigen Diözese, trat 1555 in den Jesuitenorden ein, studierte an der Universität von Coimbra (Portugal), wo er die Sonnenfinsternis vom 21. 8. 1560 beobachtete, und begann 1565 am Collegium Romanum, dem er 46 Jahre lang angehörte, Mathematik zu lehren, während er dort noch Theologie studierte.

Im Jahre 1574 veröffentlichte er eine Ausgabe der Elemente des ↗ Euklid – besonders erwähnenswert ist Clavius' Analyse des Parallelenaxioms und des Berührungswinkels. Diese Arbeit brachte ihm großen Ruhm ein und wurde im Rahmen der Jesuitenmissionen zwischen 1603 und 1607 von Matteo Ricci ins Chinesische übersetzt.

Weit verbreitet waren auch seine *Epitome arithmeticae practicae* (1583) und die *Algebra*, beides Lehrbücher, die für die Geschichte der mathematischen Notation von Interesse sind (Gebrauch des Bruchstrichs, des Multiplikationspunktes, der Darstellung von Unbekannten in Gleichungssystemen). In seinem *Astrolabium* (1593) stellte er eine »Sinustafel« auf und bediente sich zur Vereinfachung der Multiplikation der Methode der Prostaphäresen (Rückführung der Multiplikation auf Addition und Subtraktion).

In der Astronomie war Clavius Anhänger des geozentrischen Weltsystems. In seinem Kommentar der *Sphaera* des J. de ↗ Sacrobosco untersucht er die physikalischen und theologischen »Absurditäten« des Systems von N. ↗ Copernicus. Er war jedoch kein Eiferer und erkannte z. B. die 1610 von G. ↗ Galilei veröffentlichten Fernrohrbeobachtungen an, wies jedoch die von diesem daraus gezogenen Schlussfolgerungen für das heliozentrische Weltsystem ab (mit Recht, weil diese tatsächlich keine Beweise dafür waren).

Clavius war das wissenschaftliche Haupt der Kommission von Papst Gregor XIII. zur Vorbereitung der Kalenderreform von 1582. Für die Länge des Jahres machte er nach den *Prutenischen Tafeln* Erasmus Reinholds Gebrauch von Daten des Copernicus. Ab 1588 veröffentlichte er mehrere ausführliche wissenschaftliche Begründungen für die Reform, die in den protestantischen Ländern vehement als Einmischung des Papstes in die »evangelische Freiheit« zurückgewiesen wurde und hier erst 1700 (mit wenigen Abweichungen) Einzug hielt. [JH]

Werk(e):
Opera mathematica V. tomus distributa (1611–12).

Clebsch, Rudolf Friedrich Alfred,
deutscher Mathematiker,
* 19. 1. 1833 Königsberg,
† 7. 11. 1872 Göttingen.

Clebsch war ein außerordentlich vielseitiger Mathematiker, der als Begründer der algebraischen Geometrie gilt, Geometrie, Algebra und Funktionentheorie verknüpfend. Er schuf eine bedeutende mathematische Schule und inspirierte ein Programm der Einheit mathematischer Entwicklungslinien und Personen.

Clebsch studierte ab 1850 in Königsberg, promovierte 1854 dort bei F. ↗ Neumann und legte die Staatsprüfungen für Mathematik und Physik ab. Nach einer Tätigkeit als Realschullehrer in Berlin wurde er 1858 Privatdozent an der Universität Berlin. Er wirkte als Professor für theoretische Mechanik an der TH Karlsruhe (1858) und für Mathematik an den Universitäten Gießen (1863) und Göttingen (1868) und starb früh an Diphtheritis.

Aus der Königsberger Schule stammend, hatte er sich zunächst mit mathematischen Problemen der Physik (Optik, Hydrodynamik, Elastizitätstheorie) befasst. Seine *Theorie der Elasticität der festen Körper* (1862) war ein wichtiges Handbuch für Techniker. Seine Abhandlung *Über die Anwendung der Abel'schen Functionen in der Geometrie* (1863) gilt als Geburtsstunde der algebraischen Geometrie. In den von Ferdinand Lindemann edierten Vorlesungen (1876/91) wurde das Gebiet systematisch ausgearbeitet. Bei Clebsch, der in Königsberg auch von Otto Hesse beeinflusst wurde und der an J. ↗ Plücker anknüpfte, flossen die Jacobische und die Steinersche Tradition, die Arbeiten der Engländer A. ↗ Cayley, James Sylvester und George Salmon mit den von B. ↗ Riemann stammenden Ideen zusammen. Clebsch lieferte grundlegende Beiträge zur Invariantentheorie und regte zahlreiche Schüler (u. a. F. ↗ Klein) zu bedeutenden Forschungen, zum Verknüpfen verschiedener mathematischer Richtungen und zur Überwindung von Schulunterschieden an. Gemeinsam mit Carl Neumann begründete er 1868 die heute noch bestehende Zeitschrift *Mathematische Annalen* und initiierte eine erste nationale Mathematikerversammlung (1873), die seine Schüler nach seinem Tode durchführten. [RT]

R.F.A. Clebsch

Werk(e):
Vorlesungen über Geometrie (2 Bde., hrg. von F. Lindemann 1876–1891).

Sekundär-Literatur:
Mathematische Annalen 7 (1873) 1–55; 266 (1983) 135–140; Tobies, R.: The reception of Grassmann's mathematical achievements by A. Clebsch and his school, in: G. Schubring: Hermann Günther Graßmann (1809–1877): Visionary mathematician, scientist and neohumanist scholar (1996) 117–130.

Cloos, Hans,
deutscher Geologe,
* 8. 11. 1885 Magdeburg,
† 26. 9. 1951 Bonn.

Cloos wurde wegen seiner Arbeiten zur Granittektonik und seiner regionalgeologischen Forschungen auf vier Kontinenten weltbekannt.

Cloos studierte von 1906 bis 1909 Naturwissenschaften, vor allem Geologie, in Bonn, Jena und Freiburg i. Br. Nach seiner Promotion unternahm er bis 1910 eine Studienreise nach Südafrika. Von 1911 bis 1913 arbeitete er als Erdölgeologe in Niederländisch-Indien, heute Indonesien. Nach seiner Rückkehr war er zunächst als Privatdozent an der Universität Marburg tätig. 1919 erfolgte seine Berufung als Ordinarius an die Universität Breslau, wo er ab 1922 Direktor des Geologischen Instituts war. 1926 folgte er einem Ruf an die Universität Bonn als Direktor des geologisch-paläontologischen Instituts, wo er bis zu seiner Emeritierung tätig war. Ausgedehnte Forschungsreisen führten ihn nach Skandinavien (1923–1926), Nordamerika (1927, 1933, 1948), England (1928) und 1929 wieder nach Südafrika. Cloos war seit 1923 Herausgeber der *Geologischen Rundschau*, seit 1931 führte er den Vorsitz in der Geologischen Vereinigung.

Cloos entwickelte auf der Grundlage seiner Feldbeobachtungen die Granittektonik, verschiedene Modelle der Struktur der Erdrinde und neue Richtungen der geotektonischen Unterströmungstheorie. Seine regionalgeologischen Erkenntnisse während der Reisen durch Afrika, Nordamerika, Asien und Europa gipfelten in seinem Buch *Gespräch mit der Erde*, das 1947 erschien. Er war Mitglied der Akademie der Wissenschaften zu Berlin und vieler nationaler und internationaler wissenschaftlichen Gesellschaften.

Nach dem Ende des Zweiten Weltkrieges beteiligte sich Cloos aktiv am Aufbau kommunaler Verwaltungen und der neuen Landesregierung in Rheinland-Pfalz. Er erhielt 1948 die US-amerikanische Penrose-Medaille, 1949 die Leopold-von-Buch-Plakette der Deutschen Geologischen Gesellschaft und 1951 den Nationalpreis 1. Klasse der DDR.[PK]

Werk(e):
Der Mechanismus tiefvulkanischer Vorgänge (1921); Tektonik und Magma I u. II (1922/24); Einführung in die Geologie (1936).

Sekundär-Literatur:
Dennis, J.G.: The enduring influence of Hans Cloos (1885–1951), in: Earth Sciences History 7 (1988); Hans Cloos zum 100. Geburtstag, hrg. H. Zankl (Sonderheft der Geologischen Rundschau, 1986).

Clusius (l'Escluse, auch Lecluse, Lécluse, Lécluze), **Carolus** (Charles de),
niederländischer Botaniker,
* 19.2.1526 Arras,
† 4. 4. 1609 Leiden.

Clusius gilt als einer der Begründer der Mykologie, er verfasste die ersten größeren Länderfloren und die erste Pilzflora.

C. Clusius

Clusius, aus einer wohlhabenden protestantischen Familie stammend, erlebte in seiner Jugend die Protestantenverfolgung. Er genoss eine hervorragende humanistische Bildung. Nach Abschluss der Lateinschule in Gent studierte er alte Sprachen und Jura in Löwen (Leuven), wo er 1548 das Lizentiat für Rechtswissenschaften erwarb. Er setzte seine Ausbildung in Marburg und Wittenberg fort. Nach einer Studienreise durch Deutschland, die Schweiz und Frankreich studierte er von 1551 bis 1554 in Montpellier Medizin u. a. bei G. ↗ Rondelet, dessen *Fischbuch* er übersetzte. Aufgrund seiner exzellenten Sprachkenntnisse übersetzte er auch für andere Zeitgenossen deren wissenschaftliche Werke, daneben befasste er sich mit Botanik. Auf etlichen Reisen durchforschte er West- und Südwesteuropa. 1573 berief ihn Kaiser Maximilian II. zur Planung und Betreuung eines »Hortus Medicus« (Medizinischer Garten) nach Wien.

In seiner Freizeit studierte Clusius die österreichische und ungarische Pflanzenwelt. Von anderen Naturforschern und von Gesandten erhielt er viele bis dahin in Europa unbekannte Pflanzen, die er im kaiserlichen Garten zog. Clusius blieb bis 1587 in Wien, ging dann nach Frankfurt und trat 1593 die Nachfolge von Rembert Dodoens als Professor an der Universität in Leiden an, das damals das Zentrum der Botanik war. Unterstützt vom Delfter Apotheker Dirk Cluyt (Clutius) legte er den botanischen Garten an. Hier verfasste er auch sein Hauptwerk über exotische Pflanzen und Tiere, *Exoticorum libri decem* (1605).

Eine Reise nach Spanien und Portugal 1564/65 bildete die Grundlage zu seiner Flora der iberischen Halbinsel (1576). Unterstützt von Balthasar v. Batthyány, auf dessen Gütern in Güssing und Schlaining (Pannonien) er oft verweilte, stellte er Forschungen zur österreichisch-ungarischen Flora an. 1601 erschien seine *Rariorum plantarum historia* mit einem Anhang *Fungorum historia*, einer Abhandlung über Pilze, dem ersten Werk dieser Art, das seinen Ruf als Pionier der Mykologie begründete. Clusius lieferte weitere Übersetzungen sowie Arbeiten zur Kartographie und zur Altertumskunde. [CRD]

Werk(e):
Rariorum aliquot stirpium per Hispanias observatorum historia (1576); Rariorum aliquot stirpium per Pannoniam, Austriam... observatorum historia (1583); Fungorum in Pannonis observatorum brevis historia (1601).

Sekundär-Literatur:
Carolus Clusius und seine Zeit (1974); Smit, P.: Carolus Clusius and the beginnings of botany in Leiden University, in: Janus 60 (1973); Hunger, F.W.T.: Charles de l'Ecluse. Nederlandsch kruidkundige 1526-1609 (1927, 1943).

Cockcroft, Sir John Douglas,
englischer Physiker,
* 27. 5. 1897 Todmorden (Yorkshire),
† 18. 9. 1967 Cambridge.

Cockcroft gehört zu den Pionieren der Entwicklung von Teilchenbeschleunigern.

Als ältester von fünf Söhnen eines kleinen Baumwollfabrikanten begann Cockcroft 1914 mit einem Stipendium an der Universität Manchester ein Mathematikstudium. 1915 ging er als Freiwilliger zum Kriegsdienst und wurde Melder bei der Feldartillerie. Nach dem Kriege setzte Cockcroft sein Studium in Manchester zunächst auf dem Gebiet der Elektrotechnik fort. 1920–1922 arbeitete er als Praktikant

S.J.D. Cockcroft

bei der Metropolitan Vickers Electrical Company, u. a. auch in deren Forschungsabteilung. Daraufhin setzte er in Cambridge sein Mathematik- und Physikstudium fort und war ab 1924 in der Forschungsgruppe um E. ↗ Rutherford am Cavendish-Laboratorium. Zunächst arbeitete er mit P. L. ↗ Kapiza zusammen, dem seine elektrotechnischen Kenntnisse beim Bau großer Magnete für seine Tieftemperaturexperimente sehr zupass kamen. Für Rutherford konstruierte er Magnete für die α- und β-Spektroskopie.

Rutherford hatte 1919 durch Beschuss von leichten Atomkernen mit α-Teilchen die ersten künstlichen Kernumwandlungen erzielt, und man erkannte, dass weitere Kernumwandlungen möglich werden würden, wenn man den auf die Kerne zu schießenden Teilchen eine höhere Geschwindigkeit (d. h. höhere Energie) geben könnte. Die ersten derartigen Versuche wurden ab 1925 in den USA unternommen. Cockcroft befasste sich ab 1928 gemeinsam mit E. ↗ Walton mit der Beschleunigung von Teilchen durch hohe Spannungen. Dabei griffen sie eine auf den Kaskadengenerator von Heinrich Greinacher (1920) zurückgehende Methode auf, bei der die Teilchen durch hohe Gleichspannungen mehrfach in einer Richtung beschleunigt werden, bis sie die erforderliche Energie von mehreren 100 000 Volt erreichen (kompliziert wird eine solche Konstruktion u. a. dadurch, dass mit Hochvakuum gearbeitet werden muss). Geleitet durch G. ↗ Gamows Quantentheorie des radioaktiven Zerfalls (1929) fanden sie, dass Protonen (d. h. Wasserstoffkerne) besser als α-Teilchen geeignet sein müssten, entsprechende Kernumwandlungen hervorzurufen, und so entwickelten Cockcroft und Walton auf diesen Grundlagen einen Linearbeschleuniger für die Beschleunigung von Protonen. 1932 gelang es ihnen, Protonen derart zu beschleunigen, dass sie beim Auftreffen auf Lithiumkerne diese in zwei α-Teilchen zertrümmerten, wobei zugleich ein bestimmter Energiebetrag frei gesetzt wurde.

Damit hatten sie nicht nur die erste Kernumwandlung mit künstlich beschleunigten Teilchen erzielt (und es handelte sich dabei um eine echte Kernzertrümmerung), sondern zugleich eine Bestätigung von A. ↗ Einsteins Masse-Energie-Äquivalenz geliefert.

In den folgenden Jahren erzeugten Cockcroft und Walton auf diese Weise mit verschiedenen Teilchen weitere Kernumwandlungen, und 1951 erhielten beide dafür den Physik-Nobelpreis.

In der zweiten Hälfte der 1930er-Jahre war Cockcroft verantwortlich für die Modernisierung und gerätetechnische Neuausrüstung des Cavendish-Laboratoriums; unter seiner Leitung wurde dort auch ein Zyklotron errichtet.

Während des Zweiten Weltkrieges leitete Cockcroft zunächst die Forschungsabteilung für die Luftverteidigung im britischen Verteidigungsministerium und kümmerte sich insbesondere um die Radarentwicklung. Als das britische Atombombenprojekt in das amerikanische Manhattan-Projekt eingegliedert wurde, übernahm Cockcroft die Leitung der britischen Atomenergie-Forschungsgruppe im kanadischen Montréal. Unter seiner Leitung entstand am Chalk River (Ontario) der erste Schwerwasserreaktor.

1946–1959 war Cockcroft Direktor des britischen Atomforschungszentrums in Harwell, danach wieder Professor in Cambridge. Als hervorragender Wissenschaftsorganisator engagierte er sich u. a. beim Aufbau des europäischen Kernforschungszentrums CERN. Dabei setzte er sich auch nachdrücklich für die friedliche Nutzung der Kernenergie ein und wurde noch kurz vor seinem Tode zum Präsidenten der 1957 von B. ↗ Russell initiierten Pugwash-Bewegung gewählt.

Cockcroft war verheiratet (1925) und hatte fünf Kinder. [HK]

Werk(e):
The Design of Coils for the Production of Strong Magnetic Fields, Philosophical Transactions of the Royal Society London A227 (1928) 317–343; Experiments with High Velocity Positive Ions (mit E. T. S. Walton), Proceedings of the Royal Society of London A136 (1932) 830, S. 619–630 & A137 (1932) 831, S. 229–242; Experimentelle Untersuchungen der Wechselwirkung von Nukleonen hoher Geschwindigkeit mit Atomkernen (Nobelvortrag), Physikalische Blätter 8 (1952) 152–161.

Sekundär-Literatur:
Oliphant, M. L. E.: John Douglas Cockcroft, Biographical Memoirs of Fellows of the Royal Society 14 (1968) 139–188; Hartcup, G., Allibone, T. E.: Cockcroft and the Atom (1984).

Cohn, Ferdinand Julius,
deutscher Botaniker und Mikrobiologe,
* 24. 1. 1828 Breslau,
† 25. 6. 1898 Breslau.

Cohn war Mitbegründer der Mikrobiologie, in die er das Kulturverfahren auf festen Nährböden einführte; u. a. wies er den Speziescharakter der Bakterien nach, für die er die erste Klassifikation entwickelte. Die frühe Cytologie bereicherte er durch Protoplasma- und Zellwandstudien.

Als Sohn des Kaufmanns Isaak Cohn (auch preußischer Geheimer Kommissionsrat und österreichisch-ungarischer Konsul) und seiner Frau Amalie geb. Nissen wuchs Cohn im jüdischen Ghetto von Breslau auf. Der Vater förderte den begabten Sohn von Jugend an, bis er eine Lebensstellung erlangen konnte. Nach dem Besuch des Humanistischen Gymnasiums in Breslau begann er 1842 sein Studium an der philosophischen Fakultät der dortigen Universität. Bald wandte er sich den naturwissenschaftlichen Fächern zu: Botanik und Phytopaläontologie studierte er bei H. R. ↗ Goeppert und Naturgeschichte bei C. G. ↗ Nees von Esenbeck. Da ihm als Juden jedes staatliche Examen und sogar die Erlaubnis zur Promotion an der Universität Breslau verweigert wurde, wechselte er 1846 an die Universität Berlin. Dort wurde er besonders durch E. ↗ Mitscherlich, J. ↗ Müller und den Zoologen C. G. ↗ Ehrenberg beeinflusst. Letzterer führte ihn in die mikroskopische Untersuchung von ein- und wenigzelligen Tieren und Pflanzen ein. Nachdem er in Berlin im November 1847 in Botanik promoviert worden war, wurde er mit taxonomisch-systematischen Forschungsaufgaben am Naturhistorischen Museum betraut. Während der Revolution von 1848 sympathisierte er zwar mit deren Zielen, beteiligte sich jedoch nicht aktiv. Da er in Berlin weder eine Anstellung erhielt noch seinen eigenen Forschungsplänen nachgehen konnte, kehrte er 1849 nach Breslau zurück. Hier setzte er seine Forschungen privat fort, wobei er von Goeppert gefördert wurde. 1850 konnte er sich an der Universität Breslau habilitieren und wurde 1859 zum außerordentlichen Professor für Botanik ernannt. Seit 1872 und bis zu seinem Tode wirkte er in der Nachfolge Goepperts als ordentlicher Professor und Direktor des Botanischen Gartens und Museums an der Universität Breslau, wo er für das 1866 gegründete Pflanzenphysiologische Institut und für das Botanische Museum 1888 ein eigenes Gebäude eröffnen konnte. In Breslau forschte Cohn sowohl auf dem Gebiet der Pflanzensystematik als auch in den damals neuen Zweigen der Entwicklungsgeschichte, Cytologie und Bakteriologie. Zu seinen zahlreichen Schülern, von denen viele später Professuren erhielten, zählten u. a. der Botaniker A. ↗ Engler, die Bakteriologen Joseph Schröter und Oskar von Kirchner, Franz Kamienski, P. ↗ Ehrlich, die Kryptogamenforscher Leopold Just und Walter Migula sowie der Cytologe Ernst Küster.

Mithilfe mikroskopischer Studien erarbeitete Cohn grundlegende Erkenntnisse über die Entwicklungsgeschichte und Systematik der niederen Algen, Pilze und Protozoen. Er entdeckte sexuelle Stadien von Algen an *Sphaeroplea annulina* (1855) und *Volvox globator* (1856) und schuf die Grundlagen für eine mehrbändige Kryptogamenflora Schlesiens, die er ab 1876 herausbrachte. Mittels Kultivierung auf festen sterilisierten Nährböden wies er den seinerzeit umstrittenen Speziescharakter der Bakterien nach, deren grundlegende Eigenschaften wie Gärungsfähigkeit, Pigmentbildung und Infektiosität er mittels Wachstumsversuchen feststellte und deren moderne Taxonomie er begründete. Durch seine Entdeckung der Bildung und Keimung von hitzeresistenten Endosporen bei *Bacillus species* widerlegte er die damals noch häufig behauptete Möglichkeit einer Spontanzeugung. Der Arbeit von R. ↗ Koch zur Ätiologie des Milzbrands von 1876, die auf der Grundlage von Cohns Buch *Ueber Bacterien, die kleinsten lebenden Wesen* (1872) und den regelmäßigen Berichten aus seinem Laboratorium entstanden war, verhalf Cohn zur Anerkennung. Neben der medizinischen Bakteriologie und öffentlichen Hygiene (seit 1852/53 mikrobielle Trinkwasseruntersuchungen) förderte er die angewandte Mikrobiologie und Mykologie. Die Ergebnisse auf dem neuen Gebiet der Biologie verbreitete er durch die 1870 gegründete Zeitschrift *Beiträge zur Biologie der Pflanzen*. Aufgrund seiner Studien an einzelligen Algen und Protozoen ermittelte Cohn identische Grundeigenschaften des pflanzlichen und tierischen Cytoplasmas und dessen hervorragende physiologische Bedeutung. Cohn stellte als Erster fest, dass Krankheiten von Tieren (Stubenfliege) durch Pilze verursacht werden können. Als für höhere Organismen schädliche Pilze wies er 1851 *Pilobolus cristallinus* und 1854–1855 *Empusa muscae*, beide *Mucorales*, nach. Ihm gelang die Erkenntnis der Struktur und Funktion der Schnappblätter von *Aldrovanda vesiculosa Monti* (1850, 1874) und der Fangblasen von *Utricularia* (1874/75), d. h. bei insektivoren Pflanzen. Damit deutete er eine Form der autonomen Pflanzenbewegung (Seismonastie) zutreffend. Cohn verbreitete auch in populärwissenschaftlichen Vorträgen und Schriften naturwissenschaftliche Erkenntnisse. [BH2]

Werk(e):
Untersuchungen über die Entwicklungsgeschichte der mikroskopischen Algen und Pilze, Nova Acta Academiae Caesareae Leopoldino-Carolinae Germanicae Naturae Curiosorum 24, Suppl. I (1854) 103–247; Untersuchungen über Bacterien, Beiträge zur Biologie der Pflanzen 1, Heft 2 (1872) 127–224; Untersuchungen über Bacterien II, Beiträge zur Biologie der Pflanzen 1, Heft 3 (1875) 141–207; Untersuchungen über Bacterien IV, Beiträge zur Biologie der Pflanzen 2, Heft 2 (1876) 249–276; Die Pflanze: Vorträge aus dem Gebiete der Botanik (1882, 1897).

Sekundär-Literatur:
Cohn, P.: Blätter der Erinnerung (1901); Hoppe, B.: Die Biologie der Mikroorganismen von F. J. Cohn, Sudhoffs Archiv 67 (1983) 158–189; Köhler, W.: Ferdinand Cohn, Zentralblatt für Bakteriologie 289 (1999) 237–247; Drews, G.: Ferdinand Cohn: a Promotor of Modern Microbiology, Nova Acta Leopoldina, N. F. 80, Nr. 312 (1999) 13–43.

Columbus (Colón, Colombo), **Christopher** (Cristóbal, Cristoforo),
genuesischer Entdeckungsreisender in spanischen Diensten,
* 26. 8./31. 10. 1451 Genua,
† 20. 5. 1506 Vallodolid (Spanien).

Columbus entdeckte 1492 als erster Europäer Amerika und revolutionierte damit das abendländische Weltbild.

Christopher Columbus kam als ältester Sohn eines Genueser Wollwebers zur Welt. 1473 zog er mit seinem Vater nach Savona und begann, im Auftrag Genueser Handelsfirmen Seereisen in die Ägäis und nach England zu unternehmen. 1470 oder 1471 ließ Columbus sich in Lissabon nieder und heiratete einige Jahre später Filipa Muñiz. Damit entstandene verwandtschaftliche Beziehungen zu portugiesischen Kapitänen und ein angeblicher Briefwechsel mit dem Florentiner Kartographen Paolo dal Pozzo Toscanelli, der ebenfalls über eine Westroute nach Indien spekulierte, lassen sich nicht mit Sicherheit nachweisen. Sicher ist dagegen, dass Columbus in Lissabon Kontakt mit Genueser und Florentiner Kaufleuten hatte, darunter auch sein Bruder Bartolomé, und dass er sich dadurch nautische und kosmographische Grundkenntnisse verschaffte.

1485 oder 1486 zog Columbus nach Spanien und begann Kontakte zum spanischen Hof aufzubauen. Mehrmals trug er seinen Plan, über eine Westroute nach Asien zu gelangen, dem spanischen Königspaar, Ferdinand von Aragon und Isabel von Kastilien, sowie einem Rat von Fachleuten vor, erfuhr jedoch immer wieder Ablehnung, da er von einem sehr viel geringeren Erdumfang ausging als üblich. Seine geographischen Vorstellungen hatte Columbus vor allem aus Pierre d'Aillys *Ymago mundi* (1410) gewonnen und war dabei insbesondere einer dort zitierten Angabe von ↗ Alfraganus zum Erdumfang gefolgt, die sich allerdings nicht, wie Columbus annahm, auf römische, sondern auf arabische Meilen bezog. Da er zusätzlich die Ausdehnung Asiens stark überschätzte, belief sich seine Einschätzung der auf der Westroute zurückzulegenden Seestrecke auf etwa ein Viertel der tatsächlichen. Dennoch erhielt Columbus 1492 den Auftrag zu seiner Reise, verbunden mit dem Titel eines Admirals und dem Anspruch eines Vizekönigs und Gouverneurs auf alle Länder, die er entdecken sollte. Am 10. Oktober 1492 erreichte er Land in den Bahamas und setzte seine Reise über Kuba (das er für Japan hielt) nach Haiti fort, wo er auf der Insel Hispaniola eine Befestigung errichten ließ. Drei weitere Reisen folgten in den Jahren 1493–1495, 1498–1500 und 1502–1504. Wirtschaftlich und politisch waren diese Reisen Misserfolge, die dritte sollte sogar mit der Festnahme von Columbus durch einen Gesandten des Königs enden.

Obwohl seine Reisen auf kosmographischen Fehlannahmen beruhten, führten Columbus' Entdeckungen in zweierlei Hinsicht zu einer Umwälzung des europäischen Weltbilds. Einerseits untergruben sie die Autorität der ptolemäischen Geographie und damit indirekt des geozentrischen Weltbilds. Andererseits machten sie deutlich, dass der Globus sich nicht, wie nach der aristotelischen Lehre von den natürlichen Orten, aus einer Erd- und einer Wassersphäre zusammensetzte, sondern dass, wie N. ↗ Copernicus sich 1543 ausdrücken sollte, »das Land zugleich mit dem Wasser auf einem einzigen Zentrum der Schwere beruht«. Die Entdeckung Amerikas trug so entscheidend zur Durchsetzung des heliozentrischen Weltbildes bei. [SMW]

Werk(e):
Journals and Other Documents on the Life and Voyages of Christopher Columbus, hrg. S. E. Morison (1963); Schiffstagebuch (1980).

Sekundär-Literatur:
Morison, S. E.: Admiral of the Ocean Sea. A Life of Christopher Columbus (1942); Gingerich, O.: Astronomy in the Age of Columbus, in: Scientific American (November 1992); Davidson, M. H.: Columbus then and now. A Life Reexamined (1997).

Compton, Arthur Holly,
amerikanischer Physiker,
* 10. 9. 1892 Wooster (Ohio),
† 15. 3. 1962 Berkeley (Californien).

Comptons Deutung der Wellenlängenänderung der Röntgenstrahlen bei ihrer Streuung an Elektronen bzw. an Materie niedriger Atommasse mithilfe der Einsteinschen Lichtquantenhypothese trug maßgeblich zur endgültigen Anerkennung dieser revolutionären Hypothese bei und ist ein Markstein in der Geschichte der Quantentheorie.

Compton entstammte einer Akademikerfamilie – sein Vater war Geistlicher der Presbyterianer und Philosophieprofessor am Wooster College, und auch seine Mutter hatte eine Collegeausbildung erhalten. Bildung, Religiosität und Disziplin waren deshalb Tugenden, die in der Familie hoch gehalten wurden und dazu führten, dass alle Geschwister eine wissenschaftliche Ausbildung erhielten und erfolgreich waren – sein Bruder Karl wurde ebenfalls ein bekannter Physiker, der u. a. viele Jahre lang dem Massachusetts Institute of Technology vorstand. Arthur erhielt seine Schulausbildung in seiner Heimatstadt und studierte ab 1913 Physik an der Universität Princeton. Dort promovierte er im Jahre 1916, war anschließend an der Universität von Minnesota als Assistent tätig und wirkte zwischen 1917 und 1919 als Forschungsingenieur bei Westinghouse in Philadelphia. 1919/20 ging er als Stipendiat ans berühmte Cavendish-Laboratorium im englischen Cambridge. Nach seiner Rückkehr wurde er zum Physikprofessor an die Washington-Universität in St. Louis berufen. Hier führte er seine fundamentalen Untersuchungen zur Streuung der Röntgenstrahlung durch, die 1922 zur Entdeckung des Compton-Effekts führten und für die er 1927 den Nobelpreis für Physik erhielt. Seit 1923 lehrte Compton an der Universität Chicago Physik, doch kehrte er 1945 nach St. Louis zurück, wo er

A.H. Compton mit dem Spektrometer, mit dem er den Compton-Effekt entdeckte

zunächst Kanzler und ab 1954 Professor für Naturphilosophie war. 1961 erfolgte seine Emeritierung. Während des Zweiten Weltkriegs gehörte Compton zu den maßgeblichen Initiatoren des Manhattan-Projekts zum Bau der amerikanischen Atombombe, an deren Entwicklung er als Leiter der Chicagoer Gruppe herausragenden Anteil hatte. Als Präsident der Amerikanischen Physikalischen Gesellschaft sowie in zahlreichen anderen Funktionen hat Compton auch sonst eine führende Rolle in der amerikanischen Wissenschaftsorganisation und -politik gespielt.

Compton hatte bereits nach seinem Studium die Erforschung der Röntgenstrahlen zu seinem wissenschaftlichen Hauptarbeitsgebiet gemacht – ein damals hoch aktuelles Forschungsthema. Insbesondere interessierte er sich für die Streuprozesse, die beim Durchgang von Röntgenstrahlen durch Materie zu beobachten sind. Bei diesen Streuprozessen erfuhr die Röntgenstrahlung eine Fülle von Veränderungen, die damals nicht nur von Compton, sondern auch in zahlreichen anderen Laboratorien intensiv studiert wurden. Bei diesen Untersuchungen beobachtete Compton im Herbst 1921 eine Art Fluoreszenzstrahlung des Sekundärstrahls, dessen Wellenlänge ganz unabhängig vom Streumedium war und nur von der Wellenlänge des Primärstrahls und dem Beobachtungswinkel abhing; besonders interessant war, dass man zudem eine Frequenzverringerung des Sekundärstrahls gegenüber der Primärstrahlung beobachtete. Hierfür glaubte Compton mithilfe des Doppler-Effekts eine höchst plausible Erklärung geben zu können, doch bemerkte er nach einem Jahr, dass an seiner Theorie etwas nicht stimmte und sich die vorliegenden experimentellen Daten viel schlüssiger mit Hilfe der Einsteinschen Lichtquantenhypothese erklären ließen. Innerhalb eines Monats gab Compton seinen experimentellen Daten eine neue quantentheoretische Deutung, die er auf der Jahrestagung der Amerikanischen Physikalischen Gesellschaft im Dezember 1922 in Chicago präsentierte. Grundidee der neuen Deutung war, den Effekt mithilfe der Lichtquantenhypothese – ohne jedoch die Originalarbeit A. ↗ Einsteins explizit zu zitieren – als einen Stoßprozess zwischen einem (quasi freien) Elektron und einem Lichtquant der Röntgenstrahlung zu erklären, bei dem ein Teil der Energie von der Strahlung auf das Elektron übergeht. Mit Hilfe des Energie- und Impulssatzes für den Stoß von Massenpunkten ließen sich für diesen Stoßprozess ohne große Mühe Frequenzänderung und Winkelverteilung der Streustrahlung in guter Übereinstimmung mit den experimentellen Daten berechnen.

Compton publizierte seine Ergebnisse, die er Anfang 1923 nochmals einer gründlichen experimentellen Prüfung unterzogen hatte, im Maiheft von

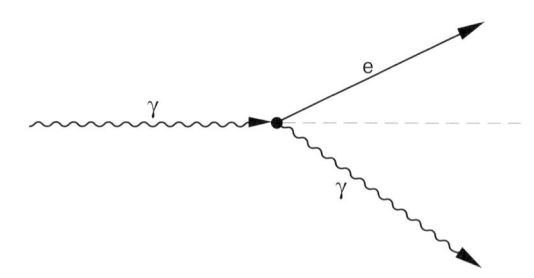

A.H. Compton: Beim Compton-Effekt streut ein Photon (γ) an einem Elektron (e)

Physical Review. Allerdings war er nicht der Einzige, der sich damals mit diesem Problem beschäftigte. P. ↗ Debye hatte bereits zu Beginn der 1920er-Jahre und unter direkter Rezeption der Einsteinschen Lichtquantenhypothese eine Quantentheorie der Röntgenstrahlstreuung ausgearbeitet, deren Publikation allerdings immer wieder hinausgezögert wurde, weil er und sein Züricher Assistent P. ↗ Scherrer noch weitere Experimente zur Stützung der Theorie planten. Als Compton jedoch 1922 seine Versuchsdaten mit der damals noch falschen theoretischen Deutung publizierte, entschloss sich Debye zur sofortigen Publikation seiner Theorie. Der Aufsatz wurde im Aprilheft 1923 der *Physikalischen Zeitschrift* gedruckt, was dazu führte, dass in den zwanziger Jahren der Effekt häufig auch als »Debye-Compton-Effekt« bezeichnet wurde.

Neben seinen klassischen Arbeiten zur Röntgenstrahlstreuung führte Compton Untersuchungen zur Totalreflexion und Beugung der Röntgenstrahlen an Beugungsgittern durch und lieferte zusammen mit seinem Mitarbeiter C. H. Hagenow den Nachweis der vollständigen Polarisation von Röntgenstrahlen. In den 1930er-Jahren wandte er sich der Erforschung der kosmischen Strahlung zu, deren Natur damals kontrovers diskutiert wurde. Compton organisierte mehrere Forschungsexpeditionen in alle Teile der Welt und den Aufbau eines weltweiten Netzwerks von Stationen zur Messung der geographischen Intensitätsabhängigkeit der kosmischen Strahlung, womit der Nachweis erbracht werden konnte, dass die kosmische Strahlung nicht aus Photonen, sondern aus geladenen Teilchen bestand. Ebenfalls in den dreißiger Jahren widmete sich Compton verstärkt seinem lebenslangen Interesse an philosophischen und religiösen Fragen, wobei es ihm vor allem um eine Erörterung des Verhältnisses von Mensch und Gott im Lichte der Erkenntnisse der modernen Naturwissenschaft ging. [DH]

Werk(e):
The Scientific Papers of Arthur Holly Compton (hrg. v. R. S. Shankland, 1973).

Sekundär-Literatur:
Compton, A. H.: Die Atombombe und ich (1956); Stuewer, R. H.: The Compton Effect: Turning Point in Physics (1975).

Comte, Isidore Auguste Marie François Xavier,
französischer Philosoph, Soziologe und Sozialreformer,
* 19. 1. 1798 Montpellier,
† 5. 9. 1857 Paris.

Comte entwickelte die positive Philosophie als Theorie des Fortschritts menschlicher Naturerkenntnis und gesellschaftlicher Ordnung mit der Soziologie, der Wissenschaft von der Gesellschaft, als zentralem Element.

Auguste Comte wuchs in einer streng katholisch-royalistischen Familie auf. Sein Leben und Werk waren geprägt von der Auseinandersetzung mit der Französischen Revolution und ihren Folgen; ein Leitmotiv seines Denkens war die Versöhnung von Ordnung und Fortschritt. Schon als Jugendlicher wurde Comte zum Republikaner und Gegner des Katholizismus. Ab 1814 besuchte er die 1794 gegründete naturwissenschaftlich orientierte École Polytechnique. 1816 wurde er wegen einer Insubordination relegiert; die Schule, der Restaurationsregierung wegen ihres »republikanischen Geistes« verdächtig, wurde vorübergehend geschlossen. Für Comte bedeutete dies das Ende einer akademischen Laufbahn.

1817–1823 arbeitete Comte als Sekretär des Sozialreformers Henri de Saint-Simon. Zunächst standen beide im intensiven intellektuellen Austausch, und Comte veröffentlichte sein *Opuscule fondamental*, das die Grundzüge der positiven Philosophie vorstellt, 1822 in Saint-Simons Schriftenreihe. Ihre Ansichten differierten aber immer stärker, vor allem hinsichtlich der Identifikation der Triebkräfte gesellschaftlicher Entwicklung. 1824 kam es zum endgültigen Bruch.

1825 heiratete Comte die ehemalige Prostituierte Caroline Massin. Im Jahr darauf begann er, die Prinzipien der positiven Philosophie in Vorlesungen zu präsentieren, doch infolge Überarbeitung, des Zerwürfnisses mit Saint-Simon und des Drucks finanzieller Schwierigkeiten erlitt er einen Nervenzusammenbruch. Er wurde in eine Anstalt eingewiesen und blieb fast ein Jahr lang arbeitsunfähig.

Comtes finanzielle Situation war stets ungesichert. Nach vergeblichen Bewerbungen auf einen Lehrstuhl an der wiedereröffneten École Polytechnique wurde er 1832 lediglich als Tutor angestellt, ab 1838 als Examinateur d'admission. Er galt als hervorragender Prüfer; dennoch verlor er 1842 seine Stellung nach Differenzen mit der Schulleitung. Vor allem in seinen letzten Lebensjahren war er abhängig von finanziellen Zuwendungen seiner Anhänger.

1830–1842 stellte Comte den 6-bändigen *Cours de philosophie positive* fertig, die an Antoine de Condorcet und Anne Robert Jacques Turgot anknüpfende Lehre einer positiven Wissenschaft von der Gesellschaft. Zentrales Element ist das Dreistadiengesetz, das die Entwicklung der menschlichen Erkenntnis und der Menschheit insgesamt als unumkehrbaren Fortschritt zu immer adäquaterer Erkenntnisweise deutet. Die drei Stadien sind durch eine je vorherrschende Form der Naturerklärung gekennzeichnet. Im ersten, »theologischen«, Stadium werden Naturphänomene und das Schicksal des Menschen als ein Werk von Göttern und Geistern erklärt, im zweiten, »metaphysischen«, durch abstrakte Wesenheiten wie finale Ursachen. Dieser Übergangszustand vermittelt mit dem dritten, »positiven« Stadium, in dem naturgesetzliche Beziehungen strikt auf Beobachtung und Erfahrung gestützt werden. Diesen Stadien korrespondieren drei Stadien der europäischen Geschichte, wobei jede Erkenntnisweise mit einer bestimmten Gesellschaftsordnung verknüpft ist: Die theologische korrespondiert dem militärischen Regime der Eroberung, die metaphysische dem von Willkür geprägten feudalen Herrschaftssystem und die positive der wissenschaftlich-industriellen Gesellschaft.

Ein zweites zentrales Element positiver Philosophie ist das enzyklopädische Gesetz. Es bestimmt die logische Reihenfolge der Wissenschaften, die zugleich die historische ist. Die Wissenschaften schreiten von einfachsten und allgemeinsten Prinzipien fort zu komplexen Phänomenen, also von der Mathematik zur Astronomie, die sich rein mathematischen Gesetzen erschließt, über Physik und Chemie zur Biologie und schließlich zur Soziologie. Mathematik ist diejenige Wissenschaft, die zuerst

I.A.M.F.X. Comte: Französische Briefmarke zu seinem 100. Todestag

Vollendung erreicht. Der Fortschritt der Wissenschaften ist zugleich auch eine methodische Entwicklung von astronomischer Beobachtung hin zum physikalischen Experiment, zum Klassifikationsverfahren (Chemie), zur vergleichenden (Biologie) und zur historischen Methode (soziale Physik oder Soziologie). Die Soziologie befasst sich mit dem höchst komplexen Gegenstand der menschlichen Gesellschaft und deren gesetzmäßiger Entwicklung. Die nachgeordnete Wissenschaft hängt stets von der vorhergehenden ab, nicht aber umgekehrt. Es ist erst die Soziologie, die das Ganze des menschlichen Wissens umfasst und die Rangordnung der Wissenschaften erkennen lässt.

1842 lösten Comte und Caroline Massin ihre unglückliche Verbindung. 1845 fasste er tiefe Zuneigung zu Clothilde de Vaux, doch starb de Vaux ein Jahr später an Tuberkulose. Comte idealisierte diese Liebesbeziehung in einer Fortbildung der »Liebe« als Fundamentalprinzip sozialen Lebens in seinen späteren Werken. Das 4-bändige *Système de politique positive* (1851–54) vollendete seine Konzeption der Soziologie. Es entwickelt die Idee der positiven Gesellschaft, den Aufbau der neuen Gesellschaftsordnung und die ihr zur Basis dienende »Religion der Humanität«. Die Organisationsstruktur der katholischen Kirche, abgelöst von den christlichen Glaubensinhalten, stellt die strukturelle und moralische Ordnung der positiven Gesellschaft bereit.

Comte starb 1857 in Paris. Er gilt als Begründer der Soziologie und hat eine Reihe von Soziologen, etwa Emile Durkheim und Talcott Parsons, beeinflusst – vor allem vermittelt durch das Werk H. ↗ Spencers, der mit John Stuart Mill zu den bedeutenden Anhängern Comtes zählt. Doch lässt sich Comtes Lehre eher als Wissenschaftstheorie und Fortschrittstheorie mit geschichtsphilosophischer Fundierung charakterisieren. Elemente seiner Philosophie finden sich in den wissenschaftsphilosophischen Arbeiten E. ↗ Machs, Pierre Duhems und im Logischen Empirismus. [JS4]

Werk(e):
Die Soziologie (1974); Rede über den Geist des Positivismus (1956).

Sekundär-Literatur:
Pickering, M.: Auguste Comte, an intellectual biography (1993).

Cook, James,
englischer Entdeckungsreisender,
* 27. 10. 1728 Marton-in-Cleveland (England),
† 14. 2. 1779 Kealakekua Bay (Hawaii).

Cook leitete in der zweiten Hälfte des 18. Jahrhunderts drei Expeditionen in den Pazifik, deren Organisation und Durchführung zum Modell späterer wissenschaftlicher Expeditionen wurde.

Als Sohn eines Landarbeiters erhielt Cook nur eine elementare Schulbildung und trat mit siebzehn Jahren eine Handelslehre an. Auf Vermittlung seines Lehrherren setzte er seine Ausbildung bei einer Reederei fort und befuhr Nord- und Ostsee. 1755 wurde ihm das Kommando über ein Handelsschiff angeboten, er entschied sich jedoch für den Dienst bei der Marine. Er wurde schnell befördert und nahm 1759 an einer Expedition zur Kartierung des St.-Lawrence-Gebiets in Kanada teil. 1763 stand dann eine Expedition zur Erschließung Neufundlands ganz unter seinem Kommando. Seine Karten und astronomischen Beobachtungen fanden sowohl bei der Admiralität als auch bei der Royal Society Beachtung, die ihn 1776 sogar zu ihrem Mitglied wählen sollte.

Cooks außergewöhnliche Leistungen führten dazu, dass die Wahl auf ihn fiel, als es 1768 um das Kommando über eine Expedition zur Beobachtung des Venusdurchgangs bei Tahiti (3. Juni 1769) ging. Begleitet von den Naturforschern J. ↗ Banks und Daniel Solander, einem Schüler C. v. ↗ Linnés, umrundete Cook Kap Hoorn und gelangte rechtzeitig für die notwendigen astronomischen Beobachtungen nach Tahiti. Bei der Gestaltung der Rückroute hatte er freie Hand und erkundete Neuseeland und die Ostküste Australiens, um dann über Neuguinea, Indonesien und das Kap der guten Hoffnung zurück nach England zu kehren, das er am 12. Juni 1771 erreichte. Auf dem Weg ließ er Karten verfertigen und umfangreiche ethnographische und naturhistorische Sammlungen anlegen.

Auf dieser ersten Reise fiel fast die Hälfte der Besatzungsmitglieder dem Skorbut zum Opfer. Cook sorgte bei seinen zukünftigen Expeditionen daher für ausreichende Ernährung, vor allem durch Sauerkraut, und war damit außerordentlich erfolgreich. Bei der zweiten Expedition von Juli 1772 bis Juli 1775, die von dem Naturforschern J. R. und G. ↗ Forster begleitet wurde, ging es darum zu klären, ob ein bislang unbekannt gebliebener Südkontinent existierte. Indem er das südliche Zirkumpolargebiet erkundete – allerdings ohne die antarktische Landmasse zu erreichen –, wies Cook nach, dass ein solcher Kontinent, wenn er denn existierte, zumindest nicht den bewohnbaren, gemäßigten Breiten angehört. Außerdem wurden viele Inseln des Südpazifiks kartographisch genau erfasst. Dies war möglich, da Cook die ganggenauen und an Schiffsreisen angepassten Uhren von John Harrison zur Bestimmung des Längengrads mit an Bord hatte. Die dritte Expedition 1776–1778 galt der Nord-West-Passage durch Amerika, wurde aber durch Eis in der Beringstraße aufgehalten. Auf dem Rückweg wurde Cook von Eingeborenen auf Hawaii, das er auf der Hinfahrt entdeckt hatte, ermordet. [SMW]

Werk(e):
A Voyage Towards the South Pole, and Round the World (1777); The Journals of Captain James Cook on His Voyages of Discovery, hrg. J. C. Beaglehole (1955–1967).

Sekundär-Literatur:
Forster, G., Lichtenberg, G. C.: Cook der Entdecker. Schriften über James Cook (1983); Kitson, A.: Captain James Cook (1907); Captain James Cook and his Times, hrg. R. Fisher u. H. Johnston (1979).

Nicolaus Copernicus
Jürgen Hamel

> **Copernicus** (Kopernikus), **Nicolaus** (Nikolaus), deutscher Astronom,
> * 19. 2. 1473 Thorn (Torun, Polen),
> † 24. 5. 1543 Frauenburg (Frombork, Torun, Polen).

Copernicus begründete in seinem Hauptwerk *De revolutionibus orbium coelestium* (1543) das heliozentrische Weltsystem. Das bedeutete nicht nur eine Revolution der Astronomie, sondern ebenso tiefe Wandlungen in der Physik, der Theologie sowie der weltanschaulichen Grundsätze insgesamt.

Nicolaus Copernicus wuchs in einem geistig anregenden Elternhaus auf; sein Vater war ein wohlhabender und angesehener Kaufmann der Hansestadt. Nach dem frühen Tod des Vaters nahm sich Lukas Watzenrode, der Bruder der Mutter und ein späterer Bischof, seiner an. 1491 bezog er die Universität Krakau, wo die mathematischen Wissenschaften in hoher Blüte standen. Nachdem er die »Sieben freien Künste«, darunter Astronomie, studiert hatte, setzte er seine Ausbildung in Bologna fort, wo er sich außer der Astronomie vor allem den Rechtsstudien widmete, um schließlich in Padua Medizin zu studieren und 1503 in Ferrara seine juristischen Studien mit dem Titel eines Doktors des Kirchenrechts zu krönen.

Damit war Copernicus auf die Tätigkeit vorbereitet, die ihn für sein künftiges Leben erwartete; Ende 1503 kam er aus Italien ins Ermland zurück. Ermland, nun für sein weiteres Leben die Heimat, wurde als Fürstbistum regiert, kirchenrechtlich unmittelbar dem Papst, staatsrechtlich als feudales Lehen dem polnischen König unterstellt. Geographisch lag es zwischen den Territorien des Staates der Kreuzritter und dem Königreich Polen, zwischen zwei politischen Kontrahenten, unter deren oft gewaltsam ausgetragenen Zwistigkeiten die Bevölkerung Ermlands viel zu leiden hatte. Das Frauenburger Domkapitel ist im modernen Sinne vergleichbar mit einer Kreisverwaltung, zu deren Jurisdiktion fünf Kammerämter gehörten. Die Funktion des Administrators der Kammerämter war für das Domkapitel eines der wichtigsten Ämter, war dieses doch mit kirchen- und zivilrechtlichen Befugnissen ausgestattet und neben der Sicherung der Verteidigungsfähigkeit der Burg dafür verantwortlich, dass im zugehörigen Territorium alle Hofstellen besetzt waren, die feudalen Abgaben festgelegt und pünktlich entrichtet wurden – schließlich bestritten die Domherren auf diese Weise den größten Teil ihres Einkommens.

Die ersten Jahre nach dem Studium, von Ende 1503 bis Ende 1510, wirkte Copernicus als Sekretär, Leibarzt und ständiger Begleiter des Bischofs von Ermland. Er begleitete seinen Onkel zu den Ständeversammlungen und an den polnischen Königshof nach Krakau. Ende 1510 ging Copernicus nach Frauenburg, wo er seit 1495 durch Vermittlung seines Onkels eine kirchliche Pfründe, eines

N. Copernicus: Das »Porträt mit dem Buch«, höchstwahrscheinlich ein Selbstbildnis, zeigt den alternden Gelehrten wenige Monate vor seinem Tod

N. Copernicus: Ausschnitt aus der Krakauer Universitätsmatrikel des Wintersemesters 1491/92 mit dem Eintrag für Copernicus (unterstrichen)

der 14 Kanonikate am Dom, innehatte. Die Einkünfte aus diesem Kanonikat sicherten Copernicus lebenslang ein finanziell sorgenfreies Leben, seine Stellung als Domherr bereitete ihm den Weg zu einer für seine Zeit weit überdurchschnittlichen akademischen Bildung. Die Kanoniker gehörten zum Säkularklerus, lebten zwar im Zölibat, doch recht freizügig als Vorsteher kleiner Wirtschaftshöfe, befanden sich oft in dienstlichen Angelegenheiten für längere Zeit am päpstlichen Hof, am Königshof in Krakau, als Verwalter (Administrator) in Allenstein oder waren in anderer Mission unterwegs.

Anfangs war Copernicus mit dem späteren Bischof Fabian von Loßainen auf einer Visitationsreise im Allensteiner Gebiet unterwegs. Er hatte später im Laufe der Jahre eine Fülle von Aufgaben zu erfüllen, musste als Kanzler des Kapitels die innere Verwaltung führen, war Vorsteher der Verpflegungskasse, Aufseher über Bäckerei, Brauerei und einige Mühlen und eben Allensteiner Kapiteladministrator. Im Zusammenhang mit dieser Tätigkeit ordnete Copernicus die Dokumente des dortigen Domarchivs völlig neu.

Nachdem bewaffnete Auseinandersetzungen zwischen dem Deutschen Orden und Polen im Ermland schwere Verwüstungen angerichtet hatten, betraute ihn 1521 das Kapitel mit der Aufgabe, die kapituläre Verwaltung wieder einzurichten und die Kriegszerstörungen zu beseitigen. 1523 leitete Copernicus nach dem Tod des Bischofs Fabian für etwa neun Monate das Bistum; 1538 übertrug man ihm die Verwaltung der Totengedächtnisstiftungen und 1541, bereits 68-jährig, die Leitung der Dombaukasse mit der Führung der Ziegelei, der Lehmgewinnung, des Ziegelackers, der Sicherung der Brennstoffversorgung sowie dem Verkauf von Ziegeln und Kalk. Zwischen 1517 und 1526 widmete sich Copernicus immer wieder Fragen der Münzreform in Preußen in Verbindung mit dem polnischen Königreich. Seine hierzu verfassten drei Denkschriften enthalten eigenständige wissenschaftliche Leistungen auf ökonomischem Gebiet, besonders zu Problemen des Geldumlaufs. In diesem Zusammenhang ist seine Berechnung des Brotpreises in Abhängigkeit vom Preis des Getreides aus dem Jahre 1530 zu erwähnen, die im Bistum Ermland amtliche Gültigkeit erhielt. Zu den vielen Aufgaben kommen schließlich die routinemäßigen Verpflichtungen als Domherr, bei denen er sich jedoch teilweise durch einen Vikar vertreten lassen konnte.

Das Studium der Medizin war Copernicus mit der ausdrücklichen Maßgabe gewährt worden, später seinem Bischof und den Frauenburger Kanonikern ärztlichen Beistand zu leisten. Tatsächlich war er als Arzt eine Autorität, wenn auch über die normale Schulmedizin keinesfalls hinausgehend – so behandelte er nicht nur seinen Onkel und dessen Nachfolger auf dem Bischofsstuhl, sondern auch den ihm persönlich nahestehenden Bischof von Kulm, Tiedemann Giese, und der Überlieferung nach die städtische und ländliche Bevölkerung. Copernicus war also keineswegs ein hauptberuflicher Astronom, sondern, wie man heute sagen würde, ein Verwaltungsbeamter in mittlerer und höherer Laufbahn, der astronomisch nur »nebenberuflich« wirkte.

Wie kaum ein anderer Gelehrter in der langen Kulturgeschichte der Menschheit ist Copernicus in das Bewusstsein der Menschen eingedrungen – als *der* Astronom, der die Wissenschaften revolutionierte und geistige Auseinandersetzungen provozierte, die zu tiefgreifenden Veränderungen im Denken führten. Es waren Veränderungen, die weit über den Bereich der Astronomie hinausgingen, weite Teile der Geisteswissenschaften erfassten, in das Gebiet der Philosophie, der Theologie, der Weltanschauung im weitesten Sinne eindrangen – die neue Fragen und neue Antworten hinsichtlich der Stellung des Menschen in und zur Welt erforderten. Dennoch verfolgte Copernicus niemals das Ziel, etwas zu revolutionieren oder umzustürzen. Im Gegenteil, er trachtete danach, durch konsequente Rückbesinnung auf alte Grundsätze der Weltanschauung die in »Konfusion« geratene Astronomie wieder in Ordnung zu bringen. Sein Ziel war es,

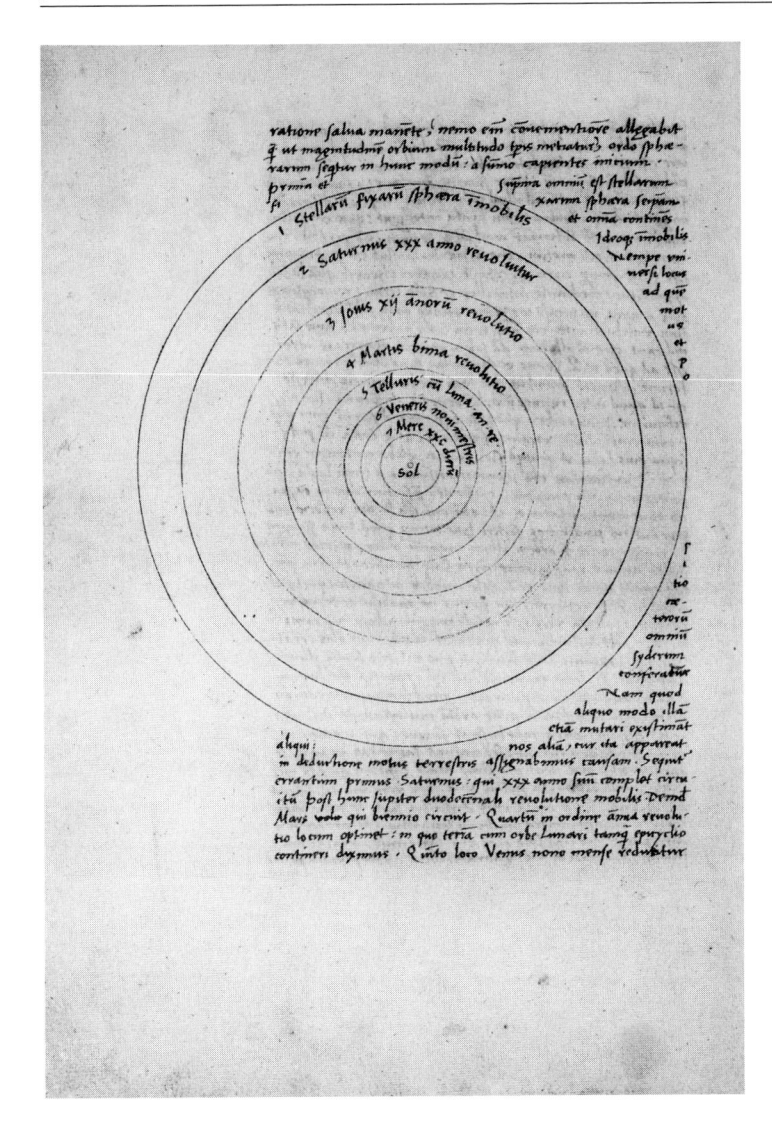

N. Copernicus: Darstellung des heliozentrischen Weltsystems nach der Handschrift des Copernicus

für die Welt ein geistiges Bild zu entwerfen, das dem ihr zugrunde liegenden göttlichen Bauplan gerecht wird.

Ohne Zweifel war sich Copernicus über die Schwierigkeit dieses Unternehmens im Klaren. An der Aufgabe, ein solches würdiges Abbild zu schaffen, seien die Astronomen bislang gescheitert, und er habe, schreibt Copernicus, lange über die Unsicherheit der mathematischen Lehren in der Berechnung der Umdrehungen der Weltkörper nachgedacht und allmählich einen Widerwillen darüber empfunden, dass den Philosophen kein einigermaßen sicheres Gesetz für die Bewegung der Weltmaschinerie bekannt geworden war. Und so glichen die entworfenen Bilder eher »Ungeheuern«, als dass sie die Harmonie und Schönheit der Welt, den unbestreitbaren Zusammenhang ihrer Teile, vor Augen führen könnten (Copernicus 1543 in einer Widmung an den Papst).

In seinem Bestreben, das gesuchte Abbild zu finden, bediente sich Copernicus strikt des antiken Instrumentariums, also zunächst der Epizykel und Exzentersysteme. Vor allem sollten die der Darstellung des Gestirnslaufs dienenden Bewegungen auf vollkommenen Kreisen und absolut gleichförmig verlaufen. Damit stützte sich Copernicus auf alte, wenigstens bis zur Philosophie der Pythagoreer zurückreichende Grundsätze der Welterklärung: Den als von göttlicher Natur gedachten Himmelskörpern entspreche in der Körpergestalt die Kugel, in der Bewegung der absolut gleichförmig durchlaufene Kreis. Diese Prinzipien sah Copernicus in der ptolemäischen Astronomie teilweise erheblich verletzt und trachtete danach, sie wieder in reiner

Form zur Geltung zu bringen. Es ist ein kennzeichnendes Element für Copernicus, dass er sich hierbei auf klassische Autoritäten berief und sich in der Nachfolge der Pythagoreer u. a. sah – ganz abgesehen von seinem festen Glauben an die Zuverlässigkeit der von ↗ Ptolemäus überlieferten alten Himmelsbeobachtungen. Copernicus erfuhr von alten Versuchen, den Weltbau in der Weise zu erklären, dass sich die Erde täglich um die eigene Achse dreht und einen Jahreslauf um die Sonne vollführt – am deutlichsten bei ↗ Aristarch von Samos im 3. vorchristlichen Jahrhundert ausgesprochen.

Bis heute ist nicht eindeutig geklärt, wann in Copernicus die ersten grundsätzlichen Zweifel an der tradierten Astronomie aufkeimten, ebenso nicht, welchen Anteil daran die Theorien pythagoreischer Gelehrter hatten. Demgegenüber muss deutlich hervorgehoben werden, dass die Erklärung der himmlischen Bewegungen mit Hilfe der Erdbewegung seit Ende des 13. Jahrhunderts, zunächst in Paris, dann auch an anderen Universitäten, ein nicht seltenes Thema gelehrter Dispute war; genannt seien Nicolaus Oresme, J. ↗ Buridanus, Albert von Sachsen und ↗ Nikolaus von Kues. Man darf annehmen, dass Copernicus von diesen Ansichten Kenntnis besaß. Diese Tatsache schmälert indes in keiner Weise das Verdienst von Copernicus, eine astronomische Theorie auf heliozentrischer Grundlage entwickelt zu haben. Denn von der hypothetischen Annahme, man könne die Erscheinungen der Gestirnsbewegungen durch eine Erdbewegung erklären, oder dem philosophischen Gedanken der Pythagoreer, dass dem Feuer als edelstem Element, also der Sonne, der Rang der Weltmitte zukomme, bis zur vollständigen mathematischen Durcharbeitung der heliozentrischen Weltbetrachtung liegen geistige Welten…

Wann sich im Denken von Copernicus der Wandel vom geozentrischen zum heliozentrischen Weltbild vollzog, dazu gibt es nur begründete Vermutungen. Man weiß, dass die erste schriftliche Fixierung des heliozentrischen Systems durch Copernicus vor 1514 erfolgte, denn in jenem Jahr wurde in der Bibliothek eines Krakauer Gelehrten ein Manuskript mit der Darstellung der heliozentrischen Weltvorstellung katalogisiert, bei der es sich nach übereinstimmender Meinung nur um den sog. *Commentariolus* von Copernicus gehandelt haben kann. In dieser kleinen Abhandlung von etwa 20 Seiten Umfang, heute in drei Abschriften bekannt, erscheint das heliozentrische Weltsystem noch ohne eigenständige mathematische Durcharbeitung und gegenüber dem späteren Hauptwerk in manchen Details unterschieden, gewissermaßen im Status einer Arbeitshypothese. Die von ihm abgeleiteten Sätze umreißen jedoch sehr klar die Grundaussagen seiner Theorie:

»Erster Satz. Für alle Himmelskreise oder Sphären gibt es nicht nur einen Mittelpunkt. Zweiter Satz. Der Erdmittelpunkt ist nicht der Mittelpunkt der Welt, sondern nur der Schwere und des Mondbahnkreises. Dritter Satz. Alle Bahnkreise umgeben die Sonne, als stünde sie in aller Mitte, und daher liegt der Mittelpunkt der Welt in Sonnennähe. Vierter Satz. Das Verhältnis der Entfernung Sonne–Erde zur Höhe des Fixsternhimmels ist kleiner als das vom Erdhalbmesser zur Sonnenentfernung, so dass diese gegenüber der Höhe des Fixsternhimmels unmerklich ist. Fünfter Satz. Alles, was an Bewegung am Fixsternhimmel sichtbar wird, ist nicht von sich aus so, sondern von der Erde aus gesehen. Die Erde also dreht sich mit den ihr anliegenden Elementen in täglicher Bewegung einmal ganz um ihre unveränderlichen Pole. Dabei bleibt der Fixsternhimmel unbeweglich als äußerster Himmel. Sechster Satz. Alles, was uns bei der Sonne an Bewegungen sichtbar wird, entsteht nicht durch sie selbst, sondern durch die Erde und unseren Bahnkreis, mit dem wir uns um die Sonne drehen, wie jeder andere Planet. Und so wird die Erde von mehrfachen Bewegungen dahingetragen. Siebenter Satz. Was bei den Wandelsternen als Rückgang und Vorrücken erscheint, ist nicht von sich aus so, sondern von der Erde aus gesehen. Ihre Bewegung allein also genügt für so viele verschiedenartige Erscheinungen am Himmel.«

Spätestens Ende der 1520er-Jahre waren seine astronomischen Vorstudien so weit gediehen, dass Copernicus an die Niederschrift seines Werkes gehen konnte. Von Beginn an wollte er nicht nur die spezifischen Züge seiner heliozentrischen Weltsicht niederlegen, sondern eine vollständige Astronomie auf heliozentrischer Grundlage entwickeln. Doch die Arbeit gestaltete sich komplizierter als erwartet. Der Autor war mit seinem Werk nicht zufrieden. Das erhaltene Originalmanuskript spiegelt sein Bestreben wider, das einmal Geschriebene immer neu zu korrigieren, Ergänzungen einzufügen, die Korrekturen zu korrigieren, sogar die Anordnung des Stoffes umzustellen. Während dieser Zeit drang die mehr oder minder deutliche Kunde vom Entstehen einer neuen Astronomie im fernen Preußen in gelehrte Kreise ein. Man brachte diesem Gerücht großes Interesse entgegen, da die Unsicherheit astronomischer Rechnungen sowie die Fehler des Kalenders sich mehr und mehr zu einem öffentlichen Ärgernis auswuchsen. Schon 1514 war eine Kalenderreform vorbereitet worden, die jedoch nicht zustande kam; die Astrologen beklagten sich, dass die Berechnung der Gestirnsörter nicht genau genug sei, weshalb notwendigerweise ihre Horoskope so oft fehlgingen. Und so erhoffte man sich von einem neuartigen Ansatz der Astronomie eine bessere Lösung.

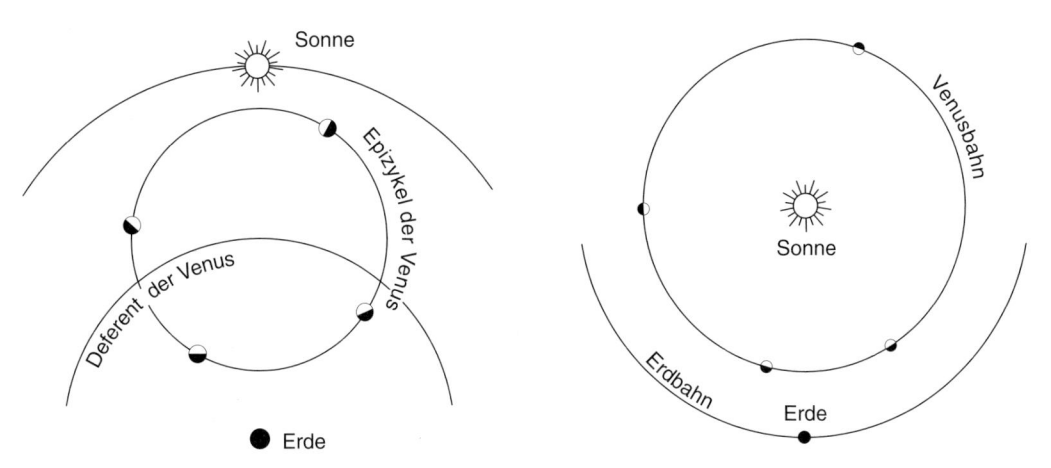

N. Copernicus: Verlauf der Venusphasen im geozentrischen (links) und im heliozentrischen Weltsystem (rechts). Der Verlauf der Phasen, wie er in frühen Fernrohrbeobachtungen festgestellt wurde, war nur mit dem heliozentrischen Weltsystem vereinbar

Copernicus hielt sich hinsichtlich der Details bedeckt, und beinahe wäre er über den Korrekturen an seinem Werk verstorben. Aber es kam anders: Die Kunde einer reformierten Astronomie war damals auch nach Wittenberg gelangt, wo an der dortigen Universität seit 1536 Georg Joachim Rheticus als Professor für Mathematik wirkte. Nach sicherlich intensiven Diskussionen mit seinen akademischen Kollegen, unter ihnen Philipp Melanchthon und Erasmus Reinhold, entschloss sich Rheticus, an Ort und Stelle nachzuforschen. Im Frühjahr 1539 begab er sich auf die Reise nach Frauenburg zu Copernicus. Die Begegnung der beiden Männer war ebenso ergebnisreich wie merkwürdig und wirft auf beide Persönlichkeiten ein bezeichnendes Licht. Rheticus, der 25-jährige Professor aus dem protestantischen Wittenberg, Schüler Melanchthons, ein vorwärts drängendes, geistvolles Talent – und Copernicus, der 67-jährige erfahrene katholische Domherr, der bis ins Detail kritische, an einsames Denken gewöhnte Gelehrte. Copernicus gewährte dem so unverhofft zugereisten Schüler bereitwillig Einblick in sein Werk. Binnen kurzer Zeit verfasste Rheticus einen *Ersten Bericht* über das Werk des Copernicus, der 1540 im Druck erschien.

Nach längeren Diskussionen und einer weiteren Durcharbeitung vor allem der trigonometrischen Teile des Werkes gab Copernicus seine Einwilligung zum Druck. Rheticus hatte inzwischen mit dem gelehrten und erfahrenen Drucker Johannes Petreius die Herausgabe vereinbart und fuhr im Mai 1542 mit dem von ihm kopierten Manuskript nach Nürnberg. Der Druck begann, doch Rheticus hatte eine ehrenvolle Berufung nach Leipzig erhalten und musste an seiner künftigen Wirkungsstätte erscheinen. So gelangte die Aufsicht über den Druck an den streitbaren protestantischen Theologen Andreas Osiander. Dieser hatte sich schon im Jahr zuvor zu Fragen der Herausgabe der heliozentrischen Astronomie geäußert. In ähnlich lautenden Briefen an Rheticus und Copernicus versuchte er beide vergeblich davon zu überzeugen, dem geplanten Werk ein Vorwort voranzustellen, in dem die neue Lehre als rein mathematische Hypothese ohne jeden Anspruch auf Wahrheit dargestellt werde. So viel bis heute darum gestritten wurde, ist diese Ansicht Osianders verständlich. Sie entsprach genau der zeitgenössischen und seit dem Altertum tradierten Auffassung von der Stellung der Astronomie im System der Wissenschaften. Die Astronomie sollte lediglich dafür sorgen, dass die Positionen der Gestirne mit höchster Genauigkeit berechnet werden können. Zu diesem Zweck ließ man sie beliebige willkürliche Annahmen machen, denn mit dem wirklichen Weltbau hatte sie nichts zu tun, da dies ausschließlich durch die Physik beschrieben werde, die in ihrer aristotelischen Form die Zentralstellung der Erde lehrte. Weiterhin sei alle Wissenschaft nur Menschenwerk und wahres Wissen liege nur bei Gott. Osiander sprach also gleichermaßen der Ptolemäischen wie der Copernicanischen Astronomie den Anspruch auf Wahrheit ab – oder anders gesagt: Als mathematische Hypothese könne man auch eine heliozentrische Astronomie akzeptieren, solange nur der Verzicht auf Wahrheit beachtet werde.

Gerade Letzteres tat Copernicus und mit ihm Rheticus eben nicht. Doch als Osiander nach Rheticus' Abreise nach Sachsen allein die Verantwortung für den Druck des Werks von Copernicus übertragen bekommen hatte, fügte er eigenmächtig und unberechtigt, wissentlich entgegen dem Wunsch des Autors, ein anonymes Vorwort hinzu, das genau diese Hypothetisierung der Astronomie im Allgemeinen und der heliozentrischen im Speziellen darstellte.

Bald nach Erscheinen des Werkes begann die Rezeption der Copernicanischen Astronomie – man sprach vom »weitberümbten Herrn Nicolaus Copernicus« als dem »neuen Atlas«, dem »zweiten Ptolemäus«. Den Weg zu diesem Ruhm hatte in erster Linie Reinhold in Wittenberg geebnet. Unter Verwendung Copernicanischer Daten hatte Reinhold 1551 die *Prutenischen Tafeln* veröffentlicht. Diese machten es möglich, die Gestirnspositionen, wie sie beispielsweise für Kalender und Horoskope gebraucht wurden, mit einem relativ geringen Rechenaufwand abzuleiten. Copernicus war etwa seit 1570 ein bekannter und anerkannter Astronom, ein geachteter Gelehrter. Aber – wenn man auch sein Werk aufmerksam studierte und nach den *Prutenischen Tafeln* seine Planetendaten verwendete: Die Rezeption erfolgte in dem von Osiander artikulierten Sinn als rein mathematische Hypothese. Es erfolgte also eine ausgebreitete, aber doch nur partielle Rezeption, die das, was später als das Wesentliche erkannt wurde – die Darstellung der realen Welt als heliozentrisch –, völlig unberücksichtigt ließ; dies in dem geschilderten Sinne der Aufgabenstellung der Astronomie als mathematischer, hypothetisierender Disziplin. Den von Copernicus vertretenen Wahrheitsanspruch überlasen die Benutzer seines Werkes entweder ganz oder ließen ihn als Übertreibung eines Gelehrten durchgehen.

Dem weiten Lob, das der heliozentrischen Astronomie als mathematischer Hypothese zuteil wurde, steht in den Fällen, wo man das System physikalisch diskutierte, eine zunächst fast einhellige Ablehnung entgegen. Doch eine solche Diskussion erfolgte nur höchst selten. Nicht nur, dass man den Heliozentrismus als völligen Gegensatz zu dem befand, was augenfällig am Himmel wahrzunehmen ist und was in Übereinstimmung mit der bewährten aristotelischen Physik war, es gab weitere Einwände. Schon 1540 hatte Achilles Gasser im Vorwort zur 2. Auflage des erwähnten *Ersten Berichts* von Rheticus festgestellt, dass nicht nur *ein* Satz der neuen Astronomie »ketzerisch« sei, wie die Mönche sagen würden. Und schon kurz zuvor, im Juni 1539, hatte Martin Luther davon gesprochen, dass, wenn auch die Astronomie in Unordnung sei, er der Heiligen Schrift vertraue, in der der Sonne geboten wird, stillzustehen, folglich die Lehre des »neuen Astrologen«, wie er schrieb, falsch sein müsse. Mit diesem Bezug auf Josua 10,12f. hatte Luther das theologische Hauptargument gefunden, das von nun an immer wieder den Verfechtern des Copernicanischen Systems entgegengehalten wurde: Wenn es heißt, der Sonne wurde geboten stillzustehen, muss sie sich und nicht die Erde zuvor bewegt haben. Könne die Bibel irren?

Ein drei viertel Jahrhundert später setzte sich G. ↗ Galilei mit dieser Frage auseinander. Die Bibel könne sich nicht irren, doch irren könnten sich einzelne Interpreten der Bibel. Denn die Worte der Heiligen Schrift seien ursprünglich so gesetzt worden, dass sie von der Masse, auch den Soldaten Josuas, verstanden werden können, weshalb des öfteren die Dinge vereinfacht werden mussten und man in den Worten der Bibel durch kluge Auslegung den Sinn finden müsse. Doch weder diese Art der Bibelauslegung noch die eher provokant wirkende Feststellung von Copernicus, »Mathematik wird für die Mathematiker geschrieben«, vermochten die kirchliche Verurteilung des Werkes von Copernicus 1616 zu verhindern. Doch dieses Urteil bedeutete keineswegs eine bedingungslose Verdammung, sondern ein Verbot, solange das Buch nicht »verbessert« sein würde. Was unter dieser Verbesserung verstanden wurde, präzisierte die päpstliche Indexkongregation im Mai 1620. Es wurden, ganz wie es Osiander gemeint hatte, etwa 10 solcher Stellen im Werk bemängelt, in welchen das heliozentrische System allzu deutlich als Realität dargestellt werde und die nun im Sinne einer lediglich mathematischen Möglichkeit zu korrigieren seien. In den Augen der Zeitgenossen erschien dies eher eine moderate Forderung denn ein schwerwiegendes Verbot zu sein, ohnehin in Übereinstimmung mit dem Vorwort zum beanstandeten Werk und den grundsätzlichen Auffassungen von der Aufgabe der Astronomie.

Bei der Beurteilung des Verbots von 1616 ist zu bedenken, dass einerseits kein Zweifel daran bestehen konnte, dass die neue Lehre im Rahmen damaliger theologischer Auffassungen in scharfem Widerspruch zur Bibel stand, während andererseits zu dieser Zeit noch kein einziger astronomischer oder physikalischer Beweis für Copernicus erbracht werden konnte. Nicht nur der Augenschein sprach gegen Copernicus, manche Forscher fühlten sich auch von den gewaltigen Dimensionen des Coperni-

N. Copernicus

canischen Kosmos verunsichert und abgestoßen. Erst aus der Warte eines Späteren erscheint das, was damals ablief, klar und eindeutig, richtig oder falsch, gut oder böse. Dagegen hatten die Akteure von damals die Wahrheit erst noch zu finden.

Abgesehen davon, dass Copernicus es vermochte, die Bewegungen der Himmelskörper harmonischer darzustellen als zuvor, konnten erste Argumente zugunsten der neuen Lehre erst nach den frühen Entdeckungen mit dem Fernrohr nach 1610 angeführt werden. Die Entdeckungen der Jupitermonde, der Sonnenflecken und der Mondtäler und -berge zeigten die Fragwürdigkeit einzelner Grundsätze der christlich interpretierten aristotelischen Physik. Denn wie könnte der Jupiter Zentrum von Kreisbewegungen sein, wie sollte die Sonne als Sinnbild Gottes in der sichtbaren Welt befleckt sein und wie könnte der Mond als Himmelskörper eine unebene Oberfläche haben? Ferner zeigten die Venusphasen einen Verlauf, wie er mit dem geozentrischen System nicht vereinbar sein konnte. Hinzu kam dann 1609 bzw. 1619 die Auffindung der Gesetze der Planetenbewegung durch J. ↗ Kepler. In Anwendung dieser auf dem heliozentrischen System beruhenden Erkenntnis der elliptischen Bewegung der Planeten um die Sonne war es nun möglich, eine viel größere Genauigkeit der Planetenberechnung zu erzielen. Mit I. ↗ Newton war dann 70 Jahre später das heliozentrische System erstmals auch physikalisch verstehbar; die Sonne als Zentralkörper garantierte mit ihrer Masse und der davon ausgehenden Gravitationskraft die Stabilität des Planetensystems.

Copernicus beschrieb in seinem Buch eine Welt, in deren Zentrum die Sonne steht, während die Erde sich als ein Planet unter anderen um diese bewegt. Schon dies allein widersprach dem tradierten biblischen Weltbild, in dem alle Weltläufe nur in Projektion auf den Menschen verstehbar sind, dem seiner Bedeutung nach die Weltmitte zukommen müsse. Diese bevorzugte Stellung wurde auch dadurch nicht aufgehoben, dass die Erde in anderer Hinsicht der unvollkommenste, am meisten gottentrückte, niedrigste Ort der Welt ist. Die Verbannung des Menschen auf einen sich bewegenden Planeten hat in theologischer Argumentation zur Voraussetzung und zur Folge, dass der Ort der Welt kein Kriterium für dessen Wertigkeit ist. Durch das heliozentrische Weltsystem wurde die sichtbare räumliche Bevorzugung des Menschen der christlich-aristotelischen Kosmologie durch eine intellektuell anspruchsvollere, physisch nicht nachvollziehbare Erhebung des Menschen ersetzt. Hierin lag ein neuer Ansatz für das Selbstbewusstsein, die Bestimmung des Menschen in der Welt. Da die ganze Welt nicht mehr in der sinnlich klaren Form für den Menschen erschaffen gedacht werden konnte, musste die Nutzbarmachung der Himmelskörper für den Menschen, der nun nicht mehr abgesondert in der Welt, sondern als deren integraler Bestandteil dasteht, neu durchdacht werden.

Die Copernicanische Entthronung des Menschen war nur der Beginn der Relativierung seiner Stellung in der Welt. Ende des 16. Jahrhunderts führte dies G. ↗ Bruno in kühnem Schwung bis zur Unendlichkeit der Welt und der Vielheit belebter Welten fort. Auch wenn ihm mit der Annahme einer unendlich ausgedehnten Fixsternsphäre schon 1576 Thomas Digges vorausgegangen war, blieb dies doch längere Zeit eine vereinzelte Ansicht. Erst im Laufe des 18. Jahrhunderts drangen die Astronomen tiefer in das Weltall ein, rückten die Sterne in immer größere, kaum mehr vorstellbare Entfernungen, die W. ↗ Herschel um 1800 für die Nebelsterne, d. h. die Galaxien, schon mit Millionen Lichtjahren angab, die zu messen man erst in den 1830er-Jahren lernte – und auch das zunächst nur in der näheren Sonnenumgebung. Die weitere Fortführung des Copernicanischen Prinzips stößt an die Grenzen des heutigen Wissens – welche Struktur hat die Welt im Großen und welche Stellung hat das Leben in dieser Welt?

Werk(e):
Gesamtausgabe, hrg. (wechselnd) v. H. M. Nobis u. M. Folkerts. Bisher erschienen: Bd. 1, De revolutionibus. Faksimile-Farbdruck der Handschrift des Copernicus (1974); Bd. 2, De revolutionibus, Kritische Ausgabe (1984); Bd. 3, Kommentar zu »De revolutionibus« (1998); Bd. 5, Opera minora, die humanistischen, ökonomischen und medizinischen Schriften (1999); Bd. 6.1, Briefe (1994); Bd. 6.2, Urkunden, Akten und Nachrichten (1996); De revolutionibus orbium coelestium (1543); 2. Aufl. 1566, 3. Aufl. 1617; Über die Kreisbewegungen der Weltkörper (übers. v. C. L. Menzzer 1879, Nachdruck 1939); Erster Entwurf seines Weltsystems, hrg. v. F. Rossmann (1986).

Sekundär-Literatur:
Hamel, J.: Nicolaus Copernicus. Leben, Werk und Wirkung (1994); Rheticus, G. J.: Erster Bericht über die 6 Bücher des Kopernikus von dem Kreisbewegungen der Himmelsbahnen (übers. u. eingel. v. K. Zeller 1943, Original 1540, 2. Aufl. 1541); Sommerfeld, E.: Die Geldlehre des Nicolaus Copernicus. Texte. Übersetzungen. Kommentar (1978); Swerdlow, N. M., Neugebauer, O.: Mathematical astronomy in Copernicus's De revolutionibus, 2 Bde. (1984, Studies in the History of Mathematics and Physical Sciences 10); Zinner, E.: Entstehung und Ausbreitung der copernicanischen Lehre (2. Aufl., durchges. u. erg. v. H. M. Nobis u. F. Schmeidler, 1988); Gingerich, O.: An annotated census of Copernicus's De revolutionibus (Nuremberg, 1543, and Basel, 1566), Studia Copernicana-Brill Series 2 (2002).

Corda, August Carl Joseph,

böhmischer Mykologe, Mikroskopiker und Zeichner,
* 22. 10. 1809 Liberec (Reichenberg),
† September 1849 Golf von Mexiko.

Corda war ein hervorragender Mykologe und ein Pionier der naturwissenschaftlichen Mikroskopie in Böhmen sowie ein Kenner der kryptogamologischen Objekte.

Corda stammte aus ärmlichen Verhältnissen und wurde zunächst Kaufmannslehrling in Prag. Er hörte dabei verschiedene botanische Vorlesungen; unter dem Einfluss von Julius Vincenz von Krombholz interessierte er sich für Pilze und begann, sie zu zeichnen. Er wurde Mitglied des Kreises um den hervorragenden böhmischen Floristen Philipp Maximilian Opiz und arbeitete bei dessen floristischen Forschungen mit, vor allem auf kryptogamologischem Gebiet. Er trat in Beziehung mit bekannten deutschen Naturwissenschaftlern, z. B. mit A. v. ↗ Humboldt, K. ↗ Sprengel und C. ↗ Ehrenberg, die sein Vorhaben und Werk förderten. Seine Bemühungen um eine Stelle an der Hochschule scheiterten allerdings. Graf Caspar v. ↗ Sternberg, der Vorstand des Nationalmuseums in Prag, verschaffte ihm eine Stelle als Kustos für zoologische Sammlungen (1834), aber Corda wirkte vor allem bei der Ausführung von Sternbergs *Darstellung der Flora der Vorwelt* mit. Nach dem Tode Sternbergs verschlechterte sich die materielle Lage Cordas im Museum sehr. 1848 reiste er nach Texas, um Sammlungen zu machen und die Möglichkeiten zur Ansiedlung böhmischer Kolonisten zu erkunden (im Auftrag des Fürsten von Colloredo-Mansfeld), aber bei seiner Rückreise 1849 sank sein Bremer Schiff Viktoria mitsamt den Naturalien.

Sein wichtigster wissenschaftlicher Beitrag liegt in der Mykologie und der naturwissenschftlichen Illustration. In dieser Hinsicht sind seine *Icones fungorum* (1837–54) und seine *Prachtflora* (1839, mit 29 kolorierten Abbildungen) am repräsentativsten. Zeitgenössische Kritiker merkten allerdings an, dass seine Abbildungen in der Größe der Objekte übertrieben und in manchen Details zu phantastisch seien. Für Mitteleuropa war seine methodische Schrift *Anleitung zum Studium der Mykologie* (1842) sehr bedeutsam. Er entdeckte auch das Durchdringen der Pollenschläuche zu den Archegonien (1834). Er bearbeitete die paläontologische Mikroskopie der Stämme alter Pflanzen. [JJ]

Werk(e):
Icones fungorum hucusque cognitorum, I–VI (1837–54); Prachtflora der europäischen Schimmelbildungen (1839); Anleitung zum Studium der Mycologie, nebst kritischer Beschreibung aller bekannten Gattungen (1842).

Sekundär-Literatur:
Volf, M. B.: Literární a obrazová pozůstalost A. J. C. Cordy (Literarischer und zeichnerischer Nachlass von A. J. C. Corda), Časopis Národního muzea 112 (1938) 201–214; Weitenweber, W. R.: Denkschrift über August Joseph Cordas Leben und literarisches Wirken, Abhandlungen der Kgl. böhmischen Gesellschaft der Wissenschaften, Folge V, Bd. 7 (1852) 57–94.

Cori, Carl Ferdinand,

amerikanischer Biochemiker,
* 5. 12. 1896 Prag,
† 20. 10. 1984 Cambridge (Massachusetts).

Cori trug mit seiner Frau Gerty durch vielfältige, überwiegend gemeinsam durchgeführte Forschungen zur Entwicklung der dynamischen Biochemie bei. Sie untersuchten insbesondere die Stoffwechselprozesse, durch die lebende Organismen aus Kohlenhydraten Energie gewinnen, und entdeckten den nach ihnen benannten Cori-Zyklus.

Carl Cori wuchs mit seinen zwei Schwestern auf der Zoologischen Station in Triest auf, wo sein Vater Carl I. Cori als Direktor tätig war. In der Familie seiner Mutter waren Wissenschaftler schon seit Generationen vertreten. Sein Urgroßvater Wilhelm Lippich war Professor für Anatomie, sein Großvater Ferdinand Franz Lippich Professor für mathematische Physik und sein Onkel Friedrich Galileus Lippich Professor für physiologische Chemie. Nach dem Abitur am Gymnasium in Triest 1914 studierte er Medizin an der deutschen Universität in Prag, wo er auch seine spätere Frau kennenlernte.

Nachdem beide 1920 promoviert hatten, übersiedelten sie nach Wien, um dort zu heiraten und ihre erste Arbeitsstelle anzutreten. G. Cori wurde Assistentin am Karolinischen Kinderspital der Stadt Wien. Ihr Mann arbeitete zunächst an der Klinik

C.F. Cori

für innere Medizin und als Assistent am Pharmakologischen Institut der Wiener Universität. 1921 wurde er Assistent am Pharmakologischen Institut der Universität Graz.

1922 nahm Cori eine Stelle als Biochemiker am State Institute for Study of Malignant Disease (jetzt Roswell Park Memorial Institute) in Buffalo im Staat New York an. Ein halbes Jahr später folgte ihm seine Frau an dasselbe Institut, wo sie eine Assistenz für Pathologie antrat. 1928 erlangten die Coris die amerikanische Staatsbürgerschaft.

1931 wurde Cori zum Professor für Pharmakologie und Direktor des Pharmakologischen Instituts an der Washington University School of Medicine in St. Louis berufen. 1946 übernahm er die Leitung des Instituts für biologische Chemie. Manche seiner Mitarbeiter und Schüler wurden zu hervorragenden Spezialisten ihres Faches, unter ihnen Sidney Paul Colowick, Herman Moritz Kalckar, Edwin Gerhard Krebs sowie die späteren Nobelpreisträger S. ↗ Ochoa, Earl Wilbur Sutherland, Luis ↗ Leloir, A. ↗ Kornberg und Christian de Duve.

Nach G. Coris Tod heiratete Cori 1960 Anne Fitzgerald-Jones, mit der er das Interesse für Archäologie und Kunst teilte. Nach seiner Emeritierung 1966 übersiedelte das Paar nach Boston, wo Cori als Gastprofessor am Institut für biologische Chemie an der Harvard Medical School wirkte. Bis zu einer schweren Erkrankung im Jahre 1983 arbeitete er wissenschaftlich im biochemischen Labor des Massachusetts General Hospital.

C. und G. Cori unternahmen ihre Forschungen meist gemeinsam; es ist kaum möglich, den Anteil eines jeden der beiden Partner genau zu bestimmen. Seit 1923 wurden der Kohlenhydratstoffwechsel und dessen Regulation zum Hauptgegenstand ihres Interesses. 1929 entdeckten sie den nach ihnen benannten Cori-Zyklus der Zerlegung und Resynthese von Glykogen im Organismus und lösten damit das Problem, wie der Organismus aus Glykogen die für die Muskelarbeit erforderliche Energie gewinnt. Danach wird Leberglykogen in Glukose zerlegt (Glykogenolyse), die mit dem Blut zu den Muskeln transportiert, dort zu Muskelglykogen synthetisiert und bei der Muskelarbeit in Milchsäure umgewandelt wird; die Milchsäure wird in die Leber befördert und dort zu Glykogen regeneriert (Gluconeogenese). 1936 wiesen die Coris nach, dass die Glykogenolyse aus einer Sequenz von Reaktionen besteht. Die erste dieser Reaktionen führt zur Bildung von Glucose-1-Phosphorsäureester (Cori-Ester), dessen chemische Struktur sie gemeinsam mit ihrem ersten Doktoranden Colowick bestimmten.

Nach 1938 gingen sie verstärkt der Frage nach, welche Enzyme für die von ihnen entdeckten biochemischen Vorgänge verantwortlich sind, und fanden die beiden Enzyme Phosphorylase, durch deren Wirkung aus Glykogen Cori-Ester entsteht, und Phosphoglukomutase, die diese Reaktion in die Gegenrichtung steuert. 1939 gelang ihnen die In-vitro-Synthese von Glykogen, die erste Synthese eines biologisch aktiven Makromoleküls außerhalb des Organismus. Nach 1949 bestimmte G. Cori gemeinsam mit ihrem Schüler Joseph Larner die Molekülstruktur des Glykogens und bewies 1952, dass die Glukose das einzige Zerfallsprodukt von Glykogen ist.

In den 1940er- und 50er-Jahren isolierten die Coris aus Geweben lebender Organismen noch weitere Enzyme und biologisch wirksame Stoffe. Ihre Entdeckungen hatten auch praktische Bedeutung für die Medizin. Sie trugen zum Verständnis des Gleichgewichts von körperlicher Belastung, Ernährung und Blutzuckerspiegel im gesunden Organismus sowie zur Erklärung der Ursache des Diabetes und einiger durch Enzymdefekte bedingter Erbkrankheiten bei.

Neben den gemeinsamen Projekten mit seiner Frau arbeitete Cori mit seinen Mitarbeitern auch an eigenen Forschungsthemen. Während der Kriegsjahre 1942–1945 beteiligte er sich an einem Geheimprojekt, das auf den Schutz des Organismus gegen Kampfgase zielte. Nach dem Krieg publizierte er über den Einfluss von Hormonen auf den Glykogenstoffwechsel und über die Permeabilität von Geweben für Kohlenhydrate. G. Cori wies in ihren letzten Lebensjahren (1953–1957) nach, dass das Von-Gierke-Syndrom, ein Defekt der Glykogenspeicherung in der Leber, durch die mangelhafte Synthese mehrerer Enzyme verursacht wird; das war der überhaupt erste Beleg dafür, dass auch eine erbliche Erkrankung durch einen enzymatischen Defekt hervorgerufen werden kann.

In Boston untersuchte Cori gemeinsam mit der Genetikerin Salome Glücksohn-Waelsch die Regulation der Enzymsynthese auf dem Niveau der Genexpression. Als Modell diente ihnen der Glukose-6-Phosphatase-Erbdefekt und damit ein Enzym, das C. und G. Cori schon in den 1940er-Jahren entdeckt hatten.

C. und G. Cori erhielten gemeinsam mit dem argentinischen Wissenschaftler Bernardo Alberto ↗ Houssay 1947 den Nobelpreis für Medizin oder Physiologie. Beide wurden zu Mitgliedern der National Academy of Sciences und weiterer in- und ausländischer wissenschaftlicher Gesellschaften gewählt. Cori wurde 1949 Präsident der American Society for Biological Chemists. [SS]

Werk(e):
Glycogen formation in the liver from d- and l-lactic acid, J. Biol. Chem. 81 (1929) 389–403; mit Schmidt, G.: The role of glucose-1-phosphate in the formation of blood sugar and synthesis of glycogen in the liver, J. Biol. Chem. 129 (1939) 629–639.

Sekundär-Literatur:
Randle, P.: Carl Ferdinand Cori, Biographical Memoirs of Fellows of the Royal Society 32 (1986) 67–95; Cohn, M.: Carl Ferdinand Cori, Biographical Memoirs of the National Academy of Sciences 61 (1992) 79–109; Cohn, M.: Carl and Gerty Cori: A personal recollection, in: Creative couples in the sciences, hrg. H. M. Pycior, N. G. Slack und P. G. Abir-Am (1996) 72–84.

Cori, Gerty Theresa geb. Radnitz,
amerikanische Biochemikerin,
* 15. 8. 1896 Prag,
† 26. 10. 1957 St. Louis (Missouri, USA).

G. Cori trug mit ihrem Mann Carl Cori wesentlich zum Verständnis der Stoffwechselprozesse bei, durch die lebende Organismen aus Kohlenhydraten Energie gewinnen. Sie beschrieb die molekulare Struktur des Glykogen und entdeckte die Ursache mehrerer Erbkrankheiten.

Gerty Theresa Cori war die älteste der drei Töchter von Martha und Otto Radnitz. Ihr Vater war Chemiker und Direktor einer Zuckerfabrik. Nach dem Besuch des Mädchenlyzeums und dem 1914 am Realgymnasium in Tetschen abgelegten Abitur studierte sie an der medizinischen Fakultät der deutschen Universität in Prag. Nach der Promotion im Jahr 1920 ging sie mit C. Cori nach Wien, wo beide heirateten und Cori ihre erste Stelle als Assistentin im Karolinen-Kinderspital der Stadt Wien antrat. Hier publizierte sie einige Arbeiten über den durch angeborene Schilddrüsenunterfunktion verursachten Kretinismus. 1922 folgte sie ihrem Mann in die USA und wurde Assistentin für Pathologie am New York State Institute for Study of Malignant Disease (jetzt Roswell Park Memorial Institute) in Buffalo. Trotz des Verbots einer selbständigen Forschung publizierte sie 1923 eine Arbeit über den Einfluss von Thyroxin auf die Vermehrung von Protozoen. Ferner publizierte sie einige Aufsätze über die Wirkung von Röntgenstrahlen auf die Haut und über den Metabolismus der Körperorgane. Ab 1931 forschte Cori als Mitarbeiterin ihres Mannes am Pharmakologischen Institut der Washington University School of Medicine in St. Louis. 1944 erhielt sie dort eine außerordentliche, 1947 eine ordentliche Professur für Pharmakologie und Biochemie. Im selben Jahr wurde sie und ihr Mann mit dem Nobelpreis geehrt. Zu dieser Zeit war Cori schon unheilbar krank, setzte aber trotzdem bis zu ihrem Tod 1957 ihre Forschungstätigkeit fort, sowohl selbständig als auch gemeinsam mit ihren Mitarbeitern sowie im Team mit ihrem Mann. In den Jahren nach 1949 bestimmte sie gemeinsam mit ihrem Schüler Joseph Larner die Molekularstruktur des Glykogens und bewies, dass Glukose das einzige Zerfallprodukt von Glykogen ist. In ihren letzten Lebensjahren widmete sie sich dem Studium des sog. Von-Gierke-Syndroms, einer angeborenen Kinderkrankheit, bei der die Glykogenspeicherung in der Leber gestört ist. Sie zeigte, dass die Krankheit durch eine mangelhafte Synthese mehrerer Enzyme verursacht wird, womit sie überhaupt den ersten Nachweis der Tatsache erbrachte, dass auch eine vererbte Krankheit durch einen enzymatischen Defekt hervorgerufen werden kann. [SS]

Sekundär-Literatur:
Larner, J.: Gerty Theresa Cori, Biographical Memoirs of the National Academy of Sciences 61 (1992) 111–135.

Coriolis, Gaspard Gustave de,
französischer Physiker und Ingenieur,
* 21. 5. 1792 Paris,
† 19. 9. 1843 Paris.

Coriolis hat die nach ihm benannte Trägheitskraft eingeführt.

Coriolis entstammte einer provenzalischen Juristenfamilie, die im 17. Jahrhundert geadelt worden war. Sein Vater, der als königstreuer Offizier nach der Revolution aus Paris fliehen musste, wurde in Nancy, wo der Sohn aufwuchs und die Schule besuchte, Industrieller. 1808 trat Coriolis als Zweitbester seines Jahrgangs in die École Polytechnique ein. Danach diente er einige Jahre im Ingenieurs-Korps der École des Ponts et Chaussées. Da er nach dem Tod seines Vaters die Familie unterstützen musste, ging er 1816 auf Empfehlung von A. L. ↗ Cauchy als Tutor an die École Polytechnique nach Paris. 1829 veröffentlichte er sein erstes Werk über die Theorie der Maschinen und ihren Wirkungsgrad, in dem er, inspiriert durch die Arbeiten von Lazare Carnot, die Begriffe »Arbeit« und »kinetische Energie« in der heute gebräuchlichen Bedeutung einführte.

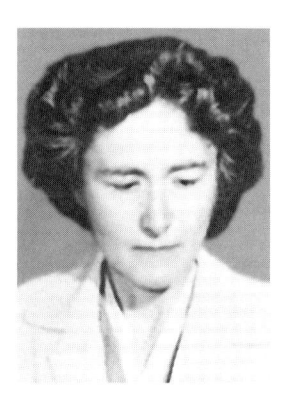

G.T. Cori

Ab 1832 lehrte er zusammen mit C. ↗ Navier, dessen Nachfolger er im Jahre 1836 wurde, an der École des Ponts et Chaussées angewandte Mechanik. Auch in die Akademie der Wissenschaften wurde er als Nachfolger von Navier gewählt.

Coriolis' von Natur aus angeschlagene Gesundheit, die ihn wohl auch an einer Heirat hinderte, verschlechterte sich im Frühjahr 1843 rapide. Kurz darauf starb er und wurde auf dem Friedhof Montparnasse in Paris beigesetzt.

1835 hatte er gezeigt, dass die Newtonschen Bewegungsgesetze auch in einem rotierenden Bezugssystem benutzt werden können, wenn man eine zusätzliche Trägheitskraft, die später so genannte Coriolis-Kraft, einführt. S. ↗ Poisson war es, der, allerdings ohne Coriolis zu erwähnen, erkannte, dass dieser Gedanke auch auf die sich drehende Erde angewandt werden konnte, womit er J. B. ↗ Foucault 1851 zu seinem berühmten Pendelversuch anregte, mit dem dieser die Drehung der Erde sichtbar machte. Die Coriolis-Kraft verhindert auch den direkten Druckaustausch zwischen Gebieten unterschiedlichen Luftdrucks und zwingt den Wind, in Spiralen die Hoch- und Tiefdruckgebiete zu umkreisen. [RS]

Werk(e):
Lehrbuch der Mechanik fester Körper und der Berechnung des Effektes der Maschinen (franz. 1829, deutsch 1846); Sur les équations du mouvement relatif des systèmes de corps (1835).

Sekundär-Literatur:
Freiman, L. S.: Gaspard Gustave Coriolis (1961).

Correns, Carl Franz Joseph Erich,
deutscher Botaniker und Pflanzengenetiker,
* 19. 9. 1864 München,
† 14. 2. 1933 Berlin.

Correns wurde bekannt als einer der Wiederentdecker der Mendelschen Gesetze um 1900. Er war der wohl bedeutendste Repräsentant der Gründergeneration der klassischen Genetik in Deutschland und war maßgeblich daran beteiligt, der Mendelschen Sicht der Vererbung im deutschsprachigen Raum zum Durchbruch zu verhelfen.

Correns wurde in München als einziges Kind des Kunstmalers Erich Correns geboren. Seine Mutter stammte aus der Schweiz. Nach dem Abitur, das er 1885 in St. Gallen ablegte, studierte Correns bei dem Botaniker Carl Wilhelm von Nägeli an der Universität München. Dort schloss er 1889 seine Dissertation *Über Dickenwachstum durch Intussusception bei einigen Algenmembranen* ab. In den Jahren von 1889 bis 1892 war er als Assistent bei G. ↗ Haberlandt in Graz, bei S. ↗ Schwendener in Berlin und bei W. ↗ Pfeffer in Leipzig. 1892 er-

C.F.J.E. Correns

langte er seine venia legendi an der Universität Tübingen. Im gleichen Jahr heiratete er Elisabeth Widmer, eine Nichte Carl von Nägelis. Correns verbrachte die folgenden zehn Jahre in Tübingen, wo er 1894 seine Kreuzungsexperimente unter anderem mit Mais- und Erbsenvarietäten im kleinen botanischen Garten der Universitätsstadt durchführte. Zunächst standen seine Kreuzungsversuche unter der bereits von Ch. ↗ Darwin diskutierten Xenienproblematik, d. h., der Frage, ob fremder Pollen einen direkten Einfluss auf die Mutterpflanze haben kann. Correns betrieb diese Studien lange Zeit neben einer Fülle von weiteren Beobachtungen und Experimenten zur Morphologie, Physiologie, Fortpflanzung und Systematik der Pflanzen. G. ↗ Mendels Arbeit las er bereits 1896, erkannte ihre Bedeutung aber erst im Laufe der Entwicklung seiner eigenen Experimente zwischen 1896 und 1899.

Wenige Wochen nach der Publikation von H. de ↗ Vries *Sur la loi de disjonction des hybrides* veröffentlichte Correns im Mai 1900 seine Arbeit über *G. Mendel's Regel über das Verhalten der Nachkommenschaft der Rassenbastarde.* Hinfort konzentrierte er sich ganz auf seine vererbungswissenschaftlich motivierten Hybridisierungsexperimente. 1902 ging er als außerordentlicher Professor nach Leipzig und 1909 als Professor und Direktor des Botanischen Gartens nach Münster. 1913 wurde er schließlich zum Direktor des neu gegründeten Kaiser-Wilhelm-Instituts für Biologie in Berlin-Dahlem berufen. Er arbeitete in Dahlem zurückgezogen und mit wenigen Mitarbeitern bis zu seinem Tode 1933.

Correns arbeitete je nach Fragestellung mit vielen verschiedenen Pflanzen. Emmy Stein (1950) zählte bei der Durchsicht seiner Protokolle nicht weniger als 340 Gattungen, mit deren Arten oder Varietäten er von Ende 1880 bis Anfang 1930 experimentierte. Correns dokumentierte unter anderem als Erster – neben dominant-rezessiven – intermediäre Erbgänge in quantitativer Form. Er beschrieb die »Kopplung« von Vererbungsanlagen, entwickelte eine Chromosomentheorie der Vererbung und zeigte, dass bei Pflanzen (*Bryonia*) das Geschlecht einem Mendelschen Erbgang folgt. Correns interessierten während seiner ganzen wissenschaftlichen Laufbahn als Vererbungsforscher nicht so sehr die formale oder die materielle Struktur der Chromosomen als vielmehr die komplexen Beziehungen zwischen Erbanlagen und Merkmalen – mehr oder weniger vollständige Dominanz, Intermediarität, Pleiotropie, Polygenie, die phylogenetische Priorität von Merkmalen und das Auftreten neuer Merkmale durch die Hybridisierung von Varietäten mit bekannten Anlagen. [HJR]

Werk(e):
Untersuchungen über die Vermehrung der Laubmoose durch Brutorgane und Stecklinge (1899); Gesammelte Abhandlungen zur Vererbungswissenschaft aus periodischen Schriften 1899–1924 (1924, hrg. von F. v. Wettstein); Bestimmung, Vererbung und Verteilung des Geschlechts bei höheren Pflanzen. Handbuch der Vererbungswissenschaft, Bd. 2C (1928); Nicht mendelnde Vererbung. Handbuch der Vererbungswissenschaft, Bd. 2H (1937).

Sekundär-Literatur:
Stein, E.: Dem Gedächtnis von Carl Erich Correns nach einem halben Jahrhundert der Vererbungswissenschaft, Die Naturwissenschaften 37 (1950) 457–463; Rheinberger, H.-J.: Carl Correns' Experimente mit Pisum, 1896–1899, History and Philosophy of the Life Sciences 22 (2000) 187–218.

Cotta, Bernhard von,
deutscher Geologe,
* 24. 10. 1808 Zillbach (bei Schmalkalden, Thüringen),
† 14. 9. 1879 Freiberg (Sachsen).

Cotta war maßgeblich an der Herausbildung der Erzlagerstättenlehre und der Petrographie beteiligt. Er leistete Beiträge zur geologischen Kartierung und zu weiteren Fragen der Erdgeschichtsforschung im 19. Jahrhundert. Als Vertreter des Entwicklungsdenkens nahm Cotta an weltanschaulichen Problemen Anteil, weshalb er als »Philosoph der Geologie in einer Zeit der sammelnden Detailforschung« angesehen wurde.

Nach dem Besuch der Kreuzschule in Dresden (1822–27) studierte Cotta an der Bergakademie Freiberg, wo er bei F. A. ↗ Breithaupt (Mineralogie), Karl Amandus Kühn (Geologie), Wilhelm August Lampadius (Chemie), Carl Friedrich Naumann (Kristallographie), Ferdinand Reich (Physik) u. a. Vorlesungen hörte und 1831 seine Ausbildung mit Auszeichnung abschloss. 1832 studierte er an der Universität Heidelberg bei K. C. ↗ Leonhard (Geologie) und wurde dort im gleichen Jahr mit einer Dissertation über verkieselte Hölzer zum Dr. phil. promoviert. Zusammen mit Naumann er-

B. Cotta

hielt er 1833 von der sächsischen Regierung den Auftrag zur geologischen Kartierung Sachsens, die 1844 abgeschlossen wurde. Anschließend kartierte er von 1844 bis 1847 Thüringen. Bereits 1842 war Cotta zum Professor für Geognosie und Versteinerungslehre an die Bergakademie Freiberg berufen worden, wo er bis zu seinem Ruhestand 1874 blieb. In diesen über 30 Jahren entwickelte er ein geowissenschaftliches Lehrgebäude mit Vorlesungen zur Geologie, Paläontologie, Erzlagerstättenlehre und Gesteinslehre sowie einem geologischen Exkursionsprogramm. Cotta trug mit zahlreichen Publikationen zur Verbreitung geologischer Kenntnisse bei und war weit über die Gemeinschaft seiner Fachkollegen und der Studenten hinaus bekannt.

Während seines Studiums lernte Cotta das System des Neptunismus von A. G. ↗ Werner kennen, wandte sich aber in Heidelberg unter dem Einfluss von Leonhard dem Vulkanismus zu. Auf der Grundlage seiner Kartierungsarbeiten in Sachsen und Thüringen sowie von Detailkenntnissen über die Geologie von Lagerstätten nutzbarer Minerale entwickelte und vervollkommnete er in der Mitte des 19. Jahrhunderts grundlegende theoretische Elemente der sich herausbildenden geologischen Teildisziplinen.

In seinen verallgemeinernden Aussagen zur historischen Geologie belegte er die Bedeutung sowohl der litho- als auch der biostratigraphischen Gliederung der Horizonte, präzisierte den Begriff der Formation, analysierte die zeitliche Verteilung der Kohlebildungen in der Erdgeschichte und entwickelte Methoden für die Erkundung von Kohlelagerstätten.

Zur Gebirgsbildung folgte Cotta zunächst der Theorie der Erhebungskrater von L. v. ↗ Buch, die er aber an entsprechenden Bildungen in der Natur überprüfte. Er schrieb 1851 dazu: »Die durch Erhebung vorhandener fester Erdkrustenteile durch darunter empordringende Eruptivmassen entstandenen Gebirge zeigen die größte Mannigfaltigkeit der Zerstörungsstadien, wodurch sie in Faltengebirge, kristallinische Schiefer, Zentralmassengebirge oberen, mittleren und unteren Querschnitts zerfallen.« Später entwickelte er eigene Konzepte wie die Gebirgsfaltungshypothese, bei denen der magmatische Schmelzfluss als Ursache der Gebirgserhebung angenommen wurde.

Cotta war einer der Begründer der Erzlagerstättenlehre. Im Resultat umfangreicher eigener Studien auf Lagerstätten insbesondere in Sachsen, in den Alpen und auf der Balkanhalbinsel entwickelte er ein System für die nutzbaren Mineralvorkommen auf der Grundlage genetischer Kriterien, wobei Cotta für die Erklärung der Entstehung von Gangerzlagerstätten die Aszensionstheorie zur Grundlage nahm. Dabei stützte er sich auf Vorstellungen der sächsischen Gelehrten Johann Friedrich Wilhelm Toussaint von Charpentier, Friedrich Wilhelm Heinrich von Trebra, Siegmund August Wolfgang von Herder und Johann Carl Freiesleben, aber auch auf den Franzosen Joseph Fournet. 1851 begann Cotta an der Bergakademie in Freiberg mit seinen Vorlesungen zur Erzlagerstättenlehre und veröffentlichte 1855 das erste Lehrbuch zu diesem Gebiet. Cotta war auch an der Herausbildung der in den Grundzügen noch heute gültigen Gesteinssystematik beteiligt. 1862 unterschied er bei den Eruptivgesteinen plutonische und vulkanische sowie saure und basische, diskutierte den besonderen Charakter der Metamorphite und unterteilte die Sedimente in mechanische, chemische und organische Bildungen.

In dem breiten Interessenspektrum Cottas spielte die Philosophie eine besondere Rolle. Er stand den Spekulationen deutscher Naturphilosophen seiner Zeit kritisch gegenüber, die alle Naturgesetze a priori aus Denkgesetzen abzuleiten versuchten. Cotta meinte, dass er es als Geologe mit der materiellen Welt zu tun habe und das Denken ein Resultat dieser Welt sei. Den Entwicklungsgedanken verfolgte er seit 1832, gestaltete ihn immer weiter aus bis zu einem *Entwicklungsgesetz der Erde* (1867). Cotta war von der Entwicklung aller Formen der Natur überzeugt, die in einer mannigfachen Wechselwirkung stehen und durch die Richtung der Veränderungen vom Niederen zum Höheren eine Abfolge des Fortschritts bis hin zur Menschheit bilden. Nach seiner Auffassung entwickeln sich Naturforschung und Philosophie Hand in Hand, woraus sich auch seine Beiträge zu Grundbegriffen der naturwissenschaftlichen Erkenntnis wie Zeit, Gesetz, Bewegung, Unendlichkeit oder Aktualismus ergaben. [MG]

Werk(e):
Briefe über Alexander von Humboldts Kosmos (7 Bde., 1848–60); Der innere Bau der Gebirge (1851); Die Lehre von den Erzlagerstätten (1855); Die Gesteinslehre (1855); Geologische Fragen (1858); Die Geologie der Gegenwart (1866); Über das Entwicklungsgesetz der Erde (1867).

Sekundär-Literatur:
Wagenbreth, O.: Bernhard von Cotta, Leben und Werk eines deutschen Geologen im 19. Jahrhundert, in: Freiberger Forschungshefte D 36 (1965); Ders.: Bernhard von Cotta, sein geologisches und philosophisches Lebenswerk an Hand ausgewählter Zitate, in: Ber. geolog. Gesellsch. in der DDR, Sonderheft 3 (1965).

Coulomb, Charles Augustin,
französischer Militäringenieur und Physiker,
* 14. 6. 1736 Angoulême,
† 23. 8. 1806 Paris.

Coulomb gehört zu den vielseitigsten Physikern der zweiten Hälfte des 18. Jahrhunderts, der die Elektrostatik und die moderne Experimentalwissenschaft begründen half.

Coulomb war Sohn des aus dem Languedoc stammenden Regierungsbeamten Henry Coulomb. Er wuchs zunächst in Paris auf, wo er das Collège Mazarin und das Collège de France besuchte. Nachdem sein Vater verarmt war und nach Montpellier zog, blieb Coulomb vorerst bei seiner aus einer wohlhabenden Familie stammenden Mutter Catherine Bayet. Da er nicht ihren Wünschen entsprechend eine Karriere als Mediziner begann, kam es zu einem Zerwürfnis. Er lebte einige Jahre bei seinem Vater und kehrte erst 1758 nach Paris zurück, um sich dort für die Aufnahmeprüfung für die École du Génie in Mézières vorzubereiten, die er schließlich von Februar 1760 bis November 1761 besuchte. Bei dieser erst 1748 gegründeten Ausbildungsstätte handelte es sich um eine der beiden führenden Militärakademien Frankreichs, die sich insbesondere

C.A. Coulomb

durch die praktizierte mathematische Ausbildung auszeichnete. Zu Coulombs Lehrern gehörten Charles Étienne Louis Camus und Charles Bossut, daneben hielt im Sommer 1760 Jean Antoine Nollet einen Kurs. Kurz nach dem Abschluss seiner Ausbildung wurde Coulomb nach Martinique versetzt, um dort am Bau der Befestigungsanlagen mitzuwirken. 1772 kehrte Coulomb gesundheitlich geschwächt nach Frankreich zurück und versuchte, sich als Wissenschaftler zu etablieren. Zu diesem Zweck präsentierte er der Pariser Akademie der Wissenschaften das Ergebnis seiner in Martinique durchgeführten Forschungen zur Statik, als Resultat wurde er zum Korrespondenten der Akademie ernannt. In den folgenden Jahren war Coulomb in verschiedenen Garnisonen in Frankreich stationiert und verfasste eine Reihe weiterer Arbeiten, zwei von diesen gewannen Preisaufgaben der Pariser Akademie der Wissenschaften. 1781 wurde Coulomb schließlich zum Mitglied des Bereiches »mécanique« der Akademie gewählt und publizierte in den folgenden Jahren eine Reihe von Arbeiten. 1791 wurde Coulomb in die Kommission für Maße und Gewichte berufen, in der er gemeinsam mit Jean Charles de Borda für die Bestimmung der Länge des Sekundenpendels verantwortlich war. Im Anschluss an die Auflösung der Akademie im Rahmen der Ereignisse der Französischen Revolution zog sich Coulomb auf seinen Landsitz zurück. Erst nach der Gründung des Institut de France als Nachfolgeorganisation der Akademie kehrte er nach Paris zurück, um seine Aufgaben als Mitglied dieser Institution wahrzunehmen.

Coulomb wird als einer der Wissenschaftler angesehen, die eine zentrale Rolle bei der Weiterentwicklung der französischen Naturforschung zum Ende des 18. Jahrhunderts spielten. Dies ist zum einen darin begründet, dass er wesentliche Beiträge in verschiedenen Bereichen wie der Mechanik, der Elektrostatik und des Magnetismus leistete. Entscheidender ist aber, dass Coulomb mit A.-L. ↗ Lavoisier, P. S. de ↗ Laplace und Borda zu einer Gruppe von Wissenschaftlern zu rechnen ist, die das Experiment selbst und dessen Rolle im naturwissenschaftlichen Erkenntnisprozess anders interpretierten und damit zu einer methodischen Weiterentwicklung beitrugen.

Coulombs erste publizierte Arbeit zu Fragen der Statik lässt sich als unmittelbares Ergebnis seiner Arbeiten auf Martinique auffassen; so sind die Ergebnisse auf den militärischen Festungsbau anwendbar. Auch bei einer Reihe weiterer Arbeiten Coulombs ist ein militärischer Kontext zu sehen, wobei Coulomb die Verknüpfung von militärisch relevanten Fragestellungen und wissenschaftlicher Betätigung auch explizit nutzte. Dies wird beispielsweise in seinem Versetzungsgesuch nach Paris deutlich, das er 1781 stellte. Diesen Antrag stellte er, um Mitglied der Akademie der Wissenschaften werden zu können; die Mitgliedschaft war mit der Pflicht verbunden, an deren Sitzungen teilzunehmen. Coulomb argumentierte, dass von einer entsprechenden Versetzung auch das Militär profitieren würde, da er in der Akademie Zugang zu den neuesten wissenschaftlichen Resultaten haben würde und diese in seine Arbeiten für das Militäringenieurkorps einbringen könne.

Die Auswahl der Forschungsthemen bis zur Aufnahme in die Akademie der Wissenschaften zeigt deutlich, dass dies ein zentrales Ziel für Coulomb war. Neben den Veröffentlichungen, die aus seiner Arbeit als Militäringenieur resultierten, reichte er u. a. eine Arbeit zu Fragen der Reibung für eine Preisaufgabe bei der Pariser Akademie ein. Diese Arbeit stand ebenfalls in einem militärischen Kontext; eines der wesentlichen Probleme in diesem Bereich war die Frage, wie ein Holzschiff zu Wasser gebracht werden kann, ohne sich durch die Reibungswärme zu entzünden. Coulomb war zum Zeitpunkt der Abfassung der Arbeit im Marinearsenal Rochefort stationiert und nutzte die dortigen Gegebenheiten für seine Untersuchungen. Bereits zuvor wurde ein Beitrag von Coulomb zu einer den Magnetismus behandelnden Preisaufgabe durch die Akademie ausgezeichnet. Daneben beschrieb er in einer weiteren Abhandlung, wie unter Wasser gearbeitet werden kann. Diese Arbeit zielte ursprünglich auf eine Preisaufgabe der Akademie in Rouen, wurde aber letztlich in der Pariser Akademie verlesen. Nach seiner Versetzung nach Paris wurde Coulomb dann auch Ende 1781 zum Mitglied der Akademie gewählt.

Als Akademiemitglied wurde Coulomb schnell wieder mit seinem erfolgreichen Preisaufgabenbeitrag zu magnetischen Messungen konfrontiert. Er hatte einen verbesserten Kompass beschrieben, bei dem die Nadel nicht mehr auf einer Spitze gelagert wurde, sondern an einem Seidenfaden hing. Hierdurch war der Kompass deutlich empfindlicher geworden, aber auch störanfälliger. Ein entsprechendes Gerät wurde seit 1780 im Pariser Observatorium von J. D. ↗ Cassini verwendet, um die tägliche Veränderung des Erdmagnetfeldes zu bestimmen. Nachdem Coulomb zum Mitglied der Akademie ernannt worden war, wurde er zu den Messungen hinzugezogen.

Die Zusammenarbeit zwischen Coulomb und Cassini veränderte sowohl das Instrument als auch das Experiment und führte Coulomb gleichzeitig zu neuen Forschungsfragen. Eine entscheidende Veränderung bildete der Ort des Experimentierens: Auf Drängen Coulombs wurde das Gerät, das ursprünglich frei zugänglich im Observatorium aufgestellt worden war, in einen der Kellerräume gebracht und durfte nur noch von Cassini abgelesen werden. Hiermit sollte der als Störquelle vermutete Einfluss einer möglichen elektrostatischen Aufladung des Experimentators minimiert werden. Diese Annahme hatte auch zu einer weiteren Modifikation des Kompasses geführt: Der ursprünglich zur Aufhängung der Magnetnadel verwendete Seidenfaden wurde durch einen Metallfaden ersetzt. Allerdings beinhaltete diese Änderung ein neues Problem, da Coulomb das Torsionsgesetz bis dahin nur für Seidenfäden, nicht aber für Metallfäden demonstriert hatte. Diese Fragestellung wurde daher Thema seiner 1784 publizierten Abhandlung, in der er nicht nur die experimentelle Untersuchung des Torsionsgesetzes für Metallfäden beschrieb. Vielmehr verwendete er das Messprinzip der Torsion bereits, um die Reibung eines Zylinders in Wasser zu bestimmen; am Ende der abgedruckten Abhandlung kündigte er auch bereits das Gerät an, das heute in der Regel mit seinem Namen verbunden wird: die Torsionswaage für elektrostatische Untersuchungen.

1785 begann Coulomb damit, eine Reihe von Abhandlungen zur Elektrostatik in der Pariser Akademie zu verlesen, die in sechs Artikeln publiziert wurden. Im ersten Beitrag beschrieb Coulomb das für diese Untersuchungen zentrale Instrument, das als erstes Elektrometer bezeichnet werden kann, und gab auch an, wie damit das elektrostatische Kraft-Abstand-Gesetz nachgewiesen werden kann. Die Grundlage des Instruments ist erneut die Torsion eines Metallfadens; bei diesem Instrument erfolgt die Verdrillung durch die Abstoßung zwischen einer geladenen Kugel, die am Ende eines horizontal am Faden hängenden Stabes befestigt ist, und einer zweiten geladenen Probekugel. Bis 1791 publizierte Coulomb eine Reihe weiterer Arbeiten zur Elektrostatik, in deren Verlauf er unter anderem Ladungsverlustmessungen mit der Torsionswaage beschrieb, sowie seine Untersuchungen zur Ladungsverteilung über verschiedene aneinandergereihte Kugeln und Zylinder. Ebenso wie eine Reihe weiterer Arbeiten lassen sich auch diese Untersuchungen mit Coulombs militärischer Funktion in Verbindung setzen: Die elektrostatischen Untersuchungen bildeten ein Forschungsprogramm, an dessen Ende die mathematische Beschreibung eines Blitzableiters steht. Dies war ein Thema, das insbesondere in Zusammenhang mit dem Schutz von Pulvermagazinen diskutiert wurde.

Die militärische Relevanz ist allerdings nicht die einzige Gemeinsamkeit mit den bereits skizzierten Arbeiten, vielmehr zeigt sich auch in den elektrostatischen Untersuchungen die für Coulombs typische Vorgehensweise, die einen Bruch mit der bis dahin etablierten Praxis darstellt. Dies wird bereits bei der grundsätzlichen Zielsetzung deutlich: Es geht für Coulomb nicht mehr um die Identifikation einer für die elektrischen Erscheinungen verantwortlichen Ursache, sondern um die mathematische Beschreibung der relevanten Effekte. Hieraus resultiert, dass es sich bei den Experimenten um quantitative Untersuchungen mit sehr empfindlichen Instrumenten handelt. Diese Empfindlichkeit wiederum bedingt ein Verlagern des experimentellen Raumes, die Apparaturen werden in öffentlich nicht zugänglichen Räumen aufgestellt, zu denen nur noch Personen Zutritt haben, denen die erforderliche Kompetenz zugesprochen werden kann.

Zur Erklärung, warum sich gerade zu diesem Zeitpunkt und insbesondere in Paris ein derartiger Experimentierstil etabliert, müssen auch die gesellschaftlichen Rahmenbedingungen in Betracht gezogen werden. So lässt sich der neue Experimentierstil gerade als Reaktion auf die sich manifestierenden gesellschaftlichen Instabilitäten interpretieren. Dabei wird die experimentelle Praxis zum Muster für jedwede Art der Faktenproduktion. Es sind nur noch einzelne Personen, die aufgrund ihrer Kompetenz Fakten formulieren und Entscheidungen treffen können. Gleichzeitig eröffnet dieser neue Experimentierstil aber Möglichkeiten, Wissen zu erschließen, das gerade durch den angemessenen Umgang mit entsprechenden Instrumenten geschaffen werden konnte.

Nach dem Beginn der französischen Revolution widmete sich Coulomb, der politisch eher royalistische Positionen vertrat, zunächst unverändert seiner Forschung. 1791 wurde er in die Kommission für Maße und Gewichte berufen, die in den folgenden Jahren ein einheitliches Maßsystem schaffen sollten. In dieser Kommission war Coulomb gemeinsam mit Borda für die Bestimmung der Länge eines Pendels verantwortlich, dessen Schwingung eine Sekunde bestimmen sollte. Im gleichen Jahr reichte Coulomb seine Abschied beim Corps du Génie ein. Im August 1793 wurde die Akademie der Wissenschaften offiziell geschlossen, am Ende dieses Jahres wurde Coulomb gemeinsam mit Wissenschaftlern wie Borda, J. B. ↗ Delambre, Laplace und Lavoisier aus der Kommission für Maße und Gewichte ausgeschlossen. Coulomb verließ Paris gemeinsam mit seinem Freund und Kollegen Borda und zog sich auf seinen Landsitz zurück.

Ende 1795 kehrte Coulomb nach Paris zurück, da er zum Mitglied der Nachfolgeorganisation der Akademie, des »Institut de France« gewählt worden war. Er veröffentlichte in den folgenden Jahren weitere wissenschaftliche Abhandlungen; die wohl aus heutiger Sicht bedeutsamste erschien 1801 und befasste sich mit der Reibung eines Zylinders in Flüssigkeiten. Ab 1802 wurde Coulomb von Napoleon zum Generalinspekteur für das französische Unterrichtswesen ernannt, diese Position hatte er bis zu seinem Tod 1806 inne.

[PH]

Werk(e):
Collections de mémoires relatifs à la physique publiés par la société française de physique. Tome I: Mémoires de Coulomb (1884); Vier Abhandlungen über die Elektricität und den Magnetismus von Coulomb (1785–1786, übers. und hrg. v. Walter König 1890).

Sekundär-Literatur:
Blondel, C., Dörries, M. (Hrg.): Restaging Coulomb: Usages, controverses et replications autour de la balance de torsion (1994); Gillmor, C. S.: Charles Augustin Coulomb: Physics and Engineering in Eighteenth Century France (1971); Heering, P.: Das Grundgesetz der Elektrostatik. Experimentelle Replikation und wissenschaftshistorische Analyse (1998).

Couper, Archibald Scott,
schottischer Chemiker,
* 31. 3. 1831 Kirkintilloch,
† 11. 3. 1892 Kirkintilloch.

A.S. Couper

Couper erkannte als einer der Ersten die Vierwertigkeit sowie die Kettenbildung des Kohlenstoffs und führte zur grafischen Darstellung der Bindungsverhältnisse den Valenzstrich ein.

Couper, Sohn eines Textilfabrikanten, erhielt Privatunterricht, bevor er 1851 an der Universität Glasgow ein altphilologisches Studium aufnahm. 1852 wechselte er nach Edinburgh, wo er Philosophie studierte. Zwischen 1852 und 1854 hielt er sich mehrfach in Deutschland auf, wo er u. a. in Halle (Saale) und Berlin die deutsche Sprache erlernte und sich auch für die Chemie interessierte. 1854 führte er in Berlin erste analytische Untersuchungen durch. 1856 ging Couper nach Paris, wo bei Charles Adolphe Wurtz seine wichtigsten Arbeiten entstanden sind. 1858 kehrte Couper nach Edinburgh zurück und arbeitete bei Lyon Playfair als Assistent. Ein Jahr später (1859) erlitt Couper einen Nervenzusammenbruch, von dem er sich nicht mehr erholte und der ihn zur Aufgabe seiner wissenschaftlichen Arbeit zwang.

Die Arbeiten Coupers stellten einen wichtigen Beitrag zur Theorie der Kohlenstoffverbindungen sowie zur chemischen Valenztheorie dar. Ausgangspunkt waren seinen Experimentalarbeiten bei Wurtz, wo sich Couper mit Substitutionsreaktionen am Benzol und der Salizylsäure beschäftigte und dabei zum Mono- und Dibrombenzol sowie zu dreifach chlorierter Salizylsäure gelangte. Couper stellte diese Ergebnisse durch entsprechende Strukturformeln dar. Dabei ging er, wie gleichzeitig und unabhängig von ihm auch A. ↗ Kekulé, von der Vierwertigkeit des Kohlenstoffatoms aus. Couper postulierte auch die Verkettung der Kohlenstoffatome durch Kohlenstoff-Kohlenstoff-Bindungen und erklärte so die Vielfalt der organischen Verbindungen. Zur graphischen Darstellung der Bindungsverhältnisse verwandte Couper eine gestrichelte Linie bzw. den Bindungsstrich, der sich als Valenzstrich bewährt hat. 1857 fasste er diese Ergebnisse in der Arbeit *Über eine neue chemische Theorie* zusammen. Da er nicht der französischen Akademie der Wissenschaften angehörte, musste er seine Erkenntnisse Wurtz übergeben, der diese zunächst nicht beachtete und erst am 14. 6. 1858 in der Akademie zur Verlesung brachte. Inzwischen waren jedoch Kekulés Abhandlungen zur Strukturtheorie erschienen, so dass Coupers Ergebnisse erst danach bekannt geworden sind. Kekulé wird deshalb auch noch heute als Begründer der Strukturtheorie organischer Verbindungen angesehen. Nicht zuletzt die Prioritätsstreitigkeiten mit Wurtz und Kekulé haben zum Nervenzusammenbruch Coupers geführt. [RS3]

Werk(e):
Recherches sur la benzine, Comptus rendus 45 (1857) 230–232; Recherches sur l'acide salicylique, Comptes rendus 46 (1858) 1107–1110; Sur une nouvelle théorie chimique, Comptes rendus 46 (1858) 1157–1160, deutsch: Über eine neue chemische Theorie, Liebigs Ann, Bd. 110 (1859) 46–51, neu hrg. v. R. Anschütz in Ostwald's Klassiker der exakten Wissenschaften Nr. 183 (1911).

Courant, Richard,
deutsch-amerikanischer Mathematiker,
* 27. 1. 1888 Lublinitz (Oberschlesien),
† 27. 1. 1972 New Rochelle (New York, USA).

Courant leistete bedeutende Beiträge zur Analysis und zur mathematischen Physik.

Aus einer jüdischen Familie von Geschäftsleuten stammend, war Courant früh auf sich allein gestellt. Als nämlich sein Vater Konkurs anmelden musste und aus Breslau wegzog, ging Courant dort noch zur Schule, aber es gelang ihm durch Erteilen von Nachhilfeunterricht, seine letzten Schuljahre und auch seine ersten Studienjahre in Breslau zu finan-

R. Courant

zieren. Sein Interesse, das zunächst der Physik galt, richtete sich bald auf die Mathematik. Insbesondere auf Empfehlung seines fortgeschritteneren Kommilitonen Otto Toeplitz wechselte Courant nach einem Gastsemester in Zürich 1907 an die Universität Göttingen. Dort kam er unter den Einfluss von D. ↗ Hilbert, dessen Assistent er für zwei Jahre wurde. Hilberts Interesse an Problemen der Analysis in dieser Zeit prägte Courants Werk lebenslang. Promotion und Habilitation bei Hilbert kreisen um das Dirichlet-Prinzip, das für die physikalische Behandlung von Problemen mit Differenzialgleichungen (z. B. in der Elektrostatik) von großer Bedeutung ist.

Im Ersten Weltkrieg demonstrierte Courant seine praktischen Fähigkeiten bei der Entwicklung der Erdtelephonie, dessen Einsatz er an der Front durchsetzte. 1920 nahm er eine Professur in Münster an, wurde aber auf Betreiben von Hilbert und F. ↗ Klein noch im gleichen Jahr Direktor des neuen Göttinger Instituts. Seine dortigen Jahre waren geprägt vom Auf- und Ausbau des Instituts und den zusammen mit Hilbert veröffentlichen Lehrbüchern über die *Methoden der mathematischen Physik*.

1933 musste er wie viele seiner Göttinger Kollegen emigrieren und ging zunächst nach England und ein Jahr darauf in die USA. Hier wurde er wiederum durch sein unermüdliches Organisationstalent innerhalb weniger Jahre Gründungsdirektor eines mathematischen Instituts, des heutigen Courant Institute. Dieses widmete sich nach dem Göttinger Modell der angewandten Mathematik (u. a. Numerik, Finite-Elemente-Methode). Als häufiger Besucher Deutschlands nach dem Zweiten Weltkrieg und Helfer beim Wiederaufbau der Mathematik in Deutschland ist er dem Land seiner Geburt bis zum Ende seines Lebens treu geblieben. [AS2]

Sekundär-Literatur:
Reid, C.: Courant in Göttingen and New York: The story of an improbable mathematician (1976).

Cranz, Carl,
deutscher Physiker und Ballistiker,
* 2. 1. 1858 Hohebach (Württemberg),
† 11. 12. 1945 Esslingen.

Cranz gehört zu den Pionieren der modernen Ballistik, der mit seinem Schaffen zudem die technische Physik als physikalische Teildisziplin etablieren half.

Als Sohn einer Pastorenfamilie nahm Carl Cranz 1877 zunächst an der Universität Tübingen ein Theologiestudium auf. Bereits nach wenigen Semestern wechselte er jedoch zur Mathematik und Physik. Neben Tübingen waren seine Studienorte die Technischen Hochschulen Berlin und Stuttgart. 1883 promovierte er bei Paul Du Bois-Reymond in Tübingen, und bereits im folgenden Jahr habilitierte er sich an der TH Stuttgart für die Fächer Mathematik und Mechanik. Dort wirkte er bis 1893 als Assistent und Hilfslehrer; zugleich unterrichtete er an einer Stuttgarter Realschule und betätigte sich als Versicherungsmathematiker. Seine wissenschaftliche Tätigkeit betraf mathematische, physikalische, geophysikalische und vor allem ballistische Probleme. Letztere qualifizierten ihn 1903 für die Übernahme der Leitung des ballistischen Laboratoriums an der neu gegründeten Militärtechnischen Akademie in Berlin-Charlottenburg. Nachdem diese nach dem Ersten Weltkrieg aufgrund der Bestimmungen des Versailler Vertrags aufgelöst wurde, wechselte er 1920 als Professor für technische Physik an die Berliner Technische Hochschule. Nach seiner Emeritierung (1927) war er zwischen 1935 und 1937 als militärtechnischer Berater der chinesischen Regierung in Nanking tätig.

Anknüpfend an die Arbeiten E. ↗ Machs, dessen Forschungen über fliegende Projektile für Cranz Vorbildfunktionen besaßen, erkannte Cranz in der Funkenphotographie das grundlegende Forschungsmittel der experimentellen Ballistik und wandte diese sowie andere physikalische Messmethoden mit großer Systematik auf die Untersuchung ballistischer Phänomene an. So perfektionierte er die Methoden der Kurzzeitmessung sowie die Schlierentechnik zur Fixierung des Flugbildes von Projektilen und entwickelte zusammen mit seinem Schüler Hubert Schardin die Funkenphotographie zur Kinematographie weiter (Cranz-Schardin-Funkenzeitlupe mit über 100 000 Bildern in der Sekunde), wodurch erstmals gestochen scharfe Aufnahmen fliegender Projektile im konventionellen und Überschallbereich gelangen. Darüber hinaus führte er auf dem Gebiet der inneren Ballistik die ersten präzisen Rücklauf- und Gasdruckmessungen durch und verbesserte die Verfahren zur Berechnung ballistischer Flugbahnen. [DH]

Werk(e):
Lehrbuch der Ballistik, Bd. 1–4 (1910ff, mit folgenden verbesserten Auflagen).

Sekundär-Literatur:
Niesiolowski, V. v.: Fünfzig Jahre ballistischer Forschung, Die Naturwissenschaften 16 (1928)269–280; Schardin, H. (Hrg.): Beiträge zur Ballistik und technische Physik. Verfasst von Schülern des Herrn Geheimrat Dr. phil. Dr.-Ing. E. h. Carl Cranz anlässlich seines 80. Geburtstages am 2. Januar 1938 (1938, mit Schriftenverzeichnis).

Cremer, Erika,
deutsche Physikochemikerin,
* 20. 5. 1900 München,
† 21. 9. 1996 Innsbruck.

Cremer war eine der ersten Physikochemikerinnen in der ersten Hälfte des 20. Jahrhunderts, denen eine wissenschaftliche *und* akademische Karriere gelang und die international hoch anerkannt wurde. Ihre bedeutendste Leistung gelang ihr 1944–47 mit der Entwicklung eines hochempfindlichen Analyseverfahrens, der Gasadsorptionschromatographie, gemeinsam mit ihrem Doktoranden Fritz Prior.

Cremer wuchs in einer Akademikerfamilie auf (Vater Max Cremer war Mediziner und Univ.-Professor, Bruder Hubert Cremer Mathematiker und Univ.-Professor) und wurde von ihrem Vater in ihrem Studiums- und Berufswunsch nachhaltig unterstützt. Von 1921 bis 1927 studierte sie vor allem Chemie an der Friedrich-Wilhelms-Universität in Berlin, wo sie 1927 mit der Arbeit *Über die Reaktion zwischen Chlor, Wasserstoff und Sauerstoff im Licht* bei M. ↗ Bodenstein promovierte. Seit dieser Zeit war sie ununterbrochen wissenschaftlich tätig, aber erst ab 1940 in einer akademischen Anstellung. Von 1928 bis 1930 war sie Stipendiatin an der Universität Freiburg bei G. ↗ Hevesy, von 1930 bis 1934 in Berlin, von 1934 bis 1937 als Stipendiatin an der Universität München bei K. ↗ Fajans, von 1937 bis 1940 wieder in Berlin und ab 1940 an der Universität Innsbruck. Cremer war 1927–28 und 1930–1940 insgesamt in drei verschiedenen Kaiser-Wilhelm-Instituten (KWI) tätig: 1927/28 und 1930–1933 war sie »unbesoldete« Mitarbeiterin im KWI für Physikalische Chemie und Elektrochemie in der Abteilung von Michael Polanyi. Nach der Vertreibung Polanyis Ende 1933 musste auch sie »ausscheiden«. Von 1931 bis 1933 arbeitete sie überdies als Gast mit einem Stipendium der Notgemeinschaft im Kältelaboratorium der Physikalisch-Technischen Reichsanstalt und führte hier ihre Arbeiten über Para- und Orthowasserstoff durch. Vom 1. 4. 1937 bis zum 31. 12. 1937 war sie im KWI für Chemie »Privatassistentin« O. ↗ Hahns. Von 1939 bis 1940 war sie wissenschaftliche Mitarbeiterin im KWI für Physik in der Arbeitsgruppe von Karl Wirtz und damit im »Uranverein« tätig. Am 10. 2. 1939 habilitierte Cremer mit der Arbeit *Bestimmung der Selbstdiffusion in festem Wasserstoff aus dem Reaktionsverlauf der Ortho-Para-Umwandlung* an der Berliner Universität.

1940 kam sie an die Universität Innsbruck, zunächst als Diäten-Dozent. 1945 wurde sie Leiterin des physikalisch-chemischen Instituts, 1951 Professor(in) und 1959 Ordinaria.

Sie erhielt hohe nationale und internationale Auszeichnungen, u. a. wurde sie 1964 Korr. Mitglied der Österreichischen Akademie der Wissenschaften (ÖAW), 1970 erhielt sie den Erwin-Schrödinger-Preis der ÖAW und 1977 die amerikanische Tswett-Medaille.

Erika Cremer gehörte zu den herausragenden Wissenschaftlerinnen in Österreich und zu den anerkanntesten Physikochemikerinnen. [AV2]

Sekundär-Literatur:
Beneke, K.: Erika Cremer, Mitteilungen der Kolloid-Gesellschaft (1999) 311–334; Miller, J. A.: Erika Cremer, in: Grinstein, L. S., R. K. Rose, M. H. Rafailovich (Hrg.): Women in Chemistry and Physics. A Biobibliographic Sourcebook (1993) 128–135; Oberkofler, G.: Erika Cremer. Ein Leben für die Chemie (1998); Oberkofler, G.: Eine weltweit anerkannte Arbeit. Die Chemikerin Erika Cremer (1900-1996), in: Berlinische Monatsschrift 9/11 (2000) 63–67; Wöllauer, P.: »Wir müssen leider eine Frau nehmen, ...« Erika Cremer und die Entwicklung der Gaschromatographie, in: Kultur & Technik 1 (1997) 29–33; Deutsches Museum Bonn, Katalog 1995, S. 308–311; Vogt, A.: Wissenschaftlerinnen in Kaiser-Wilhelm-Instituten. A-Z (1999).

Cremona, Antonio Luigi Gaudenzio Giuseppe,
italienischer Ingenieur und Mathematiker,
* 7. 12. 1830 Pavia,
† 10. 6. 1903 Rom.

Mit seiner grafischen Statik vollendete Cremona die Theorie der statisch bestimmten Fachwerke am Ende der Etablierungsphase der Baustatik.

Unmittelbar nach Besuch des Gymnasiums in Pavia nahm Cremona 1848 als Mitglied des Bataillons »Freies Italien« am Kampf gegen die österreichische Herrschaft teil und beteiligte sich an der Verteidigung Venedigs, die am 24. 8. 1849 mit der Kapitulation endete. Im selben Jahr nahm er das Bauingenieurstudium an der Universität Pavia auf, das er 1853 mit dem Doktorgrad abschloss. Nach verschiedenen Lehrerstellen in Pavia, Cremona und Mailand avancierte er 1860 zum Professor an der Universität Bologna. Diesem Amt folgte eine Professur für höhere Geometrie am Polytechnikum in Mailand (1867–73). 1873 war er Gründungsrektor der neu

A.L.G.G. Cremona

gebildeten Technischen Hochschule in Rom, wo er bis 1877 die grafische Statik vertrat; danach wirkte er bis zu seinem Tod als Mathematikprofessor an der Universität Rom.

Ausgehend vom Satz von W. ↗ Rankine, leitete J. C. ↗ Maxwell 1864 und 1867 die Dualitätsrelation von Fachwerkgeometrie und Kraftpolygon ab und schuf eine Theorie der reziproken Diagramme, an die Cremona in seiner Mailänder Zeit unmittelbar anknüpfte und sie verallgemeinerte. Die Maxwell-Cremona-Dualität nannte Otto Mohr 1875 das »Paradepferd der grafischen Statik«. Operativer Kern der grafischen Statik Cremonas war der Cremona-Plan, der alsbald in die Statiklehre und die Ingenieurspraxis Eingang fand. Mit K. ↗ Culmann und Maxwell repräsentierte Cremona die durch die projektive Geometrie nobilitierte grafische Statik.

Seit 1879 gehörte Cremona dem Senat als eines seiner angesehensten Mitglieder an. Für seine bahnbrechenden Beiträge zur Geometrie verliehen ihm u. a. die Universitäten von Berlin, Stockholm und Oxford den Ehrendoktortitel. [KEK]

Werk(e):
Le figure reciproche nella statica grafica (1872); Opere matematiche, 3 Bde. (1914–17).

Sekundär-Literatur:
Arrighi, G.: Nuovo contributo al carteggio Guido Grandi (1976); Narducci, T.: Storia di una polemica – una memoria sconosciuta del matematico di Cremona »Sopra le curve geometriche, o meccaniche«, Physis – Rivista Internazionale di Storia della Scienza 18 (1976) 366–382; Scholz, E.: Symmetrie, Gruppe, Dualität. Zur Beziehung zwischen theoretischer Mathematik und Anwendungen in Kristallographie und Baustatik des 19. Jahrhunderts (1989).

Croll (Crollius), **Oswald,**
deutscher Arzt, Alchemist und Diplomat,
* um 1560 Wetter bei Marburg,
† Nov./Dez. 1608 Prag.

Oswald Croll war Verfasser der *Basilica Chymica*, eines der ersten Lehrbücher der Chemie.

Croll trat nach Medizinstudien an den Universitäten von Marburg (ab 1576) und Paris (1585) spätestens 1591 in die Dienste des wegen Verrats (»Felonie«) auf kaiserlichen Befehl gefangengesetzten Reichserbmarschalls Conrad von Pappenheim. Er setzte sich für dessen Freilassung ein und übernahm die Erziehung von Pappenheims Sohn Maximilian. Die mit dieser Tätigkeit verbundenen häufigen Reisen ermöglichten Croll vielfältige wissenschaftliche Kontakte und den Aufbau einer umfangreichen philosophisch-alchemischen Korrespondenz. So stand er in Verbindung mit den bedeutenden Paracelsisten Joseph Duchesne und Johann Huser sowie den Alchemisten Edward Kelley und Michael Sendivogius. Seit 1599 lebte er in Prag, wo er um 1600 Leibarzt und diplomatischer Agent des Fürsten Christian I. von Anhalt-Bernburg, des späteren Führers der protestantischen Union, wurde. Crolls Geschick im alchemistischen Experimentieren erwarb ihm einen hervorragenden Ruf und führte 1607 zum gelehrten Austausch mit Kaiser Rudolf II. Im Jahre 1608 beendete er die Arbeiten an seinen einzigen Werken, *Basilica chymica* und *Tractatus de signaturis internis rerum*, die erstmals 1609 posthum in einem Band veröffentlicht wurden.

Crolls Hauptschrift *Basilica chymica* war im 17. Jahrhundert eines der Standardwerke der Iatrochemie. Man schätzte seine präzisen Anleitungen zur Herstellung chemischer Präparate. Sie enthält z. B. die erste Beschreibung der Bereitung von Calciumacetat. Damit trug Croll wesentlich zur Etablierung des Paracelsismus an den Universitäten und zur Einführung anorganischer Arzneien in die Medizin bei.

Seine Naturphilosophie steht in der geistesgeschichtlichen Tradition des Paracelsismus und Neuplatonismus der Renaissance. Bezugspunkt der Spekulationen Crolls ist immer wieder das ärztliche Interesse und die Erkenntnis des Menschen. Zentrale Motive seiner Naturphilosophie sind die Mikrokosmos-Makrokosmos-Analogie, der Hylozoismus, die Dualität des Sichtbaren – als der äußeren Hülle – und des Unsichtbaren – als des Wesens der Dinge – sowie die Signaturenlehre, derzufolge die Ähnlichkeit äußerer Merkmale von Pflanzen oder Mineralien mit bestimmten Organen oder Krankheitsmerkmalen eine innere Verwandtschaft und Heilkraft signalisiert. [JB]

Werk(e):
Basilica Chymica (1609, deutsche Übersetzung 1629).

Sekundär-Literatur:
Kühlmann, W., u. Telle, J.: Oswaldus Crollius, ausgewählte Werke, 2 Bde. (1996–1998); Hannaway, O.: The Chemists and the Word. The Didactic Origins of Chemistry (1975).

Cronstedt, Axel Fredrik,
schwedischer Mineraloge und Chemiker,
* 23. 12. 1722 Turinge,
† 19. 8. 1765 Säter.

Cronstedt war ein bedeutender Mineraloge des 18. Jahrhunderts und entwickelte als Erster eine Mineralklassifikation nach rein chemischen Gesichtspunkten.

Ursprünglich zur militärischen Laufbahn bestimmt, wandte sich Cronstedt unter dem Einfluss des schwedischen Mineralogen Johan Gottschalk Wallerius bald der Mineralogie zu. 1742 besuchte er das Bergskollegium in Stockholm, wo er die Aufmerksamkeit des Montanwissenschaftlers Daniel Tilas erregte. Ab 1743 unternahm er ausgedehnte Reisen zu den schwedischen Bergbaugebieten und besuchte zwischen 1746 und 1748 zusätzlich Chemiekurse bei Georg Brandt. 1748 wurde er Direktor des mittelschwedischen Bergbaubezirks Bergslagen und begann mit systematischen chemischen Mineraluntersuchungen. Ein Ergebnis hierbei war die Entdeckung eines neuen Metalls, des Nickels. Ein weiteres, von Cronstedt im Zusammenhang mit seinen Untersuchungen neuer Eisenerze erwähntes Mineral von ungewöhnlich hohem spezifischen Gewicht identifizierte J. J. ↗ Berzelius 1803 als wasserhaltiges Silikat eines weiteren neuen Metalls, des Cers.

Cronstedts chemische Untersuchungen der Mineralien zielten vor allem auf die Metalle. In seinem *Försök til mineralogie* (1758) legte er die Grundlagen eines neuen (chemischen) Mineralsystems. Er gab die traditionelle Unterscheidung von »Erden« und »Steinen« auf, da hierbei oft chemisch identische Substanzen (z. B. lockere Kreide und Kalkstein) getrennt wurden, und unterschied neun »einfache Erden« (Metalloxide) als Grundbestandteile der Mineralien. Methodisch bedeutsam war seine ausführliche Anleitung zur planmäßigen Anwendung des Lötrohrs in der Mineralanalyse, das schon von seinem Lehrer Sven Rinman gelegentlich bei mineralogischen Untersuchungen verwendet worden war. Cronstedts Werk wurde außerordentlich einflussreich, insbesondere nachdem es 1760 ins Deutsche übertragen worden war. Es bildete eine wesentliche Grundlage der Mineralogie A. G. ↗ Werners in Freiberg, der Cronstedt den Begründer der chemischen Mineralogie nannte. [BF2]

Werk(e):
Försök til mineralogie, eller mineralrikets upställning (1758; dtsch. 1760).

Sekundär-Literatur:
Oldroyd, D. R.: A note on the status of A. F. Cronstedt's simple earths and his analytical methods, in: Isis 65 (1974); Llana, James W.: A contribution of natural history to the chemical revolution in France, in: Ambix 32 (1985).

Crookes, Sir William,
englischer Chemiker und Physiker,
* 17. 6. 1832 London,
† 4. 4. 1919 London.

Crookes hat mit seinen populären Experimenten zum Radiometereffekt und zur Gasentladungsphysik sowie mit seinen Arbeiten zur Radioaktivität wesentlich zur Herausbildung und Festigung moderner Theorien der klassischen Physik beigetragen.

Als Sechzehnjähriger trat Crookes, der als Ältestes von sechzehn Kindern eines Schneiders zunächst keine reguläre Ausbildung genossen hatte, in das Royal College of Chemistry des A. W. v. ↗ Hofmann ein und arbeitete von 1850 bis 1854 als dessen Assistent. Nach kurzer Tätigkeit am Radcliffe Observatory in Oxford kehrte er 1856 nach London zurück und machte als freischaffender Chemiker auf sich aufmerksam. Mit Hilfe der von R. ↗ Bunsen und G. ↗ Kirchhoff begründete Spektralanalyse fand er in Selenrückständen aus dem deutschen Tilkerode (Harz) ein neues Element, das Thallium (griech. »grüner Zweig«, nach der grünen Linie im Spektrum). Er setzte sich in einem Prioritätenstreit gegen den französischen Chemiker Claude Auguste Lamy durch, trug seine Forschungen im Juni 1862 und Februar 1863 der Royal Society

W. Crookes

vor und wurde noch 1863 zu deren Mitglied gewählt. Bei unter Luftausschluss durchgeführten Wägungen zur Bestimmung des Atomgewichtes von Thallium glaubte er, thermisch induzierte Schwerkraftänderungen zu bemerken. Schließlich postulierte er strahlungsbedingte Anziehungs- und Abstoßungskräfte. Einen Ursprung dieser Kräfte in der Wechselwirkung der ungleich erwärmten Körper mit dem Restgas schloss er aus; er wähnte sich einem »absoluten« Vakuum nahe. In dem Bestreben, seine Hypothese gegen die Zweifler durchzusetzen, konstruierte und untersuchte er eine Vielzahl empfindlicher Waagebalken, Pendel und Drehwaagen. Aufsehen erregte dabei sein 1875 vorgestelltes »Radiometer«. Wissenschaftlich gesehen, war dieses Instrument für Crookes zunächst ein Rückschlag. Mit einer technologisch verbesserten, von H. ↗ Geißler ausgeführten Konstruktion, der sog. »Lichtmühle«, zeigten A. ↗ Schuster und O. ↗ Reynolds 1876, dass die Antriebskräfte entgegen der Auffassung Crookes' mit Hilfe der kinetischen Gastheorie erklärt werden müssen. Crookes schloss sich schließlich (mit Einschränkungen) dieser Auffassung an und konnte mit weiteren Experimenten zur Bestätigung der Voraussage J. C. ↗ Maxwells, dass die Viskosität der Gase weitgehend druckunabhängig sei, beitragen.

Ausgangs der 1870er-Jahre wandte sich Crookes Experimenten mit Kathodenstrahlen zu. Dank der Geschicklichkeit seines Assistenten Charles H. Gimmingham schuf er in kurzer Zeit eine Reihe attraktiver, heute noch gezeigter Entladungsröhren (»Crookes'sche Röhren«). Sie demonstrierten – anknüpfend an die Arbeiten von J. ↗ Plücker, W. ↗ Hittorf u. a. – wesentliche Eigenschaften der Kathodenstrahlen (Geradlinigkeit der Ausbreitung, magnetische Ablenkbarkeit, Lumineszenzerscheinungen, Massetransport). Das Studium dieser Erscheinungen, von Crookes in Anlehnung an ein Konzept M. ↗ Faradays als »Strahlende Materie oder der vierte Aggregatzustand« (1879) bezeichnet, befruchtete die Gasentladungsphysik. In den Folgejahren erweiterten E. ↗ Goldstein, H. ↗ Hertz, Ph. ↗ Lenard u. a. das Eigenschaftsbild der Kathodenstrahlen, was schließlich in die Entdeckung der Röntgenstrahlen und die Beschreibung des Elektrons mündete. In dem Bewusstsein, dass ihn nur eine Auslandsreise 1895 an der Entdeckung der Röntgenstrahlen gehindert habe, stellte sich Crookes dem 1896 durch A. H. ↗ Becquerel eröffneten neuen Forschungsgebiet Radioaktivität. Von bleibender Bedeutung ist die von ihm (zeitgleich mit J. ↗ Elster und H. ↗ Geitel) gefundene Szintillationswirkung von α-Strahlen auf einem Zink-Sulfid-Schirm.

Crookes, dem eine ausbildungsbedingte mathematische Schwäche nachgesagt wurde, zeichnete sich durch scharfsinnige Analysen und geniale spekulative Schlüsse aus. Erwähnt seien seine Vermutung, dass Radioaktivität durch »Körper kleiner als Atome« ausgelöst werde, worin man einen Hinweis auf die erst Jahrzehnte später entdeckte Kernspaltung sehen kann, sein Doppelhelixmodell des Periodensystems der Elemente und sein System der Metaelemente, welches er später als Vorwegnahme des von F. ↗ Soddy eingeführten Isotopiebegriffes verstanden wissen wollte. Mit seinen Spekulationen überschritt Crookes bewusst die Grenze zum Metaphysischen. Seine spiritistischen Sitzungen waren berühmt und mehrten, ganz im Geiste des victorianischen Zeitalters, seinen Ruhm.

Crookes hat sich in seinem langen Forscherleben auch mit sehr praktischen Fragen – z. B. künstliche Dünge- und Desinfektionsmittel – befasst. Bekannt wurden seine UV-undurchlässigen Brillengläser (»Crookes Lenses«).

Crookes war verheiratet und Vater von zehn Kindern. Er galt als geschickt bei der Verwertung seiner Forschungsergebnisse. Manche seiner wissenschaftlichen Ansprüche, insbesondere die aus den spekulativen Schlüssen abgeleiteten, waren, ebenso wie seine im hohen Alter ausgeübte Präsidentschaft in der Royal Society (1913–1915), nicht unumstritten.

[GD]

Werk(e):
Researches on the Atomic Weight of Thallium, Philosophical Transactions of the Royal Society 163 (1873) 277–330; On the Attraction and Repulsion Resulting from Radiation, Proceedings of the Royal Society 23 (1874–75) 373–378; Radiant Matter, Chemical News 40 (1879) 91–93, 104–107, 127–131.

Sekundär-Literatur:
Przibram, K.: Crookes, in: Bugge, G. (Hrg.): Das Buch der großen Chemiker, Bd. 2 (1930) 288–297.

Culmann, Karl,
deutsch-schweizerischer Ingenieur,
* 10. 7. 1821 Bergzabern,
† 9. 12. 1881 Zürich.

Culmann begründete die Fachwerktheorie und die graphische Statik; beide Gebiete bilden die historisch-logische Mitte der Disziplinbildungsperiode der Baustatik.

Dem Besuch des Collège in Wissembourg 1835–36 folgte ein Aufenthalt in Metz, wo Culmanns Onkel Friedrich Jakob Culmann als Professor an der Artillerie-Schule wirkte; dieser erweckte in ihm das Interesse an einer Ingenieurlaufbahn. Von 1838 bis 1841 studierte Culmann am Polytechnikum in Karlsruhe; anschließend war er bis 1855 im Staatsbaudienst bei der bayerischen Eisenbahn tätig. Mit Unterstützung seines Vorgesetzten Fried-

K. Culmann

rich August von Pauli bereiste Culmann 1849–51 England, Irland und die Vereinigten Staaten von Nordamerika; darüber veröffentlichte er zwei Reiseberichte, welche die Fachwerktheorie enthalten. 1855 folgte Culmann einem Ruf an das Polytechnikum Zürich, wo er bis zu seinem Tod als ordentlicher Professor für Ingenieurwissenschaften wirkte.

Die Geburtsstunde der grafischen Statik war die Veröffentlichung der gleichnamigen Monografie (1864–1866); sie machte den Kern der Etablierungsphase der Baustatik (1850–1875) aus. Culmann zufolge ist sie der Versuch, die einer geometrischen Behandlung zugänglichen Aufgaben auf dem Gebiet des Ingenieurfachs mit Hilfe der projektiven Geometrie zu lösen. Bereits im Vorwort zur 2. Auflage seiner *Graphischen Statik* stellte Culmann erfreut fest, dass die grafische Statik eine weite Verbreitung gefunden habe, beklagte aber gleichzeitig, dass sie ohne die mathematische Grundlage der projektiven Geometrie gelehrt werde (Grafostatik).

In der Folge setzte sich diese durch ihre Rezepturförmigkeit charakterisierte Grafostatik durch. Bereits mit der Vollendung der klassischen Baustatik nach 1900 zeichnete sich der Niedergang der grafischen zugunsten der analytischen Rechenmethoden der Baustatik ab. Obwohl Culmanns Programm der Grundlegung der grafischen Statik durch die projektive Geometrie letztlich scheiterte, war er zusammen mit Otto Mohr der größte Baustatiker des 19. Jahrhunderts. [KEK]

Werk(e):
Der Bau der hölzernen Brücken in den Vereinigten Staaten von Nordamerika, Allgemeine Bauzeitung 16 (1851) 69–129; Der Bau der eisernen Brücken in England und Amerika, Allgemeine Bauzeitung 17 (1852) 163–222; Die Graphische Statik (1864/1866).

Sekundär-Literatur:
Maurer, B.: Karl Culmann und die graphische Statik (1998).

Cunitia (Cunitz), **Maria,** auch Maria von Löwen, deutsche Astronomin,
* um 1610 bei Schweidnitz (Schlesien),
† 22. 8. 1664 Pitschen (Schlesien).

Maria Cunitia verfasste 1650 eine Bearbeitung der Keplerschen *Tabulae Rudolphinae* mit dem Ziel einer einfacheren Handhabung dieser Tafeln. Dem Werk ist eine bemerkenswerte lateinisch-deutsche Einleitung vorangestellt.

Cunitia war die Tochter eines gebildeten Gutsbesitzers. Bereits von ihren Eltern wurden ihre geistigen Anlagen gefördert. Im Jahre 1630 heiratete sie den Arzt und Mathematiker Elias von Löwen, der sie in ihrer wissenschaftlichen Bildung unterstützte. Neben Geschichte und Mathematik beschäftigte sie sich vor allem mit der Astronomie und beherrschte neben Latein u. a. die polnische, griechische und hebräische Sprache. In den Wirren des 30-jährigen Krieges fand sie mit ihrem Mann Zuflucht in einem Kloster bei Posen.

Ihre erste wissenschaftliche Arbeit bestand in einer Bearbeitung der *Astronomia Danica* des Christian Longomontanus (Amsterdam 1622 und 1640), die sie verschiedenen Fachleuten vorlegte (das Werk ist heute verschollen). Offenbar fiel das Urteil sehr positiv aus, weshalb sie sich den *Rudolphinischen Tafeln* J. ⇗ Keplers (Ulm 1627) zuwandte.

1650 erschien ihr Werk *Urania Propitia... Das ist: Newe und langgewünschete, leichte Astronomische Tabelln*. Cunitia hatte in aufwändigen Rechnungen Keplers *Rudolphinische Tafeln* vereinfacht und für den praktischen Gebrauch ergänzt sowie neue Hilfstafeln berechnet. Diese verdienstvolle Arbeit unternahm sie mit dem ausdrücklichen Ziel, auch Menschen die Astronomie zugänglich zu machen, die der lateinischen Sprache nicht mächtig sind, unter denen es doch »zu erlernung der Astronomia, so begierig alß taugliche ingenia« gäbe (Urania Propitia, S. 154). Sie erkannte sowohl das heliozentrische Weltsystem als auch die elliptische Bahnbewegung der Planeten an, was in ihrer Zeit keineswegs selbstverständlich war. Ihre umfangreiche lateinisch-deutsche Einleitung, in der sie sowohl die Handhabung der Tafeln erläuterte als auch Grundlagen der Astronomie abhandelte, ist ein bedeutsames Dokument der Herausbildung der deutschen mathematisch-astronomischen Fachsprache.

Maria Cunitia ist eine der wenigen Frauen, denen es bis zu dieser Zeit infolge unkonventioneller, der Bildung von Mädchen bzw. Frauen aufgeschlossener familiärer Verhältnisse gelang, eigenständig wissenschaftlich tätig zu werden. Im deutschsprachigen Teil ihres Vorwortes zur *Urania Propitia* nimmt sie selbstbewusst zur wissenschaftlichen Betätigung von »Weiblichen Geschlechtes Personen« Stellung, über die »sich etliche verwundern« werden. Auch wenn sie diese Möglichkeit schließlich durch ihr eigenes Werk unter Beweis stellte, fühlte sie sich verpflichtet zu betonen, dass dies nicht zur Vernachlässigung der »zu des Weiblichen Geschlechts notturfft und zier« führte, sondern lediglich in ihrer freien Zeit erfolgte. Sie ist sich dessen sicher, dass »durch weibliche Leibes kräffte... künfftiger Zeiten würdiges, und anderen Menschen nutzbares zu wirken sey.« [JH]

Werk(e):
Urania Propitia sive tabulae astronomicae... Das ist: Newe und langgewünschete, leichte Astronomische Tabelln (1650).

Curie, Marie Salomee, geb. Sklodowska, französische Physikerin und Chemikerin polnischer Herkunft,
* 7. 11. 1867 Warschau,
† 4. 7. 1934 Sancellemoz (Savoyen, Schweiz).

Marie Curie entdeckte zusammen mit ihrem Manne Pierre die chemischen Elemente Radium und Polonium. Sie legte damit die Grundlagen für die Erforschung der radioaktiven Strahlen und die moderne Kernphysik.

Marie Curie war das fünfte Kind einer Warschauer Lehrerfamilie – der Vater unterrichtete Mathematik und Physik an einem Gymnasium und die Mutter leitete ein Mädchenpensionat. Der frühe Tod der Mutter (1878) erzog die Heranwachsende zu großer Selbständigkeit und entwickelte enge Beziehungen zu ihrer ältesten Schwester Bronia. Marie glänzte in der Schule mit ausgezeichneten Leistungen, doch gab es nach dem Abschluss des Gymnasiums (1883) für sie zunächst keine Möglichkeit, ein Studium aufzunehmen. Zum einen wurde Mädchen im damals von Russland besetzten Polen der Zugang zur Universität verwehrt, zum anderen verbot auch die ökonomische Lage der Familie die Aufnahme eines Studiums im Ausland. Marie verbrachte zunächst ein Jahr bei einem Onkel in Galizien, wo sich ihre besondere Liebe zur Natur, aber auch ihre Verbundenheit mit den Leuten auf dem Land herausbildete. Anschließend verdiente sie sich in Warschau ihren Lebensunterhalt durch Nachhilfeunterricht. In dieser Zeit beschloss Marie mit ihrer Schwester, beider Wunsch nach einem Studium dadurch zu realisieren, dass Bronia nach Paris gehen sollte, um mit der finanziellen Hilfe ihrer Schwester dort Medizin zu studieren; nach Beendigung des Studiums sollte Marie ihrer Schwester nach Paris folgen und dann von ihr unterstützt werden.

Während ihre Schwester Bronia nach Paris ging, nahm Maria eine Stelle als Gouvernante bei der polnischen Adelsfamilie Zorawski an. Sie hatte die Kinder der Familie zu unterrichten, fand daneben aber noch genügend Zeit, um sich in der Bibliothek des Adelssitzes mit der zeitgenössischen politischen und philosophischen Literatur vertraut zu machen. Ihre Liebe zum ältesten Sohn trübte das Verhältnis zur Familie, doch musste sie aus finanziellen Gründen in ihrer Anstellung ausharren. Erst 1889 konnte sie nach Warschau zurückkehren und eine neue Stelle als Gouvernante antreten. Inzwischen hatte ihre Schwester auch ihr Medizinstudium abgeschlossen und in Paris eine Familie gegründet, so dass sie 1891 beschloss, nach Paris zu gehen, um dort ein naturwissenschaftliches Studium aufzunehmen. 1893 legte sie dort ihr Examen in Physik und im folgenden Jahr das in Mathematik mit großem Erfolg ab. Ihre Professoren Paul Appell, Edmond Bouty und G. ↗ Lippmann waren auf die talentierte und zielstrebige polnische Studentin aufmerksam geworden, so dass ihr in Lippmanns Labor die Möglichkeit eingeräumt wurde, eigene Forschungsarbeiten durchzuführen. Allerdings war der Laborplatz sehr beengt, so dass sie nach besseren Forschungsmöglichkeiten suchte und dabei in Kontakt mit P. ↗ Curie kam. Dieser war damals Laborleiter an der Schule für Industrielle Physik und Chemie in Paris, und beide entwickelten nicht nur gemeinsame Forschungsinteressen, sondern verliebten sich. Im Juli 1895 gab Marie dem Drängen Pierres auf Heirat nach und zwei Jahre später wurde ihre erste Tochter Irène (verh. ↗ Joliot-Curie) geboren, die später ebenfalls eine bedeutende Kernphysikerin werden sollte.

Gemeinsam mit Pierre ging sie nun im Labor der École de physique et chimie, das von P. Schützenberger geleitet wurde, ihren Forschungen nach. In jener Zeit stand die Physik am Beginn einer gewaltigen Umbruchphase, die 1895 durch die Entdeckung der so genannten X-Strahlen durch W. C. ↗ Röntgen eingeleitet worden war. In Paris versuchte H. ↗ Becquerel festzustellen, ob die Fluoreszenz etwas mit diesen X-Strahlen zu tun hatte. Dabei bemerkte er beinahe zufällig, dass eine Fotoplatte, die er zusammen mit Urankristall in eine Schublade gelegt hatte, belichtet worden war. Damit war eine neue Strahlungsart entdeckt.

Angeregt durch Becquerel, begann Curie in ihrer Doktorarbeit diese neuen Strahlen näher zu untersuchen, wobei sie von ihrem Mann Pierre und seinem Bruder Jacques unterstützt wurde. Statt der Fotoplatten verwandte sie eine Ionisationskammer mit Elektrometer, so dass die Strahlung, die je nach ihrer Stärke die Luft in der Kammer unterschiedlich ionisierte (was mit dem Elektrometer gemessen wurde), nicht nur qualitativ mit der Fotoplatte,

M.S. Curie und ihre Tochter Irène
1925

sondern auch quantitativ untersucht werden konnte.

Neben ihren quantitativen Messungen ging sie der Frage nach, ob es neben dem Uran weitere strahlungsaktive Elemente gab. Sie überprüfte alle für sie erreichbaren Mineralien und Metallproben auf ionisierende Strahlung. Dabei entdeckte sie, dass auch vom Thorium die Becquerelsche Strahlung ausgesandt wurde; allerdings hatte dies auch schon wenige Wochen zuvor der Erlanger Physiker Gerhard Schmidt gefunden. Bei weiterführenden Untersuchungen mit der Pechblende, einem Abfallprodukt des Uranbergbaus, bemerkte sie, dass darin noch ein drittes und zudem sehr viel stärker strahlendes Mineral enthalten sein musste. Da alle Elemente auf ihre »Radioaktivität« – ein Begriff, den sie in einer Arbeit aus dem Jahre 1898 erstmals benutzte – untersucht worden waren, musste es sich bei dieser radioaktiven Substanz um ein neues Element handeln, das sie nach ihrem Heimatland Polonium nannte. Bereits wenige Zeit später konnte sie noch ein weiteres radioaktives Element in der Pechblende identifizieren – Radium, das »Strahlende«. Sie zeigte, dass sich beide Elemente in ihrer Strahlungsaktivität signifikant unterschieden.

In der Chemie spricht man von der Entdeckung eines neuen Elementes, wenn etwa 1 g dieses Reinstoffes hergestellt worden ist. Diese Forderung war für das Radium bei den wenigen Kilogramm Pechblende, die den Curies zur Verfügung stand, fast nicht zu erfüllen. Die Académie des Sciences wandte sich deshalb an die österreichische Akademie der Wissenschaften mit der Bitte, aus dem böhmischen Joachimstal größere Mengen der Rückstände des dortigen Uranabbaus nach Frankreich zu senden. Dieser Bitte kam die Regierung in Wien nach und ließ etwa 60 Tonnen Pechblende nach Paris schicken.

Aus dieser riesigen Menge mussten die Curies versuchen, das Radium zu isolieren. Dazu hatte man die Pechblende zunächst chemisch aufzubereiten und in ihre Bestandteile zu trennen, was unter denkbar schlechten, ja primitiven Arbeitsbedingungen geschah – in einem nicht beheizbaren Schuppen, den der Chemiker W. ↗ Ostwald nach einem Besuch als »eine Kreuzung zwischen Stall und Kartoffelkeller« bezeichnete und das Ganze für einen Witz gehalten hätte, wenn er nicht die chemischen Apparate auf dem Arbeitstisch gesehen hätte. Erschwerend für die Curieschen Forschungen waren aber nicht nur die primitiven Arbeitsbedingungen, sondern auch die Gefahren, die vom Umgang mit radioaktiven Präparaten ausgingen und von denen man damals nur wenig wusste. Im Jahre 1902 war es dann endlich geschafft und man hatte Radium isoliert.

Für ihre Pionierarbeit erhielten Pierre und Marie Curie 1903 zusammen mit Becquerel den Nobelpreis für Physik. Der Nobelpreis bot den Curies nun die Möglichkeit, sich endlich bessere Forschungs- und Arbeitsbedingungen zu schaffen; eine Patentnahme auf ihre Entdeckungen, die ihnen sicherlich ein finanziell unbeschwertes Leben garantiert hätte, lehnten sie jedoch ab, da nach ihrer Meinung solche Entdeckungen der ganzen Menschheit gehörten.

Im Jahre 1906 traf Marie ein schwerer Schicksalsschlag, als ihr Mann von einem Pferdewagen überfahren und tödlich verletzt wurde. Den Schmerz über den Tod ihres Mannes versuchte sie durch eine Intensivierung ihrer Arbeit zu überwinden. Im selben Jahr übernahm sie die Professur ihres Mannes an der Pariser Sorbonne, was damals eine große Besonderheit war, blieb doch Frauen eine Universitätslaufbahn weitestgehend verschlossen, so dass sie die erste Professorin der Sorbonne wurde. Die Übernahme der Professur war zwar mit einer bedeutenden Erhöhung ihrer gesellschaftlichen Position verbunden, an ihren bescheidenen Forschungsbedingungen änderte dies aber nur wenig. Nicht zufällig trat deshalb im Jahre 1909 der Direktor des Pasteur-Instituts an sie heran und versprach im Falle eines Wechsel an sein Institut, ein Labor nach ihren Wünschen und Vorstellungen einzurichten. Doch auch die Sorbonne wollte ihre prominente Kollegin nicht so ohne Weiteres ziehen lassen, so dass es schließlich zu einem Gemeinschaftsprojekt beider Institute kam: der Gründung eines speziellen Radiuminstituts mit zwei unabhängigen Abteilungen. Curie sollte die eine Abteilung leiten und ihre Forschungen zur Radioaktivität weiter vorantreiben können. In der zweiten Abteilung sollten die medizinischen Anwendungen untersucht werden, hatte man doch inzwischen sowohl die biologischen Schädigungen durch radioaktive Strahlen beobachtet als auch ihren Einsatz in der Krebstherapie schätzen gelernt.

Im Jahre 1911 wurde Curie als erste Wissenschaftlerin zum zweiten Mal mit dem Nobelpreis geehrt. Diesmal wurde ihr der Chemiepreis verliehen – für ihre Arbeiten über das Element Radium und die Radiumverbindungen. Zahlreiche weitere Ehrungen dokumentieren die weltweite Anerkennung, die Curie gerade in ihren letzten Lebensjahrzehnten genoss und die sie zu einer Symbolfigur für die moderne Wissenschaft wie auch für die Frauenbewegung werden ließ. Diese Jahre waren aber auch durch zunehmende gesundheitliche Probleme geprägt – eine Folge des jahrelangen und allzu sorglosen Umgangs mit radioaktiven Substanzen. [HPS]

Werk(e):
Oeuvres scientifiques (vervollständigt v. Irène Joliot-Curie, 1954); Selbstbiographie (1964).

Sekundär-Literatur:
Curie, E.: Madame Curie. Eine Biographie (2000); Reid, R.: Marie Curie (1980); Quinn, S.: Marie Curie. Eine Biographie (1999); Giroud, F.: Marie Curie. Die Menschheit braucht auch Träumer (1999).

Curie, Pierre,
französischer Physiker,
* 15. 5. 1859 Paris,
† 19. 4. 1906 Paris

Pierre Curie entdeckte zusammen mit seiner Frau Marie die radioaktive Strahlung. Darüber hinaus verdankt ihm die Kristallographie wichtige Erkenntnisse über die Kristallbildung und die Symmetriegesetze von Kristallen; er trug außerdem zur Aufklärung der Grundgesetze des Magnetismus bei.

Pierre Curie stammte aus einer alten protestantischen Familie, die ihren Ursprung im Elsaß hatte. Sein Vater Eugène Curie heiratete 1854 Sophie Claire, mit der er zwei Söhne hatte.

Aufgrund der kirchenfeindlichen und freidenkerischen Einstellung des Vaters wurden die beiden Söhne nicht getauft und besuchten auch keine Schule. Sie wurden vielmehr zu Hause zunächst von der Mutter und später vom Vater unterrichtet.

P. Curie

Vue extérieure des bâtiments où ont été faites les recherches relatives à la découverte du radium.
(École de Physique et de Chimie de la ville de Paris.)

Installation des mesures de radioactivité.

P. Curie: École supérieure de physique et de chimie

Nachdem er bereits 16-jährig das Abitur abgelegt hatte, studierte Curie zunächst an der Faculté des Sciences in Paris Pharmazie, wandte sich aber bald der Physik zu. Nach dem Abschluss seines Studiums wurde er 1878 Assistent bei Paul Desains an der Sorbonne, ab 1888 wirkte er an der Pariser École Municipale de Physiques et Chimie und 1904 – inzwischen weltberühmt und durch den Physiknobelpreis (1903) geehrt – kehrte er als Professor für Physik an die Sorbonne zurück. Allerdings konnte er sein neues, nach eigenen Vorstellungen aufgebautes Laboratorium kaum nutzen, da schon im folgenden Jahr ein Verkehrsunfall seinem Leben ein tragisches Ende setzte.

Sein älterer Bruder Jacques hatte Pierre Curie auf das damals hochaktuelle Gebiet der Kristallphysik geführt. Ihre gemeinsamen Untersuchungen galten u. a. der Suche nach dem Analogon zur Umsetzung von Wärme in Elektrizität (Pyroelektrizität). Bereits 1880 konnten sie an bestimmten Kristallen die so genannte Piezoelektrizität nachweisen, d. h. elastische Kristalldeformationen beim Anlegen einer elektrischen Spannung. Ihre Entdeckung nutzten die Brüder für die Konstruktion elektrischer Präzisionsmessgeräte.

Mit der Berufung Jacques' an die Universität in Montpellier (1883) endete die fruchtbare Zusammenarbeit der Brüder, doch setzte Pierre die kristallphysikalischen Forschungen fort. Sie führten ihn 1884/85 zur Ausarbeitung einer Theorie der Kristallbildung und zu Untersuchungen über die Symmetriegesetze in Kristallen. In den 1890er-Jahren folgten Untersuchungen zur Temperaturabhängigkeit der magnetischen Eigenschaften von Stoffen. So wies er 1895 die Temperaturabhängigkeit der Magnetisierbarkeit diamagnetischer Stoffe nach; weiterhin entdeckte er, dass bei Paramagneten zwischen der Absoluttemperatur und der Magnetisierbarkeit eine umgekehrt proportionale Abhängigkeit existiert (Curiesches Gesetz) und Ferromagnete eine charakteristische Sprungtemperatur haben (Curie-Temperatur), bei der sich ihre Eigenschaften verändern und sie u. a. paramagnetisch werden.

Im Rahmen seiner Untersuchung magnetischer Phänomene lernte er 1894 Maria Sklodowska kennenlernen. Nur ein Jahr später heirateten beide; aus er Ehe gingen zwei Töchter hervor – Irène (geb. 1897, verh. ↗ Joliot-Lurie) und Eve (geb. 1904). Ab 1897 führte das Ehepaar gemeinsame Untersuchungen zur gerade erst entdeckten Radioaktivität durch. 1898 gelang ihnen die Isolierung der neuen radioaktiven Elemente Polonium und Radium. Pierre bemühte sich in den folgenden Jahren insbesondere um die Entwicklung exakter physikalischer Nachweismethoden für die radioaktive Strahlung – u. a. ging er den physiologischen Wirkungen der Strahlung nach und führte 1903 den Begriff der Halbwertszeit ein. Darüber hinaus entwickelte er erste Vorstellungen über die Gesetze des radioaktiven Zerfallsprozesses und wies auf seinen atomaren Charakter hin. [HPS]

Werk(e):
Oeuvres, Paris 1908.

Sekundär-Literatur:
Literatur: Barbo, Loïc Pierre Curie 1859 – 1906, le rêve scientifique, Paris 1999.

Curry, Haskell Brooks,
amerikanischer Logiker,
* 12. 9. 1900 Millis (Massachusetts, USA),
† 1. 9. 1982 State College (Pennsylvania, USA).

Curry gilt als einer der Begründer der mathematischen Logik in den USA; sein Name steht insbesondere für die Entwicklung der kombinatorischen Logik.

H.B. Curry

Curry studierte u. a. Mathematik an der Harvard University (A. B., 1920), Elektrotechnik am Massachusetts Institute of Technology (1920–1922) und Physik in Harvard (A. M., 1924). Bis 1927 setzte er seine Mathematikstudien in Harvard fort. Dort gewann Curry Interesse an der Logik, insbesondere beschäftigte er sich mit der Substitutionsregel und dem *modus ponens*, den einzigen Regeln für den Aussagenkalkül, die Alfred North Whitehead und B. ↗ Russell im ersten Teil ihrer *Principia Mathematica* voraussetzten. Die komplexe Substitutionsregel wollte er in einfachere Regeln aufbrechen, wofür er die später von ihm so genannten Kombinatoren verwendete. Die kombinatorische Logik sollte als Grundlage für die gesamte Logik und Mathematik dienen.

Als Instructor an der Princeton University (1927–28) entdeckte er die Vorarbeiten des russischen Logikers Moses Schönfinkel (1924), die dieser während seiner Zeit in Göttingen erbracht hatte. Curry ging 1928–29 nach Göttingen, wo er 1929 bei D. ↗ Hilbert und de facto betreut von Paul Bernays mit einer Arbeit zur kombinatorischen Logik promovierte (veröffentlicht 1930). In der Philosophie der Mathematik vertrat er einen extrem formalistischen Standpunkt.

1933 wurde er Ass. Professor am Pennsylvania State College (seit 1953 University), wo er (seit 1941 als Full Professor) bis zu seinem Ausscheiden 1966 wirkte und seinen Ruf als einflussreichster Logiker der USA aufbaute. 1935 war er Gründungsmitglied der Association for Symbolic Logic, in der er verschiedene Leitungsfunktionen innehatte. Während des Zweiten Weltkrieges arbeitete Curry in rüstungsrelevanten Bereichen der angewandten Mathematik, u. a. auch für das Projekt des ENIAC Computers. 1966 ging Curry für vier Jahre als Professor für Logik, Logikgeschichte und Wissenschaftstheorie an die Universität Amsterdam. [VP]

Werk(e):
Grundlagen der kombinatorischen Logik, American Journal of Mathematics 52 (1930) 590–536, 789–834; Outlines of a Formalist Philosophy of Mathematics (1951); Combinatory Logic I (mit R. Feys, 1968), II (mit J. R. Hindley und J. Seldin, 1972).

Sekundär-Literatur:
Seldin, J. P., Hindley, J. R. (Hrg.): To H. B. Curry: Essays on Combinatory Logic, Lambda Calculus and Formalism (1980).

Cuvier, Georges Léopold Chrétien Frédéric Dagobert,
deutsch-französischer Zoologe, Paläontologe und Geologe,
* 23. 8. 1769 Mömpelgard (Württemberg, heute Montbéliard, Frankreich),
† 13. 5. 1832 Paris.

Die exzeptionelle Bedeutung Cuviers für die moderne Biologie ergibt sich daraus, dass er gleich auf drei Feldern als Gründungsheros gilt – auf dem der vergleichenden zoologischen Anatomie, dem der zoologischen Systematik und dem der Paläontologie.

Cuvier studierte an der Hohen Karlsschule in Stuttgart Kameralwissenschaften, die auch Naturgeschichte umfassten. Von 1788 bis 1795 war er Hauslehrer in der Normandie, wo er sich spezielle Kenntnisse der Meeresfauna erwarb. Von 1795 bis zu seinem Tod arbeitete er am Muséum National d'Histoire Naturelle in Paris, das mit seinen einmaligen Sammlungen ideale Voraussetzungen für vergleichend anatomische und systematische Studien bot. Cuvier war in verschiedenen wissenschaftlichen Institutionen und Gesellschaften engagiert und wurde zu einem der einflussreichsten Wissenschaftler Frankreichs, der in der Zeit des napoleonischen Kaiserreichs und während der Restauration auch Staatsämter bekleidete, insbesondere auf dem Gebiet des öffentlichen Erziehungswesens.

G.L.C.F.D. Cuvier

Am Ende des 18. Jahrhunderts steckte die vergleichende Anatomie noch in den Kinderschuhen, trotz der Arbeiten Louis Daubentons und F. ↗ Vicq d'Azyrs. Umso erstaunlicher ist es, dass die Zoologen des Pariser Muséums – neben Cuvier sind A. ↗ Brongniart, E. ↗ Geoffroy Saint-Hilaire, J. B. ↗ Lamarck und Pierre-André Latreille hervorzuheben – in nur einem Vierteljahrhundert, zwischen 1795 und 1820, das Fundament der modernen vergleichenden Anatomie legten, auf dem sie bis zum heutigen Tage weiter baut. Cuvier hatte einen herausragenden Anteil an dieser Leistung.

Cuvier studierte in den 1790er-Jahren systematisch die wichtigsten tierischen Organsysteme, und zwar aller Tiergruppen, die bis dahin vernachlässigten Wirbellosen eingeschlossen. Er trug die Ergebnisse in Vorlesungen vor und veröffentlichte sie unter dem Titel *Leçons d'anatomie comparée* (1800–05). Die *Leçons* dokumentierten nicht allein die Meisterschaft, zu der es Cuvier als vergleichender Anatom in wenigen Jahren gebracht hatte, sondern waren auch für die Herausbildung der modernen vergleichenden Anatomie maßgebend – sowohl als Standard, an dem sich Arbeiten auf diesem Gebiet zu messen hatten, als auch als Modell eines systematischen Grundrisses.

Cuvier verstand die vergleichende Anatomie nicht als bloße Strukturbeschreibung der tierischen Organismen, sondern als eine Wissenschaft, die die Gesetze dieser Strukturen erforscht. Ausgehend von der Auffassung des Organismus als eines Funktionssystems begriff er das auf Vicq d'Azyr zurückgehende Prinzip der Korrelation der Teile als Basis, auf der gesetzmäßige Zusammenhänge zwischen den Formen der Organe in verschiedenen Tiergruppen erkannt und nachgewiesen werden können – z. B. zwischen den Formen von Zähnen, Magen, Klauen, Sinnesorganen etc. eines Fleischfressers einerseits und eines Pflanzenfressers andererseits. Die Auffassung der Organismen als Funktionssysteme war weder originell noch neu, auch wenn sie gerade damals von I. ↗ Kant und X. ↗ Bichat eine neue begriffliche Fassung erhalten hatte. Neu und originell war Cuvier darin, dass er diese allgemeine Auffassung durch minutiöse vergleichend anatomische Studien in die detaillierte Aufklärung und Beschreibung der Vielfalt von besonderen Funktionssystemen mit einer je spezifischen Korrelation ihrer Teile umsetzte. Dies hatte tief greifende Konsequenzen für die entstehende vergleichende Anatomie als eine systematische Disziplin und darüber hinaus für die zoologische Systematik sowie die Paläontologie.

Die vielleicht wichtigste Konsequenz war die endgültige Destruktion einer kombinatorischen Auffassung der Organismen, die insbesondere den taxonomischen Systemen des 17. und 18. Jahrhunderts zugrunde gelegen hatte. Organismen konnten nicht länger als Kombinationen von Organen mit beliebig variierbaren Formen angesehen werden, sondern stellten sich als Ganzheiten dar, in denen alle Teile wechselseitig voneinander abhängen. Cuvier ging so weit zu postulieren, dass jede Modifikation eines Organs eines Organismus von entsprechenden Modifikationen aller anderen begleitet ist. Dieses Postulat erwies sich als ein außerordentlich effektives heuristisches Instrument der vergleichenden Anatomie und darüber hinaus der Paläontologie. Es beschränkte aber zugleich die für möglich gehaltene Variabilität der einzelnen Organe in einer Rigidität, die sich nicht erst später, im Hinblick auf die Evolutionstheorie Ch. ↗ Darwins, als ein Hindernis herausstellen sollte, sondern unmittelbar zur Folge hatte, dass Cuvier die Bedeutung der von Geoffroy unternommenen Erforschung der graduellen Abänderungen von Organen bei verwandten Spezies und Gattungen nicht realisierte.

Ein zweites Prinzip der vergleichenden Anatomie Cuviers war das der Subordination der Charaktere, das eine hierarchische Beziehung zwischen den wichtigsten Organsystemen eines Organismus unterstellte. Dieses Prinzip war ursprünglich von A.-L. de ↗ Jussieu in der botanischen Systematik eingeführt worden und meinte eine Hierarchie des taxonomischen Werts der verschiedenen Organsysteme. Cuvier entdeckte in ihm ein fundamentales Prinzip der vergleichenden Anatomie, das die prinzipiellen Baupläne (»allgemeine Pläne«) zu erkennen gestattete, denen die Spezies in ihrer Organisation folgen und nach denen sie sich in wenige Großgruppen einteilen lassen. Cuvier stützte seinen Begriff der »allgemeinen Pläne« auf die prinzipiellen Strukturen bestimmter Organsysteme, d. h. auf die Strukturen funktionalistisch bestimmter Einheiten. Auf diesen Begriff lässt sich daher die für die vergleichende Anatomie grundlegende Unterscheidung zwischen homologen und analogen Organen nicht widerspruchsfrei stützen. Als die entscheidende Vorarbeit für die konsistente Formulierung dieser Unterscheidung durch R. ↗ Owen erwiesen sich denn auch Geoffroys Forschungen zu den exakten Übereinstimmungen hinsichtlich der Struktur, in der Organe unabhängig von ihrer Form und Funktion angeordnet sind. Es hat den Anschein, als habe die funktionalistische Betrachtung der Organismen, die sich im Zusammenhang mit dem Prinzip der Korrelation der Teile als so fruchtbar erwiesen hatte, Cuvier gehindert, die entscheidenden morphologischen Konsequenzen seines Begriffs des »Plans« zu entfalten. In der späteren Kontroverse zwischen Cuvier und Geoffroy, die in dem berühmten Akademiestreit von 1830 kulminierte, ging es auf einer fundamentalen Ebene um unterschiedliche Gewichtungen von Funktion und Struktur.

Ende des 18. Jahrhunderts war die zoologische Systematik im Vergleich zur botanischen unentwickelt, wie ein Blick auf die damals noch gültige Linnésche Einteilung des Tierreichs in sechs Klassen zeigt: Säugetiere, Vögel, Amphibien, Fische, Insekten und Würmer. 1812 schlug Cuvier die Einteilung des Tierreichs in vier Hauptzweige (»embranchements«) vor, die er später seinem zoologischen Hauptwerk *Le Règne animal* (1817) zugrunde legte: 1) Wirbeltiere mit vier Ordnungen (Säugetiere, Vögel, Reptilien, Fische), 2) Weichtiere mit drei Ordnungen (Rankenfüßer und die beiden Mollusken-Ordnungen Lamarcks), 3) Gliedertiere mit vier Ordnungen (Insekten, Spinnen, Krebstiere, Ringelwürmer) und 4) Strahltiere mit vier Ordnungen (Stachelhäuter, Würmer, Polypen, Infusorien). Diese Einteilung etablierte eine Neugewichtung der Tierklassen gegenüber Linnés System, die von späteren Zoologen ausgebaut und verfeinert, aber nie wieder rückgängig gemacht wurde. Diese Einteilung wurde darüber hinaus bedeutsam als Muster einer zoologischen Systematik, die sich konsequent auf die vergleichende Anatomie stützt.

Die vier »embranchements« stellen die vier prinzipiellen morphologischen Baupläne dar, die Cuvier im Tierreich unterschied, und zwar vereinen sie jeweils die Ordnungen von Tieren, die hinsichtlich ihres Nervensystems einem identischen Bauplan folgen. Bei den weiteren Unterteilungen orientierte sich Cuvier weniger am Prinzip der Subordination der Charaktere als vielmehr, wie alle Systematiker, an der morphologischen Konstanz der Charaktere. Mit dieser Verankerung der Systematik in der vergleichenden Anatomie transformierte Cuvier zugleich das Koordinatensystem der Debatte um das »natürliche System«, die das 18. Jahrhundert beherrscht hatte. Wenn die oberen taxonomischen Ränge nach morphologisch nachweisbaren Bauplänen eingeteilt werden konnten, dann kam ihnen nicht weniger »Natürlichkeit« zu als den unteren. Tatsächlich gelang es Cuvier zusammen mit A.-P. de ↗ Candolle, der beinahe zeitgleich die botanische Systematik vergleichend anatomisch neu begründete, ein neues Verständnis der »Natürlichkeit« von Systemen verbindlich zu etablieren, das erst durch die Evolutionstheorie Darwins in seiner Leistung verständlich gemacht werden sollte.

Die vier »embranchements« tierischer Organismusformen, die Cuvier unterschied, verstand er nicht nur als taxonomisch gleichrangig, sondern auch als absolut diskret: Zwischen ihnen sollte es keine intermediären Formen geben. Mit dieser Auffassung trug Cuvier maßgeblich dazu bei, die Biologie von einer anderen Hypothek des 18. Jahrhunderts zu befreien, nämlich von der »Great Chain of Being«, also der Idee, dass die Naturwesen eine kontinuierliche Kette nach dem Grad ihrer Vollkommenheit bilden.

Die bahnbrechende Bedeutung Cuviers für die zoologische Systematik beruht in erster Linie auf diesen prinzipiellen theoretischen Neuerungen und erst in zweiter auf seinen systematischen Arbeiten im engeren Sinn. Von diesen ist vor allem die zusammen mit Achille Valenciennes verfasste *Histoire naturelle des poissons* (1827–49) zu nennen. *Le Règne animal* dagegen behielt zwar während des 19. Jahrhunderts den Rang eines grundlegenden Werks der Zoologie – jedoch weniger wegen seines Systems, sondern als ein einzigartiges Kompendium zoologischer Fakten.

Cuvier gilt schließlich als Begründer der modernen Form der Paläontologie. Cuvier untersuchte die Fossilien von Wirbeltieren nach den Standards der vergleichenden Anatomie. Dabei zeigte sich der heuristische Wert des Prinzips der Korrelation der Teile für die Identifizierung und, in einigen Aufsehen erregenden Fällen, sogar Rekonstruktion ausgestorbener Tierarten. Die Resultate seiner systematischen Studien, die auch Feldforschungen einschlossen, veröffentlichte Cuvier 1812 in den *Recherches sur les ossemens fossiles de quadrupèdes*, die man als die Gründungsurkunde der modernen Paläontologie bezeichnen kann. Vor allem drei Resultate Cuviers müssen als bahnbrechend hervorgehoben werden: 1) Seine Arbeiten etablierten endgültig die bis dahin umstrittene Annahme, dass Arten ausgestorben sind. 2) Sie wiesen nach, dass es die Paläontologie in aller Regel mit den Resten ausgestorbener Tierarten zu tun hat und dass die verschiedenen geologischen Schichten distinkte Faunen bezeugen. 3) Hinsichtlich der Ähnlichkeit der Spezies dieser Faunen mit den rezenten Spezies etablierten sie die Regel, dass diese Ähnlichkeit mit der Tiefe der Schicht, d. h., mit dem erdgeschichtlichen Alter, abnimmt.

Diese Resultate hatten weit reichende geologische Implikationen, die Cuvier sofort realisierte. Erdgeschichtliche Theorien konnten mit Hilfe der Paläontologie in eine Wissenschaft transformiert werden, die die Abfolge der geologischen Schichten präzise rekonstruiert und eine relative Chronologie der erdgeschichtlichen Umwälzungen erarbeitet. Cuvier kommt so, zusammen mit dem englischen Bergbau-Ingenieur W. ↗ Smith, das Verdienst zu, auch auf dem Gebiet der Geologie eine neue Epoche eröffnet zu haben. Cuviers viel geschmähte Annahme einer Serie von Katastrophen, denen Faunen ganz oder partiell zum Opfer fielen, kann dies Verdienst nicht schmälern.

Person und Werk Cuviers gaben und geben bis in die Gegenwart hinein Anlass zu kontroversen moralischen, politischen wie fachlichen Urteilen, deren ungewöhnliche Emotionalität eine eigene Untersuchung wert wäre. Ihm implizit oder explizit vorzuhalten, dass er kein Evoluionstheoretiker war, macht nicht nur historisch keinen Sinn. Dieser Vorwurf verkennt insbesondere, dass Cuvier mit seinen Leistungen auf den Gebieten der vergleichenden Anatomie, der Systematik und der Paläontologie mehr zu den Voraussetzungen der Darwinschen Theorie beigetragen hat als die evolutionistischen Spekulationen seiner Zeitgenossen. Gewiss war seine typologische Sicht der Organismusformen eine ernste Hypothek für die weitere Entwicklung der Biologie. Aber diese Sicht ist eher als eine déformation professionnelle eines vergleichenden Anatomen zu bewerten als eine Auffassung, die Cuvier persönlich zuzurechnen ist. [WL]

Werk(e):
Leçons d'anatomie comparée (1800–05); Recherches sur les ossemens fossiles de quadrupèdes (1812); Le Règne animal (1817); Histoire naturelle des poissons (1827–49).

Sekundär-Literatur:
Appel, T. A.: The Cuvier-Geoffroy Debate – French Biology in the Decades Before Darwin (1987); Coleman, W.: Georges Cuvier Zoologist – A Study in the History of Evolution Theory (1964); Daudin, H.: Cuvier et Lamarck – Les classes zoologiques et l'idée de série animale 1790–1830 (1926); Outram, D.: Georges Cuvier – Vocation, Science and Authority in Post-Revolutionary France (1984); Smith, J. Ch.: Georges Cuvier – An Annotated Bibliography of His Published Works (1993).

Cvet ↗ **Tswett.**

Czermak ↗ **Tschermak.**

D'Alembert, Jean le Rond, ↗ **Alembert.**

Daguerre, Louis Jacques Mandé,
französischer Maler,
* 18. 11. 1787 Cormeilles/Paris,
† 10. 7. 1851 Bry-sur-Marne.

Daguerre war der Erfinder des Dioramas und der Daguerreotypie.

1822 war Daguerre durch die Erfindung des sog. Dioramas hervorgetreten, eine Art Panoramagemälde, das von hinten durchleuchtet wurde. Ständig aktualisierte Motive waren gegen Eintritt in seinem Pariser Studio zu besichtigen. 1824 begann er mit ersten Versuchen, Bilder der camera obscura, welche er für die Erfassung seiner Motive vielfach benutzte, permanent zu fixieren. Im Dezember

L.J.M. Daguerre

1829 schloss er einen Kooperationsvertrag mit Joseph N. Niépce, der seit 15 Jahren ähnliche Versuche unternommen hatte. Bis zu dessen Tode (1833) arbeiteten beide zusammen an der Perfektionierung von Niépces asphaltbasiertem photographischen Verfahren, der sog. Heliographie. Auch eine sich anschließende Zusammenarbeit mit Niépces Sohn Isidore brachte zunächst keine brauchbaren Resultate, da die Belichtungszeiten der Asphaltphotographien zu lange und die Bilder zu grobkörnig blieben. 1838 entdeckte Daguerre durch Zufall den später nach ihm benannten Prozess, in dem feinpolierte, silberbeschichtete Kupferplatten in einem lichtundurchlässigen Kasten durch Halogeniddämpfe sensibilisiert, danach in einer simplen Lochkamera exponiert und schließlich mit etwa 60 °C heißem Quecksilberdampf entwickelt werden.

Nachdem die noch 1838 eingeleitete Gründung einer Gesellschaft zur Verwertung dieser Erfindung gescheitert war, weil sich zu wenige Subskribenden für die exklusive Mitteilung seines Verfahrens gefunden hatten, machte der auf Daguerres Verfahren aufmerksam gewordene Naturforscher F. ↗ Arago sich für ihn in der Pariser Deputiertenkammer stark. Durch Aragos Vermittlung erhielt Daguerre eine lebenslängliche Pension des französischen Staates in Höhe von 6 000 Francs, verzichtete dafür im Gegenzug aber auf eine Patentierung des Verfahrens in Frankreich. Dadurch wurde die schnelle Verbreitung dieses Verfahrens seit Sommer 1839 möglich, das innerhalb weniger Monate überall mit großem Interesse aufgenommen, von vielen praktiziert und rasch auch weiter verbessert wurde. Anstelle der ausschließlichen Sensibilisierung mit Ioddampf führte John F. Goddard 1840 zusätzlich auch Brom- und Antoine Claudet 1841 Chlordämpfe ein, wodurch die Belichtungszeiten jeweils um ca. 80% verkürzt wurden. Nach Einführung verbesserter photographischer Objektive durch Joseph Petzval 1841 wurden Portraitphotographien möglich, und einige andere Erfinder versuchten sich auch mit (allerdings nie sehr weit ausgereiften) Verfahren zur Transformation von Daguerreotypien in Druckplatten. Bis auf diese Ausnahmen blieb die Daguerreotypie somit ein Unikatverfahren zur Erstellung extrem scharfer, hochwertiger Photographien, das erst ab 1850 durch die nasse Kollodiumsphotographie verdrängt wurde. Auf viele der wissenschaftlichen Anwendungen der Daguerreotypie in der Mikroskopie, Astronomie sowie z. B. in der Dokumentation wissenschaftlicher Expeditionen hatte schon Arago 1839 hingewiesen. [KH]

Werk(e):
Historique et description des procédés du Daguerréotype et du Diorama (1839, deutsche Übersetzung 1839).

Sekundär-Literatur:
Gernsheim, H. u. A.: L. M. J. Daguerre (1968); Barger, S. M., White, W. B.: The Daguerreotype (1991).

Daimler, Gottlieb,
deutscher Konstrukteur und Industrieller,
* 17. 3. 1834 Schorndorf,
† 6. 3. 1900 Cannstatt.

Daimler hatte maßgeblichen Anteil an der Optimierung und der Serienfertigung des Otto-Motors.

Nach einer Büchsenmacherlehre (1848–52) besuchte Daimler die Stuttgarter Landesgewerbeschule und arbeitete dann in einer elsässischen Maschinenfabrik. 1857 studierte er am Polytechnikum in Stuttgart Maschinenbau, besuchte aber auch Lehrveranstaltungen zu Nationalökonomie und Geschichte. Nach Studienreisen in England arbeitete Daimler als Konstrukteur in einer Geislinger Metallwarenfabrik. Ab 1865 leitete er die Maschinenfabrik eines Waisenhauses in Reutlingen, danach die Karlsruher Maschinenbaugesellschaft. 1867 heiratete er Emma Kurz. Zusammen mit seinem Partner

G. Daimler

Wilhelm Maybach wechselte er 1872 zu Nikolaus August Ottos Gasmotorenfabrik Deutz. Daimler und Maybach hatten maßgeblichen Anteil an der Optimierung und der Serienfertigung von Ottos Motor und entwickelten umfassende Kenntnisse im Motorenbau. Daimler war von dieser Zeit an der eher geschäftlich als konstruktiv tätige Partner.

10 Jahre später verließen beide nach Konflikten die Firma und entwickelten in Daimlers Werkstatt in Cannstatt kleine, leistungsfähige Verbrennungskraftmaschinen für flüssige Kraftstoffe, wobei sie das Kernproblem der Zündung mit ihrem Glührohrpatent lösten. Parallel zu den Arbeiten von Carl Benz in Mannheim entstanden benzinmotorgetriebene Straßenfahrzeuge, die nach dem Ende des Streits um Ottos Motorenpatent öffentlich gezeigt wurden (Reitwagen 1885, Motorkutsche 1886). Daimler und Maybach verfolgten, anders als Benz, das Konzept von Einbaumotoren für vorhandene Fahrzeuge, die auch für Boote, Schienen- und Luftfahrzeuge geeignet sein sollten. 1889 entstand ein gekapselter Zweizylinder-V-Motor und der »Stahlradwagen« mit Fahrradfahrgestell und -lenkung, gebaut von NSU in Neckarsulm.

Nach ausbleibendem wirtschaftlichem Erfolg – in drei Jahren wurden nur 66 Motoren verkauft, Gewinn brachte nur eine Lizenzvergabe nach Frankreich – gründete Daimler gemeinsam mit Max Duttenhofer 1890 die Daimler Motoren Gesellschaft (DMG). Aus dieser trat er, wiederum gemeinsam mit Maybach, drei Jahre später nach internen Konflikten aus und betrieb danach eine kleine Entwicklungswerkstatt. 1893 ging er eine zweite Ehe ein. Der Wiedereintritt als Großaktionär erfolgte 1894/95, unterstützt von dem britischen Industriellen Frederick Simms, der die Lizenzen für Großbritannien erwarb. [KM3]

Sekundär-Literatur:
Kirchberg, P., Wächtler, E.: Carl Benz – Gottlieb Daimler – Wilhelm Maybach (1983); Möser, K.: Benz, Daimler, Maybach und das System Strassenverkehr: Utopien und Realität der automobilen Gesellschaft (1998); Niemann, H.: Gottlieb Daimler: Fabriken, Banken und Motoren (2000).

Dale, Sir Henry Hallett,
englischer Physiologe und Pharmakologe,
* 9. 6. 1875 London,
† 23. 7. 1968 Cambridge.

Dale gehört zu den renommiertesten Forschern des 20. Jahrhunderts. Mit seinem wissenschaftlichen Werk trug er zum Erkenntnisfortschritt auf den Gebieten der Physiologie und der aus ihr entstehenden Pharmakologie, aber auch auf den Feldern der Immunologie (Körperabwehr), der Endokrinologie (Hormonhaushalt) und der Neurowissenschaften bei.

H.H. Dale

Dale erhielt seine medizinische Ausbildung in London und in Cambridge. An letzterem Ort wurde er vor allem von der dortigen Physiologenschule beeinflusst, die von Michael Foster begründet worden war und der auch bekannte Forscher wie John Newport Langley angehörten. Seine klinisch-praktische Ausbildung absolvierte Dale ab 1900 in London am St. Bartholomew's Hospital; zwischen 1902 und 1904 unternahm er physiologische Forschungen am University College London, v. a. unter dem Physiologen Ernest Henry Starling. 1903 hatte er den Bachelor-Grad in Cambridge erworben. 1909 wurde er im Fach Medizin (MD) promoviert.

1904 nahm Dale entgegen dem Rat von Kollegen eine Stelle als Assistent an den physiologischen Forschungslaboratorien der pharmazeutischen Firma Wellcome an. Dort wurde er 1906 Direktor. Dale wurde dann im Jahre 1914 Direktor der Abteilung für Biochemie und Pharmakologie des Medical Research Committee (später Medical Research Council). Zwischen 1928 und 1942 war er der erste Direktor der Institution, die nunmehr National Institute for Medical Research hieß. Zwischen 1942 und 1946 amtierte Dale als Professor für Chemie und Direktor der Davy-Faraday-Laboratorien an der Royal Institution of Great Britain und war Chairman des Komitees zur wissenschaftlichen Beratung des »War Cabinet«. Dale hatte viele Ämter inne und erhielt viele Ehrungen.

Dales Arbeit war auf die Erforschung des autonomen Nervensystems (Regelung und Steuerung grundlegender vegetativer Körperfunktionen wie der Verdauung oder der Atmung) ausgerichtet. Dies spiegelt v. a. den Einfluss Langleys wider, bei dem Dale zwischen 1898 und 1900 gelernt hatte. Die Forschungen Dales betreffen im Wesentlichen zwei Teilbereiche: erstens seine Arbeiten zur Erforschung der Mediatorsubstanz Histamin und deren Wirkungen, zweitens diejenigen zur Transmittersubstanz Acetylcholin. Bei beiden Substanzen handelt es sich um Botenstoffe, die zur Informationsübertragung dienen, um Körperfunktionen bzw. -reaktionen auszulösen. Mit diesen Arbeiten widmete sich Dale vor allem der Pharmakologie, der Arzneimittellehre.

Als Dale 1904 seine Arbeit in den Wellcome Laboratories begann, stand ihm nicht nur eine hervorragende Ausstattung zur Verfügung, sondern er traf dort auf fähige Kollegen, zunächst auf den Chemiker Georg Barger, mit dem er in den Folgejahren sehr erfolgreich zusammenarbeiten konnte. Auf Anregung Sir Henry Wellcomes untersuchte Dale zunächst die pharmakologische Wirksamkeit des Pilzes *Ergotamin*. Wellcome dachte kommerziell und wollte ein neueres effektiveres Präparat auf den Markt bringen.

Die Initiative Wellcomes hatte jedoch ganz andere Folgen: Dale und Barger gelang es, das Histamin als einen Bestandteil des Pilzes zu identifizieren. Weiterhin konnten beide Forscher 1911 das Histamin als einen natürlichen Bestandteil im Dünndarm des Ochsen nachweisen. Dale stellte in den nächsten Jahren – zum Teil in Zusammenarbeit mit anderen Kollegen – weitere Untersuchungen zum Histamin an. Es zeigten sich im Tierversuch gleichartige Erscheinungen bei der Vergiftung mit Histamin und beim anaphylaktischen (allergischen) Schock. Dale konnte dann die Bedeutung des Histamins bei dem allergischen Geschehen eruieren: Austritt von Flüssigkeit aus den Gefäßen in das Gewebe, nachfolgende Aufschwemmung des Gewebes (Ödeme), reflektorische Ausweitung der Gefäße, schließlich Stagnation des Kreislaufes. 1927 konnte Dale mit Kollegen nachweisen, dass Histamin im Tiergewebe definitiv regelhaft vorkam. Nur zwei Jahre später betonte er, dass die Ausschüttung von Histamin für die geschilderten Symptome des allergischen Schocks verantwortlich sei. Dale regte damit weitere Forschungen auf diesem Gebiet an.

Noch einschneidender waren Dales Arbeiten zur Substanz Acetylcholin. Man wusste, dass Ergotamin auf das autonome Nervensystem wirkt. Im Rahmen einer Zusammenarbeit von Dale und Barger mit einem anderen Langley-Schüler, Thomas Renton Elliott, ging Dale zunächst davon aus, dass Ergotamin ähnlich wie Adrenalin wirkt. Elliotts Versuche hatten das Adrenalin mit dem sympathischen Zweig des autonomen Nervensystems in Beziehung gebracht und damit auch mit den entsprechenden Folgen einer Reizung: Blutdruckerhöhung und Steigerung einzelner Stoffwechselleistungen. Im Tierversuch zeigte sich aber zum Teil der gegenteilige Effekt. Um die Wirkungsweise des Ergotamins zu klären, entschlossen sich Barger und Dale 1910 zur Untersuchung der adrenalinähnlichen Substanzen, die sie nach ihrer Wirkung »sympathomimetisch« nannten. Ein Zufall führte Dale dann auf eine andere Wirkkomponente des Ergotamins: das damals nur als künstlich hergestellter Stoff bekannte Acetylcholin. Ein Routinetest mit Ergotamin an einer Katze im Jahr 1913 hatte sofortigen Herzstillstand und Kreislaufzusammenbruch zur Folge, und die Untersuchung der Probe ergab einen ungewohnt hohen Anteil einer anderen Substanz, die wie Acetylcholin wirkte und ähnliche Wirkungen hatte wie der so genannte »parasympathische« Teil des autonomen Nervensystems. Tatsächlich konnte ein weiterer Mitarbeiter Dales, der Chemiker Arthur Ewins, Acetylcholin aus der Ergotaminprobe isolieren. Die Vermutung, dass das Acetylcholin als Botenstoff regelhaft bei Tieren und Menschen vorkommt, ließ sich jedoch zunächst nicht beweisen.

Dale griff das Thema erst 1921 wieder auf. In diesem Jahr hatte sein Freund ↗ Loewi, den er schon seinerzeit im Labor Starlings kennengelernt hatte, in Versuchen am isolierten Froschherzen nachgewiesen, dass Nerven Substanzen ausschütten können, die eine für den Nerv charakteristische Wirkung haben. Dale konnte 1929 mit einem Mitarbeiter die Substanz Acetylcholin aus der Milz des Ochsen und des Pferdes isolieren. In der Folgezeit wies Dale die Substanz in den verschiedenen Teilen des autonomen Nervensystems nach und führte 1933 je nach Vorherrschen von Adrenalin oder Acetylcholin die Unterscheidung in »adrenerge« und »cholinerge« Teile des autonomen Nervensystems ein. Für die Aufdeckung der chemischen Übertragung von Nervenimpulsen erhielten Dale und Loewi 1936 den Nobelpreis für Medizin oder Physiologie. [CRP]

Werk(e):
An Autumn Gleaning: Occasional Lectures and Addresses (1954); Adventures in Physiology, with Excursions into Autopharmacology (1965).

Sekundär-Literatur:
Tansey, T.: The early scientific Career of Sir Henry Dale FRS, PhD Thesis, London 1990.

Dalén, Gustaf,
schwedischer Techniker,
* 30. 11. 1869 Stenstorp,
† 9. 12. 1937 Stockholm.

Dalén war ein vielseitiger Techniker, dessen bedeutendste Leistung die Erfindung automatischer Regulatoren für die Befeuerung von Leuchttürmen und Bojen mit Gasakkumulatoren war.

Bereits in Daléns Jugend entfaltete sich seine erfinderische Begabung. So konstruierte er für den väterlichen Hof eine Dreschmaschine und entwickelte eine Apparatur zur Bestimmung des Fettgehalts der Milch. So war es fast selbstverständlich, dass er Ma-

G. Dalén

schinenbau studierte. Am Chalmers Institut in Göteborg, der damaligen Technischen Hochschule Schwedens, erwarb er 1896 das Ingenieurdiplom und ging anschließend noch für ein Jahr an die ETH Zürich. Anschließend war Dalén in verschiedenen schwedischen Unternehmen tätig, u. a. mit der Entwicklung von Heißluftturbinen, Kompressoren und Luftpumpen befasst. 1901 wurde er technischer Leiter der schwedischen Carbid- und Acetylengesellschaft, die 1909 in die schwedische Gasakkumulatoren Gesellschaft (AGA) aufging und in der er als Chefingenieur und geschäftsführender Direktor wirkte. Im Rahmen dieser Tätigkeit förderte er die Entwicklung effektiver Methoden der Acetylenerzeugung und die Nutzung dieses Gases für Beleuchtungszwecke. 1906/07 erfand er einen explosionssicheren Gasakkumulator, der Kieselgur als Speicherstoff verwandte, und das Dalén-Blinklicht, bei dem automatische Regulatoren, Gaspfeifen bzw. durch Sonnenlicht gesteuerte Ventile die Acetylenzufuhr für einen Gasbrenner so regelten, dass kurze Lichtblitze erzeugt werden konnten. Da diese Systeme nicht nur äußerst sparsam und automatisch arbeiteten, sondern auch wartungsarm waren, revolutionierten sie insbesondere die maritime Signaltechnik und finden bis heute weite Verwendung in unbemannten Leuchttürmen und -bojen. Darüber hinaus wurden Daléns explosionssichere Acetylenspeicher in der zeitgenössischen Eisenbahntechnik angewandt, vor allem als Signallampen, aber auch zur Waggonbeleuchtung. 1912 erhielt er für »die Erfindung selbstwirkender Regulatoren« den Nobelpreis für Physik – eine umstrittene Ehrung, da seine Erfindungen zwar herausragende technische Leistungen darstellen, aber für die Physik selbst keinerlei Bedeutung haben. Im Jahr der Preisverleihung hatte Dalén beim Testen neuer Regulatoren durch eine Explosion sein Augenlicht verloren, was ihn jedoch nicht daran hinderte, seine Erfindertätigkeit bis zu seinem Tode mit kaum verminderter Intensität fortzusetzen. [DH]

Sekundär-Literatur:
Söderberg, St.: Uppfinnaren Gustaf Dalén (1967).

Dalton, John,
britischer Chemiker und Physiker,
* 5. oder 6. 9. 1766 Eaglesfield (bei Workington, Cumbria),
† 27. 7. 1844 Manchester.

Dalton untersuchte Gase und Flüssigkeiten, entdeckte 1801 das Gesetz der Partialdrücke, 1804 das Gesetz der multiplen Proportionen und stellte die Chemie mit der Begründung der chemischen Atomtheorie sowie mit der Orientierung auf das Atomgewicht auf eine neue quantitative Grundlage.

John Dalton wurde als eines von sechs Kindern in einer armen Weberfamilie geboren. Die Eltern gehörten der Gemeinschaft der Quäker an, welche die englische Staatskirche ablehnte und somit auch nicht in den Kirchenbüchern geführt wurde. Deshalb ist auch das genaue Geburtsdatum von John Dalton umstritten. Dieser erhielt eine gute mathematische Schulbildung und zeichnete sich durch sein ausgeprägtes Denkvermögen aus. Dies erkannte ein wissenschaftlich aufgeschlossener Instrumentenbauer, der meteorologische Beobachtungen anstellte, Dalton mit einbezog und ihn auch unterrichtete. Dadurch war Dalton in der Lage, ab 1779 als 12-Jähriger in seiner Dorfschule Unterricht zu erteilen. 1781 verließ Dalton sein Dorf und ließ sich mit seinem Bruder Jonathan in Kendal nieder, wo ein Verwandter eine Schule leitete. Beide Brüder waren zunächst als Lehrer tätig, bevor sie 1784 die Leitung der Schule übernahmen. In dieser Zeit hat sich Dalton autodidaktisch auf naturwissenschaftlichem Gebiet weitergebildet, so dass er ab 1787 öffentliche Vorträge über Mechanik, Optik, Astronomie und Geographie halten konnte.

J. Dalton

Um diese Zeit begannen auch Daltons wissenschaftliche Beobachtungen, wobei er die dazu notwendigen Geräte selbst anfertigte. 1793 siedelte Dalton nach Manchester über, wo ihn die Warrington-Akademie, eine für alle Glaubensrichtungen offene höhere Bildungsanstalt, als Lehrer für Mathematik und Naturwissenschaften einstellte. Allerdings schränkte dies seine wissenschaftlichen Interessen spürbar ein, so dass sich Dalton 1800 entschloss, nur noch als Privatgelehrter tätig zu sein. Den Lebensunterhalt bestritt er durch Privatunterricht in Mathematik, Physik und Chemie, daneben hielt er Vorlesungen in London, Birmingham und Glasgow. Die wenigen Einnahmen reichten ihm aber angesichts seiner geringen Bedürfnisse und der Tatsache, dass er Zeit seines Lebens unverheiratet geblieben ist, aus. Erst 1833 erhielt er vom englischen König ein festes Jahresgehalt von 150 Pfund, das ab 1836 verdoppelt wurde.

Dalton wurde 1794 Mitglied, 1808 Vizepräsident und ab 1817 Präsident der Literary and Philosophical Society of Manchester, 1816 Mitglied der Académie française in Paris und 1822 Mitglied der Royal Society, von der er 1826 die Goldmedaille erhielt. Er arbeitete 1831 an der Gründung der British Association for the Advancement of Science mit und erhielt 1832 in Oxford die Doktorwürde.

Daltons Forschungsergebnisse erwiesen sich für die Entwicklung der Naturwissenschaften, insbesondere für die Chemie, von fundamentaler Bedeutung. Den Ausgangspunkt dazu bildeten ab 1787 seine meteorologischen Beobachtungen. Zunächst waren es vor allem Wind und Regen, also Luft und Wasser, deren Eigenschaften Dalton mithilfe von selbst gebauten Thermometern, Barometern und Hygrometern zu erforschen begann. 1793 fasste er seine Ergebnisse in der Schrift *Meteorological essays and observations* zusammen, nachdem er bereits in der Literärischen und Philosophischen Gesellschaft von Manchester über Teilergebnisse berichtet hatte. Dabei ging es ihm vor allem um die Beschaffenheit der Atmosphäre und um die Tatsache, dass die Gase der Atmosphäre eine Einheit bildeten und sich nicht, wie damals angenommen, aufgrund ihrer unterschiedlichen Dichten übereinander lagerten. Diese Arbeiten machten Dalton in der Literärischen und Philosophischen Gesellschaft bekannt. Sie ermöglichte ihm den Abdruck weiterer Abhandlungen sowie die Einrichtung eines eigenen Labors. Dalton hat in dieser Gesellschaft nahezu 120 Vorträge gehalten.

Die Beobachtungen über die Atmosphäre führten Dalton zwangsläufig auf die Untersuchung der Zusammensetzung der Luft, auf die Eigenschaften der Gase sowie auf das Verhalten von Gasgemischen. Die Beschäftigung mit einem solchen Problem lag nach den Ergebnissen von R. ↗ Boyle, I. ↗ Newton und A. L. ↗ Lavoisier in der Zeit und interessierte viele Naturforscher. Dalton ging bei seinen Untersuchungen davon aus, dass sich jedes Gas im Gemisch mit anderen so verhält, als wäre es allein vorhanden, und deshalb einen Eigendruck, den sog. Partialdruck, ausübt. Der Gesamtdruck eines Gasgemisches entsprach dann zwangsläufig der Summe der Partialdrucke der einzelnen Gase. Dieser wichtige Zusammenhang wurde 1801, unabhängig von dem ebenfalls in Manchester tätigen Naturforscher und Mediziner William Henry, von Dalton erkannt, in der Gesellschaft vorgetragen und als Daltonsches Gesetz bezeichnet.

Die Abhandlung Daltons enthielt aber noch die wichtige Feststellung, dass alle Gase nahezu die gleiche Wärmeausdehnung besitzen und sich bei ihrer Kompression erhitzen bzw. bei der Expansion abkühlen. Allerdings gelangte 1802 J. L. ↗ Gay-Lussac in Paris zu einem ähnlichen Ergebnis, das er

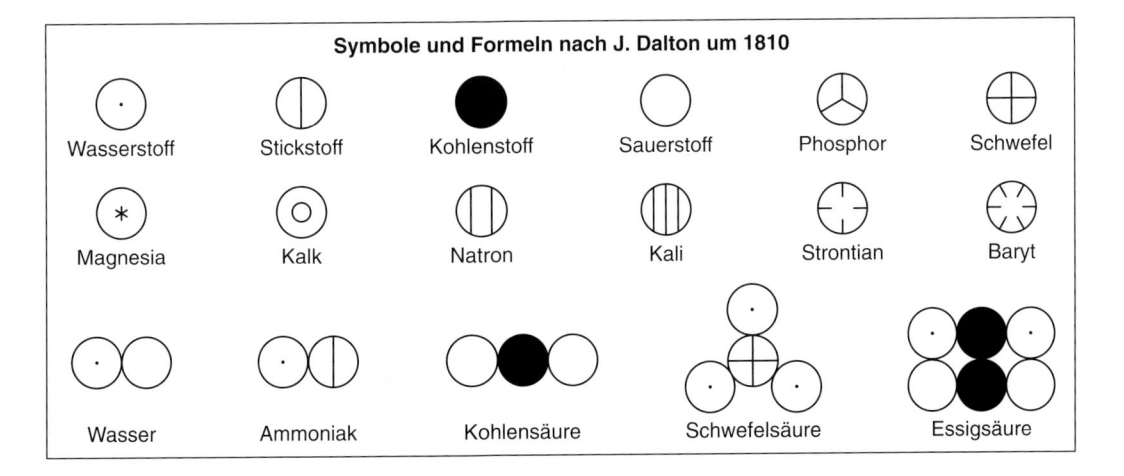

Symbole und Formeln nach J. Dalton um 1810

Wasserstoff, Stickstoff, Kohlenstoff, Sauerstoff, Phosphor, Schwefel

Magnesia, Kalk, Natron, Kali, Strontian, Baryt

Wasser, Ammoniak, Kohlensäure, Schwefelsäure, Essigsäure

1807 weiter ausdifferenzierte und das deshalb als erstes und zweites Gay-Lussaesches Gesetz bekannt geworden ist.

Im Oktober 1803 stellte Dalton in der Gesellschaft eine weitere Arbeit *Über die Absorption der Gasarten durch Wasser und andere Flüssigkeiten* vor. Deren Anliegen bestand darin, die Ursachen für die unterschiedliche Löslichkeit von Gasen in Flüssigkeiten zu untersuchen. Dabei sollte auch die 1802 von Henry getroffene Aussage, dass die Löslichkeit eines Gases proportional seinem Druck ist, überprüft und auf Gasgemische angewendet werden. Dalton gelangte in dieser Arbeit, neben der Bestätigung des Henryschen Gesetzes, heute auch als Henry-Daltonsches Gesetz bezeichnet, zu einem neuen theoretischen Ansatz, der in seine zwischen 1805 und 1807 entwickelte chemische Atomtheorie mündete. Er knüpfte dabei zunächst an die Vorstellungen von Newton aus dem Jahre 1687 an, dass Gase aus kleinsten Partikeln oder Atomen bestehen, die sich in Abhängigkeit von ihrer Entfernung abstoßen. Dalton erklärte den Gasdruck und das Lösen von Gasen in Gasgemischen damit, dass die Abstoßung der Gaspartikel nur zwischen gleichartigen Teilchen erfolgt, während Partikel der anderen Gasarten nicht abgestoßen werden. Bei der Übertragung dieser Theorie auf die unterschiedliche Löslichkeit von Gasen in Flüssigkeiten gelangte Dalton zu dem Schluss, »dass diese Verschiedenheit von der Schwere und der Zahl der kleinsten Teilchen in verschiedenen Gasarten abhängt.«

Dies führte ihn zwangsläufig zu den kleinsten Teilchen, den Atomen und ihrer »Schwere«, d. h. zu deren Masse bzw. Gewicht. Daraus ergab sich für Dalton die Aufgabe, aus den Gewichtsverhältnissen der Elemente verschiedener Verbindungen die relativen Massen der Elementatome zu ermitteln und die chemischen Elemente anhand ihrer Atomgewichte zu unterscheiden. Das Ergebnis seiner Bemühungen kam im Anhang zu seiner Arbeit über die Absorption der Gasarten durch Wasser zum Ausdruck. Er enthielt unter der Überschrift *Verhältnis der Gewichte der kleinsten Theilchen von gasförmigen und andern Körpern* die erste chemische Atomgewichtstabelle, die sechs Elemente und 15 Verbindungen umfasste. Dalton wies darin dem Wasserstoff das Atomgewicht 1 zu und bestimmte in Bezug dazu die relativen Massen z. B. für Stickstoff mit 4,2, Kohlenstoff mit 4,3, Sauerstoff mit 5,5, Phosphor mit 7,2 und Schwefel mit 14,4. Diese erste, wenn auch noch ungenaue und von Dalton mehrfach verbesserte Atomgewichtstabelle fand 1807 in einem von Thomas Thomson verfassten Lehrbuch Aufnahme und Verbreitung. Ihre größte Ausformung und Reife erreichte sie allerdings erst sieben Jahre später mit den bahnbrechenden Arbeiten von J. J. ↗ Berzelius.

Dalton hat seine atomistisch geprägten quantitativen Vorstellungen auch auf andere chemische Vorgänge übertragen. So untersuchte er z. B. 1804 das Gewichtsverhältnis von Kupfer und Sauerstoff in den Oxiden des Kupfers sowie das von Wasserstoff und Kohlenstoff in Methan und Ethin. Dabei gelangte er zu der Aussage, dass die Gewichtsverhältnisse zweier sich zu unterschiedlichen Verbindungen vereinigenden Elemente im Verhältnis einfacher ganzer Zahlen stehen. Dieses von Dalton formulierte Gesetz der multiplen Proportionen ergänzte und erweiterte das wenige Jahre zuvor von Joseph Louis Proust entdeckte Gesetz der konstanten Proportionen.

Dalton vermochte das Gesetz der konstanten wie auch der multiplen Proportionen mithilfe seiner chemischen Atomtheorie zu erklären. Diese hatte er, auf der Grundlage von Lavoisiers neuer Elementenlehre, zwischen 1803 und 1807 entwickelt. Dabei griff er zunächst auf das Prinzipielle der Atomistik zurück, das er auf die Spezifik der Chemie anwandte: »Die chemische Synthese und Analyse geht nicht weiter als bis zur Trennung der Atome und ihrer Wiedervereinigung«. Jedoch verstand Dalton im chemischen Sinne unter Atomen nicht mehr nur die kleinsten Teilchen schlechthin, sondern speziell die kleinsten Teilchen der von Lavoisier bestimmten chemischen Elemente. Deren Atome sollten unter einander in Qualität, Masse und Gestalt gleich sein, wobei sich die Atome verschiedener Elemente in diesen drei Kriterien unterscheiden. Die unterschiedlichen Atome der verschiedenen Elemente vereinigten sich nach Dalton in ganzen Zahlen, also Atom für Atom, womit bei chemischen Umsetzungen nur konstante und multiple Proportionen, aber keine variablen Übergänge zu erwarten waren.

Allerdings unterschied Dalton dabei nicht zwischen den kleinsten Teilchen einer Verbindung, also den Molekülen, und denen eines Elements, also den Atomen. Sein striktes Festhalten am Atomismus und das damit verbundene Übersehen des molekularen Zustands, dem erst um 1860 von S. ↗ Cannizzaro Rechnung getragen worden ist, zwang Dalton zu Kompromissen. So ging er z. B. bei einer chemischen Reaktion generell davon aus, dass bei der Vereinigung von zwei Elementen zu einer Verbindung jeweils nur ein Atom an der Reaktion beteiligt ist. Diese sog. »Atomverbindungen« waren nach Dalton nach dem Prinzip der größten Einfachheit zusammengesetzt. Sie spiegelten allerdings nicht die reale Anzahl der Atome in einem Molekül wider, sondern lediglich die relativen Massenverhältnisse der in der Verbindung enthaltenen Elemente.

Dieser Kompromiss kam auch in der von Dalton um 1810 zur Durchsetzung seiner atomistischen Vorstellungen entwickelten neuen chemischen Zeichensprache zum Ausdruck. Dalton verwendete Kreissymbole und führte für jedes Element ein bestimmtes Zeichen ein, das ein Atom des betreffenden Elements verkörperte. Die Vereinigung mehrerer Elemente zu einer Verbindung symbolisierte Dalton durch das Aneinanderreihen der entsprechenden Zeichen. Allerdings vermochte sich die Daltonsche Zeichensprache nicht gegen die um 1815 von Berzelius entwickelten Element- und Formelsymbole durchzusetzen.

Dalton hat, beginnend 1808, in dem dreiteiligen Hauptwerk *A New System of Chemical Philosophy* (Ein neues System des chemischen Theiles der Naturwissenschaften) seine Ergebnisse, insbesondere die chemische Atomtheorie, umfassend dargestellt. Dieses Werk, das zugleich den Höhepunkt von Daltons wissenschaftlicher Arbeit verkörperte, gilt als Grundstein der klassischen chemischen Wissenschaft des 19. Jahrhunderts und wurde von den meisten der damaligen Chemiker positiv aufgenommen.

Dalton hat des Weiteren 1798 als Erster eine Störung des menschlichen Farbsinns, die Rot-Grün-Blindheit, beschrieben, die als Daltonismus bezeichnet wird. Ihm zu Ehren sind die von L. ↗ Pauling vorgeschlagene, in der Molekularbiologie gebräuchliche Einheit der Molekülmasse, das Dalton (1 Dalton = $1{,}66018 \cdot 10^{-24}$ g), die Daltonide (Verbindungen mit eindeutiger stöchiometrischer Zusammensetzung) sowie die Moosfamilie *Daltoniaceae* benannt worden. [RS3]

Werk(e):
Meteorological essays and observations (1793); New System of Chemical Philosophy (1808–1827); Ausdehnung elastischer Flüssigkeiten durch Wärme (1894); Die Grundlagen der Atomtheorie, in: Ostwalds Klassiker der exakten Wissenschaften 3 (1902).

Sekundär-Literatur:
Lonsdale, H.: The Worthies of Cumberland. John Dalton (1854); Roberts, F.: Famous Chemists (1911).

Dana, James Dwight,
amerikanischer Mineraloge, Geologe und Zoologe,
* 12. 2. 1813 Utica (New York),
† 14. 4. 1895 New Haven (Connecticut).

Dana war ein Pionier der modernen Mineralsystematik und entwickelte Ideen zur Entstehung der Gebirge. Im 19. Jahrhundert war er der einflussreichste Geologe in den USA.

Dana begann 1833 das Studium der Naturgeschichte an der Yale University (Conn.) und konzentrierte sich auf die Mineralogie und Geologie bei Benjamin Silliman. 1838 nahm er als Mineraloge und Geologe an einer vierjährigen Expedition teil und lernte so die Küsten von Südamerika und bei einer Weltumseglung vor allem den Pazifik kennen. In den Jahren danach widmete er sich der Auswertung und Veröffentlichung seiner geologischen und zoologischen Beobachtungen von dieser Reise. Seine Arbeiten gehörten zu den bedeutendsten Beiträgen zur wissenschaftlichen Reiseliteratur des 19. Jahrhunderts. Von 1850 bis 1894 war Dana Professor für Geologie (»Silliman Chair«) an der Yale University.

Bei der Klassifikation der Minerale ging Dana von naturhistorischen Merkmalen zu chemischen und kristallographischen Daten über und bereitete damit die noch heute gültigen Kriterien für die Mineralsystematik vor. Seine Vorstellungen zur Entstehung der Kontinente und Gebirge gingen wie bei Constant Prévost, Ch. ↗ Babbage oder ↗ Elie de Beaumont von der Kontraktion der Erde durch Abkühlung aus. Der dadurch kleiner werdende Erdkern verursachte ein Nachsinken der Erdkruste und die Wirkung tangentialer Spannungen. So entstanden durch horizontalen Seitendruck, wie bei einem schrumpfenden Apfel, Faltungen mit aufgewölbten Sätteln und abgesenkten Tälern. Letztere nannte Dana Geosynklinalen und die Hebungen Antiklinalen. In den Geosynklinalen gesammelte Sedimente wurden durch weiteren seitlichen Druck in die Tiefe abgesenkt, durch die Erdwärme umgeformt, zerbrochen oder verfaltet und wieder zu Gebirgen (Synklinorien) herausgehoben. Dieses Modell verlor erst in der Mitte des 20. Jahrhunderts seine Bedeutung. Dana verfasste herausragende Lehrbücher zur Mineralogie und Geologie, die in vielen Auflagen erschienen und die geologisch-mineralogischen Studien in Amerika und Europa stark beeinflusst haben.[MG]

Werk(e):
A system of mineralogy including an extended treatise on cristallography (1837); Manual of geology, treating of the principles of the science with special reference to America geological history (1863).

Sekundär-Literatur:
Gilman, D.C.: The life of J.D. Dana (1899); Rodgers, J. (Hrg.): J.D. Dana, Spec. Issue American Journal of Science 297 (1997).

Werk(e):
Meteorological Essays and Observations (1823); An Introductory Lecture Delivered in Kings College (1831); An Introduction to the Study of Chemical Philosophy (1839).

Daniell, John Frederic,
englischer Chemiker und Physiker,
* 12. 3. 1790 London,
† 13. 3. 1845 London.

Darmstaedter, Ludwig,
deutscher Chemiker und Wissenschaftshistoriker,
* 9. 8. 1846 Mannheim,
† 18. 10. 1927 Berlin.

Daniell erfand 1820 das Taupunkthygrometer, konstruierte 1830 ein neuartiges Barometer, entwickelte 1836 ein leistungsfähiges galvanisches Element sowie für Gasbrenner den Daniellschen Hahn.

Daniell, Sohn eines Bankiers, erhielt eine private Ausbildung. Anfangs arbeitete er in einer Zuckerraffinerie, wo er auch experimentelle Arbeiten durchführte; anschließend war er in einer Harzfabrik tätig. Dann übernahm er das Direktorat einer Gasgesellschaft und führte Studienreisen nach Frankreich und Deutschland durch. 1813 wurde Daniell in die Royal Society aufgenommen und erhielt 1831 die erste Professur für Chemie am gerade erst gegründeten King's College in London. 1841 setzte er sich für die Gründung der Chemical Society of London ein, der Vorläuferin der Royal Society of Chemistry. Daniell übernahm das Amt des Vizepräsidenten, das er bis zu seinem Tode innehatte.

Das wissenschaftliche Wirken von Daniell war stets mit der praktischen Anwendbarkeit der Ergebnisse verbunden. So beschäftigte er sich ab 1814 mit der Bildung und Auflösung von Kristallen in Wasser und entwickelte eine Theorie der Salzbildung und Dissoziation. Im Zusammenhang damit erfand er 1820 zur Bestimmung der Luftfeuchtigkeit ein spezielles Hygrometer, das sog. Daniell-Hygrometer. Diesem folgte zehn Jahre später (1830) ein Barometer, in dem statt Quecksilber Wasser als Barometerflüssigkeit zum Einsatz kam. Daniells bekannteste Arbeiten beschäftigten sich mit Elektrochemie. Angeregt durch die Ergebnisse von M. ↗ Faraday, die 1833/34 in den Faradayschen Gesetzen ihren Niederschlag gefunden hatten, entwickelte Daniell 1836 ein neuartiges galvanisches Element, das aus einer Zinkanode und einer Kupferkathode bestand. Dieses Daniell-Element konnte über eine längere Zeit einen konstanten Strom abgeben und verkörperte die erste zuverlässige Stromquelle. Praktische Bedeutung erlangte auch der Daniellsche Hahn, ein von Daniell konstruierter Gasbrenner, mit dessen Hilfe in Schweißbrennern das Brenngas, z. B. Acetylen, vom Sauerstoff getrennt zu einer gemeinsamen Austrittsöffnung geführt werden konnte. [RS3]

Darmstaedter ist vor allem durch seine Sammlung von Autographen bedeutender Naturforscher berühmt geworden, die er 1907 als Sammlung Darmstaedter der Preußischen Staatsbibliothek übereignete.

Darmstaedter, Sohn eines Kaufmanns, begann 1864 in Heidelberg Mineralogie zu studieren, wechselte aber bereits 1865 zur Chemie. Damals lehrten dort R. ↗ Bunsen und E. ↗ Erlenmeyer Chemie, H. ↗ Kopp Kristallographie und Geschichte der Chemie, G. ↗ Kirchhoff Physik und H. v. ↗ Helmholtz Physiologie. Nach seiner Promotion 1868 ging er zu weiterführenden Studien an die Universität Leipzig und besuchte Vorlesungen von A. ↗ Kolbe, der dort gerade eines der größten chemischen Laboratorien eröffnet hatte. An der Berliner Universität untersuchte er als Mitarbeiter von Carl Hermann Wichelhaus die Alkalischmelze von Sulfonsäuren.

1872 wurde er Teilhaber der chemischen Fabrik von Benno Jaffé in Berlin, die Glycerol, Ammonsalze, später auch Lanolin herstellte.

In Berlin lernte Darmstaedter auch den Immunologen P. ↗ Ehrlich kennen. Mit ihm verband ihn eine lebenslange Freundschaft. Ehrlich hatte 1878 an der Charité als Arzt zu arbeiten begonnen und 1910 die Chemotherapie mit dem Ziel begründet, mit Hilfe von Chemopharmaka parasitäre Krankheiten heilen zu helfen. Seit 1898 leitete er das Königlich Preußische Institut für Experimentelle Therapie in Frankfurt am Main. Um Ehrlichs Arbeiten zu unterstützen, regte Darmstaedter seine Schwägerin Franziska Speyer (Witwe des Frankfurter Bankiers Georg Speyer) an, 1906 das Georg-Speyer-Haus als Forschungsinstitut zu stiften. Seit 1926 vergibt die Stiftung »Georg-Speyer-Haus« alle drei Jahre den Ludwig-Darmstaedter-Preis für hervorragende Forschungsleistungen auf dem Gebiet der Chemotherapie und Biomedizin, inzwischen jährlich als Paul-Ehrlich-und-Ludwig-Darmstaedter-Preis der Paul-Ehrlich-Stiftung.

Darmstaedter gehört zu den Gründungsmitgliedern und Stiftern der Kaiser-Wilhelm-Institute in Berlin-Dahlem.

Nach der Jahrhundertwende war er wissenschaftlich vor allem auf dem Gebiet der Wissenschafts- und Technikgeschichte tätig. Viele biografische Essays veröffentlichte er in Tageszeitungen. Bekannt wurden seine 1926 erschienenen *Biographischen Miniaturen*, fünfzig Biografien von Naturforschern und Entdeckern des 16. bis 19. Jahrhunderts. Er führte eine der ersten wissenschaftsstatistischen Untersuchungen durch. 1908 veröffentliche er eine Analyse bedeutender wissenschaftlicher und technischer Erfindungen und Innovationen von 1400 bis 1900. Die Liste der Daten war nicht komplett, aber repräsentativ, und er konnte deutliche Aktivitätsschwankungen im 18., 19. und 20. Jahrhundert nachweisen.

Darmstaedter sammelte nicht nur Autografen, er besaß auch eine der bedeutendsten Kunstsammlungen in Berlin.

Darmstaedter liebte schwierige Bergwanderungen. 1889 entdeckte er den heutige üblichen Normalanstieg auf den 3 184 Meter hohen Cimon della Palla, eine Tour im 2. und 3. Schwierigkeitsgrad der Alpenskala. [WG2]

Werk(e):
4000 Jahre Pionierarbeit in den exakten Wissenschaften (1904, mit Du Bois-Reymond); Handbuch zur Geschichte der Naturwissenschaften und der Technik (1908, mit Du Bois-Reymond und Schaefer); Naturforscher und Erfinder, biographische Miniaturen (1926).

Sekundär-Literatur:
Ruska, J.: Ludwig Darmstaedter, Zeitschrift für angewandte Chemie 40 (1927) 1387.

Charles Darwin
Thomas Junker

Darwin, Charles Robert,
englischer Naturforscher und Geologe,
12. 2. 1809 Shrewsbury (England),
† 19. 4. 1882 Down.

Darwin war ein Forschungsreisender und Naturforscher des 19. Jahrhunderts. Berühmt wurde er als Begründer der modernen (selektionistischen) Evolutionstheorie.

Darwin wurde als zweiter Sohn und fünftes von sechs Kindern geboren. Seine Mutter Susannah Wedgwood starb bereits 1817. Sein Vater, Robert Waring Darwin, war ein wohlhabender Arzt. Beide Großväter, Josiah Wedgwood und der bedeutende Naturforscher E. ↗ Darwin, waren wichtige Persönlichkeiten der aufstrebenden industriellen Elite Großbritanniens. Schon in früher Jugend hatte sich Charles für die Natur interessiert und Pflanzen, Muscheln und Münzen gesammelt, während er den Schulunterricht später sehr kritisch beurteilte. Im Alter von 16 Jahren wurde er von seinem Vater an die Universität Edinburgh geschickt, wo er zusammen mit seinem älteren Bruder Erasmus Medizin studierte. Sein Mentor war hier der Zoologe Robert Grant, der Darwin auch mit den Theorien Lamarcks vertraut machte.

Die wenig anregenden Vorlesungen und die Anwesenheit bei zwei Operationen ohne Anästhesie verleideten Charles aber bald das Studium der Medizin. Als deutlich wurde, dass er nicht Arzt werden wollte, schickte ihn sein Vater zum Theologiestudium nach Cambridge. Auch hier standen seine naturhistorischen Interessen im Vordergrund, er sammelte Käfer und diskutierte mit seinen Professoren über Botanik und Geologie. Als Darwin im April 1831 sein Theologiestudium mit dem Bakkalaureus erfolgreich abschloss, war er vor allem auch ein fähiger Naturforscher.

Der entscheidende Wendepunkt in Darwins Leben war die Weltreise mit dem Forschungsschiff Beagle. Wenige Monate nach dem Ende des Theologiestudiums erhielt er das Angebot, Kapitän Robert Fitzroy als Naturforscher und »gentleman companion« zu begleiten. Die Besatzung der Beagle sollte die Küsten von Südamerika vermessen, um die Seekarten der englischen Admiralität zu verbessern. Darwin war zunächst nicht der offizielle Naturforscher an Bord der Beagle. Seine Aufgabe war nicht eindeutig definiert; er galt als Gast und standesgemäße Begleitung des Kapitäns. Die Beagle verließ England am 27. Dezember 1831 und kehrte nach fast fünf Jahren am 2. Oktober 1836 zurück. Darwin hat diese Zeit intensiv genutzt, er sammelte die verschiedensten lebenden wie fossilen Organismen

C.R. Darwin in jungen Jahren

und machte eine große Zahl geologischer Beobachtungen.

Von besonderer Bedeutung für seine geistige Entwicklung während der Reise war die Lektüre von Ch. ↗ Lyells *Principles of Geology* (1830–33). Hier bekam Darwin eine Einführung in die damals moderne Geologie und wurde sowohl mit Lyells Widerlegung von Lamarcks Evolutionstheorie als auch mit seiner wenig überzeugenden Alternativerklärung konfrontiert. Wie Lyell glaubte Darwin, als er mit der *Beagle* England verließ, dass jede Art getrennt und mit den Eigenschaften erschaffen worden ist, die sie in ihrer jeweiligen Umwelt benötigt. Auf seiner Reise machte er zahlreiche Beobachtungen, die er später im Sinne der Evolutionstheorie interpretierte, ohne zunächst aber ihre Bedeutung zu erkennen. Zu seinem späteren Bedauern hatte Darwin noch zu der Zeit, als er sich auf den Galápagos-Inseln aufhielt, die Bedeutung der Flora und Fauna dieser Inseln nicht erkannt.

Die Entstehung der Theorie

Als die Beagle im Oktober 1836 nach England zurückkehrte, konnte Darwin auf einen reichen Schatz an Beobachtungen und Erfahrungen zurückgreifen, der ihn in kurzer Zeit zu einem der führenden Naturforscher Englands machte. Er begann seine Sammlungen zu sortieren und an verschiedene Spezialisten zu verschicken. Die wissenschaftliche Bearbeitung der reichen Funde seiner Weltreise wurde in den nächsten Jahren Darwins hauptsächliche Beschäftigung. Er publizierte auch innovative Schriften zu geologischen Themen, beispielsweise entwickelte er eine Theorie über die Entstehung der Korallenriffe, die in ihren Grundideen bis heute Bestand hat. Schon wenige Monate nach seiner Rückkehr begann Darwin auch, Spekulationen über die Entstehung der Arten niederzuschreiben, und ein halbes Jahr nach seiner Ankunft in England, zwischen März und Juni 1837, war er von der allmählichen Entstehung neuer Arten und von der gemeinsamen Abstammung der Organismen überzeugt. Zwei Beobachtungen führten zu diesem Umdenken: 1) Der vergleichende Anatom Richard Owen hatte Darwins südamerikanische Fossilien untersucht und dabei festgestellt, dass die heute dort lebenden Arten anatomisch eng mit den ausgestorbenen Arten dieses Kontinents verwandt sind. 2) Der Ornithologe John Gould teilte Darwin mit, dass die Finken und Spottdrosseln der verschiedenen Galápagos-Inseln unterschiedlichen Arten angehören. Darwin war ursprünglich davon ausgegangen, dass es sich um Varietäten handelt, aber nun schien es so, als könnten neue Arten entstehen, wenn Individuen geographisch von der Elternart isoliert werden.

Nachdem Darwin die Evolution als plausible Erklärung für die historischen und gegenwärtigen Beziehungen zwischen den Arten akzeptiert hatte, versuchte er, die Ursachen dieser Veränderungen zu identifizieren. Bereits im Juli 1837 hatte Darwin eine erste Theorie des Artenwandels ausgearbeitet. Wie Lamarck vermutete er, dass die Umwelt über Gebrauch und Nichtgebrauch, Verhaltensweisen und die Vererbung erworbener Eigenschaften erbliche Veränderungen bewirken kann. Der entscheidende Anstoß, einen völlig anderen Evolutionsmechanismus in Erwägung zu ziehen, kam im September 1838, als er Thomas Robert Malthus' *Essay on the Principle of Population* (1826) las. Darwin übernahm von Malthus den Gedanken, dass jede biologische Art eine starke Tendenz zur Vermehrung hat, die größer ist als die mögliche Vermehrung der Nahrungsmittel. Zusammen mit der Beobachtung, dass sich die Anzahl der Individuen einer Art auf lange Sicht meist nur wenig verändert, lässt sich daraus schließen, dass es zwischen Mitgliedern derselben Art zu einem Kampf ums Dasein kommen muss.

Darwins origineller Gedanke, der es ihm ermöglichte zu zeigen, dass der Kampf ums Dasein nicht nur in statischer Weise wirkt, war die Überzeugung von der Einzigartigkeit der Individuen. Der Kampf ums Dasein und das unterschiedliche Überleben bzw. der unterschiedliche Reproduktionserfolg einzelner Individuen kann nur unter der Voraussetzung, dass es sich um erblich unterschiedliche Individuen handelt, zur Veränderung einer Art führen. Die natürliche Auslese ist ein zweistufiger Prozess: sowohl individuelle Variabilität als auch Selektion sind gleichermaßen notwendig. Der Ausdruck »Kampf ums Dasein« wurde in der Vergangenheit oft einseitig im Sinne eines blutigen Kampfes aufgefasst. Dies ist bei Darwin aber nur ein Aspekt. Als anderes Beispiel nennt er den Fall einer Pflanze, die am Rande der Wüste ums Überleben kämpft. Zudem schließt der Kampf ums Dasein die Zusammenarbeit zwischen Individuen keineswegs aus. Viele Organismen sind auf Kooperation und gegenseitige

C.R. Darwin

C.R. Darwin 1840

Hilfe angewiesen, um zu überleben. Und schließlich wird von der Evolution nicht das Überleben des Individuums an sich prämiert, sondern die Zahl der überlebenden Nachkommen.

Die Betonung der Einzigartigkeit der Individuen bei Darwin hat verschiedene Quellen. Wichtig waren zunächst seine Erfahrungen als Naturforscher. Die große Variabilität der Organismen wurde ihm auch durch die Tier- und Pflanzenzüchter, mit denen er in engem Kontakt stand, bestätigt. Die biologische Einzigartigkeit der Individuen korrespondiert aber auch mit der allgemeinen Betonung der Individualität in der bürgerlichen Gesellschaft des 19. Jahrhunderts. Obwohl Darwins Prinzipien (Anpassung, Kampf ums Dasein, Individualität) mit den allgemeinen geistigen Ideen seiner Zeit in Wechselbeziehung standen, hat seine Kombination dieser Ideen (das Selektionsprinzip) aber erstaunlicherweise auf seine Zeitgenossen so fremd gewirkt, dass selbst viele Wissenschaftler es nicht verstanden haben und sich nur eine Minderheit überzeugen ließ.

Im Januar 1839 heiratete Darwin seine Cousine Emma Wedgwood, mit der er zwischen 1839 und 1856 sechs Söhne und vier Töchter hatte. Im September 1842 zog sich Darwin nach Down (Kent) zurück, einen kleinen ländlichen Ort 16 Meilen südlich von London. Zum Teil war diese Entscheidung durch Darwins angegriffene Gesundheit begründet. Die genaue Ursache seiner Krankheit ist umstritten. Sicher ist aber, dass in den Jahren 1837 bis 1842 verstärkt Symptome auftraten, als er seine revolutionäre Theorie ausarbeitete. In Down konnte Darwin seinen Studien ohne Rücksicht auf gesellschaftliche Verpflichtungen nachgehen. Sein Leben war aber nicht das eines einsamen Gelehrten: Er hatte regelmäßig Besuch und durch Briefe oder über Publikationen hielt er den Kontakt mit seinen wissenschaftlichen Kollegen auf der ganzen Welt aufrecht.

Darwin arbeitete nach der Entdeckung des Selektionsprinzips im September 1838 stetig an seiner Theorie des Artenwandels weiter. Im Sommer 1842 fühlte er sich sicher genug, diese Erkenntnisse in Form einer Skizze niederzuschreiben. Zwei Jahre später verfasste Darwin eine erweiterte Version, den *Essay* von 1844, der nach seinem Tod veröffentlicht werden sollte. Die Frage, warum Darwin seine Theorie nicht zu diesem Zeitpunkt veröffentlicht hat, sondern sich stattdessen für acht Jahre (1846–54) morphologischen und taxonomischen Forschungen über Cirripedien (Rankenfußkrebse) zuwandte, hat einige Diskussion verursacht. Auf jeden Fall veränderte sich seine Theorie in diesen Jahren; sie reifte, und Darwin gewann Erfahrungen in Taxonomie, Morphologie und Embryologie. Erst im September 1854, als er die Arbeit an den Cirripedien abgeschlossen hatte, widmete er wieder seine ganze Arbeitskraft der Artentheorie.

Origin of Species

Am 18. Juni 1858 wurde Darwin in der Arbeit an seinem *Big Species Book*, in dem er seine Evolutionstheorie darstellen wollte, jäh unterbrochen. Er hatte bereits einen großen Teil des Manuskriptes vollendet, als ein Brief des Naturforschers Alfred Russel Wallace bei ihm eintraf, der sich zu dieser Zeit auf den Molukken aufhielt. Der Brief enthielt ein Manuskript, in dem Wallace nicht nur eine Evolutionstheorie vertrat, sondern auch einen Mechanismus vorschlug, der fast völlig mit Darwins Selektionstheorie übereinstimmte. Darwin ließ sich von seinen Freunden Joseph Dalton Hooker und Lyell überzeugen, dass eine Veröffentlichung seiner eigenen Ideen zusammen mit dem Manuskript von Wallace dessen Prioritätsrechte nicht verletzen würde. Bei der Versammlung der Linnean Society am 1. Juli 1858 wurde durch Lyell und Hooker das Manuskript von Wallace zusammen mit Ausschnitten aus Darwins Manuskripten und Briefen vorgetragen. Darwin begann nun zunächst an einer Kurzfassung seiner Theorie zu arbeiten, merkte aber bald, dass eine zu komprimierte Fassung seiner Sache nicht dienen würde, und schrieb an einer stark verkürzten, aber immerhin Buchumfang annehmenden Version, dem späteren *Origin of Species*. Der Briefwechsel Darwins macht deutlich, dass er ausgesprochen geschickt vorging, um den Erfolg seines Buches zu sichern. Zum einen machte er einen engen Kreis von wissenschaftlichen Kollegen langsam und geduldig mit seinen Ideen vertraut. Zum andern hatte er sich großes wissenschaftliches Ansehen erworben, und seit den 1840er-Jahren galt Darwin als einer der führenden Naturforscher Englands. In *Origin of Species* sicherte Darwin seine Ideen zudem durch zahlreiche Einzelbeobachtungen ab und vermied jeden Fachjargon, so dass auch Nicht-Biologen in der Lage waren, seine Theorie zu verstehen.

Nach mehr als zwanzig Jahren intensiver gedanklicher Arbeit an seiner Theorie über die Entstehung der Arten und oft mühsamen Vorbereitungen erschien schließlich *Origin of Species* im November 1859. Das Buch machte einen enormen Eindruck und wurde für ein wissenschaftliches Buch ein außerordentlicher Verkaufserfolg. Allein in den ersten zwölf Monaten wurden 3800 Exemplare verkauft, und innerhalb weniger Jahre erschienen Übersetzungen in die wichtigsten europäischen Sprachen. Darwins Theorie wurde in den ersten Jahren vor al-

ON

THE ORIGIN OF SPECIES

BY MEANS OF NATURAL SELECTION,

OR THE

PRESERVATION OF FAVOURED RACES IN THE STRUGGLE
FOR LIFE.

By CHARLES DARWIN, M.A.,
FELLOW OF THE ROYAL, GEOLOGICAL, LINNÆAN, ETC., SOCIETIES;
AUTHOR OF 'JOURNAL OF RESEARCHES DURING H. M. S. BEAGLE'S VOYAGE
ROUND THE WORLD.'

LONDON:
JOHN MURRAY, ALBEMARLE STREET.
1859.

The right of Translation is reserved.

C.R. Darwin: Titelblatt der Erstausgabe von *Origin of Species*

lem in England und den USA, später auch auf dem europäischen Kontinent, hier in erster Linie in den deutschsprachigen Ländern, umfassend rezensiert und rezipiert, aber auch scharf kritisiert. Die Veröffentlichung von *Origin of Species* wurde zum entscheidenden Anstoß für die unterschiedlichsten theoretischen Entwicklungen in vielen Bereichen der Biologie. Auch Darwin selbst war weiter außerordentlich produktiv. Im Vertrauen auf die Richtigkeit seiner Theorie wandte er sich neuen Projekten zu, die zeigen sollten, wie mit Evolution und Selektion zahlreiche biologische Phänomene erklärt werden können, die man bisher nur beschrieben hatte.

Bereits im Frühling und Sommer 1860 begann Darwin, sich für eigentümliche Strukturen und Funktionen bei Primeln, Orchideen, kletternden und fleischfressenden Pflanzen zu interessieren. Diese botanischen Studien haben seine wissenschaftliche Arbeit zunehmend beherrscht und waren die Grundlage für zahlreiche Artikel und Bücher. Bereits 1862 erschien eine Studie zum Blütenbau der Orchideen, in der er nachweisen wollte, dass auch bei Pflanzen Fremdbefruchtung die Regel ist. Durch die Experimente von R. J. ↗ Camerarius und J. G. ↗ Kölreuter wusste man seit dem 18. Jh., dass bei Pflanzen sexuelle Fortpflanzung vorkommt. Das häufige Vorkommen von Zwitterblüten, die weibliche und männliche Sexualorgane aufweisen, und die Tatsache, dass Pflanzen im Gegensatz zu den Tieren ihren Ort nicht verändern können, schien aber darauf hinzu deuten, dass diese Pflanzen sich in der Regel selbst bestäuben. Aus allgemeinen Erwägungen hielt Darwin dies für unwahrscheinlich und glaubte, dass die sexuelle Fortpflanzung notwendig sein müsse. Durch genaue Beobachtung konnte er zahlreiche Mechanismen aufzeigen, die bei Zwitterblüten eine Selbstbefruchtung schwierig oder unmöglich machen, und stellte so die Blütenökologie auf eine neue Basis.

Das ungelöste Rätsel der Vererbung

Im Sommer 1860 wandte sich Darwin auch wieder seinem *Big Species Book* zu. In diesem Buch wollte er das Material über die Variabilität von Pflanzen und Tieren darstellen, das er in über zwanzigjähriger Arbeit gesammelt hatte. Zu seinen Lebzeiten erschien jedoch nur *The Variation of Animals and Plants under Domestication* im Jahre 1868. Mit kaum einer anderen Frage hat sich Darwin ähnlich intensiv und zugleich weniger erfolgreich beschäftigt wie mit der Frage nach den Ursachen der natürlichen Variabilität. Die Existenz erblicher Unterschiede zwischen den Individuen ist eine unverzichtbare Voraussetzung dafür, dass die natürliche Auslese Wirkung entfalten kann – ohne Variation keine Selektion. Bereits in *Origin of Species* wird aus diesem Grunde in den beiden ersten Kapiteln die Variation in der Domestikation und im Naturzustand be-

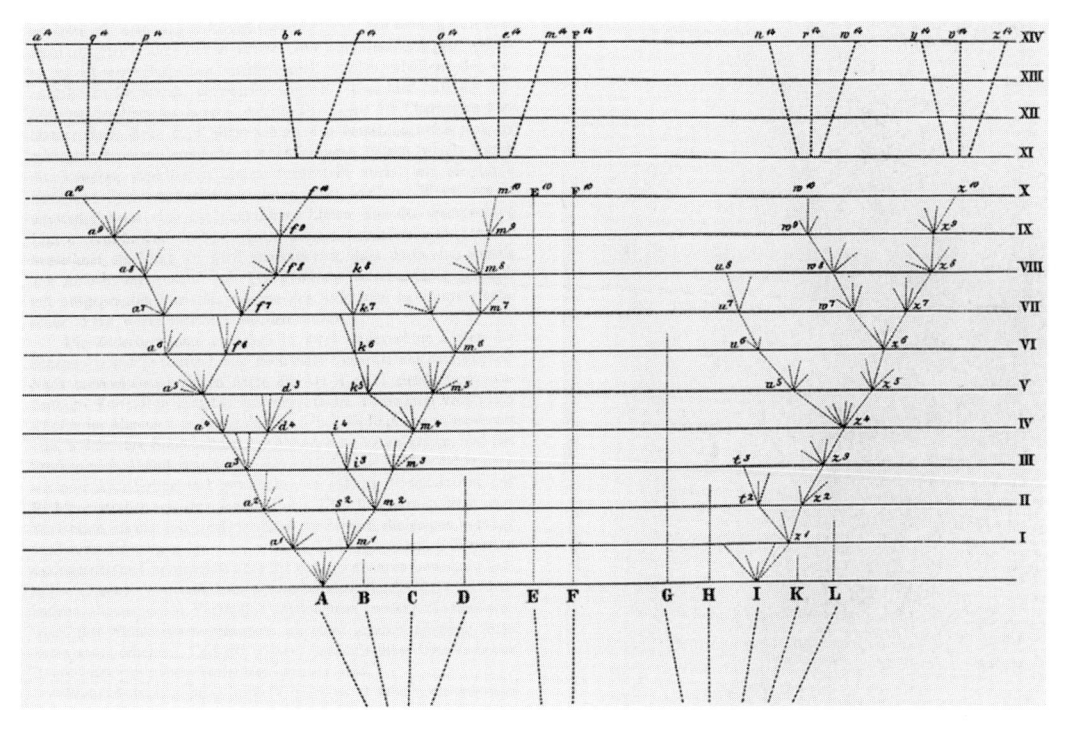

C.R. Darwin: Schema zur Evolution, Darwin 1859

sprochen, bevor Darwin zum Kampf ums Dasein und zur natürlichen Auslese kommt.

In *Variation* stellte Darwin eine Vielzahl von Beispielen für individuelle Unterschiede zwischen Organismen zusammen. Letztlich scheiterte er aber bei dem Versuch, ein theoretisches Modell zu entwickeln, das diese Beobachtungen zufriedenstellend erklärt hätte. Ein Grund war die weitgehende Unsicherheit über die Gesetze der Vererbung. So hielt er – wie die meisten Biologen des 19. Jh. – einen lamarckistischen Mechanismus für notwendig. Er glaubte, dass die Umwelt bzw. Gebrauch und Nichtgebrauch direkt zu adaptiven erblichen Veränderungen führen können. Um dies zu erklären, postulierte er einen physiologischen Mechanismus, der zwischen Organen und Keimzellen vermittelt (»Pangenesis-Theorie«). Für Darwin war die Vererbung erworbener Eigenschaften eine Ergänzung und keine Alternative zur Selektionstheorie. Die Auslese sei der entscheidende Faktor, sie lasse sich mit einem Architekten vergleichen, der unbehauene Steine verschiedener Form sammle und daraus ein edles Gebäude errichte und der als der eigentliche Urheber des Gebäudes gelten muss.

Die Evolution der Menschen

Lebhaftes Interesse rief schließlich 1871 Darwins Buch *The Descent of Man, and Selection in Relation to Sex* hervor, in dem er die Frage der menschlichen Evolution diskutierte. Dieses Thema hatte er in *Origin of Species* nicht ausgeführt, um die Widerstände gegen seine Theorie nicht noch weiter zu verstärken. In den 1860er-Jahren war die Abstammung der Menschen bereits von verschiedenen Autoren, unter ihnen E. ↗ Haeckel, aus Sicht der Evolutionstheorie diskutiert worden, aber Darwin selbst schien zur Erleichterung vieler Zeitgenossen die Sonderstellung der Menschen nicht anzutasten. Drei Fragen wollte Darwin in *Descent of Man* besprechen: 1) Stammen die Menschen, wie jede andere biologische Art auch, von einer früheren Form ab? 2) Was sind die Mechanismen dieser Entwicklung? 3) Wie sind die Unterschiede zwischen den sogenannten Menschenrassen entstanden und zu bewerten? Zur ersten Frage führt er aus, dass es zum Prinzip der Evolution keine Alternative gibt, wenn man die embryologischen und morphologischen Ähnlichkeiten zwischen den Mitgliedern derselben Gruppe, ihre geographische Verteilung in der Vergangenheit und Gegenwart sowie ihre geologische Aufeinanderfolge im Zusammenhang betrachte. Bei der konkreten Stammesgeschichte der Menschen kommt Darwin zu folgender Genealogie: Von den Larven der Ascidien (Seescheiden) über fisch-, amphibien- bzw. reptilienähnliche Tiere habe die Entwicklung über Beuteltiere, höhere Säugetiere und Affen bis zu den Menschen geführt.

Als größte Schwierigkeit bei dieser Herkunft nennt er die geistigen Fähigkeiten und die moralischen Vorstellungen der Menschen. Die geistigen Anlagen der höheren Tiere seien denen der Menschen aber trotz quantitativer Unterschiede ähnlich, und sie sind verbesserungsfähig. Geistige Fähigkeiten sind variabel, erblich und wichtig für das Überleben, was ihre Entstehung durch die natürliche Auslese wahrscheinlich mache. Auch die Moral sei in Form sozialer Instinkte ursprünglich durch die natürliche Auslese entstanden. Auch bei Menschen gebe es also ständig individuelle Un-

Fig. 3.—Head of Wild Boar, and of "Golden Days," a pig of the Yorkshire Large Breed; the latter from a photograph. (Copied from Sidney's edit. of 'The Pig,' by Youatt.)

C.R. Darwin: Wirkung der künstlichen Selektion beim Schwein (Darwin 1868)

terschiede in allen Teilen des Körpers und in den geistigen Fähigkeiten. Diese Varianten entstehen durch dieselben Ursachen wie bei niederen Tieren und es herrschen ähnliche Vererbungsgesetze vor. Da die Menschen zudem starke Fruchtbarkeit zeigen, komme es auch bei ihnen zum Kampf ums Dasein und zur Auslese. Daneben gebe es die Vererbung erworbener Eigenschaften, eine direkte Wirkung der Lebensbedingungen, das Prinzip der Korrelation und schließlich die sexuelle Auslese. Diese und vielleicht weitere, bisher unentdeckte Faktoren haben die Evolution der Menschen bestimmt und auch zu ihrer Aufspaltung in verschiedene Gruppen (Rassen oder Unterarten) geführt. Die große Ähnlichkeit gegenwärtiger Menschen mache es nun wahrscheinlich, dass der letzte gemeinsame Vorfahr bereits sehr menschenähnlich war und dass seine geistigen und sozialen Fähigkeiten kaum unter denen heutiger Menschen lagen. So habe er beispielsweise schon Sprache besessen, da ein mehrfaches, unabhängiges Auftreten dieser komplexen Fähigkeit unwahrscheinlich sei.

Darwins Erklärung für das unterschiedliche Aussehen der Menschenrassen war zu seiner Zeit höchst unbeliebt und erlebte erst in den letzten Jahrzehnten eine Renaissance. Er argumentiert, dass die Unterschiede zwischen den Rassen in Haut- und Haarfarbe, Grad der Behaarung, Schädel- und Nasenform sowie im Körperbau nur zum geringsten Teil durch den direkten Einfluss der Lebensbedingungen, durch die Vererbung von Gebrauch und Nichtgebrauch oder das Prinzip der Korrelation entstanden sein können. Da zudem kein einziger dieser körperlichen Unterschiede (die geistigen, moralischen und sozialen Fähigkeiten schließt er hier aus) einen direkten Nutzen hat, komme auch die natürliche Auslese nicht in Frage. Es bleibt also nur ein wichtiger Evolutionsfaktor: die sexuelle Auslese. Für Darwin war die sexuelle Auslese der wichtigsten Faktor bei der Entstehung die Unterschiede zwischen den Rassen.

Im weiteren Verlauf seines Buches bespricht Darwin das Prinzip der sexuellen Auslese ausführlich: *Selection in Relation to Sex*. Mit Hilfe dieses Faktors kann er auch solche Merkmale selektionistisch erklären, die keinen direkten Überlebenswert für das Individuum haben, wie etwa das prächtige Gefieder zahlreicher Vogelarten. Der sexuelle Kampf findet zwischen den Individuen desselben, meist des männlichen Geschlechts, statt, entweder indem sie ihre Rivalen vertreiben oder indem sie das andere Geschlecht, meist die Weibchen, erregen und bezaubern, worauf diese sich den annehmbarsten Partner auswählen.

Schon ein Jahr später erschien ein weiteres Buch von Darwin, in dem er einige dieser Gedanken weiterführte und einen Grundstein für die Entwicklung von Tierpsychologie und Humanethologie legte: *The Expression of the Emotions in Man and Animals* (1872). In den folgenden Jahren forschte Darwin weiter, vor allem zu botanischen Themen. 1882 starb er in seinem Haus in Down. Er selbst hatte den Wunsch geäußert, in der Familiengruft in Down begraben zu werden. Doch einige seiner einflussreichen Anhänger waren davon überzeugt, dass nur die Londoner Westminster Abbey, die berühmteste Begräbnisstätte des britischen Empires, seiner Bedeutung angemessen sei.

Die Fortschritte der Wissenschaften erfordern geduldiges Beobachten und Beschreiben der empirischen Tatsachen. Dabei können größere Zusammenhänge aus dem Blickfeld geraten und eine einheitliche Erklärung für die Vielfalt empirischer Fakten erscheint unerreichbar. Mitte des 19. Jahrhunderts teilten viele Naturforscher diese Überzeugung und hielten sich von scheinbar fruchtlosen Spekulationen über den Ursprung der Arten fern. Darwin dagegen wollte die vielen, auf den ersten Blick widersprüchlichen Beobachtungen und Rätsel der Entstehung der Arten erklären. Bereits J.-B. ↗ Lamarck und andere Naturforscher des frühen 19. Jahrhunderts hatten angenommen, dass die Entstehung der Arten durch allmählichen Wandel zu erklären ist. Es gelang diesen frühen Evolutionisten aber nicht, die Zeitgenossen zu überzeugen. Obwohl sich die Überzeugungen durchgesetzt hatten, dass die Erde in ständigem Wandel begriffen ist und die biologischen Arten sich im Laufe der Erdgeschichte ablösen, glaubte man, dass diese unveränderlich sind: Arten entstehen und sterben wieder aus, ohne dass sie auf den Wandel der Umwelt durch eigene Veränderungen reagieren können. Erst Darwin bewirkte hier ein grundsätzliches Umdenken, indem er – mehr als jeder andere – dafür sorgte, dass die Veränderlichkeit der biologischen Arten zur allgemeinen Überzeugung der gebildeten Bevölkerung wurde. Und er wies nach, dass es nicht nötig ist, von außen gesetzte Zwecke als Ursache für die Zweckmäßigkeit der Organismen anzunehmen. Indem er ungerichtete, zufällige Variationen mit dem blinden Mechanismus der natürlichen Auslese verband, machte er teleologische (und theologische) Erklärungen des Lebens überflüssig. Innerhalb weniger Jahre wurde die Idee der Evolution durch Darwin von einer Phantasie zu einer wissenschaftlichen Tatsache, die nur noch von wenigen Biologen angezweifelt wurde, wenn auch die Frage nach den Ursachen der Evolution bis in das 20. Jahrhundert hinein umstritten blieb.

Werk(e):
On the Origin of Species by Means of Natural Selection, or the Preservation of Favoured Races in the Struggle for Life (1859); On the Various Contrivances by Which British and Foreign Orchids are Fertilised by Insects, and on the Good

Effects of Intercrossing (1862); The Variation of Animals and Plants under Domestication, 2 Bde. (1868); The Descent of Man, and Selection in Relation to Sex, 2 Bde. (1871); The Expression of the Emotions in Man and Animals (1872); The Foundations of the Origin of Species, two essays written in 1842 and 1844 by C. Darwin, edited by Francis Darwin (1909); Charles Darwin's Natural Selection: being the second part of his big species book written from 1856 to 1858, edited R. C. Stauffer (1975); The Collected Papers of Charles Darwin, edited by Paul H. Barrett, 2 vols. (1977); Charles Darwin's Notebooks, 1836–1844, edited by Paul H. Barrett et al. (1987).

Sekundär-Literatur:
The Life and Letters of Charles Darwin, including an autobiographical chapter. Edited by Francis Darwin, 3 vols. (1887); The Autobiography of Charles Darwin 1809–1882. With the Original Omissions Restored, edited by Nora Barlow (1958); Desmond, A., Moore, J.: Darwin (1991, dtsch. 1994); The Darwinian Heritage, edited by David Kohn (1985); The Comparative Reception of Darwinism, edited by Thomas F. Glick (1974, 1988); Browne, Janet: Charles Darwin, 2 vols. (1995–2002); Junker, Thomas, & Uwe Hoßfeld: Die Entdeckung der Evolution – Eine revolutionäre Theorie und ihre Geschichte (2001).

Darwin, Erasmus,

englischer Arzt und Naturforscher, Großvater von Charles Darwin,
* 12.12.1731 Elston (Grafschaft Nottinghmshire),
† 18. 4. 1802 Breadall Priory bei Derby.

Erasmus Darwin legte in seinen Lehrgedichten eine umfassende Theorie der Entwicklung der Lebewesen vor, die noch auf seinen Enkel, C. ↗ Darwin, von Einfluss war.

Erasmus Darwin war das siebente Kind von Robert Darwin, einem ehemaligen Advokaten, dem es gelungen war, von seinem Vermögen zu leben. Erasmus studierte ab 1749 klassische Sprachen, Mathematik und Medizin am St. John's College, Cambridge, und von 1754 bis 1755 Medizin an der Edinburgh Medical School. Sein Baccalaureat in Medizin legte er 1755 in Cambridge ab und eröffnete 1756 eine ärztliche Praxis in Lichfield, die bald zahlreiche Patienten anziehen sollte. 1757 heiratete er Mary Howard, aus der Ehe gingen drei Söhne hervor. 1781, elf Jahre nach dem Tod seiner ersten Frau, ging er eine zweite Ehe mit Elizabeth Chandos Pole ein und verlegte zwei Jahre darauf seine Praxis nach Derby.

Schon 1766 hatte Darwin gemeinsam mit Matthew Boulton und William Small die Lunar Society gegründet, einen Verein, der sich regelmäßig zu wissenschaftlichen Diskussionen in Birmingham traf. 1770 gründete er außerdem die Lichfield Botanical Society – die nur aus ihm und zwei weiteren Mitgliedern bestand, aber durch Herausgabe einer englischen Übersetzung von C. v. ↗ Linnés *Genera plantarum* Bedeutung erlangte – und 1783 die Derby Philosophical Society, wie die Lunar Society ein wissenschaftlicher Debattierklub, der sich im industriellen Umfeld Derbys vor allem Fragen der angewandten Wissenschaft widmete. Von diesen Interessen Darwins zeugen die vielen im Nachlass erhalten gebliebenen Entwürfe zu nützlichen Erfindungen, wie Wasserklosetts, Raketenmotoren, mechanischen Vögeln u. ä. Politisch stand Darwin den Idealen der amerikanischen Revolution nahe.

Seine naturwissenschaftlichen und philosophischen Hauptwerke begann Darwin relativ spät, mit 50 Jahren, zu veröffentlichen, und zwar in Form von Lehrgedichten. 1791 erschien *The Botanic Garden*, 1794 bis 1798 die vier Bände seiner *Zoonomia, or the Laws of Organismic Life*, und 1803 *The Temple of Nature and the Origin of Society*. Mit *The Botanic Garden* – Darwin hatte 1777 in Lichfield selbst einen großen Garten anlegen lassen – sollte einem großen Publikum die Linnésche Botanik und die Lehre von der Sexualität der Pflanzen vermittelt werden. Das Werk *Zoonomia* zielte auf eine physiologische Erklärung tierischen Lebens. Hinsichtlich der ontogenetischen Entwicklung war Erasmus Darwin Anhänger einer epigenetischen Auffassung: Der Organismus entsteht aus einem einfachen »lebendigen Filament«, gebildet aus männlichen Körpersäften; der weibliche Körper dient bloß der Ernährung. Die Arten sollten aus einem »ursprünglichen Filament« hervorgegangen sein, wobei sie sich durch Vererbung erworbener Eigenschaften jeweiligen Umweltbedingungen anpassten. Die Mannigfaltigkeit der Arten und ihre

E. Darwin

Evolution erklärte er also einerseits mit der Wirkung von Umweltreizen, andererseits durch das Wirken innerorganismischer Bildungskräfte, schließlich aber auch durch Bastardisierung. Darwins phylogenetische Vorstellungen standen damit denen von J. B. ↗ Lamarck und E. ↗ Geoffroy St. Hilaire nahe. In seinem letzten Werk beschrieb er schließlich einen Prozess, den sein Enkel Charles Darwin genauer analysierte, den Kampf ums Dasein. [DR]

Werk(e):
The Botanic Garden, Part II, containing The Loves of Plants (1789); The Botanic Garden, Part I, containing the Economy of vegetation (1791); Zoonomia, or the Laws of Organic Life (1794 1796); The Temple of Nature, or the Origin of Society (1803).

Sekundär-Literatur:
Darwin, C.: The Life of Erasmus Darwin, hrg. D. King-Hele (2002); King-Hele, D.: Erasmus Darwin. A life of unequalled achievement (1999); Porter, R.: Erasmus Darwin: Doctor of Evolution?, in: History, Humanity, and Evolution, hrg. J. R. Moore (1989); Lepenies, W.: Autoren und Wissenschaftler im 18. Jahrhundert (1988).

Daubrée, Gabriel-Auguste,
französischer Geologe und Chemiker,
* 25.6.1814 Metz,
† 29. 5. 1896 Paris.

Daubrée war der herausragende Vertreter der experimentellen und chemischen Geologie des 19. Jahrhunderts.

Nach dem Studium der Montanwissenschaft an der École Polytechnique in Paris trat Daubrée 1834 als Bergbauingenieur für das Departement Bas-Rhin (Niederrhein) in den Staatsdienst. Er unternahm verschiedene Reisen in die Bergbaugebiete von Norwegen, Schweden und England und erarbeitete eine geologische Karte des Departements Bas-Rhin. 1839 wurde Daubrée zum Professor für Mineralogie und Geologie an der Universität Straßburg ernannt, wo er 1849 sein berühmtes Labor zur experimentellen Untersuchung geologischer und mineralogischer Prozesse einrichtete. Eine Abhandlung über die Erzlager in Skandinavien (1843) fand die Aufmerksamkeit von J. J. ↗ Berzelius. 1861 wurde Daubrée Mitglied der Académie des Sciences sowie Professor und Kurator am Muséum d'histoire naturelle, dessen Sammlungen er vor allem um Meteorite bereicherte. Ein Jahr später (1862) übernahm Daubrée den Lehrstuhl für Mineralogie an der École des Mines, deren Direktor er von 1872 bis 1884 war. Zu seinen Freunden und Bewunderern gehörte der brasilianische Kaiser Pedro II. de Alcántara.

Daubrées Experimente umfassten die künstliche Herstellung von Mineralien (Apatit, Topas u. a.) und die geologischen Wirkungen von Thermalwässern und von überhitztem Wasserdampf. Seine mechanischen Experimente zu tektonischen Phänomenen gaben die Anregungen für die Experimente von Bailey Willis (1893) und H. ↗ Cloos. Die Untersuchungen der heißen Quellen von Plombières zeigten ihm, dass auch das Wasser der Thermalquellen ausnahmslos meteorischen Ursprungs war. Daubrée ist einer der wenigen Mineralogen, nach denen mehr als ein Mineral benannt ist: der Daubréelit ($FeCr_2S_4$), ein Mineral, welches in meteoritischem Eisen gefunden wurde, und der Daubréeite $BiO(OH,Cl)$. [BF2]

Werk(e):
Études et expériences synthétiques sur le métamorphisme et sur la formation des roches cristallines (1859); Études synthétiques de géologie expérimentale (1879).

Sekundär-Literatur:
Fritscher, Bernhard: Vulkanismusstreit und Geochemie. Die Bedeutung der Chemie und des Experiments in der Vulkanismus-Neptunismus-Kontroverse, (Boethius Bd. 25, 1991)

Davisson, Clinton Joseph,
US-amerikanischer Physiker,
* 22. 10. 1881 Bloomington (Illinois),
† 1. 2. 1958 Charlottesville (Virginia).

Gemeinsam mit L. H. ↗ Germer gelang Davisson 1927 durch Elektronenbeugung an Kristallgittern der experimentelle Nachweis des Welle-Teilchen-Dualismus der Elektronen.

Nach dem Abschluss der High School studierte Davisson ab 1902 Mathematik und Physik an der Universität von Chicago (1908 B.Sc.). Wegen finanzieller Probleme musste er sein Studium mehrfach

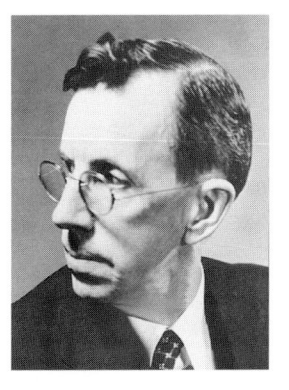

C.J. Davisson

unterbrechen und arbeitete bei einer Telefonfirma und als Physiklehrer an der Purdue University sowie der Princeton University. An Letzterer promovierte er 1911 in Physik bei O. W. ↗ Richardson. 1911–1917 wirkte er am Carnegie Institute of Technology in Pittsburgh als Assistenzprofessor (unterbrochen im Sommer 1913 durch einen Aufenthalt bei J. J. ↗ Thomson am Cavendish-Laboratorium in England). 1917 nahm er eine Kriegsbeschäftigung in den späteren Bell Telephone Laboratories der Western Electric Company in New York an, wo er bis 1946 blieb. Danach war er noch zwei Jahre an der University of Virginia tätig.

Davisson war mit einer Schwester von Richardson verheiratet (1911) und hatte vier Kinder.

Davisson war einer der ersten Forscher, die in einem Industrielaboratorium praktisch reine Grundlagenforschung betreiben konnten; seine Schwerpunkte waren Thermionik und Elektronenemission. Seit 1912 wurden bei der Western Electric Hochvakuum-Elektronenröhren mit Glühkatoden für die Nachrichtentechnik entwickelt (auch Richardson war dabei einbezogen). Während des Ersten Weltkrieges hatte man insbesondere militärische Anwendungen im Blick, und Davisson war daran beteiligt. Dabei richtete sich sein Interesse insbesondere auf das Verstehen der Emissionsphänomene bei Oxidkatoden (hierbei greifen komplexe physikalische, chemische und metallurgische Probleme ineinander).

Mit der Einführung des Gitters in die Elektronenröhre (Triode) kam es zu unerwünschten Sekundärelektronenemissionen. Davisson widmete sich mit C. H. Kunsman deshalb zunächst der Untersuchung der Wechselwirkungen von Elektronen mit Metalloberflächen, insbesondere der Energie- und Winkelverteilung der Sekundärelektronen. Bei einem dieser Experimente nahm die verwendete Nickelelektrode durch einen Störfall eine Einkristallstruktur an; dies führte zu einer auffälligen Veränderung der Winkelverteilung der gestreuten Elektronen. Mit Germer untersuchte Davisson diese Erscheinung näher und fand 1925, dass die Elektronen einen Beugungseffekt zeigten, wie er aus der Wellenoptik bekannt ist und wie es der von L. de ↗ Broglie 1923 vorausgesagten Wellennatur des Elektrons entspricht. Dieser Zusammenhang wurde Davisson allerdings erst deutlich, als er auf dem 1926er Treffen der British Association for the Advancement of Science die Ergebnisse ausführlich mit M. ↗ Born, J. ↗ Franck und anderen diskutierte (zuvor hatte bereits W. ↗ Elsasser die Davisson/Kunsman-Ergebnisse dahingehend zu interpretieren versucht, was Davisson allerdings nicht bekannt war). Weitere Versuche mit Germer führten 1927 zum endgültigen Nachweis der Beugungserscheinung und damit des quantenmechanischen Welle-Teilchen-Dualismus. 1937 erhielt Davisson für diese Arbeit den Physik-Nobelpreis (gemeinsam mit G. P. ↗ Thomson, der unabhängig davon auf einem anderen Wege diesen Nachweis erbracht hatte).

In seinen weiteren Arbeiten befasste sich Davisson mit der Wechselwirkung von Elektronenstrahlen mit elektrischen und magnetischen Feldern und leistete damit wichtige Vorarbeiten für die Elektronenmikroskopie sowie für den Einsatz von Elektronenstrahlen für die Untersuchung von Oberflächenstrukturen von Kristallen. [HK]

Werk(e):
Diffraction of electrons by a crystal of Nickel, The Physical Review 30 (1927) 6, 705–740 (mit L.H. Germer); Are Electrons Waves? Journal of the Franklin Institute 206 (1928) 5, 597–623.

Sekundär-Literatur:
Kelly, M. J., Darrow, K.K.: C.J. Davisson, Biographical Memoirs, National Academy of Sciences 36 (1962) 51–84; Calbick, Ch. J.: The Discovery of Electron Diffraction by Davisson and Germer, The Physics Teacher 1 (1963, May) 63–69, 91; Gehrenbeck, R.K.: Electron diffraction – fifty years ago, Physics Today 31 (1978) 1, 34–41.

Davy, Sir Humphry,
englischer Chemiker und Physiker,
* 17. 12. 1778 Penzance (Cornwall),
† 29. 5. 1829 Genf.

Davy entdeckte 1798 die narkotisierende Wirkung von Distickstoffmonoxid, stellte auf elektrochemischem Wege zahlreiche Alkali- und Erdalkalimetalle her, bewies elektrolytisch die elementare Natur von Chlor und erfand 1815 eine Sicherheitslampe für Bergleute.

Davy war das älteste von fünf Kindern eines Holzschnitzers. Als 1794 sein Vater starb, ging er zu einem Arzt in die Lehre, wo er auch mit chemischen Problemen in Berührung kam. Das theoretische Rüstzeug zu deren Verständnis erwarb er sich durch

H. Davy

das Studium des von A. L. ↗ Lavoisier entwickelten neuen Systems der antiphlogistischen Chemie sowie des *Dictionary of Chemistry* von William Nicholsen. 1798 ging Davy als Assistent nach Clifton, wo der Arzt und Naturforscher Thomas Beddoes ein »Pneumatisches Institut« errichtet hatte. 1799 gründete der Physiker und Techniker Sir Benjamin Thompson in London die Royal Institution. Deren Ziel bestand darin, Gewerbetreibende zu Erfindungen anzuregen sowie die neuesten naturwissenschaftlichen und technischen Erkenntnisse bekannt zu machen. Thompson bot 1801 Davy dort die Stelle eines Dozenten an, und bereits ein Jahr später (1802) erfolgte seine Berufung zum Professor für Chemie. 1807 erhielt er vom Institut de France den Napoleon-Preis, 1812 wurde er in den Adelsstand erhoben und sechs Jahre später (1818) zum Baron ernannt. Damit hatte er eine hohe gesellschaftliche Stellung erreicht, die ihn finanziell unabhängig machte. Dies veranlasste ihn 1812, seine Professur an der Royal Institution aufzugeben und fortan als Privatgelehrter tätig zu sein. Er unternahm ausgedehnte Vortrags- und Forschungsreisen und führte auf privater Basis, zumeist zusammen mit seinem Schüler, Gehilfen und Assistenten M. ↗ Faraday, zu dem er allerdings in einem widersprüchlichen Verhältnis stand, seine Forschungen weiter. 1820 wurde Davy zum Präsidenten der Royal Society gewählt. 1826 zwang ihn ein Schlaganfall zu Erholungsreisen in südliche Länder. Ein erneuter Anfall bei einem Aufenthalt in Rom veranlasste ihn zur Rückreise nach London, wo er bei einem Zwischenstopp in Genf im Alter von 51 Jahren verstarb.

Das wissenschaftliche Werk von Davy ist überaus vielfältig. Schon früh wurde er auf ein vieldiskutiertes Problem aufmerksam, die angeblich stoffliche Natur von Wärme und Licht. Er stand der damaligen Auffassung vom Wärme- und Lichtstoff skeptisch gegenüber. Um das Gegenteil zu beweisen, führte er bis 1798 unkonventionelle thermische Versuche über das Schmelzen von Eis durch, mit denen er die Wärmestofftheorie widerlegte und durch eine Theorie der Bewegung ersetzte. Mit seinem Eintritt in das Pneumatische Institut (1798) gelangen ihm weitere Entdeckungen. Im Institut wollte man damals die therapeutische Wirkung der gerade erst entdeckten Gase erforschen und ihre Wirksamkeit bei der Bekämpfung der Lungentuberkulose testen. Davy untersuchte zunächst den Einfluss von Distick-

H. Davy: Labor

stoffmonoxid auf den menschlichen Organismus und bemerkte die berauschende und narkotisierende Wirkung dieses Gases. Er probierte diese an sich selbst aus und nannte das Gas, das auch krampfhafte Lachlust auslöste, Lachgas. Jedoch scheiterten seine Versuche, das Gas in der Medizin als Betäubungsmittel einzusetzen. Dies blieb vier Jahrzehnte später (1844) dem amerikanischen Zahnarzt Horace Wells vorbehalten, der Lachgas als Narkotikum bei Zahnextraktionen zur Anwendung brachte. Davy hat seine gaschemischen Versuche auch auf das giftige Kohlenmonoxid sowie auf Kohlendioxid und Wasserstoff ausgedehnt, was für ihn nicht ohne gesundheitliche Folgen geblieben ist. Als im Jahre 1800 A. ↗ Volta mit Hilfe eines Säulenapparates konstante elektrische Ströme mit Spannungen bis zu mehreren hundert Volt erzeugte und damit den Grundstein der Elektrochemie legte, beschäftigte sich auch Davy mit diesem neuen Gebiet. Dabei interessierte ihn zunächst die Elektrolyse von Wasser, wobei er die sich dabei bildenden Gase Sauerstoff und Wasserstoff eindeutig identifizierte. Er entwickelte eine eigene Theorie der Elektrolyse und erkannte auch den Zusammenhang zwischen chemischen Reaktionen und elektrischen Erscheinungen. 1807 entdeckte er bei der Schmelzflusselektrolyse von Carbonaten und Hydroxiden der Alkalimetalle die Elemente Kalium und Natrium. Auf elektrochemischem Wege gelangte er wenig später auch zu den Erdalkalimetallen Barium, Strontium, Calcium und Magnesium sowie durch Elektrolyse von Borsäure zum elementaren Bor. Weitere Arbeiten Davys kulminierten 1809 im Nachweis der elementaren Natur des Chlor sowie in der wichtigen Feststellung, dass nicht der Sauerstoff, sondern Wasserstoff als charakteristisches Merkmal von Säuren anzusehen ist. Im gleichen Jahr erzeugte er auch mittels einer aus über 250 Zellen bestehenden Voltaschen Säule einen stabilen Lichtbogen, mit dem er elektrochemische Umsetzungen durchführte und der ihm zugleich als experimentelle Wärme- und Lichtquelle diente. Es folgten 1811 die Herstellung von Phosgen, 1812 von phosphoriger Säure sowie im gleichen Jahr Arbeiten über das Iod. Auch als Privatgelehrter war Davy erfolgreich. So konstruierte er 1815, im Zusammenhang mit der Durchführung von Flammenreaktionen, die nach ihm benannte schlagwettersichere Grubenlampe, in der die brennende Flamme durch ein Netz aus Draht von der Außenluft abgetrennt war. 1816 synthetisierte er Iodcyan, entdeckte ein Jahr später die katalytische Wirkung von Platindrähten auf brennbare Gasgemische, untersuchte zwischen 1823 und 1826 die Möglichkeit, mithilfe von Kupferbeschlägen die Korrosionsgefahr an Schiffen zu beseitigen, und erforschte die Einsatzmöglichkeiten chemischer Substanzen in der Landwirtschaft. [RS3]

Werk(e):
Researches Chemical and Philosophical Chiefly Concerning Nitrous Oxide and its Respiration (1800); Elements of Chemical Philosophy (1812); Elements of Agricultural Chemistry (1813); On the Safety Lamp for Coal Miners (1818).

Sekundär-Literatur:
Dunsch, L.: Humphry Davy (1982).

Debye, Peter,
niederländisch-amerikanischer Physiker,
* 24. 3. 1884 Maastricht,
† 2. 11. 1966 Ithaca (New York, USA).

Debye gehört zu den Pionieren von Quantentheorie und Molekülphysik.

Als Sohn eines Metallarbeiters absolvierte Debye die Oberrealschule seiner Heimatstadt und studierte ab 1901 zunächst Elektrotechnik an der TH Aachen. Durch A. ↗ Sommerfeld wurde er auf das Gebiet der Physik gelenkt und promovierte 1908 mit einer physikalischen Arbeit bei seinem Mentor, dem er inzwischen als Assistent an die Münchener Universität gefolgt war. Bereits 1911 folgte die Habilitation und noch im selben Jahr wurde er Professor an der Universität Zürich. Die weiteren Stationen seines akademischen Wirkens waren die Universitäten Utrecht (1912), Göttingen (1914–20), ETH Zürich (1920–27), Leipzig (1927–35) und schließlich das Direktorat des neuen Kaiser-Wilhelm-Instituts für Physik in Berlin-Dahlem. Ende 1939 nahm Debye ein Angebot der Cornell University an; zunächst als Gastprofessor, doch er wollte nicht mehr ins nationalsozialistische Deutschland zurückkehren, so dass er in Ithaca über seine Emeritierung im Jahre 1952 hinaus als Professor für physikalische Chemie wirkte.

Debye beschäftigte sich bereits mit quantentheoretischen Problemstellungen, als diese noch Forschungsgegenstand von wenigen physikalischen Außenseitern waren. So lieferte er 1910 »die vielleicht

P. Debye

kürzeste und durchsichtigste Ableitung der Planckschen Strahlungsformel« (F. ↗ Hund) und arbeitete 1912 – anknüpfend an Arbeiten A. ↗ Einsteins – eine quantentheoretische Theorie für den Abfall der spezifischen Wärme fester Körper bei tiefen Temperaturen aus. Er fand in Übereinstimmung mit den experimentellen Daten ein T^3-Gesetz für diesen Abfall. Das Jahr 1912 wurde überhaupt zu seinem »annus mirabilis«, konnte er doch auf der Grundlage der Hypothese, dass alle Moleküle elektrische Dipole darstellen, eine schlüssige Erklärung für die Temperaturabhängigkeit der Dielektrizitätskonstanten liefern. Debyes Theorie der polaren Moleküle wurde für die weitere Entwicklung der Molekülphysik zentral und begründete seinen Ruf als »master of the molecule«, der später u. a. durch seine Arbeiten zur Theorie elektrolytischer Lösungen (Debye-Hückel-Onsager-Theorie) weitere Bestätigung erfuhr. Anknüpfend an die Entdeckung der Röntgenstrahlinterferenzen an Kristallen entwickelte er gemeinsam mit seinem Schüler P. ↗ Scherrer ab 1915 die sogenannte Debye-Scherrer-Methode, die Strukturanalysen von Pulvern und anderen gering kristallinen Materialien ermöglicht und heute eine der wichtigsten Untersuchungsmethoden der Röntgenstrukturanalyse ist. Einen weiteren Beleg für Debyes Vielseitigkeit und seine gleichermaßen ausgeprägte Kompetenz für experimentelle und theoretische Fragestellungen stellte sein Konzept der adiabatischen Magnetisierung zur Erzielung tiefster Temperaturen (mK-Bereich) aus dem Jahre 1923 dar, dessen technische Umsetzung erst zehn Jahre später durch W. F. ↗ Giauque in Berkeley gelang. Weiterhin gelang ihm unabhängig von A. H. ↗ Compton die theoretische Deutung der Wellenlängenänderung der Röntgenstrahlen bei ihrer Streuung an Elektronen bzw. an Materie niedriger Atommasse mithilfe der Einsteinschen Lichtquantenhypothese (Compton-Effekt).

Debye war mehrfacher Ehrendoktor und Mitglied zahlreicher Akademien und Gesellschaften – u. a. stand er 1938–39 der Deutschen Physikalischen Gesellschaft vor. 1936 wurde ihm für seine fundamentalen Forschungen zur Molekülphysik sowie über die Beugung von Röntgenstrahlen und Elektronen in Gasen der Nobelpreis für Chemie verliehen. [DH]

Werk(e):
The Collected Papers (1954).

Sekundär-Literatur:
Davies, M.: P. J. W. Debye, Biographical Memoirs of the Fellows of the Royal Society 16 (1970) 175–232; Meyenn, K. v.: P. Debye und sein Einfluß auf die Entwicklung der Atom- und Molekülphysik, in: Berlinische Lebensbilder, Bd. 1: Naturwissenschaftler (hrg. v. W. Treue u. G. Holdebrandt, 1987) 317–328; Kant, H.: Peter Debye, in: K. v. Meyenn (Hrg.): Die grossen Physiker, Bd. 2 (1997) 263–275.

Dedekind, Julius Wilhelm Richard,
deutscher Mathematiker,
* 6. 10. 1831 Braunschweig,
† 12. 2. 1916 Braunschweig.

Dedekind kann als der Gründervater der modernen, abstrakten Algebra und damit als einer der Mitbegründer der »modernen Mathematik« angesehen werden. Der Ausspruch »Es steht schon bei Dedekind« von E. ↗ Noether, die Mitherausgeberin seiner Werke war, ist zum geflügelten Wort geworden. Weiterhin trug Dedekind zur exakten Begründung der Analysis bei.

Dedekinds Vater war Jurist und Professor am Collegium Carolinum in Braunschweig, seine Mutter Tochter eines Professors an dieser Institution, die die Vorläuferin der heutigen Technischen Universität Braunschweig war. Damals jedoch war sie nur eine (mathematisch-naturwissenschaftlich ausgerichtete) Vorbereitungsanstalt für ein Universitätsstudium, die noch keine Rektoratsverfassung besaß, sondern von einem staatlich bestellten Direktorium geleitet wurde, dem Dedekinds Vater angehörte.

Dedekind, das jüngste von vier Kindern, besuchte von 1839 bis 1848 das Gymnasium Martino-Catharineum in Braunschweig, wo sich schon seine Vorliebe für Mathematik zeigte, und von 1848 bis 1850 das Collegium Carolinum.

Von 1850 bis 1852 studierte Dedekind Mathematik und Physik an der Universität Göttingen, wo er bei C. F. ↗ Gauß Vorlesungen über die Methode der kleinsten Quadrate und zur höheren Geodäsie und bei W. ↗ Weber Veranstaltungen zur Experimentalphysik besuchte. Im Jahr 1852 promovierte er bei Gauß mit einer Arbeit *Über die Theorie der Eulerschen Integrale*; zwei Jahre später habilitierte er sich mit einer Schrift *Über die Transformationsformeln für rechtwinklige Koordinaten*. Beide Schriften gehören nicht zu dem Bereich, auf dem er später Bedeutendes leisten sollte.

J.W.R. Dedekind

Danach wirkte Dedekind als Privatdozent in Göttingen und las dort unter anderem über zu jener Zeit hoch aktuelle Themen aus der Algebra wie Galois-Theorie und Gruppentheorie. Weiterhin besuchte er Vorlesungen bei B. ↗ Riemann, den er schon aus dem Studium kannte, und bei G. P. L. ↗ Dirichlet, dem Nachfolger von Gauß, an den er sich eng anschloss.

Im Jahr 1858 folgte Dedekind einem Ruf an das Polytechnikum in Zürich, aus dem die dortige Eidgenössische Technische Hochschule entstanden ist. Anlässlich von Vorlesungen über Differenzial- und Integralrechnung, die er dort halten musste, kam ihm die Idee, reelle Zahlen durch die beiden Teile zu repräsentieren, in die diese die rationalen Zahlen zerlegen. Dies war die Idee des Dedekindschen Schnitts, die er 1872 in seiner Schrift *Stetigkeit und irrationale Zahlen* ausführte. Er zählt damit, neben G. ↗ Cantor und K. ↗ Weierstraß, zu den Begründern einer exakten Infinitesimalmathematik.

In Zürich erhielt Dedekind 1862 einen Ruf als ordentlicher Professor an das Polytechnikum in Braunschweig (vormals Collegium Carolinum). Er nahm diesen Ruf an und blieb dieser Institution – wohl aufgrund familiärer Bindungen – bis zu seiner Emeritierung 1894 treu, obwohl er mehrere Rufe an Universitäten erhielt, deren Annahme höheres Renommée und geringere Lehrverpflichtung bedeutet hätte.

In Braunschweig widmete sich Dedekind längerfristigen Projekten. Er gab 1863 den zweiten Band der gesammelten Werke von Gauß mit Arbeiten über Zahlentheorie heraus und im gleichen Jahr die *Vorlesungen über Zahlentheorie* von Dirichlet das erste Mal; weitere Ausgaben folgten in den Jahren 1871, 1879 und 1894. Bei jeder der Ausgaben machte Dedekind, nach seinen eigenen Worten, »Zusätze von nicht unbedeutender Ausdehnung«, und zwar von steigendem Umfang. Die Dedekindschen »Supplemente« erläuterten nicht nur Aspekte der Dirichletschen Vorlesung, sondern Dedekind entwickelte im X. (Ausgabe von 1871) bzw. XI. (spätere Ausgaben) Supplement die Theorie der algebraischen Zahlkörper, also der endlichen Erweiterungen der rationalen Zahlen. Er definierte dort die Begriffe Modul, Körper und Ideal; für Letzteren realisierte er E. ↗ Kummers Idee der – nie explizit definierten – »idealen Zahlen« durch Mengen von Elementen eines Ringes (zunächst des Ganzheitsrings eines quadratischen Zahlkörpers). Dedekinds Theorie, in der er zum Beispiel zeigte, dass sich jedes Ideal in eindeutiger Weise als Produkt von Primidealen schreiben lässt, beeinflusste die gesamte Fortentwicklung der algebraischen Zahlentheorie.

Weiterhin gab Dedekind, gemeinsam mit Heinrich Weber, die gesammelten Werke Riemanns heraus, deren erste Ausgabe 1876 und deren zweite 1892 erschien. Anlässlich ihrer Zusammenarbeit bei diesem Projekt stellten Dedekind und Weber fest, dass die Theorie der algebraischen Zahlkörper und die der algebraischen Funktionenkörper starke Parallelen aufweisen, und sie übertrugen die von Dedekind entwickelte Theorie auf den Funktionenkörper-Fall, also die Situation kompakter Riemannscher Flächen. Dedekind zu Ehren werden die Ringe, die in diesen beiden Situationen analoge Eigenschaften zeigen, heute Dedekind-Ringe genannt. Dedekind verallgemeinerte zudem die Riemannsche Zetafunktion von den rationalen Zahlen auf den Fall eines algebraischen Zahlkörpers.

In seinem 1888 erschienenen Buch *Was sind und was sollen die Zahlen?* lieferte Dedekind weitere Beiträge zur Fundierung des Zahlbegriffs. Insbesondere griff er darin die mengentheoretische Formulierungsweise von G. ↗ Cantor auf, mit dem er seit 1872 in Kontakt stand.

Dedekinds Schriften sind nicht nur von tiefen Einsichten in die Grundlagen der Mathematik gekennzeichnet; er verstand es auch durch die Klarheit seiner Formulierungen, diese Ideen seinen Lesern zugänglich machen.

Dedekind war Ehrendoktor der Universitäten Kristiania (Oslo), Zürich und Braunschweig und Mitglied der Akademie zu Göttingen, Berlin, Paris und Rom und der Akademie Leopoldina. [PU]

Werk(e):
Gesammelte mathematische Werke (1930–1932).

Sekundär-Literatur:
Dedekind, I., Dugac, P., Geyer, W.-D., Scharlau, W.: Richard Dedekind, 1831–1981, Eine Würdigung zu seinem 150. Geburtstag (1981); Dugac, P.: Richard Dedekind et les fondements des mathematiques (1976); Edwards, H.M.: The genesis of ideal theory, Archive for History of Exact Sciences 23 (1980) 321–378; Gerke, K., Harborth, H.: Zum Leben des Braunschweiger Mathematikers Richard Dedekind (1981).

Defant, Albert Joseph Maria,
österreichischer Meteorologe und Ozeanograph,
* 12. 7. 1884 Trient,
† 24. 12. 1974 Innsbruck.

Defant leistete wichtige Beiträge zur Physik der Atmosphäre und entwickelte die Ozeanographie zu einer exakten geophysikalischen Wissenschaft.

Er wurde als Sohn des Professors und Landesschulinspektors für Tirol und Vorarlberg in Trient geboren, das damals zu Österreich gehörte. Nach dem Besuch des Gymnasiums studierte er Mathematik, Physik, Geophysik, Meteorologie, Astronomie und Geographie an der Universität Innsbruck, wo er 1906 promoviert wurde.

Danach wurde er Assistent am Institut für Kosmische Physik in Innsbruck und 1909 Privatdozent in Wien. Im Jahre 1919 erhielt er einen Ruf als a.o. Professor für Meteorologie und Geophysik an die Universität Innsbruck. Seit 1927 vertrat Defant die Geophysik an der Universität in Berlin, wo er zugleich Direktor des Instituts und Museums für Meereskunde war. Hier gab er auch die umfangreiche Bearbeitung der deutschen Meteorexpedition (1925–27) heraus, die in den Jahren 1932–39 in 16 Bänden erschien. Untersuchungsobjekt war vor allem der Kreislauf der Wassermassen im Südatlantik.

1946 kehrte er an die Universität Innsbruck zurück, wo er 1955 emeritiert wurde; danach wirkte er noch als Honorarprofessor in Hamburg und an der Freien Universität Berlin.

Defant gelang es, die äußerst komplexen Klima- und Wetterphänomene physikalisch zu erklären und damit das Verständnis der Vorgänge in der Atmosphäre zu verbessern. Auch das Wissen über die Ozeane konnte er vertiefen und auf eine wissenschaftliche Grundlage stellen. Insbesondere gelang es ihm, eine befriedigende Erklärung der Gezeiten in verschiedenen Nebenmeeren (Nordsee, Ärmelkanal etc.) durch die Berücksichtigung der Gestalt der Meeresbecken zu geben.

1962 wurde er zum Mitglied des Ordens Pour le mérite für Wissenschaften und Künste gewählt; seit 1984 verleiht die Deutsche Meteorologische Gesellschaft die Albert Defant-Medaille.

Defant war zweimal verheiratet und hatte drei Kinder. Sein Sohn Friedrich trat als Universitätsprofessor und Meteorologe in die Fußstapfen seines Vaters. [RS]

Werk(e):
Wetter und Wettervorhersage (1918); Lufthülle und Klima (1923); Dynamische Ozeanographie (1929); Physikalische Dynamik der Atmosphäre (1958); Physical Oceanography (2 Bde. 1961).

Dehn, Max Wilhelm,
deutscher Mathematiker,
* 13. 11. 1878 Hamburg,
† 27. 6. 1952 Black Mountain (North Carolina, USA).

Dehn zählt zu den führenden Geometern des 20. Jahrhunderts, dem die Mathematik darüber hinaus auch bedeutende Beiträge zur Topologie und Gruppentheorie verdankt.

Dehn studierte Mathematik in Göttingen und promovierte 1900 mit einer Dissertation über *Die Legendreschen Sätze über die Winkelsumme im Dreieck*. Sein Doktorvater war D. ↗ Hilbert, der ihn bereits früh mit seinem eigenen axiomatischen Zugang zur Geometrie vertraut machte. Nach verschiedenen Tätigkeiten an den Universitäten Münster, Kiel und Breslau übernahm Dehn 1921 den Lehrstuhl für Reine und Angewandte Mathematik an der Universität Frankfurt/Main. Diesen musste er Ende der 1930er-Jahre auf Druck der Nationalsozialisten aufgeben. Er emigrierte über Norwegen, Russland und Japan in die USA. Dort hielt er jeweils für kurze Zeit Vorlesungen in Idaho, Illinois und Maryland. 1944 kam er schließlich ans Black Mountain College in North Carolina, ein kleines und eher unbedeutendes College, an dem vorwiegend bildende Kunst gelehrt wurde. Der Not gehorchend entschloss sich Dehn 1945, eine sehr schlecht bezahlte Stelle als Mathematikdozent am College anzunehmen, die er bis zu seinem Tode behielt. Er war der einzige Mathematiker, der jemals an diesem College tätig war.

Dehn hat auf verschiedenen Teilgebieten der Mathematik fundamentale Resultate erzielt. Noch unter dem Einfluss von Hilbert wandte er sich geometrischen Fragen zu und löste u. a. in seiner Habilitationsschrift das dritte der berühmten 23 Hilbertschen Probleme, die dieser in seiner programmatischen Rede auf dem Mathematikerkongress im Jahr 1900 gestellt hatte. Danach wandte er sich der Topologie zu (die zu jener Zeit als »analysis situs« bezeichnet wurde) und verfasste gemeinsam mit Paul Heegard eine der ersten systematischen Abhandlungen zu diesem Thema. Er beschäftigte sich intensiv mit der Gruppentheorie, insbesondere Fragen der Darstellung von Gruppen, und schuf erste Ansätze der Knotentheorie. Innerhalb der Gruppentheorie formulierte er wichtige Probleme, die die mathematische Forschung bis heute nachhaltig stimulieren, beispielsweise das allgemeine Wortproblem und das Isomorphieproblem. Gelegentlich publizierte er auch über Statik, projektive Geometrie und Geschichte der Mathematik. Letzteres steht mit der Tatsache im Zusammenhang, dass Dehn während seiner Zeit in Frankfurt auch ein mathematikhistorisches Seminar geleitet hatte. [GW4]

Sekundär-Literatur:
Magnus, W.: Max Dehn, The Mathematical Intelligencer 1 (1978) 132–148.

Delambre, Jean-Baptiste Joseph,
französischer Astronom, Geodät und Astronomiehistoriker,
* 19. 9. 1749 Amiens,
† 19. 8. 1822 Paris.

Delambres bedeutendste Leistung besteht in der Bestimmung der Länge des Metermaßes auf der Grundlage der französischen Gradmessung. Zudem bearbeitete er sehr genau Tafeln der Gestirnsörter und verfasste eine materialreiche Geschichte der Astronomie.

Delambre entstammte ärmlichen häuslichen Verhältnissen, besuchte die Schule in Amiens und studierte anschließend in Paris klassische Literatur und Geschichte. Bald begann er mit autodidaktischen Studien der Astronomie und Mathematik und wurde als Hauslehrer angestellt. So war er in der Lage, die Vorlesungen von J. J. ⟶ Lalande am Collège de France zu besuchen, und wandte sich unter Förderung seines Lehrers ganz der Astronomie zu.

Eine bedeutende Aufgabe erwartete ihn, als er neben Pierre Méchain mit der Messung eines Meridianbogens zur Bestimmung des Metermaßes betraut wurde. Die Einführung diese neuen Maßes ging auf eine 1790 in die Nationalversammlung eingebrachte Resolution zurück, die Verschiedenheit der Maße und Gewichte in Frankreich durch ein einheitliches Maß zu ersetzen. Eine dazu einberufene Kommission umfasste Vertreter der Naturwissenschaften, der feinmechanischen Fertigung und der Aufklärungsphilosophie. Die einen Bogen von etwa 10° umfassenden Messungen erfolgten auf einer Dreieckskette zwischen Dünkirchen und Barcelona. Die Feldarbeit wurde zwischen 1792 und 1798, während unruhiger Zeiten der Revolution und der Kriege mit Österreich und Preußen, ausgeführt. Die abschließende, umfangreiche Publikation der Arbeiten erfolgte 1806–1810 in drei Bänden.

Aus den Messungen ergab sich durch verschiedene Berechnungen die Länge des Metermaßes (des 10millionsten Teils eines Erdmeridianquadranten): 1 Meter = 0,513074 Toise = 443,296 Pariser Linien (1 Toise = 1,949037 Meter). Auf dieser Grundlage wurden 1799 zwei Platinmaße hergestellt und als Urmeter im Bureau des Longitudes und der Sternwarte in Paris deponiert.

Da das Metermaß in eine symbolische Beziehung zur französischen Revolution gesetzt wurde, verzögerte sich seine internationale Anerkennung für Jahrzehnte.

Von großer Bedeutung wurden Delambres astronomische Tafelwerke, die sich durch eine große Genauigkeit der berechneten Gestirnsörter auszeichneten. Nach der Publikation der Gradmessungsarbeiten widmete sich Delambre vor allem historischen Studien zur Entwicklung astronomischer Theorien und zur Geschichte der mathematischen Astronomie.

Im Jahre 1807 erhielt Delambre den Lehrstuhl für Astronomie am Collège de France. Die dort gehaltenen Vorlesungen fasste er 1813 und 1814 in zwei Lehrbüchern zusammen, widmete sich daneben jedoch weiterhin auch der beobachtenden Astronomie. [JH]

Werk(e):
Base du système métrique décimal, 3 Bde. (1806–1810); Abrége d'astronomie (1813); Astronomie théorique et pratique, 3 Bde. (1814); Histoire de l'astronomie, 6 Bde. (1817–1821, Reprint 1965–1969).

Sekundär-Literatur:
Bialas, V.: Erdgestalt, Kosmologie und Weltanschauung. Die Geschichte der Geodäsie als Teil der Kulturgeschichte der Menschheit (1982), bes. 167–176.

Delbrück, Max Ludwig Henning,
deutsch-amerikanischer Physiker und Biologe,
* 4. 9. 1906 Berlin,
† 10. 3. 1981 Pasadena (Californien).

Seine Untersuchungen an Bakteriophagen machten Delbrück zu einem der Begründer der modernen Genetik.

Max Delbrück entstammt einer weit verzweigten Gelehrtenfamilie. Die Mutter Lina geb. Thiersch ist eine Enkelin J. v. ⟶ Liebigs. Der Vater Hans Delbrück, auch mit Adolf von Harnack verwandt, spielte als aufgeklärt-konservativer Historiker eine bedeutsame Rolle in der preußisch-deutschen Politik, u. a. als Herausgeber der Preußischen Jahrbücher und Prinzenerzieher im Haus des späteren Kaisers Friedrich. Ein Bruder von Hans Delbrück war der Chemiker und Gärungstechnologe Max Delbrück, der wegen Namensgleichheit gelegentlich mit seinem Neffen verwechselt wird.

Delbrück war Jüngster unter sieben Geschwistern. Seine Schwester Emilie heiratete Klaus Bonhoeffer, der wie dessen Bruder Dietrich als Widerstandskämpfer in den letzten Kriegstagen umgebracht wurde. Zwei weitere Schwager, Hans von Dohnanyi und Rüdiger Schleicher, fielen ebenfalls der NS-Verfolgung zum Opfer. Delbrücks Bruder Justus, gleichfalls als Widerständler in NS-Haft, kam nach kurzer Freiheit im KGB-Lager Jamlitz um.

Delbrück wurde schon als Schüler in seinen Interessen durch den befreundeten K. F. ⟶ Bonhoeffer bestärkt. Mathematisch hoch begabt, studierte er zunächst Astronomie in Tübingen, Bonn, Berlin und Göttingen. Ein Vortrag W. ⟶ Heisenbergs im Berliner physikalischen Kolloquium 1926 sowie die Freundschaft mit V. ⟶ Weisskopf in Göttingen brachten 1928 den endgültigen Übergang zur theoretischen Physik. In diesem Fach wurde er nach dem missglückten Versuch einer Dissertation in Astrophysik 1930 bei M. ⟶ Born promoviert. Nach einem postgradualen Aufenthalt in Bristol und Studien als Rockefeller-Stipendiat 1931 bei N. ⟶ Bohr in Kopenhagen und W. ⟶ Pauli in Zürich wirkte er 1932–37 als »Haustheoretiker« bei L. ⟶ Meitner im Kaiser-Wilhelm-Institut für Chemie in Berlin-Dahlem. Mit einem zweiten Rockefeller-Stipendium

M.L.H. Delbrück (rechts) mit N. Bohr und M. Born

ging Delbrück an das California Institute of Technology nach Pasadena, wo T. H. ↗ Morgan die Taufliege *Drosophila melanogaster* zum Vorzugsobjekt der Genforscher erhoben hatte. Bei Kriegsausbruch blieb er in den USA, lehrte ab 1940 Physik an der Vanderbilt University in Nashville (Tennessee) und nahm 1945 die US-Staatsbürgerschaft an. 1947 kehrte er als Professor für Biologie zurück an das Caltech.

Bereits angeregt durch Bohr, erwachte Delbrücks aktives Interesse an der Zusammenführung von Physik und Biologie während der Assistentenzeit bei Meitner. Im Elternhaus organisierte er private Abendkolloquien, zu denen auch der am Kaiser-Wilhelm-Institut für Hirnforschung in Berlin-Buch tätige russische Genetiker N. ↗ Timofejew-Ressowsky geladen wurde. Dessen Mutationsversuche an *Drosophila* mittels Röntgenstrahlen veranlassten Delbrück zu einer Zusammenarbeit, aus der 1935 eine gemeinsame Publikation zusammen mit Karl Günter Zimmer hervorging. Die von F. ↗ Dessauer entwickelte Треffertheorie zur mathematischen Beschreibung von Strahleneffekten auf biologische Systeme erfuhr dabei erstmalig eine Anwendung auf Mutationen. Das Gen, bislang ein diffuser Begriff, wurde nunmehr als ein den Makromolekülen zu vergleichender Atomverband verstanden. Seine sprunghafte Eigenschaftsänderung bei einer Mutation sollte zugleich eine Anknüpfung an quantenphysikalische Betrachtungen erlauben. Delbrücks entscheidender Beitrag zum Verständnis der Gen-Natur in dieser »Dreimännerarbeit« wurde 1944 in E. ↗ Schrödingers Schrift *Was ist Leben?* gewürdigt.

Der nächste Schritt von der Physik hin zur Biologie erfolgte in Pasadena. Hier empfing er entscheidende Impulse für die Arbeit mit Bakteriophagen. Er erkannte sofort deren Eignung als einfach handhabbares Substrat für genetische Experimente und schuf damit einen neuen Zugang zur Molekulargenetik. In Nashville entwickelte er 1943 die Fluktuationsanalyse für die Untersuchungen von S. ↗ Luria, mit denen der Einfluss von Phageninfektionen auf Mutationen bei Bakterien ausgeschlossen werden konnte. Die gemeinsame Publikation mit dem aus Italien emigrierten Forscher markiert den Beginn der Bakteriengenetik. 1946 fanden Delbrück und Alfred Day Hershey unabhängig das als Rekombination bezeichnete Phänomen des Genaustausches zwischen Phagen ungleicher Stämme, das als crossing over bei höheren Lebensformen bereits bekannt war. Enorme Verdienste um die Phagenforschung, die globale Ausweitung seiner »Phagen-Gruppe« und die Verbreitung der Molekularbiologie überhaupt erwarb Delbrück mit den alljährlichen Sommerkursen, die er seit 1945 ein Vierteljahrhundert lang im Biologielaboratorium der Carnegie Institution in Cold Spring Harbor auf Long Island durchführte.

In der Kommunikation zwischen Wissenschaftlern spielte Delbrück auch darüber hinaus eine bedeutsame Rolle; den am gleichen Problem arbeitenden L. ↗ Pauling machte er 1953 mit der Auffindung der Doppelhelixstruktur der DNA durch Francis Crick und James Watson vor deren Publikation bekannt.

Mit Beginn der 1950er-Jahre wandte sich Delbrücks Interesse zunehmend Fragen der Sinnesphysiologie zu; er untersuchte z. B. die Wirkung von Lichtreizen, vorwiegend am Beispiel des einzelligen Pilzes *Phycomyces*. 1961–63 war er an der Errichtung des Instituts für Genetik in Köln und 1969 an der Gründung der Universität Konstanz maßgeblich beteiligt.

Delbrück war sechsfacher Ehrendoktor, Mitglied einer Reihe von Akademien und gelehrten Gesellschaften sowie Inhaber hoher Auszeichnungen. 1969 erhielt er zusammen mit Hershey und Luria den Nobelpreis für Physiologie oder Medizin. Das Preisgeld des ihm im gleichen Jahr zuerkannten Louisa-Gross-Horwitz-Preises für Genetik übergab er im Gedenken an die Opfer der deutschen Widerstandsbewegung der Hilfsorganisation Amnesty International. [HT]

Werk(e):
Über die Natur der Genmutation und der Genstruktur (1935, mit N. W. Timoféew-Ressovsky und K. G. Zimmer); A Physicist's renewed look at Biology – 20 years later, Les Prix Nobel (1969) 145–156.

Sekundär-Literatur:
Phagen und die Entwicklung der Molekularbiologie (1972); Fischer, P.: Licht und Leben. Ein Bericht über Max Delbrück, den Wegbereiter der Molekularbiologie (1985); Hayes, W.: Max Delbrück and the Birth of Molecular Biology, Social Research 51 No. 3 (1984) 641–673.

Demokrit von Abdera,
griechischer Naturphilosoph,
* um 460,
† ca. 370 v. Chr.

Demokrit begründete mit Leukipp die Atomistik.

Demokrit war Schüler Leukipps, dessen Leistungen wohl so sehr von der Genialität und geradezu »aristotelischen« Produktivität seines Nachfolgers überschattet wurden, dass sie in dessen Schrifttum eingingen und dass später sogar die Existenz Leukipps geleugnet wurde. Beide haben die Atomistik begründet, die sicher intelligenteste Lösung der Harmonisierung von eleatischer Seinslogik mit der Erfahrungswelt. Demokrit selbst konnte durch ein ererbtes Vermögen eine »theoretische Lebensweise« führen und bekannte sich zur Demokratie: »Das dürftige Dasein in einer Demokratie ist dem so genannten Glück unter den Mächtigen ebenso vorzuziehen wie die Freiheit der Sklaverei«; und er wollte lieber »eine einzige Ätiologie finden als Herrscher des Perserreiches sein.«

Die Atomisten zerteilen das *eine* parmenideische Sein in unendlich viele kleine Seiende, deren Bewegungsspiel die Vielfalt der Erscheinungen erzeugt. Bewegung setze das Nichtseiende als »realen« leeren Raum voraus. Damit das Seiende aber nicht ins Nichts zerrieben würde, ist die Teilung ad infinitum unmöglich, sondern muss vor letzten »unzerschneidbaren Formen«, den Atomen, aufhören. Ihr Begriff blieb aber problematisch, weil sie infolge leereloser Kompaktheit zwar als physikalisch unteilbar galten, nicht aber mathematisch, wenn sie nach Demokrit verschiedene Größen und Formen mit Haken und Ösen besitzen. Die Aporie hat Epikur durch sein »minimum« vergeblich zu beheben versucht, jene letzte Einheit, die noch nicht Nichts ist, aber auch noch keine Größe hat, also $0<min<a$. Dieses Infinitesimalproblem hat sich ja auch in G. W. ↗ Leibniz' Differenzialbegriff gezeigt: $0<dx<a$. In diesem Kontext ist eine der wenigen erhaltenen Überlegungen aus den zahlreichen mathematischen Werken Demokrits von Interesse: Wenn man einen Kegel parallel zur Grundfläche durchschneidet, sind die beiden Schnittflächen dann als gleich oder als ungleich zu denken? Wenn ungleich, ist der Kegelmantel stufenförmig aufgebaut (was eine »atomistische« Mathematik wohl akzeptiert hat)?; wenn gleich, wie unterscheidet sich ein Kegel dann von einem Zylinder?

Tatsächlich hat ↗ Aristoteles Recht, wenn er der Atomistik eine enge Verbindung zur Mathematik bescheinigt; denn die körperlichen Atome sind durch keine stoffliche Qualität, sondern durch die quantitativen Verhältnisse von Form, Lage, Anordnung, also meßbaren Größen, definiert. Damit hat Demokrit eine Verbindung von Mathematik und Materie geschaffen, die mit der Dominanz der platonisch-aristotelischen Paradigmen gleich wieder aufgegeben und erst in der frühbürgerlichen Naturwissenschaft erneut begründet wurde.

Eine Reduzierung von Qualitäten auf Quantitäten zeigt vor allem seine Erkenntnistheorie. Denn das Subjekt wird vom Objekt dadurch informiert (»gebildet«, »eingeprägt«), dass von diesem strukturidentische Abflüsse in seine Sinnesorgane eindringen – für das Gesicht sind das die Eidola (Abbilder) – und diese zu Wahrnehmungen affizieren, wobei die objektiven Daten in subjektive Qualitäten verwandelt werden: »Im subjektiven Dafürhalten gibt es Farbe, Süßes, Bitteres, real nur Atome und Leeres«, die vom Verstand erschlossen werden. Kein Zweifel, dass Demokrit »der erste Grieche war,

Demokrit von Abdera

der wissenschaftlich mit den Eigenschaften umging« (Snell) und die Lehre der primären und sekundären Qualitäten von G. ↗ Galilei und John Locke antizipierte. Dass aber die gesetzmäßige Beziehung zwischen Gegenstandsbestimmungen (Atomstruktur) und subjektiv-individuellen Wahrnehmungsmodalitäten kaum zu erfassen ist, artikuliert sich zuweilen bei Demokrit als problembewusste Skepsis: »Tatsächlich wissen wir nichts, und die Wahrheit liegt in der Tiefe.«

Demokrit hat sich mit nahezu allen Bereichen der Natur- und Geisteswissenschaften beschäftigt und ist dabei sicher auch zu damals ganz unzeitgemäßen Einsichten gekommen, denn »nicht jede große Fähigkeit findet ihre Zeit« (Burckhardt). [FJ]

Werk(e):
The Atomists: Leucippus and Democritus, Fragments (übers. u. hrg. v. C. C. W. Taylor, 1999); Griechische Atomisten (übers. u. hrg. v. F. Jürß, R. Müller, E. G. Schmidt, 1991).

Sekundär-Literatur:
Mau, J.: Zum Problem des Infinitesimalen bei den antiken Atomisten (1954); Löbl, R.: Demokrits Atomphysik (1987); Lasswitz, K.: Geschichte der Atomistik vom Mittelalter bis Newton (1890, ²1963).

René Descartes
Hans-Peter Schütt

Descartes, René,
französischer Philosoph, Mathematiker und Naturforscher,
* 31. 3. 1596 La Haye (Touraine),
† 11. 2. 1650 Stockholm

»Du weißt Bescheid über die Natur.« Auf lateinisch ist das ein Anagramm zu renatvs cartesivs : tv scis res natvrae. Die latinisierte Form seines Namens schätzte Renatus Des-Cartes, wie er selber meistens zeichnete, übrigens nicht sonderlich. Das Kompliment aber, das ihn ohne Umschweife zu einem bedeutenden Naturwissenschaftler erhebt, hätte er kaum zurückgewiesen. Seinem nicht durch übertriebene Bescheidenheit gedämpften Selbstverständnis nach war er freilich mehr als nur einer unter vielen. Er selber sah sich als eine durchaus singuläre Gestalt, als denjenigen nämlich, der mit bezwingender Logik unumstößlich und für alle Zeiten maßgeblich gezeigt hatte, dass zutreffende und brauchbare Erklärungen des Naturgeschehens nur unter einer Voraussetzung zu gewinnen seien: Das Wesen der Materie müsse als durchgängig mathematisch beschreibbares Attribut der körperlichen Substanz verstanden werden.

Das für die Zeit des Barock nicht untypische Wortspiel stammt aus einem Lexikon des späten 17. Jahrhunderts. Mit ihm hat Étienne Chauvin den Artikel verziert, der seinen berühmten Landsmann vor allem als Pionier einer neuen Sicht der Natur würdigen sollte. Das entsprach ziemlich genau dem Interesse, das nur wenig früher Molières »femmes savantes« (in der 2. Szene des 3. Aktes der gleichnamigen Komödie) an Descartes und seinem Werk nahmen, wenn sie geradezu ins Schwärmen gerieten über seine Kosmologie und seine vom Geist des Mechanismus inspirierten Versuche, die Bewegungen der Himmelskörper zu erklären. Genau darauf bezogen sich auch diejenigen, die ihm einige Jahrzehnte später kritisch vorhielten, zum Verständnis der Natur nicht mehr beigetragen zu haben als »philosophische Romane«, die eher vom Zwang des Systemdenkens zu grotesken Hypothesen zeugten als von jener nüchternen erfahrungswissenschaftlichen Einstellung, die vor ihm F. ↗ Bacon propagiert und nach ihm I. ↗ Newton praktiziert habe. Vor allem Voltaire feierte Newton als den »Zerstörer des cartesianischen Systems«, das sich im Vergleich zu dessen Gravitationstheorie ausnehme wie ein bloßer Versuch (un essai) gegenüber dem vollendeten Meisterwerk (chef-d'œuvre). Als bloß »fingierte«, also aus der Luft gegriffene »Hypothesen« galten diesen Kritikern vor allem die Annahmen über die Entstehung und Beschaffenheit jener kosmischen »Wirbel«, in denen gleichsam schwimmend die Planeten die Sonne umkreisen sollten, wie Descartes es in seiner *Kurzen Geschichte der wichtigsten Naturphänomene* beschrieben hatte. In dem Maße, in dem nachfolgenden Generationen Descartes' Verständnis der Natur weniger rühmenswert erschien, avancierte er zum typischen Philosophen. Denjenigen, die »Vernunft«, »Geist« und »Bewusstsein« als Leitbegriffe einer der empirischen Wissenschaft weit überlegenen Philosophie ansahen, erschien er bald als Vater der modernen Philosophie. Andere dagegen, z. B. E. ↗ Mach, sahen ihn behaftet mit allen »gewöhnlichen Fehlern des Philosophen. [...] Es genügt ihm ... ein Minimum von Erfahrung für ein Maximum von Folgerungen.« Das scheint die Frage aufzuwerfen: Naturwissenschaftler oder Philosoph? Dass Descartes selber sich in den Niederlanden einmal als Renatus de Cartes Gallus, Philosophus eingeführt hat, beantwortet sie keineswegs. Andernfalls hätte man auch Newton, dessen *Philosophiae naturalis*

R. Descartes

principia mathematica (1689) ja nicht zuletzt die Irrtümer in Descartes' *Principia philosophiae* (1644) korrigieren sollten, auf der sozusagen falschen Seite einzuordnen. »Naturwissenschaftler oder (Natur-) Philosoph«: Im 17. und 18. Jahrhundert war das (noch) keine Alternative. Die Tatsache, dass in Descartes' veröffentlichten Texten wie auch in den nachgelassenen etwa sieben Achtel Fragestellungen gewidmet sind, die aus heutiger Perspektive eher naturwissenschaftlicher denn philosophischer Art sind, steht deshalb nicht im Widerspruch dazu, dass er mittlerweile überall als einer der großen Philosophen der frühen Neuzeit gilt. Mit Anderen seiner Epoche, denen man eine ähnliche Bedeutung nachsagt (z. B. Bacon, Thomas Hobbes, Locke oder G. W. ⁊ Leibniz), verbindet ihn nicht nur sein Interesse an der Erklärung von Naturphänomenen, sondern auch ein wichtiger Unterschied zu vielen namhaften Philosophen, sei es des Mittelalters, sei es der späteren Moderne: Er war kein Professor der Philosophie, sondern verfolgte seine wissenschaftlichen bzw. philosophischen Interessen außerhalb der Universität und oft genug gegen die universitären Lehrinhalte. Ein Leben als Privatmann, der auf eigene Kosten und eigenes Risiko den Fortschritt der Wissenschaft zu befördern sucht, war allerdings nicht gerade das, wozu ihn seine Herkunft bestimmt hatte.

Geboren wurde Descartes in La Haye, einem Flecken tief in der französischen Provinz an der Grenze zwischen Touraine und Poitou, der heute selbst Descartes heißt. In der wohlsituierten bürgerlichen Familie waren akademische Berufe sowohl auf väterlicher wie auf mütterlicher Seite nicht selten. Der Vater Joachim, selber Sohn eines Arztes, war Jurist und Parlamentsrat in Rennes (Bretagne). Nach dem frühen Tod seiner Mutter Jeanne, geb. Brochard, im Mai 1597 wurde der kleine René mit den beiden älteren Geschwistern im Haushalt der Großmutter in La Haye aufgezogen. Zu Ostern 1607 trat der elfjährige Knabe in das erst 1604 gegründete, von Jesuiten betriebene Collège Royal in La Flèche (Anjou) ein. Dieses Collegium Flexiense Regium Societatis Iesu war in der Tat, wie Descartes später nicht ohne Stolz notierte, »eine der berühmtesten Schulen Europas«. Hier erhielt er bis zu seinem Ausscheiden im September 1615 eine gediegene Ausbildung in den alten Sprachen und in der Philosophie, was seinerzeit eben sowohl die Physik (alias Naturphilosophie) als auch die Mathematik einschloss. Die Schüler in La Flèche wurden nicht nur mit dem Inhalt der Lehrbücher der vorherrschenden aristotelischen Philosophie bekannt gemacht, sie erfuhren von den sie unterrichtenden patres auch von den allerneuesten Neuigkeiten, etwa von den Arbeiten G. ⁊ Galileis. Ein herausragendes Interesse und einen gewissen Ehrgeiz scheint bei Descartes indes vor allem der Mathematikunterricht geweckt zu haben. Nach dem Ende der Schulzeit in La Flèche vervollständigte er die für Angehörige seines Standes nicht ungewöhnliche Ausbildung in den Jahren 1615–16 durch ein juristisches Studium an der Universität von Poitiers. Mit den Abschlußexamina am 9. und 10. November 1616 erwarb er Bakkalaureat und Lizenziat der Rechte. Eine große Neigung, die speziell von seinem Vater gewünschte Laufbahn eines Juristen im Staatsdienst anzutreten, zeigte der junge Mann offenbar nicht. Doch ist über die Zeit zwischen seinem Examen in Poitiers und dem Jahr 1618, in dem er zum ersten Mal Frankreich verließ, nur wenig Sicheres bekannt.

Zu Beginn des Jahres 1618 ging Descartes in die Niederlande, die von der spanischen Krone abgefallenen Provinzen, die unbeschadet ihres »achtzigjährigen Krieges« mit Spanien zu Beginn des 17. Jahrhunderts das politisch und ökonomisch am höchsten entwickelte Land Europas waren. Als Volontaire, d. h., als unbesoldeter Inhaber eines Offiziersranges, trat er in die Armee des Prinzen Moritz von Nassau ein, deren Ausbildung für Offiziere damals in einem ausgezeichneten Ruf stand. Entscheidend für Descartes' weitere Entwicklung wurde dort die kaum vorhersehbare Begegnung mit einem niederländischen Gelehrten, den er am 10. November 1618 in Breda kennenlernen sollte: Isaac Beeckmann. Durch ihn wurde Descartes zum ersten Mal mit den grundlegenden Ideen eines mikro-korpuskularen Verständnisses mechanischer Vorgänge vertraut gemacht, für deren mathematische Beschreibung er die Vorkenntnisse mitbrachte, die Beeckmann gefehlt zu haben scheinen. Versuche, den freien Fall präzise zu beschreiben, und hydrostatische Paradoxa beschäftigten die beiden in den folgenden Wochen.

Schon im Januar 1619 verließ Descartes die niederländische Armee, um sich einer anderen Streitmacht anzuschließen, dem Heer der Katholischen Liga unter Herzog Maximilian I. von Bayern, damals gerade verbündet mit Frankreich. Später wird man von dieser unruhigen Zeit nach dem berüchtigten Prager Fenstersturz sagen, der Dreißigjährige Krieg habe begonnen. Als am 20. März 1619 Kaiser Matthias starb, war Descartes mit den Vorbereitungen seiner Reise nach Deutschland beschäftigt, die ihn von Amsterdam über Kopenhagen, Danzig, Polen, Ungarn nach Böhmen führen sollte. Wie er wirklich reiste, ist nicht bekannt. Einigermaßen sicher ist nur, dass er im Spätsommer 1619 in Frankfurt am Main Zeuge der Krönung von Matthias' Nachfolger Ferdinand II. wurde – desselben, dessen Absetzung als König von Böhmen die böhmischen Stände am 22. August ausgesprochen hatten, um an seiner Stelle den Führer der Evangelischen Union, Kurfürst Friedrich V. von der Pfalz, zu ihrem König zu wählen. Nach dem Krönungsschauspiel reiste Descartes nach Süddeutschland, wo er bei Neuburg an der Donau den Winter verbrachte.

Hier ereignete sich, den Angaben seines Biographen Baillet zufolge am 10. November 1619, was er später als visionäre Entdeckung der »Grundlagen einer wunderbaren Wissenschaft« (mirabilis scientiae fundamenta) darstellte. In drei Träumen, deren vermutlich kunstvoll stilisierte Beschreibung durch Baillet überliefert ist, glaubte er zu sehen, welchen Lebensweg er zu gehen habe. Descartes hielt sich vermutlich noch in dem Quartier bei Neuburg auf, als am 3. Juli 1620 zwischen Liga und Union der Ulmer Vertrag geschlossen wurde, der beiden Parteien in Böhmen freie Hand ließ, im übrigen Reich aber alle Feindseligkeiten einstweilen unterband. Über Descartes' Aufenthaltsorte in der Zeit vom Sommer 1620 bis zu der von Baillet behaupteten Rückkehr nach Frankreich im Februar 1622 ist nichts Sicheres bekannt. An der Schlacht am Weißen Berge bei Prag, in der am 8. November 1620 die vereinigten Kräfte Maximilians und des Kaisers das böhmische Heer schlugen und den »Winterkönig« zur Flucht aus Prag zwangen, hat er aller Wahrscheinlichkeit nach nicht teilgenommen. Für den 11. November 1620 verzeichnet das Olympica-Manuskript, Descartes habe begonnen, die Grundlagen einer wunderbaren Entdeckung zu verstehen (cœpi intelligere fundamentum Inventi mirabilis). Das bezieht sich vermutlich auf die folgende mathematische Entdeckung: Zwei mittlere Proportionale können allein durch Konstruktion eines Kreises und einer Parabel gefunden werden, darstellbar durch eine kubische Gleichung.

Laut Baillet hielt sich Descartes vom Februar 1622 bis zum März 1623 meist in Paris auf, vermutlich im Kontakt mit Claude Mydorge und Marin Mersenne, später sein wichtigster Korrespondenzpartner und Vermittler in der indirekten Kommunikation mit anderen Gelehrten. Brieflich bezeugt ist sein Entschluss, 1623 eine Reise nach Italien anzutreten. In deren Verlauf besuchte er auch den Wallfahrtsort Loretto (Marken), wie er unmittelbar nach seinem Traum vom 10. November 1619 gelobt haben soll. Im Frühjahr 1625 reiste er durch die Toskana, ohne (nach eigener Auskunft) in Florenz Galilei aufzusuchen, zurück nach Frankreich, wo er bis 1628 in Paris seinen hauptsächlichen Aufenthalt nahm. Es ist nicht auszuschließen, dass in dieser Zeit seine Arbeit an den Fragment gebliebenen *Regulae ad directionem ingenii* begann.

Im Herbst 1628 kehrte Descartes in die Niederlande zurück, diesmal aber nicht nur für kurze Zeit, sondern auf Dauer. Man kann auch sagen: Er emigrierte. Bis 1649, unterbrochen nur durch zwei Reisen, die ihn 1647 und 1648 vorübergehend nach Frankreich führten, lebte er an wechselnden Orten in den Niederlanden. Dort entstanden alle von ihm selbst veröffentlichten Schriften, die ihn als ambitionierten Erneuerer der Philosophie rasch berühmt werden ließen: 1637 der *Discours de la méthode* als Vorrede zu den sehr viel umfangreicheren und gehaltvolleren Proben der Anwendung der darin vorgestellten Methode in drei Essais zur Optik, zur Meteorologie und zur Geometrie; 1641 die *Meditationes de prima philosophia* mit Einwänden von Zeitgenossen wie Mersenne, Antoine Arnauld, Hobbes und P. ↗ Gassendi sowie Descartes' Erwiderungen; 1644 die *Principia Philosophiae*, eine Gesamtdarstellung seiner Philosophie mit einem deutlichen Übergewicht der naturwissenschaftlichen Teile; 1647 schließlich die *Passions de l'âme*, in denen er eine physiologisch gestützte Theorie der Affekte präsentierte.

Die *Fabel [s]einer Welt*, ein 1633 fertig gestelltes Manuskript, bestehend aus einem Traktat über das Licht und einem über den Menschen, hielt Descartes angesichts der Verurteilung Galileis zurück, um ihren Inhalt später, leicht abgewandelt, in den *Discours* und die *Principia* aufzunehmen. Der Abneigung gegen unerwünschte Publizität und aller Vorsicht zum Trotz musste Descartes sich in der durch seinen Bewunderer Henricus Regius ausgelösten »Utrechter Affäre« 1642–47 einer nicht ungefährlichen Attacke erwehren. Der calvinistische Theologieprofessor Gisbert Voëtius beschuldigte ihn, eine »neue Philosophie« zu verbreiten, die nicht allein der »guten alten Philosophie«, sondern auch der »orthodoxen Theologie« widerspreche. Dank guter Beziehungen zu politisch einflussreichen Personen blieben die Folgen allerdings glimpflich. Nach dem vergeblich unternommenen Versuch, sich 1648 bei seinem letzten Besuch in Paris eine Pension des französischen Königs zu sichern, folgte Descartes 1649 einer Einladung der schwedischen Königin Kristina an deren Hof nach Stockholm, wo er noch im folgenden Winter an einer Lungenentzündung starb.

> 20   DISCOURS.
> Le premier estoit de ne receuoir iamais aucune chose pour vraye que ie ne la connusse euidemment estre telle: c'est à dire, d'euiter soigneusement la Precipitation, & la Preuention, & de ne comprendre rien de plus en mes iugemens, que ce qui se presenteroit si clairement & si distinctement a mon esprit, que ie n'eusse aucune occasion de le mettre en doute.
> Le second, de diuiser chascune des difficultez que i'examinerois en autant de parcelles qu'il se pourroit, & qu'il seroit requis pour les mieux resoudre.
> Le troisiesme de conduire par ordre mes pensées, en commenceant par les obiets les plus simples, & les plus aysez a connoistre, pour monter peu a peu comme par degrez iusques a la connoissance des plus composez: Et supposant mesme de l'ordre entre ceux qui ne se precedent point naturellement les vns les autres.
> Et le dernier de faire partout des denombremens si entiers, & des reueües si generales, que ie fusse assuré de ne rien omettre.

R. Descartes: Seite aus dem *Discours*

Beschreibt man Descartes als jemanden, der in erster Linie Mathematiker und Naturwissenschaftler war, so ist das, gemessen an heutigen Maßstäben der disziplinären Partikularität, alles andere als falsch. Da ihm als Ziel seiner Bemühungen die Begründung einer Universal- und Einheitswissenschaft (mathesis universalis) vor Augen stand, konnte er es aber gar nicht vermeiden, auch auf dem Feld Position zu beziehen, das damals (wie heute) als Metaphysik firmierte. Denn den Nachweis zu führen versuchen, dass die Materie eine Substanz sei, deren Wesen (essentia) sich darin erschöpfe, ausgedehnt zu sein und Teile zu haben, die gegeneinander bewegt sind, das konnte nur, wer bereit war, es mit der herrschenden Metaphysik aufzunehmen, die über Materie, Substanz und deren Wesen etwas ganz anderes lehrte: dass die Materie selbst gar keine Substanz sei, sondern nur ein sich in gewissen Potenzen zeigendes Moment an Substanzen, deren jeweiliges Wesen eine von der Materie zu unterscheidende substanzielle Form erfordere.

Einen klaren und deutlichen Begriff aber, so fand Descartes, konnte es nur von solchen Formen geben, für deren präzise Beschreibung mit algebraischen Gleichungen seine Analytische Geometrie gerade ungeahnte Möglichkeiten eröffnet hatte. Wenn nun auch, was außer Druck und Stoß sonst an physischen Phänomenen konstatierbar war, mit einigem Geschick zurückgeführt werden konnte auf Ortsbewegungen kleiner und kleinster Materieteilchen, so bedurfte es über das Wesen aller materiellen Substanzen überhaupt keiner anderen Voraussetzung als der, dass ihnen als Attribut die Ausdehnung zukam, näher bestimmbar durch vielfältige, in ihrer Vielfalt indes mathematisch exakt erfassbare Modi der Gestalt (figura) und der Ortsbewegung (motus localis). Mehr, so schien es, war für die Sicherung einer Anwendung der Mathematik bei der Beschreibung wirklicher Vorgänge nicht nötig, mehr war also geradezu schädlich. Genau genommen, bedurfte es auch nicht der Annahme vieler solcher Substanzen, sondern eine einzige genügte: die substanzielle (weil allem anderen begrifflich zugrunde liegende) Ausdehnung, die so genannte res extensa, in der freilich aufgrund ihrer lokalen Bewegungen gegeneinander zahllose Teilchen unterscheidbar waren, obgleich ihnen allen dasselbe Wesen, nämlich Ausdehnung, zukam. Die Frage, wodurch diese Bewegungen ursprünglich in die Welt gekommen waren, ließ sich im Rückgriff auf den Schöpfer der Welt beantworten, der mit seiner Schöpfung zugleich die ewigen und unveränderlichen »Naturgesetze« in Kraft gesetzt hatte, nach denen das Bewegungsquantum lokal beständig umverteilt, in der Summe jedoch stets erhalten bleiben musste.

Nach einer Darlegung der allgemeinen Bewegungsgesetze und der Rekonstruktion der mutmaßlichen Entstehung des materiellen Kosmos nach ebendiesen Gesetzen, sollte die cartesische Wissenschaft fortschreiten zu einer detaillierten Anatomie und Physiologie insbesondere des menschlichen Körpers, um letztlich auch der Medizin eine feste Grundlage zu geben. Diese »Früchte« am »Baum der Wissenschaft«, die das Leben der Menschen, wie Descartes überzeugt war, verlängern und verbessern konnten, waren ihm mindestens so wichtig wie dessen metaphysische »Wurzeln«. Einen Nutzen versprach diese ihrem Anspruch nach an für jedermann zustimmungsfähigen rationalen Verfahren orientierte Einheitswissenschaft auch in einer anderen Hinsicht: Den uferlosen Kontroversen eifernder Mönche, die nicht nur die Universitäten zu unnützen Disputieranstalten hatten verkommen lassen, sondern auch dem ohnedies vorhandenen politischen Konfliktpotenzial gefährlichen ideologischen Zündstoff hinzufügten, versprach sie immerhin ein Ende zu setzen.

Da Descartes' Ambitionen nichts Geringerem als dem großen Ganzen galten, nimmt es nicht wunder, dass die Ausführung des grandios konzipierten Gebäudes wie Stückwerk aussieht. Seine überragende Leistung als Mathematiker ist die Vereinigung von Geometrie und Algebra zur Analytischen Geometrie: Das ihm zu Ehren so genannte kartesische Koordinatenkreuz und in der Mengenlehre das kartesische Produkt erinnern daran bis heute Gymnasiasten in aller Welt. In der Physik darf man ihn zu den Pionieren der Optik zählen: Das Sinus-Gesetz der Lichtbrechung hat er zwar nicht vor, wohl aber unabhängig von Willebrod ↗ Snell formuliert. Außerdem hat er in der Mechanik zumindest die Bedeu-

I think, therefore iMac.

R. Descartes' wohl berühmtester Ausspruch »cogito, ergo sum« wird auch in der Werbung benutzt

tung von Erhaltungssätzen (die er in der Unveränderbarkeit der Natur Gottes begründet sah) klar erkannt. Seine Beiträge zur Anatomie und Physiologie haben der nachfolgenden Entwicklung einer naturwissenschaftlich orientierten Medizin immerhin Impulse gegeben.

Motiviert war Descartes' Konzept einer Einheitswissenschaft durch die Vision einer nahezu vollständigen Anpassung dessen, was es überhaupt von der Natur zu wissen gibt, an ein mathematisch demonstrierbares Wissen. So achtbar das Motiv sein mag, liefert es allerdings selbst noch nicht die metaphysische Grundlage, deren das Cartesische Konzept nicht zuletzt deshalb bedurfte, weil es traditionellen metaphysischen Lehren so offensichtlich widersprach. Das ebenfalls der Mathematik entlehnte Ideal klarer und deutlicher Begriffe verwies Descartes auf den menschlichen Geist als die wichtigste Quelle für jene Einsichten in elementare begriffliche Strukturen, auf die sein Konzept gegründet ist. Begriffe nämlich oder, wie Descartes bevorzugt sagte, Ideen findet jeder in seinem eigenen Denken. Das metaphysische Fundament der Cartesischen Einheitswissenschaft sollte darum zum einen die unbezweifelbare Gewissheit der eigenen Existenz als der eines ausschließlich denkenden Dinges sein (»cogito, ergo sum«) und, zum anderen, die Kenntnis der elementaren Inhalte des eigenen Denkens: die klaren und deutlichen Ideen des Denkens selbst und der Ausdehnung sowie die Idee Gottes als des höchst vollkommenen Wesens (ens perfectissimum), in der, wie Descartes meinte, Gottes notwendige Existenz eingeschlossen sei. Unter diesen Ideen ist nun ausgerechnet die Letztere für Descartes'

Erkenntnistheorie die eigentlich wichtigste. Denn nur durch die Einsicht in die veracitas Dei, darein also, dass Gott kein Betrüger sei, glaubte er, könnten wir uns die Gewissheit verschaffen, dass alles, was wir klar und deutlich begreifen, tatsächlich so ist, wie wir es derart begreifen. Die beiläufig zu ziehende Konsequenz, dass Atheisten nichts beständig wissen könnten, weil ihnen diese generelle Legitimation eines effektiven Wahrheitskriteriums nicht verfügbar sei, hat Descartes nicht etwa als reductio ad absurdum seiner Begründung gesehen, sondern ungerührt in Kauf genommen. Sein kühner Anspruch, im Rückgriff auf die Gewissheit des eigenen Denkens und auf die veracitas Dei auch den radikalsten Skeptizismus widerlegen zu können, sollte die erkenntnistheoretischen Debatten bis ins 18. Jahrhundert maßgeblich beeinflussen. Sobald man aber von der theologischen Begründung absah, die er für die Möglichkeit eines Wissens über die außerhalb des eigenen Denkens plazierte Welt gegeben hatte, konnte man Descartes als einen »problematischen Idealisten« hinstellen, für den zwar die eigene Subjektivität unmittelbar gewiss war, die Existenz einer objektiven Außenwelt jedoch bestenfalls Resultat eines zweifelhaften Schlusses auf die Ursachen zu gegebenen Vorstellungen. So wurde Descartes etwa von I. ↗ Kant porträtiert. Der in dieser Darstellung herausgehobene Vorrang des Subjektiven, an dem Kant gerade Anstoß genommen hatte, wurde aber in den Augen der idealistischen Erben Kants zu genau dem Merkmal, das Descartes unabhängig von seinen mathematisch-physikalischen Ansprüchen zu einer bemerkenswerten Gestalt am Anfang der neueren Philosophie qualifizierte. So geschah es, dass man etwa zu der Zeit, als Descartes' Gebeine am 26. Februar 1819 ihre bis heute letzte Ruhestätte in der Pariser Kirche Saint-Germain-des-Prés fanden, unter dem Einfluss der Philosophiegeschichtsschreibung im nachkantischen Idealismus damit begann, ihm in ganz Europa als »Vater der modernen Philosophen« zu huldigen.

Auch durch Kants Einfluss galt die Opposition von Empirismus und Rationalismus als Hauptkonflikt in der Philosophie der frühen Neuzeit. Bezogen darauf galt Descartes als Leitfigur des Rationalismus wie Bacon als die des Empirismus. Heute ist man mit solchen Konstruktionen vorsichtiger. Zuspruch wie Kritik fand Descartes' Philosophie zu etwa gleichen Teilen bei so genannten Empiristen (wie Locke) oder so genannten Rationalisten (wie Leibniz). Seit 1663 standen Descartes' Schriften auf dem römischen Index librorum prohibitorum und blieben dort, bis dieser selbst verschwand.

Werk(e):
Werkausgabe: Œuvres de Descartes, hrg. von Ch. Adam und P. Tannery, 11 Bde. AT I–XI (1897 ff., Neuaufl. 1973 ff., Jubiläumsausg. 1996); Adam, Ch.: Vie et œuvres de Descartes (1910); Baillet, A.: La Vie de M. Des-Cartes, 2 Bde. (1691, Repr. 1970, 1972); Chauvin, É.: Lexicon philosophicum (1692, 2., verb. Aufl. 1713, Repr. mit einer Einl. v. L. Geldsetzer 1967); Briefe, 1629–1650, hrg. v. M. Bense und F. Baumgart (1949); Meditationen über die Grundlagen der Philosophie mit sämtlichen Einwänden und Erwiderungen, übers. und hrg. von A. Buchenau (1915, Neudruck 1972); Die Prinzipien der Philosophie, hrg. v. A. Buchenau (1908, Neudruck 1965); Dioptrik (1954); Die Welt oder Abhandlungen über das Licht (1989); Die Geometrie, hrg. v. L. Schlesinger (1894, Nachdruck 1969); Bibliography of Descartes Literature, in: H. Caton: The Origin of Subjectivity (1977) 223–243, sowie ab 1972: Bulletin cartésien, Archives de Philosophie 35 (1972).

Sekundär-Literatur:
Clarke, D.: Descartes' Philosophy of Science (1982); Garber, D.: Descartes Embodied. Reading Cartesian Philosophy through Cartesian Science (2001); Gaukroger, S.: Descartes. An Intellectual Biography (1995); Gaukroger, S. (Hrg.): Descartes: Philosophy, Mathematics and Physics (1980); Mach, E.: Die Mechanik historisch-kritisch dargestellt [1883], 9. Aufl. (1933, Repr. 1973); Perler, D.: Descartes (1998); Rodis-Lewis, G.: Descartes, Biographie (1995); engl.: Descartes. His Life and Thought (1998); Scott, J. F.: The scientific work of Rene Descartes (1952); Weizsäcker, C. F. v.: Descartes und die neuzeitliche Naturwissenschaft (1958).

Deslandres, Henri Alexandre,
französischer Astronom,
* 24.7.1853 Paris,
† 15.1.1948 Paris.

Deslandres war ein bedeutender Sonnenphysiker des 19. und frühen 20. Jahrhunderts; als wichtiges neues Messinstrument erfand er den Spektroheliographen 1891.

Deslandres studierte von 1872 bis 1874 an der École Polytechnique in Paris. Nachdem er einige Jahre in der Armee gedient hatte, widmete er sich ab 1881 im Physiklabor der École Polytechnique und der Sorbonne der UV-Spektroskopie von Molekülen und promovierte darüber bei Alfred Maria Cornu. 1889 wurde er Mitarbeiter des Pariser Observatoriums und 1897/98 des Astrophysikalischen Observatoriums Meudon bei Paris; 1908–1929 war er Direktor in Meudon und ab 1926 Direktor der beiden Sternwarten Paris und Meudon (nach ihrer Zusammenlegung).

1889 begann er mit astrophysikalischen, insbesondere spektroskopischen Arbeiten am Pariser Observatorium. Mit dem 1872 errichteten 1,2-m-Spiegel von L. ↗ Foucault und einem Spektrographen führte er Radialgeschwindigkeitsmessungen an Sternen durch. In Meudon setzte er diese Messungen am 83-cm-Refraktor in Verbindung mit einem Spektrographen fort. Besonders bedeutsam waren seine Ergebnisse zur Rotation des Saturnrings – kurz nach James Edward Keeler – und des Planeten Uranus. An instrumentellen Neuerungen führte er die »Table équatoriale« ein, die – ergänzend zum Teleskop – eine Montierung verschiedener Geräte erlaubte.

Am bekanntesten wurde Deslandres allerdings durch seine Arbeiten zur Sonnenphysik, die er schon am Pariser Observatorium begonnen hatte. Die Erfindung des Spektroheliographen 1891 – etwa gleichzeitig mit G. E. ↗ Hale – ist seine Hauptleistung. Damit untersuchte er die Chromosphäre, die mittlere der drei Atmosphäreschichten der Sonne. Er widmete sich insbesondere der Sonnenaktivität und gab den »Plages« und den »Filamenten« ihre Namen. Da die Sonnenflecken magneti-

H.A. Deslandres

sche Phänomene sind, widmete er sich der Fotografie der täglichen Sonne und zudem dem Zeeman-Effekt in Moleküllinien, der Untersuchung von Spektren der Protuberanzen und des Heliums. Seine Untersuchungen der Molekülspektren führten zu empirischen Formeln, die im Rahmen der Entwicklung der Quantenmechanik wichtig wurden. Bemerkenswert war auch die Vorhersage Deslandres', dass die Sonne Radiowellen aussendet, die trotz intensiver Bemühungen erst 1942 entdeckt wurden. [GW3]

Werk(e):
Histoire des idées et des recherches sur le soleil (1906); Recherches sur l'atmosphère solaire. Photographie des couches gazeuses supérieures, in: Annales de l'Observatoire d'astronomie physique de Paris 4 (1910).

Sekundär-Literatur:
Stratton, F.J.M.: Henri Deslandres, Monthly Notices of the Royal Astronomical Society 109 (1949).

Dessauer, Friedrich,
deutscher Biophysiker und Ingenieur,
* 19. 7. 1881 Aschaffenburg,
† 16. 2. 1963 Frankfurt a. M.

Dessauer machte sich besonders um die Entwicklung der therapeutischen Röntgenologie verdient, daneben wirkte er als Politiker und Philosoph.

Dessauer war Spross einer Industriellenfamilie und mit 25 Jahren bereits selbst Direktor einer Frankfurter Fabrik für Röntgenapparaturen zur medizinischen Anwendung. Im Ersten Weltkrieg rüstete er Röntgenautomobile aus und unterrichtete die Ärzte in der elektrotechnischen Anwendung der Geräte. Sein Studium der Elektrotechnik und Physik absolvierte er in München und Darmstadt ebenso nebenbei wie seine Promotion 1917 in Frankfurt.

Als gläubiger Katholik engagierte sich Dessauer nach dem Ersten Weltkrieg in der Politik und wurde 1919 Abgeordneter der Zentrumspartei, zunächst in Frankfurt und ab 1924 im Reichstag. Zugleich gründete er 1920 das privat finanzierte Frankfurter Institut für physikalische Grundlagen der Physik, etablierte 1923 die Rhein-Main'sche Volkszeitung als unabhängiges Organ mit christlichen Idealen und schrieb eine Reihe von Büchern, darunter die *Philosophie der Technik* von 1928. Wissenschaftlich widmete sich Dessauer besonders der experimentellen Erforschung der biologischen Wirkung ionisierender Strahlen und deren theoretischer Fundierung durch seine Treffertheorie. Diese Ergebnisse fasste er 1954 in seinem Buch über *Quantenbiologie* zusammen.

Als 1933 die Nationalsozialisten die Macht ergriffen, nahm Dessauer noch an Koalitionsgesprächen über eine gemeinsame Regierung teil. Er sollte aber bald zu den Wenigen gehören, die bis zuletzt ihre Zustimmung zu Hitlers Ermächtigungsgesetz verweigerten. Dieser Schritt zwang ihn in die Emigration, zunächst nach Istanbul, wo er von 1934 an ein Institut für physikalische Therapie aufbaute, bevor er schließlich 1937 als Professor für Experimentalphysik an die Schweizer Hochschule in Fribourg berufen wurde. Nach dem Krieg wurde Dessauer seine alte Frankfurter Stellung wieder angetragen, aber er kehrte erst 1953 nach Deutschland zurück, wo er in denkwürdigen Vorlesungen und einflussreichen Schriften über Naturphilosophie und Religion nachdachte. Den Ausbau seines altes Instituts, des späteren Max-Planck-Instituts für Biophysik, überließ er seinen Schülern. [AS2]

Werk(e):
Philosophie der Technik (1929); Wissen und Erkenntnis (1944); Quantenbiologie (1954).

Sekundär-Literatur:
Pohlit, W.: Friedrich Dessauer, in: K. Bethge, H. Klein (Hrg.): Physiker und Astronomen in Frankfurt (1989) 84–101; Goes, M.: Friedrich Dessauer. Zur Person und zu seiner Vertreibung durch die Nationalsozialisten aus Amt und Vaterland. Eine Dokumentation (1995)

Dewar, James,
britischer Chemiker und Physiker,
* 20. 9. 1842 Kincardine-on-Forth (Schottland),
† 27. 3. 1923 London.

Dewar war einer der Pioniere der Tieftemperaturforschung und galt als hervorragender Experimentator; er entwickelte u. a. das Dewar-Gefäß (doppelwandiger Behälter zur Aufbewahrung flüssiger Gase).

Dewar, Sohn eines Weinhändlers und Gastwirtes, studierte ab 1859 an der Universität Edinburgh Physik und Chemie. Nach verschiedenen Assistenzen erhielt er 1875 eine Physikprofessur an der Universität Cambridge und parallel dazu 1877 eine Chemieprofessur an der Royal Institution in London.

J. Dewar

Dewar entwickelte mit A. C. ↗ Brown verschiedene Schreibweisen für die Benzenformel und untersuchte mit George D. Liveing und anderen die Absorptionsspektren von Elementen. Ab 1877 befasste er sich, anknüpfend an Arbeiten von Z.F.v.↗ Wróblewski und Karl Olszewski, mit der Gasverflüssigung und konnte 1885 erstmals größere Mengen von flüssiger Luft und flüssigem Sauerstoff herstellen. Die Verflüssigung des Wasserstoffs gelang nach zehnjährigen vergeblichen Bemühungen 1895 unter Nutzung des Joule-Thomson-Effekts; dabei erreichte er die damals tiefste Temperatur von $-258\,°C$. Er untersuchte in der Folgezeit verschiedene physikalische und chemische Eigenschaften der Elemente bei tiefen Temperaturen, u. a. mit John Fleming die elektrischen und magnetischen Eigenschaften von Metallen und Legierungen; nach 1904 wandte er sich der Tieftemperaturkalorimetrie zu.

Dewar wirkte verschiedentlich als Konsultant für Regierung und Industrie. Als Mitglied der Explosives Commission (ab 1888) erfand er mit Frederick Abel in Weiterentwicklung von A. ↗ Nobels Ballistit ein Cordit genanntes rauchloses Pulver, was zu Patentstreitigkeiten mit Nobel führte.

1877 wurde Dewar Mitglied der Royal Society. Er erhielt u. a. 1894 die Rumford-Medaille und wurde 1904 geadelt. [HK]

Werk(e):
Collected Papers on Spectroscopy by G. D. Liveing and Sir J. Dewar (1915); Collected Papers of Sir James Dewar, hrg. v. Lady Dewar, 2 Bde. (1927).

Sekundär-Literatur:
Armstrong, H. E.: Sir James Dewar, Journal of the Chemical Society 131 (1928) 1066–1076; Mendelssohn, K.: Dewar at the Royal Institution, Proceedings of the Royal Institution of Great Britain 41 (1966) 188, 212–233.

Diels, Otto Paul Hermann,
deutscher Chemiker,
* 23.1.1876 Hamburg,
† 7. 3. 1954 Kiel.

Otto Diels leistete bedeutende Beiträge zur organischen Synthesechemie, insbesondere durch die gemeinsam mit seinem Schüler K. ↗ Alder entwickelte Diels-Alder-Reaktion.

Diels nahm 1895 das Chemiestudium an der Berliner Universität auf und promovierte 1899 bei E. ↗ Fischer. Nach der Promotion arbeitete er weitere 17 Jahre an dessen Institut. Innerhalb dieser Zeit habilitierte er sich 1904 zum Privatdozenten und wurde 1906 Titularprofessor und 1914 a.o. Professor an der Berliner Universität. 1916 erfolgte seine Berufung als o. Professor und Direktor des Chemischen Instituts an die Universität Kiel. Diels

O.P.H. Diels

war nicht nur ein hervorragender Forscher, sondern auch ein ausgezeichneter Pädagoge, dessen Lehrbuch *Einführung in die organische Chemie* vielfach aufgelegt wurde.

Mit der Herstellung des Kohlensuboxids, C_3O_2, entdeckte Diels im Jahre 1906 erstmals einen Vertreter einer neuen Gruppe von chemischen Verbindungen, die als Ketene bezeichnet werden. Die Ketenchemie wurde später vor allem von H. ↗ Staudinger ausgebaut.

Zu den herausragenden Leistungen von Diels gehörte 1927 auch der erstmalige Einsatz von Selen als Mittel zur Dehydrierung von hydroaromatischen Verbindungen. Mit dieser Methode gelang es ihm, das Cholesterin (Cholesterol) zum so genannten »Diels-Kohlenwasserstoff« (3′-Methyl-1,2-cyclopenteno-phenanthren) abzubauen und damit einen grundlegenden Beitrag zur Strukturaufklärung des Cholesterins und generell von Steroid-Naturstoffen zu leisten.

In den Jahren 1927/28 entdeckte Diels gemeinsam mit seinem Schüler Alder die Diensynthese, die später als Diels-Alder Reaktion bezeichnet wurde. Bei dieser Reaktion handelt es sich um eine Cycloaddition, bei der sich Dienophile mit konjugierten Dienen verbinden, wobei hydroaromatische Ringsysteme entstehen. Als Dienophile können vor allem Alkene und Alkine, aber auch Verbindungen mit Heteroelement-Mehrfachbindungen agieren. Die Diels-Alder-Reaktion erwies sich als eine einfache und äußerst vielseitig anwendbare Synthesereaktion, die oft auch in der organisch-chemischen Industrie Anwendung fand und findet. Ihre beiden Entdecker wurden dafür im Jahre 1950 mit dem Nobelpreis für Chemie ausgezeichnet.[AN]

Werk(e):
Einführung in die organische Chemie (1907); Ann. Chem. 460 (1928) 98; Ber. Dtsch. Chem. Ges. 69, A 195 (1936).

Diesel, Rudolf Christian Karl,
deutscher Ingenieur und Erfinder,
* 18. 3. 1858 Paris,
† 29. 9. 1913 im Ärmelkanal ertrunken.

Diesel war einer der bedeutendsten Erfinder und Konstrukteure des 19. und 20. Jahrhunderts. Der von ihm entwickelte Dieselmotor, beruhend auf hoher Kompression und dem Prinzip der Selbstzündung, ist aus dem heutigen Wirtschaftsleben nicht mehr wegzudenken.

R.C.K. Diesel

Rudolf Diesel erlebte eine bewegte Kindheit und Jugend. Seine Eltern waren nach der deutschen Revolution von 1848 nach Paris ausgewandert, wo sein Vater einen Gewerbebetrieb für Lederwaren gründete. Während des Deutsch-Französischen Krieges von 1870/71 verließ die Familie Diesel Paris und ging nach London. Rudolf zog zu einem Onkel nach Augsburg und besuchte die dortige Gewerbe- und Industrieschule. 1875 nahm er das Studium des Maschinenbaus an der TH München auf, das er 1880 mit dem besten Abschlussexamen seit Gründung der Hochschule beendete.

Von besonderer Bedeutung für seine wissenschaftliche Ausbildung erwies sich der Maschinenbauprofessor C. ↗ Linde, der ihn zur Konstruktion einer Wärmekraftmaschine mit hohem Wirkungsgrad anregte. Dies erschien dann möglich, wenn die bei der Verbrennung entstehende Wärme möglichst vollständig in Arbeit umgewandelt würde. Linde und Diesel bezogen sich dabei auf den Carnotschen Kreisprozess, ein von dem französischen Physiker und Thermodynamiker S. ↗ Carnot entworfenes thermodynamisches Modell, das – in der Theorie – eine bis auf die Reibungsverluste vollständige Brennstoffausnutzung vorsah.

Nach seinem Studium und nachfolgendem Praktikum bei der Maschinenfabrik Sulzer in Winterthur wechselte Diesel 1880 als Volontär an eine Fabrik für Kompressionsmaschinen nach Paris, die seinem früheren Lehrer Linde gehörte. Hier experimentierte er mit Ammoniakdämpfen und hohen Drücken und strebte an, den Wirkungsgrad von Dampfmaschinen durch Verwendung von Ammoniakdampf zu erhöhen. Seine Erfolge erwiesen sich allerdings als bescheiden. Während seines Aufenthalts in Paris heiratete er Martha Flasche; aus der Ehe gingen drei Kinder hervor. 1890 übernahm er die Leitung des Berliner Büros von Linde.

Seit dieser Zeit intensivierte Diesel seine Arbeiten an einem neuen, leistungsfähigeren Motor. 1892 meldete er ein erstes Patent auf einen Motor an, mit dem er den Carnotschen Kreisprozess praktisch verwirklichen wollte. Dabei wurde ihm allerdings bald deutlich, dass die vollständige praktische Umsetzung dieses theoretischen Prozesses nicht zu realisieren war. In seinem Patent von 1893 war auch von einer Verbrennung bei konstanter Temperatur, wie beim Carnotschen Kreisprozess gefordert, nicht mehr die Rede. Wegen konstruktiver Mängel und Materialproblemen hielt sich das Interesse der Industrie an Diesels Erfindung in engen Grenzen. Immerhin erklärte sich Heinrich von Buz, Direktor der Maschinenfabrik Augsburg, 1892 bereit, einen Versuchsmotor zu bauen. Das Haupteinsatzgebiet seines Motors sah Diesel als stationäre Maschine im Handwerk und Kleingewerbe mit dem Ziel, dem gewerblichen Mittelstand eine preisgünstige und effiziente mechanische Antriebkraft zu verschaffen.

Für Diesel waren die Jahre 1893–1897 von Patentprozessen und zahlreichen konstruktiven Änderungen an seinem noch nicht marktreifen Motor gekennzeichnet. 1897 schienen diese Probleme aber im Wesentlichen gelöst zu sein. Diesel war es gelungen, das Prinzip der Selbstzündung bei hoher Verdichtung in den Motorenbau einzuführen. Er wurde in Ingenieurkreisen begeistert gefeiert und konnte Lizenzen zum Nachbau seines Motors auch ins Ausland, unter anderem nach Russland und in die USA, verkaufen. Im Jahr 1900 erhielt er auf der Weltausstellung in Paris den Grand Prix. Gleichwohl nahmen seine Probleme nicht ab. Langwierige Patentprozesse, mangelhafte Fertigung ausgelieferter Motoren, Schwierigkeiten beim Nachbau des Motors durch Lizenznehmer sowie finanzielle Fehlspekulationen setzten ihm, der schon früher zu depressiven Anfällen geneigt hatte, stark zu. Im Herbst 1898 wurde er in die Nervenheilanstalt Neuwittelsbach bei München eingeliefert.

In den folgenden Jahren wurde der Dieselmotor mit Erfolg eingesetzt, unter anderem für Unterseeboote der französischen Marine. 1912 baute die Kopenhagener Werft Burmeister & Wain das erste große Ozeanmotorschiff mit Dieselmotoren. 1913 erfolgte die erste erfolgreiche Probefahrt mit einer Diesellokomotive in Deutschland sowie der Bau eines vierzylindrigen Flugzeugmotors.

Diese für Diesel erfreulichen Entwicklungen wurden allerdings durch Fehlschläge und persönliche Angriffe getrübt. Finanzielle Fehlspekulationen, die er seiner Familie gegenüber, die auf großem Fuß lebte, verschwieg, machten ihm weiterhin schwer zu schaffen. Die Schmähschrift *Der Dieselmythus* (1913) verletzte ihn tief. Hier wurde suggeriert, Diesels Erfindung beruhe nicht auf eigenen Untersuchungen, sondern sei ein bloßer Verschnitt konstruktiver Arbeiten anderer Ingenieure. Diese Unterstellung war sicherlich haltlos. Zwar fußten Diesels Arbeiten auch auf den Vorarbeiten anderer, die Zusammenfügung unterschiedlicher Komponenten zu einem zusammenhängenden, zielgerichteten technischen Prozess war jedoch die Leistung Diesels, bei der er allerdings von hervorragenden Mitarbeitern unterstützt wurde. Als seine größte Leistung betrachtete er selbst sein Buch *Solidarismus. Natürliche wirtschaftliche Erlösung des Menschen* (1903), in dem er ein Programm zur Überwindung der Klassengegensätze zwischen Kapital und Arbeit auf der Basis materieller Absicherung der Arbeiterschaft entwickelte. Die von ihm vorgeschlagene Lösung dieses gesellschaftlichen Problems war aber zu idealistisch und realitätsfern, als dass sie hätte umgesetzt werden können. Von den 10 000 gedruckten Exemplaren wurden denn auch nur einige Hundert verkauft. Eine ausweglos erscheinende finanzielle Situation, Zermürbung durch Überarbeitung und vielfältige Kränkungen sowie eine wohl auch erblich bedingte zu Depressionen neigende Persönlichkeitsstruktur führten dazu, dass Diesel sich 1913 auf der Überfahrt von Antwerpen nach Harwich (England) das Leben nahm. [HJB]

Werk(e):
Theorie und Konstruktion eines rationellen Wärmemotors zum Ersatz der Dampfmaschinen und der heute bekannten Verbrennungsmotoren (1893, Reprint 1986); Solidarismus. Natürliche wirtschaftliche Erlösung des Menschen (1903); Die Entstehung des Dieselmotors (1913, Reprint 1984).

Sekundär-Literatur:
Diesel, E.: Diesel. Der Mensch, das Werk, das Schicksal (1937); Thomas, D. E.: Diesel. Technology and Society in Industrial Germany (1987).

Dietrich (geb. Nelle), **Concordia Amalie,**
deutsche Naturforscherin,
* 26. 5. 1821 Siebenlehn (Sachsen),
† 9. 3. 1891 Rendsburg.

Amalie Dietrich wurde durch ihre Sammelreise nach Australien bekannt.

Nach ihrer Heirat mit dem Apotheker Wilhelm August Salomo Dietrich 1846 verdienten sich die Dietrichs ihren Lebensunterhalt mit dem Anlegen und Verkauf von Herbarien. Nach der Trennung von ihrem Mann erhielt die Autodidaktin A. Dietrich eine Anstellung als Sammlerin für die Firma Johann Cesar Godeffroy & Sohn in Hamburg. Sie reiste 1863 nach Brisbane in Queensland, Australien. Neben Pflanzen sammelte sie auch zoologische und ethnographische Objekte. Später arbeitete sie auch an anderen Orten in Queensland, wie Gladstone, Rockhampton, am Lake Elphinston und Bowen. 1871 reiste sie über Sydney nach Melbourne und traf hier F. v. ↗ Mueller. Im gleichen Jahr besuchte sie die Tonga-Inseln und trat von hier die Heimreise an. Am 4. 3. 1873 erreichte sie Hamburg. Nach ihrer Rückkehr arbeitete sie mit ihren Sammlungen im privaten Museum Godeffroy und nach dem Konkurs der Firma 1879 und dem Verkauf des Museums am Botanischen Museum Hamburg. [HM]

Sekundär-Literatur:
Bischoff, C.: Amalie Dietrich. Ein Leben (1909); Hücking, R.: Amalie Dietrich, die »Frau Naturforscherin«, in: Grünes Gold. Abenteuer Pflanzenjagd, Palmengarten Sonderheft 35 (2001); Wirth, G.: Von Siebenlehn nach Australien, in: Bischoff, C.: Amalie Dietrich. Ein Leben (1977).

Dietrich von Freiberg (Theodoricus de Vriberch, Theodoricus Teutonicus),
scholastischer Philosoph und Theologe,
* um 1240,
† um 1320.

Dietrich war einer der bedeutendsten Dominikanergelehrten des Mittelalters, der sich durch die stringente Anwendung einer auf Vernunft und Tradition (↗ Aristoteles, ↗ Augustinus, ↗ Averroes) gestützten Methodologie in seinen Werken auszeichnete. Er hat sich kritisch zu ↗ Thomas von Aquin und dessen Aristotelesdeutung geäußert.

Dietrich studierte 1272–1274 in Paris Theologie, nachdem er vorher bereits in Deutschland ausgebildet wurde und als Lesemeister im Dominikanerkonvent zu Freiberg gelehrt hatte. Nach seinem Pariser Aufenthalt war er erneut als Lesemeister in Deutschland tätig (Trier). Später kehrte er wieder nach Paris zurück. 1296/97 erwarb er dort die Doktorwürde und lehrte an der theologischen Fakultät. Neben seinen wissenschaftlichen Tätigkeiten bekleidete er wichtige Ämter im Orden. Er war der siebzehnte Provinzial der deutschen Dominikaner (1293–1296) und leitete fast anderthalb Jahre als Generalvikar den Orden (1294–1296). Später wurde er zum Provinzialdefinitor (1303) und zum Vikar der Ordensprovinz Teutonia gewählt (1310).

In seinen mehr als dreißig Schriften, die sich durch ihren Aufbau von den zeitgenössischen Kommentaren und Disputationen unterscheiden, behandelte er Fragen zur Kategorienlehre, Intellektlehre, Metaphysik, Theologie und Naturphilosophie. Hervorzuheben sind seine Beiträge zu den atmosphärisch-optischen Erscheinungen (*De iride*), in denen er als Erster die moderne Regenbogentheorie von der zweimaligen Brechung und einmaligen Reflektion des Sonnenstrahls entwickelte, zur Lichttheorie (*De luce et eius origine*), zur Bewegungslehre (*De elementis corporum naturalium*) und zur Farbentheorie (*De coloribus*). Dietrich hatte großen Einfluss auf die Theologie der Spätscholastik, insbesondere auf Meister Eckhart. [MH4]

Werk(e):
Opera omnia, in: Corpus Philosophorum Teutonicorum Medii Aevi, Band II, 1–4 (1977–85); Übersetzungen: Abhandlung über den Intellekt und den Erkenntnisinhalt, hrg. v. B. Mojsisch (1980); Abhandlung über die Akzidentien, hrg. v. M. R. Pagnioni-Sturlese, B. Mojsisch, K.-H. Kandler (1992).

Sekundär-Literatur:
Dietrich von Freiberg. Neue Perspektiven seiner Philosophie, Theologie und Naturwissenschaft, hrg. v. Kandler, K.-H., Mojsisch, B., Stammkötter, F. B. (1999); Sturlese, L.: Dokumente und Forschungen zu Leben und Werk Dietrichs von Freiberg (1984).

Dietz, Robert Sinclair,
amerikanischer Geophysiker und Ozeanograph,
* 14. 9. 1914 Westfield (New Jersey, USA),
† 19. 5. 1995 Tempe (Arizona, USA).

Dietz veröffentlichte 1961 erstmalig seine Vorstellungen zum Seafloor-Spreading (der Spreizung der Ozeanböden) und leitete zusammen mit anderen Geowissenschaftlern damit einen Paradigmenwechsel in den geologischen Wissenschaften ein.

Nach dem Studium an der University of Illinois in Urbana-Champaign (Bachelor of Science 1937, Master of Science 1939, Dr. phil. 1941) diente Dietz während des Zweiten Weltkriegs als Offizier im U.S. Army Air Corps und wurde dann Wissenschaftler im Zivildienst der U.S. Navy. 1946–47 leitete er die ozeanographischen Forschungen einer Antarktis-Expedition. Später arbeitete Dietz als Ozeanograph in verschiedenen staatlichen Institutionen wie dem Coast and Geodetic Survey der USA (1958–65) und den Atlantic Oceanograph and Meteorology Laboratories (1970–77). Von 1977 bis 1985 war er Professor für Geologie an der Arizona State University in Tempe (USA).

Dietz entdeckte 1952 im Boden des Pazifik auffällige Schwellen (Spreading-Achsen), die er zu den geologischen Veränderungen der Erdkruste in Beziehung brachte. Er entwickelte die Idee über die Bildung von neuem Krustenmaterial im Bereich der mittelozeanischen Rücken, wo die magnetisierte Kruste jährlich um einige Zentimeter auseinander driftet. Diese Hypothese wurde durch spätere Beobachtungen bestätigt und bildete zusammen mit der Plattentektonik die Basis für die neue Globaltektonik. Dietz veröffentlichte seine Vorstellungen (1961) etwa gleichzeitig wie der Geologe H. H. ↗ Hess (1962), der unabhängig zu analogen Resultaten über die Bewegungsvorgänge an den Böden der Ozeane gekommen war. 1960 war Dietz maßgeblich an der Planung und Organisation des Tauchrekords im Marianen-Graben (10 916 m) mit dem Bathyskaph des Schweizers Jacques Piccard beteiligt. Bekannt wurde er auch durch seine Arbeiten zur Selenographie und Meteoritenkunde, vor allem durch die Bestimmung von Ringstrukturen als Impaktwirkungen von Meteoriten durch den Nachweis von Schockveränderungen in den Gesteinen und der Bildung spezifischer Minerale. [MG]

Werk(e):
Continent and ocean basin evolution by spreading of the sea floor, Nature 190 (1961) 4779, 854–857; Passive continents, spreading sea floors, and collapsing continental rises, Americ. Journal of Science 264 (1966) 177–193; Seven Miles down. The story of the Bathyscaph »Trieste« (1961).

Dimāshqi, Abū Bakr b. Bahrām al-D.,
ottomanischer Gelehrter und Geograph,
* Damaskus,
† 1691 Aleppo.

Al-Dimashqi gilt als wichtigster Gelehrter des ottomanischen Reiches im ausgehenden 17. Jahrhundert.

Al-Dimashqi ging 1661 nach Istanbul, wo er vom Großwesir Köprülü Fazıl Ahmed Pasha (reg. 1661–1676) stark gefördert wurde. 1663–64 nahm al-Dimāshqi am Österreich-Feldzug seines Mentors teil. Zurück in Istanbul, verfolgte er seine Karriere weiter und wurde 1669 Gelehrter der Abdullah Aga Medrese (islamische Hochschule). Die nächsten zwanzig Jahre diente er in zahlreichen Istanbuler Medresen als Lehrer. Schließlich wurde er Richter (kadı) in Aleppo, wo er 1691 starb.

Al-Dimashqi besaß Kenntnisse in Geographie, Astronomie, Mathematik und Geschichte und beherrschte außerdem Latein, so dass er die Tradition des berühmten ottomanischen Gelehrten Kātib úelebi (Hadji Khalīfa), geographisches Wissen aus Europa zu übertragen, fortsetzen konnte. In seinem Werk *Cihānnümā Zeyli* (in Türkisch) erweiterte Al-Dimashqi mithilfe zahlreicher zeitgenössischer Quellen Kātib úelebis *Cihānnümā* zu einer historischen Geographie des gesamten Ottomanischen Reiches (außer Rumelia) und präsentierte 15 Landkarten überwiegend von anatolischen Provinzen. *Nusrāt al-Islām vaʾ Tahrīri Atlas Major* ist eine freie Übertragung des *Atlas Maior, sive Cosmographia Blaviana, qua solum, salum, coelum accuratissime describuntur* der dänischen Gelehrten Willem Jonzoon Blaeu and Joan Blaeu. Die lateinische Originalversion dieses Buchs war Sultan Mehmed IV. von Justin Collier, dem dänischen Botschafter in Istanbul, vorgestellt worden. Auf Vorschlag des Großwesirs Köprülü Fazıl Ahmed Pasha beauftragte der Sultan al-Dimashqi, das Buch zu übersetzen. Al-Dimashqi führte diese Arbeit zwischen 1675 und 1685 aus und erstellt zunächst neun Bände. Eine gekürzte, zweibändige Version mit dem Titel *Ihtiṣār-ı Tahrīr-i Atlas Mayor* wurde sehr populär und trug wesentlich zur Verbreitung geographischen Wissens im Ottomanischen Reich bei. Al-Dimashqi schrieb auch einige astronomische Werke, u. a. *Risāle fiʾrafya* (in Arabisch), sowie ein Buch zur Geschichte und zur militärischen und politischen Organisation des Ottomanischen Reiches, *el-Fethhuʾnī fī Tarzʾl-ʿnī* (1669, in Türkisch). [MK4]

Sekundär-Literatur:
Dorogi, I., Hazai, G.: Ebubekir Dimiskiʾnin Osmanlı devletinin tarihi yapısı ve durumuna ait eseri hakkında, Book of Abstracts, XIth Congress on Turkish History (1990); Izgi, C.: Osmanlı Medreselerinde Ilim, Bd. 2 (1997); Osmanlı Astronomi Literatürü Tarihi, Bd. 1, hrg. v. E. Ihsanoglu, R. Sesen u.a. (1997); Ak, M.: Ebubekir Dimeski, Yaşamlarıyla ve Yapıtlarıyla Osmanlılar Ansiklopedisi, Bd. 1, hrg. v. Yapı Kredi Yayınları (1999); Osmanlı Coğrafya Literatürü Tarihi, Bd. 1, hrg. v. E. Ihsanoglu, R. Sesen u.a. (2000).

Dingler, Hugo Albert Emil Hermann,
deutscher Philosoph und Wissenschaftstheoretiker, Enkel des Chemikers Emil Erlenmeyer,
* 7. 7. 1881 München,
† 29. 6. 1954 München.

Nach Studium der Mathematik, Physik und Philosophie in Erlangen, Göttingen und München promovierte Dingler 1907 an der Technischen Hochschule in München in Mathematik, wo er sich 1912 für »Methodik, Unterricht und Geschichte der mathemati-

H.A.E.H. Dingler

schen Wissenschaften« habilitierte. Er lehrte dort bis 1932, seit 1920 als außerordentlicher Professor; anschließend wurde er auf eine ordentliche Professur an der Technischen Hochschule in Darmstadt berufen. Zugleich wurde er Vorstand am Pädagogischen Institut in Mainz. Bei dessen Schließung 1934 wurde Dingler in den Ruhestand versetzt. Im Hintergrund standen letztlich auch unbegründete Zweifel an seiner politischen Zuverlässigkeit. Trotz seiner Versuche, seine Wissenschaftstheorie als Philosophie des Dritten Reichs zu präsentieren, und trotz seiner Opposition gegen die Einsteinsche Relativitätstheorie brachte er es während des Dritten Reichs nur noch zu einem Lehrauftrag in München (1935, 1940–1945). Nach dem Krieg wurde er aus dem Dienst entlassen.

Dingler strebte eine methodische, konstruktivaxiomatische Begründung der exakten Wissenschaften an, deren Gegenstände nach Operationsregeln material erzeugt, nicht lediglich formal beschrieben werden sollten. Dingler wurde damit zum Begründer eines normativ verstandenen Operationalismus.

Die methodische Grundlegung der Physik geschieht über eine nicht-empirische Theorie der Messung. Der Aufbau der Theorien hat dem »Prinzip der pragmatischen Ordnung« zu folgen, wonach eine Konstruktion nur von solchen Hilfsmitteln Gebrauch machen darf, die selbst bereits konstruiert sind. Dieses Prinzip und seine Spezialisierungen werden auf einen »aktiven Willen« zurückgeführt und sind damit dezisionistisch bzw. letztbegründend ausgelegt.

Elemente des Dinglerschen Operationalismus wurden vom Methodischen Konstruktivismus der von Wilhelm Kamlah und Paul Lorenzen begründeten Erlanger Schule aufgenommen und weiterentwickelt. [VP]

Werk(e):
Physik und Hypothese (1921); Das Experiment (1928); Aufbau der exakten Fundamentalwissenschaften (hrg. v. P. Lorenzen, 1964).

Sekundär-Literatur:
Weiss, U.: Hugo Dinglers methodische Philosophie (1991); Wolters, G., Schroeder, P.: Verzeichnis des wissenschaftlichen Nachlasses von Hugo Dingler mit einer Bibliographie der Schriften Dinglers (1979).

Dirac, Paul Adrien Maurice,
englischer Physiker,
* 8. 8. 1902 Bristol (England),
† 20. 10. 1982 Tallahasee (Florida, USA).

Dirac zählt neben W. ↗ Heisenberg und E. ↗ Schrödinger zur Trias der großen Schöpfer und Gestalter der Quantenmechanik: Alle drei wurden im selben Jahr 1933 mit dem Physik-Nobelpreis ausgezeichnet. Dirac hat zunächst wesentlich an die Pionierarbeiten der Kollegen angeknüpft und ihren mathematischen Inhalt in seiner »q-Zahlen-Algebra« und der »Transformationstheorie« auf den Punkt gebracht. Schließlich dominierte er die Jahre zwischen 1927 und 1933 durch eigene Vorstöße in die Quantenfeldtheorie und die relativistische Theorie der Elektronen und der Quantenelektrodynamik.

P.A.M. Dirac

Der Sohn des aus der Schweiz gekommenen Französischlehrers Charles Adrien Ladislas Dirac und seiner aus Bristol stammenden Frau Florence Hannah (geb. Holton) sollte, wie der ältere Bruder, Ingenieur werden und studierte nach Abschluss des Merchant Venturer's College (1914–1918) ab 1918 an der Universität seiner Heimatstadt zunächst Elektrotechnik (bis 1921) und anschließend – weil er keine Industrieanstellung erhielt – angewandte Mathematik. Danach ging er als Forschungsstudent 1923 nach Cambridge an das St. John's College und wurde nach dem Doktorat unter R. ↗ Fowler (1926) und einem Auslandsaufenthalt (1926/27) in Kopenhagen (bei N. ↗ Bohr) und Göttingen (bei M. ↗ Born) zum Fellow von St. John's gewählt (1927). Eine $3/4$-jährige Reise, teilweise zusammen mit seinem Freund Werner Heisenberg, führte ihn 1929 zu Vorträgen über die neuesten Ergebnisse der Quantenmechanik an verschiedene Universitäten der USA und nach Japan. Von dort kehrte er über die Sowjetunion (in Moskau Begegnung mit I. ↗ Tamm) nach Europa zurück. 1930 wurde er Mitglied der Royal Society of London und 1932 zum Lucasian Professor of Mathematics in Cambridge berufen. Mehrere Aufenthalte folgten in den USA und der Sowjetunion (dort versuchte er vergeblich, die Rückkehr P. ↗ Kapizas nach Cambridge zu erreichen) sowohl in den dreißiger Jahren als auch nach dem Zweiten Weltkrieg. Nach seiner Emeritierung 1969 zog er sich, zusammen mit seiner Frau Margit – einer Schwester E. ↗ Wigners, die er 1937 geheiratet hatte – nach Florida zurück, zunächst an die Universität Miami (1968–1972) und schließlich an die Florida State University in Tallahassee (1972–1984).

Diracs wissenschaftlicher Aufstieg begann bereits in den ersten Cambridger Jahren, wo er von Experten wie A. ↗ Eddington und E. ↗ Milne physikalische und von Henry Baker mathematische Anregungen erhielt. Sein Doktorvater Fowler, der Anfang 1925 einige Monate in Kopenhagen bei Bohr weilte, brachte ihm die statistische Mechanik und die Quantentheorie nahe. Dirac untersuchte bald selbständig Fragen, wie etwa die »detaillierte Balance« in atomaren Prozessen (1924) oder die Erweiterung des adiabatischen Prinzips in der Quantentheorie (1925). Im August 1925 schickte Heisenberg die Korrekturfahnen seiner Pionierarbeit zur Quantenmechanik an Fowler, der sie an Dirac mit der Bitte um Stellungnahme weiterreichte. Dieser erkannte rasch in der von Heisenberg entdeckten Nichtvertauschbarkeit der physikalischen Größen »den Schlüssel zum Quantenmysterium« und zog selbst bedeutsame Konsequenzen. Aus seiner Kenntnis der Hamiltonschen Form der klassischen Mechanik und des Bohrschen Korrespondenzprinzips (das den Übergang von der klassischen zur Quantentheorie bei hohen Quantenzahlen regelt) leitete er den Zusammenhang zwischen dem Kommutator $xy - yx$ zweier Quantengrößen nach Heisenberg und den Poisson-Klammern der Hamiltonschen Dynamik in der Korrespondenzbeziehung ab: $xy - yx = ih/2\pi$ $\left(\frac{\partial x}{\partial w}\frac{\partial y}{\partial J} - \frac{\partial y}{\partial w}\frac{\partial x}{\partial J}\right)$, wobei J und w die Wirkungs- und Winkelvariablen darstellen. Weiter fand er, mit wesentlicher Hilfe von algebraischen und geometrischen Überlegungen, einen Ausdruck für die Ableitung einer Quantengröße x nach einer anderen v in einer ebenfalls algebraischen Gleichung $dx/dv = xa - ax$, wobei a sich als die in der Dynamik zu v kanonisch konjugierte Größe erwies. Aus beiden Beziehungen folgerte Dirac, dass die Hamiltonsche Formulierung auch in der Quantenmechanik gilt, mit den entsprechenden Größen (oder Variablen) und der Ersetzung der klassischen Differen-

P.A.M. Dirac: Gedenktafel in Westminster Abbey mit der berühmten Dirac-Gleichung (Foto: Gisela Dirac)

zialausdrücke durch algebraische. Seine später Quantenalgebra genannte Theorie lieferte dann nicht nur alle Ergebnisse der etwas früheren Matrizenmechanik von Born, Heisenberg und P. ↗ Jordan, sondern erlaubte auch weitere erfolgreiche Anwendungen. Als Schrödinger Anfang 1926 die praktisch viel leichter zu gebrauchende Wellenmechanik schuf, benutzte sie Dirac, um eine wichtige Verbindung zu den bekannten Quantenstatistiken herzustellen: Die Wellenfunktionen von mehreren Teilchen sind symmetrisch in den Koordinaten der Teilchen, falls diese die Bose-Statistik befolgen, und antisymmetrisch, falls die Fermi-Statistik gilt. Er schloss diese überaus grundsätzlichen Beiträge ab mit der Aufstellung einer »quantenmechanischen Transformationstheorie«, die die völlige Gleichwertigkeit (Äquivalenz) aller Formulierungen der Quantenmechanik bewies; dazu führte er u. a. sog. »uneigentliche Delta-Funktionen« ein (später mathematisch als Distributionen definiert), die Jordan in einer fast gleichzeitigen, physikalisch gleichwertigen Untersuchung vermied.

Anfang 1927 begann dann die sechsjährige Periode, in der sich das schöpferische Genie Dirac voll entfaltete. Er begann mit der Aufstellung einer Quantenfeldtheorie der Strahlung von nicht relativistischen Atomen (1927), die den schon früher bekannten Dispersionsformeln ein festes quantenmechanisches Fundament gab und weitere grundlegende Arbeiten zur nicht relativistischen Quantenfeldtheorie (von Jordan mit Oskar Klein und Wigner 1927 bzw. 1928) anregte. Um Elektronen (mit Masse m) relativistisch zu beschreiben, erfand er die lineare Dirac-Gleichung in vierdimensionalen Raum-Zeit-Koordinaten $i\gamma_\mu \frac{\partial}{\partial x_\mu} \psi = m\psi$, mit den (4×4)-Gammamatrizen γ_μ. Sie wies automatisch dem Elektron den empirisch bestätigten halbzahligen Spin $1/2$ zu und erlaubte, die Feinstruktur atomarer Spektrallinien richtig zu berechnen. Leider zeigten sich bei den Lösungen der Dirac-Gleichung gelegentlich bisher unbekannte Zustände mit negativen Energien, die vor allem bei hochenergetischen Streuprozessen auftreten. Der Autor löste diese Schwierigkeit in zwei Stufen: 1929 führte er die Idee ein, dass in der Natur alle negativen Energiezustände aufgefüllt sein sollten (»Dirac-See«) bis auf wenige »Löcher«, die er zunächst mit positiv geladenen Protonen (1930), später mit gänzlich neuen »Anti-Elektronen« (1931) identifizierte. Das so vorhergesagte Teilchen konnte von C. ↗ Anderson bereits 1932 in der kosmischen Strahlung als Positron entdeckt werden, und Diracs Cambridger Kollegen P. ↗ Blackett und Giuseppe Occhialini wiesen die Paarerzeugung von Elektronen und Positronen im folgenden Jahr nach. Mit seinem Begriff der »Antimaterie« eröffnete Dirac eine neue Epoche der Elementarteilchenphysik: Er schuf die Grundlage der Quantenelektrodynamik (QED), die bereits in den 1930er-Jahren viele Erscheinungen (etwa die beobachteten Kaskadenschauer in der kosmischen Strahlung) erklärte. Leider zeigten sich in der Theorie zugleich scheinbar unüberwindbare Divergenzen, die erst zehn Jahre später von Sh. ↗ Tomonaga, J. ↗ Schwinger und R. ↗ Feynman durch die renormierte QED entschärft werden konnten. Dirac, der eigentliche Hauptbegründer der QED, hat diese Theorie und ihre Erweiterungen im Standardmodell der Elementarteilchen wegen ihres Hantierens mit unendlichen Konstanten nie anerkannt und selbst bis zu seinem Tode, freilich ohne greifbaren Erfolg, nach Auswegen gesucht. [HR]

Werk(e):
The Principles of Quantum Mechanics (1930); The Collected Works of P. A. M. Dirac 1924–1948 (1995, hrg. v. R. Dalitz).

Sekundär-Literatur:
Kragh, H.: Dirac: A Scientific Biography (1995); Dalitz, R.H., Peierls, R.: P.A.M. Dirac, Biogr. Memoirs of Fellows of the Royal Society 32 (1986) 139–195; Mehra, J., und Rechenberg, H.: The Historical Development of Quantum Theory, Bde. 4 und 6 (1982, 2001/2002).

Dirichlet, Peter Gustav Lejeune,
deutscher Mathematiker,
* 13. 2. 1805 Düren,
† 5. 5. 1859 Göttingen.

Dirichlet war der Begründer der analytischen Zahlentheorie und lieferte bahnbrechende Arbeiten in der Theorie der Fourier-Reihen und der mathematischen Physik (Randwertprobleme der Potenzialtheorie, Dirichletsches Prinzip, Hydromechanik).

Sein Vater war ein preussischer Postkommissar in Düren, dessen französische oder wallonische Vorfahren aus Richelet bei Verviers (Belgien) stammten, wodurch sich möglicherweise der Name »Lejeune Dirichlet« erklärt. Dirichlet legte schon mit 16 Jahren sein Abitur (in Köln) ab. Unter seinen Lehrern in Köln befand sich der bekannte Physiker G. S. ↗ Ohm, der ihm gründliche Kenntnisse in der theoretischen Physik vermittelte. Sein starker Wunsch, Mathematik zu studieren, führte ihn im Mai 1822 nach Paris, wo solche weltweit herausragenden Mathematiker wie A. L. ↗ Cauchy, P. S. ↗ Laplace, A. M. ↗ Legendre, J. ↗ Fourier und S. ↗ Poisson wirkten. Er besuchte Vorlesungen am Collège de France und an der Faculté des Sciences und hatte das Glück, im Sommer 1823 eine wohldotierte Stelle als Hauslehrer in der Familie des Generals und Politikers Maximilien Fay zu erhalten. Dadurch kam Dirichlet in Kontakt zu zahlreichen Vertretern des französischen Geisteslebens. Schon im Juni 1825 legte er der französischen Akademie der Wissenschaften seine erste selbständige mathematische Arbeit vor. Diese zahlentheoretische Arbeit machte die führenden französischen Mathematiker, aber auch A. v. ↗ Humboldt, auf ihn aufmerksam. Auf ihrer Grundlage konnte dann nur wenige Wochen später Legendre vollständig beweisen, dass die diophantische Gleichung $5^x + 5^y = 5^z$ keine echte ganzzahlige Lösung x, y, z (d. h. mit $xyz \neq 0$) besitzt (Spezialfall der berühmten sog. Fermatschen Vermutung für den Exponenten 5; der Fall eines beliebigen Exponenten größer als 5 wurde übrigens erst 1996 gelöst).

P.G.L. Dirichlet

Nach dem Tode seines Brotherrn kehrte Dirichlet 1826 nach Deutschland zurück. Hier wurde seine akademische Karriere tatkräftig durch C. F. ↗ Gauß, Humboldt und August Leopold Crelle gefördert. Die wichtigsten Stationen waren: 1827 Dr. h. c. der Universität Bonn, besoldeter Privatdozent und a. o. Professor der Mathematik an der Universität Breslau, seit 1828 Lehrtätigkeit in Berlin (an der Kriegsschule, einer höheren Bildungsanstalt für Offiziere, und als Prof. designatus an der Universität), seit 1831 Extraordinarius und seit 1839 Ordinarius in Berlin, 1832 Wahl zum Ordentlichen Mitglied der Berliner Akademie, 1855 Übersiedlung an die Universität Göttingen als Nachfolger von Gauß, wo er bis zu seinem Tode wirkte. Dirichlet war seit 1832 verheiratet mit Rebecca Mendelssohn-Bartholdy, einer Enkelin des Philosophen der Aufklärung Moses Mendelssohn. Rebecca unterhielt in Berlin einen viel besuchten Salon.

Dirichlet war sowohl ein genialer Forscher als auch ein ausgezeichneter akademischer Lehrer. Durch ihn, J. ↗ Jacobi und J. ↗ Steiner stieg die Universität Berlin zu einem mathematischen Zentrum von Weltgeltung auf, und in Göttingen führte er die durch Gauß begründete Tradition fort. Insbesondere erschloss Dirichlet seinen Zeitgenossen die epochemachenden *Disquisitiones arithmeticae* (1801) von Gauß und bereicherte die Zahlentheorie um grundlegende allgemeine Theoreme und Methoden (L-Reihen, Satz über Primzahlen in arithmetischen Progressionen, Einheitensatz). Diese Errungenschaften prägten vor allem die zahlentheoretischen Pionierleistungen von E. ↗ Kummer, G. ↗ Eisenstein, L. ↗ Kronecker und R. ↗ Dedekind. Seine Arbeiten zur Analysis und mathematischen Physik waren hauptsächlich durch Fourier (Theorie der Wärmeleitung), Poisson und Gauß angeregt und zeitigten einen kaum zu überschätzenden Einfluss auf B. ↗ Riemann, den wohl wirkungsmächtigsten Mathematiker nach Gauß. [ON]

Werk(e):
hrg. v. Leopold Kronecker und Lazarus Fuchs auf Veranlassung der Kgl. Preuss. Akad. d. Wiss. (2 Bde. 1889, 1897); Briefwechsel zwischen A.v. Humboldt und P.G.L. Dirichlet, hrg. v. K.R. Biermann (1982).

Sekundär-Literatur:
Biermann, K.R.: Die Mathematik und ihre Dozenten an der Berliner Universität 1810–1920 (1973).

Döbereiner, Johann Wolfgang,
deutscher Chemiker,
* 13. 12. 1780 Hof an der Saale,
† 24. 3. 1849 Jena.

Döbereiner war der Erfinder eines nach ihm benannten Feuerzeugs und chemischer Berater Goethes.

1780 als Sohn eines Kutschers geboren, verlebte Döbereiner seine Kindheit auf dem Rittergut Bug bei Münchberg, wo der Vater zunächst als Knecht und bald als Verwalter tätig war. 1794 begann Döbereiner in Münchberg eine Apothekerlehre. Ab 1797 war er als Gehilfe in Dillenburg, in Karlsruhe sowie in der Hirsch-Apotheke zu Straßburg tätig, wo er auch an der Universität Vorlesungen hörte. Nach Bug zurückgekehrt, eröffnete er 1802 eine Drogen- und Landesproduktenhandlung nebst einer kleinen pharmazeutisch-chemischen Fabrik, die er aufgrund einer Klage 1806 wieder schließen musste. Er übernahm in Münchberg die Leitung einer Färberei und Bleicherei. 1808 wurde Döbereiner Verwalter des Gutes und der angeschlossenen Brauerei und Brennerei St. Johannis bei Bayreuth. Durch Vermittlung Adolph Ferdinand Gehlens erhielt er 1810 einen Ruf auf die außerordentliche Professur für Chemie und Technologie an der Universität Jena. Unterstützt von Goethe, führte Döbereiner ab dem Wintersemester 1820/21 praktische Übungen in dem im herzoglichen Schloss in Jena befindlichen Laboratorium durch. 1833 konnte er ein neues chemisches Laboratorium beziehen. Berufungen an andere Universitäten (Bonn, Halle, München, Würzburg und Dorpat) lehnte Döbereiner, der 1819 in Jena zum Ordinarius ernannt worden war, ab. 1849 verstarb er an Speiseröhrenkrebs.

Döbereiner verfasste neben mehreren Lehrbüchern Aufsätze zu chemischen, technologischen und physikalischen Fragen. Er bestimmte die Verbindungsgewichte einiger Elemente sowie deren Volumenverhältnisse bei Gasreaktionen. Die Feststellung einer zahlenmäßigen Beziehung zwischen chemisch ähnlichen Elementen, wonach z. B. das Atomgewicht des Strontiums etwa dem arithmetischen Mittel aus den Atomgewichten von Calcium und Barium entspricht, führte ihn zur Zusammenfassung von jeweils drei analogen Elementen. Diese später von Ludwig Gmelin als Triaden bezeichneten Gruppen bildeten eine lange Zeit unbeachtet gebliebene Anordnung der Elemente, die als Vorläufer des Periodischen Systems gilt.

1823 stellte Döbereiner fest, dass ein Gemisch aus Wasserstoff und Luft bei Raumtemperatur mittels eines Platinschwamms augenblicklich entzündet werden kann. Seine Erkenntnis der katalytischen Wirkung des Platins mündete in die Konstruktion des Döbereinerschen Feuerzeugs sowie verschiedener Duftlämpchen und Leuchtgeräte. Er beschäftigte sich ferner mit der organischen Elementaranalyse, in die er Kupferoxid einführte, zerlegte Oxalsäure in Kohlenmonoxid und –dioxid und stellte erstmals Acetaldehyd – von ihm als »Sauerstoffäther« bezeichnet – in freilich noch unreinem Zustand her und analysierte Mineralwässer.

Goethe wandte sich, wie u. a. 123 Briefe widerspiegeln, mit zahlreichen chemischen Anfragen an Döbereiner und wurde von diesem zwischen 1815 und 1817 in die Geheimnisse der Stöchiometrie eingeweiht. [CF]

Werk(e):
Lehrbuch der allgemeinen Chemie, 3 Bde. (1811/12); Neueste stöchiometrische Untersuchungen und chemische Entdeckungen (1816); Handbuch der pharmaceutischen Praxis oder Deutsches Apothekerbuch, Teil I (1842).

Sekundär-Literatur:
Geus, A.: Johann Wolfgang Döbereiner, in: Festschrift der Naturwissenschaftlichen Gesellschaft Bayreuth 1889–1964 (1964) 15–53; Dilg, P.: Döbereiner, Johann Wolfgang, in: W.-H. Hein, H.-D. Schwarz: Deutsche Apotheker-Biographie, Bd. 1 (1975) 123–126.

J.W. Döbereiner

Theodosius Dobzhansky
Peter Beurton

> **Dobzhansky** (Dobrzhansky), **Theodosius**,
> russisch-amerikanischer Populationsgenetiker und Evolutionsbiologe,
> * 25. 1. 1900 Nemirov,
> † 18. 12. 1975 Davis (Kalifornien).

Dobzhansky war einer der namhaftesten Populationsgenetiker und Evolutionsbiologen des vergangenen Jahrhunderts. Er begründete die synthetische Theorie der biologischen Evolution, die zur umfassenden Legitimierung des modernen, auf den Ergebnissen der Populationsgenetik fußenden Darwinismus führte.

Anfänge in Russland und Amerika

Als kleiner Junge war Dobzhansky, einziges Kind eines Kiewer Mathematiklehrers, begeisterter Schmetterlings- und Mottensammler. Zu einem Wendepunkt im Leben des jugendlichen Dobzhansky wurde, wie er sich später erinnerte, eine mehrwöchige Klassenfahrt in den Kaukasus und die dort erlebte Natur. In seiner ersten wissenschaftlichen Publikation teilte der Achtzehnjährige die Entdeckung einer neuen Marienkäferart aus der Kiewer Umgebung mit, und Marienkäfer sollten auch weiterhin sein Spezialgebiet bleiben. Die Jahre seines Biologiestudiums an der Universität Kiew bis 1921 waren von den Unruhen des ersten Weltkrieges und den Revolutionsjahren geprägt. Anschließend lehrte Dobzhansky bis 1924 Zoologie an der Landwirtschaftlichen Fakultät der Universität Kiew und hielt darüber hinaus Vorlesungsreihen zur allgemeinen Biologie am Pädagogischen Institut und am Polytechnischen Institut Rabfak (ein Institut zur wissenschaftlichen Ausbildung junger Arbeiter).

Um die Jahrhundertwende waren die Mendelschen Regeln wiederentdeckt worden. Die seit 1910 begonnene Pionierarbeit T. H. ↗ Morgans und seiner Schule in Amerika, die zur Ausbildung der modernen Genetik führte, wurde im fernen Rußland aufgrund des Weltkriegs erst ab 1921 durch Veröffentlichungen des Petersburger Zoologen Yuri A. Filipčenko bekannt gemacht. Die Bekanntschaft mit diesen modernen Forschungsergebnissen wirkte dann jedoch auf Dobzhansky sogleich, wie er später mitteilte, »wie eine Offenbarung«. Die unscheinbare Taufliege (*Drosophila*) war Experimentierobjekt der Morgan-Gruppe gewesen und ist es bis heute unter experimentell arbeitenden Genetikern in mancher Hinsicht geblieben. 1923 oder 1924 erhielt auch Dobzhansky Zugang zu Drosophila-Stämmen, die von H. J. ↗ Muller in die Sowjetunion eingeführt worden waren. Während die traditionelle Taxonomie sich darauf konzentrierte, die Organismen in distinkte, typologisch faßbare Gruppen einzuteilen, wusste Dobzhansky bereits aufgrund seiner Erfahrungen mit den Marienkäfern, dass in der Natur alle Übergänge zwischen den unterschiedlichen morphologischen Formen innerhalb einer biologischen Art vorkommen. Gerade damit konvergierten nun seine ersten Erfahrungen mit der Genetik von Drosophila, die ihm zeigte, dass die Art ein polymorphes Reservoir genetischer Variabilität darstellt. Dobzhanskys genetische Arbeiten zu unterschiedlichen Wirkungsweisen und Reaktionsnormen der Gene, insbesondere sein Nachweis pleiotroper Effekte bei Drosophila, erregten die Aufmerksamkeit Filipčenkos, der ihm 1924 – in dem Jahr, in dem Dobzhansky die Evolutionsbiologin N. Siwertsew heiratete – einen Lehrauftrag an der Universität Leningrad verschaffte.

T. Dobzhansky

1927 erhielt Dobzhansky dann durch die Vermittlung Filipčenkos ein Fellowship von der Rockefeller-Stiftung, wodurch sein ganzes weiteres Leben bestimmt werden sollte. Noch Ende des gleichen Jahres setzte er seine Drosophila-Untersuchungen an der New Yorker Columbia University in der Arbeitsgruppe Morgans fort und ein Jahr später, Morgan folgend, am California Institute of Technology, wo er Assistenzprofessor für Genetik wurde. Während dieser Zeit vertiefte Dobzhansky seine Kenntnisse in der experimentellen Drosophila-Genetik als Vorarbeit für die Untersuchung der in natürlichen Populationen auftretenden Formen und Mechanismen genetischer Variationen. Das hier angeeignete genetische Wissen zusammen mit seinem ursprünglich in der Heimat erworbenen Wissen über das natürliche Verhalten von Freilandpopulationen, deren lokale Existenzbedingungen, geographische Variabilität, Verbreitung usw. mündeten in das Buch *Genetics and the Origin of Species*, das 1937 erschien, übrigens zwei Jahre später auch in deutscher Übersetzung bei Fischer (Jena). Dieses Buch wurde zum Gründungswerk der synthetischen Theorie der biologischen Evolution, machte Dobzhansky weltbekannt und erlebte noch zwei weitere Auflagen (1942 und 1951).

Genetics and the Origin of Species

Der Kerngedanke der synthetischen Theorie besteht *erstens* darin, dass die biologische Population, wie bereits kurz erwähnt, ein polymorphes Reservoir an Genen und Genmutationen darstellt, die einzeln genommen kaum merkliche Variationen der Organismen hervorrufen. *Zweitens* wird unter dieser Voraussetzung plausibel, dass der evolutive Wandel in der Population – ganz im Sinne Ch. ↗ Darwins, der aber noch nichts über die genetischen Grundlagen der Evolution wissen konnte – im Wesentlichen nur allmählich, nämlich durch selektive Akkumulation vorteilhafter genetischer Variationen (Mutationen) sowie durch beständige Rekombination der genetischen Variationen als Folge des Sexualprozesses auf der einen Seite und durch die positive Selektion der vorteilhafteren genetischen Rekombinationen auf der anderen Seite vonstatten geht. Dobzhansky war der Erste, der mit seinem Werk von 1937 durch die Zusammenführung der mathematisch orientierten Populationsgenetik R. A. ↗ Fishers und J. B. S. ↗ Haldanes, der aus der Praxis der Tierzüchtung stammenden Evolutionsvorstellungen Sewal Wrights und der Befunde der Feldbiologie (aus Systematik, Ökologie, Tier- und Pflanzengeografie usw.) auch *empirisch* überzeugend zeigte, dass die Evolution in der Tat so und nicht anders erfolgt.

Der Nachweis der Existenz großer Mengen genetischer Variabilität in natürlichen Populationen bildet naturgemäß eine wesentliche Voraussetzung der synthetischen Theorie, und so verlangte Dobzhansky in seinem Gründungswerk programmatisch: »Die Variabilität der Rassen muss in Form der Häufigkeit individueller Gene in unterschiedlichen geographischen Regionen oder in Gruppen von Individuen, die distinkte Habitate bewohnen, beschrieben werden.« Der Vorbereitung dieser Aufgabe dienten die ersten vier Kapitel seines Buches. Sie beginnen mit einer Übersicht über die gesicherten Grundaussagen der frühen Genetik wie die Allgegenwart von Mutationen, die Häufigkeit und Ursachen ihres Auftretens und die vermuteten Mutationsarten und ihr Einfluss auf die Vitalität ihrer Träger. Diese Befunde werden dann mit empirischen Kenntnissen über die kontinuierliche und diskontinuierliche (inner- und zwischenartliche) Variabilität in natürlichen Populationen verglichen, um zu einem konsistenten Bild zu gelangen. Dann wird dieses Vorgehen mit Bezug auf die Chromosomenmutationen (-translokationen und -inversionen) rekapituliert. Unter Hinzuziehung der Arbeiten F. Sumners über die Variabilität der Springmäuse als auch jener R. ↗ Goldschmidts über die geographischen Rassen des Schwammspinners kam Dobzhansky zu dem Schluss, dass die genetischen Grundlagen von kontinuierlicher und diskontinuierlicher Variabilität nicht verschieden sind und letztlich in der Natur alle Übergänge zwischen beiden auftreten. Alle diese Fragen konnten selbstverständlich nur durch jemanden geklärt werden, der sowohl in der theoretisch orientierten Populationsgenetik zu Hause war als auch als Zoologe die feldbiologischen Befunde auswerten konnte. Gerade das zeichnete Dobzhansky in hohem Maße aus. Ganz entscheidend war, dass Dobzhansky auch auf die bereits vorliegenden Resultate der russischen Feldbiologie und Populationsgenetik verweisen konnte, die die Allgegenwart von kleinsten genetischen Variationen in natürlichen Populationen belegten und nachwiesen, dass die Zusammensetzung dieser genetischen Variabilität von geografischen Gegebenheiten abhing. Extensive Laborstudien in Sowjetrussland hatten außerdem gezeigt, dass die Vitalität bestimmter Drosophila-Mutanten sich bei unterschiedlichen Temperaturen völlig verkehren kann und außerdem abhängig ist von anderen gleichzeitig vorhandenen Mutationen. Daraus folgte, dass der Selektionswert der Gene nicht eine für alle Zeiten gegebene Größe ist (wie häufig von der mathematischen Populationsgenetik unterstellt wurde), sondern sich je nach den äußeren Gegebenheiten und der genetischen Gesamtkonstellation der Individuen (der Natur ihres Genotyps) verändert – worin die Befunde der Feldforschung schließlich ihre Erklärung fanden.

Aufbauend auf die ersten vier Kapitel, die im Wesentlichen der Wirkungsweise der natürlichen Auslese in solchen natürlichen, genetisch variablen Populationen gewidmet waren, machte Dobzhansky in den folgenden Kapiteln dann auch von den Resultaten der mathematischen Populationsgenetik Gebrauch. Nach der Vorstellung des Hardy-Weinberg-Gleichgewichts, das theoretisch in Populationen herrschen würde, in denen keine Selektion wirkt, zitierte er vielfach Fisher und Haldane. Eine besondere Rolle spielten aber Wrights Evolutionsansichten, die dadurch geprägt waren, dass sich Wright vor allem mit Fragen der Tierzucht befasst hatte. Wright vertrat die Auffassung, dass Unterschiede zwischen kleinen lokalen Populationen einer Art durch den Zufallsverlust von bestimmten – je unterschiedlichen – Genvarianten (genetische Drift) bedingt sein könnten. Weiter könnten solche nicht-adaptiven lokalen Verschiedenheiten, so Wright, die Evolution der Art insgesamt beschleunigen. Diese Argumentation beruhte letztlich auf bestimmten Erfahrungen aus der Haustierzucht, blieb aber mit Blick auf die natürliche Evolution zunächst nur ein theoretischer Entwurf. Dobzhanskys besonderes Interesse bestand daher darin, in der Natur Fallbeispiele zu finden, mit deren Hilfe eine Klärung des Zusammenhangs zwischen Populationsgröße und der Dynamik des Mutations- und Selektionsprozesses und der Gesamtevolution möglich würde.

Abschließend folgten Kapitel, die die zwischenartliche Sterilität, Isolationsmechanismen – dieser Terminus stammt von Dobzhansky – zwischen den Arten und schließlich die Art als natürliche, durch einen Speziationsprozess aus anderen Arten hervorgegangene Einheit behandelten. Gerade die Anatomie des Speziationsprozesses war seinerzeit für Darwin ein völlig unerklärbares Phänomen geblieben, so dass Dobzhansky hiermit ein missing link der Darwinschen Theorie präsentierte. Es sei mit Blick auf die starke empirische Komponente der synthetischen Theorie noch angemerkt, dass das Wort »synthetisch« – das übrigens erst einige Jahre nach Dobzhanskys Gründungswerk in diesen Kontext eingeführt wurde – hier *keine* bestimmte Wissenschaftsmethodologie implizierte, sondern nur auf die multidisziplinären Quellen dieses neuen Evolutionsdenkens hinweisen sollte.

Die »Genetics of Natural Populations Series«

1936 war Dobzhansky als Professor für Zoologie an die New Yorker Universität zurückgekehrt und nahm 1962 eine Berufung an die Rockefeller-Universität (ebenfalls in New York) wahr. 1971 schließlich, nach seiner Emeritierung, ging Dobzhansky wieder nach Kalifornien, diesmal als außerordentlicher Professor an die Kalifornische Universität in Davis. Über diesen langen Zeitraum hinweg erschien die *Genetics of Natural Populations Series*, die neben dem Werk von 1937 wohl Dobzhanskys zweitgrößte Leistung darstellt. Das Unternehmen war der detaillierten Untersuchung der in natürlichen Populationen wirksamen unterschiedlichen Evolutionsfaktoren sowie der Möglichkeit ihrer Quantifizierung gewidmet. Während Dobzhanskys Buch von 1937 einen »großen Wurf« darstellte, das in wenigen Monaten niedergeschrieben wurde, bestand die *Genetics of Natural Populations Series* aus 43 Einzelpublikationen, die über den Zeitraum von 1938 bis 1976 erschienen und erst mit Dobzhanskys Tod ein Ende fand.

Das Objekt dieses Forschungsprogramms war fast durchweg die *Drosophila pseudoobscura* und das zentrale Anliegen die weitere Klärung der Natur und des Ausmaßes genetischer Variabilität in natürlichen Populationen. Als zentrales Problem galt Dobzhansky die Frage nach dem Verhältnis von genetischer und chromosomaler Variabilität. Die Resultate, zu denen er kam, lassen sich kurz so zusammenfassen:

Bezüglich der genetischen Variabilität gilt:
- Jedes Individuum ist Träger rezessiver oder teilweise dominanter Allele (Genvariationen), die in homozygotem Zustand schädliche bis letale Folgen haben.
- Die Vitalität und die Fortpflanzungsrate der Homozygoten kann sich in Abhängigkeit von den Umweltverhältnissen stark verändern; sie kann je nach den Umweltverhältnissen dem Populationsdurchschnitt deutlich unterlegen oder manchmal deutlich überlegen sein.
- Es gibt keine Regeln für das Ausmaß der in einer Population vorhandenen Heterozygotie. Sie variiert sowohl für unterschiedliche Arten als auch unterschiedliche Populationen einer Art.
- Es gibt eine ausgeprägte mikrogeografische Variabilität der relativen Allelhäufigkeiten.

Bezüglich der Chromosomenvariabilität gilt:
- Veränderte Gensequenzen in den Chromosomen sind in natürlichen Populationen ein weitverbreitetes Phänomen.
- Es gibt Arten, in denen nicht einmal von einem »normalen« Chromosomenaufbau gesprochen werden kann, weil der Chromosomenpolymorphismus so stark verbreitet ist, dass die Inversionsheterozygoten als Normalfall erscheinen.
- Die Häufigkeit der Inversionsheterozygoten variiert geografisch und ist manchmal direkt korreliert mit der Heterogenität der Umwelt.
- Chromosomenmutationen haben oft starke Auswirkungen auf die Physiologie und das Verhalten ihrer Träger. Diese Effekte sind in der Natur beobachtbar und auch im Labor reproduzierbar.
- Inversionsheterozygoten sind in der Regel den Inversionshomozygoten überlegen.

Diese über 40 Jahre hinweg erzielten Verallgemeinerungen machen allerdings die Entwicklungen, die Dobzhansky dabei durchlief, unsichtbar. In der Frühzeit des Programms ging Dobzhansky immerhin noch selbst davon aus, dass es für jeden Genlokus ein »typisches« Allel (Wildtyp-Allel) gäbe, während mutative »Abweichungen« meist in rezessiv-heterozygotem Zustand gespeichert würden. Auf diese Weise glaubte Dobzhansky, die phänotypisch ja in der Tat zu beobachtende Uniformität der Individuen einer Population auf eine Dominanz der Wildtypallele *trotz* der gleichzeitig vorhandenen großen Menge an genetischer Variabilität zurückführen zu können. Trotz dieser aus der Morganschen Laborgenetik übernommenen, typisierenden

Vorstellung war Dobzhansky als Feldbiologe von Anfang an vom Vorhandensein einer großen Menge genetischer Variabilität in jeder natürlichen Population und ihrer evolutiven Bedeutung überzeugt und suchte daher nach Mechanismen, die diesen Zustand plausibel machen würden. Erst in den 50er-Jahren gab Dobzhansky jede Vorstellung einer besonderen Bedeutung sog. Wildtypallele völlig auf. So profilierte sich sein gesamtes Forschungsprogramm schließlich als ein mehr oder weniger radikaler Gegenzug zur Vorstellung der frühen Mendel-Genetik, dass Evolution immer nur eine Angelegenheit weniger einzelner Gene und ihrer Selektion sei.

Dobzhansky und seine Zeit

Dobzhansky wäre ohne die Möglichkeiten wissenschaftlicher Betätigung, die sich ihm in Amerika eröffneten, und speziell ohne seine Bekanntschaft mit der amerikanischen Drosophila-Genetik nicht zum Begründer der synthetischen Theorie geworden. Aber ebenso ist sein Gründungswerk ohne den spezifisch russischen Hintergrund des Autors und der russischen feldbiologischen Tradition in der Populationsgenetik undenkbar. Dieses Letztere bedarf der besonderen Erwähnung. In der amerikanischen empiristischen Tradition bildeten feldbiologische Disziplinen (Systematik, Biogeographie, Ökologie usw.), die im Wesentlichen deskriptiv arbeiteten, und analytisch orientierte, experimentelle Disziplinen wie die Laborgenetik zwei weitgehend voneinander unabhängige und isolierte Paradigmen, während in der russischen Tradition zwischen diesen beiden Praktiken der Forschung alle Übergänge herrschten. Es gibt in der Wissenschaft jedes Landes holistische und analytische Denkweisen und Schulen, aber als Auswirkung der russischen Aufklärung hatte die holistische Komponente eine besonders stark fachübergreifende und damit auch integrierende und weltanschauliche Funktion erlangt.

Dies war es, was im Falle Dobzhanskys den Populationsgenetiker mit Sinn für Theorie und Mathematik der Populationsgenetik und den »Marienkäferfreund«, der sich eigentlich nur für die unberührte Natur und Einzigartigkeit aller organischen Schöpfungen begeisterte, in ein und derselben Person vereinte. Ähnliches gilt für alle russischen Populationsgenetiker und hat zu der weltweit führenden Stellung der russischen Populationsgenetik im ersten Drittel des letzten Jahrhunderts (vor den Repressionen T. D. ↗ Lyssenkos) geführt. Die russische Schule der Populationsgenetik hatte gegenüber der amerikanischen daher die Verbindung mit den traditionellen feldbiologischen Disziplinen wie Taxonomie, Tier- und Pflanzengeografie usw. voraus. Während die Mitglieder der Morgan-Gruppe sich zu allererst für die Aufklärung der Vererbungsmechanismen *per se* interessierten, sah Dobzhansky vor allem die Bedeutung ihrer Befunde für die evolutive Interpretation taxonomischer und ökologischer Sachverhalte in natürlichen Populationen im Sinne Darwins (aber auch ihre Implikationen für die Sozialwissenschaften). So kam es, dass der amerikanische Import der russischen Tradition in der Person Dobzhanskys und die Wechselwirkung dieser Tradition mit der weltweit führenden Laborgenetik der Morgan-Schule alsbald zur synthetischen Theorie führte.

Das Thema der Evolution interessierte Dobzhansky sogar weit über die Biologie hinaus, und in dieser Beziehung hatte er etwas vom Pathos der russischen Aufklärer ererbt, die bis weit in das 20. Jahrhundert hineinwirkten. So hat er 1962 die Bedeutung, die der Evolutionsgedanke für ihn gehabt habe, in einer Tonbandaufnahme beschrieben: »Die Evolution stellt das Gebiet der Biologie mit den bedeutendsten und unmittelbarsten Konsequenzen und Denkanstößen für die nicht direkt mit der Biologie verbunden Disziplinen dar wie z. B. Soziologie und Philosophie... Dieser soziologisch-philosophische Gesichtspunkt bildete eigentlich den mich am meisten interessierenden Aspekt der gesamten Biologie, und dies bereits in frühesten Zeiten, ich glaube eigentlich seit meiner erstmaligen Lektüre Darwins ungefähr im Alter von 15 Jahren. Es überrascht kaum, dass bei den Biologen sowohl im Russland vor der Revolution wie auch der Zeit danach diese philosophisch-humanistischen Implikationen des Evolutionsdenkens im Zentrum der Aufmerksamkeit standen. Ich glaube, es ist keine Übertreibung zu sagen, dass es wahrscheinlich dieses Interesse war, wodurch ich wenn nicht gleich Biologe, so zumindest Evolutionist wurde.«

Dobzhanskys Vorliebe, von einer Anzahl empirischer Daten ausgehend zu umfassenden Fragen der Wissenschaft und Soziologie vorzudringen, fand auch Niederschlag in seinem Buch *Mankind Evolving*, das 1962 erschien und eine weitgehende Synthese von Genetik, Populationsgenetik, Evolutionstheorie, Anthropologie und Soziologie darstellte. Eine besondere Bedeutung dieses Buches bestand in der evolutionsbiologisch begründeten Beseitigung des typologisch bestimmten Rassebegriffs beim Menschen. Schon in den dreißiger Jahren, vor allem aber nach seiner Berufung an die Columbia University, die ein Zentrum politisch aktiver Wissenschaftler darstellte, hatte sich Dobzhansky gegen die »eugenischen Propheten« gewandt, die von der Schädlichkeit von Mutationen bei Individuen auf die Schädlichkeit von Mutationen für die Menschheit im Allgemeinen schlossen. Genetische Variabilität und damit auch die individuelle, genetische Verschiedenheit der Menschen war für ihn eine Bedingung für die evolutionäre Plastizität, auf der die Vitalität einer Art beruhte. Dieses »Paradox der Vitalität« (paradox of viability) sollte Dobzhansky sein Leben lang beschäftigen, sowohl in seinen wissenschaftlichen als auch in seinen populären Schriften.

Dobzhansky heute
Dobzhansky erhielt zahlreiche Ehrungen und war Mitglied der National Academy of Sciences der USA, der American Academy of Arts and Sciences, der American Philosophical Society und zahlreicher ausländischer Gesellschaften, darunter die Royal Society of London, die Schwedische Akademie der Wissenschaften und die Deutsche Naturforschende Gesellschaft Leopoldina. Was aber bleibt von seinem Werk, das nicht weniger als 600 Publikationen, darunter ein Dutzend Bücher, umfasste? Dobzhansky hat mit seinem Buch *Genetics and the Origin of Species* das Gründungswerk der synthetischen Theorie verfasst, der bedeutendsten darwinistisch orientierten Evolutionstheorie des letzten Jahrhunderts. Dieses Buch ist nicht nur von historischem Wert, sondern kann – für Biologen wie Historiker – nach wie vor als mustergültiger Einführungstext in die synthetische Theorie empfohlen werden (namentlich die erste Auflage). Es sollte allerdings nicht verschwiegen werden, dass Dobzhanskys *Genetics of Natural Populations Series* kaum zu den ursprünglich erhofften eindeutigen Aussagen über das Quantum und die Dynamik der genetischen Variabilität in natürlichen Populationen geführt hat und ebenso wenig zur Messbarkeit wesentlicher populationsgenetischer Parameter.

Nach 40 Jahren, in denen er dieses Programm praktizierte, konnte Dobzhansky letzten Endes doch nur sagen, dass z. B. Chromosomeninversionen unbekannten Selektionsprinzipien unterliegen. Auch lässt sich zeigen, dass Dobzhanskys Selektionsexperimente häufig so ausgerichtet waren, dass sie die gewünschten Ergebnisse vorwegnahmen, und viele seiner Experimente waren so angelegt, dass mit ihnen nicht zwischen Alternativhypothesen unterschieden werden konnte. Dennoch: Nicht nur kann Dobzhansky aufgrund dieses Programms als der Begründer der experimentellen Populationsgenetik gelten und hat die Implementierung dieses Programms wesentlich zu der aufklärerischen Durchsetzung der großen Darwinschen Idee der sich in Populationen vollziehenden Evolution der Organismen beigetragen, sondern es muss auch festgehalten werden, dass auch die nachfolgenden Entwicklungen bis heute keinen entscheidenden Durchbruch in der Quantifizierung natürlicher Evolutionsprozesse gebracht haben.

Vor diesem Hintergrund wird der Umstand bis zu einem gewissen Grade verständlich, dass sich mit der Wende von den 1960er- zu den 70er-Jahren bei vielen Biologen, besonders aber Molekulargenetikern, Paläontologen, Morphologen und Embryologen, prinzipielle Bedenken über die Leistungskraft populationsgenetischer Aussagen zu regen begannen. Heute wird vielfach gemeint, der überwiegende Anteil genetischer Variabilität in Populationen sei selektionsneutral; Paläontologen stellen wieder vielfach den Grundsatz der Allmählichkeit der Evolution in Frage, und ebenso wird versucht, auf den Darwinismus als Erklärungsmodell von Evolution überhaupt zu verzichten oder ihn durch neolamarckistische Argumentationen zu ergänzen. Während die Entwicklung der Evolutionsbiologie bis etwa 1970 weitgehend monolithisch, d. h. im Rahmen der durch die Populationsgenetik abgesteckten Möglichkeiten erfolgte, herrscht heute in der Evolutionsbiologie ein weitgehender Pluralismus unterschiedlichster Auffassungen. Es ist daher nur zu begrüßen, wenn im Untertitel eines der letzten Dobzhansky-Gedenkbücher mit der Formulierung »The continuing importance of Theodosius Dobzhansky« gemahnt wird.

Werk(e):
Genetics and the Origin of Species (1937, deutsche Übers. 1939); Mankind Evolving: The Evolution of the Human Species (1962); Genetics of Natural Populations I–XLIII 1937–1975, hrg. v. R. Lewontin u. a. (1981).

Sekundär-Literatur:
Adams, M. B. (Hrg.): The Evolution of Theodosius Dobzhansky (1990); Levine, L. (Hrg.): Genetics of natural populations: the continuing importance of Theodosius Dobzhansky (1995).

Dohrn, Felix Anton,
deutscher Zoologe und Evolutionstheoretiker,
* 29. 12. 1840 Stettin,
† 26. 09. 1909 München.

Mit der Gründung einer meeresbiologischen Forschungsstation in Neapel hat Dohrn eine neue Epoche der organisierten Forschung und internationalen Zusammenarbeit eingeleitet.

Der Großvater Heinrich Dohrn hatte mit der Gründung der Pommerschen Provinzial Zuckersiederei (1817) den Grundstock zum Familienvermögen gelegt. Der egozentrische Vater Carl August Dohrn hatte Jura studiert und sich als Entomologe einen Namen gemacht. Die Mutter Adelheid geb. Dietrich stammte aus Berlin. Von ihr erbte Dohrn eine depressive Veranlagung, von beiden Eltern die Liebe zur Musik. Anton Dohrn hatte zwei Brüder und eine Schwester.

F.A. Dohrn 1898

In Stettin besuchte Dohrn das Mariengymnasium. Mit 17 veröffentlichte er seine erste entomologische Studie (*Hemipterologisches*, 1858). Dem Abitur folgte ein Studium der Naturwissenschaften in Königsberg, Bonn, Jena und Berlin, das er 1865 mit der Promotion und einer Arbeit zur Anatomie der Hemipteren in Breslau bei Eduard Grube abschloss. Entscheidend ist in dieser Zeit (1862) die Begegnung mit E. ↗ Haeckel, der ihn in Ch. ↗ Darwins Werke einführte. Der Briefwechsel mit Darwin (1867–1882) belegt dessen wohlwollende Förderung des jungen Forschers und später der zoologischen Station. Ein Höhepunkt wurde der Besuch bei Darwin am 26. September 1870. 1868 habilitierte sich Dohrn in Jena mit *Studien zur Embryologie und Genealogie der Arthropoden*. Während der Privatdozentur in Jena zeichnete sich der Bruch mit Haeckel und Carl Gegenbaur bereits ab.

Forschungsaufenthalte in Helgoland (1865), Hamburg (1866), Millport in Schottland (1867, 1868) und Messina auf Sizilien (1868–69) setzten seine »schöpferische Phantasie« (Dohrn über sich) in Gang: Er wollte den Imponderabilien meeresbiologischer Studien Organisation und Struktur verleihen. Dohrn beschloss mit dem russischen Zoologen Nikolai Mikloucho Maclay, die Erde mit einem Netz zoologischer Forschungsstationen zu überziehen. Der Grundstein der Neapler Station wurde im März 1872 gelegt. Im ersten Gebäude war Platz für 20 Wissenschaftler. Einen großen Saal mit Blick auf das Meer bestimmte Dohrn für Musik und Unterhaltung, 1873 malten Hans von Marées und Adolf von Hildebrand ihn mit Fresken aus.

Mit der Zoologischen Station hatte Dohrn der wissenschaftlichen Welt eine unabhängige Forschungsstätte am Meer mit optimalen Arbeitsmöglichkeiten zur Verfügung stellen wollen. In zwei Richtungen wirkte Dohrn innovativ weit über seine Zeit hinaus: Zum einen bot Dohrn durch das so genannte »Tischsystem«, das Vermieten von Arbeitsplätzen an Regierungen, Universitäten, wissenschaftliche Körperschaften, einen Service an, der dem Vertragspartner das Recht gab, einen Wissenschaftler für ein Jahr nach Neapel zu senden. Neben dem Verkauf von Publikationen und konservierten

F.A. Dohrn: Zoologische Station Neapel, Erstes Gebäude, 1873

Meerestieren bildeten die »Tischmieten« die Haupteinnahmequelle der Station. Zum anderen war dieser Service wertfrei – »do ut des« definierte Dohrn dies immer wieder – und von daher Garant für sein Prinzip der »Freiheit der Forschung«. Dies Prinzip hat u. a. Modell gestanden bei der Gründung der Kaiser-Wilhelm-Institute. Die Nachfrage war so groß, dass Dohrn zweimal anbauen musste (1888 und 1906). Die Zoologische Station wurde zum Vorbild für die Gründung ähnlicher Stationen in aller Welt. Dank seiner Verdienste um die Wissenschaft erhielt Dohrn neben zahlreichen Auszeichnungen und Ehrungen den Professoren- (1879) und Geheimratstitel (1890).

Dohrn hatte ein feines Gespür für das Machbare wie für seine Grenzen. Er stellte Strukturen zur Verfügung und ließ Entwicklungen sich dann organisch behaupten. Die Station hatte er im Zuge der Abstammungslehre gegründet, durch die Vermittlung von H. ↗ Driesch wurde sie jedoch Mitte der 1890er-Jahre zur Ursprungsstätte der Zellenlehre und der experimentellen Entwicklungsphysiologie.

Dohrn beherrschte die seltene Kunst der Menschenbehandlung. Zu seinen Freunden und Korrespondenzpartnern, die dann oft zu Gönnern und Förderern der Station wurden, gehörten u. a. K. E. von ↗ Baer, Th. H. ↗ Huxley, E. ↗ Du Bois-Reymond, E. ↗ Abbe, Fanny Lewald, Adolf Stahr, Charles Grant, Francis Maitland Balfour, Edwin Ray Lankester, Edmund Beecher Wilson, R. ↗ Virchow und K. ↗ Vogt.

1874 heiratete Dohrn Marie von Baranowska. Er hatte die polnisch-russische Familie in Messina kennen gelernt, wo sie im Exil lebte. Der Ehe entstammten vier Söhne; der Dritte, Reinhard, wurde Dohrns Nachfolger in der Leitung der Zoologischen Station. Das Haus von Anton und Marie Dohrn wurde schon bald zum gesellschaftlichen und musikalischen Mittelpunkt der Gäste und Freunde der Station.

In Dohrns Lebens haben sich Zeiten des Kampfes um Anerkennung und Bestand der Zoologischen Station immer wieder abgewechselt mit Zeiten intensiver Forschung. Sein eigenes Werk ist beachtlich. Nach entomologischen Anfängen wandte Dohrn sich im Zuge der Deszendenztheorie ganz der phylogenetischen Forschung zu. Auch er wollte seinen »origin« haben und veröffentlichte 25 *Studien zur Urgeschichte des Wirbelthierkörpers*. Als grundlegend wichtig erkannte schon Darwin Dohrns Abhandlung zum Prinzip des Funktionswechsels (1875). In der Wissenschaftsgeschichte stand der Forscher viele Jahre im Schatten des Wissenschaftsmanagers. Heute gewinnt seine Eigenständigkeit als Forscher jedoch wieder neue Kontur. [CG]

Werk(e):
Studien zur Urgeschichte des Wirbeltierkörpers, 1–25, in: Mittheilungen aus der Zoologischen Station zu Neapel, 3/1881–18/1907; Der gegenwärtige Stand der Zoologie und die Gründung zoologischer Stationen, in: Preussische Jahrbücher, 30 (1872) 137–161; The Origin of Vertebrates and the Principle of Succession of Functions. Genealogical Sketches by Anton Dohrn, 1875, englische Übersetzung von Michael T. Ghiselin mit Einführung und Werkbibliographie, in: History and Philosophy of the Life Sciences, 16 (1994) 5–98.

Sekundär-Literatur:
Heuss, T.: Anton Dohrn: A Life for Science, with an introduction by Karl Josef Partsch, with a contribution by Margret Boveri (1991, englische Übersetzung von L. Dieckmann von Heuss, T.: Anton Dohrn, 1962); Kühn, A.: Anton Dohrn und die Zoologie seiner Zeit, in: Pubblicazioni della Stazione Zoologica di Napoli (1950, supplemento).

Dokutschajew, Wassilij Wassiljewitsch,
russischer Geologe und Bodenkundler,
* 1. 3. 1846 Miljukowo (Gebiet Smolensk),
† 8. 11. 1903 St. Petersburg.

Dokutschajew gilt als Begründer der wissenschaftlichen Bodenkunde (Pedologie).

Nach Beendigung seines Studiums der Naturwissenschaften, speziell der Mineralogie und Geologie, an der Petersburger Universität 1872 wurde er Kustos des dortigen Geologischen Kabinetts. 1874–1879 hielt er Vorlesungen über Quartärgeologie an der Petersburger Bauingenieurschule. Seit 1880 Dozent für Mineralogie und Kristallographie, veröffentlichte er 1883 seine berühmte Monographie *Russkij tschernosjom* (Russische Schwarzerde) und wurde 1883 zum Professor für Mineralogie und Geologie an die Petersburger Universität berufen. Hier organisierte er zwischen 1888 und 1894 geologische und bodenkundliche Expeditionen in verschiedene Gebiete des europäischen Russland. Auf der Pariser Weltausstellung erhielt eine Kollektion russischer Bodentypen mit Dokutschajews Erläuterungen und Veröffentlichungen eine Goldmedaille. Er war rastlos bemüht, seine wissenschaftlichen Erkenntnisse in die Praxis zu überführen. Dabei überschätzte er die Rolle des Humus für die Bodenfruchtbarkeit. 1892 entwickelte er weitreichende Pläne zur Dürrebekämpfung in den südlichen Gebieten Russlands.

1895 wurde Dokutschajew zum Direktor des Instituts für Land- und Forstwirtschaft in Nowoaleksandriisk (Ukraine) berufen, das er in kurzer Zeit zu einer modernen Lehr- und Forschungsstätte ausbaute. Hier baute er den Wissenschaftsbereich Bodenkunde auf, wo er mit Hilfe seiner Schüler Fragen der Bodenfruchtbarkeit in Abhängigkeit von den Bodenarten, geologische Faktoren der Bodenbildung, der Bodenphysik und Bodenmikrobiologie bearbeitete. Dokutschajew entdeckte die Gesetzmäßigkeiten der vertikalen Zonalität der Böden. Viele Fachbezeichnungen, insbesondere für Bodentypen, stammen von Dokutschajew und seinen Schülern, wie »Tschernosjom« oder »Podsol«. [PK]

Werk(e):
Die Russische Schwarzerde (russ., 1883); Unsere Steppe früher und heute (russ., 1892); Stellung und Rolle der modernen Bodenkunde in Wissenschaft und Leben (russ., 1899).

Sekundär-Literatur:
Zonn, S.V.: Vasilij V. Dokučaev (russ., 1991).

Doliwo-Dobrowolski, Michael Ossipowitsch,
russisch-deutscher Elektrotechniker,
* 2. 1. 1862 St. Petersburg,
† 15. 11. 1919 Heidelberg.

Doliwo-Dobrowolski war der Wegbereiter für die Einführung der Drehstroms. Er erfand den Drehstromasynchronmotor, der im Wesentlichen noch heute die von ihm verwendete Form besitzt, und den Drehstromtransformator.

Doliwo-Dobrowolski begann ein Maschinenbaustudium in Riga, musste aber 1881 Russland aus politischen Gründen verlassen. Von 1881 bis 1884 studierte er an der Technischen Hochschule in Darmstadt und trat danach als junger Elektroingenieur in die Allgemeine Elektrizitätsgesellschaft (AEG) ein, der er fast sein ganzes Leben lang angehörte. Von 1903 bis 1909 übernahm er als stellvertretendes Vorstandsmitglied und technischer Berater die Leitung der Apparatefabrik der AEG. In den letzten Lebensjahren zog er sich nach Darmstadt zurück, um dort als technischer Berater Ideen und Arbeiten auf dem Gebiet des Hochspannungsgleichstroms bei der AEG weiter zu verfolgen.

Als junge Ingenieur beschäftigte er sich zunächst mit dem Ausbau der Gleichstromtechnik, bis sein Interesse durch die Arbeiten von Galileo Ferraris und N. ↗ Tesla auf das Gebiet der mehrphasigen Wechselströme gelenkt wurde. Ausgangspunkt von Dobrowolskis Arbeiten war die Überlegung, ob man nicht den im Generator erzeugten Wechselstrom, der dann in einen Gleichstrom umgewandelt werden muss, gleich für einen Motor nutzen könnte. Ferraris hatte in seiner Arbeit erwähnt, dass zwei um 90 Grad in der Phase verschobene Wechselströme in passend angeordneten Magnetfeldern durch Einwirkung auf einen drehbaren Kupferzylinder Arbeit leisten könnten. Doliwo-Dobrowolski verfolgte diese Idee weiter und erkannte sehr bald den Fehler Ferraris: Der Phasenabstand muss 120 Grad betragen.

Schon 1891 konnte der Drehstrom mit einem erheblich höheren Wirkungsgrad als bei Ferraris Methode auf der elektrotechnischen Ausstellung in Frankfurt vorgestellt werden. Die gesamte Entwicklung der Mehrphasenstromtechnik fußte zum größten Teil auf den Arbeiten von Doliwo-Dobrowolski. Kennzeichnend für seine Arbeitsweise war, dass er es verstand, die physikalischen Vorgänge in technische Anwendungen umzusetzen. Neben seiner wissenschaftlichen Arbeit gelang es Dobrowolski, durch Vorträge und Aufsätze in vielen wissenschaftlichen Zeitschriften seine Idee bekannt zu machen. Das wichtigste Ergebnis seines Drehstrommotors war schließlich die Übertragung elektrischer Energie von Lauffen nach Frankfurt. [HPS]

Werk(e):
Über den Wirkungsgrad von Transformatoren, in: Geschichtliche Einzeldarstellungen aus der Elektrotechnik 1 (1928) 57–73; Aus der Geschichte des Drehstroms, Elektrotechn. Zeitschrift 18 (1917) 341ff.

Sekundär-Literatur:
Weselowski, O.M.: M. Doliwo-Dobrowolski (russ., 1963).

Dollond, John,
englischer Optiker,
* 10. 6. 1706 London,
† 30. 11. 1761 London.

Dollond entwickelte ein von Farbfehlern freies Fernrohrobjektiv, führte es zur technischen Reife und stellte in der von ihm gemeinsam mit seinem Sohn Peter geführten Werkstatt eine große Zahl dieser Objektive her, womit er die Entwicklung der Fernrohrtechnik und der Astronomie tiefgreifend beeinflusste.

Ältere Fernrohrobjektive wiesen einen die Beobachtung störenden Farbfehler auf, der daraus resultiert, dass die Brennweite der Strahlen für die verschiedenen Farbanteile unterschiedlich ist (chromatische Aberration, sichtbar als farbiger Saum

J. Dollond

im Bildfeld). Dies schien zunächst bei Linsensystemen nicht ausschließbar, weshalb I. ↗ Newton ein farbfehlerfreies Spiegelteleskop baute. Dennoch gab es verschiedentlich Versuche, achromatische Linsen herzustellen, die u. a. auf der irrtümlichen Annahme beruhten, dass das Auge farbfehlerfrei ist (u. a. L. ↗ Euler, 1747).

Nachdem bereits um 1729 Chester Moor Hall erste achromatische Objektive durch Linsenkombinationen entwickelt hatte, diese Erfindung aber wieder in Vergessenheit geraten war, glückte dem wissenschaftlich gebildeten ehemaligen Seidenweber John Dollond der endgültige technische Durchbruch auf diesem Gebiet. Nachdem er um 1752 in die von seinem Sohn Peter in London begründete optisch-mechanische Werkstatt eingetreten war, gelang ihm zunächst die Verbesserung des Heliometerobjektivs zur sehr genauen Winkelmessung am Himmel. Damit gab er diesem, besonders nach 1800 so wichtigen Fernrohrtyp seine grundsätzliche Gestalt. Ab 1753 befasste sich Dollond mit der Herstellung achromatischer Objektive. Gestützt auf die Experimente Newtons und die Arbeit Eulers stellte er zahlreiche, zunächst erfolglose Versuche an, bis ihn Untersuchungen von Samuel Klingenstierna, der die Unrichtigkeit der Newtonschen Versuche aufzeigte, zur prinzipiell richtigen Lösung führten. Dollond experimentierte mit Glas-Wasser-Prismen mit unterschiedlichen brechenden Winkeln und fand die Möglichkeit der Beseitigung der Farbsäume. Mit Übertragung dieser Ergebnisse auf die Kombination von Linsen aus verschiedenen Gläsern (Kronglas und Flintglas) gelang ihm 1757 die Herstellung achromatischer Linsensysteme. Bei dieser Kombination war die Farbenzerstreuung aufgehoben und es blieb eine Ablenkung des Lichtstrahls übrig, um eine Vergrößerung zu erzielen.

Im Jahre 1758 erhielt Dollond ein Patent für seine Entwicklung und brachte achromatische Fernrohre auf den Markt, die wissenschaftlich, technisch und wirtschaftlich ein großer Erfolg wurden; ein »Dollond« wurde zum Markennamen. Bald stellten auch zahlreiche andere Werkstätten diese Fernrohre her. [JH]

Sekundär-Literatur:
Riekher, R.: Fernrohre und ihre Meister (1990).

Dolomieu, Dieudonné (Déodat) de Gratet de,
französischer Mineraloge und Geologe,
* 23. 6. 1750 Dolomieu,
† 28. 11. 1801 Paris.

Dolomieu wies durch regionalgeologische Studien den vulkanischen Ursprung der Basalte nach.

Als eines von elf Kindern des Marquis de Dolomieu wurde Déodat de Dolomieu bereits mit zwei Jahren in die Obhut des Malteserordens gegeben, in dem er bis zum Rang eines Schiffskommandanten (1780) aufstieg. Sein Verhältnis zum Orden war jedoch alles andere als einfach. Ein Duell, bei dem der Achtzehnjährige seinen Gegner tötete, sorgte für eine erste Inhaftierung durch den Orden. In den 1780er-Jahren geriet er in einen Konflikt mit dem Großmeister des Ordens, der einen langen Gerichtsprozess nach sich zog. Ganz entfremdete sich Dolomieu dem Orden durch seine Sympathie für die französische Revolution, und 1798 sollte er sogar eine (nicht ganz freiwillige) Rolle bei der Vertreibung des Ordens von Malta durch Napoleon spielen, was schließlich zu einer weiteren, durch den Orden betriebenen Gefangensetzung 1799 bis 1801 in Messina führte.

Bekanntschaft mit den Naturwissenschaften machte Dolomieu 1771–1774 durch Kurse in Physik und Chemie, die ein Apotheker in Metz gab. Protegiert durch Louis-Alexandre Duc de La Rochefoucauld, wurde er 1778 als korrespondierendes Mitglied in die Académie des Sciences aufgenommen. Zu dieser Zeit begannen sich seine Interessen auf die Geologie zu konzentrieren. Zahlreiche Reisen in diplomatischer Funktion, u. a. nach Portugal, Sizilien, Elba, Korsika und in die Alpen, gaben ihm Gelegenheit zu regionalgeologischen Studien. Durch die französische Revolution verlor Dolomieu den Familienbesitz, konnte sich aber durch Bearbeitung des mineralogischen Teils der *Encyclopédie methodique* und Lehraufträge an den Écoles Centrales und der École des Mines in Paris seinen Lebensunterhalt verdienen. Inspektionsreisen führten ihn in die Alpen, und 1798 nahm er an der militärischen Expedition Napoleons nach Ägypten teil.

Bekannt ist Dolomieu wegen seiner genauen Studien zu vulkanischen Gesteinsbildungen und ihrer lokalen Verbreitung. Auch wenn er im Gegensatz zu den so genannten Neptunisten vom vulkanischen Ursprung des Basalts überzeugt war, sprach er dem Wasser die Hauptrolle in geologischen Prozessen zu. Erdgeschichtlich ging er von einer ersten Epoche aus, in der erste Gesteinsstoffe aus einer universellen Flüssigkeit präzipitierten. Ihr folgte eine Serie von erdgeschichtlichen Umwälzungen, die in der heutigen Verteilung der Gebirge resultierten. Erst danach setzten die regulären, mechanischen Prozesse ein, die zur Bildung und Ablagerung von Sedimenten führen. Gegen Ende seines Lebens verlagerte sich das Interesse Dolomieus auf die Mineralogie – das Mineral Dolomit ist nach ihm benannt –, mit der er sich nach dem Vorbild A. ↗ Werners und R.-J. ↗ Haüys befasste. 1801 trat Dolomieu noch die Nachfolge Louis Jean-Marie Daubentons am Muséum d'Histoire Naturelle in Paris an, verstarb aber schon wenig später an den Folgen seiner Inhaftierung in Messina. [SMW]

Werk(e):
Mémoire sur les tremblemens de terre de la Calabre pendant l'anné 1783 (1784); Mémoire sur les Îles Ponces, et catalogue raisonné des produits de l'Etna (1788); Sur la philosophie minéralogique, et sur l'espèce minéralogique (1801).

Sekundär-Literatur:
Lacroix, A.: Déodat Dolomieu, 2 Bde (1921); Cooper, A.: From the Alps to Egypt (and back again): Dolomieu, scientific voyaging, and the construction of the field in 18th century natural history, in: Making Space for Science: Territorial themes in the shaping of knowledge, hrg. C. Smith und J. Agar (1998).

Domagk, Gerhard Johannes Paul,
deutscher Pathologe und Bakteriologe,
* 30. 10. 1895 Lagow (heute Lagów, Polen),
† 24. 4. 1964 Burgberg-Königsfeld (Schwarzwald).

Mit der Entdeckung der antibakteriellen Wirksamkeit von sulfonamidhaltigen Azoverbindungen leistete Domagk einen bahnbrechenden Beitrag zur erfolgreichen Bekämpfung von bakteriellen Infektionskrankheiten wie Kindbettfieber, Gasbrand, Gonorrhö und generell von Wundinfektionen. Das Auffinden der antituberkulotischen Wirkung von bestimmten Thiosemicarbazonen bzw. Carbonsäurehydraziden führte zur Einführung der Arzneimittel Conteben und Neoteben in die Tuberkulosetherapie.

Der Vater, Paul Domagk, war Lehrer in der Kleinstadt Lagow. Die Mutter Martha, geborene Reimer, stammte von einem Bauerngut aus der Region. Im Interesse einer höheren Schulbildung seiner Kinder (Domagk hatte noch eine zwei Jahre jüngere Schwester) ließ sich der Vater nach Sommerfeld (heute Lubsko, Polen) versetzen, wo Domagk 1901 eingeschult wurde und 1910 die Obertertia abschloss. Die weitere Ausbildung bis zum Abitur im Jahre 1914 erfolgte an der Oberrealschule in Liegnitz (heute Legnica, Polen).

Der Ausbruch des Ersten Weltkrieges unterbrach sein gerade in Kiel begonnenes Medizinstudium. Domagk und seine Schulkameraden meldeten sich als Kriegsfreiwillige. Im November 1914 waren schon 30 seiner 33 Klassenkameraden gefallen. In den Jahren 1915–1918 war Domagk als Sanitäter an der Ostfront. Er sah das Sterben vieler Soldaten an Wundinfektionen, gegen die die Ärzte machtlos waren.

Nach dem Krieg setzte er sein Medizinstudium in Kiel fort und legte 1921 sein Medizinisches Staatsexamen ab. Es folgten die Promotion und danach eine Assistententätigkeit am Städtischen Krankenhaus Kiel. 1923 wurde er Assistent bei Walter Gross am Pathologischen Institut der Universität Greifswald. 1924 habilitierte er sich dort mit einer Arbeit, die sein tiefes Interesse an der Bekämpfung von Infektionskrankheiten sichtbar machte: *Untersuchungen über die Bedeutung des retikuloendothelialen Systems für die Vernichtung von Infektionserregern und für die Entstehung des Amyloids*. Der nunmehrige Privatdozent folgte 1925 seinem Lehrer Gross an die Westfälische Wilhelms-Universität zu Münster, wohin dieser berufen worden war. Diese Universität berief Domagk 1928 zum außerplanmäßigen, im Jahre 1939 zum außerordentlichen Professor. Im Jahr 1925 heiratete er Gertrud Strübe.

Eine entscheidende Wende in der Karriere Domagks trat 1927 ein, als er das Angebot des Leiters der pharmazeutischen Forschung in den Bayer-Werken, Heinrich Hörlein, annahm, in Wuppertal-Elberfeld ein Institut für experimentelle Pathologie und Bakteriologie aufzubauen. Hier erhielt er die personellen und materiellen Voraussetzungen, um in großem Umfang chemische Verbindungen auf antibakterielle Wirkung zu testen. Die Chemiker Fritz Mietzsch und Josef Klarer synthetisierten Hunderte von Testsubstanzen für diese Untersuchungen. Domagk entwickelte einen Mäusetest, bei dem Mäuse mit Streptokokkenbakterien infiziert wurden und 24 Stunden später die zu prüfende chemische Verbindung injiziert bekamen. Bei Unwirksamkeit der Substanz starben solche infizierten Mäuse innerhalb von 24 Stunden. 1932 wurde der Durchbruch bei der Suche nach antibakteriell wirksamen, aber nicht zu toxischen Verbindungen erreicht. Der rote Azofarbstoff 4-(2,4-Diaminophenylazo)-benzolsulfonamid heilte infizierte Mäuse. Diese Substanz wurde als Arzneimittel Prontosil 1935 auf den Markt gebracht. Die Chemotherapie hatte einen außerordentlichen Sieg errungen. Es folgte weltweit eine stürmische Entwicklung von modifizierten Sulfonamiden, die erfolgreich im Kampf gegen die verschiedensten Infektionskrankheiten eingesetzt werden konnten.

1939 wurde Domagk mit dem Nobelpreis für Physiologie oder Medizin ausgezeichnet. Die Annahme dieses Preises musste er jedoch ablehnen, da seit 1937 ein so genannter Führererlass existierte, der Deutschen dies untersagte. Der Anlass für dieses Verbot war die Verleihung des Friedensnobelpreises im Jahre 1936 an Carl von Ossietzky, durch die sich das NS-Regime provoziert fühlte. Erst 1947 konnte Domagk in Stockholm die Insignien des Nobelpreises entgegennehmen, das Diplom und die Medaille. Das Preisgeld war aber nach den Statuten der Nobelstiftung verfallen, da es nicht innerhalb eines Jahres nach der Verleihung des Preises abgeholt worden war.

Nach dem erfolgreichen Einsatz von Sulfonamiden in der Chemotherapie wurde für ihn die Suche nach chemischen Verbindungen, die als Mittel gegen die Tuberkulose eingesetzt werden konnten, zu einem weiteren Forschungsschwerpunkt. Auch diese Arbeiten waren von Erfolg gekrönt. So entdeckte er 1943 die tuberkulostatische Wirkung des 4-Acetylamino- benzaldehyd-thiosemicarbazons (Conteben) und 1951 die des Isonicotinsäurehydrazids (Neoteben). Besonders das Neoteben erwies sich als ein sehr wertvolles Tuberkulostatikum. Auch der Krebsforschung wandte er sich in der Nachkriegszeit zu.

Domagk erhielt nach dem Zweiten Weltkrieg eine Vielzahl von Ehrungen für seine herausragenden Leistungen auf dem Gebiet der Chemotherapie. O. ↗ Warburg sagte einmal zu ihm in Anerkennung dessen bahnbrechender Leistungen: »Wenn ich den geringsten Einfluss hätte, würde ich Ihnen in allen Tälern und auf allen Bergen Denkmäler errichten.« Domagk reagierte realistisch: »Das ehrt Sie, aber vergessen Sie nicht, dass Krankheiten, die man heilen kann, niemanden mehr interessieren.« [AN]

Werk(e):
mit C. Hegler: Chemotherapie bakterieller Infektionen (1940); Pathologische Anatomie und Chemotherapie der Infektionskrankheiten (1947).

Sekundär-Literatur:
Domagk, G.: Lebenserinnerungen in Bildern und Texten (1995, Hrg. BAYER AG Leverkusen); Grundmann, E.: Gerhard Domagk – der erste Sieger über die Infektionskrankheiten (2001).

Donnan, Frederick George,
irischer Physikochemiker,
* 5. 9. 1870 Colombo (Ceylon),
† 16. 12. 1956 Canterbury (England).

Donnan zählt zu den Begründern der physikalischen und technischen Chemie in Großbritannien. Seine Theorie der Ionenverteilung an Membranen fand unter Kolloidchemikern und Zellphysiologen große Beachtung.

Dem 1889 begonnenen Studium der Chemie und Physik am Queen's College in Belfast folgte 1893 ein Arbeitsaufenthalt bei Johannes Wislicenus und W. ↗ Ostwald in Leipzig (1896 Dr. phil.) und 1896–97 bei J. H. ↗ van't Hoff in Berlin. Seit 1898 Mitarbeiter von William Ramsay am University College London (UCL), wurde Donnan 1903 Lecturer für organische Chemie am Royal College of Science in Dublin und 1904 Professor für physikalische Chemie an der University of Liverpool. 1913 trat er schließlich als Professor für allgemeine Chemie die Nachfolge Ramsays am UCL an, wo er bis 1937 wirkte. Nach der Zerstörung seines Londoner Hauses im Krieg zog er 1940 nach Sittingbourne (Kent).

Unter dem Eindruck seiner Lehrer in Deutschland befasste sich Donnan insbesondere mit den physikochemischen Eigenschaften von Seifenemulsionen und Salzlösungen. 1911 beschrieb er die ungleichmäßige Verteilung von Ionen an halbdurchlässigen Membranen (Donnan-Gleichgewicht) unter Ausbildung eines elektrischen Gradienten (Donnan-Potenzial). Die Theorie erklärte das Verhalten von Eiweißen ebenso wie das gelöster Nährelemente an und in lebenden Zellen.

Im Ersten Weltkrieg unternahm Donnan Versuche zur Synthese von Ammoniak und Salpetersäure für die Sprengstoffproduktion und beaufsichtigte die Herstellung chemischer Waffen. Im engen Kontakt zu führenden Wirtschafts- und Regierungskreisen war er, in vielem mit F. ↗ Haber in Deutschland vergleichbar, einer der einflussreichsten Chemiker seines Landes, der für die Forschung beträchtliche Fonds erschloss und nach 1933 bedrängten deutschen Kollegen zur Emigration nach England verhalf. [EH]

Werk(e):
A theory of colloidal solution, Zeitschrift für physikalische Chemie 37 (1901) 735–743; The theory of membrane equilibrium in the presence of a non-dialyzable electrolyte, Zeitschrift für Elektrochemie 17 (1911) 572; Physical chemistry in the service of biology, Journal of the Chemical Society (1929) 1387–1398.

Sekundär-Literatur:
Freeth, F. A.: Frederick George Donnan, Biographical Memoirs of Fellows of the Royal Society 3 (1957) 23–35, mit Bibliographie.

Doppler, Christian Andreas,
österreichischer Mathematiker und Physiker,
* 29. 11. 1803 in Salzburg,
† 17. 3. 1853 in Venedig.

Doppler war ein vielseitiger Physiker mit Beiträgen zur Akustik, Optik, Elektrizitätslehre und Astronomie und entdeckte den Doppler-Effekt bei Schallwellen.

Doppler, Sohn eines Steinmetzmeisters, studierte ab 1821 Mathematik und Physik am polytechnischen Institut in Wien sowie ab 1825 an einer Privatschule in Salzburg, wo er 1829–33 auch Assistent war. 1835 wurde Doppler Professor der Mathematik an der ständischen Realschule in Prag, und 1837 ernannte man ihm zum supplierenden (außerordentlichen) Professor für höhere Mathematik sowie 1841 zum Prof. der Elementarmathematik und praktischen Geometrie an der Prager ständischtechnischen Lehranstalt. 1840 wurde Doppler, der sich nun mehr der theoretischen Physik (insbesondere der Optik und Akustik) zuwandte, zum Mitglied der Königlich Böhmischen Gesellschaft der Wissenschaften in Prag gewählt, in deren Sitzungsberichten von nun an seine Aufsätze erschienen. 1847 wirkte Doppler kurzzeitig als Bergrat und Professor der Mathematik, Physik und Mechanik an der Bergakademie in Schemnitz, ging aber schon Ende 1849 zurück nach Wien, wo er 1850 Professor für praktische Geometrie am polytechnischen Institut und 1851 ordentlicher Professor für Experimentalphysik und Direktor des physikalischen Instituts der Wiener Universität wurde.

Doppler wurde vor allem bekannt für seine Aufsätze, in denen er ab 1842 eine Theorie der Ton- und Farbenänderung bei Bewegung entwickelte. Obwohl Doppler diese auf akustische *und* optische Phänomene, also Schall- *und* Lichtwellen, angewandt hatte, erfolgte eine experimentelle Bestätigung in den 1840er-Jahren zunächst nur für den akustischen Dopplereffekt in Form von Tonhöhenveränderungen, die mithilfe fahrenden Dampflokomotiven erzeugt wurden (durch C. ↗ Buys-Ballot 1845 mit Trompetern auf den Loks zwischen Utrecht und Maarsen, durch Russel 1848 in England sowie durch H. C. ↗ Vogel 1876 mit einer Dampfpfeife einer Borsig-Lokomotive zwischen Köln und Minden). Unglücklicherweise verband Doppler mit seiner Theorie die Vorstellung, damit auch die verschiedene Farbigkeit des Lichtes der Fixsterne erklären zu können. Er nahm an, dass deren natürliche Leuchtfarbe weiß oder schwach gelblich war, während die rötlicher leuchtenden Sterne sich seiner Auffassung nach vom Beobachter weg und die blau leuchtenden sich zum Beobachter hin bewegten. Scheinbare empirische Stützung erfuhr diese Interpretation durch Beobachtungen des Jesuitenpaters Benedetto Sestini, der zwischen 1844 und 1848 das Licht der Fixsterne farblich durchmusterte. Dabei übersah Doppler, dass sich alle Teile des Spektrums bei Relativbewegung gleichmäßig verschieben, so dass anstelle des jeweils sichtbaren optischen Bereiches einfach nur die benachbarten UV- (bei Wegbewegung) bzw. die infraroten Anteile der Sternspektrums in den sichtbaren Bereich wandern, ohne dass es zu einer merklichen Veränderung des resultierenden Farbeindrucks kommen sollte.

Die frühen Kontroversen um Dopplers Prinzip verliefen höchst unglücklich, weil Doppler auf seiner irreführenden Anwendung des an sich richtigen Prinzips bestand, ohne die teilweise berechtigten Argumente seiner Opponenten entkräften zu können, die ihrerseits irrigerweise glaubten, Dopplers Hauptthese widerlegt zu haben. Der erste klare Hinweis auf eine korrekte Anwendung des Dopplerschen Prinzips in der Optik erfolgte in einem Vortrag von H. ↗ Fizeau 1848; deswegen wird dieses Prinzip besonders in der französischsprachigen Literatur bis etwa 1900 meist Doppler-Fizeausches Prinzip genannt. Laut Fizeau äußert sich eine Relativbewegung zwischen Lichtsender und -empfänger in einer Verschiebung von Spektrallinien. Doch weil Fizeaus Vortrag zunächst nur in einer Kurzfassung an entlegenem Ort erschien und erst 22 Jahre später vollständig publiziert wurde, trug er nicht wesentlich zur Klärung der noch immer heftigen Kontroversen um das Dopplersche Prinzip bei. Auch nach dem Tode Dopplers kamen diese noch nicht zum Erliegen, da sich 1855 A. J. ↗ Ångström im Rahmen einer Untersuchung über Funkenspektren mit einem vermeintlich »entscheidenden Experiment« auf der Seite der Kontrahenten Dopplers in die Kontroverse eingeschaltet hatte.

Auch in den 1860er- und sogar in den 1870er-Jahren gab es weiterhin Kontroversen zur theoretischen Behandlung des Einflusses der Bewegung der Lichtquelle auf Messgrößen, deren allmähliche Beilegung vor allem E. ↗ Mach zu verdanken war, dessen experimentelle und theoretische Arbeiten die Zweifel über die korrekte Art der Anwendung des Dopplerschen Prinzips für die Erklärung der Verschiebungen von Spektrallinien für den überwiegenden Teil seiner wissenschaftlichen Zeitgenossen ausräumten. Bereits 1860 prognostizierte er, dass mithilfe des Doppler-Prinzips »Gegenden des Himmels aufgeschlossen [werden] ..., von deren Verhalten wir früher keine Ahnung haben konnten.« Erste Anwendungen des Doppler-Prinzips auf Lichtwellen erfolgten ab 1868 durch W. ↗ Huggins mit der Beobachtung von Rot- und Violettverschiebungen in den Spektren einiger heller Sterne. Huggins maß Relativgeschwindigkeiten einzelner astronomischer Objekte von etwa 40 km/s (gerade am Rande seiner damaligen Messgenauigkeit von etwa 1 Å und infolgedessen auch sehr ungenau im Vergleich mit späteren Werten). Da diese Geschwindigkeiten von Zeitgenossen für unglaublich hoch gehalten wurden, stellte dies damals vielfach noch einen Grund für die Ablehnung der Dopplerschen Theorie dar, so dass diese erst seit ca. 1875 allgemein akzeptiert wurde. [KH]

Werk(e):
Über das farbige Licht der Doppelsterne (1842); Abhandlungen (Ostwald's Klassiker Bd. 161, 1907).

Sekundär-Literatur:
Hearnshaw, J. B.: The Analysis of Starlight. One Hundred and Fifty Years of Astronomical Spectroscopy (1986).

Dove, Heinrich Wilhelm,
deutscher Physiker und Meteorologe,
* 6. 10. 1803 Liegnitz (Legnica, Polen),
† 4. 4. 1879 Berlin.

Dove ist Mitbegründer der neueren Meteorologie und der vergleichenden Klimatologie.

H.W. Dove

Er entstammt einer Kaufmannsfamilie in Liegnitz. 1821–1824 studierte er an der Universität in Breslau und 1824–1826 in Berlin, wobei er sich im Laufe seines Studiums der Physik und Meteorologie zuwandte. 1826 wurde Dove mit einer bemerkenswerten Arbeit über Luftdruckänderungen in Berlin promoviert. Mit einer Studie über die Wärmeverteilung auf der Erde (1826) habilitierte er sich. 1828 erhielt er eine außerordentliche Professur für Physik an der Universität in Königsberg. 1829 ging er in gleicher Funktion an die Universität in Berlin, wobei familiäre Gründe dafür ausschlaggebend waren. Neben dieser Professur war Dove in Berlin noch als Gymnasiallehrer tätig. In der Physik arbeitete Dove über Optik, Akustik und über elektromagnetische Induktion. Seine Vorlesungen über Experimentalphysik, die er im Wechsel mit G. ⊼ Magnus hielt, fanden großen Beifall. Erst 1844 erhielt Dove eine ordentliche Professur für Physik an der Berliner Universität. Zusätzlich wurde Dove nach dem Tode von Wilhelm Mahlmann (1848) wissenschaftlicher Beirat und damit Leiter des Preußischen Meteorologischen Institutes, das mit dem Preußischen Statistischen Büro verbunden war. 1858/59 und 1871/72 war Dove Rektor der Berliner Universität.

Dove verfasste über hundert Schriften zur Physik und über 250 Arbeiten zur Meteorologie und Klimatologie. In der Meteorologie gelangte er als erster Forscher zu Ansätzen einer dynamischen Betrachtungsweise. Ausgehend von seinem Drehungsgesetz der Winde, einer Regel, die später in das barische Windgesetz von C. ⊼ Buys-Ballot Eingang fand, erklärte er seine Vorstellungen durch das Zusammentreffen eines Polarstromes mit einem Äquatorialstrom in der Atmosphäre. Er schuf damit die Ansätze einer Luftmassenmeteorologie. Ausführlich erforschte Dove auch die Wärme- und Niederschlagsverhältnisse auf der Erde. Als langjähriger Leiter des Preußischen Meteorologischen Instituts organisierte er das meteorologische Beobachtungsnetz in Preußen und den norddeutschen Staaten, wobei sein Institut erst 1866 einen wissenschaftlichen Assistenten erhielt. Die Erweiterung des Meteorologischen Institutes in Berlin erfolgte erst später nach Doves Tod unter W. v. ⊼ Bezold (ab 1885). [HGK]

Werk(e):
Repertorium der Physik, 8 Bde. (1838–1848); Das Gesetz der Stürme (1857); Klimatologische Beiträge T. 1–2. (1857, 1869).

Sekundär-Literatur:
Neumann, H.: Heinrich Wilhelm Dove (1925); Körber, H.-G.: Die Geschichte des Preußischen Meteorologischen Instituts in Berlin (1997).

Draper, Henry,
amerikanischer Astronom,
* 7.3.1837 Prince Edward County (Virginia),
† 20.11.1882 New York.

Draper war ein Pionier der Spektralfotografie. 1872 gelang ihm das erste Foto des Fixsternspektrums von Wega im Sternbild Leier.

Draper studierte wie sein Vater Medizin. 1857, noch vor Abschluss seines Medizinstudiums, unternahm Draper eine Auslandsreise, unter anderem besichtigte er das Observatorium von William Parsons in Irland, wo sich das damals größte Teleskop der Welt befand, der 72-inch-»Leviathan«-Reflektor. Davon inspiriert, begann er nach seinem Medizinstudium 1858, Metallspiegel zu schleifen. Nach einem Misserfolg erhielt er von John Herschel den Rat, Glasspiegel zu verwenden. Er nahm Daguerreotypien von Sonne und Mond auf. Ab 1860 war er Arzt am Bellevue Hospital und Professor der Naturwissenschaften und »dean of medicine« an der University of the City of New York (NYU). Trotzdem fand er aber die Zeit für die Einrichtung einer Privatsternwarte in Hastings am Hudson.

1872 gelang Draper mit seinem gerade fertiggestellten 71-cm-Glas-Spiegelteleskop die erste Photographie eines Sternspektrums, und zwar vom hellen Fixstern Wega in der Leier. Auch im UV-Bereich photographierte er Spektren. 1879, nach einem Besuch bei W. ⊼ Huggins und J. N. ⊼ Lockyer, wandte er sich der Spektroskopie zu. In den folgenden Jahren verwendete er auf Empfehlung von Huggins Trockenplatten, womit er noch bessere Resultate erzielte. 1880 nahm er die Trapezsterne im Orion und den Orionnebel M 42 mit einer Belichtungszeit von zwei Stunden auf. Darüber hinaus gelang ihm die erste Weitwinkelaufnahme eines Kometenschweifs und das erste Spektrum eines Kometenkopfes (Komet 1881 III (Tebbutt's Comet) und Komet 1882). Draper schlug sogar vor, ein Bergobservatorium in den Anden zu bauen, um Dunst und atmosphärische Störungen zu vermeiden; dieses wurde aber erst in der zweiten Hälfte des 20. Jahrhunderts mit der Europäischen Südsternwarte in Chile und mit dem amerikanischen Observatorium Cerro Tololo realisiert. [GW3]

Werk(e):
On the Construction of a Silvered Glass Telescope 15-1/2 Inches in Aperture, and Its Use in Celestial Photography, Smithsonian Contributions to Knowledge 14 (1864), Part 2; Über die Photographie des Diffractionspectrums und die Bestimmung der Wellenlängen der ultra-violetten Strahlen, Annalen der Physik (2) 151 (1874); On Photographs of the Nebula in Orion and of Its Spectrum, Comptes rendus hebdomadaires des séances de l'Académie des Sciences Paris 92 (1881); On Stellar Photography, Comptes rendus hebdomadaires des séances de l'Académie des Sciences Paris 92 (1881).

Sekundär-Literatur:
Plotkin, H.: Edward C. Pickering, the Henry Draper Memorial, and the beginning of astrophysics in America, Annals of Science 35 (1978); Draper Family Collection, ca. 1826–1936, hrg. R.S. Harding und J.L. Tate, Archives Center, National Museum of American History, Smithsonian Institution 2000.

Dreses, eigentlich **al-Idrīsī (Abūᶜh Muḥammad ibn Muḥammad ben ᶜh ibn Idrīs,** auch **al-Sharīf al-Idrīsī),**
arabischer Geograph,
* um 1100 Ceuta (Marokko),
† um 1166 Ceuta oder Palermo (Sizilien).

Al-Idrīsī war einer der bedeutendsten Geographen des arabischen Mittelalters.

Al-Idrīsī entstammte der Dynastie der Idrīsīden, die von 789 bis 985 die Region um Ceuta am Nordzipfel Marokkos beherrschte. Seine unmittelbaren Vorfahren waren aus Malaga (Spanien) nach Ceuta zurückgekehrt. Über sein Leben ist nur wenig Zuverlässiges bekannt. Vermutlich studierte er in Cordoba und bereiste in seiner Jugend Nordafrika, Kleinasien, Südfrankreich, Spanien und vielleicht sogar England. 1138–54 hielt er sich auf Einladung am Hof des normannischen Grafen Roger II. in Palermo (Sizilien) auf.

Sizilien war zu dieser Zeit das Zentrum der Begegnung zwischen europäischer und arabischer Welt. Insbesondere Roger II. förderte die Wissenschaften und zeigte – sicherlich auch aus imperialem Interesse, da er seine Macht auf Nordafrika auszudehnen trachtete – ein besonderes Interesse an Geographie und Astronomie. Al-Idrīsī beauftragte er mit der Konstruktion einer Weltkarte und sandte Boten aus, die geographische Daten für dieses Werk sammeln sollten. Aus diesen Daten und aus arabischen Quellen, wie der arabischen Version der Geographie des ↗ Ptolemäus, wählte al-Idrīsī nur solche aus, die einander nicht widersprachen. Er arbeitete fünfzehn Jahre an der Karte und ließ sie auf einer Silberplatte eingravieren, die allerdings nicht erhalten ist. Erhalten ist dagegen ein 15-bändiges Werk mit dem Titel *Kitāb Nuzhat al-Muštaq fī ikhtirāq al-āfāq* (Das Buch der Erholung für den, der sehnsüchtig den Horizont überschreitet), auch als *Kitāb Rūgar* (Buch des Roger) bekannt. Al-Idrīsī teilte die bekannte Welt zwischen Äquator und 64° N in sieben Klimate und diese nach jeweils zehn Graden auf. Entsprechend war das Buch in 70 Kapitel aufgeteilt, jedes mit einem dazugehörigen Kartenabschnitt versehen. Die Kapitel enthielten eine Fülle von Informationen zu Topographie, physischer und politischer Geographie sowie Anthropologie, und das Buch blieb für lange Zeit eine der wichtigsten geographischen Quellen des Mittelalters [SMW]

Werk(e):
Opus Geographicum (Kitāb Nuzhat al-Muštāq), hrg. E. Cerulli u.a., 9 Bde. (1970–1984); Géographie d'Edrisi, übers. P.A. Jaubert, 2 Bde. (1936-1940).

Sekundär-Literatur:
Ahmad, S. Maqbūl: India as described by al-Sharif al-Idrīsī in his Kitāb Nuzhat al-Muštāq fi ikhtirāq al-āfāq (1960); Rubinacci, R.: Il contributo di al-Idrīsī alla geografia medievale, in: Schede Medievali 6-7 (1984).

Driesch, Hans Adolf Eduard,
deutscher Entwicklungsbiologe und Philosoph,
* 28. 10. 1867 Bad Kreuznach,
† 16. 4. 1941 Leipzig.

Driesch verhalf der experimentellen Embryologie zum Durchbruch und wurde anschließend zum einflussreichsten Vitalisten des 20. Jahrhunderts.

Als wohlhabender Privatgelehrter und polyglotter Kosmopolit widmete sich Driesch ganz seinen wissenschaftlichen Interessen sowie seiner unbändigen Forschungs- und Reiselust (mehrere Orient- und USA-Reisen, u. a. ein Jahr in China). Er studierte 1887–1889 u. a. bei A. ↗ Weismann und E. ↗ Haeckel, seinem Doktorvater, mit dem er sich bald darauf wegen unterschiedlicher Forschungsideale

H.A.E. Driesch 1902

überwarf. Zur Entwicklungsbiologie kam er als Autodidakt; Gedankenaustausch pflegte er vor allem mit Curt Herbst. Driesch heiratete 1899 und hatte zwei Kinder (beide später Musiker). 1900 erfolgte die Habilitation für Naturphilosophie an der naturwissenschaftlichen Fakultät Heidelberg. 1919 wurde er an den Lehrstuhl für Philosophie in Köln berufen, 1921 nach Leipzig. 1933 wurde Driesch aus politischen Gründen emeritiert.

Drieschs bahnbrechende Experimente fußten auf den von W. ↗ Roux 1888 erhaltenen »Halbembryonen«, die auf eine mosaikartige Verteilung der Entwicklungspotenzen schon während der Furchung hinzuweisen schienen. 1891 konnte Driesch die Furchungszellen des Seeigels einzeln isolieren. Die Ergebnisse, u. a. Zwillinge und Vierlinge statt Halb- bzw. Viertelembryonen, widerlegten die Mosaikhypothese. Später zeigte er u. a., dass aus zwei verschmolzenen Eizellen ein einheitlicher Riesenembryo entstehen kann. Einige der Folgerungen, die er aus diesen und vielen anderen Ergebnissen zog, sind heute noch bekannt (z. B. das Begriffspaar prospektive Bedeutung/prospektive Potenz) oder sogar aktuell, wie sein Fundamentalsatz »Das Entwicklungsschicksal einer Zelle ist eine Funktion ihrer Lage im Ganzen« – das heutige Stichwort dafür lautet »positional information«.

Drieschs Wendung von mechanistischen Entwicklungsvorstellungen hin zu einer vitalistischen Philosophie lässt sich an den zitierten Werktiteln ablesen. Seinen sehr publikumswirksamen Neovitalismus begründete er anfechtbar *per exclusionem* – unzutreffende Prämissen ließen ihn glauben, dass eine mechanistische Erklärung der Entwicklungsvorgänge auszuschließen sei. Die daraus gefolgerte »Eigengesetzlichkeit des Lebendigen« schrieb er einer immateriellen »Entelechie« zu, die ordnend in das Lebensgeschehen eingreift – zumindest nach experimentellen Störungen. Die heutige Erklärung dieser Eigengesetzlichkeit als Ergebnis unerhört komplexer Wechselwirkungen in vielgliedrigen Gensystemen wäre ihm schon deshalb unzugänglich geblieben, weil er (im Gegensatz zu vielen Zeitgenossen) dem Chromatin keinerlei Komplexität zubilligte. [KS]

Werk(e):
Analytische Theorie der organischen Entwicklung (1894); Die Lokalisation morphogenetischer Vorgänge – ein Beweis vitalistischen Geschehens, Archiv für Entwicklungsmechanik der Organismen 8 (1899) 35–111; The Science and Philosophy of the Organism, 2 Bde. (1908, deutsch 1909: Philosophie des Organischen).

Sekundär-Literatur:
Sander, K.: Landmarks in Developmental Biology 1883–1924 – Historical Essays from Roux's Archives (1997).

Drude, Paul,
deutscher Physiker,
* 12. 7. 1863 Braunschweig,
† 5. 7. 1906 Berlin.

Drudes Elektronentheorie der Metalle, aber auch seine anderen Beiträge zur elektromagnetischen Lichttheorie, markieren Endpunkte in der klassischen Behandlung der Wechselwirkung zwischen Licht und Materie.

Drude wuchs als Sohn eines Arztes in seiner Heimatstadt auf, wo er auch bis 1882 das Gymnasium besuchte. Zwischen 1882 und 1887 studierte er in Göttingen Mathematik und Physik – unterbrochen von Gastsemestern in Berlin und Freiburg – und promovierte bei W. ↗ Voigt mit einer theoretischen Arbeit über das optische Verhalten absorbierender Kristalle; anschließend war er Voigts Assistent und habilitierte sich 1887. Im Jahre 1894 erfolgte die Berufung nach Leipzig zum a.o. Professor für technische Physik, und 1900 ging er als o. Professor für Physik nach Gießen; gleichzeitig übertrug man ihm das angesehene Amt des Herausgebers der *Annalen der Physik*. 1905 nahm er nach einigem Zögern den

P. Drude

Ruf auf den wichtigsten deutschen Physiklehrstuhl an und ging nach Berlin. Auf dem Gipfel des Ruhms und Ansehens angekommen, nahm er sich wenige Monate später das Leben. Über die Gründe dieser tragischen Entscheidung gibt es viele Vermutungen; ohne Zweifel ist sie dadurch beeinflusst worden, dass sich Drude den Anforderungen des Berliner Großinstituts und der damit verknüpften akademischen wie gesellschaftlichen Stellung in der Reichshauptstadt nicht gewachsen fühlte.

In Drudes Forschungen, die ausschließlich der Optik gewidmet sind, spiegelt sich die Entwicklung der physikalischen Optik und der elektromagnetischen Lichttheorie im ausgehenden 19. Jahrhundert wider. Als mit dem Nachweis der elektromagnetischen Wellen durch H. ↗ Hertz (1886/87) die Optik endgültig Teil der Elektrodynamik geworden war, versuchte Drude, die elektromagnetische Lichttheorie auf die Erklärung optischer Phänomene und die Wechselwirkung von Licht und Materie anzuwenden. Durch eine Erweiterung der Maxwellschen Grundgleichungen erklärte er die magnetooptischen Erscheinungen sowie die Beziehungen zwischen Dielektrizitätskonstanten und optischen Brechungsexponenten. Die Entdeckung des Elektrons (1897) und die sich darauf gründende Elektronentheorie seines Kollegen E. ↗ Riecke griff Drude auf, um die Dispersion sowie den Zusammenhang zwischen optischen und elektrischen Konstanten einer Substanz und deren innerer Konstitution zu erschließen. Er nahm an, dass die im Metall vorhandenen freien Elektronen der Boltzmann-Statistik folgen, und entwickelte eine schlüssige Elektronentheorie der metallischen Leitung, aus der sich problemlos (allerdings nur qualitativ) die Temperaturabhängigkeit der elektrischen Leitung ergab. Sie liefert erstmals eine theoretische Ableitung des Wiedemann-Franzschen Gesetzes – nach M. ↗ Planck »die bedeutendste unter den theoretischen Leistungen Drudes«. Drudes Elektronentheorie wurde in den folgenden Jahren vor allem durch H. A. ↗ Lorentz vervollkommnet und ist ein Markstein im Verständnis des Aufbaus der Materie und ihres mikrophysikalischen Verhaltens. Drude hat seine Forschungen zur elektromagnetischen Lichttheorie in seinem *Lehrbuch der Optik* zusammengefasst. [DH]

Werk(e):
Die Physik des Äthers (1894); Lehrbuch der Optik (1900).

Sekundär-Literatur:
Richarz, F., König, W.: Zur Erinnerung an Paul Drude (1906); Planck, M.: Paul Drude in Ders.: Physikalische Abhandlungen und Vorträge Bd. 3 (1958) 289–320; McCormmach, R.: Nachtgedanken eines klassischen Physikers (1984; im fiktiven Helden dieser physikhistorischen Studie spiegelt sich die Lebensgeschichte Drudes).

Drygalski, Erich Dagobert von,
deutscher Geograph und Polarforscher,
* 9. 2. 1865 Königsberg (Preußen),
† 10. 1. 1949 München.

Drygalski war der bedeutendste deutsche Polarforscher seiner Zeit.

E.D. von Drygalski

1887 promovierte er in Berlin bei F. ↗ Richthofen über die Geoiddeformation der Eiszeit und wurde 1888–1892 Assistent am geodätischen Institut in Potsdam. Um seine Studien über die Vereisung der norddeutschen Tiefebene fortzusetzen, leitete er 1891 die Vorexpedition der Gesellschaft für Erdkunde in Berlin nach Westgrönland, der 1892–1893 die Hauptexpedition zur Untersuchung der Gletscherbewegung und der Inlandeisabflüsse folgte. Mit den Ergebnissen habilitierte er sich 1898. Die kurz darauf erfolgte Wahl zum Leiter der ersten deutschen Südpolarexpedition bestimmte seine weitere Zukunft. Mit großem Geschick organisierte er die umfangreichen Vorbereitungen, während er 1899 sein Extraordinariat für Geographie und Geophysik in Berlin antrat. Zusätzlich betreute er 1900–1905 die physisch-geographische Abteilung des unter Richthofen neu gegründeten Instituts und Museums für Meereskunde. Während seiner Südpolarexpedition (1901–1903) wurde am Polarkreis bei 90° O das Kaiser Wilhelm II.-Land entdeckt. Bevor Drygalski 1906 in München den neu gegründeten Lehrstuhl für Geographie an der Universität bekam, begann er in Berlin die Auswertung der Daten und reichhaltigen biologischen Sammlungen, deren Ergebnisse er bis 1931 herausgab. Für die im humboldtianischen Sinn durchgeführte Expedition – wonach alles von allen Seiten umfassend zu erforschen war – wurde später der Begriff »universitas antarctica« geprägt. Bis zu seiner Emeritierung 1935 leitete er 29 Jahre lang die Münchner Geographische Gesellschaft. 1910 nahm er an der Zeppelinstudienfahrt nach Spitzbergen und zwei Jahre später an der transkontinentalen Exkursion der American Geographical Society of New York teil.

Während des Ersten Weltkrieges wurde er als freiwilliger Kompanieführer in Frankreich und Belgien eingesetzt. 1918 übernahm er das Dekanat seiner Fakultät und 1921/22 das Rektorat. Als Hauptreferent für Geographie in der Notgemeinschaft der Deutschen Wissenschaft betreute er die »Meteor«-Expedition (1925–1927) und A. ↗ Wegeners Grönlandexpeditionen (1929, 1930–31). 1930 führte ihn eine Studienreise nach Russland und 1931 nach Sibirien, die jenseits der NS-Ideologie sein Interesse am Thema »Raum und Staat« weckte. 1945 vertrat er den aus politischen Gründen verwaisten Lehrstuhl für Geographie nochmals für ein Jahr. Sein väterliches Wesen ließ seinen Studenten immer die Freiheit selbständiger Forschung, ohne sie auf seine eigenen polaren Interessen zu fixieren. [CL]

Werk(e):
Die Geoid-Deformation der Kontinente zur Eiszeit, Zeitschrift der Gesellschaft für Erdkunde zu Berlin (1887) 168–280; Grönlandexpedition der Gesellschaft für Erdkunde zu Berlin 1891–1893 (2 Bde. 1897); Deutsche Südpolar-Expedition 1901–1903 (20 Bde., 2 Atlanten, 1905–1931); Spitzbergens Landformen und ihre Vereisung. Abhandlungen der Kgl. Akademie der Wissenschaften, Math.-phys. Klasse 25 (1911).

Sekundär-Literatur:
Lüdecke, C.: Die deutsche Polarforschung seit der Jahrhundertwende und der Einfluss Erich von Drygalskis, Berichte zur Polarforschung 158 (1995); Lüdecke, C.: Erich von Drygalski und der Aufbau des Instituts und Museums für Meereskunde. Historisch-meereskundliches Jahrbuch 4 (1997) 19–36.

Du Bois-Reymond, Emil Heinrich,
deutscher Physiologe,
* 7. 11. 1818 Berlin,
† 26. 12. 1896 Berlin.

Emil du Bois-Reymond war einer der prominentesten Vertreter der experimentellen Physiologie in der zweiten Hälfte des 19. Jahrhunderts. Er war einer der Begründer der modernen Elektrophysiologie und aufgrund seiner Festreden eine der bekanntesten Persönlichkeiten seiner Zeit.

Nach Abschluss des französischen Gymnasiums in Berlin (1837) folgten zunächst Studien der Theologie und der Naturwissenschaften in Bonn und Berlin. Im Jahre 1840 begann du Bois-Reymond das Studium der Medizin an der Universität Berlin, das er 1843 mit der Promotion zum Dr. med. abschloss. Auf Anregung des Anatomen und Physiologen J. ↗ Müller begann du Bois-Reymond schon zu Studentenzeiten (1841) mit elektrophysiologischen Untersuchungen an den Nerven und Muskeln von Froschbeinen. Die wichtigsten Studiengenossen zu dieser Zeit waren E. ↗ Brücke und H. ↗ Helmholtz. Gemeinsam mit Brücke gründete du Bois-Reymond einen »jüngeren Naturforscherverein«, der 1845 in der Physikalischen Gesellschaft zu Berlin aufging. Mitglieder dieser Gesellschaft waren neben Naturwissenschaftlern auch der Präzisionsmechaniker Johann Georg Halske und der Techniker W. ↗ Siemens. Halske, der mit Siemens 1847 eine Telegraphenbauanstalt eröffnete, lieferte du Bois-Reymond eine Vielzahl von Laborinstrumenten. Du Bois-Reymonds Laboratorium befand sich zunächst im Elternhaus, nach 1845 dann in einer kleinen Wohnung in der Nähe von Halskes Werkstatt.

Der erste Band von du Bois-Reymonds Hauptwerk *Untersuchungen über thierische Elektricität* erschien 1848. In der Vorrede formulierte du Bois-Reymond das anti-vitalistische Forschungsprogram der »organischen Physik«. Die erste Abteilung des zweiten Bandes folgte 1849. Im selben Jahr wurde du Bois-Reymond als Nachfolger von Helmholtz Assistent bei Müller. Ebenfalls von Helmholtz, der an die Universität Königsberg wechselte, übernahm er dann eine Stellung als Anatomielehrer an der Berliner Akademie der Künste (1849–1853). Im Jahre 1855 erfolgte die Berufung zum außerordentlichen Professor für Physiologie an die Universität Berlin. Nach Müllers Tod (1858) wurde dessen Lehrstuhl für Anatomie und Physiologie geteilt, und du Bois-Reymond übernahm die Physiologie als ordentlicher Professor.

1860 erschienen weitere Abschnitte der *Untersuchungen*. 1866/67 wurde du Bois-Reymond Dekan der Berliner medizinischen Fakultät (erneut 1871/72; 1877/78; 1887/88; 1891/92) sowie ständiger Sekretar der Preußischen Akademie der Wissenschaften (bis 1896). Im Jahre 1869 ernannte man ihn zum Rektor der Berliner Universität (erneut 1882/83). Eine Zusammenstellung seiner wichtigsten Arbeiten erschien 1875/77 in zwei Bänden unter dem Titel *Gesammelte Abhandlungen zur allgemeinen Muskel- und Nervenphysik*. Die 1848 begonnene Veröffentlichung der *Untersuchungen über thierische Elektricität* wurde mit Erscheinen der letzten Abschnitte des zweiten Bandes 1884 abgeschlossen.

Du Bois-Reymonds Forschungsarbeiten waren ein groß angelegter Versuch, die elektrischen Vorgänge bei der Muskelkontraktion und Nervenleitung mit den Methoden der Physik auf den Grund zu gehen. Du Bois-Reymond perfektionierte hierzu die Registrierung bioelektrischer Ströme mittels des Magnetnadelgalvanometers und führte ein Reihe neuartiger Instrumente ein, die für lange Zeit in den La-

E.H. Du Bois-Reymond: Schlitten-Apparat nach du Bois-Reymond, ca. 1845 (Foto: Universität Innsbruck)

boratorien der Elektrophysiologen Verwendung fanden. Für den akademischen Unterricht erdachte du Bois-Reymond Instrumente wie die »Froschpistole« oder den »Zuckungstelegraphen«, um die Zuckung eines Froschbeines in einem großem Auditorium vorführen zu können. In den frühen 1870er-Jahren gelang es ihm, beim Preußischen Kultusministerium den Bau eines neuen physiologischen Institutes durchzusetzen. Das Vorbild war die von C. ↗ Ludwig in Leipzig 1869 eröffnete Physiologische Anstalt. Nach der Eröffnung im Jahre 1877 galt das Berliner Institut als das größte und bestausgestattete seiner Zeit. In seinen Räumlichkeiten konnte nahezu jedes Forschungsfeld der experimentellen Physiologie bearbeitet werden. Du Bois-Reymond selbst hat ein anderes Forschungsgebiet als das der Elektrophysiologie nie betreten. Die von ihm im neuen Institut angestellten Experimente befassten sich vor allem mit der Physiologie der elektrischen Fische, deren Fähigkeit zur Erzeugung elektrischer Stromschläge du Bois-Reymond von Jugend an faszinierte. Zur Erforschung des Zitteraales leitete du Bois-Reymond in den 1870er-Jahren eine Expedition nach Venezuela in die Wege.

Neben seinen naturwissenschaftlichen Interessen befasste sich du Bois-Reymond mit philosophischen und kulturhistorischen Fragen der Zeit, die er nach 1870 in einer Vielzahl von Festreden abhandelte, nicht selten auf polemische Art. In seinen bekanntesten Reden äußerte er sich *Über Geschichte der Wissenschaft* (1872), *Über die Grenzen des Naturerkennens* (1872), über *Kulturgeschichte und Naturwissenschaft* (1877) sowie über das Verhältnis von *Naturwissenschaft und bildender Kunst* (1890). [SD]

Werk(e):
Untersuchungen über thierische Elektricität (2 Bde., 1848–1884); Gesammelte Abhandlungen zur Allgemeinen Muskel- und Nervenphysik (2 Bde., 1875–1877); Reden von Emil du Bois-Reymond (2 Bde., 1912, hrg. v. E. du Bois-Reymond).

Sekundär-Literatur:
Dierig, S.: Urbanization, Experiment, and How the Electric Fish was Caught by Emil du Bois Reymond, Journal of the History of Neurosciences 9 (2000); Mann, G. (Hrg.): Naturwissen und Erkenntnis im 19. Jahrhundert (1981); Ruff, P. W.: Emil du Bois-Reymond (1981); Finkelstein, G.W.: Emil du Bois-Reymond: The Making of a Liberal German Scientist (1996).

> **Dufay** (auch Du Fay), **Charles François de Cisternai,**
> französischer Naturforscher,
> * 14. 9. 1698 Paris,
> † 16. 7. 1739 Paris.

Dufay arbeitete über Lumineszenz und Elektrizität und führte den Begriff der zwei Elektrizitäten ein.

Dufay trat, in bester Familientradition, im Alter von 14 Jahren ins Militär ein, las aber viel in der großen häuslichen Bibliothek und bemühte sich ab 1722 um eine Position im akademischen Bereich. Ohne mit eigenen Arbeiten hervorgetreten zu sein, erhielt er 1723 eine Akademiestelle als Chemiker, vermutlich durch Fürsprache von klerikaler Seite und von R.-A. ↗ Réaumur. 1731 wurde er Vollmitglied der Akademie, 1732 nahm er das Amt des »intendant« des Pariser Königlich Botanischen Gartens an. Nicht verheiratet, starb er im Alter von 40 Jahren an Pocken. Sein Nachfolger im Jardin Royal wurde G. ↗ Buffon.

Dufays Forschungsinteressen waren breit gestreut. Nach einer ersten Arbeit über das Leuchten des leeren Luftraums in Barometern – ein viel diskutiertes Thema der Zeit – veröffentlichte er zu Eigenschaften von Lehm, Feuerwehrspritzen, Optik, Geometrie, Löslichkeit von Glas, Färbetechniken für Edelsteine, Fluidmechanik, Tau, Botanik und Färbemitteln. Ausführlicher beschäftigte er sich mit dem Magnetismus – er versuchte vergeblich, ein Kraft-Abstands-Gesetz zu etablieren – und mit der Lumineszenz, die er als ein allgegenwärtiges Phänomen erkannte. Kein Thema allerdings beschäftigte ihn so intensiv wie die Elektrizität, auf die er durch die Ergebnisse F. ↗ Hauksbees und Stephen Grays aufmerksam wurde. Wie schon zuvor in vielen Feldern, ging es ihm auch hier darum, die verwirrende Vielfalt der Effekte zu ordnen und überschaubar zu machen – sein Erfolg war durchschlagend. Die seit W. ↗ Gilbert (1600) stetig wachsende Liste von »Elektrika« (d. h. Körpern, die durch Reiben elektrisch wurden) erweiterte er, experimentell gestützt, auf *alle* Körper, die sich überhaupt reiben ließen, außer Metallen. Er konnte das umstrittene Phänomen der elektrischen Abstoßung zuverlässig nachweisen; es erwies sich aber als schwierig, eine Gesetzmäßigkeit anzugeben. Nach langem Experimentieren mit breiter Variation der experimentellen Parameter und Materialien (1734, z. T. mit seinem Assistenten Jean Antoine Nollet) fand er eine Lösung: Wenn man statt von Elektrizität im Allgemeinen von *zwei* Elektrizitäten sprach, ließ sich die Vielzahl experimenteller Befunde einheitlich formulieren – gleich elektrifizierte Körper stoßen sich ab, ungleiche ziehen sich an. Die Bezeichnungen »Glas«- und »Harz-Elektrizität« standen stellvertretend für zwei Materialklassen.

Die Wirkung dieser Begrifflichkeit, die ausdrücklich nicht auf mikroskopische Mechanismen zielte, kann kaum überschätzt werden. Schon zwei Jahrzehnte später war die Rede von zwei Elektrizitäten selbstverständlich; man vergaß, dass hier jemals ein Problem gelegen hatte – das gilt so bis heute. Der spätere Streit um eine Ein- oder Zweifluidatheorie bezog sich ausschließlich auf die Frage, wie denn diese »phänomenologische« Sprechweise durch eine mikroskopische Theorie »erklärt« werden sollte. [FST]

Werk(e):
8 Mémoires sur l'électricité, Mémoires de l'Académie des Sciences (1733) 23–35, 73–84, 233–254, 457–476; (1734) 341–361, 503–526; (1737) 86–100, 307–325; A letter concerning electricity, Philosophical Transactions 38 (1734) 258–266.

Sekundär-Literatur:
Fontenelle, B. de: Éloge de M. Du Fay, Mémoires de l'Académie des Sciences (1739) 73–83; Brunet, P.: L'oeuvre scientifique de Charles-François Du Fay, Petrus nonius 3 (1940) 77–95; Heilbron, J. L.: Electricity in the 17th and 18th centuries (1979) 250–260.

> **Duisberg, Friedrich Carl,**
> deutscher Chemieindustrieller und Wirtschaftsorganisator,
> * 29. 9. 1861 Wuppertal-Barmen,
> † 19. 3. 1935 Leverkusen.

Aus erfolgreicher chemischer und chemisch-technologischer Forschungs- und Entwicklungsarbeit herkommend, war Duisberg einer der bedeutendsten deutschen Wirtschaftsorganisatoren seiner Zeit, der für die moderne chemische Großindustrie als einen der ersten wissenschaftsbasierten Industriezweige adäquate Organisations- und Managementformen erdachte, erprobte und durchsetzte.

Nach dem Studium der Chemie in Göttingen und Jena promovierte er 1882 bei Anton Geuther mit der Arbeit *Beiträge zur Kenntnis des Acetessigesters*. Während seines Militärdienstes in München als Einjährigfreiwilliger 1882/83 untersuchte er gemeinsam mit A. von ↗ Baeyers Assistenten Hans Freiherr von Pechmann die Umsetzungen des Acetessigesters mit Benzenderivaten (Pechmann-Duisbergsche Hydroxycumarinsynthese). 1883 trat er in die Farbenfabriken, vorm. Friedrich Bayer & Co., AG in Elberfeld ein, arbeitete vorrangig über Azofarbstoffe und erwarb eine Reihe von Patenten (Benzoaurin, Benzopurpurin B und 4B). Nach der Aufnahme der Arbeit an synthetischen Arzneimitteln in der Firma befasste er sich auch mit diesem Gebiet und fand 1888 die Synthese des Antipyretikums Phenacetin.

Mit seiner Ernennung zum Prokuristen der Farbenfabriken im gleichen Jahr begann seine Laufbahn als hochbegabter Manager und Wirtschaftsorganisator, der zunächst für die Farbenfabriken, später auf dem Weg stufenweiser Fusionen (1880er- und 1890er-Jahre Absprachen zwischen konkurrierenden Firmen; 1904/5 Dreibund oder »Kleine IG«; 1916 IG der deutschen Teerfarbenfabriken; 1925 I.G. Farbenindustrie Aktiengesellschaft) für alle führenden Unternehmen der organischen Synthesechemie in Deutschland eine effektive Betriebsform schuf, die das Disziplinideal des von ihm bewunderten Militärs mit der Innovativität der Wissenschaft und einem patriarchalischen Stil sozialer Integration der Belegschaften verband (»dezentralisierte Zentralisation«). Duisbergs Konzept der Betriebs- und Wirtschaftsorganisation, das er in einer Reihe von Denkschriften ausführte und begründete, war eine eigenständige Antwort auf weltwirtschaftliche Herausforderungen, insbesondere auf die Konzentrationsprozesse in der US-amerikanischen Industrie, die er auf mehreren großen Reisen vor Ort studierte. Im zweiten und dritten Jahrzehnt des 20. Jhs. war Duisberg, dem zahlreiche Ehrendoktorwürden diverser Universitäten zuteil wurden, auch eine Schlüsselgestalt in dem Netzwerk, das die deutsche Wirtschaft mit den Institutionen der Wissenschaft (Universitäten, Kaiser-Wilhelm-Gesellschaft usw.) verband und um dessen Verdichtung er sich unablässig bemühte. [HL]

Werk(e):
Abhandlungen, Vorträge und Reden aus den Jahren 1881–1921 (1923); Abhandlungen, Vorträge und Reden aus den Jahren 1922–1933 (1933); Meine Lebenserinnerungen, hrg. auf Grund von Aufzeichnungen, Briefen und Dokumenten von J. v. Putkamer (1933).

Sekundär-Literatur:
Flechtner, H.-J.: Carl Duisberg (1959).

Dulong, Pierre Louis,
französischer Chemiker,
* 12. oder 13. 2. 1785 Rouen,
† 19. 7. 1838 Paris.

Dulong war ein bedeutender Chemiker und Mitentdecker des Dulong-Petitschen Gesetzes zur spezifischen Wärme.

Dulong, mit vier Jahren Vollwaise, wuchs bei seiner Tante auf, besuchte die École Normale in Auxerre und trat als 16-Jähriger in die École Polytechnique ein. Wegen Überarbeitung brach er das Studium im zweiten Jahr ab, versuchte sich als Arzt in Paris und später als Laborassistent bei dem Che-

P.L. Dulong

miker Louis-Jacques Thenard. Entscheidend wurde für Dulong das Angebot, in dem privaten Labor mitzuarbeiten, das C. ↗ Berthollet in der zusammen mit P.-S. ↗ Laplace gegründeten Société d'Arcueil betrieb. 1803 heiratete er Émelie Augustine Rivière; aus der Ehe gingen vier Kinder hervor. Auch um Zugang zu Labors zu haben, nahm Dulong verschiedene Unterrichtsstellen an: Ab 1813 war er »examinateur«, ab 1820 Professor für Physik an der École Polytechnique. 1823 wurde er in die Pariser Akademie gewählt. Zeitlebens empfand Dulong die Doppelarbeit in Lehre und Forschung als Belastung.

Dulongs Arbeiten befassten sich mit der Abhängigkeit chemischer Reaktionen von den Umgebungsbedingungen, insbesondere bei Salzen und Säuren. Beim Versuch, die für unmöglich gehaltene Verbindung zwischen Stickstoff und Chlor herzustellen, verlor er einen Finger und ein Auge: Er hatte das explosive Stickstofftrichlorid hergestellt. In weiteren Arbeiten befasste er sich mit Phosphorsäuren, Stickoxiden und (zusammen mit J. J. ↗ Berzelius) der präzisen Gewichtsbestimmung der Komponenten des Wassers. Ab 1815 arbeitete er zusammen mit Alexis-Thérèse Petit über Wärmemessung; die beiden gewannen einen Akademiepreis zur Frage der Abkühlungsgesetze. Sie entwickelten neue Messverfahren und stellten 1819 das nach ihnen benannte Gesetz auf, wonach das Produkt aus spezifischer Wärme und Atomgewicht bei sehr vielen Elementen dieselbe Konstante ergibt. Nach Petits Tod (1820) untersuchte Dulong die spezifische Wärme von Gasen. Zusammen mit D. F. ↗ Arago arbeitete er über die elastischen Eigenschaften von überhitztem Dampf (1830) in Hinblick auf die Sicherheit von Dampfmaschinen. Dulongs Arbeiten waren fundamental für die Chemie und die Physik der Wärme, insbesondere auch durch die von ihm entwickelten präzisen Verfahren. [FST]

Werk(e):
Mémoire sur une nouvelle substance détonnante, Annales de chimie 86 (1813) 37–43; Recherches sur quelques

points importants de le théorie de le chaleur, Annales de chimie et de physique 10 (1819) 395–413 (mit Petit).

Sekundär-Literatur:
Oesper, R. E.: Pierre-Louis Dulong, His Life and Work, Chymia 1 (1948) 171–190.

Dumas, Jean-Baptiste André,
französischer Chemiker,
* 14. 7. 1800 Alès (früher Alais),
† 11. 4. 1884 Cannes.

Dumas zählt zu den bedeutendsten französischen Chemikern des 19. Jahrhunderts. Er beeinflusste wesentlich die Entwicklung der theoretischen Grundlagen der organischen Chemie und leistete auch wichtige methodische Beiträge zur Ermittlung von Atom- und Molekulargewichten.

J.A. Dumas

Dumas war der Sohn eines Verwaltungsbeamten in Alès. 1826 heiratete er in Paris Herminie Brongniart, die Tochter von ↗ Brongniart. Dieser war Geologe, Zoologe und Direktor der Porzellanmanufaktur Sèvres. Aus der Ehe gingen ein Sohn und eine Tochter hervor.

Nach einer Apothekerlehre ging Dumas 1816 nach Genf und veröffentlichte erste Arbeiten über Salze, Atomvolumina und Physiologie. Auf Empfehlung A. v. ↗ Humboldts begab er sich 1823 nach Paris ins Labor von Louis Jacques Thenard, erhielt eine Stelle als Repetitor an der École Polytechnique und hielt Vorlesungen über Chemie in der wissenschaftlich-literarischen Gesellschaft Athénaeum. 1829 gehörte er zu den Gründern der École Centrale des Arts et Manufactures. 1841 übernahm Dumas eine ordentliche Professur an der Sorbonne, die er bis zu seiner Emeritierung 1868 innehatte. Daneben lehrte er 1835–40 an der École Polytechnique und seit 1839 an der École de Médecine. Dumas war seit 1832 Mitglied der Académie des Sciences und seit 1868 deren ständiger Sekretär.

1826 entwickelte Dumas eine sowohl einfache wie recht genaue Methode zur Bestimmung des Molekular- bzw. Atomgewichtes verdampfbarer Körper aufgrund von Dampfdichtemessungen. Das bis heute verwendete Verfahren trug wesentlich zur Entwicklung der modernen Atom- bzw. Molekülvorstellungen bei. Mithilfe seines Verfahrens konnte er die Atomgewichte von Phosphor, Arsen und Bor ermitteln (Bestimmung der Dampfdichte der Halogenide). 1830 entwickelte er, aufbauend auf dem Verbrennungsverfahren von J. L. ↗ Gay-Lussac, auch eine Methode zur Bestimmung des Stickstoffgehalts organischer Verbindungen.

Besonderes Gewicht besitzen die Leistungen von Dumas auf dem noch jungen Gebiet der organischen Chemie. Bei seinen Untersuchungen an Alkoholen fand er das wichtige Strukturprinzip der homologen Reihe; 1843 wandte er dieses Konzept auch auf die Reihe der Fettsäuren an. 1834 erkannte Dumas, dass Wasserstoff in organischen Substanzen durch Chlor ersetzt werden könne. Er nannte diesen Vorgang Metalepsie, heute spricht man von seinem Substitutionsgesetz. Obwohl er zunächst der von A. ↗ Laurent entwickelten Substitutionstheorie skeptisch gegenüberstand, wandte er sich endgültig von der insbesondere von J. J. ↗ Berzelius vertretenen dualistischen Auffassung ab, nachdem ihm 1838 die Synthese von Trichloressigsäure aus Essigsäure gelungen war und er zum Verfechter der sich nunmehr entwickelnden Typentheorie wurde. Dumas war in der Zeit zwischen etwa 1840 und 1865 der führende Chemiker Frankreichs und genoss eine nahezu uneingeschränkte Autorität, die er allerdings auch dazu nutzte, die Karrieren ihm nicht genehmer oder mit ihm konkurrierender Chemiker zu behindern.

Dumas trat nicht nur als Wissenschaftler hervor, sondern auch als Politiker. Zunächst eher konservativ eingestellt, unterstützte er die Monarchie. Nach der Revolution von 1848 wurde er Abgeordneter der Nationalversammlung und war 1850/51 Landwirtschaftsminister. Im Zweiten Kaiserreich Napoleons III. wurde er 1852 Mitglied des Senats. Seit 1854 gehörte er dem Stadtrat von Paris an, wurde 1855 dessen Vizepräsident und 1859–70 Präsident, d. h. Bürgermeister, von Paris. Während seiner Amtszeit führte er mannigfache Verbesserungen bei der Kanalisation, der Trinkwasserversorgung und der Beleuchtung der Straßen ein. Nach den Unruhen bei der Bildung der Dritten Republik zog sich Dumas aus dem öffentlichen Leben weitgehend zurück. Dumas gab seit 1824 zusammen mit Brongniart und Victor Audouin die *Annales des sciences naturelles* heraus; seit 1840 war er Mitherausgeber der *Annales de chimie et de physique*. [CP]

Werk(e):
Traité de chimie appliquée aux arts (8 Bde., 1828–48); Leçons sur la philosophie chimique (1837); Thèse sur la question de l'action du calorique sur les corps organiques (1838); Essai sur la statique chimique des êtres organisés (1841); Memoir sur quelques points de la théorie atomistique, in: Annales de chimie et de physique 33 (1826); Memoir sur la formation de l'éther sulphurique, ebd. 36 (1827); Memoir sur les éthers composées, ebd. 37 (1828); Sur l'oxamide, ebd. 44 (1830).

Sekundär-Literatur:
Alsobrook, J. W., in: Journal of Chemical Education 28 (1951) 630–33; Chastain, B. B., Dumas, J.-B.: The Victor Hugo of Chemistry, in: Bulletin for the History of Chemistry 8 (1990) 8–12; Urbain, G., Dumas, J.-B., Wurtz, C. A., in: E. Farber (Hrg.), Great Chemists (1961) 521–33.

Duns Scotus, Johannes,
schottischer Philosoph und Theologe,
* um 1265 Duns,
† 8. 11. 1308 Köln.

Duns Scotus war einer der bedeutendsten Philosophen der Scholastik, dessen Theorien paradigmatischen Charakter für eine der vier großen philosophischen Richtungen (spät-)mittelalterlichen Denkens erlangten.

Duns Scotus' Geburtsjahr lässt sich aus dem Datum seiner Ordination zum Priester im Franziskanerorden (1291 in Northhampton, England) ableiten. Ab etwa 1288 studierte Duns in Oxford, später in Paris, von wo aus er – nach einer Unterbrechung seines Aufenthaltes wegen politischer Konflikte mit dem französischen König – nach Köln geschickt wurde. Dort befindet sich heute in der Minoritenkirche auch sein Grab.

Neben der mehrfachen Kommentierung der *Sententia* des Petrus Lombardus liegen von Duns Kommentare zur Aristotelischen Metaphysik und zu einigen ausgewählten Problemen (*Quaestiones Quodlibetales*) vor. Generell ist die Quellenlage nicht vollständig gesichert, die kritische Ausgabe ist noch unabgeschlossen. Für die Naturwissenschaften sind vor allem zwei Themenkomplexe in Duns' Theorie interessant. Beide betreffen Bedingung und Status wissenschaftlicher Aussagen im Allgemeinen. Mit der Auffassung, dass sich Transcendentalia nur als eindeutige Begriffe begreifen lassen können, legte Duns den Grundstein für eine – wenngleich noch nicht vollzogene – Überwindung der Trennung in prinzipiell diesseitige und prinzipiell jenseitige Dimensionen wissenschaftlicher Rede. Für die naturwissenschaftlichen Ansätze zunächst sekundär, weist diese Überlegung eine relevante Neuorientierung hinsichtlich der Konzeptionalisierung und damit der Beschreibung nicht mentaler Zustände auf: Eine dem Wissen a priori entzogene Sphäre des Seienden ließ sich nicht denken. Duns modifizierte diese Konzeption von Wissenschaft durch die Unterscheidung eines *quoad nos* (für uns) und eines *quoad se* (an sich), über das keine Aussagen möglich sind. Da Letzteres in seiner Erscheinung aber immer auch eine Form des Ersteren habe, sei der Grund für eine umfassende Erweiterung wissenschaftlicher Aussagen gegeben.

Bedeutend für die Epistemologie und Psychologie war die Unterscheidung Duns' in eine intuitive (*cognitio intuitiva*) und eine abstrakte Erkenntnis (*cognitio abstractiva*); während Erstere die unmittelbare Präsenz des Erkenntnisobjektes erfordert, erfasst die abstrakte Erkenntnis ihr Objekt gerade unter Absehung seiner aktuellen Existenz und ermöglicht so auch Aussagen über nicht Existentes in kontrafaktischer, temporaler oder modaler Hinsicht. Abgelehnt ist damit bei Scotus auch eine illuminationistische Fassung der Erkenntnis, wie sie die augustinische Tradition stark gemacht hatte: Der Intellekt hat einen unmittelbaren Zugang zum Intelligiblen aufgrund seiner formalen Struktur und ist, um Sicherheit zu erlangen, nicht notwendig auf göttliche Offenbarung angewiesen. [SL]

Werk(e):
Johannes Duns Scoti Opera Omnia (Editio Vaticana, 1950 ff); Opera Omnia (Editio nova, 1891–95); De primo principio (hrg. v. W. Kluxen, 1984).

Sekundär-Literatur:
Gilson, E.: Johannes Duns Scotus (1959). Honnefelder, L.: Ens inquantum ens (1979).

Dürer, Albrecht,
deutscher Maler, Graphiker und autodidaktischer Mathematiker,
* 21. 5. 1471 Nürnberg,
† 6. 4. 1528 Nürnberg.

Dürer war nicht nur ein herausragender Künstler, sondern tat sich auch als Mathematiker hervor. Seine 1525 erschienene *Underweysung der messung mit dem zirckel und richtscheyt...* war das erste umfassende Lehrbuch der praktischen Geometrie in deutscher Sprache und reiht ihn unter die bedeutendsten Mathematiker seiner Lebenszeit ein. Weitere Beiträge enthalten die *Vier Bücher von menschlicher Proportion* (1528) sowie verstreute Notizen und Zeichnungen aus seinem Nachlass.

Dürer war der dritte Sohn des Nürnberger Goldschmieds Albrecht Dürer des Älteren und begann zunächst ebenfalls eine Goldschmiedelehre, setzte jedoch 1486 den Wechsel zur Malerei und Graphik (Holzschnitt und Kupferstich) durch, die er bei dem Nürnberger Meister Michael Wolgemut lernte. Nach der üblichen Wanderschaft (1491–94) und der von den Eltern arrangierten, zunehmend unglücklichen

A. Dürer

Ehe (1494) mit Agnes Frey gründete er in Nürnberg eine eigene Werkstatt, reiste jedoch schon im gleichen Jahr nach Venedig, um sich in der Malerei weiterzubilden. Außer einem zweiten längeren Aufenthalt in Venedig (1505–07) und Reisen in die Schweiz (1519) und die Niederlande (1520–21) verbrachte er den Rest seines Lebens hochgeehrt in Nürnberg.

Seit etwa 1507 interessierte er sich zunehmend für die theoretischen Grundlagen seiner Kunst und begann mit verschiedenen Entwürfen von Lehrbüchern für deutsche Künstler. Als Erstes erschien 1525 die oben genannte *Underweysung*, an deren Korrektur und Verbesserung er bis zum Tode arbeitete (2. Ausgabe nach seinen hinterlassenen Änderungen 1538).

Die *Underweysung* enthält in vier »Büchern« (Kapiteln) auf 180 Seiten außer verstreuten Grundkonstruktionen wie Teilung von Strecken und Winkeln, flächengleiche Verwandlung u. a. die Anleitung zur punktweisen, approximativen und mechanischen Konstruktion verschiedener, zum Teil von Dürer selbst erfundener ebener und räumlicher Kurven, zur Konstruktion von regelmäßigen Vielecken, zur Parkettierung mit solchen Vielecken, dazu reguläre und andere, teilweise von Dürer selbst ersonnene Polyeder und im Schlussteil Ausführungen zur Zentralperspektive, für die sowohl mechanische Hilfsmittel vorgeschlagen als auch geometrische Anleitungen gegeben werden. Durchzogen ist sowohl die *Underweysung* als auch die *Proportionenlehre* von der reifen und vielseitigen Anwendung der Mehrtafelverfahren der darstellenden Geometrie, als deren wahrer Begründer Dürer gelten muss, und von der Idee der gesetzmäßigen, konstruktiv ausführbaren geometrischen Transformation. Letztere bezieht sich sowohl auf die nichtlineare Veränderung von Skalen und abstrakten Kurven als auch auf menschliche Köpfe und Körper.

Infolge des autodidaktischen Charakters der Dürerschen Geometrie enthält die *Underweysung* auch zahlreiche Fehler. Besonders die *Underweysung* hat seit dem 16. Jahrhundert bis heute ständig die Aufmerksamkeit von Mathematikern gefunden und eine umfangreiche Sekundärliteratur hervorgebracht. [PS2]

Werk(e):
Underweysung (Reprints 1980, 1983, 2000, englische Übersetzung 1977, französische Übersetzung 1995); Proportionenlehre (Reprints 1980, 1996); Schriftlicher Nachlass in 3 Bde. (1956–69).

Sekundär-Literatur:
Mende, M. (Hrg.): Dürer-Bibliographie (1971); Schröder, E.: Dürer – Kunst und Geometrie (1980); Schreiber, P. (Hrg.): Geometrisches Gesamtwerk (in Vorbereitung).

Dutrochet, René-Joachim-Henri,
französischer Naturforscher und Physiologe,
* 14. 11. 1776 Néon (Poitou),
† 4. 2. 1847 Paris.

Dutrochet gilt als bedeutender Physiologe, Embryologe und Physiker. Er beschrieb den Vorgang der Endosmose, beobachtete das Phänomen der Zellteilung und arbeitete zur Phonetik.

Nach seiner Zeit als Marinesoldat (seit 1799) studierte Henri Dutrochet von 1802 bis 1806 Medizin in Paris. 1808 ging er als Militärarzt nach Spanien. Im Alter von 34 Jahren entschied sich Dutrochet, nach langwieriger Typhuserkrankung, den ärztlichen Beruf aufzugeben. Seine privaten Forschungsaufenthalte in Paris trugen mit zur Ernennung zum korrespondierenden Mitglied der Académie des Sciences 1819 bei; 1831 wurde er Vollmitglied.

Das anfängliche wissenschaftliche Interesse Dutrochets galt der Phonetik. Seine Experimentalserien zu Stimmband- und Kehlkopffunktionen sind jedoch weitgehend in Vergessenheit geraten. Seit 1814 beschäftigte er sich mit entwicklungsbezogenen Fragen bei Tieren und Pflanzen, wobei die äußere Eidotterhaut von Vögeln noch heute seinen Namen trägt.

Das Hauptaugenmerk Dutrochets lag auf der Pflanzenphysiologie. Getragen von der Idee einer einheitlichen Funktionswissenschaft von Pflanzen und Tieren, schloss er etwa vom ähnlichen Gewebsaufbau im Mikroskop und Untersuchungen des Gasaustauschs auf eine identische Grundlage des Atmungsvorgangs. Größte Beachtung fand seine Untersuchung osmotischer Phänomene, die er als physiko-organische bzw. Lebenstätigkeit beschrieb. Außerdem stellte er bereits 1826 eine Konzeption der biologischen Zellteilung vor, die er jedoch primär als Mechanismus der »Beweglichkeit« so genannter Globula in Geweben begriff.

Durch seine Mitgliedschaft in der Académie des Sciences übte Dutrochet entscheidenden Einfluss auf die Entwicklung der Globulatheorie französischer Botaniker und Physiologen aus. [FS]

Werk(e):
Essai sur une nouvelle théorie de la voix (1806); Physiologische Untersuchungen über die Beweglichkeit der Pflanzen und der Tiere (1824; deutsche Übersetzung hrg. von A. Nathansohn, 1906); Nouvelles recherches sur l'endosmose et l'exosmose (1828).

Sekundär-Literatur:
Schiller, J. und T.: Henri Dutrochet. Le matérialisme mécaniste et la physiologie générale (1975); Pickstone, J.V.: The origins of general physiology in France, with special reference to the work of R.J.H. Dutrochet (1973).

John C. Eccles
Cornelius Borck

Eccles, Sir John Carew,
australischer Neurophysiologe,
* 17. 1. 1903 Melbourne,
† 2. 5. 1997 Locarno.

Eccles war einer der prägenden Hirnforscher des 20. Jahrhunderts, das er mit seinen Lebensdaten beinahe vollständig durchmessen hat. Seine Forschungen zur Physiologie der neuronalen Kommunikation sicherten ihm einen bleibenden Einfluss auf die Neurowissenschaften. Für sein Werk wurde Eccles 1963 zusammen mit A. L. ↗ Hodgkin und Andrew F. Huxley mit dem Nobelpreis für Physiologie oder Medizin ausgezeichnet.

Ausbildung und frühe Arbeiten
Eccles wurde als Kind eines Lehrerehepaars geboren, dessen Vorfahren Mitte des 19. Jahrhunderts von Großbritannien nach Australien ausgewandert waren. Bereits während seiner Schulzeit las Eccles nach eigenen Angaben zahlreiche philosophische und psychologische Texte. Nach der Schule absolvierte er ein Medizinstudium in Melbourne und qualifizierte sich mit seinem Abschluss für ein Rhodes Scholarship, das ihn nach Oxford zu Ch. S. ↗ Sherrington führte. Sherrington war damals einer der international führenden Neurophysiologen. Er hatte die Funktion des Nervensystems als eine komplexe Integrationsleistung beschrieben, in der die zahllosen gleichzeitig ablaufenden Nervenerregungen zu sinnvollen Handlungsmustern verrechnet wurden. Bereits Ende des 19. Jahrhunderts hatte der spanische Neuroanatom S. ↗ Ramón y Cajal Verdickungen an den Berührungspunkten zweier Nervenzellen beschrieben, für die Sherrington das Wort »Synapse« einführte. Die Synapse war damit so etwas wie die kleinste funktionelle Einheit des Nervensystems, der Ort der Kommunikation und Informationsverarbeitung, an dem sich entschied, ob ein ankommender Impuls in Form eines Nervenaktionspotenzials weitergegeben würde. Sherrington hatte anhand von Reflexexperimenten eine im Wesentlichen hemmende Steuerung im zentralen Nervensystem beobachtet, für die er 1932 mit dem Nobelpreis ausgezeichnet wurde.

Am Beginn von Eccles' Karriere stand also seine Ausbildung in Oxford bei dem Doyen der englischen Neurophysiologie des ausgehenden 19. Jahrhunderts, bei dem er 1929 auch promovierte. Als knapp Dreißigjähriger begleitete Eccles den damals bereits über 70-jährigen Sherrington bei dessen letzten Experimenten, in denen sie das Zusammenspiel unterschwelliger Erregungen bis zur Auslösung eines Nervenaktionspotenzials studierten, was sich auf dem damaligen Stand der technischen Ausrüstung allerdings nur indirekt über eine Zeitmessung der ausgelösten Muskelkontraktionen beob-

J.C. Eccles

achten ließ. Sherrington wurde mit seiner Forscherpersönlichkeit für Eccles in vielerlei Hinsicht zum Vorbild; er verfasste sogar eine Biographie über ihn. Bereits seine Dissertation über Erregung und Hemmung im Nervensystem war eine direkte Anknüpfung an Sherringtons Hirntheorie. In gewisser Hinsicht hat Eccles am Konzept der Synapse als dem zentralen Ort des nervösen Geschehens festgehalten, bis schließlich am Ende seiner Forscherkarriere die molekularbiologische Revolution in den Neurowissenschaften die Synapsen als »Atome« der Hirntheorie ablöste und an ihre Stelle die einzelnen Neurotransmittermoleküle und die Ionenkanäle der Zellmembran stellte. Eccles hat später einmal formuliert, die Bahn seiner Forschungen habe unter dem »Bann der Synapse« gestanden.

Die für Eccles später so typische, entschieden theoretische Haltung zur Hirnforschung und sein streitbarer wissenschaftlicher Geist sollten sich zuerst in einem berühmten Streit über die chemische oder elektrische Erregungsübertragung im Nervensystem manifestieren. In den 1920er- und 1930er-Jahren hatten H. ↗ Dale, O. ↗ Loewi und eine Reihe weiterer Forscher bahnbrechende Versuche über die chemische Übertragung von Nervenwirkungen auf den Herzmuskel bzw. auf Drüsenzellen gemacht und aufgrund dieser Beobachtungen eine generelle chemische Übertragung der Nervensignale von Zelle zu Zelle postuliert. Auf der anderen Seite standen die elektrophysiologisch orientierten Neurophysiologen, die insbesondere die explosionsartig schnelle Auslösung von Nervenaktionspotenzialen als Argument gegen die ihrer Meinung nach zu langsamen chemischen Prozesse anführten. Eccles exponierte sich Mitte der 1930er-Jahre bei mehreren Treffen der Royal Society und der Physiological Society zunächst als entschiedener Anhänger der elektrischen Hypothese der Übertragung von Nervenaktionspotenzialen über den synaptischen Spalt. Seinen ersten großen Übersichtsartikel schrieb er zu diesem Thema und arbeitete in der Folgezeit immer detailliertere Theorien einer elektrischen Erregungsübertragung aus. Doch 1951 widerlegte er zusammen mit seinen Mitarbeitern diese These experimentell. Mit dieser Selbstwiderlegung erzielte er seinen ersten großen internationalen Erfolg, und sein alter Gegner Dale sprach später anerkennend von einer Konversion vom »Saulus zum Paulus«. Doch bis dahin war es noch ein langer Weg, und Eccles schon lange nicht mehr in Oxford.

Stationen eines Forscherlebens

Bei Sherringtons Ausscheiden aus der Universität 1935 hatte Eccles bereits eine feste Stelle als Tutorial Fellow am Magdalen College in Oxford und war mit Irene Miller eine Ehe eingegangen, aus der neun Kinder hervorgehen sollten. Er hatte sich wohl einige Hoffnungen auf Sherringtons Nachfolge gemacht, sah bei der Berufung von John Mellanby aber keine rechte Perspektive mehr für sich in Oxford. Deshalb beschloss er 1937, nach Australien zurückzukehren und die Leitung des Pathologischen Instituts des zentralen Krankenhauses in Sydney zu übernehmen, das er in den folgenden Jahren mit den von Hitler in die Emigration getriebenen Hirnforschern Bernhard Katz und Stephen Kuffler zu einem international beachteten Forschungsinstitut ausbaute.

Allerdings holte ihn selbst noch in Australien der Zweite Weltkrieg ein. Zwar wurde Eccles nicht wie die meisten seiner Kollegen in Europa und Amerika in technisch avancierte und ambitionierte Kriegsforschungsprojekte involviert, so dass er über die Kriegszeit seine eigenen Forschungen weiterentwickeln konnte. Aber immerhin musste er neben seiner Arbeit den australischen Bluttransfusionsdienst organisieren. Zudem litt er unter der Isolation am Ende der Welt, zumal er in seiner Position am Krankenhaus ohne akademische Anbindung war. In dieser Situation wechselte er 1944 noch weiter südlich nach Neuseeland an die Universität von Otago in Dunedin, an die »am dichtesten zum Südpol« gelegene Universität, wie er selbst einmal spottete, wo er eine Professur für Physiologie an der Medical School übernahm.

Die acht Jahre, die Eccles von 1944 bis 1951 in Neuseeland verbrachte, sollten in vielerlei Hinsicht für ihn entscheidend werden, obwohl die enormen Verpflichtungen im physiologischen Unterricht ihm wenig Zeit für eigene Forschungen ließen. Hier legte er mit einer exakten Vermessung der intrazellulär erregenden und hemmenden postsynaptischen Potenziale den Grundstein für seine internationale wissenschaftliche Reputation, die ihm schließlich auch den Nobelpreis einbrachte. Bereits in Dunedin konnte Eccles eine Reihe exzellenter Wissenschaftler aus aller Welt als Mitarbeiter gewinnen, die seine Arbeiten in immer wieder neue Richtungen trieben. Vor allem aber lernte Eccles in dieser Zeit K. ↗ Popper kennen, der 1937 am College in Christburgh auf der Nordinsel, das ebenfalls zur Universität von Neuseeland gehörte, eine Stelle gefunden hatte. Popper, der sich mit seinem 1934 erschienenen Buch *Logik der Forschung* als Kritiker des Wiener Kreises einen Namen gemacht hatte, muss schon in jenen Jahren eine beeindruckende Figur gewesen sein, die mit ihren starken Überzeugungen über die Ideale wissenschaftlicher Arbeit die in Neuseeland vorherrschenden subalternen Strukturen akademischer Ausbildung aufbrach und für einiges Aufsehen sorgte. Eccles gewann Popper 1945 für eine Reihe von Vorträgen über die Philosophie der Naturwissenschaften in Dunedin und zugleich als seinen wohl engsten persönlichen Freund. Eccles hat später wiederholt beschrieben, wie er von Popper dazu angeregt worden sei, seine These einer strikt elektrischen Erregungsübertragung so explizit wie möglich zu formulieren, um sie damit einer experimentellen Überprüfung zugänglich zu machen. Tatsächlich erschien Eccles' ausgearbeitete Theorie zur elektrischen Erregungsübertragung im zentralen Nervensystem bald nach Poppers Vortragszyklus in *Nature*, ohne dass er dafür bereits direkte experimentelle Überprüfungen hatte vornehmen können. Eccles war aber sicher mehr als ein getreuer Schüler von Poppers Methodologie der Wissenschaft. In Popper fand er vielmehr den Advokaten einer stark theoriegeleiteten wissenschaftlichen Argumentation, der über die Fächergrenzen hinweg zum Mitstreiter für Freiheit, Geist und Wissenschaft wurde.

Neben den intellektuellen Voraussetzungen, der Kooperation mit exzellenten Wissenschaftlern und der neu gewonnenen theoretisch-methodologischen Fundierung seiner Arbeit war noch ein weiterer Faktor für Eccles' Erfolg in diesen Jahren in Neuseeland von zentraler Bedeutung: die technische Ausrüstung. In Oxford hatte Eccles miterlebt, wie 1928 mit fast dreißigjähriger Verspätung ein erstes Saitengalvanometer ins Labor kam, obwohl die führenden amerikanischen Labore alle längst schon mit der nächsten Instrumentengeneration, nämlich Radioröhrenverstärkern und Oszilloskopen, arbeiteten. Eccles fand in J. S. Coombs seinen idealen Elektronikpartner, der ihm exzellente Verstärkersysteme baute; zusammen mit L. G. Brock setzten Eccles und Coombs neue Standards in der elektrophysiologischen Experimentiertechnik, die erst mit der Entwicklung der Transistorentechnik überholt wurden.

1951 gelang ihnen als Ersten die direkte Ableitung elektrischer Potenziale aus dem Inneren einer lebenden Nervenzelle des Zentralnervensystems, nämlich den motorischen Vorderhornzellen im Spinalganglion des Rückenmarks einer Katze, mittels extrem fein (< 1/1000 mm) ausgezogener Glaselektroden. In diesen Versuchen konnten sie direkt am Potenzial der beobachteten Nervenzelle verfolgen, wie ein erregender Reiz die Zelle graduell depolarisierte, bis der Schwellenwert zur Auslösung eines explosionsartig ablaufenden Nervenaktionspotenzials erreicht wurde, während hemmende Impulse einer solchen Depolarisierung direkt entgegenwirkten, indem sie das Potenzial zurücksetzten. Eccles und seine Mitarbeiter hatten das so genannte exzitatorische und inhibitorische postsynaptische Potenzial (e.p.s.p. bzw. i.p.s.p.) beobachtet.

Ein solches Gegenspiel von depolarisierenden bzw. hyperpolarisierenden postsynaptischen Potenzialveränderungen ließ sich nicht durch einen rein

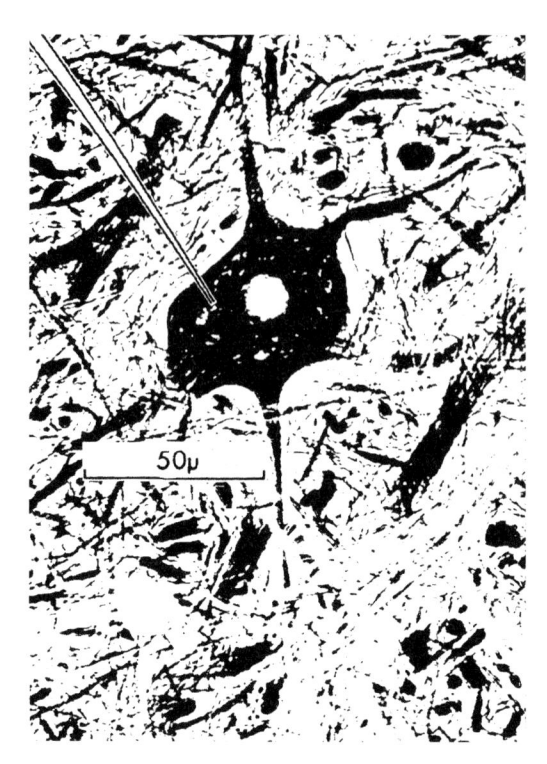

J.C. Eccles: Mikrofotografie einer motorischen Nervenzelle mit skizzierter Lage der eingestochenen Mikroelektrode

elektrischen Übertragungsmechanismus erklären, vielmehr mussten spezifische chemische Übertragungsstoffe postuliert werden, die selektiv den Ein- bzw. Ausstrom negativ bzw. positiv geladener Ionen und damit das Potenzial der Nervenzelle und die Wahrscheinlichkeit der Auslösung eines Aktionspotenzials steuerten. Hierin lag Eccles' oben schon erwähnte Abkehr von der elektrischen Übertragungshypothese. In einem weiteren Schritt zeigte Eccles' Gruppe, dass Nervenzellen über alle Verzweigungen ihres Axons einheitlich entweder nur exzitatorisch oder nur inhibitorisch wirkten, sich also exzitatorische und inhibitorische Neurone als die zwei Grundformen der Nervenzelle unterscheiden lassen. Dies war das Fundament aller weiteren neurophysiologischen Arbeiten von Eccles, und bis heute bauen elektrophysiologische Forschungen auf diesen Erkenntnissen auf.

Die bahnbrechenden Versuche von 1951 fielen zusammen mit dem Ende von Eccles' Aufenthalt in Neuseeland. Für 1952 hatte er eine Professur an der Australian National University in Canberra angenommen, einer reinen Forschungsuniversität. Vor seiner Ankunft in Canberra verbrachte Eccles in England und Amerika ein halbes Jahr, das wie in einem Brennglas wesentliche Aspekte seines Lebens zusammenfasste: Er erzielte internationale

Anerkennung mit seinen neuen intrazellulären Ableitungen, er traf im Februar nur wenige Tage vor dessen Tod noch einmal seinen Lehrer Sherrington und hielt in Oxford seine erste öffentliche Vorlesungsreihe, die Waynflete Lectures, die er unter den programmatischen Titel *The neurophysiological basis of mind* stellte. Für Eccles war Neurophysiologie eindeutig eine empirische Wissenschaft. Zwar durfte sie seiner Meinung nach nicht zum Materialismus führen, aber sie musste darauf zielen, mit wissenschaftlichen Methoden die Grundlagen des Geistes zu erhellen. Eccles entwickelte in dieser Vorlesung seine dualistische Theorie einer Gehirn-Geist-Interaktion, an der er Zeit seines Lebens festhielt und die von seinen Kritikern als »radio receiver theory of the mind« ironisiert wurde. Im Kern hatte er sie bereits 1951 in *Nature* publiziert.

Eccles sah in den minimalen Potenzialverschiebungen, die an den Kontaktstellen der Nervenzellen ausgelöst werden und die er gerade experimentell beobachtet hatte, die Interaktionszone von Gehirn und Geist. Der freie Wille sollte seiner Meinung nach im Gehirn wirksam werden, indem er die Potenziale einzelner Nervenzellen so beeinflusste, dass daraus letztlich rationale Handlungen entstünden. Auf diese Weise, so glaubte er, würde der Determinismus in der Welt der physikalischen Dinge nicht verletzt, denn diese Potenzialverschiebungen wären – auch wenn aus ihnen die weitreichendsten Konsequenzen im Leben eines Menschen entstünden – so minimal, dass sie nur einer quantentheoretischen, statistischen Betrachtungsweise zugänglich und folglich mit einem Determinismus auf der makroskopischen Ebene vereinbar seien. Allerdings sah Eccles nicht in allen Synapsen des Nervensystems die Interaktionszone des Geistes, sondern nur in jenen, die in der Großhirnhemisphäre an der Entstehung von Bewusstsein und Denken beteiligt waren. Dort lokalisierte er das so genannte »liaison brain«, die Aktivitätszone des Geistes im Gehirn. Bezeichnenderweise hat Eccles nie experimentell über diese Hirnregion gearbeitet – eine auch schon für Sherrington charakteristische Abstinenz.

Zurück in Australien, begannen für Eccles die wohl erfolgreichsten und glücklichsten Forschungsjahre. Canberra wurde während Eccles' Zeit regelrecht zu einem Mekka der Neurophysiologie und

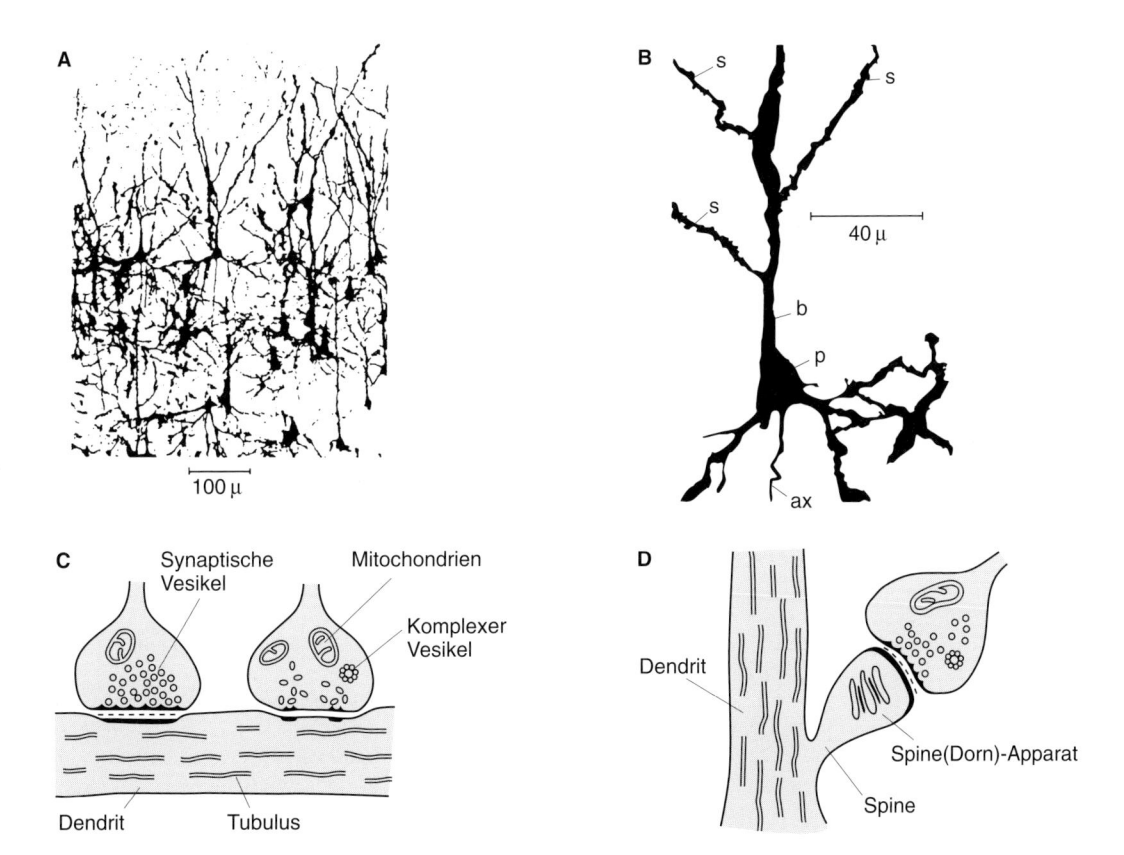

J.C. Eccles: Nervenzellen im Gehirn und ihre Kontaktstellen, die Synapsen

zog Wissenschaftler aus aller Welt an. Im Durchschnitt waren immer 20 wissenschaftliche Mitarbeiter dort, u. a. Paul Fatt, Kiozo Koketsu, David Curtis, Eccles' Tochter Rosamund, die zeitweise mit ihrem Vater zusammenarbeitete, Jack Coombs, Benjamin Libet und Anders Lundgren. In den folgenden 14 Jahren entstanden unzählige Veröffentlichungen aus Eccles' Gruppe, die sich mit unglaublicher Akribie allen Fragen der Synapsenphysiologie widmeten und die Eccles 1955 in zusammengefasster Form an der John Hopkins Medical School als Herter Lectures präsentierte.

Erst gegen Ende seiner Zeit in Australien verlagerten sich Eccles' Forschungsinteressen von den Synapsen im Rückenmark zu höher gelegenen Abschnitten des Nervensystems. Er begann nun z. B. über Thalamus-Neurone und den Hippocampus zu arbeiten, wo wiederum der Akzent auf der Identifizierung inhibitorischer Neurone lag. Vor allem aber unternahm er (zusammen mit dem Japaner Masao Ito und dem Ungarn János Szentágothai) eine genaue Analyse der neuronalen Interaktion im Kleinhirn. Das Kleinhirn, das vor allem die Feinabstimmung der tierischen Motorik kontrolliert, ist durch einen äußerst komplexen, aber regulär geordneten mikroskopischen Aufbau charakterisiert, in dem eine große Zahl sehr spezifisch geformter Zellen exakte Muster von Kontaktstellen in einem modularen Aufbau formen. Die von Eccles und seinen Mitarbeitern beschriebene Anatomie und Physiologie des Kleinhirns, in der sie Bau und Funktion der einzelnen zellulären Strukturen exakt charakterisierten, markiert einen weiteren Erfolg von Eccles' Forschungen und kennzeichnet auch seinen neurophysiologischen Arbeitsstil: Das Kleinhirn war zwar ein Teil des Gehirns, aber gehörte nicht zum »liaison brain«; seine Arbeitsweise ließ sich deshalb rein maschinenartig beschreiben, wie das Schlusskapitel *The cerebellum as a computer?* postulierte.

Diese Arbeit zum Kleinhirn konnte Eccles erst vollenden, als er 1966 aus Altersgründen die Australian National University verlassen musste. Er entschied sich ein weiteres Mal, quer über den Erdball zu übersiedeln, diesmal nach Chicago an das neu gegründete Institute of Biomedical Research der American Medical Association. Bei diesem Schritt begleitete ihn seine Familie nicht mehr; er trennte sich von seiner Frau und heiratete 1968 Helena Táboříková, die er in Chicago kennengelernt hatte. Eccles beschrieb die drei Jahre in Chicago als seine »am wenigsten erfolgreiche und unglücklichste Phase«, vermutlich auch, weil es ihm nicht wirklich gelang, wissenschaftlich Fuß zu fassen. Als auch in Chicago eine Emeritierungsgrenze eingeführt wurde, unternahm er noch einen weiteren Versuch eines Neustarts und wechselte 1968 nach Buffalo an die State University of New York als Distinguished Professor of Physiology and Biophysics. Dort arbeitete er noch bis 1975 und sammelte wiederum eine Forschergruppe um sich, darunter Roger Nicoll, Robert Schmid und Tomekazu Oshima. In diesen Jahren entstanden in Eccles' Gruppe weitere 140 Arbeiten, sowohl zur Physiologie des Kleinhirns als auch über Inhibition im Hippocampus. Das wurden seine letzten experimentellen Arbeiten, denn als älterer Forscher stieß Eccles allmählich auf nachlassende akademische Anerkennung und auf Probleme bei der Suche nach finanzieller Unterstützung. So beschloss er 1975, sein aktives Forscherleben zu beenden und für seinen Ruhestand erneut umzusiedeln. Eccles lebte die verbleibenden 22 Jahre seines Lebens mit seiner zweiten Frau in Contra im Tessin in der Schweiz.

Der Forscher als öffentliche Figur

Eccles hat seine präzisen und detaillierten Forschungen immer auch als Arbeit an den »großen Fragen der Menschheit« wie der nach dem Verhältnis von Gehirn und Geist, nach den Mechanismen von Gedächtnis und Erinnerung oder der physiologischen Basis von Gefühlen und Kreativität verstanden, die er in vielen Vorlesungsreihen und Büchern für ein breites Publikum aufbereitet hat. Beinahe ein Fünftel seiner fast 600 Publikationen war philosophischen Fragestellungen gewidmet, vor allem dem Gehirn-Geist-Problem; davon wurde das zusammen mit Karl Popper geschriebene Buch *Das Ich und sein Gehirn* am bekanntesten. Vor allem der Verleihung des Nobelpreises 1963 und der daraus entspringenden internationalen wissenschaftlichen Reputation verdankte Eccles eine ganze Reihe Einladungen zu öffentlichen Aufgaben und Vorlesungen, aus denen die meisten seiner monographischen Veröffentlichungen hervorgegangen sind.

So wurde er in Canberra eine der treibenden Kräfte bei der Gründung (1954) der Australischen Akademie der Wissenschaften, als deren Vorsitzender er von 1957 bis 1961 wirkte. 1958 wurde er in den englischen Adelsstand erhoben. 1964 (und noch einmal 1987) organisierte er für die päpstliche Akademie der Wissenschaft eine Studienwoche zu Fragen der Erforschung des Bewusstseins, die ironischer Weise unter Ausschluss von Philosophen stattfinden musste, was Eccles bezeichnenderweise mit der Äußerung quittierte, dass seiner Meinung nach alle echte Wissenschaft philosophisch sei. Gleich zweimal hintereinander, 1977/78 und 1978/79, hielt Eccles die Gifford Lectures an der Universität Edinburgh, die sein großes Vorbild Sherrington exakt 40 Jahre zuvor als Gelegenheit für ein persönliches Credo über Möglichkeiten und Grenzen der Hirnforschung genutzt hatte. Eccles eröffnete seinen ersten Zyklus, der unter dem Titel *The human mystery* erschien, denn auch mit einer genauen Lektüre von Sherringtons Vorlesung und schloss sie mit Überlegungen über die Begrenztheit einer rein materialistischen Hirnforschung.

Während seiner Jahre in der Schweiz kam es zu einem erneuten intensiven Kontakt mit Popper, aus dem ihr gemeinsames Buch *Das Ich und sein Gehirn* (1977 [dt. 1982]) hervorging. Eccles hielt auch hier weiter an seiner dualistischen und interaktionistischen Theorie von Gehirn und Geist fest, wobei er sich auf Poppers Unterscheidung der Welten 1 (physikalische Objekte), 2 (Welt des Bewußtseins) und 3 (Welt der Ideen und intellektuellen Objekte) und auf die klinischen Befunde von Roger Sperry an Patienten mit einer Unterbrechung der Verbindungsbahnen zwischen den beiden Großhirnhemisphären stützte. Eccles fasste seine Theorie folgendermaßen zusammen: »In Kürze besagt die Hypothese, dass der selbstbewusste Geist eine unabhängige Einheit darstellt, die aktiv mit dem Auslesen aus der Vielzahl aktiver Zentren in den Modulen der Liaison-Zentren der dominanten Großhirnhemisphäre befasst ist. [... Der Geist] wirkt auch zurück auf die neuronalen Zentren. So wird angenommen, dass der selbstbewusste Geist eine überlegene inter-

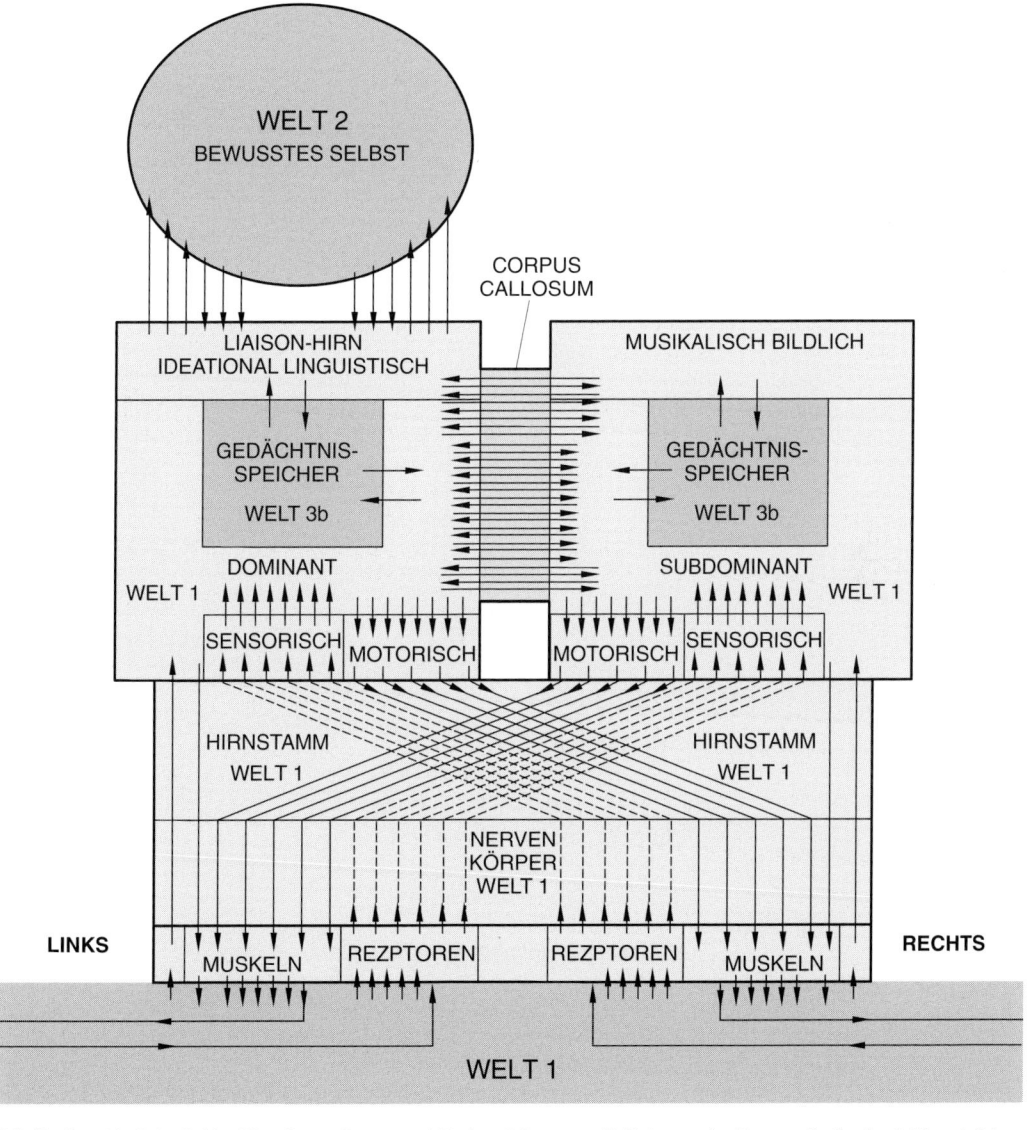

J.C. Eccles: Die Geist-Gehirn-Theorie von Popper und Eccles: Schema zur Erläuterung der Kommunikation im Gehirn als Interaktion zwischen den Welten 1 bis 3

pretierende und kontrollierende Funktion in Bezug auf die neuronalen Ereignisse ausübt.« Weder Eccles noch Popper schienen sich daran zu stören, dass mit ihrem Vorschlag das Leib-Seele-Problem kaum gelöst war, sondern als Homunkulus-Problem wiederkehrte. Aber vielleicht ging es beiden Männern weniger um eine stichfeste Theorie als vielmehr um ein philosophisches Gespräch, das sie in ausführlichen Protokollen ihrer Dialoge am Schluss des Buches dokumentierten.

Eccles nutzte Gastaufenthalte an verschiedenen Hirnforschungseinrichtungen in den 1980er- und sogar noch in den 1990er-Jahren in Deutschland, um seine neurophysiologisch-philosophische Theorie weiter auszuarbeiten. Jetzt schien ihm selbst noch die Synapse eine zu große Einheit, um tatsächlich zwischen Gehirn und Geist, Freiheit und Materie zu vermitteln. In einer Reihe von weiteren Veröffentlichungen dieses unermüdlichen Forschers suchte er nun die Interaktionszone des Geistes in den präsynaptischen Mikrostrukturen, die an der Freisetzung der Transmitter-Bläschen in den synaptischen Spalt beteiligt sind. Dieser Theorie ist wohl nur noch ein Bruchteil der Leser gefolgt, die noch Jahre zuvor seine neurophysiologischen Arbeiten mit großer Überzeugung gelesen hatten. Aber der Eifer seiner schriftstellerischen Tätigkeit erscheint rückblickend wie ein Hinweis darauf, dass Eccles seine Einschätzung, es hier mit einem letztlich unlösbaren Problem zu tun zu haben, zuvörderst selbst sehr ernst meinte.

Das besondere Merkmal von Eccles' Leben war seine buchstäblich weltumspannende Tätigkeit. In Australien geboren, wurde er durch seine Studienjahre bei Sherrington in Oxford entscheidend geprägt. Seine wichtigsten Forschungen unternahm er in Dunedin und Canberra. Bei Erreichen des Emeritierungsalters wechselte Eccles erneut seine Wirkungsstätte und arbeitete noch 9 Jahre in Chicago und Buffalo, bevor er ab 1975 weitere 22 Jahre seines langen Lebens vom Tessin aus als Gast verschiedener europäischer Forschungseinrichtungen verbrachte.

Eccles war ein geschickter Experimentator mit starken theoretischen Interessen. Mit sorgfältig geplanten und konzentriert bis weit in die Nacht durchgeführten Versuchen sammelte er nicht nur bahnbrechende Forschungsergebnisse, sondern stellte in produktiver Weise die theoretischen Prämissen neurowissenschaftlicher Forschung in Frage. Seinen enormen Erfolg verdankte er darüber hinaus seinem Geschick, trotz geographischer Isolation immer wieder junge Wissenschaftler mit eigenen Ideen und neuen technischen Fertigkeiten an sich zu binden. Dank seines Wechsels nach Australien und Neuseeland wurde Eccles im Unterschied zu seinen europäischen und amerikanischen Kollegen nicht in kriegsrelevante Forschungsprojekte verwickelt. Vielleicht ist hierin ein Schlüssel zu sehen, warum Eccles nie die aus diesen Zusammenhängen entstandenen kybernetischen und systemtheoretischen Forschungsansätze favorisierte, sondern Zeit seines Lebens Anhänger der klassischen elektrophysiologischen und anatomischen Hirntheorien blieb, die er bei seinem Lehrer Sherrington kennengelernt hatte.

Werk(e):
An electrical hypothesis of synaptic and neuromuscular transmission, Nature 156 (1945) 680–683; mit Brock, L. G., Coombs, J. S.: The recording of potentials from motoneurones with an intracellular electrode, Journal of Physiology 117 (1952) 431–460; The neurophysiological basis of mind: the principles of neurophysiology (1953); The physiology of nerve cells (1957); The physiology of synapses, (1964); Brain and Conscious Experience: Proceedings of a Study Week Organized by the Pontifical Academy of Sciences (1966); mit M. Ito und J. Szentágothai: The cerebellum as a neuronal machine (1967); mit K. R. Popper: The Self and Its Brain (1977, dt. Das Ich und sein Gehirn, 1982); How the Self Controls Its Brain (1994, dt. Wie das Selbst sein Gehirn steuert, 1994).

Sekundär-Literatur:
Dale, H. H.: The beginnings and the prospects of neurohumoral transmission, Pharmacological Reviews 6 (1954) 7–13; Stotz, G: Person und Gehirn: historische und neurophysiologische Aspekte zur Theorie des Ichs bei Popper/Eccles (1988); David, R. C.: Sir John Carew Eccles, A.C., Biographical Memoirs of Fellows of the Royal Society (London) 47 (2001) 159–187; Smith, C. U. M.: Renatus renatus: the Cartesian tradition in British neuroscience and the neurophilosophy of John Carew Eccles, Brain and Cognition 46 (2001) 364–72; Karczmar, A. G.: Sir John Eccles, 1903–1997. Part 1. Onto the demonstration of the chemical nature of transmission in the CNS. Part 2. The brain as a machine or as a site of free will? Perspectives in Biology and Medicine 44 (2001) 76–86, 250–62.

Arthur Stanley Eddington
Dieter B. Herrmann

> **Eddington, Arthur Stanley,**
> englischer Astrophysiker,
> * 28. 12. 1882 Kendal (Westmoreland),
> † 22. 11. 1944 Cambridge.

Eddington war einer der einflussreichsten Astrophysiker des 20. Jahrhunderts und prägte mit seinen Arbeiten eine Epoche, die sowohl durch das zunehmende Verständnis des einzelnen Sterns als auch durch das Vordringen der Forschung in das Milchstraßensystem, die fernen Galaxien und die Kosmologie gekennzeichnet ist. Zu allen drei dieser Forschungsschwerpunkte lieferte Eddington fundamentale Beiträge. Er hinterließ ein umfangreiches Werk, dessen Bedeutung sowohl in seiner thematischen Breite wie auch in seiner theoretischen Tiefe begründet liegt. Herausragend sind Eddingtons Beiträge zur Astrophysik, insbesondere zur Theorie des Sternaufbaus und in engem Zusammenhang damit auch zur Sternentwicklung. Anders als die meisten seiner Fachkollegen wandte sich Eddington außerdem auch philosophischen Themen zu. Seine diesbezüglichen Arbeiten entstanden aus dem Streben nach einheitlichen Theorien. Damit löste er fruchtbare Diskussionen zwischen Naturwissenschaft und Philosophie aus. Zugleich betätigte er sich als geistreicher Autor populärwissenschaftlicher Literatur seines Fachgebietes – für die meisten Wissenschaftler zur damaligen Zeit durchaus keine Selbstverständlichkeit.

Eddington entstammte einer angesehenen englischen Quäkerfamilie. Nach dem frühen Tod des Vaters (1884) besuchte er die renommierte Brynmelyn School in Somerset, wo sein Interesse für Naturwissenschaften, Mathematik und Literatur geweckt wurde. Nach einem Besuch des Owen's College in Manchester, wo er das Glück hatte, von A. ↗ Schuster, dem berühmten Spektroskopiker, Mathematiker und Astronomen, in Physik unterrichtet zu werden, ging er als 20-Jähriger an das renommierte Trinity College in Cambridge, die einstige Wirkungsstätte I. ↗ Newtons. Nach Abschluss seiner Ausbildung 1905 wurde er Chief Assistant am Royal Observatory Greenwich, wo er bis zum Jahre 1913 tätig war. Hier hatte er Gelegenheit, sich auch mit Fragen der praktischen Astronomie zu beschäftigen. Gleichzeitig wandte er sich jenen Problemen der Theorie zu, die ihn wenige Jahre später zu einem der führenden theoretischen Astrophysiker der Welt aufsteigen ließen. Im Rahmen der Arbeiten des Observatoriums beteiligte sich Eddington 1909 auf Malta an der Bestimmung der geographischen Position der dortigen geodätischen Station und leitete 1912 eine Sonnenfinsternisexpedition nach Brasilien. Bereits 1906 wurde er Mitglied der Royal Astronomical Society, deren Präsident er 1921–1923 war. 1914 wählte ihn die Royal Society zu ihrem Mitglied. Zuvor war er 1913 Plumian Professor in Cambridge geworden, wo er gleichzeitig das Direktorat der Sternwarte übernahm. In Cambridge spielte sich sein gesamtes wissenschaftliches Leben bis zum Jahr 1944 ab, als ihn gesundheitliche Gründe zwangen, seine Tätigkeit einzustellen. Auf dem Gipfel seines internationalen Ruhms wurde er 1938 zum Präsidenten der Internationalen Astronomischen Union gewählt.

Eddington war nie verheiratet und lebte mit seiner Mutter und seiner Schwester zusammen.

Untersuchung der Sternströme

Zu den ersten großen wissenschaftlichen Themenkreisen Eddingtons zählte die Untersuchung der Dynamik des Sternsystems. Dabei handelte es sich um ein damals hochaktuelles Problem, nachdem die astronomische Forschung um 1915 wieder an eine bereits im 18. Jahrhundert behandelte Frage angeknüpft hatte. Sie betraf die Elemente der Sonnenbewegung innerhalb des Sternsystems. Da alle Sterne eine Bewegung ausführen, deren tangentiale Komponente als Eigenbewegung nachweisbar ist, muss eine solche Bewegung auch für die Sonne erwartet werden. Sie spiegelt sich in einer scheinbaren, entgegengesetzt gerichteten Bewegung der Fixsterne wider. Die Radialkomponente der Raumbewegung erreicht ihr Maximum in Richtung des Zielpunktes der Sonnenbewegung (Apex) und in der Gegenrichtung (Antapex), während die Eigenbewegung ihr Maximum jeweils 90° vom

A.S. Eddington

Apex bzw. Antapex entfernt ihren größten Wert annehmen sollte. Einen solchen systematischen Anteil in den Eigenbewegung der Sterne hatte erstmals F. W. ↗ Herschel (1783) anhand von nur 13 Objekten festgestellt. Die Radialkomponente konnte erst nach Einführung der Spektralanalyse durch Messung von Doppler-Verschiebungen der Linien in den Spektren gemessen werden – zuerst durch Homann 1885. Die Bezugssterne waren jeweils nur durch ihre großen scheinbaren Helligkeiten gekennzeichnet, was kein echtes physikalisches Kriterium darstellt, da die wirklichen (absoluten) Helligkeiten der Sterne sehr unterschiedlich sind, ohne Kenntnis der Sternentfernungen aus den scheinbaren Helligkeiten aber nicht abgeleitet werden können. Die neue Frage im 20. Jahrhundert richtete sich nun auf die Bestimmung der Elemente der Sonnenbewegung bezüglich physikalisch definierter Sterngruppen. Man erhoffte sich, auf diesem Wege neue Charakteristika dieser Gruppen ausfindig zu machen. W.W. Campbell benutzte als Gruppenkriterium die Spektralklassen und trat 1911 mit ersten Ergebnissen hervor. Die jahrzehntelangen Bemühungen um dieses Problem führten schließlich zu der Erkenntnis, dass die Geschwindigkeitsverteilung der verschiedenen Sterngruppen nicht kugelsymmetrisch, sondern ellipsoidisch ist, d. h., dass sich die Sterne nicht regellos in alle Richtungen bewegen, sondern bestimmte Vorzugsrichtungen existieren, in denen sich mehr Sterne mit einer bestimmten Geschwindigkeit bewegen als in anderen Richtungen. Die Ursache dieser Verteilung der Bewegungsrichtungen besteht darin, dass die einzelnen Sterne das Zentrum der Galaxis in elliptischen Bahnen umlaufen. Die Bewegung in Richtung auf das galaktische Zentrum zu oder von ihm weg ist daher im Mittel gegenüber dazu senkrechten Bewegungen bevorzugt. Der namhafteste Vertreter dieser Interpretation der Daten war K. ↗ Schwarzschild, der die Verteilung auch mathematisch formulierte. Die Beobachtungen können aber auch als das Auftreten von zwei Sternströmen gedeutet werden. Diese Auffassung vertrat insbesondere der holländische Astronom J. C. ↗ Kapteyn. Eddington wandte sich diesem Phänomen als Theoretiker zu und erkannte klar, dass der Zweck der Interpretationen der Sternbewegungen als ellipsoidische Geschwindigkeitsverteilung oder als Sternströme ein rein deskriptiver sei und die Hypothese der Ellipsoide sich als geeignet erweise, eine dynamische Theorie des Sternsystems zu entwickeln. Die umfangreichen Daten, auch über die Verteilung der Sterne unterschiedlicher physikalischer Beschaffenheit, fasste er in seinem ersten Buch *Stellar Movements and the Structure of the Universe* (1914) zusammen, in dem die entsprechenden Forschungsergebnisse aus den Jahren 1906–1914 enthalten sind.

Physik der Sterne
Seine bedeutendsten Leistungen vollbrachte Eddington auf dem Gebiet der Sternphysik. Seine diesbezüglichen Forschungen ließen ihn zu einem der Pioniere der modernen Astrophysik werden.

Die wesentlichen Fragen der Sternphysik wurden bereits seit den siebziger Jahren des 19. Jahrhunderts diskutiert. Die Anwendung der neuen astrophysikalischen Untersuchungsmethoden, allen voran die Spektroskopie, hatte deutlich gemacht, dass es sich bei den Sternen zweifelsfrei um Gaskugeln handelt. Doch direkte Informationen aus dem Inneren dieser leuchtenden Gebilde standen nicht zur Verfügung. So versuchte der Engländer J. H. Lane bereits im Jahre 1870, durch Anwendung der Gasgesetze den inneren Aufbau der Sonne aufzuklären, wobei er zu dem Ergebnis kam, dass sich die Temperatur einer kontrahierenden konvektiven Gaskugel erhöht (Lanesches Gesetz). In den folgenden Jahren bemühten sich zahlreiche Physiker um die Lösung des Problems, unter denen besonders A. Ritter herausragt. Doch erst R. Emden gelang mit seinem Buch *Gaskugeln* (1907) der Durchbruch. Das Buch enthält die klassische Theorie der Gaskugel in Gestalt eines systematisch aufgebauten Lehrbuchs. Die dort dargelegten Erkenntnisse und Ideen waren nun der Ausgangspunkt für die Arbeit anderer Wissenschaftler, darunter auch für Eddingtons Forschungen. Eddington gestand unumwunden ein, dass ihn Emdens Buch *Gaskugeln* schon begeistert hatte, ehe er sich selbst mit diesem Problem beschäftigte. Später wurde es zu einer Quelle ständiger Inspiration für ihn. Nachdem bereits Schwarzschild die Bedeutung des Strahlungsgleichgewichts der äußeren Atmosphäre eines Sterns theoretisch nachgewiesen hatte, verfolgte Eddington das Ziel, den Stern bis in sein Kerngebiet zu beschreiben. Als umstritten galt anfangs noch die Frage, ob man die Sternmaterie überhaupt als ein ideales Gas betrachten könne. Auch Eddington vertrat zunächst noch die Annahme, dass nur Riesensterne als ideale Gase anzusehen seien. Ausgangspunkt seiner Überlegungen waren die Cepheiden, veränderliche Sterne eines bestimmten Typs des Lichtwechsels, den er auf Pulsationen zurückzuführen versuchte. Doch um dieses Problem zu lösen, musste er einen Mechanismus finden, bei dem der einmal eingeleitete Schwingungsvorgang auch erhalten blieb. Dazu ist eine ergiebige Energiequelle erforderlich. Deshalb berücksichtigte Eddington von Beginn an das Problem der Energiefreisetzung bei seinen Überlegungen. Zur Erklärung der Umwandlung der im Stern freigesetzten Wärmeenergie in mechanische Energie der Pulsation vermutete Eddington den Strahlungsdruck. Schließlich konnte er zeigen, dass das Gleichgewicht eines Sterns durch drei Kräfte bestimmt wird: die Gravitation seiner Masse, den

Gasdruck und den Strahlungsdruck. Zunächst schien es, als ob die chemische Zusammensetzung des Sterns eine sehr wesentliche Größe zur Bestimmung der inneren Temperatur ist, weil der Druck bekannt sein muss, der vom mittleren Gewicht der Teilchen abhängt. Doch in Wirklichkeit treten die Atome im Inneren der Sterne ionisiert auf. Deshalb ist das mittlere Gewicht der Teilchen nahezu unabhängig von der chemischen Zusammensetzung des Gases. Eine beträchtliche Abweichung vom mittleren Molekulargewicht 2 stellt sich lediglich für Wasserstoff ein (mittleres Atomgewicht 0,5). Deshalb ist für die Beurteilung des Drucks im Sterninnern der Wasserstoffgehalt von entscheidender Bedeutung. Als Eddington zunächst einen sehr geringen Wasserstoffgehalt annahm, fand er für vorgegebene Radien und Massen der Sterne stets zu hohe Leuchtkräfte. Doch die Interpretation der Spektren zeigte bald, dass die Sterne zu einem erheblichen Anteil aus Wasserstoff bestehen. Damit war Eddington in der Lage, das Innere des Sterns annähernd zutreffend zu beschreiben. Die von Eddington abgeleitete Gleichgewichtsbedingung stellt bis heute die Grundlage der Theorie des inneren Aufbaus der Sterne dar. Anknüpfend an Emdens Gleichung für eine polytrope Kugel entwickelte er sein eigenes Sternmodell. Erst 1924 erkannte er dann, dass dieses Modell auch auf Zwergsterne anwendbar ist.

Bereits im Jahr 1905 hatte E. ↗ Hertzsprung entdeckt, dass es Sterne gleicher Temperaturen mit extrem voneinander abweichenden absoluten Helligkeiten gibt. Diese Entdeckung, die später der US-amerikanische Astronom H. N. ↗ Russell unabhängig von Hertzsprung wiederholte, führte zur Entwicklung des Hertzsprung-Russell-Diagramms, eines zweidimensionalen Zustandsdiagramms, in dem die absoluten Helligkeiten gegen die Temperaturen (Spektralklassen) der Sterne aufgetragen sind. Bald kam die Vermutung auf, dass die Riesen- und Zwergsterne, in diesem Diagramm durch verschiedene Positionen gekennzeichnet, entwicklungsgeschichtlich bedingt sind. Russell stellte die Riesensterne an den Beginn der Sternevolution und beschrieb die Entwicklung durch einen fortlaufenden Kontraktionsprozess, in dessen Verlauf sich die Temperatur des Sterns ständig erhöht, bis er schließlich die maximale Temperatur (Spektralklasse B) erreicht. Nach Beendigung der Kontraktion folgt eine Abkühlungsphase, so dass der Stern dieselben Temperaturen noch einmal, diesmal jedoch in umgekehrter Reihenfolge, durchläuft. Während der Stern in seiner Jugend ein gigantisches Gebilde geringer Dichte und großer absoluter Helligkeit war, endet er als ein kleines dichtes Objekt mit geringer absoluter Helligkeit. Diese Hypothese brach jedoch in sich zusammen, als u. a. Hertzsprung im Jahre 1919 aus Beobachtungsdaten die sog. Masse-Leuchtkraft-Beziehung ableitete, die Eddington aufgrund theoretischer Überlegungen 1924 bestätigte. Diese Beziehung besagt, dass Sterne großer absoluter Helligkeit auch größere Massen aufweisen. Würde die Entwicklung der Sterne allein durch ihre Abkühlung gekennzeichnet sein, so müsste dabei auf rätselhafte Weise Masse in beträchtlichem Umfang verloren gehen. Wieder war es Eddington, der 1926 mit bestechender Klarheit die programmatische Feststellung traf, dass eine befriedigende Theorie der Sternentwicklung erst dann möglich würde, wenn die Gesetze der »subatomaren Energie« entdeckt seien, d. h., wenn man wüsste, auf welche Art die Energiefreisetzung im Innern von Sternen zustande kommt. Eddington selbst widmete diesem Problem in seinen Forschungen große Aufmerksamkeit. So nahm er bereits 1917 die Zerstrahlung (annihilation) von Elektronen und Protonen als Quelle der Sternenergie an. Nach der Entdeckung des Positrons als Antiteilchen des Elektrons betrachtete er diese als Reservoir der Sternenergie, da es sich um einen im Labor bereits beobachteten physikalischen Prozess handelt. Der Lösung des Problems kam man jedoch erst gegen Ende der 1930er-Jahre näher, nachdem Hans Bethe und Carl Friedrich von Weizsäcker die Kernfusion als Quelle der Sternenergie entdeckt hatten.

Intensiv beschäftigte sich Eddington auch mit einer Reihe spezieller Objekte unter den Fixsternen, die entwicklungsgeschichtlich eine bedeutende Rolle spielen: den Riesensternen, Zwergsternen und Pulsationsveränderlichen. Bei seinen Untersuchungen über den Sirius-Begleiter Sirius B kam Eddington zu dem Schluss, dass die Dichte dieses Sterns etwa 50 000 g/cm^3 betrage. Seinen Zeitgenossen erschien dieses Resultat geradezu absurd. Heute weiß man, dass die Weißen Zwerge als Endstadien der Entwicklung von Sternen tatsächlich Dichten von bis zu 1 Million g/cm^3 aufweisen. Auch die Pulsationsveränderlichen sind nach modernen Erkenntnissen Entwicklungsstadien von Sternen. Eddington gelang es 1918 und 1919, die mathematische Theorie des Pulsierens dieser Sterne in Übereinstimmung mit zahlreichen Beobachtungsergebnissen zu formulieren und somit den Weg zur Erklärung dieses Entwicklungsstadiums der Sterne zu öffnen. Das beste Dokument über den damaligen Entwicklungsstand der Kenntnisse ist sein Buch *The Internal Constitution of the Stars* (1926). 1941 kam er nochmals auf die veränderlichen Sterne zurück und vervollkommnete die Theorie der Pulsation unter Berücksichtigung der inzwischen vorliegenden Erkenntnisse über die Rolle der Konvektion der Materie und des Ionisationsgleichgewichts im Innern der Sterne.

Relativitätstheorie und Kosmologie

Ein anderer großer Themenkomplex innerhalb Eddingtons Forschungen war die Allgemeine Relativitätstheorie von A. ↗ Einstein. Als universelle Theorie der Gravitation stand sie von Anfang an im Blickpunkt der Kosmologen. Schon Einstein selbst entwickelte sein erstes Weltmodell eines endlichen stationären Universums aus seiner Theorie. Eddington erfuhr durch W. de ↗ Sitter in Leiden von der neuen Theorie, als dieser ihm eine Kopie der Publikation von Einstein zuschickte. Eddington machte die englische wissenschaftliche Community in seinem *Report on The Relativity Theory of Gravitation* (1918) als Erster mit Einsteins Ideen bekannt, deren umfassende Bedeutung für Physik, Kosmologie und Philosophie er sofort erkannte. Bald beherrschte Eddington wie kein anderer die Tensorrechnung und begann damit eigene Beiträge zur Entwicklung der Relativitätstheorie zu liefern.

Die damals von nur wenigen verstandene Theorie Einsteins konnte allerdings an der Praxis getestet werden. Schon im Jahre 1911 hatte Einstein mit dem jungen Potsdamer Astrophysiker E. ↗ Finlay-Freundlich über eventuelle Nachweismöglichkeiten für seine noch im Entstehen begriffene Theorie diskutiert. Schließlich ergaben sich drei Effekte, die durch Beobachtungen überprüfbar waren: die allgemeine Rotverschiebung von Spektrallinien in Schwerefeldern, die sog. Periheldrehung der Planetenbahnen und die Lichtablenkung im Schwerefeld der Sonne. Die Rotverschiebung besagt, dass ein Atom in einem Schwerefeld elektromagnetische Strahlung geringerer Frequenz aussendet als außerhalb des Schwerefeldes, was sich im Spektrum durch eine Verschiebung der Linien zum roten Ende des Spektrums hin bemerkbar macht. Die Periheldrehung war den Astronomen damals bereits bekannt. Bei der Auswertung der Planetenbewegungen hatte U. ↗ Leverrier bereits 1859 bemerkt, dass zwischen der Newtonschen Theorie der Planetenbewegungen und den Beobachtungsdaten eine systematische Differenz auftrat, die bei Merkur einer zusätzlichen Drehung des sonnennächsten Punktes seiner Bahn (Perihel) von 43 Bogensekunden pro Jahrhundert entsprach. Dieser Effekt hatte sich allerdings jeder Deutung entzogen. Aus der Not heraus hatte man einen weiteren noch unbekannten Planeten (Vulkan) angenommen, der sich innerhalb der Merkurbahn um die Sonne bewegen sollte. Doch dieser Planet wurde nicht gefunden. Die Relativitätstheorie erklärte diese zusätzliche Drehung nicht nur, sondern forderte sie geradezu. Bei den anderen Planeten treten ähnliche Effekte auf, nur sind sie viel kleiner und deshalb schwieriger nachzuweisen. Die Ablenkung eines Lichtstrahls durch ein Schwerefeld aus seiner geradlinigen Ausbreitungsbahn war der dritte Effekt. Nach Einsteins Theorie sollte sich ein Lichtstrahl im Gravitationsfeld einer Masse krummlinig bewegen entsprechend der durch Masse bestimmten Geometrie des Raumes. Für einen Stern unmittelbar am Sonnenrand forderte die Theorie eine Ablenkung von 1,75 Bogensekunden. 1919 beteiligte sich Eddington anlässlich der totalen Sonnenfinsternis dieses Jahres an der experimentellen Bestätigung von Einsteins Theorie. Zur Messung dieses Effekts eignen sich totale Sonnenfinsternisse deshalb, weil man während der Totalität Sterne in unmittelbarer Umgebung des Sonnenrandes beobachten kann, die sechs Monate später – von der Sonnenmasse unbeeinflusst – am Nachthimmel stehen. Eddington leitete gemeinsam mit E. T. Cottingham die Beobachtungen auf der Insel Principe vor der westafrikanischen Küste. Als Resultat wurde in befriedigender Übereinstimmung mit der Theorie eine auf den Sonnenrand bezogene Ablenkung von $1,98 \pm 0,16$ Bogensekunden gefunden. Eddington bezeichnete später die gelungene Feststellung der von Einsteins Theorie geforderten Lichtablenkung als den »größten Augenblick« seines Lebens. Der durch Eddington und seine Mitarbeiter erstmals gelungene Nachweis eines von der Relativitätstheorie geforderten Effekts brachte Einsteins Theorie schlagartig in die Medien und trug wesentlich zur Popularität des Physikers bei.

Fundamentaltheorie

Eddington wandte sich auch dem Problem der fundamentalen Naturkonstanten zu, die für die Dimensionen der Elementarteilchenphysik und des Kosmos Gültigkeit haben. Sie werden in der Einsteinschen Kosmologie als zufällige Werte und Integrationskonstanten betrachtet. Eddington stellte sich nun die Frage, ob zwischen den numerischen Werten der Lichtgeschwindigkeit, des Planckschen Wirkungsquantums, der Masse und der Ladung des Elektrons und anderer Konstanten Zusammenhänge bestünden, die logisch zwangsläufig sind. Er verglich das Weltall mit einer Sinfonie, »die auf sieben Grundkonstanten gespielt wird, wie man auf den sieben Tönen der Tonleiter Musik macht.« Schließlich leitete er daraus vier reine Zahlen ab, die in der natürlichen Struktur des Weltalls enthalten seien. Letztlich beabsichtigte Eddington mit den heute nach ihm benannten Zahlen einen Brückenschlag zwischen Quantentheorie und Relativitätstheorie. Seine Zahlen führen zu einer Gesamtmasse und einem Radius des Kosmos. Sollen die relativistischen Gravitationstheorien Expansionskosmen ergeben, in denen die von Eddington abgeleiteten Zahlenbedingungen ständig erfüllt sind, müssen die Einsteinschen Feldgleichungen modifiziert werden. Eddington leistete also mit seinen Zahlen einen unmittelbaren Beitrag zur Entwicklung der

Einsteinschen Relativitätstheorie und der relativistischen Kosmologie. Die Eddington-Zahlen befruchten die Forschung bis in die jüngste Zeit hinein. Die Fundamentale Theorie blieb freilich eine »unvollendete Sinfonie«, wie einer seiner Biographen schrieb. An dem Versuch, alle Prozesse und Vorgänge des Universums im Rahmen einer einheitlichen Theorie zu beschreiben, um den sich auch Einstein selbst viele Jahre bemühte, wird bis heute gearbeitet. Doch die »Sinfonie« ist noch immer unvollendet.

Die populärwissenschaftlichen Bücher und Artikel Eddingtons sind Muster an Klarheit und Verständlichkeit. Bedenkt man die zumeist recht unanschauliche Thematik, so ist man erstaunt über die bildreiche Sprache und die erhellenden Vergleiche, die Eddington fand, um den Leser auf ebenso fesselnde wie logisch zwingende Weise an den Denkprozessen und Forschungsschritten teilnehmen zu lassen, von denen die zeitgenössische Wissenschaft damals bestimmt war.

Werk(e):
Stellar Movements and the Structure of the Universe (1914); Space, Time and Gravitation (1920); The Internal Constitution of the Stars (1926); New Pathways in Science (1935); Relativity Theory of Protons and Electrons (1936); Fundamental Theory (posthum 1946).

Sekundär-Literatur:
Plummer, H. C.: Sir A. St. Eddington. Orbituary Notes of Fellows of the Royal Society 5 (1945/48) 113–125; Douglas, A. V.: Arthur Stanley Eddington (1956, enthält eine Bibliographie von Eddingtons Buchpublikationen sowie eine umfassende Auswahl seiner sonstigen Veröffentlichungen nebst einer genealogischen Tabelle seiner Familie); Chandrasekhar, S.: Eddington. The most distinguished astrophysicist of his time (1983).

Thomas Alva Edison
Paul B. Israel

Edison, Thomas Alva,
amerikanischer Erfinder,
* 11. 2. 1847 Milan (Ohio),
† 18. 10. 1931 West Orange (New Jersey).

Edison zählt zu den erfolgreichsten Erfindern der Menschheitsgeschichte. Er entwickelte das erste elektrische Beleuchtungssystem, erfand den Phonographen, stellte die ersten kommerziellen Kinoapparate her und leistete bedeutende Beiträge zur Verbesserung der Akkumulatoren, der Aufbereitung von Eisenerzen und der Zementherstellung; weiterhin war er einer der Pioniere des Betongusshauses. Mit seinem Schaffen revolutionierte er die Erfindertätigkeit grundsätzlich und machte sie zu einem von Industrielaboratorien getragenen Innovationsprozess.

Edison wurde in der Kleinstadt Milan in Ohio als jüngstes von sieben Geschwistern geboren. Sein Vater Samuel war ein »Alleskönner«, der sich in verschiedensten Berufen versucht hatte und aus seiner kanadischen Heimat emigrieren musste, weil er in eine gescheiterte Revolte gegen die Regierung verwickelt war. Seine Mutter Nancy war ausgebildete Grundschullehrerin und unterrichtete ihren Sohn in den ersten Jahren selbst. Edisons Bildung wurde zudem durch die Bibliothek des Vaters geprägt. Aufklärungsliteratur und die Schriften Thomas Paines beeindruckten den Heranwachsenden besonders stark. Im Jahre 1854 zog die Familie nach Port Huron in Michigan, wo Edison den Rest seiner Jugendzeit verlebte.

Edisons wissenschaftliches Interesse wurde wahrscheinlich durch die Lektüre von Richard Parkers *Natural Philosophy* geweckt. Die englische Übersetzung des Chemielehrbuchs von C. ↗ Fresenius regte ihn zu chemischen Experimenten an, die er meist im Gepäckwagen des Zuges Port Huron-Detroit durchführte. Seit dem 12. Lebensjahr vertrieb er auf dieser Strecke Zeitungen und Süßigkeiten. In Detroit besuchte er die Bibliothek der »Young Men's Society«.

Bei den Bahntelegraphisten eignete er sich so viele Kenntnisse an, dass man ihm eine Tätigkeit im örtlichen Telegraphenbüro anbot. Zwischen 1863 und 1867 zog er durch den mittleren Westen und Süden der USA und verdiente sich sein Geld als Telegraphist. In Bibliotheken machte er sich systematisch mit telegraphietechnischer Fachlite-

T.A. Edison

ratur vertraut – von einschlägigen Telegraphiejournalen bis zu M. ↗ Faradays *Experimental-Untersuchungen über Elektrizität*. Als Edison 1868 nach Boston kam, war er mit dem Stand der zeitgenössischen Telegraphentechnik bestens vertraut und konnte darauf seine Karriere als Erfinder aufbauen. In diesem Jahr ließ er sich seine erste Erfindung patentieren und etablierte sich als unabhängiger Erfinder, wobei er von lokalen Risikobankiers teilweise finanziert wurde. Im Frühjahr 1869 ging er nach New York, um für führende Telegraphenunternehmen, darunter auch den Branchenführer Western Union, als Erfinder und Ingenieur tätig zu werden. Dies brachte ihm so viel Gewinn, dass er im benachbarten Newark mehrere Werkstätten zur Entwicklung elektrischer Geräte und Anlagen einrichten konnte. In diesen wurde er bei seiner Erfindertätigkeit von qualifizierten und experimentierfreudigen Mechanikern unterstützt. Im Jahre 1876 siedelte er von Newark nach Menlo Park über und begründete dort sein bekanntes Laboratorium. Im Dezember 1871 hatte Edison Mary Stilwell geheiratet. Aus dieser Ehe – Mary starb bereits im August 1884 – gingen 3 Kinder hervor: Marion (geb. 1873), Thomas Jr. (geb. 1876) und William (geb. 1878).

In Menlo Park gelangen Edison drei seiner bedeutendsten Erfindungen: das Kohlekörnermikrofon, der Phonograph und die Entwicklung eines kompletten Systems der elektrischen Beleuchtung und Stromversorgung. Seine wohl bedeutendste »Erfindung« in Menlo Park war jedoch das Laboratorium selbst, das zu einer Pioniereinrichtung für Forschung und Entwicklung wurde. Für Edison selbst war der Phonograph die wichtigste Erfindung, da dieser ihm internationale Anerkennung als »Erfinder des Jahrhunderts« eintrug und ihn als »Zauberer von Menlo Park« berühmt machte. Diese Reputation war es – kombiniert mit der Vielzahl seiner wichtigen Verbesserungen der Telegraphentechnik –, die Western Union und das Bankhaus Drexel, Morgan & Company ab Oktober 1878 veranlassten, Edisons Forschungen zur elektrischen Beleuchtung großzügig zu unterstützen. Nach mehr als zweijähriger Forschungs- und Entwicklungstätigkeit auf diesem Gebiet ging Edison 1881 nach New York und beaufsichtigte dort die Kommerzialisierung seines elektrischen Beleuchtungssystems.

Im Jahre 1887 wurde in der Nähe des Edisonschen Wohnortes, in West Orange (New Jersey), ein neues und sehr viel größeres Forschungslaboratorium aufgebaut. Edison hatte das Land im Jahr zuvor für seine zweite Frau Mina Miller gekauft, mit der er drei weitere Kinder hatte: Madeleine (geb. 1888), Charles (geb. 1890) und Theodore (geb. 1898). In seinen neuen Laboratorien in West Orange arbeitete Edison bis zum Februar 1892 an elektrotechnischen Problemen; dann wurde sein Unternehmen von der General Electric übernommen. Als im Jahre 1896 W. ↗ Röntgens spektakuläre Entdeckung der X-Strahlen allgemeines Aufsehen erregte, war auch Edisons Interesse an dieser Strahlung geweckt. Das von ihm entwickelte »Fluoroscope« fand in der medizinischen Diagnostik eine schnelle, aber nur kurze Verbreitung, da es schon bald von der Röntgenfotografie verdrängt wurde. Ebenfalls in den 1880er- und 1890er-Jahren entwickelte Edison einen verbesserten Phonographen sowie eine entsprechende Aufnahmetechnik mittels Wachszylinder; weiterhin eine Anlage zur Erzabscheidung mittels Elektromagneten und das erste kommerzielle System zur Wiedergabe beweglicher Bilder. Im ersten Jahrzehnt des zwanzigsten Jahrhunderts gelangen ihm die Entwicklung leistungsfähiger Alkalibatterien und wesentliche Verbesserungen der Zementherstellung. Im Jahre 1911, als sein Laboratorium das Zentrum eines industriellen Komplexes zur Herstellung und Vermarktung seiner Erfindungen bildete, fasste Edison seine verschiedenen kommerziellen Aktivitäten in der Thomas A. Edison AG zusammen. Während des Ersten Weltkriegs stand Edison dem Beratergremium der Marine vor und leitete verschiedene militärtechnische Versuche; ebenfalls gründete er einige Chemiefabriken, die kriegsbedingte Engpässe beseitigen sollten. Auf Anregung seiner Freunde Henry Ford, des erfolgreichen Automobilproduzenten, und Harvey Firestone, des Reifenfabrikanten, suchte er noch bis zu seinem Tode – allerdings erfolglos – nach Ersatzstoffen für Naturkautschuk, der in der Kriegszeit ebenfalls zu den Mangelgütern gehörte.

Telekommunikation

Edisons frühe Karriere konzentrierte sich auf Erfindungen in der Nachrichtentechnik. Seine erste erfolgreiche Erfindung war ein Gold- und Börsenkursanzeiger zur schnellen Übertragung der Börsennotierungen, der 1869 in Boston genutzt wurde. Auch nach seiner Übersiedlung nach New York beschäftigte er sich zunächst vor allem mit der Verbesserung von Börsenkursanzeigern und entwickelte schließlich für die Firma Gold & Stock einen wesentlich verbesserten Universalkursanzeiger.

Im Auftrag der Automatic-Telegraphengesellschaft, eines Konkurrenten des Branchenführers Western Union, schuf er zwischen 1870 und 1872 ein so grundlegend verbessertes System automatischer Nachrichtenübertragung und -aufzeichnung für hohe Geschwindigkeiten, dass es später häufig allein mit seinem Namen assoziiert wurde. Western Union war der neue Konkurrent nicht gleichgültig, so dass im Jahre 1871 Gold & Stock, die von Western Union übernommen worden waren, verpflichtet wurden, alle Anstrengungen zur maximalen Kontrolle des Marktes für Geschäftsnachrichten zu unternehmen. Für die technische Umsetzung dieser Strategie wurde Edison vom Präsidenten der Western Union, William Oron, unter Vertrag genommen, um insbesondere den von Joseph Stearns entwickelten Duplextelegraphen zu verbessern. Er sollte ein Telegraphiesystem erfinden, das möglichst viele simultane Übertragungen ermöglicht. Nach der Anmeldung verschiedener Patente zur Duplextelegraphie gelang ihm im Jahre 1874 mit der Entwicklung der Quadruplex eine grundlegende Verbesserung – diese gestattete die simultane Übertragung von vier Nachrichten (je zwei in einer Richtung) über ein einziges Kabel.

Im Anschluss an diesen Erfolg wurde Edison von Western Union beauftragt, ein akustisches Telegraphensystem zu entwickeln, das Stimmgabeln oder Pfeifen für die gleichzeitige Übertragung von Nachrichten bei verschiedenen Frequenzen nutzen sollte. Ihm gelang es, durch die Erfindung des Kohlekörnermikrofons (1877/78) das von A. G. ↗ Bell erfundene Telefon wesentlich zu verbessern. Edisons Idee, Kohlekörner für die Umwandlung akustischer Signale in elektrische zu verwenden, geht auf Experimente aus den frühen 1870er-Jahren zurück. Für Laborexperimente mit Kabeln hatte er einen hochohmigen Regelwiderstand entwickelt, der aus einer mit Kohlenstoff gefüllten Glasröhre bestand. Da der Widerstand des Kohlenstoffröhrchens stark von Schalleinwirkungen und anderen Störungen abhängig war, erwies es sich für den ursprünglich geplanten Zweck als wenig geeignet – für das Telefon war es jedoch genau das, was Edison brauchte.

Während seiner Arbeiten am Telefon beschäftigte sich Edison auch mit dem Problem der Nachrichtenaufzeichnung – sowohl, um Nachrichten automatisch wiederholen und damit über lange Distanzen übertragen zu können, als auch zu ihrer permanenten Konservierung. Im Juli 1877 führte er seine ersten Experimente dazu durch. Die Schallaufzeichnung erfolgte mittels einer Nadel, die an der Membran des Telefonhörers angebracht war und ein »Schallrelief« in gewachstes Papier schrieb. Sechs Monate später gelang es ihm, das Kinderlied »Mary hat ein kleines Lamm« auf einer dünnen Blechfolie seines neuen Zylinderphonographen erfolgreich aufzuzeichnen. Obwohl man in den nächsten Monaten intensiv versuchte, den Zylinderphonographen zu verbessern, blieb dieser eine Kuriosität. Nach 1878 beschäftigte sich Edison nur noch selten mit Problemen der Nachrichtenübertragung. 1885/86 verbesserte er im Auftrag von Bell sein Kohlemikrofon, das dann in den nächsten hundert Jahren zur Standardausrüstung eines jeden Telefons gehörte. Darüber hinaus entwickelte er ein kombiniertes System von Telegraf und Telefon, das so genannte Phonoplex, das bei der amerikanischen Eisenbahn weite Verbreitung fand.

Elektrisches Licht und Strom

Ab 1878 orientierte Edison seine Erfindertätigkeit zunehmend auf die elektrische Glühlampe und das Stromversorgungssystem. Angeregt durch Verbesserungen der Bogenlampentechnik für die Straßenbeleuchtung, begann er sich für die Glühlampentechnik zur Innenbeleuchtung zu interessieren. Im September 1878 gab er bekannt, dass er das Problem der Glühlampe gelöst hätte. Im Gegensatz zu vielen seiner zeitgenössischen Kollegen hatte Edison erkannt, dass das Ohmsche und das Joulesche Gesetz ein Glühlampensystem mit hochohmigen Lampen erforderten, da nur so Dimension und Kosten der Kupferdrähte auf ein sinnvolles Maß reduzierbar waren. Trotz dieser theoretischen Rahmenbedingungen war eine erfolgreiche Lösung des Problems äußerst schwierig. Über ein Jahr studierte Edison das Verhalten von schwer schmelzbaren Metalldrähten, vor allem von Platin, bei hohen Temperaturen. Dabei beobachtete er Gaseinschlüsse im Metall, die er dadurch zu beheben versuchte, dass man das Metall im Vakuum ausheizte. Darüber berichtete er 1879 vor der Jahrestagung der amerikanischen Association for the Advancement of Science. Im Oktober 1879 hatte Edison seine Vakuumtechnik soweit verbessert, dass er auch mit Kohlenstoff experimentieren konnte – dieser hatte einen sehr hohen Widerstand und war auch hinsichtlich anderer Eigenschaften dem Platin gegenüber konkurrenzfähig. Schnell wurde die Überlegenheit der Kohlefadenlampe deutlich, so dass sich Edisons Forschungen im folgenden Jahr darauf konzentrieren konnten, die geeignetste Kohlenstoffmodifikation zu finden. Dabei stieß er schließlich auf das Bambus mit seiner langen und homogenen Faser.

Neben der Glühlampe entwickelte Edison auch alle anderen Elemente für ein elektrisches Beleuchtungssystem, das dem bewährten Modell der Gasbeleuchtung folgen sollte – so z. B. Erdkabel, Zähler, Installationsmaterial und nicht zuletzt einen leistungsfähigen Generator zur Erzeugung des elektrischen Stroms. Nachdem er im Herbst 1878 erkannt hatte, dass die gebräuchlichen Bogenlampengeneratoren für seine Zwecke kaum geeignet waren, begann sich Edison zusammen mit seinem Chefingenieur Charles Batchelor mit der Generatorkonstruktion und den Grundprinzipien der Elektrodynamik zu beschäftigen. Anfang 1879 war endlich ein Dynamo entwickelt, der sich ganz wesentlich von den zeitgenössischen Apparaten unterschied. Da für Edison die Leistungsfähigkeit seines Systems durch die Anzahl der betriebenen Lampen pro eingesetzter Pferdestärke bestimmt wurde, war im Unterschied zur gängigen Auffassung für seine Zwecke ein Generator mit kleinem Innenwiderstand optimal, weil dieser mehr effektive Energie erzeugt.

Eine Reduktion des Drahtes in den Spulen der Geräte führte seine Experimente außerdem zu einer Verminderung der Energieverluste durch Wärme. Er und Francis Upton machten aus diesen Konstruktionsprinzipien ein »Gesetz«, das das Verhältnis zwischen Außen- und Innenwiderstand eines Generators zum Energieverlust infolge von Wärme und anderen Faktoren in Beziehung setzt. Ein weiteres Schlüsselelement des Edisonschen Dynamo war sein großer bipolarer Magnet, der dem Generator den Spitznamen »langbeinige Mary-Ann« gab – ein rüder Scherz der ausschließlich männlichen Mitarbeiter des Labors. Edison stützte sich bei seinen Konstruktionsarbeiten teilweise auf die bereits ein halbes Jahrhundert zurückliegenden Arbeiten Faradays zur elektromagnetischen Stromerzeugung. Da die Stromerzeugung umso effektiver ist, je mehr magnetische Feldlinien den sich im Magnetfeld bewegenden Leiter »durchschneiden«, waren Edisons Magnete so konstruiert, dass sie im Sinne Faradays eine besonders hohe Dichte magnetischer Feldlinien aufwiesen. Allerdings konnte John Hopkinson später zeigen, dass solche Elektromagnete nicht besonders effektiv waren.

Nachdem Edison die Grundprinzipien für seine Lampe und den Generator gefunden hatte, führte er Ende 1879 in Menlo Park die ersten öffentlichen Demonstrationsexperimente seines elektrischen Beleuchtungssystems durch. Zu Beginn des folgenden Jahres vergrößerte er seinen Mitarbeiterstab und ging von der Forschung zur Entwicklung über, wobei sich spezielle Gruppen jeweils um einzelne Elemente des Systems zu kümmern hatten. Am Jahresende waren die Entwicklungsarbeiten soweit abgeschlossen, dass er mit Planungen beginnen konnte, sein System in die kommerzielle Nutzung zu überführen. Dazu richtetet er die erste ständige Zentralstation in der Pearl Street in New York City ein. Das Edisonsche Gleichstromsystem war für dicht besiedelte Ballungsräume sehr geeignet, doch waren für die Stromversorgung in Gebieten mit einer Fläche von mehr als drei Quadratkilometern stärkere Kupferleitungen nötig. Durch die Einführung eines dritten Null-Leiters konnte Edison zwar das potenzielle Einsatzgebiet seines Systems weiter vergrößern, doch erwuchs ihm seit Mitte der 1880er-Jahre mit dem Wechselstrom eine starke Konkurrenz, da die Wechselstromtechnik eine effektivere Energieübertragung über große Entfernungen ermöglichte. Edison lehnte den Wechselstrom konsequent ab und warnte vor den Gefahren der Hochspannung. Seine Überzeugung wurde durch weitere bedeutende Investitionen in die Gleichstromtechnik unterstrichen. Die Gefahren hoher Spannungen demonstrierte Edison mit Tierexperimenten; auch entwickelte er den elektrischen Stuhl als eine humane Hinrichtungsform. Mit der Zeit sah sich aber auch die Edison-Gesellschaft veranlasst, nicht ausschließlich auf den Gleichstrom zu setzen und sich ebenfalls mit der Wechselstromtechnik zu beschäftigen. Die Umorientierung kam jedoch zu spät, und 1892 ging die Edison-Gesellschaft in General Electric auf. Edison kehrte damit jener Industrie den Rücken, deren Aufbau er mit seinen Erfindungen entscheidend gefördert hatte.

Schallaufzeichnung

Edisons frühe Bemühungen, einen kommerziellen Phonographen auf der Grundlage dünner Metallfolien als Aufzeichnungsmedium zu entwickeln, erwiesen sich als Fehlschlag. Erst Mitte der achtziger Jahre und nachdem Bell und Charles S. Tainter ihren Wachszylinderphonographen präsentiert hatten, richtete sich Edisons Aufmerksamkeit wieder auf das Problem der Schallaufzeichnung. Zwischen 1887 und 1889 entwickelten Edison und seine Mitarbeiter verschiedene verbesserte Phonographen, wobei sich die Wachszylinder den Bell-Tainter-Graphophonen als technisch überlegen erwiesen. Allerdings waren Edisons Phonographen sehr viel teurer und zudem wegen ihres Elektromotors relativ schwierig zu bedienen. Es gab für sie deshalb auch nur einen beschränkten Markt, der sehr viel kleiner als der für Diktiergeräte war. Deshalb wurde für Edison die Entwicklung von Schallaufzeichnungsverfahren erst interessant, nachdem diese Gegenstand der Unterhaltungsindustrie geworden waren und billige Antriebsmotoren in ausreichendem Maße zur Verfügung standen. In den späten 1890er-Jahren hatten Edison und seine Mitarbeiter neue und billigere Phonographen sowie verbesserte Methoden zur Vervielfältigung der Aufzeichnungen entwickelt, die ihn für ein Jahrzehnt zum Branchenführer machten. Allerdings erwuchs der Edison-Gesellschaft in der Victor Talking Machine Company ein starker Konkurrent. Diese verfügte über Schallplatten, die eine längere Spielzeit besaßen und besser zu lagern waren. Trotz solcher Vorzüge beharrte Edison lange Zeit auf seiner Technik, da er glaubte, dass die Wachszylinder über eine prinzipiell bessere Tonqualität verfügten. Erst um 1910 begann er sich auch mit der Technik der Schallplatte zu beschäftigen, wobei er seine Entwicklungsarbeiten auf die Herstellung von Platten hoher Oberflächenqualität und auf eine möglichst klangtreue Aufnahme und Wiedergabe von Musik konzentrierte. Allerdings waren Edisons Schallplatten und sein Phonograph zwar technisch überlegen, doch mit den entsprechenden Geräten der Konkurrenz nicht kompatibel. Darüber hinaus hatte er versäumt, sich dem schnell wachsenden Markt der Unterhaltungsmusik zu öffnen, und lediglich solche Musik aufgenommen, die er persönlich als außergewöhnlich schätzte. Hierdurch verlor die Edison-Gesellschaft nach und

T.A. Edison: Edison-Phonograph, 1879 (Foto: Universität Innsbruck)

nach ihre führende Rolle; 1929 gab sie schließlich die Phonographenentwicklung gänzlich auf.

Andere wichtige Erfindungen

Angeregt durch einen Vortrag von Edward Muybridge, der dabei sein »Zoopraxiscope« zur Simulierung von Tierbewegungen vorgestellt hatte, begann sich Edison mit dem Problem bewegter Bilder zu beschäftigen. Sein Ziel war, ein »Gerät zu erfinden, das das für das Auge zuwege bringt, was der Phonograph für das menschliche Ohr leistete«. Sein erster entsprechender Apparat bestand aus einer Serie von Momentaufnahmen, die auf einem rotierenden Zylinder angeordnet waren und durch ein Objektiv betrachtet werden konnten. Darüber hinaus hatte er die Idee, das Gerät mit einem Phonographen zu koppeln und so »sprechende Bilder« zu erzeugen. Edisons Forschungen über bewegte Bilder profitierten maßgeblich vom Talent seines Mitarbeiters W. K. L. Dickson, der ein ausgebildeter Fotograf war. Edison war indes nur einer unter vielen Erfindern, die sich damals in Amerika und Europa mit der Problematik bewegter Bilder beschäftigten – allerdings gebührt ihm das Verdienst, als Erster ein kommerziell brauchbares System entwickelt zu haben. Sein Beitrag zu den späteren Entwicklungen in der Projektortechnik und bei anderen Verbesserungen blieb jedoch gering; auch versäumte es Edison, sich der künstlerischen Seite des Films zu widmen, wodurch er mit den ersten Filmversuchen der 1890er-Jahre und nach Edwin Porters Pionierfilm »Great Train Robbery« (1903) zunehmend den Kontakt zu dieser Branche verlor und ab 1918 gänzlich aus dem Geschäft war.

Edisons Stärken als Erfinder lagen vor allem in der Entwicklung neuer Technologien und weniger in deren Adaption für den Markt. Dies spiegelt sich auch in seinen Bemühungen um die Verbesserung der Erzaufbereitung wider. Seine Anstrengungen in den 1890er-Jahren waren darauf gerichtet, die Ausbeute armer Erzlagerstätten so zu erhöhen, dass sich hoch angereicherte »Erzbriketts« für die Beschickung von Hochöfen herstellen ließen. Während seiner Arbeiten zur elektrischen Beleuchtung in den 1880er-Jahren hatte er auch einen elektromagnetischen Erzseparator entwickelt, bei dem das erzhaltige Gestein zunächst zermahlen und dann über ein Schüttelsieb geführt wurde, so dass ein feiner, aber breiter Strahl erzhaltigen Sandes an einem Elektromagneten vorbeigeleitet werden konnte, der den eisenhaltigen Anteil von den anderen Bestandteilen trennte. Zwischen 1887 und 1898 entwickelte Edison für eine Mine im Norden New Jerseys ein komplettes Erzaufbereitungssystem, das auf dieser Basiserfindung beruhte und vom Abbau über das Zermahlen und Trennen des Erzes bis hin zu seiner Anreicherung in »Briketts« reichte. Nachdem er in dieses Unternehmen bereits mehr als 2 Millionen Dollar an Eigenkapital investiert hatte, musste er jedoch seine Entwicklungsarbeiten abbrechen, da man inzwischen im Gebiet der großen Seen reiche Erzlagerstätten gefunden hatte, so dass die Edisonschen Anreicherungsverfahren für die Stahlwerke zu teuer wurden.

Durch den Verkauf des Abfallsandes an Zementfabriken war Edison in Kontakt zur Zementindustrie gekommen. 1899 entwickelte er die Idee, die bei der Erzaufbereitung gewonnenen technologischen Erfahrungen für die Zementherstellung zu nutzen – insbesondere die Verfahren zur Steinzerkleinerung. In den folgenden Jahren gelangen ihm eine Reihe von Verbesserungen bei der Zementherstellung, unter denen wohl der rotierende Trockenofen die bedeutendste war. Dieser wurde nicht nur in der von ihm gebauten automatischen Zementfabrik in New Jersey genutzt, sondern auch von anderen Zementproduzenten in Lizenz betrieben. Der Ofen zeichnete teilweise für die damalige Überproduktion an Zement verantwortlich, was Edison veranlasste, kostengünstige Betonhäuser zu entwickeln – allerdings sind von diesen nur wenige gebaut worden.

Ebenfalls im ersten Jahrzehnt des vergangenen Jahrhunderts investierte Edison viel Zeit für die Entwicklung einer leistungsfähigen Alkalibatterie, die er für den Antrieb von Elektroautos nutzen wollte. Bereits in seiner Zeit als Telegraphenerfinder hatte er sich für Batterien interessiert. Er gehörte zu den Ersten, die nutzerfreundliche Batterien zu entwickeln versuchten – insbesondere im Zusammenhang mit seinen Entwicklungsarbeiten zum Phonographen und eines Elektroschreibstiftes. Allerdings konnte er damals keine befriedigende Lösung für das Problem des Nachfüllens der Elektrolytflüssigkeit und des Ersetzens der verbrauchten Elektroden finden. Dennoch gehen auf Edison bedeutende Verbesserungen in der Batteriekonstruktion zurück – namentlich die Edison-Lalande-Zelle fand breite Anwendungen. Im Zusammenhang mit dem Aufbau seiner elektrischen Zentralstationen entwickelte Edison in den frühen 1880er-Jahren auch große stationäre Batterien, die jedoch für diese Zwecke nicht sehr effizient waren. Mit dem Aufschwung der Automobiltechnik kam er dann in den späten 1890er-Jahren wieder darauf zurück. Da die üblichen Bleibatterien für den Autoantrieb viel zu schwer waren, versuchte Edison sein Ziel, Batterien mit geringem Gewicht und langer Lebensdauer zu entwickeln, auf der Grundlage von Alkalibatterien zu erreichen. Die entsprechenden Entwicklungsarbeiten dauerten aber mehr als ein Jahrzehnt, und das Automobil mit Verbrennungsmotoren hatten inzwischen einen praktisch uneinholbaren technologischen Entwicklungsvorsprung erreicht. Dennoch fanden Edisons Batterien in der Industrie vielfältige Anwendungsmöglichkeiten und einen großen Markt, so dass sie die wohl erfolgreichste Erfindung seiner zweiten Lebenshälfte waren.

Das industrielle Forschungslabor
Gleichrangig neben Edisons Erfindertätigkeit stehen seine Bemühungen um deren Organisation. Für ihn war eine Erfindung sehr viel mehr als lediglich die Materialisierung einer Idee in einem funktionsfähigen Artefakt. Seine Vorstellungen entsprechen in etwa dem, was heute mit innovativer Erfindung, Forschung und Entwicklung sowie Kommerzialisierung umschrieben wird. Edison trug mit seinem Wirken ganz wesentlich dazu bei, für die erfinderische Tätigkeit eine neuartige Institution zu kreieren – das industrielle Forschungslaboratorium. Im Amerika des 19. Jahrhunderts waren Fabriken und mechanische Werkstätten die bevorzugten Orte, an denen Erfindungen getätigt wurden. Werkstatterfindungen funktionierten sehr gut im Rahmen der so genannten Versuch-und-Irrtum-Methode und dienten häufig zur Charakterisierung der Erfinder im 19. Jahrhundert.

Menlo Park wurde der Grundstein für ein neues Forschungsmodell, denn Edison verknüpfte dort die Werkstatt-Tradition mit hoch entwickelter Laborforschung auf der Grundlage wissenschaftlicher und technischer Prinzipien. Darüber hinaus ging Edison zur Teamforschung über, um so möglichst alle Aspekte seiner Erfindungen auszuschöpfen und sie schnellstmöglich vom Forschungsstadium in das der Entwicklung und Kommerzialisierung zu überführen. Zwischen 1876 und 1880 transformierte Edison seine »Erfindungsfabrik« in ein genuines Forschungs- und Entwicklungslabor, womit er den Grundstein für die Herausbildung der moderne Industrieforschung legte.

Seit seiner Englandreise im Jahre 1873 war Edison intensiv darum bemüht, seine Erfindertätigkeit neu zu organisieren. Die dort gewonnenen Erfahrungen machten ihm deutlich, dass er trotz aller Erfolge noch relativ wenig über die elektrischen und chemischen Phänomene wusste, die in Kabeln und bei der automatischen Telegrafie eine Rolle spielten. Dies war für ihn ein wichtiger Grund, ein gut ausgestattetes elektrisches und chemisches Laboratorium aufzubauen. Sofort nach seiner Rückkehr richtete er in einer Ecke seiner Newarker Telegrafenfabrik sein erstes Labor ein, und schon nach sechs Monaten konnte er voller Stolz verkünden, dass man dort »jede erdenkliche Auswahl an elektrischen Apparaten und jede Menge an Chemikalien für Versuche finden kann«.

In seinem neuen Laboratorium wurde weniger an solchen elektromechanischen Konstruktionen gearbeitet, die sein Ansehen als Erfinder begründet hatten, vielmehr wurden Experimente zu elektrischen und elektrochemischen Phänomenen durchgeführt. Zwar führte auch Edison mitunter Versuche aus, die vornehmlich der wissenschaftlichen Erkenntnisgewinnung dienten und kaum unmittelbare praktische Anwendungen versprachen, doch ging es ihm in erster Linie um verwertbare Erfindungen. Aus Edisons Feder gibt es so nur wenige Publikationen in wissenschaftlichen oder technischen Fachzeitschriften. Zu den von Edison bei seiner Laborforschung untersuchten Effekten gehört auch jener, der heute seinen Namen trägt. Bei seinen Glühlampenexperimenten hatte er in den frühen 1880er-Jahren Schwärzungen des Lampenkolbens beobachtet, die er auf das Fließen eines »elektrischen Stroms« zurückführte. Um die störenden Schwärzungen zu vermeiden, experimentierte er mit einem Platindraht, der als Elektrode in die Lampe eingeführt wurde. Mit diesem konnte er eine elektrische Spannung nachweisen, die durch den Teilchenstrom im erhitzten Lampenkörper erzeugt wurde. Edison nutzte diese Beobachtung zur Anmeldung eines Patents für einen »elektrischen Indikator« – sehr viel bedeutsamer wurde jedoch der »Edison-Effekt« Jahre später, als er durch die Entwicklungen anderer Wissenschaftler und Techniker zur Grundlage der modernen Vakuumelektronik wurde.

Neben den Einnahmen aus Lizenzen und aus den Entwicklungsarbeiten für Telegrafengesellschaften machte Edison auch mit dem Vertrieb jener Instrumente Gewinn, die er zunächst nur für die Zwecke seiner Newarker Werkstatt erfunden hatte. Im Frühjahr 1875 konnte er sein expandierendes Labor vollständig von Produktionsaufgaben freistellen, und die Mechanikerwerkstatt wurde Teil des Laboratoriums. Die gut ausgebildeten Facharbeiter und die ausgezeichnete Ausrüstung der Newarker Telegrafenwerkstätten waren eine wichtige Voraussetzung, so dass Edison sehr schnell neue Versuchseinrichtungen entwickeln, testen und verändern und damit den Umfang seiner Erfindungstätigkeit bedeutend steigern konnte.

Zu Beginn des Jahres 1876 traf Edison die Entscheidung, seine Entwicklungskapazitäten zu erweitern und Menlo Park aufzubauen. Menlo Park war von Anfang an als »Erfindungsfabrik« konzipiert, und Edison plante, dort »jeden zehnten Tag eine kleine und alle sechs Monate eine große Erfindung« zu realisieren. Allerdings markiert Menlo Park noch keinen scharfen Bruch zur Tradition der Werkstatterfindung. Es dokumentiert vielmehr

T.A. Edison: Menlo-Park-Laboratorium

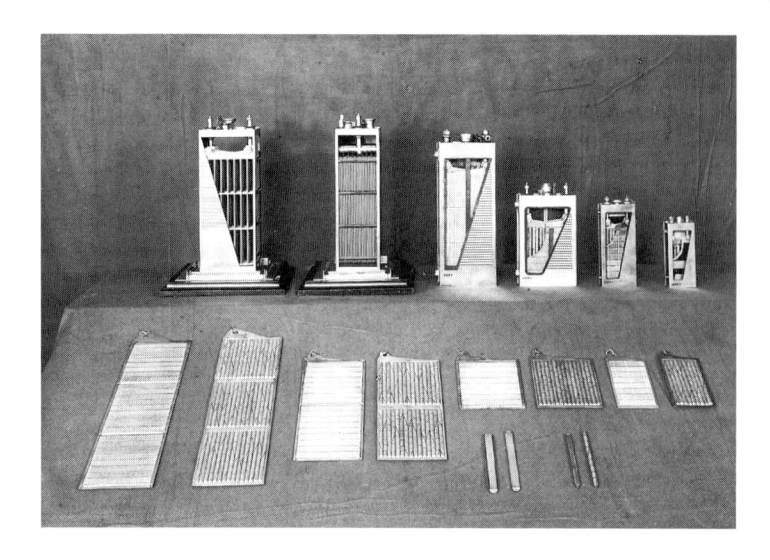

T.A. Edison: Originale seiner Akkumulatoren (Foto: Deutsches Museum München)

Edisons Bemühungen um Kontinuität, darum, diese Tradition eher zu verbessern als zu ersetzen. Trotzdem ist Menlo Park auch Beispiel für die Suche nach einem neuen Forschungsmodell, da Edison kontinuierlich die Werkstatttradition mit qualifizierter chemischer und elektrische Laborforschung verknüpfte. Dabei stand Edison nicht allein, denn elektrische und in geringerem Maße auch chemische Laboratorien existierten damals in zahlreichen amerikanischen Telegrafenwerkstätten. Was Edisons Bemühungen heraushebt, ist ihr Ausmaß und der Rahmen. Das Edisonsche Labor in Menlo Park war wahrscheinlich das am besten ausgerüstete Privatlabor der USA und sicherlich dasjenige, das am konsequentesten auf eine Erfindungstätigkeit ausgerichtet war.

Für sein neues Labor in Menlo Park brauchte Edison zusätzliche Finanzmittel, die er u. a. bei verschiedenen seiner Tochtergesellschaften einwerben konnte. So förderte allein die Electric Light Company das Edisonsche Labor zwischen Oktober 1878 und März 1881 mit etwa 130 000 $. Hatte Edison Menlo Park mit einer Handvoll Ingenieuren und Mechanikern eröffnet, so war sein Mitarbeiterstab bereits zwei Jahre später, im Frühjahr 1878, auf über 25 Personen angewachsen. Die Unterstützung der Electric Light Company ermöglichte ihm Ende 1878 den Bau einer großen Maschinenwerkstatt sowie eines kombinierten Büro- und Bibliothektrakts; mit den Einnahmen aus britischen Telefonlizenzen finanzierte Edison die Anschaffung einer größeren Menge an Büchern und Periodika. Mit dem enormen Wachstum des Personals und der Forschungsmöglichkeiten in Menlo Park fand auch eine Reorganisation der Forschung selbst statt. So wurden Teams von Forschern und Mechanikern gebildet, und Edison selbst zog sich immer mehr auf die Rolle eines Forschungsdirektors zurück, der zwar noch an fast allen Forschungsaktivitäten beteiligt war, doch zunehmend seinen Mitarbeitern auch eigenständige Forschungs- und Entwicklungsaufträge übertrug und sie damit auch an den Patenten beteiligte.

Bis zu seinen Arbeiten zur Entwicklung der elektrischen Beleuchtung stützte sich Edison auf Assistenten, die entweder qualifizierte Handwerker oder – wie er selbst – Autodidakten auf dem Gebiet der Elektrizität waren. Die Arbeiten zur elektrischen Beleuchtung machten einen neuen Mitarbeitertyp nötig, den Upton repräsentierte. Dieser war Absolvent des Bowdoin College in Maine und hatte seine weitere wissenschaftliche Ausbildung in Princeton und bei H. v. ↗ Helmholtz in Berlin erhalten. Daneben beschäftigte Edison auch mehrere ausgebildete Chemiker. Die Mehrzahl der Mitarbeiter waren aber nach wie vor »Self-Made-Men« und meistens ausgebildete Mechaniker. Obwohl Upton über eine Hochschulausbildung in Physik verfügte, sah er im Laboratorium von Menlo Park eine spezielle Schule und meinte, von Edison mehr über Elektrizität gelernt zu haben als in den Universitätskursen. Damals operierten Erfinder wie Edison häufig mit Dingen, die wissenschaftlich noch nicht verstanden waren.

Der große Erfolg des Edisonschen Labors in Menlo Park machte es zu einer Modelleinrichtung – nicht zuletzt für solche Pioniere der Elektroindustrie wie Bell und Edward Weston oder für Firmen wie Bell Telephone und Western Electric. Menlo Park wurde aber auch das Modell für das sehr viel größere Labor, das Edison selbst später in West Orange errichtete. Nachdem er in Menlo Park ein institutionalisiertes Regime für Forschung und Entwicklung etabliert hatte, wandte er dieses in West Orange auf ein breites Spektrum technischer Probleme an, insbesondere auf die elektrische Beleuchtung und Versorgung, auf das Problem der Schallaufnahme, den Film, Akkumulatoren u. a. m. Die meisten der dafür angestellten jungen Mitarbeiter waren Absolventen technischer Hochschulen, die über Kenntnisse in Elektrotechnik und Chemie verfügten. Obwohl die Meinung weit verbreitet ist, dass Edison theoretisches Wissen und reguläre Ausbildung nur wenig geschätzt hätte, gehört dies zu den zahlreichen Legenden, die sich um das Leben Edisons ranken. Beispielsweise waren viele der Chemiker in Edisons Mitarbeiterstab Absolventen von Colleges, einige hatten sogar an deutschen Universitäten studiert. Dennoch bot eine Collegeausbildung noch keine Garantie für eine Anstellung bei Edison, da dieser stets bereit war, über formale Kriterien hinwegzusehen, und engagierte junge Mitarbeiter mit praktischen Erfahrungen durchaus schätzte. Die Gründung von Menlo Park war nur möglich, weil technisch basierte Großunternehmen wie Western Union ein wachsendes Interesse daran hatten, den Innovationsprozess durch die Unterstützung von herausragenden Erfindern immer besser zu steuern. Auch wenn das Laboratorium von Menlo Park als Edisons ureigenste Angelegenheit anzusehen ist, war das Labor nicht zuletzt der Platz, der es Edison ermöglichte, Erfindungen zu einem geordneten und damit besser prognostizierbaren Prozess zu machen. Dies trug dazu bei, dass das Labor beispielsweise von Western Union durch Aufträge und finanzielle Zuwendungen gefördert wurde; auch den Teilhabern von Edisons Light Company war klar, dass Edisons Ansatz nachhaltige Vorteile gegenüber der Konkurrenz bot, so dass sie Edisons Forschungen mit größeren und kontinuierlichen finanziellen Zuwendungen förderten. Edisons Erfolge bei der Verbesserung des Telefons, des Phonographen und der Entwicklung eines elektrischen Beleuchtungssystems zeigten, dass die Erfindungstätigkeit durchaus als ein industrieller Prozess anzusehen war und ihre gezielte Förderung profitabel sein konnte. Damit wurden wichtige Grundlagen für die moderne Industrieforschung und -entwicklung gelegt. Edisons Laboratorien wurden so zum Modell für die frühen Forschungsabteilungen, die solche Unternehmen wie Bell Telephone und General Electric um die Jahrhundertwende einzurichten begannen und die in den ersten Jahrzehnten des zwanzigsten Jahrhunderts einen neuen Stil wissenschaftlich basierter Industrieforschung formten. Edison selbst hat diesen tiefen Wandel der Industrieforschung kaum zur Kenntnis genommen. Als in den ersten Dekaden des zwanzigsten Jahrhunderts wissenschaftliche Spezialkenntnisse immer bedeutsamer für die Entwicklung neuer Technologien wurden, stützte sich Edison in zunehmendem Maße auf junge Ingenieure, die er seine Art des Erfindens »lehrte«. Wenn Edison seine Philosophie geändert hätte, Wissenschaftler mit Spezialwissen eingestellt und ihr Talent und Wissen mit seinen Fähigkeiten »veredelt« hätte, dann hätten er und sein Labor sicherlich bis zu seinem Tode die Industrieforschung weiterhin entscheidend mitbestimmt und geprägt. Stattdessen wurde er zum Symbol und Mythos einer amerikanischen Vergangenheit, in der ein Genie ohne formelle Bildung die Welt durch harte Arbeit und Ausdauer in Erstaunen zu versetzen vermochte.

Werk(e):
The Papers of Thomas A. Edison, hrg. v. R. Jenkins, B. Rosenberg, P. Israel, Bde. 1-5 (1989ff); Thomas A. Edison Papers. A Selective Microfilm Edition, hrg. v. Th. E. Jeffrey (1985ff); Thomas A. Edison Papers website: http://edison.rutgers.edu (umfasst Originaldokumente, Patente, Bibliographien und Chronologien); The Diary and Sundry Observations of Thomas Alva Edison, hrg. v. D. D. Runes (1948).

Sekundär-Literatur:
Dyer, F. L., Martin, Th. C.: Edison – His Life and Inventions (1929); Ford, H.: Edison As I Knew Him (1930); Josephson, M.: Edison: a biography (1959); Millard, A.: Edison and the Business of Innovation (1990); Israel, P.: Edison. A life of Invention (1998); Nye, D. E.: The invented Self. An Antibiography, from documents of Thomas A. Edison (1983); Schreier, W. u. H.: Thomas Alva Edison (1986); Vögtle, F.: Thomas Alva Edison (1982).

Ehrenberg, Christian Gottfried,
deutscher Naturforscher, Mediziner, Zoologe und Botaniker,
* 19. 4. 1795 Delitzsch,
† 27. 6. 1876 Berlin.

Ehrenberg war einer der vielseitigsten und fruchtbarsten Naturforscher des 19. Jahrhunderts und begründete die Mikropaläontologie.

Ehrenberg wurde in Delitzsch geboren als Sohn des dortigen Hospitalvorstehers, der es – aus einer alten Familie von Müllern stammend – durch Wissensdurst, Fleiß und Zielstrebigkeit bis zum Stadtrichter mit großem Haus- und Grundbesitz gebracht hatte. Seine an der Lateinschule erworbenen Kenntnisse erweiterte er durch Lesen in einem lateinischen Lexikon, der hebräischen Bibel und einem vierbändigen geographischen Wörterbuch. Zugleich lernte er unter Anleitung des Pfarrers die heimische Tier- und Pflanzenwelt kennen. Der eifrige Schüler erhielt eine der drei für Delitzsch bestimmten Freistellen auf der Fürstenschule Pforta, wo er von 1809 bis 1815 eine gründliche humanistische Bildung erwarb. Nach eigener Aussage schärfte besonders das Studium der alten Sprachen sein logisches Denken. Auf Wunsch des Vaters begann er

C.G. Ehrenberg

1815 an der Leipziger Universität ein Theologiestudium, das er aber zugunsten der Medizin aufgab.

Zu seinen akademischen Lehrern zählten der Naturhistoriker Christian Friedrich Schwägrichen und der Anatom Johann Christian Rosenmüller. Da ihn jedoch eine Ausbildung zum praktischen Arzt nicht reizte und er zudem zur Ableistung der Militärdienstpflicht (der er dann allerdings durch die Promotion enthoben wurde) in eine preußische Universitätsstadt wechseln musste, begab er sich nach Berlin. Bereits 1818 legte er hier das medizinische Staatsexamen ab und wurde zum Dr. med. promoviert. In seiner botanischen Dissertation *Sylvae mycologicae Berolinenses* beschrieb er 248 für Berlin noch nicht bekannte, darunter 62 gänzlich neue Pilzarten. Dadurch in Forscherkreisen bekannt geworden, ernannte ihn die Leopoldina unter ihrem Präsidenten Chr. G. ↗ Nees von Esenbeck 1818 zum Mitglied dieser Wissenschaftsakademie.

Auf Vorschlag A. v. ↗ Humboldts gab die Berliner Akademie der Wissenschaften Ehrenberg und seinem Freund Wilhelm Friedrich Hemprich die Möglichkeit, an einer Expedition in die Länder am Nil teilzunehmen, die aber durch zahlreiche Beschwernisse und nicht zuletzt durch Hemprichs Tod vorzeitig beendet werden musste. Doch brachte die Expedition eine reiche Ausbeute: Hunderte von Gesteinsproben sowie Gegenstände aus Flora und Fauna der bereisten Länder wurden dem Königlichen Museum in Berlin übersandt. 1827 wurde Ehrenberg Mitglied der Preußischen Akademie der Wissenschaften (Sekretar 1847/67) und außerordentlicher Professor an der Berliner Universität (1839 ordentlicher Professor, mehrfach Dekan und 1855 Rektor). Bereits 1827/28 hatte er mit Vorlesungen über »das physiologische und anatomische Studium der wirbellosen Tiere« begonnen und sich seit 1828 intensiv mit Infusorien beschäftigt.

1829 wählte ihn Humboldt als Begleiter auf seiner russisch-sibirischen Reise, die ein dreiviertel Jahr dauerte und über Riga, Dorpat, Petersburg, Moskau zum Ural und dem Altai bis zur chinesischen Grenze führte. In den folgenden Jahrzehnten widmete sich Ehrenberg der Erforschung der Mikroorganismen, die er lebend, z. B. in Wasser und Luft, oder als Fossilien in Gestein und Sedimenten fand. In fast 400 wissenschaftlichen Publikationen und drei bedeutenden Monographien legte er den Grundstein für das heute als Mikropaläontologie bezeichnete Fachgebiet. So beschrieb er schon etwa 15% aller heute bekannten Diatomeenarten. In seinem umfangreichen Werk über die »Infusionsthierchen« widerlegte er außerdem damalige Vorstellungen über die Urzeugung von Einzellern. Hervorzuheben ist auch sein künstlerisches Talent, das ihm ermöglichte, vorzügliche Vorlagen für die Kupferstiche zu zeichnen.

Ehrenberg empfing zahlreiche Ehrungen: So war er Korrespondierendes Mitglied der zoologischen Sektion des Institut de France (in dem er seit 1860 einen Sitz hatte) und Mitglied der Royal Society, er erhielt u. a. den Prix pour Physiologie expérimentale de l'Institut de Paris, den Prix Cuvier, die Leeuwenhoek-Medaille und die Woodward Medal der Geological Society. 1842 bis 1867 war er Sekretar der physikalisch-mathematischen Klasse der Akademie der Wissenschaften zu Berlin. Nach Ehrenbergs Tod 1876 ging seine Sammlung, die u. a. etwa 40 000 mikroskopische Präparate, 3 000 Handzeichnungen und fast 1000 Briefe enthält, an das Berliner Museum für Naturkunde. Der persönliche Nachlass wird im Schlossmuseum Delitzsch aufbewahrt. [IK]

Werk(e):
Symbolae physicae, seu Icones et Descriptiones corporum naturalium novorum aut minus cognitorum, quae ex itineribus per Libyam, Aegyptum, Nubiam, Dongolam, Syriam, Arabiam et Habessiniam (9 Bde., 1828); Die Infusionsthierchen als vollkommene Organismen. Ein Blick in das tiefere organische Leben der Natur (1838); Mikrogeologie. Das Erden und Felsen schaffende Wirken des unsichtbar kleinen selbständigen Lebens auf der Erde (1854).

Sekundär-Literatur:
Laue, M.: Christian Gottfried Ehrenberg. Ein Vertreter deutscher Naturforschung im neunzehnten Jahrhundert (1895); Schlegel, M., Hausmann, K. (Hrg.): Christian Gottfried Ehrenberg – Festschrift anlässlich der 14. Wissenschaftlichen Jahrestagung der Deutschen Gesellschaft für Protozoologie (1996).

Ehrenfest, Paul,
österreichischer Physiker,
* 18. 1. 1880 Wien,
† 25. 9. 1933 (Selbstmord) Amsterdam.

Ehrenfest war maßgeblich an der begrifflichen Entwicklung der statistischen Mechanik und der Quantentheorie beteiligt und gehört damit neben M. ↗ Planck,

P. Ehrenfest (rechts) mit W. Pauli 1929 (Foto: Cern)

H. A. ↗ Lorentz, A. ↗ Einstein und H. ↗ Poincaré zu den frühen Wegbereitern der schließlich durch W. ↗ Heisenberg und E. ↗ Schrödinger vollendeten Quantenmechanik. Neben seinen kritischen Fähigkeiten besaß er auch bedeutende pädagogische Talente, die ihm den Ruf eines »Sokrates der modernen Physik« eintrugen.

Als jüngster von fünf Brüdern begann Paul theoretische Physik an der Universität Wien zu studieren. Dort promovierte er 1904 mit einer noch unter L. ↗ Boltzmanns Leitung ausgeführten Untersuchung über *Die Bewegung starrer Körper in Flüssigkeiten und die Mechanik von Hertz*. Diese Zusammenarbeit mit Boltzmann sollte auch seine anhaltende Vorliebe für die statistische Mechanik wecken. Im gleichen Jahr heiratete er die russische Studentin Tatiana Alexejewna Afanassjewa, die er während eines Studienaufenthaltes in Göttingen kennengelernt hatte und die von nun an auch seine wissenschaftlichen Interessen mit ihm teilte. Gemeinsam mit ihr gelang es ihm, verschiedene wahrscheinlichkeitstheoretische Paradoxien der statistischen Mechanik von Boltzmann und J. W. ↗ Gibbs aufzuklären.

Eine kritische Analyse der der Planckschen Strahlungstheorie zugrundeliegenden Voraussetzungen (1905) und ein gelungener Vortrag im Göttinger Kolloquium über das Boltzmannsche H-Theorem, das er mit Hilfe eines inzwischen in die Lehrbuchliteratur eingegangenen Urnenmodells illustrierte, fanden allgemeine Beachtung. Sie bewogen den Göttinger Mathematiker F. ↗ Klein, Ehrenfest im November 1906 mit einem Referat über *Begriffliche Grundlagen der statistischen Auffassung in der Mechanik* für die von Klein herausgegebene *Encyklopädie der mathematischen Wissenschaften* zu betrauen. Der nach mehr als 3-jähriger Tätigkeit gemeinsam mit seiner Frau Tatiana in deren russischer Heimat St. Petersburg angefertigte und erst im Dezember 1911 ausgegebene Bericht lieferte eine strengere und einheitlichere Begründung der statistischen Prinzipien und entkräftete zahlreiche Widersprüche (wie z. B. den Umkehr- und Wiederkehreinwand), die insbesondere gegen das Boltzmannsche H-Theorem vom Anwachsen der Entropie erhoben worden waren. Außerdem wurden die Beziehungen zu der ihnen weniger zusagenden deduktiven Methode der kanonischen Gesamtheiten von Gibbs sichtbarer gemacht, so dass die statistische Mechanik mit größerem Recht als eine in sich geschlossene Disziplin innerhalb der Physik betrachtet werden konnte.

Nachdem sich die Hoffnungen, in Russland oder anderswo eine permanente Anstellung zu erhalten, nicht erfüllen wollten, wurde Ehrenfest sehr zu seiner Überraschung Ende September 1912 als Nachfolger des angesehenen niederländischen Physikers Lorentz nach Leiden berufen.

Bei der Suche nach einer strengeren Begründung der Planckschen Strahlungsformel führte Ehrenfest 1911 den Begriff der von der Oszillatorenenergie E und der Frequenz v abhängigen und den verschiedenen Gebieten des Phasenraumes zugeordneten statistischen *a priori* Gewichte $\gamma(v, E)$ ein, mit denen die zur Bestimmung der thermodynamischen Größen erforderlichen Zustandssummen zu multiplizieren sind. Er zeigte, dass der allgemeinste mit dem

Wienschen Verschiebungsgesetz verträgliche Ansatz für diese Gewichtsfunktion die Form $G(E/v)$ hat, also eine sich bei »unendlich langsamer« Veränderung äußerer Parameter nicht ändernde adiabatische Invariante ist. Damit war auch erklärt, wieso das zunächst »auf rein klassischer Grundlage abgeleitete« Verschiebungsgesetz so »unerschütterlich mitten in der Welt Strahlungserscheinungen, deren antiklassischer Quantencharakter stets unerbittlicher hervortrat«, bestehen bleiben konnte.

Aufgrund dieser Erkenntnis gelangte Ehrenfest 1916 zu einer seiner Hauptleistungen auf dem Gebiete der Quantenstatistik, der Adiabatenhypothese. Als heuristisches Hilfsmittel wurde sie zur Erweiterung der bisher noch weitgehend auf den Oszillator beschränkten Quantentheorie herangezogen, indem sich aus den adiabatischen Invarianten der klassischen Mechanik durch ihre Gleichsetzung zu einem Multiplum des Wirkungsquantums Quantenbedingungen für kompliziertere Systeme herleiten ließen. Bis zur ihrer Ablösung durch die neue Quantenmechanik bildete die Adiabatenhypothese zusammen mit dem Bohrschen Korrespondenzprinzip eines der wichtigsten theoretischen Leitprinzipien der älteren Quantentheorie. Wie Born später nachweisen konnte, behielt die Adiabatenhypothese auch in der neuen Wellenmechanik weiterhin ihre Bedeutung. Ein System verbleibt bei adiabatischen Einwirkungen stets in einem bestimmten stationären Zustand.

Bei der Aufstellung der Spinhypothese durch seine beiden Schüler G. ↗ Uhlenbeck und S. ↗ Goudsmit und bei der Entwicklung des Spinorkalküls nach der Formulierung der Diracschen Theorie des Elektrons sind ebenfalls wichtige Anregungen von Ehrenfest ausgegangen. 1932 hat er mit seinen »Erkundigungsfragen« nochmals mit sicherem Blick für die begrifflichen Zusammenhänge auf einige ungeklärte Probleme der neuen Quantenphysik aufmerksam gemacht, welche die Forschung lange beschäftigen sollten.

Eine große Anzahl ausgezeichneter Schüler sind aus Ehrenfests Schule hervorgegangen, unter ihnen neben Goudsmit und Uhlenbeck auch Jan M. Burgers, H. A. ↗ Kramers, Dirk Coster und Hendrik B. G. Casimir, die seinen Einfluss auf die Entwicklung der Physik noch weit über den Zeitpunkt seines frühzeitigen Todes hinaus fortsetzten. Durch seine engen freundschaftlichen Beziehungen zu den herausragendsten Physikern seiner Zeit und durch seine intensive Reisetätigkeit förderte er den internationalen wissenschaftlichen Verkehr in Zeiten, als große politische Spannungen die Forschung stark behinderten. [KVM]

Werk(e):
1959 Collected scientific papers, hrg. M. J. Klein (1959); mit T. Ehrenfest: Begriffliche Grundlagen der statistischen Auffassung in der Mechanik, in: Encyklopädie der mathematischen Wissenschaften mit Einschluß ihrer Anwendungen. Band IV, 2. Teil (1911) 3–90; mit V. Trkal: Deduction of the dissociation equilibrium from the theory of quanta and a calculation of the chemical constant based on this, Proceedings Amsterdam, Acad. 23 (1920) 162–183; Ann. Phys. 65 (1921) 609–628; Ehrenfest-Ioffe. Wissenschaftlicher Briefwechsel 1907–1933 (russisch, 1973).

Sekundär-Literatur:
Einstein, A.: Paul Ehrenfest in memoriam, in: Almanak van het Leidsche Studentencorps (1934); Frenkel, V.: Paul Ehrenfest (russisch, 1977); Klein, M. J.: Paul Ehrenfest. Volume 1: The making of a theoretical physicist (1970); Klein, M. J.: Not by discoveries alone: The centennial of Paul Ehrenfest, Physica 106A (1981) 3–14; Physics in the making in Leiden: Paul Ehrenfest as a teacher, in: A. Sarlemijn und M. J. Sparnaay (Hrg.): Physics in the making (1989); Pauli, W.: 1933 Paul Ehrenfest, Naturwiss. 21 (1933) 841–843; Wheaton, B.: Catalogue of the Paul Ehrenfest Archive at the Museum Boerhaave Leiden (1977)

Ehrlich, Paul,
Deutscher Immunologe und Bakteriologe,
* 14. 3. 1854 Strehlen/Oberschlesien,
† 20. 8. 1915 Bad Homburg.

Ehrlich hat mit seinen Arbeiten die Medizin des ausgehenden 19. und des 20. Jahrhunderts und hier vor allem die Entwicklung der Biomedizin entscheidend geprägt. Durch die Einführung farbenanalytischer Untersuchungsmethoden in Forschung und Klinik machte er zeitgenössische Kenntnisse der Chemie für die Medizin nutzbar. Damit förderte er die Diagnostik und Therapie diverser Krankheiten und öffnete eine Tür zur Erforschung des Metabolismus des menschlichen Körpers. Dies schlug sich in bahnbrechenden Arbeiten zur Immunologie und Chemotherapie nieder.

Ehrlich studierte zwischen 1872 und 1878 Medizin in Breslau, Straßburg, Freiburg im Breisgau und Leipzig. Er promovierte in Leipzig im Jahre 1878. Zwischen 1878 und 1885 arbeitete er als Forscher und Praktiker an der I. Medizinischen Klinik der Berliner Charité unter dem bekannten Internisten Theodor Frerichs und habilitierte sich 1885. Nach dem plötzlichen Tod von Frerichs in demselben Jahr wechselte Ehrlich unter dessen Nachfolger Carl Gerhardt an die II. Medizinische Klinik ebendort. Im Jahre 1888 zog sich Ehrlich bei der Stationsarbeit eine Tuberkuloseinfektion zu, quittierte den Dienst und begab sich für ein Jahr zu einem Kuraufenthalt nach Ägypten. 1889 kehrte er nach Berlin zurück und betrieb in einem kleinen, mit Hilfe seines Schwiegervaters eingerichteten Labor immunologische Studien. Nur ein Jahr später, im Jahr 1890, gab der bekannte Bakteriologe R. ↗ Koch seinem ehemaligen Helfer bei der Anfärbung der Tuberkulosebazillen eine Stelle als klinischer Supervisor für Tuberkulinstudien am Städtischen Kranken-

P. Ehrlich

haus Berlin-Moabit. Wiederum nur ein Jahr später erhielt Ehrlich von Koch ein Labor in dessen neuem Institut für Infektionskrankheiten. 1896 wurde er Direktor des neu gegründeten Institutes für Serumforschung und Serumprüfung in Berlin-Steglitz. Das Institut wurde 1899 nach Frankfurt/Main verlegt und in Institut für experimentelle Therapie umbenannt. 1914 wurde Ehrlich an der neu gegründeten Universität in Frankfurt am Main ordentlicher Professor.

Ehrlichs Arbeit war von dem Ziel geprägt, Erkenntnisse der Chemie auf die Medizin anzuwenden. Dies waren vor allem die Färbemethoden, auf die sein Augenmerk schon in seiner Studentenzeit fiel. In seiner Straßburger Zeit unter dem Anatomen Wilhelm Waldeyer färbte Ehrlich histologische Präparate. Die Anfärbung von Zellen ermöglichte Ehrlich eine genauere Differenzierung von deren Funktion und führte in seiner Freiburger Zeit zur Entdeckung einer neuen Zellart, der so genannten Mastzellen, die im Rahmen der Körperabwehr eine wichtige Rolle spielen. Ehrlich vertrat den Standpunkt, dass die Zellen und der Farbstoff eine chemische Verbindung eingehen würden, womit er zeitgenössischen Theorien einer mechanisch-physikalischen Bindung widersprach. Ehrlich erhielt durch seine Untersuchungen erste Hinweise darauf, dass der Stoffwechsel der Zelle nicht zuletzt chemischen Gesetzmäßigkeiten unterliegt. Seine Erkenntnisse zur Theorie und Praxis der histologischen Färbung fasste er 1878 in seiner Doktorarbeit zusammen. Ehrlichs farbenanalytische Studien wurden nicht zuletzt in seiner Breslauer Studentenzeit gefördert, wo er durch seinen Vetter, den Pathologen Carl Weigert, und vor allem durch den Pathologen Julius Cohnheim stark geprägt wurde. Cohnheim legte Wert auf (tier-)experimentelle Studien, welche die statischen Untersuchungen im Leichensaal ergänzen sollten, um Krankheitsprozesse aufzuklären, und arbeitete in starkem Bezug zur Klinik. Sowohl Ehrlich als auch Cohnheim wurden Pioniere einer »klinischen Pathologie«, die auf der Verbindung von Krankenstation und Labor beruht und nach 1900 zunächst in England Fuß fassen konnte.

Kaum zufällig arbeitete Ehrlich zunächst praktisch-klinisch, da die Umsetzung seiner Laborstudien für ihn von Anfang an einen hohen Stellenwert hatte. Unter Freirichs an der Berliner Charité hatte Ehrlich ein eigenes Labor, gleichfalls aber auch Zugang zu den Krankenstationen. Die Nutzung des Labors für die Klinik wurde von Freirichs stark gefördert. Ehrlich arbeitete in der Folgezeit klinisch-pathologisch. Er untersuchte Material aus dem Leichensaal mit Hilfe seiner Färbetechniken, ferner aber auch Proben von Geweben und Körperflüssigkeiten, die am lebenden Patienten entnommen worden waren. Dabei konnte er seine Erkenntnisse in diagnostische und therapeutische Maßnahmen umsetzen, indem er zum Beispiel Infektionskrankheiten durch die Anfärbung von Mikroben differenzieren konnte. Ferner gelang es ihm mithilfe seiner Farben, die verschiedenen Arten der roten und weißen Blutkörperchen zu differenzieren und damit einen entscheidenden Beitrag zur Diagnostik und Therapie der Blutkrankheiten zu leisten. Er wurde damit zum Pionier einer modernen Hämatologie.

Ehrlich kombinierte die Arbeit auf der Krankenstation (hier auch das Humanexperiment) und die farbenanalytische Tätigkeit im Labor mit dem Tierexperiment. Das wichtigste Resultat dieser Methodenkombination war seine Studie über die Sauerstoffverwertung von Zellen. In seiner Habilitationsschrift von 1885 ermittelte Ehrlich unter intensiver Nutzung des Tierexperimentes den Sauerstoffverbrauch des Organismus. Die Farbaufnahme durch die verschiedenen Gewebe zeigte deren unterschiedliche Neigung zur Sauerstoffaufnahme an. Er vermutete, dass die Zelle Sauerstoff durch eine spezifische Bindung desselben an angelagerte »Seitenketten« aufnimmt.

Der Tod von Freirichs bedeutete einen Bruch in Ehrlichs Karriere. Dessen Nachfolger Carl Gerhardt hatte kein Interesse an Ehrlichs Laborarbeit und integrierte ihn in den Stationsdienst. Hinzu kam seine Erkrankung und die erzwungene Arbeitspause. Als Ehrlich dann 1889 ein kleines Privatlabor in Berlin betrieb, widmete er sich zunächst reinen Laborstudien und betrat das Feld der Immunologie. Kochs bakteriologische Arbeiten inspirierten Ehrlich, zumal er für Koch schon 1882 eine neue Färbemethode für Tuberkelbazillen entwickelt hatte. Ehrlich gelang es im Folgenden, Mäuse gegen die Pflanzengifte Abrin und Ricin zu immunisieren. Er konnte nachweisen, dass Nachwuchs von immunisierten Müttern eine passive Immunität erhalten hatte und dass diese passive Immunität auch durch Muttermilch übertragen wurde.

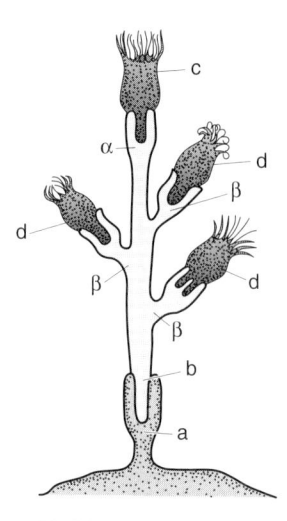

P. Ehrlich: Darstellung eines zellulären Rezeptors (a) und eines aufsitzenden Rezeptors mit vielen Bindungen (Ambozeptor, b)

In der Umgebung Kochs traf er auf eine motivierte Arbeitsgruppe. Kochs Assistent E. v. ↗ Behring und dessen Mitarbeiter Sh. ↗ Kitasato hatten 1890 im Falle von Diphtherie und Tetanus festgestellt, dass Antikörper gegen diese Erreger vorliegen. Ferner waren Richard Pfeiffer und August Wassermann bei Koch tätig. Seit den 1890er-Jahren elektrisierte Ehrlich die Idee, den menschlichen Körper mit enstprechenden Seren gegen Krankheiten zu immunisieren. Seine Arbeit konnte dabei auf seinen Privatstudien zu den Pflanzengiften aufbauen. Ehrlich widmete sich der Herstellung von Antitoxin, wobei er, wie bereits an der Charité, Laborversuche mit der praktischen Anwendung und Austestung von Seren kombinierte. Zusammen mit Kollegen testete er beispielsweise gewonnenes Diphtherieserum an 220 Kindern aus. Auch führte Ehrlich seine Färbestudien weiter.

Dennoch waren die Verhältnisse für ihn nicht einfach. Als Jude hatte er nie eine feste Stelle in Kochs Institut. Sein akademisches Überleben war nicht gesichert. Er fühlte sich zuweilen unnütz. Zwei Umstände kamen ihm dann zu Hilfe. Zum Ersten brauchte ihn die Gruppe um Koch plötzlich mehr denn je. 1894 gerieten Behring und die Farbwerke Hoechst in Schwierigkeiten mit der Produktion des neuen Diphtherieheilserums. Es war bisher nicht gelungen, das Serum in verlässlichen Konzentrationen herzustellen. Behring bat Ehrlich um Hilfe. Ehrlich willigte ein und hatte eine neue Aufgabe, doch nach wie vor keine gesicherte Stellung. Die 1895 am Kochschen Institut eingerichtete »Controlstation für Heilsera« wurde nicht Ehrlich, sondern Wassermann und Hermann Kossel, einem anderen Assistenten Kochs, unterstellt. Hier kam Ehrlich zu Hilfe, dass sein Gönner Friedrich Althoff, Ministerialrat im preußischen Kultusministerium, ihm 1896 in Steglitz ein eigenes Institut verschaffte, in dem er die Austestung von Seren vornehmen konnte. Althoff war es auch zu verdanken, dass Ehrlich dann 1899 in ein neues Institut in Frankfurt/Main umziehen konnte.

Ehrlich konzentrierte sich seit seiner Steglitzer Zeit vornehmlich auf theoretische Laborarbeit, um das Problem mit den Diphtherieseren zu lösen. Im Zuge dieser Arbeiten entwickelte er 1897 die alte Idee von Seitenketten zur »Seitenkettentheorie«. Auf der Grundlage umfangreicher und sehr komplizierter Experimente mit Meerschweinchen stellte er fest, dass Toxin (Erregergift) durch Antitoxin (Antikörper) zwar neutralisiert wurde, beide sich aber nicht konstant zueinander verhielten. Ehrlich stellte daraufhin in Rückkopplung mit stetig neuen Experimenten Überlegungen zum grundsätzlichen immunologischen Wirkmechanismus von Toxinen und Antitoxinen an, den er mit seiner Seitenkettentheorie erklärte: Bestimmte an den Zellen befindliche Seitenketten waren nach Ehrlich in der Lage, Bakterientoxine zu binden. Diese besetzten Seitenketten konnten ihren früheren Aufgaben dann nicht mehr nachkommen. Die Zelle reagierte daraufhin mit einer kompensatorischen Produktion von Seitenketten, die in eine Überproduktion mündete. Die überschüssigen Seitenketten würden in den Blutstrom abgegeben und als Antikörper oder Antitoxine Bakterientoxine binden. Diese Seitenkettentheorie wurde von Ehrlich in den folgenden Jahren zusammen mit dem Bakteriologen Julius Morgenroth in zahlreichen Versuchen weiter beforscht. Sie bildete die Grundlage, um immunologische Probleme der Hämatologie, aber auch den gesamten Stoffwechsel und die Ernährungsvorgänge des menschlichen Körpers erklären zu können. 1900 benannten Ehrlich und Morgenroth die Seitenketten in »Rezeptoren« um. Bis etwa 1905 schuf Ehrlich einen Mikrokosmos verschiedener miteinander interagierender immunologischer Substanzen und erweiterte seine Seitenkettentheorie zur »Rezeptortheorie«. Sie war umstritten und musste von Ehrlich mühsam verteidigt werden. Wenn auch in Teilen widerlegt, bereitete sie doch den Weg zur modernen Immunologie und auch Pharmakologie. 1908 erhielt er (zusammen mit I. I. ↗ Metschnikow) für diese immunologischen Studien den Nobelpreis.

Nachdem ein Seitenzweig seiner Forschungen, Krebsstudien, vor dem Hintergrund seiner Seitenkettentheorie keinen Erfolg gezeigt hatte, ergab sich ein deutlich praktisch-therapeutischer Bezug wieder durch seine ab 1906 durchgeführten chemotherapeutischen Arbeiten. In diesem Jahr erhielt Ehrlich durch eine Stiftung ein zusätzliches Forschungsinstitut, das sich speziell chemotherapeutischen Arbeiten widmen sollte, das Georg-Speyer-Haus in Frankfurt. Ehrlich hatte schon früher seine Farben zu therapeutischen Zwecken verwendet, so zum Beispiel 1890, als er Methylenblau gegen Nervenschmerzen (Neuralgien) einsetzte. Dennoch waren Zweifel geblieben, ob Arzneimittel wirklich eine feste spezifische Verbindung mit Zellen eingehen können. Diese spezifische Verbindung ließ Ehrlich im Rahmen seiner Seitenketten-/Rezeptortheorie zunächst nur für körpereigene Substanzen gelten. Ehrlich stellte aber weitere Versuche mit seinen Farben an, um die Frage der Arzneimittelwirkung auf Zellen zu lösen. Vor allem faszinierte ihn die Chemotherapie, unter der er den Einsatz chemischer und hier auch synthetisch geschaffener Substanzen zur Vernichtung von krankheitsverursachenden Mikroorganismen verstand. Im Jahre 1904 ermittelte er zusammen mit seinem Mitarbeiter Kiyoshi Shiga positive Effekte von »Trypanrot« auf Trypanosomen, eine bestimmte Mikrobenart. Als 1905 mit der Spirochaete *Treponema pallidum* der Erreger der Syphilis gefunden wurde, suchten viele Forscher nach einem wirksamen Arzneimittel. Die Ähnlichkeit zwischen Spirochaeten und Trypanosomen ließ auf eine ebenfalls gleiche Empfindlichkeit für bestimmte Substanzen hoffen. Ehrlich änderte die theoretische Grundlage seiner Versuche, indem er 1907 zugestand, dass sich auch Arzneimittel über bestimmte Rezeptoren, nämlich »Chemorezeptoren«, spezifisch an Mikroorganismen binden und ihre Wirkung erzielen könnten. Im Jahre 1909 testete Ehrlich schließlich arsenhaltige Substanzen, die er schon vorher in anderem Zusammenhang untersucht und therapeutisch hatte einsetzen lassen, auf den Syphiliserreger aus. Einer seiner Mitarbeiter, Sahachiro Hata, entdeckte die Wirksamkeit der Substanz Nummer 606. Nach der effektiven klinischen Austestung konnte Ehrlich 1910 die Entdeckung des »Salvarsans« bekannt geben. Diese Entdeckung machte ihn weltberühmt, zugleich wurde er zur Referenzperson für alle weiteren Fragen: Nachfragen und Beschwerden und sogar auch antisemitische Verunglimpfungen machten Ehrlich zu schaffen. Probleme in der Anwendung des Mittels und die Nebenwirkungen machten weitere Forschungen notwendig, die zu der Einführung einer verbesserten Substanz, des »Neosalvarsan«, im Jahre 1912 führten, ohne dass jedoch das Problem gelöst werden konnte.

Ehrlich kam nicht zur Ruhe. Seine Gesundheit hatte über die langen Jahre intensiver und rastloser Arbeit Schaden genommen. 1915 starb er während eines Kuraufenthaltes.

Obwohl Ehrlichs Arbeit so wichtig für die Entwicklung der wissenschaftlichen Medizin vor allem nach 1900 war, wurde deren Rezeption und die historische Bearbeitung seines Werkes vernachlässigt. Dies lag im wesentlichen daran, dass man im nationalsozialistischen Deutschland versuchte, seinen Namen und sein Werk auszulöschen. Seine Frau und seine Töchter mussten emigrieren. Erst langsam nach 1945 erinnerte man sich seiner wieder und vergewisserte sich der wichtigen Rolle, die er spielte. Dieser Prozess ist noch nicht abgeschlossen.
[CRP]

Werk(e):
The collected Papers of Paul Ehrlich in four Volumes including a complete Bibliography (hrg. v. F. Himmelweit), Bd. I, Histology, Biochemistry and Pathology (1956); Bd. II, Immunology and Cancer Research(1957); Bd. III, Chemotherapy (1960).

Sekundär-Literatur:
Bäumler, E.: Paul Ehrlich. Forscher für das Leben (1997).

Eiffel, Gustave Alexandre,
französischer Ingenieur, Unternehmer und Forscher auf dem Gebiet der Meteorologie und Aerodynamik,
* 15. 12.1832 Dijon,
† 27. 12.1923 Paris.

Eiffel war ein Pionier des modernen Technologiemanagements. Als ausgeprägt generalistischer Denker verstand er es, hochqualifizierte Spezialisten zu einer in technischer wie wirtschaftlicher Hinsicht hoch effizienten Kooperation zusammenzuführen.

Gustave Eiffel hatte Chemieingenieurwesen an der École centrale des arts et manufactures in Paris studiert (1852–1855). Er bildete sich durch seine berufliche Tätigkeit in verschiedenen Firmen und Büros zum Brückeningenieur weiter. 1864 gründete er sein eigenes Ingenieurbüro in Paris und entwickelte sich zu einem der erfolgreichsten Projektanten im Eisenbrückenbau und Ingenieurbau des 19. Jahrhunderts. Eiffel war international tätig und realisierte mit seinem Unternehmen zahlreiche bedeutende Ingenieurbauwerke des 19. Jahrhunderts, wie z. B. die Brücke Maria Pia über den Douro in Portugal (1875–1877), die Bahnhofshallen des Hauptbahnhofes von Pest (Budapest, 1875–1877), den Garabit-Viadukt bei St. Flour/Auvergne (1879–1884) und den nach ihm benannten 300 m hohen Eiffelturm von Paris (1884–1889).

Auf dem Höhepunkt seiner Karriere als Ingenieur begann sich Eiffel auch mit Fragen der Meteorologie, der Astronomie und der Aerodynamik zu befassen und führte umfangreiche Forschungen auf diesen Gebieten durch.

Eiffels Bedeutung als Ingenieur, als Unternehmer wie auch als Forscher ist in der Rolle des Initiators und Förderers zu sehen, der sich dem technischen und wissenschaftlichen Fortschritt verschrieben hatte und dafür bereit war, große Risiken und Kosten auf sich zu nehmen. Seine Offenheit und Gewandtheit sowie sein organisatorisches Talent verhalfen ihm dazu, auch umfangreiche und ungewöhnliche Projekte zu lancieren und schließlich zu realisieren.

Eiffel entwickelte zahlreiche Brückenkonstruktionen auf Fachwerkbasis, darunter Eisenbahn- und Straßenbrücken sowie demontierbare Fachwerkbrücken, die erfolgreich nach Afrika und Asien exportiert wurden. Viele Innovationen wurden aber auch von seinen Mitarbeitern, z. B. den Ingenieuren Théophile Seyrig oder Maurice Koechlin, erdacht und umgesetzt (Douro-Brücke, Eiffelturm). Den hieraus erwachsenen Ruhm beanspruchte Eiffel jedoch weitgehend für sich und förderte so sein Image eines vielseitigen und genialen »Mannes der Tat«.

Sein wissenschaftliches Engagement in der Meteorologie, Astronomie und Aerodynamik entstand im Zusammenhang mit dem Entwurf und Bau des Eiffelturms. Dabei stellten sich zahlreiche Fragen aus jenen Forschungsgebieten, z. B. nach der Größe und Wirkung von Windkräften, auf die es zu jener Zeit nur unzureichende oder gar keine Antworten gab. Eiffel sorgte dafür, dass auf dem Turm ein Beobachtungsposten eingerichtet wurde, um meteorologische Daten zu gewinnen. In den folgenden zwanzig Jahren baute er ein Netz von insgesamt 35 Wetterbeobachtungsstationen auf, die uber ganz Frankreich verteilt waren.

In seinem Laboratorium führte Eiffel Versuche zum Luftwiderstand von verschiedenen Körpern unter Luftanströmung durch. Hierzu entwickelte und betrieb er den weltweit ersten Windkanal. Seine patentierte, mit einem Propeller betriebene Konstruktion wurde in Holland und in den USA in Lizenz gebaut. [MT]

Werk(e):
La Tour de 300 mètre (1900); La Résistance de l'air. Examen des Formules et des expériences (1910); Nouvelle Recherches sur la Résistance de l'Air et l'Aviation faites au Laboratoire du Champs de Mars (1910); Mesures thermométriques en Météorologie (1906).

Sekundär-Literatur:
Loyrette, H.: Eiffel – Un ingenieur et son oeuvre (1985); Marrey, B.: La vie et l'oeuvre extraordinaire de Monsieur Gustave Eiffel (1984); Lemoine, B.: Gustave Eiffel (1984).

Eijkman, Christiaan,
niederländischer Bakteriologe,
* 11. 8. 1858 Nijkerk,
† 5. 11.1930 Utrecht.

Eijkman fand heraus, dass zwischen dem Auftreten der Beriberi-Krankheit (Vitamin-B1-Mangelkrankheit) und dem Verzehr von poliertem Reis ein Zusammenhang besteht. Dies führte zur Entdeckung des Vitamins B1.

Nach einem Studium an der Militärischen Medizinischen Fakultät der Universität Amsterdam wurde Eijkman dort 1883 mit der Arbeit *Über die Polarisierung der Nerven* promoviert. Anschließend diente er zwei Jahre als Amtsarzt der Armee von Niederländisch-Indien auf Java, bis ihn 1885 eine Malariaerkrankung zur Rückkehr zwang. Nach bakteriologischen Studien unter Josef Forster in Amsterdam und R. ↗ Koch in Berlin begleitete er als Militärarzt eine von Cornelis Pekelharing und Cornelis Winkler geleitete Regierungskommission nach Ost-Indien, um die dort vorkommende Beriberi-Krankheit zu untersuchen, die man damals für eine Infektionskrankheit hielt. 1888 wurde Eijkman von seinen militärischen Aufgaben entpflichtet und übernahm die Leitung des zunächst nur provisorisch für die Kommission eingerichteten Geneeskundig Laboratorium am Militärhospital von Batavia (Djakarta, Indonesien). Auch Eijkman hielt die Beriberi-Krankheit zunächst für eine Infektionskrankheit. Es gelang ihm aber nicht, an den von ihm untersuchten Mikrokokken die Kochschen Erregerpostulate nachzuweisen. Der Zufall ließ ihn an Hühnern eine der Beriberi ähnliche Krankheit beobachten. Weitere Untersuchungen ergaben, dass diese Hühner alle mit poliertem Reis ernährt worden waren und dass vor allem das Fehlen des Silberhäutchens für die Entstehung der Beriberi-Symptomatik verantwortlich war. Eijkman glaubte irrtümlich, dass ein Toxin im Reiskorn die Krankheit verursachte und dass im Silberhäutchen ein Antidot enthalten sei. Seine Untersuchungen gaben aber den Anstoß zur Bildung des Vitaminbegriffs. 1929 wurde ihm für seine Entdeckung der Nobelpreis für Medizin verliehen. 1898 kehrte Eijkman in die Niederlande zurück, um eine Professur für Hygiene und Gerichtsmedizin an der Universität von Utrecht zu übernehmen. 1907 wurde er zum Mitglied der Königlichen Akademie der Wissenschaften ernannt. Er war Inhaber der John-Scott-Medaille von Philadelphia, Auswärtiges Mitglied der National Academy of Sciences von Washington und Ehrenmitglied des Royal Sanitary Instituts von London. [HPK]

Werk(e):
Specifieke antistoffen (1901).

Sekundär-Literatur:
Jansen, B. C. P.: Het Levenswerk van Christian Eijkman (1959).

Albert Einstein

Jürgen Renn und Dieter Hoffmann

> **Einstein, Albert,**
> Physiker,
> * 14. 3. 1879 Ulm,
> † 18. 4. 1955 Princeton (USA).

Einstein gehört zu den bedeutendsten Wissenschaftlerpersönlichkeiten der Geschichte. Mit seinen Beiträgen zu den begrifflichen Veränderungen im Übergang von der klassischen zur modernen Physik wurde er zu einer Zentralfigur der Physik des 20. Jahrhunderts. Er revolutionierte mit der Speziellen Relativitätstheorie (SRT) von 1905 und der Allgemeinen Relativitätstheorie (ART) von 1915 das Verständnis der klassischen Physik von Raum und Zeit. Seine Lichtquantenhypothese aus dem Jahre 1905 hat in entscheidender Weise die Entwicklung der Quantentheorie vorangetrieben und trug damit zur Revolutionierung des Strahlungs- und Materiebegriffs der klassischen Physik bei. Dies und die Fülle anderer herausragender Beiträge zur zeitgenössischen Physik, aber auch die Stellung, die er in der Öffentlichkeit einnahm, machen ihn zu einem der herausragenden Mitbegründer der modernen Physik.

Der Lebensweg

Einstein wurde in Ulm als Sohn einer jüdischen Familie geboren. Sein Vater war zunächst in München und dann in Italien im Elektrogewerbe tätig. 16-jährig ging Einstein, nach Konflikten mit dem autoritären deutschen Schulsystem, für kurze Zeit nach Italien. 1896 holte er im schweizerischen Aarau das Abitur nach und studierte anschließend an der Eidgenössischen Technischen Hochschule (ETH) in Zürich Physik und Mathematik. Obwohl vielfach in der Einsteinliteratur kolportiert, war Einstein weder ein missratener Schüler noch ein schlechter Student. Allerdings war sein Verhalten schon früh durch ein hohes Maß an geistiger Unabhängigkeit geprägt. Von Jugend an war er ein »Einspänner«, dem als Student das Selbststudium der einschlägigen Physiklehrbücher meist wichtiger als der Besuch von Lehrveranstaltungen war. Im Sommer 1900 schloss er erfolgreich seine Diplomprüfungen ab, doch fand er zunächst keine reguläre Anstellung, so dass er sich in den nächsten zwei Jahren u. a. als Aushilfslehrer seinen Unterhalt verdienen musste. 1902 gelang es ihm durch die Vermittlung eines Freundes, am Eidgenössischen Patentamt in Bern eine feste Anstellung zu finden. Hier wirkte er in den nächsten 7 Jahren als Gutachter. Neben dieser Tätigkeit promovierte er 1905 an der Universität Zürich und erwarb drei Jahre später seine Lehrbefugnis für theoretische Physik (Habilitation) an der Berner Universität. Geprägt waren diese Jahre auch durch die »Akademie Olympia«, einen Diskussions- und Lesekreis von Freunden Einsteins, in dem u. a. wissenschaftliche und philosophische Schriften gemeinsam studiert wurden. 1903 nahm Einstein die Schweizer Staatsbürgerschaft an, die er bis zu seinem Tode behielt; im selben Jahr heiratete er seine Kommilitonin Mileva Marie. Aus dieser Verbindung entstanden drei Kinder, eine Tochter Lieserl (1902) und die beiden Söhne Hans-Albert (1904) und Eduard (1910). Die Ehe mit Mileva wurde 1919 geschieden. Im selben Jahr heiratete Einstein seine Cousine Elsa Löwenthal-Einstein in Berlin.

In Einsteins Schweizer Zeit (1895 bis 1914, mit einer Unterbrechung in Prag) fällt sein »annus mirabilis« 1905. Aufbauend auf Vorleistungen von M. ↗ Planck, L. ↗ Boltzmann und H. A. Lorentz, erzielte er in diesem Jahr auf verschiedenen Gebieten der Physik fundamentale Durchbrüche und legte mit seinen Arbeiten zur Lichtquantenhypothese, zur Brownschen Bewegung und zur Elektrodynamik bewegter Körper den Grundstein für seine wissenschaftliche Anerkennung. 1909 wurde er außerordentlicher Professor für theoretische Physik an der Universität Zürich und 1911 Ordinarius für theoretische Physik an der Deutschen Universität Prag. Zwischen 1912 und 1914 wirkte er in gleicher Funktion wieder in Zürich, an der Eidgenössischen Technischen Hochschule.

1914 wurde er auf Betreiben von F. ↗ Haber, W. ↗ Nernst, Planck, H. ↗ Rubens und E. ↗ Warburg nach Berlin berufen. Dort konnte er als hauptamtliches Mitglied der Preußischen Akademie der Wissenschaften und als Direktor des 1917 gegründeten

A. Einstein

Kaiser-Wilhelm-Instituts für Physik frei von Lehrverpflichtungen seinen Forschungen nachgehen. Mit Einsteins Berufung nach Berlin verband sich die Hoffnung, dass er die durch die Einführung der Quantenhypothese aufgeworfenen Grundlagenprobleme der Physik lösen und namentlich die Integration von Physik und Chemie weiter voranbringen könne. Allerdings sollten sich diese Erwartungen nicht erfüllen, konzentrierten sich doch Einsteins Forschungen in den ersten Berliner Jahren auf den Abschluss der Allgemeinen Relativitätstheorie. Das bei der Gründung des Kaiser-Wilhelm-Instituts für Physik zugrunde gelegte Modell der Forschungsförderung bewährte sich nicht, so dass das Institut während der gesamten Zeit von Einsteins Wirkens mehr oder weniger ein »Ein-Mann-Institut« blieb und kaum zur erhofften Stärkung des institutionellen Spektrums der Berliner Physik beitrug. Dennoch markieren die Berliner Jahre und insbesondere die Zeit der Weimarer Republik den Höhepunkt von Einsteins wissenschaftlicher und gesellschaftlicher Anerkennung; sie waren allerdings auch eine Zeit zunehmender politischer und antisemitisch geprägter Angriffe gegen die Persönlichkeit und das Werk Einsteins. Trotz dieser Angriffe, die in den frühen zwanziger Jahren sogar in Morddrohungen gipfelten, fühlte sich Einstein mit der scientific community in Deutschland und insbesondere mit den Berliner Physikern so stark verbunden, dass er Berufungen aus dem Ausland ausschlug und sein Ansehen aktiv dafür einsetzte, die internationale Isolierung der deutschen Wissenschaft nach dem Ersten Weltkrieg aufbrechen zu helfen. Erst als im Januar 1933 Adolf Hitler zum Reichskanzler ernannt und die Diskriminierung und Vertreibung der jüdischen Bevölkerung Staatspolitik wurde, beschloss Einstein, Deutschland den Rücken zu kehren. Von einem Forschungsaufenthalt in den USA kehrte er nicht mehr nach Deutschland zurück und legte aus Protest u. a. seine Mitgliedschaft in der Preußischen Akademie nieder. Zunächst als Emigrant, ab 1940 als amerikanischer Staatsbürger wirkte Einstein bis zu seinem Tode als Fellow am neu gegründeten Institute for Advanced Study in Princeton. Angesichts der Verbrechen des Dritten Reiches und insbesondere des Holocausts ist Einstein nie wieder in das Land seiner Geburt zurückgekehrt. Er starb in Princeton.

Beiträge zur statistischen Physik

Der junge Einstein fühlte sich als Rebell gegen die etablierte Physik; ausgehend von avancierten Resultaten der klassischen Physik fand er neue, z. T. revolutionäre Interpretationen dieser Resultate. Zu drei Gebieten der modernen Physik hat er auf diese Weise Grundlegendes beigetragen: zur statistischen Physik, zur Quantentheorie und zur Relativitätstheorie. In seinen frühen Artikeln (1902-1904) formulierte er etwa gleichzeitig und ohne Kenntnis der Arbeiten von J. W. ↗ Gibbs die Grundlagen der statistischen Mechanik. Anknüpfend an die Arbeiten Boltzmanns versuchte er damit eine kinetische Theorie der Wärme zu entwickeln, die u. a. auch auf die Elektronentheorie der Metalle und die Strahlungstheorie anwendbar ist, während Boltzmanns Bemühungen eher auf eine Begründung der klassischen Thermodynamik in der Mechanik gezielt hatten. In diesem Zusammenhang entstand auch Einsteins quantitative Erklärung der so genannten Brownschen Bewegung als statistische Wärmebewegung suspendierter Teilchen. Sein in einem Aufsatz aus dem Jahr 1905 entwickeltes Gesetz der Brownschen Bewegung und dessen experimentelle Überprüfung – seit 1908 vor allem durch den französischen Physiker J. ↗ Perrin betrieben – bestätigten eindrucksvoll den atomaren Aufbau der Materie und trugen zur endgültigen Durchsetzung des Atomismus in der Physik bei.

Beiträge zur Quantenphysik

Seinen ersten Beitrag zur Entstehung der Quantentheorie leistete Einstein ebenfalls im Jahre 1905, die Formulierung der Lichtquantenhypothese. In seinem Aufsatz *Über einen die Erzeugung und Verwandlung des Lichtes betreffenden heuristischen Gesichtspunkt* setzte er sich mit einem weiteren avancierten Resultat der zeitgenössischen Physik auseinander, der Planckschen Formel für die Energieverteilung der Strahlung im thermischen Gleichgewicht, und entwickelte eine neue, revolutionäre Interpretation dieses Ergebnisses. Auf der Suche nach einer physikalisch befriedigenden Herleitung der Planckschen Strahlungsformel formulierte Einstein den »heuristischen Gesichtspunkt«, dass monochromatische Strahlung von geringer Dichte (im Bereich der sog. Wienschen Strahlungsformel) sich in wärmetheoretischer Beziehung so verhält, als ob sie aus voneinander unabhängigen Korpuskeln, den so genannten Lichtquanten, bestünde. Diese »Lichtquantenhypothese« wandte er auf die Erklärung des lichtelektrischen Effektes und verwandter Erscheinungen (Lumineszenz, Ionisierung) an. Damit hatte Einstein weitere Anwendungsgebiete für das Plancksche Wirkungsquantum neben der Wärmestrahlungstheorie erschlossen und seine generelle Bedeutung für die Physik aufgezeigt. Für die Erklärung des lichtelektrischen Effektes erhielt er im Jahre 1921 den Nobelpreis für Physik. Diese relativ späte Ehrung zeigt, dass die Quantenhypothese noch viele Jahre um ihre allgemeine Anerkennung ringen musste. Einstein spielte in diesem Prozess aber nicht nur wegen seiner Lichtquantenhypothese eine zentrale Rolle. Diese Hypothese wurde vielmehr zum Ausgangspunkt für seine intensive Beschäftigung mit Fragen der Quantentheorie, die ganz wesentlich zur Einsicht beitrug, dass die Entwicklung dieser Theorie mit einer tiefgreifenden begrifflichen Umwälzung der Grundlagen der klassischen Physik verbunden war. 1907 formulierte Einstein auf der Basis der Quantenhypothese eine erste, nicht-klassische Theorie der spezifischen Wärme von Festkörpern, 1909 führte er im Rahmen von Überlegungen zur Hohlraumstrahlung den Gedanken des Welle-Teilchen-Dualismus des Lichts in die Physik ein, und 1912 formulierte er das photochemische Äquivalenzgesetz. 1916 lieferte Einstein auf der Grundlage des Bohrschen Atommodells eine neue Ableitung der Planckschen Strahlungsformel und formulierte in diesem Zusammenhang den Begriff der Übergangswahrscheinlichkeiten für die spontane und induzierte Emission und Absorption von Strahlung. Damit war die theoretische Grundlage für das Laserprinzip gelegt. Schließlich entwickelte Einstein 1924/25 die Bose-Einstein-Statistik für ein ideales Gas ununterscheidbarer materieller Teilchen (Bosonen). Sein Mitwirken bei den Solvay-Kongressen, den seit 1911 abgehaltenen »Gipfeltreffen« der zeitgenössischen Physiker, trug ebenfalls zur Durchsetzung der Quantenidee bei; seit den zwanziger Jahren allerdings war sein Auftreten auf diesen Kongressen auch durch seine entschiedene Opposition gegen die so genannte Kopenhagener Deutung der Quantenmechanik bestimmt. Obwohl Einstein maßgeblich zur Entwicklung der Quantentheorie beigetragen hatte und einer ihrer bedeutendsten Pioniere war, lehnte er die statistische Interpretation der Quantenmechanik wegen ihrer vermeintlich unvollständigen Beschreibung der physikalischen Realität ab. In Diskussionen mit N. ↗ Bohr und anderen Wegbereitern der modernen Quantenmechanik hat er immer wieder versucht, auf diese Unvollständigkeit der Theorie hinzuweisen, und seiner Überzeugung vom deterministischen Ablauf aller Naturvorgänge Ausdruck gegeben. Seine klassisch gewordene Bemerkung gegenüber M. ↗ Born (1926), dass der »Alte ... nicht würfelt«, dokumentiert diese Haltung ebenso wie sein letzter bedeutender Beitrag zur Quantentheorie, ein zusammen mit Nathan Rosen und Boris Podolsky 1935 veröffentlichter Aufsatz, der die Frage der Vollständigkeit der quantenmechanischen Beschreibung der physikalischen Realität in einem Paradoxon zuspitzt. Dieses so genannte Einstein-Podolsky-Rosen(EPR)-Paradoxon spielt zwar bis heute in Diskussionen über die Quantenmechanik eine wichtige Rolle, doch blieb Einstein mit seiner Auffassung isoliert, dass die Quantenmechanik trotz ihrer logischen Konsistenz und ihres großen praktischen Erfolgs nur das Fragment einer allgemeineren Theorie sei, mit der eine deterministische Beschreibung der Welt wieder möglich sein würde.

Begründung der Relativitätstheorie

Während Plancks Untersuchungen zur Hohlraumstrahlung den Ausgangspunkt für Einsteins Pionierrolle in der Geschichte der Quantentheorie bildeten, knüpfte seine Begründung der Speziellen Relativitätstheorie durch die 1905 veröffentlichte Arbeit *Zur Elektrodynamik bewegter Körper* an die Lorentzsche Elektrodynamik an. Diese auf dem Begriff eines unbeweglichen Äthers beruhende Theorie vermochte Vorgänge in bewegten Bezugssystemen nur dadurch in Übereinstimmung mit dem Erfahrungswissen zu erklären, dass sie diese Vorgänge mithilfe hypothetischer Raum- und Zeitkoordinaten auf solche in ruhenden Systemen zurückführte. Diese Zurückführung enthielt bereits im Kern die später so genannten Lorentz-Transformationen zwischen zu einander bewegten Bezugssystemen. Durch die Einführung neuer Begriffe von Raum und Zeit und ins-

891

3. *Zur Elektrodynamik bewegter Körper;*
von A. Einstein.

Daß die Elektrodynamik Maxwells — wie dieselbe gegenwärtig aufgefaßt zu werden pflegt — in ihrer Anwendung auf bewegte Körper zu Asymmetrien führt, welche den Phänomenen nicht anzuhaften scheinen, ist bekannt. Man denke z. B. an die elektrodynamische Wechselwirkung zwischen einem Magneten und einem Leiter. Das beobachtbare Phänomen hängt hier nur ab von der Relativbewegung von Leiter und Magnet, während nach der üblichen Auffassung die beiden Fälle, daß der eine oder der andere dieser Körper der bewegte sei, streng voneinander zu trennen sind. Bewegt sich nämlich der Magnet und ruht der Leiter, so entsteht in der Umgebung des Magneten ein elektrisches Feld von gewissem Energiewerte, welches an den Orten, wo sich Teile des Leiters befinden, einen Strom erzeugt. Ruht aber der Magnet und bewegt sich der Leiter, so entsteht in der Umgebung des Magneten kein elektrisches Feld, dagegen im Leiter eine elektromotorische Kraft, welcher an sich keine Energie entspricht, die aber — Gleichheit der Relativbewegung bei den beiden ins Auge gefaßten Fällen vorausgesetzt — zu elektrischen Strömen von derselben Größe und demselben Verlaufe Veranlassung gibt, wie im ersten Falle die elektrischen Kräfte.

Beispiele ähnlicher Art, sowie die mißlungenen Versuche, eine Bewegung der Erde relativ zum „Lichtmedium" zu konstatieren, führen zu der Vermutung, daß dem Begriffe der absoluten Ruhe nicht nur in der Mechanik, sondern auch in der Elektrodynamik keine Eigenschaften der Erscheinungen entsprechen, sondern daß vielmehr für alle Koordinatensysteme, für welche die mechanischen Gleichungen gelten, auch die gleichen elektrodynamischen und optischen Gesetze gelten, wie dies für die Größen erster Ordnung bereits erwiesen ist. Wir wollen diese Vermutung (deren Inhalt im folgenden „Prinzip der Relativität" genannt werden wird) zur Voraussetzung erheben und außerdem die mit ihm nur scheinbar unverträgliche

A. Einstein: Faksimile der Titelseite von Einsteins Originalarbeit zur Speziellen Relativitätstheorie

besondere eines neuen Begriffs von Gleichzeitigkeit gelang es Einstein (etwa gleichzeitig mit und unabhängig von H. ↗ Poincaré), den von Lorentz eingeführten Rechnungsgrößen eine physikalische Bedeutung als in bewegten Systemen gemessenen Zeitintervallen und Strecken zu geben. Dies ermöglichte ihm, das Relativitätsprinzip der klassischen Mechanik auf die ganze Physik auszudehnen, wobei die klassischen Galilei-Transformationen zwischen bewegten Bezugssystemen durch die Lorentz-Transformationen ersetzt wurden. Mit ihren scheinbar paradoxen Konsequenzen wie Längenkontraktion und Zeitdilatation gewährleisten diese Transformationen, dass alle Inertialsysteme physikalisch gleichberechtigt sind, d. h., die Gesetze der Physik in ihnen dieselbe Form besitzen und die Lichtgeschwindigkeit konstant bleibt.

In einer ergänzenden Arbeit leitete Einstein um die Jahreswende 1905/06 eine weitere Konsequenz der SRT ab: Danach ist die Masse bewegter Körper keine Konstante, sondern von ihrer Energie abhängig. Die auf den Überlegungen dieser Arbeit beruhende Formel $E = mc^2$ drückt die Äquivalenz zwischen Energie E und Masse m aus (c steht für die Lichtgeschwindigkeit). Schon Einstein machte sich Gedanken um eine experimentelle Prüfung dieser Beziehung. Da bei chemischen Reaktionen der Energieumsatz viel zu klein ist, um einen messbaren Massendefekt zu erzeugen, meinte Einstein, dass vielleicht »bei Körpern, deren Energieinhalt in hohem Maße veränderlich ist (zum Beispiel bei den Radiumsalzen), eine Prüfung der Theorie gelingen wird«. Heute spielt die Formel insbesondere in der Kernphysik (Massendefekt bei Kernspaltung und -fusion), aber auch in der Elementarteilchenphysik (Teilchenbeschleunigung und -umwandlung) eine zentrale Rolle.

Die SRT erhielt ihre heute übliche Gestalt durch Einsteins ehemaligen Züricher Mathematikprofessor H. ↗ Minkowski, der ihr im Jahre 1908 die Form einer vierdimensionalen Raum-Zeit-Geometrie gab – danach kommt nur der Raum-Zeit, nicht aber Raum und Zeit separat, eine physikalische Bedeutung zu. An diese vierdimensionale Formulierung der SRT knüpfte auch die weitere Entwicklung der Theorie durch M. v. ↗ Laue, A. ↗ Sommerfeld und andere an, in deren Rahmen sich weitere fundamentale begriffliche Einsichten, z. B. zur Rolle des vierdimensionalen Energieimpulstensors der Materie für das Verständnis der Trägheit und schließlich auch der Gravitation, ergaben.

Seit 1907 versuchte Einstein, neben anderen Bereichen der klassischen Physik auch die Theorie der Gravitation mit den Prinzipien der Relativitätstheorie in Übereinstimmung zu bringen. Während die Gravitation in der Newtonschen Theorie als instantane Wechselwirkung zwischen Massen aufgefasst wird, lässt die Relativitätstheorie nur Wirkungen zu, die sich maximal mit Lichtgeschwindigkeit ausbreiten. Einstein suchte deshalb nach einer relativistischen Feldtheorie in Anlehnung an die vertraute Theorie des elektrodynamischen Feldes, die Anlass zur Aufstellung der SRT gegeben hatte. Schwierigkeiten der Realisierung dieses Vorhabens führten ihn schon bald dazu, zugleich nach einer Verallgemeinerung der SRT zu suchen. Angeregt durch E. ↗ Machs historisch-kritische Studien zur Mechanik und insbesondere seine Kritik der Newtonschen Erklärung von Trägheitsphänomenen durch einen ominösen »absoluten Raum«, setzte sich Einstein das Ziel, eine verallgemeinerte Relativitätstheorie zu formulieren, in der die in beschleunigten Bezugssystemen spürbaren Trägheitskräfte mit Gravitationskräften wesensgleich wären und die in der klassischen Theorie nicht als notwendig einzusehende Gleichheit von träger und schwerer Masse eine theoretische Erklärung finden würde. Seine heuristische Leitidee war das 1907 formulierte Äquivalenzprinzip, nach dem ein gleichförmig beschleunigtes Bezugssystem und ein Inertialsystem mit einem homogenen statischen Gravitationsfeld als äquivalent angesehen werden können. 1912 glückte ihm durch die Einführung des metrischen Tensors als mathematischer Repräsentation des relativistischen Gravitationspotenzials ein weiterer Durchbruch auf dem Wege zur Realisierung dieser Idee. Mithilfe des metrischen Tensors gelang es Einstein, das vierdimensionale Kontinuum Minkowskis, das wie der Raum der klassischen Physik eine unveränderliche »Bühne« für das physikalische Geschehen bildet, zu einer dynamischen, gekrümmten Raum-Zeit zu verallgemeinern, deren metrische Eigenschaften von der Verteilung der Massen im Universum abhängen. Zur Aufstellung einer vollständigen Theorie fehlte allerdings noch eine Feldgleichung für den metrischen Tensor, die diese Abhängigkeit im Einzelnen beschrieb. Bereits im Winter 1912/13 fand Einstein mit der Hilfe des Mathematikers Marcel Grossmann, eines Züricher Studienfreundes, die im Wesentlichen korrekte Feldgleichung der Gravitation. Er verwarf sie jedoch wieder, weil ihm eine angemessene physikalische Interpretation dieser Gleichung noch nicht gelang. Erst nach der Aufstellung einer aus heutiger Sicht unakzeptablen Gravitationstheorie und fast drei Jahren intensiver Forschung auf ihrer Grundlage kehrte Einstein Ende 1915 zu den korrekten Gleichungen zurück und vollendete die Formulierung der ART. Die ART lieferte eine quantitative Erklärung der seit langem bekannten Periheldrehung der Merkurbahn, deren Deutung für die klassische Gravitationstheorie ein Problem darstellte. Darüber hinaus machte Einsteins Theorie Vorhersagen für weitere nicht-klassische Effekte, insbesondere die spektrale Rotver-

A. Einstein und Ch. Chaplin nach der Premiere von »Lichter der Großstadt« 1931

schiebung im Gravitationsfeld sowie die Krümmung eines Lichtstrahls im Gravitationsfeld schwerer Massen. Einstein selbst bemühte sich intensiv darum, die empirischen Konsequenzen der ART zu prüfen, fand aber zunächst nur wenig Unterstützung durch die Fachastronomen – mit der Ausnahme des jungen Potsdamer Astronomen E. F. ↗ Freundlich und des früh-verstorbenen Pioniers der Astrophysik, K. ↗ Schwarzschild. Einer britischen Sonnenfinsternis-Expedition unter A. St. ↗ Eddington gelang schließlich im Jahr 1919 der Nachweis, dass das Licht im Schwerefeld der Sonne um einen an der Grenze des damals Messbaren liegenden Betrag abgelenkt wird und dass diese Ablenkung in guter Übereinstimmung zu den Vorhersagen der Einsteinschen Theorie steht. Mit dieser sensationellen Bestätigung der ART setzte der allgemeine Weltruhm des Gelehrten ein. Nicht nur die physikalische Fachpresse, sondern auch Zeitungen und Zeitschriften berichteten nun über Einstein und seine spektakuläre Theorie. Hierdurch wurde Einstein zum ersten wissenschaftlichen Star des anbrechenden Medienzeitalters – und zu einer Kultfigur vergleichbar mit Filmstars wie Charlie Chaplin oder Marlene Dietrich.

Die ART wurde zum Ausgangspunkt der relativistischen Kosmologie. Einstein erwartete ein statisches Weltall, das unbegrenzt, aber geschlossen und räumlich endlich sein sollte. Veröffentlichungen wie die des russischen Mathematikers A. ↗ Friedman von 1922 machten jedoch bald klar, dass die ART ein nicht stationäres, expandierendes Weltall zuließ; eine Vorstellung, die bald darauf durch die von dem amerikanischen Astronomen E. ↗ Hubble durchgeführten Messungen der Rotverschiebung von Galaxien eine empirische Bestätigung erfuhr.

Einstein selbst hat die ART nicht als die vollständige Lösung der Probleme angesehen, die den Ausgangspunkt seiner Forschung darstellten. Insbesondere blieb zunächst unklar, inwieweit die Theorie den von Mach inspirierten Gedanken einer vollständigen Erklärung von Gravitation und Trägheit durch die Verteilung der kosmischen Massen (von Einstein im Jahre 1918 als »Machsches Prinzip« formuliert) realisierte. Zur Lösung dieses Problems erwog Einstein u. a. die Einführung eines zusätzlichen Terms in die Feldgleichungen von 1915, des so genannten »kosmologischen Terms«. Andererseits setzte die Theorie in seinen Augen gerade durch die unterschiedliche Rolle von »Feld« und »Materie« als Quelle des Feldes einen schon in der klassischen Elektrodynamik problematischen Dualismus fort. Einstein suchte deshalb nach einer einheitlichen Feldtheorie von Gravitation und Elektromagnetismus. Hierzu unternahm er immer neue Versuche zur Formulierung einer solchen Theorie, verlor jedoch zunehmend den Kontakt zu den aktuellen Hauptströmungen physikalischer Forschung. Die sich seit den zwanziger Jahren stürmisch entwickelnde Kernphysik ignorierte er weitgehend, so dass bei seinen Überlegungen zu einer einheitlichen Feldtheorie selbst die Kernkräfte als neu entdeckte Form physikalischer Wechselwirkung keinerlei Berücksichtigung fanden und damit seinen Ansatz von vornherein in Frage stellten.

Beiträge zur Experimentalphysik

Einstein hat sich nicht nur intensiv mit den theoretischen Grundlagen der Physik beschäftigt, er schätzte auch die Experimentalphysik – und dies nicht nur im Bemühen, die experimentellen Konsequenzen seiner theoretischen Arbeiten auszuloten. Am Beginn seiner wissenschaftlichen Karriere beschäftigte er sich beispielsweise – unterstützt durch Berner Freunde – mit der Konstruktion eines Potenzial-Multiplikators zur Messung kleinster Spannungen. Physikalisch bedeutsamer waren Experimente, die er unmittelbar nach seiner Ankunft in Berlin (1915/16) als Gast der Physikalisch-Technischen Reichsanstalt gemeinsam mit dem holländischen Physiker Wander Johannes de Haas zum Nachweis des gyromagnetischen Effektes (Einstein-de Haas-Effekt) durchführte. Der Versuch – einfach im Prinzip, aber diffizil in der praktischen Ausführung – sollte die so genannten Ampèreschen

Molekularströme nachweisen, eine durch Magnetisierung hervorgerufene Rotation atomarer Teilchen. Die damit erhoffte Erklärung des Para- und Ferromagnetismus erfüllte sich jedoch nicht, da dies erst auf der Grundlage des 1925 entdeckten Elektronenspins möglich wurde. Im Übrigen ist Einstein nicht nur als Experimentator, sondern auch als Erfinder hervorgetreten. Gemeinsam mit dem Kieler Ingenieur und Unternehmer Hermann Anschütz-Kaempfe hat er zur Verbesserung des Kreiselkompasses beigetragen und war in diesem Zusammenhang Gutachter in einem Patentprozess. In seinen Berliner Jahren meldete er zusammen mit L. ↗ Szilard mehrere Patente an, die sich auf die Konstruktion von Kältemaschinen bezogen. Die als Einstein-Szilard-Pumpe bekannt gewordene Apparatur wurde indes weniger in der Kältetechnik eingesetzt, sondern fand später in kerntechnischen Anlagen weite Verbreitung.

Politisches Engagement

Einsteins politisches Verhalten stand im Gegensatz zu dem der meisten seiner Fachkollegen. Während des Ersten Weltkriegs entzog er sich allen chauvinistischen und nationalistischen Stellungnahmen, denen sich seine Kollegen oft bedenkenlos anschlossen. Er gehörte z. B. nicht zu den Unterzeichnern des berüchtigten »Aufrufs an die Kulturwelt«, in dem führende Intellektuelle den deutschen Militarismus vorbehaltlos mit der Berufung auf die Notwendigkeit des Schutzes deutscher Kultur legitimierten. Vielmehr schloss Einstein sich dem »Aufruf an die Europäer« des Berliner Physiologen und Pazifisten Georg Friedrich Nicolai an, der eine möglichst rasche Beendigung des Krieges und die Verständigung der Völker propagierte. Als im November 1918 in Deutschland die Revolution ausbrach, schrieb er an seine Mutter: »Ich bin sehr glücklich über die Entwicklung der Sache. Jetzt wird es mir erst recht wohl hier.« Einstein gehörte damit zu den wenigen Professoren, die den sozialen und politischen Veränderungen jener Zeit große Sympathien entgegenbrachten und an die Errichtung einer Republik in Deutschland große Erwartungen knüpften. Sein pazifistisches Engagement, sein Einsatz für die Weimarer Republik und seine in der Nachkriegszeit einsetzende Unterstützung für die zionistische Bewegung machten ihn nicht nur zum politischen Außenseiter in der deutschen Professorenschaft der zwanziger Jahre, sondern auch zum Gegenstand chauvinistischer und antisemitischer Hetzkampagnen. Diese Kampagne fokussierte im übrigen nicht nur die Gegnerschaft zu Einsteins pazifistischer und demokratischer Grundhaltung, sondern fungierte zugleich als Sammelbecken jener Physiker, die in der modernen Physik und namentlich in Einsteins Relativitätstheorie eine Entartung des gesunden Menschenverstandes und »typisch jüdisches Blendwerk« sahen. Angeführt wurde die Kampagne von P. ↗ Lenard und J. ↗ Stark, die allerdings in der scientific community durch die Aufgabe einer seriösen wissenschaftlichen Debatte ihrerseits zunehmend zu Außenseitern wurden. Trotz Einsteins Sympathien für das geistige Klima Berlins und für seine dortigen Kollegen führten solche Hetzkampagnen und die zunehmende Radikalisierung der politischen Verhältnisse in Deutschland dazu, dass er sich verstärkt mit Plänen trug, Deutschland zu verlassen. Die Machtergreifung der Nazis im Januar 1933 brachte schließlich die Entscheidung. Einstein war einer der wenigen prominenten deutschen Wissenschaftler, die sofort und kompromisslos die Verfolgung und Vertreibung jüdischer und anderer dem NS-Regime missliebiger Bürger öffentlich kritisierten. Damit wurde er im nationalsozialistischen Deutschland zu einer persona non grata, gegen die sich Hass und wissenschaftliche Ausgrenzung richteten.

Im amerikanischen Exil setzte Einstein nicht nur seinen Ruhm und seine Reputation für die Unterstützung vertriebener und verfolgter Kollegen ein, sondern betrachtete es auch als seine Pflicht, den

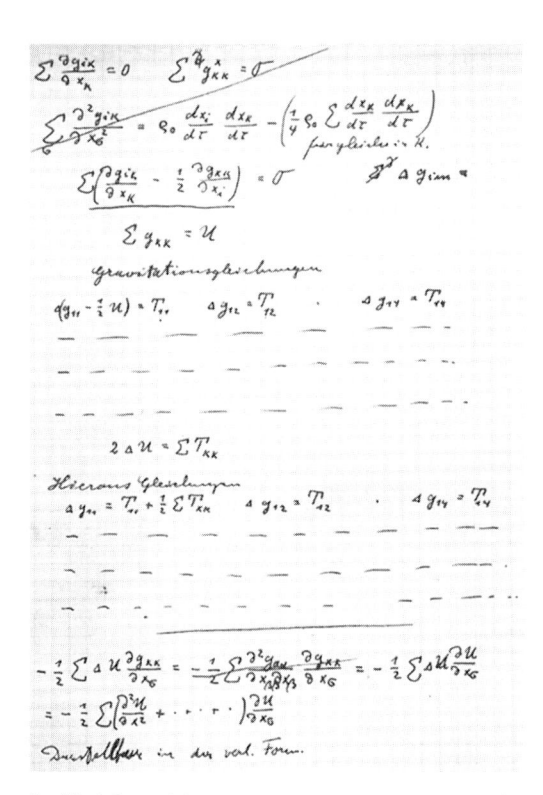

A. Einstein: Faksimile einer Seite aus Einsteins Züricher Notizbuch von 1912/13 mit den nach ihm benannten Feldgleichungen

politischen Terror und die antisemitische Hetze der NS-Diktatur konsequent zu brandmarken; zudem wandelte sich in dieser Zeit seine pazifistische Grundhaltung. »Ich hasse Militär und Gewalt jeder Art. Ich bin aber fest davon überzeugt, dass heute dieses verhasste Mittel den einzigen wirksamen Schutz bildet«, bekannte er bereits im Sommer 1933 in einem Brief an einen englischen Pazifisten. Insofern war es verständlich, dass er sich 1939 der Initiative der ebenfalls aus Deutschland emigrierten ungarischen Physiker Leo Szilard und E. ↗ Wigner anschloss und einen Brief an den amerikanischen Präsidenten Franklin D. Roosevelt unterzeichnete, in dem auf die potenzielle Gefahr der Entwicklung einer deutschen Atombombe aufmerksam gemacht und die Aufnahme amerikanischer Entwicklungsarbeiten auf diesem Gebiet angeregt wurde. Einstein ist so zum Mitinitiator des Atombombenprojektes der USA geworden, an dem er sich selbst jedoch nicht beteiligt hat. Nach den amerikanischen Atombombenabwürfen auf Hiroshima und Nagasaki im August 1945 setzte er sich für die Ächtung der Kernwaffen ein und warnte vor einem Rüstungswettlauf der Großmächte. Damit wurde Einstein ein entschiedener Kritiker des Kalten Krieges. Er plädierte darüberhinaus für die Schaffung einer Weltregierung zur Regelung der zwischenstaatlichen Konflikte. Dieses Engagement machte ihn in der McCarthy-Ära erneut zum Außenseiter und zum Gegenstand geheimdienstlicher Gesinnungsschnüffelei durch das amerikanische FBI.

Seit den zwanziger Jahren hatte sich Einstein auch für die zionistische Bewegung eingesetzt. Er warb für eine jüdische Heimat in Palästina und fühlte sich der 1925 gegründeten Hebräischen Universität in Jerusalem tief verbunden, der er auch seinen Nachlass übereignete. Unter dem Eindruck der antijüdischen Verfolgungs- und Vertreibungsmaßnahmen in Hitler-Deutschland verstärkte er sein zionistisches Engagement und setzte sich nach dem Zweiten Weltkrieg für die Gründung des Staates Israel ein. Obwohl man mit einer Ablehnung rechnete, wurde ihm kurz vor seinem Tode die Nachfolge Chaim Weizmanns als Staatspräsident Israels angetragen.

Werk(e):
The Collected Papers of Albert Einstein (1987–1996, Bde. 1–9); Die grundlegenden Arbeiten zur Relativitätstheorie (hrg. von K. v. Meyenn 1990); Mein Weltbild (hrg. von C. Seelig 1984); Aus meinen späten Jahren (1979); Über den Frieden (hrg. von O. Nathan und H. Norden 1975); Die Evolution der Physik (1950); Albert Einstein als Philosoph und Naturforscher (hrg. von P. A. Schilpp 1949); Albert Einstein in Berlin 1913–1933, Darstellung und Dokumente (hrg. von Chr. Kirsten und H.-J. Treder, Bd. 1 und 2 1979); Briefwechsel A. Einstein/A. Sommerfeld (hrg. von A. Hermann 1968); Briefwechsel A. Einstein/M. u. H. Born (kommentiert von M. Born 1969); Briefwechsel A. Einstein/ M. Besso (1972).

Sekundär-Literatur:
Frank, Ph.: Einstein – Sein Leben und seine Zeit (1979); Pyenson, L.: The Young Einstein (1985); Pais, A.: Raffiniert ist der Herrgott... (1986); Fölsing, A.: Albert Einstein (1993); Hermann, A.: Einstein. Der Weltweise und sein Jahrhundert (1994); Grundmann, S.: Einsteins Akte (1997); Howard, D., Stachel, J. (Hrg.): Einstein Studies Vol. 1–10 (1989ff); Stachel, J.: Einstein from »B« to »Z« (2002); Jerome, F.: The Einstein File (2002); Galison, P.: Einsteins Uhren, Poincarés Karten. Die Arbeit an der Ordnung der Zeit (2003).

Einthoven, Willem,
niederländischer Physiologe,
* 21. 5. 1860 Somarang (Java),
† 28. 9. 1927 Leiden.

Einthoven entwickelte die heute in der medizinischen Diagnostik unverzichtbare Methode der Elektrokardiographie (EKG).

Willem Einthoven wurde als Sohn eines niederländischen Kolonialarztes in Semarang auf Java geboren. Nach dem Tod des Vaters kehrte die Familie 1870 in die Niederlande zurück, wo Einthoven in Utrecht Medizin studierte. Seine Dissertation von 1885 über räumliches Sehen bescherte dem 25-Jährigen noch vor dem Staatsexamen den Lehrstuhl für Physiologie in Leiden. Zwei Jahre später war Einthoven unter den Zuhörern, als Augustus D. Waller im Londoner St. Mary's Hospital über die erste menschliche Herzstromkurve berichtete. Mit Elektroden hatte er Potenzialschwankungen von der Körperoberfläche zu einem Kapillarelektrometer geleitet und die rhythmischen Bewegungen der Quecksilbersäule des Instrumentes fotografiert.

Einthoven verbesserte das Elektrometer und leitete so eine Kurve mit vier Spitzen A bis D ab. Durch ein aufwändiges Rechenverfahren schaltete er 1895 die verfälschenden Materialeigenschaften von Quecksilbersäule und optischer Apparatur aus. Damit erhielt er die »wahre Form« des EKG mit drei aufwärts und zwei abwärts gerichteten Spitzen bzw. Wellen, die er willkürlich P, Q, R, S und T nannte. Als Ergebnis veröffentlichte Einthoven 1895 Herzstromkurven, die »absolut unabhängig von den angewandten Instrumenten« sein sollten, und nannte sie erstmals »Electrocardiogramme«.

In den Jahren bis zur Jahrhundertwende arbeitete er an einem neuen Instrument, das die junge Elektrokardiographie revolutionieren sollte. Um die korrekte Form des EKG ohne komplizierte mathematische Operationen direkt registrieren zu können, entwickelte er eine trägheitsfreie Messapparatur nach dem Vorbild des Saitengalvanometers für Unterwassertelegraphie und trat 1901 mit dem neuen Apparat an die Öffentlichkeit. Das Herz des hochempfindlichen Instruments bestand aus einem silberbeschichteten Quarzfaden von wenigen Mikrometern Durchmesser. Dieser Faden war wie eine Saite vertikal zwischen den Polen eines starken Elektromagneten aufgespannt. Floss Strom, dann wurde der Faden abgelenkt, die Bewegung durch ein Mikroskop vergrößert und auf Fotoplatten festgehalten.

Einthovens Galvanometer wog 270 kg, war zusammen mit den Hilfsaggregaten in zwei Räumen untergebracht und musste von fünf Personen bedient werden. Erst nachdem Einthoven 1908 die klinische Nützlichkeit des EKG unter Beweis gestellt hatte, entwickelte die Industrie handlichere Apparate. Mit ihnen gelang Thomas Lewis die korrekte Beschreibung des Vorhofflimmerns. Einthoven überließ die klinische Forschung anderen und wandte sich nochmals der Theorie zu. Mit dem gleichseitigen »Einthoven-Dreieck« gelang ihm 1912 die Konstruktion der elektrischen Herzachse. Drei Jahre vor seinem Tod 1927 in Leiden wurde Einthoven der Nobelpreis für Medizin oder Physiologie verliehen. Er erlebte nicht mehr, dass sich das EKG seit den dreißiger Jahren zur unverzichtbaren Routinediagnostik entwickelte. [RB3]

Werk(e):
Über die Form des menschlichen Elektrocardiogramms, Pflügers Archiv für die gesamte Physiologie 60 (1895) 101–123; Un nouveau galvanomètre, Archives néerlandaises des sciences exactes et naturelles 6 (1901) 625–633.

Sekundär-Literatur:
de Waart, A.: Het levenswerk van Willem Einthoven (1957); Snellen, H. A.: Willem Einthoven (1995).

Eisenstein, Ferdinand Gotthold Max,
deutscher Mathematiker,
* 16. 4. 1823 Berlin,
† 11. 10. 1852 Berlin.

Während seiner kurzen Schaffenszeit hat Eisenstein bedeutende Beiträge zur Zahlentheorie und zur Analysis geleistet, insbesondere zur Theorie der elliptischen Funktionen.

Bereits als Schüler besuchte Eisenstein an der Berliner Universität mathematische Veranstaltungen von Martin Ohm und P. G. L. ↗ Dirichlet. 1844 publizierte er 25 Artikel in August Leopold Crelles *Journal für die reine und angewandte Mathematik*. Auf Anregung von C. G. J. ↗ Jacobi

F.G.M. Eisenstein

verlieh ihm daraufhin die Universität Breslau am 15. 2. 1852 die Ehrendoktorwürde. Gefördert von C. F. ↗ Gauß und insbesondere von A. v. ↗ Humboldt, erhielt Eisenstein Zuwendungen des preußischen Königs, des Kultusministeriums und der Berliner Akademie. Jedoch konnte er auch nach seiner Habilitation 1847 keine feste Stelle erlangen. Zudem wurden die staatlichen Unterstützungen gekürzt, als er im Gefolge der März-Revolution 1848 in den Geruch republikanischer Umtriebe kam.

Eisensteins Gesundheitszustand war von Jugend an sehr schlecht, und eine Tuberkulose schwächte ihn seit 1851 immer mehr. Er verstarb 1852, bevor er einen von Humboldt verschafften Erholungsaufenthalt in Sizilien antreten konnte.

Eisensteins zahlentheoretische Arbeiten schließen sich direkt an die von Gauß an, insbesondere dessen *Disquisitiones arithmeticae*. So behandelte Eisenstein neben quadratischen und kubischen Formen von zwei Veränderlichen auch ausführlich die Theorie quadratischer Formen von drei Veränderlichen, die in diesem Werk als Hilfsmittel verwendet werden. Weiterhin gab er zahlreiche Beweise für die Reziprozitätsgesetze für quadratische, biquadratische und kubische Reste und beschäftigte sich mit Fragen der Kreisteilung.

Unter Eisensteins Beiträgen zu den elliptischen Funktionen ist vor allen Dingen die Einführung dieser Funktionen durch unendliche Summen (Eisenstein-Reihen) von weitreichender Bedeutung.

Eisenstein war seit 1851 korrespondierendes Mitglied der Göttinger Sozietät der Wissenschaften und wurde 1852 ordentliches Mitglied der Preußischen Akademie der Wissenschaften zu Berlin.[PU]

Werk(e):
Mathematische Werke (1975, 2. Aufl. 1989).

Sekundär-Literatur:
Biermann, K.-R.: Gotthold Eisenstein: Die wichtigsten Daten seines Lebens und Wirkens, Journal für die reine und angewandte Mathematik 214 (1964) 19–30 (auch in Eisenstein 1975).

Élie de Beaumont, Jean Baptiste Armand Louis Léonce,
französischer Geologe,
* 25. 9. 1798 Canon (Calvados),
† 21. 9. 1874 Canon.

Élie de Beaumont war ein Pionier der geologischen Kartierung in Frankreich und entwickelte erste grundlegende Vorstellungen zur Gebirgsbildung.

J.B.A.L.L. Élie de Beaumont

Nach einer intensiven mathematischen Ausbildung wurde Élie de Beaumont 1819 Student der École Royal des Mines (Bergakademie) in Paris, wo er sich vor allem der Mineralogie und Geologie widmete, die von André J. F. M. Brochant de Villiers gelehrt wurden. Er unternahm erste geologische Studienreisen 1821 in die Vogesen, 1822 in die Schweiz und die Auvergne sowie 1823 nach England. 1824 erhielt er die Berufung zum Bergingenieur und brachte es bis zum Chefingenieur 1833 und 1848 zum Generalinspektor. Nach der Veröffentlichung der geologischen Übersichtskarte von England 1820 durch George B. Greenough in London wurde die Erarbeitung eines entsprechenden Kartenwerkes 1822 für Frankreich angeregt und im wesentlichen durch Élie de Beaumont und O. P. Armand Dufrénoy realisiert. 1825 begannen die Feldarbeiten, 1830–1838 erschienen die einzelnen Kartenteile und 1841 lag das Gesamtwerk vor. 1829 wurde Élie de Beaumont Professor an der École des Mines Paris, 1832 Nachfolger auf dem Lehrstuhl von G. ↗ Cuvier für Naturgeschichte am Collége de France sowie 1835 auch Mitglied der Académie des Sciences. Élie de Beaumont war der Gründungsdirektor der Geologischen Landesanstalt in Frankreich (1868).

Erste Ideen zur Tektonik stellte Élie de Beaumont 1829 vor. Er erkannte, dass die einzelnen Gebirgsketten ein verschiedenes Alter haben, und unterschied vier Systeme der Gebirgsbildung mit jeweils anderen Streichrichtungen. Später (1833) beschrieb er 12 dieser Systeme der Heraushebung von Gebirgen und 1851 dann 21. Die Prozesse der Gebirgsbildung verliefen seiner Meinung nach nicht allmählich, sondern plötzlich und verursachten Brüche und Diskordanzen (Störungen) in den Schichtenfolgen, die weltweite Wirkungen zeigten und auch die Lebenswelt beeinflussten. Daraus ergaben sich für ihn in der Erdgeschichte geologische Revolutionen im Sinne von G. ↗ Cuvier mit universellem Charakter. Als Ursache für diese Prozesse nahm er seitlichen Druck aufgrund der Kontraktion der Erde im Resultat ihrer beständigen Abkühlung an. Aus der weiten Wirkung der Gebirgsbildungsprozesse meinte er, ähnlich wie A. v. ↗ Humboldt, auf der Erdoberfläche eine Geometrie der tektonischen Strukturen erkennen zu können, was sich aber nicht bestätigte. 1832 erkannte er die Möglichkeit der Bestimmung des relativen Alters von Gebirgen aus der Altersfolge geologischer Schichten und ihrer vergleichbaren Tektonik. [MG]

Werk(e):
Recherches sur quelques-unes des Révolutions de la Surface du Globe, in: Annales des Sciences Naturelles, vol. 18–19, Paris 1829–1830; Mémoires pour servir à une description géologique de la France, 4 vols., Paris 1830–1838; (mit Dufrénoy) Explication de la carte géologique de la France, 2 vols., 1841–1848.

Sekundär-Literatur:
Fallot, P.: Élie de Beaumont et l'évolution des sciences géologiques au Collège de France, in: Annales des Mines, 13th ser., Mémoires, 15 (1939), 75–107.

Elsasser, Walter Maurice,
deutscher Physiker,
* 20. 3. 1904 Mannheim,
† 14. 10. 1991 Baltimore (Madison, USA).

Elsasser hat als theoretischer Physiker wichtige Beiträge zur Atomphysik geliefert, insbesondere zur Interpretation der Elektronenstreuung und der Schalenstruktur des Atomkerns. Nach seiner Emigration in die USA wandte er sich der Geophysik und später auch mit großer Intensität biologischen Fragestellungen zu.

Elsasser begann sein Studium 1922 zunächst in Heidelberg, wo er aufgewachsen und zur Schule gegangen war. Angesichts der rechtsextremen politischen Haltung P. ↗ Lenards und seiner Studenten wechselte er aber nach einem Jahr zunächst nach München, ging aber schon bald auf Empfehlung von A. ↗ Sommerfeld nach Göttingen, wo er Doktorand von J. ↗ Franck wurde. Dort fand er bald Kontakt zu M. ↗ Born und zur theoretischen Physik. Seine Dissertation von 1927 behandelte Stöße von Elektronen mit Wasserstoffatomen. Zuvor hatte er in einer Notiz bereits eine Interpretation der Elektronenstreuung als Beugung von Materiewellen im Sinn von L. de ↗ Broglie geliefert. Nach Aufenthalten in Leiden, Zürich, einer Stelle als Hilfsassistent an der TH Berlin und einer Tätigkeit in Charkov als technischer Spezialist wurde er 1931 Assistent bei Erwin Madelung an der Universität Frankfurt. Aufgrund der rassischen Diskriminierung verließ er Deutschland 1933.

Über Zürich kam er nach Paris, wo er für drei Jahre Mitarbeiter am Institut von F. ↗ und I. ↗ Joliot-Curie wurde und sich mit dem Aufbau des Atomkerns beschäftigte. Dabei verfolgte er die Idee eines Schalenmodells. Obwohl diese Anstellung nicht befristet war, wollte er angesichts der Problematik der Staatsbürgerschaft und der damit verbundenen Militärpflicht nicht in Frankreich bleiben. Schon 1935 hatte er erstmals die USA bereist und Kontakte geknüpft. Im Jahr 1936 emigrierte er dorthin. Während es in der Kernphysik kaum Berufsaussichten gab, bot ihm R. ↗ Millikan eine Perspektive in der Geophysik am California Institute of Technology in Pasadena. Am dortigen meteorologischen Institut beschäftigte er sich mit der Infrarotstrahlung in der Atmosphäre. Im Jahr 1941 verlor er diese Stelle und ging nach Boston. Nach dem Kriegseintritt der USA musste er für die nationale Verteidigung arbeiten – zunächst für die US Signal Corps Laboratories in New Jersey, später für das Radio Propagation Committee in New York. Daneben widmete er sich dem Phänomen des Erdmagnetismus. Sein Modell eines metallischen Flüssigkeitsdynamos war eine Pionierleistung. Nach dem Krieg bekleidete er Physikprofessuren an den Universitäten von Utah, Kalifornien (San Diego), Princeton und Maryland, wo er 1974 emeritiert wurde. In dieser Zeit beschäftigte er sich zunehmend mit biologischen Fragen, die zu einer großen Zahl von Publikationen führten, darunter vier Monographien. Er versuchte mit Begrifflichkeiten wie Ordnung, Auswahl und Stabilität einige Grundprinzipien zu formulieren, die den Zustand des Lebens charakterisieren sollten. Von den Biologen wurden diese Arbeiten kaum rezipiert. Elsasser fand hier ein Betätigungsfeld, das seiner Neigung zum Generalisten besonders gut entsprach. [SW]

Werk(e):
Bemerkungen zur Quantenmechanik freier Elektronen, Die Naturwissenschaften 13 (1925) 711; Energies de liaison des noyaux lourds, Journal de Physique 6 (1935) 473; The earth's interior and geomagnetism, Review of Modern Physics 22 (1950) 1; Atom and Organism (1966); Memoirs of a Physicist in the Atomic Age (1978).

Elster, Julius Johann Philipp Ludwig,
deutscher Physiker,
* 24. 12. 1854 Blankenburg (Harz),
† 6. 4. 1920 Bad Harzburg.

Elster gehört zu den Pionieren der Elektrophysik und Radioaktivitätsforschung.

J.J.P.L. Elster

Elster studierte 1875–78 gemeinsam mit seinem Freund H. ↗ Geitel in Heidelberg und Berlin Physik und promovierte 1879 bei Georg Quincke in Heidelberg mit einer Arbeit über *Die in freien Wasserstrahlen auftretenden elektromotorischen Kräfte*. Nach der Lehramtsprüfung in Braunschweig, einem Militärdienst in Blankenburg und kurzer Lehrtätigkeit in der Kleinstadt im Harz fand er 1881 Anstellung am Gymnasium Wolfenbüttel. Dort war sein Freund seit 1879 tätig. Die Arbeitsgebiete der nun beginnenden gemeinsamen Forschungstätigkeit waren atmosphärische Elektrizität, Elektrizitätsleitung in Gasen und im Vakuum, lichtelektrischer Effekt und Radioaktivität. Die Beiden entdeckten 1883 unabhängig von T. A. ↗ Edison den Stromübertritt von einem erhitzten Leiter auf eine Gegenelektrode und konstruierten darauf aufbauend 1887 einen Apparat, der als Glühkathodendiode später in der Elektronik unverzichtbar wurde. Sie fanden um 1890 die hervorragende Eignung der Alkalimetalle zur Demonstration des lichtelektrischen Effekts und konstruierten die erste Vakuumfotozelle. Unabhängig von und etwa zeitgleich mit M. ↗ Curie kamen sie 1898 zu dem Schluss, dass die »Becquerel-Strahlung« – die verschiedenen Arten der radioaktiven

Strahlung waren noch nicht erkannt – die Folge von Atomzerfallsprozessen sei. Um 1903 fanden sie zeitgleich mit W. ↗ Crookes den Szintillationseffekt von radioaktiver Strahlung auf Zinksulfid (die genaue Deutung des Effektes als von α-Teilchen ausgelöst geht auf E. ↗ Regener zurück) und waren zwei Jahre später in einen kurzen Prioritätsstreit um die Entdeckung des Radiothors mit dem jungen O. ↗ Hahn verwickelt.

Elster und Geitel erfuhren viele Ehrungen – die Ernennung zu Professoren, Ehrendoktorate und Ehrenmitgliedschaften in deutschen und auswärtigen wissenschaftlichen Gesellschaften. Getrennte Berufungen auf Universitätslehrstühle strebten sie aus freundschaftlicher Verbundenheit nicht an und schlugen 1904 auch eine Doppelberufung nach Breslau aus.

Elster heiratete 1886 Mila Fink. Die Ehe blieb kinderlos; ab 1898 nahmen die Eheleute einen Pflegesohn ins Haus, den späteren Kunstmaler und Hochschullehrer Georg Scholz. [GD]

Werk(e):
alle gemeinsam mit H. Geitel: Ueber Electricitätserregung beim Contact von Gasen und glühenden Körpern, Annalen der Physik u. Chemie NF 19 (1883) 588–624; Bemerkungen über den electrischen Vorgang in den Gewitterwolken, Annalen der Physik u. Chemie NF 25 (1885) 116–120; Ueber die Verwendung des Natriumamalgames zu lichtelectrischen Versuchen, Annalen der Physik u. Chemie NF 41 (1890) 161–165; Ueber die durch radioaktive Emanation erregte scintillierende Phosphoreszenz der Sidot-Blende, Physikalische Zeitschrift 4 (1903) 439–440.

Sekundär-Literatur:
Fricke, R. G. A.: J. Elster & H. Geitel – Jugendfreunde, Gymnasiallehrer, Wissenschaftler aus Passion (1992).

Embden, Gustav,
deutscher Physiologe und Biochemiker,
* 10. 11. 1874 Hamburg,
† 25. 7. 1933 Bad Nassau a. d. Lahn

Embden erforschte die Stoffumwandlungen in der Leber und in Muskeln und trug grundlegend zur Aufklärung des tierischen Kohlenhydratstoffwechsels bei.

Embden studierte Medizin in Freiburg i. Br., München, Berlin und Straßburg (Dr. med. 1899). Von Johannes von Kries in Freiburg für physiologische Fragen begeistert, wandte er sich unter dem Einfluss von Franz Hofmeister in Straßburg der physiologischen Chemie zu. 1904 übernahm er bei dem Internisten Carl von Noorden am Städtischen Krankenhaus in Frankfurt a.M. die Leitung eines neuen, chemischen Labors, das er zu einem autonomen physiologischen Institut (1909) ausbaute. Daneben habilitierte er sich in Bonn (1907) und lehrte dort als Privatdozent und außerordentlicher Professor (1909) physiologische Chemie. Mit Gründung der Frankfurter Universität wurde er 1914 ordentlicher Professor und Direktor des Instituts für vegetative Physiologie.

Embden kam von der klinischen Untersuchung von Stoffwechselerkrankungen (Diabetes) zu allgemeinen Fragen des biochemischen Zuckerabbaus. Er arbeitete zunächst mit isolierten, künstlich durchbluteten Organen (Leber), wofür er eine effiziente Durchströmungstechnik entwickelte, um dann, analog zur Verwendung zellfreier Hefepresssäfte in der Gärungsforschung, hauptsächlich mit Muskelpresssäften zu experimentieren. Bedeutende Einzelentdeckungen wie die der Acetonbildung in der zuckerkranken Leber (1906), der Zuckerentstehung aus Milchsäure in der Leber (1913) oder des Vorkommens von Adenosinmonophosphat (AMP) im Muskel (1927) mündeten in generelle Erkenntnisse zum Kreislauf der Kohlenhydrate im Tierkörper. Im Zentrum der Arbeiten standen Ursprung und Funktion der Milchsäure im Muskel. Embden erkannte, dass die Milchsäure aus phosphathaltigen Vorstufen entsteht, die er z. T. isolierte und identifizierte. Mit dem Nachweis von Glycerinphosphat und Phosphoglycerinsäure (1933) lösten Embden und seine Mitarbeiter das Puzzle um die Reaktionsfolge des anaeroben Zuckerabbaus im Muskel (Embden-Meyerhof-Weg der Glykolyse). [EH]

Werk(e):
mit E. Griesbach und E. Schmitz: Über Milchsäurebildung und Phosphorsäurebildung im Muskelpreßsaft, Hoppe-Seyler's Zeitschrift für physiologische Chemie 93 (1914) 1–45; Über den chemischen Kreislauf der Kohlenhydrate und seine krankhaften Störungen, Therapeutische Monatshefte 32 (1918); mit H. J. Deuticke und G. Kraft: Über die intermediären Vorgänge bei der Glykolyse in der Muskulatur, Klinische Wochenschrift 12 (1933) 213–215.

Sekundär-Literatur:
Nachmansohn, D., Schmid, R.: Die große Ära der Wissenschaft in Deutschland 1900 bis 1933 (1988) 305–312.

Emerson, Robert,
amerikanischer Pflanzenphysiologe,
* 4. 11. 1903 New York,
† 4. 2. 1959 New York.

Emerson entdeckte wesentliche Mechanismen der Photosynthese grüner Pflanzen.

Während des Studiums der Zoologie an der Harvard University in Cambridge, Mass., (1920–25) wurde Emerson von Winthrop J. V. Osterhout für die Pflanzenphysiologie begeistert. Bei O. ↗ Warburg in Berlin (1925–27) erlernte er wichtige Techniken für quantitative Photosynthesestudien. Nach der Promotion in Berlin (1927) und einem Interim als Harvard Research Fellow wurde Emerson 1929

R. Emerson

Assistenzprofessor für Biophysik am Caltech in Pasadena und 1946 Research Professor für Botanik an der University of Illinois in Urbana, wo er gemeinsam mit Eugene Rabinowitch eines der weltweit führenden Photosyntheselaboratorien aufbaute. Emerson starb bei einem Flugzeugabsturz in New York.

Mit exakten Messmethoden trug Emerson maßgeblich zu unseren heutigen Vorstellungen von den primären Photosynthesevorgängen bei. In Zusammenarbeit mit seinem Schüler William Arnold wies er 1932 die Existenz von Licht- und Dunkelreaktionen und von sog. photosynthetischen Einheiten, in denen eine bestimmte Zahl lichtabsorbierender Chlorophyllmoleküle mit einem photochemisch aktiven Reaktionszentrum zusammenwirkt, nach. In systematischen Versuchen bestimmte Emerson den Wirkungsgrad und das Wirkungsspektrum der Photosynthese (mit Charlton Lewis, 1937–40). Die Ergebnisse führten zu einer langen, viel beachteten Kontroverse mit Warburg über den Quantenbedarf der Photosynthese, in der Emerson recht behielt. 1957 entdeckte er, dass gleichzeitig mit hell- und dunkelrotem Licht bestrahlte Grünalgen eine wesentlich höhere Photosyntheserate zeigen als bei getrennter Lichtwirkung. Dieser Emerson-Effekt verwies auf das Vorhandensein zweier gekoppelter Lichtreaktionen bzw. Photosysteme. [EH]

Werk(e):
A separation of the reactions in photosynthesis by means of intermittent light (mit W. Arnold), Journal of General Physiology 15 (1932) 391–420; The photochemical reaction in photosynthesis, ebd. 16 (1932) 191–205; Some factors influencing the long-wave limit of photosynthesis (mit R. Chalmers u. C. Cederstrand), Proceedings of the National Academy of Sciences of the USA 43 (1957) 133–143; The quantum yield in photosynthesis, Annual Review of Plant Physiology 9 (1958) 1–24.

Sekundär-Literatur:
Rabinowitch, E.: R. Emerson, Biographical Memoirs of the National Academy of Sciences of the USA 35 (1961) 112–127, mit Bibliographie, 128–131.

Empedokles von Akragas,
griechischer Naturphilosoph,
* ca. 490 v. Chr.,
† 430 v. Chr.

Empedokles begründete die Vier-Elemente-Lehre.

Der Denker Empedokles ist ein faszinierendes Beispiel jener »intellektuellen Schizophrenie«, die Mystik und Magie mit wissenschaftlicher Forschung verbindet und in der Geistesgeschichte nicht selten ist (I. ↗ Newton etc.). Als umjubelter Guru verkündete er teilweise orphisch-pythagoreische Religiosität, vollbrachte Wunder und wusste, dass seine Seele bereits durch »Mädchen, Strauch, Vogel, Fisch« gewandert ist, um bald durch »Reinigungen« (Katharmen) – so der Titel seiner religiösen Schrift – zur himmlischen Heimat zurückzukehren. Der Aristokrat, der sich mit den Demokraten seiner Polis in Sizilien verbündet hatte, soll die ihm angebotene Königswürde abgelehnt haben. Die Legende erzählt, er habe sein Leben durch einen Sprung in den Ätna bzw. durch eine Himmelfahrt beendet.

In seinem naturphilosophischen Lehrgedicht dachte er die Theorie des ↗ Parmenides vom einheitlichen Sein so um, dass Vielheit und Bewegung der Erfahrungswelt erklärt werden kann. Er zerstückelte des Sein in die vier, im einzelnen schon von den Ioniern als Archai konzipierten Elemente Erde, Wasser, Luft und Feuer, die er noch mythisch Hades, Nestis, Hera und Zeus nannte und auf deren Basis ↗ Aristoteles dann seine Qualitäten-Physik gründete. Ihre wechselnde Mischung und Entmischung machen den Naturprozess aus. Weil Empedokles den Hylozoismus der Ionier nicht akzeptierte, brauchte er nun Kräfte, die den Stoff bewegen, und fand sie in Liebe und Hass. In seiner Kosmologie setzte er wohl als uranfängliche Einheit aller Dinge den von reiner Liebe geprägten Kugelgott des Sphairos voraus. In ihm bewirkt dann Hass (Streit) den Individuations- und Differenzierungsprozess und im Wechsel mit der Liebe das Weltgeschehen: Die Liebe vereint Unterschiedliches wie Feuer, Erde etc. in einem Organismus, indem sie Feuer, Erde etc. von der Masse dieser Elemente trennt; der Hass trennt Unterschiedliches beim Tod, indem er wieder Feuer mit Feuer, Erde mit Erde usw. vereint.

Empedokles hat damit wohl den Begriff des chemischen Elementes antizipiert. Er versuchte sogar, das Mengenverhältnis der Elemente in einzelnen Dingen zu bestimmen, und meinte, die Natur mische die Elemente wie ein Maler die Farben. Doch habe sie im Wechselspiel von Zufall und Notwendigkeit früher auch unpassende Kombinationen geschaffen: »Da wuchs vieles heran mit zwei Gesichtern und doppelter Brust, Geschöpfe, vorn Mensch und hinten Kuh...« Offenbar hat aber eine Selektion alles Unzweckmäßige nach dem Prinzip »survival of the fittest« ausgesondert.

Das Wirken von Liebe und Streit brachte Empedokles auch mit dem im Mythos verwurzelten Bewegungsprinzip »Gleiches zu Gleichem« zusammen. Es erscheint physikalisch als Attraktion bzw. Repulsion, ethisch als Freundschaft bzw. Feindschaft, gnoseologisch als Erkenntnis bzw. Unwissenheit. Erkennen aber können wir, weil der ständige Austausch von Stoff auch einen kognitiven Aspekt hat; denn »alles sei mit Bewusstsein begabt und habe Anteil am Denken«, nur müssen die Partikel des einen Stoffteiles in die »Poren« des anderen passen, wenn Information stattfinden soll. So »nehmen wir auch Erde wahr durch die Erde (im Auge), das Feuer (der Sonne) durch das Feuer«, wobei der Feuerstoff seine Zeit braucht, die Lichtgeschwindigkeit also endlich ist. Mit seiner Theorie der stofflichen Abflüsse hat er die Erkenntnistheorie ↗ Demokrits vorbereitet. [FJ]

Werk(e):
Frg. u. Übers.: Diels-Kranz 31; The Poem of Empedocles (hrg. v. by B. Inwood, 1992).

Sekundär-Literatur:
Martin, A., Primavesi, O.: L'Empédocle de Strasbourg (1999, neue Texte).

Encke, Johann Franz,
deutscher Astronom,
* 23. 9. 1791 Hamburg,
† 26. 8. 1865 Spandau (heute zu Berlin).

Encke war viele Jahre Direktor der Berliner Sternwarte. Seine besonderen Leistungen liegen in der Anwendung der himmelsmechanischen Theorie auf die Berechnung der Bahnen von Körpern des Sonnensystems, darunter des später nach ihm benannten Kometen.

J.F. Encke

Der frühe Tod seines Vaters, Prediger in Hamburg, bedeutete für Encke eine entbehrungsreiche Jugend. Nach dem Besuch des Gymnasiums in Hamburg begann er 1811 in Göttingen ein Mathematikstudium. Sein Lehrer C. F. ↗ Gauß begeisterte ihn bald für die Astronomie. Enckes freiwillige Teilnahme an den Befreiungskriegen erforderte 1813 und 1815 Unterbrechungen seines Studiums.

Am 1. 7. 1816 wurde Encke Mitarbeiter von Bernhard August v. Lindenau, der damals die Sternwarte auf dem Seeberg bei Gotha leitete. Neben theoretischen und praktischen Aufgaben der Astronomie gehörte auch die Geodäsie zu seinem Arbeitsfeld. Bei seiner Bearbeitung des von Jean-Louis Pons im November 1818 entdeckten Kometen erkannte Encke dessen elliptische Bahn und stellte fest, dass er identisch mit den 1786 von Pierre Méchain und 1795 von Caroline Herschel entdeckten Kometen ist. Heute trägt dieser astronomisch sehr interessante Komet Enckes Namen. Als eine weitere umfangreiche Arbeit entstand in Gotha seine Berechnung der Sonnenparallaxe aus den Beobachtungen der Venusdurchgänge in den Jahren 1761 und 1769. Im Jahre 1818 erhielt Encke den Professorentitel, avancierte 1820 zum Vizedirektor und 1822 zum Direktor der Seeberg-Sternwarte.

Als Ende des Jahres 1824 J. E. ↗ Bode in Berlin die Absicht äußerte, seine Ämter aufzugeben, trug man auf F. W. ↗ Bessels Empfehlung Encke die Nachfolge an. Nach anfänglichem Zögern nahm er dieses Angebot an und wurde am 1. 10. 1825 ordentliches Mitglied der Berliner Akademie, Sekretar der physikalisch-mathematischen Klasse und Direktor der Berliner Sternwarte.

Als Encke anfing zu dozieren, erhielt er, da er nicht promoviert war, von der Berliner Universität honoris causa die Würde eines Doktors der Philosophie verliehen. Nach Bodes Tod gab er das *Berliner Astronomische Jahrbuch* heraus, das er 37 Jahrgänge lang bis 1864 redigierte. Die wesentliche Neugestaltung und Erweiterung, besonders seine genauen Ephemeriden, fanden internationale Anerkennung.

Eine weitere wichtige Aufgabe war die Herausgabe der von Bessel initiierten *Berliner Akademischen Sternkarten*. Darin sollten alle Sterne bis zur 9./10. Größe in einem Gürtel von +15° bis −15° um den Äquator erfasst werden. Diese mit viel Mühe verbundene Arbeit fand erst nach 34 Jahren, 1859, ihren Abschluss. Die Karten ermöglichten u. a. die Entdeckung des Planeten Neptun und mehrerer Kleinplaneten.

Der Initiative A. v. ↗ Humboldts folgend, reifte der Plan zum Neubau einer Sternwarte in Berlin. Der von Karl Friedrich Schinkel entworfene, 1832–35 entstandene Neubau stellte mit seiner Kreuzform und einer Kuppel ein Novum dar. Während bis dahin die Berliner Sternwarte in der praktisehen Astronomie keinen bevorzugten Platz einnahm, entwickelte sie sich unter Enckes Leitung zu einer Sternwarte ersten Ranges. Am 25. 4. 1837 entdeckte Encke die schwache Trennungslinie im äußeren Ring des Saturn, die seitdem seinen Namen trägt. An seinem 55. Geburtstag fanden sein Mitarbeiter J. G. ↗ Galle und der Student Heinrich Louis d'Arrest den vorhergesagten Planeten Neptun.

1844 wurde Encke Ordinarius für Astronomie; er war 1853/54 Rektor der Universität und seit 1846 auch Mitglied der preußischen Kalenderdeputation. Nach Schlaganfällen in den Jahren 1859 und 1863 zog er sich von seinen Ämtern zurück. Seine letzten Lebensjahre verbrachte er in der Familie seines ältesten Sohnes. [WRD, WB]

Werk(e):
Astronomische Abhandlungen (3 Bde., 1866); Gesammelte mathematische und astronomische Abhandlungen (3 Bde., 1888–1889).

Sekundär-Literatur:
Bruhns, C. C.: Johann Franz Encke (1869); Dick, W. R.: Die Akademiesternwarte unter dem Direktorat von Encke, in: Die Geschichte der Astronomie in Berlin (1998) 41–64.

Endlicher, Stephan Ladislaus (István László),
österreichischer Botaniker,
* 1804 Pressburg (Bratislava, Slovakei),
† 28. 3. 1849 Wien.

Endlicher gilt als Begründer eines natürlichen Systems der Pflanzen und wirkte an einer Vielzahl von Florenwerken mit.

Im Alter von 19 Jahren promovierte Endlicher zum Doktor der Philosophie in Budapest. Danach wandte er sich dem Studium der Theologie in Wien zu. Er hatte bereits die niederen Weihen empfangen, als er aus familiären Gründen dem geistlichen Stand entsagen musste.

Am Anfang seiner wissenschaftlichen Laufbahn standen historische und literarhistorische Studien. 1828 wurde er als Scriptor an der k. k. Hofbibliothek in Wien angestellt, wo er u. a. den Katalog der Handschriftensammlung redigierte. Nebenbei widmete er sich botanischen, numismatischen, germanistischen und sinologischen Studien und brachte auf jedem dieser Gebiete grundlegende Werke heraus. 1836 erhielt er eine Stellung am k. k. Naturaliencabinet als Kustos für Botanik. Am 2. 1. 1840 übernahm er den Lehrstuhl für Botanik an der Universität Wien und die Leitung des Botanischen Gartens, einige Monate später wurde ihm der Titel Doktor der Medizin unter Nachlass der Prüfungen verliehen. Gemeinsam mit dem Orientalisten Joseph v. Hammer-Purgstall setzte er 1847 die Gründung der k. k. Akademie der Wissenschaften in Wien durch, der er als Philologe angehörte. Für Kaiser Ferdinand I. hielt er jede Woche zweimal Vorträge über Naturwissenschaften. Geschätzt bei Hof und populär bei den Studenten, wurde er im Revolutionsjahr 1848 von beiden Seiten als Vermittler eingesetzt, obwohl seine liberale Gesinnung – er war in das Vorparlament von Frankfurt gewählt worden – bekannt war. Dadurch zog er sich schließlich das Misstrauen aller zu, so dass er schwere Zurücksetzungen und Verdächtigungen hinnehmen musste.

Seinen Ruhm als Botaniker begründeten vor allem die *Genera Plantarum*, eine Darstellung aller zu seiner Zeit bekannten Pflanzengattungen nach einem von ihm selbst entwickelten System, das für mehrere Jahrzehnte weite Verbreitung fand. Zusammen mit Carl Phillip von Martius begründete er die *Flora Brasiliensis*. Bis heute ist auch sein Werk über das System der Coniferen von größter wissenschaftlicher Bedeutung.

Endlicher war Mitglied zahlreicher in- und ausländischer Gesellschaften und Akademien, wie etwa der Deutschen Akademie der Naturforscher Leopoldina (1833), deren Adjunkt er 1843 wurde. 1844 erhielt er den Orden Pour le mérite. [CRD]

Werk(e):
Genera plantarum secundum ordines naturales disposita (Vindobonae, 1836-1841); Synopsis Coniferarum (1847).

S.L. Endlicher

Engels, Friedrich,
deutsch-englischer Geschäftsmann, Publizist, Philosoph, Ökonom und Historiker,
* 28. 11. 1820 Barmen,
† 5. 8. 1895 London.

Engels war wissenschaftlicher Autodidakt, der sich – vorrangig aus der Sicht ökonomischer und philosophischer Interessen – einen weitreichenden Überblick über die Geschichte der Naturwissenschaft und den aktuellen Erkenntnisstand auf ihren meistdiskutierten Gebieten erarbeitete. Die daraus von ihm gezogenen Konsequenzen betreffen sowohl die Methodologie des Erkennens (Umsetzung der in kritischer Anknüpfung an Georg Wilhelm Friedrich Hegel weiterentwickelten dialektischen Denkweise in ein System erkenntnisleitender Prinzipien) als auch die Auffassung der Wissenschaft als ein soziales Phänomen und die Untersuchung ihrer Funktionen in der Gesellschaft (Keime der Wissenschaftssoziologie bzw. der Wissenschaftsforschung).

Engels entstammte einer protestantischen, liberal eingestellten Industriellenfamilie, mit der er auch verbunden blieb, nachdem er zur Haltung seiner Eltern diametral entgegengesetzte politische und weltanschauliche Positionen bezogen hatte. Auf Wunsch des Vaters, der für ihn eine Geschäftslaufbahn bestimmt hatte, verließ er das Gymnasium in Elberfeld ohne Abitur und durchlief im väterlichen Textilunternehmen in Barmen, in einem Bremer Handelshaus und schließlich in der Textilfirma Ermen & Engels in Manchester, an der die Familie beteiligt war, eine praktische kaufmännische Ausbildung. Seine eigentlichen Interessen entwickelten sich in ganz anderer Richtung: Er beobachtete eingehend die sozialen Verwerfungen des aufsteigenden Industriekapitalismus und fand – vermittelt über die Beziehungen zum »Jungen Deutschland«, zu den Junghegelianern (Bruno Bauer, Max Stirner u. a.) sowie zu Vertretern eines utopischen Kommunismus (Moses Hess u. a.) – zur Idee einer sozialistischen Gesellschaftsalternative. Die Ausarbeitung dieser Idee, der er sich in enger Freundschaft (seit 1844) und ausgefeilter Arbeitsteilung mit Karl Marx widmete, war das große Thema seines Lebens.

Nach der Niederlage der Revolution von 1848/49, an der sich Engels als Adjutant des Willichschen Freicorps in Baden und in der Pfalz beteiligt hatte, musste er ebenso wie Marx nach England fliehen. Seine Tätigkeit als Manager und Teilhaber von Ermen & Engels in Manchester erlaubte ihm, den mittellosen Marx in London regelmäßig zu unterstützen und so ihre Gemeinschaftsarbeit aufrecht zu erhalten. 1869 verkaufte er seinen Anteil an der Firma und übersiedelte nach London. Die gewonnene Zeit nutzte er neben journalistischen, praktisch-politischen, historischen, ökonomischen und philosophischen Arbeiten zu ausgedehnten naturwissenschaftlichen Studien. Wichtige Anregungen gewann er dabei aus seiner Freundschaft mit dem als Mitarbeiter von Sir Henry Roscoe am Owens College in Manchester tätigen deutschen Chemiker Carl Schorlemmer, für den 1874 der erste Lehrstuhl für organische Chemie in England errichtet wurde; Schorlemmer stand als erster Naturwissenschaftler politisch und philosophisch auf den Positionen von Engels und Marx und berief sich in seinem Buch *Rise and Development of Organic Chemistry* (1879) unmittelbar auf Engels' philosophische Texte.

Der frühe Tod von Marx 1883 veranlasste Engels, seine Kraft auf die Fertigstellung und Edition des ökonomischen Hauptwerkes seines Freundes (*Das Kapital*) zu konzentrieren, so dass sein geplantes Buch über Philosophie und Geschichte der Naturwissenschaft nicht zustande kam. Die vorliegenden Fragmente wurden zu seinen Lebzeiten nicht veröffentlicht – mit Ausnahme einiger Passagen in seinem populären und einflussreichen Buch *Herrn Eugen Dührings Umwälzung der Wissenschaft* (»Anti-Dühring«) und weniger Gelegenheitsaufsätze. Das von Engels kurz vor seinem Tod geordnete Material wurde 1897 im Auftrag des Parteivorstandes der SPD von dem deutschen Physiker Leo Arons in Hinblick auf seine Publikationswürdigkeit durchgesehen. Der philosophisch desinteressierte Arons gelangte zu einem negativen Urteil. 1924 warf Eduard Bernstein die Frage der Auswertung erneut auf, 1925 besorgte das Moskauer Marx-Engels-Institut die Erstpublikation der *Dialektik der Natur* in deutscher Sprache und in russischer Übersetzung. Erst die umfangreichen Quellenpublikationen der letzten Jahrzehnte im Rahmen der neuen Marx-Engels-Gesamtausgabe (MEGA) erlauben ein begründetes Urteil über Ausmaß und Intentionen der Naturwissenschaftsstudien von Engels.

Engels' Beschäftigung mit der Naturwissenschaft war in die Ausprägung und Durchsetzung des Entwicklungsgedankens (Evolutionismus) im 19. Jh. integriert, als dessen wichtigster Beleg ihm die biologische Evolutionstheorie von Ch. ↗ Darwin galt. Für ihn war die Welt nicht ruhendes Sein, sondern Prozess (Einheit von Materie und Bewegung), gekennzeichnet durch immanente Historizität (objektive Dialektik), der als adäquate Erkenntnisform die dialektische Methode (subjektive Dialektik) entspricht. Er erstrebte eine interpretierende evolutionistische Synthese der Wissenschaften zu einem hypothetischen Gesamtbild als Mittel kognitiver Orientierung auf die entscheidenden Übergänge, deren Erforschung ihm für das Begreifen des Weltzusammenhangs von zentraler Bedeutung zu sein schien: die primäre Entstehung der kosmischen Strukturen; die natürliche Entstehung des Lebens als Resultat chemischer Evolution; die Herausbildung der menschlichen Gesellschaft aus der biologischen Evolution (Anthropogenese, nichthintergehbare Einheit von Mensch und Natur). Die allgemeine dialektische Methode versuchte Engels in mehreren Dimensionen zu spezifizieren, so nach historischen Perioden (in Anlehnung an Marx' Gliederung der Geschichte nach ökonomischen Gesellschaftsformationen) und nach Wissenschaftsgebieten (vermittelt durch das Konzept der Bewegungsformen). [HL]

Werk(e):
Dialektik der Natur (1873–1882); Über die Dialektik der Naturwissenschaft. Texte, zusammengest. und hrsg. von B.M. Kedrov (1979).

Sekundär-Literatur:
Reiprich, K.: Die philosophisch-naturwissenschaftlichen Arbeiten von Karl Marx und Friedrich Engels (1969); Henderson, W.O.: The life of Friedrich Engels, 2 Bde. (1976); Liedman, S.-E.: Das Spiel der Gegensätze: Friedrich Engels' Philosophie und die Wissenschaft des 19. Jahrhunderts (1986); Hunley, J.D.: The life and thought of Friedrich Engels: a reinterpretation (1991); Zimmermann, R.E. (Hrg.): Naturdialektik heute: aus Anlass des 100. Todestages von Friedrich Engels (1995); Labica, G. (Hrg.): Friedrich Engels, savant et révolutionnaire (1997).

Engler, Adolf Gustav Heinrich,
deutscher Botaniker,
* 25. 3. 1844 Sagan (Schlesien),
† 10. 10. 1930 Berlin-Dahlem.

Engler war der Wegbereiter der modernen Pflanzensystematik, die er mit den Erkenntnissen der Phylogenie und Pflanzengeographie verband. Er erschloss die Erforschung der Vegetationskunde Afrikas und errichtete den neuen Botanischen Garten in Berlin-Dahlem, dessen geographische Anordnung der Pflanzen zum Vorbild für Gärten in der ganzen Welt wurde.

Engler, Sohn des Kaufmanns August Engler und dessen Frau Pauline geb. Scholtz, besuchte das Gymnasium St. Maria Magdalena in Breslau bis zum Abitur 1863. An der dortigen Universität studierte er bis 1866 Naturwissenschaften und Mathematik. Dabei wurde er durch H. R. ↗ Goeppert und F. ↗ Cohn für die Botanik gewonnen und mit einer pflanzensystematischen Arbeit über die varietätenreiche Gattung des Steinbrechs (*De genere Saxifraga*) 1866 promoviert. Neben seiner anschließenden Tätigkeit als Gymnasiallehrer in Breslau 1866–1871 widmete er sich mit der Unterstützung Goepperts zusätzlich pflanzensystematischen Studien. Im April 1871 wurde er Kustos an den botanischen Anstalten in München unter C. W. ↗ Nägeli, wo er sich mit einer Monographie über die Gattung *Saxifraga* 1872 habilitierte. 1878 wurde er als ordentlicher Professor für Botanik und Direktor des Botanischen Gartens an die Universität Kiel berufen, wo er eine rege Tätigkeit als Autor und Herausgeber von bald führenden Fachzeitschriften und Reihen begann. 1884 kehrte er als ordentlicher Professor an die Universität Breslau zurück, von wo er als Nachfolger von August Wilhelm Eichler 1889 an die Universität Berlin berufen wurde. In Berlin-Dahlem wirkte er bis 1921 zugleich als Direktor des Königlichen Botanischen Museums und Gartens. Letzteren legte er von 1895 bis zur Eröffnung 1910 neu an, unter besonderer Berücksichtigung pflanzengeographischer Gesichtspunkte.

Aufbauend auf morphologisch-systematischen und pflanzengeographischen Studien besonders an den erstmals planmäßig erforschten Floren Afrikas, begründete Engler das moderne natürliche System der Pflanzen, bei dem vor allem die Organisationshöhen der Sippen beachtet werden. Indem er sich auf Vorarbeiten unter andern von A. ↗ Braun, Cohn und Nägeli stützte, berücksichtigte er in seinem System die Kryptogamen (später Thallophyta, jetzt Eukaryota) als den Samenpflanzen (Spermatophyta) gleichwertig. Die Einbeziehung der Phytopaläontologie und Phylogenie in seine Darstellung der Entwicklungsgeschichte der Florengebiete seit der Tertiärzeit (1879–1882) wurde wegweisend. Aufgrund ausgedehnter Forschungsreisen vom Mittelmeergebiet bis zu überseeischen tropischen Ländern, nach Afrika und nach Nordamerika begann er unter Einbeziehung pflanzensoziologischer Gesichtspunkte die Vegetationseinheiten weltweit zu analysieren und regte eine umfangreiche Gruppe von Mitarbeitern, u. a. seinen Berliner Schüler und Nachfolger Ludwig Diels und den Kollegen aus Bayern und späteren Nachfolger auf der Professur in Breslau, Karl Prantl, sowie den Kollegen Oscar Drude, zu grundlegenden systematischen Werken und umfassenden Darstellungen der Florengebiete der Erde an. Auch wenn sich Engler früh zur Evolutionstheorie bekannte, so folgte er doch nicht allen Erklärungen von Ch. ↗ Darwin uneingeschränkt. Engler schuf bis heute verwendete grundlegende pflanzensystematische Nachschlagewerke, die weltweit anerkannt wurden. Er baute die Pflanzensystematik derart prägend aus, dass man seine Schaffensperiode die »Engler-Zeit« nannte. [BH2]

A.G.H. Engler

Werk(e):
Versuch einer Entwickelungsgeschichte der Pflanzenwelt, insbesondere der Florengebiete seit der Tertiärperiode, Bd. 1–2 (1879–1882); Die natürlichen Pflanzenfamilien, bearb. zus. mit K. Prantl u. a., Teil 1–4 und Nachträge (1887–1907), 2. Aufl. Bd. 1–15 (1925–1931); Syllabus der Pflanzenfamilien (1892); Monographien afrikanischer Pflanzen: Familien und Gattungen, hrg. [und teilweise bearbeitet] von A. E., Bd. 1–8 (1898–1904); Die Entwickelung der Pflanzengeographie in den letzten hundert Jahren und weitere Aufgaben derselben (1899); Die Pflanzenwelt Afrikas, insbesondere seiner tropischen Gebiete, Bd. 1–3/ 1, 2 und 5/1 (1908–1925).

Sekundär-Literatur:
Teile des Nachlasses und Originalporträts in der Bibliothek des Botanischen Museums Berlin-Dahlem; Diels, L.: Adolf Engler, Berichte der Deutschen Botanischen Gesellschaft 48 (1930–1932) 146–163 [mit Werksverzeichnis in Auswahl und Porträt]; Ders.: Zum Gedächtnis von Adolf Engler, in: Botanische Jahrbücher für Systematik, Pflanzengeschichte und Pflanzengeographie 64 (1931) i–lxi.

Enriques, Federigo,
italienischer Mathematiker,
* 5. 1. 1871 Livorno,
† 14. 6. 1946 Rom.

Enriques war ein herausragender Vertreter der großen italienischen Schule der algebraischen Geometer.

Enriques wuchs in Pisa auf und besuchte die dortige Universität, an der er u. a. bei E. ↗ Betti Vorlesungen hörte. Nach dem erfolgreichen Abschluss seines Studiums in Pisa wechselte er 1892 nach Rom, um dort mit Guido Castelnuovo zusammenzuarbeiten und von diesem insbesondere in das Studium von algebraischen und projektiven Flächen eingeführt zu werden. 1896 nahm Enriques einen Ruf auf eine Professur an die Universität Bologna an, wo er bis 1923 blieb. Danach wechselte er auf den Lehrstuhl für Höhere Geometrie an der Universität Rom. Zwischen 1938 und 1944 ließ er aus Protest gegen das faschistische Regime in Italien sein Lehramt ruhen.

In einer Reihe von Arbeiten, die über einen Zeitraum von 20 Jahren erschienen, gelang Enriques gemeinsam mit Castelnuovo eine Klassifikation der algebraischen Flächen (*Le superficie algebraiche*, 1949). Daneben befasste er sich aber auch mit Themen der Differenzialgeometrie; in diesem Bereich gewann er sogar, gemeinsam mit F. ↗ Severi, 1907 einen Preis für seine Arbeiten über hyperelliptische Flächen. Sein Name ist heute vor allem bekannt durch den Begriff der Enriques-Fläche, die einen speziellen Typus von algebraischen Flächen darstellt. Auf Anregung von F. ↗ Klein schrieb er Artikel zu den Grundlagen der Geometrie. Das heutige Axiomensystem der projektiven Geometrie beruht auf seinen Arbeiten.

Neben diesen theoretischen Arbeiten bemühte sich Enriques auch sehr um historische und philosophische Fragen sowie die Grundlagen der Mathematik. So hielt er 1912 auf dem Internationalen Mathematikerkongress in Cambridge einen Hauptvortrag zum Thema *Die Bedeutung der Kritik der Grundlagen in der Entwicklung der Mathematik*. Er organisierte auch selbst mehrere Kongresse und engagierte sich als Herausgeber von verschiedenen Zeitschriften sowie einer zweibändigen Enzyklopädie der Elementargeometrie. Daneben verfasste er aber auch Lehrbücher für den Unterricht an Schulen und gab die italienische Ausgabe der *Elemente* ↗ Euklids heraus. Von 1907 bis 1913 war Enriques Präsident der Italienischen Philosophischen Gesellschaft und fungierte 1911 als Organisator des vierten internationalen Philosophiekongresses. [GW4]

Werk(e):
Per la storia della logica (1922); Storia del pensiero scientifico. Il mondo antico (1932).

Sekundär-Literatur:
Marchionna, E.: L'opera geometrica di Federigo Enriques, Atti Accad. Sci. Torino Cl. Sci. Fis. Mat. Natur. 105 (1971) 873–882; Sansone, G.: Obituary: Federigo Enriques, Rend. Mat. e Appl. (5) 16 (1957) 9–11; Severi, F.: Obituary: Federigo Enriques, Rend. Mat. e Appl. (5) 16 (1957), 3–8.

Eötvös, Baron von, Loránd,
ungarischer Physiker,
* 27. 7. 1848 Pest (heute Budapest),
† 8. 4. 1919 Budapest.

Eötvös leistete bedeutende Beiträge zur Erforschung der Gravitation.

Loránd Eötvös' Vater József war zur Zeit seiner Geburt Kultus- und Unterrichtsminister Ungarns und hatte als Anhänger der liberalen Opposition etliche gesellschaftskritische Romane verfasst, was

L. Eötvös auf einer ungarischen Briefmarke

ihn zu einem der bedeutendsten ungarischen Schriftsteller des 19. Jahrhunderts machte. Eötvös begann 1865 in Budapest das Jurastudium, wechselte aber zwei Jahre später an die Universität Heidelberg, um bei G. ↗ Kirchhoff, H. ↗ Helmholtz und R. ↗ Bunsen Mathematik, Physik und Chemie zu studieren. Dort promovierte er 1870 mit experimentellen Untersuchungen der Änderung der Lichtgeschwindigkeit bei einer sich bezüglich des Äthers bewegenden Lichtquelle. 1872 wurde er Professor für Physik an der Universität von Budapest. 1876 heiratete er Gizella Horváth, die Tochter des Justizministers, mit der er zwei Töchter hatte, Ilona und Rolanda.

Noch in seiner Studentenzeit hatte sich Eötvös mit Forschungen zur Oberflächenspannung beschäftigt und später gefunden, dass sie mit steigender Temperatur sinkt (Eötvös-Regel), bis sie bei einer kritischen Temperatur Null wird. Nach 1886 widmete er sich ganz seiner Lebensaufgabe: der Gravitation. Er entwickelte Drehwaagen, um die Anziehungskraft verschiedener Massen zu messen, und stellte fest, dass im Rahmen der Messgenauigkeit die Anziehungskraft nur von der Masse und nicht von der Substanz abhängt. Seine Messungen steigerte er zu so hoher Präzision, dass er die Gleichheit von schwerer und träger Masse bis auf 10^{-9} bestätigen konnte. Außerdem entwickelte er einfache Gravimeter, mit denen auf der Erdoberfläche die Erdanziehungskraft gemessen werden konnte, um so auf die geologische Struktur des Gesteins zu schließen.

Wie sein Vater war er Unterrichtsminister (1894–95). Ein Jahr lang wirkte er als Rektor der Universität Budapest, die heute seinen Namen trägt; von 1889 bis 1905 war er Präsident der ungarischen Akademie der Wissenschaften und von 1891 bis zu seinem Tod Präsident der von ihm mit begründeten mathematisch-physikalischen Gesellschaft. In seiner Freizeit war Eötvös passionierter Bergsteiger, dem – entweder allein oder mit seinen Töchtern – zahlreiche Erstbesteigungen von Alpengipfeln gelangen. Ein Berg in den Dolomiten trägt deshalb seinen Namen. [RS]

Werk(e):
Gesammelte Arbeiten (Hrg. P. Selényi, 1953).

Sekundär-Literatur:
Környei, E.: L. E. (1964; ung.); Dicke, R. H.: The Eötvös Experiment, Scient. American 205 (1961) 84–94.

Erasistratos von Keos,
griechischer Arzt,
* um 330 v. Chr. Julis (auf Keos, Kykladen),
† um 245 v. Chr. Alexandria.

Erasistratos schuf eine Physiologie des menschlichen Körpers, in der sich antiker Atomismus und Vitalismus verbanden.

Erasistratos war wie sein wohl etwas jüngerer Kollege ↗ Herophilos entscheidend beteiligt am Aufschwung der hellenistischen Anatomie und wirkte auch am Museion von Alexandria. In seiner Physiologie verbindet er die Lehre vom Pneuma als dem Prinzip aller Lebensprozesse mit einem Atomismus, der ↗ Demokrit und dem peripatetischen »Physiker« ↗ Straton von Lampsakos verpflichtet ist. Der ständige Verschleiß des aus Atomen bestehenden Körpergewebes mit seinen Arterien, Venen und Nerven wird durch Nahrungsaufnahme kompensiert. Das eingeatmete Pneuma wird vom Herzen einerseits zum vegetativen Pneuma umgebildet, das die einfachen Lebensfunktionen regelt und sich nach der von Praxagoras aufgebrachten Theorie in den Arterien befindet, und andererseits zum psychischen Pneuma, das im Gehirn zentriert ist und die Tätigkeit der wohl zuerst von Erasistratos unterschiedenen motorischen und sensorischen Nerven steuert. Dagegen transportieren die Venen das Blut, das in »Nebenaufschüttungen« die Gewebe von Lunge, Leber etc. bildet, die er folglich Parenchym nannte. Dass auch bei Verletzungen der Arterien Blut fließt, erklärte er mit »gemeinsamen Öffnungen« von Venen und Arterien, verbaute sich aber mit dieser Theorie die Einsicht in den Blutkreislauf.

Erasistratos, dem Galen aus Pergamon einen unermüdlichen Forschungseifer bescheinigt, entdeckte die Chylosgefäße durch Vivisektion neugeborener Ziegen und erkannte durch seine Studien zum Kehlkopf, warum beim Schlucken nichts in die Luftröhre gelangt. [FJ]

Werk(e):
Erasistrati Fragmenta (Hrg. I. Garofalo 1988).

Eratosthenes von Kyrene,
griechischer Universalgelehrter,
* um 290 v. Chr.,
† um 205 v. Chr.

Eratosthenes war vielleicht der bedeutendste der für die hellenistische Zeit typischen Universalgelehrten.

Eratosthenes hat in Athen studiert und wurde 246 von Ptolemeios III. an die alexandrinische Bibliothek als Leiter berufen. Sich selbst nannte er

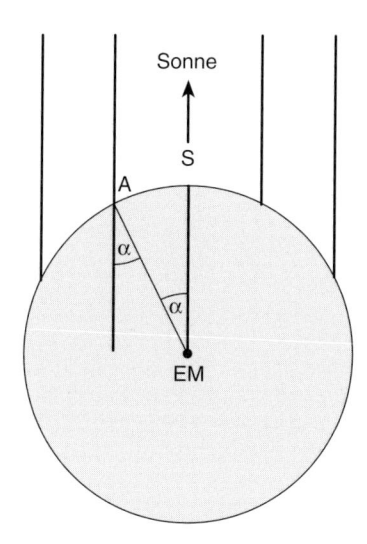

Eratosthenes von Kyrene: Prinzip der Erdumfangsbestimmung

einen »Philologen«, ein Wort, das damals einen Freund aller Ausdrucksformen des Geistes und der Sprache bezeichnete. Als solcher hat er Gedichte verfasst, literaturgeschichtliche Probleme erörtert und mit profunder Sachkenntnis in dem Prosawerk *Katasterismen* (Verstirnungen) die Sagen zu den Sternbildern dokumentiert. Er stand mit ↗ Archimedes in wissenschaftlichem Austausch und erweist sich als für seine Zeit recht aufgeklärter Rationalist, der erklärt, dass entgegen dem Dafürhalten seiner Zeitgenossen Homers Geographie ein Märchenbuch sei – noch heute versucht man, die homerische *Geographie* zu verifizieren –, und dass die übliche Unterteilung der Menschheit in Hellenen und Barbaren nicht angehe und die Differenzierung nach guten und schlechten, zivilisierten und unzivilisierten Leuten viel eher zutreffe. Sein vielseitiges Schrifttum ist freilich nur in Fragmenten und Berichten späterer Autoren erhalten.

In seinen mathematischen Schriften haben die Termini Logos (Verhältnis) und Analogia (Proportion) eine zentrale Rolle gespielt, auf die sich in letzter Instanz alles Mathematische reduzieren lasse. So hat er auch die Lösung des »delischen« Problems der Würfelverdopplung durch zwei mittlere Proportionale unternommen, was ihm allerdings nicht den Beifall seiner Zunftgenossen eintrug. Mit seinen *Chronographiai* hat er die Grundlage einer wissenschaftlichen Zeitrechnung gelegt, die mit der Liste der Olympischen Spiele und Sieger als Bezugssystem den Wirrwarr der einzelstaatlichen Zeitrechnungen zu beseitigen versuchte; sie sind allerdings bald durch die *Chronika* Apollodors überholt worden, nach dessen Angaben heute antike Ereignisse und Lebensdaten berechnet werden.

Einen Höhepunkt in der Entwicklung der Geographie erreichte Eratosthenes mit seinen *Geographika*. Damit hat er die Erdkarte des Aristoteles-Schülers Dikaiarch durch Verwertung der im Gefolge des Alexanderzuges gewonnenen neuen Informationen über fernere Länder und Leute erheblich verbessert, wobei er sich der häufigen Unzuverlässigkeit seiner Quellen bewusst ist (»Darüber können wir nichts Genaueres sagen«). Im Buch 1 hat Eratosthenes die Geschichte der Geographie skizziert; Buch 2 und 3 behandeln die mathematisch-physikalischen Aspekte wie Größe der Erde, Lehre von den Zonen und das Ozeanproblem. Die bewohnte Erde, die Oikumene, die er für eine vom Ringozean umflossene Fläche hielt, gut doppelt so lang wie breit, teilte er vom Äquator an durch eine nicht exakt bestimmbare Zahl von Meridianen (7 bzw. 11?) und Parallelkreisen (6 bzw. 10?) in Vierecke. Hier hat er die alte Einteilung der Erdoberfläche in Europa, Asien und Libyen durch ein rein geometrisches Koordinatensystem abgelöst, wurde aber selbst von ↗ Hipparch verbessert durch dessen Einteilung des Meridians vom Äquator zum Pol in 90°.

Die wirkungsreichste Leistung des Eratosthenes war aber wohl seine genial-einfache Vermessung des Erdumfangs, die er in seiner Schrift *Über die Ausmessung der Erde* schilderte. Unter Voraussetzung der Kugelgestalt der Erde und des parallelen Sonnenstrahleneinfalls stellte er mit einem Gnomon, also einem in jeder Sonnenuhr eingebauten Schattenstab, fest, dass, wenn dieser in Syene (S = Assuan) zur Zeit des Zenitstandes der Sonne schattenlos blieb, er in Alexandria (A) einen Schatten warf, der einem Winkel α von 7,2° des Meridianumfangs von 360° entsprach. Daraus ergab sich eine einfache Verhältnisrechnung; Bogen AS : Erdumfang = 7,2 : 360. Da AS nach der Vermessung ägyptischer Beamter 5 000 Stadien ausmachen sollte, beträgt der Erdumfang 5 000 × 360 / 7,2 = 250 000 Stadien; ein Ergebnis, das Eratosthenes noch auf 252 000 Stadien verbessert zu haben scheint. Damit könnte er in die Nähe des tatsächlichen Umfangs gekommen sein, wenn die Maßeinheit des zugrundegelegten Stadiums bekannt wäre, das je nach Gegend und Zeit von 150 bis 220 m betragen haben soll. Deshalb bleibt die meist angeführte Ziffer seiner Messung des Erdumfangs von ca. 39 700 km ganz unsicher. Weitere, beim damaligen Stand der Vermessungstechnik erklärliche Fehler (Alexandria und Syene liegen nicht auf demselben Meridian; Syene liegt oberhalb des Breitenkreises des Sommersolstitium von 23° 27′) fallen dagegen wohl weniger ins Gewicht. Dennoch verdient die der Messung zugrundeliegende Methode Bewunderung. [FJ]

Sekundär-Literatur:
Powell, J. U.: Collectanea Alexandrina (1925) 58 ff.; Krämer, H. J., in: Überweg-Flashar, Die Philosophie der Antike 3 (1983) 164 ff.; Heiberg, J. L.: Geschichte der Mathematik und Naturwissenschaften im Altertum (1925).

Erdmann, Anna Maria Rhoda,
deutsche Zoologin und Zellforscherin,
* 5. 12. 1870 Hersfeld,
† 23. 8. 1935 Berlin.

Rhoda Erdmann war eine der bedeutendsten Zellforscherinnen im ersten Drittel des 20. Jahrhunderts und gehört zu den Wegbereitern der Zell- und Gewebezüchtung.

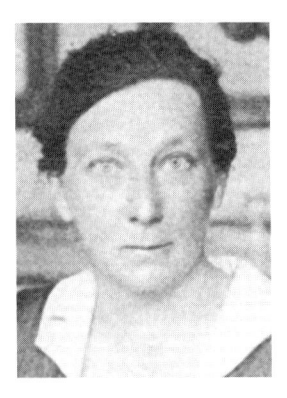

A.M.R. Erdmann

Rhoda Erdmann musste als Mädchen im Deutschen Kaiserreich noch auf Umwegen ihre höhere Schul- und Universitätsausbildung erlangen; sie wurde zunächst Lehrerin, ehe sie von 1903 bis 1908 an den Universitäten Berlin, Zürich, Marburg und München die Naturwissenschaften studierte. 1908 promovierte sie in München bei R. ↗ Hertwig. Von 1908 bis 1912 war sie wissenschaftliche Hilfsarbeiterin am Institut für Infektionskrankheiten bei R. ↗ Koch in Berlin. Da sie um die Karrierehindernisse für Wissenschaftlerinnen in Deutschland wusste und das Verbot der Habilitation für Frauen seit 1908 galt, ging Erdmann 1913 in die USA. Hier war sie als Stipendiatin an der Yale University in New Haven bei Ross Harrison, später wurde sie Lecturer in Biology, und ab 1916 war sie am Rockefeller Institute in Princeton tätig. In den USA erfolgte ihre Spezialisierung zur Zellforschung. Aufgrund verschiedener Umstände kehrte Erdmann 1919 nach Deutschland zurück.

Von 1919 bis Frühjahr 1933 lehrte und forschte Erdmann an der Friedrich-Wilhelms-Universität und kämpfte um die Errichtung ihrer »Abteilung für experimentelle Zellforschung«, die 1919 eingerichtet werden sollte, aber erst 1923 am Institut für Krebsforschung der Berliner Charité offiziell eröffnet wurde. Hier wurden die Anfänge der experimentellen Zellforschung in Deutschland gelegt, und Erdmanns *Leitfaden für das Praktikum der Gewebepflege* (1922) wurde zur Grundlage der Zell- und Gewebezüchtung. 1920 habilitierte Erdmann an der philosophischen Fakultät der Berliner Universität in Zoologie, 1922 erfolgte die Umhabilitierung an die medizinische Fakultät für das Fach Allgemeine Biologie. 1924 wurde Erdmann als erste Frau an der medizinischen Fakultät zur nicht beamteten außerordentlichen Professorin ernannt. Jahrelang lehrte sie spezielle Kurse in experimenteller Zellforschung. 1925 gründete sie die Zeitschrift *Archiv für experimentelle Zellforschung*, die eine Zeit lang zu den wichtigsten Journalen auf diesem Fachgebiet gehörte. 1927 wurde sie ständiger Sekretär der internationalen Gruppe der Zellforscher, die im Rahmen des X. Internationalen Kongresses der Zoologen in Budapest ihre erste Tagung veranstalteten.

Erdmann wurde als erste Wissenschaftlerin in Deutschland an einer Universität 1929 zur beamteten Professorin ernannt, 1930 erhielt ihre Abteilung für Zellforschung den Rang eines selbständigen Universitätsinstituts. Darüber hinaus engagierte sie sich in der »Federation of University Women« und im Akademikerinnen-Bund in Deutschland. Die Machtübergabe an die Nazis im Frühjahr 1933 beendete das Forscherleben Erdmanns an der Universität auf drastische Weise. Nach einer Denunziation erfolgte die Verhaftung durch die Gestapo und die Schließung ihres Instituts. Nach internationalen Protesten freigelassen und 1934 zwangsemeritiert, musste sie die Vertreibung von Kollegen, die Flucht ihrer Schüler und das Ende ihres Instituts erleben. Von den Folgen der Verhaftung und Verfolgung geschwächt, starb Rhoda Erdmann in Berlin, während ihre ausländischen Kollegen und Freunde noch versuchten, ihre Emigration zu befördern.

Im Gedenken an die bedeutende Zellforscherin gibt es an der Freien Universität Berlin seit Jahren das Rhoda-Erdmann-Programm, ein Weiterbildungsprogramm für Wissenschaftlerinnen. Die Gesellschaft für Zell- und Gewebezüchtung unterstützt junge Mitglieder sowie Wissenschaftler aus Mittel- und Osteuropa beim Besuch ihrer Tagungen durch das Rhoda-Erdmann-Fortbildungsstipendium. [AV2]

Werk(e):
Leitfaden für das Praktikum der Gewebepflege (1922); Typ eines Ausbildungsganges weiblicher Forscher, in: Führende Frauen Europas Bd. 1 (1928, hrg. von E. Kern) 35–54.

Sekundär-Literatur:
Caffier, P.: Rhoda Erdmann (Nachruf), in: Archiv für experimentelle Zellforschung 18 (1936) 127–141; Hoppe, B.;

Die Institutionalisierung der Zellforschung in Deutschland durch Rhoda Erdmann, in: Biologie heute 366 (1989) 2–9; Koch, S.: Leben und Werk der Zellforscherin Rhoda Erdmann, Med. Diss. Marburg (1985); Schneck, P.: »...ich bin ja nur eine Frau, aber Ehrgefühl habe ich auch«: Zum Schicksal der Berliner Zellforscherin Rhoda Erdmann unter dem Nationalsozialismus, in: Wessel, K.-F., Schulz, J., Hackethal, S. (Hrg.): Ein Leben für die Biologiegeschichte. Festschrift zum 75. Geburtstag von Ilse Jahn (2000) 170–189.

Erlenmeyer, Emil,
deutscher Chemiker,
* 28. 6. 1825 Wehen bei Wiesbaden,
† 22. 1. 1909 Aschaffenburg.

Erlenmeyer trat sowohl als Theoretiker der organischen Chemie wie auch als Analytiker hervor.

E. Erlenmeyer

Emil Erlenmeyers, Sohn des evangelischen Dekans Friedrich Erlenmeyer, besuchte 1835-39 das Pädagogium in Wiesbaden, erhielt anschließend Privatunterricht und legte 1845 das Abitur am Gymnasium in Weilbach ab. Er begann ein Medizinstudium in Gießen, wandte sich jedoch rasch der Chemie zu. 1846 war er in Heidelberg, kehrte 1847 nach Gießen zurück und erhielt kurz darauf eine Assistentenstelle bei dem Leiter von J. ↗ Liebigs »Filiallabor«, Heinrich Will. Aus finanziellen Gründen verzichtete Erlenmeyer zunächst auf eine akademische Karriere, legte das pharmazeutische Staatsexamen ab und erwarb 1849 eine Apotheke in Katzenellenbogen. Nach seiner Heirat 1850 mit Auguste Hengstenberg übernahm er eine Apotheke in Wiesbaden und unterrichtete daneben Chemie an der Handels- und Gewerbeschule. 1855 verkaufte Erlenmeyer die gut gehende Apotheke, um sich fortan wieder ganz der Chemie zuzuwenden. Schon 1850 in Gießen promoviert, habilitierte er sich 1857 in Heidelberg mit einer Arbeit über künstlichen Dünger. Zusammen mit A. v. ↗ Baeyer und A. ↗ Butlerow zählte er zu den ersten Schülern von A. ↗ Kekulé in Heidelberg. Nachdem dieser 1859 nach Gent gegangen war, wurde Erlenmeyers Labor zum Zentrum der organischen Chemie in Heidelberg. 1863 wurde Erlenmeyer zum ao. Professor ernannt, 1868 folgte seine Berufung an die neu errichtete Polytechnische Schule in München (1877–80 Rektor). Aus gesundheitlichen Gründen bat er 1883 um seine Emeritierung, übersiedelte nach Frankfurt, Wiesbaden, erneut Frankfurt und ließ sich schließlich 1893 in Aschaffenburg nieder, wo er bis zum Tod seiner Frau als Privatgelehrter weiterhin wissenschaftlich tätig blieb.

Erlenmeyer war der Überzeugung, dass die Chemie, speziell die organische Chemie, ein allgemeingültiges theoretisches Gerüst benötige, und sah in den Ansichten Kekulés einen zukunftweisenden Weg dorthin. Die noch weit verbreitete Typentheorie lehnte er ab. 1862 veröffentlichte er einen Aufsatz *Über die Theorie der Chemie* in der von ihm 1859 gegründeten *Zeitschrift für Chemie und Pharmazie* (bestand bis 1872), in der er jedem Atom eine bestimmte Zahl von Bindungsmöglichkeiten zuwies, die er Wertigkeiten nannte. Nur so konnte nach seiner Ansicht das Gesetz der multiplen Proportionen befriedigend erklärt werden. Ebenfalls von Erlenmeyer stammt der Begriff Strukturchemie. Er übernahm sogleich die Ringformel für das Benzol und schlug die heute gültige Strukturformel des Naphthalins vor, hielt jedoch das Tetraedermodell der räumlichen Verteilung der Kohlenstoffvalenzen zunächst für falsch. Nachdem er 1868 die Redaktion seiner Zeitschrift abgegeben hatte, begann Erlenmeyer mit der Abfassung eines (unvollendeten) Lehrbuches der organischen Chemie, in dem erstmals die uns heute geläufigen Strukturformeln verwendet wurden. Erlenmeyer übernahm die von A. C. ↗ Brown vorgeschlagene Doppelbindung zwischen den Kohlenstoffatomen des Ethylens und wies dem Acetylen eine Dreifachbindung zu. Er entdeckte und synthetisierte die Isobuttersäure, ermittelte die korrekten Formeln für Guanidin, Kreatin und Kreatinin und synthetisierte das Tyrosin; ebenso gab er die Struktur der Azo-, Hydrazo- und Azoxygruppen an. Er stellte verschiedene Hydroxycarbonsäuren dar und erklärte die Struktur und Entstehung der Lactone als innere Ester. 1880 formulierte er die Erlenmeyer-Regel, wonach Alkohole, deren Hydroxylgruppe direkt an eine C=C-Doppelbindung gebunden ist, unbeständig sind und sich in die entsprechenden Aldehyde bzw. Ketone umlagern, bzw. wonach dasselbe C-Atom keine zwei oder drei (unsubstituierten) Hydroxylgruppen binden kann. Bis heute ist der 1861 von ihm erfundene konisch geformte Erlenmeyerkolben weltweit in Gebrauch.

Erlenmeyer wurde 1889 Präsident der Deutschen Chemischen Gesellschaft, war u. a. Mitglied der

Bayerischen Akademie der Wissenschaften und erhielt mehrere Ehrungen und Ehrendoktorwürden (München, Heidelberg). [CP]

Werk(e):
Lehrbuch der organischen Chemie, 3 Bde (1867–94); Über den Einfluß des Freiherrn v. Liebig auf die Entwicklung der reinen Chemie (1874); Studien über die sog. aromatischen Säuren, Annalen d. Chemie 137 (1866) 327–59; Über Phenylbrommilchsäure, Berichte d. Dt. Chem. Ges. 13 (1880) 305–310.

Sekundär-Literatur:
Killiani, H.: Zs. f. Angewandte Chemie 22 (1909) 481–83; Conrad, M.: Berichte d. d. Dt. Chem. Ges. 43 (1910) 3645–3664; Krätz, O.: Chemie in unserer Zeit 6 (1972) 43–58.

Ertel, Hans Richard Max,
deutscher Geophysiker, Meteorologe und Physiker,
* 24. 3. 1904 Berlin,
† 2. 7. 1971 Berlin.

Ertel ist der Begründer der geophysikalischen Hydrodynamyik und Wegbereiter der modernen dynamischen Meteorologie.

Nach dem Studium in Berlin (1930–32) wirkte Ertel am Meteorologischen Institut in Berlin, dem Magnetischen Observatorium in Potsdam sowie wieder an der Universität in Berlin in verschiedenen akademischen Positionen. 1941 erfolgte die Berufung zum Hauptobservator und Professor am Meteorologischen Institut, 1943–1946 war er dann Professor an der Universität Innsbruck, um schließlich ab 1946 am Lehrstuhl für Geophysik an der Humboldt-Universität in Berlin zu lehren. 1948–1969 war er zugleich Direktor des Instituts für physikalische Hydrographie der Deutschen Akademie der Wissenschaften zu Berlin. Zahlreiche Auslandsaufenthalte (USA, Schweden, Österreich) sowie eine umfassende Tätigkeit als Herausgeber wissenschaftlicher Zeitschriften (*Gerlands Beiträge zur Geophysik, Acta Hydrophysica, Zeitschrift für Meteorologie, Deutsche Literaturzeitung, Forschungen und Fortschritte*) führten dazu, dass Ertel in entscheidendem Maße die internationale Entwicklung der Meteorologie und ihrer Nachbardisziplinen bestimmte.

Ertels zahlreiche Arbeiten auf den Gebieten der Meteorologie, Ozeanologie, Physikalischen Hydrographie, Geodäsie, Geophysik, theoretischen Physik sowie geophysikalischen Hydrodynamik fanden internationale Anerkennung. Insbesondere sein 1942 aufgestellter allgemeiner hydrodynamischer Wirbelsatz (Ertelsche Wirbelinvariante) hat sich als maßgeblich für heutige Forschungen in den unterschiedlichsten geophysikalischen und physikalischen Disziplinen erwiesen. Seine großen Theoreme der Potenzialtheorie, der Geodäsie, der Hydrodynamik fanden vielfältige Anwendung, auch in der Magnetohydrodynamik. Die Grenzen der Wettervorhersage frühzeitig erkennend, hat er in zahlreichen Studien die mathematischen Grundlagen für die vielschichtigen meteorologischen Probleme erarbeitet – Beiträge, die heute noch als Pionierarbeiten verstanden werden. Hinzu treten seine zahlreichen Studien zum Küstenschutz, zur Gewässerkunde, Ozeanologie und theoretischen Geomorphologie, die praktische und theoretische Fragen in geradezu vorbildlicher Weise miteinander verbanden. Darüber hinaus legte er auch zahlreiche kosmologische Beiträge vor. [WS3]

Werk(e):
Methoden und Probleme der dynamischen Meteorologie (1938); Elemente der Operatorenrechnung mit geophysikalischen Anwendungen (1943).

Sekundär-Literatur:
Collected Papers by Hans Ertel, hrg. v. W. Schröder (1991–1999).

Eudoxos von Knidos,
griechischer Universalgelehrter,
* um 400 v. Chr.,
† etwa 345 v. Chr.

Als Mathematiker, Geograph, Arzt und Philosoph war Eudoxos von universeller Gelehrsamkeit.

Eudoxos hatte enge Beziehungen zur Akademie ↗ Platons und gründete gegen 370 eine eigene Schule auf Kyzikos. Philosophisch bemerkenswert sind seine Überlegungen zu den in der Akademie diskutierten Fragen nach dem ontologischen Status der Ideen (Universalien) und zu der auch bei Platon aporetisch gebliebenen Teilhabe (Methexis) der Einzeldinge an den Ideen. In der Ethik vertritt er unakademische, hedonistische Positionen, insofern er ähnlich wie Aristipp die Freude und Lust (Hedoné) zum höchsten Gut erklärt; denn sie vor allem werde von allen Naturwesen erstrebt, und das gerade um ihrer selbst willen – ebenso sehr wie Unlust und Schmerz von allen gemieden würden. Außerdem erhöhe die Lust andere Werte, wenn sie bei ihnen hinzukomme.

Hier sind vor allem seine Leistungen in der Mathematik und der mathematischen Astronomie, als deren Begründer er gelten darf, von Interesse. Sein Verdienst ist es, die Größen- und Proportionslehre der Pythagoreer, die sich durch die Entdeckung des Irrationalen als unzulänglich erwiesen hatte, weiterentwickelt zu haben. Ihrer Mathematik lagen ganzzahlige Größen und also auch entsprechende kommensurable Verhältnisse zugrunde. Eudoxos hat die Proportionslehre auf irrationale Verhältnisse ausgedehnt, wie sie etwa in der Beziehung von Seite und Diagonale eines Quadrates vorliegen. Seine Definition ist bei ↗ Euklid überliefert: »Man sagt, dass Größen in demselben Verhältnis stehen, also $a{:}b = c{:}d$, wenn bei beliebiger Vervielfältigung die Gleichvielfachen von a und c den Gleichvielfachen von b und d gegenüber, paarweise entsprechend genommen, entweder zugleich größer oder zugleich gleich oder zugleich kleiner sind... Und die dasselbe Verhältnis habenden Größen sollen in Proportion stehend heißen«; d. h., dass bei beliebigen natürlichen Zahlen m und n aus $na > mb$ folgt $nc > md$, aus $na = mb$ folgt $nc = md$, aus $na < mb$ folgt $nc < md$.

Eudoxos hat auch planimetrische und stereometrische Probleme, vor allem Inhaltsberechnungen, erörtert, die Grenzübergänge und Überlegungen zum Infinitesimalen erfordern. So hat er zu den von ↗ Demokrit gefundenen Berechnungen des Rauminhalts von Kegel und Pyramide die Beweise geliefert. In diesem Zusammenhang spielt das Exhaustionsverfahren eine Rolle, das methodisch auf dem von Euklid überlieferten »Messbarkeitssatz« basiert: »Nimmt man bei Vorliegen zweier ungleicher Größen von der größeren ein Stück größer als die Hälfte weg, vom Rest wieder ein Stück größer als die Hälfte usw., dann muss einmal eine Größe übrigbleiben, die kleiner als die kleinere Ausgangsgröße ist«. Mit der Exhaustionsmethode, die den betreffenden Inhalt wegen der Unendlichkeit des Prozesses nicht wirklich »ausschöpft«, werden also Inhalte krummlinig begrenzter Flächen und Körper als Grenzwerte einer konvergenten Folge von leicht berechenbaren Inhalten bestimmt. Der hier vorliegende Infinitesimalkalkül besagt, dass zwei Größen gleich sind, wenn sich ihr Unterschied kleiner machen lässt als jede noch so kleine Größe. Dabei hat Eudoxos wesentliche Ansätze bei Demokrit weiterentwickelt und entscheidende Beiträge für Euklids *Elemente* geliefert.

Eudoxos hat auf zahlreichen anderen Gebieten Beachtliches geleistet, das nur in Andeutungen späterer Autoren überliefert ist. Seine Beschreibung des Fixsternhimmels wurde von ↗ Hipparch weiterentwickelt; er hat eine Art Astrolab zur Berechnung von Gestirnbewegungen konstruiert, die Größenverhältnisse von Planeten berechnet (Sonnendurchmesser = 9 Monddurchmesser) und offenbar auch das Kalenderwesen verbessert. Die im Orient mächtig florierende Astrologie erklärte er für Unfug.

Die wirkungsreichste Leistung der Eudoxos ist aber wohl sein System der homozentrischen Sphären zur Erklärung der scheinbaren Planetenbewegungen. Das war die Antwort auf die Herausforderung nach der »Rettung der Phänomene«. Dass er sie auch formuliert hat, ist nicht unwahrscheinlich, ebenso, dass er dafür in der offenen Streitkultur der platonischen Akademie entscheidende Anregungen erhielt. Platon selbst betont oft, es sei ein Irrtum, dass die Planeten (die Irrenden) herumirrten, und der »Platonschüler« ↗ Aristoteles formulierte zu Zeiten des Eudoxos gegen die Pythagoreer, man müsse die Theorien aus den Phänomenen erschließen und nicht nach den Dogmen die Erscheinungen zurechtstutzen. Das Prinzip war aber mit dem Apriori belastet, dass die »Rettung« bzw. Erklärung der Bewegungsanomalien auf der Basis »gleichförmiger Kreisbewegungen zu erfolgen habe«, die den göttlichen Gestirnen nach pythagoreisch-platonischer Überzeugung allein angemessen seien.

Im kosmischen Zentrum steht also die Erde. Um sie herum nach Abständen geordnet die 7 konzentrischen Sphärenmodelle der 7 Planeten (wozu auch Sonne und Mond zählen), deren scheinbarer Lauf als Resultante kreisender Kugelschalen beschrieben wird, die ineinander verschachtelt vorgestellt werden. Ihre Achsen sind so gegeneinander ausgerichtet, dass sie bei gleichförmigem, aber unterschiedlichem Umlauf die Bewegungsanomalien erzeugen. So repräsentiert die äußerste Schale jedes Planeten den täglichen Umlauf, die darunter liegende, sich langsam entgegengesetzt drehende die ekliptikale Umlaufszeit; die 3. und 4. Sphäre bewirken die Schleifenbewegung. Daher brauchen Sonne und Mond, die nicht rückläufig sind, je 3, die anderen Planeten je 4 Sphären. Auf dem Äquator der jeweils innersten Kugelschale wird der Planet konzipiert.

Das Modell konnte jedoch die verschiedene Länge der Jahreszeiten, die Entfernungsschwankungen der Planeten etc. nicht erklären. Diese Defizite versuchten Kallippos und Aristoteles durch Erhöhung der Sphärenanzahl auf 33 bzw. 55 zu beheben. Dabei hat Aristoteles auch die von Eudoxos abstrakt-geometrisch gemeinten Sphären zu realen Kristallscha-

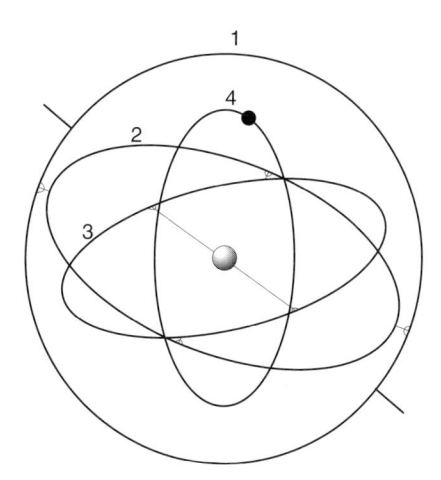

Eudoxos von Knidos: Der Eudoxische Sphärenmechanismus

len uminterpretiert. Aristoteles' Ansehen sicherte aber den homozentrischen Sphären trotz der überlegenen Epizykeltheorie, die ⁊ Apollonios und ⁊ Ptolemaios verwendeten, auch im Mittelalter Anhänger, wie die absurde Kompliziertheit der 79 Sphären des Fracastoro zeigt. [FJ]

Sekundär-Literatur:
Lasserre, F.: Die Fragmente des Eudoxos von Knidos (1966); Neugebauer, O.: A History of Ancient Mathematical Astronomy I (1975) 675 ff.; Krämer, H. J.: Eudoxos, in: Überweg-Flashar, Die Philosophie des Antike 3 (1983) 73 ff.

Euklid (griech. Eukleides) von Alexandria, griechischer Mathematiker,
* um 360,
† um 295 Alexandria?

Euklid war nach allgemeinem Urteil nicht der genialste, aber der wirkungsreichste Mathematiker der Antike. Sein Hauptwerk, die *Elemente*, gehört bis heute zu den meistübersetzten und meistgedruckten Büchern der Welt. Die Namen Euklid und *Elemente* galten lange als Synonym für Mathematik schlechthin.

Über die Herkunft und das Leben Euklids ist nichts Sicheres bekannt. Vermutlich kam er um 307 als reifer und bereits berühmter Gelehrter aus Athen, wo er der Akademie des ⁊ Platon, aber auch dem Kreis um ⁊ Aristoteles angehört oder zumindest nahegestanden haben dürfte, an das unter dem ersten Ptolemaios neugegründete Museion nach Alexandria, gerade zu einer Zeit, da Alexandria sich anschickte, die wissenschaftlich-kulturelle Hauptstadt der antiken Welt zu werden. Dies hat seine Wirksamkeit sicher gefördert.

Die *Elemente* fassen nicht, wie man häufig liest, das gesamte mathematische Wissen dieser Zeit zusammen, und sie sind als umfassender und systematisch aufgebauter mathematischer Text auch nicht vorgängerlos. Vorausgehende Werke mit dem gleichen Titel gingen jedoch verloren. Euklids *Elemente* sind in 13 Bücher (Kapitel, üblicherweise römisch numeriert, im Umfang jeweils einer Papyrusrolle entsprechend) gegliedert, von denen die ersten sechs ebene Geometrie, das VII. bis IX. natürliche Zahlen, das X. die quadratischen Irrationalitäten und die letzten drei räumliche Geometrie behandeln. Die meisten Bücher beginnen mit Definitionen, die jedoch zum Teil keine Rolle im axiomatischen Gefüge spielen (z. B. »Ein Punkt ist, was sich nicht teilen lässt«), Buch I außerdem mit Axiomen und Postulaten. Dabei sind die Axiome allgemeine und nicht bezweifelbare Grundsätze, z. B. »Was demselben gleich ist, ist auch einander gleich«, die Postulate dagegen Annahmen, die man akzeptieren kann, aber nicht muss. Sie legen insbesondere bestimmte geometrische Grundoperationen als ausführbar fest, ohne die dafür nötigen Instrumente Zirkel und Lineal direkt zu erwähnen.

Die Bausteine der Bücher heißen Propositionen. Sie zerfallen in Lehrsätze mit Beweis und Aufgaben mit algorithmischer Lösung und Beweis der Richtigkeit. Dabei stützen sich die Beweise auf die Axiome und Postulate, die Lösungen der Aufgaben auf die als ausführbar angenommenen Grundoperationen. Daher bleibt alles, was nicht mit Zirkel und Lineal ausführbar ist, wie z. B. die Dreiteilung eines beliebigen Winkels oder die Verwandlung des Kreises in ein flächengleiches Rechteck, unerwähnt. Das besonders umfangreiche und schwer lesbare Buch X bietet in komplizierter Terminologie eine Klassifikation der aus einer angenommenen Einheitsstrecke mit Zirkel und Lineal konstruierbaren Streckengrößen, die sich modern gerade beschreiben lassen durch Formeln, die mittels der vier Grundrechenarten und des Quadratwurzelzeichens aus der Einheit aufgebaut werden können. Obwohl Euklids Axiomensystem aus heutiger Sicht lückenhaft ist, die darauf gegründeten Beweise daher unvollständig sind und viele wichtige Begriffe und Sätze der Elementargeometrie fehlen, galten die *Elemente* 2000 Jahre lang als Vorbild für streng logisch und deduktiv aufgebaute Theorien, und man bemühte sich, andere Wissensgebiete, z. B. die Mechanik, nach diesem Muster »more geometrico« (auf geometrische Weise) zu gestalten.

Entgegen der verbreiteten Ansicht, die Elemente seien nur eine didaktisch geschickte, aber wenig schöpferische Zusammenfassung von damals bereits Bekanntem, kann man in ihnen einen charakteristischen eigenen Stil erkennen: Im Zentrum steht der konstruktiv bewiesene Existenzsatz, d. h. die Behauptung, zu gewissen gegebenen Dingen mit bestimmten Voraussetzungen gebe es andere in bestimmten Beziehungen zu ihnen stehende Objekte, wird durch Angabe eines Verfahrens bewiesen, sich die gesuchten aus den gegebenen Dingen zu beschaffen, sowie durch den Beweis, dass dieses Verfahren unter den gesetzten Voraussetzungen immer anwendbar ist und das Verlangte liefert. Dieser methodische Ansatz wird nicht nur in der Geometrie, sondern auch in der Zahlentheorie durchgeführt (z. B. der berühmte »euklidische Algorithmus« zur Bestimmung des größten gemeinsamen Teilers oder das Verfahren, zu je endlich vielen Primzahlen noch eine weitere zu finden), wobei aber in der Zahlentheorie eine klare axiomatische Basis und die Definition des als ausführbar Geltenden fehlen.

Die Lehrsätze Euklids erweisen sich oft als Sätze über Konstruktionsaufgaben, indem sie z. B. eine Voraussetzung als notwendig nachweisen oder die Eindeutigkeit eines Resultates sichern. Außer diesem »konstruktiven Aspekt«, der im Laufe von Jahrhunderten vom deduktiven (beweisenden) Aspekt der Mathematik verdrängt wurde und erst im Computerzeitalter wieder in den Vordergrund tritt, gibt es in den Elementen zahlreiche andere teils übergreifende, teils an Details gebundene Gesichtspunkte, die sich erst bei gründlicher Beschäftigung mit dem Gesamtwerk erschließen. Einer dieser Aspekte betrifft das Wechselspiel zwischen Geometrie und Algebra. Algebra erscheint in der griechischen Mathematik in der Einkleidung, dass die gegebenen und gesuchten Größen Strecken, Flächen oder Rauminhalte sind, die man addieren, subtrahieren, durch kartesische Produktbildung multiplizieren kann (wobei z. B. aus zwei Streckengrößen eine Flächengröße wird), die jedoch im allgemeinen nicht durch Maßzahlen beschrieben bzw. beschreibbar sind. Buch II präsentiert diese Algebra in reiner Form. Angewendet wird sie, um geometrische Sachverhalte in algebraische zu »übersetzen« und zum Beispiel auf diesem Wege die Lösung komplizierterer Konstruktionsaufgaben zu finden. Im Grunde stecken also in den *Elementen* die Keime der erst seit dem 17. Jahrhundert ausgearbeiteten Koordinatenmethode. Als letztes Stoffgebiet wird die Konstruktion der fünf »platonischen« bzw. regulären Polyeder (Tetraeder, Würfel, Oktaeder, Dodekaeder und Ikosaeder) bei gegebenem Radius der Umkugel behandelt.

Aus heutiger Sicht ist im gesamten Werk das völlige Fehlen von Motivationen, Anwendungen oder Reflexion über den gebotenen Stoff zu konstatieren. Sowohl Didaktiker als auch Laien haben daher die Trockenheit eines auf Euklids *Elementen* beruhenden oder sich auch nur an seinem Vorbild orientierenden Schulunterrichts seit Jahrhunderten beklagt. Andererseits enthält das Werk auch für den heutigen Leser viel Interessantes und Nachdenkenswertes. Es bedarf nur eben einer gründlichen Kommentierung.

Teilweise unberechtigt im Schatten der *Elemente* stehen seit dem 17. Jh. zunehmend die so genannten »kleinen Schriften« Euklids, von denen allerdings einige verloren, einige nur in mittelalterlichen arabischen Übersetzungen/Bearbeitungen erhalten und weitere unecht bzw. von zweifelhaftem Ursprung sind. Aus Platzgründen können hier nur die *Data*, die *Optik*, die *Phänomena*, die *Konika* und die *Teilung von Figuren* kurz besprochen werden. Die *Data* stellen aus moderner Sicht einen Versuch dar, das Konzept der Konstruktionsaufgabe von sinnlich wahrnehmbaren Objekten auf Objekte einer höheren Abstraktionsstufe zu übertragen, indem abstrakte Objekte in Form von Äquivalenzklassen bei der Ausführung eines Algorithmus von sinnlich wahrnehmbaren Repräsentanten vertreten werden und man anschließend nachweist, dass das Ergebnis von der Wahl dieser Repräsentanten unabhängig ist. Hier wird als z. B. mit der »Form nach gegebenen« Objekten ohne Rücksicht auf ihre Lage und Größe operiert. In der *Optik* entwickelt Euklid an elementaren Beispielen das Programm, aus beobachtbaren Daten (besonders Sehwinkeln) mit Hilfe der Geometrie auf das der unmittelbaren Erfahrung Unzugängliche zu schließen. ↗ Aristarch von Samos und ↗ Eratosthenes realisierten in der folgenden Zeit einen Teil dieses Programms, indem sie den Umfang der Erde und die Größe und Entfernung von Sonne und Mond bestimmten. Die *Phänomena* sind eine auf die Bedürfnisse der Astronomie ausgerichtete Geometrie der gedachten Himmelskugel. Die *Konika* (Kegelschnittslehre, verloren) wurde vom umfangreicheren und tiefergehenden Werk des Apollonios abgelöst. Die *Teilung von Figuren* ist eine (fragmentarisch erhaltene) Sammlung von Aufgaben der Art, eine Fläche gegebener Form und Größe durch einer Gerade in Teile von gegebenem Verhältnis der Flächeninhalte zu zerschneiden, wobei diese Gerade noch durch einen gegebenen Punkt gehen soll.

In der mittelalterlichen islamischen Welt wurde Euklid aus verschiedenen Gründen mehrfach ins Arabische und Persische übersetzt, studiert und weiterentwickelt. Zur Kenntnis der europäischen Mathematik gelangten die Elemente zunächst durch sehr mangelhafte und fragmentarische römische Auszüge (Boethius um 500), ab etwa 1150

Euklid: Erste Seite einer lateinischen Ausgabe der *Elemente*

Euklid demonstriert die Trigonometrie auf einer Tafel – Ausschnitt aus Raffaels »Die Philosophenschule von Athen«

durch Rückübersetzungen aus dem Arabischen ins Lateinische und erst nach dem Fall Konstantinopels 1453 durch griechische Handschriften. Dann setzte mit dem ersten Druck (Venedig 1482) eine außerordentlich starke Rezeption ein, die sehr bald auch volkstümliche Ausgaben in lebenden Sprachen hervorbrachte (1543 italienisch, 1551 englisch, 1555/62 deutsch, ...) Einen großen Einfluss auf die neuzeitliche Mathematik übte Euklids 5. Postulat aus, wonach zwei Strecken, die von einer dritten so geschnitten werden, dass die innen auf derselben Seite entstehenden Winkel zusammen kleiner als 180° sind, sich bei Verlängerung stets schneiden. Im Grunde ist dies die Forderung, dass die notwendige Bedingung bei der Aufgabe, ein Dreieck aus einer Seite und den anliegenden Winkeln zu konstruieren (dass nämlich die Summe der anliegenden Winkel kleiner als 180° ist), auch hinreichend für die Lösbarkeit ist. Diese Forderung ist u. a. logisch gleichwertig zur Eindeutigkeit der Parallelen zu einer gegebenen Geraden durch einen gegebenen Punkt und rief durch ihre komplizierte Formulierung schon seit der Antike Versuche hervor, sie zu beweisen oder durch »einleuchtendere« Postulate zu ersetzen. Im 19. Jh. führte diese Frage zur Entdeckung der so genannten nichteuklidischen Geometrie (in der das Parallelenpostulat nicht gilt, die davon unabhängigen Sätze der euklidischen Geometrie jedoch erfüllt sind) durch C. F. ↗ Gauss, J. v. ↗ Bolyai und N. I. ↗ Lobatschewski und letztlich zum Verständnis des Wesens des logischen Schließens aus Axiomen. Eine erste vollständige Axiomatisierung der euklidischen Geometrie nebst metatheoretischen Untersuchungen über diese Axiomatik gab D. ↗ Hilbert 1899 an und löste damit eine Flut von Untersuchungen zu den logischen Grundlagen der Geometrie aus. [PS2]

Werk(e):
Euclidis opera omnia (griech. u. lat. hrg. v. J. L. Heiberg, H. Menge, 8 Bde., 1883–1916); Die Elemente (deutsch von C. Thaer, 1933–37); Data (deutsch von C. Thaer, 1962); Euclid's Book on Divisions of Figures (hrg. v. R. C. Archibald, 1915); L'optique et la catoptrique (hrg. v. Ver Eecke, 1938).

Sekundär-Literatur:
Artmann, B.: Euclid – The Creation of Mathematics (1999); Hilbert, D.: Grundlagen der Geometrie (1899). Steck, M., u. Folkerts, M.: Bibliographia Euclideana (1981); Schreiber, P.: Euklid (1987); Schönbeck, J.: Euklid (2003).

Leonhard Euler

Andreas Verdun

Euler, Leonhard,
Schweizer Mathematiker, Physiker und Astronom,
* 15. 4. 1707 Basel,
† 18. 9. 1783 St. Petersburg.

Euler war einer der produktivsten und kreativsten Naturwissenschaftler aller Zeiten. In den Disziplinen Mathematik, Physik und Astronomie vollbrachte er herausragende Leistungen, wodurch er die exakten Wissenschaften des 18. Jahrhunderts maßgebend prägte. Es ist vor allem Eulers Verdienst, die mathematische Beschreibung der Natur vorangetrieben und in jene Form gebracht zu haben, die heute noch als »selbstverständliche« Grundlage vorausgesetzt und verwendet wird. Zahlreiche mathematische Methoden und physikalische Prinzipien gehen direkt auf Euler zurück oder wurden von ihm »formalisiert«. Insbesondere schuf er fundamentale Begriffe und entdeckte mathematische Sätze sowie physikalische Gesetze von zentraler Bedeutung.

Zur Biographie

Euler wurde in Basel geboren und verbrachte seine Kindheit und Jugend im nahe gelegenen Riehen, wo sein Vater seit 1708 eine Pfarrstelle hatte. Von ihm erhielt er auch seinen ersten Unterricht. Vermutlich im achten Lebensjahr wurde er auf die Lateinschule in Basel geschickt. Dreizehnjährig immatrikulierte er sich an der Philosophischen Fakultät der Universität Basel und erlangte nach zwei Jahren die prima laurea. In dieser Zeit hörte er Grundvorlesungen bei J. ↗ Bernoulli. Im Herbst 1723 legte er das Magisterexamen ab. Anschließend immatrikulierte er sich an der Theologischen Fakultät. Sein Hauptinteresse galt aber den höheren Vorlesungen von Bernoulli, die er auch in dessen Privatissima genießen durfte und die seine weitere Entwicklung entscheidend förderten. Euler bewarb sich im Frühjahr 1727 vergeblich um die freigewordene Physikprofessur in Basel. Am 5. April 1727 verließ er seine Heimatstadt und folgte einem durch seinen Freund Daniel Bernoulli vermittelten Ruf an die kurz zuvor neu gegründete Petersburger Akademie. Zuerst mit Vorlesungen über Mathematik, Physik und Logik betraut, konnte Euler 1731 die freigewordene Physikprofessur übernehmen. Gleichzeitig wurde er zum Ordentlichen Mitglied der Akademie gewählt. 1733 heiratete er Katharina Gsell, die ihm dreizehn Kinder schenkte. Zu Beginn des Jahres 1735 erlitt Euler eine lebensgefährliche Erkrankung, in deren Folge er im Spätsommer 1738 sein rechtes Auge verlor. Die Zuspitzung der innenpolitischen Situation in Russland sowie andere Gründe bewogen ihn, Petersburg am 19. Juni 1741 zu verlassen und einem Ruf Friedrichs II. an die Berliner Akademie zu folgen. Dort wurde er Mitglied und Direktor der Mathematischen Klasse; 1747 wählte ihn auch die Londoner Royal Society und 1755 die Pariser Akademie zu ihrem auswärtigen Mitglied. Obwohl er seit 1753 praktisch die Akademiegeschäfte geführt hatte, ernannte ihn Friedrich II. nicht zum Akademiepräsidenten. Dies und andere, ebenso gewichtige Gründe veranlassten ihn im Februar 1766, wieder an die Petersburger Akademie zurückzukehren, der er wieder zu neuem Glanz verhelfen und als spiritus rector ihren wissenschaftlichen Betrieb lenken sollte. Eulers Leben blieb auch in dieser Zeit nicht von persönlichen Schicksalsschlägen verschont. Komplikationen nach einer Staroperation im Jahre 1771 ließen ihm nur noch einen winzigen Sehrest. Im selben Jahr überlebte er nur knapp einen Brand seines Hauses. 1773 starben Eulers Frau Katharina und 1780 bzw. 1781 seine beiden Töchter. Dennoch war Euler in keiner Lebensphase derart produktiv wie in seiner zweiten Petersburger Periode: Er gewann (zusammen mit seinen Söhnen) 20 internationale Akademiepreise.

Zum Werk: Mathematik

In seinen mathematischen Arbeiten behandelte Euler sowohl Teilgebiete aus der reinen als auch Probleme aus der angewandten Mathematik.

Die Zahlentheorie nimmt bei Euler einen großen Raum ein. Er bewies den kleinen Fermatschen Satz, entwickelte die Theorie der Reste nach einem Modul, entdeckte das Gesetz der quadratischen Reziprozität (jedoch ohne dieses beweisen zu können) und beschäftigte sich mit dem großen Fermatschen

L. Euler: Pastell-Portrait von Emanuel Handmann, 1753 (Öffentliche Kunstsammlung Basel)

Satz. Ausgehend von der allgemeineren Darstellung von Primzahlen der Struktur $p = mx^2 + ny^2$ entwickelte er wirksame Methoden zur Entscheidung über den allfälligen Primzahlcharakter großer Zahlen. Damit legte er das Fundament für die allgemeine Theorie der binären quadratischen Formen, die später von J.-L. ↗ Lagrange und C. F. ↗ Gauß ausgebaut wurde. Euler formulierte das Problem, für $m = 1$ alle natürlichen Zahlen n zu finden, für welche $p = x^2 + ny^2$ bei teilerfremden x und y prim ist. Er nannte solche Zahlen numeri idonei, fand deren 65 und gelangte zur Auffassung, dass nach $n = 1848$ keine mehr auftauchen würden, was erst 1973 zwar nicht absolut, doch hinreichend streng bewiesen werden konnte. Euler war der Erste, der analytische Methoden in die Zahlentheorie einführte und die mächtigen Hilfsmittel der Analysis auf zahlentheoretische Probleme anwandte. In den 1740er-Jahren schuf er die Grundlagen zur additiven Zerlegung von Zahlen. Euler stellte den Zusammenhang zwischen Zahlentheorie und Analysis her, indem er jeder zahlentheoretischen Funktion eine erzeugende Funktion zuordnete und Möglichkeiten fand, diese in Reihen und Produkte zu entwickeln. Dabei stellte sich das Problem, die Potenzreihe der inversen Funktion zu berechnen. In diesem Zusammenhang entdeckte er 1740 die nach ihm benannte Eulersche Identität, in der erstmals in der Geschichte der Mathematik eine Thetafunktion auftritt. Solche Funktionen hat später C. G. ↗ Jacobi in seiner Theorie der elliptischen Funktionen eingeführt. Euler arbeitete auch bereits mit der später so genannten Riemannschen Zetafunktion und studierte Probleme, die sich für die Theorie der transzendenten Zahlen als wichtig erweisen sollten. Insbesondere fand er 1744 für die fundamentale Transzendente $e = 2.71828$, die Basis der natürlichen Logarithmen, die Darstellung $e = \lim_{n \to \infty}(1 + 1/n)^n$, nachdem er bereits 1728 die fundamentalen Zahlen 1, i, e und π in der einfachen Gleichung $e^{i\pi} = 1$ in Beziehung zueinander setzen konnte. Euler entwickelte die Theorie der befreundeten Zahlen weiter und konnte den bis dahin bekannten drei zusätzlich 59 solcher Zahlenpaare hinzufügen. Im 19. Jahrhundert wurden nur noch zwei weitere Paare gefunden.

Auf dem Gebiet der Algebra und algebraischen Analysis ist ein Werk wegen Eulers meisterhaftem didaktischen Geschick besonders erwähnenswert. In der um 1765 abgefassten zweibändigen *Algebra* führt er die Anfänger Schritt für Schritt von den natürlichen Zahlen über die arithmetischen und algebraischen Grundsätze und Praktiken bis in die diophantischen Gleichungen ein. Dieses Werk erlangte derartige Beliebtheit, dass ihm Lagrange einen dritten Band hinzufügte und bis ins 20. Jahrhundert hinein zahlreiche Neuauflagen herausgegeben wurden. Neben bemerkenswerten pädagogischen Fähigkeiten und einer unübertroffenen algebraischen Virtuosität verfügte Euler über eine hervorragende Intuition sowie über einen genialen mathematischen »Spürsinn«. So vermutete er z. B. seit spätestens 1743, dass alle Wurzeln einer algebraischen Gleichung n-ten Grades von der Form $a + bi$ sind, ohne jedoch einen vollständigen Beweis liefern zu können. Es war Euler, der den Fundamentalsatz der Algebra erstmals streng formulierte. Doch erst Gauß gelang 1799 in seiner Doktordissertation ein allgemeiner Beweis des Satzes. Ferner entwickelte Euler Näherungsmethoden zur Lösung numerischer Gleichungen, bewies den bereits I. ↗ Newton bekannten Satz, dass zwei algebraische Kurven vom Grad m bzw. n höchstens $m \cdot n$ Schnittpunkte haben können, und gelangte in diesem Zusammenhang zum Begriff der Resultante. Weiter gab er eine stichhaltige Erklärung des Cramerschen Paradoxons, dessen Bedeutung erst durch Gabriel Lamé, Joseph Diaz Gergonne und J. ↗ Plücker in der ersten Hälfte des 19. Jahrhunderts erkannt wurde.

Die Theorie der unendlichen Reihen wurde im 18. Jahrhundert zum unentbehrlichen Hilfsmittel zur Lösung einschlägiger Probleme der mathematischen Wissenschaften. Euler widmete der Reihentheorie zahlreiche Arbeiten und führte trigonometrische Reihen zur Lösung störungstheoretischer Probleme der Himmelsmechanik ein. Beeindruckend ist sein Fingerspitzengefühl hinsichtlich Entwicklung und Gebrauch unendlicher Reihen – insbesondere deshalb, weil er noch nicht über die strengen Konvergenzkriterien verfügte. Bereits 1735 bestimmte er den Summenwert der Folge der reziproken Quadrate, dessen Lösung als Euler-Maclaurinsche Summenformel bekannt wurde. Etwas später gelang ihm die Lösung mit Hilfe der Bernoullischen Zahlen. Im Zusammenhang mit der Zetafunktion fand er die nach ihm benannte Konstante $C = 0.577215644\ldots$, die für die Theorie der Gammafunktionen, der Riemannschen Zetafunktion und für den Integrallogarithmus sehr wichtig ist. Mittels dieser Konstanten fand er 1734 den Zusammenhang zwischen der harmonischen Reihe und dem natürlichen Logarithmus. Seine Studien über die harmonischen Reihen führten ihn zu den Eulerschen Zahlen als Koeffizienten der Secansreihe. Verdient machte sich Euler mit der Einführung einer besonders wichtigen Klasse von trigonometrischen Reihen, die man heute Fourier-Reihen zu nennen pflegt und die aus der mathematischen Physik und Technik nicht mehr wegzudenken sind. Eulers Beschäftigung mit der Zulässigkeit divergenter Reihen befähigte ihn, über die damals bekannten Konvergenzkriterien hinaus die Definition der Reihensumme zu erweitern und neue Summationsmethoden zu skizzieren, deren exakte Begründung und Fe-

L. Euler auf einer Schweizer Briefmarke zu seinem 250. Geburtstag

stigung erst 150 Jahre später geleistet werden konnte.

Auf dem Gebiete der höheren Analysis hat Euler neue Maßstäbe gesetzt. Seine großartige Trilogie *Introductio*, *Differenzialrechnung* und *Integralrechnung* stellt eine Synopsis der wichtigsten mathematischen Entdeckungen in der Analysis bis zur Mitte des 18. Jahrhunderts dar. Von herausragender Bedeutung ist Eulers klare Feststellung, dass die mathematische Analysis als eine Wissenschaft von Funktionen aufzufassen ist. Mit der Bildung und Ausarbeitung der Begriffe der analytischen und komplexen Funktionen begründete und entwickelte Euler die Funktionentheorie. Zur Lösung des damals hochaktuellen Problems der schwingenden Saite behalf er sich bereits mit nicht analytischen Funktionen, die sich stückweise geometrisch annähern ließen. In seiner *Introductio* skizzierte Euler erstmals die analytische Theorie der trigonometrischen Funktionen und gab 1743 eine einfache Herleitung der Formel von Abraham de ↗ Moivre, die er vielseitig anwandte und in die Analysis einbürgerte. Sie bildete den Ausgangspunkt für Eulers Theorie der Logarithmen, deren Unendlichvieldeutigkeit er 1746 entdeckte. Er fand den Hauptwert von $i^i = e^{-\pi/2}$ und kam zur Einsicht von $\log i = i(\pi/2 + k \cdot 2\pi)$. Euler bereicherte die Infinitesimalrechnung mit zahlreichen neuen Sätzen und bahnte den Weg zur Differenzenrechnung. Die Methoden der unbestimmten Integration stellte er in moderner Form erschöpfend dar für die Fälle, in denen die Integration auf elementare Funktionen führt. Er entwickelte viele noch heute unverzichtbare Methoden, unter denen die Eulersche Substitution, mit der gewisse irrationale Differenziale rationalisiert werden können, sowie seine Methode zur numerischen Integration stellvertretend erwähnt seien. Letztlich beruhen sämtliche numerischen Integrationsmethoden, die heute (dank dem Computer) aus Physik und Astronomie nicht mehr wegzudenken wären, auf der Eulerschen Integrationsmethode. Bereits 1729 führte Euler bei der Interpolation von Fakultäten die heute nach ihm benannten Eulerschen Integrale erster und zweiter Art (Beta- und Gammafunktion) ein, die zusammen mit den Zeta- und Bessel-Funktionen zu den wichtigsten transzendenten Funktionen seiner Zeit gehörten. Die Entdeckung des allgemeinen Additionstheorems stellt Eulers richtungsweisenden Hauptbeitrag zur Theorie der elliptischen Integrale dar, die nach einer tiefgreifenden Klassifizierung der elliptischen Integrale durch A.-M. ↗ Legendre zum Schwerpunkt der mathematischen Forschung des 19. Jahrhunderts wurde. Euler führte erstmals Doppel- und Mehrfachintegrale ein und öffnete damit die Räume zur Analysis höherer Dimensionen. Seine Beschäftigung mit der Theorie der gewöhnlichen und partiellen Differenzialgleichungen führte ihn auf eine Reihe von Entdeckungen, die besonders für die Mechanik von großer Bedeutung wurden. Die von Lagrange zur Theorie ausgebaute Methode der Variation der Konstanten geht letztlich auf Euler und Daniel Bernoulli zurück. Sie gab der theoretischen Physik und Astronomie, insbesondere der Himmelsmechanik, neue Impulse. In einer Abhandlung von 1732 und dann in seiner berühmten *Methodus inveniendi* von 1744 führte Euler erste Ansätze der Brüder Bernoulli weiter, formulierte die Hauptprobleme der Variationsrechnung und entwickelte allgemeine Lösungsmethoden. Diese sind zwar primär geometrisch, doch entdeckte Euler durch sie die isoperimetrische Regel, in der bereits der Keim zur Verallgemeinerung und Neuformulierung liegt, wie sie Lagrange anfangs der 1760er-Jahre vollzog. In der algebraischen und höheren Analysis heben sich bei Euler zwei eigentümliche Züge heraus: der dominierend algebraische Charakter seiner Analysis sowie seine stete Verwendung von Variations- oder Extremalprinzipien zur Lösung verschiedenster mathematischer Aufgaben.

Euler wandte die algebraischen und analytischen Methoden auf die Geometrie an. Die sphärische Trigonometrie verdankt ihm ihre heutige Form (einschließlich der Notationsweise). Seine Studien über geodätische Linien auf einer Fläche waren richtungsweisend für die Entwicklung der Differenzialgeometrie. Seine Entdeckungen in der Flächentheorie bildeten die Grundlage für die nachfolgenden Arbeiten von G. ↗ Monge und anderen. Euler gab eine methodisch geschlossene Darstellung der analytischen Geometrie und dehnte sie auf den dreidimensionalen Raum aus. Auf ihn gehen die Einteilung der Flächen zweiten Grades sowie die Eulerschen Formeln der Koordinatentransformation und die Eulerschen Winkel zurück. Euler klassifizierte die Kurven dritten Grades und wurde durch seine Lehre von den Asymptoten algebraischer Kurven zum Vorläufer Plückers. Er führte als erster natürliche, Bogen-, Entwicklungs- sowie uneigentliche Koordinaten ein und entdeckte mit Letzteren die Eulersche Kurve. Er erkannte die Kreisevolvente als günstigste Profilform von Zahnradflanken. Euler nahm bereits 1762 die nach Félix Savary benannte Gleichung zur Bestimmung des Krümmungsradius einer Rollkurve und zur Konstruktion ihrer Krümmungszentren vorweg. Aus der Fülle der Eulerschen Entdeckungen in der elementaren Geometrie seien nur die Eulersche Gerade und der Eulersche Polyedersatz erwähnt. Aus dem Studium des Königsberger Brückenproblems lieferte Euler erste systematische Ansätze zur Topologie und wichtige Sätze zur Graphentheorie.

Physik

Seine wohl hervorragendsten Leistungen auf dem Gebiet der Physik erbrachte Euler in der theoretischen und angewandten Mechanik und Optik. Ebenfalls bedeutungsvoll sind seine Arbeiten zur Akustik, insbesondere zur Theorie des Schalls und der Schallausbreitung sowie der Musiktheorie.

Hauptmerkmal all dieser Beiträge ist die systematische und fruchtbare Anwendung der Analysis auf die verschiedensten Probleme. Das Streben nach allgemeinen mechanischen Prinzipien für die Behandlung von Problemem der Punkt-, Starrkörper- und Kontinuumsmechanik trat bald nach G. ↗ Galilei und schon vor Newton in den Vordergrund. Das von Newton nur in Worten formulierte zweite Gesetz war für eine analytische Behandlung mechanischer Probleme unzureichend. Es fehlten einerseits präzise Definitionen von Masse, Kraft, Geschwindigkeit, Beschleunigung etc., andererseits fehlte der ausgereifte Leibniz-Bernoullische Infinitesimalkalkül, der eine mathematisch adäquate Formulierung von Bewegungsgleichungen aller Art erlaubt hätte. Schon in seiner *Mechanica* von 1736 gelang Euler eine brillante analytische Um- und Neuformulierung der entsprechenden Kapitel in Newtons *Principia* zur Bewegung eines Massenpunktes. Er führte die dazu notwendigen Begriffe ein und leitete das damals schon allgemein gebrauchte Bewegunsgesetz her. Euler gelangte 1750 zur fundamentalen Erkenntnis, dass dieses Gesetz für beliebige Massenelemente universell gültig ist, und publizierte das heute als Impulssatz bekannte (oft auch als »Newtonsche Bewegungsgleichungen« bezeichnete) Prinzip in seiner Abhandlung *Découverte d'un nouveau principe de mécanique* in der heute gebräuchlichen Form. In derselben Arbeit glaubte Euler, ein weiteres Prinzip, nämlich den Drehimpulssatz für die Rotation starrer Körper, hergeleitet zu haben. Diese spezielle Form des Drehimpulssatzes, nämlich die sog. Eulerschen Gleichungen der Starrkörperrotation bezüglich eines Inertialsystems, fand er dank dem »Prinzip von d'Alembert«, dessen weitreichende Bedeutung er klar erkannte und das zum ersten Mal durch Euler korrekt formuliert wurde. Die Bewegungsgleichungen der Starrkörperrotation bezüglich eines Hauptträgheitsachsensystems fand Euler im Jahre 1758, nachdem er diese durch die physikalisch relevante Charakterisierung des starren Körpers wesentlich vereinfachen konnte. Er entdeckte jedoch erst 1775 die universelle Gültigkeit des Drehimpulssatzes als unabhängiges neues mechanisches Prinzip.

Euler nahm eine Schlüsselstellung in der Frühgeschichte des Prinzips der kleinsten Wirkung ein. Er verteidigte die Untersuchungen von P.-L. ↗ Maupertuis und gab unabhängig von ihm eine mathematisch einwandfreie Formulierung des Wirkungsprinzips, die später von Lagrange aufgegriffen und weiterentwickelt wurde. Zwei wichtige Anwendungen zum Wirkungsprinzip fügte er 1743 als *Additamentum* seiner 1744 erschienenen *Methodus inveniendi* bei. Im ersten Anhang wandte Euler das Prinzip der kleinsten Aktion auf die Bewegung eines Massenpunktes unter der Einwirkung einer Zentralkraft an. Maupertuis stellte das Prinzip fast zur gleichen Zeit auf, jedoch für einen viel spezielleren Fall. Im zweiten Anhang wandte Euler – auf Anregung D. Bernoullis – die Variationsrechnung auf die Theorie der Balkenbiegung an. Er gelangte zu der in den Ingenieurwissenschaften zentralen Eulerschen Knikkungsformel sowie zu den 9 möglichen Typen der Gleichgewichtsfiguren eines (anfänglich geraden) Stabes bei Biegung infolge von Kräften und Momenten an den Stabenden.

In seiner *Scientia navalis* behandelte Euler die allgemeine Gleichgewichtstheorie schwimmender Körper und studierte – damals ein Novum – Stabilitätsprobleme sowie kleine Schwingungen um den Gleichgewichtszustand. In diesem Zusammenhang definierte er über den (richtungsunabhängigen) Flüssigkeitsdruck die ideale Flüssigkeit, was A.-L. ↗ Cauchy als Vorlage zur Definition des Spannungstensors diente. Mit seinem Druckbegriff für strömende Flüssigkeiten sowie dem Impulssatz, den er als universell gültiges Prinzip erkannte und daher auf ein beliebiges Massenelement des Mediums anwenden konnte, fand Euler zwischen 1753 und 1755 die Kontinuitätsgleichung für Flüssigkeiten konstanter Dichte, die – gewöhnlich nach P. S. de ↗ Laplace benannte – Gleichung für das Geschwindigkeitspotenzial sowie die allgemeinen Eulerschen Gleichungen für die Bewegung idealer (reibungsfrei strömender) kompressibler oder inkompressibler Flüssigkeiten. Kennzeichnend war die Anwendung partieller Differenzialgleichungen auf die anfallenden Probleme. Euler verallgemeinerte die Ergebnisse von A. C. ↗ Clairaut und gab der Hydro- und Aerostatik die noch heute gültige Form. Er schuf damit die Grundlagen der gesamten Hydrodynamik idealer Flüssigkeiten, womit er die weitere Entwicklung der Kontinuumsmechanik entscheidend vorbereitete.

Nachdem bereits J. Bernoulli die Differenzialgleichung des elastischen Balkens aufgestellt und damit als erster ein statisches Problem des eindimensionalen Kontinuums behandelt hatte, galt es, das kinetische Problem, also die Bewegung von Saiten und Stäben, in Angriff zu nehmen. Euler lieferte, zusammen mit D. Bernoulli, wesentliche Beiträge zur Theorie der schwingenden Saite, wobei Letzterem die geniale Idee zugeschrieben werden muss, dass die allgemeine Lösung durch Superposition von Einzellösungen gefunden werden kann. Bereits 1746 fand J. d'↗Alembert eine klassische Wellengleichung für die Saitenschwingung. Euler erkannte, dass die Lösung viel allgemeinere Funktionen einschließt, die den Keim für die im 20. Jahrhundert entwickelten verallgemeinerten Funktionen bildeten.

Eulers Untersuchungen zur Mechanik flexibler und elastischer (eindimensionaler) Körper führten ihn auf die allgemeinen Gleichgewichts- und Bewegungsgleichungen der deformierbaren Linie (in einer Ebene), ohne spezielle Annahmen über die Natur des Materials machen und ohne kleine Deformationen voraussetzen zu müssen. Er betrachtete die in den Querschnitten wirkenden Querkräfte durch Einführung des Begriffs der Schubspannungen. Noch in Eulers Basler Zeit fällt eine Abhandlung, in der er sich mit der Schwingung eines elastischen Kreisringes beschäftigte. Das Sensationelle an dieser Arbeit ist die Biegedifferenzialgleichung, die er herleiten konnte, indem er mit Hilfe des Hookeschen Gesetzes die zur Abtrennung der elastischen Materialeigenschaften von der Form des Körpers notwendige physikalische Materialgrösse einführte und damit den Youngschen Elastizitätsmodul vorwegnahm.

Im Bereich der angewandten Mechanik schrieb Euler einige wichtige Arbeiten zum Maschinenbau, zum Schiffsbau sowie zur Ballistik. Eulers Versuche über die Segnersche Wasserkraftmaschine und seine daran anknüpfende Theorie der Wasserturbine verdienen besondere Anerkennung. Eine Rekonstruktion der Eulerschen Turbine zeigte, dass diese mit einem Wirkungsgrad von 71% den modernsten Turbinen unserer Zeit nicht viel nachsteht. Noch bemerkenswerter ist die Tatsache, dass das technisch realisierbare Prinzip des Flügelradantriebs und der Schiffsschraube Euler zu verdanken ist. Euler übersetzte das von dem Engländer Benjamin Robins 1742 publizierte Buch über Ballistik ins Deutsche und erweiterte es erheblich. Seine Anmerkungen bilden die erste Darstellung der inneren, äusseren und Zielballistik unter durchgängiger Verwendung der Leibniz-Bernoullischen Infinitesimalrechnung und enthalten u. a. die Bahnkurve

L. Euler auf einem Zehnfrankenschein

des schiefen Schusses, die »ballistische Linie«, in Parameterform und in Form der daraus folgenden Potenzreihenentwicklung.

Bereits in einer seiner ersten Schriften zur Optik trat Euler der Newtonschen Korpuskular- oder Emissionstheorie des Lichtes mit einer Wellen- oder Mediumstheorie Huygensscher Prägung entgegen. Eulers *Nova theoria lucis et colorum* von 1746 war der bedeutendste Beitrag im 18. Jahrhundert zur Entwicklung der Wellentheorie. Euler legte seiner Lichttheorie ein Medium zugrunde, mit dem er die Farbphänomene erklären konnte. Die Begriffe »Frequenz« und die entsprechende »Periode« spielen dabei eine zentrale Rolle. Im Gegensatz zu Chr. ↗Huygens, dessen Lichttheorie im Wesentlichen auf »Pulsen« basiert, kann erst seit Euler von einer eigentlichen Wellentheorie des Lichtes gesprochen werden. Euler konnte mit seiner longitudinal orientierten Undulationstheorie aber die Interferenz-, Beugungs- und Polarisationsphänomene nicht erklären.

Genau wie die Mechanik behandelte Euler auch die angewandte Optik mit rein analytischen Methoden. Sein dreibändiges Werk *Dioptrica* (1769–1771) war Eulers eigene Synopsis und galt lange Zeit als Standardbuch der geometrischen Optik. Euler beschränkte sich in seiner Abbildungstheorie stets auf Achsenpunkte. Für diese behandelte er die Öffnungs- und Farbvergrößerungsfehler so gründlich und vollständig, dass die Theorie des astronomischen Teleskops dadurch einen vorläufigen Abschluss fand. Obwohl Euler an die – vermeintliche – Farbfehlerfreiheit des Auges glaubte, das sein Hauptargument für die Möglichkeit der Achromasie lieferte, war sein Anteil an der Erfindung achromatischer Linsen beträchtlich, denn sowohl J. ↗Dollond als auch Samuel Klingenstjerna wurden entscheidend durch Eulers Abhandlungen und Studien angeregt und beeinflusst.

Neben Abhandlungen zur Akustik widmete sich Euler auch der Musiktheorie und behandelte nicht nur die mathematischen Gesetze der Konsonanz, sondern auch Aspekte der Kompositionslehre. Er entwickelte den zahlentheoretisch konzipierten Begriff des Konsonanzgrades und stellte neben die

Gradustheorie seine Substitutionstheorie, die auf einer »Theorie des Zurechthörens« beruht.

Eulers *Lettres à une princesse d'Allemagne* ist ein typisches Werk der Aufklärung, in dem vor allem die Physik und Astronomie mit ihren philosophischen Wurzeln, Hintergründen und Implikationen in allgemeinverständlicher Form dargelegt werden. Das dreibändige Werk war so erfolgreich, dass es bis in die heutige Zeit »unzählige« Auflagen erlebte und in viele Sprachen übersetzt wurde.

Astronomie
Eulers Arbeiten zur Astronomie betreffen die Himmelsmechanik, die sphärische Astronomie und astronomische Geodäsie sowie die Geo- und Astrophysik (»Kosmische Physik«). Den durchschlagendsten Erfolg erzielte er in der mathematischen (»mechanischen«) Astronomie, der Himmelsmechanik also.

Spätestens seit Newtons Entdeckung der universellen Gültigkeit des Gravitationsgesetzes war klar, dass die Keplerschen Gesetze nur im Spezialfall gültig sind, in welchem zwei Himmelskörper im sonst leeren Raum miteinander gravitativ in Wechselwirkung stehen (Zwei-Körper-Problem). Bei drei (oder mehr) Himmelskörpern müssen die gegenseitigen Störungen bei der Bestimmung ihrer Bewegungen berücksichtigt werden (Drei-Körper-Problem). Euler behandelte das Zwei-Körper-Problem von Punktmassen bereits in seiner *Mechanica*. In weiteren Abhandlungen studierte er die Bewegung einer Partikel um einen Zentralkörper, sog. Zentralkraft- oder Kepler-Bewegungen, und fand in diesem Zusammenhang die Polargleichung der Ellipse mit einem Fokus als Kraftzentrum. Eine wichtige Anwendung war die Bahnbestimmung, d. h., die Bestimmung genäherter Bahnelemente, der Euler mehrere Abhandlungen widmete. Angeregt durch das Erscheinen zweier großer Kometen in den Jahren 1742 und 1744, publizierte er 1744 seine *Theoria motuum planetarum et cometarum*, in der er neue analytische Methoden zur Bestimmung elliptischer und parabolischer Bahnen entwickelte. Für Letztere entdeckte er bereits 1743 die Eulersche Gleichung (welche die Summe der Radienvektoren, die von ihnen aufgespannte Sehne und die zugehörige Zwischenzeit miteinander in Beziehung bringt), deren Wichtigkeit für die Bahnbestimmung später J. H. ↗ Lambert gezeigt hat.

Die analytische Behandlung der gegenseitigen Störungen von mehr als zwei Himmelskörpern, die sog. Störungstheorie, gehörte zu den schwierigsten Problemen der angewandten Mathematik im 18. Jahrhundert und stellte die größte Herausforderung an die bedeutendsten Spezialisten auf diesem Gebiet dar. Neben d'Alembert, Clairaut, Lagrange und Laplace war es vor allem Eulers Verdienst, die Grundlagen der analytischen Störungstheorie geschaffen und wesentliche Ergebnisse gefunden zu haben. Er war der Erste, der die Störungen direkt in den Bahnelementen studierte und somit die Formulierung der für die Himmelsmechanik zentralen Störungsgleichungen von Lagrange und Gauß vorbereitete. Da im 18. Jahrhundert noch nicht bekannt war, dass das allgemeine Drei-Körper-Problem analytisch nicht geschlossen lösbar ist, misslangen zahlreiche Versuche. Euler fand jedoch Lösungen zu Spezialfällen, die er eingeschränkte Drei-Körper-Probleme nannte, deren Formalisierung gewöhnlich Jacobi und H. ↗ Poincaré zugeschrieben wird. Euler fand die kollinearen Lösungen, als deren Entdecker fälschlicherweise Lagrange gilt. Euler ging vermutlich als Erster an das Problem der Regularisierung. Zur allgemeinen Lösung dieses Problems führten P. Kustaanheimo und E. Stiefel im 20. Jahrhundert eine orthogonale Transformation (sog. KS-Transformation) ein, die als Spezialfall der Euler-Identität bereits in einem Brief vom 4. Mai 1748 von Euler an Christian Goldbach auftauchte.

Vor allem Euler, aber auch Clairaut, d'Alembert und später Lagrange und Laplace wandten die neuen analytischen Methoden der Störungstheorie auf folgende Probleme an, die sie teils vollständig, teils zumindest näherungsweise lösen konnten: (1) die Theorie der Planetenbewegungen, insbesondere das Problem der Großen Ungleichung zwischen Jupiter und Saturn, (2) die Bewegung des Baryzentrums Erde-Mond um die Sonne unter Berücksichtigung der Planetenstörungen, (3) die Bewegung des Mondes und (4) die Bewegung der Erdaxe (Lunisolar-Präzession, Nutation) sowie die Bestimmung der Erdfigur. Euler trug zur Lösung der zwei letztgenannten Probleme, in denen Erde und Mond als ausgedehnte Körper behandelt werden mussten, entscheidend bei.

Euler fand spezielle Lösungen seiner Gleichungen der Starrkörperrotation insbesondere für den Fall, in dem keine äußeren Kräfte vorhanden sind (sog. Eulersche freie Nutation). In seiner *Theoria motus corporum* von 1765 gab er die richtige Formel zur Bestimmung der Periode dieser Nutation (sog. Eulersche Periode). Der empirische Nachweis dieser als Polschwankung oder Breitenvariation beobachtbaren Bewegung gelang erst im 19. Jahrhundert. Stimuliert durch seine Studien über die Starrkörperbewegung erweiterte Euler 1759 die Theorie des Zwei- und Drei-Körper-Problems auf Starrkörper. Die Resultate erscheinen posthum in seiner *Astronomia mechanica*, die als erste Himmelsmechanik von Starrkörpern betrachtet werden kann.

Die Theorien der Bewegungen von Sonne und Mond dienten zur Konstruktion von astronomischen Tafeln und Ephemeriden der Positionen dieser Himmelskörper. Besonderes Interesse galt genauen Mondtafeln, die damals für die Navigation auf hoher See benötigt wurden. Die Navigationsgenauigkeit hing stark von der Genauigkeit der verfügbaren Mondephemeriden ab, und diese wiederum von der Qualität der zugrunde gelegten Mondtheorie. Die frühesten publizierten astronomischen Tafeln, die bereits auf störungstheoretischen Berechnungen beruhten, waren Eulers *Novae et correctae tabulae ad loca lunae computanda* sowie seine *Tabulae astronomicae solis & lunae* von 1745 und 1746. Die besten damals verfügbaren Mondtabellen von T. ↗ Mayer basierten auf Eulers erster Mondtheorie von 1753. Die Ideen (z. B. eines mitrotierenden Koordinatensystems) in Eulers zweiter Mondtheorie von 1772 bildeten den Ausgangspunkt zur Mondtheorie von E. W. Brown und G. W. Hill Ende des 19. Jahrhunderts, mit der die Bewegung des Mondes noch bis weit ins 20. Jahrhundert hinein berechnet wurde.

Euler versuchte die physikalische Ursache der Gravitation nicht mit einem Fern-, sondern mit einem Nahwirkungsprinzip zu erklären. Er postulierte die Existenz einer allgegenwärtigen und extrem dünnen Materie, die unter permanentem Druck steht und die charakterisiert ist durch eine extrem hohe Elastizität und eine extrem niedrige Dichte. Dieses Medium ist Eulers Äther. Nach Eulers Theorie entsteht Gravitation durch Druckunterschiede (Potenzialdifferenzen) in diesem Äther. Mit Hilfe dieses Modells versuchte Euler ebenfalls die scheinbaren säkularen Beschleunigungen von Mond und Planeten (Langzeitvariationen der Bahnelemente) auf einen möglichen Ätherwiderstand zurückzuführen, was ihm jedoch nicht zufriedenstellend gelang, insbesondere nicht für die Ungleichheiten in der Apsidendrehung des Mondes. In den 1740er-Jahren stellten Euler und seine Zeitgenossen deshalb sogar die Gültigkeit des Gravitationsgesetzes in Frage. Euler benutzte in seinen Abhandlungen oft einen allgemeineren Ansatz für das Gravitationsgesetz. Erst als Clairaut 1750 die Richtigkeit der Newtonschen Formulierung für den Fall der Apsidendrehung des Mondes bestätigen konnte, war die Sache erledigt. Euler hielt jedoch an seinem Ätherdruckmodell fest.

Eulers Leistungen in der sphärischen Astronomie sowie der astronomischen Geodäsie sind geprägt durch seine Entwicklung des Formelsystems der sphärischen Trigonometrie, das er auf sämtliche Koordinatentransformationen anwandte und womit er die Reduktion astronomischer Beobachtungen wesentlich vereinfachte. Er entwickelte neue Methoden zur Bestimmung und Berechnung der mit der Präzession, Nutation, Aberration, Parallaxe und Refraktion verbundenen Konstanten. Seine Methode zur Bestimmung der Sonnenparallaxe mit Hilfe des Venusdurchgangs von 1769 ist besonders erwähnenswert. Seine Beobachtungsgleichungen berücksichtigen einerseits bereits die Fehler aus Prädiktion und Beobachtung, andererseits formulierte er sie derart allgemein, dass er eine große Anzahl von unabhängigen Beobachtungen auswerten konnte, was seine Methode gegenüber den damals gebräuchlichen weit überlegen machte.

In der Domäne der »Kosmischen Physik« schrieb Euler mehrere Abhandlungen zur physikalischen Konstitution der Himmelskörper (vorwiegend Kometen) sowie zu Phänomenen, die mit der Atmosphäre und dem Magnetfeld der Erde zusammenhängen. Am bekanntesten ist seine Theorie, mit der er den physikalischen Ursprung der Kometenschweife, des Polarlichtes und des Zodiakallichtes zu erklären versuchte. Mit Euler begannen die ersten Studien zur photometrischen Astrophysik. Seine Unterscheidung zwischen Lichtstärke und Beleuchtungsstärke nahm er der berühmten *Photometria* von Lambert vorweg. Euler versuchte bereits, Aufbau und Entfernung der Himmelskörper aus ihren scheinbaren Helligkeiten zu bestimmen. Er kam u. a. zum Befund, dass die Materie der Sonne völlig verschieden von der brennbaren irdischen Materie sein müsse, und dass der Wärmezustand der Sonne von keinem irdischen Körper erreicht werden könne.

Werk(e):
Eneström, G.: Verzeichnis der Schriften Leonhard Eulers. Jahresberichte der Deutschen Mathematiker-Vereinigung, Der Ergänzungsbände IV. Band, 1./2. Lieferung (1910–1913); Euler-Kommission der Schweizerischen Akademie der Naturwissenschaften (Hrg.): Leonhardi Euleri Opera Omnia. Series prima (Opera mathematica, 29 in 30 Bdn.), Series secunda (Opera mechanica et astronomica, 31 in 32 Bdn.), Series tertia (Opera physica et Miscellanea, 12 Bde.), Series quarta A (Commercium epistolicum, ca. 10 Bde.), Series quarta B (Manuscripta, ca. 7 Bde.), 1911f.; 1935f.; 1975f; Deutsche Übersetzungen einzelner Arbeiten erschienen als Ostwald's Klassiker (Nrm. 46, 73, 93, 103, 175, 182, 226, 261); Vollständige Anleitung zur Algebra, hrg. v. J. E. Hofmann (1959); Briefe an eine deutsche Prinzessin über verschiedene Gegenstände aus der Physik und Philosophie, eingeleitet u. erläutert v. A. Speiser (1986); Leonhard Eulers und Johann Heinrich Lamberts Briefwechsel, hrg. v. K. Bopp. (1924); L. Euler und C. Goldbach: Briefwechsel 1729–1764, hrg. v. A. P. Juškevič; E. Winter (1965); Die Berliner und die Petersburger Akademie der Wissenschaften im Briefwechsel Leonhard Eulers, hrg. u. eingeleitet v. A. P. Juškevič u. E. Winter, 3 Bde (1959–1976).

Sekundär-Literatur:
Burckhardt, J. J., Fellmann, E. A., Habicht, W. (Hrg.): Leonhard Euler, 1707–1783. Beiträge zu Leben und Werk. Gedenkband des Kantons Basel-Stadt (1983); Fellmann, E. A.: Leonhard Euler (1995); Verdun, L. A.: Bibliographia Euleriana. Verzeichnis der Sekundärliteratur zu Leben und Werk des Mathematikers, Physikers und Astronomen Leonhard Euler (1998, Entwurf, engl. Ausg. in Vorb.).

> **Euler-Chelpin, Hans von,**
> deutsch-schwedischer Chemiker, Vater von Ulf Svante Euler,
> * 15. 2. 1873 Augsburg,
> † 6. 11. 1964 Stockholm.

Euler-Chelpin gehört zu den Pionieren der sich in den 1930er-Jahren stürmisch entwickelnden Vitaminforschung und leistete auf zahlreichen Gebieten der Biochemie wichtige Beiträge.

Euler-Chelpin hatte ein besonders enges Verhältnis zur bildenden Kunst – ursprünglich wollte er Maler werden und hatte in München 1891 ein Studium bei Franz Lenbach begonnen, der auch durch seine Porträts bedeutender Zeitgenossen berühmt geworden war. In einem Zeitungsinterview bekannte der 85-Jährige: »Ich wollte dahinterkommen, worin eigentlich das Problem der Farbe besteht und wie sich die verwirrende Fülle der Spektralfarben aus dem einfachen weißen Licht ableiten lässt.«

1893 wechselte er in München von der Kunst zur physikalischen Chemie und kam 1895 nach Berlin an die Friedrich-Wilhelms-Universität, wo er 1895 promovierte; danach wurde er in Göttingen Mitarbeiter von W. ↗ Nernst. Ab 1897 wirkte er als Assistent bei S. ↗ Arrhenius in Stockholm, habilitierte sich 1899 und wurde Privatdozent. Von 1899–1900 hatte er engen Kontakt zu J. H. ↗ van't Hoff, als dessen Schüler er sich gelegentlich bezeichnete. 1906 wurde er zum ordentlichen Professor für allgemeine und organische Chemie an der Universität Stockholm ernannt. Obwohl er fortan in Schweden lebte, fühlte er sich als »deutscher Patriot«; eine Vereinbarung mit der Universität ermöglichte ihm im Ersten Weltkrieg den Dienst im deutschen Heer. 1925 wurde er auswärtiges wissenschaftliches Mitglied der Kaiser-Wilhelm-Gesellschaft, später Mitglied der Max-Planck-Gesellschaft. Im Jahre 1929 übernahm er die Direktion des Instituts für Vitamine und Biochemie der Universität Stockholm. Während der Zeit des Nationalsozialismus engagierte sich Euler-Chelpin als Auslandsdeutscher und stellte sich der Deutschen Akademie für Luft- und Raumfahrt als korrespondierendes Mitglied zur Mitarbeit zur Verfügung. Nach der Entlassung C. ↗ Neubergs aufgrund einer Denunziation als Direktor des Kaiser-Wilhelm-Instituts für Biochemie beabsichtigte der Reichs- und Preußische Minister für Wissenschaft, Erziehung und Volksbildung, Bernhard Rust, Euler-Chelpin mit dieser Aufgabe zu betrauen. Dass M. ↗ Planck sich über die Empfehlung des Rates der Kaiser-Wilhelm-Gesellschaft hinwegsetzte und Euler-Chelpin vorschlug, führte zu schweren Auseinandersetzungen, außerdem zu zusätzlichen Spannungen mit Kollegen. Direktor wurde schließlich A. ↗ Butenandt. Euler-Chelpin wurde 1941 emeritiert, führte jedoch seine Arbeiten weiter und war für Deutschland in diplomatischer Mission tätig.

Euler-Chelpin gehörte zusammen mit den Organikern P. ↗ Karrer und R. ↗ Kuhn sowie den Physikochemikern und Zellphysiologen O. ↗ Warburg und H. ↗ Theorell zu einem Netzwerk von Forschern, die sich in den 1930er-Jahren durch Konkurrenz gegenseitig anspornten und hervorragende Ergebnisse in der Vitaminforschung vorlegten. Im Verlaufe der Entwicklung, die Zeitgenossen als dramatisch schilderten, trafen Vitamin-, Enzym- und Naturstoffforschung aufeinander – neben A-Vitaminen stellten sich auch B-Vitamine gleichzeitig als Farbstoffe und Enzyme heraus. Dies führte zu einer Neubewertung der Rolle der Chemie für die Erforschung von Lebensprozessen. Euler-Chelpin war der Erste, der bereits 1928 einen Zusammenhang zwischen Vitaminen und Enzymen vermutete. Er machte Karrer in einem Brief, in dem er ihn um die Zusendung von Carotinoiden bat, die interessante Mitteilung, dass die Rolle der Carotinoide als Oxydationskatalysatoren nicht nur theoretisch interessant sei, sondern auch in engem Zusammenhang mit der Vitaminforschung stehe. Auch wenn Euler-Chelpin sich im einzelnen bei seinen praktischen Schlussfolgerungen irrte, so vermutete er doch zurecht eine Überschneidung von Enzym- und Vitaminforschung.

Sein Forschungsschwerpunkt lag jahrzehntelang auf dem Gebiet der Enzymchemie, wodurch er mit vielen Gebieten der Chemie und Physiologie bzw. Biochemie in Berührung kam. So beschäftigte er sich mit Gärung und Atmung (biologische Oxydation), Krebsforschung (einschließlich Chemotherapie und Prophylaxe) sowie mit Vitaminen und Hormonen. Er begann seine Arbeit mit reaktionskinetischen Untersuchungen der Rohrzuckerspaltung und bestimmte die Molekularmassen von Enzymen (z. B. für Saccharase). Mittels Hemmungsversuchen

H. von Euler-Chelpin

mit Enzymen gelangte er zur so genannten Zwei-Affinitäts-Theorie für die Saccharase. Er leistete einen wichtigen Beitrag an der Strukturaufklärung jenes Coenzyms, das man heute als NAD+/NADPH bzw. NADP+/NADPH-System bezeichnet (von Euler-Chelpin Cozymase genannt, von Warburg DPN/TPN). Die Untersuchungen waren von schweren Prioritätsstreitigkeiten zwischen Euler-Chelpin und Warburg begleitet, doch ist belegt, dass Euler-Chelpin mit seinem Mitarbeiter Karl Myrbäck bis 1933 das Coenzym als eine adeninhaltige Verbindung beschrieben hatte; bei der Hydrolyse fand er 28% Adenin und ein Molekulargewicht um 350. Warburg beanspruchte gegen Euler-Chelpins Einspruch sowohl die Auffindung des Pyridins im Coenzym als auch die Auffindung der Wirkungsgleichungen für sich. Unstritig ist, dass auch Euler-Chelpins Arbeiten allgemeine Bedeutung für das Verständnis von Struktur und Funktion von Enzymen der Atmungskette haben. Ein Grund für die Schwere der Prioritätsstreitigkeiten war die finanziellen Erfolg versprechende Zusammenarbeit mit der Industrie (Euler-Chelpin arbeitete mit Hoffmann-La Roche und Knoll zusammen).

1929 erhielt Euler-Chelpin zusammen mit A. ↗ Harden den Nobelpreis für seine Forschungen auf dem Gebiet der Zuckergärung und der dabei wirksamen Enzyme. [PW]

Werk(e):
Über die Co-zymase, Hoppe-Seyler's Zeitschrift für Physiologische Chemie 237 (1935, mit H. Albers u. F. Schlenk); Vitamine im tierischen Stoffwechsel, Forschungen und Fortschritte 30 (1939) 372–374; Biochemie der Tumoren (1942, m. B. Skarzynski).

Sekundär-Literatur:
Werner, P.: Vitamine als Mythos. Dokumente zur Geschichte der Vitaminforschung (1998).

Euler-Chelpin, Ulf Svante von,
schwedischer Neurophysiologe und Pharmakologe, Sohn von Hans von Euler-Chelpin,
* 7. 2. 1905 Stockholm,
† 10. 3. 1983 Stockholm.

Euler-Chelpin entdeckte und untersuchte die Prostaglandine.

Ulf Svante von Euler-Chelpin war der zweite Sohn des Chemie-Nobelpreisträgers von 1929, H. v. Euler-Chelpin. Seine Mutter, Astrid Cleve, war die Tochter von Per Teodor Cleve, Professor der Chemie in Uppsala und Entdecker der Elemente Erbium und Holmium; sie war promovierte Botanikerin und seit 1955 Professorin. Der Physikochemiker und Nobelpreisträger S. ↗ Arrhenius war Eulers Patenonkel.

Nach Schulbesuch in Stockholm und Karlstadt nahm Euler-Chelpin 1922 das Medizinstudium in seiner Heimatstadt am Karolinska Institut auf. Bereits als Student gewann er einen Preis für Untersuchungen am Blut Fieberkranker. 1926 wurde er Assistent an der pharmakologischen Abteilung, nach der Promotion 1930 bis 1939 Assistenzprofessor und anschließend bis 1971 Professor für Physiologie am Karolinska Institut. Ein Rockefeller-Stipendium führte ihn 1930–31 zu den Nobelpreisträgern H. H. ↗ Dale nach London und Cornelius Heymans nach Gent sowie nach Birmingham und zu G. ↗ Embden nach Frankfurt a. M. Später arbeitete er auch bei den Nobelpreisträgern Archibald V. Hill in London und B. A. ↗ Houssay in Buenos Aires.

Euler-Chelpin leistete zahlreiche Beiträge zur Biochemie, Endokrinologie und Pharmakologie. 1935 entdeckte er die Prostaglandine, denen er nach ihrem Vorkommen den Namen gab. Er bearbeitete diese in vielen Säugetiergeweben gebildete Gruppe von Hormonen auf breiter Basis weiter. Nach dem Zweiten Weltkrieg wandte er sich vorwiegend Fragen der Reizleitung im Nervensystem zu, studierte deren Chemie und Physiologie und insbesondere das Nebennierenmarkhormon Noradrenalin in seiner Rolle als Neurotransmitter.

1953–60 war Euler-Chelpin zugleich Mitglied des Nobel-Komitees für Physiologie oder Medizin, 1961–65 Sekretär des Komitees, und 1965 wurde er zum Vorsitzenden des Vorstandes der Nobelstiftung gewählt. 1965–71 hatte er auch das Amt des Vizepräsidenten der Internationalen Union der Physiologischen Wissenschaften inne.

Euler-Chelpin war neunfacher Ehrendoktor, Mitglied zahlreicher Akademien und internationaler wissenschaftlicher Gesellschaften sowie Inhaber einer Reihe hoher Auszeichnungen. 1970 erhielt er für die Forschungen über Neurotransmitter vom Typ des Noradrenalins den Nobelpreis für Medizin oder Physiologie, zusammen mit Julius Axelrod und B. ↗ Katz. [HT]

Werk(e):
Noradrenaline (1956); Prostaglandines (1967, mit R. Eliason); Comparative Endocrinology (1967, mit R. Heller).

Sekundär-Literatur:
Blaschko, H. K. F.: U. S. v. Euler, Biographical Mem. of Fellows of the Royal Society 31 (1985) 145–170.

Eyring, Henry,
amerikanischer Chemiker,
* 20. 2. 1901 Colonia Juárez (Chihuahua, Mexico),
† 26. 12 1981 Salt Lake City (Utah, USA).

Eyring gehört zu den Pionieren der modernen Chemie, besonders der phyikalischen Chemie und chemischen

Physik (Begründer der Theorie der absoluten Reaktionsgeschwindigkeit aufgrund der Quantenmechanik und Thermodynamik, Theorie des flüssigen Zustands, Molekularbiologie).

Nach einem Ingenieurstudium für Bergbau und Metallurgie an der Universität von Arizona (1919–1924) studierte Eyring ab 1925 Chemie, zunächst an der gleichen Universität, dann an der Universität von Kalifornien (Berkeley), wo er 1927 den PhD für Chemie erwarb. Ab 1927 unterrichtete er Chemie an der Universität von Wisconsin. 1929–1930 verbesserte Eyring seine Chemiekenntnisse am Kaiser-Wilhelm-Institut für physikalische Chemie in Berlin (unter Leitung von Michael Polanyi). Ab 1932 war er Assistant Professor für Chemie an der Universität Princeton. 1938 wurde er Professor für Chemie und physikalische Chemie an der State University Utah (Salt Lake City, USA) und wirkte dort bis zu seiner Emeritierung (1966) als Professor für Chemie und Mineralogie.

Eyring war der Erste, der systematisch die quantenmechanische und statistische Methode zur Lösung von grundlegenden Aufgaben der modernen Chemie (besonders der physikalischen Chemie und chemischen Physik) benutzte. 1934–1935 schuf er die erste allgemeine Theorie der modernen chemischen Kinetik, die Theorie der absoluten Reaktionsgeschwindigkeit einfacher chemischer Reaktionen (elementary chemical reactions). Demnach verlaufen chemische Reaktionen über einen Übergangszustand (aktivierter Komplex). Die Verbesserungen der Grundlagen dieser Theorie durch zahlreiche bedeutende Naturwissenschaftler von der Mitte der 1930er- bis zu den 1970er-Jahren führten schließlich dazu, dass die Theorie in abgewandelter Form als unerlässliche Grundlage der modernen Chemie (hauptsächlich der chemischen Kinetik und chemischen Physik) anerkannt wurde. Aufgrund dieser Theorie ist es jetzt möglich, die kennzeichnenden Größen einer einfachen chemischen Reaktion vor ihrer (oder ohne ihre) Ausführung zu berechnen. Die Weiterentwicklung dieser Theorie führte Eyring von den 1940er- bis zu den 1970er-Jahren zur Erforschung der biochemischen Reaktionen (Probleme des Alterns, der Mutation der Zellen, der Krebskrankheiten usw.), zur Erklärung von Detonationen und zur Verbesserung bestimmter Prozesse in der Textilindustrie (Spinnen, Weben, Färben). Eyrings Werke förderten außerdem die Entwicklung physikalischer Theorien (der freien Volumina und der Flüssigkeitsstrukturen).

Eyring war mehrfacher Ehrendoktor, Mitglied zahlreicher wissenschaftlicher Gesellschaften, 1945 Mitglied der National Academy of Sciences (USA), 1963 Präsident der American Chemical Society sowie Inhaber vieler wissenschaftlicher Preise. [VAK]

Werk(e):
Theory of rate processes (1941); Significant liquid structures (1969); Theory of rate processes in biology and medicine (1974); Basic Chemical Kinetics (1980).

Sekundär-Literatur:
Heath, S.: The Making of a Physical Chemist. The Education and Early Researches of Henry Eyring, J. Chem. Educ. 62 (1985) 2, 93–98.

Eytelwein, Johann Albert,
deutscher Wasserbauingenieur,
* 31. 12. 1764 Frankfurt a. M.,
† 18. 8. 1848 Berlin.

Eytelwein trug zur Kontinuität des seit L. ↗ Euler und J. H. ↗ Lambert in Berlin erreichten hohen Niveaus in Hydraulik, Mechanik und Mathematik bei.

Nach der Ausbildung bei der preußischen Artillerie unter Georg Friedrich v. Tempelhof und einer Dienstzeit von 1779 bis 1786 beim 1. Artillerieregiment in Berlin ließ sich Eytelwein im Jahre 1786 als Feldmesser examinieren. 1787 wurde Eytelwein zum Leutnant befördert, doch reichte er nach dem Examen als Architekt (1790) seinen Abschied beim Militär ein und wurde Deichinspektor des Oderbruchs in Küstrin.

Eytelweins erste Schrift *Aufgaben größtentheils aus der angewandten Mathematik* (1793) führte 1794 zu seiner Berufung ins Oberbaudepartement, wo er die Mathematik vertrat. 1793 gründeten die Mitglieder des Oberbaudepartements Eytelwein, D. Gilly und August Heinrich Riedel zunächst eine private Bauschule und 1799 schließlich die Bauakademie. 1797 hatte Eytelwein entscheidend an der Gründung der *Sammlung nützlicher Aufsätze und Nachrichten, die Baukunst betreffend* mitgewirkt, der ersten bedeutenden deutschen bautechnischen Zeitschrift (bis 1806). Ihr hohes Niveau wurde maßgeblich durch Eytelweins Beiträge bestimmt. 1809 ernannte man ihm zum Direktor der Oberbaudeputation, die ab 1804 die Nachfolgebehörde des Oberbaudepartements darstellte. 1810 wurde er vortragender Rat beim Ministerium für Handel und Gewerbe, 1816 Oberlandesbaudirektor. In den Jahren 1810 bis 1815 lehrte er an der neuen Berliner Universität Mechanik und höhere Analysis. 1824 übernahm Eytelwein nach dem gescheiterten Versuch der Gründung einer Berliner École Polytechnique die Reorganisation der Berliner Bauakademie zu einer technisch ausgerichteten Lehranstalt und wurde ihr Direktor. 1830 schied er aus dem Staatsdienst aus. Sein Nachfolger als Direktor der Bauakademie wurde C. W. ↗ Beuth, neuer Oberbaudirektor Karl Friedrich Schinkel. Trotz eines Augenleidens arbeitete Eytelwein noch bis ins hohe Alter an Fachbüchern und -aufsätzen.

Mit seiner *Statik fester Körper* (1808) kam Eytelwein schon einige Jahre vor C. ↗ Naviers Werk *Resumé des leçons...* (1826) einer praktisch verwendbaren Baustatik und Festigkeitslehre sehr nahe. Er veröffentlicht ebenfalls Arbeiten zur Perspektivlehre, darstellenden Geometrie, höheren Analysis und zum Messwesen. [AK]

Werk(e):
Handbuch der Mechanik und Hydraulik (1801); Handbuch der Statik fester Körper (3 Bde., 1808); Praktische Anweisungen zur Wasserbaukunst in vier Heften (1802–1808).

Sekundär-Literatur:
Scholl, L. U.: Johann Albert Eytelwein, in: Berlinische Lebensbilder. Techniker (Hrg. W. Treue, W. König, 1990).